滇版精品出版工程专项资金资助项目
云南省科学技术协会资助项目

云南科学技术发展史

诸锡斌 主编

云南科技出版社
·昆明·

图书在版编目（CIP）数据

云南科学技术发展史 / 诸锡斌主编. -- 昆明 : 云南科技出版社, 2024
ISBN 978-7-5587-5204-9

Ⅰ. ①云… Ⅱ. ①诸… Ⅲ. ①科学技术－技术发展－研究－云南 Ⅳ. ①N120.1

中国国家版本馆CIP数据核字(2024)第015020号

云南科学技术发展史
YUNNAN KEXUE JISHU FAZHANSHI

诸锡斌　主编

出 版 人：温　翔
策　　划：温　翔　李凌雁
责任编辑：陈桂华　杨梦月　罗　璇
整体设计：长策文化
责任校对：秦永红
责任印制：蒋丽芬

书　　号：ISBN 978-7-5587-5204-9
印　　刷：昆明亮彩印务有限公司
开　　本：889mm×1194mm　1/16
印　　张：37.5
字　　数：1010千字
版　　次：2024年10月第1版
印　　次：2024年10月第1次印刷
定　　价：268.00元

出版发行：云南科技出版社
地　　址：昆明市环城西路609号
电　　话：0871-64168229

版权所有　侵权必究

编委会

主　编：诸锡斌

副主编（按姓氏笔画排序）：

　　于　波　任仕暄　李　强　赖　毅

编委会成员（按姓氏笔画排序）：

　　于　波　车　辚　方　铁　任仕暄

　　李　强　郑可君　赵志国　诸锡斌

　　黄海涛　赖　毅

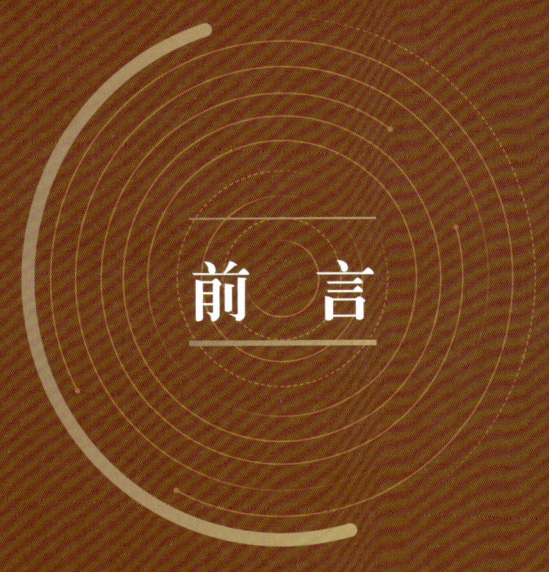

前　言

云南是一个与缅甸、老挝、越南接壤，边境线达4060千米的中国西南边疆内陆省份，也是中国少数民族最多的省份。云南不仅是世界重要的人类起源地之一，也是世界公认的"动物王国""植物王国""有色金属王国"。云南科学技术发展的历史源远流长，体现着云南与中原地区，以及其他国家官方和民间科学技术的交流与融合。云南各族人民创造的科学技术文化是中华文化的重要组成部分，了解和探索云南科技发展的历史不仅是认识云南、发展云南的必备条件，而且是增强中华文化自信的应有之义。为此，云南省科学技术协会委托我们编撰《云南科学技术发展史》，这实为一项艰巨而光荣的任务。

由于云南地处边疆，学界对云南科学技术史的研究相对薄弱，反映云南科学技术发展的专门史料匮乏。目前，较为系统反映云南科学技术发展史的专著仅有1992年由云南省科技志编撰委员会组织编写、夏光辅等撰写的《云南科学技术史稿》和2013年由李晓岑撰写的《云南科学技术发展简史》（2015年再版）两部。遗憾的是，这两部有代表性的专著均只写到1949年。有鉴于此，编写组的同志群策群力，克服困难，梳理了从古至今云南科学技术发展的脉络，所用史料在经过考证筛选之后，按照一定的标准采信，并加以研究，撰写成稿。同时，编者注意在前人研究的基础上尽量补充近年来的研究新成果，在体系上做了相应调整，尽最大可能使书稿能够在前人研究的基础上有所提升。

云南科学技术的演变有自身的特点，民族性和地域性尤其显著。在其演变的过程中，云南出现了距今170万年的元谋人，有过石器时代的艰辛和青铜器时代的辉煌，诞生过与中原王朝并立的南诏、大理国政权，有过近代的奋起和抗争，在抗日战争时期曾创造了科学技术发展的奇迹，并在中华人民共和国成立后迎来科学的春天。为了使书稿既符合科学普及的要求，又有相应的学术价值和应用价值，我们在撰写时注意讲求文字的通俗性，并配以必要的插图，力图使本书不沦为枯燥的科学技术史料汇编，而成为一部观点鲜明、史料翔实，兼具科学普及性、研究性和应用性的著作。在内容的选取和章节的设计上,我们突出了云南历史上重要时期的科学技术发展状况。对于隋唐之前的云南科学技术发展史,我们按照石器时代、青铜器时代、铁器时代的顺序谋篇布局,并采用了考古研究成果,以弥补史料的不足。对于隋唐之后的云南科学技术发展史,我们以重要朝代为节点划分章节,梳理这些时代科学技术发展的状况,并去粗取精,尽可能展示不同历史时期云南科学技术发展的特点。清末到民国是中国科学技术发展的转型时期,我们以1840年为界,分清朝前半期和清朝后半期两章来撰写文稿,从而厘清近代以来云南科学技术在世界科学技术大潮中诞生和发展的脉络。中华民国建立后,云南现代科学技术起步,全民族开展全面抗日战争期间,沿海和内地大批科学技术精英、重要科学研究院所和企业来到云南,云南科学技术有了历史性的进步,进入一个繁荣阶段。这一时期,科学技术成果众多,史料相对丰富,撰写文稿时,我们对史料进行了一定的整理、筛选、考证、修订和补充。对于中华人民共和国成立以来云南科学技术发展的历史,我们在尊重历史事实的前提下,相对系统地梳理了收集到的资料,选取的内容尽量延伸至2022年,以展示中华人民共和国成立以来云南科学技术发展的整体面貌,希望能弥补长期以来云南科学技术发展史研究的缺失。

我们在撰写本书的过程中参考了许多学者的研究成果,尤其是夏光辅和李晓岑的研究成果为书稿撰写工作的开展提供了重要条件。书中所采用的专家、学者的各类成果均已在书中注明,在此对他们表示感谢。

由于这项工作涉及面广,专业性强,资料收集困难,加上编者能力有限,书中难免有错漏之处,敬请读者给予谅解并惠予指正。

本书的编撰分工如下:
诸锡斌:绪论、第一章、第二章、第三章、第六章
李　强:第四章、第五章
于　波、诸锡斌:第七章、第八章
赖　毅:第九章
任仕暄、黄海涛:第十章
任仕暄、郑可君:第十一章
全书由诸锡斌设计、统稿,赵志国校核资料。

愿这部书的出版能够为普及科学知识、弘扬科学精神贡献力量;也希望这部书能够为政府和相关部门的决策,尤其为科学技术部门的决策提供参考,能够为中国科学技术史的研究和教育添砖加瓦;期望其能够对增强中华民族的文化自信和铸牢中华民族共同体意识有所贡献。

编者
2022年7月30日

目 录

绪 论

第一节
云南的自然地理和气候　1

第二节
云南的民族多样性和文化多样性　3

第三节
云南科学技术的发展及其特点　6

第一章
远古至石器时代云南的科学技术（远古—商前）

第一节
原始技术的诞生　13

第二节
新石器时代原始技术的进步　23

第二章
青铜器至铁器产生时代云南的科学技术（商—南北朝）

第一节
青铜器时代的科学技术（商—西汉）　41

第二节
铁器时代的科学技术（东汉—南北朝）　72

第三章
隋唐五代时期云南的科学技术（581—960年）

第一节
隋至唐代前期的科学技术　91

第二节
唐代南诏时期的农牧业技术　95

第三节
唐代南诏时期的金属制作与采矿技术　108

第四节
唐代南诏时期的交通与建筑技术　115

第五节
唐代南诏时期的纺织、盐井、造纸技术　127

第六节
唐代南诏时期的自然科学知识　134

第四章
宋元时期云南的科学技术（960—1368 年）

第一节
宋代大理国时期的科学技术　144
第二节
元代的科学技术　163
第三节
宋元时期的自然科学知识　177

第五章
明代云南的科学技术（1368—1644 年）

第一节
传统技术　186
第二节
自然科学知识　235

第六章
清代前半期云南的科学技术（1644—1840 年）

第一节
农业和畜牧业技术　248
第二节
水利建设和灌溉技术　254
第三节
铜和其他有色金属的开采、冶炼、制作　262
第四节
建筑、井盐技术　274
第五节
自然科学知识　281

第七章
清代后半期云南的科学技术（1840—1911 年）

第一节
工业技术　288
第二节
蚕桑、经济作物和林业技术　299
第三节
医药技术　303
第四节
教育　307
第五节
自然科学　314

第八章
民国时期云南的科学技术（1912—1949 年）

第一节
民国初期的科学技术　322

第二节
全民族抗战全面爆发前十年的科学技术　342

第三节
全民族全面抗战期间的科学技术　355

第四节
抗日战争胜利到中华人民共和国成立前的科学技术　392

第九章
社会主义革命和建设时期云南的科学技术（1949—1978 年）

第一节
社会主义过渡时期的科学技术　401

第二节
全面建设社会主义启动时期的科学技术　419

第三节
社会主义曲折发展时期的科学技术　444

第四节
社会主义建设全面整顿时期的科学技术　478

第十章
改革开放和社会主义现代化建设新时期云南的科学技术（1978—2012 年）

第一节
科技发展的理念与成就　503

第二节
科技体制和科研体系的改革　512

第三节
科技人才的教育与培养　518

第四节
科学技术的应用与成效　526

第五节
取得的科学理论及科研成果　536

第十一章
中国特色社会主义新时代云南的科学技术（2012—2022 年）

第一节
创新发展的云南科学技术　554

第二节
科学技术体制和科学研究体系的创新改革　560

第三节
科学技术人才队伍建设　563

第四节
科学技术的应用与成效　567

第五节
取得的重大科学理论及突破性成果　578

参考文献　583

后　记　587

云南是中国最美丽的省份之一，也是世界重要的人类起源地。特殊的自然环境、众多的民族及多姿多彩的民族文化，对云南的科学技术发展有着重要的影响。

第一节 云南的自然地理和气候

云南地处青藏高原东南缘大斜坡地带。在漫长的地质年代中，云南大地历经造山、造陆、海侵、海退等多种剧烈的地质构造运动，形成了壮美的高山峡谷和奇丽的陷落盆地，最终在距今7000万～4000万年的新生代第三纪，形成了初步的地理雏形①。从海拔只有76.4米的现今河口县南溪河与红河汇合处到海拔高达6740米的德钦县梅里雪山卡瓦格博峰，险峻雄伟的崇山峻岭中散布着富饶美丽的平坝，流域面积达100平方千米以上的河流就有600多条，37个面积达1平方千米以上的天然湖泊镶嵌其中②。复杂多样的自然环境，蕴藏着丰富的资源，为云南的科学技术发展创造了得天独厚的条件。

一、云南的地质变迁

按照目前的行政区域划分，云南省位于东经97°31′～106°11′和北纬21°8′～29°15′之间，面积39.41万平方千米③，地处青藏高原东南缘与云贵高原西南部的接合部。在漫长的地质演化过程中，由于地球的板块运动，这一区域经历了多次地质构造运动，在距今8.5亿年的元古代晚期震旦系，发生了以褶皱为主的晋宁运动、澄江运动，出现了高黎贡山古岛。在大约距今1.4亿年的白垩纪燕山运动中，云南中部区域凹陷，盆地广泛沉积了厚厚的红色碎屑岩，"禄丰恐龙"就出现在该地层中。到了距今7000万～4000万年，即新生代第三纪，云南高原的雏形初步形成④，直至现代，成为西面与缅甸接壤，南面和老挝、越南相连，边境

---

① 云南百科全书编纂委员会：《云南百科全书》，中国大百科全书出版社，1999年，第15页。
② 云南百科全书编纂委员会：《云南百科全书》，中国大百科全书出版社，1999年，第1–2页。
③ 云南省人民政府门户网站，http://www.yn.gov.cn/yngk/，2023年11月13日。
④ 云南百科全书编纂委员会：《云南百科全书》，中国大百科全书出版社，1999年，第15页。

绪论

线总长达4060千米[①]的低纬度、高海拔、地形以山地和高原为主的中国西南边疆内陆省份。

云南地处青藏高原南延部分，地势西北高，南部低，按地势划分，云南西北部一隅为第一级阶梯，其余地区均为第二级阶梯，自西向东分为滇西横断山地区、滇中红色高原区、滇东喀斯特高原区。从最高海拔为6740米的德钦县梅里雪山卡瓦格博峰到最低海拔为76.4米的河口县南溪河与红河交汇处，相对高差达6663.6米[②]，为全国罕见。并且云南地形复杂，高山峡谷相间，断陷盆地遍布，湖泊星罗棋布，江河纵横，既有由高黎贡山、怒山、云岭山脉南北纵列夹胁而成的怒江、澜沧江、金沙江三江并流的雄伟奇观，也有云南西南部、东南部相对平缓的山地和盆地（坝子[③]）。据统计，面积在1平方千米以上的坝子总面积为2.4万多平方千米，其中80%以上的大坝子位于海拔1300米至2500米的地区[④]，集中于云南中部。云南的总面积中，坝子面积仅占6%，高原面积占10%，山地面积占84%[⑤]。

由于地质构造运动活跃，具备了优越的成矿条件，云南的矿产资源十分丰富，尤其是有色金属和贵金属、稀土、分散元素享有盛名，54种矿产储量居中国各省区市前10名，铁矿、锰矿中的富矿量位居全国第一[⑥]。这使云南矿产资源形成了三大特点：一是矿种全，二是分布广，三是伴生矿产多，利用价值高[⑦]。丰富的矿产资源为云南历史上的金属制造和技术发明创造了十分优越的条件，影响了云南科技发展的历程。

二、云南的气候特点

云南地处低纬度高海拔的特殊地理位置，使得云南既受东亚季风和南亚季风的影响，又受青藏高原环流系统的影响，加之地势北高南低，云南呈现出干湿季节分明而四季不明显，区域差异十分突出和垂直差异明显的立体气候特点。从纬度上看，由于地势北高南低，南北之间的高差达6663.6米，纬度差异造成的温差显著；加之云南的高纬度与高海拔相结合，低纬度与低海拔相一致，其在垂直方向上1千米内的气温变化相当于全国水平方向上1400~2500千米的气温变化，各地气温呈现由北向南递增的趋势[⑧]。在这样的特殊气候条件下，云南形成了5个自然地带，即热带北缘地带、亚热带南部地带、亚热带北部地带、亚热带东北部地带、寒温高原地带[⑨]，这造就了云南丰富多彩的气候类型。但是总体而言，云南的气候有以下三大特点：一是年温差小、日温差大。夏季阴雨天多，温度不高；冬季多为晴天，日照充足，温度相对较高，且早晚冷凉，中午较热。二是由于冬、夏两季受不同大气环流的控制和影响，四季不明显，干湿季分明，85%的降雨量集中在5~10月。三是气候垂直变化异常明显。一般海拔每上升100米，温度降低约0.6℃[⑩]，"一山分四季，十里不同天"成为云南立体气候的生动写照。

[①] 云南百科全书编纂委员会：《云南百科全书》，中国大百科全书出版社，1999年，第1页。
[②] 参看云南百科全书编纂委员会《云南百科全书》，中国大百科全书出版社，1999年，第15页。
[③] 坝子是山区或者丘陵地带局部平原（直径在10千米以下）的地方名称，主要分布于山间盆地、河谷沿岸和山麓地带。坝子往往是云南农业兴盛、人口稠密的经济中心。
[④] 方铁主编：《西南通史》，中州古籍出版社，2003年，第2页。
[⑤] 中共云南省委政策研究室：《云南省情（1949—1984）》，云南人民出版社，1986年，第12页。
[⑥] 云南百科全书编纂委员会：《云南百科全书》，中国大百科全书出版社，1999年，第173页。
[⑦] 中共云南省委政策研究室：《云南省情（1949—1984）》，云南人民出版社，1986年，第34-35页。
[⑧] 中共云南省委政策研究室：《云南省情（1949—1984）》，云南人民出版社，1986年，第23页。
[⑨] 云南百科全书编纂委员会：《云南百科全书》，中国大百科全书出版社，1999年，第16-17页。
[⑩] 中共云南省委政策研究室：《云南省情（1949—1984）》，云南人民出版社，1986年，第23-25页。

三、云南是"植物王国""动物王国"和"有色金属王国"

云南特殊的地理环境以及由此形成的冬暖夏凉的气候十分适合各类植物和动物的生长。云南是中国植物种类最多的省份，无论是热带雨林、季雨林的植被，还是亚热带常绿阔叶植被，也不论是高山针叶林的植被，还是高山灌丛、草甸植被，热、温、寒三带的植物可以在这里被找到。此外，干旱河谷植被、水生植被等非地带性植被也十分丰富。据20世纪80年代的统计，云南有12个植被型，34个植被亚型，167个群系，209个群丛，自然植被形式多样，特色鲜明，已知的种子植物、蕨类植物、苔藓植物的总数就达约1.7万种，占全国同类的50%[1]。云南由此受到了国内外的关注，被称为"植物王国"。

云南也是"动物王国"，野生动物种类之多，为全国之冠。据中国科学院昆明动物研究所1996年的统计，"云南脊椎动物有兽类300种，鸟类793种，两栖动物107种，爬行动物156种，淡水鱼类410种，分别占全国总数的51.1%、63.5%、38%、39%和49%，在中国各省区中均居首位"[2]。1998年，云南就有164种野生动物被列入国家重点保护野生动物（包括一级、二级）名录，约占全国总数的35%；同时有珍稀濒危动物250种，约占全国总数的56%[3]。云南特殊的地理气候条件，造就了寒热动物共有的奇异现象，使云南成为珍贵的"物种基因库"。复杂多变的地理环境和气候条件，使云南种植业、畜牧业等多种产业的形成和发展带上了神秘的色彩，高山峻岭和大江大河的阻隔，进一步使云南不同地域的科学技术发展产生差异，具有了多样性。

云南还是"有色金属王国"。由于处于亚欧、印度洋、太平洋3大板块的汇聚结合地带，同时位于长江、华南成矿区与"三江"（怒江、澜沧江、金沙江）成矿带的交接区，加之地质结构特殊，又经历多期复杂的地质构造运动，以及频繁而广布的火山、岩浆活动和类型齐全的沉降建造，云南多种成矿系列矿床的形成具备了良好的条件。云南这些特殊的地质条件，使得其矿产资源十分丰富。1994年，云南就已发现各类矿产142种；1995年，54种矿产的保有储量，居中国前10位，其中锡、铅、锌、镉、铟、铊、蓝石棉7种矿产的储量居中国第一位，磷、钾盐、砷、天青石、硅藻土、钛铁矿砂、铂族金属等8种矿产的储量居中国第2位，银、镍、钴、铜等矿产的储量居中国第三位[4]。云南矿产资源丰富，尤其是有色金属矿产资源不仅储量大，而且分布广，可谓矿产资源宝地，不愧为"有色金属王国"。

云南的科学技术，正是在这样的地理和自然环境中诞生和发展起来的，认识云南特殊的地理环境和气候特点，有助于认识云南的科学技术发展历程。

第二节　云南的民族多样性和文化多样性

云南科学技术的发展，不仅受特定地理环境的影响，还与生活于此的民族和民族文化有关。云南地处青藏高原南部延伸部分与中南半岛之间的过渡地带，特定的地理环境使之成为南

---

[1] 云南百科全书编纂委员会：《云南百科全书》，中国大百科全书出版社，1999年，第68页。
[2] 云南百科全书编纂委员会：《云南百科全书》，中国大百科全书出版社，1999年，第195页。
[3] 云南百科全书编纂委员会：《云南百科全书》，中国大百科全书出版社，1999年，第195页。
[4] 云南百科全书编纂委员会：《云南百科全书》，中国大百科全书出版社，1999年，第209页。

北民族迁移的走廊。云南土生土长的原住居民与外来民族在长期交往的历史演进过程中，不断融合，不断分化，最终使云南成为一个民族众多且多民族跨国境而居的省份，并且在长期的历史进程中，云南各民族成为中华民族共同体不可分割的组成部分。

一、民族的多样性

现今云南有人口达5000以上的民族26个。除汉族外，25个少数民族中，云南特有的少数民族为15个（白族、哈尼族、傣族、傈僳族、拉祜族、佤族、纳西族、景颇族、布朗族、普米族、阿昌族、怒族、基诺族、德昂族、独龙族）。由于与缅甸、老挝、越南接壤，与泰国为近邻，云南成为中国跨境民族最多的省份，跨国境而居的少数民族多达16个（傣族、壮族、苗族、景颇族、瑶族、哈尼族、德昂族、佤族、拉祜族、彝族、阿昌族、傈僳族、布依族、怒族、布朗族、独龙族）[1]。云南少数民族分布地区占全省面积的3/4[2]。

早在170万年前，云南就出现了元谋人，有了原著居民。及至先秦时期，青藏高原的羌人沿横断山脉南下云南，东北方向也有汉人进入云南，南部有各类部族北上迁居云南，并逐渐融入当地原著民族之中，形成了氐羌、濮、越三大族群，秦汉时期统称为"西南夷"[3]。

在漫长的历史演进过程中，云南各民族不断交流和融合。到了明清之际，境内各族的分布和族称已趋稳定，除汉族外，属于藏缅语族的有白、彝、哈尼、纳西、景颇、傈僳、阿昌、拉祜、怒、独龙、藏、普米、基诺等族；属于壮侗语族的有傣、壮、布依、水等族；属于苗瑶语族的有苗、瑶等族；属于孟高棉语族的有佤、布朗、德昂等族。此外，还有属于蒙古语族的蒙古族和操汉语的回、满等族[4]。

云南历史上曾不断有内地人口迁入。战国末期有楚国庄蹻领兵入滇；魏晋南北朝时期，中国内地战乱不断，一些汉族为避乱来到云南；明朝时期，明军入滇并大量移民屯垦。前两次包括汉族在内的外来入滇人口大部分融入了当地少数民族之中，汉族人数仍少于少数民族。明代以后，迁入云南的汉族人口总数才开始超过当时云南境内人口最多的少数民族[5]。内地迁移到云南的外来人口，带来了内地先进的技术和文化。数千年来，在云南这片美丽富饶的土地上，各族人民共同生活劳动，共同开发和建设西南边疆，云南逐步形成了"大杂居，小聚居"的民族格局，呈现出民族多样性的特点来。但无论如何，在漫长的历史发展和各民族不断融合、演变过程中，云南各民族已成为中华民族不可分割的组成部分，而且各民族在天文、地理、医药、农业生产、纺织、手工技术、建筑，甚至机械加工等方面都有杰出的表现。云南多民族的特点对云南科学技术的演化有着重要影响。

二、丰富多彩的民族文化

云南科学技术的发展离不开特定的文化。自古以来，云南世居民族与外来各民族的文化交融，特别是与中原汉文化的融合，创造了璀璨的云南地方民族文化。它融入整个中华民族文

---

[1] 云南百科全书编纂委员会：《云南百科全书》，中国大百科全书出版社，1999年，第341页。
[2] 马曜：《云南简史》[第三版（新增订本）]，云南人民出版社，2009年，第1页。
[3] 云南百科全书编纂委员会：《云南百科全书》，中国大百科全书出版社，1999年，第341页。
[4] 中共云南省委政策研究室：《云南省情（1949—1984）》，云南人民出版社，1986年，第146-147页。
[5] 马曜：《云南简史》[第三版（新增订本）]，云南人民出版社，2009年，第14页。

化之中，成为中华文化的一个重要组成部分。

云南特殊的地理位置和民族多样性，以及在历史演进长河中形成的多种多样的生产劳动方式和政治制度，造就了云南不同的民族或同一民族不同支系的文化传统，使云南地方文化具有了鲜明的民族性，云南文化是多元一体中华文化不可分割的一个部分。

（一）文化的多样性

云南地处青藏高原南部延伸部分与中南半岛之间的过渡地带，这一特殊的地理环境条件使生活于此的不同民族都易于接受周边的各种文化，如中原文化、草原文化、藏文化、印度文化、东南亚文化，以致儒教、道教、佛教、伊斯兰教、基督教等都能够在此传播和发展，这里因此形成了民族多样性文化共存的格局。随着历史的演进，汉代以后，汉文化对云南的影响日趋增加，各民族在保留自身文化特质的基础上不断进行文化交流、融合，形成了以共存、包容为本真的和谐文化主流。因此，一方面云南的地方文化具有中华文化的共性特征，另一方面，在云南，流行于一定地区、某一民族内部或同一民族不同支系间的文化也具有明显的个性，这成为云南文化的一个重要特色。这种具有地方色彩的文化表现于生产方式、人际交往、服饰、饮食、建筑、节庆和婚丧嫁娶活动、语言，以及形式各异的风俗、民情和习惯之中。不同民族或同一民族不同支系的文化模式及其内涵在漫长的历史演进中不断积累和沉淀，逐步得到不同民族或同一民族不同支系的认同，有着广泛的社会基础和载体，影响着不同民族的心理，同时也给云南科学技术发展烙下了深深的印痕。云南地方文化具有的民族多样性使云南成为令人惊奇的"民族文化博物馆"，而且在云南民族文化中，传统科学技术占有十分重要的地位。例如，仅就云南的房屋建筑而言，无论是现今与缅甸接壤的西双版纳和德宏地区的傣族干栏式竹楼，还是滇中地区彝族的土掌房，以及苍山脚下洱海地区的白族三坊一照壁、四合五天井院落，或者是香格里拉地区藏族的木楞房等，都充分展示了不同地理环境条件下云南不同民族建筑的文化内涵。中华文化多元一体的特征在云南表现得十分突出，同时，文化多样性也深深地烙印在云南科学技术的发展之中。

（二）云南地方文化具有兼容性与可塑性

在历史的长河中，云南地方文化没有自我封闭，而是以开放的姿态，兼收并蓄，不断吸收外来文化以丰富和发展自身。早在战国末期，楚国的庄蹻入滇，就给云南青铜文化注入了新的元素；南诏、大理国时期，洱海地区的文化不仅吸收了中原的儒家文化，佛教、道教文化，建筑文化，精巧的手工艺文化，而且还吸收了印度和云南周边其他国家的文化，从而逐步走向繁荣。及至明清时期，云南地方文化的发展更是与中原文化的大量输入密不可分。尽管生活于偏僻、贫瘠山区的一些民族受外来文化的影响不大，但其文化仍表现出强大的兼容性和可塑性，以致云南的地方文化能够在漫长的历史进程中充分表现出开放和与时俱进的特征来。例如，傣族历史悠久的传统稻作灌溉分水技术，既具有当地佛教文化色彩，又包含着科学原理，所以能历经沧桑一直沿用到20世纪80年代。这一特征在云南传统技术的承继、改进和应用中呈现得十分清晰。

（三）云南地方文化具有不平衡性

由于地理环境特殊、民族众多，不同地域生产力水平发展程度存在差异，云南包括科学技术在内的地方文化呈现出丰富性和不平衡性。尤其唐宋以来，云南既有以大理、昆明等城市文化为代表的发达文化，也有与广大农村自然经济相适应的传统农耕文化和传统的手工业文化，还有以原始宗教为形式的原始文化；到了近代，出现了先进的工业文化；及至现代，革命文化、红色文化和社会主义文化成为引领云南各族人民不断奋进的主流。

现今，随着我国城市化进程的加快，云南的一些传统地方文化已被列入物质遗产和非物质文化遗产保护的范畴。因此，探索云南地方文化和传统科学技术演化的历史成为保护民族优秀传统文化和传统技艺的迫切任务；而且云南包括传统技术和工艺在内的地方文化又为研究中国、云南科学技术发展史和探索中华文化演化史提供了宝贵的资源，是人们更好地认识过去，展望未来，促进民族团结和推动云南现代化进程不可或缺的内容。

第三节　云南科学技术的发展及其特点

恩格斯指出，劳动"是一切人类生活的第一个基本条件，而且达到这样的程度，以致我们在某种意义上必须说：劳动创造了人"①。劳动是通过技术的实施而实现的，从170万年前的元谋人到今天高度发达的社会化生产概莫如是。但是不同的地理条件、民族特质、文化内涵、生活方式，又反过来深刻影响着技术的具体应用，使不同地域和不同民族的科学技术具有了不同的特点，并由此显露出科学技术演化的脉络。

一、云南科学技术的演进

西方古人类学家、古生物学家曾断言，人类起源于非洲，古生物的原生地也在非洲。1984年，古生物学家在云南省澄江县（今澄江市）帽天山发现年代为距今5.3亿年的早寒武纪生物化石群。澄江县帽天山动物群化石群的发现首次实证和勾勒出了脊椎动物起源演化的基本轮廓，其中最原始的脊椎动物云南虫、华夏鱼、昆明鱼的发现，将脊椎动物早期演化历史往前推进了约5000万年。这一发现作为"寒武纪生命大爆发"的证据之一，也为现今各主要动物门类起源与早期演化提供了最好、最直接的证据，为寻找人类的起源提供了重要的线索。无独有偶，云南还发现了年代为距今1.8亿年的120余具24个属33个种的禄丰恐龙化石，以及年代为距今1400万～800万年的开远腊玛古猿化石、距今800万年的禄丰腊玛古猿化石、距今800万～400万年的保山古猿化石和距今270万年的元谋蝴蝶梁子腊玛古猿化石。而170万年前，云南已诞生了元谋人。一系列的发现证明，云南存在着一条完整的古生物和古人类进化链。在20万～5万年前，云南昭通、丽江、西畴、昆明、蒙自就有旧石器时代古人类智人的存在。在滇池、滇东北、滇东南、西双版纳、金沙江中游、洱海、澜沧江中游、滇西北等地区，均发现了大量旧石器和新石器遗址。出土的骨器、石器、玉器、角器、陶器表明，云南的早期人类已掌握了基本的工具制作和劳动生产技术。

在公元前12世纪商代晚期，云南进入了青铜器时代。从云南80余县220多个遗址发掘出的上万件青铜器来看，无论是在洱海地区还是在滇池地区，云南古代先民已掌握了高超的青铜铸

---

① [德]恩格斯著，于光远等编译：《自然辩证法》，人民出版社，1984年，第295页。

造、线刻、镶嵌、鎏金的工艺技术[①]，其工艺之精美，令人赞叹。金属工具的出现有力地推进了云南农业、牧业、手工业等行业的发展。战国末期楚国庄蹻入滇[②]，从中原带来了先进的技术和文化，有力地促进了云南生产力的发展。及至西汉中期，云南的青铜制造技术已登峰造极，云南进入了颇具特色的古滇国青铜文化时期，并开始向铁器时代迈进。

进入东汉以后，云南由青铜器时代迈入了铁器时代，锻铁技术和铁器制造技术已与内地相差无几，加之魏晋南北朝时期，移民云南的汉族不断增多，进一步促进了不同民族间的交流与融合，中原地区先进的科学技术更加有力地渗透到云南不同阶层人士的生产和生活之中，促进了云南生产力的发展。

及至唐代初期，云南出现了以乌蛮、白蛮为主体，以洱海地区为中心的臣属于中央封建王朝的南诏政权。南诏政权依托自身与东南亚、南亚国家地理相连或邻近的优势，以开放的姿态吸纳了印度等周边国家的实用技术，以及包含佛教文化在内的各类文化，并积极学习和使用内地的先进科学技术，甚至派遣人员到成都学习，从而在继承青铜文化的基础上，推动了科学技术的进步。当时，南诏在金属制造、织锦、蜡染，以至建筑方面都达到了较高的水平并享誉中原，自然知识也有了明显的提升。

唐代末年，南诏灭亡；五代时期，大理国建立。大理国继承了南诏的疆域和传统，并与宋朝形成臣属关系，其存在时间几乎与宋朝相同。大理国统治者出于实现政治意图，以及治国方略和经济发展的需求，力促科技发展，并且在行政治理区域比之前扩大的条件下，逐渐将技术的应用辐射到更广的范围。这使云南这一时期的总体经济实力超过了前代。到了元代，云南的政治、经济、文化中心开始从洱海区域转移到滇池区域。昆明成了重要的城市，与之相随，先进科学技术的应用区域也发生了转移。元代统治者出于政治统治和治国的需要，以及为了保证中央和地方的财政收入有较为稳定的来源，在政策上对科学技术给予关注。由此开始，水利工程建设被充分重视起来。

及至明代，随着大量内地汉族来到云南，以及与之相随的大规模屯田，内地先进技术和文化对云南的影响得到加强，这在一定程度上促进了云南农业和社会经济的发展，传统技术也在技术和文化交流中进一步得到改进。由于官方和民间的共同努力，这一时期云南在水利、矿产冶炼、医学、建筑等方面有较大进步。通过对自然规律的认识和对生产实践的总结，云南甚至诞生了诸如《滇南本草》等一类具有鲜明地方特色的科学著作。

清军入关以后，清王朝加强了对云南的统治，在总结历代经验的基础上，承明制，大力推行"改土归流"，强化中央王朝对云南的控制，同时加大内地人口向云南等边疆地区的迁移，开展推进国家统一、加强边疆管理以及屯边开发等重大活动。所以在清代前半期，云南社会稳定，经济繁荣，水利、矿产、冶炼、医学、井盐、建筑等技术进一步发展，出现了一些有影响的科学著作和相关的著名人物。

清代后半期，西方科学技术迅猛发展。道光二十年（1840年）以后，中国进入了近代社会。随着资本主义的不断壮大，西方列强最终用大炮轰开了中国封闭的大门，清朝逐步走向衰败。清朝封建统治者为了维持其腐朽统治，开始大规模引进西方先进技术和科学理论，兴办近代军事工业和民用企业，掀起了"洋务运动"，妄想以此来挽救清王朝。与"洋务运动"

[①] 云南百科全书编纂委员会：《云南百科全书》，中国大百科全书出版社，1999年，第823页。
[②] 对于庄蹻入滇带来楚文化一说，有个别学者提出异议。例如云南省博物馆王海涛研究员认为，在滇文化遗址出土文物中未看到楚文化的痕迹，论据不足。参看王海涛《云南考古辨》，载云南大学老教授协会《2019东陆演讲录》，云南人民出版社，2020年，第80-81页。

相随，西方势力也从这一时期开始进入云南，疯狂掠夺云南丰富的矿产资源和各类财富，但他们也带来了近代西方的思想观念、先进的科学技术和新式的教育模式等。在这样的情势下，受"洋务运动"的影响，云南传统文化和传统科学技术在不断接受挑战的进程中逐渐走向近代化，修筑了滇越铁路，修建了中国大陆第一座水电站，工业有了一定发展，农业也逐步走上近代化的轨道，科学知识得到不断传播。

1912年，中华民国建立。云南顺应时代潮流，出台了一系列政策，云南的政治、经济、文化等建设有了明显进步。随着留学归国人员逐步来到云南，科学组织开始出现，科学活动逐渐增加，旧式教育日渐被新式教育取代，东陆大学由此诞生。先进的科学技术越来越多地被引入云南，并在云南生根、发芽，近代工业雏形显现，采用近代科学技术发展农业得到充分重视，云南科学技术的发展翻开了新篇章。

1937年，全民族抗日战争全面爆发，云南先成为抗日大后方，后成为反击日寇的前沿。随着沿海、内地大批工厂和企业，以及内地众多科技、文化、教育等精英的到来，云南科学技术发展迎来了难得的机遇，短短几年时间里，云南建成了具有较高水平的工业体系，出现了以中央机器厂为代表的众多优秀企业，以及诸如西南联合大学这样的优秀大学。为适应抗战需要，云南在极端艰苦的条件下修建了滇缅公路等交通要道，为全民族抗日战争最终取得胜利做出了重大贡献。云南工业体系的建成也为日后科学技术的发展奠定了坚实的基础。全民族抗日战争胜利后，由于曾经来到云南的大量教育、文化和科技精英，以及重要的工厂、大学、科研机构纷纷离开云南返回内地，尤其是国民党挑起全面内战，使国家的经济举步维艰，云南的科学技术发展也受到重创。但是随着中国共产党领导的解放战争取得胜利和1949年中华人民共和国的诞生，云南人民和全国人民一道沐浴着新的阳光，迈进了一个崭新的时代。

1950年云南和平解放后，云南大地百废待兴。在中国共产党的领导下，云南在社会主义改造中把地方的科学技术进步融入国家科学技术发展战略中，制定了不同时期的科学发展规划，逐步建立、健全了科研和教育机构，加强了对科技人员的培养，并结合本地自然资源特点，配合国家"大三线建设"，在军事、交通、能源、冶金、农业等工程项目实施中，以军事工业和农业尖端技术的突破为重点，在国防、工业技术、农业和医药卫生等领域取得了一系列科学技术成果，为振兴云南奠定了基础。尽管受到"文化大革命"的干扰，但是云南科学技术人员在极端困难的条件下，不畏艰难，有效推进了云南科学技术的进步。

"文化大革命"结束后，党中央拨乱反正，科学技术是第一生产力的思想不断深入人心。党的十一届三中全会以后，在改革开放的浪潮中，云南科技事业迅速恢复，并进入了全面发展时期。1978年全国科学大会召开之后，知识分子政策得到有效落实，科研系统和科技政策得到进一步完善。随着改革开放的深化，社会主义市场经济被逐步确立起来，云南科学技术发展面临着新的挑战和机遇。为此，云南在加强基础研究的同时，把资源优势通过科技开发转变为经济优势。同时云南开始将科技工作重心转向经济建设主战场，通过不断创新和培育高新技术，并努力使其产业化，有效推动了本地社会和经济的进步。

在进入中国特色社会主义新时代后，云南的科学技术发展逐步适应了市场经济发展的要求。2012年以来，云南按照党中央要求，把科技创新摆在发展的核心位置，坚持创新是引领发展的第一动力，坚定不移走中国特色自主创新道路，全面实施创新驱动发展战略，寻找科技创新的突破口，抢占未来经济科技发展的先机[1]，深入实施创新驱动发展战略和"创新型云南"行动计划，加大对全社会研发的投入，大力推动"科技入滇"，建设区域创新体系。这使云南综合科技进步水

---

[1] 中共中央文献研究室：《习近平关于科技创新论述摘编》，中央文献出版社，2016年，第50页。

平指数、科技进步对经济增长的贡献率、高新技术产业化效益等有效提升，科技创新能力显著提高，全省科技事业取得长足发展，云南的科学技术发展由此迎来了更加辉煌的时期。

二、云南科学技术演进的特点

虽然云南地处中国西南边陲，但是云南各族人民自古以来就和全国各族人民一道，用自己的汗水耕耘和建设着脚下的土地。云南各族人民创造的优秀技术，体现着他们的智慧。他们对科学的追求、对技术创新的持之以恒从未间断，并由此形成了云南科学技术发展的特点。

（一）科学技术历史悠久

从距今5.3亿年的云南澄江早寒武纪生物，到之后的开远腊玛古猿，云南这片土地上"居民"的演化从未停止。到了170万年前，云南出现了元谋人，有了早期的人类活动。大量考古发掘表明，及至旧石器时代中晚期，云南这块土地上已具备了相对稳定的社会组织和生活条件。距今4000年前后，云南的粳稻已被驯化为当时重要的农作物；不仅农业发展到了原始的锄耕阶段，而且有了对猪、牛、狗、鸡、马、羊这"六畜"的饲养，甚至还可能养了猫；制陶和房屋建造技术也不断完善，形式各异的房宅丰富多彩。与中原地区不同，云南不同的民族还因地制宜采用各种材料织布制衣，有的用树皮纤维，有的用火草，还有的用木棉花织成"桐华布"，而中原地区直到14世纪以后才普遍种植棉花织棉布[①]。距今3400～3100年，即至迟在我国商朝之前，云南开始进入"铜石并用文化"时代。及至西汉中期，云南的青铜冶炼和制作技术达到了青铜时代的高峰，云南诞生了神秘的以青铜为特色的"古滇王国"，这时云南青铜器的制作之精美、技艺之高超，令人叹为观止。到了唐宋时期，诞生于洱海地区的南诏、大理国政权在继承青铜文化的同时，在铁器制作、工具制造、织锦、蜡染方面有出色的表现，建筑艺术甚至达到了为内地所称赞的水平。随着时代的进步，由于种种原因，云南的科学技术逐步落后了，但是云南科学技术具有悠久的历史却是不争的事实。

（二）科学技术体现着地方特色

云南是一个多民族的省份，民族多样性导致了民族文化的多样性，也决定了云南科学技术的发展必然具有民族性和地方性。在历史的长河中，古滇部族创建了精美绝伦的"青铜器王国"。世居于云南本土的先民用木棉纺织出了著名的"桐华布"。傣、壮、白、阿昌、纳西等民族依托特定的自然环境，创造了坝区的水稻精耕技术及生产方式，傣族培育出了"遮放米"，壮族培育出了"八宝米"，阿昌族培育出了"毫安公"稻谷良种。哈尼、景颇、彝、苗、瑶、傈僳等民族开创了旱地农业，玉米、马铃薯、荞等旱地作物栽培技术各具风采，其中哈尼族开创的梯田农业生产形态为世界所瞩目。彝语支各族驯化和培养出了赫赫有名的"大理马"，白族先民制作出了"南诏剑""大理刀"，生产出有名的"沱茶"。傣族、壮族的织锦、彝族的漆器、藏族的木器、白族的木雕和石艺、苗族的蜡染、阿昌族的制刀技术、各少数民族的刺绣等，驰名中外。不同民族的建筑也充满了浓郁的民族色彩，壮傣语各族创建了干栏式建筑，彝语支各族创建了井干式建筑，藏族的木楞房、彝族的"一颗印"、傈僳族的"千脚落地"、白族的"三坊一照壁"、傣族的"竹楼"和佛塔等，体现出不同民族的智慧，展现出

---

① 夏光辅：《云南科学技术史稿》，云南人民出版社、云南大学出版社，2016年，第2页。

高超的技艺。在云南这块土地上，许多民族都有自己的天文知识和历法，各具特色的历法对人们的日常生活，尤其是对农业生产产生了重要影响，其中彝族的十月太阳历为世人所关注。从各自生产、生活的实际出发，云南不同民族创造了不同的医疗理论和治疗方法，最终孕育出了藏医、傣医、彝医完整的理论和医疗体系，其他民族也形成了自己的医疗方法，它们尽管风格各异，但实用性都很强。总而言之，在历史长河中，云南各民族的科技创新随处可见，无论是在农业、畜牧业、手工业、采矿、冶金、天文、历法、医药，还是在地理学、植物学、数学等领域都有建树，而这些成果大多都印上了各自的地方特色。

（三）科学技术发展具有开放性

云南地处西南边陲，是中国联系东南亚和南亚的重要区域。从古至今，云南从未间断过与内地和外域的交流，这种持之以恒的开放态度，支撑了云南科学技术的发展。

21世纪初，年代为距今约3000年的新石器时代遗址——云南海门口遗址出土了稻、粟、麦等谷物文物。这表明，当时在滇西北地区已经存在来自黄河流域以粟作、麦作为代表的旱地耕作方式和当地以水稻为代表的水田农业耕作方式，北方和南方不同农业耕作技术早在新石器时代已在滇西北地区实现了融合。

到了商周时期，云南的青铜器制作技术在不同地缘和不同民族及其文化的影响下达到了很高的水平，其对我国的青铜冶铸业产生了重要影响。大约在战国中晚期，云南古滇国铜铠甲制造技术接受了"南迁远途"欧亚草原游牧民族的工艺而日趋完善并传入内地[1]；此外，出土的这一时期的诸如铜锄、铜鼓、铜矛等青铜器，又带有东南亚地区越南、泰国等国家的文化烙印。春秋时期，大量濮人迁入云南；战国中晚期，楚国庄蹻入滇建立古滇国，云南的青铜铸造技术受到楚文化的影响，有了明显的进步。战国中期至西汉时期，"失蜡法"铸造技术在古滇国得到广泛采用，"这一伟大的历史功绩，首先应归功于两千多年前的云南古代民族"[2]。

及至唐代，南诏政权南征相当于现今缅甸、老挝、柬埔寨等国家的东南亚地区，俘获大量人员，充分吸纳了东南亚的科学知识和技术；又向北扩张，攻破成都城，掳掠大量工匠，并派人员到成都学习和交流；同时向世界开放，印度许多科学技术也随之进入云南，有力地促进了云南科学技术的进步。与此同时，云南著名的梯田技术和稻麦复种技术甚至传入内地，为中国农业的发展做出了贡献。

宋元以后，中原文化与技术日渐成为云南的主流，云南的科技日渐融入中原文化之中。尽管入清以后受"闭关自守"政策的影响，云南科学技术发展相对缓慢，但是"茶马古道"还在不断延伸。尤其是道光二十年（1840年）第一次鸦片战争以后，随着"洋务运动"的推进，云南对外开放的力度开始增强。清朝末年，云南建成中国第一个股份制形式采用德国技术的水力发电站——石龙坝水电站，并利用法国技术修建了滇越铁路。其他国外先进技术也不断传入云南。

中华民国建立后，云南科学技术的迅速发展还得益于国内外先进科学技术的传播和应用。云南不仅依托留学人员开办了东陆大学，率先建起云南航空学校等具有影响力的学校，而且应用和普及各类近现代科学技术，新兴企业不断出现。尤其是抗日战争全面爆发后，云南成为抗日战争的大后方，随着沿海、内地大批工厂和企业内迁云南，以及内地大批科技、文化和教育精英纷纷来到云南，云南的科学技术发展水平达到了前所未有的高度。

中华人民共和国诞生后，云南的科技发展摆脱了旧制度的枷锁，科技成果不断涌现。

---

[1] 张增祺：《滇萃：云南少数民族对华夏文明的贡献》，云南美术出版社，2010年，第27页。
[2] 张增祺：《滇萃：云南少数民族对华夏文明的贡献》，云南美术出版社，2010年，第101页。

"文化大革命"结束之后,随着科学春天的到来,科学技术是第一生产力的思想和政策深入人心,云南对内、对外科技交流力度日趋增强,改革开放促使云南的科学技术进入了发展的全盛时期,尤其是进入社会主义新时代之后,云南的科学技术更是突飞猛进。云南科学技术发展的历史,就是一部在开放中不断进步的历史。

(四)科学技术发展存在不平衡性

云南地理、气候条件复杂,民族众多,文化差异明显,科学技术发展存在着不平衡性。

从自然环境和自然资源来看,洱海、滇池等平坝地区,农业生产的自然环境较好,经济文化比较发达,所以科学技术相对先进;高寒地区、山区和边远地区经济文化相对落后,科学技术发展也较为落后。此外,不同地区的自然资源不同,相对应的技术水平也存在差异。例如个旧盛产锡矿,锡的冶炼和加工技术就相对先进;红河地区山多气候好,适合发展农业,梯田技术就相对先进。

从科学技术发展的程度而言,无论是在古代、近代,还是现代,云南各族人民都对科技发展做出了贡献,推动云南科学技术不断进步。但是在同一历史发展时期,由于社会经济和文化的差异,科技发展速度并不均衡。一是云南省内不同地区的科学技术水平不均衡。例如在南诏时期,洱海地区科技发展已达到较高程度,但是丽江、楚雄等地区的乌蛮(彝族先民)还"终身不洗手面,男女皆披羊皮"[①],"无农田,无衣服,惟取木皮以蔽形"[②]。即使到了20世纪40年代,哀牢山区的苦聪人(今拉祜族的一个支系)还过着没有房舍,树叶遮体,以采集植物、猎取动物为生的原始生活。二是云南科学技术发展与内地也存在着明显的差距。例如中原地区在夏代已进入文明时代,云南到商代才开始进入文明时代;中原在春秋战国时期已进入铁器时代,而云南到了东汉才达到这一水平。云南现代科学技术的全面起步也是在全民族抗战爆发后,得益于内地大量先进科技和人才的到来。如何打破这种不均衡,一直是云南急需解决的矛盾。

与理论研究相比,云南在技术发明和应用方面更为出色,并且这些技术具有浓厚的民族特点。从古滇青铜器制作技术到不同民族的天文历法,从丰富多彩的民族传统医疗技术到各民族颇具特色的建筑,从世人瞩目的梯田技术到精湛的民间技艺,大量的传统技术一直在云南延续,即使在世界大部分地区,现代科学技术不断冲击和取代传统技术,云南固有的传统技术仍深刻地影响着云南各民族的生活和生产。但是云南对科技理论的贡献显得相对薄弱。中原在秦汉时期已出现了科技著作,而云南迟至明代才诞生,到了清代才开始逐渐增多,并且这些著作多具有地方性和民族性,属于古典传统领域[③]。虽然民国以后,云南现代科学理论成果逐步增加,但数量也远不及内地,其中还有不少得益于抗战时期内地大批科技、文化和教育精英的帮助和支持。理论建树的不足,无论对传统技术还是对现代技术的延续和创新都会产生不利影响。

云南科学技术发展的历史表明,云南各族人民创造的带有浓厚地方色彩的科学技术和文化同属中华文明,并具有自身的特点。云南科学技术发展的历史是我们认识云南、制定云南科技政策、参与云南建设所必须了解的内容。梳理云南科学技术发展史是补充和完善中国科学技术发展史的需要,更是增强中华民族文化自信的时代责任。

---

① (唐)樊绰撰,向达校注:《蛮书校注》卷四,中华书局,1962年,第96页。
② (唐)樊绰撰,向达校注:《蛮书校注》卷四,中华书局,1962年,第100页。
③ 参看夏光辅《云南科学技术史稿》,云南人民出版社、云南大学出版社,2016年,第5页。

第一章 远古至石器时代云南的科学技术（远古—商前）

5.3亿年前，云南这片神奇的土地上发生了"寒武纪生命大爆发"。1984年，侯先光首次在云南省澄江县帽天山下寒武统筇竹寺组发现了第一批保存极好的软体节肢动物化石；之后，中国科学院南京地质古生物研究所对澄江生物化石群进行了一系列卓有成效的发掘和研究，先后发现了保存较为完好的软组织化石标本30000余块和多细胞动物化石近100个物种，包括脊索动物门在内的近30个相当于门一级的分类单位。而在云南其他地区，例如元谋县也出土了寒武纪的褶鳞鱼生物化石（见图1-1～图1-3）。这些发现为"寒武纪生命大爆发"提供了科学事实，也为现今各主要动物门类起源与早期演化提供了最好、最直接的证据。

图 1-1
5.3亿年前早寒武纪时期的澄江延长抚仙湖虫化石

诸锡斌2021年摄于澄江市博物馆

图 1-2
5.3亿年前早寒武纪时期的澄江奇虾前附肢化石（左）、整体化石（右）

诸锡斌2021年摄于澄江市博物馆（左），2022年摄于澄江化石地世界自然遗产博物馆（右）

图 1-3
出土于云南元谋的寒武纪褶鳞鱼化石

诸锡斌2020年摄于元谋县元谋人博物馆

云南不仅发现了典型"寒武纪生命大爆发"时期的生物化石群,而且还发现了年代为距今1.8亿年的禄丰恐龙化石,以及一系列与人类进化相关的古生物化石和古猿化石。最终,约170万年前,元谋人在这里诞生。

经过漫长的历史演进,云南开始进入旧石器时代,大量出土的打制石器文物表明,这时云南还处在以狩猎为主要食物来源的阶段,采用打制石器、兽骨、竹木甚至贝壳等制作的工具是当时的主要劳动工具,这一时期还产生了最初建造房屋的原始技术,有了用火的遗迹。及至新石器时代,磨制石器逐步成为主体,尤其是穿孔石制工具的出现,促进了劳动效益的提高。大理宾川白杨村遗址出土的碳化稻、剑川海门口文化遗址出土的碳化麦表明,至迟距今4000~3000年,原始农业已在云南诞生,畜牧和养殖业也开始出现,制陶技术和房屋建造技术有了新的进步,云南的先民终于开启了文明的进程。

第一节 原始技术的诞生

人是自然界长期演化的产物,而劳动是一切人类生活的基本条件,劳动需要技术,正是从最基本的劳动实践出发,人成为科学技术的发明者。云南是人类最早的起源地之一,以元谋人为代表的早期人类诞生,孕育出了旧石器时代的技术,随之而来的新石器时代的原始技术,又将云南推向了一个新的历史时期。大量考古成果表明,云南远古石器时代原始技术的出现,为后来的科学技术发展奠定了最初的基石。

一、云南的古猿进化

大多数学者认为,人类的祖先可追溯到大约2000万年前的森林古猿,其中由森林古猿分化出来的腊玛古猿极有可能是人类的直系祖先。

云南出土了大量古猿化石，自1956年在云南开远发现森林古猿牙齿化石以来，又先后在禄丰、元谋和保山发现了古猿化石。研究表明，开远古猿出现的时代最早，经鉴定其分属腊玛古猿和西瓦古猿，时代为距今1400万~800万年的中新世；禄丰古猿较开远古猿进步，应比开远古猿时代晚，也属腊玛古猿和西瓦古猿，时代为距今约800万年的中上新世（见图1-4）；保山古猿化石的时代和禄丰古猿化石的时代相近，为距今800万~400万年；而元谋古猿化石的年代则介于腊玛古猿和直立人生活的年代之间，与禄丰古猿化石的时代相当，或者稍晚。由于云南开远、禄丰、保山、元谋四个地区猿人化石的性质具有较明显的相似性，尤其是开远、禄丰和元谋这三个地点发现的化石中古猿的牙齿尺寸非常接近，并且这三处出土的牙齿化石中，元谋古猿与开远古猿在牙齿数据上更为靠近，表明云南各地古猿的演化有着密切的内在关系[①]，以至可以这样认为：开远古猿的一支演化成了元谋古猿，另一支则演化成禄丰古猿和保山古猿，这使云南古猿成为一个性质相近的群体而有别于世界上其他同一时期的古猿[②]。

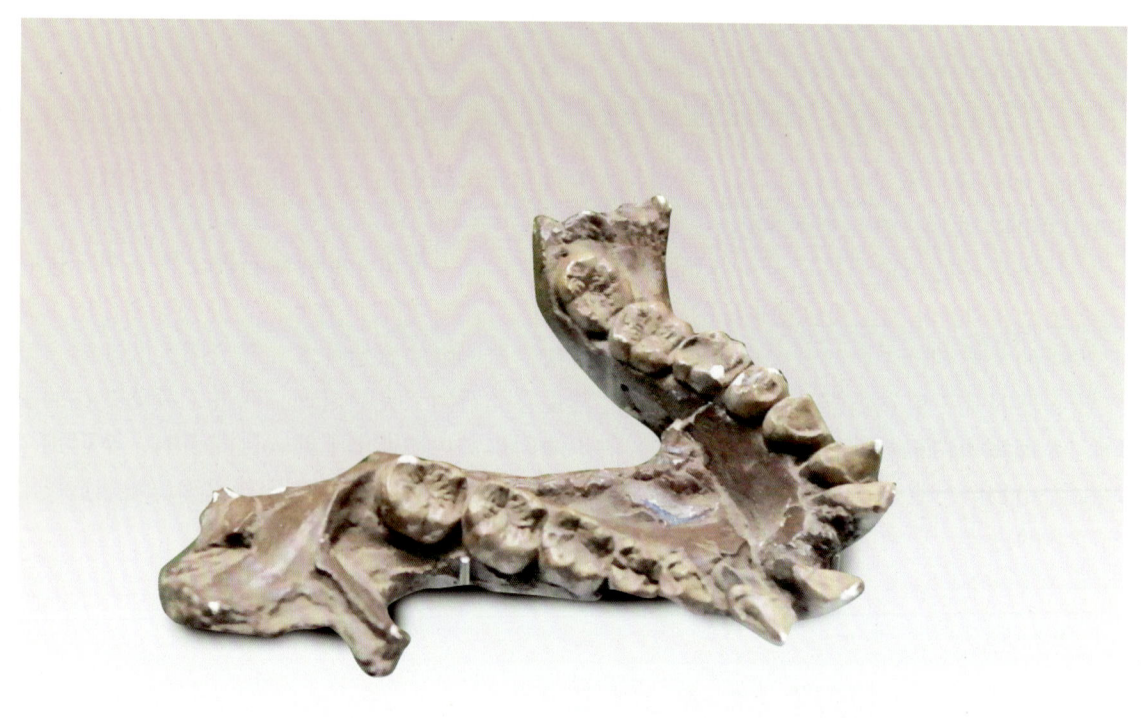

图1-4
出土于云南禄丰石灰坝的古猿化石（距今约800万年）
诸锡斌2020年摄于云南省博物馆

[①] 20世纪50年代，我国于云南开远小龙潭煤层中发现古猿化石，20世纪80年代于同一煤层中发现了古猿化石，经鉴定其分属腊玛古猿和西瓦古猿化石；在禄丰褐煤层中挖掘出的化石也属腊玛古猿和西瓦古猿化石；于保山发现的古猿化石与禄丰古猿化石年代相近；1986年于元谋发现的古猿化石的年代则介于腊玛古猿和直立人生活年代之间，与禄丰古猿化石相当或稍晚。
[②] 方铁主编：《西南通史》，中州古籍出版社，2003年，第8页。

1986年，元谋古猿化石（见图1-5）首次被发现，由于化石形态和尺寸介于腊玛古猿和早期直立人之间，其被称为"东方人"。之后发掘工作继续进行，其中第4次发掘时于元谋县蝴蝶梁子挖掘出土的古猿化石，经研究、鉴定，该古猿被认为是目前世界上已知腊玛古猿中时代最晚的一种，属于距今360万～259万年的上新世晚期。在云南的地质演化中，上新世晚期，喜马拉雅山曾剧烈隆起，青藏高原气候由温湿转变为干冷，森林减少，自然环境和生活条件发生了很大变化，觅食日趋困难，生活于此的腊玛古猿被迫走出森林，向草地和空旷的地带寻找新的食物，由此迈出了由猿向人转变的关键一步。这一时期又因为一再出现冰期和间冰期的更替，冷暖和干湿不断循环，剧烈变化，为了不断适应新的环境，早期进化中的古猿被迫不断探索新的谋生方式，进而有了各种复杂的社会性群体演化。在劳动中，人类最终从动物中分化出来，其中技术的应用成为推动这一演化的重要因素。

图1-5
出土于元谋雷老地区（距今800万～600万年）元谋古猿下颌骨化石
诸锡斌2020年摄于元谋人博物馆

二、旧石器时代云南的原始技术

旧石器是以使用打制石器为标志的人类物质文化发展阶段，其地质时代属于上新世晚期到更新世，即从约300万年前开始，一直延续到距今1万年左右时结束。元谋人化石的发现具有重要价值。由于这一化石发现于云南省元谋县，元谋县被誉为"元谋人的故乡"（见图1-6、图1-7）。

图 1-6
元谋人遗址
诸锡斌2021年摄于元谋县老城乡大那乌村

图 1-7
元谋人遗址发现纪念碑
诸锡斌2021年摄于元谋县老城乡大那乌村

1965年，在云南元谋县上那蚌村发现了属于同一成年人一左一右的2枚上内侧门齿化石，以及石器、炭屑；其后在同一地点的同一层位中，又发掘出了少量石制品、大量的炭屑和哺乳动物化石。1984年，在上那蚌村又首次发现了一段100多万年以前的长227毫米、横径17毫米的早期人类胫骨（见图1-8、图1-9）。

图 1-8
元谋猿人门齿化石

诸锡斌2020年摄于元谋人博物馆

图 1-9
元谋猿人胫骨化石

诸锡斌2020年摄于元谋人博物馆

  1976年，李普、钱方、马醒华等人首次用古地磁方法对元谋人的门齿化石年代进行测定，测出元谋人生存年代为距今170万年 ± 10万年；20世纪80年代，又经多次古地磁学方法测定，元谋人生活年代被确定为约170万年前[①]；20世纪90年代，研究者进一步采用更精密的裂变径迹法、电子自旋共振法、氨基酸法进行年代测定，所获年代数据再次证实元谋人生存年代为距今170万年左右。[②] 目前对于元谋出土的早期人类化石所处的地质绝对年代尚存在不同看法，但这些不同看法对探索人类重要起源的研究有着十分重要的价值。

  由于上那蚌村发现的2枚人齿化石代表的早期人类与北京人基本相似，属于我国早期类型的直立人，因此将其定名为元谋直立人，也即人们通常所说的元谋人。研究者对元谋人遗址出土的22件石制品进行分析后将其归类为刮削器、尖状器和砍砸器（见图1-10），其中的尖状器是经过精细加工而成的顶端有尖角的三角形打制石器。可以确定这些石器是以砾石为材料打制而成的，这否定了一些西方学者所持的亚洲砾石工具传统是由非洲传入的观点[③]。

[①] 李普（1976年）、程国良（1977年）、钱方（1985年）、梁其中（1989年）等人采用古地磁方法进行测定和研究，都认为元谋人生存年代为距今170万年左右。参看何耀华总主编，李昆声、全成润主编《云南通史》卷一，中国社会科学出版社，2011年，第58页。
[②] 1991年，张虎才、原思训、吴佩珠等人分别运用裂变径迹法、电子自旋共振法、氨基酸法进行测定，证明元谋人生存年代为距今170万年左右。参看何耀华总主编，李昆声、全成润主编《云南通史》卷一，中国社会科学出版社，2011年，第58页。
[③] 方铁主编：《西南通史》，中州古籍出版社，2003年，第9页。

图 1-10
元谋人遗址出土的砍砸器（距今 170 万年）

诸锡斌2020年摄于元谋人博物馆

虽然目前的研究还无法确定这些石器的加工技术情况，但元谋人会用捶击法制造以及修理石器，会制造尺寸不大的刮削器和尖状器的事实却是确定的。耐人寻味的是元谋人遗址化石所在地层中，凡是有炭屑的地方总是伴随着动物化石。1974年、1975年，在同一层位找到的几块颜色发黑的骨头，经贵阳地球化学研究所鉴定后被认为可能为烧骨，并且这些炭屑、烧骨、石器和哺乳动物化石都在同一层位内，离元谋猿人门齿化石出土地点也不远[1]。因此，不能排除早在170万年前，元谋人已知道利用火这一自然力了（见图1-11）。这一事实把人类用火的历史，向前大大推进了一步。

图 1-11
元谋人遗址出土的用火痕迹（距今 170 万年）

诸锡斌2021年摄于元谋人博物馆

其他化石的出土还进一步表明，在元谋人化石地层中，与元谋人共生的哺乳动物有云南马、爪蹄兽、猪、纤细原始麂、牛类、剑齿象、豪猪、鬣狗、竹鼠、斯氏鹿、云南水鹿、最后枝角鹿、轴鹿、羚羊14种[2]，再晚一些还有桑氏缟鬣狗、云南马、山西轴鹿等动物[3]（见图1-12、图1-13）。

---

[1] 参看张兴永、周国兴《云南人类起源与史前文化》，云南人民出版社，1991年，第136页。
[2] 参看何耀华总主编，李昆声、全成润主编《云南通史》卷一，中国社会科学出版社，2011年，第60页。
[3] 黄懿陆：《云南史前史》，云南人民出版社，2018年，第44页。

图（左）1-12 元谋东甸遗址出土的早更新世剑齿象下颌骨

诸锡斌2020年摄于元谋人博物馆

图（右）1-13 元谋杨柳树遗址出土的早更新世剑齿象臼齿化石

诸锡斌2020年摄于元谋人博物馆

此外，对植物孢子的分析表明，在出土动物化石的孢粉组合里，松属植物占33.3%，桤木属植物占13%，草本植物所占比例最大，达到40%[①]。由此可以认为，当时元谋人生存的自然环境是森林-草原景观，这里气候凉爽，一定程度上为元谋人的生存提供了有利条件，也为旧石器时代元谋人原始技术的产生提供了相应的条件。但是更为重要的是社会性劳动的出现，最终促使元谋人应用十分粗糙、简陋的石器工具把自己从动物变成真正意义上的人。正如恩格斯所说：劳动"是一切人类生活的第一个基本条件，而且达到这样的程度，以至我们在某种意义上必须说：劳动创造了人本身"[②]。

在云南广袤的土地上，除元谋人遗址外，旧石器遗址还有30多处，其中旧石器时代晚期智人化石遗址就达20多处，分布于云南各地区。其中曾经生活的具有代表性的早期人类有西畴人、丽江人（见图1-14）、蒙自人（见图1-15）、昆明人、姚关人、蒲缥人等。

图（左）1-14 出土于丽江木家桥第四纪更新世晚期（距今10万~5万年）的丽江人头骨

诸锡斌2020年摄于元谋人博物馆

图（右）1-15 蒙自人下颌牙化石和头骨化石

诸锡斌2021年摄于红河州博物馆

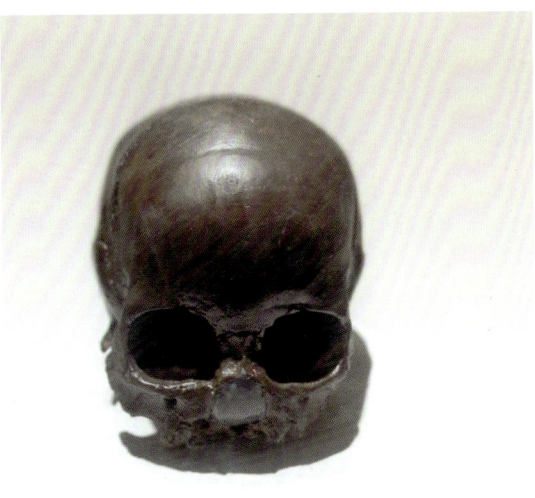

---

① 黄懿陆：《云南史前史》，云南人民出版社，2018年，第44页。
② [德]恩格斯著，于光远等编译：《自然辩证法》，人民出版社，1984年，第295页。

发掘出来的化石往往包括石器、动物骨器、角器、牙器等多种类型。例如，1986年于云南保山市（今保山市隆阳区）塘子沟遗址发掘出的蒲缥人化石中有人类化石7件、石器和石片等400件、骨制品46件、角制品71件、牙制品1件[①]。该遗址经碳十四年代测定法测定年代为距今6250年±210年，树轮校正年代为6895年±225年[②]，是云南目前发掘遗物最丰富的旧石器时代向新石器时代过渡的遗址。如此众多的角器和牙器聚于一处，在中国的旧石器遗址中也是很少见的。值得注意的是，这时加工骨器（见图1-16、图1-17）、角器和牙器已普遍使用了磨制技术，这一现象在云南其他一些旧石器遗址中也同样存在。

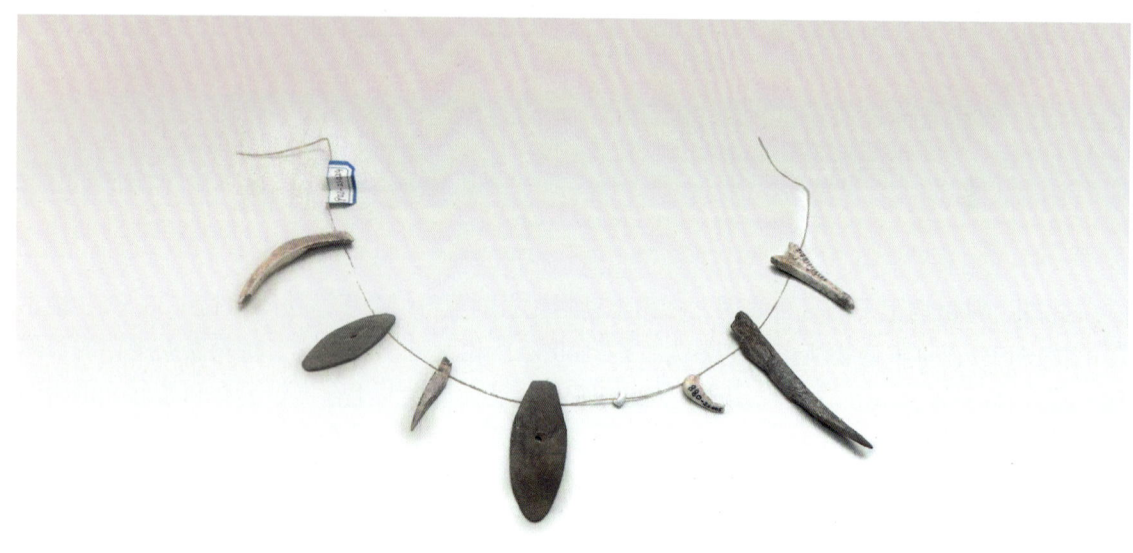

图 1-16
元谋大墩子遗址出土的人工磨制动物骨器
诸锡斌2020年摄于元谋人博物馆

图 1-17
元谋大墩子遗址出土的人工磨制骨锥
诸锡斌2020年摄于元谋人博物馆

此外，在塘子沟遗址还发现了包括火塘、柱洞和夯土面的房屋遗迹，在不规则的火塘内残留着烧土、炭屑、烧骨。蒲缥人永久性居屋的出现，表明云南在旧石器时代中晚期已有了相对稳定的社会组织和生活条件。该遗址还出土了猪和牛的骨头。是否这一时期已有了动物的驯养，尚有待进一步探究。在塘子沟遗址中，还发现有螺蛳和河贝的弃壳，但未发现鱼骨，可以推测捕鱼在这一时期还不普遍。

---
① 方铁主编：《西南通史》，中州古籍出版社，2003年，第10页。
② 何耀华总主编，李昆声、全成润主编：《云南通史》卷一，中国社会科学出版社，2011年，第105-106页。

云南旧石器时代遗址发掘的遗存有共同的特点，即这些石器的加工与其他地区石器的加工相比显得简单，技术和方法没有明显的进步，但是兽骨、兽角等的加工却十分精细。考古研究表明，云南早期人类生活的年代处于第四纪更新世，这时的自然环境相对优越，动物种类和竹木资源丰富，十分有利于用竹木和兽骨、兽角等来制作工具。出土的化石进一步证明，云南旧石器遗址出土的砍砸器大多是采用砾石打出的刃口锋利的石器（见图1-18、图1-19），这种工具砍伐竹木效果相对较好，但不利于狩猎和切割兽肉。

图（左）1-18 旧石器时期云南智人使用的石器（一）
诸锡斌2020年摄于云南省博物馆

图（右）1-19 旧石器时期云南智人使用的石器（二）
诸锡斌2020年摄于云南省博物馆

此外可以推测，由于竹木工具易腐，遗址中少有竹木工具的遗存，却保留下了大量加工精细的骨器、角器和牙器。值得注意的是，1986年云南省文物部门对云南省江川甘棠旧石器遗址再次进行清理，初步认定"江川的旧石器时代文化遗存当在一百万年以前"[1]，属于旧石器时代早期遗址。2014—2015年，云南文物考古研究所又对江川甘棠旧石器遗址进行发掘，共出土石制品25153件、骨制品28件、木制品数十件，在遗址文化层顶部还发现了篝火遗存，地质时代应为早更新世[2]。这一遗址特殊的埋藏条件使人们看到了江川甘棠旧石器遗址留下的石制品、木制品、哺乳动物化石、用火的痕迹以及植物种子（见图1-20），而"其中最令人惊叹的莫过于百万年前有人类加工痕迹的木制品"[3]，这是迄今为止世界上发现的最早的（距今100万年）木制品[4]。在此之前，中国旧石器遗址从未发现过木器。因而这一考古成果填补了中国旧石器时代研究的空白[5]，同时也将过去认为的出现于70万～50万年前的木石混合工具的时代提前了至少30万年。

---

[1] 张兴永、高峰、马波等：《云南江川百万年前旧石器遗存的初步研究》，见黄懿陆《云南史前史》，云南人民出版社，2018年，第49页。
[2] 黄懿陆：《云南史前史》，云南人民出版社，2018年，第50页。
[3] 贾昌明：《远古人类生活的完整图景》，《中国社会科学报》2016年5月20日，第6版。
[4] 中共玉溪市委、市政府：《魅力玉溪》，云南人民出版社，2019年，第38页。
[5] 黄懿陆：《云南史前史》，云南人民出版社，2018年，第53页。

图 1-20 江川甘棠旧石器遗址出土的骨制品（上）、木制品（中）和用火遗迹（下）[1]

云南特殊的地理环境和自然条件决定了采用骨器、角器和竹木制作的工具效用并不比石器差，这导致云南早期人类对骨器、角器工具和竹木工具的依赖程度比较高，以至一定程度上迟滞了石制工具制作技术的进步，这是云南旧石器时代遗存具有的共同特点。云南省江川甘棠等旧石器遗址出土的木质工具表明，"在石器文化尚未出现之前，木制品就应该出现了"[2]。那种仅以石器制作的水平来衡量和判断云南早期生产力状况的观点，显得过于刻板和不切实际。

---

[1] 中共玉溪市委、市政府：《魅力玉溪》，云南人民出版社，2019年，第39页。
[2] 黄懿陆：《云南史前史》，云南人民出版社，2018年，第53页。

第二节　新石器时代原始技术的进步

新石器时代是以使用磨制石器为标志的人类物质文化发展阶段（见图1-21）。这个时代在地质年代上已进入全新世，是继旧石器时代之后，或经过中石器时代过渡而来的时代，属于石器时代的后期，大约从1万年前开始，结束于5000多年前至2000多年前。

图1-21
元谋大墩子出土的新石器时代磨石（距今约4000年）
诸锡斌2020年摄于元谋人博物馆

新石器时代最主要的标志是农业和畜牧业的产生。这一时期使用的工具以磨制石器为主，陶器、纺织技术和房屋开始出现；大部分人群定居并形成大小不等的聚落；人类从原来依赖天然物品为生过渡到通过生产来满足生活所需，群体性的生产劳动逐渐成为主流，生产力水平明显提高；母系氏族制度在这一时期达到鼎盛。

云南新石器时代的遗存十分丰富，目前已发现300余处遗址和遗物地点，几乎各县市都有分布。根据不同的自然环境，遗址可分为河湖台地、贝丘遗址和洞穴遗址3种[1]。按照考古学类型进行划分，云南的新石器文化大致可分为8种类型：滇池地区新石器时代文化，以石寨山类型为代表，主要分布在滇中地区的滇池、抚仙湖、星云湖、杞麓湖等地；滇东北地区新石器时代文化，以昭通闸心场类型为代表，集中在昭通闸心场和鲁甸马场；滇东南新石器时代文化，以文山州麻栗坡县的小河洞类型为代表，发现于文山、富宁、马关、砚山等县市；滇南-西双版纳地区新石器时代文化，以景洪市曼蚌囡类型为代表，分布于西双版纳州和普洱市的南部；金沙江中游地区新石器时代文化，以元谋县大墩子类型为代表，主要发现于元谋县、永仁县、禄丰市、姚安县等地；洱海地区新石器时代文化，以大理市的马龙类型为代表，发掘的遗址是宾川县白杨村，保山、施甸、腾冲、龙陵等地发现的遗存与此有较多联系；澜沧江中游地区新石器时代文化，以云县忙怀遗址为代表，分布于云县至福贡县之间的地域；滇西北地区新石器时代文化，以维西县戈登遗址为代表，永仁县、武定县、元谋县等地的遗存与此有联系。

---

[1] 云南省博物馆：《云南古代文化的发掘与研究》，载《文物考古工作三十年》，文物出版社，1979年。云南省博物馆：《十年来云南文物考古新发现及研究》，载《云南考古工作十年》，文物出版社，1990年。李昆声：《云南文物考古四十年》，《云南文物》第25辑，1989年。李昆声：《云南文物考古四十五年》，《云南文物》1996年第2期。

这些地区是史前云南古人类的主要聚居地。在这些新石器时代遗址发现的遗存,形式多样,各具特色,体现了云南新石器时代原始技术的发展状况。

一、石器的制作

云南新石器时代的石器以磨制石器为主,但也有少量的打制石器。这些石器涉及农业、渔猎、手工业、兵器等方面。其中农业生产石器最为突出,包括斧、刀、镰、锛、凿、锥、矛、镞、纺轮、渔坠、砾、砍砸器、刮削器、杵等。其中经放射性碳素测年法测定年代为公元前1820年±85年或公元前1725年±85年的宾川县白羊村遗址[①]就曾出土了数量较多的弓背型的月牙形穿孔石刀(见图1-22、图1-23),扁平形、椭圆形和梯形的石斧、石锛等。值得一提的是穿孔石器的出现,表明云南新石器时代的石器制作有了突出进步,它是石器制作技术上的重要发明。石器上有了孔,就可以将石器捆绑于木棍等器物上,不但可以明显提高使用效益,同时也便于携带和组装。

图 1-22
宾川县白羊村遗址出土的石刀

诸锡斌2020年摄于云南省博物馆

图 1-23
宾川县白羊村遗址出土的石刀

诸锡斌2020年摄于云南省博物馆

---

① 汪宁生:《云南考古》,云南人民出版社,1992年,第15页。

在大理洱海地区，磨制而成的穿孔石刀大多将孔开于弓背之上，以利于将绳索穿入孔中，套在手上割取植物，显得较为精致，而且省力。石斧也是云南新石器遗址出土数量最多的石器，主要为上部窄、下部和刃部宽的有肩石斧（见图1-24），有的甚至是带孔的石斧（见图1-25）。元谋发掘出的带孔的石坠十分精巧，带孔的石器还涉及石矛、石锄和石镞等，其中元谋大墩子遗址出土的石镞就磨制得十分锋利（见图1-26）。

图（左）1-24 元谋大墩子遗址出土的有肩有段石锛（距今约4000年）
诸锡斌2020年摄于元谋人博物馆

图（右）1-25 元谋大墩子遗址出土的有肩有段石斧（距今约4000年）
诸锡斌2020年摄于元谋人博物馆

图1-26 元谋大墩子遗址出土的锋利的石镞（距今约4000年）
诸锡斌2020年摄于云南省博物馆

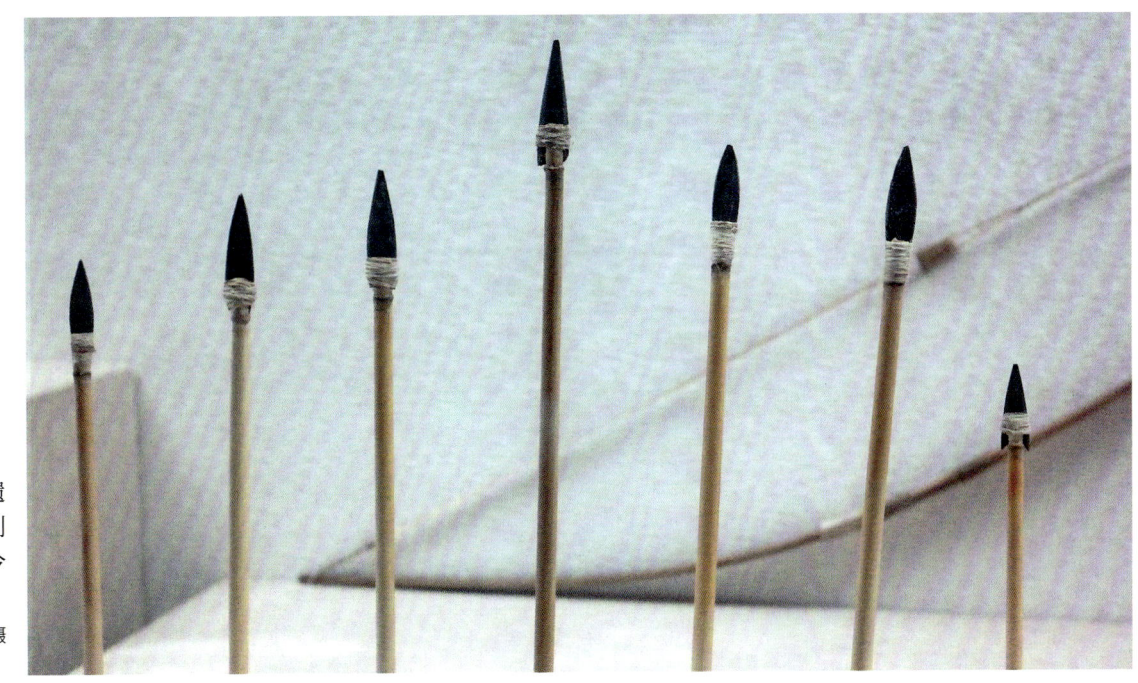

大量石器的出土表明，旧石器时期，云南石器大多是通过打制一次性加工而成，只有少数是加工过两次的[①]。进入新石器时代之后，石器的制作技术有了新的进步，改变了原来通过敲打、撞击使砾石、燧石、石英等坚硬石料产生锋利刃口或尖角，使之具有砍砸、挖掘、切割敲击等功用的粗糙的工具制作方法，在选料方面更加严谨，对切割、磨制、钻孔、雕刻等工艺有了较高的要求。石料选定后，先打制成雏形，然后把刃部或整个石器放到砾石上加水或沙子磨，因而制成的石器刃部和尖角更加锋利，器型更加统一，比例更加合理，尤其是石器穿孔技术的发明与应用，使这一时期的工具制作技术有了重大进步。

二、农耕的诞生

马克思在《资本论》一书中指出："各种经济时代的区别不在于生产什么，而在于怎样生产，用什么劳动资料生产。劳动资料不仅是人类劳动力发展的测量器，而且是劳动借以进行的社会关系的指示器。"[②]随着新石器时代的到来以及新的劳动工具的涌现、生产技术的不断进步，云南的原始农业逐步诞生。

距今4000年前后的云南各地的新石器时代遗址、遗存出土了大量反映当时生产生活情况的物件。如前所述，8种不同类型的新石器文化遗址中，以石寨山类型为代表的滇池地区新石器文化遗址就曾出土了很厚的螺蛳壳层，并且螺蛳壳底部均有孔，说明当时的人是通过孔来吸食螺肉的。遗址还出土了具有农耕特点的有肩石斧、有肩石锛，以及泥质红陶等器物。其中用手工且在温度不高的条件下制作的红陶，经鉴定是以谷穗或谷壳做垫制成的。陶片上有明显的稻粒、稻壳（粳稻）的痕迹。出土的有孔蚌刀（见图1-27）、骨铲也与收割和耕作相关。这表明此时滇池区域已形成以水稻种植为主，辅以捞螺的生计方式。

图1-27
有孔蚌刀（距今约4000年）

诸锡斌2020年摄于元谋人博物馆

以元谋大墩子类型为代表的金沙江新石器文化遗址出土了存粮用的窖穴，且穴中盛有谷壳粉末和白色禾草类叶，发掘出的房屋都是长方形地上木结构房屋，内有火塘，有大量各类石制工具、土陶、骨器等。遗址中还发现了大量动物遗骨，其中猪、狗、牛、羊、鸡等应是驯化饲养的畜禽。还在一个火塘中的陶罐中发现大量的碳化谷物，经鉴定是粳稻[③]（见图1-28）。这些出土的磨制石器和碳化稻谷表明，当时的农业已处于原始的锄耕阶段，粳稻已经是当时的

---

① 夏光辅等：《云南科学技术史稿》，云南科技出版社，1992年，第8页。
② 中共中央马克思恩格斯列宁斯大林著作编译局译：《马克思恩格斯全集》第23卷，人民出版社，1972年，第204页。
③ 汪宁生：《云南考古》，云南人民出版社，1992年，第17-19页。

第一章　远古至石器时代云南的科学技术（远古—商前）　　27

图1-28
元谋大墩子遗址出土的碳化粳稻谷粒（距今约4000年）
诸锡斌2020年摄于元谋人博物馆

重要农作物，以种植为主，兼行狩猎、采集和饲养的生产模式已经形成。大量的研究充分说明"云南种植水稻的历史很早"[①]。

以大理市的马龙类型为代表的洱海地区新石器文化遗址中，正式发掘测定的年代为距今约4000年的宾川县白杨村遗址是云南目前已知最早的农业遗址。这一遗址住房附近有48个规则的圆形、椭圆形、方形和不规整的储粮窖穴，说明当时已有了较为充足的余粮。此外，年代为距今3400～3100年的大理州剑川县海门口遗址[②]（见图1-29、图1-30）不仅出土了陶、石、木、骨、牙、铜、铁等类器物，还出土了动物骨骼和农作物。它是目前中国发现的最大水滨干栏式建筑聚落遗址，其规模之大在世界上也罕见。可以把海门口文化称为"铜石并用文化"[③]，它是属于新石器时代后期的文化。

图（左）1-29
海门口遗址
诸锡斌2022年摄于剑川海门口村

图（右）1-30
海门口遗址位于剑川县甸南镇的剑湖出水口处
诸锡斌2022年摄于海门口村

---

① 杨帆、万扬、胡长城：《云南考古（1979—2009）》，云南人民出版社，2010年，第5页。
② 海门口遗址经多次发掘，现已回填。
③ 汪宁生：《云南考古》，云南人民出版社，1992年，第24-25页。

值得注意的是在海门口遗址中，不仅发现了稻，而且发现了属于北方的粟和麦（见图1-31、图1-32），以及其他一些作物的碳化遗物。说明在新石器时代后期，这里已有了水田作物稻和旱地作物粟、麦的种植。海门口遗址稻、粟、麦共存的现象，证明来自黄河的粟作农业的南界已延伸到滇西地区。因此，海门口遗址成为探索云南稻作农业技术和北方旱地农业技术交流和发展的重要地区。海门口遗址的发现为重新认识中国古代稻麦复种技术的起源时间和地点提供了重要线索，它是考察和追溯我国稻麦轮作技术起源的重要遗址。

图 1-31
剑川县海门口出土的碳化稻

诸锡斌2022年摄于剑川县民族博物馆

图 1-32
剑川县海门口出土的碳化麦

诸锡斌2021年摄于云南农业大学云南民族农耕文化博物馆

三、云南的稻作农业[①]

关于稻作农业的起源，有各种不同的观点和假说。不少学者认为云南省是亚洲栽培稻的重要起源地之一[②]，其稻作历史可上溯至新石器时代[③]。

《山海经·海内经》载："西南黑水[④]之间，有都广之野，后稷葬焉。爰有膏菽、膏稻、膏黍、膏稷，百谷自生，冬夏播琴。"说明至少在战国时期以前，云贵地区就已经有了野生稻。从现今云南10个地点出土的古稻谷来看[⑤]，宾川县白杨村出土的最早，"距今大约四千年"[⑥]。诚然，其年代不及河姆渡出土的久远，但是并不能排除以后云南还会出土年代更早的稻谷。值得注意的是，作为栽培稻祖先的野生稻，现在尚存的3个种——普通野生稻（*Oryza rufipogon* Griff.）、疣粒野生稻（*Oryza meyeriana*）和药用野生稻（*Oryza officinalis* Wall），只在云南（见图1-33、图1-34）和海南岛同时存在，并且"日本学者用酯酶同工酶的分析，根据亚洲各地776个水稻品种的同工酶酶谱，加以整理归纳，分析水稻品种的遗传变异与地理分布，认为我国云贵高原等地是稻种变异中心……至今未见有能否定此说的新论据出现"[⑦]。

图（左）1-33 云南野生稻

诸锡斌2021年摄于云南省农业科学研究院嵩明科研基地

图（右）1-34 云南野生稻

诸锡斌2021年摄于云南省农业科学研究院嵩明科研基地

云南的地理情况十分特殊。日本东京都大学南亚研究所所长渡部忠世教授通过近20年的

[①] 诸锡斌：《傣族传统灌溉技术的保护与开发》，中国科学技术出版社，2015年，第46-51页。

[②] 我国柳子明教授认为亚洲栽培稻源自云贵高原；日本渡部忠世教授认为起源于印度阿萨姆和中国云南；汪宁生、李昆声认为起源于云南的可能性最大；日本的鸟越宪三郎主张稻作起源于云南昆明的滇池一带。游修龄教授根据酶谱变异分析，也倾向西南起源中心说。

[③] [日]鸟越宪三郎著，段晓明译：《倭族之源——云南》，云南人民出版社，1985年，第30-31页。

[④] 黑水就是现今的金沙江流域。

[⑤] 参看李昆声主编《云南考古学通论》，云南大学出版社，2019年，第152页。云南出土古稻谷的10个地点即剑川海门口、元谋大墩子、宾川白羊村、晋宁石寨山、楚雄永仁、耿马石佛洞、耿马南碧桥、东川营盘村、大理永平、保山昌宁。

[⑥] 李昆声：《云南在亚洲栽培稻起源研究中的地位》，《云南社会科学》1981年第1期，第70页。

[⑦] 李根蟠、卢勋：《我国原始农业起源于山地考》，《农业考古》1981年第1期，第31页注释（17）。也可参看《国外农业科技资料》1972年第2期。

悉心研究和实地考察，形象地把云南称作"亚洲大陆的水塔"①，认为稻谷正是在"水塔"的作用下，沿着这些水系传播到中国的华中、华东、华南地区及泰国、缅甸、越南、柬埔寨诸国；进而认为"在亚洲大陆，稻米从热带诸国传向南方、东方和西方的复杂途径，追根寻源，无不起源于阿萨姆（印度的一个地区）和云南，这是很清楚的"②。他把云南看成"稻米之路"的一个重要起点。

考察云南不同民族和东南亚相关民族农业生产的神话，同样也是认识云南稻作农业起源的一个方面。傣族的《一棵萝卜大的谷子》《叭塔麻嘎捧尚罗》，柬埔寨的《水稻的来历》，越南的《稻子的来历》，以及我国西双版纳布朗族地区的《谷种来到人间》都是关于稻作的神话和传说。诸如此类的神话和传说在少数民族中还有很多。这些神话和传说朴实地保存了早期稻作农业产生的情况，是云南稻作农业萌芽和发展的佐证。

语言是对人类实践活动的客观反映。由于农业是人类最基本、最重要的生产实践活动，作为一个历史悠久的产业，它从诞生的时候起，就注定会在语言中得到应有的反映。自古以来，我国西南地区与东南亚就有着紧密的联系。不仅这两个区域都有稻作农业的传统，而且云南的普通野生稻和中国半岛又同属一个分布区。有学者结合稻作农业的传播开展了研究，对泰、傣、壮3个民族语言中的2000个常用词汇进行的比较研究显示，3种语言词汇相同的约有500个，泰和傣语言词汇大致相同的约有1500个；而壮侗语7个民族有关稻作的词汇就高达228个。这些不同民族的语言，涉及稻作农业的各个方面，反映了稻作农业从生产到加工，以至生活中以稻米为主食的全过程，并自成系统，说明它们的原始母语在分化为各民族的语言之前，就已经经历了稻作农业的悠久历史③。而这些语言的民族载体都分布在云南、广西和东南亚地区。通过从考古学、历史文献、自然地理等多方面综合分析，一些学者认为："中国广西西南部、云南南部、越南北部、老挝北部、泰国北部、缅甸掸邦是亚洲栽培稻的起源地之一。"④这些观点"与学术界广泛认同的以长江流域以南地区是亚洲稻作起源和传播的核心区域的观点不谋而合"⑤。其中云南具有十分重要的地位。

无论从历史文献记载、考古发现、实验分析、语言学考证等方面，还是从野生稻作的原始资源、原始稻作农业的自然条件和生产条件等方面进行的研究，都表明云南是稻作农业的重要发祥地之一⑥。这一时期，云南的稻作技术已成为支撑其农业的核心因素，是保障人们生活的重要条件。

四、畜牧业

云南在原始农业产生之前已有了对家禽的驯养。随着原始农业的产生，动物饲养有了新

---

① 长江（上游为金沙江）、湄公河（上游为澜沧江）、萨尔温江（上游为怒江）均发源于青藏高原并贯穿云南高原，最后分别流向我国东部和中南半岛；而珠江干流西江（上游为南盘江）、红河（上游为元江）、伊洛瓦底江（上游东源为恩梅开江）等河流，也都在云南高原分别具有源流，它们在流经我国南部、越南北部和缅甸南部后，最终注入大海。这些大江河流形如扇骨而向广大区域伸展，因此有学者把云南看成"水塔"。
② [日]渡部忠世著，尹绍亭等译，程侃生校：《稻米之路》，云南人民出版社，1982年，第146页。
③ 覃乃昌：《壮族稻作农业独立起源论》，《农业考古》1998年第1期，第319页。
④ 游汝杰：《从语言地理和历史语言学试论亚洲栽培稻的起源和传播》，《中央民族学院学报》1980年第3期，第16页。
⑤ 管彦波：《云南稻作源流史》，民族出版社，2005年，第75页。
⑥ 诸锡斌：《傣族传统灌溉技术的保护与开发》，中国科学技术出版社，2015年，第51页。

的进步，动物畜养业开始出现，并在发展中逐步完善。

在新石器时代，云南动物的驯养种类不断增加，有了对猪、牛、狗、鸡、马、羊，即"六畜"的饲养。在云南各遗址出土的动物遗骨中，年代最早的是宾川白杨村遗址出土的狗骨（距今4000年）；在元谋大墩子遗址出土的狗骨的数量仅次于猪骨和牛骨，居第三位，占该遗址中可供鉴定的猪、牛、狗3种动物遗骨总数的9.8%[1]。而猪骨被发现得最多，表明当时猪的饲养十分普遍，在元谋大墩子遗址中，猪骨占可供鉴定的猪、牛、狗3种动物遗骨总数的48%，居第一位[2]。牛遗骨在云南新石器时代晚期遗址中也是较多见的，在元谋大墩子遗址中，牛骨占可供鉴定的猪、羊和狗3种动物遗骨总数的42.2%[3]，居第二位。在元谋大墩子遗址中发现了一件羊的第三右臼齿，经鉴定属驯养种[4]。这一时期甚至还可能养了猫[5]。在属于新石器时代的沧源崖画中，可以见到颈上套绳被人牵拉的牛和伴随猎人的狗，说明当时牛、狗已被驯化，而驯化的牛主要供食用，尚无供役的情形。从出土牛角的形态来看，牛的品种应是印度种野牛[6]。马骨在云南的许多新石器时代遗址中都有发现，新石器时代晚期的麻栗坡小河洞遗址等地出土的马骨，经鉴定为家马[7]，甚至在年代为距今约3000年的德钦纳古石棺墓中还发现了马饰，证明马至迟在新石器时代晚期已被驯化。鸡是六畜中唯一的禽类。元谋大墩子遗址出土了鸡骨，其中一件的跗骨上还保留有距骨，这是家鸡和野鸡共有的特征；同时还出土了1件鸡形陶壶[8]（见图1-35），说明这时鸡也已被驯化。

图 1-35
元谋大墩子遗址出土的鸡形陶壶
诸锡斌2021年摄于云南省博物馆

出土的大量驯养动物遗骨等证明，这时的饲养业在经济生活中的地位已仅次于农业（种

---

[1] 何耀华总主编，李昆声、全成润主编：《云南通史》卷一，中国社会科学出版社，2011年，第156页。
[2] 何耀华总主编，李昆声、全成润主编：《云南通史》卷一，中国社会科学出版社，2011年，第156页。
[3] 何耀华总主编，李昆声、全成润主编：《云南通史》卷一，中国社会科学出版社，2011年，第157页。
[4] 何耀华总主编，李昆声、全成润主编：《云南通史》卷一，中国社会科学出版社，2011年，第157页。
[5] 张兴永：《云南新石器时代的家畜》，载《云南省博物馆建馆三十五周年论文集》，1986年。方铁主编：《西南通史》，中州古籍出版社，2003年，第17页。
[6] 何耀华总主编，李昆声、全成润主编：《云南通史》卷一，中国社会科学出版社，2011年，第157页。
[7] 何耀华总主编，李昆声、全成润主编：《云南通史》卷一，中国社会科学出版社，2011年，第157页。
[8] 张兴永：《元谋大墩子新石器时代遗址出土的动物遗骨》，《云南文物》1985年第17期。张兴永：《云南新石器时代的家畜》，《农业考古》1987年第1期，第370-377页。

植业）[①]。云南动物畜养业的产生是十分重要的科技成就，它是当时人们生活中不可或缺的因素，为推动原始农业发展创造了有利条件。

新石器时代云南不仅在农业和畜牧业方面有了明显进步，而且居住在湖滨河畔的人群还大量捕捞鱼、螺、贝类等水生动物。例如，在滇池周围以及畴阳河畔的麻栗坡小河洞遗址就发现了大量螺壳堆积形成的贝丘遗址（见图1-36），有的甚至厚达9米[②]。在大理洱海边的银梭岛遗址中也发现了大量的螺蛳（见图1-37），螺壳尾部被人敲打过，说明那时人们已有食用螺蛳的习俗。"在洱海地区，这种习俗一直保留到了今天。"[③]这些遗址中还普遍出土了渔捞工具和水产品弃物，以及数量不等的石网坠、鱼骨和螺贝类弃壳，可以看出捕捞在当地人群的经济生活中仍占有重要的地位，捕捞技术也有了新的进步。

图1-36
螺壳堆积形成的贝丘遗址
诸锡斌2022年摄于玉溪市博物馆

---

① 何耀华总主编，李昆声、全成润主编：《云南通史》卷一，中国社会科学出版社，2011年，第157页。
② 方铁主编：《西南通史》，中州古籍出版社，2003年，第17页。
③ 李晓岑：《云南科学技术发展简史》（第二版），科学出版社，2015年，第24页。

图 1-37
尾部被人敲打过（以便于食用）的螺壳
诸锡斌2021年摄于云南省博物馆

五、制陶技术

进入新石器时代后，随着农业、畜养业的发展，人类的生产力水平有了一定提高，云南各地开始制造和使用原始陶器。制造陶器的工艺技术，一般可分为选料、制坯、装饰、烧制4个环节。

（一）选料

当时的烧陶者没有对陶土进行淘洗，所以陶土杂质较多，质量差，于是他们就在选用的高岭土中特意掺入一定比例的沙土，使高岭土受热时不裂，烧制成"夹砂陶"。云南新石器时代遗址出土的大量陶器以夹砂褐陶居多，夹砂灰陶次之。这是云南原始制陶的一个重要特点。

（二）制坯

云南新石器遗址出土的陶器大多为手制，如宾川白羊村遗址、永平新光遗址出土的陶器几乎全部为手制，元谋大墩子遗址出土的陶器也以手制为主，维西戈登村遗址出土的陶器甚至直接用手捏成。但也有少量轮制陶器出现，如宾川白羊村晚期出土陶器（见图1-38、图1-39）中的一部分，其口沿上已有慢轮修饰的痕迹，说明制陶工具——转轮开始出现了，但数量很少。

图 1-38
宾川白羊村遗址出土的新石器时代陶片、陶器
诸锡斌2021年摄于大理白族自治州博物馆

图 1-39
元谋大墩子遗址出土的新石器时代陶器
诸锡斌2021年摄于元谋人博物馆

（三）装饰

为了美观，制陶者常在制坯成型后的陶器器身上用工具（见图1-40、图1-41）抿滑、拍打，通过这样的操作留下各种纹饰，有划纹、绳纹、点线纹、剔刺纹、乳钉纹、附加堆纹、线纹等，以此来达到装饰的目的。云南新石器时代出土的原始陶器纹饰以划纹最为常见。滇池、洱海、金沙江中游等遗址出土的陶器不仅有盘、碗、罐、钵、盆、缸等多种形制，而且纹饰亦较复杂。这一时期，云南出土的陶器主要以磨光陶、划纹陶、印纹陶为主，但没有黑陶、彩陶和釉陶[1]。

（四）烧制

云南新石器时代早期的陶器多为灰色和褐色，个别为红色。从烧制技术看，大多数采用直接的露天氧化焰烧制而成。由于烧制时温度不高，陶坯受热不均匀，成品率低；加之火候掌握不好，技术水平低下，陶器变形较大，陶质疏松，质量较低。到了新石器时代晚期，云南开始出现用窑烧陶的情况，如大理、昭通、鲁甸、海门口出土的一些陶器（见图1-42）表面很黑，应为使用还原焰烧制的结果。说明这些地区已使用烧窑，并进行了封窑处理，使炭黑渗入表面。这些烧制而成的陶器胎质细腻坚硬，说明此时制作技术有了很大的提高[2]，但是尚未发现上釉的陶器。

中华人民共和国成立后，云南西双版纳、红河、玉溪的傣族，西盟、沧源的佤族在相当长的一段时间里还保留着露天氧化焰烧制陶器的方式。他们把取来的黏土略经晒干，边舂边筛，制成陶土，并掺入适量砂土，防止高温开裂；然后把陶土合成陶泥制坯，再用抿子拍打，使坯面平滑。由于没有

图1-40 制作陶器装饰文的工具——骨抿
诸锡斌2020年摄于元谋人博物馆

图1-41 制作陶器装饰纹的工具——石制陶印模
诸锡斌2020年摄于元谋人博物馆

图1-42 海门口遗址出土的新石器时代黑陶器物
诸锡斌2022年摄于剑川民族博物馆

---

[1] 对陶坯表面进行加工装饰，有"磨光""刻划纹""压印纹""加陶衣""加炭黑陶""彩陶""上釉"等操作。磨光指把未干透的陶坯用器物打磨光滑，烧成后的陶器表面光滑发亮，叫作磨光陶；在陶坯上刻画或压印花纹烧制成的，叫划纹陶或印纹陶；用黑色或彩色颜料在陶坯上画出花纹烧制成的，叫作彩陶；在陶坯上涂一层薄薄的特殊泥浆后再行烧制的过程叫作加陶衣；在烧陶过程中渗碳，烧成的陶器呈纯黑色，叫黑陶；在陶坯上涂釉，可烧成釉陶（参看夏光辅等《云南科学技术史稿》，云南科技出版社，1992年，第21页）。
[2] 参看李晓岑《云南科学技术发展简史》（第二版），科学出版社，2015年，第17页。

窑，都是在露天平地上烧制。例如，玉溪市新平县土锅寨的傣族烧制陶器时，先用稻草覆盖生坯，然后于露天烧制（见图1-43～图1-47）；西双版纳勐海县曼炸寨和曼贺寨的傣族也同样如此烧制。而曼朗寨的傣族做了改进，他们在高地上掘一竖穴坑，坑内排放陶坯和干柴，留两个火道，用稻草覆盖，外涂薄泥，用木棍戳若干气眼，引火烧制。由于有双火道和气眼，燃烧充分，火候均匀，加之穴坑覆盖草泥，保温性好，烧制出的陶器成品率高，质量好。这种穴坑双火道烧制的方法，已具有了陶窑的雏形。[①]

图 1-43
玉溪市新平县土锅寨花腰傣露天烧陶场地
诸锡斌2020年摄于玉溪市新平县嘎洒镇土锅寨

图 1-44
玉溪市新平县土锅寨花腰傣露天堆陶准备烧制
诸锡斌2020年摄于玉溪市新平县嘎洒镇土锅寨

图 1-45
玉溪市新平县土锅寨花腰傣露天堆陶后用稻草覆盖陶坯
诸锡斌2020年摄于玉溪市新平县嘎洒镇土锅寨

---

① 夏光辅等：《云南科学技术史稿》，云南科技出版，1992年，第21—22页。

图 1-46
玉溪市新平县土锅寨花腰傣露天堆陶后覆盖烧制
诸锡斌2020年摄于玉溪市新平县嘎洒镇土锅寨

图 1-47
玉溪市新平县土锅寨花腰傣露天烧陶后出陶
诸锡斌2020年摄于玉溪市新平县嘎洒镇土锅寨

六、建筑技术

农业和畜养业的诞生与定居生活方式直接相关。定居生活方式为农业和畜养业的诞生创造了条件，而后者又为前者的稳定和发展提供了可靠的保障。定居生活需要有牢靠的房屋建筑。新石器时代，云南出现的原始建筑大体可分为3类：半穴居房屋、地面土木结构房屋和水滨干栏式房屋[①]。

（一）半穴居房屋

半穴居房屋主要发现于新石器时代洱海区域的遗址中。人们在溪流旁建造半穴居房屋、火塘、窖穴。大理马龙遗址发现的遗迹是该类型中较原始的，属于新石器时代早期的居室。这种居室的建造是先挖掘出圆形或长方形的土坑，再用云南特有的红土垒起墙壁，上搭顶棚，以此作为居室。居室中还有火塘、窖穴。房屋周围的斜坡上有一层层平台，显然是人工造成的，还有供人坐的大石块，表明当时人们已知布置环境[②]。这种居室与陕西半坡遗址的居室十分相像。

（二）地面土木结构房屋

建造于地面上的土木结构房屋相较于半穴居房屋，结构更复杂合理，以元谋大墩子遗址和宾川白羊村遗址中发现的最为典型。宾川白羊村发现的11座遗址房基，分早、晚两个时期。室内地面用灰烬、生黄土、五花土铺垫，再经拍打踩踏而成。早期房基四周多开沟槽，沟底掘柱洞，插立木柱，编缀荆条，两侧涂草拌泥而成木胎泥墙。晚期出现地面铺垫扁圆形石础的房基，房基四周不开沟，柱洞直接掘于地面，柱墙结构与早期相同。不仅室内有火塘或炉灶，而且居室附近还有贮藏粮食的窖穴。值得注意的是，晚期建造的居室往往是建在前期居室的废墟上，表明已出现村落的延续。此类居室不仅被发现于宾川白羊村遗址，在元谋大墩子遗址和云南的许多遗址中也多有发现，并且元谋大墩子遗址中居室的墙壁、房顶、房内的地面都用火烘烤过（见图1-48）。

---

① 夏光辅等：《云南科学技术史稿》，云南科技出版社，1992年，第22页。
② 《考古学报》1977年第1期，第50页。汪宁生：《云南考古》，载《云南省博物馆建馆三十周年纪念文集》，云南新华印刷厂，1981年，第48页。

图 1-48
元谋大墩子遗址用火烘烤过的房中泥土
诸锡斌2021年摄于元谋人博物馆

（三）水滨干栏式房屋

水滨干栏式房屋以竹木构建房架，房屋地板高出地面，是为了适应潮湿多雨的气候而建造的。剑川海门口遗址是中国目前发现的最大水滨木构干栏式建筑聚落遗址。2008年的第三次发掘，清理出4000多根房屋的木桩和横木，其中大部分的桩柱（见图1-49）是房子的基础。一些横木上和桩柱上凿有榫口和榫头，以及连接在一起的榫卯构件，桩柱间还发现了木门转轴和门销等构件[①]。这种样式亦见于沧源崖画。从崖画描绘的15座干栏式建筑来看，桩柱数目在3至8根，视房屋面积大小而定，形状与现今傣族居住的干栏式竹楼相似。

图 1-49
剑川海门口遗址出土的干栏式房屋支柱
诸锡斌2022年摄于大理白族自治州博物馆

---

① 参看何耀华总主编，李昆声、全成润主编《云南通史》卷一，中国社会科学出版社，2011年，第264页。

为适应云南复杂的地理条件和自然环境，生活于不同地域的新石器时代居民从各自的实际出发，建造了不同类型的居室，形成了多种多样的建筑工艺，一些建筑工艺甚至不断完善并延续至今，现今云南一些少数民族地区还可看到这些建筑工艺的应用。

七、制衣技术

图 1-50
剑川鳌凤山遗址出土的新石器时代陶纺轮

诸锡斌2021年摄于大理白族自治州博物馆

图 1-51
捻线的哈尼族妇女

诸锡斌2021年摄于云南农业大学云南民族农耕文化博物馆

图 1-52
宾川白羊村新石器遗址发现的骨针

诸锡斌2021年摄于云南省博物馆

穿衣吃饭是人类维系生存的基础。及至新石器时代，云南开始有了原始纺织技术。滇池地区、洱海地区、元谋地区都发现了这一时期的石制和陶制纺轮，其中剑川鳌凤山、宾川白羊村、剑川海门口等新石器时代遗址中就出土了形制多样的陶制纺轮（见图1-50），有圆形、扁平形、石鼓形等几种形式。

纺轮是纺坠的主要部件。在纺织过程中，先民们利用纺轮本身的重量和连续旋转的功用，一手转动拈杆，另一手牵扯纺织原料，将纤维续接并捻成线，可见这时已出现了捻线进而纺织的技术。纺轮纺线代替了手工的搓和捻，纺轮的发明是纺织技术的一次重大进步。20世纪70年代，手工捻线在德宏景颇族和红河哈尼族妇女的纺织操作中还可见到（见图1-51）。

此外，宾川白羊村遗址发现了3件骨针（见图1-52），骨针通体磨光，器身扁长，剖面呈圆形或椭圆形，尖锐锋利，应是当时纺织的引纬工具。至于纺织的原料，云南与我国中原地区不同，用于织布的原料多种多样。据《后汉书·西南夷列传》记载，云南有用"梧桐木华（花）"织造"桐华布"的情况①。"桐华布"有可能是用攀枝花（木棉）织的布②。此外，现今云南省彝族、哈尼族、傣族等少数民族还有利用火草织布的传统技术。

除利用植物纤维纺织制衣外，云南新石器时代还存在着无纺织的树皮衣制作工艺。宾川白羊村遗址和元谋大墩子遗址都发现了一种石拍，为棍棒形。这是一种制作树皮衣的工具，在我国华南和东南亚史前遗址中有广泛分布。直到近代，树皮布制作传统及其工具在滇南傣族地区仍有保留。调查表

---

① "梧桐木"指攀枝花树，亦俗称木棉，梧桐木是东南亚及我国华南、云南地区对攀枝花的古称。
② "桐华布"是否就是用攀枝花织的布目前尚有争议。

明，西双版纳的傣族和一些少数民族常巧妙地利用一种叫作"见血封喉"（见图1-53）（也称箭毒木，学名为 *Antiaris toxicaria* Lesch.）的树的树皮来制作褥垫、衣服或筒裙。

制作时取长度适宜的一段树干，用小木棒翻来覆去地均匀敲打，当树皮与木质层分离时，就像蛇蜕皮一样取下整段树皮，或用刀将其剖开，整块剥取，然后放入水中浸泡一个月左右，然后放到清水中边敲打边冲洗，除去毒液，脱去胶质，晒干后便得到洁白、厚实、柔软的纤维层。用它制作的床上褥垫，既舒适又耐用，睡上几十年还能保持很好的弹性；用它制作的衣服或筒裙（见图1-54、图1-55），既轻柔又保暖，深受当地居民喜爱。

图 1-53
制作树皮衣的见血封喉树
诸锡斌2021年摄于昆明植物园扶荔宫

图 1-54
傣族制作的树皮衣
诸锡斌2020年摄于云南民族博物馆

图 1-55
哈尼族制作的树皮衣
诸锡斌2021年摄于云南农业大学云南民族农耕文化博物馆

第二章 青铜器至铁器产生时代云南的科学技术（商—南北朝）

云南各地至少220个地点出土的青铜器印证了早在公元前1100多年，云南已逐步跨入阶级社会，至迟到商朝时，云南已开始由铜石并用时代迈进青铜器时代，生产力水平有了进一步发展。从目前的考古研究成果来看，云南出土的青铜器分布地域广，种类繁多。云南青铜文化大致可分为滇西北地区青铜文化、滇池类型青铜文化、红河流域青铜文化和洱海地区青铜文化四种类型。

至迟到西汉中期，云南青铜器的冶炼和制作水平达到了巅峰，农业、畜牧业、建筑、交通、手工业等进一步发展。随着科技与社会的进步，到了东汉时期，云南由青铜器时代进入铁器时代，内地和云南的交流日趋增加，科学技术发展出现了新的面貌。

第一节 青铜器时代的科学技术（商—西汉）

记载西汉以前云南历史的史籍不多，但是云南有丰富的晚商至西汉时期的青铜器出土，尤其是战国至西汉时期云南的青铜器制作水平达到高峰。西汉中期以后，云南尽管也有少量铁器的应用，但是铁器的普遍应用是从东汉时期开始的。因此，可以把商至西汉时期称为云南的青铜器时代。

一、青铜矿冶和制作

青铜是一种在纯铜中加入锡或铅冶炼而成的合金。青铜强度高且熔点低[1]，并且铸造性好，耐磨，化学性质稳定。因此，青铜出现后很快就被广泛运用于制作兵器、生产工具以及各类生活用品。云南青铜器时代早期通常以剑川海门口遗址为代表，从出土的器物来看，距今3400~3100年时，即至迟在我国商朝之前，这里就已进入"铜石并用文化"时代[2]。之后，成熟阶段的云南青铜文化，大致可分为滇池地区、洱海地区、滇西北地区和红河流域地区等4种不同的类型[3]。战国中期至西汉中期，青铜冶炼和制作技术特色突出，水平达到了青铜时代的高峰。

---

[1] 冶炼青铜时，于纯铜中加入25%的锡，熔点就会降低到800℃，而纯铜（紫铜）的熔点为1083℃。
[2] 汪宁生：《云南考古》，云南人民出版社，1992年，第24-25页。
[3] 方铁主编：《西南通史》，中州古籍出版社，2003年，第22页。

（一）青铜矿产的开发

云南有色金属矿藏资源十分丰富。班固《汉书·地理志》记载："俞元[①]怀山出铜。""律高[②]西石空山出锡，监町山出银、铅。""比苏[③]，贲古[④]北采山出锡，西羊山出银、铅，南乌山出锡。"[⑤]甲骨卜辞中也有关于西南地区开矿的记载："有羌俘送来吗？明天有矿石送来吗？"[⑥]运用现代科技手段进行的研究表明，3000年前云南东北区域永善一带的矿产已被开发，并曾被运往中原地区。20世纪80年代以后，研究人员多次对中国商周时期中原青铜器中独特的异常铅[⑦]进行同位素分析，发现这种异常铅的矿料不仅在商代的青铜器中广泛存在，而且在商代的河南殷墟妇好墓、江西大洋洲墓、四川广汉三星堆墓以及其他的商周古墓之中也存在，并且越是靠近滇东北，铜器异常铅矿料所占比例越大（广汉三星堆铜器的异常铅达95%以上），这不仅揭示了滇东北有矿产开采的事实[⑧]，而且表明产于云南的这种矿料是中原地区青铜的主要来源。中国社会科学院考古研究所实验室采用化学检测分析法、仪器检测分析法两种方法中的化学法、发射光谱法、燃烧碘量法测定硫法和硬度计测定法成功测定了殷墟妇好墓出土的91件青铜器物的合金成分，结论是：商朝铸造青铜器的铜料来自云南金沙江流域的巧家一带。[⑨]

此外，当时西南少数民族还有一条向中原统治者进献铜锡的道路，叫"金道锡行"，有关历史文献也有西南的濮人[⑩]以开发矿产著称的记载，其中有向周王朝进献丹砂的记载[⑪]，并且由于云南大量出产铅矿，铅曾被称为"濮铅"[⑫]，说明云南对青铜铅矿的开采在这时已有了一定的规模。长期以来，由于中原地区没有发现锡矿遗存，商代中原青铜器中的大量锡从哪里来一直是个谜。现今通过铅同位素分析，人们对商周青铜器中锡的来源问题有了新的认识，其中云南青铜锡矿的开发，成为揭开这一谜底的重要事件。

（二）青铜冶铸成分的配比技术

大理地区的剑川海门口遗址是云贵高原青铜冶铸技术最早的发源地和传播中心。2008年，国家文物局批准对云南剑川海门口遗址进行第三次综合性发掘，研究结果表明，海门口发掘出的合金铜器以锡青铜为主，综合分析认为，"海门口遗址青铜文化早段的年代为公元前

---

① 今云南江川、澄江、玉溪地区。
② 今云南通海、建水一带。
③ 比苏在今云南大理云龙一带。
④ 贲古为今云南个旧、蒙自等地区。
⑤ 班固：《汉书》（二），中华书局，2012年，第1434页。
⑥ 《甲骨续存》一"一六〇五"。据该文今译。
⑦ 1984年，中国科学技术大学的研究人员应用现代同位素质谱技术对晚商时期河南殷墟出土的14件青铜器进行铅同位素分析，发现有5件的铅属于同一种异常铅，与云南滇东北永善的高放射性成因铅（异常铅）的比值一致，据此推断殷墟出土的这几件青铜器的矿料应来自滇东北永善一带的矿山。参看李晓岑《云南科学技术发展简史》（第二版），科学出版社，2015年，第27页。
⑧ 参看李晓岑《云南科学技术发展简史》（第二版），科学出版社，2015年，第28页。
⑨ 李天祐：《"三星堆"与"殷墟"铜料来源浅析》，《中国文物报》2011年11月2日第3版。
⑩ 濮人即远古至秦汉时期繁衍生息在百濮之地，即今云南、贵州、四川至江汉流域以西一带的族群。
⑪ 见《逸周书·王会解》。
⑫ 见《尔雅·释地》《广韵》。

1700年至公元前1200年。可以说从夏代的中晚期一直延续到商代末期"[1]。

及至春秋时期,云南的青铜冶炼技术有了明显进步。在剑川鳌凤山、祥云大波那、楚雄万家坝、晋宁石寨山、江川李家山、安宁太极山、呈贡天子庙等地,发掘出了大量春秋至西汉时期的青铜器。这些青铜器,时代越往后,数量越多,质量越精。剑川海门口遗址1957年出土的14件铜器的实验分析结果表明,出土的青铜器分别为铜锡合金、铜铅合金、红铜3类,其中以铜锡合金为主(见表2-1)。

表2-1 剑川海门口遗址铜器的定性分析表[2]

名称	铜	锡	铅	锌	镍	锑	类型
镰	大	微	微	微	无	无	红铜
钺	大	少	无	微	无	无	铜锡合金
斧	大	少	无	无	微	无	铜锡合金
钺	大	少	无	无	微	无	铜锡合金
钺	大	少	微	无	无	无	铜锡合金
镯	大	中	微	无	微	无	铜锡合金
残刀	大	少	无	无	无	无	铜锡合金
锥	大	无	无	无	无	无	红铜
凿	大	无	无	无	无	无	红铜
钩	大	无	少	微	无	无	铜铅合金
夹	大	微	微	无	微	无	红铜
饰件	大	少	无	无	无	无	铜锡合金
钺	大	中	微	微	无	无	铜锡合金
针	大	大	无	少	无	无	铜锡合金

说明:表中铜含量大于60%为"大";锡含量大于10%为"大",约10%为"中",1%~10%为"少",1%左右为"微";铅含量在3%~5%定为"少",小于3%定为"微"。

北京大学吴小红教授和崔剑锋博士通过对1957年和1978年海门口遗址出土的青铜器进行分析,检验出其中10件青铜器的合金组成元素和金相组织,发现所有的器物内部都含锡。按照锡含量大于2%即为锡青铜的标准,10件青铜器中有6件为锡青铜器,其中3件锡的含量大于10%,1件锡的含量甚至高达19%。表明这些青铜器中锡的加入应是有目的的人为结果,研究结果证实至迟到春秋时期,云南已掌握了通过加入锡来改变铜器性能的技术[3]。

除海门口之外,春秋战国时期云南其他地域的先民也已认识到青铜合金中加入铜、锡、铅的比例不同,往往会产生不同的效用,并能够根据实践需求,于冶铸中有计划地按照比例加入不同金属元素,使冶铸的青铜器物达到预期目的。

春秋战国以后,青铜器的冶铸技术进一步提高。例如,对晋宁石寨山遗址出土的战国至西汉时期青铜器进行的化学测定结果表明,这一时期云南的青铜冶铸技术有了进一步提高(见表2-2)。

---

[1] 李昆声、闵锐:《云南早期青铜时代的研究》,《思想战线》2011年第4期,第103页。
[2] 李晓岑、韩汝玢:《云南剑川县海门口遗址出土铜器的技术分析及其年代》,《考古》2006年第7期,第82页。
[3] 闵锐:《剑川海门口遗址综合研究》,《学园》2013年第15期,第7页。

表 2-2　晋宁石寨山遗址青铜器合金成分 ①

单位：%

器物		成分				
		铜	锡	铅	铁	合计
器物	铜鼓	82.95	15.07	0.55		98.57
	铜镯	87.38	6.04	3.80		97.22
	铜斧	82.21	12.81	1.74	0.31	97.07
	铜剑	76.18	20.07	0.39		96.64
	铁剑上的铜柄	81.53	14.50	0.84	1.52	98.39

如果把晋宁石寨山遗址青铜器所含铜锡比例与春秋战国时期成书的《考工记》②所载的规范化标准做比较，可以看出云南这一时期的青铜冶炼基本上是符合《考工记》标准的。《周礼·冬官考工记第六》有这样的记载："金有六齐：六分其金（铜）而锡居一，谓之钟鼎之齐；五分其金而锡居一，谓之斧斤之齐；四分其金而锡居一，谓之戈戟之齐；三分其金而锡居一，谓之大刃之齐；五分其金而锡居二，谓之削杀矢之齐"；"金、锡半，谓之鉴燧之齐"（见表2-3）。

表 2-3　《考工记》规定的青铜器物化学成分百分比 ③

单位：%

器物名称	铜	锡	铅	其他
钟鼎	85.71	14.29		
斧斤	83.33	16.67		
戈戟	80.00	20.00		
大刃	75.00	25.00		
杀矢	71.43	28.57		
鉴燧	66.66	33.33		

虽然春秋战国时期的云南工匠在铜锡的配比上没有如《考工记》记载的那样精确，但至少已经知道了掺入多少锡炼成的青铜用于制作什么器具更有效。另外，从对滇池区域战国时期出土的铜器进行的分析可知，当时滇人不仅已掌握在铜中加入锡可以降低熔点的技术，而且知道随着加入的锡的增加，铜器的硬度也会增加的特性，而且还认识到了添加铅有利于浇铸时铜液的流动。

及至西汉时期，云南青铜器中锡、铅的比例有增加的趋势。人们往往根据生产生活的需要，在铜的冶铸中加入不同的成分，以获得用于不同目的的器物。兵器和生产工具以锡青铜为主，一般不含铅，因为这有利于提高器具的硬度和韧性，避免了加入铅带来的脆性；扣饰则多

---

① 曹献民：《云南青铜器铸造技术》，载《云南青铜器论丛》，文物出版社，1981年，第208页。
② 《考工记》成书于我国春秋战国时期，是我国先秦时期手工艺类的专著，作者不详。现今的《考工记》属于《周礼》的一个部分。《周礼》又称《周官》，分为"天官""地官""春官""夏官""秋官""冬官"6篇，故《考工记》又称《周礼·考工记》或称《周礼·冬官考工记》。
③ 表中数据根据夏光辅所著《云南科学技术史稿》（云南人民出版社、云南大学出版社2016年版）第38-39页的论述整理。

为铜锡铅合金;此外,石寨山出土的铜鼓也有相当部分为铜锡铅合金制作。这说明西汉时期滇池地区已出现了铜锡合金、铜铅合金,以及铜锡铅合金等多种类型的青铜器。显然,滇池区域的先民这一时期已熟练掌握调控铜、锡、铅的配比来进行青铜器铸造的技术了。对青铜冶炼用料的选择和配比的熟练掌握,为云南进入辉煌的青铜器时代奠定了重要的基础。

(三)青铜铸造与制作技术

春秋至西汉时期,云南铸造青铜器采用的方法主要有两种:一是石范、陶范(泥范)铸造法,二是熔模铸造法(失蜡铸造法)。

1.石范、陶范(泥范)铸造法

(1)石范铸造法

所谓石范,即先将石头打制成所要铸造的器物的模子,然后将熔化的铜液注入石范内,经冷却后可铸造成所需的兵器。石范铸造一般只适用于器形器物简单的铸件,如犁、锄、镰等,以及斧、矛、剑等实心的兵器。剑川海门口遗址中曾发现石质钺范(见图2-1)和铜钺(见图2-2),还发现1块铜料(见图2-3),表明当地可能为一处小规模的冶铸遗址①。使用一个石范可以生产出许多件同样的青铜器件,能满足更多人的生产生活和战争武器装备所需,并且铸造速度快。这些优越性为当时的生产和战争提供了十分有利的条件。在昆明呈贡小松山遗址也出土了西汉时期的铜锛石范和铜箭镞石范(见图2-4、图2-5)。这些外形光滑、做工精细的石范是当时铸造技术已达到相当水平的证明。

图2-1
剑川海门口遗址出土的战国时期石质钺范
诸锡斌2022年摄于剑川民族博物馆

---

① 李晓岑:《云南科学技术发展简史》(第二版),科学出版社,2015年,第30页。

图 2-2
剑川海门口遗址出土的商周时期铜钺

诸锡斌2020年摄于云南省博物馆

图 2-3
剑川海门口遗址出土的商代铜料

诸锡斌2022年摄于大理白族自治州博物馆

图 2-4
昆明呈贡小松山遗址出土的西汉铜铧石范

诸锡斌2021年摄于昆明市博物馆

图 2-5
昆明呈贡小松山遗址出土的西汉铜箭镞石范

诸锡斌2021年摄于昆明市博物馆

（2）陶范（泥范）铸造法

石范铸造技术是云南出现较早的一种铸造技术，这种技术后来被陶范（泥范）铸造技术所代替。泥范铸造技术用泥为原料做范，由泥做成的范需要通过晾干或用微火烘干而成型，所以泥范铸造法也称陶范铸造法。在近代沙型铸造法发明以前，陶范（泥范）铸造法曾是我国大部分地区普遍使用的铸造法，云南也不例外。相较于用石范铸造，用陶范（泥范）铸造青铜器更为灵活、方便，铸造大型、复杂、精美的青铜器具有更大的优势，所以后者逐步成为主要的铸造方法。陶范（泥范）铸造法也有简单与复杂的区别。简单铸造法采用的陶范（泥范），如大理风情岛出土的陶范（泥范）（见图2-6、图2-7），其铸造方式与石范铸造类似，只是制作范所采用的材料不是石而是泥而已。采用泥来做范可以铸造出更为复杂、多样的青铜器，因此相较于石范铸造法，陶范（泥范）法属于更为高级的先进技术，普遍为云南青铜器的制作所采用。

图 2-6
大理南诏风情岛出土的陶范
诸锡斌2021年摄于大理白族自治州博物馆

图 2-7
大理南诏风情岛出土的战国铲型陶范
诸锡斌2021年摄于大理白族自治州博物馆

陶范（泥范）铸造需经过：①制模，即按照器物原形做成泥模后干燥；②翻外范，即将拍打成的泥片敷在泥模外面，使器物的花纹等纹饰反印在泥片内，之后将其对称剖开为范块，晾干或用微火焙烧固型；③制内范，即将制外范使用过的泥模趁湿刮去一薄层后，再用火烤干（刮去的泥模厚度就是所铸铜器的厚度）；④合范，即将外范（块）与内范（块）合拢、固定，并留出浇铸孔；⑤浇铸，即将融化的青铜溶液由浇铸孔注入；⑥修饰，即打碎外范，掏出内范，取出器物，打磨修饰。经过这样几道工序，物件就制作好了。

从云南遗址中出土的大量铜鼓形器（见图2-8）来看，这一时期铸造的铜鼓有两条明显的铸缝，表明它们是用两块以上的泥制外范铸成。内模外范铸造法在操作上不算复杂，但要铸造出像石寨山等遗址出土的铜鼓那样比例准确、带有繁缛纹饰的铜鼓精品，没有熟练和高超的冶铸技术是很难办到的[①]。南诏风情岛青铜文化墓葬中出土了大量的陶范，陶范的范内置有型槽，并铺以泥衬以便造型，使合范后制成的器物更加准确、细腻。大量陶范的出土，表明云南铸造技术已发生了向更高级方向的变化。

图2-8
江川李家山遗址出土的战国铜鼓
诸锡斌2021年摄于云南省博物馆

2.熔模铸造法（失蜡铸造法）

熔模铸造法也称失蜡铸造法。在云南，青铜熔模铸造法在战国时期已被普遍应用，并且铸造工艺、精湛程度丝毫不比内地差，称得上我国古代青铜工艺中的一朵奇葩。

熔模铸造法虽然原理简单，但工序比较复杂。第一步是制作泥胎，即用泥捏出所要铸造器物的形态；第二步是制作蜡胎，即将蜂蜡涂于泥胎之上，使之成为蜡胎；第三步是用封泥封闭蜡胎；第四步是通过加热使蜡胎熔化后流出；最后一步是将铜液灌注到空心的胎模中，使之冷却后成型。铸造程序环环相扣，十分精细（见图2-9）。

---

① 方铁：《西南通史》，中州古籍出版社，2003年，第39页。

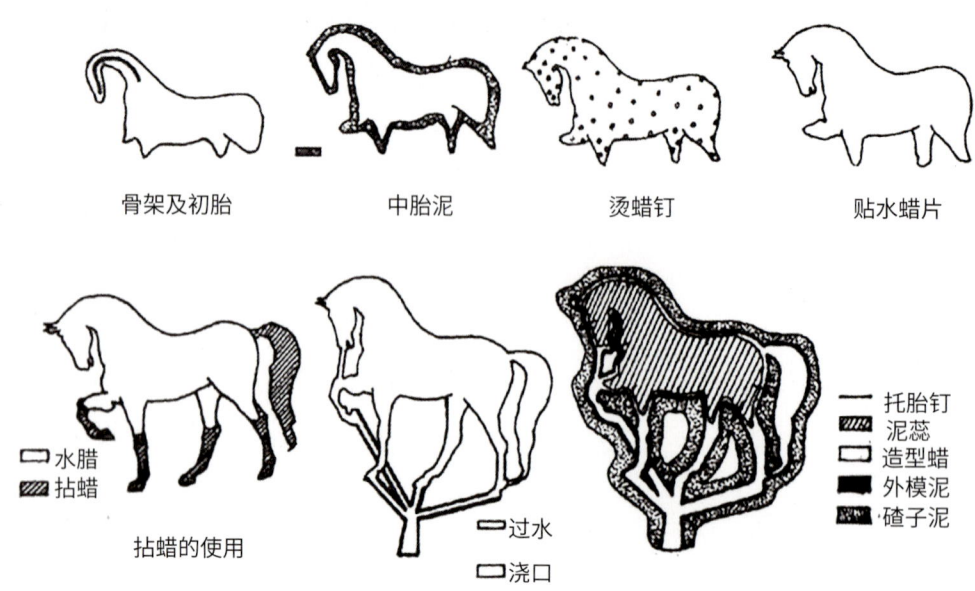

图 2-9 失蜡铸造法工艺

诸锡斌2020年摄于云南省博物馆

晋宁石寨山、江川李家山等地墓葬曾出土了不少带有战争、纺织、杀人祭铜柱、贡纳、农事祭祀等活动场景的贮贝器。例如，晋宁石寨山一件西汉"诅盟"贮贝器（见图2-10）上雕铸的人物竟达127人之多（脱落者未计），而李家山69号墓出土的播种祭祀场面青铜贮贝器（见图2-11）上雕铸的人物栩栩如生。这些青铜器上刻画的场面气势浩大，形象生动，一些人物虽高度仅数厘米，但手足五官毕备，甚至须眉、表情细致可鉴。这些用失蜡法铸造的青铜器，堪称我国青铜文化宝库中不可多得的精品。云南失蜡铸造法技术高超，精品数量多，以至有学者认为，失蜡法起源于云南，后来才传到内地[①]。云南这一时期精湛的青铜器铸造技术为人们所赞叹。

图 2-10 晋宁石寨山出土的西汉雕铸127人"诅盟"贮贝器

诸锡斌2021年摄于广西民族博物馆

① 曹献民：《云南青铜器铸造技术》，载《云南青铜器论丛》，文物出版社，1981年，第203–209页。

图 2-11
江川李家山69号墓出土的汉代播种祭祀场面青铜贮贝器
诸锡斌2021年摄于云南省博物馆

3.分铸及连接技术

战国时期,云南先民不仅掌握了整铸、浑铸、分铸等铸造技术,而且能够把用不同方式铸造出来的物件进行连接。因此,云南青铜器制作技术的进步还表现在各种连接工艺的应用方面。当时,滇池区域的古滇人已掌握了铸接、榫接、销接、焊料加固等多种连接方法。他们往往将失蜡法、分铸法、浑铸法和榫接法结合使用在一件铸件器物上,将多种铸造和连接工艺相组合,进而完成青铜器制作。其中铸接技术,也即分铸连接技术是制作高度复杂器物的关键,而云南滇池区域出土的很多青铜器正是采用分铸技术完成的。这种铸造方法不是一次浇铸完成,而是通过两次或两次以上的浇铸将附件和主体连接在一起,最终制作出一个整体的青铜器物的。古滇国青铜铸造技术的一个突出特点充分体现在这种分铸技术上。从滇池区域出土的许多器物来看,多数贮贝器的器盖与其上的人物、动物等附件采用了分铸连接法,以及铆接式铸接法[1]。如著名的大型青铜器牛虎铜案(见图2-12)就采用了铆接式铸接法[2]。工匠把一大一小两个部件——温顺的牛和凶猛的虎铸造成一个整体,整个器物被刻画得十分逼真、可爱,艺术创造力与力学原理的完美结合,使之成为一件珍品。除此之外,还有一些贮贝器器盖和器身之间的连接采用了榫卯式铸接法[3]。在贮贝器器盖与附件之间使用扣榫和卯,以及铜液加固的方法也见于少数贮贝器上。

---

[1] 铆接式铸接法是在所要制作的青铜器壁预铸孔洞,然后于青铜器壁合模、制范与浇铸,依靠金属液的凝固收缩使附件紧贴器壁的方法。
[2] 李晓岑:《云南科学技术发展简史》(第二版),科学出版社,2015年,第49页。
[3] 榫卯式铸接法是指在铸造青铜器时,于预定部位铸出接榫,然后在器体上安放模具制范,或是安放已经制得的分范,浇铸附件使器体形成榫卯式连接的铸接技术。

图 2-12
江川李家山遗址出土的战国时期青铜牛虎铜案
诸锡斌2020年摄于云南省博物馆

4.锻打等加工技术

至迟到了春秋时期,云南已有相对成熟的青铜器锻打加工技术。青铜器铸件经过锻打,不仅能使原料变形,变成预期的器物形状和尺寸,还可以使晶体结构变得更紧密,进而提高金属的塑性和力学性能。北京科技大学冶金与材料史研究所对1957年和1978年剑川海门口遗址出土的5件青铜器进行实验分析,结果表明,这一时期的海门口人已掌握青铜器锻打技术(见表2-4)。

表 2-4 剑川海门口遗址青铜器的成分和金相组织表[①]

器物	铜	锌	铅	硫	显微组织	分析结果
锥	82.1	16.6			等轴晶和孪晶组织,有大量的滑移带	铜锡合金,热锻后冷加工
钺	97.2	2.0	0.2	0.7	红铜组织,有等轴晶和孪晶组织	红铜铸后热锻
残手镯	95.7		4.3		等轴晶和孪晶组织,有大量的滑移带,铅颗粒分布;部分夹杂物和铅颗粒被拉长	铜铅合金,热锻后冷加工
铲型器	84.9	12.5	0.2	1.4	等轴晶和孪晶组织	铜锡合金,热锻
针	73.3	26.1		0.4	基体为树枝状偏析的 α 固溶体及 $(\alpha+\delta)$ 共析组织	铜锡合金,铸锻

春秋战国以后,锻打技术进一步发展,洱海和滇池区域的先民就曾经常用锻打、模压等工艺对青铜器进行二次加工。例如,祥云红土坡墓葬出土的战国—西汉时期鸟形铜杖首(见图2-13),西汉时期滇文化墓葬中出土的锯片(见图2-14)、刻纹铜片、布撑和各种甲片,就

[①] 李晓岑、韩汝玢:《云南剑川县海门口遗址出土铜器的技术分析及其年代》,《考古》2006年第7期,第81页。

是使用这些技术加工而成的。后者中,有的厚度仅1~2毫米,平整光亮,是采用稍薄的铸件反复锻打而成的。

图 2-13
祥云红土坡墓葬出土的战国—西汉鸟形铜杖首

诸锡斌2020年摄于大理白族自治州博物馆

图 2-14
晋宁石寨山墓葬出土的西汉铜锯片

诸锡斌2021年摄于云南省博物馆

5. 镀锡技术

锡不会被空气氧化,镀锡可使青铜器表面形成一层闪亮的白色薄膜,从而使青铜器物免于氧化,而且这种白色薄膜具有极好的装饰效果。春秋晚期到战国早期,云南出现了镀锡技术,在云南洱源北沙春秋晚期到战国早期的墓葬中就曾发现双面镀锡的铜钺和铜镯。也就是在这一时期,云南出现了纯度较高的锡器,成为中国镀锡技术领先的地区。例如,楚雄万家坝遗址就曾出土一批锡器,其中有各种锡片和锡管。分析表明,这些锡片锡含量达95%以上,应属于纯锡片(见表2-5),而且这些锡片多是铸造而成的。

表 2-5 楚雄万家坝遗址出土锡器的化学成分[1]

实验编号	原号	名称	成分分析/%	
			Sn	Fe
9322	楚万M75:3	锡片	96.6	3.5
9533	楚万M21:4	锡片	≥95.0	
9354	楚万M23:28	圆锡片	≥95.0	

战国中期，镀锡技术已被广泛应用，祥云县红土坡墓葬出土的兵器和工具上就大量出现镀锡装饰。战国中期以后，这种技术在滇池区域进一步被推广应用。江川李家山、晋宁石寨山和曲靖八塔台出土的一部分青铜器及其扣饰表面有一层白色的亮丽装饰，研究表明这是采用热镀锡工艺加工形成的。

6.黄金冶炼和鎏金技术

除镀锡技术外，最迟在西汉时期，云南的先民已可熟练应用黄金冶炼技术，并且掌握了鎏金技术。在晋宁石寨山、江川李家山的西汉古墓中曾发掘出土金剑鞘、金饰物、鎏金青铜器等器物。由此推断，古代滇池区域的滇人不仅能够从江河湖泊岸边堆积的沙子里淘洗出砂金，还能利用黄金能溶解于汞的化学反应，将金沙溶于汞，再通过加热使汞蒸发，提炼出黄金。这种从砂金里"勾引"出的黄金，被称为"勾金"。

西汉时期云南不仅能够炼金，鎏金技术也位于当时我国鎏金技术的前列。鎏金的工艺流程，第一步是将黄金与水银混合，使黄金溶解于水银，制成金汞剂；第二步是将金汞剂涂在要鎏金的青铜器表面，反复烘烤和捶打；第三步是通过加热使水银蒸发，露出黄金膜。这样金也就牢固地依附在了青铜器表面，永不脱落。楚雄万家坝和祥云大波那墓出土一批制作粗糙的春秋战国时期的鎏金饰物，极有可能是我国最早的鎏金器物[2]。晋宁石寨山遗址出土的西汉鎏金铜器，已做到了遍体鎏金，出土后仍金光灿灿，光彩如新。（见图2-15~图2-18）

图 2-15
晋宁石寨山遗址出土的西汉四牛鎏金骑士贮贝器
诸锡斌2020年摄于云南省博物馆

---

[1] 李晓岑：《云南科学技术发展简史》（第二版），科学出版社，2015年，第38页。
[2] 李晓岑认为，金相分析表明这些铜器的表面没有含金汞成分的鎏金层，基体都是铜锡合金，说明这些金属器物只是因经过地下的自然腐蚀而在表面形成一层腐蚀物质，它们并不是鎏金器物。参看李晓岑著《云南科学技术发展简史》（第二版），科学出版社，2015年，第35页。

图 2-16
晋宁石寨山遗址出土的西汉二人驯牛鎏金铜扣饰

诸锡斌2020年摄于云南省博物馆

图 2-17
晋宁石寨山遗址出土的西汉八人乐舞鎏金铜饰

诸锡斌2020年摄于云南省博物馆

图 2-18
晋宁石寨山遗址出土的西汉鎏金铜牛头
诸锡斌2020年摄于云南省博物馆

7.其他青铜工艺技术

除了镀锡、鎏金技术外，这一时期古滇国还产生了错金、贴金和包金等工艺，以及装饰用的镶嵌技术（见图2-19、图2-20），"金银错"就是其中之一。所谓金银错，就是在青铜器表面刻画沟槽，嵌入金银丝，再打磨光滑的一种制造工艺。晋宁石寨山墓葬曾出土错银的铜壶、铜戈和错金带扣等，其中描绘人物、动物等图形的线刻铜片，刻痕细如发丝，线条均匀流畅。有些青铜器上还镶嵌了玛瑙、玉石和绿松石等装饰材料。晋宁石寨山遗址13座墓中出土的88件圆形铜饰，进行镶嵌加工者就达总量的90%[1]，其工艺之精美，达到了很高的水平。

图（左）2-19
江川李家山遗址出土的战国时期镶石舞人圆形铜扣饰
诸锡斌2020年摄于云南省博物馆

图（右）2-20
晋宁石寨山遗址出土的西汉圆形鎏金镶石猴边铜扣饰
诸锡斌2021年摄于云南省博物馆

---

[1] 方铁主编：《西南通史》，中州古籍出版社，2003年，第40页。

二、农业

战国中期以后,云南青铜器具的应用日趋普遍,促进了农业的发展,滇文化迎来了繁荣时期。公元前286年左右,楚国将军庄蹻奉命率军溯沅江而上进入云南,征服了以"滇"为首的"劳浸、靡莫之属"[1],统一了滇池地区并当上了滇王[2],同时也带来了新的技术、文化,促进了云南的发展,滇池地区进入新的发展阶段。之后,据《史记·西南夷列传》载:"元封二年(公元前109年),天子发巴、蜀兵击灭劳浸、靡莫,以兵临滇。"最终汉武帝刘彻以武力征服了滇国东北部的劳浸、靡莫等部并继续向西进军,降服了继庄蹻之后的滇王,并赐予著名的"滇王金印"[3](见图2-21~图2-23)。这一时期云南的农业有了新的进步。

图 2-21
"滇王金印"正面
诸弘安2021年摄于中国国家博物馆

图 2-22
"滇王金印"侧面
诸弘安2021年摄于中国国家博物馆

图 2-23
"滇王金印"背面
诸弘安2021年摄于中国国家博物馆

(一)农业工具

春秋至西汉时期,内地青铜技术多用于礼器、乐器、兵器的制作,而这一时期云南的青铜器多直接与农业生产有关,青铜农具数量之多、类型之丰富居全国之首位。袁国友将从滇文化遗址出土的青铜农具,分为4种类型[4]。

1.铜锄

在晋宁石寨山、江川李家山、安宁太极山和呈贡龙街等地遗址中,曾出土青铜农具400余件。在楚雄万家坝春秋时期墓葬中发现了青铜农具100余件,仅1号墓就出土随葬的青铜农具82件,其中有54件青铜锄[5],占1号墓出土青铜农具的65.9%。大理地区的祥云县大波那、弥渡县青石湾等地也不断有青铜农具发现。尽管出土的青铜农具有一部分是做礼仪、殉葬之用的,但大量的青铜农具是实用的农具。例如,楚雄万家坝遗址出土的春秋时期青铜锄中

---

[1] 根据《史记》的记载,西汉初期,在夜郎(今贵州西部、北部)以西的今滇东、滇中地区,居住着属于"靡莫"族类的十多个部族或部落,其中以滇部族为最大,它们之间因血缘、地缘关系而结为互助同盟。
[2] 由于滇国的影响,至今云南亦被称为"滇"。
[3] 1956年,晋宁石寨山古墓群发掘出古滇国王印。该印为纯金铸造,重90克,印面为方形,边长2.4厘米,高2厘米。上有蛇纽,蛇昂首,蛇身盘曲,背有鳞纹。
[4] 参看袁国友《云南农业社会变迁史》,云南人民出版社,2017年,第50页。
[5] 方铁主编:《西南通史》,中州古籍出版社,2003年,第36页。

有1件是带木柄的,刃部还有明显的使用过的痕迹,结合晋宁石寨山出土的春秋时期贮贝器上立体俑所持的农具分析,可认为其为劳作所用的锄具[①]。青铜农具在一个地方如此大量出土,目前在全国是绝无仅有的。值得注意的是,在中原出土的青铜器中青铜锄是极为罕见的。这表明作为劳动工具的青铜锄,当时已成为云南农业生产中的重要工具。这些铜锄形式多样,有尖叶形锄、半圆形锄、梯形锄、曲刃锄、长銎[②]锄等(见图2-24、图2-25)。不同形式青铜锄的銎部结构和装柄方法也有区别。这些形式多样的起土工具,应是为适应特定的耕作之需而制,表明当时的农业劳动已有了相当的水平。

图 2-24
石寨山遗址出土的西汉尖叶形铜锄

诸锡斌2020年摄于云南省博物馆

图 2-25
石寨山遗址出土的西汉卷刃形铜锄

诸锡斌2020年摄于云南省博物馆

2.铜斧

铜斧既是作战武器,也是生产工具。作为生产工具,青铜斧可用于砍伐树木、开辟耕地以及加工制作各类竹、木器等。滇池地区出土的青铜斧形式多样,但是绝大多数为梯形斧(见图2-26)。仅晋宁石寨山古墓群就发现铜斧108件,部分銎内还残留木柄,个别的木柄较长[③]。青铜斧与青铜锄一样,都是农业劳动中普遍使用的工具。

[①] 李昆声:《李昆声学术文选:文物考古论》,云南人民出版社,2015年,第100页。
[②] 銎(音"琼")为斧、锄上安装木柄的孔。
[③] 云南省博物馆:《云南晋宁石寨山古墓群发掘报告》,文物出版社,1959年,第24页。

图 2-26
江川李家山墓出土的汉代铜斧

诸锡斌2021年摄于江川李家山青铜器博物馆

3.铜铲

铲是农业劳动中不可缺少的工具，耕作中可用于削平、铲平土层，同时也可用于铲除杂草等。在滇文化范围内，古滇国墓葬中出土了数量较多的铜铲，其中晋宁石寨山古墓群就发现铜铲5件。这些铜铲基本上为长方形，刃口齐平，銎部突起于器身正中，至顶端呈椭圆形銎口（见图2-27）。结合江川李家山墓出土的祭贮贝器上有人肩扛铜铲的形象分析，这种铜铲应为中耕除草的农具[①]。铜铲的使用表明当时的农业生产已不再是简单的耕种，中耕已成为农业生产的一个环节。

图 2-27
江川李家山墓出土的汉代铜铲

诸锡斌2021年摄于江川李家山青铜器博物馆

4.铜镰

镰是收割农作物的农具。云南出土的秦汉时期镰刀按材质分，有铜镰和铁镰2种。从器形

---

① 张增祺：《滇国与滇文化》，云南美术出版社，1997年，第56页。

看也有2种：一种是不装木柄的穿孔爪镰；另一种为曲背、弧刃可以安装木柄的镰刀（即通常所见的镰刀形状，见图2-28）。

图 2-28
晋宁石寨山墓出土的西汉铜铁镰

诸锡斌2021年摄于云南省博物馆

爪镰用曲背、平刃的半圆形铜片制成（也有少量为铁制），背上有单孔或双孔，与云南新石器时代的穿孔石刀（见图2-29）相似，显然它是由半圆形穿孔石刀直接演变而来的[1]。爪镰的使用方法与穿孔石刀相同，即以绳索穿入孔内，系于右手指头上，以此割取谷穗等。而安柄铜镰或铜銎铁镰则是用来收割带秆农作物的[2]。这2种镰刀的应用，既是对传统收割方式的继承和改进，又体现了农业劳动工具的质变和飞跃。

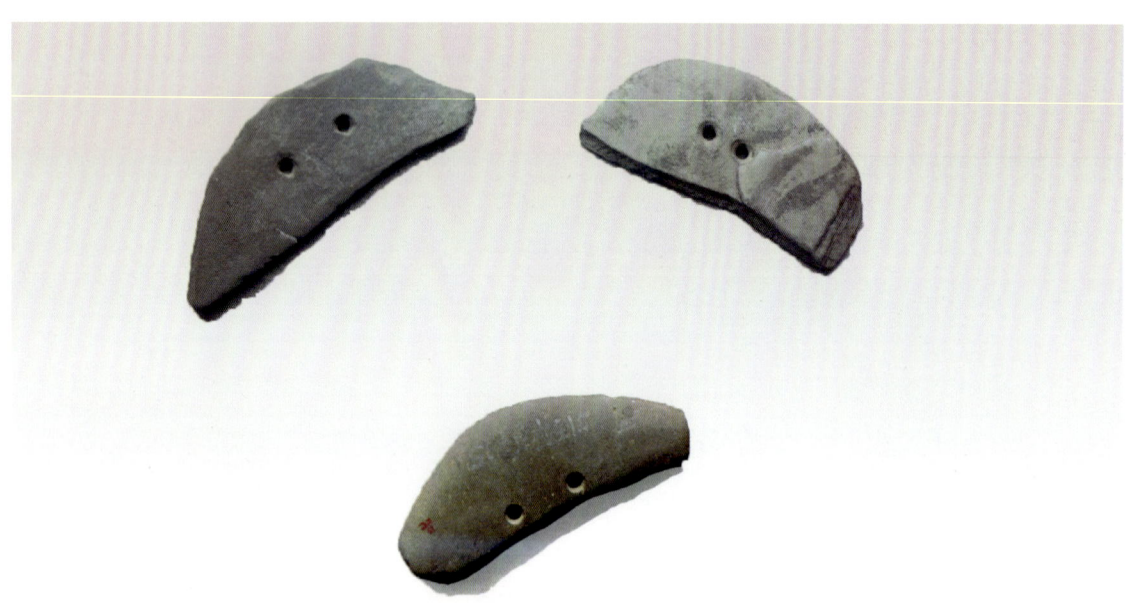

图 2-29
铜爪镰形似穿孔石刀（宾川白杨村遗址出土的新石器时期半月形穿孔石刀）

诸锡斌2022年摄于大理白族自治州博物馆

大量的考古研究证明，春秋战国至西汉时期，云南除用于砍伐林木等多用途的铜斧、铜锛、铜刀一类青铜工具外，已出现了专门用于农业生产的锄、铲、镰等一系列的青铜农具，甚

---

[1] 张增祺：《滇国与滇文化》，云南美术出版社，1997年，第56-57页。
[2] 袁国友：《云南农业社会变迁史》，云南人民出版社，2017年，第52页。

至还有少量的铁制锸和铜铁融用的农具（见图2-30）。

图 2-30
晋宁石寨山墓出土的西汉装木柄的铁斧
诸锡斌2021年摄于云南省博物馆

多种青铜制具的广泛使用表明，当时云南农业劳动已包含从砍伐林木、开荒翻土、中耕点种、开渠挖沟、中耕除草到收割庄稼等的一整套锄耕农业的内容。加之出土的青铜农具数量多、分布范围广，进一步证明青铜时代云南农业生产水平相较于当时其他地区而言，已达到了较高的水平。

（二）主要农作物

新石器时代早期，云南一些地区就出现了粳稻栽培技术，例如滇池区域新石器时代遗址出土的一些陶器底部经常有附着稻粒、稻壳的痕迹。经鉴定，这些稻为粳稻。及至西汉中期以前，滇文化区域中以稻谷为主要作物进行生产的情形更为突出。玉溪市刺桐关发掘的一处遗址中有稻谷的遗存，而出土的青铜器的图像中也有播种和收获稻谷的场面。稻作在滇人的经济和生活中占据十分重要的地位，滇人春耕时要举行"籍田礼"，秋收时则会专门组织人员将稻谷输送入粮仓。从晋宁石寨山遗址出土的贮贝器上的《上仓图》（见图2-31）可以看出，由贵族妇女组织将稻谷输送到粮仓的场面十分壮观，表明当时的稻作生产已有了相当的规模。尤其是2008年，对剑川海门口遗址进行第三次发掘时，考古人员在青铜文化地层（第5层、第6层）中除发现碳化稻谷外，还发现碳化麦、碳化粟和其他农作物的遗存，说明当时已能种植稻谷、小麦、粟等主要粮食作物。这一事实证明来自黄河流域的粟作农业，其南界已经延伸到滇西地区。这种稻、麦共存的现象，为认识中国古代稻麦复种技术起源的时间和地点提供了重要的线索。

图 2-31
晋宁石寨山遗址出土的西汉时期贮贝器上的《上仓图》拓片
诸锡斌2021年摄于云南省博物馆

（三）耕作方式

总体而言，云南农业存在旱地农业和水田农业两大类，这两种农业类型的耕作方式早在新石器时代已经存在。及至青铜器时期，它们仍主要表现为"刀耕火种"和"火耕水耨"的耕作方式，但是对云南农业发展发挥了重要作用。

1.刀耕火种

刀耕火种是新石器时代原始农业中普遍采用的耕作方式，这种耕作方式是用石制工具、青铜工具以至铁制工具砍伐地面上的树木等枯根朽茎，待草木晒干后用火焚烧，待土地变得松软后再进行播种，进而等待收获的撂荒耕作方式，这种耕作方式主要应用于旱地农业。从云南大量出土的西汉以前谷物遗存，以及陶器制作时遗留下的稻谷印纹等证据来综合分析，稻谷一直是云南农业生产的主体作物，因此云南农业生产的耕作方式也主要是围绕稻谷来进行的。晋宁石寨山遗址12号墓出土的一件青铜贮贝器（编号M12:2）的胴部有一幅《出耕图》，根据这一图像的内容可推断当时的耕作方式是先由两人在前以尖头锄开挖翻土，然后再由两人持点种棒随后开穴打洞，播种者跟随其后从竹篮里将谷种置入洞中，其他人配合将洞口掩埋，其所种植的作物应为旱谷。青铜时代云南虽然已进入锄耕农业阶段，但总体来看，滇人的耕作方式相对还是比较原始简单的，保留了新石器时代刀耕火种生产方式的较多痕迹[1]。

此外，尽管青铜器时代的收割工具有了新的进步，但是仍存有与云南新石器时代使用穿孔石刀相似、用青铜爪镰来进行收割的情况。收割时以绳索穿入孔内，系于右手指头上进行劳作和收割，并且收割时只割取稻谷的穗。剑川海门口青铜器时代遗址中发掘出成把的谷穗[2]，证明了这一事实的存在。直到近代以至20世纪60年代，云南诸如景颇族等山地少数民族仍存在使用刀耕火种方式种植旱稻的情况，这也从另一个侧面证明了这种耕作方式曾是云南稻作农业的重要的耕作方式之一。

2.火耕水耨

《史记·货殖列传》载："楚越之地，地广人稀，饭稻羹鱼，或火耕而水耨。"关于什么是"火耕水耨"，《史记·平淮书》注中有具体的解释："烧草下水种稻，草与稻并生，高七八寸，因悉芟去，复下水灌之，草死，独稻长，所谓火耕水耨也。"[3]采用这种耕作方式必须要做好两项基本的工作：一是在收获了头年的水稻稻穗之后，要排水并晒干水田和稻茬，然后充分利用火的威力，将存留于田中高高的稻茬烧尽，即"火耕"。二是于已经清理出来的田中播撒稻种，并以此作为又一轮水稻生产的开始，待水稻发芽与草竞相生长之时，再适时放水将草淹没。由于水稻为水生作物不惧水，而与之共生的草会有相当一部分被水淹死，进而形成有利于水稻生长的环境，并最终形成压倒杂草的水稻生态，这就是"水耨"。这种耕作方式巧妙地利用了火和水的自然力量，简单易行且效率高，是水田稻作生产的有效方式[4]。西汉时期云南尚处于锄耕阶段而未出现牛耕，在这种情况下，与锄耕相配合采用火耕水耨的方式进行耕作，仍不失为一种高超的水稻耕作技术。直到20世纪70年代，这种耕作方式仍可以在云南瑞丽县的傣族地区见到。日本鸟越宪三郎教授对云南青铜器时代出土的大量铜锄进行分析研究后指出："直到青铜器时代，从贮贝器上看到的人物所持的铜锄，都是扁宽的水田用具。仅从

---

[1] 袁国友：《云南农业社会变迁史》，云南人民出版社，2017年，第56页。
[2] 李昆声：《李昆声学术文选：文物考古论》，云南人民出版社，2015年，第96页。
[3] 《史记》（点校本）卷三〇《平淮书·引裴骃"集解"》，中华书局，1959年，第1437页。
[4] 诸锡斌：《傣族传统灌溉技术的保护与开发》，中国科学技术出版社，2015年，第64页。

这点看,也会明白,那时的农业是以水稻农耕为中心的,没有必要把水稻农耕推迟到蜀汉时代。"[1]从火耕水耨所使用的农具也可以看出,直到西汉时期,水田耕作仍是云南主要的农业生产方式。

三、畜牧业

云南东部和西部等农业地区遗址出土的遗物表明,早在商周时期,云南已普遍饲养"六畜"。到了青铜器时代,云南饲养"六畜"比石器时代更为普遍。这时,马已是重要的家畜。在德钦纳古、楚雄万家坝、晋宁石寨山和江川李家山遗址共采集到铜铃、錾、泡钉等马饰384件,祥云大波那墓出土铜马俑和骑马铜俑各1件,在铜棺壁上还发现了3匹马的图像,表明商周时期马已成为云南作战乘骑和代步的工具。而古滇国青铜器图像中,既有家猪的形象,也有野猪的形象。江川李家山遗址出土的铜扣饰上存有"二人猎猪"的图像,说明古滇王时期,云南既饲养家猪,也猎取野猪[2]。另外,从晋宁石寨山遗址出土的青铜贮贝器上可以看到马与猪、牛、羊同关一厩的图像,由此可推知当时饲养方法是白天野外放牧,夜间栏宿于干栏式房屋的下层,至今云南傣族、佤族牧马仍是如此。江川李家山遗址出土的铜扣饰上有羊的图像,晋宁石寨山遗址出土的青铜贮贝器上有数名男子携3犬牧放6只山羊、11只绵羊和8头猪的放牧图,有几处出现了鸡的图像[3]。从这些出土的物件可以看到,至迟到西汉时期,云南的畜牧业已十分发达,以至《汉书·西南夷传》有这样的记载:西汉始元五年(公元前82年),益州等地民反,汉遣将田广明率众击之,"获畜产十余万"。总体而言,西汉时期,云南饲养的"六畜",其功用大体是:马主要用于骑乘,牛、羊、鸡、猪作为食用,狗用于看家、放牧和狩猎;此外,猪、牛、羊等也还用作祭祀的牺牲[4]。云南大量出土的有关"六畜"的青铜器物(见图2-32)表明,随着驯化、驯养的同步进行,这一时期,云南畜牧技术不断进步,畜牧业日趋兴旺。

图 2-32
祥云大波那墓出土的战国时期铜"六畜"
诸锡斌2021年摄于云南省博物馆

[1] [日]鸟越宪三郎著,段晓明译:《倭族之源——云南》,云南人民出版社,1985年,第31页。
[2] 张增祺:《滇国与滇文化》,云南美术出版社,1997年,第63页。
[3] 方铁主编:《西南通史》,中州古籍出版社,2003年,第38页。
[4] 袁国友:《云南农业社会变迁史》,云南人民出版社,2017年,第63页。

四、建筑、纺织和交通

云南进入青铜器时代后,生产力有了进一步发展,农业和畜牧业的不断演进为建筑、纺织和交通业的发展奠定了基础,促使这些行业逐步发展起来。

(一)建筑

青铜时代云南农业地区的房屋建筑几乎都是干栏式的,这与云南地处热带、亚热带地区,气候炎热、潮湿,降水丰富,蛇虫猛兽多等因素有关。云南的建筑大致可分为干栏式房屋和井干式房屋两种类型。

1.干栏式房屋

干栏式房屋是在木(竹)柱底架上建筑起高出地面的房子的建筑形式。它以竖立的木桩为基础,其上架设竹、木质大小龙骨,并以此作为承托地板的悬空基座,基座上再立木柱和架横梁,构筑成框架状的墙围和屋盖,柱、梁之间或用树皮茅草,或用竹条板块,或用草泥填实,形成上下两层的建筑。这种房屋有利于通风、防潮、避雨,上层住人,既通风凉爽又安全舒适,下层用于圈养家畜或堆放杂物,房屋的效用得到提高。云南最早的干栏式房屋遗迹发现于剑川海门口遗址,在这里发掘出支撑干栏的224根柱桩,并且一些横木和桩柱上还有榫口和榫头,以及连接在一起的榫卯构件。晋宁石寨山、江川李家山、呈贡天子庙等地墓葬也出土了干栏式建筑的模型。有名的祥云县大波那墓出土的木椁铜棺(见图2-33)实际上也是一件干栏式房屋模型。

图 2-33
祥云县大波那墓出土的战国初期木椁铜棺
诸锡斌2021年摄于云南省博物馆

滇文化地区的干栏式房屋既是居住、集会的地方,也是祭祀活动的场所。也有少数干栏式房屋结构特别,推测是为大型祭祀活动专门建造的,如晋宁石寨山遗址出土的一件西汉时期的干栏式房屋模型(见图2-34)。

图 2-34
晋宁石寨山遗址出土的西汉干栏式房屋模型

诸锡斌2021年摄于云南省博物馆

这类型房屋现今于傣族地区还可看到。尽管现今的干栏式房屋（竹楼）（见图2-35）有了一些变化，但是总体上仍保持了原有的风格。而在壮族和布依族等少数民族地区，至今还可以见到类似的诸如吊脚楼这样的干栏式房屋。

图 2-35
傣族干栏式房屋

赖毅2020年摄于西双版纳勐罕镇傣族园

2.井干式房屋

井干式房屋是一种不用立柱和大梁的房屋。这种建筑以圆木或方形木料平行向上层层叠置，在转角处使木料端部交叉咬合，形成房屋墙的四壁，再在左右两侧壁上立矮柱承脊檩[①]构成屋顶，进而建成房屋。晋宁石寨山遗址M12:1号贮贝器上有两座井干式粮仓的图像，尽管

---

① 脊檩是架在木结构屋架上面最高的一根横木。

这幢房屋的屋顶与干栏式房屋相同,但是其架构仍属于井干式建筑。由于当时建造这类房屋受木料长短的限制,所建成房屋的空间狭小,且通风不好,用作储粮和存贮杂物仓库较为合适。至今云南的纳西族、普米族、怒族、藏族、独龙族等少数民族仍会建盖"木楞房""木垒房""垛木房"等井干式结构的房屋(见图2-36)。

图 2-36
云南武定县插甸镇的垛木房
诸锡斌2021年摄于武定插甸镇

(二)纺织

进入青铜器时代之后,云南的纺织技术有了较大的发展。在祥云县大波那和禾甸检村、江川李家山、晋宁石寨山、昆明羊甫头等地遗址中,都发现了纺织机的部件,其中铜制的纺织工具十分丰富,工具的制作也更加规范。在昆明市呈贡区龙街石碑村发掘的35座女性墓葬中,有26座以陶纺轮随葬,占74.3%,表明以家庭为单位进行的纺织生产方式已有相当的规模。除以家庭为单位进行纺织外,晋宁石寨山遗址M1号墓还出土了1件西汉时期雕铸有手工作坊劳作场面的青铜贮贝器(见图2-37)。其上,上女奴隶主端坐监视劳作,17位女奴正进行手捻纺线、用织机织布、用砾石打磨上光和检验成品等纺织生产。从这一出土文物来看,从事织布的4人采用了足蹬式踞织机[①]织布,主要的纺织工具仍是纺轮和腰织机,包括纺纱、络纱、卷纬、上机织布和上光等5道工艺过程[②];纺织原料以麻和棉为主,也有丝的遗留。至今在云南省的傣族、彝族等少数民族中还有利用火草[③]织布的情况。

---

① 踞织机也称腰织机,为一种简陋的纺织工具。
② 王大道、朱宝田:《云南青铜器时代纺织初探》,载《中国考古学会第一次年会论文集》,文物出版社,1979年。
③ 火草也叫作钩苞大丁草(学名:*Gerbera delavayi* Franch),为菊科大丁草属植物,属于中国的特有植物。

图 2-37
晋宁石寨山遗址出土的西汉青铜贮贝器上的手工作坊劳作场面

诸锡斌2020年摄于云南民族博物馆

（三）交通

春秋战国时期，在位于澜沧江中上游、怒江中上游地区的哀牢国[①]就已存在"蜀、身毒国道"。"蜀、身毒国道以滇池地区为枢纽，其西以叶榆（大理）、嶲唐（云龙、保山）、滇越（腾冲）、敦忍乙（缅甸太公城）而至曼尼坡入印度。其东出邛（西昌）、僰（宜宾）至蜀地，又出夜郎（安顺）、巴（重庆）而至楚地。"[②]这条道路是沟通中印两大文明的大通道，其开通，使哀牢国不仅深受内地政治、经济、文化的影响，也受南亚、东南亚政治、经济、文化的影响。及至战国时代后期，云南交通有了新发展。公元前221年，秦始皇统一中国后，为了有效控制在夜郎、滇等地设立的郡县，派遣将军常頞率军筑路，沿朱提江上溯，经今盐津、大关、昭通、威宁、宣威至曲靖，建成宽五尺[③]、全长2000余里的马帮道，这条路就是历史上有名的"五尺道"。由于沿途山势险恶，凿通实在不易，工匠们在尚未发明炸药的条件下，采用了在岩石上架柴猛烧，然后泼冷水使之炸裂，进而劈山成道的方法，最终使这条道路得以开通。西汉元光五年（公元前130年），汉武帝又派唐蒙为中郎将率巴蜀兵民续修和改建"五尺道"（见图2-38、图2-39），工程于元鼎五年（公元前112年）完工，史称"南夷道"或"夜郎道"。南夷道从今四川的宜宾起，经云南的盐津、大关，逆白水江而上，经云南彝良牛街、镇雄芒部，贵州的赫章、威宁，云南宣威，直达曲靖。"五尺道"的建成加强了云南与内地的联系，加速了云南与内地经济、文化、科技的交流。汉武帝时朝廷还开通了由今大理过澜沧江至今保山的道路，因途经博南山，时称"博南山道"。"博南山道"的修建为中国开辟联系南

[①] 哀牢国是云南地区古国之一，在今云南保山市及其他怒江以西地域，包括今中国云南省西南半边，缅甸掸邦、克钦邦，老挝西北5省，越南西北3省，泰国清莱府北部，公元69年归附东汉。
[②] 方国瑜：《滇史论丛》，上海人民出版社，1982年，第21页。
[③] 秦汉时期一尺为23厘米左右，五尺约为1.2米。

亚和西亚地区陆上通道奠定了基础。

图 2-38
遗存至今的"五尺道"
诸锡斌2015年摄于昭通市盐津县"五尺道"旧道

图 2-39
"五尺道"上的石门关
诸锡斌2015年摄于昭通市盐津县"五尺道"旧道

虽然云贵高原无大江大河的舟楫航运之利，但滇池周围地区有众多的湖泊，如滇池、抚仙湖、星云湖、阳宗海等。考古发掘的青铜器物可以证实当时滇人已开始制造和使用木船[1]。晋宁石寨山遗址出土的铜鼓残片上有竞渡的场面，竞渡船上坐5排人，每排2人，均双手执短桨，动作整齐划一，船头坐1人指挥，船外有游动的鱼和水鸟，船行很快，反映出滇池和洱海等湖泊地区捕捞业和水运业已十分发达。云南文山州广南县阿章寨出土的西汉时期石寨山型船纹铜鼓描绘的这种场景（见图2-40、图2-41）与今天云南西双版纳傣族赛龙舟的场面十分相似。从出土铜鼓上的各类图案不难看出，当时的船大致有渔船、交通船、战船、祭祀船、游戏船、海船和竞渡船等几类，船已装备了桨、橹、锚等部件，但是尚未发现当时出现帆和桅的证据[2]。出现众多的船类和船的构件表明，当时云南对船已有了合理的设计，具备了良好的造船技术。

---

[1] 诸锡斌主编：《中国少数民族科学技术史丛书·地学·水利·航运卷》，广西科学技术出版社，1996年，第66页。
[2] 方铁主编：《西南通史》，中州古籍出版社，2003年，第45-46页。

图 2-40
广南县阿章寨出土的西汉石寨山型船纹铜鼓
诸锡斌2020年摄于云南省博物馆

图 2-41
广南县阿章寨出土的西汉石寨山型船纹铜鼓侧面
诸锡斌2020年摄于云南省博物馆

五、自然科学知识

云南进入青铜器时代后，云南各民族的先民们对自然界和人与自然的关系有了进一步认识，而新的认识又反过来有效促进了技术的完善，并不断充实着先民们的精神世界，增强了先民们把握和利用自然规律的能力。

（一）数的知识

晋宁石寨山遗址13号墓中出土了1件长方形刻纹铜片（M13:67），上端有一圆孔，下端残缺。这一残缺的铜片长42厘米，宽12.5厘米，厚0.1厘米，铜片上用横线划分为数栏，残存部分尚余四栏，每栏分别刻有孔雀、玉璧、马头、牛头、羊头、虎、豹，人物有戴枷者和双手被铐者（应是表示奴隶的符号），还有辫发民族的人头（表示猎取来的人头）及纺织工具等图案。在这些图案下方或旁边，有多少不一的贝形符号、"○"符号和"—"符号。对刻纹图片进行分析可知，晋宁石寨山遗址出土的贝数量很多，它是一种用于交换的货币（图2-42）。可知当时人们运用贝形符号、"○"符号和"—"符号对财富进行登记或记录，以及用来表示数字，贝形符号可能表示百位数，符号"○"和符号"—"可能分别表示十位和个位数[①]。例如，图

---

① 参看何耀华总主编，朱慧荣主编《云南通史》卷二，中国社会科学出版社，2011年，第163-164页。

2-43中第一段的戴枷者下面有1个"○"和2个"—",可能表示虏获了12个奴隶;牛头下面有7个"○",可能表示有70头牛;马头下面有2个"○",可能表示有20匹马;山羊头下面有2个"○"和3个"—",可能表示有23头山羊;绵羊头下有2个贝形符号,可能表示有200头绵羊;猪头下面有1个贝形符号,可能表示有100头猪。图中第二段人头下面有7个"—",可能表明斩杀了7个敌人;形似女子的图案下面有8个"—",可能表示俘获了8名妇女;牛头旁有4个"○",可能表示获得40头牛;绵羊头下有1个贝形符号和2个"○",可能表示获得了120头绵羊。图中第三段左侧的人头下面有1个"○"和3个"—",可能表示斩获人头13个;右侧戴枷者下面有1个"○"和1个"—",可能表示虏获了11个奴隶。出现这种采用十进位制的计数方式,表明当时人们已有了相应的抽象思维水平。

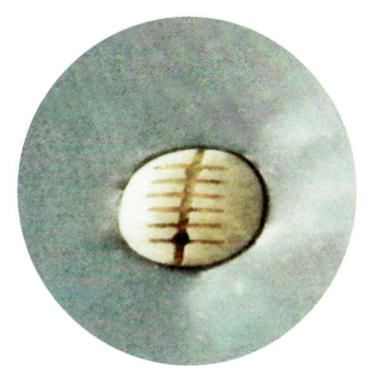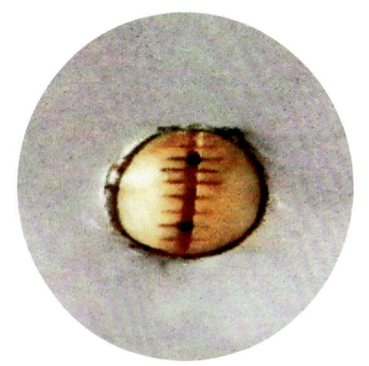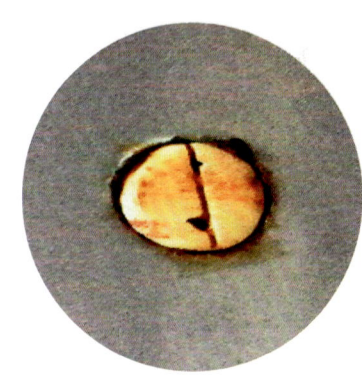

图 2-42
汉代用的贝币
诸锡斌2021年摄于会泽江西会馆展览室

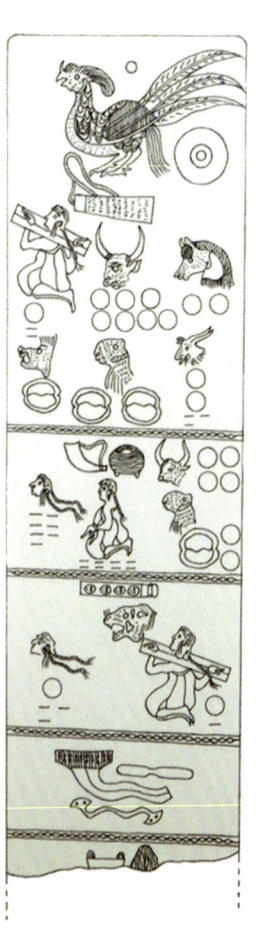

图 2-43
晋宁石寨山遗址出土的西汉长方形刻纹铜片及示意图
诸锡斌2020年摄于云南省博物馆

（二）金属知识

按使用目的进行青铜器冶铸和青铜器制作是这一时期突出的特点。从对大量出土的青铜器成分进行的分析不难看出，当时的匠人已对不同金属的属性有了较好的认识。也正是由于掌握了不同金属的属性，匠人得以在不同的铜冶中加入不同的金属成分，以制作出用于不同目的的器物。例如，兵器和生产工具以锡青铜制作，一般不含铅，这有利于提高器具的硬度和韧性，避免加入铅带来的脆性。扣饰的制作原料则多为铜锡铅合金，这有利于形态多样的扣饰的制作。青铜器的镀锡和鎏金技术是充分利用汞可以溶解金、锡的特性来实现工艺目的的，更是体现了当时人们对这些金属特定属性和规律应用的熟练。

（三）生命知识

在晋宁石寨山遗址出土的M13:259号青铜镂花饰物上，有表现孕育仪式的场面：一干栏式建筑的平台上有坐者、舞蹈者、吹葫芦笙者和料理物件者，右角有两人正以交媾的方式来祈求丰收。由此可以看出，这一时期，人们不仅认识到交媾对生命延续具有决定性作用，而且把这种认识与农作物生长联系起来，把这种愿望以仪式的形式来表达，以此来祈求土地恢复"孕育力"，促使粮食获得丰收。这种仪式蕴含的对生命规律的认识，为后来的动物和作物育种奠定了必要的基础。

（四）农业生产知识

在农业生产方面，这一时期经验性地开始应用植物驯化的基本规律，建立起以水稻为核心的稻作农业体系。人们还充分利用火这一自然力，形成了刀耕火种的耕作方式；在水稻的耕作中，采用的火耕水耨耕作方式更是把火和水这两种自然力结合起来，使劳动效率发挥到极致。如果没有对火和水的充分认识，无论是刀耕火种还是火耕水耨都是无法实现的。

（五）生物学知识

从云南大量出土的动物形象青铜文物可以看出，这一时期的滇人已有了很丰富的生物学知识。据动物学者统计，青铜器上的动物形象达40余种，包括虎、豹、熊、狼、野猪、牛、羊、马、家猪、鹿、兔、狗、猴、蛇、穿山甲、水獭、鸱、鹈鹕、枭、鸳鸯、鹰、鹇、燕、鹦鹉、鸡、乌鸦、麻雀、枭、雉、鱼、虾、蛙、鼠、蜥蜴、孔雀、蜜蜂、甲虫等[1]。当时的人对生物与生态环境的有机联系也有一定的认识。有的青铜器上还表现了物种之间的关系，体现出生物之间存在的相互利用、相互制约的弱肉强食的连锁关系。例如，江川李家山遗址出土的战国至西汉间的青铜臂甲（见图2-44、图2-45)，以图画的形式描绘了蜥蜴、雄鸡、野猫形成的食物链[2]。这种图像在其他一些图画中也有展示。

---

[1] 李晓岑：《云南科学技术发展简史》（第二版），科学出版社，2015年，第62-63页。
[2] 刘敦愿：《古代艺术品所见"食物链"的描写》，《农业考古》1982年第2期。

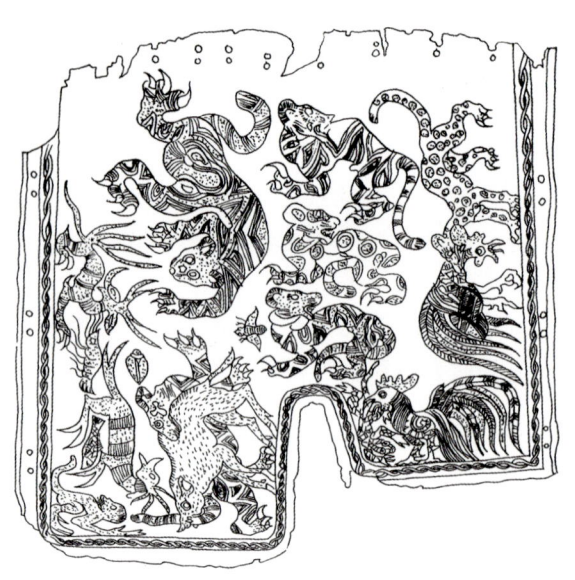

图（左）2-44 江川李家山遗址出土的战国—西汉时期刻有动物的青铜臂甲

诸锡斌2020年摄于江川李家山青铜博物馆

图（右）2-45 江川李家山遗址出土的战国—西汉时期青铜臂甲上的动物图像

诸锡斌2020年摄于云南省博物馆

（六）房屋建筑知识

目前发现的云南青铜器时代的房屋建筑，基本上都是干栏式建筑。但是，无论是干栏式还是井干式的房屋建筑，都经验性地应用了力学原理，从而具有了较强的适应性。尤其是剑川县海门口遗址发掘出的属于青铜时代的干栏式建筑上凿有榫口和榫头，以及连接在一起的榫卯构件，足以证明当时对材料知识和力学原理有了一定的把握。这类房屋建筑至今还在云南的傣族、纳西族、藏族、普米族等少数民族地区存在。

（七）纺织、交通、造船等方面的知识

纺织方面，从晋宁石寨山遗址M1号墓出土的青铜贮贝器表现的纺纱、络纱、卷纬、上机织布和上光5道纺织工艺来看，当时人们已有了对纺织原料的认识。而在交通方面，秦朝后期李冰采用的于岩石上架柴猛烧，然后泼冷水使之炸裂，进而劈山成道的方法，也由四川传入云南，云南先民对其中包含的物理学知识应该也有了经验性的认识。在造船方面，利用了木料能浮于水面的物理性能及其规律而造出的舟楫，已被云南先民广泛使用。

第二节 铁器时代的科学技术（东汉—南北朝）

从西汉中后期开始，云南逐步由青铜器时代向铁器时代过渡。及至东汉时期，云南全面进入铁器时代。东汉时期，云南是"西南夷"的一个部分。三国时期，云南属于蜀国"南中"一部[①]。晋代以后，云南地方势力不断壮大，及至南北朝，云南的科学技术在各方面均有新的

---

① 参见马寅《中国少数民族常识》，中国青年出版社，1985年，第81页。其中记载：蜀国的南中包括今云南、贵州西部和四川西南部，居住着很多少数民族。

发展，无论世事如何变化，云南与内地的科技交流从未间断，甚至日益加深和更加频繁，内地先进科学技术和先进文化在云南得到了进一步推广。

一、铁器的兴起

早在战国时期，云南就已出现了铁器。1972年，在滇池文化区域内的江川李家山21号墓和13号墓出土了战国中晚期的1件铜柄铁剑和2件铜銎铁凿[①]。在大理祥云县检村战国中晚期墓中也发现了数件铁器和一块重约40千克[②]、含铁量达46%的褐铁矿石。由于滇文化地区出土的各类铜柄铁剑（见图2-46）均可在当地或邻近地区青铜剑中找到相同器形，可知这些铜柄铁剑应是在当地青铜剑的基础上直接演变而来的，并且是在当地生产的，说明这时云南的工匠已掌握了冶铁和制造铁器的技术[③]。到了西汉末期至东汉初期，云南的铁器已大大增多。例如，晋宁石寨山古墓中发现了上百件的铁兵器，但仍然多为铜柄铁剑，只有一部分诸如铁矛、铁剑、铁斧、铁锸类的器具全部为铁质器物。东汉时期，云南的制铁业得到快速发展，规模不断扩大，《华阳国志·南中志》曾记载当时东汉王朝在朱提（今昭通）设"大姓铁官令"，在建宁（今滇池一带）也设了铁官专司其事。这些冶铁工场的规模一般都很大，并有专业铁工，因而铁的产量相当可观，冶铁业十分兴盛。此时，尽管铜器的生产仍在继续，但是铁器生产已成为主流。

图 2-46
昆明市磷肥厂出土的汉代铜柄铁剑

诸锡斌2021年摄于云南省博物馆

三国两晋南北朝时期，云南的青铜器制作仍保持着良好的态势，并且优良的青铜器还由云南不断输入内地。云南昭通地区生产的被称为"朱提""堂狼"的青铜洗、盘、釜、鍪等青铜器直至魏晋时期仍然保持着产量高、质量好的声誉[④]。随着内地迁往云南的人员不断增加，尤其是从秦代开始，云南与四川两地之间的商业贸易更加密切，四川的铁器和先进的冶铁技术

[①] 李晓岑：《云南科学技术发展简史》（第二版），科学出版社，2015年，第52页。
[②] 本书引用资料年代跨度大，地方性资料占比高，计量单位使用情况复杂，故对于无法确定换算方式的非法定单位和SI基本单位一律保留所引资料中的形式，不做统一化处理。特此说明。
[③] 方铁主编：《西南通史》，中州古籍出版社，2003年，第41页。
[④] 方铁主编：《西南通史》，中州古籍出版社，2003年，第102页。

大量输入云南，有效推进了云南冶铁业的发展。加之铁器比青铜器更为坚硬锋利，经久耐用，与东汉时期相比，三国两晋南北朝时期云南制造和应用铁器已成为普遍现象。

东汉至三国两晋南北朝时期，云南不仅有锻铁技术，而且出现了铸铁技术。

（一）锻铁

锻铁是将固态的铁高温锻造成其他形状的铁的技术。锻造出的铁属于熟铁。西汉中期以前，云南对铁的认识不足，只能通过四川等地从外面输入铁器或铁料，然后将其锻打制成所需的器物，即使作为武器，锻铁也只在剑的刃部使用，铁器种类和数量都极少。西汉中期以后，滇池区域出现了贴钢、炒钢、亚共析钢等。例如，江川李家山遗址M68号墓出土的一把铁剑即为贴钢制品，表明云南这项技术出现的时间与中原地区相近。通过使用贴钢技术，经过渗碳制得的剑刃部变得锋利、坚硬。昆明羊甫头出土的一把环首铁刀、江川李家山遗址M68号墓出土的一把铁剑和曲靖八塔台出土的一把铁刀，经过金相分析均被认定为炒钢制品。此外，对部分晋宁石寨山遗址出土的铁兵器进行的金相分析表明，它们应是折叠锻打的钢制品[1]。云南这一时期对加工工艺中的淬火技术及其功用也有了认识。

进入东汉后，锻铁技术在云南的兵器制作中得到普及，铁器的加工水平也很高。例如，在昭通大关东汉崖墓中出土了一把铁剑，全长125厘米，柄长23厘米，宽2~5厘米。该剑至今仍非常锋利。会泽水城出土的铁钉和有齿的铁锯片经鉴定被认为是锻打的钢制品[2]。此外，大量出土铁制器物表明，这时的锻铁器物种类已不再局限于兵器类，而是扩大到了其他领域，甚至产生了锻铁铁钉。

（二）铸铁

铸铁是将生铁炼化成溶液后再浇铸成器物的技术，铸造出的器物具有坚硬、耐磨、铸造性好的特点。东汉时期，云南对冶铁技术不熟的情况已大为改观，许多文献都有关于云南产铁器的记载。从对部分云南出土的东汉铁器进行的金相分析可知，当时云南铁的冶炼技术进步很快。例如，对滇东北会泽水城出土的铸铁釜进行的分析表明，其显微组织为共晶莱氏体，鉴定为白口铁[3]。从出土的大量铁制品来看，这一时期的兵器多为锻件，而农具中有相当数量的铸件，铁器的加工水平也很高[4]。这说明东汉以后及至三国两晋南北朝时期，云南的铁器冶炼和制作技术已与内地相差无几，不仅锻铁技术日趋精湛，而且冶铁技术在与内地的交往中迅速发展起来，以至铸铁技术在农具制作中得到推广和使用。从有关史籍的记载来看，到了三国两晋时期，云南（南中）各郡中均已设有专管铁器冶炼制造的官员，铁制农具已替代青铜农具成为农业生产中普遍使用的工具。

为何云南铁器锻造技术的出现早于铁器铸造技术呢？原因在于云南最早使用的铁块原料是低温冶炼的"块炼铁"，而非高温冶炼的液态生铁。"块炼铁"是将氧化铁块在600~1000℃的条件下，通过燃烧木炭还原出海绵状的金属铁。此工艺较为简单，制出的铁杂质较多，硬度不足，只能通过进一步锻打来制造器物，而不能像液态生铁那样直接通过浇铸来

---

[1] 参看李晓岑《云南科学技术发展简史》（第二版），科学出版社，2015年，第53页。
[2] 参看李晓岑《云南科学技术发展简史》（第二版），科学出版社，2015年，第69-70页。
[3] 白口铁含碳量为2.01%~4.3%，碳以渗碳体（Fe_3C）形式存在，断口白亮，质硬且脆，不易进行机械加工，主要用于炼钢。
[4] 李晓岑：《云南科学技术发展简史》（第二版），科学出版社，2015年，第69页。

制造器物，以致造出的铁器中甚至有不如青铜器坚硬耐用者[1]。正因为如此，秦汉之际，即使在冶铁技术出现后，滇池地区冶铸仍以青铜冶炼、铸造为主流。

西汉中期以后，云南地区的冶铁技术快速提高，一是对"块炼铁"反复锻打，不断去除杂质，使之达到合适的含碳量；二是提高冶炼温度，达到1350℃以上，使固体铁块变成液态生铁，再浇铸造成铁器。这不仅降低了生产成本，而且使铁器质量大幅提高，最终促使云南在东汉时期进入了铁器时代[2]，铁器成为云南社会生产生活中的主导器具。

二、有色金属的采冶和制作

东汉时期，云南已进入铁器时代，铁器的应用逐步成为主流。与此同时，云南丰富的有色金属矿产资源和长期积淀的精湛青铜器制作技艺，又为铜、银等有色金属的冶炼和加工奠定了良好的基础。

（一）有色金属的开采

汉晋时，云南的铜矿得到广泛开采。《汉书·地理志》记载朱提、贲古和律高出银，《续汉书·郡国志》也记载双柏出产银，《后汉书·南蛮西南夷列传》曾记载了一些铜矿的产地，如俞元（今江川）、来唯（今南涧）和永昌（今保山）等地都出产铜矿。这些地区在今天也仍存有著名的矿山。南北朝时期的《南齐书·刘悛传》记载："永明八年（490年），悛启世祖：'南广郡界蒙山（即朱提山）下，有城名蒙城，可二顷地，有烧炉四所，高一丈，广一丈五尺。从蒙城渡水南百许步，平地掘土，深二尺得铜。又有古掘铜坑，二丈（深），并居宅处犹存。'"[3] 从这段记载看，当时开采的主要是露天矿，故掘土二尺深就得到了铜矿石。

此外，银矿也得到广泛开采。在蜀汉刘禅政权时期，云南的银每年都要纳贡，《南中八郡志·朱提郡》记载："诸葛亮书云：汉嘉金，朱提银。"[4] 朱提银在汉代以质量高而著称。此外，由于云南西部一带富有金矿，云南成为中国主要的产金之地。东汉王充在《论衡》中对云南的金倍加称赞，称滇金质量高、日产多。

（二）有色金属的冶炼与制作

从《南齐书·刘悛传》"南广郡界蒙山（即朱提山）下，有城名蒙城，可二顷地，有烧炉四所，高一丈，广一丈五尺"的记载来看，昭通地区在很早的时候就已采用高炉炼铜，技术水平先进。除滇东北外，滇南的个旧、金平等地也发现了东汉时期的冶铸遗址，其中个旧冲子皮坡冶炼遗址出土的冶炼炉尺寸很大，长达3米，宽2米[5]，并有通风孔等设施。这证明汉代云南采用高炉冶炼铜的技术已具有相当高的水平。铜器中，"朱提堂狼铜洗"是滇东北最有名的产品。其为铸造器物，胎体较厚，形似大盆，表面呈黑色，敞口，宽折沿外侈，深腹，腹微鼓，平底（见图2-47）。此类铜器铭文多由铸器年月和地点构成，年号有建初、元和、章

---

[1] 张增祺：《滇国与滇文化》，云南美术出版社，1997年，第98页。
[2] 张增祺：《滇国与滇文化》，云南美术出版社，1997年，第99页。
[3] （南朝梁）萧子显：《南齐书》卷三七《列传第十八·刘悛传》。
[4] （晋）魏完：《南中八晋志·朱提郡》，见王叔武《云南古佚书钞合集》，云南人民出版社、云南大学出版社，2016年，第14页。
[5] 云南省文物考古研究所：《个旧冲子皮坡冶炼遗址发掘简报》，《云南文物》1998年第1期。

和、永元、永初、永建、阳嘉、永和、建宁等，均属于东汉中晚期，地名以"朱提"或"堂狼"为主，其他地名偶有出现，中国南北各地均有收藏，为北宋以后的历代金石学家高度重视并有著录的器物[1]。

图 2-47
昭通大关岔河出土的东汉铜洗

诸锡斌2020年摄于云南省博物馆

云南的朱提银在汉代也以质量高而著称，说明当时炼银技术有了突出的进步。王莽时期大量采用朱提银铸造钱币。当时有银货二品，"朱提银，重八两为一流，直一千五百八十，它银，一流直千"[2]，即朱提银因为质量上乘，比其他银要贵得多。

这一时期云南金的加工制作工艺也有了新的进步，出现了广泛使用鎏金或包金工艺装饰铜器表面的现象。会泽水城东汉墓出土的一件泡钉，经扫描电镜成分分析，为汞鎏金装饰，表面含金85.5%，含汞9.5%，鎏金层厚约2微米；而会泽水城出土的铜壁含金量（金层中）高达97.8%，未检出汞元素，应是使用了包金工艺[3]。在相对普通的物件上使用鎏金和包金工艺，表明这一技术在当时已相当普及。

三、农业技术的进步

东汉时期，由于水稻栽培新技术和犁耕技术从内地传入，云南的农业技术和生产力水平有了明显的进步，出现了与之前农业不同的面貌。

（一）农田水利的兴起

东汉时期，云南出现了农田水利灌溉工程，有效地促进了农业生产水平的提高。云南东北部和南部地区存在着大量喀斯特地貌区，土地干旱，农业发展受限。东汉以后，铁制农具的广泛应用使修建一定规模的灌溉水利工程具备了条件。《华阳国志·南中志》记载，文齐在犍为

---

[1] 李晓岑：《云南科学技术发展简史》（第二版），科学出版社，2015年，第68页。
[2] （汉）班固：《汉书》卷二四《食货志》。
[3] 李晓岑：《云南科学技术发展简史》（第二版），科学出版社，2015年，第70页。

南部①任都尉时，"穿龙池②，溉稻田，为民兴利"。所谓"穿龙池，溉稻田"，即修筑渠道，引龙池水灌溉稻田。后来文齐任益州郡③太守，益州郡百姓尚不懂怎样进行水利建设，文齐就组织当地百姓"造起陂池，开通灌溉，垦田二千余顷"④，由此滇中地区有了云南历史上最早的水库——"陂池"。文齐不仅率领民众开垦水田达2000余顷，而且把水稻种植新技术从滇东北带到了滇中地区，推动了灌溉农业的发展，改变了当地的经济面貌。及至三国两晋南北朝时期，云南灌溉农业有了进一步发展，灌溉工程不断向中部和西部地区扩展。现今仍存留的位于保山市隆阳区南面的汉庄镇诸葛营乡法宝山下的保山诸葛堰（见图2-48）为蓄水的水库，当地人一般称它为"大海子水库"。清《永昌府志》卷十四记述："诸葛堰有三，武侯所筑，俱在城南十里法宝山下，曰大堰，瓷石为堤，厚一丈一尺，高一丈，周九百八十余丈。"清人彭敬吉《重修大海子碑记》亦载："汉武侯驻师永昌，即其垒之西南浚为堰，周遭八百九十余丈，引沙河水以注之，灌万余亩。"直到现在，这个水利工程仍发挥着灌溉功能，库容220万立方米，灌溉着26个村的2万多亩（1亩=667平方米，后不再说明）农田，是云南历史悠久的水库之一。

图2-48
现今云南保山诸葛堰（大海子水库）
李鹏2021年摄于保山市隆阳区诸葛营乡大海子水库

（二）水田农业的发展

随着水利工程的不断进步，东汉时，云南的水稻种植面积不断扩大，之后不断发展，晋常璩《华阳国志·南中志》载：及至东晋时期，云南郡⑤"土地有稻田、畜牧，但不蚕桑"。1975年，在滇中地区的呈贡小松山出土了一件东汉时期的长方形陶制水田模型⑥，模型的一端是代表池塘的一个大方格，另一端是代表水田的12块小方格，池塘与水田间有一条水沟相连，表示用蓄水浇灌农田；1981年，滇西下关大展屯东汉墓葬也出土了一件圆盘形陶制的水田模型（见图2-49）⑦，模型由带通水孔的河堤从中间隔开，两端分别为池塘和水田，池塘中还有

---

① 滇东北地区西汉时为犍为南部，东汉时为犍为属国，三国、西晋时为朱提郡。
② 刘逵注："龙池在朱提南十里，池周四十七里。"20世纪30年代，龙池还在，名为"八仙海"，在昭通西南约40里处。
③ 东汉时期益州郡为现今云南省，益州郡治所故址在今昆明市晋宁区。
④ （南朝宋）范晔：《后汉书》卷八六《南蛮西南夷列传·第七十六》。
⑤ 云南郡即现今云南祥云县区域。
⑥ 肖明华：《陂池水田模型与东汉时期云南的农业》，《云南社会科学》1993年第4期，第72-75页。
⑦ 杨德文：《云南大理大展屯二号汉墓》，《考古》1988年第5期，第454页。

螺、蛙、鸭、贝和莲的泥塑12件，而玉溪地区民间也存有陶制的水田模型（见图2-50）。此外，这类模型在呈贡区七步场、嵩明县梨花村、通海县镇海等地也有发现，表明当时云南不仅农田水利和稻田耕作技术有较大的提高，而且在滇西、滇中和滇东北都有水稻种植，并做到了水田灌溉与水面养殖相结合，与《后汉书·西南夷传》提到的益州郡文齐太守"造起陂池，开通灌溉，垦田二千余顷"的记载相印证，说明当时已有集约型的水田农业技术，有效提高了土地利用率和粮食产量。

图（左）2-49
下关大展屯东汉墓葬出土的圆盘形水田模型
诸锡斌2020年摄于云南省博物馆

图（右）2-50
从玉溪民间收集的东汉方形水田模型
诸锡斌2021年摄于玉溪市博物馆

（三）牛耕的出现

恩格斯指出："人离开动物愈远，他们对自然界的作用就愈多地具有经过事先考虑的、有计划的、向着一定事先知道的目标前进的行为的特征。"[1]牛耕的出现是云南农业生产力水平进步的重要标志，它是云南农业发展史上的一件大事。在西汉时期，尽管云南已普遍饲养牛，但可能还不知牛耕。出土的大量西汉时期青铜器中，无任何以牛拉犁耕地的表达，出土的众多青铜农具中，也没有任何农具有如同犁铲一样的实际功能。20世纪70年代昭通地区东汉墓中出土的画像砖（见图2-51）上刻有一椎髻披毡之人以细绳牵着一头双角朝天的黄牛的图画。该画像砖上系绳穿鼻之牛当为耕牛，说明此时的牛已被用作耕牛或役牛了。

图 2-51
昭通东汉墓出土的刻有用绳穿牛鼻的画像砖
诸锡斌2020年摄于云南省博物馆

三国、东晋时期，已有云南使用耕牛的文献记载，无论是正史《三国志》，还是地方史《华阳国志》都提及了云南的耕牛。据文献记载，蜀平定南中以后，耕牛曾是向云南所征募物资中的大宗物品。《华阳国志·南中志》载：蜀建兴三年（225年），"亮（诸葛亮）渡

---

[1] [德]恩格斯著，于光远等译编：《自然辩证法》，人民出版社，1984年，第303页。

泸，进征益州……出其金、银、丹、漆、耕牛、战马给军国之用①"。《三国志》卷四三《蜀书·李恢传》亦言：安汉将军李恢在西南夷地区"赋出叟、濮，耕牛、战马、金银、犀革，充继军资，于时费用不乏"。蜀汉大量征调南中耕牛的事件说明，东汉时期，南中地区特别是滇池地区已经广泛采用牛耕技术。由此可知，及至三国时期，在云南，不但坝区的民众普遍使用耕牛，山区的百姓亦饲养耕牛，甚至一些少数民族也学会了牛耕技术。东汉以后铁农具的广泛使用和牛耕技术的应用，有力促进了云南农业的发展。

四、畜牧业兴旺

西汉时期，云南的畜牧业已有一定规模。及至汉晋时期，云南的畜牧业发展更快，一些地方的养殖规模很大，甚至出现了以名马为代表的畜牧产品。

（一）马的饲养技术

《后汉书·西南夷传》载：建武二十一年（公元45年），武威将军刘尚镇压栋蚕领导的西南夷诸族起义，追至不韦，得"马三千匹，牛羊三万余头"②，说明当时牲畜饲养的规模已相当可观，其中大牲畜主要以牛、羊和马为主。东汉时，云南虽然马匹饲养的数量赶不上牛羊，但养马已相当普遍。从大理东汉墓出土的东汉陶鞍马（见图2-52）也可看出，那时的养马技术已达到了较高的水平。

图2-52
大理制药厂东汉墓出土的陶鞍马
诸锡斌2022年摄于大理白族自治州博物馆

---

① （晋）常璩：《华阳国志·南中志》。
② （南朝宋）范晔：《后汉书》卷八六《南蛮西南夷列传第七十五》。

昭通地区的东汉画像砖上也有牧牛放马的图像（见图2-53），说明马在东汉时受到与牛羊差不多的重视，尤其云南出产的名马开始为人们所关注。当时，有一种出产于云南的"果下马"在中原地区十分有名。据《名马记》载："晋武帝太元十四年，宁州刺史费统言宁州滇池县有神马①，一黑一白，盘戏河水之上。"②说明当时滇池马有黑白两个品种。晋代还有著名的巴滇马，出产于川滇一带。据《水经注·沔水》记载，汉代有数百匹形体较小的巴滇马。三国时期，陆逊攻襄阳，又得巴滇马数十匹，送到东吴的都城建业。巴滇马体型较小，马的毛色不同于其他马，是晋人喜爱的名马之一。例如，"竹林七贤"之一王戎"好乘巴滇马"，晋明帝也骑过这种巴滇马。《南史·梁睿传》称赞云南的宁州是"既饶宝物，又多名马"的富饶之地。《华阳国志·南中志》说，诸葛亮安定南中之后，当地所出的赋就有战马，作为军国之用，这是关于云南产战马的较早记载之一。

图 2-53
出土于昭通地区的东汉画像砖上刻有牧牛放马的图像
诸锡斌2020年摄于云南省博物馆

（二）牛、羊、猪的饲养技术

东汉时期，云南牛、羊的养殖也相当繁盛。《永昌郡传》曾记载建宁郡"夷"人举行丧葬火化仪式时，"烟气正上，则大杀牛羊，共相劳贺作乐"。《汉书·西南夷传》记载汉昭帝始元年间（公元前86年—公元前80年），朝廷出兵平定了席卷益州各地的少数民族反汉起义之后，"获畜产十万余"。建武二十一年（公元45年），朝廷平息益州诸夷反汉起义后，又获"马三千匹，牛羊三万余头"。从中可见饲养牛、羊的数量十分惊人。从出土的东汉画像砖也可以清楚地看到有以绳拴牛的形象（见图2-51），说明牛已被用于耕作或劳役。此外，《后汉书·南蛮西南夷列传》对西南夷地区的牧业情况还有很多记载，如益州郡徼外夷内附的有"大羊种"，就是以养牧大型羊而闻名的夷人③。

猪的养殖在这时也有了相当的规模。据《华阳国志·蜀志》记载："蜻蛉县④，有长谷，石猪坪中有石猪，子母数千头。长老传言：夷昔牧猪于此，一朝猪化为石，迄今夷不敢牧于此。"说明当时猪的放养（牧猪）规模已很大。

（三）饲养方式的改进

这一时期，牲畜的饲养除了放养方式外，开始出现圈养的方式。昭通水城汉墓出土了东汉时期牲畜栏的陶制模型（见图2-54、图2-55）；不仅如此，大理刘家营也出土了一件东汉

---

① 据（晋）常璩《华阳国志·南中志》载，云南出产的名马滇池驹，可日行五百里，被誉为"神马"。
② 《古今图书集成·禽虫典·马部》。
③ 参看李晓岑《云南科学技术发展简史》（第二版），科学出版社，2015年，第74页。
④ 蜻蛉县亦作青蛉县，在今云南大姚、永仁两县之间。

的干栏式陶房模型，陶房分为上下两层，为干栏构架，室内不设门，不隔间，下层地面上留有牛粪圈，说明干栏构架内为圈养牲畜的场所（见图2-56）。这表明在经济相对发达的大理地区，圈养已成为日常的养殖方式。这种养殖方式在现今云南西部的少数民族地区还可见到。

图 2-54
昭通水城汉墓出土的陶制畜栏模型
诸锡斌2020年摄于云南省博物馆

图 2-55
昭通水城汉墓出土的陶制畜栏模型
诸锡斌2010年摄于昭通水城汉墓遗址现场

图 2-56
大理刘家营出土的东汉干栏式陶房模型
图片来源：大理白族自治州博物馆（2021年）

（四）乳制品加工和捕鱼

到了晋代，乳制品的加工有了新的进步。《华阳国志·南中志》记载，兴古郡[①]一带的"鸠僚"和"僰"等先民"以牛酥酪食之，人民资以为粮"[②]。酥酪是一种奶制品，也被称为"奶酪"或"乳酪"，从《华阳国志·南中志》的这一记载可以看出，当时云南不仅知道养牛和役用牛，而且懂得对牛乳进行加工和食用，至今滇西北大理白族和滇东南彝族撒尼人还保留着这种传统制作工艺，所制成的奶酪称为"乳饼"[③]。

---

① 东晋时期兴古郡辖境为今云南文山州大部，罗平县、弥勒市南部及贵州兴义市地区。
② （晋）常璩：《华阳国志·南中志》。
③ 制作乳饼时，取鲜奶，兑入一种从当地山上采集的酸果榨汁液，酸化乳液，使酪蛋白遇酸析出，之后经过滤、压实，适度脱水形成"乳饼"。其工艺原理和工序跟制作豆腐类似，故也称为"奶豆腐"。

这一时期渔业也有了发展，晋《永昌郡传》记载，滇东南一带的"僚民"傍水而居，善于潜水捕鱼，技艺十分高超："能水中潜行，行数十里，能水底持刀，刺捕取鱼。"[1]僰道县[2]则出产黄鱼，《南中八郡志》记载："江出黄鱼，鱼形颇似鳣[3]，骨如葱，可食。"[4]《魏武四时食制》还记载了一种发鱼："带发如妇人，白肥，无鳞，出滇池。"[5]可见，当时云南捕鱼业有了进一步发展。

五、纺织技术

云南山高壑深，民族众多。早期不同的民族已从各自的自然环境出发，以天然的树皮、树叶、草和动物毛皮为原料制作御寒衣物，有了原始的制衣技术。晋代郭义恭《广志》说："黑僰濮[6]在永昌西南，山居耐勤劳。其衣服妇人以一幅布为裙，或以贯头。丈夫以榖皮为衣。"[7]榖是一种桑科植物。这显然是一种用树皮布制成的衣服，应为经无纺织的加工处理而成，以后的文献也多有记载，说明云南少数民族一直有制作树皮布的传统。

哈尼族利用棕毛，藏族利用兽皮制衣。到了东汉时期，云南的纺织技术已被载入史册。《后汉书·西南夷传》载，"哀牢人"居住地（在今滇西地区）："土地沃美，宜五谷、蚕桑。知染采文绣，罽旄、帛叠、兰干细布，织成文章如绫锦。有梧桐木华，绩以为布，幅广五尺，洁白不受垢污。先以覆亡人，然后服之。"[8]据考察，"罽旄"是毛织品，"兰干细布"是麻织品，"帛叠"和"桐华布"是棉织品[9]。把这一事实与《后汉书》等文献的记载联系起来看，东汉以后，滇西地区纺织业在青铜器时代基础上有了明显进步，比较先进的纺织技术已经产生。

一般认为棉纺织技术是通过印度、缅甸方向传入云南的。文献中最早提到棉出现在东亚大陆，主要是在滇西永昌（今保山）一带，是从印度、缅甸传入云南的[10]。以"桐华布"为代表的木棉布是东汉时期云南最为有名的纺织品，《华阳国志·南中志》称"其华柔如丝，民续以为布，幅广五尺以还，洁白不受污"[11]。"桐华布"不仅洁白不受污，并且幅广五尺，"以覆亡人，然后服之及卖与人"[12]。《后汉书·西南夷传》进一步记载：当时永昌郡太守郑纯曾与哀牢夷相约，"邑豪岁输布贯头衣二领，盐一斛，以为常赋"，表明永昌地区棉布（棉、绢、帛、叠）、丝绸（蚕桑）、苎麻布（兰干细布）和羊毛布（朱罽、罽旄）的纺织者就是

---

[1] （宋）李昉：《太平御览》卷七九六《四夷部·十七》引。此条原文无地名，王叔武先生将其系于牂柯郡下（今滇东黔西一带），见王叔武《云南古佚书钞合集》，云南人民出版社、云南大学出版社，2016年，第21页。
[2] 僰道县在今四川宜宾、云南水富一带。
[3] 鳣即鳇鱼，亦指鳝鱼。
[4] （宋）李昉：《太平御览》卷九四〇《鳞介部·十二》引。
[5] （宋）李昉：《太平御览》卷九四〇《鳞介部·十二》引。
[6] 黑僰濮为布朗族、德昂族和佤族等孟高棉语族的先民。
[7] （宋）李昉：《太平御览》卷七九一《四夷部·十二》引。
[8] （南朝宋）范晔：《后汉书》卷八六《南蛮西南夷列传第七十五》。
[9] 参看夏光辅等《云南科学技术史稿》，云南科技出版社，1992年，第70页。
[10] 李晓岑：《云南科学技术发展简史》（第二版），科学出版社，2015年，第76页。
[11] （晋）常璩：《华阳国志·南中志》。
[12] （晋）常璩：《华阳国志·南中志》。

鸠僚[①]和哀牢[②]等少数民族，这些布不仅生产的数量多，而且质量上乘。以至晋代著名文学家左思在其《蜀都赋》中有了"布有桐华"之句。"桐华布"成为当时的名品，销往中国内地和东南亚等地。

此外，从《后汉书·西南夷传》记载的"知染采文绣，罽㲲、帛叠、兰干细布，织成文章如绫锦"和《华阳国志·南中志》"又有貊兽食铁，猩猩兽能言，其血可以染朱罽"的记载来看，汉晋时期，云南不仅有了棉纺、毛纺、麻纺等技术，而且能够运用动物的血和矿物来进行染色，染色技术也有了进一步发展。

六、交通的发展

自秦统一中国之后，历代中央政权为了加强对郡县的控制和密切与徼外诸族的联系，都十分注重各类交通设施的建设。继西汉时在旧道的基础上整修或开通了由四川进入云南的"五尺道""灵关道"，通达云南和贵州的南夷道，以及经过云南达澜沧江以西地区的博南山道之后，东汉又由马援拓开了由云南滇池地区到今越南北部的交州道，这些陆路和水路交通要道的开通，使西南地区交通不便的情形大为改观。

交州道建于东汉建武十九年（公元43年），当时伏波将军马援奉命镇压交趾二征起义，开通了由云南至今越南河内的水陆通道。据《水经注》卷三七《叶榆水》载："进桑县（今云南屏边县境），牂柯郡之南部都尉治也。水上有关，故曰进桑关也。故马援言从麋泠水道出进桑，王国至益州贲古县（治在今云南蒙自东南），转输通利，盖兵车资运所由矣。自西随（治在今云南金平县境）至交趾，崇山接险，水路三千里。"因马援运输军粮辎重需经过进桑关，此道又称进桑关道。这条道路从滇池地区南下至今蒙自，沿红河经屏边地界达今越南河内。另据《汉书·地理志第八上》记载，尽管西汉时已有了民间经由红河的水运通道，并且于进桑县境内红河上设进桑关以控制红河水道，但是直到东汉经马援因地制宜修整、开通，这条官方的航线才正式形成。由于红河水流湍急，夏秋季水位涨落很大，逆水行舟不易，走交州道通常是自云南顺流南下，进入交趾之后再陆行北上。据《三国志》卷三九《蜀书·刘巴传》记载：在刘备定益州以前，刘巴"从交趾至蜀"，走的就是沿红河北上经牂柯（指今滇东黔西一带）入蜀的陆道，证明东汉时期由滇中南至交趾的陆路就已经存在了。

由于对外道路的开辟，中南半岛的掸国、骠国和大秦（印度），与汉朝在商贸和外交方面的交往增加了。《魏书》卷一〇二《西域传》记载：大秦"东南通交趾，又水道通益州，永昌郡多出异物"。说明及至东汉和三国时期，商贾利用"南至海上"道[③]进行交往已相当普遍。

这些交通线路的开辟，有力推动了云南与内地、与外邻经济、技术和文化的交流。

---

① 今仡佬族之先民。
② 今傣泰民族的先民。
③ 自西汉博南山道开通以后，汉朝与东南亚、南亚及其以西地区的联系有所加强。博南山道入今缅甸后有两种走法：一种是过今缅甸北部、印度阿萨姆邦西部继续西行，即大理国所说的"西至身毒国"道；另一种走法是入缅甸达杰沙（江头城），再沿伊洛瓦底江往南，经水路或陆路达伊洛瓦底江口，接通孟加拉湾海运的路线。后一条路线在大理国时期被称为"南至海上"道。（详见方铁主编《西南通史》，中州古籍出版社，2003年，第104-106页）

七、建筑技术

东汉以前,云南的住宅主要以木构架平顶土掌房、干栏式房屋、井干式房屋三种为主。到了三国两晋南北朝时,随着迁居云南的内地汉族人数不断增多,内地的先进建筑技术也传入云南,旧有的建筑形式发生改变,形成了新的建筑风格。

(一)砖和瓦的出现

东汉以前,云南的房屋建筑材料主要以竹木、泥土等为主。进入东汉以后,烧制砖、瓦的技术由内地传入云南。在昭通(原县级昭通市)、鲁甸、大关、盐津、曲靖(原曲靖县)、陆良、呈贡、江川、姚安、祥云等地先后发掘出许多东汉和两晋时期的墓葬,这些墓葬被称为"梁堆"。这些存在于滇东北和滇中等地区的几十座"梁堆"墓多为砖石墓,有墓道、墓室(单室、双室或附耳室)、券顶(或四角攒尖顶)。建造的材料有青砖、印纹砖、印字砖、画像砖等,均烧制得相当好。印纹砖上有菱形、方格形等几种花纹。画像砖上有牛、马车、人物等形象(见图2-57)。昭通白泥井的画像砖上有马车一乘,前后四人随行,有的骑马,有的执兵器,形象生动。也有一些是汉代文字砖,有"八千万侯""悲乎工哉"等篆字[①]。大理和保山还出土了一些带有纪年的砖,如大理有"嘉平年十二月造""太康四年"等纪年砖,保山有"建安""延熙""元康""中平四年吉"等纪年砖。此外,还出土了大量以几何纹、云雷纹、钱纹为主的纹饰砖。

图 2-57
昭通地区出土的东汉画像砖
诸锡斌2020年摄于云南省博物馆

与制砖技术同时出现的还有制瓦技术,瓦大量见于东汉以后的考古发现中。例如,大理大展屯东汉墓出土了残板瓦和筒瓦若干片,瓦上饰有沟纹;保山龙王塘东汉建筑遗址发现了板瓦8件、筒瓦13件、条瓦5件、滴水9件等[②],瓦的式样十分丰富。这说明当时的制瓦技术已达到了较高的水平。

---
① 夏光辅等:《云南科学技术史稿》,云南科技出版社,1992年,第75页。
② 李晓岑:《云南科学技术发展简史》(第二版),科学出版社,2015年,第78页。

（二）建筑风格的变化

东汉时期，随着制砖和制瓦技术传入，云南房屋建造有了关键性的材料，云南的建筑风格也因此发生了重大变化。古滇国时代有特色的干栏式建筑已不见于考古发现。相反，在大理、会泽、昭通等地出土的大量陶制建筑模型中却出现了楼房模型，模型显示有的楼房甚至有3层。1990年，大理刘家营的东汉墓出土了一件东汉时期二层屋顶为庑殿板，前后坡较长，左右坡较短，建有三方式回廊的楼阁式陶屋建筑模型[1]（见图2-58）。这件模型表现的抬梁式木架结构建筑，比例协调，结构精巧，底层结构十分稳固，突出和强化了多层结构的整体意识，不仅安全实用，而且空间利用十分合理，表现出高超的建筑技术。

在大理大展屯的东汉墓中还出土了庑殿顶三重檐式方形楼阁陶房模型（见图2-59）。在滇东北会泽水城的东汉墓中发现的陶制庄园式建筑模型，表现了大门、前后庭院和围墙等，围墙中有树，房子为瓦顶，亦为典型的汉式建筑[2]。联系滇东北和滇中等地区的几十座"梁堆"墓的砖拱用泥浆作为胶结材料的情况来看，东汉时期云南的建筑已深受中原地区影响，在发达地区，民居建筑逐步转化为先进的以砖、瓦为主要材料的汉式建筑，这成为后来的主要形式。

图（左）2-58 大理东汉时期二层屋顶为庑殿板的回廊式陶屋建筑模型
诸锡斌2021年摄于大理白族自治州博物馆

图（右）2-59 大理东汉时期庑殿顶三重檐式方形楼阁陶房模型
诸锡斌2021年摄于大理白族自治州博物馆

八、自然科学知识

随着生产力水平的进步和人们认识的不断深化，东汉时期，云南地区居民掌握的自然科学知识更加丰富。

---

[1] 杨德文：《云南大理大展屯二号汉墓》，《考古》1988年第5期，第453-454页。
[2] 李晓岑：《云南科学技术发展简史》（第二版），科学出版社，2015年，第79页。

（一）生物学知识

东汉时期，有关云南的历史文献对生物学知识的记载逐步增加。入晋以后，对农作物的分类已有相对明确的表述，除能够将种植的主体粮食作物分为水稻和旱稻外，还区分了黍、稷、麻、粱、豆、芋，以及茶、麻、桑等各种经济作物，并且对于一些非主体的作物也有了进一步的分类记载。例如，芋富含淀粉，对种植条件要求不高，两晋时各地不仅普遍种植芋，而且还培育出了一些优良的品种。晋代的《广志》把云南的芋分成14种，对其性状及生理特点进行了详细的研究，指出："凡十四芋：有君芋，大如魁；有车毂芋，有旁巨芋，有边芋。此四芋，魁大如瓶，少子，叶如缴盖，细色，紫茎，长丈余，易熟，长味，芋之最善者也，茎可做羹臛。有蔓芋，缘支生，大者二三升。有鸡子芋，色黄。有百果芋，亩收百斛。有卑芋，七月熟。有九面芋，大不美。有蒙控芋，有青芋，有曹芋，子皆不可食，茎可为菹。又有百子芋，出叶榆县。有魁芋，无旁子，生永昌。"①对芋进行如此细致的系统分类，在南北朝以前的云南是很少见的。此外，对于云南荔枝的生物特点，这一时期的历史文献也多有较为细致的记载，例如《广志》曰："荔支，高五六丈，如桂树。绿叶蓬蓬然，冬夏郁茂，青华朱实，实大如鸡子。核黄黑，似熟莲子；实白如肪，甘而多汁，似安石榴，有甜味。"这些记载表明，入晋以后，云南对于植物的认识已积累了相当多的内容。

除对植物有了新的认识之外，对于动物的认识也有了进步。例如，对中国现在的国宝大熊猫的观察就十分精细。《后汉书》中曾记载："貊大如驴，状颇似熊，多力，食铁，所触无不拉。"②指出大熊猫有"食铁"的生理特点，这一特性在今天动物园对大熊猫的观察中得到了证实。而晋代魏完所著的《南中志》还进一步记载："貊兽，毛黑白臆，似熊而小。以舌舐铁须臾便数十斤，出建宁郡也。"③说明当时滇池一带（建宁郡）也是大熊猫的出产地。

（二）计时知识

田漏是一种农事耕作中利用水从容器流出以计算农事时间的器具，其功能与计时用具刻漏④一致。元代王祯《农书》卷二十载："田漏，田家测景水器也。凡寒暑昏晓，已验于星。若占候时刻，惟漏可知。"⑤我国有关田漏的文献记载，最早出现于宋代以梅尧臣、王安石为代表的诗中，而云南东汉时期却有了实物。

1982年，云南大理地区大展屯东汉中晚期2号汉墓出土了一件"仅残存下半部，泥质灰陶，腹壁部近底处有一圆孔，孔径2.6厘米。残高11.5厘米、底径13厘米"⑥的田漏，被认为是一种单级受水型浮箭漏⑦。这是我国发掘出土的最早的田漏。此外，在滇东北的会泽水城村东汉墓中也发现了3件陶制的极有可能为刻漏的物件。其中，一件（M10:14）高43厘米，腹径40

---

① 《广志》，载《太平御览》卷九七五《果部·十二》引。
② 《后汉书》卷七六，李贤注引《南中八郡志》。
③ （晋）魏完：《南中志》，刘逵注引左思《蜀都赋》。
④ 刻漏的计时单位是刻，在用竹或木制成的指示水深的箭尺上，将对应一个昼夜升降长度的尺划分为若干段，一般为100段，每段就是1刻。箭尺下端固定在浮舟上，随水面升降，利用箭壶水位的等速变化，观测箭壶上箭尺显示的刻度，从而计量时间。刻漏在形制上主要分为下漏（泄水型）、浮漏（受水型）及秤漏（权衡型），发展的顺序主要是：单壶泄水型沉箭漏、单级受水型浮箭漏、二级补偿式浮箭漏、三级补偿式浮箭漏、秤漏、四级补偿式浮箭漏以及漫流式浮箭漏。
⑤ 老根：《中华考工十大奇书》第七部《农书》，中国戏剧出版社，1999年，第127页。
⑥ 大理州文物管理所：《云南大理大展屯二号汉墓》，《考古》1988年第5期。
⑦ 华同旭：《中国漏刻》，安徽科学技术出版社，1991年，第102—103页。

厘米，尊的口径29.5厘米，流口直径2厘米；另有一件（M8:26）高34厘米，腹径43厘米，尊的口径29厘米，流口直径1.9厘米[①]。这些用流水的流量来测量时间的仪器，体积较大，流口制作规范，表明当时的计时技术已达到了一定的水平。这些田漏、刻漏的出土表明，东汉时期，滇东北和滇西地区已有了较为精确的时间观念、计算时间的仪器和有效计算时间的方法。

（三）医药学知识

东汉以后，云南的医药学知识也有了新的发展。在各地向朝廷进贡的物品中，就有不少来自云南或西南夷地区的药物。晋代《博物志》曾记载云南郡、永昌郡有"两头鹿"，鹿胎"可治虺毒"。对琥珀这种药品，晋《广志》记载："哀牢县有虎魄（琥珀）生地中，其土及旁不生草，深者八九尺。大者如斛，削去外皮，中成虎魄如升，初如桃胶凝坚成也。"说明当时云南对琥珀的药用价值已有认识。晋《南方草木状》也记载了出产于当时云南兴古郡的藿香和榛生，认为它们是"民自种之，五六月采"的药。对于两晋南北朝时期的建宁郡，唐《酉阳杂俎》也有记载："建宁郡乌句山南五百里，牧靡草可以解毒，百卉方盛，乌鹊误食喙中毒，必急飞牧靡上，啄牧靡以解之。"至于当时医药中的硝石，云南在唐代以前就开始向中原输送，唐《新修本草》说：芒消（芒硝）"旧出宁州[②]，黄白粒大，味极辛苦"，质量上乘。

（四）天文历法知识

进入东汉后，中央王朝对云南的统治不断加强。随着内地迁入云南的人数不断增加和由中央王朝直接派员治理力度的加大，中原地区的夏历得到不断传播。大理曾出土一件汉代铸有十二生肖的圆盘，其十二生肖的图形和排列顺序，与当时汉族的排序完全一致。我国记载十二生肖最早的文献是东汉时期王充的《论衡·物势》，而大理出土的这一件铸有十二生肖的圆盘证明至迟到东汉时期，用十二生肖来纪年的方法在云南已经存在。此外，云南出土的铜鼓（见图2-60、图2-61）大多绘有太阳纹，一方面表现出先民们对太阳的原始崇拜，另一方面也反映了他们对季节的认识[③]。

图 2-60
西盟铜鼓
诸锡斌2021年摄
于云南省博物馆

[①] 李晓岑：《云南科学技术发展简史》（第二版），科学出版社，2015年，第82页。
[②] 西晋时期的宁州为现今曲靖、祥云、保山、玉溪等地区，280年晋灭吴统一全国后，宁州为全国19个州之一。
[③] 陈久金：《中国少数民族天文学史》，中国科学技术出版社，2008年，第432页。

图 2-61
晋宁石寨山遗址出土的铜鼓
诸锡斌2021年摄于云南省博物馆

东汉时期，云南不但驻有流官，而且大批的内地工匠也来到云南，这些工匠善于用汉族的方法制砖。云南出土的一些晋代墓砖就载有"太康四年"（283年）、"太康六年"（285年）等晋代皇帝的年号，说明中央王朝的历法已在云南应用（见图2-62）。

图 2-62
大理喜洲红圭山蜀汉墓出土的西晋"太康六年赵氏作"长方形陶墓砖
诸锡斌2021年摄于大理白族自治州博物馆

此外，在滇中一些晋碑上也有用中原的历法和干支纪年、纪月的情况。到了魏晋时期，中原历法更是在云南得到普及，陆良和曲靖发现的著名《爨龙颜碑》《爨宝子碑》（又称"大爨碑""小爨碑"）就采用了中原农历纪年的方式，其中"小爨碑"末行就刻有"太亨四年岁在乙巳四月上旬立"的字样[①]（见图2-63、图2-64）。

---

① "大爨碑"即《宋故龙骧将军护镇蛮校尉宁州刺史邛都县侯爨使君之碑》，始建于南朝刘宋孝武帝大明二年（458年）。"小爨碑"即《晋故振威将军建宁太守爨府君之墓碑》，也称《威将军建宁太守爨宝子碑》，东晋安帝义熙元年（405年）立，碑末行有"太亨四年岁在乙巳四月上旬立"字。晋安帝元兴二年（403年）壬寅改元大亨，但次年仍称元兴二年；碑上记立于"太亨四年"（即大亨四年），是因为云南地处边疆，消息远隔，不知大亨未行，仍遵用之，实应为义熙元年。

图（左）2-63
《爨宝子碑》
诸锡斌2020年摄于云南省博物馆

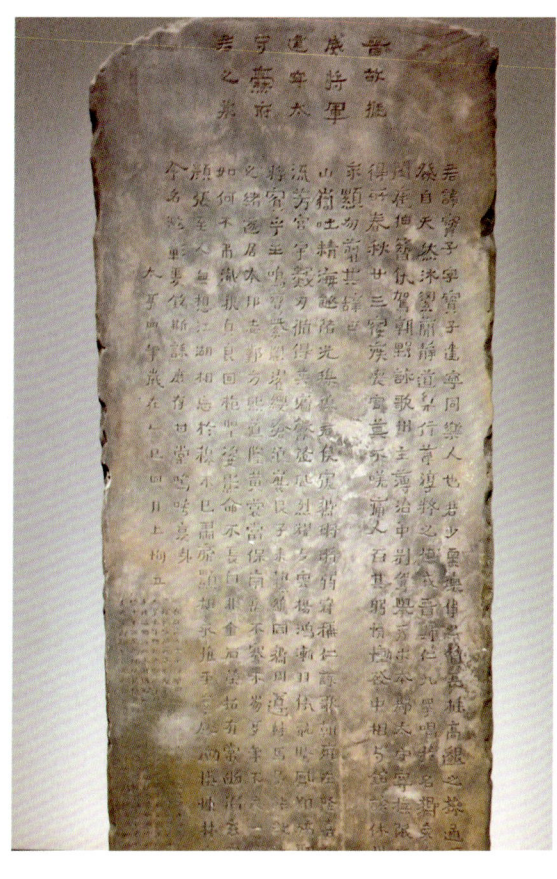
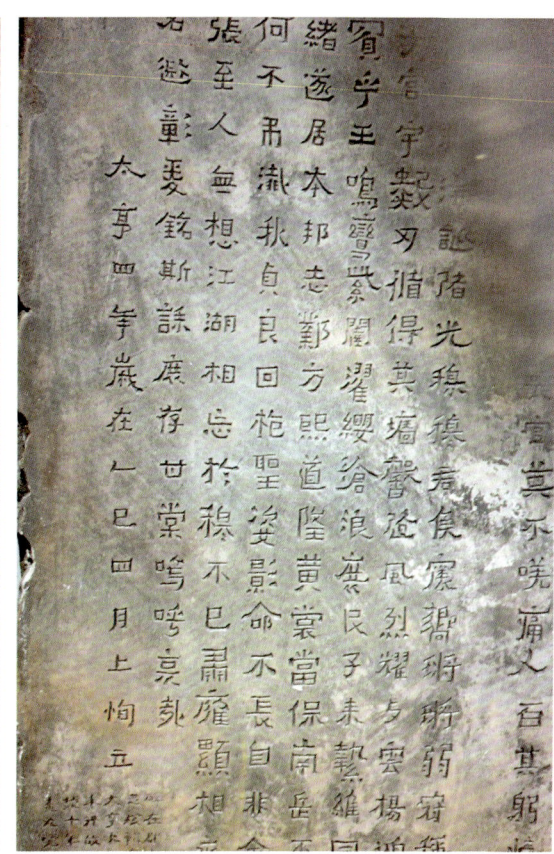

图（右）2-64
《爨宝子碑》墓碑左下角刻的"太亨四年"年号
诸锡斌2020年摄于云南省博物馆

（五）建筑知识

东汉时期，云南建筑知识和房屋建造经验进一步积累，同时随着与内地的联系不断加强，云南建筑技术不断提高。由于这一时期对更加有效和实用的砖、瓦材料及其物理特性的认识进一步深化，云南在房屋建筑结构设计方面有了明显改进。例如大理刘家营墓出土的东汉时期的二层庑殿顶楼阁式陶屋建筑模型就充分体现了对物理力学构造原理的应用，合理解决了建筑中各种重力因素冲突的问题，使二层阁楼结构稳固，并且阁楼二层的主间宽大，左右次间稍小，走廊相通而宽敞，十分实用、合理。如果没有相应的物理知识和建造经验，是不可能建造出这样的建筑的。

第三章 隋唐五代时期云南的科学技术（581—960年）

三国时期，由于诸葛亮的良政善治，蜀汉形成了以南中（包括云南）为其后方支撑，"军资所出，国以富饶"[①]的局面。及至两晋南北朝时期，在战乱和内地汉族不断进入的民族融合过程中，云南出现了爨氏割据势力。隋开皇十七至十八年（597—598年）隋朝两次派兵征讨云南，消除了爨氏势力，云南被重新纳入中央王朝的统治之中。

但是，隋朝国祚短暂，对云南地区的统治仅维持了数年，影响不大。及至唐代初年，洱海地区先后形成了6个诏[②]。这时吐蕃开始强大起来，为遏制对唐朝政权具有威胁性的吐蕃并控制洱海地区，唐朝支持云南的蒙舍诏（南诏）兼并其他5个诏，建立了统一的政权，建都太和城，后迁都阳苴咩城[③]。开元二十六年（738年），早先由彝族创建，后来形成以白族为主并由多个少数民族和汉族组成的南诏国成为西南地区重要的政权，云南由此进入了南诏时期。南诏国政权建立后，"西开寻传，南通骠国"[④]，不仅把劲敌吐蕃逐出剑川，而且征服了东、西两爨，其疆域东南达古涌步（云南河口），东北际黔巫（四川、贵州），西南连骠国（伊洛瓦底江流域），西抵摩伽陀（印度），西北接吐蕃（西藏），北到大渡河，成为中国西南规模空前的把多个民族整合起来的政权。尽管南诏在不断扩张疆土的过程中曾与唐朝有过天宝战争[⑤]，但南诏时期，在战争和经济文化的交流中，云南的科技有了新的进步。由于隋朝对云南的统治时间不长，对云南科学技术发展影响不大，因此隋唐五代时期云南科学技术的发展集中体现在唐代，并且以南诏时期最为突出。及至唐末，唐昭宗天复二年，即南诏中兴六年（902年）[⑥]，南诏第十三世王舜化贞去世，权臣郑买嗣篡南诏蒙氏位，建立大长和国，南诏政权自此灭亡。之后，907—960年的五代时期，云南先后出现了大天兴国、大义宁国。但无论是大长和国、大天兴国，还是大义宁国，统治时间都十分短暂（总共仅36

---
① （晋）陈寿撰，（宋）裴松之注：《三国志》，中华书局，2011年，第765页。
② 唐初，云南洱海地区存在6个互不统属的少数民族部落联盟，即6个诏：邆赕诏（居今洱源县邓川城）、浪穹诏（居今洱源县）、施浪诏（居牟苴和城，今洱源县东北）、越析诏或称磨些诏（居今凤仪县至宾川县一带）、蒙巂诏（居今巍山县北部至漾濞县一带）、蒙舍诏（依阳瓜江而居）。其中蒙舍诏所居地域在其他五诏之南，故也称为"南诏"，其盟主所在地为蒙舍城，即现今巍山城区。"诏"意为王，"南诏"即南王。
③ 太和城在今大理太和村，阳苴咩城遗址在今大理古城及其以西地区。
④ （唐）樊绰撰，向达校注《蛮书校注》卷三，中华书局，1962年，第73页。
⑤ 南诏势力坐大以后，唐王朝企图对其加以控制，于742—756年发动了三次大规模的战争，企图一举消灭南诏，但是均以唐朝的战败而告终。因为三次战争均发生在唐天宝年间，故史称"天宝战争"，又称"唐天宝战争"。
⑥ 学界对南诏"中兴"纪年有两种认识：其一认为南诏"中兴"年号使用过5年，即唐昭宗光化元年至天复二年（898—902年）；其二认为该年号使用过6年，即唐昭宗乾宁四年至天复二年（897—902年）。本书采用第二种说法。参见大理白族自治州博物馆《大理白族自治州博物馆》，云南人民出版社，2013年，第170页"附表：南诏大理国纪年表"。

年）。后晋天福二年（937年），白蛮首领通海节度使段思平联合37部举兵攻克阳苴咩城，灭大义宁国而建大理国。

隋朝对云南的统治时间不长，对云南科学技术发展影响不大，而五代时期，云南政权更替不断，社会动荡，且历时很短，这一时期，有关云南科学技术发展的文献十分匮乏。但是为体现隋唐五代时期的历史连续性，本章仍将隋至唐开元二十六年（738年）南诏国建立前的科学技术发展情况用一节进行论述，之后重点对唐代南诏时期的科学技术发展情况进行论述，至于唐末五代时期的发展状况则不再做具体阐述。

第一节 隋至唐代前期的科学技术

继汉晋之后，隋朝于云南再次开启了中央王朝的统治，但是仅维持了数年。武德元年（618年），李渊建立了唐朝，之后唐太宗李世民以"四海如一家""夷狄亦人"和德泽治夷的思想，在我国边疆和西南少数民族地区推行羁縻府州制度[①]，对边疆少数民族的安抚取得了明显的效果，稳定了社会，促进了经济发展。虽然南诏国政权建立之前有关隋至唐代初期云南科学技术的文献十分匮乏，但是从有限的历史文献中，仍可看到隋至唐代前期（581—738年）云南科学技术发展的情况。

一、农业技术

南诏国政权建立之前的唐代前期，由于社会相对稳定，云南农业出现了良好的发展形势。此时，洱海地区已是"厄塞流潦，高原为稻黍之田，疏决陂地，下隰树园林之业，易贫成富，徙有之无，家饶五亩之桑，国贮九年之廪"[②]的繁荣景象了。

（一）粮食作物种植技术

唐代前期，云南农业在不断总结经验的基础上继续发展。特别是唐朝推行羁縻府州制度，一定程度上促进了农业种植技术的进步。

这一时期，虽然云南大部分地区种植的粮食作物仍以水稻为主，但是这种单一种植的情况有了新的变化。对此，唐代早期梁建方撰写的《西洱河风土记》[③]记载："其土有稻、麦、菽、豆，种获亦与中夏同，而以十二月为岁首。"[④]对这一情况，记录唐代中期云南地方风土

[①] 羁縻府州是唐代在少数民族地区设置的一种带有自治性质的地方行政机构，规定可由少数民族首领充任刺史或都督，并允许世袭其职。地方行政机构有财政上的自主权，但必须接受唐代在地方设置的最高行政机构都护府的监领。羁縻府州制度的建立体现了唐代对少数民族采取笼络政策和松散管理的方针，这有利于民族之间的和平相处和自然融合。

[②] 《南诏德化碑》。

[③] 唐贞观二十二年（648年），梁建方出兵西洱河地区，将自己在松外蛮和河蛮等部及所在地的见闻纂录成书，后转录入《通典》《新唐书》《唐会要》等书。《西洱河风土记》是研究唐代前期西洱河白蛮的来源、分布以及社会经济的重要史料。

[④] 方国瑜：《云南史料目录概说》（第一册），中华书局，1984年，第149-150页。

物产的《蛮书》进一步做了补充，指出："从曲靖州已南，滇池已西，土俗唯业水田。种麻豆黍稷，不过町疃①。"②即当时西洱河地区种植的粮食作物有稻、麦、黍豆等。种植的方式是将水稻植于大面积水田中，对于麻、豆、黍、稷一类杂粮，则只在房前屋后以及田边地角的空地上种植，也即在"町疃"之处种植。说明当时曲靖州以南，滇池以西的广阔地区已能根据不同作物的生理特性，采用不同的种植技术，充分利用土地来发展农业。对山多、平地少、水利发展不充分的云南来说，这种农业种植方式不失为一种高效利用生物多样性来发展农业的有效措施，不仅有利于改善粮食结构，而且有助于应对粮食不足。这种农业种植方式和传统至今仍在云南存续。

（二）果蔬种植技术

唐朝前期，西洱河地区除了粮食作物的种植有新的进步之外，蔬菜、果树等作物的种植也有发展。《西洱河风土记》曾记载当时这一地区"菜则葱、韭、蒜、菁，果则桃、梅、李、奈"③。这是历史文献对云南蔬菜、果树种植情况进行的第一次较为明确的记载。④在此之前，云南尽管已有食用果蔬的情况，但是所食果蔬大多是通过采集野生植物而得，食用的是"山茅野菜"和野生瓜果，人工栽培果蔬的情况尚不普遍。但是两晋南北朝之后，随着内地汉族移民云南的数量不断增加，内地果蔬种植技术也一起传入，促进了云南蔬菜和果树等园圃业的发展。《西洱河风土记》记载的葱、韭、蒜、菁当属蔬菜类，尽管种类不多，但至少可以说明蔬菜种植已成为隋至唐代早期云南农业的内容之一。

除了蔬菜之外，从《西洱河风土记》的记载还可知当时西洱河地区已种植了桃、梅、李、奈⑤。云南对果树的栽培，可能在汉晋时期业已出现。据《宋书·符瑞志》记载："晋成帝咸和六年（331年）三月，甘露降宁州城内北园榛桃树，刺史以闻。"⑥由这一记载可知，到了东晋时期，宁州已有了果树，并且这种果树极可能是核桃。遗憾的是这一文献对果树栽培的记载十分笼统，无法做出准确判定。直到唐代早期，云南对果树的栽培，于《西洱河风土记》中开始有了较为明确的表述，说明此时云南已种植果树，而且果树种植开始发展为一种行业，成为农业生产中不可忽略的内容。

二、畜牧业技术

两汉时期，滇中地区的畜牧业就已经得到了较好发展，到了西晋时期形成了较大的规模，《华阳国志》载宁州地区"每夷供贡南夷府，入牛、金、旃、马，动以万计"⑦，说明当时云南经济发达地区的畜牧业规模已十分可观。到了唐代初期，据《西洱河风土记》记载，"畜有牛、马、猪、羊、鸡、犬"⑧，不仅"六畜"齐全，而且具备了以农为主，以牧为辅的农业发展态势。以致到了唐天宝年间（742—756年），从滇东北的曲州、靖州到滇南的宣城

---

① 町疃：意为田舍旁的空地。
② （唐）樊绰撰，向达校注：《蛮书校注》卷七，中华书局，1962年，第171页。
③ 方国瑜：《云南史料目录概说》（第一册），中华书局，1984年，第149-150页。
④ 参看袁国友《云南农业社会变迁史》，云南人民出版社，2017年，第145页。
⑤ 奈是蔷薇科苹果属的一个种，通称奈子，也俗称花红、沙果、文林果、林檎、联珠果等。
⑥ （梁）沈约：《宋书》，见方国瑜主编《云南史料丛刊》（第一卷），云南大学出版社，1998年，第148页。
⑦ （晋）常璩：《华阳国志》，齐鲁书社，2010年，第49页。
⑧ 方国瑜：《云南史料目录概说》（第一册），中华书局，1984年，第149-150页。

（今元江），已是"邑落相望，牛马被野"[①]的繁荣景象了。从文献记载中不难看出，当时不仅以定居农耕为主，而且牛马一类的养殖规模已经很大。另外，从于今昆明安宁鸣矣河乡小石庄村唐（武周）圣历元年（698年）的大周河东州刺史王仁求夫妇合葬墓中出土的畜禽模型也可看出，当时畜禽的饲养种类十分丰富，规模十分可观。出土的畜禽模型计有驮马2件、鞍马4件、马6件、黄牛14件、水牛3件、绵羊5件、猪10件、狗7件、鸡4件、鸭4件、鹅4件[②]，表明畜禽在当时的生产、经济和生活中已占据十分重要的地位。此时，不仅养殖的马已区分为驮马、鞍马和一般的马，而且牛也有黄牛、水牛的区别，证明这一时期云南对于畜禽的认识进一步深化，畜禽的功用也更加具体、细化。

三、纺织技术

东晋时期，云南已出现了养蚕和缫丝。及至唐代前期，云南不仅种桑养蚕缫丝技术进一步发展，而且麻纺技术也在晋代的基础上有所发展，已能制作出精美的织物，纺织技术还成为传统延续下来。

（一）种桑养蚕缫丝技术

经过两晋和隋代，到了唐代前期，云南种桑养蚕和缫丝等技术有了进一步提高。对此《西洱河风土记》记载："有丝麻女工蚕织之事，绳绢丝布，幅广七寸以下。早蚕以正月生，三月熟。"[③]据有关文献记载，养蚕和缫丝技术在东晋时期的云南业已存在，但是仅出现于云南少数地区。《华阳国志·南中志》称经济相对发达的永昌地区不仅"土地肥腴"，而且出产"黄金、光珠、琥珀、翡翠、孔雀、犀、象、蚕、桑、绵、绢、彩帛、文绣"[④]，表明晋时云南已能产出蚕、桑、绵、绢、彩帛、文绣。但值得注意的是，与永昌郡相邻的云南郡这一时期却"土地有稻田、畜牧，但不桑蚕"[⑤]，牂牁郡也是"无桑蚕"[⑥]，说明养蚕和缫丝技术在云南尚未普及。随着时间的推移，这一状况开始有了变化，到了唐代前期，养蚕和缫丝技术逐步扩展，从《西洱河风土记》的记载来看，唐代前期，云南已经掌握了"早蚕以正月生，三月熟"的基本规律，并能够根据这一规律种桑养蚕和进行缫丝纺织，甚至织造出当时令人羡慕的"绳绢丝布"。不仅如此，云南此时还有了专门以蚕丝为原料的丝织业，即如《西洱河风土记》所说的"有丝麻女工蚕织之事，绳绢丝布"。虽然当时由于技术水平限制，丝织品的质量不高，所织的物品幅宽尚不足一尺，只在"七寸以下"。可无论如何，在唐代前期作为先进技术的种桑养蚕缫丝织布技术，已经在更广泛的地区传播。

（二）麻纺织技术

唐代初期，除了种桑养蚕缫丝技术外，不得不提及的还有麻纺织技术。毕竟《西洱河风土记》记载，西洱河地区不仅存在着种桑养蚕缫丝的情况，而且"有丝麻女工蚕织之事"，说

[①] （唐）樊绰撰，向达校注：《蛮书校注》卷四，中华书局，1962年，第82页。
[②] 杨帆、万杨、胡长城：《云南考古（1979—2009）》，云南人民出版社，2010年，第314页。
[③] 方国瑜：《云南史料目录概说》（第一册），中华书局，1984年，第149-150页。
[④] （晋）常璩：《华阳国志》，齐鲁书社，2010年，第57页。
[⑤] （晋）常璩：《华阳国志》，齐鲁书社，2010年，第58页。
[⑥] （晋）常璩：《华阳国志》，齐鲁书社，2010年，第52页。

明以麻为原料进行纺织在当时也是重要的生产内容之一。联系之前所述，记载唐代中期云南地方风土物产的《蛮书》提及："从曲靖州已南，滇池已西，土俗唯业水田。种麻豆黍稷，不过町疃。" 表明当时云南除种植水稻这一大宗作物外，还在房前屋后以及田边地角的"町疃"之地尚普遍种植麻、豆、稷等作物。麻的籽种可作为粮食的补充，利用麻的纤维进行纺织也是当时生活和生产中不可或缺的事项。《华阳国志·南中志》曾记载永昌郡"有兰干细布，兰干獠言纻也，织成，文如绫锦"[1]，说明早在晋代，云南就已开始用麻进行纺织。所谓"纻"即"苎"或"苧"，属于多年生草本植物，其茎皮含纤维量多，是优良的纺织原料。根据《华阳国志·南中志》的记载可知，晋时云南不仅能用苎麻来纺织精美的织物，而且所织物品"文如绫锦"，十分精美。这种技术一直延续下来，到了唐代前期已成为云南传统的纺织工艺，并且有了专门以麻为原料的纺织"行业"。这种麻纺织技术的不断演进，为后来云南纺织业的发展奠定了良好的基础。

四、唐代早期的其他科学技术

隋至唐代前期记载云南科学技术的文献相对匮乏，除农业、畜牧业外，有关这一时期的科学技术情况只能从有限的文献中寻找线索。

（一）交通技术

唐朝前期，云南与四川的交通线有清溪道（原灵关道）、石门道（原五尺道）和安南通天竺道，而安南通天竺道的西段即西洱河通天竺道。当时洱海地区生活着河蛮（白族）等少数民族，这些聚集的少数民族被称为"松外[2]蛮"。唐贞观二十二年（648年），唐朝为排除松外蛮反叛对西洱河天竺道造成的干扰，派遣梁建方率兵征伐，并由此修复了西洱河至天竺的道路。另外，据樊绰所撰《蛮书》记载，唐代自成都府沿清溪道至云南界就设置了32个驿站，"以上三十二驿，计一千八百八十里"[3]，而其他几条交通干线也多设置驿馆。在南诏政权建立之后，关于云南驿站的设置，唐代官方文献并无记录，因此这些交通干线上驿馆的设置应在唐朝前期。此外，天宝四年（745年），唐朝还开通了自安南都护府北经步头（今云南建水）、安宁城（今昆明安宁）到达戎州（今宜宾）的步头路。由于山高水险，无论哪一条路的修筑和开通都需要高超的技术。樊绰所撰《蛮书》记载了从龙尾城（今大理下关）至永昌（今保山）道路的情况："两岸高险，水迅激。横亘大竹索为梁，上布簧，簧上实板，乃通以竹屋盖桥。其穿索石孔，孔明所凿也。"[4] 由这一记载可以看出，从三国时期一直到唐代前期，云南的交通干道一直在修筑中，并不断延伸完善，这些道路不仅是军事要道，也是经济、贸易和文化交流的重要途径，它们为之后唐代南诏时期云南的对外交流打下了很好的基础。

---

[1] （晋）常璩：《华阳国志》，齐鲁书社，2010年，第57页。
[2] "松外"即松州边外。松州为现今四川省松潘县。
[3] （唐）樊绰撰，向达校注：《蛮书校注》卷七，中华书局，1962年，第11页。
[4] （唐）樊绰撰，向达校注：《蛮书校注》卷七，中华书局，1962年，第49页。

（二）天文历法

天文历法与人们日常的生产、生活息息相关，与农业生产关系尤其密切。在长期的实践中，云南许多少数民族从各自的地理环境、生产需要出发，形成了不同类型的天文历法，"其传统历法大致可分为三种类型：物候历、十月历和十二月历"[1]。例如彝族曾采用过十月历，傣族采用自创的十二月历，还有一些少数民族采用的是物候历。我国内地则一直沿用阴阳合历，以干支纪年，且以六十甲子周而复始，把一年分成24段，分列于12个月中，以反映四季、气温、物候等情况，俗称"夏历"。自汉代之后，夏历以建寅为岁首，即每一年的开头为正月（一月）[2]，并相对稳定应用至今。

在南诏国政权建立之前的唐代早期，洱海地区生活着的"松外蛮"（白族等少数民族部落）这时已知"以十二月为岁首"。对此《西洱河风土记》记载："其西洱河，从嶲州西千五百里。其地有数十百部落，大者五六百户，小者二三百户。无大君长……自云其先本汉人。有城郭村邑弓矢矛铤。语言虽稍讹舛，大略与中夏同。有文字，颇解阴阳历数。"[3] 由此可以看出，这时在洱海地区，出现了"颇解阴阳历数"的人才，并且这些人才"自云其先本汉人"，虽然汉语说得不甚准确，但是"与中夏同"。显然，这些有文化的人才极有可能是来自内地并已融入当地民族之中的汉人。这些来自内地的移民带来了先进的天文历法，对促进云南农业生产和提高人们的认识发挥了十分重要的作用，以致蒙舍诏诏主逻盛炎在位期间（674—712年）"独奉唐正朔"[4]。

第二节　唐代南诏时期的农牧业技术

公元7世纪初，吐蕃政权逐步强大起来，对唐朝在西南的统治构成严重威胁。为抗御吐蕃，构筑西南屏障，当时势力较大的蒙舍诏在唐王朝支持下灭了大理地区的其他5个诏（部落），于唐开元二十六年（738年）建立了南诏国政权。云南由此进入南诏时期。

南诏在从唐开元二十六年（738年）立国至唐天复二年（902年）的164年间，与中国内地、东南亚和南亚存在着普遍的官方和民间往来。其注重学习先进文化，彼时云南各民族的科技、经济、文化与外界的联系得到空前加强，农业发展出现了新的高潮。率先采用稻麦复种制和梯田稻作法这两项技术发明，使南诏成为当时农业技术最先进的地区。所推行的"一艺者给田"科技政策，推动了农业科技的发展。所设的"九爽"[5]行政机构中，不仅专门设有掌管手工、贸易的部门，还另置"三讬"这样管理畜牧和粮食收获的部门。所谓"三讬"即乞讬主

---

[1] 李维宝、李海樱：《云南少数民族天文历法研究》，云南科技出版社，2000年，第14页。
[2] 我国春秋战国时期存在夏历、殷历和周历三种历法，主要区别在于所设岁首不同。一年分为子、丑、寅、卯、辰、巳、午、未、申、酉、戌、亥十二个月，周历通常以冬至所在的月份即子之月为岁首（即以夏历的十一月为岁首），殷历以丑之月为岁首（即以夏历的十二月为岁首），夏历则以寅之月为岁首（即夏历的岁首为日后常说的阴历正月，即一月）。
[3] 方国瑜：《云南史料目录概说》（第一册），中华书局，1984年，第149页。
[4] （清·胡蔚本）《南诏野史》（木芹会证），云南人民出版社，1990年，第46页。
[5] "九爽"是南诏后期执掌地方行政机构的总称。"九爽"即九个行政部门，分别为：幕爽，主兵事；琮爽，主户籍；慈爽，主礼乐风俗；罚爽，主刑法；劝爽，主官吏；厥爽，主工匠；万爽，主财用；引爽，主宾客；禾爽，主商贾。

马,禄讬主牛,巨讬主仓廪。

南诏国建立后,将农业作为"立国之本",要求"专于农,无贵贱皆耕,不徭役,人岁输米二斗。一艺者给田,二收乃税"[1]。即规定自由民乃至各级贵族都必须参加农业生产,并对做得好、技术精的人员给予奖励。由于南诏政权时期云南十分重视农牧业生产,仓储丰实(见图3-1),以致这一时期成为云南农牧业大发展的黄金时期。

一、农业技术的进步

南诏时期,云南不断开发山地,改进耕作技术,发展农田灌溉,扩大耕地面积,有效推进了农业发展和技术进步。对此,相关史籍多有记载,唐代后期,樊绰所著《蛮书》对南诏时期云南地区的农业生产情况做了较为集中的记录。

图3-1
大理太和城遗址出土的南诏仓贮碑
诸锡斌2020年摄于大理白族自治州博物馆

(一)粮食作物的种植

南诏时期,随着栽培技术的不断完善,云南的粮食作物栽培种类明显增多。对此樊绰所著《蛮书》载:"从曲靖州已南,滇池已西,土俗唯业水田。种麻豆黍稷,不过町疃。水田每年一熟。从八月获稻,至十一月十二月之交,便于稻田种大麦,三月四月即熟。收大麦后,还种粳稻。小麦即于冈陵种之,十二月下旬已抽节,如三月小麦与大麦同时收刈。"[2]由此可知,当时云南的粮食作物已是稻、麦、黍、稷、豆"五谷俱全"。虽然隋唐以前,南中地区的农业生产已形成了水田、旱地并存的情况,但所种的主体粮食作物并不明确。而关于南诏时期,有了"土俗唯业水田"的明确记载,表明这时水田种植已成规模,水稻成了南诏地区种植区域最广、种植面积最大的主体粮食作物,并且大麦和小麦也是云南的主要粮食作物。与此同时,豆、黍、稷等一类旱地作物也逐步成为重要粮食作物。尤其值得注意的是,种植于北方的黍、稷旱地作物在云南也"安家落户"并成了气候,表明旱地农业技术在南诏地区得到了大面积推广和成熟应用。联系新石器时代后期剑川海门口遗址出土碳化稻和碳化粟、麦共存的事实,不难看出水田稻作农业形态与粟、麦旱地农业形态有着悠久的渊源,而唐代樊绰撰写的《蛮书》则进一步确证了及至南诏时期,水田稻作与粟、麦旱作共存的农业形态已具有了相当的规模,进而为人们认识和考察南北农业的交流与融合提供了重要的线索。以水稻为代表的水田粮食作物和以粟、麦为代表的旱地粮食作物构成了南诏时期农业的主体作物格局,这既反映了云南地区粮食作物结构的重要变化,也反映了云南耕地构成的变化。而支撑这种变化的是农业栽培技术的进步和对不同种类粮食作物认识的深化,以及有效利用。

---

[1] (宋)欧阳修等:《新唐书》卷二二二上《列传第一百四十七上·南蛮上》。
[2] (唐)樊绰撰,向达校注:《蛮书校注》卷七,中华书局,1962年,第171页。

(二)稻麦复种技术的诞生和旱地农业技术的应用

成书于唐代晚期的《蛮书》对南诏时期云南稻麦复种技术和旱地农业技术的应用有明确记载:"水田每年一熟。从八月获稻,至十一月十二月之交,便于稻田种大麦,三月四月即熟。收大麦后,还种粳稻。小麦即于冈陵种之,十二月下旬已抽节,如三月小麦与大麦同时收刈。"①(见图3-2)

这种耕作技术和耕作制度的产生是一次重大的农业技术进步,其实质是稻麦轮作复种技术及其耕作制度的实际应用。应用这一技术,可以达到一年两熟的目的,使有限的土地得到高效利用。这种耕作技术和耕作制度于唐代南诏时期出现,说明云南是中国最早推行稻麦轮作复种技术的地区。《蛮书》是唐代唯一记载稻麦复种技术和制度的史料,也是最早记载这项农业技术的文献。稻麦复种技术既是南诏时期辉煌农业成就的代表,也是中国农业技术的典范。

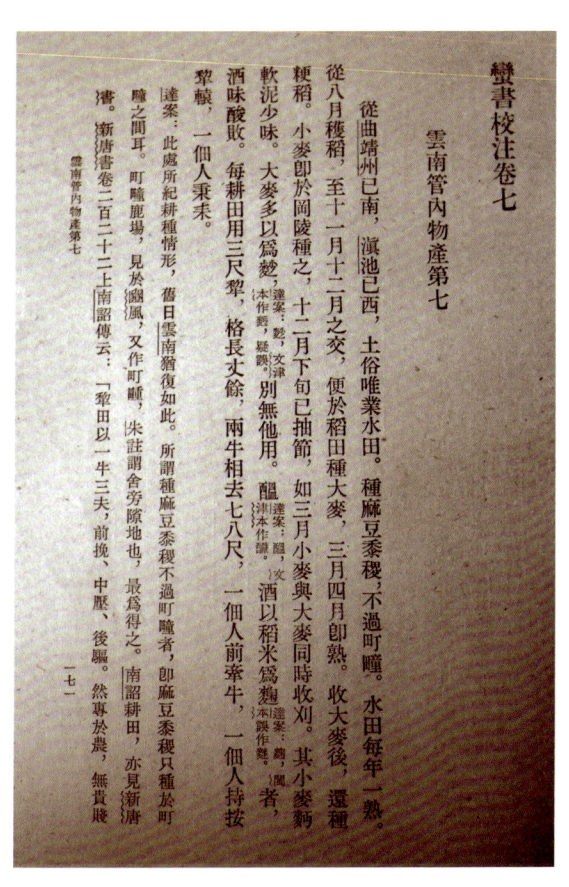

图 3-2
(唐)樊绰撰,向达校注《蛮书校注》卷七(中华书局1962年版)
诸锡斌2021年拍摄

根据《蛮书》和相关文献的记载不难看出,南诏时期稻麦复种的栽培方式为:每年种一季粳稻②,农历八月收获稻谷,到了秋冬之际的十一二月又在同一块稻田里种植大麦,到了来年三、四月,大麦成熟后即行收割。这种栽培方式,使得同一块水田一年内有了稻、麦两种不同作物的收获,不仅增加了农业收成,提高了经济效益,而且有利于消除地上、地下的病虫害和保证土壤的肥力,是一种十分合理的耕作技术和制度。

除了稻麦复种技术和轮作制度的应用之外,南诏时期还采用北方旱地农业技术于冈陵地区种植小麦。《蛮书》载"小麦即于冈陵种之,十二月下旬已抽节",由此可知云南小麦种植于旱地,而且种植的种类是冬小麦。由于冬小麦的种植时间和生长期与大麦相同,故小麦于秋冬之际下种,十二月下旬便已抽节,其长势与内地三月的小麦一样。到了来年春夏之交的三四月间,当种植于水田中的大麦成熟时,种植于冈陵地区的冬小麦也已成熟,这时小麦与大麦同时进行收割。显然到了南诏时期,云南已充分改进了旱地农业技术,不仅种植黍、稷等旱地作物,而且大力推行冬小麦于冈陵地区的旱地种植。

(三)农田耕作方式的进步

南诏时期,随着内地先进农业技术不断进入云南,云南的农田耕作方式有了明显进步。这时虽然普洱以南西双版纳和德宏等地区的傣族先民和"茫蛮"等部族还存在着"以象耕

---

① (唐)樊绰撰,向达校注:《蛮书校注》卷七,中华书局,1962年,第171页。
② 粳稻是亚洲栽培稻的两个亚种之一,另一个亚种是籼稻。粳稻所需日照时间短,但生长期长,比较耐寒,适宜在中海拔地区种植;籼稻则不耐寒,适宜在低纬度、低海拔湿热地区种植。云南大部地区适合种植粳稻。

田"①的方式，但是云南其他大部分地区已从锄耕阶段进入了以牛为畜力的犁耕阶段。樊绰《蛮书》载："从曲靖州已南，滇池已西，土俗唯业水田。……每耕田用三尺犁，格长丈余，两牛相去七八尺，一佃人前牵牛，一佃人持按犁辕，一佃人秉耒。"②《蛮书》记载的这种耕作方式通常被称为"二牛抬杠"或"二牛三夫"，表现为一人牵牛引导方向，一人按压长直辕以控制犁耕深浅，一人扶持犁的把手以保持平衡。与这种牛耕方式相似的耕作方式称为"耦犁"，曾被西汉赵过在全国推广过，操作时二牛三人，即"二牛挽二犁，二人各扶一犁，一人牵引二牛，共二牛三人"③。这是一种重要的深耕技术，在中国农业发展史上有着重要的地位。

南诏时期的"二牛抬杠"即"二牛三夫"牛耕技术所用犁具比较原始，属于长直辕形制的犁具，而非改进后的曲辕犁，所以需要二牛合耕。二牛合耕技术的应用，一方面能让人通过坐压于辕头来控制耕犁的深度，另一方面也增加了耕犁的重量，进而形成"三夫"前挽、中压、后驱的耕犁方式。《蛮书》中所说的"三尺犁"，应是一种长而宽的大型三角铁犁，能有效提高耕作效率。④通过进一步分析可以认为，《蛮书》所说"格长丈余"之"格"应为牛肩上的轭⑤，即"二牛抬杠"之"杠"，为直形肩轭。由于是长直辕，犁耕时必须要有一人压辕，"格长丈余"则便于人坐于二牛之间的"格"（轭）上压辕，"格"太短则不方便操作。⑥"二牛抬杠"或称为"二牛三夫"的牛耕技术与西汉时期赵过推广的牛耕技术虽然存在差异，但是基本原理是一样的。这种耕作技术采用牛耕，增强了耕作的力量，增加了耕作深度。其应用和推广有效提高了土地耕作效率，促进了农业发展，是南诏时期农耕技术取得的重大进步。

此外，关于"二牛抬杠""二牛三夫"牛耕技术，不仅有文字记述，还绘有图像。在唐昭宗光化元年，即南诏中兴二年（898年）的《南诏图传》⑦中，就绘有南诏先祖细奴逻（也写作"细奴罗"）躬耕于巍山的情景（见图3-3）。图中画有一犁，直辕，犁铧宽大，呈正三角形，驾牛之横杠甚长，一旁有两牛正伏地休憩，表示犁由二牛抬杠而耕。这是云南文物中第一次出现犁的形象，它不仅与《蛮书》卷七所说"每耕田用三尺犁，格长丈余，两牛相去七八尺"⑧完全符合，而且就耕作方法和犁的形制来说，与江苏睢宁县双沟出土的后汉时期的犁相似，也和"敦煌莫高窟及安西榆林壁画中的犁相似，说明这时云南一些先进地区农耕技术已达

---

① 研究表明，《蛮书》所载的"以象耕田"，实质是以象踩田，即将杂草等物由象踩入水田泥土之中，然后再进行后续农事。
② （唐）樊绰撰，向达校注：《蛮书校注》卷七，中华书局，1962年，第171页。
③ 范文澜：《中国通史简编（修订本）》（第二编），人民出版社，1965年，第54页。
④ 南诏时期采用的这种犁与1950年江苏睢宁县双沟出土的后汉时期长1.5米、宽0.82米、厚0.17米的"二牛三夫"的石犁类似，只是长宽略小。（参看中国农业科学院、南京农学院、中国农业遗产研究室《中国农学史》（上册），科学出版社，1959年，第153页）也有专家认为，"三尺犁"应是指犁辕与地面的平行垂直高度为"三尺"的犁，这样的高度便于扶犁人操作。（参看李朝真《关于白族地区二牛三夫的耕作方法》，载《中国少数民族社会历史调查资料丛刊》修订编辑委员会云南省编辑组《云南民族文物调查》，民族出版社，2009年，第26页）
⑤ 轭为套在牲口脖子上的直木或曲木。
⑥ 李朝真：《关于白族地区二牛三夫的耕作方法》，载《中国少数民族社会历史调查资料丛刊》修订编辑委员会云南省编辑组《云南民族文物调查》，民族出版社，2009年，第26—27页。
⑦ 《南诏图传》也称《南诏中兴二年画卷》或《南诏中兴国史画卷》，现收藏于日本京都藤井有邻馆。
⑧ （唐）樊绰撰，向达校注：《蛮书校注》卷七，中华书局，1962年，第171页。

到或接近内地的水平"①。甚至中华人民共和国成立后，云南省的剑川、洱源、兰坪、丽江等地还一直沿袭着这种耕作方式（见图3-4）。

图 3-3
《南诏图传》细奴逻躬耕图
诸锡斌2021年摄于云南省博物馆

图 3-4
大理地区白族"二牛抬杠"耕作场景
诸锡斌2017年摄于昆明呈贡晨农生态园农耕文化博物馆

（四）果蔬作物的发展

南诏国建立前，云南种植的果蔬园艺作物已有所增加。据《西洱河风土记》记载，洱海地区的果蔬作物种类有"菜则葱、韭、蒜、菁，果则桃、梅、李、柰"②。到了南诏时期，这些果蔬作物仍被广泛种植，而在蔬菜方面，椒、姜、桂等调味作物也开始出现于历史文献中。《云南志补注》在记述云南境内所产茶叶的饮用方法时曾记载："蒙舍蛮以椒姜桂和烹而饮之③。"另外，今滇西北金沙江流域还广种蔓菁作为粮食作物和蔬菜作物。唐代韦齐休所撰《云南行

---

① 汪宁生：《云南考古》，云南人民出版社，1992年，第200页。
② 方国瑜：《云南史料目录概说》（第一册），中华书局，1984年，第149页。
③ （唐）樊绰撰，向达原校、木芹补注：《云南志补注》，云南人民出版社，1995年，第103页。

记》记载:"巂州界缘山野间有菜,大叶而粗茎,其根若大萝卜。土人蒸煮其根叶而食之,可以疗饥,名之为诸葛菜[1]。云武侯南征,用此菜子莳于山中,以济军时。"[2]表明南诏时蔬菜种植的种类有了增加。南诏时期还推进各种水果种植。唐代韦齐休出使南诏后所写的《云南行记》记载:"云南出甘橘、甘蔗、橙、柚、梨、蒲桃、桃、李、梅、杏,糖酪之类悉有。"[3]除此之外,樊绰《云南志补注》还记载,除甘橘[4]外,水果又增加了荔枝、槟榔、诃黎勒、椰子、桄榔、波罗蜜果、芭蕉等7种。其他史籍又记载南诏出产石榴、核桃等,水果总数达20多种[5]。有的水果质量上乘,如"南诏石榴,子大皮薄如藤纸,味绝于洛中"[6]。而南诏西南地区的丽水城(今缅甸密支那南之打罗)及蒙舍(今巍山)、永昌(今保山)等地盛产的波罗蜜果(今称之"树波罗"),为当时南诏民众珍食之果。[7]这些水果多为云南原产,表明南诏时期对于水果的驯化与栽培已达到较高的水平,这为此后云南成为"中国水果之乡"奠定了基础。

随着菜蔬和水果种类不断增多和种植面积的不断扩大,园林成了云南社会和经济发展的重要内容,唐人樊绰《蛮书》载曰"南俗务田农菜圃"[8],《南诏德化碑》(见图3-5、图3-6)亦刻有"下隰树园林之业",表明这时的南诏不仅注重发展果蔬以满足社会生活需要,

图(左)3-5
成碑于南诏时期的《南诏德化碑》

诸锡斌2021年摄于大理崇圣寺内

图(右)3-6
《南诏德化碑》拓片

诸锡斌2021年摄于大理白族自治州博物馆

---

[1] 即蔓菁,也叫"圆根",是纳西族先民"磨些"等民族的主要食物。
[2] (唐)韦齐休撰:《云南行记》,见方国瑜主编《云南史料丛刊》(第二卷),云南大学出版社,1998年,第243页。
[3] (唐)韦齐休撰:《云南行记》,见方国瑜主编《云南史料丛刊》(第二卷),云南大学出版社,1998年,第242页。
[4] 甘橘包括柑、橘、柚等。
[5] 李晓岑:《云南科学技术发展简史》(第二版),科学出版社,2015年,第98页。
[6] 见方国瑜《云南民族史讲义》,云南人民出版社,2013年,第503页。
[7] 袁国友:《云南农业社会变迁史》,云南人民出版社,2017年,第194页。
[8] (唐)樊绰撰,向达校注:《蛮书校注》卷九,中华书局,1962年,第219页。

而且已经将果树、菜蔬种植作为产业来看待了。

（五）梯田与农田水利建设

南诏农业的快速发展，离不开耕种面积的扩大和水利建设发展的支撑。其中梯田的开辟和水利建设的快速发展是南诏时期农业繁荣发展的重要标志。

1.梯田

云南地处云贵高原，就现今云南的面积而言，高原面积占10%，山地面积占84%[1]，即使是坝区也有坡地，改旱地为水田能有效提高农业的生产效率。所以梯田的产生是云南农业发展的必然。

云南梯田萌芽的时代很早。吴金鼎等人在《苍洱境考古报告》中说："苍山坡上凡远古人居住之地，必有阶梯式之平台。台之周边，自数里以外，或高山顶上遥望之，极为清楚；至近处反不易辨明。发掘后证明此类平台为古人住处及农田两类遗迹。"[2] 梯田逐渐发展，到了南诏时期，达到了"蛮治山田，殊为精好"[3]的程度。梯田是山坡地上沿等高线修成台阶形田地，边缘用土或石筑成梯状田埂的田块，具有拦蓄雨水，增加土壤水分，防止水土流失的作用。南诏时期，随着水稻种植面积的扩大，梯田逐步成为水稻种植的重要农地。对此，《云南志补注》载："从曲靖州已南，滇池已西，土俗唯业水田"[4]，"浇田皆用源泉，水旱无损"[5]。南诏建国之初，《南诏德化碑》在歌颂阁罗凤的功绩时即说："厄塞流潦，高原为稻黍之田；疏决陂池，下隰树园林之业。"这是目前已知关于梯田以及梯田种植水稻的最早记载。从云南后来农业的发展历程来看，梯田农业的出现是云南农业的又一特色，其包含的科学技术内涵十分丰富，它不仅是高原农业的一扇窗，也是重要的科技成果。现今红河元阳县的梯田（见图3-7）被列入世界遗产名录，追根溯源，无不与此有着密切的联系。

图 3-7 现今的元阳梯田
赵志国2011年摄于元阳县

2.农田水利建设

南诏时期农业生产的发展，特别是水稻的广泛种植，得益于水利设施的兴修和水利条件

---

[1] 中共云南省委政策研究室：《云南省情（1949—1984）》，云南人民出版社，1986年，第12页。
[2] 夏光辅等：《云南科学技术史稿》，云南科技出版社，1992年，第67页。
[3] （唐）樊绰撰，向达校注：《蛮书校注》卷七，中华书局，1962年，第172页。
[4] （唐）樊绰撰，向达原校、木芹补注：《云南志补注》，云南人民出版社，1995年，第96页。
[5] （唐）樊绰撰，向达原校、木芹补注：《云南志补注》，云南人民出版社，1995年，第120页。

的改善。《云南志补注》记载的"浇田皆用源泉，水旱无损"[①]、《南诏德化碑》记载的"厄塞流潦，高原为稻黍之田；疏决陂池，下隰树园林之业"、《云南志补注》记载的蒙舍川（今巍山县城）"肥沃宜禾稻。又有大池，周回数十里，多鱼及菱芡之属。川中水东南与勃弄川合流"[②]等景象，无不与水利建设相关。

洱海区域是南诏政权的发祥地和政权中心所在地，也是开展水利建设的重要地区。洱海地区西部由海拔在3000～4000米的19座山峰组成，在山与洱海之间有坡地和平坦的田野；苍山终年积雪，温暖季节来临，冰雪融化和天然降雨形成了峰与峰之间的18条溪流。这就是俗称的"苍山十九峰十八溪"。南诏时期，开发和利用溪流浇灌坝区进入了一个兴旺时期，除水田外，溪流还灌溉着山间梯田。吴金鼎等曾在洱海地区发现了20～30处遗址，遗址中还伴有人工建造的灌溉渠道和蓄水堤坝[③]。高河水利工程就是其中之一。

唐天宝年间（742年正月至756年七月），在南诏与唐王朝发生的天宝战争中，唐大败而归，南诏俘获汉人十余万之众。俘获的汉人带来的先进科学技术，逐步融入洱海地区居民的生活之中，推动了水利建设的进步。据清代胡蔚本《南诏野史》记载："武宗乙丑会昌元年（841年），佑[④]遣军将晟君筑横渠道，自磨用江至于鹤拓，灌东皋及城阳田，与龙佉江合流入河，谓之锦浪江。又潴点苍山玉局峰顶之南为池，谓之高河[⑤]，又名冯河。更导山泉共洩流为川，灌田数万顷，民得耕种之利。"[⑥]可见到了南诏中期以后，修横渠技术使诸江汇流，开沟渠引导小泉流汇流成川来进行灌溉的技术已相当成熟。而高河水利工程（见图3-8）正是因地制宜于苍山玉局峰南侧修建的高山蓄水灌溉工程。

图 3-8
大理苍山高河水利工程遗迹
诸锡斌2021年摄于大理苍山世界地质公园博物馆

---

① （唐）樊绰撰，向达原校、木芹补注：《云南志补注》，云南人民出版社，1995年，第120页。
② （唐）樊绰撰，向达原校、木芹补注：《云南志补注》，云南人民出版社，1995年，第74页。
③ 参看诸锡斌主编《中国少数民族科学技术史丛书：地学·水利·航运卷》，广西科学技术出版社，1996年，第120-121页。
④ 即劝丰佑，又作劝丰祐，南诏第十代王。
⑤ "高河"俗称"洗马潭"。据传大理国时期，忽必烈南征大理，从苍山进入大理，军队在这里驻扎、洗马，该地因此得名"洗马潭"。
⑥ （明）四川新都杨慎升庵编辑、（清）湖南武陵胡蔚羕门订正，《南诏野史》（增订）上卷《丰祐》。

据实地考察，高河属大型冰斗地貌，海拔约3920米，位于苍山玉局峰的东北坡，仅高出西侧鞍部山脊线50余米，为南窄北宽的尖卵形，周长约为210米，平均宽60米左右。工程北端2～5米宽的坝堤上有明显的人工修筑痕迹。温暖雨季到来后，丰水期水面面积可达近3500平方米，蓄水量约为12000立方米；而在干旱枯水的季节里，水面面积仅2000平方米左右。实地考察还表明，这一水利工程四周主要由古老的苍山片麻岩堆积而成，从岩石力学来看，片麻岩抗风化力较强，质地坚硬，能承受巨大压力。现今，工程中部还有一宽2.5米、深约2米的泄水口，水由此向北流150余米，流过丛林之后，最终汇入绿玉泉[①]。高河工程选择在这样的地理条件下来进行建设，表明南诏时期大理地区的水利灌溉工程已达到了较高的水平。

（六）茶的采用

汉晋以后，饮茶盛行。及至唐代，陆羽所著《茶经》对种茶、制茶、饮茶的经验、习俗进行了总结。而南诏时期，云南地区的茶叶采收、加工和饮用方式，尚处于较为原始简单的状态。值得注意的是，云南在中国茶叶的生产和发展史上占有独特的地位，毕竟云南有着丰富的古茶树资源，在云南景谷县就出土了距今约3450万年的茶叶化石（见图3-9）。

图 3-9
云南景谷出土的茶叶化石（距今约3450万年）
诸锡斌2021年摄于云南省茶文化博物馆

现今在勐海、澜沧发现的3株古茶树，代表了茶树从野生、初步驯化到人工栽培的3个类型和阶段。1961年，中国科学院西双版纳植物研究所张顺高先生在勐海县巴达公社的原始森林中发现9棵大茶树，有一棵茶树树龄约1700年，被确定为野生茶树。[②]20世纪90年代，在普洱市镇沅县九甲乡千家寨的原始森林中，又发现了面积约280公顷，树龄为2500～2700年的野生茶树群落，其被认为是目前世界上已发现的最大面积的原始茶树植物群落。1991年，在思茅地区（2007年改为普洱市）澜沧拉祜族自治县富东乡邦崴村又发现一棵树龄在1000年左右的大茶树，化验分析和鉴定结果表明，它是介于野生型和栽培型之间的过渡型大叶茶树。[③]20世纪50年代，在西双版纳勐海县南糯山深菁中发现3株树龄为800多年的野生大茶树，它们属于栽培型茶

---

① 参看诸锡斌主编《中国少数民族科学技术史丛书：地学・水利・航运卷》，广西科学技术出版社，1996年，第121-123页。
② 参见林超民《普洱茶散论》，载《林超民文集》（第二卷），云南人民出版社，2008年，第299页。
③ 参见黄桂枢《澜沧邦崴过渡型古茶树考》，载《思茅文物考古历史研究》，云南民族出版社，2001年，第345-349页。

树，现属于位于西双版纳州勐海县的贺开古茶园（见图3-10）。该茶园是目前世界上已发现的连片面积最大、密度最高、保护最完好的古茶园，树龄达200～1400年的栽培型古茶树有16200多亩，数量达200多万株。此外，在怒江贡山独龙江乡、思茅景谷等地区也有大量古茶树存在（见图3-11）。这些事实表明，云南的先民已独立完成了将野生茶树驯化为栽培茶树的历程。

图（左）3-10 西双版纳勐海县贺开古茶园

云南农业大学普洱茶学院李家华2011年摄于勐海县

图（右）3-11 普洱市景谷县的古茶树

云南农业大学普洱茶学院李家华2011年摄于思茅景谷县

《蛮书》卷七记载："茶出银生城界诸山，散收无采造法。蒙舍蛮以椒姜桂和烹而饮之。"[①]由于该书成书于唐咸通三年（862年），资料多取自794年以前南诏的档案或史志，并且所记茶叶采收之法较为简单粗糙[②]，联系民族学的研究成果，以及西双版纳历史上存留至今的六大茶山这一现实可以判断，南诏时期云南已能种茶、采茶和简单加工茶叶。所以云南制茶技术的源头至迟可追溯至南诏时期。

二、畜牧业的发展

畜牧业是南诏农业经济的重要组成部分。唐代初期，梁建方在其《西洱河风土记》一书中对洱海地区的畜牧业有这样的记载："畜有牛、马、猪、羊、鸡、犬。"[③]及至南诏时期，饲养的动物如《蛮书》所载："猪、羊、猫、犬、骡、驴、豹、兔、鹅、鸭，诸山及人家悉有之。"[④]这表明南诏时期畜牧业十分兴旺。

（一）马

南诏时期，云南已培育出许多优良马种。唐朝樊绰《蛮书》对南诏地区的养马情况有这样的记载："马出越赕川东面一带，岗西向，地势渐下，乍起伏如畦畛者，有泉地美草，宜马。"[⑤]又言："藤充及申赕亦出马，次赕、滇池尤佳。东爨乌蛮中亦有马，比于越赕皆

---

① （唐）樊绰撰，向达校注：《蛮书校注》卷七，中华书局，1962年，第190页。
② 参看袁国友《云南农业社会变迁史》，云南人民出版社，2017年，第196–198页。
③ 见方国瑜《云南史料目录概说》（第一册），中华书局，1984年，第149页。
④ （唐）樊绰撰，向达校注：《蛮书校注》卷七，中华书局，1962年，第204页。
⑤ （唐）樊绰撰，向达校注：《蛮书校注》卷七，中华书局，1962年，第200页。

少。"①由此可知，南诏时期，人们已知道选取泉水清纯、牧草肥美、地平而宽阔的地区来养马，越赕（今腾冲市）、次赕（今禄丰市碧城镇）、滇池（今昆明市晋宁区）地区出产了高质量的马匹，并且养殖的规模很大，从滇西的越赕、申赕（今云南腾冲市西北八十里古永乡）到滇中的滇池、次赕，以至滇东的乌蛮地区（主要为今曲靖、昭通地区）皆产马，饲养范围几乎遍及云南全境。

马的养殖技术也达到了新的高度。樊绰《蛮书》曰：越赕、申赕培育出的好马"初生如羊羔，一年后纽莎为拢头縻系之。三年内饲以米清粥汁。四五年稍大，六七年方成就。尾高，尤善驰骤，日行数百里"②。又言："本种多骢，故代称越赕骢。近年以白为良。"③由此可知，当时对被称为"越赕骢"的优良马的选育已有了相应的标准：生下来时马驹个头要壮"如羔羊"，"三年内饲以米清粥汁"，精细喂养，"六七年方成就"，并且这种育成的优良马的特点是"尾高"，马的颜色"以白为良"。显然这些标准为优良马的选择奠定了基础，加之合理喂养和具有良好的饲养环境，南诏最终培育出了跑得快，抗疲劳，"善驰骤，日行数百里"的优良马匹。

这一时期马的饲养和管理方式也有了进步。除了野外放养之外，出现了搭建马厩和采用料槽来进行喂养的方式。樊绰《蛮书》载："一切野放，不置槽枥④。唯阳苴咩及大厘、邆川各有槽枥，喂马数百匹。"⑤表明当时在相对发达的南诏都城阳苴咩城（今大理古城西面苍山中和峰下）和都城周围的大厘（今喜洲）、邆川（今邓川）等城镇，已开始建造马厩，用料槽来进行喂养。这种饲养方式不仅促进了饲养质量的提高，而且有利于管理和保障安全。饲养和管理方式的改进，提高了养殖效率，使马匹数量增多，达到能够喂马数百匹的程度。马的养殖在南诏具有重要地位，南诏政权为此专门设置了"三讬"，其中乞讬主马。

（二）牛

东汉以后，云南牛耕不断扩大，促进了对牛的驯化和饲养。及至南诏时期，云南各地已开始广泛饲养黄牛、水牛，作为耕作畜力和肉食来源。樊绰《蛮书》载："沙牛⑥，云南及西爨故地并只生沙牛，俱缘地多瘴，草深肥，牛更蕃生犊子。天宝中，一家便有数十头，通海已南多野水牛，或一千二千为群。"⑦由这一记载可以看出，南诏时期，云南饲养的牛的品种与各地区的自然状况有关。西爨⑧（滇中地区）广泛饲养黄牛，并且养殖的规模很大，"一家便有数十头"。而通海（通海都督府驻地）以南的滇南地区多有规模庞大的野水牛群，为当地牛的驯化提供了十分有利的条件。以至樊绰《蛮书》载曰："弥诺江以西出产犛牛（牦牛），

---

① （唐）樊绰撰，向达校注：《蛮书校注》卷七，中华书局，1962年，第201页。
② （唐）樊绰撰，向达校注：《蛮书校注》卷七，中华书局，1962年，第201页。
③ （唐）樊绰撰，向达校注：《蛮书校注》卷七，中华书局，1962年，第201页。
④ 槽枥为喂养牲畜的食槽。
⑤ （唐）樊绰撰，向达校注：《蛮书校注》卷七，中华书局，1962年，第201页。
⑥ （宋）李焘《续资治通鉴长编·神宗熙宁四年七月戊子》载，层檀国入贡时，"土产稻、麦、胡羊、山羊、沙牛、水牛"。这里的沙牛指黄牛。
⑦ （唐）樊绰撰，向达校注：《蛮书校注》卷七，中华书局，1962年，第203页。
⑧ 《新唐书·两爨蛮》载，唐初，自曲州（今云南昭通）、靖州（今贵州威宁一带）西南的昆川（今云南昆明地区）、曲轭（今云南马龙）、晋宁、喻献（今云南澄江、江川、玉溪）、安宁至龙和城（今云南禄丰），"通谓之西爨白蛮"。大致以今曲靖市至建水县为界，以东地区为"东爨乌蛮"，但范围不断变化。唐初其治下居民被称为"白蛮"，故《云南志》曰："西爨，白蛮也。"

开南（今普洱地区）以南养处，大于水牛，一家数头养之，代牛耕也。"①可见云南丰富的牛资源，为牛的驯化和作为畜力之用提供了坚实的基础。此外，居住在永昌（今保山）西北一带（今腾冲地域）的望蛮外喻部落（今佤族先民）所养的沙牛与众不同，"亦大于诸处牛，角长四尺已来。妇人唯嗜乳酪，肥白"②，这种牛极有可能是奶牛。直到现今，云南大理地区养殖奶牛仍极为普遍（见图3-12），并已知道采用牛乳来制作乳制品，除如前所述能制作乳饼外，还能制作乳扇。

南诏对牛进行驯化和畜用，以及大规模、多种类的驯化和养殖，使之成为南诏时期经济发展的重要支柱之一，以至南诏政权设置的"三托"管理部门中有专门主牛的"禄托"。

图3-12
洱源白族农户至今仍保持着家庭养奶牛的传统
诸锡斌2022年摄于大理洱源县

（三）羊

南诏时期，云南养殖羊已有一定规模。唐朝樊绰《蛮书》对此有记载："大羊多从西羌、铁桥接吐蕃界三千二千口将来博易。"③说明南诏时期，有数以千计的来自现今川、滇、藏交界地区的绵羊被贩运到南诏进行交易，规模十分庞大。其中所说的"大羊"应为大尾绵羊，臀部脂肪堆积，形如大尾。现今大尾羊在云南地区少见，但在新疆地区仍有牧民饲养。④大尾羊是云南西北部地区养殖的主要品种，清代檀萃在《滇海虞衡志》中记述大尾羊时仍言："时亦有大尾羊，皆来自迤西者。"⑤《新纂云南通志·物产考》也有记载："大尾羊者，即绵羊之一种。来自滇西，形近黄羊。"而南诏内地养殖的羊，主要由居住于山区的"磨蛮"（彝族先民）养殖，对此唐朝樊绰《蛮书》载："土多牛羊，一家即有羊群。"⑥由于羊数量众多，以羊皮为料制衣成为可能，进而"男女皆披羊皮"⑦。羊的养殖及其技术的进步对南诏时期的社会经济和生活产生了重要影响。

（四）鸡

南诏时期，除了马和牛的饲养发展迅速之外，对于禽类的饲养也有了新的进展。唐朝樊

---

① （唐）樊绰撰，向达校注：《蛮书校注》卷七，中华书局，1962年，第203页。
② （唐）樊绰撰，向达校注：《蛮书校注》卷四，中华书局，1962年，第103页。
③ （唐）樊绰撰，向达校注：《蛮书校注》卷七，中华书局，1962年，第204页。
④ 参看袁国友《云南农业社会变迁史》，云南人民出版社，2017年，第200-201页。
⑤ （清）檀萃辑，宋文熙、李东平校注：《滇海虞衡志校注》，云南人民出版社，1990年，第158-159页。
⑥ （唐）樊绰撰，向达校注：《蛮书校注》卷四，中华书局，1962年，第96页。
⑦ （唐）樊绰撰，向达校注：《蛮书校注》卷四，中华书局，1962年，第96页。

绰的《蛮书》有记载曰："大鸡永昌云南出，重十余斤，觜距劲利，能取鹡、鹗、鸢鹊、凫、鸽、鸲鹆之类。"[①]说明这一时期永昌（今保山）、云南（即云南县，今祥云县）地区已经驯化成功一种体形大而重的大鸡。对此《新纂云南通志·物产考》记述为："此鸡体壮，性驯良，足部较高，亦云高脚鸡。腿、足均蔽毛，色有种种，红黄、黑黄诸色较多，白色较少。体重有至九斤以上者，故外间又云九斤黄，或黑十二。"[②]显然，大鸡不仅颇具肉用价值，而且还能在行猎时作为猎鸟，可惜这一鸡种后来失传，但也有人认为这就是近代滇西地区所饲养的"九斤黄"大鸡[③]。此外，南诏时期还有不少种类的鸡被饲养，宋代周去非所著的《岭外代答》就记载："长鸣鸡，自南诏诸蛮来，一鸡直钱一两，形矮而大羽，毛甚泽，音声圆长，一鸣半刻。"[④]"长鸣鸡"很可能就是明清以来滇南地区所饲养的"矮脚鸡""摆夷鸡""茶花鸡"。清代檀萃的《滇海虞衡志》记载："摆夷鸡，鸡身而凫脚，鸣声无昼夜，寺庙多畜之。正沅谓之小鸡，南甸谓之叫鸡。"[⑤]民族学家江应樑先生曾于20世纪40年代到滇南傣族地区考察，认为"十二版纳及耿马一带地，特产一种摆夷鸡，形如常鸡而体略小，羽毛色泽极美丽，啼声与常鸡不同，听之好似呼'茶花两朵'，故又称为'茶花鸡'"[⑥]。从这些文献记载可以看出，南诏时期，云南对于禽类的驯化和饲养已有突出的发展，甚至培育出了诸如"大鸡"这样的优良品种。

（五）鱼

南诏时期，云南渔业有了新的建树。樊绰的《蛮书》载："鲫鱼，蒙舍池鲫鱼大者重五斤。西洱河及昆池之南接滇池，冬月，鱼、雁、丰雉、水扎鸟遍于野中水际。"[⑦]由此记载可以看到当时渔业之兴盛，即使在冬天，也十分热闹。另外，唐朝樊绰的《蛮书》还记载：南诏都城阳苴咩城的"客馆在门楼外东南二里。馆前有亭，亭临方池，周回七里，水深数丈，鱼鳖悉有"[⑧]。说明不仅可以在自然状况下捕鱼，而且洱海地区业已开辟池塘，人工养殖鱼、鳖等，甚至蒙舍池所养鲫鱼大者重达五斤。显然南诏时期云南的渔业已进入一个新的发展时期。

（六）其他养殖类

云南山高水深，生态环境多样，孕育了丰富的动物资源，为养殖业的发展奠定了坚实的基础。及至南诏时期，不仅"猪、羊、猫、犬、骡、驴、豹、兔、鹅、鸭，诸山及人家悉有之"[⑨]，而且还驯化和饲养成功了鹿和象。樊绰所撰《蛮书》载："鹿，傍西洱河诸山皆有鹿。

---

① （唐）樊绰撰，向达校注：《蛮书校注》卷七，中华书局，1962年，第204页。
② 周钟岳等纂修：《新纂云南通志（四）》，云南人民出版社，2007年，第54-55页。
③ 参看袁国友《云南农业社会变迁史》，云南人民出版社，2017年，第201页。
④ （宋）周去非撰：《岭外代答》，见方国瑜主编《云南史料丛刊》（第二卷），云南大学出版社，1998年，第253页。
⑤ （清）檀萃辑，宋文熙、李东平校注：《滇海虞衡志校注》，云南人民出版社，1990年，第132页。
⑥ 参见江应樑《摆夷的经济文化生活》，云南人民出版社，2009年，第125页。
⑦ （唐）樊绰撰，向达校注：《蛮书校注》卷七，中华书局，1962年，第203页。
⑧ （唐）樊绰撰，向达校注：《蛮书校注》卷五，中华书局，1962年，第119页。
⑨ （唐）樊绰撰，向达校注：《蛮书校注》卷七，中华书局，1962年，第204页。

龙尾城[①]东北息龙山，南诏养鹿处，要则取之。"[②]由此可知南诏时期已有了专门的养鹿场，养鹿场中"龙足鹿白书（昼）三十、五十，群行啮草"[③]，并可以随取随用，其规模之大，令人赞叹。樊绰《蛮书》还载："象，开南（今普洱地区）以南多有之，或捉得人家多养之，以代耕田也。"[④]说明南诏时期，象的驯化与饲养已达到相当高的水平，以至可以用象来进行农耕[⑤]。甚至樊绰在《蛮书》中还提到有驯养豹的，说明当时即使极为凶猛的野生兽类都已驯化成功，由此可知，南诏时期的畜牧业已经很发达了。

第三节　唐代南诏时期的金属制作与采矿技术

东汉时期，云南已进入铁器时代。到了唐代，南诏政权通过战争，汇集了大量科技人才，不仅有来自内地的擅长绫罗纺织和髹漆的工巧艺人，而且有来自波斯（或印度）的眼科医生，还有来自骠国、弥诺国、弥臣国、昆仑国、女王国、真腊等地的大批匠人，他们把各地的科技知识带到了南诏。由于"百工"齐聚，南诏的科技发展迅猛[⑥]，书写了云南科技发展史上令人瞩目的篇章。其中云南的金属冶炼、制作和手工业技术有了明显的发展，铁制品增多，用铁领域扩大，锻钢和淬火技术进一步提高。铜、锡、镍、青铜（铜锡合金）、白铜（铜镍合金)、金、银的矿冶和铸造技术也有了显著的发展。

一、铁器制作技术

南诏政权建立以后，随着生产力的发展，云南在铁器制作技术上取得了明显进步，主要表现在锻铁技术和铸铁技术两个方面。

（一）锻铁技术

在经过两晋南北朝之后，唐代南诏时期，云南的制铁技术有了新的进步，出现了大量的铁制器具，而锻铁技术的应用，主要体现在兵器上。唐朝樊绰《蛮书》记载："南诏剑，使人用剑，不问贵贱，剑不离身。造剑法，锻生铁，取进汁，如是者数次，烹炼之，剑成即以犀装头，饰以金碧。"[⑦]由此可以看出，南诏剑的制作以生铁为原料。造剑时，需要对生铁不断炒炼，在炒炼过程中反复锻打，以加速氧化和脱碳，如果文献中"取进汁"之"取"为"弃"意，那么这一工艺应为通过数次炒炼，不断舍弃生铁的杂质（进汁），与此同时反复"烹炼"，即反复淬火，才最终锻造出剑来。剑成之后，再用犀皮作为剑鞘并饰以金碧。不难看出，锻铁技术到了这一时期已经十分普及，以至能够做到"不问贵贱，剑不离身"。樊

---

① 龙尾城故址在今大理市下关街道，位于西洱河下游，故又名河尾关或下关。
② （唐）樊绰撰，向达校注：《蛮书校注》卷七，中华书局，1962年，第203页。
③ （唐）樊绰撰，向达校注：《蛮书校注》卷七，中华书局，1962年，第203页。
④ （唐）樊绰撰，向达校注：《蛮书校注》卷七，中华书局，1962年，第204页。
⑤ 现代研究表明，象耕方式为驱象踩田，以此除草，并使泥化，以利农事。
⑥ 参看李晓岑《云南科学技术发展简史》（第二版），科学出版社，2015年，第87页。
⑦ （唐）樊绰撰，向达校注：《蛮书校注》卷七，中华书局，1962年，第205页。

绰《蛮书》还记载："浪人诏能铸剑，尤精利，诸部落悉不如，谓之浪剑，南诏所佩剑，已传六七代也。"[①]说明南诏剑中的精品为浪人诏（今大理洱源、邓川一带）所造之剑，谓浪剑，十分锋利。其实，剑锐利坚韧与否，很大程度上取决于制剑原料中的含碳量。南诏工匠锻打生铁并摒进汁重复锻炼，目的就是减少原料中的杂质，使碳的含量较为适中。反复锻打生铁得到的是百炼钢。如果在此基础上反复锻打、反复淬火，所锻打的铁料上将产生花纹，形成的是镔铁，可见南诏时期云南已掌握了镔铁技术。[②]其先进程度不言而喻。

南诏的兵器中一类被称为"铎鞘"的也较有名。樊绰《蛮书》曰："铎鞘状如刀戟残刃。"[③]其锋利程度达到"所指不无洞也"[④]，是南诏十分看重的珍贵兵器。据《南诏德化碑》记载，铎鞘最早出现于越析诏（在现今丽江地区，为纳西族先民），为越析诏主于赠持有，后来于赠部落被南诏王阁罗凤击败，"于赠投泸水（金沙江）死"[⑤]，铎鞘最终成为南诏王的兵器。这种兵器用"天降"的陨铁作为材质制成，十分锋利。唐代的段成式《酉阳杂俎》卷十云："毒槊[⑥]，南蛮有毒槊，无刃，状如朽铁，中人无血而死。言从天雨下，入地丈余，祭地方撅得之。"明确指出毒槊（即有毒的铎鞘）所用铁料是从天上坠落的，显然应是陨铁，陨铁含镍量高，具有钢的性能[⑦]。南诏工匠用这种原料制成铎鞘说明南诏时期云南不仅能利用生铁锻制武器，而且还知道以陨铁为原料锻制兵器。

南诏另一种著名兵器是郁刀。樊绰《蛮书》曰："郁刀次于铎鞘。造法用毒药、虫、鱼之类，又淬以白马血，经数十年乃用，中人肌即死。"[⑧]为什么郁刀要用白马血淬火制作？这是由于动物血中有较多盐分，冷却能力强，用以淬火，可提高硬度[⑨]。显然南诏时期，云南已知淬火是提高刀剑质量的关键，并总结出用含有一定比例盐分的液体（白马血）淬火的方法。另外，宋《续博物志》卷九记载："郁刀铸以毒药，冶取跃如星者，淬以马血成之，伤一即死。刀剑以柔铁为茎干，不可纯用钢。纯钢不折则缺。"即制作郁刀时不可纯用钢，否则过硬、过脆，易断、易缺，而要用熟铁（柔铁）作为茎干（刀背），其实质是在熟铁中夹嵌高碳钢的技术。这一技术可提高刀的韧性。由此可知，在锻铁技术上，南诏时期已具有两大特点：一是"淬以白马血"；二是"以柔铁为茎干"。说明南诏工匠已掌握了特殊的锻制技术，即通过淬火来增加硬度，使刀刃锋利；意识到了水与马血的化学成分不同，淬火的效果不一样。用马血淬火的刀，比用水淬火的刀更坚硬、锋利。同时还表明，南诏工匠已掌握复杂的柔铁制作技术，继而改善了铁在锻制过程中因生脆而易断裂的弱点，增强了兵器的硬度和韧性[⑩]。直到现今，云南陇川县著名的户撒阿昌刀（见图3-13、图3-14）的制作仍使用这种技术。而大理地区"剑川"这一地名，也是因出产优质刀剑而得。

---

① （唐）樊绰撰，向达校注：《蛮书校注》卷七，中华书局，1962年，第205页。
② 也有人认为这一方法可能是在锻打中加入铁，以使其成为优质钢材，即近代所称"灌钢法"（参见方铁主编《西南通史》，中州古籍出版社，2003年，第327页）；而李晓岑认为这一技术属于镔铁技术。现从后者，参看李晓岑《白族科学与文明》，云南科技出版社，1997年，第184-185页。
③ （唐）樊绰撰，向达校注：《蛮书校注》卷七，中华书局，1962年，第204页。
④ （唐）樊绰撰，向达校注：《蛮书校注》卷七，中华书局，1962年，第204页。
⑤ （唐）樊绰撰，向达校注：《蛮书校注》卷三，中华书局，1962年，第59页。
⑥ 毒槊本是一种有剧毒的铎鞘，没有锋刃，就像一块废铁，但奇毒无比，被击中者无血而死。
⑦ 参看李晓岑《云南科学技术发展简史》（第二版），科学出版社，2015年，第101页。
⑧ （唐）樊绰撰，向达校注：《蛮书校注》卷七，中华书局，1962年，第205页。
⑨ 参看李晓岑《云南科学技术发展简史》（第二版），科学出版社，2015年，第102页。
⑩ 参看夏光辅等《云南科学技术史稿》，云南科技出版社，1992年，第58页。

图（左）3-13 户撒阿昌刀
诸锡斌2021年摄于云南民族村

图（右）3-14 户撒阿昌刀打铁作坊
诸锡斌2021年摄于云南民族村

（二）铸铁技术

南诏时期，云南不仅锻铁技术有了新的发展，铸铁技术也十分发达。现今保留下来的南诏铁柱就是南诏时期铸铁技术高度发达的见证。此柱又名"天尊柱"，立于弥渡县城西北的铁柱庙内。柱高3.30米，圆周长为1.05米，重约2100千克，柱顶以一形似铁锅的铁笠覆盖。整个铁柱由两半七段浇铸合成。一半分4段，另一半分3段，经7次浇铸成型。接口上下平行交错，使得铸件更结实，不易折断。铁柱上有阳文题款一行，题曰"维建极十三年岁次壬辰四月庚子朔十四日癸丑建立"，表明铁柱是872年建立的，已有1100多年的历史。（见图3-15）

该铁柱是现存南诏时期以至大理国时期的最大金属器物。仔细观察可见，铁柱的地面部分共采用了7块范，铁柱的两侧留下纵向凸出的范缝线，柱体的上部和下部还留下了铸造时的缺陷孔（见图3-16）。

图（左）3-15 铸造于南诏时期的天尊柱
诸锡斌2017年摄于弥渡县铁柱庙

图（右）3-16 铸造天尊柱时铁柱下部留下的缺陷孔
诸锡斌2017年摄于弥渡县铁柱庙

观察顶部发现，南诏铁柱是一根空心的铁柱，外形高大，采用内外合范的方式浇铸[①]而成，所需技术相当高，南诏时期能达到这样的技术水平，难能可贵。此外，经鉴定，南诏铁柱的材质主要是灰口铸铁，但也有部分麻口铁残存。灰口铸铁与普通铸铁不同，制作灰口铸铁时需要通过掺入相应的碳和有关物质，以提高铸铁的塑性和韧性，因此灰口铁是一种铸造性能优良的材质。从如此庞大的铁柱能采用灰铁为材料制作而成的事实可知，南诏时期不仅浇铸技术十分发达，而且制作优质铸铁材料的技术已十分先进和娴熟。进一步对铁柱的表层样品进行扫描电镜能谱分析（SEM-EDS）和X射线衍射分析（XRD）发现，铁柱的锈蚀层含有赤铁矿（α-Fe_2O_3）、针铁矿[α-FeO（OH）]、磁铁矿（Fe_3O_4），并混有石英，可以推断在表面致密锈层的保护下，铁柱的腐蚀反应暂停了。[②]这种防锈蚀技术既巧妙又实用，正是这种技术的应用使得铁柱能够保留至今而完好无损。

南诏时期，丽江西北境的金沙江上建有铁桥，"南诏居铁桥之南，西北与吐蕃接。今州境实大理西北陬要害地，么些大尤世居之"[③]。唐代吐蕃曾设铁桥节度于此，称"铁桥城"。唐代樊绰《蛮书》曰："铁桥城在剑川北三日城。……贞元十年，南诏异牟寻用军破东西两城，斩断铁桥。"[④]铁桥的施工建造者应为吐蕃在丽江一带征集的当地工匠，说明至迟到南诏时期，云南已具备了精良的冶铁和铁器锻制工艺。至今，建桥遗址处的金沙江边高岩上，熔铁系链的洞穴还在，江边立有"古铁桥遗址"碑。此外，南诏时期，大理地区漾水和濞水上还架设有铁索桥，这是中国首次出现的以铁为材料建造的索桥。《大唐新语》卷十一载："时吐蕃以铁索跨漾水、濞水为桥，以通西洱河，筑城以镇之。"当时，这种建桥方法在中国是首次出现，大理地区遂成为中国铁索桥的发源地，吐蕃工匠和云南本地工匠为此做出了杰出贡献。铁索桥使用的铁环拉链是承受巨大负载力的重要零件[⑤]，表明当时铁的铸造技术及其应用已经扩展到很广阔的领域，有力推动了南诏社会、经济的发展。

二、铜器铸造技术

除铁器铸造技术之外，南诏的铜器铸造技术在当时也达到了较高的水平。

（一）铜器铸造技术

南诏中期，佛教盛行，铸铜技术不仅用于制作各种日常用具，还被大量用来铸造佛像和大钟，其用铜数量之巨与铸造工艺之精，令人叹为观止。以著名的崇圣寺为例，仅用铜就达4万多斤，铸造铜佛像1万多尊，铸铜工艺水平之高，世所罕见。

雨铜观音像（见图3-17、图3-18）是崇圣寺内的重器之一，铸造于唐昭宗光化二年，即南诏舜化贞中兴二年（898年）。观音像高两丈四尺，通体铜铸，全身鎏金，身材苗条，细腰、跣足、神态庄重，惟妙惟肖。铸造这样巨大的铜像，难度十分大。根据分析，雨铜观音像应为采用云南传统的熔模铸造法制成。用这种技术制成的铜器既无范痕，又无垫片的痕迹，但是需要经过制内模、制外模、压蜡、修蜡、熔蜡、烘干、浇铸金属液等工序，成型后还要经过

---

① 合范铸造一般需要经过制模、翻外范、制内范、合范、浇铸、修饰6道工序。
② 参看李晓岑《云南科学技术发展简史》（第二版），科学出版社，2015年，第103页。
③ （唐）樊绰撰，向达校注：《蛮书校注》卷六，中华书局，1962年，第151页向达注。
④ （唐）樊绰撰，向达校注：《蛮书校注》卷六，中华书局，1962年，第153页。
⑤ 参看李晓岑《云南科学技术发展简史》（第二版），科学出版社，2015年，第122页。

碎范、打磨、去刺、作色、贴金等后处理工序才能完成。由此可以看出，南诏时期云南的铸铜技术已经达到相当高的水平。尽管这一铜像毁于"文化大革命"，但从存留的照片仍可窥见其工艺之杰出。

图（左）3-17 大理崇圣寺内的雨铜观音像旧照
诸锡斌2021年摄于大理白族自治州博物馆

图（右）3-18 大理崇圣寺重塑的雨铜观音像
诸锡斌2021年摄于大理崇圣寺

崇圣寺大铜钟（见图3-19）也是崇圣寺内的重器之一，铸自唐咸通十二年，即南诏世隆建极十二年（871年）。钟高1丈多，重数千斤，形状如幢。钟面铸有12尊佛像，分上下两层排列。上层6个波罗蜜，下层6个天王。据考证，此钟采用泥范法铸成，工艺繁杂，需要经过制模、翻外范、制内范、总体合范、浇铸等工序才能完成。由于范型很易冲毁，铸造这样的大型器物极不容易，要有相当高超的技术才行①。明代的徐霞客游历大理崇圣寺时见到此钟，曰："楼有钟极大，丈余，而厚及尺，为蒙氏时铸，其声可闻八十里。"②铜钟低音频率高而衰减慢，所以声音可传播得很远，可见当时铸铜技术水平极其高超。

崇圣寺内千寻塔的塔顶是精工制作的铜质工艺品，四周垂铜铃，顶端有铜盘，周5尺，高2尺

图3-19 重铸的崇圣寺大铜钟
诸锡斌2022年摄于大理崇圣寺

---

① 参看李晓岑《白族科学与文明》，云南科技出版社，1997年，第190页。
② （明）徐霞客：《徐霞客游记·滇游日记》八。

多，厚5分。上有铜制塔模，高1.2尺，重6.4斤，分7级，顶作高阁式，四周铸造30个佛像，下层为四天王托塔。整个铜铸塔顶，色彩斑斓，设计巧妙，工艺精湛。千寻塔为16级，每级有窗，每窗置铜铸佛像。可惜在悠久的岁月里，佛像或损残或遗失，多已不存[1]。

（二）黄铜的应用

南诏通过与外界的技术交流，已能够用黄铜制作器物。黄铜在古时被称为"鍮石"[2]，大约于南北朝时期从波斯或印度传入我国[3]。《南诏德化碑》记载，有"大军将大鍮石告身赏紫袍金带"，"大总管兼押衙小鍮石告身赏二色绫袍金带"。这里"大鍮石""小鍮石"作为一种授官的凭证，也有饰物的功能，材料应是黄铜。只有大军将才授"大鍮石"告身，赏紫袍金带；其他授"小鍮石"告身，赏二色绫袍金带。这说明"鍮石"是很珍贵的东西。与此相联系，在崇圣寺塔内出土了一件镊子状器物，经过分析，成分为铜锌合金（铜74.5%、锌22.6%、砷0.9%、铅1.6%），即黄铜[4]，并且含锌量很高，说明南诏时黄铜的质量上乘。而唐代，黄铜器在中国是极为罕见的。这表明南诏通过内外科学技术交流，已有了黄铜制作技术。

三、金银矿开采及金银器制作

南诏时期，金银器制作及金银矿开采业有了进一步发展，金银开采和制作更为普及，成为南诏经济、商业以及社会生活中的重要组成部分。

（一）金银矿开采

南诏时，云南的金银矿开采业十分发达。所采的金有麸金（砂金）和生金两种。关于麸金，唐代樊绰《蛮书》载："麸金出丽水，盛沙淘汰取之。沙赕法，男女犯罪，多送丽水淘金。长傍川界三面山并出金，部落百姓悉纳金，无别税役征徭。"[5]由此可以看出，在南诏西部的丽水地区（今腾冲至伊洛瓦底江上游，包括金沙江两岸）设有淘金场。南诏的"河赕法"规定，丽水淘金场为南诏犯人服苦役的地方。唐文宗太和九年，即南诏劝丰祐保和十二年（835年），南诏曾攻破弥诺国和弥臣国（均在今缅甸），据《蛮书》载："刮金银，掳其族三二千人，配丽水淘金。"[6]淘金所用方法是于河中取沙后用水洗淘来获得金子，也即"盛沙淘汰取之"。由《蛮书》的记载不难看出，获取金沙是这一地区的主要劳动内容，以至于这一地区的"部落百姓悉纳金，无别税役征徭"，其规模之大，实为罕见。

关于生金的开采，唐代樊绰《蛮书》载："生金，出金山及长傍诸山，腾充[7]北金宝山。土人取法，春冬间先于山上掘坑，深丈余，阔数十步。夏月水潦降时，添其泥土入坑，即於添土之所沙石中披拣。有得片块，大者重一勒或至二勒，小者三两五两。价贵于麸金数倍。"[8]

---

[1] 参看夏光辅等《云南科学技术史稿》，云南科技出版社，1992年，第62页。
[2] （明）李时珍《本草纲目·鍮石》载："崔昉《外丹本草》云：'用铜二斤，炉甘石一斤炼之，即成鍮石一斤半。真鍮石出波斯（今伊朗），如黄金，烧之赤而不黑。'"
[3] 周家华等：《中国古代化学史略》，河北科学技术出版社，1992年，第204页。
[4] 李晓岑：《云南科学技术发展简史》（第二版），科学出版社，2015年，第105页。
[5] （唐）樊绰撰，向达校注：《蛮书校注》卷八，中华书局，1962年，第199页。
[6] （唐）樊绰撰，向达校注：《蛮书校注》卷十，中华书局，1962年，第232页。
[7] 腾充即今腾冲。
[8] （唐）樊绰撰，向达校注：《蛮书校注》卷八，中华书局，1962年，第199页。

表明云南的金山、长傍诸山及腾冲北部的金宝山等地区是南诏的重要金矿所在地，当时已因地制宜地形成了采矿的方法。这一矿区不在水域而在山中，因而缺水。采矿时，于春冬季节先挖一个深一丈多、宽几十步的大坑，然后利用夏季的积雨，将采掘到的坡积型砂金放在水中淘洗拣选。采选生金的过程中往往可以得到片状的金矿石。显然这是一种凿坑采金沙，并将淘洗法和人工手选法结合起来的采选方法。如此规模宏大的金矿开采，有力地增强了南诏的经济实力，以至唐元和四年，即南诏应道元年（809年），劝龙晟[①]"铸佛三尊，送佛顶峰寺，用金三千两"[②]。南诏时期金矿的开采技术和能力，由此可见一斑。

南诏时期银的开采也十分兴盛。唐代樊绰《蛮书》载："银，会同川银山出，锡、瑟瑟[③]，山中出。"[④]《南诏德化碑》还载："建都镇塞，银生于墨嘴之乡。"说明"墨嘴"（傣族先民，嗜嚼槟榔致齿黑）所在地是南诏前期产银的地方。五代十国时期的南汉政权[⑤]因与南诏关系很密切，曾从广东遣使至滇开采银矿，亦表明当时云南银矿在全国占有重要地位。在唐代管辖的地区以外，云南银与新罗银、波斯银、林邑银齐名，并称"精好"[⑥]。由于银的开采量巨大，以至劝丰祐太和二年（828年），丰祐[⑦]能够"用银五千，铸佛一堂，废道教"。除了银，云南还开采锡、宝石等多种矿产。正是由于云南金银矿的开采十分发达，以致南诏国的傣族先民以用金银镂片包齿为荣。唐代樊绰《蛮书》载："金齿蛮以金镂片裹其齿，银齿以银。有事出见人则以此为饰，食则去之。"[⑧]由于傣族先民普遍用金银包齿，因而唐代时傣族被称为"金齿蛮""银齿蛮"。这一事实也从另一侧面说明南诏时期云南的金、银等矿产应用十分广泛。

（二）金银器制作

南诏时期，金银器制作已很普遍，在日常生活中常常可以看到。据唐代樊绰《蛮书》载："南诏家食用金银，其余官将则用竹箪。"[⑨]展示了这一时期南诏王室用餐时已使用各种精美的金银器。并且如《蛮书》所言："凡交易缯帛、毡罽、金、银、牛、羊之属，以缯帛幂数计之，云某物色值若干幂。"[⑩]表明南诏时期，金银已成为日常货物交换中的重要商品。唐代樊绰《蛮书》载："南诏家则贮以金瓶，又重以银为函盛之，深藏别室，四时将出祭之。"[⑪]即当时人们把金银作为祭祀中的常用物品。在奖赏时，南诏政权也将金银作为重要的物品，以至有了《南诏德化碑》记载的"大军将大鍮石告身赏紫袍金带"之说。这些事实说明金银作为贵金属，在南诏时期已被制作成各类日常器具。

受佛教文化的影响，南诏时期金银器的制作在佛器方面也得到了充分应用，并且体现出了十分高超的技艺。例如大理崇圣寺不仅出土了大量铜质细腰的观音，而且其中许多观音属于罕见的鎏金观音。此外，大理许多佛事所用器物也多为金或银的鎏金器物。

---

① 劝龙晟为南诏第八代国王。
② （明）四川新都杨慎升庵编辑，（清）湖南武陵胡蔚羡门订正，《南诏野史》（增订）上卷《劝龙晟》。
③ 瑟瑟为宝石，其中以碧绿色宝石居多。
④ （唐）樊绰撰，向达校注：《蛮书校注》卷七，中华书局，1962年，第200页。
⑤ 南汉是五代十国时期的地方政权之一，位于现在我国的广东、广西两省区及越南北部。
⑥ （明）李时珍：《本草纲目·金石部》第八卷引。
⑦ 丰祐为南诏第十代国王。
⑧ （唐）樊绰撰，向达校注：《蛮书校注》卷四，中华书局，1962年，第103页。
⑨ （唐）樊绰撰，向达校注：《蛮书校注》卷八，中华书局，1962年，第211页。
⑩ （唐）樊绰撰，向达校注：《蛮书校注》卷八，中华书局，1962年，第214页。
⑪ （唐）樊绰撰，向达校注：《蛮书校注》卷八，中华书局，1962年，第216页。

第四节　唐代南诏时期的交通与建筑技术

唐代在云南设治以后，十分重视西南地区的交通建设，有力地推进了中央王朝对西南地区的统治，也促进了云南与内地经济、文化的交流。南诏政权建立后，这一地区的交通业进一步发展。除汉代以来通行的清溪关道、石门关道和安南通天竺道这几条道路仍是南诏境内的主要交通干线外，其他线路也有了新的发展，有力地促进了南诏与内地，以及南亚、东南亚的交流。而且随着交通的不断进步，各种文化和科学技术汇集于此，推动了南诏建筑技术的进步，使建筑技术产生了新的特点。

一、交通建设

汉代以来，各代统治者出于统治的需要，都比较重视沟通内地与边疆地区的交通线路的建设。南诏时期，云南的交通建设在原来的基础上进一步发展。一是保持着原有的交通状况，二是新修道路，不断扩展交通网络。这些举措有效推进了南诏与内地、与外域的科技与文化交流，为南诏经济繁荣和政权的强盛奠定了基础。

（一）旧有交通的完善

唐代前期，云南的清溪关道、石门关道和安南通天竺道等交通要道得到有效维护和整修。到了南诏时期，这些交通要道的建设又有了新的发展。

1.清溪关道

清溪关道因途经今四川境内的清溪关而得名，是南诏联系内地最重要的交通线。唐代樊绰《蛮书》载："自西川成都府至云南蛮王府，州、县、馆、驿、江、岭、关、塞，并里数计二千七百二十里。"[1] 即从成都到达南诏都城阳苴咩城，共有2720里。为了保证交通顺畅，唐朝廷在西川境内开设了32驿[2]外，南诏也于境内1054里的道路上设置19驿[3]。这条道路十分艰险，从成都到南诏都城阳苴咩城，一路上不仅要"乘皮船渡泸水"，还要"渡绳桥（索桥）"，而且"过大岭险峻极"[4]。要使这条道路通畅，不仅需要有在高山峻岭中修筑和维护道路的技术，而且要具备于山岭沟堑之间架设索桥的技术，以及摆渡过江的技术。由此可知，南诏为了保证这条道路的畅通付出了多么艰苦的努力。至今，在清溪关道途经的金沙江南岸的龙街江边村尚有残存的20米长的古栈道。

由于唐朝与南诏的关系时好时坏，清溪关道也数度兴衰。唐德宗贞元十年，即南诏异牟

---

[1] （唐）樊绰撰，向达校注：《蛮书校注》卷一，中华书局，1962年，第10页。
[2] （唐）樊绰撰，向达校注《蛮书校注》卷一（中华书局，1962年版，第11页）载："以上三十二驿，计一千八百八十里。"
[3] 从嶲州俄淮岭以下至阳苴咩城为南诏辖界，计有1054里，共设以下19驿：菁口驿、芘驿、会川镇、目集馆、河子镇、泸江、末栅馆、伽毗馆、清渠铺、藏傍馆、阳褒馆、弄栋城、外弥荡、求赠馆、云南城、波大驿、渠蓝赵馆、龙尾城、抵阳苴咩城。参看（唐）樊绰撰，向达校注《蛮书校注》卷一，中华书局，1962年，第11-12页。
[4] （唐）樊绰撰，向达校注：《蛮书校注》卷一，中华书局，1962年，第12页。

寻上元十一年（794年）[①]，异牟寻[②]与唐朝重修旧好后，十分认同汉文化，并极力向内地学习。唐代樊绰《蛮书》载："异牟寻每叹地卑夷杂，礼义不通，隔越中华，杜绝声教。遂献书檄，寄西川节度使韦皋。"[③]异牟寻决定派大量南诏贵族子弟到成都学习唐朝文化。他在给西川节度使韦皋的帛书中说："曾祖有宠先帝，后嗣率蒙袭王，人知礼乐，本唐风化。"[④]因此，在之后的50年间，这条道路不仅成为商贾货流的大通道，也成为南诏学习先进文化的大通道。当时南诏贵族子弟数千人先后赴成都求学，走的均是清溪关道。这些学成而归的人，成为先进知识、文化和科技的传播者，为南诏的发展和后来云南的开发做出了贡献。

2.石门关道

石门关道（见图3-20）是南诏通往内地的另一条要道，因途经石门关而得名。唐代樊绰《蛮书》载："从石门外出鲁望（今昭通市昭阳区、鲁甸县等地）、昆州至云南，谓之北路。从黎州清溪关（今四川汉源北部）出卭部（今四川越西），过会通至云南，谓之南路。"[⑤]如果南诏时称进入西川的清溪关道为南路，那么石门关道是北路。石门关道从戎州（今四川宜宾）南至拓东城（今昆明），再由拓东城往西

图3-20
位于今云南昭通市盐津县的石门关道路段
诸锡斌2013年摄于石门关

到达南诏都城阳苴咩城，实际上走的是安南通天竺道的西段，设置有十多个驿站。

石门关道的修筑十分艰苦。至今在宜宾以南的石门崖壁上还有隋开皇五年（585年）刊刻的摩崖："开皇五年十月二十五日，兼法曹黄荣领始、益二州石匠，凿石四孔，各深一丈，造偏梁桥阁，通越析州、津州。"石壁上的刊刻展示了隋朝整修石门关道时的工程状况。工匠需要"凿石四孔，各深一丈，造偏梁桥阁"才能使道路通畅。这一状况一直延续到唐代。对此，唐代樊绰《蛮书》有生动的记载："石门东崖石壁，直上万仞，下临朱提江流，又下入地中数百尺，惟闻水声，人不可到。西崖亦是石壁，傍崖亦有阁路，横阔一步，斜亘三十余里，半壁架空，欹危虚险，其安梁石孔，即隋朝所凿也。"[⑥]由此可知，南诏要在过去隋代道路的基础上维护好这一大通道，不仅需要在"半壁架空"的悬崖陡壁上凿出石孔，而且还要于石洞中插入支撑物作梁，继而安装好栈道，并且这一栈道"斜亘三十余里"，需要在施工过程中，"上下跻攀，伛身侧足。又有黄蝇、飞蛭、毒蛇、短狐、砂虱之类"[⑦]。如此艰险的工程，没有工匠于崖石壁间上下攀爬的勇敢，不顾蚊虫、毒蛇叮咬的拼搏，以及高超的技术和方法，是

[①] 南诏上元年号与公元纪年的对应关系参见大理白族自治州博物馆《大理白族自治州博物馆》，云南人民出版社，2013年，第170页"附表：南诏大理国纪年表"。

[②] 异牟寻为南诏第六代国王。

[③] （唐）樊绰撰，向达校注：《蛮书校注》卷三，中华书局，1962年，第74页。

[④] 《新唐书》卷二二二《南蛮上·南诏传》。

[⑤] （唐）樊绰撰，向达校注：《蛮书校注》卷一，中华书局，1962年，第19页。

[⑥] （唐）樊绰撰，向达校注：《蛮书校注》卷一，中华书局，1962年，第27页。

[⑦] （唐）樊绰撰，向达校注：《蛮书校注》卷一，中华书局，1962年，第28页。

不可能完成的。除此之外，唐代樊绰《蛮书》还记载，在这条艰险之路上，有的地段环境十分恶劣，如行至蒙夔岭（今昭通市北部），"岭当大漏天，直上二十里，积阴凝闭，昼夜不分"[①]，令人胆寒。显然，这一时期，石门关道的修筑和维护，离不开工匠们的勇敢和拼搏，更离不开各种复杂技术的应用。

3.安南通天竺道

安南通天竺道是南诏通达外域的第三条重要交通大道。经安南通天竺道从南诏都城阳苴咩城到安南（越南）需经过太和城（今大理太和村）、龙尾城（今下关）、蒙舍城（今巍山县城）、白崖城（今弥渡西北）、云南城（今祥云）、安宁城（今安宁）、拓东城（今昆明市区）、晋宁驿、绛县（今玉溪）、通海镇（今通海）、曲江、南亭（今建水）、洞澡水（今开远西南）、八平城、党迟顿（今蒙自南）、龙武州（今屏边西北）、禄索州（今屏边西北）、汤泉州（今屏边西部）、天井山、浮动山、矣符馆、古涌步（今河口西北）、丹棠州（今越南老街）、朱贵州、多利州（今越南安沛）、忠城州（今越南富寿）、恩楼县、南田、峰州（今越南白鹤南风）、太平等驿站才能到达。这应是安南通天竺道的南段。

由南诏都城阳苴咩城西行，可至天竺[②]进而抵达大秦（印度）。其道路的走向是：西行至永昌故郡（今保山），西渡怒江至诸葛亮城（今腾冲东南）、乐城，入骠国（缅甸）境，经万公至悉利城，又经突旻城至骠国，西度黑山，至东天竺迦摩波国（今印度阿萨姆邦西部高哈蒂一带），西北渡迦罗都河至奔那伐檀那国（中心在今孟加拉国拉吉沙希及波格拉一带），西南至中天竺国东境恒河南岸羯朱嗢罗国（今印度比哈尔邦巴特那及伽耶一带），又西至摩羯陀国[今印度南比哈尔（Bihar）邦一带]。另一路自诸葛亮城经今腾冲至弥城，西过山至丽水城（今缅甸密支那以南）、安西城（今缅甸北部孟拱），西渡弥诺江至大秦、婆罗门国（印度），西渡大岭至东天竺北界个没卢国（今印度阿萨姆邦西部）。西南行可至中天竺国东北境奔那伐檀那国（今孟加拉国帕布纳一带），与骠国往婆罗门（今印度、斯里兰卡地区）路汇合。[③]这应是安南通天竺道的西段。由于安南通天竺道涉及的范围十分广泛，不仅在隋唐时期，甚至在后来的历史进程中对云南以至中国的对外交流都起到了重要作用。

隋代至唐代，南诏为了加强对外交往，除主干道安南通天竺道外，还开辟了若干通往邻国的支线。例如：一路由獴州东行至唐林州安远县，经古罗江、檀洞江、朱崖、单补镇可至环王国都城（今越南中部）。自獴州西南经雾温岭、棠州日落县、罗伦江、石蜜山、文阳县至文单国（今老挝境内）之算台县，经文单外城、内城可至陆真腊（在今老挝），南行还可至小海及罗越国（今马来半岛南部）。自通海城经陆路南下，过贾勇步、真州、登州、林西原，可南至昆仑国（今柬埔寨）。[④]这些新增的交通支线与安南通天竺道一起成为横贯今越南北部和滇东南、滇中、滇西和滇西徼外的重要通道。这些通道路程长，情况复杂，既要行陆道又要渡江或行舟，表明当时所具备的筑路和维修技术应十分发达。

（二）新建交通道路

南诏除了维护旧有的交通道路外，也积极开筑新的道路，开辟了邕州道和黔州道。唐代

---

① （唐）樊绰撰，向达校注：《蛮书校注》卷一，中华书局，1962年，第29页。
② 天竺是古代中国、东南亚国家对今印度和其他印度次大陆国家的统称。
③ 参看方铁主编《西南通史》，中州古籍出版社，2003年，第333页。
④ 参看方铁主编《西南通史》，中州古籍出版社，2003年，第333–334页。

樊绰《蛮书》载："从邕州路至蛮苴咩城，从黔州路至蛮苴咩城，两地途程，臣未谙委。"①由此可知，尽管这两条道路修建较晚，樊绰不知详情，但是道路的存在却是事实。邕州道初次开通于唐咸通年间（860—874年）。唐懿宗咸通四年，即南诏世隆建极四年（863年），南诏遣兵进逼邕州（今广西南宁），打通了由拓东城经左右江流域达邕州的道路，并且唐朝与南诏的几次交往，走的均是咸通时开通的邕州道②，以致后来宋代大理国人至横山寨（今广西田东）与宋朝进行马匹交易，基本上也是走的这条道路。

黔州道建于唐德宗贞元九年，即南诏异牟寻上元十年（793年）。据文献记载，当时异牟寻为了与唐朝修复友好关系，曾遣使三路赴唐求和，其中一路就是走的黔州道。这条道路的走向，是从今云南曲靖经贵州威宁、毕节、遵义达于四川彭水（重庆东南部）。③这些新建的道路，进一步促进了南诏与内地和邻地的交往。

除邕州道和黔州道外，南诏还开辟了另一条被称为"北至大雪山道"的新交通路线。《明史·四川土司一》说，此道"为南诏咽喉，三十六番朝贡出入之路"。这条道从今云南大理经丽江入四川，过今康定、天全、雅安达于成都，还可经丽江西北而上达于西藏拉萨。④这是一条于高海拔地区修建的通道，它使低海拔地区与高海拔地区得以联系起来，有效地促进了热带、亚热带和寒带等不同地区的物资、文化以至科技的交流。唐代樊绰《蛮书》载有河赕（今大理）贾商翻越高黎贡山，离开故乡而漂泊于寻传地区（唐朝时，寻传蛮主要分布于云南澜沧江以南和以东一带）的民谣："冬时欲归来，高黎共上雪，秋夏欲归来，无那穹赕热。春时欲归来，平中络赂（按：钱财）绝。"⑤从歌谣可知大理等地的南诏商人翻山越岭到边疆做生意的艰辛，同时也反映了其道路的绵长（见图3-21）。

图 3-21 险拔峻峭的大理苍山
诸锡斌2022年摄于洱源县邓川镇

---

① （唐）樊绰撰，向达校注：《蛮书校注》卷一，中华书局，1962年，第18页。
② 参看方铁主编《西南通史》，中州古籍出版社，2003年，第334页。
③ 参看方铁主编《西南通史》，中州古籍出版社，2003年，第335页。
④ 参看方铁主编《西南通史》，中州古籍出版社，2003年，第335页。
⑤ （唐）樊绰撰，向达校注：《蛮书校注》卷二，中华书局，1962年，第41页。

(三）沿交通线输入的海外技术

隋唐时期，南诏的交通建设，使云南成为南方古丝绸之路的中转站，有力促进了中外经济、文化交流，也推动了云南与邻国的技术交往，对云南以至中国的发展做出了贡献。其中安南通天竺道是南诏通达海外的重要通道，它由安南（今越南）经拓东城（今昆明）至阳苴咩城（今大理），一直达天竺国（今印度）。此外，还有若干支线通往邻国。在频繁的商贸交往中，这些交通要道使海外技术得以传入南诏。

1.玻璃制作技术的传入

南诏王阁罗凤统治时期，云南通过安南通天竺道与缅甸进行贸易。唐代樊绰《蛮书》载："骠国（古缅甸），在蛮永昌城南九十五日程，阁罗凤所通也。……有移信使到蛮界河赕（今大理）。则以江猪（江豚）、白氎（细毛布或棉布）及玻璃、罂（大腹小口的玻璃酒器）为贸易。与波斯及婆罗门（今印度阿萨姆至恒河一带）邻接。西去舍利城二十日程。"[1]即安南通天竺道是一条南诏与南亚及东南亚的越南、缅甸、印度等国家进行贸易往来的重要通道。在经济文化交流过程中，这些国家的技术也传入南诏。其中来自骠国的信使来到南诏后，在今大理地区进行贸易，贸易的货物中就包括玻璃。而《南诏德化碑》上，也有"大玻弥告身""小玻弥告身"的记载，"玻弥"即玻璃，说明玻璃在当时已被作为官信凭证或饰品使用。此外，在大理千寻塔的考古清理中，也发现了大量直径在0.2厘米以下的彩色琉璃。而在亚洲，彩色玻璃是印度古代玻璃的特征之一。尽管唐代已能制作玻璃，但是制作彩色玻璃的技术尚未出现。因此，千寻塔发现的琉璃珠应是从古印度输入的[2]。由此可以看出，云南应是外域先进技术传入中国的重要节点。

2.金属制作技术的传入

南诏末期，云南已开始炼锌。1983年，中国科学技术大学在现今云贵边界赫章县妈姑地区发现了炼锌的遗址，研究表明其所采用的是泥罐蒸馏技术。这种炼锌技术是首先将锌矿石和煤敲碎并混匀，填装于专门制成的反应罐内，并装入适量水，然后，在罐口处用黄泥做出冷凝窝封闭反应罐，并从反应罐的肩部用泥条往上盘筑一个空腔，加冷凝盖形成冷凝区。为防止高温冶炼过程中罐体发生爆裂，反应罐在入炉前需在外壁包裹一层黄泥，后将其放置于炼炉的炉栅之间，四周堆放煤饼、炉渣，炉栅下投放柴薪、木炭等燃料。用火点燃薪炭引燃煤饼后，反应罐内发生一系列反应，还原出的锌蒸气通过冷凝窝的通气孔上升至冷凝区冷却，待冷却完毕，打破反应罐即可取出锌块。这种炼锌技术与印度的炼锌方式基本相同，均为以外加热方式冶炼，且冶炼温度相近。由于南诏与印度、波斯有着密切的联系和交通往来，并且印度炼锌的历史要比中国早，因此云南的炼锌技术极有可能是从印度传入的，先传到南诏，再由南诏传入内地。[3]外域先进炼锌技术的传入，应是南诏时期对外科技交流的成果。

3.新植物和果类的传入

安南通天竺道的开通，为海外新的植物品种、果类传入南诏和内地创造了良好的条件。例如唐代樊绰《蛮书》载："丽水城又出波罗蜜果[4]，大者若汉城甜瓜，引蔓如萝卜，十一月、

---

[1] （唐）樊绰撰，向达校注：《蛮书校注》卷十，中华书局，1962年，第233页。
[2] 李晓岑：《云南科学技术发展简史》（第二版），科学出版社，2015年，第112页。
[3] 也有专家认为我国的炼锌技术产生于明代，而李晓岑认为产生于南诏晚期。现从后者。参看李晓岑《白族科学与文明》，云南科技出版社，1997年，第195-197页。
[4] 波罗蜜（英文名为jackfruit，学名为 *Artocarpus heterophyllus* Lam.），又名菠萝蜜、木波罗、树波罗、牛肚子果，是一种桑科乔木，原产于印度。

十二月熟。皮薄如莲房，子处割之，色微红，似甜瓜，香可食。"[1]向达在《蛮书校注》的注释中转引《隋书》卷八二《真腊传》之婆那娑曰："有婆那娑（梵文：Panasa）树，无花，叶似柿，实似冬瓜。"[2]由此可见，南诏时期，波罗蜜已经在云南落地生根，被广为种植，并且"南蛮以此为珍好"[3]，波罗蜜成为南诏的佳品。及至明代，李时珍在《本草纲目》卷三四载："波罗蜜生交趾（越南）南方诸国，今岭南、滇南多有之。"表明到了明代，中国已普遍食用波罗蜜。

唐代樊绰《蛮书》又载："荔枝、槟榔、诃黎勒、椰子、桄榔等诸树，永昌、丽水、长傍、金山并有之。"[4]其中槟榔（学名为 Areca catechu L.）原产于马来西亚等南洋群岛一带；诃黎勒（即柯子，梵文名为Haritaki）原产于古印度和南亚等国；椰子（学名为 Cocos nucifera L.）原产于东南亚、印度尼西亚至太平洋群岛。这些物种在唐代已经是云南多地人熟知的果品了。

4.水利技术的传入

交通道路的不断开辟，尤其是安南通天竺道的不断完善，为天竺僧人来南诏创造了良好的条件。这些僧人带来了先进的水利技术。明万历《云南通志》曾载唐代赵永牙等6人"或以慧眼察知山窍地脉，令水行其中，使不为患"。杨金河所撰的《南河新记》则记载了当时鹤庆坝"一带汪洋，土民环居山麓，鸡鸣犬吠相闻，而疆亩寥之，艰于粮食。圣僧定中慧眼照见海底宽平，尽可耕种，因而矢愿开疆"[5]的情况。《白古通记》载："神僧赞陀崛多以蒙氏保和十六年（劝丰祐十六年，即唐文宗开成四年，为839年），自西域摩伽国[6]来，结节峰顶。悯郡地大半为湖，以锡杖穿象眠山麓，为百余孔，泄之。湖水既消，民始获平土以居。"[7]万历《云南通志》亦有关于赞陀崛多的记载："天启二年（劝丰祐第二年，即唐武宗会昌元年，为841年），僧悯郡地大半为湖，即下山以锡杖穿象眠山麓石穴十余孔洩之，湖水遂消，民始获耕种之利。"又有记：观音化身之老人"凿河泄之半，人得平土以居"。这些史料尽管多有神话色彩，但是来自天竺的僧人于南诏传播水利技术的事实却当无疑[8]。

二、建筑技术的进步

南诏政权建立以后，经过努力，南诏逐步具备了较为雄厚的经济实力和发达的建筑技术，加之有了砖和瓦等建筑材料，以及熟练的砖瓦制作技术，南诏的建筑业"如虎添翼"，开始了规模宏大的城市建设。这些建设与边陲城镇不同，不仅数量多而且规模大，出现了太和城（在今大理太和村）（见图3-22）、阳苴咩城（今大理城）、龙尾城（在今下关）、龙口城（今大理上关）、大厘城（今大理喜洲）、邓川城（在今邓川县德源村）、白崖城（今弥渡县

---

[1] （唐）樊绰撰，向达校注：《蛮书校注》卷七，中华书局，1962年，第193页。
[2] （唐）樊绰撰，向达校注：《蛮书校注》卷七，中华书局，1962年，第194页。
[3] （唐）樊绰撰，向达校注：《蛮书校注》卷七，中华书局，1962年，第193页。
[4] （唐）樊绰撰，向达校注：《蛮书校注》卷七，中华书局，1962年，第191页。
[5] 吴棠：《云南佛教源流及影响》，载《大理文化》1982年第1期，第42页。
[6] 摩伽国即罗摩伽国，是古印度东部的一个聚落或城邦小国。
[7] （元）佚名撰：《白古通记》，见王叔武《云南古佚书钞合集》，云南人民出版社、云南大学出版社，2016年，第59页。
[8] 参看诸锡斌主编《中国少数民族科学技术史丛书：地学·水利·航运卷》，广西科学技术出版社，1996年，第126-127页。

红岩）、铁桥城（今丽江塔城）、弄栋城（今姚安）、拓东城（在今昆明市区）。这些城市建筑的完成，证明南诏已形成高超的建筑技术。

图 3-22
大理太和城遗址

诸锡斌2021年摄于大理太和城遗址

（一）阳苴咩城的建筑技术

阳苴咩城[①]是南诏政权的统治中心所在地，城市建筑不仅宏大，而且具有代表性。唐代樊绰在《蛮书》中对其有较为详细的记载："阳苴咩城，南诏大衙门。上重楼，左右又有阶道，高二丈余，磬以青石为蹬。楼前方二三里，南北城相对，大（太）和往来通衢也。从楼下门行三百步至第二重门，门屋五间。两行门楼相对，各有榜，并清平官、大将军、六曹长宅也。入第二重门，行二百余步，至第三重门。门列戟，上有重楼。入门是屏墙。又行一百余步，至大厅，阶高丈余。重屋制如蛛网，架空无柱。两边皆有门楼。下临清池。大厅后小厅，小厅后即南诏宅也。客馆在门楼外东南二里。馆前有亭，亭临方池，周回七里，水深数丈，鱼鳖皆有。"[②] 显然，阳苴咩城的设计和建设具有突出的特点。

第一个特点是设计考虑十分周密，布局环环相扣，设计具有整体性工程的特征。全城分为外城、郭城（重楼内）、内城（二重楼内）、宫城（三重楼内）四重布局。城内重楼前方南北城门相对，有往来通衢相接；入城经三重门方至议事大厅。城内有南诏王族和清平官、大军将等高级官吏的住宅。门楼外建有"客馆"，还设有周回7里、"鱼鳖皆有"的方形水池。阳苴咩城全城方圆15里，俨然是一组严密完整的建筑群[③]。整座建筑群具有入三重门过二重楼，以及两次登上高一丈或二丈阶道方可进入宫室的布局；若以进入者行走的路线为中线，建筑群还具有左右对称的特点。如此设计，不仅充分表现了皇权的庄严，而且十分合理、实用。与内地封建王朝皇城的设计思想可说是不谋而合。

---

① 阳苴咩城所在地原系唐初河蛮的城邑，唐玄宗开元二十五年（737年）为蒙舍诏占领，唐大历十四年（779年）异牟寻迁都于此并扩建。
② （唐）樊绰撰，向达校注：《蛮书校注》卷七，中华书局，1962年，第118–119页。
③ 方铁主编：《西南通史》，中州古籍出版社，2003年，第330页。

第二个特点是建筑群中建有"客馆"。"客馆"应是接待贵宾的地方，达7里之阔，空间很广阔，其中建有休息观赏用的亭子，"客馆"外还专门修建了大型池塘，并于池中放养鱼鳖。不难看出，"客馆"就是一座令人赏心悦目的园林。即到了南诏时期，园林艺术和园林设计已不再是想象，而已成为现实。

第三个特点是修造时采用了重叠斗拱技术。如樊绰《蛮书》所载，重要的厅房"重屋制如蛛网，架空无柱"，其使用的重叠斗拱是中国汉族建筑中特有的一种结构，这种技术唐代时在内地已十分成熟。斗拱是在立柱和横梁交接处，从柱顶上加的一层层探出呈弓形的承重结构。在建筑中，斗拱位于柱与梁之间，起着承上启下、传递荷载的作用。加之斗拱是榫卯结构，节点不是刚性接合的，这就保证了建筑物的刚度协调，不易垮塌（抗震），并且造型优美、壮观。南诏建筑中斗拱技术的熟练应用，说明南诏已经充分掌握和应用内地的先进建筑技术。

第四个特点是采用了串角飞檐技术。从樊绰《蛮书》记载的"重屋制如蛛网，架空无柱"还可以看出，建造房屋时采用的是汉族串角飞檐技术。这一技术巧妙地利用斗拱把层层交叠的曲木屋檐托起，很自然地使屋檐形成曲线，构造出多种多样、造型优美的屋檐。这种结构既有利于雨水的排泄，又给人以赏心悦目的艺术享受。现今，大理白族民居仍然普遍使用飞檐串角的建筑形式（见图3-23、图3-24），但已多用石灰塑成或砖瓦垒砌。

图（左）3-23
大理串角飞檐的建筑

诸锡斌2021年摄于大理古城

图（右）3-24
大理串角飞檐的民居建筑

诸锡斌2021年摄于大理喜洲

第五个特点是已具备建造大型建筑的能力。南诏都城阳苴咩城始建于阁罗凤时期，即唐玄宗天宝十三年（754年）[①]，历经多年，晟丰祐为南诏王（853—859年）时又在阳苴咩建筑群中建五华楼（见图3-25、图3-26）。清代顾祖禹《读史方舆纪要》卷一一七之云南五载："五华楼[②]在府治西。唐大中十年（856年），南诏晟丰祐所建，以会西南夷十六国君长。楼方广五里，高百尺，上可容万人。蒙古忽必烈入大理，驻兵楼前。至元三年，赐金修治，今故址犹存。"修建"楼方广五里，高百尺，上可容万人"的宏大木结构建筑，即使在今天也是高难度的工程。后忽必烈征大理时还曾驻兵于楼前，其楼保存之完整，令人赞叹。虽然之后该楼于明代毁于兵火，但仍可见南诏时期能建设如此宏伟之大楼的技术何等高超。

---

① 见（唐）樊绰撰，向达校注《蛮书校注》卷五，中华书局，1962年，第119页向达注释。
② 现考古发掘认为五华楼在大理城西南玉局峰下。见吴金鼎、曾昭燏、王介忱《云南苍洱境考古报告》第5、97页。

第三章 隋唐五代时期云南的科学技术（581—960 年） 123

图 3-25
明代以后重建的大理古城五华楼旧影
诸锡斌2021年摄于大理喜洲严家大院展厅

图 3-26
大理古城1998年重建的五华楼
诸锡斌2021年摄于大理古城五华楼旧址

（二）城市供水技术

南诏时期，除都城阳苴咩城外，其他一些重要的经济文化商贸区的城市建设也有新特点。其中城市用水技术的应用在当时已达到了很高的水平，如白崖城（今云南弥渡县红岩）的设计就很好地考虑了对水的利用。唐代樊绰撰《蛮书》载：白崖城"依山为城，高十丈，四面皆引水环流，惟开南北城门。南隅是旧城，周回二里。东北隅新城，大历七年阁罗凤新筑也。周回四里。城北门外有慈竹蓼，大如人胫，高百尺余。城内有阁罗凤所造大厅，修廊曲庑。厅后院橙枳青翠，俯临北墉。旧城内有池方三百余步。池中有楼舍，云贮甲仗"[①]。表明这一建

---
① （唐）樊绰撰，向达校注：《蛮书校注》卷五，中华书局，1962 年，第 124 页。

筑群具有相当规模，把厅、廊、林、池融为一体，施工精巧，全然是行宫式的园林建筑，豪华、优美、清净。白崖城的建造还充分利用了自然地理环境。白崖城"依山为城"，除其他因素外，主要是为了利用山间溪流以解决城市供水。白崖城不仅引山泉水，而且"引水环流"，即所引之水环绕城市一周，形成护城河，再引入城内使用，设计十分合理。此外，城中还筑"方三百余步"的水池将水蓄积起来，以备干旱断水时使用。这无疑是一套宏大的布置科学、合理的水利工程。①

建于唐玄宗开元二十六年（738年）的德源城（今云南大理州洱源县邓川镇）（见图3-27、图3-28），同样也是依山傍水而建。

研究表明："唐初（618年左右），邓赕诏筑城于德源山，因'苦无饮水'，遂在'地中置瓦筒'，经'治城南门'（现新州城），自西向东北，引云弄山之水到德源城内，全长约三公里，后人称之为'唐蒙瓦'。"②据考证，该出土的管道（见图3-29、图3-30）系烧制而成，每一节"唐蒙瓦"全长约27厘米。一端直径大些，另一端直径较小，以便于节与节之间相衔接。管道内径约为10厘米，管壁厚约1.5厘米。内壁较光滑，可减小水流阻力。德源城的引水管道全长约3000米，位于苍山云弄峰的水源至德源城之间。该地地形较复杂，引水工程规模宏大，可见德源城建造者不仅对城市的规划设计十分合理，而且对城市引水工程和水利涵管技术的运用也十分熟练。对德源城的地理位置进行的考证和分析表明，其引水工程极有可能应用了"倒虹吸"原理，将"倒虹管"埋设于地下，把苍山云弄峰的水引入德源城③。这种"倒虹吸"技术的应用，解决了"明渠"无法到达目的地的问题看似简单，但包含的科技含量不容低估。

图 3-27
南诏德源古城遗址纪念碑
诸锡斌2022年摄于洱源县邓川镇

图 3-28
德源古城遗址
诸锡斌2022年摄于洱源县邓川镇

---

① 见诸锡斌主编《中国少数民族科学技术史丛书：地学·水利·航运卷》，广西科学技术出版社，1996年，第125页。
② 李国春转引云南省大理白族自治州水利局编写的《大理白族自治州水利志》。见诸锡斌主编《中国少数民族科学技术史丛书：地学·水利·航运卷》，广西科学技术出版社，1996年，第125页。
③ 参看张增祺《滇萃：云南少数民族对华夏文明的贡献》，云南美术出版社，2010年，第154-157页。

图（左）3-29
大理邓川德源城出土的宋代陶水管（一）

诸锡斌2021年摄于大理白族自治州博物馆

图（右）3-30
大理邓川德源城出土的宋代陶水管（二）

诸锡斌2021年摄于大理白族自治州博物馆

（三）石料技术的成熟和佛塔建筑的兴起

洱海地区位于大理苍山脚下，石料十分丰富，南诏时期，就地取材，用石料筑墙建房的技术已十分普遍。加之当时佛教日盛，佛塔的修建量迅速增加。以石料建房和佛塔数量的增加成为这一时期建筑技术的特点。

1.石料技术的应用

南诏时期，南诏政权中心区域的重要节点大厘城（今大理喜洲）、阳苴咩城（今大理城）、太和城（今大理太和村）、龙口城（今大理上关）、邓川城（今邓川德源村）的城市建设得到加强，做到了"家室共守，五处如一"①。即在建筑的形式和技术类型上，以上5城达到了基本一致。除此之外，当时还注重就地取材。例如，太和城②作为南诏早期都城，其遗址在今大理太和村附近。考古研究表明，该城南北全长约4里，东西全长约3里。唐朝樊绰《蛮书》载太和城"巷陌皆垒石为之，高丈余，连延数里不断"③。城市建设充分利用了当地多石的优势。这一特点在都城阳苴咩城的建造中也多有体现。说明当时以石为料来进行建筑的技术已十分成熟。直到现在，太和村及附近地区房屋还多用石头砌墙，保持着"垒石为之"的建筑传统（见图3-31）。

图3-31
今大理古城内的石头房屋

诸锡斌2022年摄于大理古城

---

① （唐）樊绰撰，向达校注：《蛮书校注》卷五，中华书局，1962年，第118页。
② 太和城原为"河蛮"城邑。737年，南诏王皮罗阁占领此城，其子阁罗凤加以扩建，此城遂成为南诏王都，直到779年异牟寻迁都阳苴咩城为止。
③ （唐）樊绰撰，向达校注：《蛮书校注》卷五，中华书局，1962年，第116页。

2.佛塔建筑的兴起

南诏时期，除在南诏政权中心区域的重要节点推进城市建设外，南诏腹地的一些重要商贸、文化交流重镇也开始了城市建设。例如，765年，阁罗凤就命长男凤伽异于昆川置拓东城（今昆明市区）[①]，加强了对滇中、滇东、滇南的统治。这一时期正是佛教于云南逐渐兴盛的时期，随着城市建设的发展和砖石技术的普及和应用，各城镇兴建的砖塔逐渐多了起来。

大理千寻塔（见图3-32）是云南古塔的代表。千寻塔高69.13米，共16层，是我国现存最高的唐代砖塔。其造型雄伟壮观，艺术性很高。根据《南诏野史》的相关记载，此塔建于南诏劝丰祐天启年间（？—859年）。但研究表明，修建年代可能还要提前。千寻塔的外部是密檐式，内部则为筒形楼阁式。这种密檐式和楼阁式相结合的砖塔在中国建筑史上属于特色十分鲜明的一类。塔的整个外形呈方形，但又采用空心筒式结构。这种空心筒式结构具有很均匀的向心拉力，能减少横剪力的影响，因而抗震能力和抗风能力都很强[②]。尽管大理地区属多风多地震地区，一千多年来历经了多次强烈地震，但千寻塔仍然巍然耸立。如果没有科学的设计和精湛的施工技术，千寻塔无法保留至今。

图 3-32
大理千寻塔
诸锡斌2021年摄于大理崇圣寺

除了千寻塔外，南诏时期还在拓东城（现今昆明市区）建有东寺塔（见图3-33）和西寺塔（见图3-34）。东寺塔又称常乐寺塔，据《南诏野史》记载，东寺塔建于唐宣宗大中八年（854年），高40.57米，四方形，砖砌，空心密檐式13层。西寺塔又名慧光寺塔，始建于唐文宗太和三年（829年），塔高35.5米，四方形，砖砌，空心密檐式13层，南面设券门。两塔均由塔基、塔身和塔刹三部分组成，第二级以上塔面渐宽，然后再收窄。各层间距较短并设有券洞和佛龛，用青砖层叠出檐，外檐四角反翘，塔的外轮廓呈曲线形。两塔的外形极为相似，仅高矮不同。南诏时期，云南各地城镇建设的塔还有不少，它们既是中外科技文化交流的见证，也是艺术的展示。

---

① 南诏国筑拓东城，为昆明建城之始。
② 李晓岑：《云南科学技术发展简史》（第二版），科学出版社，2015年，第118页。

图(左)3-33
昆明东寺塔
诸锡斌2020年摄于昆明市书林街

图(右)3-34
昆明西寺塔
诸锡斌2020年摄于昆明市东寺街

第五节 唐代南诏时期的纺织、盐井、造纸技术

东汉以后,云南与内地的交流日趋频繁。及至唐代,随着内地先进技术的传入,云南不仅棉、麻纺织技术和皮毛加工技术日臻完善,还出现了绫、绢、锦等丝织技术。盐井的开挖数量也不断增加,甚至有了深80丈的盐井,盐业发展出现了繁荣景象。

一、纺织技术

汉晋时期,云南的"桐华布"①就以产量多、质量好而闻名于世,行销中原。到了唐代南诏时期,随着内地先进纺织技术的传入,云南无论是棉、麻、丝纺织技术还是皮毛加工技术都有了明显的进步。纺织业主要集中于现今洱海和滇池等地区。

(一)丝织技术

南诏时期,内地先进技术和熟练织工不断进入云南,种柘养蚕以进行丝织的现象在云南十分普遍,南诏的丝织技术深受影响,出现了种类繁多的丝织品。对此,唐代樊绰在《蛮书》中有较详细记载:"蛮地无桑,悉养柘蚕绕树。村邑人家柘林多者数顷,耸干数丈。二月初蚕

---
① 桐华布也称为橦华布,左思《蜀都赋》载:"布有橦华,筿有桃榔。"

已生，三月中茧出。抽丝法稍异中土。精者为纺丝绫，亦织为锦及绢。其纺丝入朱紫以为上服。锦文颇有密致奇采。蛮及家口悉不许为衣服。其绢极粗，原细入色，制如衾被，庶贱男女，许以披之。亦有刺绣。蛮王并清平官礼衣悉服锦绣，皆上缀波罗皮。俗不解织绫罗。自大和三年蛮贼寇西川，掳掠巧儿及女工非少，如今悉解织绫罗也。"① 这时南诏的丝织技术已形成了自身的特点。

1. 种柘以养蚕

柘树[*Cudrania tricuspidata* (Carr.) Bur. ex Lavallee]是一种适应性很强的植物。明代李时珍在《本草纲目·柘》中说："处处山中有之。喜丛生。干疏而直。叶丰而浓，团而有尖。其叶饲蚕，取丝作琴瑟，清响胜常。"② 南诏时期"蛮地无桑"，普遍种植柘树来养蚕，其规模十分庞大，以至樊绰《蛮书》言"村邑人家柘林多者数顷，耸干数丈"。可以看出，这时洱海等经济发达地区由于饲养柘蚕的技术已经普及，有了"悉养柘蚕绕树"的景观。通过柘蚕养殖获得的蚕丝质量好，进而为丝织奠定了良好的基础。

2. 已熟练掌握柘蚕养殖技术

樊绰《蛮书》载："二月初蚕已生，三月中茧出。"表明当时人们已了解蚕的生长发育过程，认识到蚕需要通过幼虫、蛹的不同发育阶段才能最终破茧而出。当时"二月初蚕已生，三月中茧出"，约50天的孵化时间，与现今饲养蚕的情况基本吻合。

3. 已基本达到当时内地的缫丝水平

缫丝是丝织工艺中关键的一环。传统的缫丝需要将蚕茧浸在热汤盆中，用手抽丝，卷绕于丝筐或盆、筐之上，尽管不复杂，但是熟练是保障其质量的根本。正如樊绰《蛮书》所言，这时南诏织工的操作技术已与内地相差无几。

4. 丝织品种各异

在加工和纺织中，南诏已能做到根据不同的需要采用不同的工艺，将蚕丝纺织成不同的成品。《蛮书》言："精者为纺丝绫，亦织为锦及绢。其纺丝入朱紫以为上服。锦文颇有密致奇采。"说明当时精通纺织工艺的织匠已掌握纺织的各种技术，可以用丝织出绫③，也可以将其织成锦④或绢⑤；还能对织品染色，"纺丝入朱紫以为上服"，即织染出的华美艳丽的大红和紫色织品被视为精品。而用几种不同的丝进行组合织成的锦纹更是精美和致密。可见其纺织技术水平达到了很高的程度。

5. 丝织衣物的广泛应用

南诏时期，绢布、绫罗的产量很大，从而保证了制衣的需要。"蛮王并清平官礼衣悉服锦绣，皆上缀波罗皮。"展示了当时南诏王族和清平官穿用的衣服十分讲究，不仅丝绫和锦料上要加刺绣，而且还要点缀虎皮，而"妇人一切不施粉黛。贵者以绫锦为裙襦，其上仍披锦方幅为饰"⑥。平民百姓却只允许享用低等染色的被子一类的丝织品，"其绢极粗，原细入色，制如衾被，庶贱男女，许以披之"。此外，南诏生产的绢布还进入洱海以北至滇池地区的松外

---

① （唐）樊绰撰，向达校注：《蛮书校注》卷七，中华书局，1962年，第173-174页。向达注：南蛮称大虫（老虎）为波罗皮。向达于《蛮书校注》卷八，第208页注：波罗皮为"大虫"皮，即老虎皮。披老虎皮是吐蕃制度。"南诏有功者始得披波罗皮，有功者特指武功而言。"
② （明）李时珍：《本草纲目·木部》第三十六卷《木之三·柘》。
③ 绫是具有一定吸水性和弹性的丝织物，往往采用斜纹技术纺织而成。
④ 锦是由同一种丝或者几种不同的丝组合织成的具有多种花纹的织物。
⑤ 绢为用平纹技术织成的纺织成品，结构简单，没有纹饰，质地轻薄，容易起毛，不宜多洗。
⑥ （唐）樊绰撰，向达校注：《蛮书校注》卷八，中华书局，1962年，第209页。

诸蛮[①]集聚地,"有丝麻,女工蚕织之事,出絁绢丝布,幅广七寸以下"[②]。虽然南诏因织机小而只能织出七寸以下的织品,但其丝织技术和丝产品已被广泛采用却是事实。

6.丝织技术由内地传入

唐樊绰《蛮书》载:"俗不解织绫罗。自大和三年蛮贼寇西川,掳掠巧儿及女工非少,如今悉解织绫罗也。"由这一记载可知,南诏原本未掌握织造绫罗的技艺,但南诏后来与唐王朝发生了多次战争,唐文宗太和三年,即南诏劝丰祐六年(829年),南诏攻下成都后,掳掠了大量能工巧匠和织女回到云南,南诏因此逐步掌握了织制绫罗的生产技术,最终达到了"悉解织绫罗"的程度。内地尤其是被称为"锦城"的成都织匠的到来,使南诏的丝织技术在原有基础上大幅度提高,由此"南诏自是工文织,与中国埒"[③],即南诏丝织技术达到了与内地同等的水平。

(二)棉织技术

汉晋时期,云南就以"桐华布"产量多、质量好而闻名于世。及至唐代,南诏的棉纺技术进一步提高。南诏的棉纺织技术与云南特定的棉资源有密切联系。其中南诏利用木棉织布的水平在原来的基础上继续提高,织出的布质量上乘,成为男女通用的物料,有了自身特点。

1.木棉是织布的重要原料

一般认为我国中原地区普遍种植棉花和用棉花织布是在元代以后。与中原不同,云南在汉晋时期就已开始用娑罗树(木棉)来织布了。[④]据向达考证,娑罗树即木棉树[⑤]。木棉(学名*Bombax ceiba* Linnaeus),又名红棉、攀枝花等(见图3-35),唐代樊绰所撰《蛮书》称其为娑罗树(莎罗树)[⑥],并记载"自银生城、柘南城、寻传、祁鲜已西,藩蛮种并不养蚕。唯收娑罗树子破其壳,其中白如柳絮。纫为丝,织为方幅,裁之为笼段。男子妇女通服之。骠国、弥臣、

图 3-35
木棉(攀枝花)树
诸锡斌2021年摄于元谋县

---

① "松外"为古城名(在今四川盐源县南)。"松外诸蛮"泛指唐初居于今盐源以南至云南洱海地区的少数民族,其成分主要为白蛮和乌蛮。
② (唐)杜佑:《通典》卷一八七《边防三·松外诸蛮》。
③ (宋)欧阳修、宋祁撰:《新唐书·南诏传》,见方国瑜主编《云南史料丛刊》(第一卷),云南大学出版社,1998年,第395页。"埒"为同等之义。
④ 参看夏光辅等《云南科学技术史稿》,云南科技出版社,1992年,第71页。
⑤ 参看(唐)樊绰撰,向达校注《蛮书校注》卷七,中华书局,1962年,第183-184页。
⑥ 娑罗树(学名为*Shorea robusta* Gaertn.)是一种乔木,分布在喜马拉雅山以南的地区,从缅甸一直延伸到印度、孟加拉国和尼泊尔等地区。娑罗树在不同地区有不同的称谓,但是《蛮书》所称娑罗树应为木棉(攀枝花)树。

弥诺，悉皆披娑罗笼段"①。对此，明代李时珍所撰《本草纲目·木三·木棉》载："木棉有草木二种，交、广木棉，树大如抱，其枝似桐，其叶大如胡桃叶。入秋开花，红如山茶花。黄蕊，花片极厚，为房甚繁，短侧相比。结实大如拳，实中有白棉，棉中有子。今人谓之斑枝花，讹为攀枝花。"尽管《本草纲目》载"木棉有草木二种"，但是联系唐代《蛮书》所记载的木棉为"娑罗树"，且描述的对象也与攀枝花相同，可推知其所指应为木本木棉，而非草本木棉，因此《蛮书》所载的"娑罗树"（木棉）应是攀枝花树。由此可以看出，云南利用木棉进行纺织的历史十分悠久，并且早于中原的棉纺地区。除此之外，有研究表明，多年生的灌木型亚洲棉在西汉中期已由印度传入云南和新疆，唐宋以前称为"吉贝"②，《梁书·林邑传》记载，"吉贝，树名也。其华（花）成时如鹅毳（cuì）。抽其绪纺之以织布，洁白与纻布不殊，亦染成五色，织为斑布也"。有的多年生亚洲棉高可达丈余，也被称为树棉，其花絮同样可用来织布。到了南诏时期，利用木棉等的蒴果纤维来进行纺织更为普遍，以致所制成的衣服"男子妇女通服之"。至今人们还常用白如柳絮的木棉（攀枝花）絮来代替棉花作棉袄的填充料。③

2.具有成熟的纺织技术

尽管关于用于纺织的原料究竟采用木本木棉还是草本木棉目前尚有争议，但无论如何，及至南诏时期，木棉纺织工艺有了规范的程序。第一步是在木棉成熟时，"收娑罗树子破其壳"；第二步是将壳中"白如柳絮"的木棉絮取出；第三步是将取出的棉絮"纫为丝"；第四步用所捻成的丝线"织为方幅"。得到成品的木棉布后，"裁之为笼段"④，制成可以穿用的物品。南诏产的布，也被称为"吉贝"，质量很好⑤。宋代周去非《岭外代答》卷六中载："南诏所织尤精好。白色者，朝霞也。国王服白氎，王妻服朝霞。唐史所谓白氎吉贝、朝霞吉贝是也。"⑥"朝霞"为南诏王妻所穿，应为质量上乘的棉布。南诏境内的"汉裳蛮"也用"朝霞缠头"作为装饰。⑦可见南诏时期的木棉（或树棉）纺织技术及木棉制品（或树棉制品）的质量已大有提升。

3.棉织技术是因地制宜产生的传统技术

唐樊绰《蛮书》载：云南的木棉纺织技术存在于"自银生城、柘南城、寻传、祁鲜已（以）西"。银生城在今景东，柘（拓）南城在今保山市隆阳区西南方向，寻传、祁鲜在今缅甸密支那附近地区。这些地区都属热带、亚热带，十分适合木棉生长。木棉很早就被当地人开发利用，以致有了木棉的纺织技术，进而有了南诏时期棉纺织技术的进步。这说明木棉纺织的产生和发展是因地制宜利用木棉资源的结果。

（三）毛皮加工技术

披毡是南诏时的普遍习俗。"其蛮，丈夫一切披毡。"⑧毡的出现要晚于皮制品。其为羊

---

① （唐）樊绰撰，向达校注：《蛮书校注》卷七，中华书局，1962年，第183页。
② 古时称棉花为"吉贝""古贝"。"吉贝"是由印度语转译而来的。
③ 对木棉絮（攀枝花絮）是否能用于织布，存在不同观点，如张增祺认为，攀枝花絮（木棉树花絮）只能用于填充枕头和床垫，不能用于纺织。
④ "笼段"可能为现今滇南、滇西地区傣族等少数民族所穿的"笼基"，即筒裙或桶裙，为日常衣服。
⑤ 对于"吉贝"布是否由木棉（攀枝花）花絮织成，有不同观点，如张增祺认为，"吉贝"是以锦葵科小乔木的"树棉"为原料织成的，而非由木棉（攀枝花）的花絮织成。
⑥ （宋）周去非：《岭外代答》卷六《吉贝》。
⑦ 李晓岑：《云南科学技术发展简史》（第二版），科学出版社，2015年，第110页。
⑧ （唐）樊绰撰，向达校注：《蛮书校注》卷八，中华书局，1962年，第207页。

毛制作，工艺也远比制作羊皮褂复杂、精细，需要经过洗毛、弹毛、擀毡等几道工序才能完成。南诏时期，人们已将所织的毡分为两种，正如《岭外代答》卷六所言"北毡厚而坚，南毡之长，至三丈余，其阔亦一丈六七尺"，其幅面之大，没有发达的制毡技术，是无法做到的。南诏时期，人们还能够把毡制成衣物，"摺其阔而夹缝之，犹阔八九尺许。以一长毡带贯其摺处，乃披毡而系带于腰"①，并且衣物还能制出核桃纹，既美观又实用。毡防潮、保暖、防风，因而成为当地人不可或缺的制衣材料。此外，南诏还能制罽。罽是用精细的毛制成的毛纺织品。由于做工精美，唐僖宗中和元年（881年）南诏第十二代王隆舜派遣使臣迎唐朝安化长公主时，还将其作为礼品，"献珍怪毡罽百床"②。显然，随着技术的发展，南诏居民已由过去披羊皮发展到了普遍制毡，毡的普遍使用甚至到了如《蛮书》所说的整个社会"无一不披毡者"。发达的制毡技术成为南诏时期的一个亮点。

二、盐井技术

盐是人们生活中的重要物资，也是统治者需要控制和垄断的重要物品。汉晋时期，已有文献记载云南食盐的产地，如《华阳国志·南中志》有"连然县（云南安宁地区），有盐泉，南中共仰之"的记载。但那时只知对盐泉进行自然利用，尚未进行盐井发掘。及至唐代，随着南诏经济的发展，盐井发掘和制盐技术进入了一个兴盛时期。

（一）盐井的开发

入唐后，南诏势力迅速发展，由于从事井盐生产利润很大，豪强不再满足于对自然盐卤泉的直接利用，而是凿井煮盐，这对井盐生产的发展起到了巨大的推动作用。例如，《新唐书》载，唐武德元年（618年）连然县归属安宁后，有东川县阿宁牵牛过连然，牛舔地不去，取土尝之，味咸，遂掘地为盐池，而后盐池逐步演变成一眼人工挖掘而成的井③。诸如此类的情况在云南不同地域多有出现。与此同时，汲卤、煎制等工艺也随之发展起来，这些技术的应用又反过来促进了深井卤水的开采，使井盐业日趋兴盛。南诏初期，南诏境内还只有40余口盐井，但是由于井盐可带来丰厚的利润，其发展十分迅速。据《蛮书》载，到了南诏后期，仅滇南地区景谷、普洱、勐腊就有井盐100余口，所成盐井规模庞大，蔚为壮观。

（二）盐井开发区域

南诏时期，盐井数量不断增加，采卤的盐井分布于滇西、滇中和滇南的广大地区。产量较大的盐井，主要在安宁城、泸南（今云南姚安地区）、昆明城（今四川盐源和盐边之地）、龙佉河、剑寻东南（在今丽江西北）、剑川、丽水城（在今缅甸密支那以南）、开南城（在今云南景东东南）、长傍诸山等处。南诏时期，盐井成为重要生产部门之一。

樊绰《蛮书》中载："东蛮磨些蛮（今云南丽江地区）诸蕃部落共食龙佉河水，中有盐井两所。剑寻（今云南丽江西北境）东南有傍弥潜井、沙追井，西北有若耶井、讳溺井。剑川有细诺邓井。丽水城（在今缅甸密支那以南）有罗苴井。长傍诸山皆有盐井，当土诸蛮自食，无

---

① （南宋）周去非：《岭外代答》卷六《服用门》。
② （宋）欧阳修等：《新唐书》卷二二二中《列传第一百四十七中·南蛮中》。
③ 参看张学君、张莉红《南方丝绸之路上的食盐贸易》，《盐业史研究》1997年第3期，第14—15页。

权税。"①这些盐井大多属剑川节度②（辖区大致为今大理白族自治州北部、怒江傈僳族自治州、迪庆藏族自治州、丽江等地区）管辖。其中"傍弥潜井"位于今剑川县沙溪古镇西面的弥沙河畔，即现在的弥沙盐井。该井出产滇西北著名的"马蹄盐"。"沙追井"应是弥沙盐井的子井。"若耶井"和"讳溺井"大致在今兰坪县境内的拉鸡镇。明清以后，多有此地产盐的记载，一直生产供怒江流域食用的"桃花盐"，南诏时期的一些盐井直到现今还在生产。例如，现今云龙县的诺邓井，开凿于1200多年前，直到1996年才封井停产③，不过诺邓井盐至今仍有少量产出。不难看出，南诏时期滇西北地区已是盐井遍布了。

至于滇中地区，唐代樊绰《蛮书》载："安宁城中皆石盐井，深八十尺。城外又有四井，劝百姓自煎。"④安宁深80尺的盐井和其他四口盐井制得的盐为周边各族提供了所需，以至"升麻（今云南寻甸县）、通海已来，诸爨蛮皆食安宁井盐"⑤。不仅如此，在滇中地区"唯有览赕城内郎盐井洁白味美，为南诏一家所食取足外，辄移灶缄闭其井"⑥。即在众多盐井中出现了像楚雄城内的郎井这样出产盐质量极好的盐井，"井盐洁白味美"，以至只供给南诏王室享用，其他人员不得使用。

滇南地区这时也出现了大量产盐的城镇。唐代樊绰《蛮书》载："又威远城、奉逸城、利润城，内有盐井一百来所。"⑦威远城在今景谷，奉逸城在今普洱，利润城在今勐腊以北。威远城、奉逸城和利润城一带的盐井就有100多口，其数量之多，令人赞叹。直到现今，景谷的益香、普洱的磨黑、勐腊的磨歇，都是滇南一带著名的产盐地，所产的盐因质量上乘而远近闻名。

（三）制盐技术

入唐以后，云南的制盐技术有了明显进步。南诏时期各地制盐的技术虽略有差异，但总体上可分为两种制盐方式。

1. 焚薪洗炭制盐法

这种方法相对落后，是采用火力蒸发盐卤来制取盐的方法。唐代樊绰《蛮书》载："昆明城有大盐池，比陷吐蕃，蕃中不解煮法，以咸池水沃柴上，以火焚柴成炭，即于炭上掠取盐也。"⑧从《蛮书》所载的情况看，当时吐蕃与南诏进行战争，吐蕃攻陷昆明城，获取盐池后，其制盐的流程为：首先将自然流出的盐卤接入盐池（坑），然后将所取盐卤浇于已准备好的柴薪之上，再引柴薪焚烧，成炭之后于炭上刮取所需的盐。从原理上看，这种制盐技术应属于无锅蒸发制盐法。

2. 敞锅熬盐法

"贞元十年（794年），南诏收昆明城。今盐池属南诏，蛮官煮之，如汉法也。"⑨即唐

---

① （唐）樊绰撰，向达校注：《蛮书校注》卷七，中华书局，1962年，第189–190页。
② 唐德宗贞元十年（794年）南诏改宁北节度，置剑川节度。
③ 朱霞：《从〈滇南盐法图〉看古代云南少数民族的井盐生产》，《自然科学史研究》2004年第23卷第2期，第138页。
④ （唐）樊绰撰，向达校注：《蛮书校注》卷七，中华书局，1962年，第184页。
⑤ （唐）樊绰撰，向达校注：《蛮书校注》卷七，中华书局，1962年，第187页。
⑥ （唐）樊绰撰，向达校注：《蛮书校注》卷七，中华书局，1962年，第187页。
⑦ （唐）樊绰撰，向达校注：《蛮书校注》卷六，中华书局，1962年，第165页。
⑧ （唐）樊绰撰，向达校注：《蛮书校注》卷七，中华书局，1962年，第189页。
⑨ （唐）樊绰撰，向达校注：《蛮书校注》卷七，中华书局，1962年，第188页。

德宗贞元十年南诏收复昆明城（今四川盐源和盐边之地）后，采用了与内地一样的制盐方法。这种方法加入了"炼"的工序，是较先进的煎煮法，即将盐卤煎煮成白盐，经过了加热取质、两次蒸发再提纯的化学过程。采用这种方法制得的盐较原始的焚薪洗炭法得到的盐质地更纯，而且由于使用了敞锅煎煮，效率高，产量扩大。这种方法应是由内地川盐以及中原的先进制盐技术（汉法）传入演变而得。[①]由于受生产条件的限制，此时的敞锅熬盐应为小锅熬盐。这种制盐技术改变了仅靠烧柴蒸发咸水的原始制盐方式，进入了成熟的敞锅熬盐的技术应用阶段。同时，挖掘盐井的技术也趋向发达，以至安宁城有了深80尺的深井。

3.制盐技术对食盐交易的影响

入唐之前，云南制盐多采用落后的方法。及至南诏时期，由于南诏的积极经营，境内的盐井不仅数量多而且产量大，制盐技术也不断进步，出现了精确量化的盐颗，并以其作为货物交换的中介。当时南诏虽允许一些地区的民族制盐不交官税，"劝百姓自煎"[②]，但是由于盐业可以产生巨大经济利益，南诏于各地广泛设置了盐课提举司，并派有盐官，要求按照法令将盐制成颗粒状，以此充当等价物而作为"货币"使用。对此，唐代樊绰《蛮书》载："蛮法煮盐，咸有法令，颗盐每颗约一两二两，有交易即以颗计之。"[③]该法令要求把井盐制作为每颗重一两二两的规格，并以此为单位用于交易，既使得各地百姓能够较容易获得食盐，又实现了货物之间的交换，这在中国货币史上是非常有特色的，是南诏的一项创造。当然，这种贸易形式的实现，也得益于制盐技术的进步，毕竟只有铸出规范的盐颗，才有可能以之作为"货币"。据《马可·波罗游记》所述，元代云南地区仍流行以盐作为中介物的贸易形式。

三、造纸技术

南诏时期的用纸情况多有文献记载。宋《玉海》卷六四的《唐王言之制》记载："南诏及清平官用黄麻纸。"唐代出产于四川的黄麻纸在当时很有名气。唐文宗太和三年（829年）时南诏曾攻破成都城，掳掠大量能工巧匠和织女带回云南，被掳的人员中极有可能包含造纸的工匠，正是这些工匠把造纸术传入了南诏。后唐明宗天成二年（927年），大长和国宰相布燮在给大唐上书的奏疏中说："其纸厚硬如皮，笔力遒健，有诏体……有彩笺一轴，转韵诗一章，章三句共十联。"[④]这种"厚硬如皮"的纸，其生产方式与内地薄纸不同，应为采用浇纸法制作而成。不但纸上所写之字为"诏体"，而且是"彩笺一轴"，说明这时南诏已有染色纸，这是有关云南染色纸的最早的记载[⑤]。南诏时期，佛教盛行，大量纸被用于抄写经文，现存于大理市图书馆的《大般若波罗蜜多经》（残卷）卷轴装一卷（见图3-36），经鉴定为南诏晚期的写本，被视为稀世珍本，可与敦煌卷子相媲美[⑥]。

---

① 杨柳、诸锡斌：《黑井传统制盐技术研究》，载李国春、秦莹主编《云南民族民间传统工艺研究》，云南人民出版社，2014年，第220页。
② （唐）樊绰撰，向达校注：《蛮书校注》卷七，中华书局，1962年，第184页。
③ （唐）樊绰撰，向达校注：《蛮书校注》卷七，中华书局，1962年，第190页。
④ （宋）《五代会要·南诏蛮》。
⑤ 参看李晓岑《云南科学技术简史》（第二版），科学出版社，2015年，第112页。
⑥ 刘丽、赵松富：《大理州白族古籍存藏现状调查研究》，载中国民族图书馆《民族图书馆学研究（四）：第十次全国民族地区图书馆学术研讨会论文集》，辽宁民族出版社，2008年，第159页。

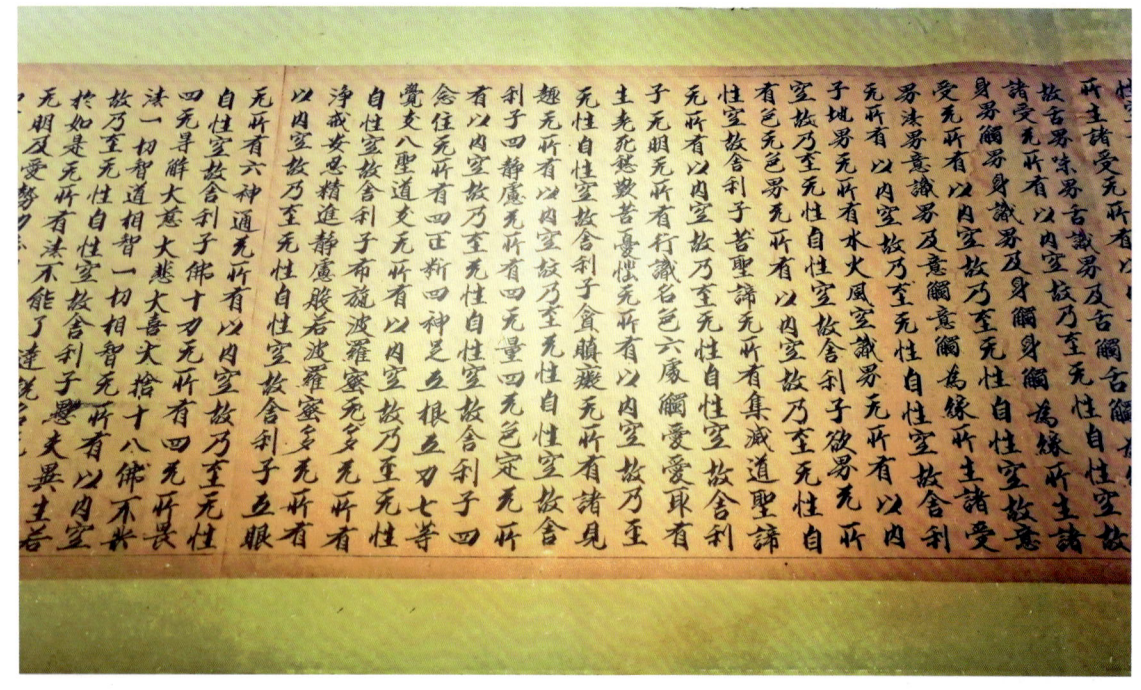

图 3-36
南诏时期的《大般若波罗蜜多经》写本
诸锡斌2022年摄于大理市博物馆

第六节　唐代南诏时期的自然科学知识

入唐以后，南诏国迅速崛起。南诏政权推行"一艺者给田"的政策，并加强与内地和海外的交流，注重先进工艺技术的引进，不仅提高了生产效率，而且推动了科学技术的发展。云南这一时期的自然科学知识也进入了一个新的增长期。

一、生物学知识

南诏时期，云南的生物学知识在原有的基础上不断增加，尤其是与生产相关的生物学知识。

（一）农作物知识

这一时期，在农业生产中稻、麦已成为重要的农作物。这时，人们不仅能够区分大麦、小麦，及其生长特性，而且对水稻的类型也有了进一步的认识。唐代樊绰《蛮书》载："收大麦后，还种粳稻。"[1] 粳稻是水稻的一个亚种，水稻的另一个亚种是籼稻，二者在外形上差异不大，但是粳稻与籼稻不同。粳稻需要的日照时间短，但生长期长，比较耐寒，适合于中海拔地区种植；而籼稻不耐寒，适宜在低纬度、低海拔湿热地区种植。南诏经济发达地区多位于中海拔地区，适合种植粳稻。由此可知，正是由于对于水稻的生物学属性有了进一步的认识，种稻才能够"水田每年一熟"[2]。这些作物知识的掌握，为建立稻麦轮作和复种耕作制度奠定了基础。

---

[1]　（唐）樊绰撰，向达校注：《蛮书校注》卷七，中华书局，1962年，第171页。
[2]　（唐）樊绰撰，向达校注：《蛮书校注》卷七，中华书局，1962年，第171页。

（二）果蔬知识

隋至唐代初期，云南对于果、蔬等园艺作物已有了相对具体而明确的记载。唐代梁建方的《西洱河风土记》记载："菜则葱、韭、蒜、菁，果则桃、梅、李、柰。"[1]这是史籍中第一次对云南蔬菜和水果种植情况做明确记载。到了南诏时期，有了关于椒、姜、桂等调味作物的记载，对某些植物甚至记载得很细致。如唐代韦齐休所撰《云南行记》载，南诏时期，"嶲州界（今四川西昌地区）缘山野间有菜，大叶而粗茎，其根若大萝卜。土人蒸煮其根叶而食之，可以疗饥，名之为诸葛菜"[2]。"诸葛菜"即蔓菁，也叫圆根，是当时纳西族先民的主要食物。

图 3-37 波罗蜜果
赵志国2010年摄于西双版纳

关于果树，《云南行记》记载，南诏时期"云南出甘橘、甘蔗、橙、柚、梨、蒲桃、桃、李、梅、杏，糖酪之类悉有"[3]，较之前增加了8种。唐代樊绰《蛮书》又载："丽水城又出波罗蜜果，大者若汉城甜瓜，引蔓如萝卜。十一月十二月熟。皮如莲房，子处割之，色微红，似甜瓜，香可食。或云此即思难也。南蛮以此果为珍好。禄卑江（伊洛瓦底江）左右亦有波罗蜜果，树高数十丈，大数围，生子，味极酸。蒙舍、永昌亦有此果，大如甜瓜，小者似橙柚，割食不酸，即无香味。土俗或呼为长傍果，或呼为思漏果，亦呼思难果。"[4]（见图3-37）这些记载十分详细。其他史籍还记载南诏出产石榴、核桃等，水果种类达20多种，表明这时人们对果蔬的认识已进一步增加了。

（三）野生植物知识

南诏时期，云南对野生植物的认识和利用是多方面的。在兵器制作方面，唐代樊绰《蛮书》载："野桑木，永昌以西，诸山谷有之，生于石上。及时月择可为弓材者。先截其上，然后中割之，两向屈令至地，候木性定，断取为弓。不施筋漆，而劲利过于筋弓。蛮中谓之膜弓是也。"[5]由野桑树制作的木弓在《新唐书》中也称为"膜弓"[6]。由此可以看出，当时云南已充分认识到野桑树的特性，并且还将用这种材质制作的弓与另外一种"筋弓"做对比。筋弓是以筋竹为材料做成的。对此，成书于宋代的《太平御览》载："筋竹长二丈许，围数尺，至

---

[1] 见方国瑜《云南史料目录概说》（第一册），中华书局，1984年，第149-150页。
[2] 韦齐休撰：《云南行记》，见方国瑜主编《云南史料丛刊》（第二卷），云南大学出版社，1998年，第243页。
[3] 见方国瑜主编《云南史料丛刊》（第二卷），云南大学出版社，1998年，第242页。
[4] （唐）樊绰撰，向达校注：《蛮书校注》卷七，中华书局，1962年，第193页。
[5] （唐）樊绰撰，向达校注：《蛮书校注》卷七，中华书局，1962年，第198页。
[6] （宋）欧阳修等：《新唐书》卷二二二上《列传第一百四十七中·南蛮上》。

坚利，出日南（越南占城地区）、九真（越南中部地区）。"①对比结果是，野桑树所做之弓"劲利过于筋弓"。另外，唐代樊绰《蛮书》载："枪箭多用斑竹，出蒙舍白崖诏（今弥渡县境内）南山谷。心实圆紧柔细，极力屈之不折。诸所出皆不及之。"②斑竹（见图3-38）材质坚硬，篾性也好，出自蒙舍白崖诏南山谷的斑竹，质量更是上乘，与众不同，"心实圆紧柔细，极力曲之不折"，以至"枪箭多用斑竹"。关于竹，樊绰《蛮书》中又载："孟滩竹，长傍出。其竹节度三尺，柔细可为索，亦以皮为麻。"③这里对竹的描述十分详细。由此可以看出，当时云南对于野生植物的认识已进一步深化了。

图 3-38
斑竹
诸锡斌2022年摄于寻甸县

（四）动物知识

南诏时期，人们积累了新的动物知识。除了"六畜"，还新增了对其他动物的认识，《蛮书》中记载的饲养动物就有"猪、羊、猫、犬、骡、驴、豹、兔、鹅、鸭"④，其中"六畜"中的猪、羊、犬被再次提及。南诏对选择优良马种积累了宝贵经验，认识到选择良马必须满足以下条件：马驹生下来时个头要壮"如羔羊"，成年后需"尾高"，颜色"以白为良"。这时已明确将牛区分为黄牛、水牛、牦牛。例如，对于牦牛，樊绰《蛮书》有"弥诺江以西出产牦牛（牦牛），开南（现今普洱地区）以南养处，大于水牛"⑤的记载。此外，还成功驯化和饲养了鹿和象，有了专门养鹿场，象的驯养甚至已经达到"以象耕田"的程度。对动物知识的积累，有效促进了畜牧业的发展。

（五）桑蚕、酿造与造纸知识

南诏丝织业的发展离不开养蚕知识的不断积累。当时，人们已知可以用柘树养蚕，并且知道了蚕的生活习性，把握了"二月初蚕已生，三月中茧出"这样一个蚕从幼虫到蛹再到蛾的发育过程。

酿酒是南诏民众日常生活中不可或缺的内容。当时，洱海地区的河蛮人娶妻时多事铺

---

① 《太平御览》卷九六三《竹谱·筋竹》。
② （唐）樊绰撰，向达校注：《蛮书校注》卷七，中华书局，1962年，第206页。
③ （唐）樊绰撰，向达校注：《蛮书校注》卷七，中华书局，1962年，第198页。
④ （唐）樊绰撰，向达原校、木芹补注：《云南志补注》，云南人民出版社，1995年，第111页。
⑤ （唐）樊绰撰，向达校注：《蛮书校注》卷七，中华书局，1962年，第203页。

张，用酒达数十瓶[1]，其生产量理应不小。唐代樊绰《蛮书》载："酝酒以稻米为麹者，酒味酸败。"[2]即认识到酿酒时需要用稻米制作酒曲，通过发酵得到酒，如果把握不好，时间过长就会变酸。其实这是酒（乙醇）在微生物作用下发生化学反应转变为醋（乙酸）的过程。说明当时已掌握了制作酒曲以及通过微生物发酵来酿酒和制醋的简单知识和技艺。

二、医药知识

入唐以后，南诏对医学和中药学知识有了一定的积累，形成了自身的特色。

（一）医学知识

南诏时期，人们已懂得把药物浸入酒中，应用药酒疗病。唐樊绰《蛮书》记载："濩歌诺木，丽水山谷出。大者如臂，小者如三指，割之色如黄蘗。土人及赕蛮皆寸截之。丈夫妇女久患腰脚者，浸酒服之，立见效验。"[3]濩歌诺木是一种产于丽水一带山谷中的草药，把这种药材泡入酒中为药，可治疗腰病和脚病，且疗效神奇。这种疗法在今天云南民间仍有应用。

唐樊绰《蛮书》记载："茶出银生城界诸山，散收无采造法。蒙舍蛮以椒姜桂和烹而饮之。"这种茶饮方式实质上是一种保健和治疗寒证的方法，表明当时人们已对椒、桂、姜、茶的功用有了较好的认识，以致可以"和烹而饮之"。

当时人们还懂得可利用温泉沐浴治病。《南诏德化碑》记载："灵津蠲疾，重岩涌汤沐之泉。"这种疗法在汉代张衡的《温泉赋》、北魏郦道元《水经注》中都有记载。

旧时云南常有流行病暴发，古人往往以为与"瘴"有关，并以"瘴"来记载病亡情况。如唐樊绰《蛮书》记载在永昌西北有大雪山："地有瘴毒，河赕人至彼，中瘴者，十有八九死[4]。"但随着认识深化，人们已开始使用"疫"这一概念。例如，关于唐天宝年间唐朝与南诏之间的战争，《旧唐书·杨国忠传》记载："自仲通、李宓再举讨蛮之军，其征伐皆中国利兵，然于土风不便，沮洳之所陷，瘴疫之所伤，馈饷之所乏，物故者十八九。"[5]这里没有用"瘴气"而是用"瘴疫"来记录此事。唐德宗贞元九年（793年），唐朝为与东蛮和好，遣特使杨传盛前去安南，据《蛮书》载："其和使杨传盛年老染瘴疟，未得进发，臣见医疗，使获稍损，即差专使领赴阙廷。"[6]由此可以看出，当时的人已知道杨传盛所患为疟疾，并采取了相应的治疗措施使其病情好转，已不再笼统地称"病"为"瘴"了。

（二）药学知识

云南是"植物王国"。唐樊绰《蛮书》载："其次有雄黄，蒙舍川所出。青木香[7]，永昌

---

① （宋）《册府元龟》卷九六〇，参看李晓岑《云南科学技术发展简史》（第二版），科学出版社，2015年，第115页。
② （唐）樊绰撰，向达校注：《蛮书校注》卷七，中华书局，1962年，第171页。
③ （唐）樊绰撰，向达校注：《蛮书校注》卷七，中华书局，1962年，第196页。
④ （唐）樊绰撰，向达校注：《蛮书校注》卷二，中华书局，1962年，第43页。
⑤ 《旧唐书》卷一〇六《列传第五十六李林甫、杨国忠传》，中华书局，1975年，第3243页。
⑥ （唐）樊绰撰，向达校注：《蛮书校注》卷十，中华书局，1962年，第266-267页。
⑦ （唐）樊绰撰，向达校注：《蛮书校注》卷七，中华书局，1962年，第196页。参看向达注：青木香又名蜜香，出天竺，如甘草。

所出，其山名。"①"麝香出永昌及南诏诸山中。"②"蒙舍蛮以椒姜桂和烹而饮之。"③文献记载南诏所产的药材有雄黄、青木香、麝香、椒、姜、桂等。南诏曾向唐朝进献当归、朱砂、牛黄、琥珀、犀角等名贵药材④。外来的各种药物也不断输入云南。唐樊绰《蛮书》记载了昆仑国（今缅甸）"出象及青木香、旃檀香、紫檀香、槟榔、琉璃、水精、蠡杯等诸香药珍宝犀牛等"⑤。无论是贸易还是日常收采情况，都表明南诏时期人们对药材的认识已比过去深化。

晚唐波斯人李珣在《海药本草》中谈到"贝子时说"："云南极多，用为钱货易。"⑥贝子具有货币的功能，同时也是一味中药，为小型坚固，略呈卵圆形的贝壳。另外，云南的史籍中还有诸多有关药材的详细记载，例如泸水南岸有余甘子树，"子如弹丸许，色微黄，味酸苦，核有五棱。如柘枝，叶如小夜合叶"⑦。云南的余甘子树还被收入宋代的国家药典《证类本草》中。宋代的《太平御览》收录有韦齐休所撰《云南行记》中有关南诏时期的条目："云南有大腹槟榔，在枝朵上色犹青，每一朵有三二百颗。又有剖之为四片者，以竹串穿之，阴乾则可入停。其青者亦剖之。以一片青叶及蛤粉捲和，嚼咽其汁，即似碱涩味。云南每食讫，则下之。"⑧这种大腹槟榔是一味著名的中药，具有驱虫、消积、下气、行水、截疟的功能。《太平御览》还有关于利用植物治龋齿的记载："豆蔻，似（木玄）树，味辛。堪综合槟榔嚼，治龈齿。"⑨显然，南诏时期，随着认识的深化和内外交流的增强，人们对医药的认识也提升了。

南诏的一些少数民族还善于使用毒药。唐樊绰《蛮书》载：望蛮的外喻部落（今云南保山西北地区）为提高武器的杀伤力，于"箭镞傅毒药，所中人立毙"⑩。不仅如此，有的地区还掌握了制作带剧毒兵器的工艺，《蛮书》载："郁刀次于铎鞘。造法用毒药、虫、鱼之类，又淬以白马血，经数十年乃用，中人肌即死。"⑪如前所述，云南西双版纳傣族等少数民族不仅知道可以用"见血封喉"（箭毒木）的树皮制作传统的树皮衣，而且知道这种树乳白色的汁液含有剧毒，一接触人畜伤口，便可麻痹其心脏（心律失常所致），使其血管封闭，血液凝固，以至窒息死亡。因此，他们将"见血封喉"（箭毒木）的汁液处理后涂抹于箭镞之上，用来捕猎，以取得更好的收获。这进一步说明云南少数民族对致人死亡的剧毒药物不仅有认识，而且已将其用于生产生活。

---

① （唐）樊绰撰，向达校注：《蛮书校注》卷七，中华书局，1962年，第196页。
② （唐）樊绰撰，向达校注：《蛮书校注》卷七，中华书局，1962年，第266-267页。
③ （唐）樊绰撰，向达校注：《蛮书校注》卷七，中华书局，1962年，第190页。
④ （唐）樊绰撰，向达校注：《蛮书校注》卷十，中华书局，1962年，第252、266页。
⑤ （唐）樊绰撰，向达校注：《蛮书校注》卷十，中华书局，1962年，第238-239页。
⑥ （宋）唐慎微：《证类本草》，卷二二引。
⑦ （唐）韦齐休：《云南行记》，《太平御览》卷九七三引《馀甘》条。
⑧ （唐）韦齐休：《云南行记》，《太平御览》卷九七一引《槟榔》条。
⑨ （唐）韦齐休：《云南行记》，《太平御览》卷九七一引《豆蔻》条。
⑩ （唐）樊绰撰，向达校注：《蛮书校注》卷四，中华书局，1962年，第103页。
⑪ （唐）樊绰撰，向达校注：《蛮书校注》卷七，中华书局，1962年，第205页。

三、地理知识

随着政权的不断扩张，以及对外交流的需要，南诏的地理知识也得到不断积累。

（一）绘制地图

《新唐书》载：南诏王异牟寻在神川（今云南省维西县东北腊普河）击败吐蕃之后，曾向唐朝献地图："乃遣弟凑罗栋、清平官尹仇宽等二十七人入献地图、方物，请复号南诏，帝赐赉有加。"① 现今尚存的《南诏中兴二年画卷》中也有一幅《鱼蛇交纽图》（见图3-39），其背景就是一个大理地区的地形图，并标出了"矣辅江""弥苴佉江""龙尾江"等周边河流，还用线画成鱼鳞状层层重叠，以示洱海波浪起伏的特征。② 绘制地图需要相应的地理知识，画卷的绘制显示出南诏时地理知识已有新的进步。

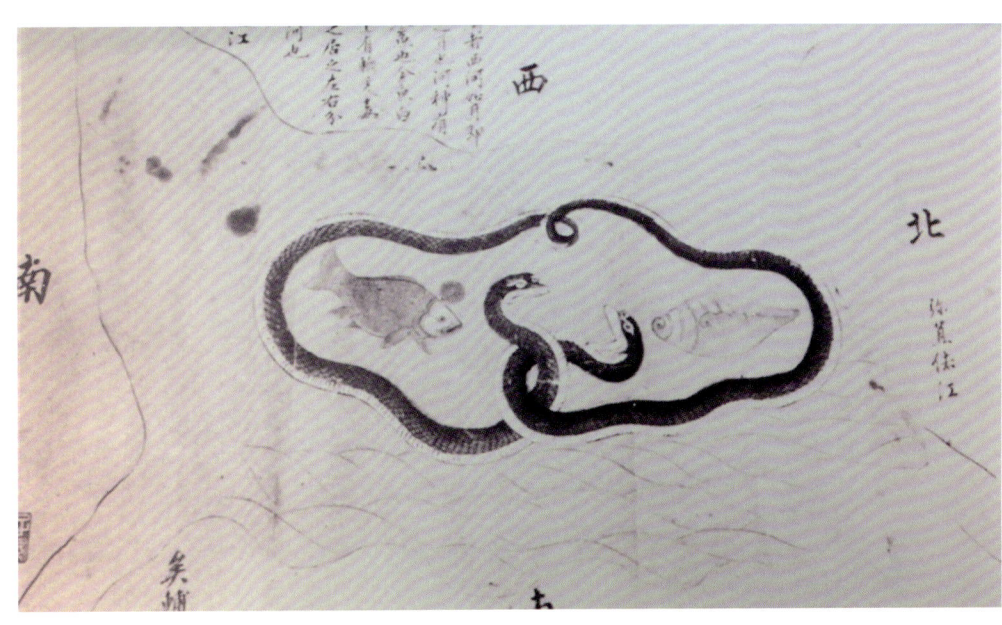

图 3-39
《南诏中兴二年画卷》之《鱼蛇交纽图》
诸锡斌2021年摄于大理白族自治州博物馆

（二）地理知识进一步拓展

南诏时的地理知识在唐代樊绰所著《蛮书》中得到了充分体现。《蛮书》是樊绰在唐懿宗咸通年间蔡袭代王宽为安南经略使时所著。其时，樊为蔡的幕僚。他对云南进行了实地考察，并参酌唐朝其他人的文献撰写而成。《蛮书》是中国较早的舆志，记载的内容分云南界内途程、山川江源、六诏、名类、六睑、云南城镇、云南管内物产、蛮夷风俗、南蛮条教、南蛮疆界接连诸蕃夷国名十个部分，涉及云南及周边国家和地区的民族、社会、历史、经济、政治、文化、山川、气候、物产、风俗、宗教等情况，是现存最早最系统的有关唐代云南的综合性地理著作。

《蛮书》记载了高黎贡山的地形、气候特点，对其他山脉也多有介绍。其将澜沧江、怒江、丽水（今伊洛瓦底江）记载为独立的河流，在中国的古籍中，此书不仅最早区分了这3条江河，而且指出了澜沧江的源头在西藏。《蛮书》对其他水系也多有记录，这些都是重要的地

---

① （宋）欧阳修等：《新唐书》卷一四七《南蛮上》。
② 参看李晓岑《云南科学技术发展简史》（第二版），科学出版社，2015年，第90页。

理发现。

《蛮书》叙述了南诏与东南亚和南亚诸国的关系，记录了唐代时弥诺国、弥臣国、骠国、昆仑国、夜半国（在现今的缅甸）、大秦婆罗门国（在现今印度阿萨姆以西至恒河流域一带）、小婆罗门国（在现今的印度）、水真腊国、陆真腊国（在现今的柬埔寨）和女王国（在现今的老挝）共10个国家的情况，甚至记录了更远的阇婆（在今印度尼西亚境内）、波斯（今伊朗）、大耳国、勃泥（今文莱）等国家和地区的情况，几乎涉及整个亚洲南部地区。这些地理知识为研究南亚、东南亚诸国留下了珍贵的文献资料。

四、天文历法知识

隋唐时期，洱海区域出现民族历法和中原历法并存的现象，印度的天文学知识亦传入了南诏。南诏的子弟还被大量派遣到内地学习数学知识。当时除十进位制外，南诏国内还使用十六进位制。

（一）天文知识

南诏时期，云南的天文知识有了进一步拓展，已认识了一些恒星。整修大理千寻塔时，出土了一张绢质符咒，实质为一幅星图。图上书写有汉文和梵文两种文字，共画有32颗恒星，并能辨认出北斗七星[1]。这说明唐代云南的天文知识不仅有中原传入的，也受到印度的影响。这一时期，印度天文学中"七曜"的星期制观念，也通过内地佛经辗转传入云南。与此同时，印度把季节分为寒季、热季、雨季的划分法，以及以须弥山为中心的宇宙观等天文学知识，也同样通过汉地佛经传入南诏。

行军打仗，需要天文观测。当时在南诏军中，已专门设置了负责天象观测等事宜的官员。唐代樊绰《蛮书》载："军谋曹长，主阴阳占候，同伦长两人，各有副都，主月终唱。"[2]明确记载了南诏军队军谋曹长很重要的任务就是"阴阳占候"，即观测天象，而且还确实有观察到异常天象的记载。《南诏野史》（胡本）记载了唐太和三年（829年）"六月朔，星落如雨"，这是一条关于流星雨事件的珍贵文献。康熙《云南通志》也有唐僖宗乾符元年（874年）"彗星见"于永昌的记载，而中原地区的文献却未记载这次彗星的出现[3]。显然南诏时期的天文观测取得了较高的成就。

（二）历法知识

南诏政权建立之前，居住于洱海地区的河蛮已有自己的历法。当时，尽管其他部落与唐朝交恶，但是南诏王细奴逻顺服唐朝，一直奉行亲唐政策，"独奉唐正朔"[4]，采用唐朝颁布的历法。所以洱海地区出现"以十二月为岁首"的民族历法与中原历法并存的情况。

南诏政权建立后，南诏与唐朝的关系时好时坏，还爆发过战争，但是总体上保持着友好的臣属关系，仍推行"奉唐正朔"的历法政策，唐廷也多次向南诏颁赐历法。南诏在与唐朝官方交往时，也往往遵用唐朝的历法，即使用现今所称的"阴阳合历"，但是南诏与唐朝关系交

---

[1] 陈久金：《中国少数民族天文学史》，中国科学技术出版社，2008年，第433页。
[2] （唐）樊绰撰，向达校注：《蛮书校注》卷九，中华书局，1962年，第221页。
[3] 参看李晓岑《云南科学技术发展简史》（第二版），科学出版社，2015年，第89页。
[4] （胡本）《南诏野史》（木芹会证），云南人民出版社，1990年，第46页。

恶时就自行编制历法。因此，南诏时期民族历法与中原历法并存的现象一直存在。例如，大理崇圣寺中的铜钟所刻"维建极十二年岁次辛卯三月丁未朔，二十四日庚午建铸"铭文（见图3-40），就是使用以南诏王的年号编制的历书，属于南诏历法，这一历书与唐朝唐懿宗咸通十二年（871年）三月丁未朔（初一）的历书完全一致。这类现象在许多历史文献和有关资料中还可以见到。表明南诏时期云南已有了相当高的历法编制水平，使用的是类似农历的十二月历，只不过置闰方法与中原农历不一致，采用的是自己固定的推算方法。[①]唐代樊绰所著《蛮书》亦载："改年即用建寅之月，其余节日，粗与汉同，惟不知有寒食清明尔。"[②]《蛮书》说这一历法大概与汉地相同，只是不知寒食节和清明节，是南诏自编的民族历法。显然，唐代云南的历法知识不仅有自身的特点，还吸收了中原传入的历法知识。

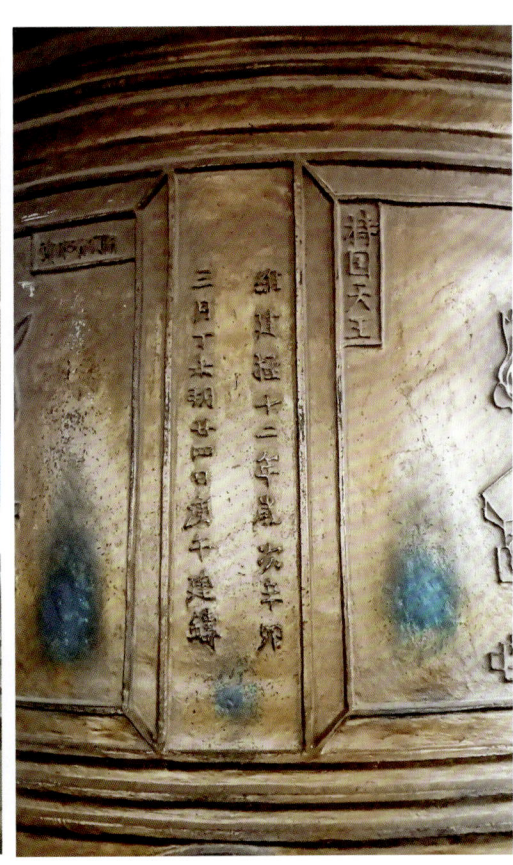

图3-40
大理崇圣寺大铜钟上刻的铸造年月铭文
诸锡斌2022年摄于大理崇圣寺

五、数学知识

南诏政权十分注意吸取内地的先进文化、工艺和科技，在选派南诏贵族子弟前往成都学习的科目中就有数学。近半个世纪的交往和学习，不仅培养了上千名的南诏子弟，也促进了数学知识在南诏的普及。此外，南诏对数学人才很重视，军中能算能书的士兵都有优待。为适应需要，云南除使用十进位制外，还使用十六进位制。[③]《新唐书·南蛮传》说："以缯帛及贝市

---

① 参看李维宝、李海樱《云南少数民族天文历法研究》，云南科技出版社，2000年，第113页。
② （唐）樊绰撰，向达校注：《蛮书校注》卷八，中华书局，1962年，第211页。
③ 李晓岑：《云南科学技术发展简史》（第二版），科学出版社，2015年，第90页。

易。贝者大若指，十六枚为一觅。"①这是云南地区相对特殊的计算方式。

另据《蛮书》载：南诏地区"一尺，汉一尺三寸也。一千六百尺为一里。汉秤一分三分之一。帛曰幂，汉四尺五寸也。田曰双，汉五亩也"②。表明南诏的计量单位与汉地不同。帛的计量单位是"幂"，田亩的计量单位为"双"，其他的计量单位也多有差异。尽管如此，能用统一的度量衡也是一项重要进步。

此外，在南诏晚期的经卷上还有"千百亿"等大数概念。"千百亿"是佛经中的常见称谓，可能只是信口的大数字，但却能打开人们的视野，给人以丰富的想象。

---

① （宋）欧阳修等：《新唐书》卷二二二《列传第一百四十七上·南蛮上》。
② （唐）樊绰撰，向达校注：《蛮书校注》卷八，中华书局，1962年，第212页。

第四章 宋元时期云南的科学技术（960—1368年）

后晋高祖天福二年（937年），南诏国灭亡，段氏大理国建立。在大理国建国23年后，即960年，内地发生陈桥兵变，宋代建立，之后大理国便一直臣属于宋代，传22世，统治云南317年。其存在时间几乎与宋代同步，并基本上继承了南诏国的疆域。大理国大力吸收汉文化，改革旧制度，废除苛政，大规模实施分封制，收到"远近归心"的效果，促使当时云南经济发达地区迅速进入早期封建社会。此外，大理国不仅继承了南诏传统，崇尚佛教，而且300多年间一直与宋朝保持着频繁的经济交往，并加强与内地的政治联系，推动了继汉晋之后的又一次民族大融合。其范围广大、影响深远，直接导致原来在云南境内居于支配地位的民族及其所在地区的经济文化水平大幅提高①，随之而起的是技术水平的提升，以致大理国的经济文化水平与汉族地区接近。②

及至宋宝祐元年，即蒙古宪宗三年（1253年），忽必烈率领蒙古军队从今宁夏六盘山出发，过甘肃、青海、四川，千里转战，攻克大理，平定了云南③，大理国灭亡。云南平定后，元代仍以原大理国王段兴智管理原属各部。为了有效经略云南，至元十一年（1274年）④，忽必烈派遣其亲信大臣回回人赛典赤·赡思丁任云南行中书省平章政事（即云南最高行政长官），建立云南行省，并把云南的行政中心由大理迁到中庆（今昆明）。云南行省建立后，赛典赤·赡思丁在云南实行发展生产、初定赋税和改善民族关系的政策，云南地区的生产很快得到恢复和发展。⑤由此，唐宋以来南诏、大理相继割据一方的局面被打破，云南正式成为中国的一个省，昆明成为云南政治、经济和文化中心。随着治理范围的进一步扩大，元代开创了中央政府治理云南的新纪元。⑥元至元十六年（1279年），南宋政权最终被元灭亡，全国再次归于统一。由于建立了完善的边疆管理体制，并采取因地制宜、因俗而治的治边政策，元朝疆域不断扩大。为了保证中央和地方的财政收入，元代除了在云南推行大规模的屯田（包括军屯和民屯）和垦殖之外，还在一些地方实行适合当地特点的土官制度，有力地促进了所

---

① 参看方铁主编《中国边疆通史丛书·西南通史》，中州古籍出版社，2003年，第361–367页。
② 马寅：《中国少数民族常识》，中国青年出版社，1985年，第112页。
③ 陈高华：《元朝的兴衰及其历史启示》，载国家图书馆《大国价值》，国家图书馆出版社，2017年，第99页。
④ 另一说是忽必烈于至元十三年（1276年）派亲信大臣回回人赛典赤·赡思丁在云南建立了行省，结束了云南地区长期割据的局面。参见马寅《中国少数民族常识》，中国青年出版社，1985年，第123页。
⑤ 马寅：《中国少数民族常识》，中国青年出版社，1985年，第123页。
⑥ 参看方铁主编《中国边疆通史丛书·西南通史》，中州古籍出版社，2003年，第361–367页。从1253年到1381年，元代统治云南共128年，比元代统治中原的时间还多39年。

在地的经营与开发①。在历史多重合力的推动下，云南科学技术继续向前发展。

大理国建国23年后宋代才正式立国，为体现云南科学技术发展特点，本章第一节以宋代始建的宋太祖建隆元年（960年）作为起点展开，重点论述大理国时期云南的科学技术发展情况。与此同时，由于在完全统一中国之前，忽必烈已于蒙古宪宗三年（1253年）攻克大理，平定云南，大理国灭亡之后，元代即在云南推行强有力的治理，在云南设立行省，使云南正式成为中华版图的一个部分，所以本章第二节对元代科学技术情况的阐述，并不以南宋灭亡为起点，而是从大理国灭亡的蒙古宪宗三年（1253年）展开阐述，以使宋代云南大理国至元代云南科学技术发展的历史脉络具有内在的连续性。

第一节　宋代大理国时期的科学技术

大理国于后晋高祖天福二年（937年）建立，中原的宋王朝则于宋太祖建隆元年（960年）建立，之后大理国与宋朝形成臣属关系。大理国统治者出于落实政治意图、治国方略的需要，以及经济发展的需求，力促科技发展，这成为推动云南科技水平进一步提高的重要原因。另外，朝代更替所导致的政治文化中心的转移，客观上使得科学技术的应用区域也发生了转移，并且在行政治理区域比之前扩大的条件下，云南科学技术的应用也逐渐辐射到更宽广的范围。官方和民间的共同努力推动了云南科学技术的发展，使这一时期云南总体经济实力超过了前代。

一、农业和畜牧业技术

相较于南诏政权，大理国总体上实现了向封建制的过渡。这种过渡的主要表现为实行具有封建性质的分封制。分封制使得大理国的农业地区（特别是今洱海、滇池周围区域）进入了封建领主制发展阶段。②另外，大理国时期云南与内地的经济文化联系大为加强。因此，大理国的农业和畜牧业有了很大发展，农业技术的进步则尤为显著。

（一）农业技术

大理国时期，内地的先进农业技术传入云南，水田被大量开辟，牛耕被广泛使用，稻麦轮作复种技术被有力推行。宋熙宁七年（1074年），成都府的进士杨佐应募到大理国商议买马之事。杨佐经过束密（今属姚安）时，看到姚安土地上生长的庄稼及山川风物态势已与四川资中、荣县相当③，可见当时滇中农业发展水平与内地四川的农业发展水平已不相上下。

粮食丰产的一个基本条件就是灌溉。从南诏国时期开始，洱海地区逐渐成为云南农业发展最快的地区。大理国建立后，大量兴修水利，为农业发展创造了更好的基础条件。尤其是水利工程的兴修，满足了农田灌溉的需要，使水田面积增加、作物产量提高。

---

① 方铁主编：《方略与施治：历朝对西南边疆的经营》，社会科学文献出版社，2015年，第15页。
② 参见方铁主编《中国边疆通史丛书·西南通史》，中州古籍出版社，2003年，第354页。
③ 见《续资治通鉴长编》卷二六七："前此三四十里，渐见土田生苗稼，其山川、风物略如东蜀之资、荣。"

兴修水利工程对农业发展的促进作用主要表现在滇池和洱海周边农业地区的发展。如兴修了祥云的清湖和段家坝、弥渡的赤水江、凤仪的神庄江等水利工程。元朝初年，郭松年在游历大理的途中看到品甸（在今祥云县境内）一带"甸中有池，名曰青湖，灌溉之利，达于云南之野"（这里的云南是当时的一个县，即今祥云县的旧称）；白岩（在今弥渡县境内）一带是"禾麻蔽野"，人口相当密集；赵州甸（今大理市凤仪地区）一带则是"神庄江贯于其中，溉田千顷，以故百姓富庶，少旱虐之灾"[1]。郭松年在云南做官的时候距离大理国灭亡的时间不远，可知其所见到的水利灌溉工程实为大理国时期修建。而且，从他所见到的青湖使祥云境内大面积耕地得到灌溉，神庄江灌溉上千顷田地的情形，也可知大理国时期修建的水利设施已经达到相当大的灌溉规模，浇灌的效果也十分显著。洱海地区的点苍山终年积雪，统治者就组织开凿水渠，把山上的雪水引下来作灌溉之用。由此可知，大理国时期，随着耕作技术进步，洱海地区农田需水量增多，农业有了较大发展。大理国段氏政权还修复了南诏在滇中拓东城北面开凿的金棱河与银棱河，使这两条河重新保持畅通，起到了分洪的作用，同时也保证了滇池地区盆地东部农田的灌溉需要。[2]另外，宋康定元年（1040年），大理国王段素兴命人在云津河（今盘龙江）上修筑云津堤，在金棱河上又修筑了春登堤，"此二堤捍御蓄洪，灌溉滋溢大有殊功"。这些水利设施的兴建使得滇池地区的受益田亩多达数十万亩。[3]水利的发达使得洱海、滇池地区的农业都朝着精耕细作的方向发展。马可·波罗记载其在中庆（今昆明）所见到的情形时说：此地"颇有米麦"，盛行用海贝交易，滇池多蓄大鱼，"诸类皆有，盖世界最良之鱼也"[4]。元初的李京说居住在大理、滇中境内乌撒路（今贵州威宁）一带的"诸夷多水田，谓五亩一双。山水明秀，亚于江南。麻、麦、蔬、果颇同中国"。[5]这反映出大理国时期的农业生产的确有重大的进步。

大理国境内山区和边地民族区域的农业生产也有了很大进步。特别是这一时期在丽江至大理一带的诸部族利用引水来灌溉山间的梯田已经很普遍，而且这些部族对梯田的经营管理也十分细致。对此，元人刘秉忠《长春集》中的记载可资佐证。其中一首诗说，他随着蒙元大军经丽江进大理时见"鳞层作屋倚岩阿，是岁秋成粳稻多。远障屏横开户牖，细泉磴引上坡陀"。《过鹤州》诗中说到当地"绿水洄环浇万垅"[6]。可见当地人梯田经营规模之大。李京在《云南志略》中记载，居住在云南南部的金齿百夷妇女"尽力农事，勤苦不辍。及产，方得少暇"[7]。金齿百夷地区在前代比较落后，到大理国时期，其农业生产有了很大进步。

大理国时期，云南已有不同类型的耕地，并相应地采用不同的丈量单位。大理海东挖色高兴村发现的大理国时期的"高兴蓝若碑"（见图4-1）提到了两种土地类型以及两套面积计量单位：一类称"禾地"，计量单位是"双""脚""分"；二类称"搔地"，计量单位是"禁"。经过研究可知它们之间的换算为：1双=4脚，1脚=2禁，1禁=2分。[8]这种计量单位相较南诏时期，更为精细。丈量单位增多也是当地农业进步的一个标志。

---

[1] 参看《大理行记（及其他五种）》，商务印书馆，1926年，第6页。
[2] 参看（清）倪蜕《滇云历年传》卷五。
[3] （明）陈文等撰：景泰《云南图经志书》卷一《南坝闸》，云南省图书馆抄本。
[4] 冯承钧译：《马可·波罗行记》，河北人民出版社，第387页。
[5] （元）李京：《云南志略》卷二。
[6] （元）刘秉忠：《长春集》卷一，刻印本。
[7] 有专家认为元代李京所提及的"金齿百夷"，就是南诏时的"黑齿""金齿""银齿"各部，即今傣族的先民。参看袁国友《云南农业社会变迁史》，云南人民出版社，2017年，第186页。
[8] 参看何耀华总主编，朱慧荣主编《云南通史》卷二，中国社会科学出版社，2011年，第271–272页。

大理政权统治云南时，中原地区耕地日益紧张，需要提高复种指数以增加粮食产量。由于稻类品种增多，双季稻种植在宋代的南方有进一步发展。这种趋势使得双季稻从两广推进到大理国的昆明以东到贵阳以西一带。《宋史·蛮夷四》说："西距昆明九百里，无城郭，散居村落，土热多霖雨[①]，稻粟皆再熟。"可见当时大理国内已出现了双季稻[②]。而当时洱海地区则是以水田种植为主，山地种植为辅，在水田中实行稻麦复种，提高土地的利用效率。

大理国时期经济作物的种植与贸易也继续发展，其中有名者就是茶叶和药材。当时大理国所管辖区域种植的茶叶已经能够满足当地人的消费需求，而且民间的商人还通过贸易将茶叶输往内地获取利润。据《续资治通鉴》记载，绍兴三年（1133年），大理国商人随着贩卖马匹的交易者到四川泸州去做贸易，其所带货物中就有茶叶。在大理国的一些地区，种茶和贩茶成为当地百姓的重要生计。例如，在元朝初年，滇东北地区的土僚蛮"常以采荔枝、贩茶为业"；大理国南部的金齿百夷居住地区，其交易多为五日一集，"以毡、布、茶、盐互相贸易"。[③]这是元初的交易规模，其形成非一时所致，应该在大理国时期就形成了。开始于唐时的"茶马古道"（绵延穿行于横断山脉的高山峡谷，贯穿滇、川、藏大三角地带的贸易通道）在宋代时进一步发展，当时藏族民众生活所需要的茶叶主要来自云南。茶叶经由"茶马古道"到达拉萨后，一部分还经喜马拉雅山的山口运往印度的加尔各答，进而行销欧亚各国（见图4-2）。[④]

图4-1
大理海东挖色高兴村发现的大理国时期的"高兴蓝若碑"
诸锡斌2022年摄于大理市博物馆

---

① 霖雨即连绵大雨。
② 梁家勉：《中国农业科学技术史稿》（第二版），农业出版社，1989年，第405页。
③ （元）李京：《云南志略·诸夷风俗》。
④ 周巨根、朱永兴：《茶学概论》，中国中医药出版社，2013年，第16页。

图 4-2
茶马古道起始地之一——西双版纳勐腊县易武镇茶山

诸锡斌2008年摄于西双版纳

大理国的药材加工和交易也比前代更兴盛。药材的种类增加，常用的有紫檀、沉水香、甘草、石决明、井泉石、密陀僧、香蛤、海蛤、麝香、牛黄等。而医药书中记载的药材，则包括了银屑、升麻、木香、蘗木、榧实、木鳖子、蔡苴机屎、犀角、贝子等等。值得注意的是，内地宋代的医书当中不仅记载这些药物①，而且明确记载了它们的功用和产地信息，产地都在诸如永昌、宁州等地。由此可知，这些药物已在大理国普遍使用，并且通过民间贩卖到内地。

（二）畜牧业技术

大理国时期，云南的畜牧业更加繁盛。由于畜牧业有了长足的发展，大理国甚至将其畜牧业作为与宋朝联系的一个强有力的纽带。在当时的畜牧业所涵盖的牲畜种类中，马、牛、羊的畜养有大的发展。

这一时期，"蛮马"和"蛮毡"闻名于世，表明养马或牧羊很发达。《南诏野史·后理国·段正严传》说：日新元年（1109年）"七月中元节……犀象万计，牛马遍点苍"。可见牛马饲养数量之多。其中大理马是云南引进的一种高大的西北马种，通过科学的喂养，可作为战马使用②。宋时大理马驰誉中国，宋人周去非的《岭外代答》记载："南方诸蛮马，皆出大理国，罗殿、自杞、特磨岁以马来贩之，大理者也。……闻南诏越赕之西产善马，日驰数百里，世称越赕骏者，蛮人产马之类也。""唯地愈西北，则马愈良。"甚至记载有一匹马值黄金数十两。据知情的当地人说，大理国最善之马可日行400里，每匹良马在产地已值黄金20两，"第官价已定，不能致此"③。宋代《桂海虞衡志·志兽》载：大理"地连西戎，马生尤蕃。大理马，为西南蕃之最"。宋人李心传《建炎以来朝野杂记》说："其一曰战马，生于西边，强壮阔大，可备战阵……其二曰羁縻马，产于西南诸蛮，格尽短小，不堪行阵。"又有宋人指

---

① （宋）唐慎微：《政和证类本草》卷四至卷二二。
② 李晓岑：《云南科学技术简史》（第二版），科学出版社，2015年，第132页。另据袁国友先生分析，唐宋时，南诏、大理国与吐蕃等西北部族一直保持着密切的经济文化联系，不仅吐蕃势力曾南下到洱海地区，而且南诏军民也曾应吐蕃的要求远征西北地区，协助吐蕃与唐军作战。在此情况下，西北地区的良骏健马传入南诏、大理地区是十分自然的事情。参见袁国友《云南农业社会变迁史》，云南人民出版社，2017年，第200页。
③ 《宋史》卷一九八《兵志十二·马政》。

出："川秦市马分为二：一曰战马，生于西边；二曰羁縻马，产于西南诸蛮。大理地连西戎，虽互市于广南，犹西马也。"[1]这里的"西马"即大理马。[2]周去非在《岭外代答》卷九中指出，这种大理马具有"大口、项软、趾高"等特征。宋代以前，中原地区马种的主要来源是蒙古马和西域马。宋代由于存在宋辽和宋金对峙的政治现实，北方马种进入中原受到很大限制，又由于"宋朝需要集中主要精力应对北方夷狄，所以对大理国采取疏远的态度"[3]。但是由于宋代的养马业衰落，马又得靠西南地区提供，所以西南马成为宋代马匹的主要来源。在这种情形下，南宋在邕州（今广西南宁）设置买马提举司，并与大理国在邕州和黎州（今四川汉源）建立博易场（即贸易市场）。大理国每年向内地卖马数千匹，南宋与大理政权的马匹交易在一段时期内达到较大的规模，南宋朝廷以金、银、彩帛和钱所购买的大理的马，每年定额为三千五百匹。[4]大理马位列各种马匹交易量之首[5]。比如，在邕州辖下的规模最大的市马场横山寨（在今广西田东县），每年交易马匹1500匹。南宋付出的马匹价值包括金50镒、白金300斤、棉布400匹和廉州盐200万斤。[6]因大理马的质量好，"涉峻奔泉，如履平地"，而且吃苦耐劳，极善驰骋，所以南宋朝廷才买去大量的大理马投入对辽金夏的作战。当时岳飞、韩世忠、张俊等大将都从广西得到不少大理马作为战马。例如，南宋绍兴二年（1132年），宋廷命广西经略司买广马（大理马），以三百骑赐岳飞，以百骑赐张俊，以七纲（三百五十骑）赐予韩世忠。[7]大理马虽然总体上体格较小，但身躯高大者也不少，据推测有一些是南诏以来育成的产于今云南腾冲东北地区的"越睒骏"一类的良马。宋人载"闻南诏越睒之西产善马，世称越睒骏者，蛮人座马之类也"[8]。除了体格高大的"越睒骏"之外，大理国还培育出了其他品种的良马。如溪洞间有一黄淡色马，其"高止四尺余，其耳如人指之小，其目如垂铃之大。鞍辔将来，体起拳筋，一动其缰，倏忽若飞，跳墙越堑，在乎一喝"。这种马虽然体格小，但行动迅速，跳跃翻越的能力超过其他品种的马，所以交易时价值达黄金一二百两。[9]

除此之外，大理马还远销印度。马可·波罗曾说阿木州（今滇南一带）产马不少，多售于印度，是当时的一种极兴盛的贸易[10]。由此可见，大理国时期，产马更盛，马匹质量更好。大理马已经成为天下驰名的骏马。

大理马的出名，应该与放牧技术的进步密切相关。根据《新唐书·南蛮传》及清初檀萃的《滇海虞衡志》记载，大理国之前和之后，云南地区都实行随季节水草变化而放牧的方法，可以推测大理国时期的放牧也是如此[11]。通过大量的养马实践，民间总结了一些方法并可见于记载。比如，大理国的马匹到横山寨"涉地千里，瘠甚"。养马的人复膘的办法，就是"缚其四足拽扑之，啖盐二斤许，纵之，旬月自肥矣"。这种为瘠马补充盐分以使马补强复壮的方法后来传入中原，被宋朝军队广泛使用。宋军"押马亦有法焉。其法买盐留以自随，每日晚以

---

[1] （宋）王应麟：《玉海》卷一四九引《绍兴孳生马监》。
[2] 此处采纳李晓岑观点。参见李晓岑《云南科学技术简史》（第二版），科学出版社，2015年，第132页。
[3] 方铁主编：《方略与施治：历朝对西南边疆的经营》，社会科学文献出版社，2015年，第181页。
[4] 马寅：《中国少数民族常识》，中国青年出版社，1985年，第112页。
[5] 夏光辅等：《云南科学技术史稿》，云南科技出版社，1992年，第69页。
[6] 《续资治通鉴》绍兴二十一年正月丁未条。
[7] 李晓岑：《云南科学技术简史》（第二版），科学出版社，2015年，第133页。
[8] （宋）周去非：《岭外代答》之卷五《马纲》。
[9] （宋）周去非：《岭外代答》之卷九《蛮马》。
[10] 冯承钧译：《马可·波罗行记》一二七章，上海书店出版社，2001年，第313页。
[11] 夏光辅等：《云南科学技术史稿》，云南科技出版社，1992年，第69-70页。

盐数两啖之，自然水草调而无疾，此求全纲之法也"①。有人认为，给瘠马喂盐使其复壮的方法，直到元代还在云南等地使用。近代，云南和四川西南地区的马帮都还将喂盐当作驮马防病和马匹保健的重要方法。②

大理国的各地养羊和养牛也非常普遍。当时许多部族都养羊，居住在山区的乌蛮部族所养羊群尤多。③彝族地区每年祭祀和宴会时宰杀的牛羊动辄数以千计，少者不下数百。末些蛮"有力者官长，每岁冬月宰牛羊，竞相邀客，请无虚日；一客不至，则为深耻"④，当时羊的驯养规模之大可见一斑。乌蛮人喜欢披羊皮也说明当地大量饲养羊群。白族地区盛产绵羊，傣族地区的畜牧品种有牛、马、山羊、鸡、猪、鹅、鸭等。

大理国时期，云南各地还广泛饲养黄牛和水牛作为耕作畜力和食物来源。⑤马可·波罗称赞阿木州有良土地、好牧场，所以黄牛及水牛也很多。⑥

二、建筑技术

大理国时期，云南的建筑技术进一步提高，在城市建设和寺院修建两方面表现较为突出。

（一）城市建设

这一时期云南的城市建设成就，主要体现在大理国辖地陆续建成了一些有一定影响力的区域城市，而其中又以善阐城的建设成就最为突出。

1.城市建设地点增多

在南诏国时期城镇大发展的基础上，大理国人继续重视在所辖各地修建城镇。比如，大理国的白蛮首领贵州高智升把子孙分封在鹤庆、北胜（今永胜）、腾冲、永昌、姚州（今姚安）、威楚（今楚雄）、建昌（今四川西昌）、善阐（今昆明地区）、晋宁、嵩明、禄丰、易门和罗次（今禄丰市境内）等郡邑⑦，并对上述地点着力经营和建设，把其中一些具备条件的地方建设为城市。比如威楚城（今楚雄）的建设。今天楚雄地域在唐代以前是"历代无郡邑"的情况，南诏在阁罗凤统治时期开始设立郡县。到段正淳统治时期，大理国开始修筑威楚城，并令大理国的贵族子弟高明亮管理当地。以后历代统治者继续经营威楚城，建设了内外二城，逐渐使这一带人口聚集、经济繁盛，蒙古军队平定云南之后，就在威楚设立了万户府。⑧城市和城镇建设的发展使得建筑技术也得到提高。

2.善阐城的建设

大理政权以大理（今大理市区）为西京，以善阐（今昆明市区）为东京。由于善阐是经营滇中的重镇，统治者除了着力经营西京外，也对东京的经营非常重视。根据《南诏野史·段素兴》（胡蔚本）记载，宋庆历二年（1042年），大理国王段素兴"广营宫室于东京，多植花

---

① （宋）周去非：《岭外代答》卷五《马纲》。
② 方铁：《中国边疆通史丛书·西南通史》，中州古籍出版社，2003年，第392页。
③ 袁国友：《云南农业社会变迁史》，云南人民出版社，2017年，第200页。
④ （元）李京：《云南志略》卷三。
⑤ 袁国友：《云南农业社会变迁史》，云南人民出版社，2017年，第200页。
⑥ 冯承钧译：《马可·波罗行记》一二七章，上海书店出版社，2001年，第313页。
⑦ 参见木芹会证《南诏野史》，云南人民出版社，1990年，第266页。
⑧ 参看《元史》卷六一《地理四》"云南诸路行中书省"。《南诏野史》段正淳条。

草，于春登堤上种黄花，名绕道金棱；云津桥上种白花，名萦城银棱。每春月，挟妓载酒，自玉案三泉，溯为九曲流觞"。这段描述显示，当时宫室的修建因地制宜，根据实际自然条件来建造合适的设施，注重建筑中的意趣和文化。经过持续经营，善阐逐渐发展成一座重要的城市。史载蒙古军进攻善阐城时，但见"城际滇池，三面皆水，既险且坚"。由此可知，当时善阐城的范围是：南边到达今天的双龙桥一带，西边已到五华山。善阐城的城墙也十分坚固，后来蒙古军队使用火炮才将其攻破。①

（二）寺院建筑

大理国全国尊崇佛教，佛教对建筑产生了深刻的影响。尽管大理国建筑的形态有宫廷、园林，但数量最多的建筑还是古塔、寺庙等，此外还有石窟和石幢建筑。这个时期，大理国的建筑也受内地传入的建筑技术和风格的影响。这一时期的佛教建筑在规模、风格和技术上都有卓越表现。

1. 大理弘圣寺塔

弘圣寺塔（见图4-3）位于今大理古城西南部的点苍山玉局峰下，与北面的崇圣寺塔南北对峙。弘圣寺塔，俗称"一塔"，为四方形密檐空心砖塔，共16层，高43.87米。其具体建造时间有争议，但考古证据都证实其为大理国时期建造。1981年修缮该塔时，从塔基出土的一件碎碑上刻有"李元阳立"的字样，说明现在的弘圣寺塔为明代李元阳重修②。

中国古代的塔，层数一般为单数，弘圣寺塔和崇圣寺塔却都是16层，这一点体现出浓厚的大理地方特点。弘圣寺塔由极为规整的青砖砌成，砖上印梵文或梵、汉两种文字（见图4-4）。青砖品类繁多，规格齐全，烧制质量甚佳，砖质细密，砖面平整，硬度较高。高水平的烧砖技术保证了塔的质量③。

图4-3
弘圣寺塔

诸锡斌2021年摄于大理弘圣寺内

---

① 《元史》卷一二一《速不台传》，附《兀良合台传》。
② 李朝真、张锡禄：《大理古塔》，云南人民出版社，1985年，第32页。
③ 李晓岑：《云南科学技术简史》（第二版），科学出版社，2015年，第156页。

图 4-4
弘圣寺塔印有梵文和汉文的塔砖

诸锡斌2021年摄于大理白族自治州博物馆

2.崇圣寺三塔

崇圣寺三塔（见图4-5）位于大理古城西北部，西对点苍山应乐峰，东对洱海。原崇圣寺已毁，如今唯有崇圣寺三塔巍然耸立。三塔中高69.13米的主塔千寻塔修建于南诏时期，与千寻塔成鼎足之势的南塔和北塔则是大理国时期修建的。千寻塔为方形密檐式砖塔，共16层，与西安的小雁塔同是唐代的典型佛教建筑。南塔和北塔各与千寻塔相距70米，两小塔都是42.4米高的八角密檐空心砖塔，每塔10层，每层檐面都有装饰，或莲花，或人物，或"卍"字，或"雨"字，塔身除第一级外都有装饰，券龛、佛像、亭阁、小方塔、斗拱、仰莲、瑞云等图案错落地装饰着塔身，两塔之顶各有三只铜葫芦。两塔的造型完全一样，与千寻塔相比显得更为秀丽[1]。千余年来，崇圣寺三塔经历了多次强烈地震，仍然巍然屹立，这充分反映了当时人们建筑技术的卓越。

图 4-5
崇圣寺三塔

诸锡斌2021年摄于大理崇圣寺

---

[1] 夏光辅等：《云南科学技术史稿》，云南科技出版社，1992年，第83页。

3.昆明地藏寺经幢

昆明地藏寺经幢（见图4-6）又称大理国经幢，建于昆明原金汁河畔地藏寺内，为大理国议事布燮袁豆光为超度鄯善侯高观音之子高明生所造。经幢呈塔形，高6.6米，通体由砂石造成，七层八面，上六层刻释尊、菩萨、罗汉等造像，并配以宫殿、楼阁，下层刻四天王踏鬼奴像，手持斧钺披甲戴胄，其旁刻梵文《陀罗尼经咒》等，幢身与幢座之间的界石有八面，塔基是须弥座。地藏寺经幢的雕刻刀痕遒劲，造型精巧，被中外人士誉为"滇中艺术之极品"。

4.西双版纳的曼飞龙塔

曼飞龙塔（见图4-7），傣语是"塔糯庄龙"，意为大头笋塔。该塔位于西双版纳州景洪市大勐龙乡曼飞龙寨（"曼飞龙"傣语意为"榕树茂密的村寨"）的后山上。该地距离西双版纳自治州驻地景洪市70千米，已经接近中缅边境。该塔建造于傣历五百六五年（即大理国元寿四年，1204年）。因为该塔主体色为白色，且由主塔和8座小塔共9座塔组合而成，所以该塔也被称为"飞龙山白塔林"。曼飞龙塔的塔基为八角形须弥座，周长42.6米，中间的大主塔高16.29米，8个小塔分列在8个角，每座小塔高9.1米，主塔、小塔都呈多层葫芦形状。每个小塔座下设有方形佛龛一个，由大座向八个方向延伸出来。龛内壁上有数十个大小不等的小佛像浮雕，龛内置汉白玉雕佛像一尊和佛像一幅。龛顶屋脊上有各种动物雕塑，比如泥塑的半空飞翔的凤凰，龛边有花草、卷云纹浮雕和彩绘，显得既秀丽优美又富丽堂皇。塔尖的宝伞、风幡上都贴有金箔，宝伞上还系有银铃，风吹来时会发出悦耳的响声。在塔的正南方有一个具上下两层的佛龛，下层露出一原生岩石，岩石上有一个长80厘米、宽58厘米

图 4-6
昆明地藏寺经幢
诸锡斌2021年摄于昆明市博物馆

图 4-7
西双版纳曼飞龙塔
包燕平2022年摄于景洪市曼听公园

的人踝印迹。塔林整体看上去就像一丛挺拔而起的大竹笋，所以又称"笋塔"，傣语称"塔糯"。当地传说塔林由傣族勐龙头人和高僧祜巴南批（一说此人为印度僧人）等人主持建造。又根据傣文贝叶经记载，该塔由3个印度僧人充任设计师。从塔的结构看，这种形式的金刚塔是随着南传上座部佛教由缅甸、泰国传入西双版纳后产生的一种佛教建筑，但也具有不少内地汉式建筑风格，如塔的八角形须弥座体结构就是由汉族"多层宝塔"的外形演变而来；佛龛边装饰用的卷云状花纹也是汉式风格的花纹。可见曼飞龙塔虽然具有缅甸佛塔的风格，但也是中外建筑技术和文化交流的结晶。近代曼飞龙塔曾经历过两次修缮。而今，塔林及周围尽显傣族风情。因独特建筑艺术魅力及秀丽的景色，曼飞龙塔在国内及东南亚一带也颇有名气。

5.安宁曹溪寺

曹溪寺位于安宁市西北5千米处的螳螂川西岸葱岭山腰。根据建筑学家梁思成和中国佛教协会原副会长周叔迦的观点，曹溪寺大殿最初建造的时间应该是南宋大理国时期，而古建筑专家刘敦桢则认为建造的时间应是元代[①]。经过明清之际的战火，曹溪寺衰败。康熙三十三年（1694年），全寺大修竣工。中华人民共和国成立后，曹溪寺不断进行维修，现今的建筑已非原物。曹溪寺现存大雄宝殿（见图4-8）、后殿、庑廊、钟鼓楼、脱纱西方三圣像、铜铸大黑天神像和木雕南海三圣像等。木雕南海三圣像宝冠华服，璎珞遍体，飘带流畅精美，充分反映了大理国的木雕水平。大雄宝殿外檐上下均为十字拱，内下檐为五铺重拱构造，立柱、斗拱、梁枋组成抬梁结构，一个显著特征是以斗拱为支点，斗拱雄浑粗大，是典型的宋代建筑[②]。屋顶的转角起翘较大。整座大殿建筑的梁柱之间全部用榫头衔接，没有一颗铁钉，柱子低矮，建筑高度与殿内进深之差很小，且整座殿堂建筑于高台之上，稳固、凝重。根据梁思成和周叔迦二位专家的观点推测，曹溪寺可能是云南现存最早和比较完整的一座木结构建筑。

图4-8
曹溪寺主殿宝华阁（大雄宝殿）
诸锡斌2022年摄于安宁曹溪寺

（三）瓦的制作和使用

大理国时期，云南开始制作和使用瓦，这是云南建筑技术进步的一大表现。在大理、巍山、姚安、楚雄等地，考古发掘出的瓦当、滴水等建筑用瓦，烧制良好，较厚，质地坚硬，呈

[①] 李晓岑：《云南科学技术简史》（第二版），科学出版社，2015年，第158页。
[②] 参见夏光辅等《云南科学技术史稿》，云南科技出版社，1992年，第80页。该书作者认为，安宁曹溪寺大殿内的斗拱、木雕南海三圣像是大理国时期遗物。

灰黑色，多为有字瓦和印纹瓦（见图4-9）。如大理市葱园村遗址出土了凤纹滴水7件，以及莲瓣纹瓦当、卷草纹瓦当、兽面纹瓦当、梵文瓦当和花鸟纹瓦当共18件[①]。这些出土遗物具有的特征表明当时人们对制瓦已有艺术需求。

图 4-9
大理国时期的陶瓦
诸锡斌2021年摄于大理白族自治州博物馆

（四）大理石的开采与手工制作

大理石又称础石、点苍石，主要成分是碳酸钙，是有绚丽色彩和花纹的石材，因产于云南大理的点苍山而得名。根据史料推测，大理石的开采可能出现在大理国时期，但缺乏确凿的实物证据。目前发现的大理国时期的碑刻都是青石质的[②]。根据《宋史·大理国传》记载，大理缴纳给宋廷的贡品中有"金装碧玕山"。所谓"金装碧玕山"，以大理石为原料，精心雕刻出山岭的形状，再把金、珠等饰物类工艺品镶嵌上去。大理国时期的大理石制品（见图4-10）比南诏国时期的更加丰富，工艺更复杂，可见大理国工匠的手工制作工艺水平更精湛。在元朝统一云南后，元朝廷曾经在云南挑选了一些工匠送入大都（今北京）的官府作坊[③]，这也表明大理工匠手工制作石器的水平已得到官方高度认可。

图 4-10
大理石装饰品
诸锡斌2021摄于昆明文物展品店

---
① 大理州文物管理所：《二十世纪大理文物考古集》，云南民族出版社，2003年，第530-540页。
② 李晓岑：《云南科学技术简史》（第二版），科学出版社，2015年，第160页。
③ 方铁：《中国边疆通史丛书·西南通史》，中州古籍出版社，2003年，第396页。

三、冶炼技术

大理国时期的冶炼技术在南诏国时期基础上进一步发展。当时大理国已经大量开采金、银、铜、铁和锡等多种金属矿藏。南诏国时期已经大量出现和投入使用的锄、犁、刀、斧等铁制农具，在大理国时期仍然继续大量生产使用，并推动着农业生产发展[1]。南诏国时期，当地以缯帛和海贝作为货物交换时使用的一般等价物，而到大理国时期，用以充当等价交换物的则多为金银。这既说明当时的商品经济有了很大的发展，也说明当时的矿冶技术是相当发达的。这方面比较有代表性的成就体现在如下方面。

（一）铁的铸造与制作

大理国时期，云南的冶炼水平有很大提高，其中一个重要标志就是出现了以制艺精良而闻名全中国的大理刀。当时，大理刀被其他民族称为"蛮刀"。宋人周去非的《岭外代答》对其做了详细描述："蛮刀以大理所出为佳……今世所谓吹毛透风，乃大理刀之类，盖大理国有丽水，故能制良刀云。"这里说到大理刀能"吹毛透风"，说明此种刀非常锋利。周去非说大理刀之所以锋利是由于大理国有丽水。宋人范成大的《桂海虞衡志》说："云南刀，即大理所作，铁青黑，沉沉不錎，南人最贵之。以象皮为鞘，朱之，上亦画犀毗花文，一鞘两室，各函一刀。靶以皮条缠束，贵人以金银丝。"宋代科学家沈括说："凡铁之有钢者，如面中有筋，濯尽柔面，则面筋乃见，炼钢亦然。"百炼之钢"乃铁之最纯者，其色清明，磨莹之则黯然青且黑，与常铁迥异"[2]。在古代，我国的炼钢技术在世界上处于领先地位。百炼钢之法，是将生铁反复锻打及淬火以得到优质钢。这种钢表面青且黑。根据宋人周去非和范成大对大理刀品质的记载，可以推测大理刀正是用百炼钢法锻造而成的。

同样出名的还有大理剑。据《南诏野史·段正淳》记载：国王段正淳在位时，善阐的诸侯高观音去朝见国王，国王亲自赐予其"龙头剑"。连国王都以剑赠人，足见大理所造之剑何其有名。从南诏国时期到大理国时期，刀和剑已经是普通人的寻常日用之物。南诏时就已经"使人用剑，不问贵贱，剑不离身"[3]。这表明刀和剑已经被大量制造，也说明了大理人已经掌握了高超的冶炼、锻打和热处理技术。

随着大理国时期铁的冶炼和铁器制作技术进一步普及，乌蛮等山地民族也掌握了制造刀剑的技术，所造刀剑的质量相当好。元人李京在《云南志略》中记载，乌蛮"善造坚甲利刃，有价值数十马者"。

大理国时期，云南在早期已有的青铜失蜡铸造法的基础上，进一步产生了铁的失蜡铸造法。大理弘圣寺出土了一件这一时期铁制的大黑天神头像（见图4-11）。该像高约23厘米，为立体造型，两侧未见范缝，整体完整，推测

图 4-11
铁制四臂大黑天神头像
诸锡斌2021年摄于大理白族自治州博物馆

---

[1] 有学者认为，南诏、大理国不仅已经广泛使用铁质农具，而且随着锻造技术的进步，铁质农具的质量也得到了相应的提高，其生产效能也进一步提高。参见袁国友《云南农业社会变迁史》，云南人民出版社，2017年，第190页。
[2]（宋）沈括：《梦溪笔谈》卷三《炼钢》。
[3]（唐）樊绰撰，向达原校、木芹补注：《云南志补注》，云南人民出版社，1995年，第113页。

应为失蜡法所铸①。这种方法在这一时期被应用，十分少见。

（二）铸铜

云南的铜资源十分丰富，铜矿在全国久负盛名，长久以来，云南的冶铜业都很发达。南诏国时期，云南已经能够大量铸造铜佛像。到了大理国时期，铜佛像的铸造技术进一步发展。《南诏野史》说大理国第一代国王段思平"铸佛万尊"，其后历代大理国王也多因信佛教而时常铸佛像。至今，大理境内仍然保留着较多的铜佛像（见图4-12），这些铜佛像具有很高的艺术成就。大理国时期也留下了很多观音像。在这些观音像当中，最有特色的是大理三塔出土的阿嵯耶观音像。该铜像呈立式细腰状，直鼻，小口薄唇，宽肩，亭亭玉立，脸颊圆润而丰腴，上身袒露，呈微笑状，在艺术上有很高的成就。②

图4-12 宋代大理国时期的铜像（左起：铜观音立像、铜杨枝观音立像、铜大黑天指环金刚像）
诸锡斌2022年摄于大理市博物馆

大理国这一时期铜钟的铸造也足可称道，已经能够浇铸上万斤的大铜钟。永胜县觉斯楼的一口大铜钟高6尺，口径5尺，重达万斤。铸造该铜钟需要大量使用铜材和具备高超的技术，在熔炼、浇铸和起重等环节要解决许多工艺、设备和技术问题。

（三）冶铸金银

因为佛教的巨大影响，大理国时期金银铸造品也主要是佛教用品。这些金银冶铸品同样具有很高的工艺水平。

1978年，工作人员在维修崇圣寺千寻塔时发现了大理明治年间（997—1009年）制作的七尊金佛像，其中包括现存于云南省博物馆的金质阿嵯耶观音像，其制作精良，艺术性很高。而大理崇圣寺出土的银质鎏金镶珠金翅鸟（迦楼罗）堪称我国古代艺术的瑰宝。（见图4-13、图4-14）

---

① 李晓岑：《云南科学技术简史》（第二版），科学出版社，2015年，第143页。
② 大理白族自治州博物馆：《大理白族自治州博物馆》，云南人民出版社，2013年，第39页。

图（左）4-13
金质阿嵯耶观音像

诸锡斌2021年摄于云南省博物馆

图（右）4-14
银质鎏金镶珠金翅鸟（迦楼罗）

诸锡斌2021年摄于云南省博物馆

阿嵯耶观音像是纯金观音立像，通高28厘米，重达1135克，背部附有银质背光。观音面容端好，上身裸袒，戴项圈、背钏，着薄质透体法衣，手势为接引印。这是迄今为止发现的同类佛像中最具有科学价值和艺术价值的一尊[①]。这些金佛像采用铸造和锻打方式制作，其为金银合金，极少有纯金。崇圣寺三塔中还出土了银佛像15尊。对其中一件银佛像底座的化学成分分析结果表明，其为银铜合金（银86.6%，铜5.7%，金0.7%）。银质鎏金镶珠金翅鸟（迦楼罗）高18.5厘米，重125克，在工艺制作上使用了多种技法。先将鸟的头、翼、身、尾等部分分别铸造出来，经过细部的精巧镌刻后再焊接为整体，缀以水晶珠饰。银质鎏金镶珠金翅鸟造型绝妙、工艺精巧，代表了当时大理国金银器工艺的高超水平。对崇圣寺三塔出土的另一个银莲座的成分分析结果表明其银的纯度很高（银96.4%，铜0.4%，金0.2%）[②]。

大理崇圣寺大量金质细腰观音和罕见的银质鎏金镶珠金翅鸟的发现表明云南当时的金属制造业相当发达。1992年，大理挖色乡发现一处巨大的古代冶铜工场，离地0.33~1米处，分别有脉长80米、30米、8米的古铜矿渣遗址3处。在该地还发现一处宽7米、高6米的巨大炼炉，旁有矿渣。可以推断，这些巨大的古代冶炼遗址应是大理国时期的冶铜工场[③]，这说明在大理国时期，云南的矿冶业已十分兴盛。

[①] 林甘泉、张海鹏、任式楠：《从文明起源到现代化：中国历史25讲》，人民出版社，2002年，第352页。
[②] 李晓岑：《云南科学技术简史》（第二版），科学出版社，2015年，第140–141页。
[③] 闫峰：《从考古文物看大理国时期经济发展状况》，《大理学院学报》2007年第11期，第18页。

四、织造技术

大理国时期，云南以丝、毛、麻为原料的纺织业生产出了许多重要的产品，其工艺技术十分精湛，体现了明显的地方特色。造纸、印刷技术也同样有地方特色。

（一）纺织技术

北宋文豪苏轼在淯井监（今四川长宁北部）买到一件大理国白蛮缝制的"蛮布弓衣"，衣上的花纹有梅圣俞《春雪》诗的意境，工艺精湛。苏轼极为珍爱，把这件弓衣作为传家宝。[1]这里提到的所谓"蛮布"，实为"桐华布"[2]，说明大理国时云南的纺织技术水平已经相当高。大理国通过交换从内地输入高级丝织品，又从本土的各个进贡部落收到大量绮罗，织成品的丰富对其纺织技术的提高大有助益。纽约大都会博物馆收藏有大理国段正严治理时期制成的绢本《维摩诘经》，说明大理国纺织品中的丝绢还被用于撰写经书。

大理时期，羊毛纺织的技术和产品质量很受称道。用羊毛织出的毡在当时是云南的特产，被外族人称为"蛮毡"。宋人范成大《桂海虞衡志》中说"蛮毡……以大理者为最。蛮人昼披夜卧，无贵贱"。南宋周去非在《岭外代答》中说："西南蛮地产绵羊，固宜多毡毳，自蛮王而下至小蛮，无一不披毡者。但蛮王中绵衫披毡，小蛮袒裼披毡尔。北毡厚而坚，南毡之长至三丈余，其阔亦一丈六七尺，摺其阔而夹缝之，犹阔八九尺许。以一长毡带贯其摺处，乃披毡而系带于腰，婆娑然也。昼则披，夜则卧，雨晴寒暑未始离身。其上有核桃纹，长大而轻者为妙，大理国所产也，佳者缘以皂。"从这两处记载可知，大理国人无论贵贱都披羊毛毡。只有羊毛纺织品产量大、质量好而且能够稳定生产，才能满足很多人的广泛需求，可见当时的纺织技术是先进的。这种传统制毡技术在彝族人中一直传承至今（见图4-15）[3]。

图 4-15
披毡放羊的彝族妇女

诸锡斌2022年摄于云南禄劝县

大理国普通百姓的织造品，其原料除了制毛毡用的羊毛以外，还有麻、棉、丝以及多种

---

[1] （宋）欧阳修：《六一诗话》。
[2] 参见云南省科学技术志编纂委员会《云南科学技术大事（远古～1988年）》，昆明理工大学印刷厂，1997年，第7页。该书提到，据《永昌府志》记载，苏东坡偶然得到的这件"桐华布"弓衣，衣上织的是梅尧臣《春雪》诗一首。
[3] 夏光辅等：《云南科学技术史稿》，云南科技出版社，1992年，第73页。

野生植物纤维。比如大理国的麻纺织就十分普遍,麻制品在生活中十分常见,其原料主要是麻和苎,麻索就是广泛使用的一种制品。四川人杨佐到大理去买马,于路途中看见大理国人大量去四川铜山(在今中江县境内)买麻和苎,可知当时应有麻布纺织需要。

另外,在边疆地区,蚕桑业发展很快。《云南志略·诸夷风俗》说:金齿百夷(指今天的滇南傣族地区)"地多桑柘,四时皆蚕"。可知在当时边远地区已经把养蚕作为谋生手段。

考古发掘出的这一时期纺织品多为丝织品。如大理崇圣寺三塔出土的一件丝织品上有云彩、花卉、蝴蝶及各种几何图案,说明当时丝织品的织造技艺很精湛,达到很高的水平。

(二)造纸技术

五代以后,云南本地已经能够生产硬厚如皮的纸张,并将其用于书写奏疏。大理国时期大量生产柔韧的绵纸供抄写佛经使用。宋代范成大称大理国所造的纸为"碧纸"。"碧纸"是一种经过特殊加工的有颜色的纸。现存的大理国时期写本佛经,有很多是用云南鹤庆制造的白绵纸书写的。1956年后发现于大理地区凤仪镇北汤天法藏寺的三千多册佛经中,年代最早的是《护国司南抄》(见图4-16),今分藏于云南省社会科学院和云南省图书馆①。经鉴定,《护国司南抄》抄写年代为大理国保安八年,即宋仁宗皇祐四年(1052年)。这是迄今为止中国大陆现存最早的出土于云南的有纪年的佛经写本②。《护国司南抄》为厚麻、匀细的纸质,制作时捣舂得精细,其上有明显的帘纹,应为抄纸法制造,并且抄纸设备已有相当程度的进步。③

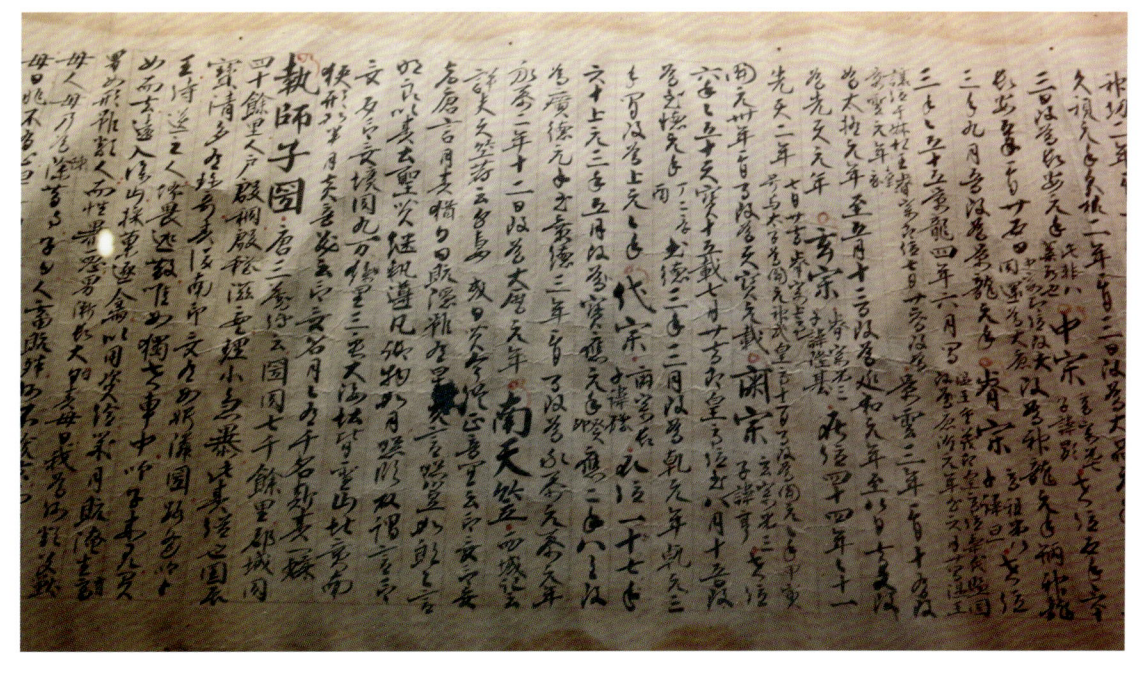

图4-16
大理国保安八年《护国司南抄》一卷

诸锡斌2022年摄于云南省典籍博物馆

此外还有《通用启请仪轨》《大灌顶议》《金刚般若波罗蜜经》《药师琉璃光如来本愿功德经》《佛说长寿命经》《佛说灌顶药师经书》《大佛顶如来密因修证了义诸菩萨万行首楞严经序》《礼佛忏悔文》《大般若波罗蜜多经》《诸佛菩萨金刚等启请仪轨》《金光明最胜王

---

① 《护国司南抄》的头、尾两端现藏于云南省社会科学院图书馆,中间一段藏于云南省图书馆下设的云南省典籍博物馆。
② 侯冲:《大理国写经〈护国司南抄〉及其学术价值》,《云南社会科学》1999年第4期,第110页。
③ 参见李晓岑《白族的科学与文明》,云南人民出版社,1997年,第199页。

经疏》。这些佛经都用白绵纸书写，以卷轴装。写经的纸张较厚，有绵性，黄褐色。多数经卷的纸张还经过"入潢"处理（即用黄檗水浸过），这样处理之后，纸张即使历经千年也不会被虫蛀蚀。这种纸的原料可能是滇西的构树皮。[1]能够较大规模地生产和使用这种纸张，足以说明大理国时期棉纸的生产质量有了更大的提高且趋于稳定，生产规模也变得更大。

（三）印刷与装帧技术

大理国时期，在与内地的文化交流中，云南的印刷术得到不断改进，装帧技术也有了相应的发展。

1. 印刷术

从北宋开始，内地已有书籍传入云南。南宋时更是有大量书籍传入云南。这种交流推动了云南本土印刷术的兴起。

大理地区凤仪镇发现的经卷《佛说长寿命经》（图4-17），字体流畅，长期被认为是抄本，专家鉴定此经卷为刻本而非抄本[2]。一般认为其年代为大理国晚期，即南宋的宝祐年间，此时云南已经开始使用雕版印刷技术[3]，因此可以认为该经是云南现存较早的雕版印刷品[4]。

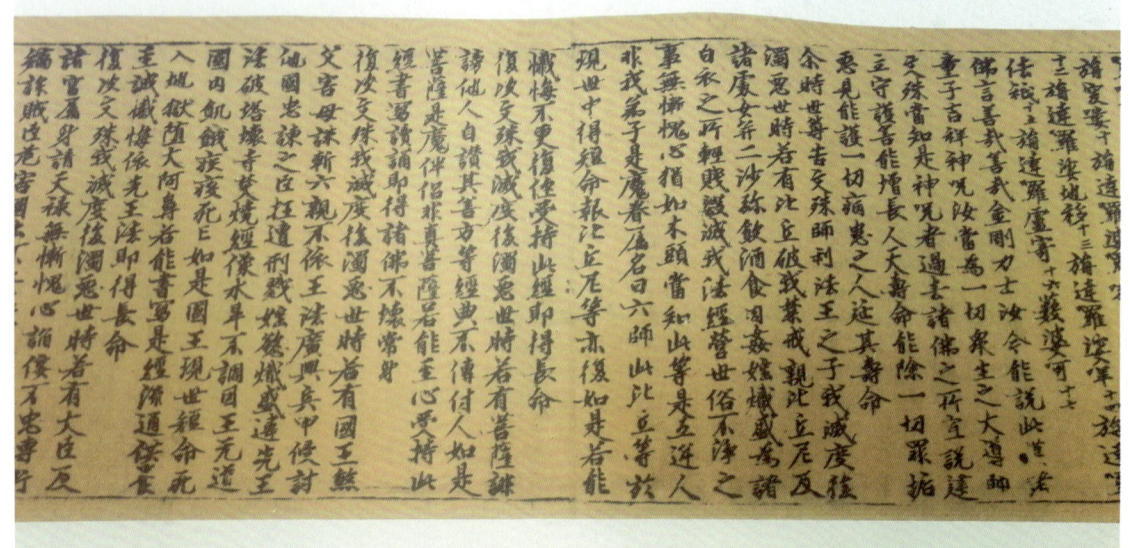

图 4-17
大理国时期刊刻的《佛说长寿命经》
诸锡斌2022年摄于大理市博物馆

2. 装帧术

由于大理国盛行佛教，所以装帧技术多用于对佛经的装帧。装帧的主要方式是常见的卷轴装、蝴蝶装和经折装。但佛教史研究专家侯冲发现了旋风装实物《密教观行次第》经卷[5]，《佛说长寿命经》（图4-18）、《诸佛菩萨金刚等启请仪轨》初发现时也是旋风装，说明大理国曾出现过此种装帧形式。

---

[1] 参见方铁主编《中国边疆通史丛书·西南通史》，中州古籍出版社，2003年，第396页。
[2] 2002年，科技史专家李晓岑约请侯冲、张永康、马文斗、罗焰等专家共同鉴定大理地区凤仪镇发现的经卷《佛说长寿命经》，因其断笔、断墨现象十分明显，并有印版的特征，确定其为刻本而非抄本。参见李晓岑《云南科学技术简史》（第二版），科学出版社，2015年，第148页。
[3] 云南省科学技术志编纂委员会：《云南科学技术大事（远古~1988年）》，昆明理工大学印刷厂，1997年。
[4] 李晓岑：《云南科学技术简史》（第二版），科学出版社，2015年，第148页。
[5] 具体参见侯冲《从凤仪北汤天大理写经看旋风装的形制》，《文献》2012年第1期，第40-48页。

图 4-18
大理国时期装帧的《佛说长寿命经》
诸锡斌2022年摄于大理市博物馆

五、化工技术

大理国时期，云南的化工技术集中表现为能够制作各种上釉陶器，以及能够酿造钩藤酒。

（一）上釉陶器的制作

陶器作为容器，会渗漏，但只要给其上釉就可以弥补其易渗漏之弊。在现今大理市考古发掘出土的文物中，有大理国时期的上釉陶器，其采用了独特的制作工艺。

这一时期的上釉陶器以鹤庆县出土的大理国时期生肖纹绿釉盖罐，在大理喜洲征集的大理国时期的5件绿釉碟和1件彩釉陶套罐（图4-19），以及大理绿桃村出土的大理国时期绿釉陶罐（图4-20）为代表。这些釉陶釉色亮丽，外形美观，烧制工艺也很成熟。而崇圣寺塔出土的一件绿釉高足碗的胎质已经细腻到近于瓷器的水平。

图（左）4-19 大理喜洲征集的大理国时期绿釉碟和彩釉陶套罐
诸锡斌2021年摄于大理白族自治州博物馆

图（右）4-20 大理绿桃村出土的大理国时期绿釉陶罐
诸锡斌2021年摄于大理白族自治州博物馆

出土的大理国陶器的釉色多为绿色，其中可能含有较多铜、铅元素，属铅釉系统。陶器外观光润，说明上釉技术水平已经很高。但绿釉烧成的温度往往不太高，颜色有深浅的不同。有些陶器格调富丽，胎质坚硬，构成中国传统陶器中独特的大理风格。① 大理国时期制作的陶器能够上釉，已经是陶器烧制技术的一大发展，但是因为烧制时炉窑温度不够高，只能烧制出陶器而非瓷器。

大理天井村出土的两件大理国时期的陶质大型鸱吻（见图4-21），是建筑中的屋脊装饰。一件长约130厘米，宽60厘米，残高5厘米；另一件长125厘米，宽60厘米，残高58厘米。② 两件陶器都是青灰色，鸱吻造型复杂，呈张口吞物状，如铃巨眼虎视眈眈。其体积之大也很罕见，它们的制作和烧造过程应该有相当的难度。

（二）钩藤酒的酿造

大理国时期云南少数民族地区流行一种钩藤酒。《续资治通鉴长编》卷二六七记载，北宋熙宁七年（1074年）成都府派

图4-21 大理天井村古窑址出土的大理国时期陶质大型鸱吻
诸锡斌2022年摄于大理白族自治州博物馆

---

① 李晓岑：《云南科学技术简史》（第二版），科学出版社，2015年，第154页。
② 田怀清：《大理市天井山发现南诏大理国古窑址》，载《二十世纪大理考古文集》，云南民族出版社，2003年，第563页。

杨佐到大理国买马，在距苴咩城①150里处，当地的束密王以"壶觥酒"热情款待。这种酒就是当时流行的钩藤酒。喝钩藤酒的风俗至今仍然在云南少数民族中有很大的影响。《续资治通鉴长编》卷一二〇还记载，南宋绍兴三年（1133年），西南蛮近两千人到四川泸州卖马，用船带去的货物中就有酒。这说明当时云南酿造的酒已经卖到了内地，如果没有成熟的酿酒技术，不可能形成这样的贸易。

第二节 元代的科学技术

元代将云南纳入中央王朝统治，虽然统治历时短暂，但统治者较少受儒家传统束缚，也少有华夷之见，南北方及各族之间的交流较前代活跃，科技政策更加开明。元代统治者（尤其是元世祖、元仁宗、元顺宗）对专业人才和知识实行宽松政策，朝廷的诏谕、敕令等多涉及搜访各种专业人才与知识及对其实行宽容政策等政治措施，这对科技进步有直接促进作用。对待外来文化与科学技术，"元代统治者一般均能平等看待，对科技器物与技术知识也为其发展提供场所和其他条件"②。元帝国还实施横跨欧亚的东西南北文化科技大交流的国策。由于元代已经把原大理国纳入中国版图之中，所以官方的科技政策对云南科技发展产生了很大影响。迁居云南的内地人带来的技术也给云南科技发展以多方面的影响。同时，云南本土科技通过积累渐成较厚实的基础，逐步形成了自我发展的能力。

这一时期云南在吸纳其他地区科技成果的同时，也继续保持和发展本土特色，甚至有本土技术成果输入内地。但因元代历时短，云南的科学技术在许多领域如建筑、化工等方面并没有充分发展。

一、水利

元朝统一云南后，云南大地硝烟散去，铸剑为犁，社会经济逐渐从战争创伤中恢复并有了大的发展。元朝统治者虽然是游牧民族，但统一全国后也把各行省农业的发展置于重要位置，所以元代云南的各项事业中以农业的进步最为显著。云南农业能够取得进步的一个重要因素就是兴修了水利工程。在这些水利成果中，滇池水患治理和水利工程建设堪称代表。

（一）治理滇池

滇池是云南高原最大的湖泊，其基本特点是"源广末狭，有似倒流"。上游六河（即滇池上游的盘龙江、金汁河、宝象河、马料河、海源河、银汁河等六河）无障水设施，导致下游唯一的泄水口海口河排水不畅，遇丰水期，这种情况更突出。元初滇池和六河在雨季经常泛滥成灾，洪水甚至浸入昆明城内，此即《元史·张立道传》所记载的"夏潦暴至，必冒城郭"。

---

① 苴咩城又叫羊苴咩城、阳苴咩城，其城池遗址在今大理古城及其以西地区，北至桃溪南岸，南至绿玉溪北岸一带。
② 吴彤：《元、明科技观念与政策》，载《中国少数民族科技史研究》（第二辑），内蒙古人民出版社，1988年，第15页。

元至元十三年（1276年），云南行省平章政事（即省最高行政长官）赛典赤·赡思丁在充分调查研究的基础上，认识到要搞好滇池水系的治理与开发，关键在于搞好滇池下游海口河和滇池上游六河的治理。因此，他确定并组织实施了疏蓄上游六河、扩泄海口河的方案。施工历时3年，疏浚了六河，并在水量最大的盘龙江上建了松花坝，又沟通金汁河与盘龙江，减轻了汛期盘龙江的压力，在六河上建造了一些河闸，如金汁河上的燕尾闸、银汁河上的南坝闸等；对下游海口河则深淘浅滩，疏扩河道。通过这些措施的实施，昆明地区具备了对上游六河排水量进行合理调控的能力，使得滇池水位大幅度降低，解除了滇池水患。这一次大规模治理滇池的成功，为滇池地区农业生产的发展创造了有利的条件。此后云南因水利而致军民屯田大兴，面积占全省屯田总面积的1/3左右。[①]

（二）松花坝水库的修建

治理滇池是系统工程。滇池上游的盘龙江原在嵩明县一带的山间河谷中流淌，其进入地势平坦的昆明坝区时，水流变得缓慢，江水带来的大量泥沙停留在底部，沉沙逐年累积，河床逐年升高，"夏潦暴至，必冒城郭"，严重影响了昆明平坝地区的农业生产。盘龙江上游金马山以北一段疏浚以后，赛典赤·赡思丁就与当时云南的巡行劝农使张立道共同总结了历代滇池区域人们的治水经验，并进行了"求其源头所自"的实地勘察工作，最后选择在盘龙江流出山箐的最狭窄处——凤岭及莲峰二山之间修筑松花坝水库（今称松华坝水库，见图4-22），并在坝上修建闸门，"以时启闭，缺则放水，治则索蓄之"[②]，以此来调节盘龙江下游的水量。这一工程基本控制了从松花坝到昆明城区一带的水位变化，减弱了洪水季节的水势，较好地解决了盘龙江洪水暴涨时淹没城乡房舍农田的问题。

图 4-22
昆明松华坝水库

诸锡斌2019年摄于松华坝水库所在地

---

① 方铁：《元明时期云南的农业水利技术》，载中国科学技术史学会少数民族科技史研究会、云南农业大学《第三届中国少数民族科技史国际学术研讨会论文集》，云南科技出版社，1998年，第318页。
② （明）宋濂、王祎：《元史·张立道传》。

为防止大量蓄水使松花坝决堤，他们又在松花坝的东侧开挖了一条泄水渠道通到金汁河，"堤宽限一丈六尺为度，造小闸十座"[①]，将松花坝的蓄水分流入金汁河中。这样，一方面能使水量较大的盘龙江分道减势，使下游雨季的泄水量减少；另一方面又能使平时流量很小、经常干涸的金汁河有充足的水源[②]。金汁河堤上一直保留的"相公堤"三个字，就是为纪念赛典赤·赡思丁的不朽功绩而题写的。至元十五年（1278年）松花坝水库修成，昆明城郊西北至东北、东南及海口一带形成了当时云南规模最大、最完整、最科学的系统水利工程，昆明郊区万顷农田在枯水季得到很好的灌溉。

松花坝水库的修建，既减轻了凶猛的洪水对昆明城的威胁，又起到了提供城市用水的作用，这样就达到了变水害为水利的目的。松花坝水库以其在设计、修建、运行等方面独具的匠心而成为元代甚至云南古代最有影响的水利工程，其直到现在还发挥着重要的作用。

元代云南的水利建设具有以下特点：首先，元代对滇池的治理，其整体规模、耗资都非常巨大。据《咸阳王抚滇功绩》记载，仅疏通海口河就以2000民工挖了3年才完工。整个工程南北纵贯数十千米，筑坝百余里，修闸数十座，开涵洞、渠道、岔河近400条，是当时云南水利史上最大的水利工程。其次，元代在滇池的治理中一改此前的模式，不再把水利工程建设作为水患发生时或事后采取的补救性措施，而是长远谋划，有明确的治理目标和比较完整的配套施工方案。赛典赤·赡思丁和张立道着眼于把滇池周围经营成云南最好的农业生产区域，通过事先周密的基础性调查，针对滇池地区广大，水主要来源于周围山地，因而旱季易涸、雨季常涝等特点，确立了以蓄水灌溉为目的的治水方针，制定了上游建坝蓄水、中游开河分洪、下游疏浚海口的配套方案，多措并举，治患兴利，彻底改变了此前滇池地区农业生产的不利环境。最后，确立并执行了水利管理与维护制度。为确保松花坝及滇池地区水利工程的安全，赛典赤·赡思丁专门设立了一种制度，即"额立三百六十匹报马，三百六十名看水余丁，倘遇崩倒水浸，即时飞报上司，齐集乡民，挑补修筑，不容怠缓"[③]。同时还专门设置管理水利的官员，分别派驻于松花坝水库、滇池的海口排水口等主要堤闸处，专门负责日常管理和维修。

元至元十六年（1279年），赛典赤·赡思丁死于任上，送葬群众"号泣震野"。元成宗铁穆耳于大德元年（1297年）追赠赛典赤·赡思丁为"上柱国、咸阳王"（见图4-23）。

此外，元代在云南的其他地区也兴建了不少水利工

图4-23
赛典赤·赡思丁真身墓
诸锡斌2002年摄于昆明北郊松华坝马耳山马家庵村

---

① （清）刘发祥校：《咸阳王抚滇功绩》。
② 夏光辅等：《云南科学技术史稿》，云南科技出版社，1992年，第90页。
③ （清）刘发祥校：《咸阳王抚滇功绩》。

程。如《元一统志·通安州》记载：在今属丽江地区的通安州有山泉"下注成溪，灌溉民田万顷"；在姚安府有各族官民修建了13处陂塘，其中在姚安府治西南有6处，在府西有当陂院，在府北有地角等5处；而位于楚雄府治所以东的梁王坝，则是元代驻守云南的梁王主持修建的大型陂塘。①

二、农业与畜牧业技术

元代出现全国文化和科技的大交流传播，边疆省云南也因此受益。云南地方官员努力屯田，还介绍引入了内地和域外技术，包括内地种桑、养蚕的经验。这些举措使得云南农业因技术的提升出现大的发展，同时畜牧业也有了进步，云南的农业生产出现繁荣的景象。马可·波罗说，当时的押赤城（今昆明）"城大而名贵，工商甚众"，"颇有米、麦"，"鱼类繁殖"；赵州（今凤仪）"百姓富庶，少旱虐之灾"②。

（一）大规模屯田

为增加田亩、开辟耕地以解决军粮给养，历代王朝都在边疆屯田，这种屯田为军屯。从西汉开始云南就有屯田。但在云南实行较大规模屯田，设立专门机构管理屯政，实始于元代。元代在云南实行屯田的目的是"以资军饷"和加强对屯田地区的镇守，实现荒芜田地和无业人口的结合，恢复正常生产，改善民生以缓和社会矛盾，从而把云南行省辖地变为元代稳固的战略后方和财富基地。在云南的屯田进一步开发了云南地区，为以后明朝继续在云南开展更大规模的屯田打下了较好的基础。③赛典赤·赡思丁及其继任者是云南屯田事业的执行者。

元代初期云南平定之后，留守云南的蒙古兵很少。据《元史》载，"不久仅存二万人"，所以赛典赤·赡思丁在云南实行屯田就从清理编户人口和田土入手，动用民力，以民屯的方式达到军屯的目的。其办法是在有农业基础的地区，清理田地和人户，清理出来的人口的一部分作为"编民"编为屯田户，集中在一定的垦区内进行农业生产活动，由政府授以农具和种子，所种的田为屯田。此法逐渐在全省广泛实行。元代军民屯田面积为96667双，以每双5亩计算，一共有483335亩。④元代的主要屯田区域在昆明、大理、玉溪、楚雄、保山、昭通、曲靖、建水⑤，以及鹤庆、寻甸、澄江⑥。这些地方屯田规模大，仅乌蒙等处的军屯土地面积便达125000亩，约超过云南全省屯田总数的1/3；屯田面积较多的昆明、大理、楚雄、建水等地，均为历史比较悠久的传统农业区。不过元代在乌蒙、乌撒（今贵州威宁）、罗罗斯（今四川西昌和凉山州其他地区）等偏僻之地也大量屯田。⑦

从元代的屯田可以看出，自元代开始，云南的农田利用是与开垦荒地、扩大种植面积联系在一起的。如元代"纳速剌丁⑧后亦仕至平章，选官专督军民屯田，斩荆披棘，厥功亦

---

① （明）陈文等撰：景泰《云南图经志书·姚安军民府·山川》。
② 马寅：《中国少数民族常识》，中国青年出版社，1985年，第124页。
③ 马曜：《云南简史》［第三版（新增订版）］，云南人民出版社，2009年，第78页。
④ 另据解炳昆先生根据《元史·兵志·屯田》记载所做的统计，元代今云南境内各屯区共有屯户15052户，屯田地亩共56599双，以每双4亩来计算，共有226396亩；平均每户耕种屯田3.8双，约为15亩。参见袁国友《云南农业社会变迁史》，云南人民出版社，2017年，第296页。
⑤ 夏光辅等：《云南科学技术史稿》，云南科技出版社，1992年，第105页。
⑥ 马寅：《中国少数民族常识》，中国青年出版社，1985年，第123页。
⑦ 方铁主编：《方略与施治：历朝对西南边疆的经营》，社会科学文献出版社，2015年，第255页。
⑧ 纳速剌丁为赛典赤·赡思丁后人。

伟。……逮及元季，云南行省军民屯田……以南诏田一双，即以五为亩之数计之，则得田三千三百八十二顷一十五亩"①。此记载显示，屯田开荒使得云南的农田面积扩大。

元代在云南实行了长达40年的屯田制，屯田面积达2.7万多公顷。屯田对开发土地、吸收内地先进的经济文化、发展农业生产起到了重要作用。其成效如"尽其水土之利，公有余而足以用众，私均赡而不敢自私，又通其医药、市易、祷祠、游观之用，几不异于中州"。不到三年，屯田地区"稳然不可动之势成矣"。延祐年间（1314—1320年），在官吏刘济进行整顿后，乌蒙、乌撒一带屯田的地区出现了"府中储积多如山，陂池种鱼无暵干，几闻春碓响林际，仍为疏蔬流圃间"的兴旺景象。②

（二）内地农业技术的传入

元代云南地方行政官员在努力推进屯田事业的同时，也注意"教民播种，为陂池以备水旱"③。元初，张立道被派往云南任大理劝农使，他把内地的先进农业技术带入云南大理地区。《元史·张立道传》记载，当时"爨僰之人"④虽知蚕桑，但种植和饲养均不得法，赛典赤·赡思丁于是命张立道教当地人养蚕技术，此举提高了丝的质量与产量，收利十倍于从前，促进了云南丝织业的发展，云南人的生活由此更加富庶。新方法的应用在云南成绩斐然，张立道"官云南最久，得士人之心，为立祠于鄯城西"。⑤为张立道立祠之举足见云南人对张立道引入技术之感激。

（三）茶马交易和不平衡的农业生产

这一时期云南的茶叶生产也有进一步发展，滇南傣族地区以毡、布、茶和盐互相交易。著名的"茶马交易"继续发展，云南茶叶当时已是"茶马古道"交易中的重要组成部分。通过"茶马交易"，茶叶进入今蒙古国、中国新疆再辗转到中亚、西伯利亚。⑥在滇东北，有的少数民族不仅种植稻谷，而且常常以贩卖茶叶为业。

在元代，云南因受前朝信仰佛教传统的影响，种植了大量水稻、麦、麻和各种蔬菜、水果，但是云南农业发展不平衡问题一直存在。在滇池、大理等农业基础较好的地区，农业一直在稳步发展，而在偏远落后地区，农业的发展情况就比较复杂。比如，滇南景洪地区的傣族人很早就知道用犁耕田，而麓川地区⑦的傣族人则直到元代末期仍然没有牛耕，而是处于锄耕阶段。⑧

（四）畜牧业

元代云南畜牧业发展的代表是云南的马更加出名。元代在云南广设站赤，为传递信件公

---

① 周钟岳等纂修：《新纂云南通志》（一编），1949年印行。
② 方铁：《西南通史》，中州古籍出版社，2003年，第505页。
③ 马寅：《中国少数民族常识》，中国青年出版社，1985年，第123页。
④ 元人姚燧《挽云南参政张显卿》诗之三曰："自非威信结夷蛮，祠庙谁修爨僰间。"又据1258年蒙古军队灭大理国后，兀良合台率云南蒙古军队3000精兵，和大理总管段兴智调集的爨僰军万人进攻湖南、湖北，可知此处所谓的"爨僰之人"，当指居住于云南大理境内的少数民族。
⑤ 李晓岑：《云南科学技术简史》（第二版），科学出版社，2015年，第132页。
⑥ 周巨根、朱永兴：《茶学概论》，中国中医药出版社，2013年，第17页。
⑦ 麓川是傣族先民在云贵高原西南部、缅甸中北部建立的政权。
⑧ 见（明）钱古训、李思聪：《百夷传》。

文之驿站，此举刺激了云南养马业的兴旺。据《经世大典·站赤篇》载，当时云南行省有站赤70处，马站74处，马2345匹。除官府外，民间养马也很兴盛。《马可·波罗行记》记载："云南省及广西高地产健马，躯小而健，贩售印度。"[1] 史载，元成宗初年，云南一年贡献给梁王的马就达2500匹。云南行省所辖亦奚不薛是直属元王朝御下的14处牧地之一，范围包括今云南及贵州西北部，由罗鬼首领、八番顺元宣慰使铁木尔不花主管，其畜养出来的马，称为"国马"。这是因为其地在畜养马匹时采用给马喂盐以防疾病和助马复膘的方法，而此法在大理国时期就已应用。据载："至顺二年云南行省奏：亦奚不薛之地所牧国马岁给盐，以每月上寅日啖之，马健无病。今伯忽叛乱，云南盐不可至，马多病死。"[2] 元大德四年（1300年），元出兵两万征讨"八百媳妇"国（在今泰国境内），就在云南征马达一万匹之多。[3] 由此可知当时云南养马数量之多，质量亦佳。此外，彝族地区也是"地多健马"。

除了养马的规模不断扩大外，养羊、养牛也十分普遍，而且规模可观。彝族地区每年祭祀时宰杀牛羊动以千数，少者不下数百；而元人李京说"金齿百夷"地区（现今滇南傣族地区）当时已经以养羊著称，有"少马多羊"的现象。马可·波罗称赞滇南的阿木州（今开远）有良土地、好牧场，所以牛及水牛也很多[4]。白族地区则盛产绵羊，而傣族地区的牲畜还有牛、马、山羊、鸡、猪、鹅和鸭等[5]。

三、纺织、造纸和印刷技术

元代云南地区纺织技术的进步主要体现为麻纺织技术的进步，以及丝绸织造和织锦的进一步发展。同时因为佛事兴盛，云南地区对印佛经有大量需求，导致纸张需求增大，因此出现了以大理地区为代表的几个造纸中心，造纸技术也有进步。在印刷技术方面，雕版印制工艺已很发达。

（一）纺织技术的进步

元代云南纺织技术的进步主要体现为大理地区麻纺织技术的进步，以及傣族地区出现了丝绸和织锦。

在元代，大理地区的纺织比之前有更好的原料。元人郭松年的大理游历记录显示，他来到滇西的白崖甸（今弥渡），看到当地有"禾麻蔽野"的景象，这说明那里的大麻种植很普遍。而元人李京的文献记录也显示，大理地区麻的栽培与内地相同。当时所说的大麻，俗称"火麻"（学名为 Cannabis sativa L. subsp. sativa，参看图4-24），其纤

图 4-24 火麻
诸锡斌2021年摄于云南省农业科学研究院嵩明现代科研基地展览室

---

[1] 《马可·波罗行记》，兰登书屋，1935年，第459页。
[2] 《元史》卷一〇〇《兵三》卷一二五《赛典赤·赡思丁传》附《忽辛传》，卷三五《文宗四》。
[3] 《元史·成宗本纪》。
[4] 冯承钧译：《马可·波罗行记》一三一章，河北人民出版社，1999年，第465页。
[5] 李晓岑：《云南科学技术简史》（第二版），科学出版社，2015年，第133页。

维白而柔软，是优良的纺织原料，可用于单纺或混纺。原料由麻、苎到大麻的发展，说明人们对纺织成品的要求更高，这也就意味着纺织的质料和技术都比大理国时期进步。

元代云南的养蚕业继续发展，丝绸和织锦也渐盛。元人李京的《云南志略》记载，傣族地区"交易五日一集，旦则妇人为市，日中男子为市，以毡布茶盐互相贸易。地多桑柘，四时皆蚕"，富有人家"衣文锦衣"[①]，表明农桑生产在傣族人的经济生活中占据十分重要的地位。傣族人以蚕茧抽出的丝为原料制成的绸缎和傣锦，逐渐有了名气。

（二）造纸技术的进步

从宋代开始，在云南，纸张除了用于佛教写经外，还进入了人们的日常生活中，这种情况在元代仍然在发展。纸张用量的增加，使得云南的造纸技术开始进步。

大理国时白族人抄写佛经所用的纸质量很高。到了元代，造纸技术继续发展。元代丽江纳西族地区也掌握了造纸技术，《元统一志》说通安州（今丽江）土产有纸，这是目前发现的唯一关于云南造纸地点的明确记载。

从大理国时期到后来的元代，云南的经卷制作多采用抄纸法，偶见浇纸法，原料有麻、树皮、竹和桑皮。

（三）印刷技术的进步

元代云南的印刷技术进一步得到发展，其中雕版印刷技术已达到成熟水平。当时的雕版印刷事业以昆明和大理两地最为集中。根据专家考证，元至正四年（1344年）大理刊刻的《大方广佛华严经》内有"苍山僧人赵庆刊造"及"董药师贤男华严保为法界造"的题记。这个题记的存在说明，该部经是赵庆和董贤刊刻的，是雕版印制工艺高度发达条件下刊刻印制的经书。元至正四年（1344年），大理僧人杨胜刊刻了《般若真言》。这些刻本的水平并不比内地刻本差。

四、采矿、冶炼和铸造工艺

元代云南在采矿、冶炼和铸造工艺方面的发展，主要表现为金、银、铜、铁矿开采地和开采量的增多，铁器制造以造刀闻名，锡器的质量十分高，珐琅器工艺由蒙古人传入云南并得到传承，发展出闻名于世的景泰蓝。

（一）元代云南金、银、铜、铁矿的大量开采

云南富有铜、铁、锡、铅、金和银等矿产，在宋代，朝廷已经认识到云南的金属矿产有巨大的潜力。到了元代云南被纳入中央王朝版图后，朝廷很重视经营云南的采矿和冶炼业。元朝廷在云南行省设立"人匠提举司"，作为管理云南矿产的专门机构，这是云南出现的首个管理矿产的机构。

元代云南黄金的产地和产量比起南诏国时期和大理国时期又有所增加。根据《元史·食货志》记载，当时云南产金的地方是威楚、丽江、大理、金齿（今保山）、临安（今建水）、曲靖、元江、罗罗（今凉山）、会川（今四川会理）、建昌（今四川西昌）、德昌（今属四

---

① （元）李京：《云南志略》卷三。

川)、柏兴(今四川盐源)、乌撒(今贵州威宁)、东川、乌蒙(今昭通)。在这些产金之地中，丽江府产金尤为多，如《大元一统志》记载："金出金沙江，淘洗得之。"又据《博物志》载："丽江府产金尤多，每雨后，其金散拾，如豆如枣，大者如掌，破之中空，有水，亦有包石子者。"大约到元代中期，云南的银产量已经居全国首位（到明清两代，云南银的产量继续保持在全国首位）[①]。元代云南产银的地方有威楚、大理、永昌、临安和元江等府；产铜的则仅有两地，即大理和澄江；产铁的地方是中庆（今昆明）、大理、金齿、临安、曲靖、澄江、罗罗、建昌等地。

当时记载的所谓矿的"产"地，就是已经开采并课税（纳税）的矿种所在地。根据《元史·食货志》记载，天历元年（1328年），官府在全国的腹里[②]、浙江、江西、湖广、河南、四川和云南几省的矿冶业中均有税收，云南在金、银、铜三领域的课税居全国之冠。以金产量为例，《元史·食货志》载，元世祖至元十九年（1282年），云南全省金课184锭1.9两，每锭黄金是10两，共计1841两9钱[③]。而元代金课税率为十分之一，也就是说，云南每年生产金近2万两，这个产量在当时全国11个行省中已经是靠前的了。当时云南的黄金产量很大，主要是因为云南有丰富的砂金矿作为来源。就银的产量而言，元代云南全省每年银课735锭24两3钱，每锭50两，云南银课占元代全国银课的一半[④]，而元代的矿产税多为产量的十分之一，按照这个税率计算，那么元代云南每年的银产量大约是36.774万两。其产量已居全国银产量之首。[⑤] 至元二十二年（1285年），全省的铜税有2300多斤，铁税有124700多斤，铁税也在全国居第四。[⑥]这些记载显示，云南矿产的开采和冶炼在当时已经在全国采矿经济收入中占据重要地位。《马可·波罗行记》当中描述了当时盛产黄金的情况："从前述之押赤城（即昆明）首途后，西向骑行十日，至一大城，亦在哈剌章州中，其城即名哈剌章……此地亦产金块甚饶，川湖及山中有之，块大愈常。"[⑦]

（二）铁器、锡器和珐琅器的制作

在元代，云南的铁器、锡器和珐琅器制作开始发展，并推陈出新，形成了景泰蓝制作。

1. 铁器

云南铁器冶铸在元代以造刀见长。元代云南彝族人"善造坚甲利刃，有价值数十马者"[⑧]，说明彝族人造的铁刀很贵重。傣族人的武器包括刀、槊、手弩、长钢刀等。大理和丽江地区多产"名铁"，纳西族也有一种"短刀"较有名。马可·波罗在其游记中记载其游历大理时，看到当地人用状如剃刀的铁具捕捉蟒蛇，其锋甚利，隐匿于沙地中，蟒行其上时，破腹至脐后立即死亡。

---

① 张增祺：《滇萃：云南少数民族对华夏文明的贡献》，云南美术出版社，2010年，第121页。
② 元代统治者所称的黄河以北、太行山以东及以西的地区。
③ 另有关于此产量的年代及换算方法的不同说法，参见马寅《中国少数民族常识》，中国青年出版社，1985年，第124页。其中记载：1282年，全（云南）省金税为184锭（每锭约50两），占全国金税的三分之一以上。
④ 另见马寅《中国少数民族常识》，中国青年出版社，1985年，第124页。马寅认为这个数量是1290年全省的银税数量。
⑤ 参见张增祺《滇萃：云南少数民族对华夏文明的贡献》，云南美术出版社，2010年，第115、121页，引用时有少许改动。
⑥ 马寅：《中国少数民族常识》，中国青年出版社，1985年，第124页。
⑦ 冯承钧译：《马可·波罗行记》一三一章，河北人民出版社，1999年，第433页。
⑧ （元）李京：《云南志略》卷三。

2. 锡器

元代末期，云南已经能出产质量很好的锡器。明代文献说："蕃锡出云南，最软，宜镶碗盏，花锡亦出云南，大花者高，小花次之。"① 此记载说明，云南的锡已经用在日常生活器具的制作之中，而且云南的锡有不同规格。

3. 珐琅器

珐琅是用石英、长石、硝石和碳酸钠等加上铅和锡的氧化物烧制而成的像釉子的物质，把这种物质涂在铜质或银质器物上，经过烧制，能形成不同颜色的釉质表面，可用来制造景泰蓝等。② 珐琅器就是以珐琅为材料装饰成的器物。珐琅器的制作工艺称为珐琅技艺。大理国末期，忽必烈的蒙古军队攻打云南时，一部分士兵在滇池西北永胜一带停留下来，其中那些身怀珐琅技艺的人就开始在当地制作珐琅器，珐琅器的制作工艺就这样被带入云南。这种工艺在永胜民间传承至今，现在当地仍然有艺人擅长以银作胎的珐琅器制作工艺（见图4-25）。③

图4-25
以银作胎的珐琅酒杯
诸锡斌2021年摄于云南省民族博物馆

元代，云南珐琅制作工匠进入北京，开始传播珐琅制作工艺，而我国的著名工艺景泰蓝就是由在北京的云南工匠将珐琅工艺推陈出新创造出来的。

明代文献记载，云南的工匠在京城制作"大食窑器"（景泰蓝），多作酒杯等器皿："以铜作身，用药烧成五色花者，与佛郎④嵌相似……又谓鬼国窑。今云南人在京多作酒盏，俗呼曰鬼国嵌，内府作者，细润可爱⑤。""佛郎嵌"为錾胎珐琅，以铜作胎，同如今景泰蓝的制作工艺，是先前以银作胎工艺的推陈出新。以上是明初文献关于景泰蓝的记载。《新增格古要论》写成于明宣德年间（1426—1435年），记录的是明初的事，说明云南人在明初之前的元代就已经把景泰蓝工艺从云南传入北京城中，初期的工艺应为錾胎珐琅。以后景泰蓝工艺在北京逐渐享有盛名，成为北京最主要的传统工艺，并在中国传统工艺中占有十分重要的地位。至今，北京景泰蓝工匠仍然将工艺代代相传，认为制作珐琅的工艺是经由云南师傅传到北京的一种技艺。而学界根据对《新增格古要论》的考证，也同样认同景泰蓝是由云南传入北京的观点。⑥

---

① （明）曹昭：《格古要论》。
② 中国社会科学院语言研究所词典编辑室：《现代汉语词典》（汉英双语，增补本），外语教学与研究出版社，2002年，第529页。
③ 李晓岑：《云南科学技术简史》（第二版），科学出版社，2015年，第143-144页。
④ 珐琅又称"佛郎""法蓝"，是由古西域地名拂菻音译而来。由此也可推知珐琅工艺来自中原之外。
⑤ （明）王佐：《新增格古要论》。
⑥ 参见李晓岑《云南科学技术简史》（第二版），科学出版社，2015年，第144页。李晓岑的佐证援引杨伯达的考证，见杨伯达《论景泰蓝的起源：兼考"大食窑"与"佛郎嵌"》，《故宫博物院院刊》1979年第4期，第16-24页。

五、建筑技术

元代推崇不同地域间的经济文化大交流。随着内地与边地民族交融的扩大，迁移到云南的内地汉族人口逐渐增多，内地汉式建筑在种类、设计风格、工艺等方面与云南本地建筑产生越来越多的交融。但此时，云南较边远地区的民族建筑仍然保持着各自的形式，这种地域融合特征直到明代才有突出表现。因为元代历史较短，所以元代云南在建筑技术方面的成就并不突出。

（一）押赤城

元代称昆明城为"押赤""鸭池""善阐"。元代统一云南后，把全省的政治、经济和文化中心由大理坝转移到昆明坝，开始大力修建押赤城（昆明城），昆明迅速发展成云南第一大城。元代的押赤城范围大体上是北起五华山，南至土桥，东迄盘龙江，西达鸡鸣桥。城内较大的建筑是官衙建筑和寺庙等。[①]但如今昆明城的元代建筑多已不存，有的全毁，有的为元代以后重建。

（二）雄辩法师大寂塔

雄辩法师大寂塔（图4-26）位于昆明西郊玉案山筇竹寺后山，建于元代大德年间（1297—1307年），已有700多年历史，属于喇嘛塔中的和尚舍利塔。塔中贮藏着生于昆明的元代高僧雄辩法师的遗骨。该塔为雄辩法师元大德五年（1301年）十一月九日圆寂后，由其弟子玄妙、玄坚等建。塔为砖砌，高3.5米，塔基是5米×3米×0.5米的矩形分档多面须弥座，整个塔呈四方八面十二角，由青砖砌成；塔刹为覆钵状；上置砂石相轮，再上为伞盖宝珠。元代云南地区盛行喇嘛教（即藏传佛教，佛教中的一支），昆明喇嘛塔的修建也从元代开始。雄辩法师大寂塔是昆明地区保存最完好、最具代表性的元代喇嘛佛塔。

图 4-26 雄辩法师大寂塔

李强2021年摄于昆明筇竹寺后山

[①] 夏光辅等：《云南科学技术史稿》，云南科技出版社，1992年，第126页。

(三)龙川桥和得胜桥

龙川桥(见图4-27、图4-28)为元代初年修筑松花坝水库时修建,即建于元至元十一年到至元十六年(1274—1279年)间,属于滇池治理系统工程中的配套项目。该桥为三孔石拱桥,长45米,宽10.3米,中间一孔高5米,边上两孔高3.2米,每孔由加框纵联砌制法砌成,石材为长方体黄砂岩。北孔在清光绪十九年(1893年)进行了重修,另外两孔至今完好。此桥建于松花坝泄水口下方上坝村东侧,既作路桥又用以分洪。洪水季,松花坝大水至此一分为二,一股流入盘龙江,另一股流入金汁河。因此,龙川桥具备了既能防水患又可灌溉田亩的功用。它直到1958年才完成历史使命。因1958年扩建松花坝改造泄洪系统,泄洪任务不再由此桥承担。

图4-27
现今修复的龙川桥
诸锡斌2020年摄于松华坝龙川桥遗址

图4-28
现今修复的龙川桥桥面
诸锡斌2020年摄于松华坝龙川桥遗址

得胜桥(见图4-29、图4-30)始建于元代。赛典赤·赡思丁来到云南后,通过治理滇池,使水患渐息,得胜桥一带陆地渐从水中浮出。为便于交通,元大德元年(1297年),赛典赤·赡思丁之后的云南平章政事也先不花主持在该地修建了一座桥。该桥于修建时命名为大德桥，桥长十余丈，宽2.7丈，用木石条十余万方。[①]该桥即后来的得胜桥。[②]大德桥曾几度毁于战火。自元代起，得胜桥就是昆明的水路交通要道，有效地促进了昆明市井的繁荣，至今仍是交通要道。

图 4-29
民国时期昆明的得胜桥
诸锡斌2020年摄于昆明市博物馆

图 4-30
现在的昆明得胜桥
诸锡斌2020年摄于昆明巡津街

（四）建水指林寺正殿

建水指林寺位于建水县城所在地临安镇，始建于元元贞二年（1296年），最初只有正殿（即今指林寺大殿）。民间流传"先有指林寺，后有临安城"的说法。景泰《云南图经志书》也记载指林寺建于元代。明代人何登在《重修指林寺记》中说："元贞间，郡人何文明始建一

---

① 夏光辅等：《云南科学技术史稿》，云南科技出版社，1992年，第129页。
② 得胜桥碑文载：得胜桥曾几度毁于战火。该桥于明洪武二十六年（1393年）改建为石拱廊桥，"以其当云南之要津"而改名为云津桥。"三藩之乱"平定后，清军从云津桥攻入昆明，取得胜利。为纪念此役，清道光八年（1828年）又重修此桥，桥上建盖瓦屋，取名得胜桥。

殿二塔,以为修息之所。"这些信息都明白显示,指林寺正殿修建于元代,距今已有700多年,为云南现存的年代较早的建筑之一。指林寺内的其他殿是在明清时修建的。

指林寺正殿属于典型的汉式建筑,足见当时边地建筑受内地汉族建筑影响之深。全殿是两层木构架建筑,五开间重檐歇山顶抬梁式屋架,回廊式,面阔23米,进深21米。全殿由23根巨木支柱支撑,殿两侧为砖墙,主色为红色,庄重大方。建筑方法上,在石基上立木柱,殿的内外柱和梁枋互相连接,形成稳固的整体;全殿采用宏大的斗拱,形制雄厚有力,出檐深远,殿檐四角飞翘,有宋元建筑的特征。"斗拱内实外虚,为元代建筑所特有。"[①]正殿在元代以后多次重修,今已不完全是元代时的原貌。

六、化工技术

从宋元开始到以后的明清两代,云南本土化工技术取得成就的领域包括井盐采制、陶器和瓷器制作以及酿酒。在井盐方面,元代滇中和滇西盐业兴盛,朝廷在昆明和大理设置了管盐的榷盐官。在酿酒方面,到元代时,云南已出现具有特色的酿酒技术,少数民族酿的酒还曾输入内地。

(一)井盐采制

云南以出产井盐而负盛名,主要产地为滇中和滇西。因为盐对国计民生极其重要,元代改东汉以来的盐业民营为官营,在云南中庆路(今昆明地区)和大理路设置榷盐官,专管盐的生产、征购、销售、赋税。元代云南的盐产地主要在昆明地区、大理地区、楚雄地区、丽江地区,滇南的景东和景谷也有盐井采制。

中庆路的产盐地主要在安宁。安宁产盐规模大、产量多,官府获利十分丰厚。大理路(大理地区)的产盐地在南诏国时期就已有十余处,元代更有发展。当时姚州(今大姚县)的白井盐和威楚(即今楚雄州所辖禄丰市)的黑井盐(见图4-31)很有名。《大元混一方舆胜览》说姚州"产白井盐,云南盐井四十余所,推姚州白井、威楚黑盐最佳"。至今,白井和黑井也仍然是云南最重要的井盐生产之地。

元代官修地理总志《大元大一统志》中说到在丽江地区"有盐七井之货"。丽江地区当时因井盐的大规模采制和贩卖,且又是滇西向藏区贩盐的必经之路,在经济上迅速

图4-31
禄丰市黑井盐矿洞
诸锡斌2022年摄于禄丰市黑井镇

[①] 李晓岑:《云南科学技术简史》(第二版),科学出版社,2015年,第159页。

发展，逐渐成为滇西重镇。

滇南地区在元代也有盐井采制业。文献记载："至治三年（1323年）……云南开南州大阿哀、阿三木、台龙买六千余人寇哀卜白盐井。"①开南在今天的景东，哀卜白盐井在今天的景谷。唐代以来，此地域一直在开采盐井且产量较大。此处的记载显示，元代时当地人曾为争夺盐井而发生战争。②

目前未在元代文献中发现关于井盐采制技术的记载，但明代文献中零星有记载。因井盐采制技术不复杂，变动不大，推知元代的采制技术大致与明代一致。徐霞客在《滇游日记》中对安宁的井盐采制有记载："有巨井在门左，其上累木横架为梁，栏上置辘轳以汲，乃盐井也。其水咸苦，而浑浊殊甚。有盐者一日两汲而煎焉。安宁一州，每日夜煎盐千五百斤……皆以桶担汲而煎于家。"张佳胤在《游安宁温泉记》中说："厥明日迳盐井观之，盐官令灶丁以皮囊汲卤水。"杨慎《滇程记》中载："民食马蹄盐，盐产象池井。"从文献资料可以归结出元代云南井盐的采制技术为：从盐井中取盐卤的方法是用辘轳汲或用皮囊汲；汲取盐卤之后，放入锅中煎煮成盐。制成的盐形状为锅底形，一剖为二呈半圆状，形似马蹄，所以称"马蹄盐"。

（二）酿酒

元代云南酿酒方面的进步包括在酿酒时加入香料，以及酿造蒸馏酒。

继宋代出现钩藤酒之后，到元代，云南人酿酒时常加入香料以改善口感，制成佳酿。马可·波罗游历云南时，看到昆明人"用其他谷物，加入香料，酿制成酒，清香可口"，又在滇西永昌见到"酒用米酿制，掺进多种香料"，他称赞其为上等酒。

另外有专家认为，元代时麓川地区已经能够用发酵的酒炼造烧酒。这是一种蒸馏过的酒，因而可以认为云南在元代已经开始以蒸馏法酿酒。这是酿造技术的重要进步。③

（三）陶器和瓷器

云南许多地区盛行火葬，随之出现了陶质和釉质火葬罐，其制作技术到元明时期才趋于成熟。瓷器方面，从宋代开始，内地景德镇的瓷器输入大理国。宋代的大理人李观音在广西进行贸易，得到"浮量钢器并碗"④。元代马端临认为"疑即饶州浮梁磁器，书梁作量"⑤。饶州的浮梁即如今的江西景德镇，而景德镇在宋代就已经是我国著名瓷器产地。剑川县中科山出土的元代景德镇青花宝珠钮缠枝牡丹纹盖罐瓷器（见图4-32）从工艺来看，应为景德镇烧制，其胎质厚实而细腻，通体内外施釉，釉层较厚，青花着色，里面泛出铁锈兰，为苏麻尼青，釉下彩

---

① 《元史》卷二九《泰定帝一》。
② 李晓岑：《云南科学技术简史》（第二版），科学出版社，2015年，第153页。
③ 李晓岑《云南科学技术简史》，（科学出版社2015年版）第154-155页记载：明洪武年间，钱古训等人出使麓川，看到当地缅人已能酿制烧酒："缅人，甚善水，嗜酒，其地有树笋，若棕树之杪，有如笋者八九茎，人以刀去其尖，缚瓢于上，过一宵则有酒一瓢，香而且甘，饮之辄醉。其酒经宿必酸，炼为烧酒，能饮者可一盏。"参见（明）钱古训、李思聪《百夷传》。这反映的是元末明初的情况。因为是用发酵的酒"炼为烧酒"，应经过蒸馏过程，且"能饮者可一盏"，无疑是酒精度高的烧酒，说明此时蒸馏技术已经出现。这是一项很重要的成就。
④ （宋）范成大：《桂海虞衡志》。
⑤ （元）马端临：《文献通考》。

是尼泊尔进口钴料所绘,可谓元代珍贵的青花瓷器精品①。另外,20世纪80年代在大理崇圣寺千寻塔时还发现了6件景德镇瓷器。②

图4-32 剑川县中科山出土的元代景德镇青花宝珠钮缠枝牡丹纹盖罐

诸锡斌2021年摄于大理白族自治州博物馆

第三节 宋元时期的自然科学知识

宋元时期,云南境内的科学知识进一步丰富,集中体现在医药学、天文学、数学和地理学方面。从产生过程和应用范围来看,这些知识都具有浓厚的本土特色。其中,医药学、天文学和数学的发展除了本身积累的因素外,还得益于内地或国外相关知识传入的推动;而地理学知识的丰富则主要是本土的积累。

一、医药学

宋元时期,内地以及印度的医学知识逐渐传入云南,同时云南本土医学知识仍在积累,医疗实践方面具有突出的本土特色;而在药学方面,则是内地药学知识大量传入云南。元代时云南还出现了专管医疗的惠民药局。但是在宋元时期,一些少数民族地区的医疗水平仍然很落后。

---

① 大理白族自治州博物馆:《大理白族自治州博物馆》,云南人民出版社,2013年,第21-22页。
② 参见李晓岑《云南科学技术简史》(第二版),科学出版社,2015年,第154页。

（一）医学

宋元时期，云南在医学方面的进展主要表现为，中医逐渐成为主流，出现了图示内容丰富的解剖学知识，本土医疗经验进一步积累，以及出现官办机构惠民药局。

1.中医渐成为主流

大理国时期，由于统治者以开放的姿态对待医学，中原地区的医学传入云南后便得到迅速发展，并占据主导。

比如大理元碑《故大师白氏墓碑铭并序》上称赞"其医术之妙则和原"，白和原是白居易的后人。白和原的后人白长善后来也成为名医。白长善用脉象法断病，用针灸治病，有很好的疗效。当时有相当多的中原名医来云南行医，使得中医在云南迅速发展成主导医学。

2.大理国出现解剖学知识

大理国时期已经有关于解剖学知识的记载。大理市出土了一件大理国时期写经的残卷，残卷上绘制了一幅人体示意图。该示意图中清楚地标出了人体的心、肝、胆、肾、胃及泌尿系统、生殖系统等的位置，图中人体脏腑的部位与今天所知道的脏腑位置是对应的。图中还对一些解剖知识进行了描述。另外，图中所绘人像的手上和脚上还标有"地""火""水""风"等字，"地火水风"这种物质观念是印度哲学宇宙本体论中的"四大"（即构成物质的四种基本元素），我国内地的传统宇宙本体论并没有这种观念。因此，此示意图所示的医学生理知识应该是受到印度相关知识影响的结果。

另外，大理的《佛说长寿命经》载："……脚骨异处，髀骨、肶骨、腰骨、肋骨、脊骨、手骨、头骨、髑髅骨，各各异处。身、肉、肠、胃、肝、肾、肺、脏为诸虫子薮。"这里骨骼脏器的列举已经体现了丰富的解剖学知识。而《佛说长寿命经》是汉译佛经，所以这些知识是从中原传入的。

3.医疗经验不断积累

同一时期，云南本土的医疗经验也有所积累，如灭虱方法、治心痛病法、以蟒蛇胆治难产症法等都具有本土特色。虱能传染多种疾病。云南在唐宋时出现了一种灭虱的独特方法。宋人文献记载："孙真人《千金方》有治虱症方，以故梳篦二物烧灰服，云南人及山野人多有此。"又说："又在剑川，见僧舍凡故衣皆煮于釜中，虽裤袴亦然，虱皆浮地水上。"①再如，元人李京《云南志略》载，有一种治心痛病的石瓜树，坚实如石，出产于茫部路（今属镇雄县、威信县）。还有如马可·波罗在游历哈剌章州（今属大理）时，看到当地猎人擅长捕猎巨蟒，捕获蟒蛇后，取其腹胆以很高的价格出售，以作为药物治疗狂犬病（一说治疗癣疥）和妇女难产症。

4.设置惠民药局和重视药材利用

在元代，云南设立了负责收备药物、治疗疾病的惠民药局，主管云南医药事务。这是有史料记载的云南第一个官方医疗机构。

宋元时期，一些少数民族地区的医疗知识仍然很匮乏。元人李京《云南志略》说，在金齿百夷地区（今滇南傣族地区）"有疾不服，惟以姜盐注鼻中。"马可·波罗游历云南时，看到云南的哈剌章、押赤（昆明）和永昌等地区很少有医生，人们如果有病就去找当地的巫师。这些记载反映出宋代大理国晚期到元初，云南尤其是少数民族地区由巫师充当医师还很盛行，这种情形十分不利于医学发展。

---

① （宋）庄绰：《鸡肋编》。

（二）药学

宋元时期，因云南与内地交流增多，内地医药书籍和药物被大量引入云南，而云南的药物也大量运往内地。

1.云南从内地大量引入药书和中草药材

大理人高泰运于宋崇宁二年（1103年）奉大理国王之命去到内地，请求宋王朝赠予大理国药书，后来果然得到宋王朝所赐的药书62部。这些书籍被带入大理国后，促进了大理国医药学的进步。大理国的商人从广西购入了沉香木、甘草、石决明、井泉石、密陀僧、香哈、海哈等药材。当时经常有内地药材进入大理国，从内地输入的中草药材，推动了大理国中药知识的发展。同样，大理国也向内地输入了麝香、牛黄等贵重药材，丰富了内地的药材资源。

大理地区的古塔中出土了两批大理国时期的药材。第一批从崇圣寺千寻塔出土，其中包括朱砂、沉香、檀香、麝香、珊瑚、金箔、云母、香哈、松香及水君子等，以松香最多。[①]这些药材中的几类可能来自内地，如范成大的《桂海虞衡志》提到的沉香、香蛤。另一批则是出土于洱源火焰山塔址，其中的药材达30多种，包括金箔、珊瑚、孔雀石、水晶石、水中石子、珍珠、贝、琥珀、象牙、松香、檀香、干姜、槟榔、荜拨、荜澄茄、胡椒、桃仁、蚕豆（即胡豆）、扁豆等[②]。这些药材中的几类应该是外来，如荜拨、珊瑚、胡椒和蚕豆。[③]

2.内地对云南药物有更多了解

北宋国家药典《政和政类本草》所记载的扁青、金屑、银屑、理石、青琅玕、升麻、木香、独自草、牛扁、琥珀、蘖木、莎木、莽草、杉材、榿实、木鳖子、蔡苴机屎、犀角、贝子、海松子等都来自云南。这些药物作为中草药逐渐被中原的医家所采用。宋代药典收入云南药物表明云南与内地的药物交流达到很广泛的程度。《元史·本纪》卷二三载："太医遣使取药材于陕西、四川、云南，费工帑，劳驿传。……乞禁止。"说明到了元代，直属于朝廷的太医院还专门派遣使者到云南收集药材，花费很大。受其影响，云南地区尤其重视对各种动植物类药材的收集、加工、利用和与内地的交流。

在宋代，云南还使用一种药箭。这种箭虽然很小，但却用毒药浸其箭锋，被射中者会立即死亡。箭上的毒药采用"蛇毒草"制作而成。这种药箭被记载于宋人范成大所著《桂海虞衡志》中。马可·波罗在其游历云南的记录中也述及大理的居民经常用有毒的箭头。

二、天文学

宋元时期，云南天文学的进步是由中原相关知识的输入所推动的。这一时期，云南的白族将本民族的历法传给其他民族，与民族历法密切相关的火把节也开始出现。而傣族地区已经开始使用本民族独具特色的天文历法。

（一）中原在天文学领域对云南的影响

宋政和八年（1118年），在内地的科举考试中，词科以"代云南节度使、大理国王谢赐

---

① 云南省文物工作队：《大理崇圣寺三塔主塔的实测和清理》，《考古学报》1981年第2期，第259页。
② 张增祺：《洱源火焰山砖塔出土文物研究》，载《云南铁器时代文化论》，云南人民出版社，1992年，第291页。
③ 张星烺：《中西交通史料汇编（第三册）》，中华书局，1978年，第172、167页。

历日表"为考题①，把大理国受到宋朝赏赐的历日作为当时的一大盛事引入考试。之后大理国一直采用宋历进行历法推算，在实际使用中仅仅把宋历中的年号改换成大理国王的年号，与中原历法基本相同。大理国人到广西进行贸易，所购买的中原书籍中就有历法书《集圣历》。②这一点说明，当时大理人已经开始自觉学习中原的历法知识。

白族不仅积极学习中原历法，而且积极推广中原历法知识。比如，当时大理国已经开始观测彗星及行星犯月等天象。在大理国的写经中，中原历法中的二十八宿也出现了。另外，一些白族商人掌握了中原历法后，就在阿昌族地区传授自己学到的中原历法知识，使阿昌族人的天文知识得到增长。阿昌族人"自臣僰王，始知岁月，以十二月为岁首"③。

（二）天文观测

元代在全国设立了27个测景所（即天文观测台）。据《元史》卷四八记载："凡日月薄食，五纬凌犯，彗孛飞流，晕珥虹霓，精昆云气等事，其系于天文占候者，具有简册存焉。"也就是说，测景所的任务是对各种天文现象进行综合观测并著文实录和保存。《元史·天文志一》记载测景所的设置范围是："东极高丽，西至滇池，南逾朱崖，北尽铁勒。"元代朝廷确定的测景所之一就设在云南的滇池地区。这是关于云南设置天文观测台的最早文献记载。当时，朝廷派天文官员深入云南的天文观测点对天象进行观测。

（三）火把节开始出现于文献中

元代留存的云南地方文献记载了云南的火把节。云南民族地区的火把节极富本土特色，火把节的日期是依当地民族使用的历法确定的。例如文献记载元代火把节时说："六月二十四日，通夕以高竿缚火炬照天，小儿各持松明火，相烧为戏，谓之驱禳。"④这里的六月二十四日就是火把节的具体日期。云南少数民族如彝族、白族、纳西族等民族的火把节大多定在六月二十四日。⑤

（四）傣族人使用独具民族特色的天文历法

宋元时期，傣族已经在使用自己独具特色的民族历法了。云南西部和西南部生活的傣族各部宋时为大理国统属，元代则归元朝廷管辖。傣族世居地处于中国与缅甸、老挝的交界处，先后受中原文化和境外佛教文化的持续影响，产生了自己的傣历。如傣历中有干支名称、汉族十二生肖、置闰方法以及二十四节气，这些知识在傣族地区的应用，证明了中原文化对傣族地区产生了深远影响。另外，在当地傣历也称佛历或小历，足见境外佛教文化对其历法的影响。

---

① （明）张志淳《南园漫录·辞学指南》载："王厚伯《辞学指南》，历载词科赋题，政和戊戌，以代云南节度使、大理国王谢赐历日表为题。"
② 参见（宋）范成大《桂海虞衡志》相关记载。
③ 参见（清）王凤文《云龙记往》相关记载。
④ （元）李京：《云南志略》。
⑤ 如彝族地区的火把节又称星回节。彝族先民最早通过观察南斗六星（即鸡窝星）定火把节。一般在农历六月二十四日的午夜能清楚看到鸡窝星，彝族先民便以此时为他们的年节，即火把节。参见黄承宗《古代凉山彝族天象观测遗迹的调查和研究》，载中国科学技术史学会少数民族科技史研究会、云南农业大学《第三届中国少数民族科技史国际学术讨论会论文集》，云南科技出版社，1998年，第195页。

傣历是阴阳合历[①]，采用纪元纪年或干支纪年，采用干支纪日，以辛巳日为第一日。傣历以公元638年为历元[②]，以七月为起始月。傣历元年的元旦日正是傣历七月一日辛巳日，相当于公元638年3月22日，即汉族农历的唐贞观十二年戊戌年闰二月初二辛巳日。傣历元旦是傣族泼水节的最后一天，泼水节的第一天为除夕。目前能够见到的最早的非民用（即推算傣历的专家使用的）傣历年历本《巴夏登滇》是中国历史博物馆1962年从云南孟连县搜集到的一个本子，书名《历书与占卜》。[①]

三、数学

宋元时期，云南在数学方面的进展是在生产和交易中出现了"四四五"进位制和"二二四"进位制。

（一）"四四五"进位制

元代《云南志略》记载了大理白族人在商品交易中使用的计量单位："交易用贝子，俗呼为（则），以一为庄，四庄为手，四手为苗，五苗为索。"[④]说明当时大理国在交易中以贝为币（见图4-33），贝币换算所使用的是"四四五"进位制。一直到明代，大理一带的白族仍然使用这种进位方法。明代人李元阳在嘉靖《大理府志》中说："贸易用贝而不用钱，俗以小贝四枚为一手，四手为一缗，五缗为一卉。"这也是"四四五"进位制在交易中使用的例子。

图4-33 大理弘圣寺出土的宋代大理国时期的贝币
诸锡斌2021年摄于大理白族自治州博物馆

[①] 阴阳合历，是指月的周期与月相有关，年的周期与太阳的位置有关。具体说明参见陈久金《中国少数民族天文学史》，中国科技出版社，2008年，第136页。
[②] 历元是一种历法在推算年、月、日和时的时候所用的起算点。
[①] 关于傣族天文历法的详细知识参见陈久金《中国少数民族天文学史》，中国科技出版社，2008年，第124-168页。此处仅是其中的摘引。
[④] （元）李京：《云南志略·诸夷风俗（白人）》。其中记载的"则"又称"则子"，即贝，是云南白族人及其他一些民族在交易中的媒介物，与金、银、钞等同时流通。

研究表明，这种进位制应该是从南亚次大陆传入大理的。明代文献《瀛涯胜览》中的"傍葛剌国"（编者注：即今孟加拉国）条记载："国王发铸银钱名曰倘伽，殆仿自天竺国。其贝子计算之法，以一为庄，四庄为手，四手为苗，五苗为索。"[①]此记载表明孟加拉国也有这种进位制，而且孟加拉国的进位制是来自古印度的。大理白族人的"四四五"进位制与孟加拉国使用的进位制相同，也应该是从古代印度传入的。

（二）"二二四"进位制

宋元时期，大理国也同时使用"二二四"进位制。这种进位制的应用在元代陶宗仪《南村辍耕录》卷二十九中有记载："白夷犁一日为一双，以二乏为己，四己为角，四角为双，约有中原四亩地。"当时白族在计算田亩面积时，已经出现了乏、己、角、双几种单位。有研究认为，"双"这种单位是从印度传入的，其余面积单位均为白语读音[②]。所以，这种进位制中既有引入的因素，又有本土的成果。

四、地理学

宋元时期，云南出现了一些以反映事物为主的地图，以及记载各种地理状况的文献。

（一）出现有多种地理要素的地图

大理国时期，云南已经出现《大理图志》等若干地图。还有一幅《张胜温画卷》之《利贞皇帝礼佛图》，其上有一幅背景图极可能是表现大理地区点苍山脉的（见图4-34）。这幅图清晰地描绘了山谷更生的地质现象，突出了地貌特征，对距离、方位、高下等要素的表现都有一定水平，对山峦起伏的表示，准确性也比较高。[③]

图 4-34
《张胜温画卷》之《利贞皇帝礼佛图》
诸锡斌2021年摄于大理市博物馆

---

① （明）马欢：《瀛涯胜览》。
② 李晓岑：《云南科学技术简史》（第二版），科学出版社，2015年，第126页。
③ 李晓岑：《云南科学技术简史》（第二版），科学出版社，2015年，第128页。

忽必烈平定大理国后，曾命令姚枢等人搜访地图。《元史·信苴日传》载："兴智（注：即大理国最后一位国王段兴智）与其季父信苴福入觐，诏赐金符，使归国。丙辰（1256年），献地图，请悉平诸部，并条奏治民立赋之法。"文献记载显示，段兴智向元朝献出了大理国的地图。

赛典赤·赡思丁主政云南后，也曾大力搜访云南地图。《元史》卷一二五之《赛典赤·赡思丁列传》记载："访求知云南地理者，画其山川、城郭、驿舍、军屯、夷险、远近为图以进，帝大悦，遂拜平章政事，行省云南。"从赛典赤·赡思丁献给皇帝的地图上绘制有山川、城郭、驿舍、军屯、夷险、远近等地理元素可知，当时大理国的制图技术已有所发展。

（二）外地人留下的记录云南地理的文献

由于元代实行开放交流的政策，中外人士纷纷到云南游历，并记录下云南风物、地理等方面的状况。

意大利人马可·波罗游历了云南各地，在其游记《马可·波罗行记》中对昆明、大理、保山等地的物产、风俗、山川以及相关的人文地理状况进行了细致而生动的记述。其中大量篇章记述了云南的黄金、白银、井盐、酒、稻、麦等物产以及马、牛、羊、鱼等的养殖情形。他的游记中还有关于云南使用贝币、以药泡酒、以盐为币、用皮做甲胄等习俗的非常准确的记录。例如，他记述了大理地区"大河里有金沙，在湖泊里和在山上黄金可以大块地找得，有黄金甚多"[①]。马可·波罗是西方人中第一个对云南地理情况做了比较全面的记述的人。他的记述在西方产生了极大影响。

元人郭松年的《大理行记》描述了元代初年自己游历云南时所见到的云南（今祥云）、白崖（今弥渡）、赵州（今凤仪）、龙尾关（今下关）、大理等地区的社会经济生活情况，以及山川、风物、土地等"江山之美"的景象。

元人李京则游遍云南全省，"因以所见，参考众说"，写下了第一部云南省志——四卷本《云南志略》。在这部云南地区民族实录中，李京描述了元代云南各地的山川、地貌、物产、风俗和历史等方面的状况。《云南志略》保存至今，成为云南地理史上的宝贵文献。

---

① 参见云南省科学技术志编纂委员会《云南科学技术大事（远古~1988年）》，昆明理工大学印刷厂，1997年，第8页。

第五章 明代云南的科学技术（1368—1644年）

明代，云南地方科学技术出现了同中国传统科技融合的趋势。1368年，元的统治被推翻，朱元璋建立大明政权。明政权在中原的统治以1644年清军入关进入北京城而告结束。在长江以南的广大地区，先后又建立了福王、鲁王、唐王和桂王等政权，统称南明。其中1645年建立的唐王朱聿键政权，其领土兼有云贵。桂王朱由榔1646年11月建立的永历王朝是南明最后一个政权，其曾经先后在安隆（贵州）、昆明、缅甸等地安身。直到1661年被清王朝平西王吴三桂在昆明用弓弦绞死，延续了16年的永历王朝最终结束统治。① 因此，明王朝对云南的统治直到1661年平西王吴三桂代表清朝对云南实施管理才告终。明初曾对仍然据守云南的前代梁王和大理的段氏等许诺旧封，但遭到拒绝，而且明廷派去招抚的使臣也被杀害。洪武十四年（1381年），朱元璋亲自部署，以傅友德为统帅，蓝玉、沐英为副帅，调集30万军队出兵云南，最终于次年基本平定云南，把云南的段氏和蒙古人迁移到北方省份安置，随即设立云南都指挥司和云南布政使司，府、州、县等行政机构也在大部分地区相继建立（对边远民族地区，明朝廷仍承认元代土司制度下的各官职设置）。朝廷对云南颁布并实施法令，使云南秩序渐趋安定。

为了强化中央政权对地方的控制，明廷一方面通过设立全国一致的行政建制，强化对地方的政治控制，并实行严厉的文化专制，从各地搜缴所谓与统治不符的文献典籍，销毁相应文化设施。这些措施无一例外地波及了云南，对云南政治、科技和文化产生了极其深刻的消极影响。另一方面，为加强对西南边疆地区的经营和治理，明朝廷又采取若干文化、军事、行政和经济等方面的措施，加强云南与内地的联系，此举客观上促进了云南与内地科技的交流。

朱元璋认为，云贵地区易攻难守，"驯服之道必宽猛适宜"，"（边疆诸族）不知礼义，顺之则服，逆之则变，未可轻动。唯以兵分守要害以镇服之，俾日渐教化，数年后可为良民"。② 基于这种认识，朱元璋于洪武十七年（1384年）诏命云南增设学校，县设书院，乡设私塾，培养知识阶层③；又以其养子沐英为总兵官，并作为藩王世代镇守云南。朝廷还采取措施，开始从内地大规模移民到云南，其方式首为军屯和民屯，也采用商屯、谪戍、充军等方式。迁移到云南的大多是汉人。明代统治者在洪武到永乐年间大批征调军队，组织民力在云南各地大力开展屯田。军屯的军队主要驻扎在各地城镇、人烟稠密之地及交通沿线，军士世为军籍，父死子继；军士可带家眷到云

---

① 参见《中国少数民族常识（明清部分）》，中国青年出版社，1984年，第196、200–202页。
② 《明史》卷三一七《广西土司一》。
③ 参见云南省科学技术志编纂委员会《云南科学技术大事（远古~1988年）》，昆明理工大学印刷厂，1997年，第8页。

南。①军屯以屯田作为增加军事力量、恢复和发展生产的重要措施。通过军屯措施，加上原有的耕地面积，云南的总耕地面积达到3109092余亩，军屯田土面积占到耕地总面积的42%。②因此，从明代开始，云南的汉族人口迅速增加，并大量修筑城镇，云南腹地逐渐实现内地化。明代以后，云南的汉族人口超过少数民族。明代统治者在云南还广泛实行民屯，鼓励老百姓开垦荒地，作为自己的"业田"，且"永不取科"；又把内地汉族富家大室移来云南居住，还有一些百姓被官府迁到云南商屯。

屯田制的推行对云南社会经济的发展产生了深刻的影响，特别是促进了云南的农业和水利技术的提高。而内地汉族人口大量迁移到云南，又使得内地先进的生产工具和科学技术也被大量传入云南，并在实践中得以运用、推广并提高，从而加快了云南本土科技与中原传统科技融合的进程。

这一时期，伴随着汉族人口大量入滇，又由于官方广泛建立学校等文化措施，汉文化又一次大规模地在云南各地传播。据统计，明代时云南大约设立了72所府学和县学、33个书院，例如现今云南大学内的东陆书院，其前身即为明弘治十二年（1499年）创建的贡院号舍③（见图5-1）。这些文化措施的建设深刻地影响了云南科技事业的发展。在昆明、大理等地区，内地科技的影响力越来越大。

图5-1
明弘治十二年创建的贡院号舍（现为云南大学东陆书院）
诸锡斌2021年摄于云南大学校内

明代朝廷在云南实行的各项措施，加强了云南与内地省份在经济、科技、文化等方面的联系。内地的文化、科技在云南大范围传播并深刻影响了云南科技的发展，其主要表现是云南的本土科技较大程度地与全国的科学技术融为一体。同时，一些具有士人背景的科学家着力探

---

① 方铁主编：《方略与施治：历朝对西南边疆的经营》，社会科学文献出版社，2015年，第392页。
② 马曜：《云南简史》[第三版（新增订本）]，云南人民出版社，2009年，第117-118页。
③ 号舍为当时考生的住宿地和考场。

求自然界的一些根本问题，出现了一系列理论科学和抽象思辨学术成果。

当然也应该注意到，与全国其他地区一样，明代官方在云南大兴科举的文化举措（此时科举制度作为一种人才选拔制度已经开始进入僵化陈腐阶段），虽然在云南造就了一批儒家士人，包括建水等地也成为传播儒家文化的重要地区，但封建伦理纲常和儒学思想只注重主观心性修养而不重视对客观生存环境的改造，这对科学技术的发展产生了非常不利的影响。另外，以儒家学说为尊的思想深刻地影响了当时的士人，使他们不敢有求异思维，不敢怀疑权威，思想文化逐渐失去了多样性和创造性，如大理国时期广泛吸纳多方文化的恢宏气度也不复存在。

第一节　传统技术

明代开国皇帝朱元璋出于对西南边疆治理的重视，派遣大量军队驻守云南，大量家眷也一同来到云南，加上朝廷征发百姓到云南垦殖[①]，内地的大量技术随着军民迁移传入云南。另外，云南本土技术到明代时也积累了很多。这些推动力量的作用使得云南的传统技术得以快速发展。

一、农业和畜牧业

明代朝廷在云南实施行政管辖后，镇守云南的沐英于洪武十九年（1386年）向朱元璋提出在云南实行军屯的建议，他说："云南土地甚广，而荒芜居多，宜置屯，令军士开垦，以备储藏。"明朝廷批准和推行了这一建议[②]。在军屯之后，朝廷还对云南实施了大规模迁移内地人到云南屯种的民屯和带有经商性质的商屯。这样，军屯、民屯和商屯几乎遍及全省。而从内地迁来的汉族劳动人民又把内地先进的生产技术带到云南，使云南的生产力水平大大提高。当时云南凡是有水利的地方，普遍使用水车、水碓、水磨等与内地相同的生产工具，推广了内地的优良品种。[③]云南少数民族也有如开创梯田这些因地制宜的创造。屯田和战争导致对畜力的需求增加，再加上云南各地人民农业生产的需要，这一时期，云南畜牧业也出现大的发展。这些措施客观上促进了云南农业和畜牧业的发展。

（一）农业

明代云南的耕地面积扩大。继元代之后，明代在云南继续屯田。洪武二十年（1387年）起，云南地区的屯田活动大规模展开，朝廷从各地征调兵丁、耕牛、农具等，以支持云南的屯田事业。明代云南全省除丽江、永宁、镇沅、元江、广南、乌蒙、东川等，各府平坝都有屯

[①] 方铁《中国西南边疆的形成及历史特点》载：明代开国皇帝朱元璋认为北方虽需要重视，但西南边疆险而远，其民强悍易反，也是不可忽视的。于是，在西南边疆派驻了大量军队，驻云南的将士及家眷有七八十万人，相当于云南总人口的四分之一，形成大规模的军事移民浪潮。同时，朝廷还征发一些百姓到西南边疆垦殖。人口的大量移入，导致驻军地区经济文化、农业等迅速发展。参见方铁《中国西南边疆的形成及历史特点》，载国家图书馆《大国价值》，国家图书馆出版社，2017年，第329页。
[②] 《太祖实录》卷179。
[③] 马寅：《中国少数民族常识》，中国青年出版社，1985年，第130页。

田[①]，屯田规模极大，远远超过元代，仅仅军屯的面积就达8.7万公顷。[②]屯田带给农业的最显著影响是使耕地面积大大增加，这是因为从内地来滇屯垦的几十万军民带来的先进农业生产技术与耕作方式得到大力推行。明代时官府曾从四川购买了万头耕牛发给云南的军屯户用以耕垦，屯户也积极垦辟田亩，原先的荒地得到大规模开发。明朝廷规定：各卫所拨军开垦，其耕种器具和牛只，"皆给于官"；凡屯种之处合用犁、铧、耙、齿等农具，"着令有司拨官铁炭，铸造发用"；凡屯田合用耕牛若有不足，"即便移文取索"。[③]

内地先进的生产技术应用于屯田，产生了极大的示范作用。"自前明开屯设卫以来，江湖之民云集而耕作于滇……即夷人亦渐习于牛耕。"[④]屯垦使农业获得了迅速的发展，平坝成为重要粮食产地，农作物品种增多。由于内地几十万汉人带来了先进的生产经验、技术、良种和工具，再加上迁入民的辛勤劳动，明代时云南包括种植技术在内的生产技术有较大提高。受内地犁耕方法影响，云南在耕作方法上由原来的"二牛三夫"改为由一牛或二牛牵引，由一人或二人驱犁耕作。[⑤]屯区所用的犁具已经是金属犁，与内地汉人犁具相同。滇池区域、大理、曲靖等地已经成为重要的农业生产区域。历史上经常干旱的祥云，由于大量涌入移民及应用先进技术，到明代已经成为"云南[⑥]熟，大理足"的富庶之乡。[⑦]

明代云南的农作物品种显著增加，除了广种稻谷外，还种植麦、豆类、玉蜀黍、马铃薯和荞，多种蔬菜和水果，也种棉、麻等。这一时期，云南的养蚕技术也有发展。以大理为例，嘉靖《大理府志》中记载，明代大理地区的农作物已经十分丰富，稻类有25种，糯类有14种，黍类有9种，麦类有5种，豆类有12种，菜类有38种，瓜类有7种，菌类有8种。[⑧]可以说当时云南农作物品种中已经包括现在农作物品种中的大部分，其中有一部分是当地民族传统作物，如稻、荞等；有的农业技术是从内地带来并在云南广泛传播的，如养蚕。[⑨]昆明、永昌等发达地区，因为有相当丰富的农产品和农业技术而呈现出富足的农业社会景象。在明代，云南还出现了从外国传来的作物品种。原产美洲的玉米和甘薯在晚明时期传入云南。嘉靖《大理府志》记载，"来麰之属五：大麦、小麦、玉麦、燕麦、秃麦"。关于其中提到的"玉麦"，据清人吴其濬所著《植物名实图考》记载："玉蜀黍，于古无微，云南志曰玉麦，山民恃以活命。"玉麦就是玉米（现今四川民间很多地方仍然把玉米叫作玉麦），"这是中国历史上关于这一作物的最早记载之一，一般认为玉米是从滇缅道传入云南的"[⑩]。万历《云南通志》记载，"万历初年，全省已经种植'玉麦'的地区有云南府"等9个府州。[⑪]历史学家何炳棣考证认为，玉米先传入云南，之后再传入中国内地。甘薯又称红薯，也是在明代传入云南种植的。嘉靖《大

---

① 此处为马曜的观点，参见马曜《云南简史》[第三版（新增订本）]，云南人民出版社，2009年，第117页。
② 另有袁国友《云南农业社会变迁史》载：明代云南的田亩总数大大高于元代的田亩总数。元代的田亩数大体为411688亩，而明代云南的田亩数，如以万历年间的官田、民田、军田的数据为据，则合计为30516顷，换算为亩数则为元代田亩总数的7倍多。参见袁国友《云南农业社会变迁史》，云南人民出版社，2017年，第301页。
③ 《明会典》卷二〇二。
④ （清）檀萃：《滇海虞衡志·志兽》。
⑤ 马曜：《云南简史》[第三版（新增订本）]，云南人民出版社，2009年，第118页。
⑥ 此处的"云南"即今祥云县。
⑦ 李晓岑：《云南科学技术简史》（第二版），科学出版社，2015年，第176页。
⑧ 李晓岑：《云南科学技术简史》（第二版），科学出版社，2015年，第177页。
⑨ 夏光辅等：《云南科学技术史稿》，云南科技出版社，1992年，第113页。
⑩ 李晓岑：《云南科学技术简史》（第二版），科学出版社，2015年，第178页。
⑪ （明）李元阳：万历《云南通志》卷二。

理府志》记载:"薯蓣之属五:山药、山薯、紫蓣、白蓣、红蓣。"何炳棣考证,"紫蓣、白蓣、红蓣"即今日的甘薯。甘薯因高产,适应性很强,传入云南后就在云南全省大范围种植。万历《云南通志》记载姚安州、景东府及顺宁府等都产红薯。玉米和甘薯传入云南后,在云南广泛种植,迅速成为主粮。这些高产作物迅速从坝子向山区传播。随着各少数民族大量向山区转移,云南山区的农业生产状态发生了根本改变[①]。农业产出总体上增加了,但是山区的生态环境也逐渐向不好的方向变化。

在明代,云南农业生产技术有了新进步。云南地形多样,农作条件差异大。当时若干山地区域仍然进行刀耕火种,原始粗放。由于农业生产的发展,一些原来比较落后的少数民族地区也逐渐得到了开发。例如世居云南景东府的百夷人"性本驯相,田旧种秋,今皆为禾稻"。又如临安府的少数民族在明代正德年间(1506—1521年)还"土俗质野,采猎为业",而到了明代天启年间(1621—1627年),此地已经是"间阎比栉,道路摩肩,农骈于野,旅溢于廛"的景象[②]。轮作种植技术不仅在坝区得到普遍应用,在山区也得到推广。比如明代末年,徐霞客在丽江就看到纳西族也采取轮作休耕方式:"其地田亩,三年种禾一番。本年种禾,次年即种豆、菜之类,第三年则停而不种。又次年乃复种禾。"[③]

这一时期,云南省内的腹心区域,如平坝和农业基础条件较好的地区,农作技术水平已经与中原一致或接近中原的水平。例如,在以稻作为主的地区,技术的进步表现为对农田土壤的改良和实行较高水平的精耕细作。当时农田水利工程及相关设施的修建,使得很多地方开始采用筒车提水浇灌庄稼,而把一些旱地改为水田的做法也渐渐兴起。当然这只适用于能改造成水田的旱田,对于不能开垦为水田的旱田,则专门种植杂粮。《徐霞客游记》记载,云南除在坝区有水田外,在山区、半山区还有不少保水梯田(梯田农业见后),这些农田于二月被农民"下种翻田",到四月田里已"禾繁繁"。水田往往精耕两次:"春耕最深,光犁干土,专恃牛力,并无耒耜之劳。灌水后复犁,犁必用两牛、三牛,牛腹陷泥淖中。种则随手分插,不分行勒。种后数日,立于行间,用足指挑拨稻根使松。"[④]八九月间收稻,其后留数寸稻草于土田内,等到枯后焚烧以肥田。多数地方在收获稻谷后即轮种麦子。云南一些热带河谷的稻谷是一年两熟的,稻麦轮作。[⑤]从以上记载可以看出,当时的耕作已经注意深耕、翻晒,焚烧草木作肥料说明肥料的来源更广;云南干热带河谷稻谷一年两熟、稻麦轮作等农作方式的产生说明当时的栽培制度也更趋进步,土地利用更加集约化。而在耕作中铁制农具的应用推广也节省了人力。

当时,除了铁制农具外,内地的其他先进工具也在云南制造并广泛投入使用,比如水车、水碓、水磨石等工具都得到推广,在旱地改水田过程中还用水车来提升灌溉水并将其输送到田里。

到明代,居住于红河南岸的哈尼族人已经发展出很有特色的梯田稻作农业。云南虽然降雨丰富,但天然降雨大都流向河谷平坝或汇入大江大河后流出境外,山区由于缺乏水利设施而留不住降雨,所以云南山区一般种植旱地作物。但是,滇南山区气候温热,地表水不断蒸发,形成丰富的降雨,使红河南岸形成"山有多高,水有多高"的自然条件,山上有四季不断的流水;另外,滇南山区森林茂密,能够涵养储藏天然降雨,这些森林区域成为居住在该地的哈尼

[①] 李晓岑:《云南科学技术简史》(第二版),科学出版社,2015年,第179页。
[②] (明)天启《滇志》卷三《地理志·风俗》。
[③] (明)徐弘祖撰,朱惠荣校注:《徐霞客游记校注(下)》,云南人民出版社,1985年,第938页。
[④] 吴大勋:《滇南见闻录》人部。
[⑤] 夏光辅等:《云南科学技术史稿》,云南科技出版社,1992年,第113-114页。

族人的饮水来源和生产用水来源。于是，红河的哈尼族人就在高山上开辟出梯田，种植水稻。虽然关于哈尼族的梯田农业始于什么时候，目前尚无定论，但明代和清代，在今滇南的元阳、红河、金平等地发展出了相当规模的靠山上溪水灌溉的梯田稻作农业。"梯田在水源有保证的前提下，不仅可以缓解山地丘陵地区的人地矛盾，而且其本身可以拦蓄雨水，防治水土流失，达到保水、保土和保肥的目的。"[1]哈尼族人在土质好、水源足且向阳的斜坡地带开辟梯田。在选好的土地上先种上几季旱地作物，然后才挖沟渠，筑埂搭台，把斜坡地改造成梯田。梯田依托山势，从山腰逐级开辟下去直到山脚（见图5-2）。

梯田面积大的有数亩，面积小的只有几分甚至不足一分。山上茂林中的溪水流到梯田中后，又以田为渠，由高到低逐块灌溉。流水中

图 5-2
元阳梯田
诸锡斌2021年摄于红河州博物馆

因含有密林中的腐殖土，营养丰富，当然梯田中还施有当地人沤制的粪便、绿肥等。[2]梯田是哈尼族人在不利的生产环境中顺应、利用和改造自然，从而发展农业生产的一项独特创举。

农业生产技术的进步，使得云南的农业发展水平大幅跃升，与全国的水平逐渐接近。其特点是在综合认识农作物与农时、气候、土壤等相互关系的基础上，合理安排种植，充分利用生物与自然环境条件，加强田间管理，重视深耕施肥，力求提高单产，这是精耕细作的体现。其成果是丰硕的，从后来官府赋税加重可知，如果没有农业总产量增加，课以重税无法实现，所以农业产量的增加应该是一个事实。例如，到万历六年（1578年），云南见于记录的田亩数是元末明初时的5倍多（元末田亩数为3382.15百亩，而到万历六年亩数为17993.58百亩），税粮也增加到元末明初的2倍有余。这还不包括隐占及官吏豪强侵夺的田地粮额，但它仍然反映出明代云南出现农田广为垦辟、农产提高这一趋势。[3]

（二）畜牧业

明代初期，因为在云南屯田的现实需要，官府很重视饲养和使用牛、马，这使得牛、马等大牲畜饲养量明显增加。前面已经提到，在明初洪武年间，官府专门从四川等地广泛购买耕牛，拨给云南的屯户使用。同时，发展农业对耕牛的需要，也使得云南的养牛业日趋兴盛。这

---

[1] 张芳、王思明：《中国农业科技史》，中国农业科学技术出版社，2011年，第169页。
[2] 袁国友：《云南农业社会变迁史》，云南人民出版社，2017年，第383页。
[3] 夏光辅等：《云南科学技术史稿》，云南科技出版社，1992年，第109页。

一时期养羊数量也有增加。另外，对大象的驯养和使用也在继续。

出于军事上对战马的大量需求，朝廷向各边疆地区购买马匹。云南地方良马以躯干小、足力健、耐力强、善走山路而闻名，云南地方官府及土司每年以朝贡方式向内地输入不少马匹。例如洪武十九年（1386年），依据购马价格计算，朝廷向云南地方购买的马匹应当在万匹以上。西南地区输入内地的马匹中，又以云南产的马匹居首位。[①]刘崐《南中杂志》载："滇中之马，质小而蹄健。"又说民族地区"其俗好畜牧，多善马"。养马兴盛的另一个客观条件是，云南的广大山区广泛分布着茂密的草场，能够为马的生长提供充足的草料。同时，云南地方培育了一些良种马匹，如滇西北的丽江马、曲靖的丘雄马与部封马、滇东北的乌蒙马等。由于云南马匹品种优良，水草资源也丰富，明朝廷在云南建立了几个规模较大的马场，虽然其间马场几废几兴，但也显示出明代云南马匹畜养在全国的重要地位。大理的明代墓葬就出土有大量的牵马俑，例如1965年于大理苍山中和峰山麓李氏墓葬出土的明代陶俑中就有大量的牵马俑（见图5-3）。这些马比例匀称，膘肥体壮，骨骼健美，形态逼真，有的马还蹄踩如意云头，有如神马，牵马武士俑则手牵缰绳立于马侧（见图5-4）。这些陶俑的情状体现了当时云南养马的盛况。

图（左）5-3 明代李氏墓葬出土的牵马俑

诸锡斌2022年摄于大理市博物馆

图（右）5-4 明代李氏墓葬出土的蹄踩如意云头的牵马俑

诸锡斌2022年摄于大理市博物馆

据统计，仅在明代永乐一朝的22年中，云南的贡马次数就达74次，产马地区除滇池区域、滇东北和滇西等地外，还有景东、镇源、镇康、顺宁、大侯、麓川、湾甸、潞江、孟定、孟连、车里、临安、溪处、维摩等地，几乎遍及云南全省。[②]

明代云南地区养牛也十分普遍，所饲养的牛的种类有黄牛、水牛、牦牛和犏牛[③]。明代云南屯田制的继续推行，使得相应地区养牛的数量也大大增加。明代初年规定，各地卫所屯田必须配备相应数量的农具和耕牛，由官府统一提供。云南都司拥有耕牛的数目在洪武年间为15284头，弘治年间都司所属25卫共有耕牛15650头。[④]在汉族和傣族地区，牛主要用于耕作和

---

① 方铁：《西南通史》，中州古籍出版社，2003年，第609页。
② 汪宁生：《古代云南的养马业》，《思想战线》1980年第3期。
③ 袁国友：《云南农业社会变迁史》，云南人民出版社，2017年，第388页。犏牛是公黄牛与母牦牛交配所产的第一代杂种牛，其性情比牦牛驯顺，力气比黄牛大。
④ 《明会典》卷二〇一。

驾车；而在一些少数民族地区，牛既有耕作之用，又用于食用和宗教活动。徐霞客游历丽江时，曾在当地吃到以牦牛舌为原料烹制的菜肴。当地人介绍说，"其地多牦牛，尾大而有力，亦能负重，北地山中人，无田可耕，惟纳牦牛银为税"[①]。可见当时滇西北盛养牦牛。滇西北的藏族人饲养牦牛和犏牛，以满足人们的耕作、役使、食肉、饮乳和皮毛利用的多种需求。

明代云南许多民族都把饲养羊作为一项重要的副业，以满足人们食用羊肉的需要。例如，彝族各支系都把养羊作为除耕作之外的一种重要的生产生活方式。人们把羊养成后，用来食用、祭祀、送礼和出售。而元江地区哈尼族的"黑铺"支系，虽然自己不吃羊肉，但也大量地饲养羊群以用作商品交换。[②]

云南景东、元江、麓川、车里等地产象。在明代，这些地方所产的大象被用于耕作、进贡和作战。比如一些地区把驯养后的大象用于农事，作为对所欠缺牛马等牲畜劳动力的补充。根据文献记载，"夫教象以战为象阵，驱象以耕为象耕，南中用象，殆兼牛马之力"。滇南的土官土司常常向明廷进贡大象，而朝廷也会到云南边地买象。如万历六年及三十六年（1578年和1608年），云南布政使司两次买入驯象60头并由专人负责护送到京城。将象用于征战的例子也不少，如洪武二十一年（1388年），麓川土官进犯定边，以战象100余头充当阵前先锋，被沐英打败。"象死者半，生获三十有七。"再如景东土司陶氏驯养的战象十分出名。明天启年间（1621—1627年）在平定乌撒土司安效良叛乱中，一头大象虽然已经浑身中药箭，身上的箭"多如蓬麻"，仍然奋勇向前。战斗结束3天以后，大象死去，云南巡抚把此象隆重地安葬，并立下碑和坊，称其为"忠勇义象"[③]。

二、水利工程及技术

明代云南人口大幅增加，对粮食的需求也随之增加，所以增加水量供应成为重要任务；另外，屯田和城镇建设的开展，也需要大量供水。这两方面的要求使得明代云南的水利建设空前兴盛。这一时期的水利建设，在规模和技术方面都取得了很大的成就，云南的农业水利技术总体上已经与内地接近。另外，少数民族对水利建设的积极参与，使得云南的水利建设具有了因地制宜、简便实用的地方特色。同时应当看到，这一时期云南水利兴盛的地区，主要是云南腹地和其周边的农业发展已经有一定基础的地区，而边地和广大山区因为对粮食的需求不迫切，加上兴修水利的技术欠缺，水利建设成就并不高。

（一）治理滇池

元代云南统治者对昆明地区滇池区域水利的开发和水害的治理，是在这一地区大规模进行水域整治的一个伟大开端。到了明代，继续治理滇池仍然是云南水利工程建设的重点，云南地方官府治理滇池也遵循了元代的治理方式，并结合实际情况开发滇池水利，而且取得了卓越成就。明代滇池区域的水利建设有如下4项工程。

1. 修治海口

元代末年，海口河沙淤塞，致使滇池之水再度外溢。明洪武十五年（1382年），为了解

---

① （明）徐弘祖撰，朱惠荣校注：《徐霞客游记注（下）》，云南人民出版社，1985年，第941页。
② 参见袁国友《云南农业社会变迁史》，云南人民出版社，2017年，第393页。
③ 参见天启《滇志》卷三《地理志·物产》、卷六《赋役志》，《滇海虞衡志》第七《志兽》，以及《明史》卷三一四《云南土司传二》。

决滇池周围田亩被淹、庄稼难以成熟和顺利收获的问题，黔宁王沐英亲率人员疏浚海口河，把滇池的出水口挖宽，使滇池水的泄水量加大，这样滇池水就能顺利地排泄到海口河中（见图5-5）。同时还组织人力把海口河从头到尾进行了疏浚，以保证水流能够通畅地宣泄。另外，他们还在呈贡等处的湖河上新开辟了一些人工渠道，修建闸坝以控制水位。

图5-5
滇池海口（滇池出水口）
诸锡斌2020年摄于海口中滩街

明弘治十四年（1501年），云南实施了明代治理滇池的最大工程，这一工程是对滇池的一次大规模治理。这次治理由云南巡抚陈金领导，仍然是以治理海口河为主。

此次治理距离上次黔宁王沐英的整治已经过去100多年，海口河底又再次淤积了许多泥沙乱石，河床抬高，雨季洪水经常漫溢，淹没环湖农田。此次官府动员兵员和民工2万余人（包括六卫军和昆明、呈贡、安宁、昆阳、晋宁、易门等地的民工），通过挖江疏通河道，在滇池原出水口旁的螺壳滩至青鱼滩之间，新开辟了一条20余里长的人工渠道[①]。同时，为防止海口河两岸高山和箐沟水及泥石冲入河内造成河道壅塞，民夫又在两岸"环筑旱坝十五座"。这次整治已经全面地考虑了水利工程修建中筑、用、保等配套措施。工程从正月十五开工到三月十六完工，耗费银两上万，足见工程之浩大。

经过导引滇池水、疏浚海口河让水位下降，滇池水位终于下落数丈。据《明史》记载，三月十六日拆除海口河障水大坝时，水流直下，声如雷鸣，"不数月而池之水已去之六七"，原先被淹没的农田又露了出来，重新成为肥沃的良田。明万历三年（1575年）到万历五年（1577年），云南布政使方良曙又组织人力扩大海口河左侧的豹子山泄洪口和修筑豹子山一带的河道，整治清理黄泥滩、螺壳滩两滩的障碍，一引一除，使得滇池水位再一次下降。[②]这次施工因为抓住了关键问题，所以收效大而耗费少，较长时间地保证了海口河的正常泄水。

明代，云南官方在治理海口河的过程中认识到必须定期对海口河进行疏浚，才能尽量避免淤塞，防止水患。因此云南巡抚陈金汇集众议，制定并实施了定期疏浚海口的制度，即"岁修、大修"制度：1年一小修，3年一大修，由昆阳、晋宁、呈贡、昆明4县分段负责；另外，

---

① 夏光辅等：《云南科学技术史稿》，云南科技出版社，1992年，第94页。
② 方铁：《元明时期云南的农业水利技术》，载中国科学技术史学会少数民族科技史研究会、云南农业大学《第三届中国少数民族科技史国际学术研讨会论文集》，云南科技出版社，1998年，第318页。

每座旱坝各设坝长1人，率坝夫10名常驻守护。岁修及管理所费资银由国库支出。制定岁修制度是海口河定期治理的开始。

2.修治松花坝

元代修筑的松花坝为土木结构，坝基又是淤积土，不耐久浸，经常在垮塌和维修中循环，既耗财力又耗人力，且维护效果不彰。明代对这座土坝进行了改进。明代隆庆、万历年间（1567—1620年），松花坝土木结构的坝体难以阻挡水流冲击、侵蚀，土质衰败，于是在万历四十六年（1618年），云南水利道佥事朱芹提议大修松花坝。其改进思路就是把土木结构改为石砌，并创设石闸。大修工程于同年孟秋开工，官府组织动员民夫57000多人重修了松花坝的渠首，在盘龙江中修建了分水闸。分水闸由最坚厚的大条石砌成，闸口宽4.16米，高3.2米，闸身长9.6米。整个分水闸以石料长短相叠，犬牙交错砌成，闸门诸石之间又"钤以铁，灌以铅"。闸墩迎水端如牛舌状，下接侧向溢流堰，全长117米，高3.84米。闸门为叠梁门。万历四十八年（1620年）仲春修治完工，取名为"松华闸"。该闸坚实美观，开闭自如，真正做到了"以时启闭"。坝体由之前的土木变为石料，并且启闭方便，确实是一大改进。从技术要求和用料方面来看，工程的质量与内地水利工程相比已经没有明显差别。据水利学者研究，这种以闸门控制干渠配水和泄洪，闸堰结合、设施完备的枢纽工程，是古代无坝引水工程的一个典型。

松花坝水利工程经元、明、清三代经营，盘龙江、金汁河沿岸陆续修建了多级引水涵洞和灌排渠系。松花坝渠系与滇池水系的其他河道如银汁河、宝象河、马料河、海源河，组成滇池地区的水利工程系统。该系统是许多工程项目的有机集成，其复杂性在云南古代的各项工程实践中首屈一指，具有长远的经济价值、生态价值和社会价值。[1]

3.改建南坝

元代就已建成的木结构南坝闸位于昆明城南5千米处，是盘龙江进入滇池的最后一道闸门。但由于该坝为土木结构，容易损坏，明代景泰五年（1454年），官府组织人力物力对南坝闸进行了改建，改土闸为石闸。八月开工，历时半年完工，共8万多人参加修建。南坝改建后受益农田达几十万亩。设立该河闸的目的是对水量进行有效控制，"视水之大小而闭纵之"，改建达到了目的。

滇池经过系统、综合的整治后，成为集蓄水、分洪、灌溉、航运、养殖诸功能于一体的大型湖泊。

明代在滇池周围地区新建的灌溉渠道还有顺山沟、芒包沟和白龙沟等数十条，修建的其他堤闸还包括桑园闸、小坝闸、拦沙闸、矣龙村闸、千舌尖闸、响水闸等共43处。[2]这些水利工程的修建，大大完善了滇池周围的水利系统。

4.开凿横山水洞

今昆明西山区龙院村三里处的自卫村一带，虽然距离滇池不远，但地势较高，清光绪《续云南通志稿》卷五二中记载"池水不可逆行而仰灌，村之负山而田者，无论愆阳，即旬日不雨，土脉动辄龟裂，岁辄不登"。可见自卫村因横山山势阻隔而无法利用滇池之水进行土地灌溉。为此龙院村、海源寺一带村民自发疏通沟渠，开凿隧道。到了明代隆庆四年（1570年），官府决定开凿横山水渠引田灌溉，由云南布政使陈善主持开凿横山水洞。隧道"长五十有八丈，洞高五尺，广二尺"，"仅容一人反身屈膝以镌，用二人递备所镌，而出入之弥艰

---

[1] 李晓岑：《云南科学技术简史》（第二版），科学出版社，2015年，第183页。
[2] 参见张增祺《滇池区域水利发展史概论》，《云南文物》1984年第15期，第24页。

难"。工程十分艰巨，掘进后用镶木支撑隧道，并以石衬砌，又凿白石崖沟引水。尽管工程困难重重，当地人仍然不畏艰险，坚持开凿，"村农合力率作，纷若蚁之营垤"[1]，最终开出的水洞洞口高2米，宽1.2米，全长1180米。横山水洞开凿前后历时2年，于隆庆六年（1572年）二月终于竣工，灌溉了自卫、龙院、澜田、海源等8个村庄的45600多亩农田。横山水洞是云南最早开凿的隧道，直到今天一直在使用。现在此水洞被称为"花园隧道"。1978年整修后的横山水洞又被进一步加高、加宽，从该洞流出的水进入今昆明市西山区自卫村水库，后者是昆明市的饮用水源之一（见图5-6、图5-7）。[2]

图 5-6
1978年整修后的横山水洞出口

诸锡斌2021年摄于昆明市西山区自卫村

图 5-7
自卫村水库

诸锡斌2021年摄于昆明市西山区自卫村

横山水洞仅是明代在滇池地区修建的人工渠道之一。据不完全统计，明代先后在滇池地区新开的渠道有顺山沟、笋包沟、东西鸳鸯沟、老君沟、白龙沟等数十条。这些沟渠对解决滇池沿岸农田用水问题贡献甚大。

（二）修建"地龙"水利工程

在云南的河谷及山间盆地有不少的局部冲积平原，河川流经其间，适宜发展农业，但是

---

[1] （明）徐中行：《横山水洞碑记》。
[2] 李晓岑：《云南科学技术简史》（第二版），科学出版社，2015年，第183页。

少水是发展农业的一个制约条件。明代朝廷和云南地方政府在云南大规模实施军屯，军屯的范围就包括这些河谷及山间盆地中的冲积平原区域。军屯中的卫所兵员多拥有内地劳动技术和劳动工具，加上当地人的勤奋与智慧，云南在农业实践中建设了一系列极具特色的农田水利灌溉工程。

今大理地区的祥云、弥渡、宾川、南涧、巍山等地有许多区域地势平坦、土质肥沃的平坝。这些地区除有本地白族人居住外，还是明代汉族兵员的移居驻地，是重要军屯地区，由驻守当地的大罗卫[①]军队负责组织屯田。史料记载明代大罗卫共屯田15835.71亩[②]。但是当地降水量很小，蒸发量很大，所以土壤干旱，要保持众多耕地的有效利用，需要很多的灌溉用水。可是当地原本的农业用水就不充足，加之移民数量增多，使农业用水需求量进一步增加，这对农田灌溉和日常用水供给提出了更高要求。当地缺水严重，邻近西部地区的水资源却相对丰富。因此，从西部修渠引水就成为解决灌溉和日常用水问题的主要思路。于是当地人创造的被称为"地龙"的水利灌溉工程就在这样的背景下产生了。

"地龙"是为截取地下浅水层水流而修建的暗涵或暗管，普遍采取埋阴式摄水、输水方式，实际上是一种"行水暗渠"的管灌方式。"地龙"工程由5个部分组成，即引水口（或引水渠道）、输水暗渠、出水口、蓄水池、配水渠道。5个部分相互协调，发挥着整体功能。"地龙"是云南边疆农业历史上的一项重要发明[③]（见图5-8）。

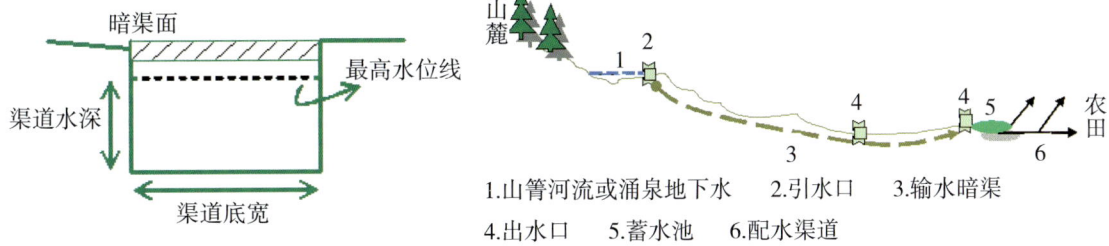

图5-8 "地龙"灌溉示意图[④]

"地龙"灌溉工程是云南旱区农业水利工程的典型代表。云南干旱地区利用"地龙"有效地应对了干旱少水、蒸发量大的不利现实，从古至今，"地龙"对确保云南旱区农业生产的进行起到极其重要的作用。例如，据弥渡县弥城镇龙华村委会果子园村的群众介绍，当地的"地龙"是明代本村吕氏始祖在此落籍建村时所建，至今已有数百年之久。[⑤]

从对宾川姚家"地龙"的考察可以知道"地龙"工程技术的概貌。宾川姚家"地龙"可谓地下蓄水池和灌溉网。如其他"地龙"一样，它由引水口、暗渠、地下蓄水池和配水渠道组成。"地龙"工程的主体是其输水设施——暗渠，但修建暗渠之前必须确定引水地点（即引水口）。引水地点根据水的来源分类。水的来源分三类：一是来自天然河流，取地表水；二是来自地下涌泉，涌泉的水量与地下水位密切相关；三是直接截取地下水，要求地下水丰富，水位

[①] 据《明史·兵志二》记载，明代在云南设置的多个卫所，曾于大理宾川州城设立"大罗卫"，其范围相当于现今宾川县和大理海东地区。

[②] 方国瑜主编：《云南史料丛刊》第六卷，云南大学出版社，2001年，第588页。

[③] 王晓伟、诸锡斌：《云南宾川地区地龙灌溉初步研究》，载李伯川、诸锡斌主编《云南科学技术史研究》，云南人民出版社，2014年，第258-261页。

[④] 王晓伟、诸锡斌：《云南宾川地区地龙灌溉初步研究》，载李伯川、诸锡斌主编《云南科学技术史研究》，云南人民出版社，2014年，第258-261页。

[⑤] 李武华：《明代弥渡的水利设施"地龙"》，《云南日报》2014年1月12日。

较高。

"地龙"工程主体部分的暗渠，是工程构造最复杂、技术要求最高的部分。暗渠修建时先要挖出许多互相连接的坑道，即明沟基槽；在此基础上，将基槽两侧用不规则的石块垒砌成沟沿，这就是紧石砌壁；再用条石铺垫在沟底（条石靠壁的地方砌石块）；以上三步完成后，再在沟上面覆盖石板，在覆盖的石板上填土，填土中夹杂卵石、粗砂、棕皮等物，这样就修成了地下暗渠。

暗渠的承压能力、坚固程度与建筑材料和建筑结构有密切关系。暗渠建筑所使用的石块、条石，从岩石力学上需抗风化和抗腐蚀能力较强，质地坚硬，这样才能承受巨大的压力。这些材料均能从当地获取。在结构上，暗渠横断面呈矩形而非一般常见沟渠的梯形。使用同样的材质，矩形结构的稳固性不如梯形结构，但因为暗渠使用的是石质建材，采用矩形结构的工时少；而且决定暗渠输水能力的是沟渠的底宽和沟渠的高度，采用梯形构筑既费材料又耗工时，对增加输水能力也意义不大。所以，"地龙"的暗渠采用矩形构筑是正确的。另外，暗渠的渠底铺条石，两侧砌石块，可以防止渗漏，保护边坡不受冲刷，减少水流阻力和增加稳定性。

灌溉用水经"地龙"暗渠输送，经在中途或末端的出水口汇入蓄水池。蓄水池或为潭池式，如弥渡县弥城镇龙华村委会果子园村的"果子园地龙"（见图5-9），或为沟渠式，建在河边田间，如弥渡县红岩镇章岗村委会章岗厂村的"章岗地龙"（见图5-10）。蓄水池建好后，还需开挖通往田间的配水渠道，这种渠道的长度和渠道数与所要灌溉的农田面积成正比。配水渠道在构造上为土沟明渠，沿农田或作物行间灌溉，水流在流动中借毛细管作用湿润土壤，进行地面灌溉。其明显优点是不会破坏作物根部附近的土壤结构，不会导致田间土壤板结，并且还能减少土壤因蒸发而出现的水分损失。

"地龙"灌溉工程就是这样把山间的流水和流出的地下水汇集于一池（称为"龙塘"），使之相互连通，连接成网的。夏天时，它将雨水蓄积起来，既能避免地面的泥沙或不净之物冲入和污染集水

图5-9
弥渡县"果子园地龙"

诸锡斌2022年摄于弥渡县弥城镇龙华村委会果子园村

图5-10
弥渡县"章岗地龙"

诸锡斌2022年摄于弥渡县红岩镇章岗村委会章岗厂村

池，又可以有效地防止流水蒸发，以备干旱到来之时灌溉农田。"地龙"可使干旱的坝子变为良田，其积蓄的水也可供人畜饮用。

其他地方的"地龙"主体部分除了有上面所说的埋藏式的沟道，也有埋瓦筒的管道。

"地龙"灌溉工程是一种极有特色的因地制宜的水利工程，但其缺点是如果沙石长期随着山水冲入暗渠会导致淤塞，清理起来也不容易。

总体上来看，"地龙"灌溉工程是一个由引水、输水、出水、蓄水和配水等部分有机构成的系统工程，发挥着调水、节水、旱灌涝蓄、净水和集水5个方面的功能。

（三）其他水利建设

这一时期，宜良、石屏、保山、禄丰和大理等地区还修建了其他一些有影响力的水利工程，灌溉了当地的农田，化水患为水利，使农业发展获得了重要支持。

1.宜良的汤池渠和文公渠

宜良县地处滇中坝区，一直是云南粮食高产地区之一。明初黔宁王沐英屯兵时发现该县有汤池（阳宗海）而"人不知用"。因汤池属断陷构造湖泊，没有出水口，于是西平惠襄侯沐春（沐英之子）在洪武二十九年（1396年）"发卒万五千，因山障堤，凿石刊木"，由云南都指挥同知王浚负责筑渠引汤池水。他们先利用汤池附近山势筑堤蓄水，修筑长36里、宽1丈2尺的大渠，将汤池水引入县城附近的摆衣河，然后"引流分灌"平坝。工程耗时一个月，"灌宜良涸田数万亩"，当年"岁获其饶"，两年后滇中坝区干旱，而"独宜良水利不竭"[①]，百姓将此渠命名为"汤池渠"。明隆庆年间（1567—1572年）澄江县知县文嘉谟派民夫疏浚汤池渠，使附近湖滨农田的水患得以消除。

宜良县的文公渠亦引汤池水灌溉，也是有名的水利工程，于明嘉靖年间（1522—1566年）由临源道佥事文衡督修。据清康熙《宜良县志》卷一记载，当时的修建方法是：先在县北江头村大城江上修筑一座拦河堤坝，又在堤坝上游的摆衣河开辟渠道，一直开辟到宜良县城下，全渠长70千米，沿途修筑水硐72所，"溉军民田二百余顷"。其后该渠多次疏浚，延长渠道，可灌溉田地数十万亩。后人为纪念文衡的督修功业而称此渠为"文公渠""文公堤""文公河"。

2.临安府的石屏异龙湖引水工程

明代在临安府（今建水县城所在地）辖区所修建的最大的水利工程是石屏异龙湖引水工程，工程中以泸江堤的修建最为重要。泸江堤于弘治十六年（1503年）由知府王资良主持修建，全渠长40里，可灌溉数百万亩田地，流经临安府城并灌溉阿迷州（即今开远）的部分田地。但异龙湖引水工程常常有泥沙壅塞之患，于是兵备副使许宗谥于万历四年（1576年）组织士兵和百姓沿河渠进行疏浚维修，百姓称该项渠为"许公堤"。万历二十七年（1599年）和二十八年（1600年），官府又组织人力相继筑堤和改直河道。[②]

3.永昌府的九龙渠

明代云南永昌府（今保山）辖区的著名水利工程当属九龙渠。九龙渠是明代为引永昌府城南的易罗池水灌溉田地而修建的水渠。易罗池"霄沸有九窦，方广二百余丈"，永昌府官员组织当地军民用砖石垒成堤以引水灌溉，"流沫三十余里"。明洪武年间（1368—1398年），

[①] 周钟岳等纂修：《新纂云南通志》卷一三七，民国三十七年印行。
[②] （明）陈宣：《临安新开石屏湖水利记》，载正德《云南志》卷三三《文章十》、天启《滇志》卷三《地理志·堤闸》。

官府把渠分为41号渠道,并派专人守护渠道和管理九龙渠水的分配。水渠最初为土筑,出现过"溃决莫固"的情况。弘治、正德年间(1488—1521年),官府将第1到第14号渠道改土筑为砖石修筑,隆庆元年(1567年)又将第15至36号渠道"甃以城砖,边用覆石,灰土相辅,沃以糯糜",之后又修建了3座闸来控制渠道的水势。工程完成后收效明显,隆庆三年(1569年),云南省干旱,田地大面积歉收,但永昌的九龙渠却充分发挥了抗旱灌溉的作用,"此邦晏然,蒸民讴歌,枕卧待获,盖数十年所仅见也"。①

4.山区少数民族自建的水利工程

山区少数民族自建的水利工程,主要是为了浇灌山间的小块农田和梯田,因此其形式多为绕山水渠、山间小水坝以及积水塘。比如禄丰高峰寺僧人协同附近村民于万历年间(1573—1620年)修建了长达十余里、翻越"九山十凹"、用筒瓦连接的绕山渠,可灌溉田亩4000余亩。之所以这样修建,是因为当地山势陡峭,开凿不易,只能依山势而为。各处山区的水坝和积水塘则随处可见。这些设施虽然水量较小,但施工简单,维修方便,用于解决小面积农田用水问题是十分有效的。这些方法在云南山区至今仍在使用。

5.大理地区的水利工程

在明代,大理地区的水利工程较多且不少工程都具规模,主要包括弥苴佉江堤工程、洱海疏浚工程、大理府城的"穿城三渠"等。

修建于明代的邓川弥苴佉江堤工程(见图5-11),至今仍然在发挥作用。弥苴佉江位于邓川州前平川。弥苴佉江堤分东西两道,江堤高宽各2丈,东堤是屯戍军士修建,西堤由当地百姓修建。两堤总长近1000丈,堤上建有排泄蓄水的龙洞共25个。由于河坝高而田畴低,是一条名副其实的"地上悬河"(见图5-12),所以明代曾多次对弥苴佉江堤进行大修,平时还设有专人维护。该工程不仅引水灌溉,而且引导剑川、浪穹(今洱源)、凤仪等地河流经由该工程流入西洱河。该工程的修建表明工程设计或修建者已经有对该工程的灌溉、分洪、用水量的调配等方面的整体考虑。

图5-11
现今仍发挥重要作用的弥苴佉江堤工程
诸锡斌2022年摄于洱源县邓川镇

---

① (明)天启《滇志》卷三《地理志·堤闸》。(明)陈善:《九龙池沟道记》,载天启《滇志》卷一九《艺文志》。

图 5-12
高于耕地的"地上悬河"弥苴佉江堤
诸锡斌2022年摄于洱源县邓川镇

明代定期对洱海进行疏浚。洱海作为大理地区的重要湖泊，其水位和湖内泥沙量对当地百姓有重要影响。保持洱海的水位稳定是避免当地出现水患的重要措施。由于点苍山的溪水流入洱海时常常将大量的沙石带入湖内，所以必须对洱海进行定期的清理。当地总结出对洱海出水口必须每三年疏浚一次的经验，若"过期不浚则滨湖之田必致淹没"①。明代对洱海的定期疏浚总体上保持了洱海出水口的畅通。

明代大理府城的"穿城三渠"也是一项影响深远的工程。弘治年间（1488—1505年），点苍山的溪水泻入大理城内冲坏了河堤，并使得城中"庐舍半坏"，于是当地官府与卫所组织军民在大理府的城西挖壕沟修堤，此工程竣工之后被称为"御患堤"，并规定每年十一月兴工维护，将堤加高一尺以为常规。②在防治水患的同时，大理府还注意利用河渠防火及灌溉，"一以备火，一以灌田"，于是修建成"穿城三渠"③。"三渠"的修建首先是出于灌溉城东农田的考虑，同时水渠穿城而过可备城内火灾救援之用，只是后来"经年不浚，往往壅塞，必须经常疏导"。

大理地区其他较大的引水工程还有邓川州的横江堤与大水长堤，浪穹县东南的三江口堤和县南的三根渠，云南县（今祥云县）宾川州的荒田陂渠，宾川州西北的大场曲堤，赵州东北的东晋湖闸，鹤庆的南供河渠网，由丽江引流而下的灵济渠，蒙化地区包括16条支渠的东溪渠，建有12条支渠的西溪渠，等等。④

其他地区的重要水利工程还有很多，如澄江府附近的漱玉泉堤、北坡沼堤、西雩泉堰、圩札溪堤和西浦龙泉坝，江川县（2015年改为江川区，属玉溪市）的大冲河坝及普济堰塘，新兴州（今玉溪市）的九龙池坝和罗木箐坝；曲靖府城附近的北沼堤与西湖坝，沾益州的交水坝

---

① （明）嘉靖《大理府志》卷二，云南省图书馆藏抄本。
② 周钟岳等纂修：《新纂云南通志》卷一四〇，民国三十七年印行。
③ （明）天启《滇志》卷三《地理志·堤闸》。
④ 方铁：《西南通史》，中州古籍出版社，2003年，第607页。

和杨柳坝；楚雄府的梁王坝及城南堰；姚安府的七溯、黄连箐坝和石夹口坝；寻甸府的归龙堤与龙洞渠等。根据天启《滇志·地理志·堤闸》的记载，整个明代云南全省的较大水利工程有将近200处，而其中一些已经是大型的水利工程，其受益覆盖田亩面积达1000亩到10000亩不等。①明代云南的水利工程建设水平较元代有大的提高②，主要表现在下述几方面。

首先是施工技术有大的改进。元代及之前所建的坝闸和堤渠多为土木结构，但其寿命和安全系数不高。明代则大多数改用石质材料，而关键性的工程还做特殊处理，如松花坝闸门修建还"钤以铁，灌以铅"。把石、铁和铅等用于水利设施建设，成为水利工程材料使用及配搭上的重大革新。对于大规模堵水材料的使用也有明显进步。如嘉靖三十四年（1555年）疏浚海口河采用"编篁折符，囊石怀壤"的方法，即用竹子编成网，里面塞满石块泥土用来筑堤。另外，对河中淤泥的治理，除深挖清除外，还在河中设石坝，坝上开小孔，使水得泄而"壒砾溧沙不冲塞矣"；或者在支流河道上开挖滤水坑留住泥沙，"小流少一分泥沙，大河少一分淤塞"。再如修建"地龙"水利工程的暗渠都有精密细致的技术考量和系统性思维与设计。这些技术的进步，表明明代水利工程的组织、设计、施工等方面进一步完善。

其次是水利工程的筑、用、保等配套设施更加完备。此方面最突出的表现是引水渠道开凿较多，进一步解决了分水泄洪及农田灌溉问题。比如龙院村横山水洞等工程，技术复杂，支渠众多。另外就是对重要河道修建相应的保护性设施以防止河道受到损毁，影响其功能的正常发挥。例如弘治十四年（1501年）疏浚海口河道，施工时先设障水坝绝流以便分段施工，挖低河床以后则在河岸筑旱坝15座，以防止两边山上的泥石冲入河床。

最后是对水利设施的维护和运行实行了严格而有效的管理制度。例如确立"大修"和"岁修"的制度。对重要的水利工程都规定必须岁修，对较大的水利工程还规定必须每数年进行一次大规模的整修。如明代就多次维修滇池六河工程，对海口河的重要疏浚也有5次。邓川弥苴佉江堤工程也在明永乐、弘治、正德、嘉靖年间进行了几次大修。除定期维修之外，还重视日常的修护和管理。以邓川弥苴佉江堤工程的维护为例，每年正月乡饮次日，弥苴佉江堤开始例行修整。东西二堤共有泄水涵洞25孔，由屯田军负责6孔，其余由民夫负责。又将全河分段，每段由不同人负责，若河堤溃决，则由负责该河段的差夫购料修复。大石桥下和咽喉之地由官府组织民工挖沙导水。江堤之上大量种植榆柳，严禁砍伐。平时有巡河老人监看河水状况，到涨水季节则搭棚派人昼夜巡视。出现破坏堤防之事，官府立案追查。③此例说明，明代云南的水利管理已经达到较高水平。

三、食品加工技术

现今云南民间流行的极具本土特色的食品如米线、乳扇等，从明代开始就逐渐成为著名食品种类。

（一）米线

米线如今是云南的名特小吃，以有100多年历史的蒙自过桥米线（见图5-13）最为出名。据文献推断，米线的制作约始于明代。嘉靖《大理府志》记载："米缆，粉粳作煸，圆细如灯

---

① 参见方铁《西南通史》，中州古籍出版社，2003年，第608页。
② 夏光辅等：《云南科学技术史稿》，云南科技出版社，1992年，第96-97页。
③ （明）李元阳：嘉靖《大理府志》卷二《地理志·堤坝》

草,引长不绝,脆润不粘,盘结成团,经汤则解。""米缆"应是米线的前身。现今制作米线的基本工艺,是将优质大米通过发酵、磨浆、澄滤、蒸粉、挤压等工序制成线状,放入凉水中浸渍漂洗,然后便可烹制食用。米线细长、洁白、柔韧,烹调时凉热皆极为可口。①

图 5-13
过桥米线
李强2021年摄于昆明桥香园

(二) 乳扇

明代,牛乳、羊乳是云南人喜爱的营养食物,既可新鲜煮食,也可加工食用。据记载,武定府和曲州(今武定县)有一种乳品叫"乳线"(也称"连煎"),"积牛乳澄定之,土人以为素食,名曰连煎"②。而《滇略》则载"浓蓴乳酪而揭之,曰乳线"。据这些记载,乳线是没有经过加工的新鲜牛奶或煎煮后的乳皮。在很多情况下,为了保存乳品留后食用,会对新鲜乳进行杀菌和加工,于是出现了一些奶制品。乳扇(图5-14)是用牛奶制作而成的一种奶酪,色黄白光亮,富含脂肪和蛋白质,是大理、邓川等地的白族特产,因为其形薄如纸扇而得名"乳扇"。

明嘉靖《大理府志》卷二说:"乳腺,酥乳冻皮也,气味不异酥乳,然酥乳非盐则不耐久。"这里所说的"乳腺",一般认为就是乳扇,到清初以后才有"乳扇"之名。其制作工艺及用途在清代咸丰《邓川州志》中有记载:"乳扇者,以牛乳杯许煎锅内,点以酸汁,削二圆箸轻荡之,渐成饼,拾而指摊之,仍以二箸轮卷之,布于竹架成张页而干之,色细白如轻壳。售之张值一钱,商贩载诸远。为美味,香脆愈酥酪。凡家喂四牛,日作乳扇二百张,八口之家足资俯仰矣。"③即将牛奶倒在锅内煎(这其实就是将生鲜奶以加热的方式进行杀菌处理),点上酸汁(酸汁一般用酸木瓜加水煮沸,冷却后取其清液),牛奶遇酸和热迅速凝固,随即搅

---

① 参见《云南风味小吃——米线》,载《云南特产风味指南》编写组《云南特色风味指南》,云南科技出版社,1991年,第170页。
② (明)陈文等撰:景泰《云南图经志书》。
③ 咸丰《邓川州志》卷四,见云南省编辑组《云南方志民族民俗资料琐编》,民族出版社,2009年,第43页。

拌，使其变成丝状凝块后夹出，用手揉成饼状，再将其两端卷在两个削好的圆箸上，轻轻荡之，渐成饼状，用双手指摊开，仍然用两个圆箸轮流卷起来，置于竹架上张开呈叶状，晾干即可（见图5–15）。这就是传统的乳扇制作中的杀菌和加工工艺。当时制作和出售乳扇就可以供养一户八口之家，足见制作乳扇对百姓生活的重要性。邓川至今仍然沿用这种传统方法制作乳扇。

图（左）5-14 乳扇

诸锡斌2022年摄于大理古城

图（右）5-15 置于竹架上张开呈叶状晾干的乳扇

诸锡斌2022年摄于大理邓川乳扇制作农户的工作坊

四、井盐开采与酿酒技术

明代滇中和滇西的盐井数量增多，开采旺盛，工艺不一，偏远地区技术不成熟。在酿酒方面，以蒸馏法制酒的典型代表是哈拉吉和钩藤酒。傣族地区有树头酒，因原料和制作工艺不同而各有特色。

（一）井盐开采

明代云南的人口激增，对食盐需求量大增，另外运粮商人到云南交易时，官府会以盐作交换，这两方面因素刺激了云南井盐生产的大发展，所以云南产盐的地方更多，产盐量更大。官史《明实录》记载："滇南唯矿盐二课，为力滋大。"（编者注：滇南即云南）官史将盐业与矿冶业相提并论，足见明代云南地区的制盐业相当繁盛。而制盐所采用的技术，各地不一。

1.盐井数量大增

明初在全国设立了7个盐课提举司，其中4个在云南的黑井（其地在今黑井）、白井（其地在今大姚）、安宁、五井（其地在今云龙，也有人认为在洱源）。盐井数量也大幅增加。明代云南的盐都来自盐井，如滇中共有24井，其中楚雄有7井，姚安有10井，安宁有5井，武定有

2井；滇西共13井，其中大理有11井，鹤庆有2井；其他小井就更多了。[①]

2.工艺不一

当时各地的井盐采制，大都是开采卤水，各井主要采用煮水成盐（此法在文献中又被称为"熬波成盐"）的方式，有的盐质量很高，色泽洁白。

滇西产马蹄盐，以弥沙井、乔后井产量最多。云龙一带盐业也十分兴盛。滇中的采盐工艺如元代一样，是凿井汲卤，然后以辘轳提升，再用桶把盐卤挑回家煎熬。滇南地区也生产井盐，某些边远地区保留有焚薪成炭后浇卤水取盐的原始方式。这种盐品质低，黑白相杂，味道苦，因此有些地方还要再精炼。

（二）酿酒技术

明代以前关于云南酿酒的记载不多。从明代起，云南与内地交往加强，酿酒技术也多有交流，再加之明代云南各地修撰地方志盛行，所以文献中关于酿酒的记载较前代多。常见于当时史籍的有三种酒，蒸馏酒（烧酒）有哈喇吉、咂鲁麻（钩藤酒），还有一种是树头酒。前两种可以从明代李元阳的嘉靖《大理府志》所记载的程立本在大理饮酒所作的诗中得到证实："金杯哈喇吉，银筒咂鲁麻。江楼日日醉，忘却在天涯。"其中的哈喇吉是蒸馏酒，因为元代称烧酒为哈喇吉，元初忽思慧所著《饮膳正要》称其为阿拉吉酒。据考证，哈喇吉、阿拉吉等名称可能是东南亚语Arradk的音译，指的是利用椰子做原料，经过发酵、蒸馏合酿而成的一种蒸馏酒[②]。咂鲁麻就是当时流行于少数民族地区的钩藤酒，这也是一种蒸馏酒。而树头酒在明代已经流行于滇南傣族地区，这种酒被记载于明代谢肇淛的《滇略》中："树头酒，缅出。"

1.蒸馏酒哈喇吉、咂鲁麻[③]

关于我国的蒸馏酒酿造起源于何时，没有一致的说法。但总的来说，元代已经出现了蒸馏酒的证据比较充分，为学界普遍认可。

明代李元阳的嘉靖《大理府志》中记载了程立本的大理饮酒诗便提及了蒸馏酒哈喇吉和咂鲁麻，可见当时蒸馏酒在大理已经是较为常见的酒。

关于钩藤酒，陈鼎《滇黔纪游》载："钩藤亦出苍山，以之酿酒名咂鲁麻。"明代李元阳在嘉靖《大理府志》中记述了钩藤酒的制作方法："酿酒米于瓶，待熟，着藤瓶中，内注热水，下烧微火，执藤饮之，味胜常酒，名咂鲁麻。"明籍《滇略》记载了大致相似的钩藤酒的制作方法："钩藤，藤也，可以酿酒。人渍米麦于罂，熟而着藤其中，内注沸汤，下燃微火，主客执藤以吸。"钩藤是一种小灌木，其茎中空可吸。又说："饮酒之法，杂荞秫曲稗于巨瓮内，渍令微热。客至，则燃火于下，以小竹或藤插瓮中，主客环坐吸而饮之，曰咂鲁麻。"可见，咂鲁麻是以小竹或各种藤吸饮的酒。酒酿成以后，将钩藤放于瓶内，内注沸水，下燃微火，这是采用热浸的方法将藤内的有效成分浸渍于酒中。并且微火回热也可以灭菌，以防止酒液继续发酵，酸败变质。钩藤酒因此味胜常酒。

云南其他少数民族如滇南的壮族、苗族和丽江的纳西族也会制作咂鲁麻。其制作工艺大同小异。在滇北，咂鲁麻以稻米、麦子或荞麦、高粱、稗子、草籽等为原料，加入酒曲发酵而成，但都有火烧加热灭菌的工序，并且酿好后都加入一定量的热水，用藤或小竹吸取饮用。酒

[①] 参见（明）谢肇淛：《滇略·产略》。
[②] 李晓岑：《云南科学技术简史》（第二版），科学出版社，2015年，第186页。
[③] 刘磊：《云南少数民族的酿酒技术》，载中国科学技术史学会少数民族科技史研究会、云南农业大学《第三届中国少数民族科技史国际学术研讨会论文集》，云南科技出版社，1998年，第256-257页。

的度数普遍低,且营养丰富,是一种具有滋补作用的酒。

2.树头酒

滇南的傣族人所生活的地区气候炎热,水流纵横,适于棕类植物生长。为适应这一地区的环境,傣族人常饮一种"树头酒"。明代朱孟震《西南夷风土记》记载明代云南西南部的物产为:"至孟密(今缅甸境内)而下,所食皆树酒,若棕树,叶与果房,皆有浆可渥,取饮不尽,煎以为饴,比蔗糖尤佳。又有树类枇杷,结实颇大,取其浆煮之,饮之尤醉人。"[1]明代的谢肇淛撰写的《滇略·产略》记载:"树头酒,缅出。其树类棕榈,高五六尺,结实大如掌。缅人纳曲罂中,悬之实下,划实使汁入罂,久则成酒,其叶即贝叶也,古以写经,今缅以书字。"明人严从简的说法也与谢肇淛《滇略》的记载相当。[2]这说明,树头酒应该是棕榈酒。棕榈汁不必有糖化过程,也不用酒曲,只需进一步发酵就可以成酒[3]。由于明代的缅甸军民宣慰司辖区至缅甸中南部地区,其地在当时属于云南永昌府治下的外番土司之一,故当地人应能制树头酒。此外,云南傣族地区与该地接壤,且两地自然条件极其相似,因此傣人会酿制树头酒也不为奇。

由前述可知,在明代,云南南部和云南其他地方酿酒方法是有差异的。南部地区生长着不少含糖量较高的植物,它们的汁液中含有大量的糖,这些地方酿酒就十分简单,只需要用含糖植物汁液进一步发酵就能成酒[4]。在自然界里,空气中的尘埃及水里都有少量的酵母菌。这些酵母菌落在含糖植物汁液里就繁殖起来,并且温热的气候也适宜酵母菌的繁殖,因此在南部地区用含糖植物汁液自然发酵成酒的机会就多。而在云南其他地区的民族,多用稻米、麦子等粮食作物作为原料,加入酒曲,经过糖化和发酵酿成酒,所酿之酒属于黄酒,或浸入诸如钩藤一类植物酿制成药酒。

明代云南的少数民族常常把强身健体的中药与酒"溶"成一体做成药酒,往往具有良好的养生和治疗效果。例如,楚雄府的土产龙胆草叶子细而尖,花为黄白色,其味很苦,当地人五月采之,作酿药酒之用。[5]这种习俗在云南民间一直传承至今。

五、制茶、制糖和榨油

到明代,云南的制茶、制糖和榨油水平进一步提高,出现了更多的原料,并因制法不同而出现了新的品种。

(一)制茶

唐宋两代,茶品[6]有了进步。人们饮茶的方式是将块状茶即砖茶、团茶煮后饮用。直到宋代中后期,茶叶生产才由先前生产人们习用的团茶逐渐转向以生产散茶为主。到了明代,明太

---

[1] (明)朱孟震:《西南夷风土记》,《丛书集成》3277册,商务印书馆,1934年,第5页。
[2] (明)严从简《云南百夷篇》:"树头酒,树类棕,高五六丈,结实大如掌,土人以罐悬置实下,划实,汁流于罐,以为酒汁,亦可熬白糖。"
[3] 现今这种棕榈已成为柬埔寨的国树,称为棕糖树。棕糖树汁可直接饮用,还可以酿造出棕榈酒、棕榈醋和熬制成糖块长期保存。棕糖树还是柬埔寨重要的经济作物。
[4] 刘磊:《云南少数民族的酿酒技术》,载中国科学技术史学会少数民族科技史研究会、云南农业大学《第三届中国少数民族科技史国际学术研讨会论文集》,云南科技出版社,1998年,第258页。
[5] (明)陈文等撰:景泰《云南图经志书》卷四。
[6] 茶品,即茶道,茶艺是茶道的载体,先后有煎茶道、点茶道、泡茶道等形式。

祖朱元璋发布诏令，废团茶，兴叶茶，人们开始大量饮用散茶。现在通行的"泡茶"的说法是明代才出现的。[①]饮茶方式的变化推动着制茶品种的变化。云南也适应了这种变化。云南是茶树的原生地，也是一个古老的产茶区域，种植茶树和加工茶叶已经有1700年以上的历史。云南的茶树主要是大叶种，其茶叶产品具有显毫、香高、味浓、回甘等特点。[②]在明代，云南饮茶之风盛行起来，现今名气很大的块状茶品种普洱茶在当时也开始见于记载，大理出产的感通茶在当时也很有名，此外还有关于其他茶的记载。

1. 普洱茶

历史上，普洱曾经叫"普宁"，清代雍正年间改为普洱县（2007年改名为宁洱县）。其地原本不产茶，而只是茶叶的加工集散地，西双版纳和澜沧江沿岸各地所产的茶叶多经普洱县运销各处。当今很有名气的普洱茶是出产于普洱市和西双版纳州一带的一种黑茶[③]，是以云南大叶种晒青绿茶为原料，经后发酵加工形成的。明代以前，记载普洱茶的文献较少。唐人樊绰所著《蛮书·云南管内物产第七》中写道："茶出银生城界诸山。散收，无采造法。蒙舍蛮以椒、姜、桂和烹而饮之。"银生城所辖区域为今元江、镇沅、景东、澜沧四县以及西双版纳州，与后来的普洱茶的主产区大体吻合。[④]文献中提到的"诸山"包括银生城辖区内西双版纳的六大茶山（即今天景洪市、勐腊县境内的攸乐、革登、蛮砖、倚邦、漫撒、莽枝六座普洱茶古茶山），以及辖区内其他一些茶山。

就全国的情况来看，从元代开始就出现了直接用散茶煎煮或者用散茶泡茶的做法，这不仅提高了制茶技术，而且使茶饮用起来很方便。根据上述文献记载，在唐、宋、元时期，云南还没有类似中原的茶叶采制法即加工成茶饼，当时云南只是散收茶。至于散收以后的初步加工方法，比如是否曝晒，并未有文献提及。从保存的角度看散收显然不如茶饼方便，但它恰恰是制作后来出现的普洱后发酵茶的必要条件。当今以晒干后的散茶（毛茶）作原料，经蒸压，就能塑成如饼茶、紧茶、沱茶（团茶）、方茶等各种式样。

明代是云南茶叶的重要发展时期，但具体技术文献记载不详。谢肇淛《滇略·产略》载："滇苦无茗，非其地不产也，土人不得采取制造之方。即成而不知烹瀹之节，犹无茗也。昆明之泰华，其雷声初动者，色香不下松萝，但揉不匀细耳。点苍、感通寺之产过之，值亦不廉。士庶所用，皆普茶也，蒸而成团，瀹作气，差胜饮水耳。"可见，明代虽然已经出现"普茶"之名，但制茶技术原始落后。但《滇略·产略》的记载也表明，明代后期云南已经出现了蒸压成团的普洱茶，即现在人们所看到的普洱茶饼。

当时流通全省、销量最大的就是"普茶"[⑤]，即今天的普洱茶（图5-16）。明代万历《云南通志》说："车里之普耳，此处产茶，有车里一头目居之。"（编者注：明代"普耳"之"耳"无"氵"（shuǐ）《滇略·产略》记载："士庶所用，皆普茶也，蒸而成团。"这是对普

---

① 徐馨雅：《识茶·泡茶·品茶》，中国华侨出版社，2014年，第5页。
② 《中国农业全书》总编辑委员会主编，《中国农业全书·云南卷》编辑委员会编：《中国农业全书·云南卷》，中国农业出版社，2001年，210页。
③ 一般教科书把普洱茶归于六大茶类中的黑茶类，理由是普洱茶和黑茶都属于后发酵茶。周红杰等人提出不同观点，认为普洱茶的加工与黑茶的加工有质的区别：黑茶加工的初级原料是中小叶种，从鲜叶至成品的过程是连续的；普洱茶则以云南大叶种制成的晒青绿茶为原料，经适度潮水渥堆形成，其品质是在水热及微生物等的共同作用下形成的。具体加工方法参见周红杰《云南普洱茶》，云南科技出版社，2004年，第29-40页。
④ 周红杰：《云南普洱茶》，云南科技出版社，2004年，第2页。
⑤ 周红杰：《云南普洱茶》，云南科技出版社，2004年，第4页。

洱茶的最早的两条记载。[1] 明清之际的思想家和科学家方以智在其所著《物理小识》卷六中记载："普洱茶,蒸之成团,西蕃市之,最能化物。"这是"普洱茶"之名首次出现于文献中。[2] 从方以智的记载来看,早期普洱茶品种就是蒸成的团茶。

普洱茶从明代开始渐渐有了好的销路,最早是大量卖给吃肉多、特别需要大量饮茶以帮助消化的少数民族

图 5-16 普洱饼茶
李强2021年摄于昆明

(如藏族)。后来普洱茶的好处为越来越多的人所知,其销量也更大。当今科学分析表明,普洱茶除含有一般茶叶具有的化学物质和微量元素以外,后发酵作用即微生物的特殊化学作用,使茶叶中的纤维素、淀粉、蛋白质等分解,产生维生素、氨基酸和碳水化合物等物质。特别是发酵使得维生素C和烟酸等增加较多,增强了茶叶的降脂和降压作用,对人体中的类脂化合物胆固醇、三酸甘油酯和血尿酸等都有不同程度的降低作用。普洱茶还可清热解毒、消食健胃,又有一定的减肥功能。为提高普洱茶的品位,缩短茶叶的发酵周期,在自然发酵生产普洱绿茶的基础上,人们从普洱茶中分离出了起关键作用的菌株,再按一定比例将其接种到茶叶堆中,在短期内就可发酵成质量高、风味好的人工发酵普洱茶。[3]

2.感通茶

大理感通茶在明代成为云南名茶,因产于大理感通寺而得"感通茶"之名。大理地区从南诏国、大理国时就有僧人制茶(见图5-17),这一传统一直延续至今。

《明统一志》说大理的感通茶,其茶味之佳胜过其他地方出产的茶。嘉靖《大理府志》也说:"感通茶,性味不减阳羡(今江苏

图 5-17 僧人制茶
诸锡斌2022年摄于大理感通寺

---

[1] 周红杰:《云南普洱茶》,云南科技出版社,2004年,第4页。
[2] 有人认为,这是"普洱茶"这一名称首次见诸文字。参见李晓岑《云南科学技术简史》(第二版),科学出版社,2015年,第187页。
[3] 孙清惠、刘志斌:《云南民族传统食品与微生物技术的应用》,载中国科学技术史学会少数民族科技史研究会、云南农业大学《第三届中国少数民族科技史国际学术研讨会论文集》,云南科技出版社,1998年,第357页。

图 5-18
感通寺内现尚存的古茶树
诸锡斌2022年摄于大理感通寺内

宜兴），藏之年久，味愈胜也。"《滇略·产略》称感通茶为云南名茶。冯时可所著《滇行记略》记载："感通茶不下天池伏龙，特此中人不善焙制尔。"徐霞客《滇游日记》说："茶味甚佳，焙而复爆，不免黝黑。"说明感通茶是经焙和炒而制成的黑茶，这是对感通茶制作方法的粗略记载。现今感通寺还存有少量的古茶树（见图5-18）。

除了普洱茶和感通茶外，明代文献中还记载了白族三道茶和傣族湾甸茶。

徐霞客《滇游日记》中还记载了大理鸡足山一带有"初清茶、中盐茶、次蜜茶"，即今天所谓的白族三道茶。这是目前所见的关于白族三道茶的最早记载。[①]

明代陈文等所撰景泰《云南图经志书》卷六中记载，景泰年间（1450—1457年）产一种湾甸茶，它是当时生活在今昌宁县湾甸坝的傣族人生产的一种细茶，尤其以在谷雨节前采摘的茶叶制出来的湾甸茶质量最好。

（二）制糖和榨油

云南是甘蔗的发源地之一，甘蔗栽培历史悠久，至迟在明代，云南的甘蔗栽培就已经开始。[②]明代景泰《云南图经志书》记载芒市有土产"干蔗"；正德《云南志》记载临安府（今建水）有纳楼和亏容甸两处出产糖；天启《滇志》卷三说临安府物产中以甘蔗为佳，取其精华为糖，可供全省之需。徐霞客所著《滇游日记》记载了大理的蜜糖和丽江的发糖。他在鸡足山看到一种石蜜，白若凝脂，品质佳，有肥腻之色，并有特异的香气。丽江纳西族地区当时有一种优质的发糖："白糖为丝细过于发，千条万缕合揉为一，以细而拌之，合而不腻。"这是制作得比较有特色的高质量白糖。

关于榨油，嘉靖《大理府志》记载了大理白族人榨的红花油和核桃油。"红花油，即染大红膏子之实也，油香胜诸品。""核桃油，即核桃春泥榨油，香美与红花油等。"徐霞客《滇游日记》还记载了滇西的顺宁（今凤庆、昌宁）地区核桃的出油率比芝麻、菜籽的出油率高。至今滇西地区仍然是中国核桃油的著名产区，比如漾濞县所产的核桃油十分有名。

六、硅酸盐烧制技术

明代云南在硅酸盐烧制技术方面有显著的成就，在制陶、制瓷和围棋、料丝制作等方面都有大的发展。

---

① 李晓岑：《云南科学技术简史》（第二版），科学出版社，2015年，第187页。
② 云南省义务教育地方课程系列教材编写组：《云南优势资源》，云南教育出版社，2018年，第10页。

（一）陶器制作

进入明代以后，随着外来人口进入云南，云南的总人口大大增加，在日常生活中人们对陶器的需求量也大增，这使得陶器作坊遍及云南许多地方。其中以建水、华宁和祥云等地的陶器质量好又最为有名，尤其是建水陶器的制作工艺很有特色。[①]

1. 建水陶器

建水陶器（图5-19）创始于明代成化年间（1465—1487年），地址在建水县城碗窑村附近。最初制作的产品有碗、盆、缸、罐，后来又开始制作坛、壶、茶具、汽锅、烟斗、花瓶、陈设品等，品种达百种以上。

图 5-19
建水陶器
文建成2021年摄于建水县

以后历代工匠勤于创造，技术不断进步，建水制陶工艺水平越来越高，建水陶器成为全国名陶之一。建水陶器的工艺技术有如下特点：

第一，使用五色土。碗窑村周围数十里内蕴藏着丰富的优质陶土，土质细腻，黏度较好，适宜制作精美陶器。而工匠们也有世代相传的制陶技艺，选用红、黄、青、紫、白五色土配制成坯。五色土的化学成分各不相同，配合之后相辅相成，烧炼成陶器，体如铁石，声如钟鸣。

第二，建水陶器具有耐酸、耐碱、耐高温、防潮、透气匀、吸附性强、保温久等特点，茶壶泡茶经久不变味，盛暑茶水过夜不馊，茶缸贮放茶叶经久不变色，花盆栽花不会烂根，花瓶插花保鲜时间很长，餐具盛放食物能够延长贮藏时间。"建水汽锅原理科学，结构新颖，独出一格，系利用蒸汽将食物制熟，既能使食物格外鲜美可口，也有利于保持食物的内在营养成分。"[②]用汽锅（见图5-20）蒸鸡或其他肉食，利用蒸汽喷蒸，清洁卫生，味道鲜美。如果放入三七、虫草等药物，效果更佳，是高级营养食品。

[①] 夏光辅等：《云南科学技术史稿》，云南科技出版社，1992年，第131–133页。引用时有改动。
[②] 《云南特色风味指南》编写组：《云南特色风味指南》，云南科技出版社，1991年，第99页。

图 5-20 汽锅
诸锡斌2020年摄于云南省民族博物馆（左），右为今成品

第三，建水陶器在制坯之后，还要经过绘画、雕刻、填刮、烧炼、磨光等工序精制。其中的绘画、雕刻、填刮是用于装饰的。这三道工序很有特色，即先绘画，再按图雕刻，然后在雕刻图上填入白泥或其他色泥，按图绘条刮清。这就区别于江苏宜兴、河北彭城、安徽界首、重庆荣昌、陕西耀州等各大名陶的单纯刻画。建水陶器中的嵌白烧黑品种更是陶坛一绝。它的装饰图画，既有大笔大块的黑白写意，粗犷豪放，又有细致工整的精描，优雅秀丽，"在莹润光洁的黑底上嵌以白色的写意花卉，色调对比鲜明和谐，独具风格，耐人鉴赏，为全国少有"。[1]建水陶器底色多为漆黑或深红，花纹图案多为白色，黑色白色或红色白色强烈对比，互相衬托，使画面清晰、醒目，同时刀痕流畅，笔力潇洒。陶器上的翎毛花卉、走兽虫鱼等都栩栩如生。建水陶器整体给人以古雅逸致之感，既有唐陶饱满之气，又有宋陶秀丽之韵，还别具云南地方特色。

第四，建水陶器在工艺上采用无釉磨光，这是其他名陶所没有的独特工艺。建水陶器经过选土、和泥、制坯、绘画、雕刻、填刮、烧炼等工序之后，还不是成品，还需要磨光。建水陶器不上釉，靠"磨光"来显示光彩。陶坯经过高温烧制，再用多种不同的石料精心打磨加工至光亮。经过这样的打磨后，不仅烧制前绘画、雕刻、填刮过的图画更加优美，而且整个陶器造型优美，"器如铁，音如磬，明如水，亮如镜，光彩鉴人"，即不仅表面光洁映人，敲击时声若金石，而且其色泽鲜明，存放时间越长越光亮，永不褪色，闪闪发光。这一特点也是其他名陶所不具有的。

建水陶器的这些技术和工艺成果是明代以来500多年间世代工匠积累发展取得的。建水陶器与江苏宜兴、广东石湾及安徽界首陶器并称我国四大名陶。

2. 华宁陶器

华宁县的陶器制作也始于明代，在滇中和滇南负有盛名。明洪武二十九年（1396年），江西景德镇人车朋到云南华宁县碗窑村建筑填窑烧制陶器。1644年[2]以后，碗窑村开始烧制各种建筑用琉璃制品。[3]这里生产的碗、罐、缸、盆、花瓶等上釉陶器深受欢迎。这些陶器耐高温、耐酸碱、传热慢、价格便宜，而且上釉工艺很精，有绿釉、黄釉、白釉、彩釉，色泽鲜艳，古朴大方，有"白如玉，黄如橙，绿似翡翠"的美誉。

---

[1] 《云南特色风味指南》编写组：《云南特色风味指南》，云南科技出版社，1991年，第99页。
[2] 1644—1659年，云南仍然由明代地方官员进行行政管辖，所以这一时期云南的历史应不算在清代。
[3] 参见云南省科学技术志编纂委员会《云南科学技术大事（远古~1988年）》，昆明理工大学印刷厂，1997年，第8页。

3. 祥云砂锅

祥云砂锅也是明代以来的传统产品。它由黑色黏土拌和适量的煤矸石粉上釉烧制而成。祥云砂锅质地坚实，轻击有金属般的声音。它器形多样，美观大方，方形、圆形、罐形、锅形都有，还有一锅分隔成若干小格的样式，能够同时炖煮几样食物，时短、易熟、味佳。若无猛烈撞砸损坏，经久耐用，是炊器中的佳品，并且价格便宜。由于具有这些优点，祥云砂锅畅销云南各地，成为云南的一种名陶。

（二）瓷器制作

最迟到明初，云南已经开始烧制瓷器。[①]其产品种类涵盖了所有日常生活用品，其中的青花瓷[②]独树一帜。现今所知的制瓷窑址主要有建水窑、玉溪窑、华宁窑、罗川窑、白龙井窑、土灰窑、易门窑、洱源窑、凤仪窑、永胜窑。

根据万历《云南通志》记载，临安府（今建水）的物产中有"磁器"。而现今所发现的瓷器窑址有建水的碗窑村，还有玉溪的红塔山（囡囡山）、禄丰的德川和白龙井。这些地区恰又是明代云南汉族移民的主要聚居地，因此可以认为，烧瓷技艺是汉族移民由内地带入云南的。窑址出土的瓷器有碗、盘、杯、壶、瓶、罐等器物，几乎为元明时烧制而成，已经涵盖了日常生活用的大部分器皿，主要是青釉瓷器和青花瓷器。禄丰窑址还出土了少量酱釉瓷器，其中以青花瓷器最有特色。

青花瓷碗的器型有敞口、深腹，也有侈口、浅腹。元代的青花瓷碗内外都有装饰纹样，图案有开光折枝牡丹，或含苞欲放，或绽放，还有松树。青花瓷盘有菱口盘和圆角盘，盘中心和盘内壁的装饰图案有莲花瓣、芭蕉叶、牡丹、双鱼、蝌蚪、翔鹤、云龙、波涛、狮子滚绣球等。明代青花瓷盘（见图5-21）的盘中心和内壁的装饰图案有折枝花果、变形芭蕉叶、菊花、点线纹、龟背纹、猴子等，纹饰比元代简洁一些。

图5-21
明代云南烧制的青花瓷盘

诸锡斌2021年摄于昆明市博物馆

[①] 此处采用李晓岑的观点。也有专家认为，云南大约是在西晋人潘岳使用"缥瓷"（青瓷）近千年后的宋末元初，才开始烧制青瓷的。参见李昆声《云南陶瓷艺术简史》，载《李昆声学术文选：文物考古论》，云南人民出版社，2015年，第123页。

[②] 青花瓷是指在瓷胎上用钴料着色，施以透明釉，用1300℃左右的高温一次烧成的釉下彩瓷器。釉下的钴料在高温烧成后呈现出白底蓝花，罩在透明的釉下面。各种美丽花纹与洁白的瓷胎蓝白相映，使这种瓷器成为一种新的受欢迎瓷器品种，人们称之为"青花瓷"。青花瓷始于唐代，最早在河南巩县（今巩义市）窑烧瓷。见李昆声《云南陶瓷艺术简史》，载《李昆声学术文选：文物考古论》，云南人民出版社，2015年，第123-124页。

关于青花瓷杯，可以从建水窑出土的一种青花高足瓷杯看出其特色。其口沿外撇，杯腹下部丰满，杯足高，上段小而下段大，呈竹节状；瓷杯的内口沿装饰以回纹，杯心则绘有山水、树木、人物、舟船、狮子等；瓷杯的内口沿上则装饰以回纹或弦纹，杯外往往画有梅花或菊花，杯足部绘有莲瓣纹或回纹。

青花瓷瓶可以用青花花卉玉壶春瓶作代表（见图5-22）。青花瓷瓶的瓶口装饰有如意头、斜格纹，颈部装绘以芭蕉叶，肩部是四组莲瓣，瓶内绘有水涡纹或牡丹，瓶外腹部绘有牡丹或莲花，壶下绘有变形莲瓣，整个瓶体外部绘有缠枝莲花纹。[①]

云南已经发现的几处古窑遗址都残留着几座阶梯形龙窑。这是一种半连续式的陶瓷烧成窑，火道在这种窑中能够延长，也能达到相当高的窑温。但是建水碗窑村出土的瓷器不太白，泛黄白色，说明原料选择不精细，胎质淘洗不净；另外，由于温度不够高，多数瓷器的釉面不够平滑光亮。建水窑址和玉溪窑址出土的青花瓷器（见图5-23）是比较典型的石灰釉，瓷器的表面有青黑色花纹装饰，这是云南风格的青花瓷器。

图（左）5-22 明云南窑青花花卉纹玉壶春瓶

诸锡斌2021年摄于昆明市博物馆

图（右）5-23 玉溪窑烧制的青花瓷器

诸锡斌2021年摄于玉溪市博物馆

之所以云南能出产具有本地风格的青花瓷器，是因为云南盛产钴土矿（现今会泽、巧家一带所称的"花碗土"即钴土矿），也就是青花料。云南瓷器的纹饰都采用云南本地的青花料绘制，呈现出蓝中带黑灰的青黑色。

云南出产的青花瓷器在曲靖、大理、普洱、丽江等地的古墓中都有出现，与江西景德镇出产的青花瓷器风格不同，其原因尚有待探明。

瓷器与陶器的烧制既有联系又有区别。二者的技艺都属于硅酸盐工艺。瓷器制作的工艺要求比陶器更复杂。历史上是先出现制陶，再出现制瓷的。人们在漫长的陶器制作实践中，从胎料的精选、窑体的改进、窑温的掌控等方面把陶器制得很精致，逐渐在烧制过程中使陶器

---

① 李昆声：《云南陶瓷艺术简史》，载《李昆声学术文选：文物考古论》，云南人民出版社，2015年，第124-125页。

质地更坚硬细密，外观的纯洁度更高，于是渐渐产生了瓷器。陶器和瓷器的主要区别可以从胎料、窑温和物理特性三方面来认识。从胎料上看，陶器用黏土，而瓷器用高岭土；从窑温上看，陶器窑温要求达到约800℃，而瓷器窑温则要求达到约1200℃；从物理特性看，陶器比较松脆，而瓷器则比较坚实。[1]

（三）火葬罐

元明两代，云南的丧葬习俗仍然如前代一样，以火葬为主。考古调查资料显示，云南古代的火葬墓主要分布于鹤庆、洱源、大理、巍山、南涧、漾濞、宾川、祥云、弥渡、丽江、楚雄、禄丰、牟定、南华、永仁、禄劝、武定、玉溪、澄江、曲靖、会泽、马龙、富源、师宗、昆明、宜良、呈贡、保山、腾冲、镇雄、石屏、文山、思茅等地。[2]

景泰《云南图经志书》记载，明代云南的火葬情况是，"人死，则置于中堂，请阿吒力僧遍咒之三日，焚于野，取其骨贴以金箔，书咒其上，以瓷瓶盛而瘗之"。从考古发现来看，元明时期，云南火葬罐的种类有陶罐、瓷罐、釉陶罐和铜罐。其中的陶罐以泥质灰陶罐为多，通常有内外罐互相套合，表面的装饰手法有彩绘、刻画、压印、镂空、浅浮雕、附加堆塑等等（见图5-24）。

图 5-24
明云南窑青花十二生肖纹火葬罐
诸锡斌2021年摄于昆明市博物馆

如宜良县出土的火葬罐的外罐有三种类型：一种体形瘦长，敛口，圆腹或圆肩，平底；一种器盖为喇叭形，盖顶有桃形钮，纹饰包括附加堆纹、十二生肖动物、莲花以及其他花草纹样；还有一种则体高、肩宽、底窄、圈足，器盖呈喇叭形，有桃花钮，纹饰为莲瓣，刻画有花草及大量的附加堆纹。内罐上的装饰图案也有附加堆纹、莲花纹等。在器身和器盖上还常常刻有朱书梵文经咒。釉陶火葬罐则有绿釉和黄褐釉两种颜色。在洱海地区发现的绿釉火葬罐，其中一种是莲花盖、圆钮、圈足，罐盖和罐身都用莲花纹样交错装饰，以压印方式制成。另外一种火葬罐的装饰更加复杂，器盖上有由圆点、圆圈和直线组成的几何形图案，在图案中又有贴塑的人物。罐身的上半部压印出一圈莲花纹，莲花纹上面再贴塑十二生肖动物，在十二生肖动物之间装饰有四个人物。这种把压印和贴塑相结合共同装饰一件器物的装饰手段较为奇特。[3]

（四）玻璃制品

明代云南的玻璃制品主要有料丝（玻璃纤维布）和永子围棋（玻璃围棋）。

1.料丝

明代的万历《云南通志》、天启《滇志》和景泰《云南图经志书》中都记载了料丝产于

---

[1] 夏光辅等：《云南科学技术史稿》，云南科技出版社，1992年，第133页。
[2] 李昆声：《李昆声学术文选：文物考古论》，云南人民出版社，2015年，第122页。
[3] 参见李昆声《李昆声学术文选：文物考古论》，云南人民出版社，2015年，第122页。引用时有改动。

永昌。料丝的制作方法在明末科学家方以智的《物理小识》中有记载：用玛瑙、石英屑汁以及"北方天花"点之，然后凝为丝就成了。在云南，玛瑙盛产于永昌地区。玛瑙的成分是二氧化硅（SiO_2），它与紫石英经高温焙烧能够形成玻璃态二氧化硅。明代制作料丝的工艺较西方早200年以上。明代成化年间（1465—1487年），镇守云南的钱能把用料丝制作的灯进献给皇宫，料丝灯开始成为宫廷用品。当时料丝的制作由官方垄断，禁止私人烧造。在钱能献料丝灯之后不久，此项技术成为常见的技术。

2.永子围棋

云南的围棋子简称"云子"。云子的"祖先"是永子。由于此种棋子的原料紫石英是永昌的著名矿产，所以人们就把明代永昌地区制造出的有名的玻璃围棋子称为"永子"（图5-25）。明代《徐霞客游记》卷十八说："棋子出于云南，以永昌者为上。"但永子围棋的制法，明代不见有记载，而在清代文献光绪《永昌府志》中有记载："以玛瑙石、紫英石合研为粉，加以铅硝，投以药料合而煅之。用长铁蘸其汁，滴以成棋。"① 也就是说，把玛瑙石、紫石英做成粉之后，加入铅硝和药物碎料一起煅烧成汁

图5-25
保山围棋"永子"
诸锡斌2021年摄于大理崇圣寺内

液，最后滴制成棋子。永子围棋结实沉重，莹润细腻，沉而不滑，柔而不透，圆而不椭，色泽柔和，弧线自然，造型别致。白子、黑子各有特点：白子洁白如玉，色如嫩牙，晶莹可爱；黑子乌黑碧透，且周边有一种神奇的碧绿光环。永子看上去很像天然玉石琢磨而成，重扣不碎，着盘声铿，手感舒适。"由于导温性低，世人认为有冬暖夏凉之感，放置于棋盘上黑白分明。将黑子对光照视，便呈现出翡翠般的颜色；将白子对光照视，则呈现出润柔的嫩黄之色，整个色泽柔和而不刺眼。"② 现今永子因其质量上佳而多次获奖，并曾作为国礼赠送外国政要。

七、纺织、印染、雕漆、造纸和印刷技术

在纺织方面，明代云南在纺织的原料、纺织品的种类方面有较大的发展，体现出了鲜明的地方特色。火草布的出现可视为独特的创造。在印染方面，染色的原料和方法的采用都有拓展。在雕漆技术方面，大理人因掌握独特的雕漆工艺而形成了独有的滇派雕漆风格，其影响甚至远及皇城北京。造纸技术传播范围更广，并且在前代基础上有进一步发展，其中白族、纳西族和傣族等民族的造纸技术比较发达，可为代表。在印刷技术方面，主要表现为当时云南境内刻书日益盛行。

---

① （清）刘毓珂：光绪《永昌府志》卷六二。
② 参见《云南特产风味指南》编写组：《云南特产风味指南》，云南科技出版社，1991年，第99页。昆明中国国际旅行社：《导游云南》，1992年，第345页。

（一）纺织和印染

明代云南纺织技术的发展主要表现为出现多种原料制成的纺织品，而印染方面的发展则表现为蓝靛的提取和应用以及出现了多种染料。

1.纺织

明代云南地区纺织技艺按纺织原料来分，有棉纺织、毛纺织、丝纺织、火草纺织和其他原料纺织。每类纺织技艺都有不同的特点。

明代云南的棉纺织原料有木棉、草棉等。木棉的栽培和纺织在许多地方都有。根据景泰《云南图经志书》记载，明代景泰年间，镇源府（今普洱市镇沅县）的莎罗布就是以木棉为原料纺织而成的。莎罗布宽仅8寸，每年由官府上收。而明代周季凤的正德《云南志》也记载莎罗布在云南北胜州（今永胜县）有织成，同样也只有8寸宽。之所以棉布的宽度小，是因为作为纺织原料的木棉纤维长度短，强度较低，不是进行纺织的最合适材料。

在滇南地区，植棉也很多，当地少数民族普遍用棉来纺织。景泰年间（1450—1457年），元江一带人们织土锦，这是一种彩锦。景泰《云南图经志书》记载，百夷（今傣族）和和泥（今哈尼族）织土锦的工艺步骤是："以木棉花纺成锦线，染为五彩，织以花纹。土人以之为衣。"简单说来就是织线—染色—饰纹3个步骤。20世纪70年代，考古工作者在清理大理崇圣寺塔文物时，发现了一件明代的棉纺织品，棉纱细密，经纬密度达到每厘米70根以上，达到现在的细布纺织要求。这表明明代云南的纺织技术已经比较发达。[①]至今傣族仍保持着制作傣锦（见图5-26）的传统工艺，并使傣锦成为极具民族特色的纺织品。

图5-26
傣锦

诸锡斌2021年摄于云南省民族博物馆

长期以来，云南的畜牧业都很发达，到明代时，云南的毛纺织已经很出名。毛纺织品以毛毡、褐登为代表。到明正德年间（1506—1521年），云南各府都能出产毛毡，"细密为天下之最"，堪称上品。谢肇淛《滇略·产略》记载，到晚明以后，因为对毛毡的需求量增大，当时各郡都生产毛毡，而其中以邓川出产的毛毡最为优良。明代的傣族地区还织出一种褐凳，上床时踩在其上，以方便上床。明代刘文征所撰的天启《滇志》中说褐登是用缉毛[②]方式制成的。

盈江傣族地区由于气候炎热，四季皆能养蚕。据明代文献景泰《云南图经志书》记载，在明代，盈江的傣族人所织的干崖锦甚至被作为贡品。[③]干崖锦的丝被染成五色而出现了五彩

---

① 邱宣充：《大理三塔出土的古代纺织品》，载《云南民族文物调查》，民族出版社，2009年，第50页。
② 缉是一种缝纫方法，用相连的针脚密密地缝。参见中国社会科学院语言研究所词典编辑室《英汉双语现代汉语词典》（2002年增补本），外语教学与研究出版社，第1507页。
③ （明）陈文等撰：景泰《云南图经志书》卷三。

缤纷的图景，它是傣锦里面的一个特色品种。另外，野蚕丝也被用作丝纺织品的原料。天启《滇志》记载，寻甸府有人将"山间野蚕，取茧丝而为布"。

图 5-27 火草
文洪睿2004年摄于昆明市石林县

火草（学名：*Gerbera delavayi* Franch.）（见图5-27）在民间也被称为火绒草，野生，属菊科大丁草属。在25倍的放大镜下观察，可见火草叶的背面有一层薄棉状物，棉状物由白而细长的丝交织而成，排列无序。人们可以轻易用手把白棉绒层和绿叶层剥离，然后把白纤维棉绒层搓捻成线，并由此制成纺织品（图5-28）。① 火草布是独具特色的纺织品，与中国历代纺织工艺中用植物的茎皮纤维作原料进行纺织不同，它是以草本植物的叶子作原料来纺织的。明代云南文献中已有关于火草及火草衣的记载。

明代的文献《滇略·产略》转引同时代文献《南诏通纪》说："兜罗锦，出金齿木邦甸。又有火草布。草叶三四寸，蹋地而生。叶背有绵，取其端而抽之，成丝，织以为布，宽七寸许。以为可以为燧取火，故曰火草。然不知何所出也。"显然火草布是

图 5-28 采用火草叶背面的薄棉状物作为纺织原料
文洪睿2004年摄于昆明市石林县

由火草背面的纤维纺织的，宽度为七寸。另据明清文献《增订南诏野史》记载："老倮倮罗，即罗鹜，又名罗午、罗武。男披发贯耳，披毡佩刀，穿火草布衣，女辫发垂肩，饰以海贝砗磲，穿火草布裙。"这里说的罗鹜是古代彝族的一个支系，他们在当时已经开始穿着用火草布做成的衣服和裙子。直到如今，在云南的彝族、纳西族和傈僳族中仍然能够看到多样的火草布产品。现今云南石林县彝族的撒尼支人仍保留着传统的火草布制作工艺。经纱准备主要步骤是采摘、洗净、晾晒、撕叶、捻线、纺线、导线、整经、穿梭、入筘；纬纱准备主要步骤是采摘、洗净、晾晒、撕叶、捻线、纺线、穿梭。之后是用准备好的经纱和纬纱完成织造（见图5-29、图5-30）。②

---

① 罗钰、钟秋：《云南物质文化》（纺织卷），云南教育出版社，2000年，第242页。
② 文洪睿、诸锡斌：《云南石林撒尼人火草布纺织工艺初探》，载云南省自然辩证法研究会编，诸锡斌主编《云南省第1~3届科学技术哲学与科学技术史研究生论坛优秀论文集》，中国科学技术出版社，2016年，第67页。

图 5-29
用火草纺线
文洪睿2004年摄于昆明市石林县

图 5-30
火草制作成的衣服
文洪睿2004年摄于昆明市石林县

以其他原料制作的衣服有葛衣、麻布和树丝衣。我国是最早使用葛纤维作纺织原料的国家。而云南大部分地区位于亚热带，非常适合种植葛（见图5-31）。明代天启《滇志》记载，滇西的阿昌族采用野葛制衣。后来的清代文献还记载滇南的窝泥（哈尼族）、西番（普米族）也会织葛衣。历史上哈尼族人有用葛作纺织原料的传统。他们将葛藤采回家后，先放在沸水中煮，使皮变软，并逐渐分离出一缕缕洁白如丝的纤维。将这种纤维用手搓或纺转的方法加工成纱线，即可进行编织。勐海境内的哈尼族人至今还用葛纤维编织网袋，网袋是当地哈尼族

第五章 明代云南的科学技术（1368—1644年） 217

图5-31
葛的块茎
诸锡斌2021年摄于昆明北郊

人日常生活中的必需品。①

云南西北广大丘陵地区气温虽然稍低，但对麻的生长非常有利。那里的少数民族如彝、白、纳西、普米、怒、独龙等族，有很长的制作麻织品的历史。东汉许慎《说文解字》记载，早在东汉时当地哀牢人便"知染采文绣，罽毲帛叠，兰干细布，织成文章如绫锦"②。哀牢人织出的兰干细布，是用大麻纺织的一种粗布。明代景泰《云南图经志书》之卷五《丽江府》记载，纳西族的"妇人结高髻于顶前，衣服止用麻布"。

此外还有直接用树丝纺织成布，然后做成衣服的，即树衣。清代姚之骃《元明事类钞》记载，"滇中鸡足山龙华寺多古木，木杪有丝飘飘下垂，长数尺许，土人取之织以为服，名曰树衣"。但关于这种树衣的原料究竟来自何种树，则没有记载。

明代云南少数民族地区的纺织品，以布最具有代表性，在各地区已经形成自己的特色。明《滇略·产略》载："布以永昌之细布为佳，有千扣布，其次有桐花布、竹布、井口布、火麻布、莎萝布、象眼布。"天启《滇志》载，临安还有一种"斜纹布"，又名"象纱"。

2.印染

明代云南印染的发展表现在两方面，即发达的蓝靛提取技术及其广泛应用，以及多种染料的出现和使用。蓝靛又叫靛蓝、板蓝根。明代云南的蓝靛提取技术很发达。明天启《滇志》卷三载，蓝叶有大有小，皆可提取靛。当时云南的很多民族已经在染布时广泛使用蓝靛。景泰《云南图经志书》说，路南（今石林县）有野生的蓝叶，蔓生于山岗之上，人们采回后制成蓝靛，用它染过的布颜色特别青（见图5-32）。

正德《云南志》也载，顺宁府（辖境相当今云南省凤庆、昌宁、云县）也有蓝靛，为府辖境

图5-32
白族用板蓝根扎染的布
诸锡斌2019年摄于云南省民族博物馆

---

① 朱宝田：《略论云南少数民族的纺织技术》，载李迪主编《中国少数民族科技史研究》（第六辑），内蒙古人民出版社，第153页。
② 朱宝田：《略论云南少数民族的纺织技术》，载李迪主编《中国少数民族科技史研究》（第六辑），内蒙古人民出版社，第153页。

内生产，染出的布颜色很重。瑶族人尤其精于蓝靛提取技术，所以云南瑶族中的多数人也被云南人称为"蓝靛瑶"。至今，瑶族仍保留着以蓝靛染布的传统工艺。

（二）雕漆

用漆作涂料涂在木器上是为了防腐，在漆器上进行雕绘则是为了美观。元代，全国开始出现雕漆。[1]在云南，雕漆技术被认为产生于大理国时期。[2]雕漆，又名剔红、宋剔，是先用红、棕等颜色的漆一层一层地涂在木胎上，到了一定的厚度，就用刀在漆胎上雕刻花纹，显得十分精美。元代统一云南以后，就将包括漆匠在内的一大批云南工匠带到了北京的宫廷，于是具有特殊风格的精湛雕漆技术——滇派风格雕漆技术到明清时期就成为在北京有影响的云南工艺之一。这种技术在明清时的北京宫廷手工作坊应用，其工艺品专为皇室贵族享用。明代收藏家也十分看重雕漆器物。

与雕漆刀锋不露的江浙风格不同，滇派雕漆以刀法快、少打磨而出名，明代文献《遵生八笺》说其"用刀不善藏锋，又不磨熟棱角，雕法虽细，用漆不坚"[3]。明代的滇派雕漆流行范围逐渐扩大，对北京的雕漆风格产生了重要影响。到明代晚期，滇派漆雕风格已经成为北京城雕漆的主流，有重色雕漆、堆色雕漆等技术，器物种类很多。此风格一直延续到清代乾隆时期（1736—1795年）。明代时，大理人精于雕漆中的剔红工艺，这一工艺在元明时期的北京受到高度青睐。这一工艺以漆厚、色鲜、红润而坚重者为上品。剔红雕漆器物工艺精湛、技艺高超，所以在当时就出现了很多仿制品。[4]

（三）造纸术和印刷术

在明代，云南官府重视文化教育，书籍需求量大，从而使造纸术和印刷术得到大发展。造纸技术在云南少数民族中也有进一步的传播，其中白族、傣族和纳西族的造纸技术比较先进。印刷术方面，明代云南有大量刻书印刷并流行，彝文印刷也开始出现。

1.造纸术

明代云南造纸业有大发展。文献记载，云南的大理府、永昌府、蒙化府、临安府和顺宁州都产纸，蒙化府还产青纸。[5]明代文献天启《滇志》也记载，除前述四府州产纸外，另有澄江府、景东府、北胜州也是产纸的地方。大理地区在明代是云南的一个造纸中心，除了鹤庆继续产高质量的白棉纸外，大理县也造纸，当地以构皮纸制造最为有名，另外还造竹纸。

明代李元阳嘉靖《大理府志·物产》记载："纸，榖皮为之，出城西大小纸房。其洗壳用药师水井者颇细腻，谓之清抄，久藏不蠹。其用米粉抄者易漫渑腐蠹，宫中簿籍，尤非所宜，乃奏本纸亦用之，取其鲜白，而不知字画脱落反以取罪。"记载中的大小纸房其故址就在今大理城西南。清代康熙年间的《旧云南通志》中说大理"大小纸房二村尚存，草纸厂设苍山西面

---

[1] 中国青年出版社编辑部：《我国什么时候有了漆器》，载《中国古代史常识》（专题部分），中国青年出版社，1984年，第135页。
[2] 参看李晓岑《云南科学技术简史》（第二版），科学出版社，2015年，第201页。
[3] （明）高濂：《遵生八笺》。
[4] 参看李晓岑《云南科学技术简史》（第二版），科学出版社，2015年，第201-202页。
[5] 参见（明）李元阳万历《云南通志》。

数处"①。榖皮，又叫构皮，就是构树的皮。②以构皮作原料造纸，其工艺方法有两种：清抄和米粉抄。此处记载米粉抄做法，采用米粉抄有两个目的，一是便于黏合，因为米粉中有淀粉，发挥了胶质作用；二是为了造粉纸，同样是因为米粉发挥胶质作用也易于着色。但米粉抄也存在容易被虫子蛀蚀的缺点。药师井在今大理城区五里桥。又《明统一志》说："药师井，在府城西北，水造纸，其色洁白。"

另外，明代还出现了大理地区制造竹纸的记载。③《滇略·产略》记载："纸出大理，蒸竹及榖皮为之。"成熟的竹子坚硬，但不易腐蚀和捣烂，需要沤制相当长的时间且工序复杂。

滇西南景东地区的傣族在明代生产有名的青纸，景东青纸质地优良，到如今景东也仍然是云南造纸业的重要区域。景泰《云南图经志书》说："（景东府有）青纸，其色胜于别郡所出者。"明代正德年间（1506—1521年）也有相同的记载。其后，景东青纸在明清的文献中常有记载。景东当地盛产蓝靛，但青纸的生产工艺中是否采用蓝靛原料却不见于文献记载，推测起来应该是采用蓝靛的。景东的纸质地很绵，该地也一直以生产绵纸出名，如"帮抗纸"和"者干纸"都是历史悠久的绵纸。

明代云南的白族所造的纸，特别是构皮纸，以及傣族人造的青纸，已经是极有本土工艺特色的名纸。今天傣族的传统造纸工艺（见图5-33、图5-34）已被列为国家级非物质文化遗

图（左）5-33 现今傣族采用传统工艺以构树皮为原料制作的成品纸

诸锡斌2017年摄于西双版纳勐海县曼召寨

图（右）5-34 现今傣族传统工艺中的晒纸

诸锡斌2017年摄于西双版纳勐海县曼召寨

---

① 参见民国周宗麟纂《大理县志稿》。
② 构皮在文献中也被称为"楮皮"。景泰《云南图经志》说，维摩州（今属砚山县）有"楮皮，州内之地多楮树，其皮可造纸"。天启《滇池》记载蒙化府产"楮皮"。
③ 参见李晓岑《云南科学技术简史》（第二版），科学出版社，2015年，第197页。李晓岑认为，竹纸最早出现在大理国晚期的刻经中，但是明代才首次出现关于大理造竹纸的记载。

产进行保护。

滇西北的造纸业以永胜（明代为北胜州）最出名。天启《滇志》记载：北胜州的"纸曰沧纸，坚白稍次叶榆（即今大理），售殖无虚日"。这里的记载说明，"沧纸"的质量好，一直畅销。当然，这种纸的坚韧性和洁白程度都比大理的纸要逊色一些。

2.印刷术

明代云南盛行刻书，留下很多刻本。如佛教典籍《金光明经》是刻于叶榆（今大理）而流传下来的典籍。当时还有彝文木刻本文献，如现藏于中国国家图书馆的汉文木刻雕版《太上感应篇》中的《劝善经》。该刻本文献曾为云南武定县凤氏土司后裔暮连土舍那氏所藏。民族学者马学良考证认为，其为明代刻本。[①]

中外历史上，文化的繁荣，包括科技水平的发展，一直是和人类知识信息载体的发明和普及密切相关的。然而令人遗憾的是，一直到明代，承载技术进步信息的载体——造纸和典籍印刷的技术进步，并没有为云南本土科技的后续发展提供重要的载体支持。其原因是受统治者意识的影响，造纸和印刷的进步只是体现于佛教经书信息的流传上，并没有使科学技术信息在更大范围内流传和推广应用。

八、金属冶铸技术

明代，云南的金属冶铸技术迎来了空前发展的时期。在作为从业主体的冶铸者方面，由于官营冶铸业废弛，民营冶铸业兴盛，冶铸者的生产积极性较高，这是导致金属冶铸业空前发展的一个重要原因。在各种矿产的开采和冶铸中，银的产量居全国之首；在冶铸技术方面，则以铜器铸造技术最为突出。另外，银、金、锡的开采冶铸以及制铁方面也有大的发展。

（一）民营矿冶的体制增强冶金动力

云南的矿冶业虽然在元代已在全国占据重要地位，但由于官营事业所固有的管理缺陷，其发展到明代曾一度衰落。这是因为到了明代，包括云南在内的全国许多地方陆续出现了商品经济，虽然商品经济的刺激也一度让明代的官营矿冶业兴旺，但官营矿冶业在所得方面分配得很不合理，劳役制度腐朽、严苛，使得从事生产的人和卫军等不断"流徙逃亡"，因此官营矿冶业很快衰落了。

另一方面，明代有许多内地移民和戍边的卫所军士来到云南，他们当中有很多人是懂得金属冶炼技术的匠人，常常参与到各种非官方经营的冶炼事业当中去。数量庞大的技术人员的参与，为民营矿冶业的繁荣提供了稳定的人才支撑，而官方对民营矿冶业的管理也逐渐宽松。"洪武二十八年（1395年）上诏罢官营铁矿，令民得自行采炼，官府抽课。宣德初年又罢官办金银铜铁矿，这样，民营矿业便日渐兴旺起来。不少原来的官办矿点也归于民营。"[②]民营矿冶当时已经有比较细致的分工。工头即经营者，称为"硐头"，他们招募的人员称为"义夫"，就是采矿的工人。义夫在硐头的管理和约束下进行生产作业。整个生产有一个完整的过程："如其处出矿苗，其硐头领之，陈之官而准焉，则视硐之大小召义夫若干人。义夫者即采矿人，惟硐头约束者也。择某日入采，其先未成硐，则一切工作公私用度之费，皆硐头任之，硐大或用至千百斤者。及硐已成矿可煎验矣，有司验之，每日义夫若干入硐，至暮，尽出硐中

[①] 李晓岑：《云南科学技术简史》（第二版），科学出版社，2015年，第198页。
[②] 夏光辅等：《云南科学技术史稿》，云南科技出版社，1992年，第118页。

矿为堆，画其中为四聚瓜分之：一聚为官课，则监官领煎之，以解藩司者也；一聚为公费，则一切公私经费，硐头领之，以之入薄支销者也；一聚为硐头自得之；一聚为义夫平煎之。"①这一记载表明，产出矿砂后，除缴纳官课及扣除公私经费之外，剩余的由硐头和义夫两方来分配。在这种管理和分配机制中，义夫能够分得自己的劳动报酬，而硐头会得到利润。也就是说，在民营矿冶事业中，虽然义夫们仍然受到硐头的残酷剥削，但义夫能够分得一点产品作为报酬，所以在一定程度上能够激发义夫的生产兴趣。于是义夫们改进生产技术，提高劳动生产率，硐头和义夫的生产积极性都比以前高。矿冶业管理机制的改进直接激发了冶金的活力，于是出现了"采矿事惟滇为善"②的局面。

（二）勘探、开采、选矿和冶炼工艺过程

根据明末宋应星所著《天工开物·五金》记载，就生产技术而言，明代的云南矿冶在勘探、开采、选矿和冶炼方面形成了一套完整的工艺过程。此处以银矿的开采为例进行介绍。

开矿之前，一般先请有经验的人察看矿脉。他们的办法是根据地表露出的含矿物石块的重量、成色等来判断当地的矿产品种或贮藏量。凡是山上出现大量略带褐色的小石块，就可以知道该处有银矿。然后，向下挖掘一个数丈或数十丈（30~50米深）的矿洞。挖洞的工程量大到往往需要几天甚至几个月，直到出现了"银苗"，便可进行开采。

发现"银苗"之后，很快就能见到银矿砂，于是开始挖掘矿坑。洞内的"银苗"分为几路，那么挖掘矿坑的人也应该分为几路进行。为防止发生顶部坍塌事故，矿坑内必须"上楮横板架顶，以防崩压"，"篝灯逐径施镢，得矿方止"。这样边挖掘边找寻，如果发现有黄色碎石块，或者土石缝隙之间有"乱丝形状"，说明距离银矿矿体不远了。挖掘出的大块矿石称为"礁"，小块乃至细碎的矿石称为"砂"，表面有又分成枝状的称为"芽"，外部包着石头者称为"矿"。在采得礁和砂之后，再实施分等级、选矿、洗矿等工作程序，然后将洗过的矿投入冶炼炉内冶炼。

冶炼炉用土坯砌筑成巨大的墩状，一般高5尺左右（约1.5米），炉底铺上一层瓷屑和炭灰，再倒入矿砂2石左右，加栗炭③200斤，架铺于矿砂的周围。冶炼炉的一边一般会砌起一垛高宽各约一丈的砖墙，再安放一个风箱在砖墙的背面，以降低风箱附近的温度，使鼓风者免受高温炉的烘烤，由2~3人轮流拉动风箱鼓风。当炉内的栗炭烧完后，用长的铁钎直插入矿砂处，以使得更多的火力和空气进入炉内。矿石经过一段时间的熔炼成了团之后，再将其取出。但是因为此时银矿内含有铅，必须等到银铅熔团冷却后，再将其投入分金炉（又称虾蟆炉）内再炼一次。分金炉以松木炭为燃料。松木炭堆要留出一个孔用以辨别火色。分金炉可用风箱鼓风，也可不用。这样经过再度熔炼，到了一定的炉温时，矿物中银铅分离，银铅熔团中的铅开始下沉炉底，剩下的就成银块④。但这种粗炼出来的银子还不纯，被称作"生银"，表面没有纹路。将分离后的生银精炼一次后，再加入少量的经过熔化的铜，银的表面就会形成纹路，这样才能得到成色较高的"纹银"。正德《云南志·楚雄府物产》载："矿色有青、绿、红、黑。煎炼成汁之时，上浮者为红铜，名曰海殼；下沉者为银。"经过反复熔炼，铜、银、铅等

---

① （清）顾炎武：《肇域志·云南篇》。
② 王士性：《广志绎》卷五。
③ 栗炭是一种木炭，其烧制过程为：把树木截成段，放在炭窑中点燃，烧到一定程度后封闭炭窑，阻断空气进入，以余热继续加热木材干馏，最后水分和木焦油被馏出，木材碳化形成木炭。
④ 这一冶炼方法即俗称的"沉铅结银法"。

诸种金属逐渐分离，有的矿石需熔炼达7次之多。"云南楚雄银矿中含铅很少，因此，炼银时必须从别的地方买入铅砂助炼。每次用银砂100斤，就要用铅200斤，先炉炼成团，然后再入分金炉内将银和铅分离。这种炼银法与省内其他银矿相同，也属于沉铅结银法。"①

此外，云南还有产铜或产铅的区域，铜矿的冶炼常常采用多种方法，比如对于含铜量高又不含铅银的铜矿石，投入洪炉中直接冶炼即可；对于含铅矿石，要在炼炉上开高低两个孔，在冶炼过程中，铅熔点低，会先从上面的孔流出，铜的熔点高，在铅流出之后会从下孔中流出。

（三）铜、银、金和铁等金属炼铸技术的进步

在明代，云南冶铜已经成为大的产业门类，出现铜矿混合其他金属矿的冶铸，铜器种类多样并且涉及大、中、小型；银和金的产出也形成了较大的规模，且开采和制作技术都更精良，在金的品种上出现了一些有名的金种；在铁器制作上，因需求量大而出现大量农用铁器生产，刀剑制作工艺也十分精良。

1.铜器铸造技术十分发达

铜在明代云南的冶铸业中占有很大比重。《滇略·产略》中说明代云南的铜矿有19所；路南、宁州、罗次、弥勒、禄劝、永平、楚雄、北胜和车里均为产铜之地，一些地方的产量还不小。时人有云南的"铜以供天下贸易"之说。②明代云南有一些地方的矿场常常在矿硐旁设炼炉，以便于就近冶炼。如前文所说，冶炼用的燃料是一种专门烧出的栗炭而不是一般的木炭。另外，炼出的铜有不同的色泽，这与成分配比不同有关。明代人有诗《采山炼金》，表现了大理点苍山下冶炉日夜不歇的情景："山骨骨断髓如脂，和云和雨红炉煎。红炉旋点苍山雪，不羡金丹九转诀。烈火焚残五夜星，轻烟抱出元宵月。"③

在铜器类型中，铜钟堪称云南铜器的代表。明代云南铸造了数十件铜钟。明永乐二十年（1422年，另一说是永乐二十一年，即1423年）昆明铸造成的一口大铜钟高为3.5米，钟的口径周长为6.7米，厚5厘米，重14吨。此钟铸造完成后，悬挂于昆明城西南的宣化楼（即后来昆明老城区西城墙钟楼）上，故名"宣化楼永乐大铜钟"。传说此钟被敲击之后，声音能传到20千米以外。1953年昆明拆除老城墙时，此钟被移至昆明市古幢公园，后又移到东郊鸣凤山的金殿名胜区④，并专门兴建了一座钟楼将其悬挂起来（见图5-35、图5-36）。该铜钟制作十分精美，反映了明代云南冶铜业的高度繁荣和铜器铸造工艺水平的长足进步。

明永乐大铜钟的化学成分为铜68.4%，锡12.2%，铅8.9%，此钟为铅锡青铜钟，并有砷和铁等元素夹杂其中。该铜钟制作精良，声音洪亮悦耳，反映出永乐年间云南在铸铜技术方面达到较高水平。另外，大理市博物馆收藏有一口万历二十六年（1598年）制造的铜钟。此钟高127厘米，下直径110厘米，钮高23厘米。钟体的化学成分为铜77.6%，锡14.7%，铅2.1%，砷2.1%，为铜锡铅（砷）合金。大理现在还存有一件明弘治三年（1490年）造的铜质礼花炮，也是铜锡铅（砷）合金，其化学成分为铜77.3%，锡13.2%，铅4.6%，砷2.2%。这两件铜器都铸造于大理，尽管制作年代相差100年以上，化学成分却差别很小，大理的铜器铸造应该有稳定的技术传承。⑤

---

① 张增祺：《滇萃：云南少数民族对华夏文明的贡献》，云南美术出版社，2010年，第23页。
② （明）刘文征：天启《滇志》卷三《地理志·物产》。
③ （清）光绪《鹤庆州志》（民国抄本）卷三一《艺文》所引明人诗。
④ 现在昆明东郊太和宫的金殿，是清初平西王吴三桂占据昆明后在原太和宫旧址上补建的。参见张增祺《滇萃：云南少数民族对华夏文明的贡献》，云南美术出版社，2010年，第191页。
⑤ 李晓岑：《云南科学技术简史》（第二版），科学出版社，2015年，第189-190页。

图（左）5-35 悬挂于昆明鸣凤山金殿名胜区钟楼内的明永乐大铜钟

诸锡斌2021年摄于昆明金殿

图（右）5-36 悬挂明永乐大铜钟的昆明鸣凤山金殿名胜区钟楼

诸锡斌2021年摄于昆明金殿

铜鼓也是重要的铜器。据王大道《云南铜鼓》记载，云南的麻江型、西盟型铜鼓铸造时代起自南诏国，历经大理国、元、明、清几代，其中有许多明代铸品。这两种类型的铜鼓，壁薄仅1~2毫米，花纹细密，上有立体的蛙、象、牛头、田螺等动物图像，铸造和雕铸技术很高。

除大型铸造铜器外，小件铜器制作更为普遍。如在今昆明市黄土坡麻园出土的明代文物中就有铜火锅、铜茶壶、铜盆、铜锅、铜勺等日常生活用品，说明明代时云南铜器的使用已经相当普遍，铜器制造技术比较成熟。

明代中期以后，我国商品经济进一步发展，铜钱需求量增大。同时，云南省内各地之间以及云南与内地之间的经济联系进一步加强，而嘉靖时期明廷开始在全国大量铸造铜币，云南铜矿又在全国受到重视。在这样的背景下，以铜铸造钱币就成为铜的一个主要用途，云南的铜钱铸造开始活跃，铜钱也从天启五年（1625年）之后逐渐在云南全省通用起来。明末清初的顾祖禹说，临安州的"木角甸山，在州东百三直里，地名备乐村，产炉甘石，旧封闭。嘉靖中，开局铸钱，取炉甘石以入铜自是复启"[1]。这是中国古代关于炉甘石[2]升炼黄铜的最早记载，它对用蒸馏法炼锌的产生有很大的意义。从此以后，中国铸钱所用材料，基本上由原来的红铜

---

[1] （清）顾祖禹：《读史方舆纪要》卷一一五《云南三》。
[2] 炉甘石为碳酸盐类矿物方解石族菱锌矿，主要成分为碳酸锌（$ZnCO_3$）。

转变为铜锌合金，铸钱材料的转变对中国经济产生了重大影响。①

嘉靖时期（1522—1566年），云南铸造的钱币主要是黄铜钱币，即在铜币中锌占20%～50%，铅占1%～6%。②值得注意的是嘉靖年间，为纪念东川府开炉铸钱，曾铸造一枚嘉靖通宝（见图5-37）。该钱直径57.8厘米，穿径10.24厘米，有内外廓，外廓宽3.5厘米，厚3.7厘米，内廓宽窄不等，宽在3.4厘米至2.4厘米，内厚1.12厘米，重41.5千克。会泽铅锌矿质量检验科1990年6月27日取样分析化验结果显示，该钱含铜90.01%，铝0.584%，锌0.532%，铁3%，银0.64%，是现存于世的最大最重的古钱币。由于黄铜属于合金铜，其工艺要求更高，能制作出这样的铜币，表明这时的铸造技术已达到了较高的水平。

图5-37 现存的最大最重古钱币——嘉靖通宝

诸锡斌2021年摄于会泽县江西会馆陈列室

铜器种类多也是冶铸技术进步的反映。除了尺寸上有大型铜器和小型铜器之分外，根据铸造工艺不同，云南的铜器还有古铜器、斑铜器、乌铜器之别。据《续修昆明志·物产志三》载："凡铸造神像、炉、瓶成黑色而光滑，花纹精致者为古铜器；锤造炉、瓶成冰形而斑斓者为斑铜器；其造墨匣及小件炉瓶，质如古铜而花纹字画以银片嵌入者，则为乌铜器，且又有乌铜走银之称。"（见图5-38）这些古铜器、斑铜器、乌铜走银器，工艺十分精湛，已经不是普通的铜器，而是云南铜产量大、铜器制造技术高的反映。至今这些铜器仍然是云南独特传统工艺技术的杰出代表。③

明代还有关于生产镍白铜的记载，如万历乙酉年（1585年）的文献《事物绀珠》说："白铜出滇南，如银。"《本草纲目》也说白铜出自云南。

图5-38 乌铜走银器

诸锡斌2019年摄于云南省民族博物馆

---

① 李晓岑：《云南科学技术简史》（第二版），科学出版社，2015年，第191页。
② 云南省科学技术志编纂委员会：《云南科学技术大事（远古~1988年）》，昆明理工大学印刷厂，1997年，第11页。
③ 夏光辅等：《云南科学技术史稿》，云南科技出版社，1992年，第121页。但是李晓岑等学者认为斑铜器和乌铜走银器应始创于清代。参看李晓岑《云南科学技术简史》（第二版），科学出版社，2015年，第245-246页。

2.银和金的制作

依照产量来看，明代时云南的各种矿产中，银的产量大大增加，甚至成为全国之冠，而且明代云南的产银量已经达到全国总产量的一半以上，所以银矿的开采成为云南矿产开采的主业。根据记载："滇银矿共二十有三所，置场委官，以征其课。"[1]银产量之所以如此大，除了因为当时云南的银矿数量增加、经营方式改变以及矿工成分变化外，更重要的是云南的银矿开采技术达到了相当高的水平。同时，明代云南对金的开采和制作技艺也很精良。

在明永乐二年（1404年），云南澜沧的募乃银矿就开始采银。正德九年（1514年），皇帝诏准云南澜沧军丁周达所奏，由官府在云南次第开采银铜和锡矿。[2]15世纪以后，云南银矿的开采在全国长期占据十分重要的地位。[3]明代以后全国商品经济逐渐发展，流通领域的银币使用量增大，对银币的需求旺盛。如景泰年间（1450—1457年），"云南产银，民间用银贸易，视内地三倍"[4]。天顺四年（1460年），"课额浙、闽大略如旧，云南十万两有奇，四川万三千（两）有奇，总十八万三千有奇"[5]，云南的银产量占全国的50%以上。而明代嘉靖到万历年间（1522—1620年），全国产银省份，除云南外还有浙江、福建、江西、湖广、贵州、河南、四川、甘肃等八省，而以云南为最。[6]"合八省所生，不敌云南之半，故开矿煎炼，唯滇中可永行也。凡云南银矿，以楚雄、永昌、大理为最盛，曲靖、姚安次之，镇沅又次之。"[7]从此记载可见明代云南的银产量对全国经济的影响之大，同时也表明明代云南产银矿最多的区域是在以大理为中心，东至楚雄，西至永昌的广大地区，大理、临安和楚雄后来发展成为全国的主要银矿区。

至于金的开采[8]，明代中国产金的最重要区域是金沙江。当时，云南金的产量和质量都属全国之最。以丽江土知府为例，明代在当地金的产量不比元代少，并且金的品种更加丰富，除了照样生产黄金以外，还有更加贵重的白金生产。徐霞客《滇游日记》载："丽江府，且产沙金独盛，宜其富冠诸土郡。"说明丽江军民府的白金、砂金富盛。《天工开物·五金》说："水金多者出云南金沙江，此水……绕流丽江府，至于北胜州（今永胜）……于江沙水中淘洗取金。"《滇略》记载："金生丽水，今丽江其地也，其江曰金沙……沙泥、金麸杂之，贫民淘而煅焉，日仅分文。"这里记载的砂金淘洗法一直是云南的主要采金方法。由记载的采金过程可知，金沙江上游丽江府至北胜州一带为云南重要的金产地，所产既有江边的砂金，也有山中的块金，而由于大部分是裸矿，开采时对生产技术的要求并不高。除砂金外，《滇略·产略》中还记载了瓜子金和羊头金。砂金、瓜子金和羊头金都是云南有名的金种。1957年，在发掘北京明定陵的过程中，出土金元宝79锭，背面的铭文显示其为云南布政使司纳奉的贡金，金锭的成色足、质量高，是明代云南制金技术发达的体现。

3.铁器制作

明代云南许多地方驻扎的卫所军士中有冶铁军匠，卫所及当地劳动人民需要的大量铁制

---

[1] （明）谢肇淛：《滇略·产略》。
[2] 参见云南省科学技术志编纂委员会《云南科学技术大事（远古~1988年）》，昆明理工大学印刷厂，1997年，第8页。
[3] 参见云南省科学技术志编纂委员会《云南科学技术大事（远古~1988年）》，昆明理工大学印刷厂，1997年，第8页。
[4] （清）张廷玉：《明史》卷一六八《列传第五十六·陈文传》。
[5] （清）张廷玉：《明史》卷八七《志第五十七》。
[6] 云南大学历史系：《云南冶金史》，云南人民出版社，1980年，第22页。
[7] （明）宋应星：《天工开物·五金》。
[8] 张增祺：《滇萃：云南少数民族对华夏文明的贡献》，云南美术出版社，2010年，第116页。

农具都由这些匠人采办造用。由于卫军驻地很广,为数众多,所需农具也多,铁矿开采事业很兴盛。在这样的形势下,农用铁器被大量生产出来。

另外,当时一些少数民族地区也出产有名的铁制品。比如丽江军民府纳西族人带的大小二佩刀,以锋利为上[1],制造这种铁制品的习俗一直保留到现在。

在当时制作的铁器中,丽江的摩些(摩些是今丽江纳西族旧称)盔刀及鹤庆的刀驰誉四方[2]。《滇略·产略》说,鹤庆刀剑"法取古宗铁,濯以鹤川水,利可破犀,柔者可以绕腹,然古宗铁不易得,贸之四远者,皆凡铁耳"。此处提到的"古宗"是云南人对藏族的俗称。根据这里的记载,"古宗铁"是产自藏族地区的铁料。鹤庆人把这种从藏族地区买来的铁料,精心淬火后制成刀剑,其锋利可刃犀牛,其柔软则可绕腹。由于鹤庆人制作的刀剑有这些特性,推测作为刀剑原料的"古宗铁"有可能是一种百炼钢。鹤庆铁器因制造精良,一直到近代仍然在西南地区享有盛誉。

(四)锡矿的独立开采和冶炼

在云南出土的数以千计的青铜器中,含锡青铜器占95%左右。因此,锡是云南青铜合金中的主要原料。[3]明代,云南的锡矿生产成为专门性的独立采冶部门,并且锡的产量大幅度增长大约也是从明代开始的。当时云南的重要锡产地有大理、楚雄、永昌、武定、临安等府。文献记载:"凡锡中国偏出西南郡邑,东北寡生。……大理、楚雄即产锡甚盛,道远难致也。"[4]李时珍的《本草纲目》中说,"锡出云南"。明代的正德《云南志》也记载:"锡,蒙自个旧村出。"个旧当时是临安府下辖蒙自县(2010年改为蒙自市)的一个村,该村的锡矿在明代中叶得到大规模的开发,因而个旧很快成为云南乃至中国极负盛名的锡产地。如《滇略·卷三》记载:"锡,临安府最佳,上者如芭蕉叶,叩之声如铜铁,其白如银,作器殊良。"文献里"锡,临安府最佳"就是指个旧的锡最好。在明代,个旧锡矿不仅产量高,而且质量也是上乘的。有专家认为,从明代后期开始,个旧锡矿成为云南锡业生产的支柱。[5]

九、建筑技术

明代,随着内地移民增加,内地的汉式建筑风格深深地影响了云南的建筑业。例如,在永乐四年(1406年),云南的土司衙门孟连宣抚司署建成。该署占地12484平方米,主体建筑议事庭是一座干栏式[6]房屋,共3层,长24米,宽15.8米,高10.2米。宣抚司整个建筑群均采用木结构,使用斗拱、飞檐等构件,是汉族的建筑样式,而议事庭、厅堂则是傣族建筑结构,是一座傣汉合璧的典型建筑。随着内地建筑技术的广泛应用,云南境内的汉式建筑越来越多。主要建筑的总体风格是朴实、厚重、大气而不张扬。这一时期,城市建筑、园林建筑、宗教建筑

---

[1] (明)周季凤:正德《云南志》卷十一《丽江军民府》。

[2] 李晓岑:《云南科学技术简史》(第二版),科学出版社,2015年,第191页。

[3] 参见张增祺《滇萃:云南少数民族对华夏文明的贡献》,云南美术出版社,2010年,200页。锡最大的特征是随着气温的变化容易发生晶体转变。常见的锡器在13.2℃以上时是稳定的;当低于此温度时,金属锡会逐渐变成灰色粉末,并且温度越低晶体形成越快。所以古代的锡器很难保存下来。利用锡时,多将其与其他金属原料混合在一起。

[4] (明)宋应星:《天工开物》,万卷出版公司,2008年,第298页。

[5] 张增祺:《滇萃:云南少数民族对华夏文明的贡献》,云南美术出版社,2010年,201页。

[6] 干栏式建筑的主要特征是房屋离开地面,建筑在桩柱之上,房屋的屋脊长于屋檐,正脊两端略向上翘起。傣族竹楼就是典型的干栏式建筑。关于孟连宣抚司建筑的具体情况可参见云南省科学技术志编纂委员会《云南科学技术大事(远古~1988年)》,昆明理工大学印刷厂,1997年,第9页。

及桥梁建筑等方面都有一些代表性个体。

（一）城市建筑

明代云南的城市建设有了新的发展，其中昆明城和建水朝阳楼的修建可为代表。

1.昆明城

元代在今昆明地域修建了押赤城，但其建筑现在多已不存在。明代洪武年间（1368—1398年），朝廷在押赤城旧址修筑了昆明城，并以昆明城作为云南的治所。昆明城的城墙以夯土垒砖砌成，城墙四周长9里左右，城墙高近3丈。环城再修护城河，河上可行大小船只。城墙上共有6座城门和城楼，即南北各一门一楼，东西各两门两楼，每处门旁建壮观的城楼用以登临眺望。

2.建水朝阳楼

建水城最早修建于南诏国时代，当时修筑的是土城。明洪武二十年（1387年），朝廷于该地设立临安卫，于是将前代留下的土城改造并扩建为砖城，修建东、西、南、北四门及相应的四座城楼。明代末年，李定国的抗清军队攻占临安城，西、南、北三楼毁于战火，只剩城东的朝阳楼。该楼虽然历经战火和地震，但仍然屹立至今，解放后经修葺形成如今的状貌（见图5-39）。

图 5-39
建水朝阳楼
文建成2021年摄于建水县

建水朝阳楼城楼[①]占地2312平方米，城墙南北长77米，东西宽26米，楼阁高3层，为三重檐歇山式屋顶（即两坡顶加周围廊形成的屋顶式样）。楼阁修建在砖石门洞之上，由48根直径为0.5~0.6米的圆木柱支撑，它们与无数粗大的榫榫结成坚固的木构架。从城墙根到楼顶吻兽尖的高度为24.45米。

朝阳楼最大的特点是以木结构承重，用圆柱支撑。柱子的布局使用"移柱法"，外层按

---

① 夏光辅等：《云南科学技术史稿》，云南科技出版社，1992年，第123页。引用时有改动。

面阔7间、进深3间排成矩形；内层则将柱子分成两排，嵌入进深的两次间中，改变了进深的原柱距。内柱间使用了穿插枋和随梁枋，再与梁、檩等结合成柱网结构，其上覆上两层楼的楼板，屋檐四角由4根翼角柱支撑。这是一种木制的"板—梁—柱"式的传统结构体系。这样的构架，加大了内部空间，尤其具有稳固的结构性能，所以该楼能历经600多年依然屹立。朝阳楼的斗拱结构古朴大方，栌斗大，翘长。部分梁头做成耍头构件[①]，直接受托檐檩，既加强了木构架间的结构联系，又分担和减轻了对斗拱的重压。在梁柱等结合处使用铁钉、铁箍等来加强连接。榫头用木铁楔子扣住，使木结构整体上更加牢固。整个楼为红色，城楼上有精致的木雕门。朝阳楼的木构架体现了明代云南建筑的典型风格和卓越成就。[②]

（二）园林建筑

明代，由于受内地汉式建筑的影响，云南也出现了一些精美的园林建筑。其中保存至今的建水文庙（见图5-40）堪称代表。

图5-40 建水文庙大成殿
文建成2021年摄于建水县

元代以后，云南儒学兴盛，因此出现了一批孔庙建筑，其中规模最大、工艺最精的是建水文庙。该庙自元代开始兴建，但文庙主体的建成及扩建续修是在明清两代，共有50多次，建成后保存至今。现今所存的文庙是典型的明清园林建筑群。

建水文庙[③]位于建水县城所在地临安镇，坐北朝南，始建于元至元二十二年（1285年）。现存的主体建筑群为明清时期所修建。文庙占地面积114亩，纵深625米。这是一处典型的传统汉式风格建筑群，体现了汉式建筑体系的基本风格：以中轴线统一建筑群，对称性地布置建

---

① 耍头为垂直于檐口线的附属构件，位于斗拱最上一层的华拱或昂之上，与令拱垂直相交，平置向外伸出，但不再向外出跳。
② 夏光辅等：《云南科学技术史稿》，云南科技出版社，1992年，第123页。引用时有改动。
③ 夏光辅等：《云南科学技术史稿》，云南科技出版社，1992年，第124-125、127页。引用时有改动。

筑，整体坐北向南，层层递进，六进院落。现存的建筑有30余座。整个建筑群设计巧妙，施工精致。

建水文庙的设计符合传统设计要求。整个建筑群依中轴线对称安排，在匀称的整体美中又以各体建筑的不同显示出活泼与对比（如东西明伦堂不严格对称，以及文昌阁与魁星阁建筑样式不同），空间布局对称而不呆板。

建水文庙的建筑工艺精湛，体现了典型的明清建筑风格。大成殿又名"先师庙"，是整个文庙的主体和核心建筑，它始建于元代至元年间，现存的是清代嘉庆九年（1804年）的重建物，但保留了一部分明代建筑的风格。它建于高1.75米的须弥座台基上，共有5间殿，5架梁，单檐歇山顶，通开间28.9米，通进深19.9米，占地面积约750平方米。全殿由22根5米高的石柱和6根木柱支撑，石柱为一整条青石凿磨而成，前檐下的两根石柱雕刻有巨龙抱柱图，5条架梁立于石柱之上，再由承受屋顶重量、连接构架的檩木连接，组成举架较高的以间为单位的抬梁式木构架。这样的结构加上较大的用材使得整座建筑坚实而稳固。大成殿的屋顶盖黄色的琉璃瓦，屋檐下伸出五攒重昂斗拱，梁、檩和斗拱都装饰有古雅的彩绘，保留了明代风格。大成殿正门由22扇木雕屏门组成，深度镂空，有各种图案和文字。

清代云南的临安知府贺宗章所著《幻影谈》说建水文庙"规模宏阔，工料精致，甲于各省"。建水兴儒的风气使当地在明清两代成为滇南的教育中心，培养出的进士、举人数量位列云南前三甲。

（三）宗教建筑

明代云南的宗教建筑，其技术和特色可以从昆明地区的真庆观、金刚宝塔和姚安的德丰寺看出。

1.真庆观

位于今天昆明拓东路和白塔路交叉口的真庆观（见图5-41），最初为元代的真武祠，明代改名为真庆观，于明宣德四年（1429年）由黔国公沐晟兄弟出资扩建。真庆观扩建历时六年，宣德十年（1435年）建成后，成为昆明地区最大的道教建筑群。该道观由紫微殿（见图5-42）、都雷府、盐隆祠等组成。其中的紫微殿一直留存到现在。

紫微殿是明代建筑，开间5间，进深4间，周围是回廊，占地320平方米。殿顶为单檐歇山顶，其梁架结构是明代北京官式风格。当中心的一间有7条架梁，内设覆斗状木构藻井，以道教符号设计。外檐的斗拱粗大，当中心的一间有两个柱头，次间有一个柱头，稍间无斗拱。斗拱尾部的菊

图 5-41
昆明真庆观
诸锡斌2020年摄于昆明白塔路真庆观

花头和六分头是典型的明代风格。1938年，因抗战而辗转到昆明的建筑学家们重建中国营造学社，社成员在建筑学家梁思成、林徽因的组织下，对昆明城内及周边的古建筑展开调查、勘测。在测绘紫微殿时，他们发现脊檩下有"大明宣德十年重建"的题字，在当心间后上金檩下又有"明嘉靖甲辰（此处甲辰年即1544年）重修"等题记，于是确定了紫微殿建造和重修的准确时间。

图5-42 昆明真庆观紫微殿

诸锡斌2021年摄于昆明白塔路真庆观紫微殿

2.金刚宝塔

明代天顺二年（1458年）所建的金刚宝塔（见图5-43）一直留存到现在，位于今昆明南郊官渡区的螺峰村官渡古镇。它是全国唯一的用砂石砌成的塔。此金刚塔的基座是方形高台基，平面每边长10.4米，高4.7米，周围有高栏，有十字贯通的四道券门，基座上中间的主塔高16.05米，四角的塔较矮小，高度只有5米，形状与主塔一样，但制作比主塔简单，全塔状如喇嘛塔。正方

图5-43 昆明金刚宝塔

诸锡斌2021年摄于昆明官渡古镇

体须弥座边长为5.5米，高2.7米。整个主塔形状如桶，两头粗中间细，下半部有七圈莲花瓣，如台阶般层层收缩；上半部塔体光滑如覆钵，上大下小，朝东西南北四面开有眼光门；塔身的上面是方形的塔钵。最上部的塔刹有铜料锻造的伞盖，有八铃下垂，盖面立有铜铸的四大天王，刹顶有宝瓶和宝珠。这座塔是全国稀有且历史悠久的石造金刚塔，所以其在宗教古塔建筑中占有重要地位。

此外，明永乐十七年（1419年）在姚安建成了德丰寺。该寺的主要结构采用的是构架式，全部用木材叠架而成，整座寺没有钉楔的痕迹，用木骨架来支撑屋顶的重量，墙壁不承受重量，具有中国传统建筑的特征。德丰寺是云南保存较完整的明代古建筑之一。

（四）桥梁建筑

在桥梁建筑方面，这一时期云南许多地方都因地制宜地修建了一些桥梁，其中澜沧江上的霁虹桥和富民县的永定桥不仅反映了较高的桥梁修筑技术，而且具有鲜明的地方特色。

1.澜沧江霁虹桥

霁虹桥（见图5-44）位于永平县杉阳乡岩洞村和保山市老营乡平坡村之间的兰津渡（该渡口自西汉以来一直是云南内地通往滇西地区乃至缅甸和印度的要冲）。该桥横跨在澜沧江上，规模宏大，是云南最著名的铁索桥之一，也是云南较长的古代铁索桥之一。

图 5-44
霁虹桥
诸锡斌 2021 年摄
于云南省博物馆

作为历代通往滇西的必经之地，霁虹桥修筑之前，兰津渡曾以舟渡、舟桥、竹索桥等不同形式为交通手段。在汉武帝时，当地以舟渡人过河。南诏国时渡口出现舟桥，即在江上"造舟为梁"，但澜沧江江岸山高，水流量季节变化大，所以舟桥之设常有不便。到元代时，为方便蒙古军队征战，舟桥改建成巨木桥，曾经有一时之便利，但同样由于夏秋季节流水很大很急，水量变化大，木桥很快出现时常需要大修的情况，最终被废。此后又长期使用舟渡。明代初期，因舟渡过程中不时出现险患，江上又修建了竹索桥，中期又重新改修为铁索桥。据正德《云南志》载："弘治十四年（1501年）兵备副王槐重修，构造屋于其上，贯以铁绳，行者若履平地。"而根据万历《云南通志》记载，王槐始建铁索桥的时间为弘治十三年（1500年）七月。综合起来分析，铁索桥的建造时间就在弘治十三年到十四年（1500—1501年）间。铁索桥建成以后，因为澜沧江河床窄、水流湍，遇到山洪急流入河，铁索桥身仍不时有损毁，加之战乱，损毁更频繁。整个明代对霁虹桥的维修就有5次，最早的一次维修是在明代采用铁索做桥后的第十年，即正德六年（1511年）。这次进行了大的维修，两边覆盖以屋，成为今日铁索桥的基本形式。清代总共维修10次，增加了清初康熙帝御赐"虹飞彼岸"四字刻于桥边石碑，并在桥东岸建"御书楼"。其后又进行了多次维修加固。民国时，该桥也多次维修。霁虹桥总长106米，桥面宽3.7米，建桥时选址在河面最窄、河床也最稳固的地段。铁索的材质甚优，建造技艺高超。桥的两端有飞阁桥屋，这种形式多见于滇西。霁虹桥曾经是我国保存到20世纪的历史久远的铁索桥之一。抗日战争时期，因为修筑滇缅公路而在澜沧江上兴建功果桥后，霁虹桥的地位逐渐下降，但民间仍然以该桥为重要的人畜通行之桥，直至后来因无人再进行维修而逐步废弃。1986年，澜沧江发大水，上游出现大面积滑坡，导致该桥损毁，现尚有遗迹留存[①]。

根据《永昌府志》记载：霁虹桥两端系铁缆十六，覆板于上，为屋三十二楹，长三百六十尺，南北为关楼四，宏敞坚致，视昔有加。……康熙二十七年（1688年），总兵偏图增修两亭于南北岸，桥旁翼栏杆，即于桥身两侧各加铁索一根作扶手，加上原有铁索16根，共计18根。

---

① 1999年，当地人在原桥址上游20米处修建了长120米、宽2米的钢索木面板桥，取名"尚德桥"。

而据余嘉华等著《云南风物志》记载，根据现存的霁虹桥建筑遗迹看，"崖脚下路旁有一古老铁桩，顶呈蘑菇状，露出地面约80厘米，直径72厘米，相传为明代系船摆渡的铁柱。紧靠题字的危崖即为桥头，沿崖砌石，形成桥墩。墩长约25米，铁链沿墩而过，穿入崖缝中。桥墩之上建有桥楼，是为了方便行人在此休息，守桥人亦可在此食宿。18根铁索中承重底索为16根，底索排列成2、4、4、2的形式，另外两根为扶手，每边约用30条高约1.5米的铁条将两侧的扶手铁索和靠外边的承重底索连接起来，形成栏杆状。底部约隔6米处有一道铁夹板，将16根承重底索锁住，上铺横板，用铅丝绑扎在铁索上，各板之间再用木条和铁抓钉扣牢"。在中国古代桥梁著作中，霁虹桥多次被提及。有人认为，霁虹桥是云南，也是我国古代最大的铁索桥。[①]

2.富民永定桥

富民永定桥横跨在富民县螳螂川上。永定桥始建于明万历四十六年（1618年），全桥长54米，宽15.6米，桥中心高度为18米，为四墩五孔木梁桥，桥墩石质，桥面为木结构。石桥墩有4个，石料全采用黑色花岗岩，打磨规整，在石间的接缝处凿有银锭口榫卯进行连接，并以铁汁浇灌缝隙处。桥两岸皆沿河铺砌黑色花岗岩条石，共长200米，总共耗条石1万多立方米。最初桥面上两边还建有楼阁20间。两旁的木扶栏上雕刻有山水花卉，栏内原有64个廊柜，每个廊柜长1.5米，宽0.6米，高0.9米，专门供商贩卖货用。每逢赶集日，桥上十分热闹。桥头和桥尾建有牌坊。该桥由于异常精致，上有雕梁画栋，所以有"永定大花桥"之称，全省闻名。明清时该桥又经过多次修复。1963年，当地改建了桥面，铺上水泥以适应汽车通行，但直到如今大桥的基础仍然是以明代建筑为主体。2004年至2005年，当地又对永定桥进行了仿古重建（见图5-45、图5-46）。该桥结构独特，造型美观，工艺精良，现今仍在使用。

图5-45
现今的富民永定桥
诸锡斌2022年摄于昆明市富民县

---

① 张增祺：《滇粹：云南少数民族对华夏文明的贡献》，云南美术出版社，2010年，第186页。

图 5-46
现今的富民永定桥桥面

诸锡斌2022年摄于昆明市富民县

十、化学药品开采和兵器制造技术

在明代，云南一些地方开始采制一些化学药品。而在兵器制造方面则出现了一些有关当时国内较先进的包括火器在内的兵器的文献记载。

（一）化学药品采制

明代云南的化学药品采制，主要体现于腾冲的硫黄、大理地区的雄黄和天然碱的采制。

1. 硫黄

明代，云南腾冲已经能用土法取硫黄。徐霞客的《滇游日记》记载：腾冲当地人"凿池引水，上覆一小茅，中置桶养硝，想有磺之地，即有硝也"。说明当地人在有硫黄之地开凿小池，将水引入其中，希望能沉淀出硝，并认为有硫黄的地方一定有硝。《滇游日记》又记载："有人将沙圆堆如覆釜，亦引小水周之，虽有小气而沙不热。以伞柄戳入，深一二尺，其中沙有磺色，而亦无热气从戳孔出，此皆人之酿磺者。"至今，腾冲人还在使用这种利用地热加温提取硫黄的方法。

2. 雄黄

雄黄因为含有砷和硫，很早就被认为可作药用，并在历史上被道家用作炼丹原料。在明代，云南的雄黄采制主要集中在蒙化府（今大理州巍山县），景泰《云南图经志书》记载蒙化府出产的"雄黄入药品，石黄可为颜料"。正德《云南志》说蒙化府的"石黄、雄黄俱石母山出"。明代文献《天下一统志》卷八六《蒙化府》载：石母山"在府城北七十里。产石黄，下有泉，为赕中溪，南入罗盘江"。石母山就在今巍山县城北七十里处。当时，人们认为石黄和雄黄是两种物质，而现在的一些化学史家认为二者是一种物质[1]。

3.天然碱

自然界中的原生碳酸钠俗称天然碱，能用于洗涤，并有保护皮肤等药用价值。明代文献记载"又有白碱，产定边县，用为浴药，泽肌肤"[2]。定边县即今南涧县。南涧县的天然碱至今都有名，当地俗称"土碱"（见图5-47），因色白、质泡和功效好，十分畅销。

图5-47
现今大理巍山所产"土碱"
诸锡斌2021年摄于昆明

（二）火器及其他兵器技术

在火器及其他兵器技术方面，明代云南有代表性的技术成果是先进火器的使用和飞箭的投入使用。

1.连射火器

在明代，镇守云南的沐英曾在定边县迎战反叛明王朝的百夷王思伦的军队。明人顾少轩著《皇明将略·沐英传》对此战有记载。其中说到沐英率领的明军方面对付叛军的象阵"火箭、铳、炮，连发不绝"。这里的火箭、铳、炮是连射火器。在世界战争史上，就使用连射火器来说，沐英在云南的平叛中使用连射火器是首例，这领先日本100多年，领先欧洲200年左右。[3]

2.单级九发飞箭

在明代，云南军队在实战中已开始使用单级多发飞箭作战。天顺八年（1464年）明军在麓川（今云南陇川地区）破敌时，"延绥参将房能言，麓川破贼，用九龙筒，一线然则九箭齐发，请颁各边"[4]。这里的"一线然则九箭齐发"指的是一种单级九发飞箭，九箭一齐向外发射，使射击范围变得很大，从而使飞箭的威力大大增强。出现单级九发飞箭这种火器是火器制造史上的飞跃性进步。

3.连珠飞箭

根据文献记载，明代弘治年间（1488—1505年），曲靖地区已经能制造连珠飞箭。这是一种比单级多发式飞箭更为先进的兵器。清初姚之骃《元明事类钞·武功门》记载："弘治中，曲靖知府李晟上疏言边情，用为都察院，照磨疏言，'臣等所造兵器连珠飞箭，自一至十，自百至千，铳炮自连，二至排六自攒，三至排六活法轮放，他如匣箭、匣炮、小驮车、火伞、飞架、走载之奇，亘古未有。'"从记载看，这种武器具有"铳炮自连"的发射效果，"自攒""活法轮放"的发射方法，可推测其在战斗中的威力必然很大。这是中国古代关于连发飞箭的一次记载，在兵器发展史上有重要意义。[5]

---

[1] 袁翰青：《中国化学史论文集》，生活·读书·新知三联书店，1956年，第211页。
[2] （明）刘文征：天启《滇志·物产》。
[3] 李晓岑：《云南科学技术简史》（第二版），科学出版社，2015年，第203页。这里采用李晓岑的观点。火器领先日本和欧洲是就其使用而言的。这里只提到沐英在战争中使用了连射火器，但一是没有见到其他文献有关于云南制造连射火器的记载，二是没有见到文献记载连射火器的制造工艺，所以究竟是不是由云南在明代第一次制造出连射火器，仍然没有定论。
[4] （清）张廷玉：《明史》志第六十八。
[5] 这里采纳李晓岑的观点。参见李晓岑《云南科学技术简史》（第二版），科学出版社，2015年，第204页。关于连珠飞箭，只有文献记载官员称已能制作连珠飞箭并描述了其威力，而并未见到关于实战使用此种飞箭及其威力的记载。

另外，明代文献记载，云南少数民族如摩察（彝族）、力些（傈僳族）等部族善于射弩，发明了木弓药矢。景泰《云南图经志书》记载，蒙化府"有摩察者……平常执木弓药矢，遇有鸟兽则射之，鲜不获者"。傈僳族一直善于使用药箭射杀。天启《滇志》载："力些……善用弩，每令其妇负小木盾，径三四寸前行，自后发矢中其盾，而妇人无伤，以此制伏西番。"这些记载都表明少数民族兵器制造技术精良。

第二节　自然科学知识

进入明代以后，从内地迁移到云南的人口大大增加，他们将内地科学知识带到云南。云南本土科学在吸收内地科学知识的过程中快速发展，在不断学习、实践和传承中逐渐有了本土的科学结晶。尤其是一些从事科技事业的知识分子在吸收、传承和实践的基础上，总结出相关科学理论，甚至进一步撰写出具有鲜明特色的科学著作。

这一时期的科学理论结晶主要表现在天文历法、地理学、物理学、医药学和生物学几个方面。

一、天文历法

明代云南的天文历法成就以白族人杨士云的成果为代表，其他天文历法成就也可圈可点。

（一）杨士云《天文历志》中的天文历法成就

测景所是专门用于观察天象气候的处所，相当于当今的天文台。在元代，朝廷颁令在全国设立27个测景所，其中云南省的滇池地区和大理地区就各设有一个测景所。测景所的设立使云南天文学的探索有了一个好的观测基础，可谓云南天文学发展史上的一个重大事件。这种良好的观测条件为元代以后包括白族天文学家在内的云南本土天文学家取得卓越成就提供了有力的支撑。元代学者马端临的《文献通考》说，大理人"善天文历算之术"，这当然与白族人爱好且能够进行科学的天文观测有关。大理白族人长于天文历算的传统一直延续，到了明代，终于出现了白族天文学家杨士云。其人在天文历法方面取得了杰出的成就。

杨士云（1477—1554年），字从龙，号弘山，大理喜洲人，明正德十二年（1517年）丁丑科进士，初选为翰林庶吉士，后转任工科给事中、补兵科给事中等职。他不满官场的黑暗，于是辞官归隐，从事自己所喜好的天文观测等科学探索事业并进行著述达20年之久。他常常每到夜晚便登临楼顶仰观天象。其文献《杨弘山先生存稿》有12卷，其中有专门研究天文历法科技的《天文历志》1卷。杨士云在恒星和行星观测以及计时技术、天文仪器和古代历法研究等方面有杰出的成就。[1]杨士云记录天文历法知识有一个特点，就是他的观测结果多是以诗话的形式记录的。从杨士云遗留的诗歌中，可以看出他对天象和历法的研究范围是比较广泛的。

---

[1] 本部分主要参考了李晓岑的研究成果，还参考了陈久金、王连和、陈遵妫、华同旭等学者的研究成果。

1. 探究日月食原理和月球运动的不规律性

杨士云尤其重视对日月食原理的探究。在《天文历志》中，杨士云写道："月上地之中，日居地之下。地影隔日光，月食知多少。"就是说当月亮和太阳居地球上下两边，三者的位置成一直线时，地球就遮挡了太阳射向月球的光线，这样就发生了月食。他对月食原理所做的解释与现代对月食成因的科学认识相符合，是西方天文学传入中国以前，我国古代关于月食成因的准确解释。杨士云能够对月食的成因进行科学的解释，跟他精心准确的观测和信息的积累是分不开的。在其《天文历志》所留下的异常天象记录中，记载月食的就多达15条。他准确地记录了每次月食发生的时间和月食现象出现在天空中的位置。如"九月十六月食：雨，月离胃罗侯在娄十度""正十六望夜月食：去年翼三度，今年张十度"，等等。

在《天文历志》中，他也留有关于日食的两条记载。其中一条是："日食：嘉靖乙巳年（1545年），五月壬戌朔，日中见斗沫，地上喧角闻道，乌鸦睛翻，被虾蟆捉，安得弋妖邪，翌然洗昏浊。"这里的记载反映了日食现象以及地面动物和人的反应。而且"嘉靖乙巳年（1545年），五月壬戌朔，日中见斗沫"所记载的正是一次在观察日食时发现太阳黑子活动的事件，这次太阳黑子活动在中原地区的文献中却是没有记载的。[①]

杨士云还探究了月球运动的不规律性。他注意到"月行有迟疾，似迟日十二，度算极疾日，十四度半迟，渐疾疾渐迟"。在这里，杨士云描述了月亮运动的不均匀现象，即月亮运行有快有慢。他不仅注意到月亮的运动速度有变化，而且认识到月亮运动最快的时间点也是在变化的。[②]

2. 观测到恒星古今位置的变动并测量了岁差

杨士云在《天文历志》中研究了如牵牛星、弧星、建星、昏中星、构星（可能是极星）等一些恒星，认识到有些恒星的位置与古代观测到的位置相比有变动，如"牵牛为宿自何年，丁丑元封改历元。古宿建星知几度，都关日月属离缠"。恒星的这种变动正是由岁差造成的。另外，在《天文历志》中，杨士云也留有关于昏中星位置的多次观测记录，而对昏中星位置的测定，正是我国古代测定冬至点和岁差的重要方法，这是确定季节可采用的比较科学的方法。显然，杨士云对昏中星的研究记录为科学地确定冬至的准确时间点和岁差提供了依据。

另外，我国古代测量岁差的方法是在月食时测量月亮的位置，而杨士云也采用了这个方法。《天文历志》记载说，"月食：月离斗十七，日缠井廿三，鹑首与星纪，东北当西南"。他的观测很准确。

3. 研究了漏刻计时等确定时刻的办法

杨士云以测定日晷的时刻来校准漏刻。他说："日短暑长丈三尺，岁占美恶二曜食。"还写道："测景凭圭尺，观星验漏壶。"有了这些仪器，可以精密地测定太阳回归年的时长。

杨士云对漏刻计时有深入的研究。他说："上渴乌流下渴乌，均调水势入莲壶。四十八箭分身降，昏晓中星次第书。"他使用的漏刻是上渴乌流进下渴乌再流入莲壶，所以是燕肃莲花漏，四十八箭是全年的最多箭数。而燕肃莲花漏"首次使用了漫流系统，在漏壶的上部开孔，使多余的水由此溢出，以保持漏壶有恒定的水位，基本上消除了漏壶水位的变化对流量的影响，大大提高了漏壶计量时间的准确度，这在漏壶的发展史上是十分重大的革新"[③]。杨士云

[①] 参见陈遵妫《中国天文学史》（第3册），上海人民出版社，1984年，第1080–1095页。

[②] 陈久金：《汉文化影响下的白族天文学》，载中国科学技术史学会少数民族科技史研究会、云南农业大学《第三届中国少数民族科技史国际学术研讨会论文集》，云南科技出版社，1998年，第178页。

[③] 1031年，山东青州人燕肃发明了莲花漏法。此处是莲花漏法的原理。参见杜石然、范楚玉等《中国科学技术史稿》（下册），科学出版社，1984年，第48页。

以莲花漏法计时测定了昏中星，就能够定出日出日没的时刻，从而确定日期的分界标志。

杨士云在《天文历志》中还介绍了另一种漏刻：浮箭漏。他说："夜天池入日天池，平万分壶递入之，水海满时浮箭出，分明百刻报人知。"这是一种四级补偿式浮箭漏，其中夜天池、日天池、平壶、万分壶都是漏壶，水海是箭壶，使用的时刻为百刻制。这也是一种相当精确的天文计时器。模拟实验表明，这种漏刻每天的相对误差只有10秒左右[1]。

此外，杨士云确定恒星位置用的是黄道坐标，与内地汉族地区用赤道坐标来确定恒星位置的方法不同。杨士云还以日躔为准进行天文观测，留下了价值很高的观测资料。

4.认识到水星离太阳很近

杨士云对五大行星有深入研究。尤其是在一首题为"十一日"的诗中他写下了观察记录："金星昼见复经天，水火缠房土亦连。欲识水星今日次，斗边一尺太阳前。"杨士云已经认识到水星距离太阳很近（现代天文学研究表明，水星同太阳的最大角距离不超过28度），这已经是相当高的认识水平。[2]

杨士云所生活的明代中后期，内地的天文学研究进展不大，但他作为边地云南的天文学家，却以杰出成就在天文历法研究中占有一席之地，在很多地方都有自己独创性的探究成果。

（二）其他天文历法成就

除杨士云的成就外，这一时期云南的天文历法成就还体现在云南多地应用的漏刻计时技术，李元阳和张升的天象研究记录，傣族地区傣历和明朝历法的混合使用以及西方天文知识传入云南。

1.漏刻计时技术在云南多地应用

杨士云所探究的漏刻计时技术，在明代的云南已经有多地应用。[3]昆明、楚雄、曲靖等云南的重要城市，城楼上都安放有漏刻装置，装置用铜制作，用以计时和报时。如明景泰年间（1450—1457年），昆明的南楼置有铜漏，其上刻有铭文"当极精致……水注箭漏，时乃无妄"[4]，这是制作精致的浮箭漏。楚雄府的崇庆楼"在府治之南，上置更鼓，复置铜漏以明时"[5]。曲靖军民府的钟鼓楼"在府城中，洪武二十年建，重屋二层，有铜漏，景泰间指挥梅坚置"[6]。

2.李元阳等人的天文学探索

受杨士云的影响，明代白族学者李元阳对恒星分野方法有一定研究。他在嘉靖《大理府志·星野》与万历《云南通志·星野》中阐述了对恒星分野的一些见解，绘制有星野图，很精确地描绘了几个星座的形状。

另外，明代云南保山人张升撰有《中星图说》，但如今已经失传。晋宁人黄拱斗的天象观测精度很高，文献记载其人"每夜升屋仰观天象，熟察星缠，遂书一月雨旸风雷及地震妖异

---

[1] 华同旭：《中国漏刻》，安徽科学技术出版社，1991年，第163-165页。
[2] 李晓岑：《明清时期白族学者在天文学在上的成就》，载中国科学技术史学会少数民族科技史研究会、云南农业大学《第三届中国少数民族科技史国际学术研讨会论文集》，云南科技出版社，1998年，第189页。
[3] 李晓岑：《云南科学技术简史》（第二版），科学出版社，2015年，第二版第167页。
[4] （明）陈文等撰：景泰《云南图经志书》卷一。
[5] （明）陈文等撰：景泰《云南图经志书》卷四。
[6] （明）周季风：正德《云南志》卷九。

之事，一一符合；有不合，则更升屋而观，愈久愈精，至不失丝发"[1]。

明末，西方天文知识也传入云南。云南本土文献天启《滇志》中就记载有利玛窦的话："大地在天中仅一点，中国在大地中仅八十一分之一。"地圆说思想以及中国在世界中的位置等概念已经出现在云南士人的著作中，这说明当时云南本土科学家的视野逐渐开阔。

在历法方面，进入明代后，云南傣族地区采用明朝历法和之前一直通行的傣族历法并用的方式，客观上使当地少数民族地区民众增进了对内地历法知识的了解和认识。

二、地理学

地理学方面的成就主要体现在三方面。首先，明代云南各地都重视编撰地方志，出现了一批较有影响力的地方志文献。由于地方志是对地方风情的实录，所以在这些地方志中出现了珍贵的区域性地理学知识。其次，明代江苏籍著名地理学家徐霞客游历云南后，也留下极其珍贵的地理资料《滇游日记》，它是极负盛名的《徐霞客游记》中的重要部分。最后，代表明王朝多次率领船队下西洋考察的云南人郑和更是对丰富地理学知识做出了重要贡献。

（一）云南本土地方志中的地理学

从地理学方面来看，在明代云南重要的地方志中，关于云南自然地理面貌的记述都具有一定的科学价值，特别是地方志中关于水道的记载为后人探究云南古今水道的改变提供了可靠的文献资料。比较重要的地方志有陈文等的景泰《云南图经志书》，周季凤的正德《云南志》，杨士云的《郡大记》，李元阳的嘉靖《大理府志》和万历《云南通志》，刘文征的天启《滇志》等。在方志地理知识的搜集中，李元阳的贡献最大。

李元阳（1497—1580年）是云南大理人，于明嘉靖五年（1526年）中进士，晚年回大理定居。在地理学方面，他著有嘉靖《大理府志·地理志》和万历《云南通志·地理志》。他经过辨析和认真梳理，在著作中叙述了各地的地理沿革、风土人情以及物产、矿产、地形、民族分布等内容。例如在嘉靖《大理府志·地理志》中，李元阳对大理地区的古代气候、植物分布、经济地理和景观地理都有准确而条分缕析的记述，如书中描写的"叶榆十大景观"[2]都是大理的著名景点。李元阳的书是对大理景观地理的最早记录，它为当今依托民族传统文化，开发当地的旅游地理资源提供了历史依据。

在水道方面，早在唐代，樊绰就在其所著《云南志》中阐明澜沧江、怒江和金沙江是3条独立的河流，而李元阳则以较多的地理学依据对这3条河流的地理状况进行了详尽的论证，说明它们确为3条独立的河流。

在明代云南的地方志中出现了很多地形图，这些图一般都合乎比例，对山川河流等基本要素都能够绘制得准确、细致。当时的测绘技术已有一定的水平，有些基于测量的地图，其绘制精度比较高。

---

[1] （清）鄂尔泰监修：雍正《云南通志》卷二五。
[2] 参见李晓岑《云南科学技术简史》（第二版），科学出版社，2015年，第171页。李书所记载的"叶榆十大景观"是山腰云带、晴川溪雨、群峰夏雪、榆河月印、灵峰天乐、翠盆叠嶨、龙湫石壁、瀑泉丸石、嵌岩绿玉、天桥衔月。

(二)徐霞客对云南地理学的贡献

徐霞客(1586—1641年),名弘祖,号霞客,江苏江阴人,明代末期地理学家和旅行家。他一生致力于游历并考察山川地理。他的足迹遍及全国多个省,而其中游历时间最长、考察最详细的是云南。在总计10册的《徐霞客游记》中,《滇游日记》就占了6册。崇祯十一年(1638年),徐霞客由贵州进入云南,周游了滇东、滇南和滇西,并因为足病在大理鸡足山作较长时间的停留,写成《鸡足山志》。徐霞客的《滇游日记》记录了他到云南后对自己所游历地方的山脉、河流、岩石、土壤、地貌、泉水、火山、动植物、矿物、气候和风土人情等方面的考察情况,并采集了岩石和植物标本,然后将标本绘制成图形。《滇游日记》是珍贵的云南地理地质资料。

1.考察云南石灰岩地貌和江源并得出科学结论

徐霞客系统地考察了云南石灰岩的分布、类型和特征,对其形成和地区差异做了认真的比较和分类考察,对石峰、石林、岩洞、天生桥、盘洼、瞽井、天池等岩溶现象予以详细清楚地说明并定出专名。这是地理学史上的创举。这项工作比欧洲的爱士培尔在此方面的工作早了130多年。徐霞客对石灰岩地貌的分类则比欧洲人瑙曼早200多年[1]。

徐霞客对云南的石灰岩溶洞地貌和洞穴系统考察取得的成绩最突出。他通过对云南、贵州、广西的山水地貌进行分类对比考察,对石灰岩、洞穴等大都有方向、高度、宽度和深度等的具体记述,并在比较中看出各种地貌的性状特征。比如"粤西之山有纯石者,有间石者,各自分行独挺,不相混杂;滇之山皆土峰缭绕,间有缀石,亦十不一二,故环洼为多;黔南之山界于二者之间,独以逼耸见奇。滇山唯多土,故多壅流成海,而流多浑浊,唯抚仙湖最清;粤山为石,故多穿穴之流,而水色澄清;而黔流亦界于二者之间"[2]。

徐霞客经过考察,提出长江的正式源头是金沙江的说法,从而否定了自《尚书·禹贡》以来一直流传的"岷山导江"之说。这是符合事实的发现。他还纠正了文献中关于南盘江和北盘江河道系统的错误记载。他对《大明一统志》说南盘江和北盘江发源于沾益东南的小洞岭表示怀疑,亲自认真考察了南盘江和北盘江的源头,弄清了这两条河的"发源非一山之水",认为"越州东一水,又自白石崖龙潭来,与交水海子合出石峡,乃滇东第一巨溪也,为南盘上流云"[3],即"南盘自交水发源"[4],进而证实了南盘江源头为沾益以北的交水的推论。他还通过实地勘察,"知其下沾益州为可渡河,乃北盘江上流也"[5],即其源头应是火烧铺以北的柯渡河。关于珠江[6]的源流,历史上曾有不同的记载,但未有定论。徐霞客经过实地考察,指出珠江之源南盘江的发源地在炎方驿(今云南省曲靖市沾益区炎方乡)附近,这与后来确定的珠江源十分接近。[7]

2.对云南地热、火山和温泉进行了考察

徐霞客考察了云南腾冲打鹰山(又称大鹰山)山顶的火山口遗迹,记录了当地的传说及

---

[1] 夏光辅等:《云南科学技术史稿》,云南科技出版社,1992年,第173页。
[2] (明)徐霞客:《徐霞客游记·滇游日记》。
[3] (明)徐霞客著,范其宇评译:《徐霞客游记》,北京联合出版公司,2017年,第143页。
[4] (明)徐霞客著,范其宇评译:《徐霞客游记》,北京联合出版公司,2017年,第148页。
[5] (明)徐霞客著,范其宇评译:《徐霞客游记》,北京联合出版公司,2017年,第148页。
[6] 珠江原指从广州白鹅潭至虎门口入海的一段长70多千米的河道。进入20世纪后,"珠江"的含义不断延伸。参见傅林祥《江河万古》,长春出版社,2014年,第120页。
[7] 傅林祥《江河万古》,长春出版社,2014年,第121页。

火山地质现象："土人言，三十年前，其上皆大木巨竹，蒙蔽无隙，中有龙潭四，深莫能测，足声至则波涌而起，人莫敢近；后有牧羊者，一雷而震毙羊五六百及牧羊者数人，连日夜火，大树深篁燎无孑遗，而潭亦成陆。今山下有出水之穴，俱从山根分逗之。山顶之石，色赭赤而质轻浮，状如蜂房，为浮沫结成者，虽大至合抱，而二指可携，然其质仍坚，其劝灰之余也。"①此记录描述了火山喷发出来的红色浮石的质地，解释了其成因。他对地热现象的详细描述在中国也是最早的。徐霞客还考察了云南19个地方的温泉。

3.发现芒硝能从伴生矿物中析出

徐霞客心思细腻，观察敏锐，其在游历考察中常会从别人不在意的现象当中获得重大的发现。比如，芒硝有时能从伴生的矿物中析出，大多数人都容易忽视这个现象，但心细的徐霞客在云南元谋县发现了这一现象。他的《滇游日记》中记载："沙间白质皑皑，如严霜结沫，非盐而从地出，疑雪而非天降，则硝之类也。"对芒硝的状貌特征进行了描述。

此外，徐霞客还深入考察了如苗、布依、瑶、纳西等少数民族聚居区，对云南的采矿业、滇西的红铜贸易、安宁的井盐开采、大理石开采、保山豆腐制造、造纸业、茶业、宝石贸易、围棋制造、硝和磺的生产等云南的经济地理状况都做了详细叙述。②英国科学家、中国科技史研究专家李约瑟（Joseph Needham）在《中国科学技术史》一书中说："他（徐霞客）的游记读起来不像是17世纪学者所写的，而好像是20世纪的野外勘测家所写的考察记录。"③李约瑟对徐霞客的地理科学探索方式予以了充分肯定。

（三）云南人郑和在地理学等领域的贡献

在明代，对地理学等领域有重要贡献的还有代表明王朝下西洋（指今东南亚、南亚和非洲东海岸）的云南昆阳（今属昆明市晋宁区）人郑和。郑和本姓马，回族人，有学者考证他是元代管理云南的平章政事赛典赤·赡思丁的后裔中很不起眼的一支昆阳马氏的后人。明军攻入云南后，郑和被俘，被送入燕王朱棣府中。他因为在"靖难之役"中有功而被明成祖朱棣提升为内宫监太监，并改姓郑。④

郑和奉朝廷之命，于明永乐三年到宣德八年（1405—1433年）共28年间率领庞大的船队7次下西洋进行远程海上游历，出使过当时的南洋群岛（今马来群岛）、印度洋、波斯湾、红海，最远到达非洲东岸，到访40余国，与所到地区进行了广泛的科技文化交流，这是当时世界上规模最大的海上航行。每次航行都留有航行记录。郑和下西洋时所制造的宝船⑤，设计精密，结构坚牢，适航性好，保证了任务的顺利完成。据《明史·郑和传》记载，"宝船高大如楼，底尖上阔，可容千人"。郑和的宝船"最大者长度达150米，舵杆长11.07米，张12帆"⑥，排水量超过10000吨，应是当时世界上最大的木帆船和第一艘万吨巨轮。由此可见当时我国造船技术的精良（见图5-48）。

---

① 参见云南省科学技术志编纂委员会《云南科学技术大事（远古~1988年）》，昆明理工大学印刷厂，1997年，第8页。
② 李晓岑：《云南科学技术简史》（第二版），科学出版社，2015年，第172页。
③ 李约瑟：《中国科学技术史》第五卷，科学出版社，1975年，第62页。
④ 参见樊树志《国史十六讲》（修订版），中华书局，2009年，第190-191页。
⑤ 据推断，郑和宝船的船型当为沙船。沙船的特点是平底、多帆、方头、方艄，并有出艄。其在性能方面也有不少优点。这是我国船舶技术高度发展的标志。详细特点参见杜石然、范楚玉等《中国科学技术史稿》（下册），科学出版社，1984年，第115页。
⑥ 杜石然、范楚玉等：《中国科学技术史稿》（下册），科学出版社，1984年，第115页。

第五章　明代云南的科学技术（1368—1644 年）　241

图 5-48
郑和下西洋的宝船模型

诸锡斌2020年摄于云南省博物馆

郑和远航的顺利进行，与船队当时掌握世界先进航海技术和设备有关。这些先进技术和设备包括罗盘、计程法、测深器、牵星板、针路的使用以及航海图的绘制。[①]1433年，船队人员绘制完成了《郑和航海图》。这是当时内容最丰富的亚非地图，也是15世纪世界地图史上少有的珍品。[②]《郑和航海图》在东西方交通史和航海史上占有非常重要的地位。根据《郑和航海图》的记载，郑和及其随从使用过海道针经，并采用了牵星术进行天文导航[③]，这些都是当时世界上航海探索中最先进的导航技术（见图5-49）。郑和船队留下的《针位论》一书，详细记载了航程中罗盘指针所指方向等。在云南古代史上，郑和是

图 5-49
郑和采用牵星术作为天文导航用的牵星板

诸锡斌2014年摄于昆明市晋宁县（今晋宁区）郑和公园郑和故居纪念馆

---

① 杜石然、范楚玉等：《中国科学技术史稿》（下册），科学出版社，1984年，第117页。
② 参见云南省科学技术志编纂委员会《云南科学技术大事（远古~1988年）》，昆明理工大学印刷厂，1997年，第9页。
③ 牵星术是利用牵星板来测定船舶在海中方位的方法。牵星板用优质的乌木制成，一共12块正方形木板，最大的一块每边长约24厘米，以下每块递减2厘米，最小的一块每边长约2厘米。只要能测定出船舶所处位置星体的高度，便可以判定当时船舶所处的纬度。比如用牵星板观测北极星时，手握木板一端的中心，手臂伸直，让木板的下缘保持水平，上缘对准北极星，就可以测出船舶所在地看到的距北极星水平线的高度。测量高度不同时用12块牵星板替换、调整，便可计算出船舶所处的纬度。利用牵星板来测定船体所在地纬度的方法是当时的一项重大发明。

一位具有世界影响力的人物，他首创了中国人横渡印度洋的纪录，密切了中国与所游历国的交往。

三、物理学

明代，云南在物理学方面的成就，主要包括对声学、力学、度量衡和光学现象的探索。

（一）声学

明代，迁移到云南的内地汉人将内地的多种民族乐器传入云南，云南民间音乐日渐兴盛，这也激发了云南本土学者对乐器中声学问题的研究兴趣。白族学者杨士云在声学方面进行了多方面的研究，涉及乐器中的声学知识，如十二律的计算、音调的数学计算、管口校正原理、三分损益律[①]，以及律音间的弦长比例等。他在这些领域取得重要成果并予以记录，今存于《杨弘山先生存稿》第四卷《律吕》卷。这些知识是杨士云研究、吸收和提炼内地科学知识的成果，也标志着是中国内地传统科学知识在云南的传播和发展。

1.十二律的计算

杨士云《律吕》卷载："黄钟九寸全，乃生十一律，有十二子声，正律正半律，仲吕六寸奇，又生十一律，有十二子声，变律变半律，正变及半间，四十八声出。"这里所记载的是关于十二律的计算，其方法是先设定黄钟律长九寸为计算音律的标准，并以此为前提，经过多次计算，以数学方式显示音律的变化，就出现了"四十八声"。应用十二律的声学原理实际上是为了消除最大音差，不断增加律的数，以后多于十二律就是"变律"，随着律的增加，音差逐渐缩小。[②]

2.关于音调的数学计算

《律吕》卷记载了一种六觚算法："径一分，长六寸，二百七十一枚竹成六觚，为一握径象乾，黄钟之至，长象坤，林钟吕之率数在大衍。四十九乾策，二百一十六用成六爻，象其数。"在这里，杨士云用《周易》的范式及体例来说明音调的数学计算方式[③]，他把《周易》中的相关卦象及筹算范式与律吕音调进行对应，然后以《周易》通例的数学演算方式计算音调。

3.提出了乐器的管口校正原理

《律吕》卷又记载了十二管[④]的管口校正原理："黄、大、姑、林、南得位生五子（五五二十五并本五凡三十），太、夹、仲、夷、无失位生三子（三五十五并本五凡二十，合前三十成五十）。蕤宾、应钟交际间，不得不失生四子（二四为八并本二为十，十统五十合六十）。"杨士云在这里揭示了律管管口校正的一般原理，即各音得正位会出现多少种音，失正位又会出现多少种音。

[①] 李晓岑：《云南科学技术简史》（第二版），科学出版社，2015年，第168页。李晓岑认为杨士云在《杨弘山先生存稿》第四卷《律吕》中谈到了管口校正方法。中国的民族乐器有很强的地域特色，律管种类也很多，校正方法各有差异，而杨士云所存文字中谈到的实际上是管口校正的一般原理，而不是具体方法。
[②] 李晓岑：《云南科学技术简史》（第二版），科学出版社，2015年，第169页。
[③] 其中的乾、坤、策、爻的意涵属于易学体系的术语知识，可参阅介绍《易经》的相关书籍。
[④] 参见夏野《中国音乐简史》，高等教育出版社，1997年，第5页："十二管是指一组能奏出十二个不平均律半音列的律管。十二律的名称初见于《国语》，它们是：黄钟、大吕、太簇、夹钟、姑洗、仲吕、蕤宾、林钟、夷则、南吕、无射、应钟。"

根据内地文献的声律知识，五音（宫、徵、商、羽、角）、七音（五音基础上增加变宫、变徵）和十二律各音间的弦长比例，可以用数学方法计算出来。这是按四、五度关系计算的，称为"三分损益法"。其方法是，先以黄钟（宫音）为基音，然后用交替增减基音三分之一的方法得其后的一个音，这样依次可以求得宫音之上的高四五度音和宫音之下的低四五度音。

在《律吕》卷中，杨士云设宫音（即黄钟）数为81，其三分损益法可用数学式表示为：

宫（黄钟）=81

徵（林钟）=81×2/3=54（三分损一）

商（太簇）=54×4/3=72（三分益一）

羽（南吕）=72×2/3=48（三分损一）

角（姑洗）=48×4/3=64（三分益一）

（二）力学

明代，云南白族人杨士云和游历云南的徐霞客都对力学知识进行了一些探索。此外，傣族人制作的孔明灯也是对压强之差原理的应用。

1. 杨士云对候风地动仪提出自己的见解

杨士云在其《天文历志》中记述了张衡发明的力学装置候风地动仪的基本状貌："尊中树都柱，八道隐机关。覆盖密无际，畴能测其端。尊外环八龙，印首衔铜丸。蟾蜍下张口，各各仰面观。地震丸自吐，倏忽蟾蜍含。一首声自激，七首寂寞干。由兹验方面，万里只尺间。制作侔造化，巧妙绝垂班。"杨士云对候风地动仪的构造进行了准确描述，表明他对这种由内地传入的力学装置的物理原理相当了解。

尤其重要的是，他在其中提到地动仪中应该是尊中"树"都柱，这是他自己对这种力学装置的理解。近代物理学家对《后汉书·张衡列传》中记载此装置的原文"（尊）中有都柱"的看法有分歧，有人认为都柱是竖在尊中的，有人却认为都柱是悬在尊中的。而杨士云认为"尊中'树'都柱"，说明他仔细研究过这种力学装置，认为"树"都柱于尊中是合于该装置原理要求的。

2. 傣族地区制作孔明灯

在明代，云南傣族地区出现了制作和升放孔明灯的习俗，尤其是在每年的泼水节期间，傣族人往往会放很多孔明灯。孔明灯是对空气密度知识的一种应用。当地人常用韧性好又较硬的构树皮纸糊成一个直径达十多米的大球状灯罩。灯罩是半封闭的，用柴火加热灯罩里面的空气，使空气受热膨胀，密度减小，当灯体所受重力小于浮力时，就会形成向上的升力，这样孔明灯就慢慢地升上天空了。

（三）全国统一度量衡和本土特色度量衡的并用

洪武三十一年（1398年），明朝廷铸造铁斛、斗、升，以统一全国的度量衡。其后，云南也逐步推行此标准。[①]但这种统一度量衡的推行还没有遍及云南边远地区。

例如，明代人朱孟震在《西南夷风土记》中对傣族人使用的度量衡有如下记载："贸易多妇女，无升斗秤尺，度用手，量用箩，以四十两为一载，论两不论斤，故用等而不用秤。以铜

---

① 云南省科学技术志编纂委员会：《云南科学技术大事（远古~1988年）》，昆明理工大学印刷厂，1997年，第8页。

为珠,如大豆,数而用之,若中国之使钱也。"根据记载,因为傣族没有"升斗秤尺"等度量工具,所以他们用手、箩作为度量工具。这种度量方法虽具有当地特色,却无法像当时正在云南许多地方推行的全国统一的度量衡那样精确。傣族还用篾箩作度量工具进行交易。明代陈文等的景泰《云南图经志书》中记载,滇南威远州的傣族"凡交易无秤斗,止以小篾箩计多寡而量之"。这也是一种较原始的度量方法。相较于云南其他经济较好的地方所使用的度量衡,云南边远区域使用的度量衡总体上是落后的。

(四)徐霞客对一些光学自然现象的科学解释

徐霞客游历云南时在大理鸡足山编写了《鸡山志略》,其中谈到了山上出现的"放光瑞影"现象。他在游记中还提到我国其他名山如峨眉也出现过这种现象。他对此现象的解释是"川泽之气,发为光焰,海之蜃楼,谷之光相"。徐霞客的解释用如今的话来说就是,山谷中的川泽之气在光线折射下形成如海市蜃楼那样的景象,可见徐霞客的解释符合当今的科学原理。

四、医药学

明代云南医药学的发展主要表现为本土医药学家杰出的医药学实践成果和在学习借鉴的基础上汇编的医药书籍,其中贡献最大者首推医药学家兰茂的两部医药学著作。大理及鹤庆地区也有名医名家出现。在明代云南文献中出现了对疑似冬虫夏草的记载。此外,彝族和纳西族也形成了具有本族特色的医学典籍。

(一)兰茂的《滇南本草》和《医门揽要》

兰茂(1397—1470年),字廷秀,号止庵,云南嵩明县杨林人。他自幼勤奋,博览群书,精通医学,在音韵学、文学方面也很有造诣。兰茂未考科举,一生自学,出色的医药实践及成就是其主要贡献。他在乡间行医采药,跋山涉水,足迹遍及滇中、滇东和滇南。他勤于向彝族、白族、傣族等少数民族学习,收集药物标本,忠实记录药物及其药性等方面的特征,并集多年的医药实践成果,最终写成了《滇南本草》和《医门揽要》。这两部文献在云南医药史上占有很重要的地位。

1.《滇南本草》的药物学成就

《滇南本草》(见图5-50)是兰茂写成的一部云南地方药物专著。作为中国第一部地方本草专著,该书是一部极具科学水平和实用价值的药物典籍。

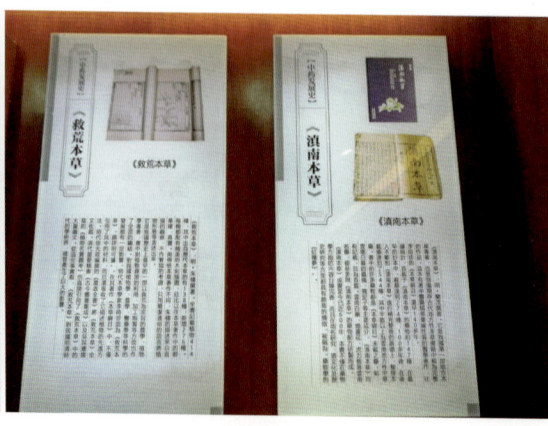

图5-50
《滇南本草》

诸锡斌2020年摄于昆明石林杏林大观园中华医史馆

《滇南本草》成书年代不详，但应早于明代李时珍写的《本草纲目》。[①]全书分上、中、下3卷，共收录药物500多种（由于该书在兰茂去世之后又有多次补录，后来就出现了多种版本，各版本收药多少不一，但兰茂自己收药500种以上则是确定的），主要是植物和动物两类，其中有300多种是少数民族的药物，如彝族、白族的惯用药。[②]对于每一种药物，书中都写明其名称、别名、形态、产地、性味、功效、主治功能、应用、用法、炮制方法、禁忌、配方等，并且每种药物都附有医案，有的还有关于药物形态的简要描述及附图。特别值得注意的是，该书对药物的名称、别名、形态、产地，都正其名、验其实。通过细致的对比考校，兰茂纠正了一些前人著述中的错误说法。[③]认真辨别、严谨求实的态度保证了该书作为药物典籍的价值。

《滇南本草》所收录的许多草药为《本草纲目》和其他药物著作所未收，如今有许多我们常见的中药如川草乌、川牛膝、贝母等都是始见于《滇南本草》的。《滇南本草》记录了有的药物在云南的产地，如"法罗海，产东川"，金线鱼"滇中有名，出昆池中，多生石洞有水处，晋宁多有之"等。《滇南本草》是兰茂对云南本地药物进行的一次空前的发掘和整理。该书写成之后，因具有广泛的医药价值而被"滇中奉为至宝"，深受云南后来的医家重视。后人对其多次增补，并根据该书采集标本，精心绘图，另著成《滇南本草图谱》。直到今天，其地位仍然十分重要。我国当代著名植物学家、中国科学院院士吴征镒对《滇南本草》中所提及的植物做了详细的分类和审定。

2.《医门揽要》的医学成就

《医门揽要》是兰茂写的总结他本人和弟子病症治疗临床经验的医学书籍。全书分上、下两卷。上卷专门论述望、闻、问、切四诊法及各种脉法，将各种诊断法写得深入浅出，明白晓畅；下卷主要论方症，阐发《金匮要略》的精义，提纲挈领地论述了常见疾病的辨证治疗原则和应采用的药方，在其中兰茂及弟子列叙了内科和外科诸多病症及附方。在说明治疗方法时，兰茂针对各种方法详细列举了各病症的实例，特别结合了云南气候条件及多发病等实际情况来予以说明，使该书成为前人经验与本土医疗实践相结合的典范。

《医门揽要》整部书提纲挈领，简明扼要，主张从实际出发而不拘泥于古人的药方，主张临床诊断要全面慎思而不要拘泥偏执，治病要扶正固本，防微杜渐。

《医门揽要》同《滇南本草》一样，都是云南医药科技领域的珍贵财富。

（二）大理和鹤庆的名医名家

这一时期，大理是云南的医药中心[④]。大理李元阳的嘉靖《大理府志》对当地的药物进行了整理性收集，共收大理地区药物177种。鹤庆的陈洞天是炼丹家，晚年以平生所得写成《洞天秘典》。鹤庆的李星炜"生平以起人沉疴为念"，著有《奇验方书》和《痘疹保婴心法》。这两部书"多发前人未发之旨"，在当时影响甚大。此外，在鹤庆还有当时极负盛誉的医家李德麟、张辅高、居素、全祯、李钟鼎、蓝成彩等。

---

① 李晓岑：《云南科学技术简史》（第二版），科学出版社，2015年，第174页。
② 李晓岑：《云南科学技术简史》（第二版），科学出版社，2015年，第174页。
③ 夏光辅等：《云南科学技术史稿》，云南科技出版社，1992年，第135页。引用时有改动。
④ 参看李晓岑《云南科学技术简史》（第二版），科学出版社，2015年，第175页。

（三）文献中出现对疑似冬虫夏草的记载

冬虫夏草因露出地面部分像草、埋于地下部分像虫而得名，实际上是一种真菌类植物，属于低等植物类中药材。冬虫夏草的药理作用范围很广，因为它含有多种有效成分，目前已知的有氨基酸类、环肽类、核苷类、甾醇类、有机酸类、多糖、多种维生素及多种无机元素等。它是特产于我国的名贵中药，是中医的临床常用药。[1]明代云南文献中记载了一种极似冬虫夏草的珍贵滋补药物。万历年间（1573—1620年）谢肇淛撰的《滇略》记载了"雪蛆"："雪蛆，产丽江之雪山，形如竹瘤，土人于积雪中捕得霍食之，云愈心腹热疾，有脯至鹤庆鬻者，然不恒有也。"另外，明初《草木子》记载过"雪蚕"，说它"生阴山以北，及峨嵋山北，人谓之雪蚕"。这两个名称应该是指一种类似虫子的药物，其产地与生长环境与当今冬虫夏草相符。[2]

（四）《齐苏书》和《玉龙本草》

在明代，云南的彝族和纳西族也形成了自己的医药学典籍。1979年，楚雄州双柏县发掘出一本明代古彝文医书《齐苏书》，该书写成于嘉靖四十五年（1566年）。全书共有彝文5000字，记载了50多种常见的多发病，开列出了80多个药方，涉及320多种药物，并且简明地记录了作者对临床医学、药物学、针灸学等方面的系统认识。全书所列的病症涉及现代医学的内科、外科、儿科、五官科、皮肤科等。比较突出的一点是，该书针对每种病往往列出多个药方，而且每种药方都有数种药物配置，已经显示了一定的辨证论治医学思想。此外，《齐苏书》还把疾病的发生与气候规律联系起来，这表明当时的彝族医药学已经从经验技术走向理论辨证。[3]《齐苏书》的出现表明明代云南的彝族医药实践已经达到了比较高的水平。

在明代，纳西族出现了医书《玉龙本草》，这是纳西族最早的医学著作。最初由民间医生编写而成，以后又经历不断的补充、修改、加工。全书共收录临床药物500余种，详细记述了每种药物的加工炮制方法、临床效用、采挖时间地点等。书中还记录了一些纳西族的传统单方和验方。[4]

五、生物学

明代云南的生物学成就，集中反映于云南地方志对生物学知识的记载，另外还有保山人张志淳撰写的《永昌二芳记》以及徐霞客游历云南记下的植物知识。

（一）明代云南地方志中的生物学知识

明代云南的地方志中有大量的生物学知识，其中大理白族人李元阳的嘉靖《大理府志》在这方面有较出色的成就。该书依据动植物的外观特征进行分类，如把植物分成稻、糯、黍

---

[1] 常章富、高增平：《冬虫夏草》，北京科学技术出版社，2002年，第2—3、40页。
[2] 罗桂环：《冬虫夏草药用史考》，载中国科学技术史学会少数民族科技史研究会、云南农业大学《第三届中国少数民族科技史国际学术研讨会论文集》，云南科技出版社，1998年，第415页。
[3] 云南省科学技术志编纂委员会：《云南科学技术大事（远古~1988年）》，昆明理工大学印刷厂，1997年，第11页。
[4] 云南省科学技术志编纂委员会：《云南科学技术大事（远古~1988年）》，昆明理工大学印刷厂，1997年，第12页。

秫、麦、荞稗、菽、菜茄、瓜、薯芋、菌、果、香、竹、木、花等属，属以下再分种，种以下分品。这种植物分类方法大致反映出由低到高的生物进化思想；把动物分为禽、兽、鱼等属，属以下则按与植物分类相同的思路再分为种[1]。李元阳的这种动植物分类法能概括地反映整个动植物系统的全貌，它与后来瑞典人林奈对动植物的科学分类法所采用的思路有相似之处。

（二）云南本土植物学专著《永昌二芳记》

永昌人张志淳是明代成化年间进士，官至户部侍郎。其人对花卉甚有兴趣，撰有《永昌二芳记》。该书是关于永昌生长的山茶花和杜鹃花的典籍，共有3卷。清乾隆年间（1736—1795年）的《四库全书总目提要·谱录类存目》介绍《永昌二芳记》："是编以永昌所产山茶、杜鹃二花为一谱，上卷山茶花品种三十六种，中卷杜鹃花品种二十种，下卷则二花之故实及诗文。"还说："其论踯躅、山榴、杜鹃之名自唐已无别，谓杜鹃但可名山石榴，不可名踯躅。踯躅为杜鹃别种，其花攒为大朵，非若杜鹃小朵各开，俗名映山红，无所谓黄紫碧者。"《永昌二芳记》对山茶花和杜鹃花品种形态的论述有很多精当之处。《永昌二芳记》是目前为止已知的云南本土第一部植物学专著。

（三）徐霞客记录的云南植物知识

徐霞客在《滇游日记》中记载，他在昆明棋盘山进行考察时，看到了植物具有在山间垂直分布的特点："顶间无高松巨木，即丛草亦不深茂，盖高寒之故也。"在丽江考察时，他看到了植物的分布和生长特点与纬度的关系，于是在游记里说："其地黄花始殆，桃犹初放，盖愈北而愈寒也。"徐霞客的记载是植物生态学关于"植物随海拔高度分带"原理的例证。在西方文献中，直到1701年才有关于英国人陶尔内福尔特在攀登阿拉拉特山时发现"植物随海拔高度分带，如同纬度的推移一样"[2]的记录，比徐霞客发现该现象的时间晚了至少60年。另外，徐霞客还观察和记录了云南62种植物的形态品种，明确指出了地形、气温、风速对植物分布和开花早晚的影响。他曾经十多次采集植物标本，亲自在保山的打索街做植物实验。[3]这充分体现出他重视以科学实践求真知的科学研究品质。在以伦理和人际关系为核心价值追求而长期忽视对自然科学进行探究的儒家文化盛行的明代中国，徐霞客所具有的科学精神是难能可贵的。

---

[1] 李晓岑：《云南科学技术简史》（第二版），科学出版社，2015年，第176页。
[2] [德]阿尔夫雷德·赫特纳著，王兰生译：《地理学：它的历史、性质和方法》，商务印书馆，1983年，第79页。
[3] 李晓岑：《云南科学技术简史》（第二版），科学出版社，2015年，第176页。

第六章 清代前半期云南的科学技术（1644—1840年）

崇祯十七年（1644年）明朝灭亡，中国进入南明时期。顺治十六年（1659年），清兵分三路取云南进入昆明。顺治十七年（1660年），清廷命吴三桂为云南总管，总辖云南诸军民事①，云南才实质上被纳入了清王朝版图。1661年，流亡缅甸的永历帝朱由榔被缅甸方面移交给清军，南明王朝最终灭亡②。

自清建立后，以道光二十年（1840年）鸦片战争为界，大致可以将清朝的历史分为前半期和后半期。③在清代前半期，清王朝加强了对云南的统治。清朝在总结历代封建统治经验的基础上，基本上对云南沿袭明代旧制，大力推行"改土归流"，强化中央王朝对云南的控制，同时加大内地人口向云南等边疆地区的迁移力度，积极推行包括屯边开发在内的边疆治理。这些促进国家统一的重大举措使得云南在清朝前期逐步进入了社会稳定、经济繁荣的时期，科学技术也有了进一步发展。

第一节　农业和畜牧业技术

清朝建立以后，统治者十分重视边疆的治理与稳定，加大内地人口向云南等边疆地区的迁移和对山区、偏僻地区、少数民族地区的开发。大量汉族移民的到来，不仅带来了内地先进的农业技术，也促进了云南少数民族与汉民族的融合，加速了云南社会经济的发展。这一时期，精耕细作农业生产方式在云南得到进一步推进，云南的农业技术有了新的进步。

一、耕作技术与作物种植制度

进入清代以后，牛的役用在云南更为普及，促进了耕作技术的进步，整田技术和作物种植制度也有了新的发展。

---

① 赵尔巽主编：《清史稿》卷五《世祖本纪》卷二三七《洪承畴传》。
② 明永历帝朱由榔1662年被吴三桂绞死于昆明。
③ 戴逸先生认为，顺治元年（1644年）至康熙二十二年（1683年）是清朝巩固全国统治的时期；康熙二十二年（1683年）至乾隆三十九年（1774年）是清朝社会稳定、经济繁荣的时期，即所谓的"康雍乾盛世"时期；从乾隆三十九年（1774年）到道光二十年（1840年），是清朝由盛转衰的时期；道光二十年（1840年）以后，清朝在鸦片战争中战败，清政府进入了衰败时期。参看方铁主编《西南通史》，中州古籍出版社，2003年，第667页。

（一）牛耕技术

明代时牛耕已在云南普及。及至清代，云南的牛耕技术有了进一步发展。檀萃辑写、成书于乾隆年间的《滇海虞衡志》所载"驾双牛，前一人引之，后一人驱之"[①]的牛耕是当时普遍的耕作方式。这一耕作方式与明代不同。明代谢肇淛所撰《滇略·俗略》记载："犁田每用二牛，三人佐之，前者挽牛，中者扶犁，后者服耕。"[②]虽然明代时云南仍使用"二牛三夫"的耕作方式，但是这种耕作方式与南诏时期典型的"二牛三夫"牛犁方式不同，减少了"压辕"或"压轭"之人，并增加了随犁进行的撒种、施肥的"服耕"人员，一定程度上提高了耕作效率。进入清代以后，这种耕作方式又有了进一步改进，最突出的是犁的结构有了变化，犁架形制已由长直辕犁转变为曲辕犁，牛肩上的轭也由原来的"直轭"变成了"曲轭"，并且犁架通过系于犁辕前端转盘上的绳索与牛轭相连（见图6-1）。

图 6-1
犁耕使牛用的"曲轭"

诸锡斌2021年摄于云南农业大学云南民族农耕文化博物馆

与直辕犁相比，曲辕犁由于犁辕变短，犁弓弯曲，犁架变轻变短，更容易控制耕犁的深浅，也增加了耕作的灵活性，比原先"二牛抬杠"那种以人压辕耕犁和以直辕犁为犁具进行牛耕的技术更为先进。这一技术的应用，大幅度减少了人力和畜力的投入，并且降低了劳动强度，有效提高了耕作效率（见图6-2）。

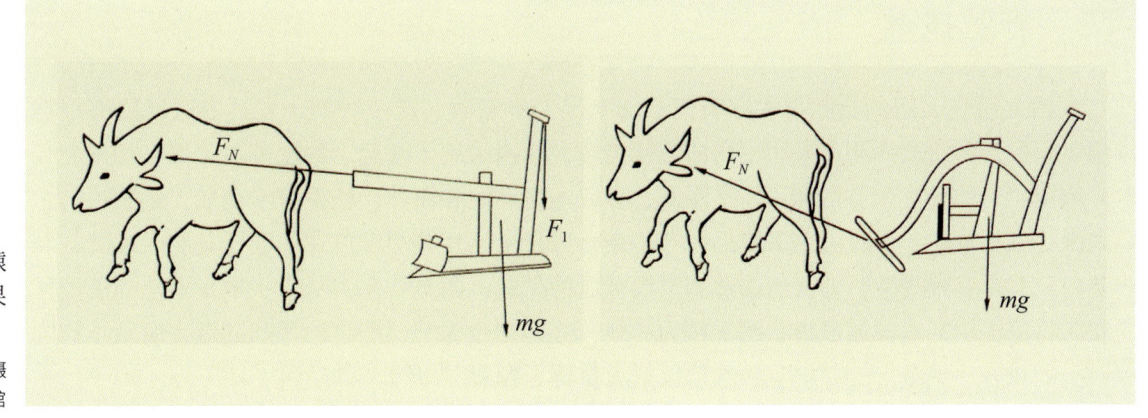

图 6-2
直辕犁和曲辕犁犁耕效果比较

诸锡斌2021年摄于广西民族博物馆

[①] （清）檀萃辑，宋文熙、李东平校注：《滇海虞衡志校注》，云南人民出版社，1990年，第154页。
[②] （明）谢肇淛撰：《滇略·俗略》，见方国瑜主编《云南史料丛刊》（第六卷），云南大学出版社，2000年，第698页。

（二）整田技术

清朝前期，内地精细的耕作方式在云南得到不断推广，云南广泛使用施肥技术，加强中耕管理，其中整田技术也有了明显进步。为了提高作物产量，农人往往需要对农田进行"整理"，包括耕犁、挖堡、晒田、耙地等多个环节。其中，云南较发达的农耕区出现了具有自身特色的"烧田"技术。这种烧田技术是将犁耕或锄挖成型的土块堆积成中空的塔状，置于田中，将田中的杂草、庄稼遗弃物等作为燃料置于中空塔状土块之间，引火燃烧，以提高土温，促进土壤养分的释放，改善土壤的物理结构，进而达到提高土壤的肥力和杀灭害虫的目的。例如，清代云南的顺宁府（现今为凤庆县）"地俱丛山深涧，土瘠水寒，耕获倍苦，而又牲畜无几，积粪为艰。农人治秧，先堆梨（犁）块如窖塔状，中空之，插薪举火，土因以焦，引水沃之，土乃滑腻，气乃苏畅，方可布种。尚烧梨（犁）少不尽善，而或失时，则秧未可问矣"①。直到20世纪60年代，这种烧田技术仍在云南保山普遍应用。它与"晒田"技术不同，不是简单地利用阳光晒田，而是充分发挥了火的力量，不仅有效、快速地提高了田地的肥力，而且能高效地杀灭害虫，从而有效提高作物的产量和质量。

（三）作物种植制度

为了保持地力和提高复种指数从而增加田地单位面积产量，入清以后，云南各地作物种植方式在明代推行轮作制的基础上进一步发展，轮作、间作、套作技术应用日趋普遍，尤其是在种植中注意对蚕豆、大豆等豆类作物的应用，通过豆类作物根茎的固氮作用来增强土壤肥力。平坝地区多采取稻、麦、豆轮作的方式，旱地则多实行大麦、小麦和豆类（黄豆、豌豆、刀豆等各种豆类）作物轮作的形式。清康熙五十五年（1716年）编纂的《宜良县志》卷五《民事》记载说："民重耕织，春分播种，秋成收获。毕即点蚕豆于谷根内。于明年三月内，豆熟则又锄挖以待春耕。陆地种大、小麦，麦熟仍种青豆。均一岁二收也。"②入清以后，无论是发达的平坝稻作区还是山地旱作区，也无论是汉族集聚区还是少数民族地区，人们都会根据当地的环境特点，因地制宜选用不同种类的作物进行轮作、套作、间作，有效增加了云南农作物的总体收益。当时，云南轮作、套作、间作技术水平已与内地相差无几。

二、施肥技术

入清之后，云南的施肥技术在明代基础上进一步发展。这一时期，发达农区已能够根据作物生长发育的阶段不同，采用不同的施肥措施，普遍采用了基肥、种肥及追肥等多种施肥技术。施用肥料的种类也有增加：一是圈肥，多以人畜粪便和树叶、松毛沤堆而成，是肥料的主要来源；二是堆肥，即将山上采集的树叶、杂草以及生活垃圾等堆放在一起让其腐烂发酵，制成肥料；三是"桶粪"，即人的粪便和水混合后的肥料；四是"海粪"，主要是滇池周围地区的农人将滇池中的水藻制成饼状晒干作为肥料；五是烧土为肥，即将山箐间的地表腐殖土连同地面上的树叶、枯草等一并铲下，然后以柴火焚烧，制成"火土"。

---

① （清）刘慰三撰：《滇南志略》，见方国瑜主编《云南史料丛刊》（第十三卷），云南大学出版社，2001年，第290页。

② 宜良县县志编纂委员会办公室编，郑祖荣点校：《宜良县志点注》[清康熙五十五年（1716年）纂修；清乾隆三十二年（1767年）修订；清乾隆五十一年（1786年）重修]，云南民族出版社，2011年，第30页。

施肥根据实际需要形成了多种多样的方式。例如，对于稻田，往往在泡田前将底肥撒于田中，然后进行犁、挖，使肥料与田土均匀混合；旱地作物荞的施肥一般"种以立夏后，全用粪壅"[1]；马铃薯则采用随种施肥的方法；等等。尤其明代以后，云南梯田发展很快，梯田的施肥技术也出现了自身特点。及至清代，具有代表性的"冲肥"技术已在云南元阳梯田农区普遍应用：一是设置肥塘聚集畜禽粪便，开耕时利用山水将聚集的粪便顺水随沟层层冲入田中；二是在需要追肥的时期，利用雨水将山中的枯枝腐土冲入梯田之中[2]。这一技术一直延续到20世纪。

三、作物种类

清代云南的作物种类已十分丰富，据《滇系·赋产系》记载，粮食作物有谷（稻）、麦、黍、稷（粟）、豆、粱、荞、麻、稗、蜀黍、草籽[3]等多种。

蔬菜种类繁多，叶菜有白菜、青菜（苦菜）、芹菜、菠菜、蕻菜（雪里蕻）、芥菜、甜菜、小米菜、红油菜、莴苣菜、芝麻菜、牛皮菜、红苋菜、芸薹菜（油菜）等；茎果类有韭菜、梨（藜）蒿、茼蒿、苤蓝、茄子、番茄（洋辣子）、辣椒等；根芽类有百合、莲藕、香椿、竹笋、慈姑（茨菰）、菱瓜（菱白）、茴香、红萝卜、白萝卜、胡萝卜等；瓜类有冬瓜、香瓜、黄瓜、苦瓜、丝瓜、南瓜等；芋类有芋头、山药、番薯（红薯、白薯等）等；葱蒜类有大葱、香葱、青蒜、芫荽、薄荷、紫姜、藠头等[4]。

果树作物有桃、李、梨、杏、梅、石榴、橘、黄果、柿、枣等。其中，梨以昆明呈贡宝珠梨、大理雪梨、昭通黄梨最为著名；石榴以蒙自石榴、阿迷石榴、建水酸石榴、云县马牙石榴等最为著名；核桃以漾濞核桃品质最优。[5]

至迟到清代，玉米、马铃薯已成为云南普遍种植的高产作物，更是山区的主要粮食作物，甚至是高寒山区救荒度日的主要口粮。对于山区面积广阔的云南来说，玉米和马铃薯的广泛种植是云南农业发展的重大进步，也是农业科学技术的一次重大飞跃。

四、茶叶生产

云南的茶资源不仅十分丰富，而且历史悠久。入清以后，茶叶生产技术日趋完善，其中普洱茶享誉中外。普洱茶原产于滇南，无论是西双版纳还是普洱，都有历史悠久的大叶茶树，所采鲜茶品质上乘。据《新纂云南通志·物产考》载："此种植物，性好湿热，适于气候湿润、南面缓斜、深层壤土、河岸多雾之处。我滇思、普属各茶山，多具以上条件，故为产茶最著名之区域。普洱茶之名，在华茶中占特殊位置，远非安徽、闽、浙可比。"[6]清代以前，云南茶叶采收、制作工艺还比较粗糙，但是入清以后，云南的制茶技术已相对成熟。

---

[1] （清）阮元、伊里布等修，王崧、李诚等纂：道光《云南通志·食货志·物产》，载方国瑜主编《云南史料丛刊》（第十二卷），云南大学出版社，2001年，第552页。

[2] 李伯川、诸锡斌主编：《云南农业科学技术史研究》，云南人民出版社，2014年，第326页。

[3] （清）师范辑，王文成等辑校：《〈滇系〉云南经济史料辑校》，中国书籍出版社，2004年，第62页。据《滇系·赋产系》的解释，草籽"米似稷而微细。郡县夷保广种多食"。

[4] 袁国友：《云南农业社会变迁史》，云南人民出版社，2017年，第347页。

[5] 袁国友：《云南农业社会变迁史》，云南人民出版社，2017年，第348页。

[6] 周钟岳等纂修，李春龙、江燕点校：《新纂云南通志》（四），云南人民出版社，2007年，第99页。

进入清代以后，普洱茶的生产和加工技术有了明显提高。一是根据节令的不同和制作要求进行茶叶采摘，"于二月间采，蕊极细而白，谓之毛尖，以作贡。贡后方许民间贩卖，采而蒸之揉为团饼。其芽之少放而犹嫩者名芽茶。采于三四月者，名小满茶；采于六七月者，名谷花茶；大而圆者，名紧团茶；小而圆者，名女儿茶。女儿茶为妇女所采，于雨前得之，即四两重团茶也"①。这一措施有效地提升了茶的品质，满足了不同消费者的需求。二是原料备齐后进行杀青揉晒，将鲜叶加工成晒青茶，再通过蒸、揉、压、定型、干燥、包装等工序，将晒青茶制成各种成品茶。这种"蒸而成团"的加工制作工艺成就了普洱茶独特的风味。清人将这种工艺描述为："初皆散茶，拣后，用布袋揉成数两一饼，或团如月形，或方块，蒸黏压紧，以笋箨裹之。其最佳者，制如馒头，形色味皆胜，所出无多，价亦数倍，多为外人购去，即在滇省，殊不易得。"②普洱茶也因此具有了特殊的形态、口感和品质。三是生产过程中注意环境对茶味的影响，重视栽种和采摘环境的选择，"气味随土性而异，生于赤土或土中杂石者最佳"③。当时，人们甚至提倡在泡茶时采用专用茶具，以防串味等。显然，清代普洱茶的生产和加工技术已经有了明显进步，并形成了规模化的生产。

普洱茶由于茶汤橙黄浓厚，香气持久，香型独特，滋味浓醇，经久耐泡，深受人们喜爱，成为畅销全国的大宗商品。从康熙年间（1662—1722年）开始，普洱茶作为贡茶每年定例上交清廷。雍正四年（1726年），鄂尔泰任云贵总督，他于雍正十年（1732年）在云南设茶叶局，普洱茶正式被纳入《贡茶案册》。乾隆五十八年（1793年），乾隆帝还以鄂尔泰所贡之茶回赠英国国王乔治三世，普洱茶由此演变为云南最为重要的经济作物。清代成为云南茶产业发展的"黄金时代"。

五、畜牧业

随着农业的进步，云南畜牧养殖业也得到进一步发展。至迟入清之后，云南已成为畜牧业较为发达的省份。

清代云南各地饲养的大牲畜中，以马、牛、羊的数量最多。虽然汉族地区牲畜饲养规模不大，但是一些少数民族聚集的山区却多以养殖为主业，因此养殖规模可观。清人檀萃在《滇海虞衡志》中说，云南少数民族所居住的山区，"马、牛、羊不计其数，以群为名，或百为群，或数百及千为群。论所有，辄曰某有马几何群，牛与羊几何群。其巨室几于以谷量马牛，凡夷俗无处不然"④。由此可见清代云南的畜牧业规模之大，发展程度之高。

入清后，云南牲畜的养殖方式，仍是舍饲与野牧相结合。具体而言，牛、马、羊的牧养方式，以野牧为主，舍饲为辅。如哈尼族先民"窝泥"的养牛方式就是"春用牛耕，耕毕则放之于野"⑤。檀萃《滇海虞衡志》载，云南各地畜牧的方式是："春夏则牧之于悬岩绝谷，秋冬

---

① 阮元、伊里布等修，王崧、李诚等纂：道光《云南通志·食货志·物产》，载方国瑜主编《云南史料丛刊》（第十二卷），云南大学出版社，2001年，第529页。
② （清）贺宗章撰：《幻影谈》，载方国瑜主编《云南史料丛刊》（第十二卷），云南大学出版社，2001年，第142页。
③ 阮元、伊里布等修，王崧、李诚等纂：道光《云南通志·食货志·物产》，载方国瑜主编《云南史料丛刊》（第十二卷），云南大学出版社，2001年，第529页。
④ （清）檀萃辑，宋文熙、李东平校注：《滇海虞衡志校注》，云南人民出版社，1990年，第149页。
⑤ （清）阮元、伊里布等修，王崧、李诚等纂：道光《云南通志》，载方国瑜主编《云南史料丛刊》（第十三卷），云南大学出版社，2001年，第365页。

则放之于水田有草处，故水田多废不耕，为秋冬养牲畜之地。"[1]至于猪的饲养方式，汉族地区是舍饲为主，牧放为辅，而在少数民族地区，则多为野牧。鸡的饲养也是以野外觅食为主，辅以一定的谷物喂养。

饲养的马和牛，不但广泛用于役作，也大量屠宰供祀神或食用。滇西北地区的藏族、纳西族除了饲养黄牛外（由于气候寒冷，滇西北地区不养水牛），还饲养牦牛[2]和犏牛。牦牛、犏牛具有耕作役使、食肉、制作奶酪之用，皮毛也可取用。由于犏牛是黄牛与牦牛交配所生的杂交牛，性情比牦牛驯顺，力气却比黄牛大，因此犏牛比牦牛和黄牛有更好的役用价值。滇西北地区犏牛的育成和广泛役用表明，入清以后，牛的杂交和饲养技术已达到了较高水平，并且当地人往往把犏牛、牦牛数量的多寡作为判断富有程度的依据。20世纪50年代，中央访问团第二分团对滇西北地区饲养牦牛、犏牛的调查情况做了这样的记述："牦牛、犏牛为高原地带之家畜，毛长蹄大力坚，能破雪耐寒，价值黄牛之两倍，一般中贫农只养黄牛，富裕中农、中农则大量养牦牛、犏牛，有一户养畜数十头至百条者。"[3]因此，牦牛的养殖和犏牛杂交技术的广泛应用，为滇西北山区少数民族的经济发展注入了重要生机。

及至清代，云南仍保持明代的传统，养马之风盛行全省。檀萃《滇海虞衡志》载："马产几遍滇，而志载某郡与某某郡出马，何其褊也？"[4]乾隆年间居滇的吴大勋在其所撰的《滇南闻见录》中也说："滇中之马善路，其力最健。乌蒙产者尤佳，体质高大，精神力量分外出色，列于凡马之内，不啻鹤立鸡群。价甚昂，非数百金不能购得。"[5]清代云南的丽江马、乌蒙马分别为云南迤西、迤东所产著名优良马种（见图6-3）。

图6-3
云南优良马种
诸锡斌2020年摄于文山丘北县

云南各地还大量饲养驴和骡。就驴而言，"黔无驴而滇独多，驮运入市，驴居十之七、八"，并且"每家必畜数驴"[6]，以供短途驮运之用，饲养规模很大；骡多用于长途运输，因"滇骡健于马，耐驮运，故骡亦贵于滇"[7]。骡由马和驴杂交而成[8]，说明云南当时对马和驴种间杂交技术的应用已经十分娴熟。骡的出现有效促进了云南经济的发展，甚至演变为新的产业，如大理

---

[1] （清）檀萃辑，宋文熙、李东平校注：《滇海虞衡志校注》，云南人民出版社，1990年，第149页。
[2] 牦牛，也写作"旄牛""氂牛""犛牛"，是青藏高原地区特有的一种牛类。
[3] 中央访问团二分团调查整理：《中甸县情况》，载云南省编辑组《中央访问团第二分团云南民族情况汇集》（上），云南民族出版社，1986年，第107页。
[4] （清）檀萃辑，宋文熙、李东平校注：《滇海虞衡志校注》，云南人民出版社，1990年，第149页。
[5] （清）吴大勋撰：《滇南闻见录》，载方国瑜主编《云南史料丛刊》（第12卷），云南大学出版社，2001年，第43页。
[6] （清）檀萃辑，宋文熙、李东平校注：《滇海虞衡志校注》，云南人民出版社，1990年，第152页。
[7] （清）檀萃辑，宋文熙、李东平校注：《滇海虞衡志校注》，云南人民出版社，1990年，第153页。
[8] 由公驴和母马所生的杂种为马骡（mule），简称骡；由公马和母驴所生的杂种为驴骡（hinny）。

邓川、永平等地的回族，多有靠饲养骡马、贩运货物为生者。在山区，骡子也用于骑乘，如怒江州的泸水县（今泸水市），山多平地少，无舟车可驶，中上等人家出行时，除了乘骡、马外，别无其他代步工具。

居住于滇南地区的傣族、哈尼族，在长期的实践中还总结出了既能保证"耕牛"繁育健壮，又能合理役用耕牛的牧养方法，即居住于温暖坝子的傣族和居住于寒凉山区的哈尼族，一方出公牛，一方出母牛，把公牛和母牛配成一对，由双方根据农时节令合理安排饲养和役使。春天，居住于坝子里的傣族犁田种稻，耕牛就由傣族饲养和使用；夏秋时节，坝子里气候炎热，而山区的哈尼族需犁地和运输，牛就转由哈尼族饲养使用；到了冬天，牛又被赶到傣族居住的坝子里过冬。在合作养牛期间，母牛所生的小牛属双方共同所有[①]。这一方法既有效地解决了牛种的退化难题，又合理地役用了耕牛，体现出云南少数民族养殖技术的合理性。

第二节　水利建设和灌溉技术

入清以后，云南的人口和耕地数量增加了许多。为减少水害，保障城市安全，也为了稳固新垦的田亩和更多地将旱地改造为水田，促进农作物稳产高产，云南将开发水利和发展灌溉技术作为保障经济和社会发展的关键措施。

一、水利建设

清代兴修水利的地区十分广泛，基本上遍及云南省内各地，但主要在滇池、洱海、曲靖等农业相对发达的区域。

（一）滇池地区的水利建设

元代以来，滇池地区一直是云南的政治、经济、文化中心。清代，朝廷把滇池地区的水利作为全省的典范，着力修治，借以推动全省水利事业的发展。滇池是云南最大的湖泊，面积309.3平方千米[②]，滇池西南岸的海口河是唯一的出水口，聚纳的水由此经螳螂川（见图6-4）泄入金沙江，对滇池地区起着"纳来水、泄去水"的调节作用。由

图6-4
滇池水经螳螂川泄入金沙江
诸锡斌2020年摄于安宁市螳螂川

---

① 袁国友：《云南农业社会变迁史》，云南人民出版社，2017年，第388页。
② 云南省人民政府门户网站，"区位及面积"https://www.yn.gov.cn/yngk/gk/201904/t20190403_96247，2023年11月17日。

于洪水之时，出水口不畅，滇池水不仅淹没农田，还危害昆明城区。治理海口成为治理滇池的关键。清代对滇池的治理可分为两大部分：一是疏浚海口，二是治理滇池各河流。

1.疏浚海口

清代疏浚海口的次数较多。康熙二十一年（1682年）、康熙四十八年（1709年）、雍正三年（1725年）、雍正九年（1731年）、乾隆五年（1740年）、乾隆十四年（1749年）、乾隆四十二年（1777年）、乾隆五十年（1785年）、道光六年（1826年）、道光十六年（1836年）都曾进行过大修①。其中，雍正七年至十年（1729—1732年）云贵总督鄂尔泰、云南巡抚张允随、水利道副使黄士杰领导的一次大修，成效最为显著。这次大修改变了元明时期以疏挖河床为主，或加高堤坝，或增开小河的做法，铲平横卧海口咽喉之处的一直未曾触动的老埂、牛舌滩和牛舌洲3处严重阻水之地②；又在晋宁河入滇池口处建逼水坝，使陡急的河水不致横阻滇池出水口；还在石龙坝③下另开一道引河。这些工程，使海口泄水顺畅，滇池水位下降，"膏腴田亩渐次涸出"④。

道光十六年（1836年），满人伊里布升任云贵总督之后，进一步在海口把原来的筑坝改为建闸，工艺当属先进。伊里布将此闸命名为屡丰闸（见图6-5、图6-6）。屡丰闸又名川字闸，为一座桥闸结合的多孔石拱桥闸。桥全长109米，桥面宽3米，共21孔，分跨于河心小岛分隔形成的三股河道之上，每个桥孔两侧桥墩设沟槽，可起落木板为闸，以闸代坝，调节滇池水位，并备以后修治时启闭。伊里布疏浚海口河时，用双层木板阻断水流；竣工后出土启板，水即畅流。⑤伊里布还订立了岁修条例，把正河、子河的疏浚分配给昆明、呈贡、晋宁、昆阳四州县农民，划地施工，照界完成；又设云南府水利同知驻会城⑥，昆明州水利州判驻海口，专管水利

图6-5
留存至今的屡丰闸
诸锡斌2021年摄于昆明海口中滩街屡丰闸原址

图6-6
留存至今的屡丰闸远景
诸锡斌2021年摄于昆明海口中滩街屡丰闸原址

---

① 夏光辅等：《云南科学技术史稿》，云南科技出版社，1992年，第141页。
② 诸锡斌主编：《中国少数民族科学技术史丛书·地学·水利·航运卷》，广西科学技术出版社，1996年，第479页。
③ 石龙坝位于滇池海口（出水口）到螳螂川之间。
④ 《清史稿·河渠志四》卷一二九。
⑤ 屡丰闸（川字闸）碑记。
⑥ 这里所指会城即昆明城。

施工和管理事务。[①]通过对海口的多次治理，滇池水患渐息，这一地区人民的生产和生活得到了保障。至今屡丰闸仍屹立于滇池之滨，成为各族人民团结治水的历史见证。

2.治理滇池各河流

流入滇池的河中，最大的是盘龙江（见图6-7、图6-8），其他较大的还有金汁河、银汁河、马料河、海源河、宝象河、明通河、白沙河、落龙河、南冲河、大坝河、滥渠川、玉带河、晋宁河等。治理这些入滇池河流的河道是滇池治理的重要内容。清代曾对这些河流进行多次修治，其中成效显著的有康熙二十一年（1682年）、康熙二十七年（1688年）、雍正十年（1732年）、乾隆二年（1737年）、乾隆五年（1740年）、乾隆十四年（1749年）、乾隆四十二年（1777年）、乾隆四十八年（1783年）、道光十八年（1838年）等年份对河道的疏浚、堤岸的修筑，以及增修坝、闸、水渠、涵洞、桥梁，或疏水，或蓄水，或灌溉，或排涝，并建立管理制度、岁修制度。修治中出现了许多有效的措施，其中有代表性的是黄士杰所撰《六河总分图说》[②]。其记载了当时的治理情况，展示了这一时期的治理水平。

（1）治理盘龙江。盘龙江水源主要来自今昆明东北方向的嵩明，流入元代时修建于莲峰山麓的松花坝（蓄水坝）。元代时，松华坝下开挖了金汁河、银汁河，两河分别灌溉东西两岸的农田。入清以后，一些河段水势不顺，沙泥壅塞，水流迂缓，不利灌溉，因此通

图6-7
昔日盘龙江
诸锡斌2020年摄于昆明陆军讲武堂

图6-8
现今的盘龙江
诸锡斌2020年摄于昆明市盘龙区

过将河头改顺，使沙泥不致壅塞，提高了灌溉的便利性。同时又在流入滇池的河口处禁耕，并进一步开通河道，从而保证了这一省城运粮之道的畅通。

（2）治理金汁河。金汁河在昆明城东北，由莲峰山麓经松花坝向西注入盘龙江。为防水

[①] 夏光辅等：《云南科学技术史稿》，云南科技出版社，1992年，第141页。
[②] "六河"即盘龙江、金汁河、银汁河、宝象河、马料河、海源河。

大漫溢，坝旁设撇水大闸，送水入盘龙江。大闸下设锁水闸，依水势大小开闭；又在锁水闸上面建留沙桥，以防止水发时山沙泥土涌入盘龙江和壅塞金汁河，在留沙桥下各河段又依次建大小闸门，依时启闭，并辅以沟洞、蓄水塘等以利灌溉。金汁河的治理起到了防水害、平水势，得水利的效果。

（3）治理银汁河。银汁河在昆明城东北，源发黑龙潭，灌溉城东北一带田亩后流入盘龙江。清代在银汁河正河上设一大闸，因时启闭，又建十字流沙闸，防止山上泥沙壅塞河身，还开堰积水，实现了调节河水，避害趋利，以资灌溉的目的。

（4）治理宝象河。宝象河在昆明以东，其中下游分支很多，或合或分，河低田高，只能以车戽进行灌溉，雨季水泛涨之时，往往需要开支河以泄水势，而且治理之前每到雨季，沿河设施坍塌甚多。为此，治理宝象河多因地制宜采用土工、石工或照旧修理，或改修。

（5）治理马料河。马料河在昆明城东南，流经昆明、呈贡两县。沿河有许多分沟、堰塘、坝闸。此河流经区域田多水少，不敷灌溉，即使上游水充足，下游灌溉也艰难。由于沿河设施损坏不大，治理马料河以修理堰塘为主，以便于蓄冬水，备春日灌溉。同时还建兜底闸一座，逼低水升高，以资灌溉。

（6）治理海源河。海源河在昆明城西北，发源于海源寺龙潭。清代于潭前建中、左、右三闸，分为三河，各自流入滇池草海；又在三河沿岸修建许多分沟分闸，灌溉沿岸田亩。

（二）高原湖泊的治理

云南高原多有湖泊。入清以后，云南不仅对滇池进行了多次治理，而且对其他高原湖泊的治理和开发利用也有了新的进展。

1. 洱海的治理和水利开发

洱海是云南高原面积仅次于滇池的第二大淡水湖泊，位于现今大理白族自治州大理市。洱海北起洱源县南端，南至下关，属高原构造断陷湖泊。北面的茈碧湖、东湖、西湖分别经弥苴河、罗时江、永安江流入洱海，是洱海的主要水源；另外西面有苍山十八溪汇集流入，南面、东面亦有水流流入。现今湖泊面积250平方千米，汇水面积2785平方千米，西南岸的西洱河是唯一的出水口。[1]乾隆八年（1743年），云贵总督张允随倡议疏浚洱海诸河，在认真分析水利特点后实施了疏治拓宽出水口，分段开浚自出水口波罗甸到天生桥的西洱河，沿河叠石为堤，并外栽茨柳等修治方案，免除了近水州县的漫溢之患。同时令百姓承垦海口（出水口）涸出田地10000余亩，制定垦户五年一大修、按田出夫修理河道的制度。[2]通过治理，洱海的水利功效得到进一步提升。

2. 异龙湖的治理与开发

位于滇东南石屏州少数民族居住区的异龙湖，又称石屏湖。"其水源发自石屏西四十里之关口，流为宝秀山巨塘，又东南下石屏，汇为异龙湖。……水又东经临安郡南，为泸江，穿颜洞出，又东至阿迷州（现今开远市），东北入盘江（南盘江）。"[3]明代以来，异龙湖虽经多次开发、治理，但终因工程不大，灾情时常发生。入清以后，云南对异龙湖进行多次治理，情况有了改观。其中雍正八年（1730年）云贵总督鄂尔泰对异龙湖进行的治理规模最大。在他的主持下，临安府和石屏、建水两州文武按界督促不同民族乡民修理、疏浚，加宽了几十里河道，

---

[1] 云南百科全书编纂委员会：《云南百科全书》，中国大百科全书出版社，1999年，第62页。
[2] 《清史稿》卷二八八《鄂尔泰传》卷三〇七《张允随传》。
[3] （明）徐霞客著，范其宇评译：《徐霞客游记》，北京联合出版公司，2017年，第145-146页。

又将出水口处阻碍泸水[1]的十三重石岩洞凿通，并把河道险要处之河堤培实加厚，再密植柳树固堤。《总镇王公修筑河堤碑》记载：清雍正八年（1730年），又沿堤植柳以固堤防。此后，泸江两岸，浓荫蔽日，枝繁叶茂，浮光荡漾，十分壮观。由于河道大通，水患渐息，异龙湖灌溉效益大增，"泸江烟柳"也成为当地八景之一[2]（见图6-9）。

3.抚仙湖的治理与开发

抚仙湖是云南三大天然湖泊之一，跨宁州（今华宁县）、河阳（今澄江县）、江川3个县。雍正年间，湖水出口之海口河两岸石坝崩塌倾颓，河道淤塞严重，时时危及沿湖各民族生产和生活。为此鄂尔泰下令发帑银兴修，一方面疏浚河道使首尾宽深，另一方面又吸取以往筑坝的失败教训，于石坝弯曲顶冲处"增逼水坝六墩以固石坝，束水激流以涤岸沙"[3]。由于增修的六坝与石坝垂直，刺向河心的挑水坝不仅可支撑石坝抗击山洪冲刷，还可束水冲沙使其下泄南盘江，减轻河道的淤塞。这次海口河的治理，由于采用和引进了内地先进技术，创建了挑水墩坝，效果十分显著（见图6-10、图6-11）[4]，为开发这一民族地区奠定了较好的基础。

图6-9 "泸江烟柳"成为当地八景之一

诸锡斌2021年摄于建水县

图6-10 至今仍存留并不断完善的抚仙湖出口——海口河

诸锡斌2021年摄于澄江市海口镇

图6-11 现今的抚仙湖出口——海口河闸门

诸锡斌2021年摄于澄江市海口镇

---

[1] 异龙湖出水口称海口河，流入建水县界地后称为泸水。
[2] 诸锡斌主编：《中国少数民族科学技术史丛书·地学·水利·航运卷》，广西科学技术出版社，1996年，第480–481页。
[3] 道光《云南通志》卷五二《鄂尔泰"兴修水利疏"》。
[4] 诸锡斌主编：《中国少数民族科学技术史丛书·地学·水利·航运卷》，广西科学技术出版社，1996年，第481页。

二、灌溉技术的进步

入清之后，在滇池地区兴修水利的带动下，云南各地也根据自身实际普遍开展水利建设。由于云南"山多坡大，回号雷鸣，形如梯磴，即在平原，亦鲜近水之区"①，云南不同地区根据自身实际开展水利建设，有效促进了灌溉技术的发展。

（一）因地制宜的灌溉技术

云南特定的气候条件决定了其冬春时节干旱少雨，而夏秋季雨水过剩。雨季来临时，山区、半山区往往留不住天然雨水，这极大地影响了山区、半山区的灌溉，甚至会导致平坝农业区被淹没，或成为干坝子。为此，清代在原有水利建设的基础上，因地制宜发展实用灌溉技术。

1.修建和疏浚沟渠以引山水

云南山多平地少，水利与别省不同，"非有长川巨浸可以分疏引注，其水多由山出，势若健飙，水高田低，自上而下，此则宜疏浚沟渠"②。所以云南多地通过开挖和疏浚沟渠，把山水引出，保证了灌溉用水的来源。

2.修建渡槽以保障输水

云南大部分地区地势复杂，即使修建和疏浚了沟渠，也会由于山箐阻隔，使沟渠之水不能到达灌溉地区，因此需"再加以木枧、石槽、引令飞渡"，通过输水渡槽（见图6-12、图6-13）的修建，使山水最终成为有用之水。

图（左）6-12 竹筒制作的输水管
诸锡斌1987年摄于西双版纳

图（右）6-13 木制的输水渡槽
诸锡斌1987年摄于西双版纳

3.修建坝塘以积蓄山水量

云南的雨季和旱季分明，雨季带来了丰富的降水，但是如果不能将这些水有效保存，则旱季用水匮乏。因此"倘遇雨水涨发，迅水直下不能停潴，则宜浚塘筑坝"③，以此来积蓄山水，以备日后山区自用和平坝地区用水之需。

4.修建涵洞以利蓄泄

如果山水或沟渠之水为土石等物所阻，无法输水，"或开涵洞，蓄泄得宜，两岸田地均

---

① 《张允随奏稿》，乾隆二年闰九月十九日。
② 《张允随奏稿》，乾隆二年闰九月十九日。
③ 《张允随奏稿》，乾隆二年闰九月十九日。

沾灌溉矣"①。通过涵洞的修建和合理启闭，不仅可以有效保证山水或沟渠之水的蓄聚，提高灌溉效益，还可以泄洪或蓄水，达到避免水害，提高灌溉效益的目的。

5.设置提水设施以利灌溉

"田高水低之处，则宜车戽。"②即通过修建提水灌溉设施，设置诸如水车一类的提水灌溉器具，使高田也能够得到灌溉。

6.疏通水口以防水害

至于沟渠临河低洼之处，下游多系小港，如果"水发未能疏流，恐致漫淹"③。为此，需疏通水口，"以资渲泄"④，以避水害，得水利。

7.修筑拦沙堤以护田亩

在引水灌溉的过程中，山沙和泥石往往会随水移动。为此"如遇山多沙碛，又当筑堤障蔽，以护田亩"⑤。这种淤沙坝的修建，对于保护农田，减轻沟渠的淤沙危害，起到很好的作用。

入清以后，随着云南全省水利技术水平的全面提升，各项技术之间相互联系，形成了适合云南特点的水利灌溉技术体系。

（二）具有民族特色的灌溉技术

云南是多民族的省份，及至清代，各民族农业在长期的发展中不断完善，产生了符合各自实际的灌溉技术。

1.哈尼族的梯田灌溉技术

及至清代，哈尼族已由早期的游牧民族转变为典型的山地农耕民族。他们依山势建造了层层梯田，并采用漫灌方式进行梯田灌溉。由于每层梯田之间落差较大，田里长时间缺水之后再次注水，很容易导致田埂倒塌，故需要放"常流水"以保梯田完好。为了合理利用水资源和避免村民之间发生灌溉用水纠纷，元阳的哈尼族发明了木刻分水技术（见图6-14）。

图6-14
哈尼族木刻分水实况

宋爽2020年摄于红河州元阳县

---

① 《张允随奏稿》，乾隆二年闰九月十九日。
② 《张允随奏稿》，乾隆二年闰九月十九日。
③ 《张允随奏稿》，乾隆二年闰九月十九日。
④ 《张允随奏稿》，乾隆二年闰九月十九日。
⑤ 《张允随奏稿》，乾隆二年闰九月十九日。

木刻分水的具体做法是根据灌溉梯田面积的大小及经众田户协商，确定每条水沟应该得到的水量，由熟练的木匠选择一根横木（分水器）（见图6-15），把规定的灌溉水量刻在一条横木上，再将这条横木放置在总水沟分流处，让水流按规定的分水量分别流入分水沟，依次操作，层层分水，使总水沟流出的水，经过若干道木刻后流入每丘梯田。这种分水技术通过沟长制来维护。这一技术和制度符合元阳梯田农业生产的实际，确保了水资源的合理分配。

图 6-15
木刻分水器实物
诸锡斌2021年摄于红河州博物馆

2.傣族稻作灌溉技术

聚居于云南边疆的傣族，是一个具有悠久水稻种植历史的民族。在长期的实践中，傣族创造和发明了适合自身稻作农业情况的灌溉技术。入清以后，这一技术日臻完善。

（1）巧妙的灌渠质量检验技术。从发掘的乾隆四十三年（1778年）4月28日（傣历一一四〇年七月一日）西双版纳封建领主最高政权议事庭发布的修水利命令可以看出，至迟到清代，傣族已发明了利用竹筏来检验灌渠质量的技术。检验时需要按照规定的长宽尺寸制作好竹筏，竹筏顺渠水而下，如渠底深浅不一，竹筏会搁浅，则说明渠底质量不合格；如灌渠过窄，竹筏通不过，或是渠面变宽，竹筏漂行过缓，则说明渠宽不合格；如渠弯道过急，竹筏通不过急弯，则说明渠道曲率不合格；如沿渠草木、枝叶蔓伸于渠内以致竹筏受阻，则说明渠道空间不合格。不合格的灌渠，均需在水利官员的监督下进行修整。采用竹筏检验灌渠的技术已为当地傣族普遍应用，从而推进了这一地区灌渠质量的不断提高。[①]

（2）有压自由出流涵管引水技术。西双版纳傣族的引水灌溉方式与内地不同，不是从干渠直接开挖水口和建渠闸，而是用大竹制作成被傣族称为"南木多"[②]（见图6-16）的输水涵管，并埋置于渠堤下输水。这种涵管兼具输水和分配水量的功能，并以有压自由出流涵管引水方式灌溉。涵管除顶端一竹节留有分水孔以定流

图 6-16
埋置于渠堤下的"南木多"
诸锡斌1986年摄于西双版纳

[①] 诸锡斌主编：《中国少数民族科学技术史丛书·地学·水利·航运卷》，广西科学技术出版社，1996年，第484页。诸锡斌：《试析傣族传统灌渠质量检验技术》，载《中国少数民族科技史研究》（第四辑），内蒙古人民出版社，1989年，第123页。

[②] "南木多"，傣语，意为输水竹筒。

量外，其余竹节均全部打通。输水涵管制作完毕之后，由水利官员监督，统一将涵管埋置于渠道满载时渠水面下2/3处，水利官员系统检查、核对，确认无误后使用。

采用这种引水方式，水流离堤自由出流，既能避免水流对渠堤的直接冲刷和破坏，又能充分利用渠道水压提高输水效率，因此其成为这一地区广泛应用的引水技术。①

（3）严格的配水技术。傣族还发明了与涵管引水方式相配套的配水量具——"根多"（见图6-17）②。"根多"为由不同直径的圆柱叠加而成的木质器具。这些不同直径的圆柱，就是其配水的各个量级，亦是凿挖竹筒涵管（南木多）分水孔的标准。竹筒涵管分水孔规定着不同灌溉面积的水量，直接与具体的稻作生产和经济收益相关，不得随意改动，否则将受到处罚。由于采用了严格的配水技术，西双版纳有限的农田水利资源得到了合理的利用。

图 6-17
"根多"
诸锡斌1986年摄于西双版纳

第三节　铜和其他有色金属的开采、冶炼、制作

清初，统治者受传统重农轻商观念以及防范流民聚集造反心理的影响，对内地采矿多有封禁，唯独对云南矿藏的开采积极扶植，其主要目的是利用云南丰富的铜、银矿产资源，把云南作为供应全国铸币用料的生产基地。③为此，在清廷的推动下，云南有色金属的开采、冶炼和加工生产规模比明代更大，所提供的铜不仅是云南省财政的重要来源，还大量输入内地。此外金、银等矿产也得到更广泛开采，由此推动了云南金属开采、冶炼和加工技术的发展。

一、铜矿的探寻、开采和冶炼

云南的有色金属矿产十分丰富。入清以后，铜的开采最为突出。除此之外，金、银、铅、

---

① 诸锡斌主编：《中国少数民族科学技术史丛书·地学·水利·航运卷》，广西科学技术出版社，1996年，第484-485页。诸锡斌：《分水器与傣族稻作灌溉技术》，载《中国少数民族科技史研究》（第二辑），内蒙古人民出版社，1988年，第173页。
② "根多"，傣语，意为竹筒塞，它与输水竹筒"南木多"一起构成具有输水、配水功能的特定设施，取汉名为"分水器"。参看诸锡斌《傣族传统灌溉技术的保护与开发》，中国科学技术出版社，2015年，第104-129页、第151-166页。
③ 方铁主编：《西南通史》，中州古籍出版社，2003年，第698页。

锌、铁等也有开采。自康熙四十四年（1705年）朝廷允许滇铜官营之后，云南铜矿的开采规模迅速扩大。乾隆时期，云南每年出铜量达六七百万斤或八九百万斤，乾隆二十八年（1763年）和乾隆二十九年（1764年）等几个年份，云南产铜量竟高达1400余万斤。[1]以汤丹、碌碌、大水、茂麓、狮子山、大功的矿产开采规模最大，大厂矿工多达六七万人，小厂矿工亦有1万余人[2]。开采矿产首先需要探矿，然后以露天和井下两种方式进行开采，所用技术也不尽相同。

（一）探矿

清朝早期，云南探矿技术仍延续传统的方法，主要是通过积累的经验来寻找矿源。探矿时首先要观察山势，有矿的山一般层峦叠嶂，势壮气雄，重关紧锁，堵塞坚牢。之后要找到矿的"苗"和"引"[3]。最后通过"苗引"来推测铜矿储量的大小和矿藏的形式。例如形状像池塘的矿体叫"塘矿"；顶部像屋顶，底层如平地，中间像房间的矿体叫"堂矿"。这两种矿体都深藏在山腹中，储量大，耐开采，可获厚利。铲草掘地数尺便可获得一层矿石的叫"草皮矿"或"鸡窝矿"[4]，这两种矿往往储量不多，不耐开采。除此之外，根据"苗引"走向，还可推测出矿体种类以及相应的储量，甚至还可推测出矿石含铜量的高低。[5]尽管这种探矿方法是根据经验来实施的，但是其技术已达到了较高水平。

（二）开采

根据探矿的结果，对于不同的矿源，可以采用不同的方式进行开采。对于"鸡窝矿"或"草皮矿"，只需把地表掘开数尺即可采得矿石，所采用的技术相对简单，可采量一般不大。但是这种开采方式与地下开采相比，具有效率高、成本低的特点。井下开采属于地下开采，是清朝采矿最普遍的形式，其技术要求高，并且是一套完整的技术体系。

1.铜矿的开采和井巷支护技术

清代王崧[6]《矿厂采炼篇》记载，当时的地下开采方式按矿脉走向有："直攻、仰攻、俯攻、横攻，各因其势，依线攻入。一人掘土凿石，数人负而出之。用锤者曰锤手，用錾者曰錾手，负土石曰背矿，统名矿丁。"[7]由此记载可知当时已有由各种立井、斜井、平巷构成的地下开采系统，并且开采时往往多人合作。如果遇到硬石，除用工具破碎外，还可采用"火爆法"来破碎，即矿工用柴火烧石，石热之后用冷水浇之，利用热胀冷缩的原理使矿体形成石缝，再用锤、錾进行破碎。[8]如若石料十分坚硬，也可采用炸药爆破技术来采矿。[9]采出的矿石由矿工用麻布褡裢肩扛背驮运出矿口。

随着地下开采的推进，井巷的搭建也一同展开。有时四壁是土，有时是石，并且容易坍塌，因此需要有保护性的支撑，搭建井巷支护是必须的。井巷支护一般用木头来"架镶"，

---

[1] 参见严中平《清代云南铜政考》，中华书局出版社，1957年，第81页。
[2] 方铁主编：《西南通史》，中州古籍出版社，2003年，第698页。
[3] "苗"即外露的矿脉，"引"即苗细如线的矿脉。
[4] "鸡窝矿"即只能获得状如"鸡窝"的矿的矿体。
[5] 参看夏光辅等《云南科学技术史稿》，云南科技出版社，1992年，第151页。
[6] 王崧（1752—1837年）系云南洱源人，撰有采矿学著作《矿厂采炼编》。此书收入吴其濬所著《滇南矿厂图略》上卷《云南矿厂工器图略》附录中。
[7] （清）王崧：《矿厂采炼篇》，载（清）吴其濬《滇南矿厂图略》上卷《云南矿厂工器图略》，附录。
[8] 夏光辅等：《云南科学技术史稿》，云南科技出版社，1992年，第152页。
[9] 李晓岑：《云南科学技术发展简史》，科学出版社，2013年，第216页。

清《滇海虞衡志校注》载:"虑陷,支以木,间二尺余。支木四曰一厢,洞之远近以厢计。"[1] 即井巷支护以四根圆木为一组,构成一"厢",向前推进时,有间隔一尺的,有更长的,一般二尺余架一厢,井巷的远近以厢的多少来计量。清代滇东北的矿井还有采用留"石柱"来支护的方法,即在开采大型囊状或厚层状矿时,故意留下一部分矿体作为支柱,以支撑井巷顶部,所留的石柱俗称"象腿"。[2]

2. 井巷通风技术

进行井下开采时,随着掘井深度的增加,空气渐趋稀薄,直接威胁矿工的生命。为使空气流通顺畅,入清以后,云南主要矿山大多已放弃打"气眼"的通风方法,而改用风箱、风柜进行人力通风。王崧在《矿厂采炼篇》中谈到两种通风方法:"凿风硐以疏之,作风箱以扇之。"[3] 后一种方法可使风量加大,有效解决了深井巷的通风问题。这种"风箱"(鼓风机)"形如仓中风米之箱后半截,硐中窝路深远,风不透入……设此可以救急,仍须另开通风"[4]。这项重大技术成果,有效推进了云南矿山深井采挖工程的发展。

3. 照明和排水技术

入清以后,云南矿山大多仍然延续旧有的照明方式。井巷一般用油灯照明,"洞内五步一火,十步一灯"[5]。矿工则以巾束头,把称为"亮子"的油灯吊在束头上,或衔于口中,以此照明。亮子用铁皮制成碟形,可盛油半斤,灯柄长五六寸,柄端作钩,用以吊灯碟。《滇南矿厂图略》上卷[6](见图6-18)记载,使用时燃烧放置于亮子中的棉花条,以此作为光源:"棉花搓条为捻,计每丁四五人,用亮子一照。"[7] 可见,此时的照明条件仍然落后。

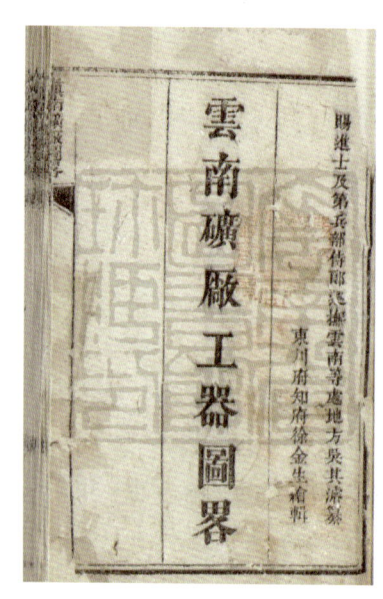

图6-18 吴其濬著《滇南矿厂图略》上卷《云南矿厂工器图略》
诸锡斌2022年摄于云南省图书馆

开采铜矿时,往往矿井内有水流出,需要不断排水。对排水技术,王昶[8]的《铜政全书·咨询各厂对》曾记载:如果"硐坐山腰,下临宽展,可以开硐平推直进,引水下流"[9]。如果硐深而非平直,用木制或竹制的被称为"水龙"的大型唧筒排水,"水龙"长八尺以上,直径四至五寸,装有把手。对此《铜政全书·咨询各厂对》载曰:"不能挖穴泄水,只得于硐内层开水套长竹通节排龙,逐层竖立,穿绳提拉,使套内蓄水逐层自下而上,仍由硐口提出,少者数条,多者十数条、二三十条不等。"[10] 清代大矿拉龙排水的人多至一两千,这种用"水龙"排水

---

[1] (清)檀萃辑,宋文熙、李东平校注:《滇海虞衡志校注》,云南人民出版社,1990年,第40页。
[2] 李晓岑:《云南科学技术发展简史》(第二版),科学出版社,2015年,第236页。
[3] 王崧:《矿厂采炼篇》,载(清)吴其濬《滇南矿厂图略》上卷《云南矿厂工器图略》,附录。
[4] (清)吴其濬:《滇南矿厂图略》上卷《云南矿厂工器图略》,"曰硐器"。
[5] (清)张泓:《滇南新语》。
[6] 《滇南矿厂图略》分上、下卷,上卷题为"云南矿厂工器图略",下卷名为"滇南矿厂舆程图略"。
[7] (清)吴其濬:《滇南矿厂图略》上卷《云南矿厂工器图略》,"曰硐器"。
[8] 王昶于乾隆五十二年(1787年)任云南布政使,他编撰的《铜政全书·咨询各厂对》被收入吴其濬《滇南矿厂图略》上卷《云南矿厂工器图略》的附录中。
[9] 王昶:《铜政全书·咨询各厂对》,载(清)吴其濬《滇南矿厂图略》上卷《云南矿厂工器图略》,附录。
[10] 王昶:《铜政全书·咨询各厂对》,载(清)吴其濬《滇南矿厂图略》上卷《云南矿厂工器图略》,附录。

的技术仅见于云南。①条件好的矿井有时也开挖专门的排水井,"穿水泄以泄之"②,以此来减少提运的工作量。铜矿的提升运输方面,已有专门的提升工具绞车。③这表明云南铜矿排水和运输技术有了一定进步。

(三)选矿

铜矿石在冶炼之前,要经过选矿。一般用干选和水选的方法进行。夹石的要捶成碎粒,带土的要淘洗干净。捶碎淘洗矿石时,泥浆和石沫由于密度较小,会随水流出选矿池,而矿石密度较大,会留在选矿池内。④选出的矿有不同的等级,"铜矿,凡数十种,紫金为上,有加红晕曰火里焰,有蓝晕者曰老鸦翎,成分在五溜⑤以上;曰马豆子,成分高可七八溜"⑥,"曰生铜,即自然铜也,改煎渗入,能长成分,大者可做器皿"⑦。由此可知,当时已能通过燃烧时的火焰来辨别铜矿的品位,最高品位的铜矿称生铜(自然铜),其含铜量最高,可直接加工成铜器或器皿,也可渗入低品位的铜矿中,以提升后者含铜量;其次为"马豆子",含铜量高达70%~80%;再次是"火里焰"和"老鸦翎",含铜量也在50%左右。选矿技术的实施,为下一步的冶炼打好了基础。

(四)冶炼

清代云南的冶炼技术在明代基础上进一步提高,成就突出,名列全国前茅,云南成了中国冶金业的中心。云南开采的铜矿以辉铜矿(Cu_2S)、黄铜矿($CuFeS_2$)和斑铜矿(Cu_5FeS_4)为主⑧。冶炼炉已采用木风箱鼓风,当时人们还懂得炼焦及使用焦炭冶炼⑨。冶炼工艺十分精密,需要各个环节紧密配合才能取得预期的结果。

1.铜冶炼炉

冶炼炉需要根据炼铜的不同需要来设计和修建,均用土筑成。主要有"大炉""将军炉""纱帽炉""蟹壳炉"等几种。"大炉"上窄下宽,呈梯斗形;"将军炉"上尖下圆,形如将军盔;"纱帽炉"外形上方下圆,形似纱帽;"蟹壳炉"上圆下方,形似蟹壳。根据不同的需要,所建冶炼炉的尺寸不同,但是"凡炉以土砌筑,底长方,广二尺余,厚尺余,旁剂渐上至顶而圆,高可八尺,空其中,曰甄子"⑩。修建时,炉体向上逐渐收缩,"铜炉内底如锅,形凡起炉,初用胶泥和盐于炉甄内周围抿实"⑪。炉上建有四门(四孔),各有所用。加碳和矿石的门称"火门",出铜液的门称"金门",于炉后壁所建鼓风入炉的门称"风门",

---

① 李晓岑:《云南科学技术发展简史》,科学出版社,2013年,第217页。
② (清)檀萃辑,宋文熙、李东平校注:《滇海虞衡志校注》,云南人民出版社,1990年,第40页。
③ 李晓岑:《云南科学技术发展简史》(第二版),科学出版社,2015年,第236页。
④ 夏光辅等:《云南科学技术史稿》,云南科技出版社,1992年,第153页。
⑤ (清)吴其濬:《滇南矿厂图略》上卷《云南矿厂工器图略》"曰矿"载:"滇铜以'溜'称,矿一百斤得铜十斤为一溜。"
⑥ (清)吴其濬《滇南矿厂图略》上卷《云南矿厂工器图略》,"曰矿"。
⑦ (清)吴其濬《滇南矿厂图略》上卷《云南矿厂工器图略》,"曰矿"。
⑧ 李晓岑:《云南科学技术发展简史》(第二版),科学出版社,2015年,第234页。
⑨ 李晓岑:《云南科学技术发展简史》(第二版),科学出版社,2015年,第237页。
⑩ (清)吴其濬《滇南矿厂图略》上卷《云南矿厂工器图略》,"曰矿"。
⑪ (清)吴其濬《滇南矿厂图略》上卷《云南矿厂工器图略》,"曰矿"。

观察炉火和冶炼情况的门称"红门"。[1]四门的设置与整个冶炼过程息息相关。冶炼炉不仅类型多样，而且尺寸精细，能发挥各类功效，达到当时较高的水平。

2.铜的冶炼工艺

入清之后，云南不仅冶炼炉的设计和建造有了进步，冶炼技术也达到了国内较高水平。冶炼时，先用碎炭火铺底烘烧一至两个时辰，再把矿石和竖立的木炭相间装入大炉继续燃烧，并用风箱从炉后"风门"鼓风，使炉火烧透全炉。鼓风要均匀：风太猛，木炭和矿石会掉陷炉底；鼓风太缓，矿石不能熔化，会胶结于炉壁。风箱鼓风全用人力，炼工夜以继日，分班轮番劳作，并通过"红门"观测炉内冶炼情况。铜炼成后，铜汁入炉底的"锅"，打开"金门"，先用木耙除去浮炭渣子，再视具体情况或用米汤，或用泥浆，或用清水浇泼铜液，使熔液凝结为一块，之后用钳取出来，投入水中，待其成为铜饼。如此一层一饼地渐次揭取铜饼，直至取完炉内所有熔液。极高品位的矿石可"一火成铜"，铜的含量极高。

然而，一火成铜毕竟是少数。中等和次等矿石的冶炼，需要"将矿先入煨窑锻炼二次，再入大炉"，"铜汁入于窝内成黑板铜，再入蟹壳炉内煎炼，揭成蟹壳铜"。[2]蟹壳铜是云南著名的铜品，如进一步把铜加炼，会愈来愈纯净，品质越来越高。由于生产的铜质量好，数量大，云南成为全国的重要生产基地。

3.燃料和送风技术

入清以后，云南对冶炼燃料的应用有了更多的经验积累，技术亦有提高。当时冶铜普遍以木柴和木炭为燃料，并且在选择燃料时也有明确的规定，也即"矿质艰刚，若用栗炭，火性猛烈，融化虽速，而矿汁难分。松炭火性和暖，矿以渐化，而渣臊易出也"[3]。尤其"改煎蟹壳铜必须松炭，取其焰烈，易去渣滓，揭铜匀薄，闪色鲜亮"[4]。由此可知，当时人们在冶炼中已充分认识到燃料性质对于冶铜的重要性，并总结出了具体的技术操作原则。

康熙年间（1662—1722年），云南开始盛行用煤来冶炼金属，"木煤出昆明山中，亦自本朝康熙年始盛，近曲靖亦间有之"[5]，并在此基础上出现了炼焦技术。清代吴其濬《滇南矿厂图略》上卷记载："铜厂煅窑，掺用柴枝树根，煎炉亦用炼炭。煤有两种，辨之以冃，银冃质重，仅可用于银炉；铜冃质轻，方可用于铜炉。其法，先将煤拣净，土窑火炼成块，再敲碎用，火力倍于木炭，掺用专用，亦辨矿性稀干，宜与不宜，仅知滇之宣威、禄劝，川之会理有之。"[6]所谓"煎炉亦用炼炭"就是指炼焦，"土窑火炼成块，再敲碎用"则是炼焦过程。银冃、铜冃专指不同类型的焦炭。[7]把煤炼成焦是冶炼技术的一项重大突破，它大大提高了冶炼温度，不仅提高了生产效率，而且有效提升了冶炼的质量。当时，关于这一技术"仅知滇之宣威、禄劝，川之会理有之"，说明云南的这一技术在当时已领先全国。

冶炼的成败与炉内的温度密切相关，所以也与冶炼时的鼓风设备直接相关。据清代吴其濬《云南矿厂工器图略》载："风箱，大木而空其中，形圆，口径一尺三四寸，长一丈二三尺，每箱每班用三人，若无整木，亦可以板箍用之。"[8]这是当时较为先进的大型鼓风设备，

---

[1] 张增祺：《滇萃：云南少数民族对华夏文明的贡献》，云南美术出版社，2010年，第215页。
[2] 王昶：《铜政全书·咨询各厂对》，载（清）吴其濬《滇南矿厂图略》上卷《云南矿厂工器图略》，附录。
[3] 王昶：《铜政全书·咨询各厂对》，载（清）吴其濬《滇南矿厂图略》上卷《云南矿厂工器图略》，附录。
[4] 王昶：《铜政全书·咨询各厂对》，载（清）吴其濬《滇南矿厂图略》上卷《云南矿厂工器图略》，附录。
[5] 曹树翘：《滇南杂志》，载《小方壶斋舆地丛钞》第七帙，第202页。
[6] （清）吴其濬：《滇南矿厂图略》上卷《云南矿厂工器图略》，"曰用"。
[7] 赵承泽：《由明嘉靖后期至清顺治末中国的煤炭科学知识》，《科学史集刊》1962年第4期，第81-105页。
[8] （清）吴其濬：《滇南矿厂图略》上卷《云南矿厂工器图略》，"曰炉器"。

需要三人操作。这种设备采用活塞推动，加大了空气压力，能自动开闭活门，从而能连续供给较大的风压和风量[1]，应属当时先进的送风设备。

二、其他有色金属的开采和冶炼

云南的有色金属种类十分丰富，除了铜矿之外，金、银、锡、锌等矿的开采和冶炼到了清代初期也有了新的发展。

（一）金的开采和冶炼

云南金矿开采和冶炼的最盛时期在明代，当时云南的金矿开采在全国居领先地位。入清以后，由于有实力的矿业主把更多的投入转向银、锡、锌等利润更大的矿产的开发中，金的开采和冶炼日渐衰落，但是在清代初期，金矿的开采和冶炼仍然存在，其技术在当时仍有一定的先进性。

1.采选

明末崇祯十年（1637年）刊行的《天工开物·五金》载："水金多者出云南金沙江[2]，此水源出吐蕃，绕流丽江府，至于北胜州[3]，回环五百余里，出金者有数截。"[4]这里所说的"水金"，即从水里淘金。淘金时，先在江边设置倾斜45度的"金床"，将水中所取的矿砂倒入"金床"上半截的竹筛内，不断将水舀入筛内摇动。含金的细沙顺流而下，落入"金床"下半截的横槽内，练工将细沙收集于木盆内，再到江水中漂洗，除去余沙，可初步得到含有泥土的金矿砂。清代，云南金产地主要分布在金沙江和澜沧江流域，尤以金沙江为典型。

2.冶炼

水金冶炼时，先在所得的含金泥土中掺入少许水银。由于砂金的密度大于泥土，会被水银珠的张力裹成小团；将这种金和水银混合的矿石加热，水银遇热挥发，砂金颗粒被分离出来；再经过熔炼，砂金颗粒即可融合为金块或形成所需的形状，金的纯度也随之提高。这种冶炼方式一直延续至今。中华人民共和国成立后，一直具有淘金传统的云南永胜县于1972年恢复传统的取金沙冶炼工艺，每年可淘取黄金4000两左右[5]。除了水金的采选和冶炼工艺外，还有采土金而获金的方法，其方法是于洞穴中取含金的沙土，应用水金的冶炼工艺来获得金。

（二）银的开采和冶炼

清初，浙江、福建、江西、湖南、贵州、河南、四川、甘肃八个省份合起来产出的银，还"不敌云南之半，故开矿、煎银，惟滇中可永行也"[6]。而云南作为全国开矿炼银独大的省份，各地银的采炼也有优次之分。"凡云南银矿，楚雄、永昌、大理为最盛，曲靖、姚安次之，镇沅又次之。"[7]清代云南生产的银大量铸为钱币在全国乃至国外流通，并应用极广，以

---

[1] 李晓岑：《云南科学技术发展简史》，科学出版社，2013年，第218页。
[2] 金沙江古名丽水。
[3] 北胜州为现今永胜县。
[4] （明）宋应星：《天工开物》，万卷出版公司，2008年，第285页。
[5] 张增祺：《滇萃：云南少数民族对华夏文明的贡献》，云南美术出版社，2010年，第119页。
[6] （明）宋应星：《天工开物》，万卷出版公司，2008年，第288页。
[7] （明）宋应星：《天工开物》，万卷出版公司，2008年，第288页。

至云南银成为中国至关重要的矿产。

1.采选

对云南银的采选,《天工开物》有较为详细的记载。开采银矿的方式与开采铜矿的方式大同小异。先找到银矿"苗",顺着"银苗"开挖矿井,直到开采出银矿。采出的银矿有优劣之分,清代云南含银量大的块状矿石被称为"礁",细碎的叫"砂",礁和砂的形状就像煤炭,底部垫着石块,不显得那么黑。礁、砂也有不同等级之分,"银矿,凡数十种,墨绿为上,盐沙次之"①,含银量在1%~7%②。至于大如斗和小如拳,外面包裹着石头的银矿(围岩),因没有冶炼价值,废弃不用。银矿采出后,先要经过手工挑拣,然后进行淘洗,之后才能进行冶炼。

2.冶炼

冶炼银的炉在云南被称为"罩"。其上圆下方,形如墓状,用土坯筑成,有大小之分。大罩前墙有二孔(门),上面的孔用于添加矿物和炭,下面的孔是出银的口。小罩只有一孔(门),用来添矿、炭和出银。

冶炼时,"铺灰于底,置镰③其中,炭在砂条上,炼约对时火,银浮于罩口内,用铁器水浸盖之,即凝成片渣沉灰底,即母底也,出银后即拆毁另打"④。这种冶炼方法即通常所说的"沉铅结银法"或"吹灰法"。高质量的方铅矿一次即可得银,但是大多数方铅矿由于银的含量不高,需在冶炼中设法将银富集起来,因此如何使银富集成为关键技术。在长期的实践中,云南炼工已经知道铅和银完全互熔,且熔点低,所以炼银时就采取加入铅矿(矿镰)的方法,使银熔于铅中,以此达到银富集的目的;同时,再用风箱或扇子不断输入空气,促使熔化后的铅被氧化。如果氧化的铅以蒸气的形态完全散发,就能得到纯银。如果达不到这一程度,由于铅的密度大于银,银矿会沉入含铅的炉灰中,而所得的银为生银。生银需依此法进一步提纯。宋应星所撰《天工开物》记载:"其楚雄所出又异,彼硐沙铅气甚少,向诸郡购铅佐炼。"⑤记录了由于云南楚雄的银矿含铅甚少,为了炼得银,需要向其他地方采购铅来作辅助,才能炼银成功的真实情况。

(三)锡的开采和冶炼

清代,云南是锡的主要产地,开采和冶炼都得到朝廷的大力支持。宋应星所撰《天工开物》载:"凡锡中国偏出西南郡,东北寡生。"⑥至于云南则"大理、楚雄即产锡甚盛"⑦。"康熙四十六年(1707年)开个旧锡厂,最初每年出产原锡约144万斤"⑧,十分可观,并且"个旧之锡,响锡⑨也,锡不杂铅自响也"⑩,质量上乘。

---

① (清)吴其濬:《滇南矿厂图略》上卷《云南矿厂工器图略》,"曰矿"。
② 张增祺:《滇萃:云南少数民族对华夏文明的贡献》,云南美术出版社,2010年,第214页。礁、砂实质为辉银矿。
③ 《滇南矿厂图略》上卷《云南矿厂工器图略》《曰矿》载:"镰矿,即黑铅也。"
④ (清)吴其濬:《滇南矿厂图略》上卷《云南矿厂工器图略》,"曰罩"。
⑤ (明)宋应星:《天工开物》,万卷出版公司,2008年,第289页。
⑥ (明)宋应星:《天工开物》,万卷出版公司,2008年,第298页。
⑦ (明)宋应星:《天工开物》,万卷出版公司,2008年,第298页。
⑧ 李晓岑:《云南科学技术发展简史》(第二版),科学出版社,2015年,第249页。
⑨ 扣之有声的锡称"响锡",以不杂铅之故,(明)谢肇淛所撰《滇略·产略》载:上乘者"扣之声如铜、铁,其白如银"。
⑩ (清)檀萃辑,宋文熙、李东平校注:《滇海虞衡志校注》,云南人民出版社,1990年,第53页。

1.采选

据《天工开物》载,锡分"山锡"和"水锡"两种。山锡又有锡瓜和锡砂之分。"锡瓜块大如小瓠,锡砂如豆粒,皆穴土不甚深而得之。"[1]甚至有的原生矿床所含的锡矿脉受风化或分解后形成砂矿,可任由人拾取。水锡则出产在小溪或河里,可淘洗而得[2]。云南多为山锡。个旧初期多以露天形式采锡矿。自从康熙四十六年(1707年)朝廷定了个旧锡矿的矿额之后,云南锡矿规模迅速扩大,随之出现了与铜矿开采类似的形式,即开挖矿洞和矿井来采矿。

无论山锡还是水锡,均利用重力,以水冲洗选矿。一般先将矿砂置于特制的长木槽中,边用水冲洗边将矿砂捣碎,取得最上部含锡量高的矿品;再将槽中部的锡矿淘洗多次,获得净矿;最后对槽尾的矿进行多次处理,除去泥浆后,获得质量不高的矿品。锡矿经过挑选、加工、富集后才能进行冶炼。

2.冶炼

锡矿的冶炼相对简单,先在地面上挖一长方形土坑,坑底及坑壁用食盐和泥捶实,并把坑筑成一端浅、一端深的箕形,以建炼铜炉的方式建成炼锡炉[3]。冶炼时先将木炭置于炉膛内,鼓风使其炽热后再投入锡矿,也即"凡炼煎亦用洪炉,入砂数百斤,丛架木炭亦数百斤,鼓鞴熔化"[4]。熔炼时,即使足力鼓风,火力足够,锡砂也不会马上熔化,需掺入少量铅作为勾引或以锡炉渣做助熔剂,锡才会大量熔流出来。为减少锡的烧损,还可在锡砂和木炭中间加入层料,待熔炼产物在炉缸中盛满后,用细木条搅动,促使渣分离上浮,将渣撇出,再把锡倒入铁锅中精炼,最后倾倒进砂型中成为锡锭[5]。云南个旧的锡产品因为不含杂铅,纯度高,扣之有声,质高量大,被称为"响锡"而声名远播,畅销海内外。

(四) 锌的冶炼

云南锌的贮藏量位居全国首位。入清以后,据雍正《云南通志·课程》和光绪《续云南通志稿》记载,云南已有罗平州属的卑淅倭铅厂、平彝县(今富源)属的块泽倭铅厂等,"倭铅"即锌。21世纪初,土法炼锌在滇东和滇西等地仍有保留。[6]这说明入清之后,云南锌的冶炼技术有了新的发展。

云南锌除被称为"倭铅"外,还被称为"白铅"(氧化锌)。锌往往与银矿共生,因而人们在冶炼银的实践过程中,也掌握了锌的冶炼方法。清代吴其濬所撰《滇南矿厂图略》上卷载:"白铅也,用瓦罐炼成,闻其中亦有银,交趾人知取之法,而内地不能也。"[7]由此记载可知当时云南的炼锌是走在全国前列的。冶炼时,由于碳和锌共热温度可高达1000℃以上,而金属锌的沸点是906℃,故锌会成为蒸气状态,随烟散失,不易为古代人们所察觉。只有当人们掌握了冷凝气体的方法后,单质锌才有可能被取得。所以,炼锌需要进行蒸馏处理。研究表明,云南炼锌使用的蒸馏方法是一种高效实用的炼锌方法,而《天工开物》记载的方法只能产出少量的锌。[8]因此,云南炼锌技术应是当时的先进技术。已知中国和印度炼锌技术的出现早

---

[1] (明)宋应星:《天工开物》,万卷出版公司,2008年,第298页。
[2] 宋应星《天工开物·五金》载,水锡出产于广西南丹河内,矿砂细碎,黑色。
[3] 张增祺:《滇萃:云南少数民族对华夏文明的贡献》,云南美术出版社,2010年,第203页。
[4] (明)宋应星:《天工开物》,万卷出版公司,2008年,第298页。
[5] 参看李晓岑《云南科学技术发展简史》(第二版),科学出版社,2015年,第249页。
[6] 李晓岑:《云南科学技术发展简史》(第二版),科学出版社,2015年,第251页。
[7] (清)吴其濬:《滇南矿厂图略》上卷《云南矿厂工器图略》,"曰矿"。
[8] 参看李晓岑《云南科学技术发展简史》(第二版),科学出版社,2015年,第251页。

于欧洲，所以云南的炼锌技术应是走在了世界前列。

三、铜器物制作

云南是有色金属王国。入清以后，随着冶炼技术的进步，云南各类金属制作的工艺和技术也有进一步发展，出现了制作技艺精湛的铜、银、锡等金属器物。其中铜器最为典型。

（一）金殿

金殿（见图6-19、图6-20）又称"金瓦寺"，康熙十年（1671年）由吴三桂主持铸造于昆明鸣凤山[①]。殿为重檐歇山式结构，高6.7米，宽7.8米，深7.8米，总重约250吨，为我国现存最大最精美的铜殿。所有梁柱、椽、瓦、斗拱、门窗、神像、匾联，以及殿内供桌、供像、帐幔、旗杆、旗帜全由青铜铸造而成。殿壁用36块雕花格扇加坊拼成，结构复杂，门窗、梁柱上都饰有精美的花纹，工艺十分精巧。殿中供鎏金神像5尊，中为真武帝君神像，两侧塑金童玉女神像，左右为龟蛇两将神像，神像均为铜铸。各铜构件精密配合，接口准确，其构件采用泥范或金属范铸成。研究表明，有些范还用母模大量复制，并经过焙烧令其坚固，使同一种构件铸出后大小完全相同，高度规范化。这些构件可以互换，说明工匠已有了一定的标准化知识[②]。金殿展示了清初云南冶铸技术水平的高超。它比北京颐和园万寿山的金殿保存更为完整，比湖北武当山金殿规模大，是我国现存最大最精美的纯铜铸殿。

图 6-19
鸣凤山金殿
诸锡斌2020年摄于昆明鸣凤山金殿公园

图 6-20
鸣凤山金殿殿内铜像
诸锡斌2020年摄于昆明鸣凤山金殿公园

[①] 明万历三十年（1602年），云南巡抚陈用宾在昆明鸣凤山铸铜殿一座；明崇祯十年（1637年），原殿被移往鸡足山，清初被毁。清康熙十年（1671年），吴三桂于昆明鸣凤山重建重檐歇山式的铜殿。
[②] 李晓岑：《云南科学技术发展简史》（第二版），科学出版社，2015年，第240页。

(二) 铜像铸品

清康熙四十一年（1702年）之后铸造，安置于昆明安宁曹溪寺观音殿内的普贤和文殊两尊铜佛像（见图6-21、图6-22），高约180厘米，为失蜡法铸造，表面糅红漆后再鎏金，外表均呈金黄色，造型非常优美，制作技艺达到了炉火纯青的程度。对其进行的化学成分分析显示，普贤铜佛像的成分为铜铅合金（铜96.8%，铅2.2%），铅含量很低，近于红铜的成分[1]，品质很高。

图（左）6-21 昆明安宁曹溪寺观音殿内的普贤铜佛像

诸锡斌2022年摄于昆明安宁曹溪寺观音殿内

图（右）6-22 昆明安宁曹溪寺观音殿内的文殊铜佛像

诸锡斌2022年摄于昆明安宁曹溪寺观音殿内

图6-23 康熙三十九年所铸天施大炉

诸锡斌2021年摄于云南省博物馆

清康熙四十七年（1708年）铸造，安置于大姚县白羊井镇石羊文庙大成殿内的孔子铜像，高2.3米，重达2.5吨。这尊孔子铜像头戴冕冠，手捧朝笏，圆睁双目，仪容端庄。该像是中国现存最大、保护最完好的孔子铜像，亦为失蜡法铸造。化学成分分析显示，该像基体为铜铅锌合金，为含铅的黄铜，杂质中有微量锡和锑。仪器检测显示，其表面有的地方含金量较高（达9.21%），贴金的部分没有检测出汞成分，而是采用贴金工艺进行装饰[2]。铸造于康熙三十九年（1700年）的天施大炉（见图6-23），重约178千克，高约119厘米，炉腹直径约61厘米，腹深约64厘米，腹围约230厘米。该炉造型优美、雄伟、厚重，是云南乃至全国罕见的清代大型铜铸件，曾流失于海外，后

---

[1] 李晓岑：《云南科学技术发展简史》（第二版），科学出版社，2015年，第240页。
[2] 李晓岑：《云南科学技术发展简史》（第二版），科学出版社，2015年，第241页。

被我国台湾宝吉祥集团颜铮浩总裁收藏，2018年颜铮浩总裁将其捐赠给云南省。天施大炉的出现，表明云南清代早中期的铜器制作技术已达到纯熟水平。

（三）斑铜

斑铜仅产于云南，因其表面有离奇、闪耀的结晶斑纹而得名。斑铜制作技艺创始于清初，按制作工艺可分为生斑和熟斑两类，是云南铜器制作业的一种新创造。

1. 生斑

生斑制作采用的铜料为东川、会泽一带出产的自然铜，经手工锻打成器皿初坯，再经过烧斑、组合、焊接等工序制作而成。这种工艺实质上是一个晶相再结晶的过程，即在烧斑工序中，通过渗入诸如碳或其他金属成分，以及均匀地延长加热时间等手段①，使自然铜中的率斑②再结晶而不断变大，进而制出成品（见图6-24）。

图6-24
生斑铜香盒
诸锡斌2021年摄于会泽县江西会馆传统工艺展室

2. 熟斑

熟斑铜出现较晚。由于自然铜矿料日趋减少，为了弥补匮缺，工匠们发明了熟斑铜的制作工艺和技术，即熟斑铜是生斑铜的代替品。熟斑铜与生斑铜的制作工艺不同。生斑铜是以自然铜为原料，经锻打成型，退火出斑的工艺；而熟斑铜是以纯铜为原料，采用失蜡法铸造成型，并着色进而显斑的工艺。即熟斑铜的制作是在熔化的纯铜中加入适量的锌、锡等金属，在"混而不合"的情况下，采用传统的失蜡铸造法铸造成型，再通过化学药品（硫酸铜、红砒霜等）着色而显斑③（见图6-25）。

图6-25
熟斑铜花瓶
诸锡斌2021年摄于会泽县江西会馆传统工艺展室

用斑铜制作的物品以烟具、瓶、罐、香炉等各类器皿为主。其因瑰丽斑驳，做工精湛，具有很强的艺术魅力而闻名于世。2006年，云南省人民政府将斑铜制作技艺列入云南省第一批非物质文化遗产保护名录。

（四）乌铜走银

乌铜走银是云南独有的金属制作工艺，它与斑铜、青铜工艺合称"中国三大铜工艺技

---

① 王晓玲、诸锡斌：《会泽斑铜工艺研究》，载李国春、秦莹主编《云南民族民间传统工艺研究》，云南人民出版社，2014年，第287页。
② "率斑"即自然铜中所含其他金属成分的细小晶粒，采取适当手段，可使细小晶粒增大。
③ 王晓玲、诸锡斌：《会泽斑铜工艺研究》，李国春、秦莹主编《云南民族民间传统工艺研究》，云南人民出版社，2014年，第292页。

术"，约出现于清雍正年间（1723—1735年）[①]。《新纂云南通志·工业考》载："乌铜器制于石屏，如墨盒、花瓶等錾刻花纹或篆隶正书于上，以银屑铺錾刻花纹上熔之，磨平。用手汗浸渍之，即成乌铜走银器，形式古雅，远近购者珍之。"[②]这一记载展示了制作乌铜走银的过程。

乌铜不是由纯铜制作而成，而是以铜为主，加入金、银、锌、钨、锡等20余种金属于1100℃以上熔炼而成的[③]。制作走银时，在乌铜器的表面上刻出各种图案花纹，把银屑（或金屑）铺在錾刻的乌铜花纹上，再将其熔化，磨平后用手汗浸渍氧化，即呈现黑白（或黑黄）分明、有光泽和装饰效果的氧化膜。为缩短氧化的时间，改进后的乌铜制作工艺是把成型的物件放入醋中浸泡，使之变黑。这是因为铜、银、金合金在弱有机酸中浸泡，表面会形成致密乌黑有光泽的氧化膜。X线分析显示这层膜的化学成分为Ag_2O。[④]

乌铜走银产品多为小花瓶、笔筒、墨盒、烟斗、玩物等。庄重深沉的黑底上闪烁着银光闪闪、黑白分明的饰纹，十分秀丽典雅，雍容华贵。因原料贵重，身价不凡，乌铜走银器极受文物界和收藏界的重视，现今是云南的著名金属工艺品（见图6-26、图6-27）。2005年，乌铜走银制作技艺被列入云南省第一批非物质文化遗产保护名录。

图（左）6-26
乌铜走银工艺
水烟具
赵志国2021年摄于云南省民族博物馆

图（右）6-27
乌铜走银工艺
墨盒
赵志国2021年摄于云南省民族博物馆

（五）镍白铜

清代前期，云南生产的镍白铜十分著名。清代文献《清通典》《续云南通志稿》记载，当时云南定远县（今牟定县）的白铜厂最多，大姚县、元谋县、武定县也都有白铜厂，有的厂生产规模相当大。例如，仅大姚县的大茂岭白铜厂，年产白铜就达2万～4万斤[⑤]。

清代，云南已熟练掌握白铜的冶炼和制作工艺。清人吴大勋说："白铜，另有一种矿砂，

[①] 李清清、李国春：《乌铜走银民间工艺研究》，载李国春、秦莹主编《云南民族民间传统工艺研究》，云南人民出版社，2014年，第307页。

[②] 周钟岳等纂修，牛鸿斌、文明元、李春龙等点校：《新纂云南通志》（七）云南人民出版社，2007年，第82页。

[③] 李清清、李国春：《乌铜走银民间工艺研究》，载李国春、秦莹主编《云南民族民间传统工艺研究》，云南人民出版社，2014年，第314页。

[④] 忙子丹、韩汝玢：《古铜器表面一种着色方法的研究》，《自然科学史》1989年8月第4期，第341-349页。

[⑤] 张增祺：《滇萃：云南少数民族对华夏文明的贡献》，云南美术出版社，2010年，第106页。

然必用红铜点成，故左近无红铜厂，不能开白铜厂也。"[1]说明白铜是于红铜中加入某种矿砂而"点"出来的合金。对大理市博物馆收藏的2个云南马帮常用的旧马铃铛进行的成分分析显示，其成分为镍白铜。其中，中号马铃铛的成分为铜69.1%、镍8.3%、锌20.2%，小号马铃铛的成分为铜62.8%、镍7.9%、锌27.7%，都是铜、镍、锌三元合金。[2]表明云南当时不仅能熟练冶炼和制作镍白铜，而且形成了合理的配方。

云南镍白铜可制成面盆、茶壶、暖壶、托盘、铃铛等各类生活用品，因不生锈，色泽洁白，质地软硬适中，经久耐用，不起浮垢，旧物一经拂拭便耀眼如新而闻名遐迩。白铜于18世纪传入西欧。雍正十三年（1735年）法国出版的《中华帝国金志》中记载了云南出产的白铜，以后不少西方化学家热衷于云南镍白铜的研究。例如，乾隆四十一年（1776年），瑞典的恩吉司特朗姆（G.V. Engestrom）分析中国白铜的镍、铜含量，得知比例为5∶6或13∶14，含锌量多少不一。但是历经40余年，西方仍未仿制出云南白铜。直到1823年，英国的汤麦逊（E. Thmason）和德国的海涅格尔（Henninger）兄弟才仿制云南镍白铜成功，之后德国大量仿制，称其为"德国银"，从此欧洲开始大规模生产镍白铜[3]。云南镍白铜的冶炼和制作技术，对西方近代化学工艺产生了积极的影响，推动了西方冶金业的进步，在国际上具有重要地位，也为全球冶金业做出了贡献。

第四节　建筑、井盐技术

入清以后，云南经济一度繁荣，各行业均获得发展，加之内地先进技术的迅速渗透，建筑业、井盐开采，以及造纸、制糖、纺织等得到全面发展，云南传统科技出现了新的面貌。

一、建筑技术

清代，云南吸收了汉族的先进技术，住宅建造更为合理，桥梁更为结实，各类园林建筑更加富丽堂皇；而少数民族的民居和桥梁建筑也在保留自身特色的同时，有了新的发展。其中昆明城作为云南的政治、经济、文化中心，其建筑具有典型性。

（一）汉式建筑

明代云南的汉族人口已超过少数民族。及至清代，这一情况更甚。与之相随，汉式建筑逐步成为云南建筑的主流。

1.民居

在昆明所在的滇池地区，清代汉族在不断吸收彝族住宅建筑特点的基础上形成了"一颗印"的流行模式，也就是住宅建筑为四合院、两层楼房，平面近方形，形似一颗印章。其结构是用毛石做房脚，上置木构架，墙用土坯（土基）砌成或夯土成墙，房顶盖瓦；正房是三

---

[1] （清）吴大勋：《滇南闻见录》下卷。
[2] 李晓岑：《云南科学技术发展简史》（第二版），科学出版社，2015年，第243页。
[3] 张增祺：《滇萃：云南少数民族对华夏文明的贡献》，云南美术出版社，2010年，第106–107页。

图6-28 昆明的"一颗印"民居建筑
诸锡斌2021年摄于昆明市盘龙区

开间或五开间，两层楼，人字瓦顶，前面双披厦；两侧厢房也是三开间或五开间，屋顶前坡长，后坡短，前面也是双披厦；正房对面，即两厢房之间是一高及厢房檐口的高墙，墙头披瓦，正中开大门。这就形成了一个方方如印的四合院。由于整体方形如印章，故称"一颗印"式民居建筑（见图6-28）。这种建筑有利于防盗、避风、抗震，符合当地人的生活习惯，城乡皆宜，是云南别具一格的地方性建筑。这种"一颗印"民居建筑除被汉族采用外，也被滇池地区的彝族、回族和通海县的蒙古族采用①。

2.楼阁建筑

清代的楼阁建筑与明代厚实、庄重、简朴的传统不同，装饰上极尽雕饰，大量使用彩绘，风格上追求富丽堂皇，外观显得极为华丽，其中圆通寺很具代表性。

圆通寺始建于南诏时期，元朝延祐六年（1319年）完成，明清时期曾多次扩建和重修。清康熙八年（1669年），吴三桂统治云南时对其做过较大的修葺。经多次大修，清代的圆通寺已如同一座漂亮的江南水乡园林。它闹中求静，以小见大，借背后螺峰山之景，形成别具一格的水院佛寺，在中国园林设计和建造界颇受关注。寺内青山、碧水、彩鱼、白桥、红亭、朱殿交相辉映，景色如画。与其他佛寺不同的是，进入园门后，建筑的排布不是上坡，而是沿着中轴线一直下坡的，大雄宝殿位于寺院的最低点。全寺坐北朝南，外观雄伟，上盖琉璃瓦宝顶，富丽堂皇。寺院以圆通宝殿为中心，前有一池，两侧设抄手回廊绕池接通对厅，南北约80米，东西宽60米，均匀对称，形成水榭式神殿和池塘院落。殿内供奉三世佛坐像，大殿正中两根高达十余米的立柱上各塑有一条彩龙，各伸巨爪；四壁塑有118尊神像，蔚为壮观。它是云南宗教建筑与园林建筑相结合的典范（见图6-29、图6-30）。

图6-29 昆明圆通寺山门
诸锡斌2020年摄于圆通寺内

---

① 夏光辅等：《云南科学技术史稿》，云南科技出版社，1992年，第168-169页。

会泽盛产铜矿，矿冶兴盛，明清时期，吸引了浙、桂、川、赣等地的大量商贾，曾有"万里京运第一城"之美誉。尤其在清康熙年间（1662—1722年），湖广、江西等地汉民大量涌入会泽，同乡结党集资兴办同乡会馆，大量会馆建筑应运而生，其中江西会馆最具特色。江西会馆又称万寿宫、江西庙，始建于清康熙五十年（1711年），总占地面积7549.92平方米，房屋44间，建筑面积2874平方米，由门楼戏台（见图6-31、图6-32）、正殿、后殿等组成。戏台兼具会馆大门的功能，为穿斗抬梁混合式歇山顶结构，前檐开山门，楼层作戏台。前檐三重，后檐五重，檐下有装饰性的密集型斗拱挑檐，屋顶前后共42只翼角。整座建筑显得别致、精美，体现了儒、道、佛三教合一的风貌，集建筑、木雕、石雕、砖雕技艺于一体，是云南清代古建筑精华。

图6-30
昆明圆通寺内的八角亭
诸锡斌2020年摄于圆通寺内

图6-31
会泽县江西会馆大门兼戏台
诸锡斌2021年摄于会泽县江西会馆

图6-32
会泽县江西会馆前大门
诸锡斌2021年摄于会泽县江西会馆

此外，昆明官渡的土主庙、大观楼、筇竹寺、西山龙门石雕等处的技术和工艺也十分精湛，展示了这一时期建筑技术的风采。

（二）少数民族建筑

云南少数民族众多，不同的民族在长期的实践中形成了自身的建筑特色。入清以后，少数民族地区的建筑技术受内地汉族文化和先进技术的影响，有了一定的变化。

大理白族地区的穿斗式木结构建筑为三坊一照壁、四合五天井的形式，也融汇了典型的内地汉式建筑技术，房屋斗拱重叠，屋角飞翘，镂空雕刻人物花鸟以装饰墙壁和门窗，尽显华贵之气。彝族、哈尼族以土夯筑的土掌房（见图6-33）经济实用。纳西族的井干式木楞房受汉式建筑影响，已开始用瓦盖顶。藏族土木结构的建筑雄伟壮观，体现了很高的技术水平。傣族大多数的竹楼虽保留了干栏式建筑形式，但也开始采用平板瓦作为屋顶（见图6-34）；佛寺建筑大量采用装饰，十分精美（见图6-35）；佛塔则用砖石构建，造型精巧秀丽。清代云南少数民族建筑在相互交流和不断吸收内地先进建筑技术的过程中，仍保留了本民族的特色。

图 6-33
彝族土掌房景观（左）及可供行走的土掌房屋顶（右）
诸锡斌2022年摄于红河州泸西县城子古村

图 6-34
西双版纳傣族的民居
赖毅2010年摄于西双版纳景洪勐罕镇曼远村

图 6-35
西双版纳傣族佛寺
诸锡斌2020年摄于西双版纳景洪市嘎东乡

(三) 桥梁建筑

由于云南山高坡陡，河流纵横，为便于通行，建桥较多，而且修建的桥梁种类多样，有用藤索、铁索等材料建成的悬索桥，有各类用石料建成的横跨于江河之上的拱桥，有用木板搭起的木桥，还有溜索，等等。这些桥因地制宜修建，体现出云南各民族的智慧和高超的建桥技术水平。其中修建于建水的双龙桥和由西盟佤族修建的里坎悬索桥有较好的代表性。

1. 建水双龙桥

建水双龙桥（见图6-36、图6-37）为17孔石拱桥，全长146.9米，桥面宽2.5米至4.5米。该桥建于建水县城西5里泸江与塌村河交汇处，因两水如蜿蜒曲折的两条龙交会于此，故名"双龙桥"。桥北所立石碑《重建双龙桥楼阁序》记载，该地于清乾隆年间（1736—1795年）先修建横跨泸江的3孔石桥，至道光初年（1821—1851年）又建塌村河14孔石桥，并与原建的泸江3孔石桥相连，形成整体的17孔石拱桥。双龙桥桥身全用巨石砌成，桥的中部建有一座楼阁，共3层，底层是桥面通道，二、三两层为歇山式屋顶，飞檐交错，巍峨壮丽。桥两端各建桥亭一座（北端桥亭已毁），与中间楼阁交相辉映。整座桥风格独特，独具匠心，既是一座实用桥梁，又有极高的艺术价值，全国罕

图6-36
建水双龙桥远景

诸锡斌2021年摄于建水双龙桥

图6-37
建水双龙桥近景

诸锡斌2021年摄于建水双龙桥

见，在中国桥梁史上占有十分重要的地位。100多年来，双龙桥经历无数次水灾和地震，安然无恙，至今仍屹立河上，为当地交通要道。

2. 里坎悬索桥

佤族是一个世代居住于云南边陲的山地少数民族。由于佤族生活的地区山高林密，沟壑遍布，水流纵横，行路难成了佤族必须面对和解决的重要问题。西盟佤族从最基本的生活、生产需要出发，在长期的实践中发明和创造出了具有自身特色的索桥技术。

西盟地处怒山山脉南段的阿佤山中心区，河流系怒江水系，共有大小河流80余条，境内主要河流有库杏河、勐梭河、新厂河，而里坎悬索桥（见图6-38、图6-39）就建于勐梭河上游支流的里坎河上。里坎悬索桥主要由主绳索、细绳索、竹挂、扶绳、踏棍、垫板、编绳构成。这些材料以"编织"的形式组合成一个有机的整体，使里坎桥成为一座奇特的横跨于河流

之上的索桥。

里坎悬索桥是一座无刚性支座的悬索桥,桥身用几条绳索和具有刚性的竹挂连接为一个整体,形成横剖面呈三角形的结构。由于减少了连接点,悬索桥的稳定性和结构强度在一定程度上得到提高。桥的承载力由桥身与缆索共同作用产生的扭曲力提供,基本满足了马驮人扛形式为主的运输承重所需[1]。这种独特、巧妙的设计,体现了佤族人民的智慧和技术特色。

图 6-38
西盟县里坎悬索桥外观

诸锡斌2003年摄于西盟县里坎寨

图 6-39
西盟县里坎悬索桥桥面

诸锡斌2003年摄于西盟县里坎寨

[1] 诸弘安、诸锡斌:《西盟里坎佤族索桥探析》,载《第八届中国少数民族科技史国际会议暨首届中国传统手工艺论坛》,内部资料,2006年。

二、井盐技术

井盐生产是云南最重要的经济活动之一,长期以来盐税是云南仅次于田赋的第二大税种。入清之后,社会逐步稳定,对盐的需求量不断增加,云南井盐的开采在明代基础上进一步发展,出现了繁荣景象,开采技术也有了新的进步。

(一)井盐开采技术

云南盐井主要分为直接采用自然卤泉水取盐、陆上造井取盐和河中造井取盐3种类型。到了清代,由于盐的需求量不断增加,井盐开采更多以陆上造井取盐和河中造井取盐的方式进行。

1.大口浅井开采

大口浅井开采属于陆上开采类型,是云南盐业开采的主要类型。这种盐井井口大,井深仅几丈。《筹井楼记》记载其开采方式:"探其源,索其流,咸者中出,淡者左出,因于四隅中,复置一井,井径一丈五尺强,又于井中介为二区,外者咸,内者淡,咸者汲以煎,淡者汲以去。"[①]即大口浅井开采时,在找准泉脉开挖后,盐卤水会涌出来,同时也会有淡水出来,这时设置一大井,使盐卤和淡水分别流入二区,取盐卤水制盐,而将淡水排泄。例如黑井开采盐卤水时,通过明渠、暗沟等形式将淡水引入龙川江,从而有效避免了雨季到来时河水泛滥或地下水上涨导致盐卤水被冲淡,甚至采用水车疏浚淡水,保证了旱季和雨季都能有效进行开采。

2.河中造井取盐

在河中造井取盐是云南井盐生产中的一大特色,也是一种特殊的井盐开采技术。滇南盐驿使李宓于清康熙四十六年(1707年)绘制了《滇南盐法图》[②],共有9幅,依次描绘了云南黑井、白井、琅井、云龙井、安宁井、阿陋猴井、景东井、弥沙井、只旧草溪井九井的盐业生产情况。其中黑井图、安宁井图和景东井图这3幅图都在显眼的位置描绘了河中的井盐生产情景。

河中建造盐井是一项复杂的工程。造井时需要在河的上游拦河断流,再筑坝于河中开挖盐井,否则河中的盐井在水大的时候会被冲垮,或者会有淡水渗入。例如,《滇南盐法图》中,黑井的东井位于河中,筑以圆形平台,高出河面,平台的上游有巨石为屏障。这种于河中建井的技术,没有对地质、水文、勘测、水利工程等各种知识与技术的综合把握和应用是无法完成的,表明当时的井盐开采技术已达到了一定的高度,并且这一技术迄今只对云南一地有记载,是云南人民对盐业生产的一项独特贡献。

(二)井盐制作技术

云南的井盐制作一般要通过煎煮和成盐两道工序来实现,这决定了盐的形状、色泽和质量,但是不同地区的制作有各自的特点。以彝族地区黑井为代表的锅盐是将盐卤水舀入排列的铸铁锅中用炭火烤熬,按照"移淡入浓"的方式,从离火门近的锅中依次向离灶远的锅中倒舀卤水,为节约成本,最终用余火烤制成型[③]。

---

① (清)周蔚:《筹井楼记》,载康熙《琅盐井志》卷三,清刻本。
② 《滇南盐法图》是一幅描绘清代云南井盐生产情景的画卷,现为中国国家博物馆的一级收藏品。
③ 杨柳、诸锡斌:《黑井传统制盐技术研究》,载李国春、秦莹主编《云南民族民间传统工艺研究》,云南人民出版社,2014年,第212页。

以白族地区白井为代表的手捏盐不是在锅中完全把水分烧干，而是在煮的过程中把锅中结晶的盐粒捞出，沥去汁水，手捏成团，然后把盐团放在灶灰上，以灶灰吸收水分，最后用火烘烤成型，这有效缩短了煎煮时间，节省了柴火。以傣族地区景东井为代表的叶巴盐制作与白井的团盐制作如出一辙，只是景东乃产竹之地，傣族人民充分利用当地的竹子，把盐煮到结晶捞出来，然后挤去湿盐中的水分，放入篾盒中于火上烘烤成型[①]。尽管清代云南的井盐制作技术尚相对落后，但是不同民族因地制宜开采和制作井盐的特色却是显而易见的。

（三）开采规模和管理

入清之后，云南的井盐开采规模日趋扩大。盐井有直井、斜井，汲卤使用卤车、桔棒等机械，并且还使用了管道输卤，说明新技术在开采和制盐中得到了应用。据周蔚的《筹井楼记》记载，当时仅大口浅井开采，一个井的形成就"介用木植五百丈，丈值银三钱零。筑用矿灰千石，石三钱，水工（木工）石工二千名，名七分，杂工三千名，名五分，砖瓦土基散石杂费约百两"[②]。开挖盐井投入的人力和财力相当大，仅开凿就用了木工、石工和杂工5000名，花白银上千两。此外，滇南盐驿使李宓绘制的《滇南盐法图》每一图中都描画有井上的管理机构——稽卤房。在稽卤房的窗口画有稽卤员正发放卤水，背水的盐工需在他的监督下通过；图中还画有收盐馆，馆中管理人员正用秤称盐，表明灶户煮成盐后要把产品交到管理所。从《滇南盐法图》中可以看出，清代云南各地已经有了一套管理井盐生产的制度，不仅井盐生产规模庞大，管理严格，而且已成为一个完整的系统。云南这时盐业大规模发展，不但满足了自身的需要，还销往国内西藏等地区以及域外缅甸等地，甚至越南、老挝的部分食盐也需由云南提供。

第五节 自然科学知识

清代云南的文化教育有了较大发展。在科举之风的影响下，儒家文化的影响更加突出，所以当时云南对自然科学知识并不重视。尽管如此，西方传教士带来的近代科学方法应用效果显著，对当时云南的知识分子产生了积极影响，它与不断进步中的中国传统科技一起推动了具有地方特色的自然科学知识的形成。

一、天文历法

天文历法与人们的生产生活密切相关。在长期的实践中，云南各民族积累了丰富的天文历法知识。进入清代以后，不仅汉族的天文历法知识得到进一步推广，而且云南的少数民族在与内地和境外的交流中，也形成了具有自身特点的天文历法知识系统。

---

① 朱霞：《从〈滇南盐法图〉看古代云南少数民族的井盐生产》，《自然科学史研究》2004年第23卷第2期，第142-143页。
② （清）周蔚：《筹井楼记》，载康熙《琅盐井志》卷三，清刻本。

（一）天文

清代云南一些少数民族已形成了完整、精确、系统的月亮运行方位知识，即具备了二十八宿（或二十七宿）理论[①]。例如云南彝族有完整的二十八宿理论，星座以动物命名，并几乎完全由自己创造，自成体系。傣族则把天象归结为二十七宿，景洪的一份傣文历书上还写有二十七宿的名称。此外，傣族还有十二宫理论，这实质上是把黄道划为十二宫，以泼水节末一天太阳进入的宫即白羊宫为零宫开始，顺序为白羊宫、金牛宫、双子宫、巨蟹宫、狮子宫、室女宫、天秤宫、天蝎宫、人马宫、摩羯宫、宝瓶宫、双鱼宫。德宏傣文的历书上还有十二宫图[②]（见图6-40）。傣族还能推算太阳盈缩运动，并设有较粗略的盈缩数表，能够相对准确地掌握日、月及火、水、金、木、土五大行星的运行规律。

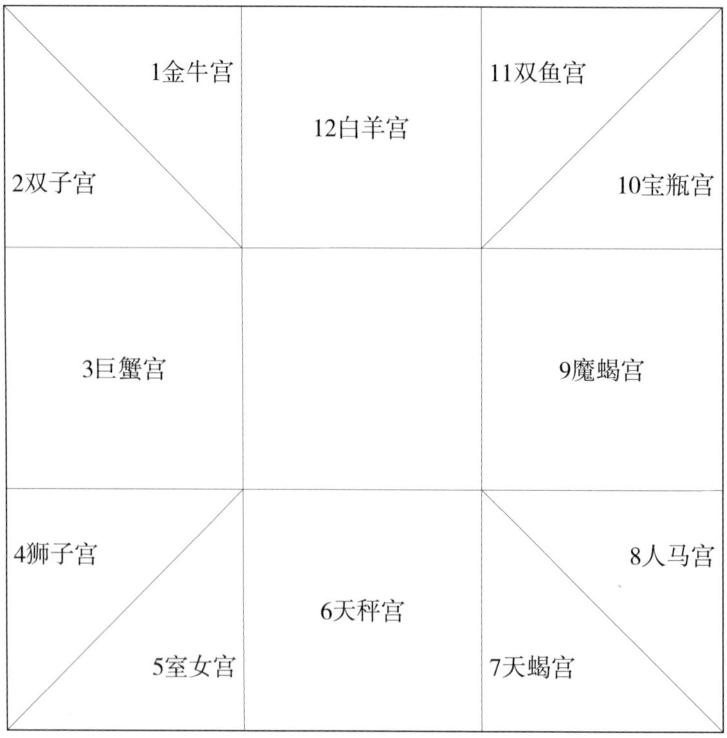

1金牛宫	12白羊宫	11双鱼宫
2双子宫		10宝瓶宫
3巨蟹宫		9魔蝎宫
4狮子宫	6天秤宫	8人马宫
5室女宫		7天蝎宫

图6-40 傣族历法中十二宫位置

资料来源：陈久金《中国少数民族天文学史》，中国科学技术出版社2008年版，157页。

（二）历法

历法一直是人们生活和生产实践的重要指南。入清以后，随着内地先进历法知识的不断普及，云南经济发达地区多采用汉族一年划分为十二个月的阴阳合历。但是一些少数民族地区仍从各自的实际出发，因地制宜地使用各种民族历法。例如，云南楚雄、弥勒等彝族地区就曾广泛使用十月太阳历，并有十分精确的观测和计算方法。彝族的《滇彝天文》对天象观测以及如何进行测定记载得十分详细[③]。一些边境地区不仅受到内地历法的影响，还受到南亚、东南亚历法的影响，形成了具有自身民族特色的历法。傣族的历法（见

[①] 月亮每天运行一个星座，每二十八天或二十七天又回到原处，天文学上称之为"二十八宿"（或"二十七宿"）。
[②] 陈久金：《中国少数民族天文学史》，中国科学技术出版社，2008年，第157页。
[③] 李维宝、李海樱：《云南少数民族天文历法研究》，云南科技出版社，2000年，第191页。

图6-41）就是这类历法的典型。汉代以后，内地历法知识就不断传入傣族地区，受汉族影响，傣族历法干支的名称均为汉语的音译，汉族十二生肖、置闰方法、二十四节气也在傣族地区广为应用[①]。

图6-41
景谷县构皮纸经折本傣文天文历法典籍
诸锡斌2020年摄于云南省民族博物馆

傣族世居于与东南亚国家接壤的地区，随着佛教从印度、缅甸、泰国传入，其吸收了来自印度和西方的天文历法知识，进而创立了具有自身民族特点的傣族历法。其采用的阳历长度及五星、罗睺的恒星周期，与印度的 *Surya Siddhanta*[②] 历法一致。所采用的黄道十二宫、六十时度、周日、恒星时概念等也与印度天文学有关，甚至傣历中《苏力牙》历的名称可能就直接译自印度的 *Surya Siddhanta*。此外，云南其他诸如白族、藏族、回族、纳西族、壮族、苗族，以及拉祜族、基诺族、独龙族等民族也都有自己的历法。这一事实说明，到了清代，云南在不断学习中原历法的同时，也在对内对外的交流中形成了形式多样、实际可行、具有民族特点的历法。

二、地理学

清代云南的地理学有两大显著成就：一是地图的绘制由示意图发展为先用仪器测量再绘制成图，提高了地图的精确性和科学性；二是传统的官修地理志扩展为更多的私修山水志，考察更加详细。

康熙四十六年（1707年），朝廷已在全国630处测量经纬度，其中在云南测量了29处的经纬度。康熙五十二年（1713年），朝廷又聘请法国传教士来云南协助开展测绘工作。这是西方

[①] 陈久金：《中国少数民族天文学史》，中国科学技术出版社，2008年，第126页。
[②] 陈久金：《中国少数民族天文学史》，中国科学技术出版社，2008年，第166页。

学者第一次进入云南，介入云南地理学的科学工作。他们用仪器作"直距尺法"测量地形和日影，标定山川高下远近，测定经纬点，高山地区不能实测，由各地送府图后再用分厘尺悉心统计编绘，最终于康熙五十七年（1718年）绘制成《皇舆全图》，这是我国最早的测绘地图[①]。西方先进的工作方法、测绘结果的精准，深刻影响了清代的知识分子。

在清代200多年间，官吏和知识分子考察云南山河，撰写成的山河志较多，计有：赵元祚的《滇南山水纲目》、张景蕴的《云南山川考》、檀萃的《滇南山水纲目考》、何其英的《迤江图说》、张凤孙的《金沙江志》、李诚的《云南水道考》、李荣陛的《云缅山川志》、黄元治的《荡山志》、徐敏的《太华山录》、方秉孝的《盘龙山纪要》、李坤的《云南温泉志》、童振藻的《云南温泉志补》、黄士杰的《六河图说》、孙髯翁的《盘龙江水利图说》。其中，由赵元祚撰，成书于康熙末年的上下两卷《滇南山水纲目》尤为突出。《滇南山水纲目》的上卷《滇山纲目》详细描述云南山脉；下卷《滇水纲目》记载了金沙江自发源至入海的情况，以及云南境内的澜沧江、怒江、龙川江、大盈江、李仙江、阳爪江等河流的情况。宣统元年（1909年），周钟岳把该书刻印发行。民国初年，赵藩又将其收入《云南丛书》刊印传播。此外，李诚的《云南水道考》一书也很有价值，全书分为5卷，以水道为纲，对云南各水系的分布和演变，均一一考其始终，颇为精详[②]。由檀萃所撰，成书于嘉庆四年（1799年），于嘉庆九年（1804年）由师范收录于《二余堂丛书》刊印的《滇海虞衡志》一书，已注意到地震与煤的形成的关系，提出了煤是远古树木因地震埋于地下，历久变化而形成的理论[③]。这是世界上首次对煤的形成进行的科学论述，檀萃成为世界上最早提出煤由植物生成理论的人[④]。

清代还有许多记述云南山川、名胜、风土、人情的游记著作，较重要的有释同揆的《洱海丛谈》、陈鼎的《滇游记》、张泓的《滇南新语》、吴大勋的《滇南闻见录》、张泓的《云南风土记》、余庆远的《维西见闻录》、包家吉的《滇游日记》、王昶的《滇行日记》等。这些著作丰富了云南的地理知识。

三、生物学

入清以后，云南生物学知识得到进一步积累，诞生了一些生物学研究者和重要的生物学著作，其中高奣映、檀萃、吴其濬就是其中的代表。

高奣映（1647—1707年）著有《鸡足山志》，其中卷九《物产》涉及较多生物学内容。书中记有树木23种，果木57种，花木93种，禽28种（有残缺），兽19种，鳞介12种，药蔬67种，以及多种菌类。书中还对同一物种做了进一步区分和介绍，其中柏就被区分为7种，桃被区分为14种，梅被区分为10种，兰被区分为11种，竹被区分为6种。高奣映对每种生物都有性状和特点的描述，观察十分精细，体现出高超的物种鉴别能力，同时也表明他对以鸡足山为主

[①] 夏光辅等：《云南科学技术史稿》，云南科技出版社，1992年，第159页。《皇舆全图》又名《皇舆全览图》《清内府一统舆地秘图》。
[②] 夏光辅等：《云南科学技术史稿》，云南科技出版社，1992年，第160-161页。
[③] 参看李晓岑《云南科学技术发展简史》（第二版），科学出版社，2015年，第218-219页。
[④] 欧洲最早（1841年）发现煤层底板中植物遗体的是英国的罗根，提出煤由原地生成学说（1875年）的是德国的梅西特，他们都比檀萃晚了数十年。

的云南地区动植物资源进行了详细的调查和整理①。

收录于师范《二余堂丛书》中的《滇海虞衡志》一书，是檀萃对云南动物学和植物学研究的辉煌成就。此书在卷六《志禽》、卷七《志兽》、卷八《志虫鱼》中对云南的110多种动物进行了详细介绍。例如，卷七《志兽》记载："滇南有玉面猿，出于广西府（广西府明清时期为现今云南泸西县）。《范志》独金丝、玉面难得。"②书中所记载的金丝猿，极可能就是滇金丝猴，而玉面猿即为白面猿③。书中还记载了云南的麋鹿，进而更正了人们认为明清时期云南已无野生麋鹿的观念。书中不仅记载了今天极为少见的马熊、人熊、猪熊和狗熊等，而且还记载了诸如云南著名的果下马、野牛、犀牛和兕（音sì）牛等许多其他动物，对古代动物种类研究具有重要价值。卷七《志兽》还记载了云南当地人驯幼马的实践："又夷人攻驹，縻驹崖下，置母崖颠，久之，驹恋其母，纵驹冲崖，奔上就母，其教之下崖亦然。"通过这样的训练，幼马逐渐变得"胆力既坚，则涉峻奔泉（跋山涉水），如履平地"④。记载生动而确切。

另外《滇海虞衡志》在卷九《志花》、卷十《志果》、卷十一《志草木》中对云南的100余种植物的产地、形态、生长特点、经济价值进行了详细的介绍，在农作物的分类上进一步完善。例如卷十一《志草木》指出，过去《尔雅·释草》在分类上"不分谷、蔬也"，而"《范志》，既混木与草而合志，微见蔬于志草后，竟遗谷"⑤。为此，《滇海虞衡志》做了进一步改进。

曾任云南巡抚的吴其濬编写并于清道光二十八年（1848年）由山西巡抚陆应谷作序刊印的植物学著作《植物名实图考》（见图6-42），编为38卷⑥，收录1720种植物，分为12大类：谷类53种，蔬菜类177种，山草类202种，隰草类287种，石草类98种，水草类37种，蔓草类236种，芳草类71种，

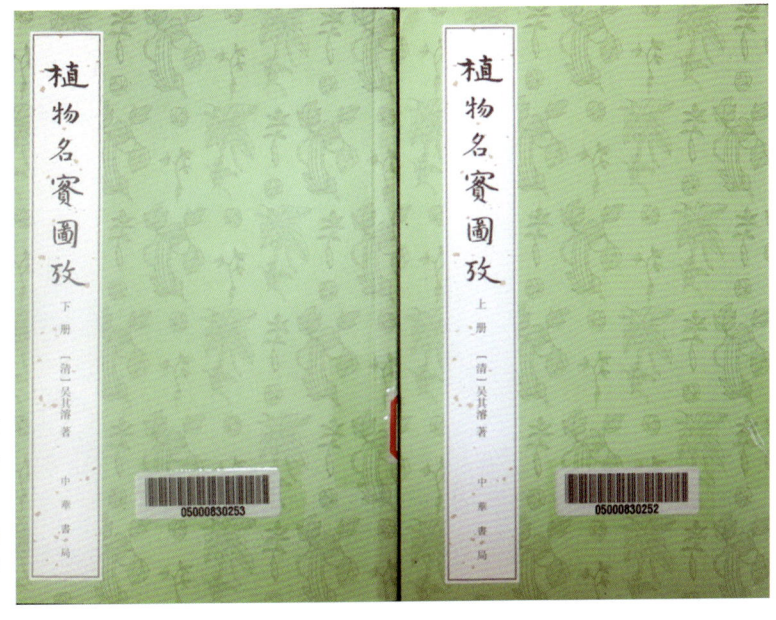

图6-42
（清）吴其濬编写的《植物名实图考》
诸锡斌2021年摄于云南农业大学图书馆

---

① 参看李晓岑《云南科学技术发展简史》（第二版），科学出版社，2015年，第219页。
② 范志言：《桂海虞衡志·志兽》："猿有三种，金丝者黄，玉面者黑，纯黑者面亦黑。"参看（清）檀萃辑，宋文熙、李东平校注《滇海虞衡志校注》，云南人民出版社，1990年，第169页。
③ 《新纂云南通志·物产考》载："玉面猿，志载出广西，即今泸西县。据该县物产报告谓玉面猿即白面猿，为邑特产。"参看（清）檀萃辑，宋文熙、李东平校注《滇海虞衡志校注》，云南人民出版社，1990年，第169页。
④ （清）檀萃辑，宋文熙、李东平校注：《滇海虞衡志校注》，云南人民出版社，1990年，第150页。
⑤ （清）檀萃辑，宋文熙、李东平校注：《滇海虞衡志校注》，云南人民出版社，1990年，第285页。
⑥ （清）吴其濬《植物名实图考》有三个版本，一是清道光二十八年（1848年）由太原府陆应谷署序的刻本，二是清光绪六年（1880年）山西濬文书局的重印本，三是1919年山西官书局的重印本。这里采用的是中华书局2018年7月根据商务印书馆再版的1919年山西官书局重印本出版的版本。该版书中已补充了一些新内容。

毒草类44种，群芳类142种，果类102种，木类271种。① 对每一种植物都绘有图形，写有叙述文字。图形惟妙惟肖，文字叙述涉及植物的科属、形状、性味、用途、产地等。若是栽培植物，还简述栽培方法。对有些植物，征引古籍记载，与实物对照分析，决疑纠误，进行考证。全书所列1720种植物中，云南的植物有300多种，占五分之一，是吴其濬在云南任职期间采访所得。

这部书出版之后，受到国内外学者的重视，认为是对李时珍《本草纲目》的发展。对云南的农林、植物、药物研究有很大帮助。商务印书馆在民国年间多次重印出版这部书。日本、法国、英国、德国等国学者也做了翻译出版，受到国际学术界的好评②。

四、医药学

明末清初，大西③农民起义军和清军先后进入云南，大批能工巧匠和一些拥有先进技术的医师和药师也随军而来，中医和草医医师数量比明代明显增多，各流各派交流、融合，分科渐细，名医辈出，云南的医药技术有了新的发展。

（一）医药理论

入清以后，一些名医总结医药经验，著书立说，一批医药理论书籍面世。昆明地区主要有曹鸿举注释的《瘟疫论》《瘟疫条辨》，钱懋林的《瘟疫集要》《脉诀指南》，姚时安的《医易汇参》，段觐恩的《医学诀要》，方有山的《瘟疫书》，李裕采的《诊家正眼》《通微脉诀》，彭超然的《鼠疫说》，陈雍的《医学正旨测要》等。大理地区有鹤庆孙荣福的《病家十戒医家十戒合刊》，赵子罗的《救疫奇方》，鹤庆奚毓崧的《训蒙医略》《伤寒逆证赋》《先哲医案汇编》《六部脉主病论补遗》《药方备用论》《治病必求其本论》《五脏受病舌苔歌》，鹤庆李钟浦的《医学辑要》《眼科》，剑川赵成集的《续千金方》等④。

一些少数民族也逐步形成了丰富的传统医药学知识体系，其中以彝医、傣医、藏医最具代表性（见图6-43）。云南楚雄一带先后发现内、外、妇、儿科等彝文书籍近330种，如《双柏彝医书》《作祭献药经》《医病书》《看人医书》《齐苏书》等。傣医受到中医和印度医学的影响，自成体系，以印度的地、水、火、风四大因素为基本理论要素，采用中医的望、闻、问、切方式治病，有用傣文撰写的《胆拉雅》《腕纳巴微

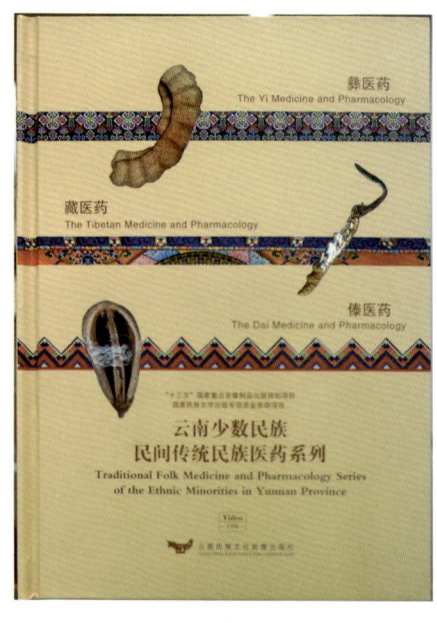

图6-43 中华人民共和国成立后彝、藏、傣医药相关出版物被列入全国"五大民族医"书

诸锡斌2021年摄于云南省博物馆《庆祝中国共产党成立100周年成就展》

---

① 中华书局2018年7月根据商务印书馆再版的1919年山西官书局重印本出版的《植物名实图考》的出版说明中声明"收录植物1714种"，但是书中目录列出的总数为1720种。本书采用目录所列出的植物种类的总数。
② 夏光辅等：《云南科学技术史稿》，云南科技出版社，1992年，第162–163页。
③ 大西政权是明末农民起义领袖张献忠率部队入四川后在成都建立的，1646年冬为清军击破。参见翦伯赞《中国史纲要》（下册），人民出版社，1983年，第278、280页。
④ 参看李晓岑《云南科学技术发展简史》（第二版），科学出版社，2015年，第221页。

特》等临床经验著作，中华人民共和国成立后还被列入全国"五大民族医"（藏、蒙、维、朝、傣）之列。

清之前，藏医在吸收中医和印度医药理论的基础上，已形成独立而成熟的理论体系。清代，藏医在原有的基础上不断发展，其中迪庆藏族医学家顿珠在藏医名著《晶珠本草》作者帝玛尔·丹增彭措思想影响下，撰写了《笔记·吐宝兽囊》及《四部医典》中的后续补遗部分。纳西族的《玉龙本草》收有药336种，其他民族也有许多医药方面的成就。

（二）医药制作

清乾隆（1736—1795年）以前，云南没有专门卖药的药店。到了顺治年间（1644—1661年），昆明的一些名医已开始创制销售疗效卓著的成药，直到嘉庆（1796—1821年）以后，医药才开始分开，产生了专门的药店。例如，王太和创制的膏药疗效显著，行销外地；朱双发家制造的药酒历经清代，仍在民国时期畅销；阮氏创制的"上清丸"治疗咽喉疼痛有奇效；杨衡源制造的"十全大补丸"益气补血；利济堂制的"福生散"治中暑、头晕、呕吐，"万应瘀气丸"治各种瘀症；嘉庆年间（1796—1820年），郑幼臣创制的"女金丹"被称为"妇科圣药"；创建于咸丰七年（1857年）的福林堂制作的"再造丸"和"糊药"疗效很好，是著名的成药；昆明的其他药店还制成了"小儿急救丹""小儿化风丹""小儿镇惊丹""化虫药""疳积散"等儿科良药[①]。这些药的出现，方便了百姓，提高了治疗效果，也使云南的医药知识得到了进一步的推广、应用。

及至光绪年间（1875—1908年），仅昆明市就有八九十家药店。这些药店，有的在省内外收购和销售山货药材（生药），有的制造成药销售，有的兼售生药和成药。著名的有福林堂、春树堂、体德堂、济生堂、森保堂等。

---

① 参看夏光辅等《云南科学技术史稿》，云南科技出版社，1992年，第166-167页。

第七章 清代后半期云南的科学技术（1840—1911年）

清代经过100余年的"康乾盛世"（1644—1774年）后逐步走向衰败。道光二十年（1840年），鸦片战争爆发，西方列强用大炮轰开了中国封闭的大门，边疆地区不断丧权失地，国内矛盾日趋尖锐。咸丰十一年（1861年）辛酉政变后，慈禧太后重用洋务派，大规模引进西方先进的科学技术，兴办近代化军事工业和民用企业，兴起了历时三十多年的"洋务运动"。与全国一样，随着国门被迫打开，云南也遭到西方列强的入侵。列强疯狂掠夺云南丰富的矿产和各类财富，但在客观上，近代西方的思想观念、先进科学技术、新式教育方式等也一同进入了云南。这一时期，受"洋务运动"等因素影响，云南传统文化和传统科技在不断接受挑战的进程中逐渐走向近代化。

第一节 工业技术

晚清时期，云南的"洋务运动"晚于内地，且不是用来抵御外侮的，而是为了镇压起义。其中，发展军工产业及技术是第一位的，并由此带动了云南工业的发展。

一、军工技术

清咸丰六年（1856年），云南保山杜文秀起义。在镇压起义的过程中，云南官府"仿造开花大炮，料实工坚，屡试军前从未炸裂"①。人们看到"洋枪、洋炮，较原制枪炮尤为厉害"②。然而"滇省僻在边荒，向来军营所用机器，只有抬枪，小枪，劈山炮等项"③。从同治七年（1868年）至光绪九年（1883年）的十多年间，当局对制造兵器，采取的是一种权宜办法，即为军务而设局造炮，军务完成即撤掉炮局。光绪八年（1882年），法国军舰侵犯越南海防，次年，法国向中国发动侵略战争。云贵总督岑毓英出关督师，从外国购办各种毛瑟快枪和克虏伯炮、

---
① （清）岑毓英：《岑襄公奏稿》卷十七，第7页。
② （清）岑毓英《岑襄勤公奏稿》"滇省采办洋枪请饬途次悉数截留"，同治十二年三月初三日。
③ 《光绪十六年十月十五日奏——中国第一历史档案馆全宗号3》，案卷号37，件号196。

瓦瓦士炮，以济军用。为了解决枪械修理和弹药补充问题，岑毓英派人从广东、上海、福建等地雇募工匠十多人，购置机器，修理枪炮，制造子弹。光绪十年（1884年）三月，云南设置了机器局，并开办兵工厂，但是规模较小，只有员工106人，虽然"十年三月（光绪十年）开办，诸事创始，屡试屡更"①，但却开了云南近代机器工业生产之先河，云南机器局被清政府列为全国28个官办兵工厂之一。光绪十五年（1889年），云南机器局利用浙江、江西两省的协饷，从上海洋行购买制造枪弹和轧铜板的全套机器，并添建厂房10间，生产后膛枪弹，最高月产枪弹12万～13万发。光绪十七年（1891年），云贵总督王文韶、云南巡抚谭钧培，拨银55800两添盖厂房，加募工匠，向外国商行订购机器，扩建机器局，云南有了能制造7种枪械子弹的能力。光绪三十年（1904年），云南机器局除能制造子弹和开花炮弹外，还能造单响毛瑟快枪，但由于云南自产的钢铁提炼不纯，质量不好，造出的枪不如从外国买来的，于是停止造枪，专造子弹。光绪三十一年（1905年），云南机器局试制成功了单响毛瑟枪，经陆军部批准投入生产，但因用土铁制造枪管，时有炸膛事故发生，于光绪三十三年（1907年）停止生产。次年，即光绪三十四年（1908年），又从上海买来制造毛瑟枪及子弹的机器17部，新建大小厂房28间。此时云南机器局东临翠湖，西至西仓坡，南傍后来的陆军讲武堂，北接造币厂，有了相应的规模。

云南机器局从光绪十年（1884年）成立以来，经历二十余年，先后投资白银十余万两，才终于具有一定规模。当时全部机器都是从国外进口的，这些进口的机器大多属于精密度低的落后产品，而且零配件不齐全，主要设备也只是一些普通机床、钻床、刨床等，全部钢材靠进口，只能制造刺刀、指挥刀及机炮驮载鞍架、牵引设备。加之当时国内不能制造电动机，电动机须由国外进口，而进口马达又都是按照国际统一电压标准制造，应用电压为380V和220V，云南当时的电压为110V，且电力也不足，供应照明都不够，所以当时的机械不能用电，只能以蒸汽机为动力。蒸汽压力变化大，造成机械转动不稳定，加之没有气锤，往往导致产品合格率低，在装配时还必须经过两次手工加工，所以产品做不到一流②。尽管如此，此时的云南还是产生了一批能工巧匠。无论如何，云南最早使用的机器设备大都来自云南机器局，云南机器局是云南最早的机械制造工厂。到辛亥革命时，云南机器局改称"云南陆军兵工厂"，从事近代兵器工业生产。20世纪20年代后，该厂开始制造步枪、机关枪③（见图7-1），其对云南机器工业的发展有深远影响。在接受西方新技术的过程中，云南也接触了与之

图 7-1
云南制造的步枪
诸锡斌2021年摄于云南陆军讲武堂历史博物馆

---

① 周钟岳等纂修，李春龙、王珏点校：《新纂云南通志》（六），云南人民出版社，2007年，第461页。
② H. R. 戴维斯著，李安泰等译：《云南：联结印度和扬子江的锁链——19世纪一个英国人眼中的云南社会状况及民族风情》，云南教育出版社，2000年，第174页。
③ 何耀华总主编，蒋中礼、王文成主编：《云南通史》（第五卷），中国社会科学出版社，2011年，第361页。

相关的新知识。

二、电报技术

电报技术起先与枪炮技术一样，属于军事技术，后来随着民用价值越来越大，逐步从军事技术中分离出来，成为云南工业发展中一项重要的民用技术。

中法战争结束以后，云贵总督岑毓英明白了电报的价值，奏请架设线路。奏准后，从光绪十一年（1885年）起，"由广西百色接线入手，经剥隘、广南、开化、蒙自依次架线设局以达昆明"[①]。光绪十二年（1886年）初，北洋大臣李鸿章、邮政大臣盛宣怀派专员李必昌等4人率丹麦工程师及技工等携带器材料款来滇，开始架线设局。工程完成后，通往国内的线路有滇黔、滇川、滇桂三线，通往国外的线路有滇越、滇缅两线，奠定了云南通达国内、国际电信网络的基础。[②]云南省档案馆典藏的清代光绪年间（1875—1908年）云贵总督衙门档案中，有数十卷报销电报杆线工程的账目清册，里面记载了光绪十一年（1885年）云南着手有线电报架线的过程。据档案记载，光绪十二年（1886年）十二月二十六日，这一天无论官民所发电报"悉予免费"。[③]

在兴建有线电报的同时，清政府还开办了云南电报学堂，培育电报业务技术人才，聘请一名丹麦籍人来滇充当工程师和电报学堂教习。宣统二年（1910年）二月的《云南教育官报》记载：云南电报学堂，日久颓废。教授学生在报房仅习拍译半年数月即派往各局充当司报。学生的国文浅陋，翻译率多谬讹，所学英文仅电码数十字，此外英文全未读译，至于开门修机电气、算账各学更属无睹。而报生则仅有此数，更无可更，深有乏才之叹。尽管此时又开设学堂，学堂分英文、法文两班，英文以孟工司纳尔为教习，不另给薪，添聘各科教习以英法文为主课，电学为专科。[④]由这一记载可知，当时云南的电报技术和业务还十分落后，尚处于起步阶段。

三、滇越铁路

光绪十一年（1885年）六月，法国通过中法战争用武力打开了中国的西南门户。为了掠夺云南的资源，进而控制中国的经济命脉，法国设法争夺云南的铁路修筑权。光绪二十四年（1898年）三月，法国驻华公使借口还辽有功[⑤]，照会清总理衙门，要求中国允许法国国家或公司自越南边界至云南省城修筑一条铁路，即滇越铁路[⑥]。清廷被迫同意，随即派人踏勘线路，绘制蓝图。光绪二十五年（1899年）九月，以法国东方汇理银行为首的几家企业成立了滇

---

① 云南省档案馆藏政府秘书处全宗档案。
② 周钟岳等纂修，李春龙、江燕点校：《新纂云南通志》（四）云南人民出版社，2007年，第290页。
③ 云南省档案馆藏政府秘书处全宗档案。
④ 《劝业道咨报云贵电报局开办电报英法文学堂，考试学生著有成效，将章程及开支表册汇送备案文》，《云南教育官报》宣统元年（1909年）闰二月二十日第十八期，文牍，第11页。
⑤ 甲午战争后，1895年4月17日，清政府与日本明治政府签署《马关条约》，割让辽东半岛予日本。六日后，俄、德、法三国为了自身利益，以提供"友善劝告"为借口，迫使日本把辽东还给清政府，日本则趁机勒索清政府三千万两白银作为赔偿。
⑥ 滇越铁路是指从中国昆明至越南海防的铁路线，全长近857千米，分为越南段（即越段）和云南段（即滇段），其中越段长389千米，滇段长468千米。现今所述的滇越铁路为滇段部分，它是中国最长的一条窄轨铁路（轨距为1米），也是中国第一条通往国外的铁路。

越铁路公司，承包了此路的集资修建业务。光绪二十七年（1901年），越南境内海防至老街段动工。光绪二十九年（1903年）十月，法国与清政府签订《滇越铁路章程》34款，在云南境内开始修建滇越铁路。

滇越铁路第一段线路的勘测困难重重。经过艰苦卓绝的工作，一批1∶1000和1∶500测绘图在众多中国老百姓眼皮底下用经纬仪、测绘平板和测斜仪标尺绘制而成，而当时中国人还不明白这是在做什么。①按照滇越铁路的设计方案，修筑滇越铁路工程浩大，要经过滇南众多少数民族地区。这些地区多为万壑群山、悬崖峭壁，地势险峻，工程极为艰巨。最终滇越铁路滇段修筑历时6年完成，仅昆明至河口468千米的线路上就开凿隧道155座，修建桥梁173座，设置车站34个。铁路设计十分科学，技术先进。工程计量为：正线铺轨464.6千米，站线铺轨17.1千米，道岔122组，钢轨为法制V.L型，重25公斤/米，标准长9.58米/根。例如位于倮咕和波渡箐两站之间著名的人字桥（见图7-2），两端为隧道，桥身高悬于半山之间，距谷约70米，桥全长也是70余米，大约由10000个钢结构件装配而成。为便于卸运，每个构件长1.2～1.5米，重不超过100公斤②。该桥被称为"奇险"之铁路桥。

修建滇越铁路，法国共投资1.65亿法郎。滇越铁路公司前后累计从云南及其他省招募近30万名工人筑路。由于施工中险情不断，铁路公司对中国工人又极其苛刻，至宣统二年（1910年）通车时，惨死的工人达12000人，其中仅河口至腊哈地段就有1万余人死亡③，民间流传："一颗道钉一滴血，一根枕木一条命。"

宣统二年（1910年）三月三十一日，滇越铁路全线竣工通车（见图7-3）。

图7-2
滇越铁路上的人字桥
诸锡斌2020年摄于石龙坝水电博物馆

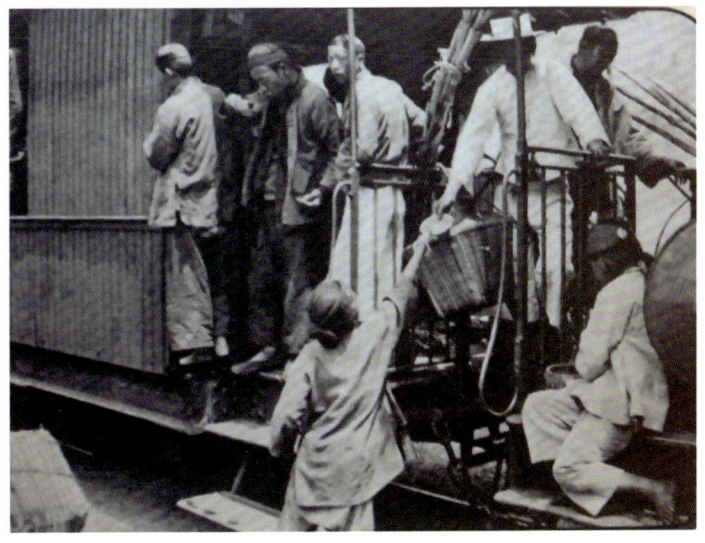

图7-3
滇越铁路全线竣工通车盛况
诸锡斌2021年摄于云南铁路博物馆

---

① ［法］皮埃尔·妈尔薄特著，许涛译：《滇越铁路——一个法国家庭在中国的经历》，云南美术出版社，2010年，第10-11、53-54、65页。
② 马如恩：《滇南米轨铁路修筑始末》，载中国人民政治协商会议云南省开远市委员会文史资料委员会《开远市文史资料选辑》（第3辑），1990年，第55页。《云南省志》卷三四《铁道志》，云南人民出版社，1994年，第29-34页。
③ 翁大昭：《抗日战争中的滇越铁路》，中国人民政治协商会议云南省委员会文史资料研究委员会《云南文史资料选辑》（第37辑），云南人民出版社，1989年，第330页。

当时滇段机车为法国制造的蒸汽机车,分轻便式、重式、特重式、巩固式、双机式、小型式等6种。① 由于其轨距仅1米(标准轨距为1.435米),客车车厢狭窄,货车的体积小,运量仅在20吨左右。货车以蒸汽为动力,时速为30~40千米,有些地方时速仅20千米左右。从海防到昆明,列车约需行驶35小时,因夜间停驶,全程需耗时4天左右。初期每年货运量11万吨左右。1939年后,因抗日战争需要,货运量增加为32万吨,为通车时的近3倍。载客机车则采用法国制造的"米其林"(Michelin)内燃机车(见图7-4),功率可达117.6千瓦,时速为100千米,是当时的高级公务车②。

图7-4 法国制造的"米其林"内燃机车
诸锡斌2021年摄于云南铁路博物馆

滇越铁路开通后,法国大肆掠夺云南的锡等矿产,茶叶、药材等地方资源以及其他资源。进口方面,云南棉纱、棉花、棉布等重要商品的进口值占进口总值的40%。从宣统二年(1910年)至1937年的28年间,这些商品有14年进口量超过10万公担。③ 整体来看,滇省国际贸易,进口货中以棉纱、匹头、棉花为第一位,约占贸易总额的40%以上;煤油,烟草等次之;其他洋货又次之。他若瓷器、纸张、染料、干果等,亦为主要之交易品。④ 滇越铁路的修建明显引导了云南率先发展棉花种植和烟草种植,并促进了裕滇纺织公司的创办,同时也成为促进云南近代地质学、生物学发展的重要因素之一。

滇越铁路成为进出云南最为便捷的境内和境外运输通道,不仅推动了云南经济的发展,实现了云南大宗货物和人员的运输,而且促进了人员的流动和云南科教文化事业的发展。例如光绪三十四年(1908年)九月十七日,中国致函日本铁道厅,要求扩充在日本铁道厅练习的中国学生名额,并得到应允,原来名额仅限湖北学生,后在原定额数之外扩充60名,专送各省学生以便在厅练习⑤,其中就包括云南籍学生。宣统二年(1910年)以后,大批云南学生由滇越铁路走出云南,转赴中国内地求学或远达欧美留学。滇越铁路给云南社会风尚带来大变化,例如电影此时开始输入云南,使当时很偏远的碧色寨(见图7-5、图7-6)也出现了号称"小巴黎"的情调,让云南对外开放得风气之先,赢得了宝贵的时间优势。滇越铁路的修建还促进了云南管理科学和铁路技术的诞生。

---

① 《云南省志》卷三四《铁道志》,云南人民出版社,1994年,第188-189页。
② 李晓岑:《云南科学技术发展简史》(第二版),科学出版社,2015年,第301页。
③ 吴兴南:《云南对外贸易——从传统到近代的过程》,云南民族出版社,1997年,第188页。
④ 周钟岳等纂修,牛鸿斌等点校:《新纂云南通志》卷一四四《商业考二》,云南人民出版社,2007年,第109页。
⑤ 《云南教育官报》宣统元年(1909年)闰二月二十日第十八期,文牍,第12页。

图 7-5
碧色寨火车站员工食堂

诸锡斌2021年摄于蒙自碧色寨

图 7-6
碧色寨火车站咖啡厅

诸锡斌2021年摄于蒙自碧色寨

四、电力技术

自光绪三十一年（1905年）开昆明为商埠以后，新兴民族工商业开始在昆明萌发，商号、洋行、小工厂、作坊、银行、医院、教堂、报馆、戏院陆续出现，昆明城市人口到清末达9万余人。[1]城市的发展和国外先进技术的引进，为云南电力发展创造了条件。中国大陆第一座水力发电站于昆明诞生。

光绪三十四年（1908年），法国人以滇越铁路通车需要用电为由，要求云南官府准其在螳螂川修建水电站。此举激起云南各界的愤怒。云南的一些有识之士奋起主张自办电力，力排法

---

[1] 杨承景原稿，杨树春整理：《我国最早修建的水电站——石龙坝水电站》，载中国人民政治协商会议云南省昆明市委员会文史资料委员会《昆明文史资料选辑》（第20辑），昆明市政协印刷厂，1993年，第76-88页。

国对中国资源的掠夺。当时云南最大商户、时任云南商会第一任经理的王鸿图[①]对法国人来滇办电早有所闻。不少商会会员也多次同他商议自主办电之事,并分析"官商合办"之弊,指出"因有鉴于前清之季(际),凡属实业带有官办性质者,每每难收效果。乃坚持商办宗旨与之力争,非此商会不能接办。争论多日,始定官家只认维持保护之责,办事概归商家主持"。[②] 宣统元年(1909年),王鸿图联络了19位商界同仁,要求成立一家股份公司来办电业,经过力争,获得官府同意。云贵总督李经羲批复:"从今起,二十五年内不许外人来滇办电。"最终股份公司于宣统二年(1910年)成立,定名为"商办耀龙电灯公司",选址于昆明海口螳螂川。在制定了建设方案和筹得25万元银币的总投资后,商办耀龙电灯公司聘用德国工程师,并向德国订购了全套发电设备。之后,奥地利制造的水轮机、德国西门子公司制造的发电机和变压柜等数十吨重的庞然大物,由滇越铁路运至昆明。宣统二年(1910年),石龙坝水电站基建开工。由于电站设备在距石龙坝7千米处,无法用机械来运输,只得人拉手拽,下铺滚木,前面由十多人拉,后面由数十人撬,一寸一寸滑,一步一步挪,足足用了一个半月才全部就位。就是在这种背景下,中国第一座水力发电站——石龙坝水电站于1912年4月12日全面竣工发电(见图7-7)。至今,石龙坝水电站仍在正常运转发电(见图7-8)。

图7-7 1912年4月12日全面竣工发电的车间旧照

诸锡斌2020年摄于安宁石龙坝水电博物馆

建成的石龙坝水电站进水的上端处于滚龙坝,筑有长55米、高2米的拦河石闸坝一道。闸坝上建有高2米、宽1米、厚3.3

图7-8 仍在使用的石龙坝水电站第一车间

诸锡斌2020年摄于安宁石龙坝水电站原址

[①] 王鸿图,字筱斋,为云南"钱王"王炽之子。
[②] 转引自杨承景原稿,杨树春整理:《我国最早修建的水电站——石龙坝水电站》,载中国人民政治协商会议云南省昆明市委员会文史资料委员会《昆明文史资料选辑》(第20辑),昆明市政协印刷厂,1993年,第76–88页。

米的闸墩17座，闸门16孔。（见图7-9、图7-10）

于取水口到前池沿山修砌长1478米、宽3米、深2米的石引水明渠一条（见图7-11、图7-12），后又架设23千伏全长34千米输电线路一条[①]。

图（左上）7-9 建于滚龙坝上的拦河石闸坝

诸锡斌2021年摄于石龙坝水电站滚龙坝原址

图（右上）7-10 建于滚龙坝上的拦河石闸坝闸门

诸锡斌2021年摄于石龙坝水电站滚龙坝原址

图（左下）7-11 石龙坝砌石引水明渠（一）

诸锡斌2021年摄于安宁市石龙坝发电站

图（右下）7-12 石龙坝砌石引水明渠（二）

诸锡斌2021年摄于安宁市石龙坝发电站

水电站完工后，利用15米的落差，应用流量4立方米/秒的静压力驱动从德国西门子公司订购的单机容量240千瓦的水轮发电机组（见图7-13）发电，同时采用23千伏输电线路向距电站34千米的昆明市供电。

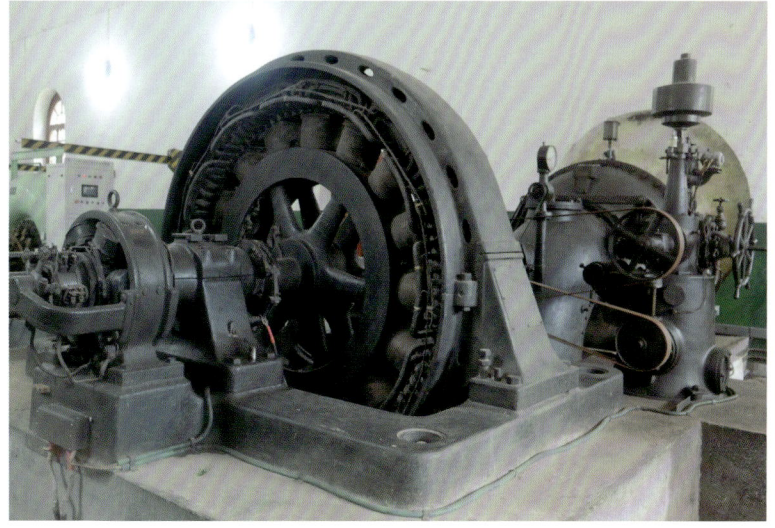

图7-13 石龙坝水电站装设的德国西门子发电机

诸锡斌2020年摄于石龙坝水电站第一车间

① 杨选民：《石龙奇月》，国际文化出版公司，1990年，第48页。

石龙坝水电站建成后，昆明城里竖起了电线杆（见图7-14）。由于当时的电灯仅供一般照明，且电压有限，亮度不足，市场推广受限。据云南文史资料记载，当时放电影，"新世界（电影院）系用耀龙电灯公司的电源，常感微弱，光线不好，添购了一座发电机（脚踏），自行发电，光线较前明晰，营业情况亦蒸蒸日上"[①]。加之"一般市民迷信者多，装用者少"[②]，对石龙坝水电站的利用不利。为扩大影响，回笼资金，商办耀龙电灯公司"遂减价优待用户，灯头一概免费，每灯每月收电费一元，用户渐增，营业逐渐发达，至民国七年（1918年）即全部还清贷款"[③]。

图 7-14
石龙坝水电站建成后昆明城里竖起了电线杆
诸锡斌2021年摄于云南省博物馆

石龙坝水电站是中国水电事业之发端。它以滇池为天然调节水库，利用该段较集中的滇池水落差兴建的引水式水电站技术走在了当时中国水力发电事业的前列。

五、印刷、邮政和轻化工技术

滇越铁路的开通，有效促进了西方先进技术迅速进入云南。其中印刷技术和邮政在先进技术的推动下，逐步发展起来。

（一）印刷技术

晚清以后，石印和铅印等近代印刷技术开始传入云南各地，传统的雕版印刷业逐渐衰微。

光绪二十九年（1903年）十月九日，云贵总督衙门和云南巡抚衙门共同创办了一张官报《滇南钞报》（即《云南抄报》之意）（见图7-15），此为云南报纸之嚆矢，开创了云南办报的先河。该报纸用云南皮纸单面直排铅印，开张比现代4开的报纸略小，每期4页，每页由中缝分隔，可以折叠成八开，是我国早期报纸的典型书册式版面；由督署官报局编辑，督府下设的铅印处承印，作为日报发行到各府、厅、州、县。宣统二年（1910年）在昆明大东门成立了云南省公署印刷厂，该厂是后来的云南印刷局的前身；同年成立了云南省公署印刷厂，后

---

① 赵宗朴：《昆明电影放映事业四十年史话》，载中国人民政治协商会议云南省委员会文史资料研究委员会《云南文史资料选辑》（第21辑），云南人民出版社，1984年，第6页。
② 转引自杨承景原稿，杨树春整理《我国最早修建的水电站——石龙坝水电站》，载中国人民政治协商会议云南省委员会文史资料研究委员会《云南文史资料选辑》（第20辑），云南人民出版社，1983年，第76-88页。
③ 转引自杨承景原稿，杨树春整理《我国最早修建的水电站——石龙坝水电站》，载中国人民政治协商会议云南省委员会文史资料研究委员会《云南文史资料选辑》（第20辑），云南人民出版社，1983年，第76-88页。

第七章 清代后半期云南的科学技术（1840—1911年）

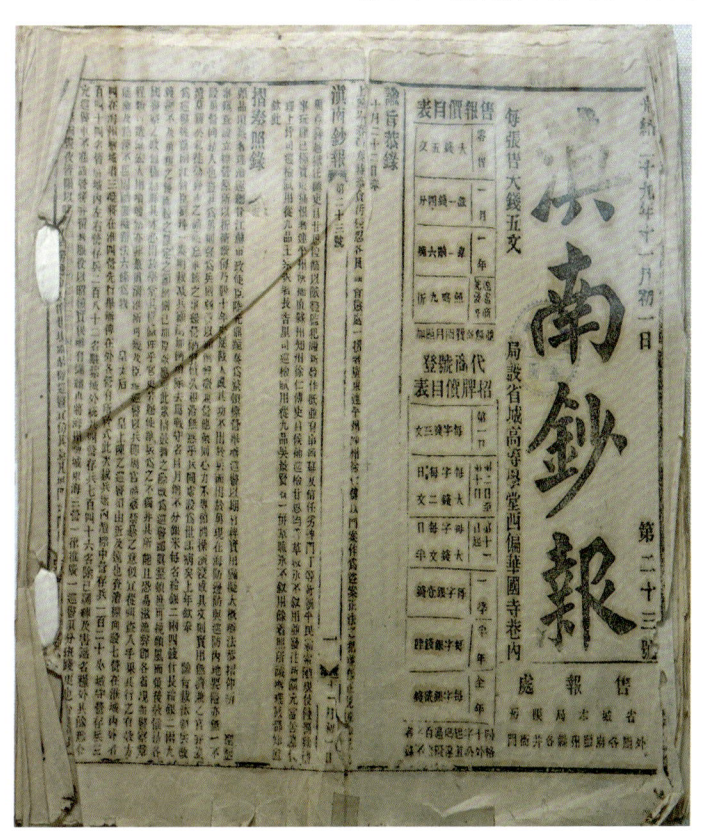

图 7-15
云南最早的日报——《滇南钞报》
诸锡斌2022年摄于云南典籍博物馆

来更名为云南官印局，主要承印官商所需要的各种印刷品，出品有铅印、石印的印刷品，还能铸字等。其机械设备均采用近代技术，有字模镌刻、铸造铅活字、排版印刷等一整套工序[①]。这些印刷企业的出现，逐渐淘汰了传统的雕版印刷业。

当时的印刷技术人员是通过选送学徒赴上海商务印书馆学习而培养得之。主要采用石印技术，其原理是应用石灰石吸收脂肪性油墨能力强的原理进行印刷。石印所用的石板，成分主要是石灰石（碳酸钙）。先用脂肪性的油墨描画，或撰写花纹文字在石板上。用硝酸处理石板，脂肪性油墨与石灰石遇到硝酸互相结合，起碱化反应变为石灰石碱，且同时板面出现泡沫、放出碳氧化物。注水于版面，石灰石碱部（即有字画部）排水，石版部（即无字画部）受水。再用滚筒滚印刷墨于版面，则无水部上墨，有水部排墨。此时放上纸施加压力，则可印得与原形一致的字画，如是循环操作，每制版一次，可印千余张乃至万张。所以，官印局石印，操作上大概可分为研磨石版、制版及印刷3项。之前也有少数人采用先进印刷技术，例如宣统元年（1909年），盈江干崖傣族土司刀安仁从日本学到现代印刷技术，就在盈江新城建立印刷厂，进行傣文课本和文艺作品的印刷，成为中国傣文印刷之始。之后，官印局开始延聘专家，增设铅印，逐渐规范。两三年即实现经费自理，且一年比一年发达，进而添购动力印刷机，培养人才，进一步带动了云南各地印刷业的发展。

（二）邮政

光绪四年（1878年）3月，清政府开始试办邮票，发行了第一套邮票，即"大龙"邮票（见图7-16），掀开了中国创办邮政的大幕，标志着中国开始进入现代邮政通信新时期。

在清政府开始创立现代邮政的情势下，光绪二十三年（1897年）至光绪二十八年（1902年），云南先后在蒙自、思茅、腾越3个海关内设立邮政局（见图7-17、图7-18）。

图 7-16
"大龙"邮票全套
诸锡斌2021年摄于云南陆军讲武堂历史博物馆

---

① 李晓岑：《云南科学技术发展简史》（第二版），科学出版社，2015年，第295页。

光绪二十九年（1903年），清政府邮传部决定在云南设立全省性的邮政局。光绪三十二年（1906年），清政府邮传部派来中、外两位总管，外方为丹麦人，主管线路工程；中方此时因云南籍留日学习电讯的学生还没有回国，而此前学习军事的3名学生无法胜任主管电报职务，只能从江苏借调江苏人彭欲义主持这一事项。宣统元年（1909年），由于滇越铁路通车，蒙自邮政总局遂在碧色寨设立了碧色寨邮政分局（见图7-19）。

云南从设立邮政局开始至宣统二年（1910年），信袋免收运费，邮运包裹按每吨公里核收运费，且享受递远递减优待。"外地革命刊物，由法国邮政局寄来"，可以不受地方官府的检查，"因此同盟会所有革命宣传刊物，大批运到云南"。[①] 1928年，张培信在石印的《自述》中称："适邮传部有兴云南邮政之举，事隶海关。海关当道谂余谙西学，力嘱出为创设，惨淡经营，不遗余力，未数载，规模大备。"[②] 无论如何，云南的邮电事业由此起步。

图 7-17
蒙自大清邮政总局暨蒙自海关大门
诸锡斌2021年摄于蒙自市

图 7-18
蒙自大清邮政总局暨蒙自海关旧址
诸锡斌2021年摄于蒙自市

图 7-19
1909年设立的碧色寨邮政分局
诸锡斌2021年摄于碧色寨

---

① 缪嘉琦：《记云南陆军学堂在辛亥革命期间的反帝斗争》，载中国人民政治协商会议云南省委员会文史资料研究委员会《云南文史资料选辑》（第15辑），1981年，第125页。
② 张一鸣、张一飞、张一方：《云南邮政事业的开拓者张培信》，载中国人民政治协商会议云南省昆明市委员会文史和学习委员会《昆明文史资料选辑》（第28辑），昆明市政协机关印刷厂，1997年，第4249页。

（三）食品加工和轻化工技术

宣统元年（1909年），浦在廷①组建了云南较早的股份制企业——宣威宣和火腿股份有限公司，并受蔡锷将军启发，多次到广州、香港等地购买德国先进的机器设备，又派人到广州学习制作火腿罐头的技术，引进了云南工商史上最早的罐头生产线，生产火腿、水果罐头。其中宣威火腿在1915年的巴拿马博览会上获得金质奖，从此声名远播，香飘海内外。1921年，浦在廷创建兄弟食品罐头公司，生产"双猪牌"宣威火腿罐头，孙中山品尝后倍加赞赏，题"饮和食德"四字赠之，故又称德和火腿罐头②。该罐头远销东南亚和欧美，成为云南最早进入国际市场的名特食品之一。现今德和罐头厂（见图7-20）生产的这一品牌罐头仍深受人们欢迎。

图7-20 如今的昆明德和罐头厂大门
诸锡斌2020年摄于龙泉路岗头村德和罐头厂

云南省的肥皂生产始于宣统三年（1911年）。之前有人用猪胰子配以土碱、豆面，混合捏细，添加樟脑，成型干燥后，制成胰子供应市场。自宣统三年（1911年）起，云南有了肥皂生产，但是设备简陋，就地取材。肥皂生产采用搅拌器和切皂机。当时切皂机采用螺旋推进经纬切线控制切块，属单线切皂机，质量和效率不高。

同治九年（1870年）以前，大理城内已有民间艺人专门从事制革。光绪二十六年（1900年）前后，昆明德胜桥兴仁街开办制革厂，采用"烟熏"的方法制革。光绪三十四年（1908年），清政府在昆明成立军务司制革厂（陆军制革厂的前身），采用先进的化学技术制革。当时皮革产品有皮衣类、靴鞋类、皮箱类、鞍辔类4类，皮革以牛、羊皮最多，还有马、犬、狼、鹿、豹皮，甚至虎皮等，销售的市场很广。滇越铁路通车后，云南开始用火车将皮革制品运往上海等地外销，皮革制品成为云南当时外销的大宗产品。

第二节 蚕桑、经济作物和林业技术

晚清时期，云南农业发展主要集中于桑蚕业和经济作物的引进和利用上。随着近代农业理论开始传入，在清政府的推动下，云南举办农业科学课堂，宣传农业科学理论和推广先进农牧技术，并鼓励民众实践。此举推动了云南传统农业逐渐向近代农业的转变。

---

① 浦在廷（1871—1950年），云南宣威榕城镇人，学名浦钟杰，是云南宣威火腿罐头的创始人。
② 1946年，浦在廷长子浦成绩及戴永康等人在昆明崇仁街4号成立了"昆明德和罐头食品股份有限公司"，公司所属的"德和罐头厂"位于昆明弥勒寺。

一、蚕桑技术

晚清时期，蚕桑业对增强云南经济实力有着重要价值。光绪三十三年（1907年）九月，云南成立蚕桑虫蜡局，委员张令和"自奉委接办斯局"，悉心研究，发现蚕桑业为"滇中致富之一大端"。[①]清政府十分清楚，要发展蚕桑业就必须改变传统的技术而采用科学理论指导下的技术，因此，推进蚕桑科学理论的普及和加大近代技术的推广势在必行。

（一）蚕桑科学理论与教育

光绪三十二年（1906年），清政府于昆明开办了蚕桑学堂，由浙江省聘来3名教员。一年后，首届学生毕业，学堂即由3名毕业生担任教员。光绪三十三年（1907年）十月二十日，《云南教育官报》第五期文牍栏目中的《督宪锡劝谕滇民兴实业以抵制鸦片告示》如是说："课农桑，讲森林，艺畜牧，开矿产，劝工商……考究中西养蚕的良法"[②]。并且"为储备人材起见，至如筹开矿厂、兴办蚕桑垦种、农田振兴实业"[③]。

当时之所以把农桑排在最前面，并强调"考究中西养蚕的良法"，是因为蚕桑对于广大贫弱的农民而言，是一种容易通过大面积劳作获取的产品，这种产品无须以机器制造，又为人人日常所必需，有着广阔的市场。当时人造丝尚未真正问世，因此蚕桑业成为云南发展经济的重要支撑点。当时的初等农业学堂设有农业、蚕业、林业、兽医4科[④]，并且养蚕买丝又是首选。在清朝云南官府的倡导下，各地积极"筹办初等农业学堂，先开蚕科"[⑤]，兴办蚕桑业成为新潮。在这样的形势下，光绪三十一年（1905年）至光绪三十二年（1906年），云南蚕桑学堂创办人林绍年用白话文撰写了《蚕桑白话》一书，包括"栽桑白话"及"养蚕白话"两部分。其中"栽桑白话"部分有种桑子、栽桑秧、接桑树、施肥料、修枝条、除害虫等内容；"养蚕白话"部分则讲述养蚕新法、除沙法、桑叶与蚕的关系等内容。此书对云南的桑蚕技术产生了重要影响，是20世纪初云南有近代科学眼光的农学著作[⑥]。此外，云龙白族杨名飑也撰写了《蚕桑简编》一书。

（二）蚕桑技术的推广应用

在着手进行农业科学理论教育的同时，云南不同地区也从实际出发，推广先进蚕桑技术，发展蚕桑业。丽江府针对丽江地区"丝业素未讲求"[⑦]的情况，"组织初等农业学堂一

---

① 《农工商务局咨会督催各属晓谕民间分别远近领运桑秧桑子文》，《云南教育官报》光绪三十三年（1907年）十月二十日第五期，文牍，第5页。
② 《督宪锡劝谕滇民兴实业以抵制鸦片告示》，《云南教育官报》光绪三十三年（1907年）十月二十日第五期，文牍，第3-5页。
③ 《团练处收支委员会邱寿祺禀陈筹开矿厂兴办蚕桑实业等事宜请核示由》，《云南教育官报》宣统元年（1909年）八月二十日第二十四期，批牍，第2页。
④ 《浪穹县曹署今申报县属蚕桑局开设初等农业学堂并采选烟矿等物呈验由》，《云南教育官报》宣统二年（1910年）九月二十日第二十五期，批牍，第2页。
⑤ 《护督院沈批署永昌府彭守筹办初等农业学堂先办桑科请查核立案禀》，《云南教育官报》宣统二年（1910年）九月二十日第二十五期，文牍，第7页。
⑥ 李晓岑：《云南科学技术发展简史》（第二版），科学出版社，2015年，第284页。
⑦ 《丽江府彭署守报明筹设初等农业学堂先办蚕科情形禀》，《云南教育官报》光绪三十四年（1908年）十一月二十九日第十六期，报告，第2页。

所，先办蚕科，因地制宜自系当务之急"[①]。通过《云南教育官报》登载的《丽江府初等农业学堂甲班学生饲育春蚕经过表》[②]不难发现，丽江府初等农业学堂蚕桑业的教学已经走上了科学化的轨道。宣统元年（1909年）的公文里面就曾出现这样的记载："教授蚕业实习科必得有蚕体发育顺序标本直观解释，庶足以了解饲养之法，又必自制蚕体发育顺序标本、发明原理，然后见成绩之优。"[③]可见当时云南的农业技术，已经逐步从经验性的农业生产技术向科学理论指导下的技术转变。楚雄在"劝学所内设立蚕桑研究所，一切办法尚有条理"[④]。不仅农业学堂大力开展蚕桑教育，普通教育中也加入了蚕桑教育。云南县还改良高等小学，附设了讲习教育、蚕桑研究、阅报宣讲等课程，并设立蚕桑研究所，成绩颇佳。官方还登官报示劝，以鼓励民间"种桑育蚕诸新法加意研究力求进步"。由于当时养蚕新法主要来自浙江，蚕桑研究所"仿办浙蚕"[⑤]。研究所"李廷英自愿筹垫运脚，雇马赴省，请领种至三年以外之桑秧三万株回县，分种期于速成"[⑥]。文山县劳署也发出指令，"筹款请领桑秧桑子，督绅觅地广为认真培护，以为兴办蚕桑根本，一面遵于小学堂内附设蚕桑研究所，并派绅宣讲浅要、白话诸书以资劝导"[⑦]。丽江气候温和，土质肥沃，适宜蚕桑，可惜地居边陲，在蚕桑业方面难得良师，于是聘在省毕业生杨镜仁充蚕桑教员，聘日本留学师范之举人周冠南主讲其他科学兼任堂内监督，学生共38人，光绪三十四年（1908年）正月二十六日开学，"正科生以二年卒业，以备将来各属推广蚕桑设立研究会之用；副科生则以半年卒业，以便令其先行各回本属预备种桑以为嗣后养蚕之需"。数月间"两教员均能热心教授，所饲春蚕虽因近城采桑不易，多用野桑，而所成之茧，所缫之丝，均觉质色俱佳，当由堂内制就数份分发各属，以备各学堂参考，并俾人纵观向之，谓为不宜者未尝不自悔，其孟浪而愿从事于蚕桑矣"[⑧]。新平县实业员郭万来记载：宣统二年（1910年）云南创办女子蚕桑研究所，"又组织乙种蚕业学校"[⑨]等等。事实表明，通过努力，晚清时期，云南蚕桑业有了显著进步。例如光绪三十三年（1907年），姚州知州李金鳌禀称，该州蚕桑学堂绩养秋蚕由民间分领试养有成，"秋蚕试办有成可喜之至"[⑩]。此时的云南蚕桑业已开始走上科学理论指导下的发展道路。

[①] 《本司叶奉督宪批丽江府彭署守禀筹设初等农业学堂先办蚕科一案遵批核饬文》，《云南教育官报》光绪三十四年（1908年）九月二十日第十四期，文牍，第14-15页。

[②] 《丽江府初等农业学堂蚕科学生分班饲育春蚕经过表》，《云南教育官报》光绪三十四年（1908年）九月二十日第十四期，表一。

[③] 《丽江府温署守申送初等农业学堂蚕业科学期成绩簿，春蚕发育顺序表匣装蚕体发育顺序标本各一份请查核由》，《云南教育官报》宣统元年（1909年）八月二十日第二十四期，批牍，第2页。

[④] 《楚雄府崇守等会禀开办蚕桑研究所试养夏蚕呈验样丝并桑种成活情形由》，《云南教育官报》宣统元年（1909年）八月二十日第二十四期，批牍，第2页。

[⑤] 《宣威州文重胡文治呈请咨送黔省调查山蚕由》，《云南教育官报》光绪三十四年（1908年）第八期，文牍，第20页。

[⑥] 《云南县庄令禀访觅诸桂蚕种设立蚕桑研究所现已养至四化填表呈报由》，《云南教育官报》光绪三十四（1908年）年十月二十日第十五期，批牍，第6页。

[⑦] 《文山县劳署令禀遵将奉文兴办蚕桑各情先行据实禀陈由》，《云南教育官报》光绪三十四年（1908年）九月二十日第十四期，批牍，第6页。

[⑧] 《丽江府彭署守报明筹设初等农业学堂先办蚕科情形禀》，《云南教育官报》光绪三十四年（1908年）十一月二十九日第十六期，报告，第3页。

[⑨] 《新平县实业员郭万来覆本科李见事书》，《云南实业杂志》1915年第三卷第一号，杂俎，第7-8页。

[⑩] 《本司叶奉督宪批前任姚州知州李金鳌禀该州蚕桑学堂绩养秋蚕由民间分领试养有成一案遵批通饬劝兴蚕业文》，《云南教育官报》光绪三十三年（1907年）十月二十日第五期，文牍，第12页。

二、经济作物技术

晚清时期,咖啡、棉花、橡胶等经济作物开始被引种到云南,桐油产品也得到广泛应用。

(一)咖啡

光绪十九年(1893年),聚居云南与缅甸交界处瑞丽地区的景颇族已开始引种来自缅甸的咖啡[1]。光绪三十年(1904年),法国天主教传教士田德能被派到云南大理管辖的宾川地区传教。他经过法属殖民地越南时,于越南老街选购了咖啡豆和咖啡种苗,经河口带入云南,最终在宾川朱古拉村的教堂外面种下了购买的咖啡种苗。田德能及其随从的到来,使当地民众认识了咖啡。后经繁殖,朱古拉村咖啡种植渐成规模,至今尚有树龄100多年的咖啡树24株[2]。至今,朱古拉村仍保留着自种、自磨、自煮咖啡的工艺和饮用咖啡的习惯。这种习惯与当地的婚丧、节庆等相结合,演变为一种习俗,形成了独特的山区少数民族咖啡文化。

(二)棉花

光绪三十三年(1907年)初,刀安仁(云南干崖籍留日学生)奉孙中山命返回腾冲干崖继续任土司。他十分热衷棉纺事业。"据干崖土司刀安仁称,前游学东洋购回机器,在司署设厂开办,令试造成效,合将式样申请转报。计申颜色胡绸三小疋,丝绢一束……查该土司倡办机厂,十分热心艺业……"[3]其他地方也积极引入棉花新品种。宣统三年(1911年),宾川县引入四川陆地棉种植,群众称"川花"。陆地棉产量高,纤维较细长,产量、品质都优于亚洲棉,是机器纺纱织布的主要原料。与此同时,云南一些人已经在潜心研究棉花种植问题。光绪三十四年(1908年),清政府许可试种有成即可推行全境[4],并且"购籽种若干,栽种地亩若干,统限来年三月内据实禀报,毋许玩延"[5];要求所做研究必须"详报主管部门所在省份,各所属地方种植棉花以何处为最多,以何处为最良"[6]。这些措施一定程度上推进了棉花种植的发展。

(三)橡胶

光绪二十四年(1898年),英国侵略军从缅甸屡次进犯云南盈江干崖铁壁关地区[7],干崖傣族土司刀安仁领导当地民众与英军进行了八年作战。为了寻求富国强兵之路,刀安仁曾多次到东南亚各国游历考察,并于光绪三十年(1904年)春,从马来西亚引进8000株橡胶苗种植于

---

[1] 参看陈德新《中国咖啡史》,科学出版社,2017年,第82-92页。
[2] 陈德新:《中国咖啡史》,科学出版社,2017年,第106页。由田德能于朱古拉村的教堂外面种下的云南第一棵咖啡树已于1997年自然死亡。
[3] 云南省档案馆:《清末民初的云南社会》,云南人民出版社,2005年,第92页。
[4] 《督宪锡批代理副官村县丞熊祖颐试种川产棉花呈验籽花禀》,《云南教育官报》光绪三十四年(1908年)十一月二十九日第十六期,文牍,第10-11页。
[5] 《督宪锡批代理副官村县丞熊祖颐试种川产棉花呈验籽花禀》,《云南教育官报》光绪三十四年(1908年)十一月二十九日第十六期,文牍,第11页。
[6] 《农工商务局咨举院札准部咨遵旨调查棉业情形由各省劝办饬局分别查覆一案咨司查照文》,《云南教育官报》光绪三十四年(1908年)第八期,文牍,第6-7页。
[7] 干崖为现今云南的盈江县,铁壁关地区现属缅甸。

干崖凤凰山，为我国引种橡胶树之始。这是中国第一次在北纬24°以北地区种植橡胶，当年引种的橡胶树今天尚存活1株，已有百余年的树龄，被誉为"北纬二十五度的橡胶母树"。橡胶树的引种成功，推翻了《大英百科全书》"北纬21度线以北绝对栽不活橡胶"的论断，也推翻了西方一些学者认为"中国不能种橡胶"的结论。

（四）桐油

从桐树籽中榨出的油是一种干性植物油，附着力强。清代《滇系·赋产》已有关于桐油的记载。据民国《大理县志稿》记载，晚清时桐油多用于制造避雨的雨衣，以及帽罩、油布毯、油纸等器物，并可油刷房屋及木器。用桐油制作布和草帽，是近代以后大理白族一项有名的手工业[①]。

三、林业技术

晚清时期，森林被严重破坏，给林业经济带来了不好的影响，以致从民间到官方都有了植树造林的意识。

光绪三十二年（1906年），临安府[②]知府贺宗章撰拟了《奖励开垦种植章程八条》，这是云南官方发布的第一个关于奖励植树造林的文件。其中要求：对山头土层，亦应考察土性，以栽植适宜的树种。规定栽植桑树、蜡树、桐子树、茶子树、漆树成活一百株以上者，请给八品顶戴；成活四百株者，请给六品顶戴；成活七百株以上者，请给五品顶戴；成活一千株者，请农商部奖励。栽种各种果树以及杉、松、椿、柏、樟、枫之类，成活一百株以上，按桑、桐、茶同等奖励。迤西道[③]的宋湘还在大理自购松树种子，发动乡民在点苍山造林。这一行动也促进了民间植树造林意识的树立。

光绪三十三年（1907年），清政府在昆明贡院创办云南农业学堂，设农、林、蚕、染织4科，从日本、浙江和山东聘来了教师，并建立试验农场，分水田、菜圃、花卉3部。划昆明圆通山为林场，作为林木苗圃、造林地段及第一桑园，在昆明大、小东门和南城外开辟第二桑园，每年将试验所得的农林新籽种和秧苗散发到各县栽种。宣统元年（1909年），又在晋宁开办了林业试验场。到宣统二年（1910年），昆明成立了云南的第一个学会——云南省农会，拉开了近代云南农业研究的序幕。这也是云南最早的一个科学组织[④]。以后云南发达地区的农林技术逐渐走上了近代化的道路。

第三节　医药技术

晚清时期，西方医疗技术主要通过传教士于民间传入云南，一些先进的医疗技术开始被

---

① 参看李晓岑《云南科学技术简史》（第二版），科学出版社，2015年，第286页。
② 文中所指临安府为现今云南建水县。
③ 清代以来，云南分为三迤，并以三迤代称云南。三迤是迤东、迤西、迤南三大行政区的合称，其中迤西道领府大理、楚雄、顺宁、丽江、永昌。
④ 李晓岑：《云南科学技术简史》（第二版），科学出版社，2015年，第284页。

人们接受。西医理论和技术的传播改变了中医一统天下的格局，催生了云南医药业新格局的建立。与此同时，传统中医和民间医药在这一发展形势下不断改进和完善，有了新的进步。

一、西医

西医在云南主要是通过传教士在农村和贫困地区以协助人们接受宗教教义的方式传播的；经济发达地区则是在传教的同时，主要通过建立医院等方式传播。

（一）西医在民间的传播

从光绪十一年（1885年）起，基督教新教的英国卫理公会（即循道公会）就一直在中国西南进行长期活动，其中尤以在黔、滇、川毗邻的威宁、赫章、昭通、彝良、巧家、鲁甸、会泽、大关、盐津、镇雄、威信、永善、东川、筠连、珙县、高县、古蔺等县广大地域内的影响为大。他们深入当地人的生活，传播基督教教义，并利用近代知识帮助这里的人们，使人们受惠而接受基督教，其中就包括为当地人拔牙、种牛痘等。他们中的一些人还利用回国休假的机会，参加一些短训班，然后回到中国开始施医施药[1]。

当时云南偏远的地方缺医少药最为严重。"卫生一事，自吾乡人视之，必以为无足轻重。试思痢疾流行，死亡载道，甚至有全家悉遭惨厄者，言之寒心。"[2]"江湖猎食讬名悬壶，村愚无知谬称国手，草菅民命日死多人。"[3]从传教士的一则日记中也可以看到，当时云南人对于疾病的认识：光绪十六年（1890年）九月十五日，瘟疫仍在到处流行。而当时"如何治病"的传单上却宣传"当发病的时候，立即用针刺舌根、膝下、双腋窝以及所有的指甲下面，并且挤出全部针孔的血等等"[4]。这种愚昧的"医疗"行为，给患者带来了严重的不良后果。尤其是当流行病发生的时候，巫师即被请来，力图通过施法达到治病的目的。从传教士的日记中可以看到，无论如何施法，一场瘟疫过后，五六十户人家的寨子只剩下十来户。这当中，最可怕的就数麻风病。此种病广泛流行于中国西部的居民中，传染性极强。对此，地方官员竟然执行把全部麻风病患者都杀光的野蛮计划。民众对麻风病也十分恐惧。据晚清传教士回忆："距我住处不远的一户人家中，男户主染上了麻风病。一天夜晚，他的几个朋友用当地产的烧酒把他灌得烂醉，然后将他抬入旁边一间破旧的小屋内，点着火，醉倒的麻风病人就这样被烧死。"[5]由此可以看出，当时云南贫困地区的医疗条件十分落后。为使民众接受西方教义，传教士通过施用一些简单的实用医疗技术来达到目的。如传教士柏格理在日记中就有不少关于这方面的记录：主要从事的是拔牙、种牛痘、救治服鸦片自杀者。第一例拔牙是光绪二十三年（1897年）十月四日前[6]。日记还记载第一例点种牛痘是在宣统三年（1911年）一月二十日。尽管西方传教士施用可行的医疗技术是为了达到传教的目的，但是西医治疗给人们带来了实惠，为西医在云南民间的传播创造了条件。

---

[1] [英]柏格理、[英]甘铎理著，东人达、东曼译：《在未知的中国》，云南民族出版社，2002年，第502页。
[2] 《邵阳魏肇文与邑人书》，《海外业学录（月刊）》1904年8月第1期。
[3] 《卫生教育会宣言书（续）》，《义声报》1921年1月21日。
[4] [英]柏格理、[英]甘铎理著，东人达、东曼译：《在未知的中国》，云南民族出版社，2002年，第623页。
[5] [英]柏格理、[英]甘铎理著，东人达、东曼译：《在未知的中国》，云南民族出版社，2002年，第292页。
[6] [英]柏格理、[英]甘铎理著，东人达、东曼译：《在未知的中国》，云南民族出版社，2002年，第660页。

（二）西医医院的建立

光绪年间，西医开始传入昆明、大理和昭通地区。光绪二十七年（1901年），法国领事署在昆明华山西路创办了第一所西医医院，最初称为"大法施医院"[1]，后改名为"法国医院"[2]。不过，由于法方不断觊觎滇边，又在省城生事（如开枪打伤平民，武装占领圆通寺等），民众对其产生反抗情绪，并对西医存感，故除教会信徒及其家属外，就诊者寥寥无几。此后，省外陆续有西医来滇开业，最初以治疗外伤科一类疗程短、疗效快的疾患，在这些医院获得一部分人的信任后，就诊者才逐步多起来。大法施医院成立两年后，即光绪二十九年（1903年），又设立大法施医院附属学校，校址就在与该院毗邻的三棵树巷。学校招收了46名学员学习西医。学员中除了中国人，还有越南人，其中中国籍学员15人。大法施医院附属学校是云南最早的西医学校，学制5年。教师由医院医务人员兼任，学生所需的书籍和服装由学校免费供给。学员每天上课3小时，其余时间则分派在医院做一些辅助性工作。第一批昆明学生毕业后，除少数留用法国医院外，大多在昆明或州县自开诊所。例如昆明籍学生李继昌原有家传中医技术，又学了西医，毕业后在昆明市开诊所，采用中西医结合的方式看病[3]。由此，昆明中西医并行[4]。大法施医院附属学校虽然仅开办一年，但为后来西医的推广应用打下了基础。护国起义后，学校曾恢复招过一届学生，后又停止，直到抗战全面爆发后才又恢复招生。

晚清时期，由于社会迫切需要医生，云南官方对于医学人才十分重视，尤其对西医给予了较多关注。在光绪三十三年（1907年），《云南教育官报》记载："禀恳医学一科原为寿世寿民而设。查东西各国凡属医士、药剂师者，均须由学堂出身，得有毕业凭照始准营业，否则不许滥竽，违者议罚，所以重民命也。然国家虽视为必要之科学，但一经毕业给予学位后多系自营生业，不恃国家之委用，惟邀求行政官厅之免许而已。盖医学虽为社会之必需，而属于行政各部分之委用有限，故用保护主义听其营业，更于其中选择学术精纯成效卓著者，从优奖励，以策进步。"[5]由此可知，当时西医在云南的推广与应用得到了官方的认可，并在政策上给予了保障，不仅行医要有毕业文照，而且"学术精纯成效卓著者，从优奖励，以策进步"。

宣统元年（1909年）二月，云贵总督锡良编练新军，每日操练。当时伤病官兵众多，锡良遂命毕业于北洋军医学堂的安徽人周晋熙创办一所军医学堂，请滇越铁路意大利籍医师玛茹拉理任教师，招收了一班学生。一年后，为师资、教学设备及实习地点所困，学校无法继续开办，经锡良奏报，将该班学生转送天津北洋军医学堂[6]继续学习，毕业后仍回昆行医。这是云南以正规方式培养的第一批医务人员，也是云南最早的一批西医。当时军医学堂有昆明留日归国的学员两名，一名为镇南州（今南华县）籍，毕业于日本东京私立医学专门学校，另一名为昆明籍，毕业于日本仙台医学专门学校。尽管这所军医学堂在清朝末年尚未发挥作用，但是它

---

[1] 万揆一：《民国前期昆明医林拾遗》，载中国人民政治协商会议云南省昆明市委员会文史资料委员会《昆明文史资料选辑》第21辑，昆明市政协印刷厂，1993年，第3195页。

[2] "法国医院"也被称为"滇越铁路医院"，为今昆明市妇幼保健院前身。

[3] 夏光辅等：《云南科学技术史稿》，云南科技出版社，1992年，第167页。

[4] 万揆一：《民国前期昆明医林拾遗》，载中国人民政治协商会议云南省昆明市委员会文史资料委员会《昆明文史资料选辑》第21辑，昆明市政协印刷厂，1993年，第3195页。

[5] 《本司叶批医学修业生傅景星李绍莲恳请因材器使禀》，《云南教育官报》光绪三十三年（1907年）十月二十日第五期，文牍，第15页。

[6] 光绪二十八年（1902年），袁世凯于天津东门外海运局创立北洋军医学堂。学堂曾多次搬迁，1936年更名为"北洋军医学校"，是现今台湾地区"国防医学院"的前身。

为后来云南西医的传播和施用创造了条件。

宣统二年（1910年），昭通开办了教会医院——福滇医院。这所医院属西医医院。光绪三十年（1904年）至光绪三十二年（1906年），加拿大传教士在传教期间，于大理城朝阳巷设立一所小药室，最早卖驱虫药、眼药、疮药等，称为"洋药"。1912年，加拿大传教士韩纯中夫妇又于大理城北门福音堂设立了一家药店，除售卖西药外，还做一些外科手术，这是大理地区施用西医外科之始[①]。随着教会医院在云南的大量出现，西医逐步传遍云南各地区。

二、中医

清末，在西医传入的同时，云南的传统中医药和民间医药也在不断进步，发生了一些有影响的事件。云南白药的制配成功，就是这一时期云南传统医药学成就的突出代表。

光绪二十八年（1902年），云南江川名医曲焕章根据师父姚连钧的真传，以彝族民间草药为基础，创造了消炎止血且活血化瘀的药物。据《续云南通志长编》载，曲焕章早年"拜连钧为师。连钧精外科，医药得野人传"，咸同年间镇压杜文秀起义时，"闻名罗致营中。医将士之负伤者，以功保提镇衔。焕章称弟子，传奉惟谨，连钧罄其学以传之，每入山采药，归而制配，焕章不离左右。十余年，尽得其学。凡疮疡刀伤等，大有奇效"。[②]首制这一神奇中草药的时间不详，一般认为是光绪二十四年（1898年）至光绪二十八年（1902年）间，初称为"万应百宝丹"或"曲焕章百宝丹"。云南白药是云南中药和民间草药相结合的产物，其产生于在西医进入云南的时代背景下，展示了传统中草药的生命力。

晚清时期，云南的中医药堂和中医人才也有增加。咸丰七年（1857年），祖籍湖北黄冈的李玉卿在昆明光华街创立福林堂（见图7-21），制售的成药达80多种。这些成药依据的处方配伍精当，因选料认真，药力实在，逐渐成为颇具特色的传统成药，其中最负盛名的有回生再造丸、益肾烧腰散、黑锡丹、济世仙丹、加味银翘散及糊药等[③]。由于治疗效果好，福林堂在昆明地区影响很大，至今盛名不衰。其配制的一些中成药，一直是民间家常必备之药。至今福林堂仍在开门营业，是云南传统中医药堂的典范。

晚清时期，云南还出现了一些中医药名人。如曾执教于云南医学堂的陈子贞在当时的云南中医界就颇具盛名，他还培养了大量的医学人才，被誉为"三迤名医，皆出其门"，缪嘉熙、林厚甫等名医就由此出。陈子贞晚年

图7-21
至今仍在开门营业的福林堂
诸锡斌2020年摄于昆明光华街福林堂原址

---

① 李晓岑：《云南科学技术发展简史》（第二版），科学出版社，2015年，第280页。
② 云南省志编纂委员会办公室：《续云南通志长编》（下册），玉溪地区印刷厂，1986年，第797页。
③ 李晓岑：《云南科学技术发展简史》（第二版），科学出版社，2015年，第278页。

回到家乡曲靖，在城内东街开办保龄堂继续行医，直到去世。

尽管晚清时期，西医在云南的传播广度上升，但是中医仍在医疗中占主导。

第四节　教育

晚清时期，在西方科技、文化强势进入中国后，清政府开始推行新政。云南为发展自身实业，积极引进新式教育体制，并以西方的教育模式开办学校，增加了自然科学、生产技术和外文的课程，拉开了云南近现代科技教育的序幕。当时，人们的思想观念逐渐转变，一些传统被逐步抛弃，全新实业教育和科技教育的实施为云南培养了一批批近代专业技术人才。

一、西学东渐

清朝末年，西方先进的科学技术迅速传入云南，影响日趋扩大，人们开始用全新的眼光审视西方的科技文明，打破闭关自守的格局，走出国门，接受先进的教育理念，为复兴中华而努力。留学教育开新式教育之风。

云南派遣学生留洋最初以留学日本为主，略晚于内地先进省份。光绪二十八年（1902年），云南派出了首批留日学生。至光绪三十一年（1905年），云南已有109名赴日留学生，大部分学习自然科学和工程技术。宣统年间（1909—1911年），云南又送3名学生赴比利时学习建筑。这些"睁眼看世界"的学生，"居文明之净土，吸文明之空气，染文明之风化，受文明之熏陶"[1]，并通过书信和期刊，"开辟我知识，钥启我锢蔽，鼓铸我精神"[2]，希望能"裨僻远有志之士与不能来游之人均得与来学者同启智识"[3]。为此他们创办刊物大力宣传科学技术，例如出版的《海外业学录》目录中就专门设立科学栏目。清光绪三十二年（1906年），东京云南杂志社事务所创办了《云南》（见图7-22）杂志，这是云南留学日本的学生以省区命名，并于日本东京编辑、发行的刊物，其中第五号"杂俎"栏目曾登载《彗星出现时期之豫定》[4]，第六号"杂俎"栏目对电传照相法进行了报道："科学之发明如留声机器，德律风及无线电报，无论矣，其最新奇者莫如今年德国葛恩之电传写真法能于一千英里外，电传照相，异常清楚，其电传时刻约十二分钟，目下英法各书报馆多利用之。"[5]这是中国对传真机最早的介绍。在这些留学生看来，"方今经济竞争至为剧烈，非工商立国必不适于生存"[6]。为此他们大力呼吁滇省多派学生留学，并尽快派官员考察，尽早了解外面的世界，了解自己的处境，跟上时代的步伐。加之自滇越铁路开通后，洋货输入如水银泻地，无孔不入。在堵塞漏卮和购买、使用设备的过程中，他们发现当时云南最需要的是各类技术知识，而技术背后是科

---

[1] 《滇中志愿游学者鉴》，《云南》第八号，1907年。
[2] 陈荣昌：《虚斋诗稿》（木刻6册）卷10《东游集》，第1页。
[3] 《海外丛学录（月刊）·叙》1904年8月第1期。
[4] 《彗星出现时期之豫定》，《云南》第五号，1907年。
[5] 《电传照相法》，《云南》第六号，1907年。
[6] 《元谋县郭令选送瓜子种附具说略呈请转发试验由》，《云南教育官报》光绪三十四年（1908年）六月二十日第十一期，批牍，第3-4页。

学原理，因此要创办实业以救国就必须掌握科学理论。而这些都与科技教育相关，毕竟"方今环球各国实利竞争尤以求实业为要政，必人人有可农、可工、可商之才，斯下益民生，上裨国计，此尤富强之要图，而教育中最有实益者也"①。

这些留学生回国后，成为云南科技教育发展的重要推动者。例如，留日归来的时任云南督军兼省长的唐继尧，后来就推动创建了云南的第一所高等学府——东陆大学。由此，云南有了以"发展东亚文化，研究西欧学术，造就专才"为宗旨的私立大学。

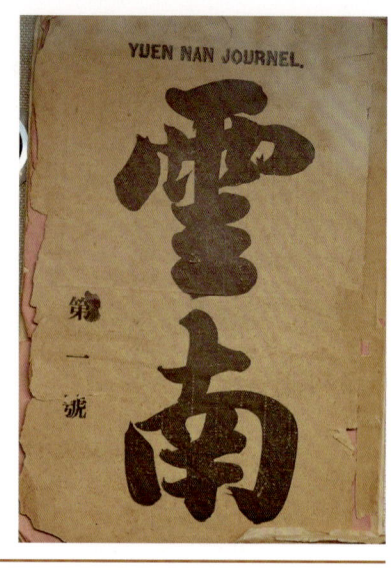

图 7-22
云南日本留学生在东京创办的刊物《云南》
诸锡斌2022年摄于云南典籍博物馆

二、实业教育

清朝末年，在洋务运动的推动下，海外先进技术被大量引入云南，这对云南的实业产生了影响。但由于云南科技教育落后，人才不济，实业的发展受到严重制约。例如，个旧锡矿开采，原先采用土法生产，产量有限，后聘德国工程师斐劳禄来滇，设计建设新式洗砂、炼锡各工厂，纯用新法，但结果并不理想。许多技术问题，如洗砂过程中很容易出现轴承因浸水、沙和污染物的渗入而损坏的问题，细砂和石粉流失、筛网受损等问题都需要针对应用对象的特点做调整。采用新法未能提高生产效率，究其原因，在于对新技术缺乏认识。针对云南的这种状况，云南留日学生华封祝毕业后在日本观览时做了调研："初到足尾铜山，继佐渡金山，继日立铜山"，所到之处，见矿山开采"制炼之方皆纯用新法"，"铜中所含之金银等贵金属则用电器分解"；"运搬矿物木材诸品皆以电气机关车及木质矿车"，"安设器械之处皆有电话电灯"；"卷上机、卷下机、排水电气变压所、电气发动机、空气压榨机、击岩机、消防器等皆无一不备"；"一切人工等不过八千余人，若以如许之规模全以人工代之，则非有十万人以上不能办此"。②科技的力量由此得到充分显示。而云南与之相比，差距明显。

人们看到了科技对实业发展的重要性。但是学习西法，发展实业，首先就要培养人才。"今日兴学已注意于普通教育，尤责养成实业人才，欲实业之发达非研究工艺不可。"③当时，师范学堂、中学堂、小学堂、女学堂属于普通教育，农业学堂、艺徒学堂属于实业教育，方言学堂④属于高等教育。这些学堂构成了清末云南新式教育的基础。按照国家的要求，实业教育当以本地方物产制造之所宜及需要为主⑤。甚至在经费上难顾两全的时候，优先者是农业类的蚕业教育。⑥

---

① 《学部 奏请宣示教育宗旨折》，《云南教育官报》光绪三十三年（1907年）六月二十日第一期，奏议，第3-4页。
② 《留学日本采矿冶金专科毕业生华封祝上 署藩司叶书》，《云南教育官报》宣统元年（1909年）十月二十日第二十六期，报告，第1-3页。
③ 《学部奏议覆闽浙总督松奏请 饬筹款兴办实业学堂折》，《云南教育官报》光绪三十四年（1908年）七月二十日第十二期，奏议，第6页。
④ 方言学堂为清末教授外国语的学堂。
⑤ 丁建设：《教育纲要（续）》，《共和滇报》1915年7月22日，第8页。
⑥ 《护督院沈批临安府李守由府署提款预备开办中学经费据绅简禀恳暂拨助蚕业讲习所后仍归还以符原案转请立案禀》，《云南教育官报》宣统二年（1910年）九月二十日第二十五期，文牍，第7-8页。

其实从光绪二十九年（1903年）起，云南已经开始兴办实业教育。办得最好的是中等农业学堂。开办之初，"糅杂凌乱几无一组织，完全之学堂监督教习管理诸员又多未受教育之人，强任教育之事，非特虚縻莠学费抑且贻误后生"[①]。教学并不规范，只是"收招贫民子弟课以粗浅艺术俾得有谋生之资"。当时的指导思想很明确，"俟艺徒学堂开办数年后，或有留学日本高等工业毕业回滇之人，届时再酌办中等工业学堂以次升为高等"[②]，通过这类学习，学员并不能掌握多少科学技术。光绪三十四年（1908年）所设劝工总局[③]，训练各县贫苦农民的子弟，实质上只是授以工艺技能，使学员能自谋生活的带有教育及慈善性质的机关，内设机械、木器、藤器、陶器、丝织、编织及电镀、铜器、铁器、锡器等科。辛亥革命后，劝工总局改为全省模范工艺厂，分为重工、化学、编造、染织、缝纫、陶瓷、图印，各就滇中原产物料及固有工艺品分配制造。

随着云南实业的发展，社会对劝业道[④]提出了具体要求，其中对农务科、工艺科、矿务科、邮传科的要求分别为：农务科掌农田屯垦、森林渔业、树艺蚕桑及农会农事试验场各事项；工艺科掌工艺制造、机器专利、改良土货、仿造洋货工厂各事项；矿务科掌调查矿产、查核探矿开矿和聘请矿师及矿务公司各事项；邮传科掌航业、铁路、轮车、电线及测量沙线、管治埠头厂坞、考察路线、稽核通运行车并电话、电车、邮政各事项。这些都对政府管理人员的科技素质提出了新的要求，也成为大多数留日学生归省后都做官的一个主要原因。

光绪三十三年（1907年），云贵总督锡良收到在云南设立铁路学堂的照会。由滇籍京师大学堂学生李华等禀请派学生分往各省学习工艺。与此同时，京师大学堂博物课还把实习提上了日程。当时京师大学堂总监督刘咨明建议附设博物实习科，云南籍学生杨煦、康学文、何秉智等毕业生"自应咨回原省尽力服务"[⑤]，并附有杨煦、康学文、何秉智在京师大学堂附设的博物实习科简易班毕业生成绩单。按当时京师大学堂章程要求，"中等农业学堂分五科：曰农业，曰蚕业，曰林业，曰兽医，曰水产"[⑥]。而当时"除兽医、水产两科滇省现乏教员暂缓办理外，其农业、蚕业、林业三科，滇省现有教员堪以支应，目前应即先行办理……教员除沿用蚕桑森林原聘各教习外，现已添派会留学日本农学选科，现充滇省高等学堂教习之林教习，楷青改充农业教习兼林科助教，又派新聘到滇之周教习易训，专教理化数学，又派高等学堂教习赵镜潜，专教国文历史地理等科"[⑦]。由此可知，云南这时的实业教育已具备了一定的条件。

光绪三十三年（1907年）六月，省会中等农业学堂已经派员酌定详细章程，限期开办。其他各学堂也将先后派人妥善拟定详细章程，分别办理，统筹规划。宣统元年（1909年），

---

① 《本司叶　分条筹拟滇省各学堂改良办法详文并督宪批详文前段从略》，《云南教育官报》光绪三十三年（1907年）六月二十日第一期，文牍，第9页。
② 《本司叶　分条筹拟滇省各学堂改良办法详文并督宪批详文前段从略》，《云南教育官报》光绪三十三年（1907年）六月二十日第一期，文牍，第6-7页。
③ 劝工局为清末推行实业的省级机构。
④ 清光绪三十四年（1908年）后，各省陆续设置劝业道。掌全省农工商业及交通事务，署内分六科办事，各有科长、科员等。辛亥革命后为各省实业厅的前身。
⑤ 《京师大学堂总监督刘咨明附设博物实习科毕业生杨煦等回滇服务文》，《云南教育官报》宣统二年（1910年）九月二十日第二十五期，文牍，第2页。
⑥ 《本司叶　分条筹拟滇省各学堂改良办法详文并督宪批详文前段从略》，《云南教育官报》光绪三十三年（1907年）六月二十日第一期，文牍，第5-6页。
⑦ 《本司叶　分条筹拟滇省各学堂改良办法详文并督宪批详文前段从略》，《云南教育官报》光绪三十三年（1907年）六月二十日第一期，文牍，第5-6页。

"省会中等农业学堂已于本堂东偏购置试验场种桑"[①]。光绪三十三年（1907年），由于"滇省连年荒歉，民食维艰，则中等农业学堂之设且较工商学堂为尤急，现在各府直隶州如能另办中等农业学堂者上也，倘不能另办，亦当于中学堂附设中等农业预科，俟省城农业教员讲习生毕业堪延为中等农业教员之日，再将中等农业预科升为中等农业本科，如此则农学可以速兴，是亦先其所急之一道也"[②]。正是"天下大利，必归于农"[③]。这也是云南实业学堂中先办农业学堂的原因。云南中等农业学堂设立后，内分蚕业、林业、农业3科，并附设染织科，设有两级师范学堂附属中学堂等。[④]从当时督宪亲临省会中等农业学堂开学典礼致辞[⑤]可清楚地看到，云南这时兴办农业教育已经不仅仅是出于堵塞漏卮的愿望，而是已经放眼未来了。

晚清时期，清政府编练新军，计划在全国编三十六镇（师），其中第十九镇建于云南。新军编练亟须新型军官，清政府为适应这一新形势，做出统一规定："各省应于省垣设立讲武堂一处，为现带兵者研究武学之所。"早在光绪三十三年（1907年）九月，云南就开办了陆军小学堂，由总办胡景伊兼管，开学之初有学员86人，而到二月，留堂者仅41人，学堂设施及教学质量均较差，结果7个月后就停办了。光绪三十四年（1908年），护理云贵总督兼云南藩台沈秉堃及云贵总督锡良经过一番筹备后决定重办讲武堂，后由沈秉经向清廷奏准，筹办云南陆军讲武堂（见图7-23、图7-24）。校址设在昆明原明朝沐国公练兵处，占地7万余平方米。

图7-23
云南陆军讲武堂大门
诸锡斌2020年摄于云南陆军讲武堂旧址

---

① 《安宁州监生会佑极禀请将义成蚕桑公司股票报效省会农业学堂由》，《云南教育官报》光绪三十四年（1908年）十月二十日第十五期，批牍，第7页。
② 《本司叶 分条筹拟滇省各学堂改良办法详文并督宪批详文前段从略》，《云南教育官报》光绪三十三年（1907年）六月二十日第一期，文牍，第8页。
③ 《督宪锡劝谕滇民兴实业以抵制鸦片告示》，《云南教育官报》光绪三十三年（1907年）十月二十日第五期，文牍，第3—5页。
④ 《本司叶遵 院行部札将本年应办事件并预定四项教育事宜呈覆查核文》，《云南教育官报》宣统元年（1909年）十一月二十日第二十七期，文牍，第24页。
⑤ 《督宪锡 亲临省会中等农业学堂开学训词》，《云南教育官报》光绪三十三年（1907年）六月二十日第一期，第1页。

图 7-24
云南陆军讲武堂练兵场

诸锡斌2021年摄于云南陆军讲武堂旧址

宣统元年（1909年）八月十五日，云南陆军讲武堂正式开学，任命高尔登为首任总办（校长）。学堂开办之初，分步、骑、炮、工4个兵科，设甲、乙、丙3班。课程仿照日本士官学校加以调整，分为学科、术科两项。同时聘用国内武备学堂毕业生和归国的日本士官学校中国留学生任教。所设置课程与科学技术直接相关，如地形学、筑城学、兵器学、军制学、卫生学等，丙班、特别班①还需先学习普通学科及军事学基本教程，如国文、伦理、器械画图、算术、史地、英文或法文、步兵操典、射击教范、阵中勤务令、工作教范、野外演习等，然后分科专业学习军事学科和本兵科教程。

图 7-25
云南陆军讲武堂的实验室

诸锡斌2021年摄于云南陆军讲武堂历史博物馆

科学技术知识是学员必修的内容，不仅要学习书本上相关的自然科学知识，还要进行动手实践。其中科学实验是不可缺少的内容，这是近代云南新式教育早期较为规范的教学模式，对后来学员的军事生涯产生了重要影响（见图7-25）。

至辛亥革命时，云南陆军讲武堂已为云南新军输送中下级军官600余名，他们成为辛亥云南起义的骨干和基本力量。后来成为中国共

---

① 云南陆军讲武堂招收甲、乙、丙三个班，甲班、乙班学生为在职军官，丙班学生多为向社会招考的青年，丙班成绩优秀者被选取组成特别班，学制与丙班一样。

产党重要领导者和军事家的朱德、叶剑英（见图7-26）均出自云南陆军讲武堂。

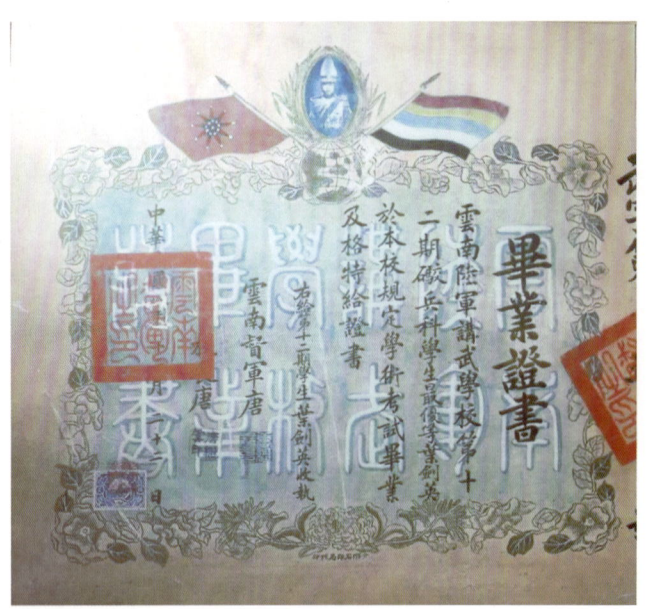

图7-26
叶剑英云南陆军讲武堂毕业证书
诸锡斌2020年摄于会泽县唐继尧故居

三、科技教育

自光绪二十八年（1902年）至宣统三年（1911年），清朝在昆明建立过7所高等学校：高等学堂、优级师范学堂、法政学堂、高等工矿学堂、方言学堂（英文、法文）、东文学堂（日文）、云南陆军讲武堂。还办过一些中等专业学校：师范学堂、女子师范学堂、农业学堂、蚕桑学堂、工业学堂、实业学堂。这些学校按照新式学校模式办学，教学中均涉及科学知识。伴随着实业教育的兴起，云南的科技教育也发展起来。

（一）师资和教学

无论是开办新式普通教育，还是开办新式实业教育，都需要师资。清朝末期，整个国家都处于新式教育的起步阶段，云南办新式教育不可能依靠从外省引进师资，加之"滇省僻处边隅，民智未开，自上年开办学堂，虽中西并授而教习颇难，其选教法程度亦未尽合宜，各厅、州、县尤难遍及，叠经臣等筹款，陆续选派员生，资遣出洋，前赴日本游学，以期作育人材"[1]。从《新纂云南通志》这一记载可知，当时云南师资来源主要靠派遣人员到京师学习或出国学习，"以期作育人材"。据缪嘉铭先生回忆，清末云南的方言学堂（后改为云南高等学堂）内开设有数学课，教学"达到了相当于大学预科的水平"[2]，师资在云南属一流。"老师多是外省人，有京师大学堂和北京水师学堂毕业的，只有一位姓赵的是本省人，还有少数外国老师。"[3] 学校还准备筹办图书馆、理化讲堂，"两堂之用，惟理化讲堂"[4]。例如光绪三十三年（1907年），云南派送的人员主要前往京师以及日本、越南学习，所学专业涵盖所有

---

[1] 周钟岳等纂修，李青龙、王珏点校：《新纂云南通志》（六），云南人民出版社，2007年，第618页。
[2] 《缪云台回忆录》，中国文史出版社，1995年，第4-6页。
[3] 《缪云台回忆录》，中国文史出版社，1995年，第4-6页。
[4] 《本署司郭遵批议详仍以方言学堂改为高等学堂请查照原详奏咨立案文》，《云南教育官报》宣统元年（1909年）八月二十日第二十四期，文牍，第8页。

普通专门师范实业及法政各科。从表7-1可以看出，这些人员回滇后，大都从事科技教育。

表 7-1　呈报京师大学堂师范毕业各生回滇服务职任俸薪及到差离差年月清册[①]

姓名	毕业科类	到差时间	到差任职	俸薪	离差时间	离差后所到地方
由云龙	京师大学堂师范科博物类	光绪三十三年十二月初九日	云南两级师范学堂博物教育教员	七十二两		
伍作楫	京师大学堂师范科理化类	光绪三十三年十二月十四日	云南两级师范学堂理化教员	一百五十两	宣统元年十二月	送京入经科大学
张士麟	京师大学堂师范科理化类	宣统元年三月十六日	云南两级师范学堂理化算学教员	五十两		
陈兴廉	京师大学堂师范科理化类	宣统元年八月初一日	云南两级师范学堂理化教员	七十二两		
张鸿翼	京师大学堂师范科博物类	宣统元年八月初一日	云南两级师范学堂博物教员	七十二两		
丁其彦	京师大学堂师范科博物类	宣统元年八月初一日	云南两级师范学堂博物教员	七十二两		
李应谦	京师大学堂师范科博物类	于宣统元年七月委充两级师范学堂教育教员，因回京入分科大学未到堂					
李曰垓	京师大学堂师范科中国文学外国语类	于宣统元年闰二月回滇充永昌府中学堂教员，七月委充沿边土民学塾临时省视学，十月十四日改委沿边学务局总理，现差俸薪月一百两					

出于对基础理科教育的重视，云南入京师大学堂学习的人员回滇后大多进入了云南两级师范学堂（见图7-27）或中学堂。因而两级师范学堂代表了当时云南科技教育的最高水平，也是云南科技教育的支柱。

云南新式教育兴起，急需懂科学理论和先进技术的教员。但是这时不仅理科教员缺乏，教学仪器也很匮乏。其实从光绪三十三年（1907年）始，云南已有人"匠心独运，自创工场，先后制成人体解剖模型二具，以卓观堂为商标"，"较之购自日本者尚为细密"[②]。表明云南已有自制教学仪器的能力，并且所做教具比从日本进口的还好。官方认为"从此滇省教育用品，既能仿制，勿须叠次购自外国，岂惟教育界之厚幸，抑亦实业界之特色"，并鼓励"应创场，力扩充从

图 7-27
位于昆明五华山的两级师范学堂

诸锡斌2021年摄于云南陆军讲武堂历史博物馆

---

① 《呈报京师大学堂师范毕业各生回滇服务职任俸薪及到差离差年月清册》，《云南教育官报》宣统二年（1910年）二月第二十九期，文牍，第16页。
② 《本司叶 批职员应增福呈缴复成人体解剖模型禀》，《云南教育官报》光绪三十三年（1907年）六月二十日第一期，文牍，第11-12页。

速，多集股款，厚其资本，次第仿制各种教育用品"①。同时奏定学堂章程，"凡工业学堂工场，与讲堂并重，工场实习须用专门名家为技师，讲堂教授须用进于普通专门各科学者为讲师"②。由此可以看出，通过派送人员留洋和到京师大学堂学习，云南的教育师资有了改善，而且通过鼓励自制教学用具，推行书本与实践相结合的做法，新的教学方法得以实施起来，云南科技教育由此具备了基本的雏形。

（二）教育宗旨

新式教育的宗旨有别于传统教育。与中国古代读经诵典不同，学习新知识，尤其是格致一科需要联系实际，可观可验，必要时还需动手实验。格致和图画这些需要动手的学科，在当时被称作"实科"③，但也有人把学科当作科学来认识。在他们看来，"小学科目凡八：一修身，二读经讲经，三国文，四算术，五历史，六地理，七格致，八体操。又复加图画手工之随意科，是为完全科学"④。显然此时科学实践已成为新式教育的重要内容。

光绪三十二年（1906年）后，学务公所（相当于省教育机关）发文，确定"学务公所分为六课：曰总务课，曰专门课，曰普通课，曰实业课，曰图书课，曰会计课"⑤。其中与科技有关的是实业课，同时要求："掌理本省农业学堂、工业学堂、商业学堂、实业教员讲习所、实业补习、普通学堂、艺徒学堂，及各种实业学堂之设立、维持，教课规程、设备、规则，及关于管理员教员学生等一切事务，并考查本省实业情形，筹画扩张实业教育费用。"⑥

通过新式教育，学员逐步从修身养性的格致道路走上了"格致以致用"的科学道路，逐步采用科学的语言、科学的思维、科学的态度表述自然科学的对象。

第五节　自然科学

清末云南的科技发展尚处于起步阶段，科学技术水平不高。但是随着实业教育的兴起，以及近代科学理论和先进技术的传入，云南不仅技术取得了进步，科学认识也在不同的领域有了新的进展。

---

① 《本司叶 批职员应增福呈缴复成人体解剖模型禀》，《云南教育官报》光绪三十三年（1907年）六月二十日第一期，文牍，第11—12页。
② 《本司叶 批职员应增福呈缴复成人体解剖模型禀》，《云南教育官报》光绪三十三年（1907年）六月二十日第一期，文牍，第11—12页。
③ 舒新城：《中国近代教育史资料》（上册），人民教育出版社，1961年，第224页。
④ 《论强迫教育须有预备 转录贵州教育官报》，《云南教育官报》宣统元年（1909年）闰二月二十日第十八期，选编，第3页。
⑤ 《学部 奏遵议各省学务详细官制办事权限并劝学所章程折》，《云南教育官报》光绪三十三年（1907年）六月二十日第一期，奏议，第6页。
⑥ 《学部 奏遵议各省学务详细官制办事权限并劝学所章程折》，《云南教育官报》光绪三十三年（1907年）六月二十日第一期，奏议，第7页。

一、农学

晚清时期，随着留洋回国人员的到来，近代农业科学开始在云南传播。光绪二十九年（1903年），商部就要求"凡土质之化分，种子之剖验，肥料之制造，气候之占测，皆立试验场"①。光绪三十三年（1907年）十二月十八日，学部会同农工商部议奏贵州开办农工商总局以兴实业时，就拟设农林学堂、试验场、艺徒学堂。②光绪三十四年（1908年），云南已经有了农事试验场的动议。与此同时，一些人开始用西方科学观念来看待事物，"西儒有言热地之人，多食植物，因中含氧气独多足为补条肌理之助。滇位中国西南，虽无盛暑节气候，温燠不藉，食物生熟，通常膳品以植物为大宗，民间多架木为屋，编竹为墙，需用于植物者尤伙"③。为此，主管部门发文收集各种实验结果，"转发农业学堂据种试验传精，究五地生物之性"④，并开始进行跨省的种子交换。有的县"专购川产土花，雇工租地试种，获利并将栽种方法利益"昭示于民众⑤。据光绪三十四年（1908年）六月二十日《云南教育官报》载，这年路南州首先送到植物佳种，十四种绘图具说最为详明，看罢，该植物生活状态与其性质及长养时期、培植方法、应用利益均了然在目，"殊为难得"。⑥

宣统三年（1911年）以后，云南实质性的土壤检测已经开始，农学有了新的进步。当时"留学美国意里诺大学农科学生杨永言拟蒐（搜）辑各省泥土从事化验，日前呈由江苏民政长批准，通令各属按照所开取泥方法，每种各采一撮封呈汇寄，兹将原呈中所载取泥之方法节录于左：在普通农田中地面五寸上取一色之泥，每距离约百尺取一撮土，合成七八两已足应用；若地面六寸以下亦如此法，取到地面次层泥更好"⑦。云南土壤类型多，全省18个土类中，以红壤面积最大，从高山土壤到暖温带、亚热带及热带土壤均有分布。滇中有大面积紫色土，河谷分布有燥红土，石灰岩地区分布有石灰岩土，腾冲等地还有火山灰土。云南自然条件和社会经济状况复杂多样，导致土壤类型及其分布也具有复杂性和多样性。农事试验场的建立和归国留学生的到来，使云南农学理论开始应用于实际，这为云南走向近现代农业提供了可能性。

二、矿冶学

云南矿产丰富，要进行开发利用，就需要对矿物产地、采掘之方法及矿质盛衰详加了解。当时留学归国的一批有识之士极力推动矿业的发展，并视之为一般云南人的责任⑧，为

---

① （清）朱寿朋：《光绪朝东华录》（第五册），中华书局，1958年，第5103页。
② 《学部札重申定章各省凡关于专门教育实业教育之学堂事务皆应归学司管理行司遵照文》，《云南教育官报》光绪三十四年（1908年）九月二十日第十四期，文牍，第1-2页。
③ 《本司叶通饬各属申送设谷蔬果木佳种以凭转发试验文》，《云南教育官报》光绪三十四年（1908年）第八期，文牍，第15页。
④ 《本司叶通饬各属申送设谷蔬果木佳种以凭转发试验文》，《云南教育官报》光绪三十四年（1908年）第八期，文牍，第14页。
⑤ 《代理副官村县丞候补知县熊祖颐禀试种川产土花出示劝种并呈验籽花由》，《云南教育官报》宣统元年（1909年）二月二十日第十七期，批牍，第6页。
⑥ 《本司叶通饬各属催送植物嘉种并嘉奖首先绘图具说申送佳种之路南州杜署牧文》，《云南教育官报》光绪三十四年（1908年）六月二十日第十一期，文牍，第17页。
⑦ 《留美学生研究祖国土质》，《云南实业杂志》1913年8月第1卷第2号，"记事"，第39页。
⑧ 《两级师范学堂优级选科博物学生采矿纪行》，《云南教育官报》光绪三十四年（1908年）六月二十日第十一期，论著，第3页。

云南的矿业学建立做出了努力。例如，日本采矿冶金专科毕业生华封祝在日时发奋苦读，"盖图将来回滇，声其学力，所能及者，聊报涓埃于万一，以毋负我"，认为"惟工业一项，必以学理证诸实验而后确有把握"①。

（一）矿石鉴定方法

晚清时期，在归国专业人士的大力推动下，云南在矿石鉴定中已开始采用定性分析与定量分析的方法。"定性分析者，例如金属矿，也不知矿石中所含之或为铜分或为铁分，且即知其为铜矿或铁矿，而此铜矿或铁矿中尚夹有别种之金属否，且同一铜矿与铁矿其中有硫化者、有酸化者、有碳酸者，故必分析以鉴定之，而后始知为硫化铜或硫化铁，为酸化铜或酸化铁，为碳酸铜或碳酸铁也，此定性之术也。""定量分析者，例如于定性分析之后，确知此矿为硫化铜矿，然此硫化铜矿每矿百分中含有铜分若干，硫黄分若干，及矿中所夹之别项金属分又各若干，皆宜——分析以鉴定之，而后始知此矿石之分量，此定量之术也。""定性与定量分析皆为实地操业上之必要，不能定性即不知矿物之性质，不知矿物之性质，则于制炼上即不知熔解剂之所需何物，知定性矣；而不知定量，则熔解剂之宜多入者，反轻宜少入者，反重而制炼之，结果必不能完善。且或至于不分质也，然此项分析用器即包括于试金术器具之中，不必另购，只需加买药料即可也。"②留学日本归国的毕业生华封祝数次返滇，每次均购回化学用器品及药品。他结合自己的学习、实习体会，指出"选派学生留学，原以学成致用，若使毕业后不事实习即贸然以归，则于他项工业或可，而采矿冶金一科决不可，盖校中学课除分析与地上测量及地下测量制图外，余皆只论学理与其实验之方，有学理而无实验不可徒，实验而不知学理亦不可徒，知其实验之方而不实地试验更不可。故学理与实验必两相符合毫无差异论，而后学理乃能适用，实验乃可推行"③。这种在科学理论指导下进行实践的做法，在当时成为一种上升的潮流。

（二）矿石的检验

晚清科学知识传入云南之初，多存在认识上的误差。为了纠正这种误差，当时要求报送各类动植矿物标本图进行辨证，以求得正确的知识。从当时富民县申送动植矿物标本图的纠正文本可以看出，云南这时对矿石的检验已采用科学实验来加以验证了："今查核属申送之标本，其铜质系夕里西（即矽酸），碳（原文为炭）酸铜化分之初，加盐酸则能发碳（原文为炭）酸气，有一份融化，其不能融化之一份和硵类熔融之，则能以稀盐酸熔之，中微含铁。并指出原著图说，谓原质灰黑者即以含铁故也，其重率得三九，其成分约有百分之二十成色颇佳，冶炼亦易，倘能开采，必利于该属不浅。"④可以看出，这时的检验不再是经验性的测定，而是通过实验手段来进行，而且这种检验使认识具备了积极的实践价值。纠正文本还指

---

① 《留学日本采矿冶金专科毕业生华封祝上 署藩司叶书》，《云南教育官报》宣统元年（1909年）十月二十日第二十六期，报告，第1—3页。
② 《留学日本采矿冶金专科毕业生华封祝上 前署藩司正任本司叶书 续前》，《云南教育官报》宣统元年（1909年）十一月二十日第二十七期，报告，第1—3页。
③ 《留学日本采矿冶金专科毕业生华封祝上 署藩司叶书》，《云南教育官报》宣统元年（1909年）十月二十日第二十六期，报告，第2—3页。
④ 《富民县程署令申送动植矿物标本图说由》，《云南教育官报》光绪三十四年（1908年）十一月二十九日第十六期，批牍，第2—3页。

出：再查晋宁申送矿物之标本，"惟叙述碗花①一段中有含铜质一语恐系误会。盖碗花一物不独该州有此产物，省垣安宁、宜良、宣威亦均产之。查碗花系钴养、镍养合质之矿，乃沉淀矿物之一种，盖钴养、镍养二质遇水流溶化再行结合，乃成碗花，化分以后，其中间有铜、铁、铝质之微迹者，乃系和合之铁、石英与黏土中所含带，并非化合。望再详为化验妥为改正"②。这种认真细致的态度，在晚清时期十分难能可贵。

三、生物学

晚清时期，云南不仅与民生关联性强的农业科学、工学理论有了起色，一些基础的学科诸如植物学、动物学也开始出现新的面貌，诞生了一批有影响的科学著作。

（一）植物学

清道光二十年（1840年）后，云南植物学知识有了明显积累。道光二十八年（1848年），曾任云南巡抚的吴其濬所撰《植物名实图考》由云南蒙自人陆应谷校刊出版。全书分38卷，收录云南、贵州、江西、湖南、山西、河南等省的植物1714种，比《本草纲目》多了519种，所记植物种类从数量到地理分布都远远超过历代本草书。其中有云南的植物370余种，占近1/5。分为谷、蔬、山草、隰草、石草（包括苔苏）、水草（包括藻类）、蔓草、芳草、毒草、群芳等12大类。其分类主要是以植物的形态（如草、木、蔓）、生境（如山、石、隰、水）、性味（如芳、毒）、用途（如谷、蔬、果）等为依据。书中对每种植物的描述，包括形态、颜色、性味、用途和产地，凡前代本草及其他书籍已有记载的植物，都注出见于何书及其品第，对药用实物则分别说明其治症和用法。

为了纠正教育和认识上的错误，当时曾对《富民县程署令申送动植矿物标本图》中存在的谬误做出解释。如图说中之土瓜，认为应系豆科植物，具有块根并非块茎，不应以地下茎植物来看待。对图所说的鸡葼（鸡㙡）（见图7-28），认为"仅言其由伞与柄而成，而未言明其科属。查鸡葼（鸡㙡）系属槲菌科一类，凡可食之菌类，属此科者为多，（鸡）葼亦其中之一也"③。

对紫油木，"观其申送图说之叶形，似属豆科植物，惟图说言叶脉并行，则不属豆科而应属松柏科。查松柏科榧属有紫杉一类，似与该属之紫油木同类然，但据图形宽，非亲见全体，望除申送木材之外，再增其枝叶，交妥差呈送，以便

图7-28
鸡㙡
诸锡斌2022年摄于昆明尚家营

---

① 碗花是一种氧化钴矿，也是陶瓷制作中所用釉料的关键原料。
② 《晋宁州田署牧申送动植矿物标本图说乞查核验收由》，《云南教育官报》光绪三十四年（1908年）十月二十日第十五期，批牍，第2-4页。
③ 《富民县程署令申送动植矿物标本图说由》，《云南教育官报》光绪三十四年（1908年）十一月二十九日第十六期，批牍，第2-3页。

考得完全之确证而不误学者是所望也。又铁绿刺一物，查各植物之叶形木质，似属槲斗科植物之栎树，栎之外皮与嫩枝可供染料之用"[1]。其他如"梨、柿、栗、橡，或可造罐头果品，或可为材木器具，或可用为颜料，亦均有利可图，尤宜勤加栽培改良种子，以期有益于民生，望该令详求善法，广为种植"[2]。由此可以看出，云南此时在植物分类上已开始起步，并且对常见的果树用途也有了说明。

（二）动物学

云南的动物种类丰富，十分有助于开展动物科学的研究。在动物分类方面，当时已能清楚辨识某些动物器官的功能。例如，通过对《富民县程署令申送动植矿物标本图》所载石头虫的辨认，认为其为该县之特产，但是图中未细察其形状，似属甲壳类动物，与虾、蟹、鲎同族，但应属何科则未能拟定。认为图中所说之细鳞鱼与花鱼，均系喉鳔类与鲤鲋同族[3]。指出"金线鱼（见图7-29）与金线虾二物鱼体之侧线及触须，若虾之触须及背节均有金色线纹，当系其感、触二觉之机关，别有非常之用，故特为发达，凡在鱼类其须则司触觉，其麟（鳞）下有气孔，则司感觉。今观金线鱼之侧线一带以及触须均作金色，即其感、触二觉之机关分外发达之明征，而金线虾之触须与背节之作金色，其理亦同，夫鱼非有别项理由存乎其中也"[4]。此时云南对动物的观察以及对器官功用的判断，已有了科学理论的指导。

图7-29 金线鱼（鲃）
诸锡斌2020年摄于江川李家山青铜文化博物馆

当时还出现了有关生物代谢和神经系统方面的现代知识，能够认识到："人体中之势力如世间一切活动，不可无材料，于是身体各部有代谢作用，即收取必要之材器，排泄其无用者，掌此作用者，即营养装置也。身体必要之材料为养（氧）气、水、小粉（淀粉）、蛋白质、盐类、石灰、铁、硫、磷等。材料一部由吸息，一部由饮食供给之。饮食物在消化器依分泌液之补助而变为血液，血液以其所含之材料输送于身体之各部。……养（氧）气与无用之部分相化合而生燃烧，由是生成生活上必要之体温。……神经之全系统分为二种，一动物的系统，一植物的系统，前者管理心意之诸现象，后者无意识而管理不阅意之运动者也，此二者又得各分为二种，即动物的系统可分为感觉的系统与运动的系统，植物的系统可分为脊髓系统与交感系

---

[1] 《晋宁州署牧申送动植矿物标本图说乞查核验收由》，《云南教育官报》光绪三十四年（1908年）十月二十日第十五期，批牍，第2-4页。
[2] 《富民县程署令申送动植矿物标本图说由》，《云南教育官报》光绪三十四年（1908年）十一月二十九日第十六期，批牍，第2-3页。
[3] 《富民县程署令申送动植矿物标本图说由》，《云南教育官报》光绪三十四年（1908年）十一月二十九日第十六期，批牍，第2-3页。
[4] 《晋宁州田署牧申送动植矿物标本图说乞查核验收由》，《云南教育官报》光绪三十四年（1908年）十月二十日第十五期，批牍，第2-4页。

统。"①尽管这些认识的科学性还有待进一步深化，但是毕竟起步了。

四、理学和数学

尽管云南对理学和数学的研究起步较晚，但是到了清朝晚期，随着西方自然科学的传入，云南开始出现了一些对理学的研究，并且对数学的研究有了进步。

（一）理学

光绪三十年（1904年）废除科举制之前，已有少数书院开设格致之类的课程，增加了西方自然知识方面的内容。及至光绪三十三年（1907年）十月，《云南教育官报》登载了一篇题为"涨力压力阻力论"的文章，为陕西崇实书院肄业生的课卷②。其实质是一篇描述盖吕萨克定律、大气压力、摩擦力的文章。从行文来看，作者并不知道盖吕萨克定律，只是知道气体受热膨胀和减压膨胀。行文中并没有万有引力、大气压力、摩擦力、体积、温度、压力这样的科学术语，也没有公式的表述，而是应用中国固有的计量单位来表达。这篇文章尽管不是出自云南人的手，但选择这样的文章登载，必然要考虑到云南读者的接受能力。由此可以看出，当时云南自然科学知识的水平有了进步，但是在传统文化的背景下，自然科学知识的传播仍面临很大的困难。但无论如何，此时云南的自然科学已在艰苦条件下逐渐成长起来。

（二）数学

入清以后，云南的一些知识分子开始关注并对我国传统数学进行研究，到了清朝后期，诞生了李滮、宋演、林绍清3位有影响的数学家。1818年出生的李滮在道光年间（1821—1850年）曾任安宁州学正。咸同年间（1851—1874年），他移居深山，埋头著书立说，潜心研究《易经》和数学，著作颇多。《新纂云南通志·艺文考》介绍了他所著的《读易浅说》《周易标义》《象象合参》《辞占辨例》《爻位阴阳说》《五纬考度》《律吕算法》《筹算法》8部著作。前5部是研究《易经》之书，后3部是数学著作。《律吕算法》受到当时学者的推崇③。李滮擅长高精度天文计算，他针对月亮运动的不均匀性问题进行精密的观测，编写出了完整的月离表，亦称"太阴行度迟速限损益捷分表"，其横行把月亮半个近点月长度（13.7773日）均分为168限，其纵行列出月亮运行的率分、损益捷分、积度同、疾行本度、迟行本度、自行度、通积度等一系列极为复杂的数据。这些数据的精度很高。其计算的近点月长度为"月转策二十七日五五四五八九二"，与现代理论值27.55455日误差仅为0.00004日。他所作的《筹算法》在民国初年被收入《云南丛书》重印出版，丛书审查评审认为："筹算为算法中极简便者，于加减乘除较珠算笔算尤捷"，"是书入深出显，成于数十年前，值科举正盛风气未开之时，已研究及此，夫岂易得耶"，并且"后附太阴行度迟速限损益捷分表，可资历算家参考"。《五纬考度》"是抄录旧书而成，于历象考成，载之甚详"④。云南的数学研究，由此有了新的开端。

---

① 《教育学续》第十期，《云南教育官报》光绪三十四年（1908年）六月二十日第十一期，选编，第2页。
② 《涨力压力阻力论》，《云南教育官报》光绪三十三年（1907年）十月二十日第五期，译述，第1-4页。
③ 夏光辅等：《云南科学技术史稿》，云南科技出版社，1992年，第163页。
④ 周钟岳等纂修，李春龙、江燕点校：《新纂云南通志》（四），云南人民出版社，2007年，第302页。

五、天文学和天文观测

天文学是古代自然科学的代表，涉及对宇宙运行规律的探究、天体的观测等理性认识，以及制定天文历法来指导人们日常的生产生活。及至清代晚期，云南的天文学和天文观测已有了明显的进步。

（一）天文学和天文著作

清代晚期，云南出现了一批天文学者和天文著作，其中不乏少数民族学者。

咸同年间（1851—1874年），云南有史可查的天文学者和著作就有白族学者周思濂的《太和更漏中星表》、白族天文学家何中立的《星象考》、白族学者李滮的《筹算法》和月离表等。这些著作均高度汉化，用汉文书写，使用汉族星座，用汉族二十八宿作为天文坐标表示天体的方位，还使用了十二星次的概念，讲解了推算月亮迟速运动，以及包括太阳和五星在内的其他天体运动的方法[1]。此外，彝族的《滇彝天文》对天体运行、测量等也有了记载[2]。总体上云南的天文学已与内地相差无几，汉族先进的天文学知识这时已在少数民族地区普遍推广。

（二）天文观测

到了清朝晚期，云南各民族在彗星观测、二十八宿和日月观测等方面也有进一步发展。众所周知，哈雷彗星是周期彗星中最亮的一颗。明万历三十五年（1607年）十月二十六日，哈雷彗星通过近日点，清代的云南文献对明代的这一观测已有记载[3]。之后，另一颗彗星又被观测到，据光绪《云南通志》记载："同治元年（1862年）六月，景东、剑川彗星见，光芒竟天，月余乃减。"[4]这颗彗星直到同治六年（1867年）四月三日才由德国天文学家恩斯特·威廉·勒伯莱希特·坦普尔（Ernst Wilhelm Leberecht Tempel）发现，因此被称为"坦普尔1号彗星"。坦普尔1号彗星的轨道有时非常接近木星，其轨道周期受引力影响而发生改变，所以不易被观测到[5]。云南对此彗星不仅有观测记载，而且早于恩斯特·威廉·勒伯莱希特·坦普尔，说明云南的天文观测不仅细致，而且具备了较高的水平。

---

[1] 陈久金：《中国少数民族天文学史》，中国科学技术出版社，2008年，第435页。
[2] 李维宝、李海樱：《云南少数民族天文历法研究》，云南科技出版社，2000年，第191页。
[3] （清）《咸丰邓川州志》记载："万历三十五年彗星见，十一月复见西方，尾东指，其色赤。"
[4] 岑毓英修，陈灿纂：光绪《云南通志》卷四《天文志三》。
[5] 坦普尔1号彗星难以被观测到，1881年，天文学家因为无法继续跟踪其轨道而断言其已经解体。坦普尔1号彗星直到20世纪60年代才被美国天文学家Brian G. Marsden以木星扰动为背景，借助精确的彗星轨道计算而重新被"发现"，其轨道周期被确定为5.5年。

第八章 民国时期云南的科学技术（1912—1949年）

1911年（清宣统三年）10月10日，武昌起义爆发。数千年帝制被推翻。同年10月下旬，云南爆发了"腾越起义"和昆明"重九起义"，清朝在云南的统治被推翻，云南组建了云南军政府。然而民国建立初期，军阀混战，袁世凯又于1915年图谋恢复帝制。为保护取得的革命成果，蔡锷等在云南组织"护国军"，云南于1915年12月25日举起护国运动旗帜。在唐继尧主政云南期间，地方政府顺应时代潮流，出台一系列政策，使云南的政治、经济、文化等的建设有了明显进步。与此同时，科学组织开始在云南出现，科学活动增加，旧式教育逐渐被新式教育代替。1922年12月，东陆大学（云南大学前身）成立，新式教育和近现代科技开始在云南生根、发芽。科学技术的发展，促使近现代实业起步。

1926年，龙云等发动兵变，执掌了云南的统治大权。此时恰逢中国结束了军阀混战的局面，云南的经济、社会发展获得了宝贵的时间，云南的科学技术进入了全面发展时期。

1931年，日本侵占我国东北，中华民族开始了14年的抗日战争。1937年，中国全民族抗战全面爆发，云南成为抗日大后方和反击日寇的前线。随着沿海、内地大批工厂、企业以及科技、文化和教育精英的到来，云南的科学技术迅速发展，在短短的几年里，建成了具有近现代水平的工业体系，出现了以中央机器厂为代表的一批发展势头强劲的企业，以及1938年由北京大学、清华大学、南开大学南迁后组建的西南联合大学。在极端艰苦的条件下，云南为抗战提供了大量的军工产品，产生了许多科研成果，培养了大量优秀人才，为全国抗战的胜利和之后的建设做出了重要贡献。

抗日战争胜利后，来到云南的大量教育、文化和科技精英，以及重要的工厂、大学、科研机构纷纷离开云南，返回内地。尤其是蒋介石挑起内战，导致国家和云南的经济步履维艰，使云南的科学技术发展受到重创。即使如此，云南的科学技术仍在继续向前发展，其中生物学科依然是领头学科，作为科学技术基地的云南大学在战后仍艰难地维续，工业生产在走到几乎崩溃的境地时也没有停步。随着中国共产党领导的解放战争取得胜利，云南和全国一道，在20世纪50年代迈进了一个崭新的时代。

第一节　民国初期的科学技术

1912年1月1日，中华民国成立，中国在形式上进入共和制社会。但是民国初建，由于派系林立，矛盾重重，地方军阀各自为政，年年混战，局面混乱。随着护国战争的结束，留学日本归国的唐继尧（见图8-1）主政云南，极力推广和应用科学技术，使云南的科学技术迅速发展。

一、现代科学的兴起

在唐继尧主政云南的民国初期，随着海外留学人员不断回到云南，西方科学思想渐入云南，开展各类学术活动、兴办教育、培养人才以求生存与发展成为云南彼时的当务之急。在云南督军兼省长唐继尧的推动下，现代科学活动在云南逐步兴起。

图 8-1
唐继尧像
赵志国2012年摄于云南会泽县唐继尧故居

（一）科学活动组织的建立

1912年，云南开始有了学术活动。1915年4月30日的《呈报整理云南教育情形文》这样追述："滇省于民国元年曾举办夏期讲演会，盖亦学术会之一种。惟时间甚短，以后亦未踵行。"[①]为此，云南学者也呼吁由省府出面成立学术会（学术组织）："考欧美各邦关于各种学术均极发达，且崇其名曰大学，扩张言，以大学研究之结果扩张于一般社会也。又阅报载，教育部修正官制第五条专门教育司所掌，亦有关于各种学术会事项。……今欲养成社会尊重学问之风习，似不可无特设之会。所以谋研究之便利，至此项事业若以责之社会之自身。熟察今日社会程度尚难语此，势不能不由行政官厅先为提倡。兹拟筹设一学术讲习会于省垣，为曾受中等教育之人再施以补习教育，详定章程，慎选名宿，按日演讲，分科试验，力求实际，不炫声华，造端虽微，然辗转薰习，蒸为风气，或足以养成社会之中坚人物，而促进教育之健全精神，于国家社会似不无小补。"[②]

在唐继尧的支持下，云南于1915年底成立了第一个学术组织。次年12月，唐继尧签署了题为"省长通令省内行政官厅暨省立学校并由处迳函各校外合行布告此布"的文告，这使该学术组织具有了官方机构的性质。其所需经费由云南财政厅应支教育经费项下按年酌拨，按月支付。学术活动机构正式设立，取名为"云南学术批评处"；含图书室，购备各种图书及各种杂志、报纸，供预备职员参考及学员阅读；逐渐添置理化博物各室，购备器械药品标本、模型等预备理科试验。云南省行政公署训令第二百六十一号载：

"今世立国于地球上者，靡论其为何种国家，莫不各挟其术，以求逞术相等。则各出其术以自卫，乃得以自存。否则无术者与有术者竞，则无术者亡。术劣者与术优者争，则术劣者败，鲜有能幸逃者。

---

① 《呈报整理云南教育情形文》，《云南学术批评周刊》1916年12月17日第3期，附录，第4—6页。文章写于1915年4月30日。
② 《呈报整理云南教育情形文》，《云南学术批评周刊》1916年12月17日第3期，附录，第4—6页。文章写于1915年4月30日。

"学术批评处之设立,即利用前述之心理作用,而鼓舞其研究学术之兴味,以挽救博饮浪游之种种恶习也。能本此意而扩充之于各界,以发起种种之学术竞争事业,使有用之心思,用之于有用之事物,而不为一切无益有害者所耗费。于国计民生,人心风俗,敢信不无裨补。而本处之设,特其滥觞焉耳。"①

云南首开先例建学术组织,影响很大,云南学术批评处是云南第一个学术组织。学术批评处的章程中明确说明了其宗旨是"本处以批评学术助长各界学术思想之进步为宗旨,定名曰学术批评处"②,地点设在省会师范学校内。20世纪上半叶云南本土诞生的唯一一位自然科学研究者陈一得就毕业于此。云南学术批评处的活动实际并不局限于自然科学,凡"属于精神文明之文科诸学暨属于物质文明之理科诸学为范围"③都可进行学术研讨。活动内容主要包括演讲学理、试验著作、量予奖励、编印月刊。

由于人才匮乏,这一学术组织招录学员的条件比较宽泛,中等以上各学校毕业生或未毕业之三四年级优秀学生④,各界之学有根柢诚心研究学术者都可以参加。开办之初,仅设批评员四人,每次轮流一人,单独演讲试验;拟以后批评员添至八人时,再每次轮流二人分场演讲试验。每次演讲及试验前,都要按规定将演讲主题及试验内容所在的学科、需预习的书目提前一个月通告。每次试验命题由批评员临时确定。

学术批评处开办之后,"有根柢诚心研究学术者",愿意听讲应试者,须出具行政官厅印文或省立学校公文,填报信息后送到批评处审查,资格符合即可获得学员券。官厅公务人员以及学校职教员填表者颇不乏人。各学员在职业余暇纷纷前来学习知识,研求学术,十分踊跃。每次试验命题确定后,各学员即将试卷带回住所答写,次日早晨七时交卷,逾限概不收阅。每逢星期日,应试作文学员们往往通宵达旦,奋笔疾书。常有学员因答题劳累,星期一不能按时上班,或者即便上班也无精打采,精力不支。可见研究学术热情之高。

从1916年11月5日学术批评处第一次演讲后数理化答卷最佳答题者的情况看,学员对物理整体上的认识是很清楚的,对于化学的认识也很正确。学术批评处还概括了数学作为一种科学表达的工具具有增长知识、研练心思、缜密思想的作用。尽管当时自然科学水平不高,但是具有科学活动性质的学术批评处的建立,对科学知识的推广发挥了重要作用。

此外,云南省农会组织的农业巡行讲演会和甲种农业学校办的展览会,也对改变农民的思想起到了重要的作用。参加巴拿马博览会,不仅给了云南农业一个国际定位,而且培养了云南农业的竞争意识,开阔了眼界。而农事试验场、畜牧场、模范林场的设立,在传播现代农业知识、科学方法中发挥了重要作用。从云南省农会主要职员一览表(表8-1)可以看出,当时云南农业科技人才发挥的作用十分关键。

---

① 《云南学术批评处周刊》1916年12月3日,第4-6页。
② 《云南学术批评处周刊》1916年12月3日,第4-6页。
③ 《云南学术批评处周刊》1916年12月3日,第4-6页。
④ 所谓"未毕业之三四年级优秀学生"是指留学外国或京外各省中等以上学校,因事中途退学不能再回原校的三、四年级优秀学生。

表 8-1　云南省农会主要职员一览表

职别	姓名	行号	籍贯	出身	履历
会长	吴锡忠	尽候	昆明	前清农商工部小京官 日本农商务省京都蚕业讲习所本科毕业	前云南甲种农业学校校长、农林局局长
副会长	陈葆仁	善初	盐津	农商部农政专门学校毕业	京北模范苗圃林场长，农工商部农林传习所教员、分所所长，京北农业教员、养成所主任教员
评议员	张祖荫	愧三	镇南	北京农业专门学校毕业	云南农业学校校长
评议员	陈立干	松岩	镇南	日本东京帝国大学农科大学兽医科毕业	
评议员	陈有	益斋	昆明		
评议员	韩开泰	恒三	昆明	云南蚕桑学堂毕业	
评议员	米文兴	仁斋	玉溪	日本东京帝国大学农科毕业	
评议员	杨文清	镜涵	祥云	北京农业专门学校毕业	前试验场场长
评议员	曾鲁光	渔生	镇雄	日本秋田矿山专门学校毕业	
评议员	曹观斗	星北	昭通	日本鹿儿岛高等农林学校农科毕业	
评议员	缪嘉祥	瑞麟	昆明	日本农业专门学校毕业	
评议员	杨钟寿	昌龄	河西	云南农业学校农科毕业	前实业司科员、农事试验场场长
评议员	朱文精	映楼	会泽	日本农事试验场制茶部毕业	
评议员	汤克选	汉臣	会泽	日本东京高等蚕丝专门学校本科毕业	
调查员	杨镇坤	民帆	大理	日本东京农科大学毕业	前湖南农业学校农科主任
调查员	高庆嵩	用中	昆明	云南农业学校毕业	
调查员	马钧培	铸臣	昆明	云南农业学校蚕科毕业	
调查员	何毓芳	阗泉	曲靖	云南农业学校农科毕业	
调查员	李毓茂	松如	祥云	日本东京帝国大学农科大学林科专门毕业	
调查员	王人吉	筱贞	丽江	前清增生师范农业科毕业	前实业司技士农事试验场场长
调查员	李文麟	瑞卿	昆明	云南农业学校蚕科毕业	前山蚕传习所主任
调查员	陈海畴	秉彝	陆良	日本农商务省农事试验场制茶科毕业	
编辑员	杨惠	泽清	剑川	金陵大学林科毕业	
编辑员	董□	泳山	鹤庆	云南农林学校毕业	
编辑员	杨树	泽生	昆明	云南农业学校暨上海制丝专科毕业	前农林局科员督办、棉业总局股员
编辑员	王仁瑞	季英	祥云	云南农业学校毕业	云南农业学校校员
编辑员	何荣恩	慧卿	曲靖	云南实业员养成所毕业	
编辑员	李致中	子和	大理	云南农业学校毕业	
编辑员	李春波	澜生	元谋	云南农业学校毕业	
编辑员	李恩育	锦成	澄江	云南农业学校毕业	前实业司第一模范桑蚕传习所管理兼教员
庶务	罗朝纲	锡伦	大关	云南农业学校毕业	
会计	尹泰	厚安	昆明	云南自治所毕业	

通过开展学术活动，人们的眼界不断开阔，认识到科学是一种根本学问，是改造社会的一种伟大力量，工艺、农业、医学等都和它有直接的关系。民国初期，有识之士认为增进国民的科学智识是刻不容缓的一个重要问题。[1]1935年11月1日，云南省学术界人士在《云南日报》大发感慨，认为云南应该成立科学研究社，指出要促进中国的科学研究，第一须改良学校里的科学教育，第二须养成社会上科学研究的风气，后者较前者更为重要。[2]文章发表后，次日就得到回应。《云南日报》在1935年11月2日刊载了这篇《科学研究团体之必要》的文章，认为科学研究是一桩伟大而艰巨的建设工作，不仅是云南省之急务，也为整个中国之急务。可见，开展学术研究、发展科学在唐继尧统治时期，已经成为云南社会上有识之士的共识。

（二）新式学校的发展

留学归国人员不断来到云南，带来了西方先进的科学思想和理念，也促进了与传统学校教育不同的新式学校的诞生，推动了云南实业的发展。

1.创办各类实业学校

清末，云南已在发展实业的过程中触及了近现代科技。如修建水电站，"课农桑，讲森林，艺畜牧，开矿产，劝工商"，所学都是"西人致富之术"[3]。但是对于这些技术背后的科学原理，当时人们并未充分把握。进入民国初期，由于云南新一代掌权者在日本接受过教育，有应用现代理念整体规划云南发展的设想，非常重视农事试验场、造林试验场、模范工艺厂、矿物化验所等实业的建设。而这些都以充分应用西方科技为前提，需要更多具备现代科技素质的人才，显然清末兴办的实业教育已不能满足时代发展的需要。

1916年，云南出台教育纲要，把实业师范教育单列出来，并对实业教育有了清晰的划分。云南省档案馆档案资料记载："滇省各属，民智未开，得师不易，尤不可视为缓图"[4]，"兴学原以储才，教育端在师范"[5]。也就是这一年，第一批矿业专业的学生毕业，即"滇省矿业之有毕业生，自今日始"[6]。同年，电报学校也培养出了第一批毕业生；4月，电报专业第二批20名毕业生也顺利毕业。[7]1916年，设在上海美国租界北四川路的国民生计函授学校特别科在云南招生。此时的工业学校可谓人才济济了。当时开设的理工课程有地质学、物理、化学、算术、代数、几何、三角、制图。艺徒学堂章程也设计了算学、几何、物理、化学等课程。随着新式教育的不断深入，人们发现，师范教育和实业教育性质不同，很难兼得。师范教育可以孕育科学，实业教育则可孕育技术；一个深究学理，一个经世致用，是两股道上跑的车。不久师范教育与实业教育便各行其道了。

这一时期，云南还出现了一些其他方面的专业人才。"重九起义"后，以蔡锷为首的云

---

[1] 《怎样增进国民的科学智识》，《滇声报》1920年11月10日。
[2] 《科学研究团体之必要》，《云南日报》1935年11月2日。
[3] 《督宪锡劝谕滇民兴实业以抵制鸦片告示》，《云南教育官报》光绪三十三年（1907年）十月二十日第五期，文牍，第3-5页。
[4] 《云南省档案馆馆藏云南省教育厅档案：送日本出洋留学、学生有关就学经费呈文及省会高等学堂学生名单》，全宗号12，目录号9，卷号13。
[5] 《秦光玉传略》，载中国人民政治协商会议云南省委员会文史资料研究委员会《云南文史资料选辑》（第36辑），云南人民出版社，1989年，第131页。
[6] 《工业学校本科一班及矿业讲习所学生毕业巡按使训词》，《云南实业杂志》1915年第3卷第5号，训词，第1-3页。
[7] 《电报学校毕业一班》，《中华民报》1916年4月14日。

南军政当局急于建设,除办英文、法文专修科两班以备途往欧美留学外,又在1913年2月,设留日预备班于省一中校内,在昆明招收学生40名,以备送往日本学习自然科学及社会科学,如采矿、冶金、应用化学、建筑、农科、商科、医科等。当时毕业于京都帝国大学的有李耀高、苏廷桢(苏民生),毕业于京都高等工业学校的有胡邦翰、刘国澍、廖方新,毕业于大阪高等工业学校的有李德和、刀成英、黄福生,毕业于长崎医学专业学校(后改为医科大学)的有刘辉光、张德辉、倪守仁、邓晶、戚景藩,毕业于蚕桑学校的有赵良壁,毕业于东京农科大学的有张福延(张海秋)、杨振坤、饶发枝、杜家瑜,毕业于名古屋医学专门学校(后改为医科大学)的有段世德,毕业于神户商业学校的有杨宝昌等二十人。① 这些新式学校培养的各类人才,为云南的发展创造了条件。

2.创办东陆大学

民国建立以后,百废待兴,时任云南省督军兼省长的唐继尧外观世运,内审国情,慨叹云南省人才之匮乏,人才之颓靡,力主创建大学。他在后来东陆大学(见图8-2、图8-3)会泽院奠基并举行开学典礼的致训词中表明了创建大学的初衷,认为:"国家不幸,大乱迭兴,迨民八年,军事收束后,乃觉悟培养人才之不可缓。拟以固有文化精神,吸收新文化,成一折中,适于国情者,非谋建设一最高学府以研究之不可。加之废督后实行民治政治,如实业、教育、交通及一切庶政,需要专门人才,方克有济。此项专门人才,更非由大学以造成不可。而且本省无相当之学校以升学,如中学毕业后,多数辍学,欲向省外国外谋升学,又苦于交通经济之种种障碍。设此大学,向上颇便,人才易出。"② 由于唐继尧的推动,1919年,云南省议员大会审议通过了龚自知等人的《本省筹办大学请愿书》,开始筹办大学。1922年12月8日,由唐继尧任名誉校长、董泽任校长的我国西南边疆地区第一所综合性正规私立大学东陆大学成立。

图(左)8-2 旧时的云南东陆大学大门
诸锡斌2021年摄于云南大学校史馆

图(右)8-3 东陆大学大门遗迹
诸锡斌2020年摄于昆明市青云街丁字坡脚

---

① 伊明德:《民国初年云南省立第一中学校片段回忆》,载中国人民政治协商会议云南省委员会文史资料研究委员会《云南文史资料选辑》(第7辑),1965年,第75-76页。
② 张磊:《唐继尧与"东陆大学"之创建》,《云南大学报》2009年9月10日,第三版之"东陆之声"。

（三）创办科技期刊

发展科技，不仅需要办教育，开展科技活动，还需要创办科技刊物，以扩大宣传，普及科学知识。民国初年，云南开始有了与科技相关的刊物。1913年6月，《云南实业杂志》[1]创刊，每月出版一期，其中往往登载科技知识。到了唐继尧主政时期，云南科技刊物数量和质量有了进一步提升。除《云南学术批评处周刊》外，与科技相关的学术期刊还有1922年5月创办的《双塔校友会会刊》、1923年秋季创办并出版的《东陆校刊》，《双塔校友会会刊》登载的基本上都是科技类文章。例如《双塔校友会会刊》第一期"论著"栏目的内容为：邹世俊撰《科学社会与实业教育》，陶鸿焘撰《制止地球引力作用之研究》，钟毓灵撰《结合除法之研究》，杨克嵘撰《钻槽机》，杨维浚撰《麝香之研究》，邹世俊撰《云南土法炼锌述略》，钟毓灵撰《素数倍数表说明》，陶鸿焘撰《研究人造金刚石之现状》，陶鸿焘撰《地球内部果为溶质乎》。这些刊物（见图8-4）的创办，为科技知识在云南的传播起到了很好的作用。

图 8-4
民国初年云南有关实业和科技的期刊
于波2021年收集整理并拍摄

这一时期，云南报纸上还刊载一些科普文章和学术研讨文章，呈现一种科学气息，如《文化运动与自然科学之提倡》[2]、《科学研究之必要》[3]、《围绕地球之无线电》[4]等；也登载《光学上之新问题》《人造肢体之万能》等科普文章；还刊登了《俄国最近物理科学的进步》[5]一类的专门探讨中外学术[6]、检讨中国学术[7]的文章。

这个时期的农业刊物，已经不再停留于介绍零散的农业知识，出现了对科学方法、科学精神的阐释，或者以科学的一般性问题为视角论述某一专业问题。《农业丛报》第一期第一页曾载："科学的目的本来在于发现及了解自然的法则，任何自然现象，无不受种种法则的支配。观察发现自然的法则，有种种步骤，第一要慎重观察。在学习上最重要的一事，莫如养成正确观察的能力。且观察结果，必须能将所见所闻，一一录下，可能成为可贵的资料。"认为，农学家"创立了试验农场，栽培各种植物，以便观察各种五谷的生长，并从事种种的试验，这种办法，现在世界各地，均在进行"。

---

[1] 《云南实业杂志》被列入20世纪80年代以后出版的《中国近代科技期刊简介（1900—1919）》中。
[2] 《滇声报》1920年11月1日。
[3] 《觉报》1915年11月23日，译自《大阪朝日新闻》。
[4] 《协和报》1914年第4卷第31期。
[5] 《义声报》1922年5月17日。
[6] 《德法学术之异同》，《滇声》1920年4月6日。
[7] 《中国学术上之三误》，《觉报》1915年6月22日。

1920年，云南学生于北京成立云南旅京学会，创办了《云南旅京学会会刊》[①]。会员多为就学于专门学校（相当于中专或职业学校），如国立北京农业专门学校、国立北京工业专门学校等的学员。从创刊起，会员们就以"砥砺学行，敦笃乡谊，增进公益"为宗旨，以"研究学术，阐明真理，介绍思潮，灌输常识"[②]为信条，对实际生产生活中的科学问题及其应用进行宣传和研讨。如《人粪尿之管理及消毒法》一文，对我国农民广为使用的重要肥料——人粪尿的施用进行了科学指导，用通俗的语言分析人粪尿性质及成分，指出人粪尿在腐熟后才能使用的科学道理，以及消毒的方法。[③]创刊号还有《电子说》一文，介绍阴极射线、电子的速度、电子的电荷、电子的质量、电子的荷质比。会刊成了向人们"灌输常识"的科学刊物。

虽然中国的有些报刊早在1912年就以"科学世界"为题向读者介绍国外科学进展，并且已放弃采用西学、西艺、格致等概念，而以物理、化学分科的形式论述，将计算科学分为算术、代数，但从一些词语中可以看出，这些科学知识还很肤浅，例如当时《天南日报》有许多关于科学知识的论述，却没有对应的诸如空中飞行机、水底潜行艇、无线电信一类的语汇。[④]全国尚且如此，云南科技知识的传播也只是处于起步阶段。

（四）现代基础科学研究起步

进入民国以后，随着科学教育的逐步兴起、科学知识的宣传普及，以及海外科技人才的回归、有关专业人员的到来，云南的现代基础科学研究开始起步。

1.地震研究

1913年12月21日，云南嶍峨县（今峨山彝族自治县）发生7级大地震，1.8万余间房屋毁坏，死伤3000余人。1914年1月，云南行政公署选派省会甲种农业学校校长张鸿翼去震区调查。1914年1月25日，张鸿翼呈报了嶍峨地震的调查报告及《嶍峨地震区域图》，这是中国学者第一次对地震进行的科学考察[⑤]。

张鸿翼在调查报告中认为："嶍峨此次地震，乃地盘下落，属于陷落地震之一种，非火山地震，亦非断层地震也。火山地震，世界上惟火山带有之，盖地壳薄弱之地有火山，亦惟地壳薄弱之地斯有地震。"他于文中所列举的7条论据[⑥]为现代地震学家深入研究嶍峨震灾的分布规律提供了第一手资料。此外他还提出一套善后对策："此后之建筑，当以木制为最良，而地盘宜坚，材质宜固，墙壁宜薄，窗格宜细，构造宜取轻便坚实。"[⑦]云南行政公署对该报告极为重视，相关部门专门开会研究实施办法，省政府先后两次追加嶍峨县的救灾经费，建筑抗震房

---

① 《云南旅京学会会刊》1920年3月创刊，刊名初为《云南旅京学会会刊》，1930年改名为《云南旅平学会会刊》，为年刊（云南省图书馆缺藏），至第七期（1934年4月）改为季刊，卷期另起；从第二卷第二期（1935年9月）起改名为《云岭》，卷期续前，1948年《云岭》复刊，期数另起，合计七册（其中复本二册）。

② 《云南旅京学会会刊》发刊词，1920年。

③ 张朝浪：《人粪尿之管理及消毒法》，《云南旅京学会会刊》（创刊号），1920年，第48-51页。

④ 《科学世界》，《天南日报》1912年9月14日。

⑤ 李晓岑：《云南科学技术发展简史》（第二版），科学出版社，2015年，第325页。

⑥ 李晓岑：《云南科学技术发展简史》（第二版），科学出版社，2015年，第326页注："这7条证据是：①此次地震仅限于冲积层之区域；②此次强震仅濒于两江之经域，受害最剧之地，又多偏于练江流域，与练江关系更为密切；③震后田间喷出白沙及水皆冲积层下部之物，沙粒直径平均约一分许，较诸江岸所积者为大；④强震之后，沙岸多现陷落之迹，木杵臼一带有陆沉之势；⑤余震起时若风振林谷，所过沙堤若履空谷；⑥历史地震多发生于秋冬两季；⑦震动方向自西南及东北，与练江走势相吻合。"

⑦ 云南省科学技术志编纂委员会：《云南科学技术大事（远古~1988年）》，昆明理工大学印刷厂，1997年，第26页。

屋①。

1917年，云南大关县境内发生强烈地震，陈一得赶往震区，现场调查，例引十证，指出这次地震的成因、震源。次年，陈一得又到昭通所属8个县考察地理、气候、水文，完成《昭通等八县图说》（见图8-5），首次将昭通等8县划分为4种气候类型。

由于云南"全省地质，大部分表面呈中生代层，下即古生代层，岩石种类，有花岗岩、绿

图 8-5
陈一得所撰《昭通等八县图说》
诸锡斌2021年摄于云南气象博物馆

岩、斑岩等，亦有喷化岩存于谷中，表现为多关山，所以云南称为中国地震区域之一"②。1926年，云南行政公署刊印了由童正藻撰写的《云南地震考》。该书记载了从西汉河平二年（公元前27年）到1925年，云南发生过地震的年份共有230年，有烈、强、弱、微4个等级的地震。尤其对大理、峨山等地三次大地震做了详尽记载，包括地震时间、地震波及范围、房屋倒塌情况、人员伤亡情况等，并且附有大量包括《嶍峨等属地震区域图》《云南各属烈震次数表》《大理凤仪等七县震灾一览表》等珍贵的数表和图片，该书成为云南历史上第一部系统研究地震的科学专著。③

2. 地质研究

宣统三年（1911年），留学英国的丁文江来到云南，利用气压表测量地势高低，绘制地图，修正了康熙时期西方传教士所绘地图存在的许多错误。1914年年初，丁文江再次单独来云南等地调查，对个旧的锡矿、东川的铜矿、宣威的煤矿，以及滇东地层、古生物、构造、矿床进行详细研究，纠正了国外一些地质学家的错误认识，最早命名了下寒武统沧浪铺组、中志留统面店组以及上志留统关底组、妙高组、玉龙寺组等地层单位。他撰写了《调查个旧附近矿务报告》《调查鸟格煤矿地质报告》《云南东川铜矿》等报告，并绘出《个旧县地质图》《个旧锡矿区地质概要图》。其中《云南东部之地质构造》是中国地质学会参加1922年在比利时召开的第13次国际地质大会的4篇代表论文之一。丁文江对云南进行的深入地质科学考察，标志着云南近现代地质科学的开始。

3. 天文观测

1912年，德国气象学家魏格纳提出了大陆漂移说，这是当时地球物理学中最前沿的学说，但该学说有待证实。为此，各国天文台观测点需要以一年或几年为周期，观测某一地区所在位置的经度变化，以此来确定大陆是否在漂移。中国这时已经有了天文台，所以成为观测国之一。1926年，第一次国际联合经度测量工作开始，可是云南还不知道自己的经纬度，因此需要选择一个观测点进行测量。

由于地球的自转，同一时间，在不同经度地区看到太阳运行至最高点的时间不一致，为克服时间上的混乱，1884年的国际子午线会议规定将全球划分为24个时区，各个时区中央经线

---

① 参看李晓岑《云南科学技术发展简史》（第二版），科学出版社，2015年，第326页。
② 行政院农村复兴委员会：《云南省农村调查》，商务印书馆，1935年，绪言第1页。
③ 参看李晓岑《云南科学技术发展简史》（第二版），科学出版社，2015年，第327页。

上的时间就称作这个时区的标准时,每个时区的时差正好为一个小时,同时规定零经度线在格林尼治天文台所在位置。因为中国跨5个时区,要知道云南所在时区的标准时,就需要找出这个时区的中央经线(东经105度),测出的中央经线上的地方时(太阳运行至最高点时的时间点),即这个时区的标准时。①当时云南测量技术落后,没有办法确定所在时区的中央经线。为此,陈一得根据经度不同,所在时区中央经线的标准时也就不同的实际,测定云南各地的地方时,用这个时间和格林尼治时间对比,推算出各地的经度,再用各地的经度与东经105度的差推算地方时与标准时之差,最后用这时差加或减日中平时,进而得到各地的标准时。陈一得用这种方法,将云南各地的标准时逐一计算出来,使得云南第一次有了准确的标准时。

二、现代应用技术萌生

中华民国建立后,云南各类学校培养的现代技术人才逐步增加,为现代技术进入云南提供了有利条件,使云南的发展速度加快。云南实业发展迎来了难得的机遇。

(一)无线电

云南山高谷深,发展有线通信困难突出,而发展无线电通信可以减少电线、电杆的维护和克服高山、河流、深谷的阻隔。为此,1913年,云南都督蔡锷报请政府将有线电报改设为无线电报(见图8-6)。

1919年,云南督军兼省长唐继尧命电政管理局选送电报生赴法属国越南河内学习无线电报学,同时派人前往上海聘请无线电工程师,购买火花式高周率长波无线电台一座,包括动力设备、铁塔天线及收发报机全套,聘用法国工程师1名、安南(即越南)技师3名、安南电(报)生1名,设置无线电机5台。又于(昆明)大东门外旧五谷庙改建无线电台,安设50千瓦无线电机(但据杨润苍回忆建成后实际为22千瓦)②,附带50千瓦弧光发报机1部。机器设备的安装工程及人员的培训由法国承担。选派电政学校毕业的电报生15名前往越南河内学习技术。1920年春,由军需局承建,历时5年,至1925年春落成,10月1日正式通电。③无线电台建成后,云南即先后与河内、天津的法国电台及奉天的省办电台开展业务。云南的无线电技术由此起步。

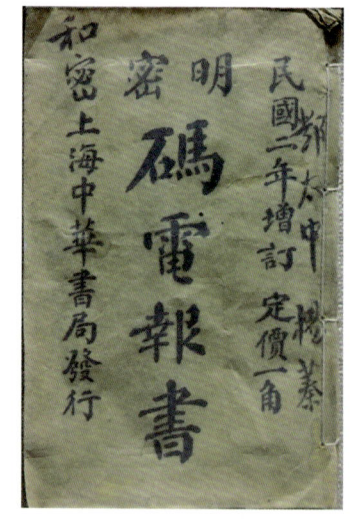

图8-6
蔡锷护国密电码本
诸锡斌2021年摄于云南陆军讲武堂历史博物馆

---

① 1884年,国际子午线会议规定,通过英国格林尼治天文台的经线为零度,并以此作为全球经度的起算经线,也称本初子午线。本初子午线向东西各有12个时区,每个时区横跨经度15度,其中每个时区中央经线上采用的统一时间即时区的标准时。陇蜀时区以东经105度为中央经线(中央子午线)。
② 杨润苍:《云南电信的发生和发展》,载中国人民政治协商会议云南省委员会文史资料研究委员会《云南文史资料选辑》第37辑,1989年,第287页。杨润苍因为父亲是电政管理局早期报务、线务人员,得以进入电政学校,于1925年毕业后派入报房工作,所以对云南早期的无线电业务十分熟悉。
③ 云南省志编纂委员会办公室:《续云南通志长编(中册)》卷五五《交通二·铁路·驿路·邮政·电话·电报》,云南省科学技术情报研究所印刷厂,1986年,第1069页。

（二）交通技术

民国初期，以法国为代表的西方资本主义国家为进一步掠夺云南矿产等资源，进一步加大了对云南交通业的投入。交通业的建设一定程度上推动了云南交通技术和地方经济的发展。

1.铁路技术

宣统二年（1910年），滇越铁路开通。为发展云南经济和解决个旧锡锭运输问题，1912年，云南地方政府决定修建个旧至蒙自、建水、石屏的铁路。1913年，滇蜀铁路公司与个旧股东官商联合，在蒙自成立了个碧石铁路股份有限公司（也称个碧临屏铁路公司），总部设在个旧（见图8-7），资金来自滇蜀铁路公司筹款和个旧产商的锡炭股捐款。

图 8-7 个旧火车站旁的个碧临屏铁路公司
诸锡斌2021年摄于建水团山火车站内

个碧石铁路采用法国先进技术修建。由于此铁路为县际交通线，不似省际铁路运输频繁，加之这一地区山峦跌宕，海拔高差大，如果采用米轨，坡度最大为3%，转弯半径最小为100米，而采用6寸窄轨，坡度最大可达4%，转弯半径最小为50米，因此未按准轨（米轨）标准设计，而是将铁路设计为轨距600毫米的窄轨铁路（俗称6寸轨，简称寸轨），可节约40%的工料费（见图8-8）。个碧石铁路股份有限公司后赴越南河内考察，认为方案可行，遂报省府核准开工[①]。

图 8-8 个碧石铁路采用的600毫米窄轨（中）
诸锡斌2021年摄于云南火车博物馆

1913年，个碧段铁路工程着手勘测，1915年开工，1921年10月9日通车。鸡（鸡街）临（今建水）段于1918年开工，1928年10月通车。临（今建水）屏（石屏）段于1928年动工，1936年通车（见图8-9）。[②]

图 8-9 改建后的个碧石铁路团山火车站
诸锡斌2021年摄于建水县

---

① 云南省志编纂委员会办公室：《续云南通志长编》（中册），云南省科学技术情报研究所印刷厂，1986年，第1014页。
② 杨霈洲遗稿，杨寿川标校：《修建个碧石铁路的起因经过和结果》，载云南省社科院历史研究所《云南现代史料丛刊》（第七辑），1986年，第216-225页。

个碧石铁路从碧色寨（见图8-10）经鸡街至个旧长73公里，由鸡街经建水至石屏长104公里。修建隧道18个、桥梁40座，所用钢轨由中国汉冶萍公司制造。先后投资2000万元滇币，从1915年开工到1936年10月10日通车，历时21年5个月①。采用现代技术修建的这条铁路，为云南的经济发展做出了贡献（图8-11）。

2. 公路建设

云南是有色金属王国，矿产是云南最大的财富，交通则是将这些矿产运输出省，保证云南经济发展的重要支柱。为此，民国初年，云南把公路建设作为省里重点建设项目给予大力资助。唐继尧主政云南期间，曾要求由其创办的东陆大学将冶金和交通作为两个支柱学科进行重点建设，同时着手实施以昆明为中心的公路建设计划。尽管如此，抗战爆发前，云南仍只有蒸汽压路机作

图 8-10
个碧石铁路碧色寨火车站
诸锡斌2021年摄于蒙自市碧色寨火车站

图 8-11
曾经在个碧石铁路线上运行的蒸汽火车
诸锡斌2021年摄于蒙自市碧色寨火车站

为筑路机械。由于财力不足，直到1927年唐继尧去世，昆明附近修筑的公路只有三四十公里的通车路段。这些有限的路段主要以留美学生为技术力量完成，由留美归国人士，时任东陆大学校长的董泽负总责，技术方面则由留美学习铁路和公路修建技术之后回到云南的东陆大学土木系教授段纬和李炽昌负责。在公路的修筑和建设中，二人首先引进了美国的修路技术。及至1926年，修筑了昆明市内第一条公路，线路从小西门到碧鸡关，长15公里。

（三）航空、测绘

1915年12月25日，云南前督军蔡锷与云南将军唐继尧等人在昆明宣布反对帝制，拥护共和，旋即建立云南都督府，组织约2万人的讨袁护国军，打响护国运动第一枪。护国战争后，军事成为云南省的头等大事，得到重点发展，其中飞行、军事地图绘制又带动了其他相应技术的进步。

1. 航空

1913年，蔡锷出于军事需要，提出"拟购置飞行机，以资侦探"，"安设无线电，以便消息灵通"的建议②。此时云南的报刊上也不断登载国人试制飞机的消息。③ 1922年，在东陆

---

① 参看李晓岑《云南科学技术发展简史》（第二版），科学出版社，2015年，第357–358页。
② 《请设无线电报（选）》，《共和滇报》1913年10月28日。
③ 《机械制造之新发明者》，《云南实业杂志》1915年第3卷第6号，"纪事"第7–8页。田飞凤：《鄂人新发明之飞机》，《觉报》1915年6月28日。《新发明之炸发物》，《滇声报》1915年3月16日。《国外新闻·新式之武器》，《滇声报》1915年4月2日。《飞行家之新发明》，《滇声报》1915年8月2日。

大学首任校长董泽的强烈建议下，唐继尧设立了云南航空处，并在创办东陆大学的同时，创建了云南航空学校（见图8-12），以期填补西南在空军方面的空白。为此，唐继尧任命刘沛泉为航空处处长和航空学校校长。

1922年12月，云南航空学校第一期正式开班（见图8-13）。航校的理论教学在讲武堂进行，聘请参加过第一次世界大战的法国军官担任教官，从海外招聘机务人员承担飞机修理和维护工作，实践课程在巫家坝机场进行。云南航空学校在云南和贵州两地招收学员，此后又招收了浙江、广东的学员以及来自朝鲜的学员。由讲武堂的教官担任航校主讲，重点教授地面基础科目和空中作战指挥。同时聘请法籍空军大尉阿尔彼得为空军顾问，并担任飞行教官；聘请法国空军少尉佛朗塞士和马尔丹为飞行教官，负责空中驾机的飞行训练课。

图（左）8-12 云南航空学校（航空处）
诸锡斌2021年摄于云南气象博物馆

图（右）8-13 云南航空学校开学典礼
诸锡斌2021年摄于云南气象博物馆

为了进行实践课程教学，唐继尧专门购进了法国当时先进的"贝勒格"轰炸机作为高级教练机，而将"高德隆"机作为初级教练机，此时学校共有12架教练机（图8-14）。这是中国的第一代教练机，只需要200米左右长的跑道就可以升空。驾机飞行者必须懂得数学、电学、无线电学、机械学、地理学、空气动力学、气象学、飞行原理、航空法规等多方面的知识[①]，因此云南航空业的创建和发展，不仅培养了航空人才，而且促进了多方面科学知识的普及，同时还推动了相关技术的应用。

图8-14 云南航空学校的教练机
诸锡斌2020年摄于云南陆军讲武堂博物馆

---

① 参看张汝汉《云南航空始末（一九二二年—一九三七年）》，中国人民政治协商会议云南省委员会文史资料研究委员会《云南文史资料选辑》（第1辑），1962年，第58页。

2.测绘

早在光绪二十年（1894年），鉴于中国甲午海战惨败，清廷为维护统治，借倡办"新政"名义，改编八旗绿营军"照泰西军制，更订新章"，以编练新式陆军。为督办和编练新军，光绪二十九年（1903年），清政府在京师成立中枢练兵处，各省设督练公所，同时通谕各省督练公所：筹设测绘机构，并开办测绘学堂。当时云贵总督李经羲曾专门电告留日毕业生李根源等就地购办测量仪器，又于光绪三十三年（1907年）秋选择如安街原巡抚署（今昆八中）为堂址创立云南陆军测绘学堂，学堂隶云南督练公所。《滇南公报》1912年6月10日报道，成立于宣统二年（1910年）4月的测绘学堂这时已改称"云南陆军测量学校"。学校开设有三角科、地形科、制图科。虽然学生缺乏基础，但还是陆续施测了昆明附近1/5000、1/25000图及二等水准。1913年，测量学校第二期学生毕业，技术力量得到加强。由于1917年全国规定各省须编纂十万分之一地图以应急需，云南在1917—1925年共完成云南省中部、西北部、南部、西南边区共367幅地图。在这个过程中，测绘技术得到不断提高。

三、现代工业起步

民国初期，随着先进科学技术不断传入云南，以及留洋归国人员不断增加，云南现代工业开始起步，云南的实业也在现代科学技术引导下走上了新的道路。

（一）化工业

滇越铁路通车后，工业产品大量涌入云南。硫酸、烧碱、炸药、西药等化工产品开始进入云南市场。早在清朝末年，林楷随官方考察团游历东瀛（日本）时，就留心化验制碱之术，懂得了其中的原理。1913年，林楷与留学日本东京学习制碱专业返滇的蒋绍周，合资6000元在省城东关外太和街赁房设立进步洋碱发起社，自制"洋碱"，产品"尚堪适用"。由于纯碱（碳酸钠）是有机合成等许多化学工业的基本原料之一，也是"洗涤衣饰最要之品"，"每月入口近千数箱"，"已成一大漏卮"①。通过努力，1916年秋，云南已经可以独立生产出肥皂了。

1913年，云南开始自行设计制造镪水。镪水是一种强酸。当时硫酸、硝酸这些化学品在云南人眼里是稀奇的高科技产品，化学工艺以及"百种试验科学"都离不开它。尽管学习自制起步十分艰难，但是云南人"留心研究精意为之"，用皂矾、火硝、食盐等物数种化合而成。虽然云南自制的硝酸"质淡而杂"，"价值高昂"②，生产规模不大，但机器厂已无须由外购买。随着云南化工产业的起步以及化学工业的逐步建立，云南制革、印染等实业也获得了发展。

（二）电力

民国初年，云南电气是当时最成功的实业。"兵工、造币、纺纱、织布、造纸工艺等厂，均可用此电力以代锅炉制造一切，洵为便利……云南自发造水机电力以后，于实业前途裨益不少矣。"③甚至农田灌溉也开始采用电力。1913年，商农合办的海源河水龙公司在昆明西

---

① 《进步洋碱发起社近况》，《云南实业杂志》1914年第2卷第1号，"纪闻一"第1页。
② 《民政长指令商务总会呈验硝酸文》，《云南实业杂志》1914年第2卷第2号，"文牍五"第2—3页。
③ 《论云南耀龙电灯公司之过去现在及将来》，《云南实业杂志》1914年第二卷第三号，"论著三"第8页。

山区集善乡建成云南第一座电力抽水站，安装40千瓦电动抽水机一台，与14吋水泵配套，可溉黄土坡一带农田6000余亩①（见图8-15）。《请奖励溉田公司》一文描述，云南出现水龙溉田公司，灌田万余，"乡民跃舞"，谓之活龙，"参观者摩肩接踵"。②电力的应用日趋广泛。

图8-15 1913年建成的云南第一座电力抽水站——积美村抽水站

诸锡斌2020年摄于云南省博物馆

但当时国内不能制造电动机，必须由外国进口。而进口马达都是按照国际统一的380伏电压标准制造的。虽然1912年5月28日石龙坝水力发电站建成发电，但电压为110伏特，不能使用。加之"省垣电灯公司，发电机器安设石龙坝，系用水力，每当春夏之交，滇池之水卸落，水力不足，机件之运动多不灵"③，连市区照明电灯都忽明忽暗。为增加发电量，唐继尧让其弟唐继虞督办电业，耀龙电灯公司遂于1923年筹集40万银币，向德国西门子公司购办全套机器，并由德国派工程师李必西及其夫人负责设计扩建石龙坝水力发电站二车间（见图8-16），由丹麦籍工程师赖木生负责指导施工。

工程从1924年8月初开工至1926年3月7日竣工发电，总装机容量达到了1032千瓦，这使电灯盏数发展到15000盏，装表计费用户共安装电表1030只。④对此，德国《西门子杂志》刊文高度评价，认为石龙坝水力发电站"是中国建设和运行的第一个水电站。这个工程的另一个特点是它同时是中国的第一个高压电力设施。从这两个并联运行的水电站至云南府的35千米长的输电线，是第一个具有交流电压23000伏、50周波的工程。两台电机的水轮机均由海登海姆（Heidonheim，地名）的福伊衣特（J.M.Voith）公司供货，全部电气设备则由西门子–舒克公司（SSW即Siemens-Schukert Werk）供货，并承担施工实施

图8-16 1926年建成开始发电的石龙坝水力发电站二车间

诸锡斌2021年摄于安宁石龙坝水电博物馆

---

① 云南省科学技术志编纂委员会：《云南科学技术大事（远古~1988年）》，昆明理工大学印刷厂，1997年，第26页。
② 《云南实业杂志》，1915年"本省实业纪闻"栏目。
③ 《蓄水运机》，《义声报》1916年4月25日。
④ 杨选民：《石龙奇月》，国际文化出版公司，1990年，第175页。

工作"。①石龙坝水力发电站的扩建为云南实业的发展提供了有利条件。

（三）机械制造

唐继尧主政时期，尽管云南工业学校已培养了各类专业学生，"此辈人材，自不能任其投闲置散，于是立工场，办研究所，设试验厂，罗织学行优秀之士，使各宜其所宜，适其所适，因其所学，导其所行，又复多方奖劝"②，但是仍不能满足工业建设的需要。由于新技术、新学理一时难以习得，购买机器设备又一时难以筹措钱款，所以云南只能建立一些生产火柴、机制卷烟、纸、玻璃、棉、硝酸、肥皂、碱、革、自来水、酱油等产品的工业企业。即便如此，这些工业在起步阶段依然困难重重。如火柴制造方面，由于缺少化工知识，刚开始时制造出来的火柴气味熏鼻，品质低劣，而且不够安全，销量甚微。当时，各种工厂基本上以"拿来主义"的方式直接购买外国设备使用；少数技术含量高的工厂，其建设者和主事者一般在日本学习过，或者到上海、香港、广东、四川等地学习过；有的工厂由外地人来云南投资兴办，有的则完全由外国人承包建设。例如，1915年，云南机械制造所成立，以制造农矿工应用之机械，振兴实业，挽回利权，并养成多数良好技师为宗旨。地点设在省城昆明南城外东岳庙。制造所成立之后购办新式机器，选聘外国技师，参用本土原料。③但是该所实际上只能做一些修修补补的工作，生产诸如刺刀、指挥刀和托运武器的马鞍架子等器物。即使到了1920年，旅越华侨施炽文创办昆明华安工厂，也主要生产抽水机、切面机、印刷机、压榨机、煤烟引擎、织布机、碾米机等民用产品。同年新建的华兴工厂则主要修配各种五金零配件，制造铜铁栏杆及五金等器具，而振亚机械厂也主要生产工程用具、农具、石印机、洋枧机、火柴机、碾米机等。④这些产业在当时已是云南的高新技术产业了。

（四）矿冶

云南个旧锡矿质地优良。但是民国初期，云南个旧开采锡矿时一直都是用土法鉴定锡矿成色：技术工人将一把砂放在一个土碗内，用水漂洗数次，再用手工摇晃，去掉可冲洗掉的杂砂，凭经验及目力鉴定存余渣滓的成色，分为大黄口、小黄口、一文钱、一颗珠之类的等级（见图8-17）。不同的名称不仅代表了矿砂含锡量，而且也表明其冲洗之难易。但是这种传统的开采方法始终没能达到国际市场精锡出口的要求。"惟因财力与技术二者甚感困难。"⑤由于技术层面的因素，"成色高低不一，不能行销外洋，即使运港，不能不受制于广商之锡店。耗去百万元购获之机械，等于无用之物"⑥。为此，"今欲兴矿业，自必采用新法。而吾滇学矿学者，既乏其人，则不能不向外国或他省聘用"⑦。

1913年，个旧锡务公司已建起了鼓风炉，开始了机械化炼锡，但因锡砂多数被扬出炉外

---

① [德]《西门子杂志》1927年1月第7卷第1期。参看杨选民《石龙奇月》，国际文化出版公司，1990年，第176–178页。
② 邹世俊：《科学社会与实业教育》，《双塔校友会会刊》1922年5月，第1–4页。
③ 《云南机械制造所简章》，《云南实业杂志》1915年第3卷第4号，第4–5页。
④ 张肖梅：《云南经济》，1942年，第30–40页。云南省志编纂委员会办公室：《续云南通志长编》（中册），云南省科学技术情报研究所印刷厂，1986年，第848。云南省志编纂委员会办公室：《续云南通志长编》（下册），玉溪地区印刷厂，1986年，第371–386页。
⑤ 云南省志编纂委员会办公室：《续云南通志长编》（下册），玉溪地区印刷厂，1986年，第69页。
⑥ 缪嘉铭：《整理个旧锡务意见书》，载《个旧锡务概览》，1920年。
⑦ 炎裔：《云南之实业》，载中国科学院历史研究所第三所《云南杂志选辑》，科学出版社，1958年，第189页。

图 8-17
锡矿的开采
诸锡斌2021年摄于红河州博物馆

而停用。1920年，留学美国学习矿业的缪云台回到云南，重金聘请英国专家。聘请的两个工程师，一个负责采矿，一个专做地质巡查。这些科学勘察、技术尝试持续了一年多。通过改造熔炼设备和技术，缪云台终于炼出了99.75%成色的上等大锡，直接投入国际市场。

（五）民生实业

1915年，王鸿图、黄毓成等人倡议兴办自来水厂，得到唐继尧支持。水厂于1916年动工。1917年，五华山水池和翠湖九龙池泵房相继建成。1918年，水厂正式开机供水。这是我国西南地区创办的第一家自来水厂，水厂以翠湖九龙池为水源，水干管最大管径220毫米，最小75毫米，均为铅管，管道全长9.5千米，分东、南、西、北4条干管全日供水，日供水量1034立方米。自来水厂设有法国SS125水泵2台（扬程52米，流量125立方米/小时）、德国西门子电机2台，总装机容量为68千瓦（34千瓦/台）（见图8-18、图8-19）。从设计到施工均由法国人承担，机器设备也均向国外购买。1917年，由法商承建的五华山水厂完工，水厂采用慢滤池净化，辅以漂白粉液消毒。整个工程技术与设备均依赖进口。

1926—1931年，云南火柴由黄磷火柴逐步向安全火柴改进，生产方式由人工改为半机器半人工，外来产品几乎绝迹。[①]至此，云南的火柴，除供本省使用外，还销往缅甸和越南。[②]

1922年，留学日本的庾恩旸由上海买来大型卷烟机两部（一为日本造，一为美国造）、切烟机一部、压梗机一部、炮筒炒丝机一部；动力有三十马力的煤气机一座，十五马力的蒸汽机一座，七十马力的锅炉一座。同时由上海聘来香烟卷制技师两人，聘宁波人阮楚湘为技师，于1923年开始生产机制卷烟。机制香烟的发展直接催生了烟草的引进，云南同时开始了种植试验。

图 8-18
云南省第一座自来水厂的泵房（翠湖九龙池）旧貌
诸锡斌2021年摄于昆明市自来水历史博物馆

---

① 云南省档案馆：《清末民初的云南社会》，云南人民出版社，2005年，第168–169页。
② 夏光辅等：《云南科学技术史稿》，云南科技出版社，1992年，第219页。

图 8-19
利用石龙坝电力建设的西南地区第一座自来水厂的泵房

诸锡斌2021年摄于昆明市自来水历史博物馆

（六）军工

1924年，唐继尧为了战时需要，扩建兵工厂。省政府集资100万元[1]，又从滇蜀腾越铁路公司经费中拨款61万元[2]，从日本购进一批机器交厂安装。1924年，"即添制65、79、30年式及法3响等新式子弹，并造各种机关枪弹"[3]。射程、初速、浸渍、偏差等项都比较优良。[4]

唐继尧主政时期，云南现代工业开始起步，并迅速发展。其中留学回到云南的各类人员发挥了重要作用，为云南的现代工业建设贡献了力量。

四、现代农业出现

1912年，昆明大普吉农事试验场建立，分农艺、畜牧、林艺、蚕桑4部，农艺、畜牧、蚕桑3部在昆明西北郊大普吉，林艺部在昆明小西门外打猎巷。农艺、林艺两部以生育、播种量、播种法、播种期、移植法、育种法、采种法、施肥法、耕耘法、牧草栽培法、病虫害防除法、农产制造法为主开展试验；蚕桑部以选种、制种、饲育法为主开展试验；畜牧部以家畜纯粹繁殖、杂交繁殖、饲养法、取乳法、疾病治疗法为主开展试验[5]。与此同时，牧畜场也开始筹建，场内饲养有少量牲畜。大理点苍山设置的模范牧场也饲养有少量牛羊。云南兽医实习所于建立时从日本购进19箱兽医书籍和医疗器具，内有显微镜、酒精灯、注射器、马尾钳等等。1915年，实习所聘请日本东京帝国大学兽医专科毕业生张荣楣为主任教授，招收中等学校毕业、修业学生，定为两年毕业，专授关于兽疫之预防及治疗，一切高深学理暂不讲。[6]

通过对国内外和省内外农作物的栽培试验，选育出了10个水稻优良品种：富民大白谷（亩产595斤），昆阳冬吊谷（亩产555斤），宜良麻早谷（亩产552斤），嵩明青芒谷（亩产

---

[1] 张肖梅：《云南经济》，中国国民经济研究所出版，1942年，第15章，转引自李珪《云南近代经济史》，云南民族出版社，1995年，第304页。
[2] 《云南省议会第二届第二期常会报告书（一册）》（下），载李珪《云南近代经济史》，云南民族出版社，1995年，第304页。
[3] 云南省志编纂委员会办公室：《续云南通志长编》（上册），云南省科学技术情报研究所印刷厂，1985年，第1144页。
[4] 夏光辅等：《云南科学技术史稿》，云南科技出版社，1992年，第198页。
[5] 夏光辅等：《云南科学技术史稿》，云南科技出版社，1992年，第236页。
[6] 《兽医实习所将开办》，《觉报》1915年12月27日。

550斤）、浙江杭县花秋（亩产360斤）、玉溪香红谷（亩产540斤）、昆明长芒白谷（亩产500斤）、苏州大黄谷（亩产350斤）、湖北黄粳谷（亩产330斤）、日本爱国谷（亩产300斤）[①]。

明嘉靖二十二年（1543年），美洲烟草种子首次传入我国[②]。宣统二年（1910年）滇越铁路通车后，大量英、美卷烟蜂拥而至。受其影响，云南实业公司于1914年率先引进美国和土耳其烤烟种，有"心叶""柳叶""黄叶"等品种。烟种在通海、玉溪、昆明等地试种成功，色泽、香气达到了卷烟要求，云南烤烟栽培的历史由此揭开。[③]1920年2月，大理的王世西创办了苍洱仁智烟草公司，用本地产的烟叶手工生产听装"太阳""月亮""星宿"牌卷烟。1922年，云南督军总参谋长庾恩旸的弟弟庾恩锡从上海回到昆明，在唐继尧的支持下创办了云南第一家机制卷烟厂，取名"亚细亚烟草公司"（见图8-20），生产"重九"牌和"77"牌香烟。机制卷烟厂的创建，标志着现代卷烟工业在云南达到了一个新的高度，同时也促进了烤烟种植的发展。

图 8-20
民国时期的亚细亚烟草公司
诸锡斌2021年摄于昆明云纺博物馆

民国初，除稻麦选种外，省农事试验场又选出会泽红洋芋、陆良饵块洋芋、宜良赤洋芋和昆明白洋芋等良种。同年，还选出良种大白薯和开远大白薯等[④]。

1912年10月，身为民政厅长的罗佩金（云南澄江籍，曾留日）整顿全省棉业，设督办棉业机关，并颁布《督办棉业章程》，鼓励适宜种植棉花的各县积极进行棉花种植，先后在开远、元江、宾川、弥渡等地建立棉业试验场，同时购买省内外和美国优良棉花籽种，分发适宜种植棉花的30余县栽种，推动了云南棉业的发展。棉花新品种的引进和棉纺厂的兴起，促使云南棉业逐步向现代化棉业迈进。

从1922年起，云南昆明金碧公园设立农林馆内陈列农产品，并附以各种调查比较表，向公众展示现代农业的研究成果。云南现代农业在这个时期开始呈现基本的轮廓。

五、现代医疗入滇和中医药不断改进

随着清朝统治的结束和中华民国的建立，西方医疗技术强势进入云南，促进了云南现代医疗技术的发展。与此同时，云南传统医疗技术也在时代的进步中不断改进和完善。

（一）现代医疗入滇

进入民国，西医诊所在昆明和云南各州县不断增加，"用欧西最新法"行医治病开始为人们接受。1916年，"昆明中、西医开业者已不在少数。既不乏精通医理，严肃认真的医生，

[①] 夏光辅等：《云南科学技术史稿》，云南科技出版社，1992年，第236—237页。
[②] 何忠禄主编：《云烟奠基人——徐天骝文选》，云南民族出版社，2001年，第34页。
[③] 李晓岑：《云南科学技术发展简史》（第二版），科学出版社，2015年，第333页。
[④] 李晓岑：《云南科学技术发展简史》（第二版），科学出版社，2015年，第332页。

也混杂着不少一知半解，尸位素餐的混饭吃的庸医"①。例如，1912年3月，能仁医院就以"用欧西最新法以治外科，用中国旧法以治内症"②作为开业广告。1912年，法国人在昆明巡津街开办了一所西医医院，这就是后来的甘美医院（见图8-21）。

1914年，云南省警察厅在改造后的昆明南城角关帝庙设立了警察医院（后改名为"宏济医院"）。刚设立时，警察医院内只有中医，没有西医，直到1916年5月，才开始添设西医部。当时只有一名西医，为扩大医疗能力，继而"聘陆军医院医员周黄二君前来辅助诊理"（见图8-22）。③可见当时拥有现代医疗知识和技术的人少之又少。

警察医院的西医部虽然成立了，但"药品缺乏，诊治殊多掣肘"。到了第二年春天才购买到所需药品，并增设住院部。自1919年4月1日起，西医部开始实行新的医疗办法。④1921年春，朱德任云南陆军宪兵司令部司令官、云南省警务处长兼省会警察厅长。1922年2月，朱德提议扩充警察医院，将后来名为甘美医院的西医医院与警察医院合并，并对社会开放，最终成为昆明最早的公立医院，划归市政公所管辖，改称市立医院，1963年时正式命名为"昆明市第一人民医院"（见图8-23、图8-24）。

早在宣统三年（1911年），外国传教士就已在云南点种牛痘以防天花疫病。对此，柏格理的日记清楚记载："1911年1月20日。今天上午，我为50个孩子接种了牛痘，其中一位就是地主的女儿。"⑤及至民国，云南开始普遍采用西医点种牛痘的方法进行婴幼儿免疫。这一现代医疗技术的应用受到好评，当时认为"吾滇自发明牛痘一科，小儿隐蒙其幸福"⑥。据云南的

图8-21
民国时期的甘美医院
诸锡斌2021年摄于云南大学校史馆

图8-22
云南陆军医院
诸锡斌2021年摄于会泽县唐继尧故居博物馆

---

① 万揆一：《昆明文史资料集萃·民国前期昆明医林拾遗》，载中国人民政治协商会议云南省昆明市委员会文史资料委员会《昆明文史资料选辑》（第21辑），昆明市政协印刷厂，1993年，第3198页。
② 万揆一：《昆明文史资料集萃·民国前期昆明医林拾遗》，载中国人民政治协商会议云南省昆明市委员会文史资料委员会《昆明文史资料选辑》（第21辑），昆明市政协印刷厂，1993年，第3195–3270页。
③ 《宏济医院西医部成立》，《中华日报》1918年5月23日。
④ 《宏济院扩充医务》，《滇声报》1919年3月29日。
⑤ 王树德：《石门坎与花苗》，1937年伦敦版，转引自[英]柏格理、[英]甘铎理著，东人达、东曼译《在未知的中国》，云南民族出版社，2002年，第660页。
⑥ 《施送点牛痘之慈善事》，《滇声报》1916年2月10日。

图 8-23
如今的昆明市第一人民医院
诸锡斌2021年摄于昆明市第一人民医院内

图 8-24
昆明市第一人民医院内原甘美医院的门诊部
诸锡斌2021年摄于巡津街盘龙江畔

官方报纸报道，当时"宏济医院设有牛痘专科，其点种手续其属佳良，按例每届新年，即施送点种，以便一般贫家小儿免遭危亡之祸，亦慈善之举也，去岁点种小儿不下三千余，或能人人奏效。现值阴历新年，故履行送点种，自正月初四日送起云"①。每年春节刚过，宏济医院即为云南婴幼儿点种牛痘。《中华新报》用了"纷纷来省种牛痘"的赫然标题②给予报道。1914年11月13日，云南省迎来了由云南女子红十字会培养的首批护士，西方的护理医疗技术种子播撒在了云南这块红土地上。③同年5月，警察厅所设医院附设的牛痘传习所也培养出了第一批云南本土的种痘技术人员，"云南之有牛痘毕业生自此始矣"④。

这一时期，云南把镶牙归为工艺一科，将其与照相、钟表修理视为一回事。1916年，曾经游学欧美，专门研究镶牙、摄影两科的广东人郑瀚章来到云南，设立一工艺专修科，专授镶牙、照相两科，兼修钟表，招选品行端正，年在16岁以上的学生学习。1916年2月23日，《共和滇报》以"设立工艺专修科"为题报道了此事。

这时，采用西医方式接生新生儿也开始在云南传播和应用。例如，1921年初，广东医科大学毕业来昆行医的女医生苏少英，就将其业务范围设置为"统理妇、孺（儿）内外全科，精医儿科，注射西药，新法接生"⑤。这一时期，清末举人周传性还做过从中药中提取有效成分制成"中成药"的尝试。他从上海买来器械，仿照西法提炼中药，成功试制出药酒、单味酊剂。计有千金补益酒、暖巾药酒、葆元药酒、杏仁精酒、薄荷精酒，以及治疗伤风、咳嗽、霍乱、痢疾、心气痛、胃病、牙痛、消气、调经等9种疾病的药水。

1922年，云南为发展新式医院，曾派苏达先医师到全国各大城市考察设备情况。及至1923年，"全市合格的医生，中医内科105人、外科32人、内外兼治12人，计149人；西医内科

---

① 《施送点种牛痘》，《义声报》1916年2月28日。
② 《纷纷来省种牛痘》，《中华新报》1918年2月21日。
③ 《看护专科毕业》，《共和滇报》1914年11月20日。
④ 《牛痘传习所考试毕业》，《共和滇报》1914年5月20日。
⑤ 万揆一：《民国前期昆明医林拾遗》，载中国人民政治协商会议云南省昆明市委员会文史资料委员会《昆明文史资料选辑》（第21辑），昆明市政协印刷厂，1993年，第3197页。

1人、外科4人、内外兼治19人，共24人。中医为西医的6倍。其原因，主要在于民间多数人仍不信任西医，而西医取费过高，平民普遍难以承担，故开业西医不多"[1]。尽管如此，民国初期，西医还是在云南开始有了根基，蓄势待发。

（二）中医药不断改进

在西医不断普及的同时，传统的中医药也在不断改进和发挥重要作用，其中云南白药就是重要代表。云南白药以云南三七等中药材为原料制作[2]，对跌打、止血、镇痛、消炎等症有特效，是一种可外涂和内服的神奇药物。1916年，曲焕章获云南省政府警察厅卫生所检验合格证书后，公开出售云南白药。1917年，云南白药由纸包装改为瓷瓶包装，行销全国，销量骤增（见图8-25）。

图8-25
1922年申请注册的白药商标
诸锡斌2021年摄于云南农业大学云南民族农耕文化博物馆

1923年后，尽管云南政局混乱，但是曲焕章仍钻研配方，总结临床经验，使云南白药具有了更好的药效，形成了"一药化三丹一子"，即普通百宝丹、重升百宝丹、三升百宝丹、保险子。云南白药对于多种出血性疾病都有明显的疗效，可加速止血，缩短病程。研究表明，其止血的药理作用主要是缩短出血时间和凝血时间，使凝血酶原形成时间缩短，增加凝血酶原含量，并能诱导血小板聚集和释放。对于创伤出血、消化道出血、呼吸道出血、出血性脑病、妇科、小儿科、五官科出血性疾病都有很好的治疗效果。云南白药还对炎症物质的释放有抑制作用，对于改善微循环、改变血管通透性等都有效用。在治疗创伤中，云南白药能有效地治疗局部的红肿、热痛，活血化瘀，抑制肿胀。此外，云南白药还有抑菌的作用，具有防治创伤感染的功效，还可促进肾上腺皮质激素的分泌，对于免疫系统疾病有治疗作用。

第二节　全民族抗战全面爆发前十年的科学技术

1927年，龙云联合其他军事首领发动"二六"政变[3]，推翻了唐继尧在云南的统治。龙云被推选为云南省政府主席，接管了云南军政大权，其后主政云南17年。这一时期，全国已结束了军阀割据的混乱局面，民国政权不断巩固，社会相对稳定，经济逐步好转。在这样的形势下，龙云因势利导，用较短时间结束了云南的战乱。云南出现了难得的10年的全面发展机遇，科学技术也出现了新的面貌。

---

[1] 万揆一：《民国前期昆明医林拾遗》，载中国人民政治协商会议云南省昆明市委员会文史资料委员会《昆明文史资料选辑》（第21辑），昆明市政协印刷厂，1993年，第3198页。
[2] 云南白药的成分在国内是"国家保密配方"，其主要成分为云南田七、冰片等。
[3] 1927年2月6日，龙云、胡若愚、张汝骥、李选廷等调兵逼近云南省城昆明，对唐继尧实行"兵谏"，唐继尧被迫交出政权，史称"二六政变"。

一、现代基础科学研究演进

龙云主政云南后,提出了建设"新云南"的目标。他在政治、军事、经济、文化、教育等诸方面进行了一系列的整顿和改革,并对东南亚各国采取开放政策,使地处边疆的云南成为民国时期一个引人注目的省份。这一时期,云南除应用技术研究受到重视外,科学研究中的基础研究也有了进步。

(一)气象研究

1917年,张謇在江苏创办了中国第一个私立测候所——南通军山气象台。1927年7月,云南人陈一得在昆明钱局街53号创办了全国第二个私立测候所——私立一得测候所(见图8-26)。陈一得以私人的力量,购置各种简易的观测仪器,利用自家楼上的一间屋子设置观象台,屋中每一个可以利用的地方都装置了各种科学仪器。他的夫人、弟弟和他本人都是测候所的工作人员。

测候所每天6时、14时、21时定时观测气压、气温、湿度、蒸发量、雨量、风向、风速、云层能见度等气象要素。经过一年多的观察,他用日晷观测和计算了云南与北京的时差,测量出云南各县的标准时间和二十四节令太阳出没的时间,创制了以昆明经纬度为基础的观测仪"步天规"(见图8-27),并测绘出第一张昆明恒星图。

图 8-26
1927年成立的私立一得测候所工作员(从左至右为陈一得、其妻刘德芳和其弟)

诸锡斌2021年摄于云南省气象博物馆

图 8-27
陈一得创制的"步天规"观测仪

诸锡斌2021年摄于云南气象博物馆

1934年,陈一得在云南大学体育场实测云南真子午线[①]获得成功。同年11月,中央大学地理系考察团到测候所参观,称誉其为"科学化之家庭,硬干苦干的机关"。云南意识到气候观测的重要性,迫切需要建立一所公立测候所。1936年,蒋介石签署训令:"按气象事业关系农林水利渔航各项建设,均极密切。"令云南省政府"克日筹办"[②]。1937年4月6日,陈一得与全文晟全力合作,将原来的测候所搬迁至昆明西山太华峰山顶,与全体员工一起建立了云南省立昆明气象测候所(见图8-28、图8-29),龙云委任陈一得为所长。

---

① 子午线也叫经线,真子午线是在地面上通过真北连接地球南北两极的大地线,表示南、北方向。
② 《行政院请克日设法筹办测候所训令》,1935年5月30日。

图（左）8-28 云南省立昆明气象测候所及员工
诸锡斌2021年摄于云南气候博物馆

图（右）8-29 云南省立昆明气象测候所原貌
诸锡斌2021年摄于云南气候博物馆

在省政府的支持下，云南省立昆明气象测候所购置了测云器、双叶风向器、标准蒸发皿、百叶箱、水银氧气表箱等测风、测云、测地震的仪器，以及较为精密的测量风向、风力，事关航空、农业、建筑工程、炮弹射击、毒气避放等的设备，还有电话、收音机一应设置（见图8-30、图8-31）。云南省立昆明气象测候所的建立成为政府兴办气象事业的开端。自1937年6月1日起，云南省立昆明气象测候所开始观测记录，发布气象报告，气象月报、季报和年报，并尝试与国际接轨。

图8-30 云南省立昆明气象测候所购置的部分仪器
诸锡斌2021年摄于云南气候博物馆

从1927年到1937年的10年间，陈一得逐日观测气压温度、云雾霜量、雨量、风力、风向等并做出记录。从1930年起，除编印日报外，还编印了《昆明市气象年报》，计算出全年的绝对最高

图8-31 云南省立昆明气象测候所购置的电话等设备
诸锡斌2021年摄于云南气候博物馆

气压、最低气压、绝对最高和最低温度、绝对湿度、一日最多降雨量及风力风向等。通过研究，陈一得首次对云南降水的规律做了分析和概括。每年，气象报告等除上报云南省有关机关外，还上报中央研究院气象研究所，为全国气象测候提供了重要依据。

天文和气象总是紧密联系在一起的。陈一得发现木星的恒星周期与日斑的平均周期相同，即与木星绕日周期吻合，于是大胆将这两个周期与1931年中国的水灾联系起来，得出了独创性的结论。他提出木星一周期约为12年，5周期即60年，1931年的水灾与61年前的长江大水时武汉被淹之甲子相合，进而提出60年一灾的周期律是木星的恒星周期。尽管这一结论尚待验证，但是可以看出陈一得的学术水平是相当高的。

（二）地震研究

在前期地震研究的基础上，陈一得发现云南的历次地震都发生在月相为上弦月或下弦月的时候，他指出地震与月亮的运行有关。陈一得到各地震区实地考察，南至建水、石屏，西至永仁、丽江，东至陆良、弥勒。他抄小道，渡急流，攀险峰，以探寻震源，并对这些分析研究进行详细记录。他还收集了不少关于地震预兆的谚语，及家禽、家畜或其他动物在地震前躁动不安的现象，为丰富地震预测的手段、提高地震预测的准确性做出了贡献。1932年，他撰写的《道光十三年（1833年）云南大地震之研究》出版，书中认为1833年嵩明杨林大地震"应属断层地震"[1]。

（三）天文测量

1934年，国民党中央派人到云南从事边界勘测。陈一得听说后，立即向教育厅递上呈文，要求借此机会修改图志，并得到批准。借此机会，云南省教育厅、云南大学、云南通志馆、昆明一得测候所共同发起复测昆明经纬度[2]的行动。陈一得建议在云南大学选择观测地点。"从之推测标准时刻早迟，昼夜长短，节气先后，交食浅深，恒星隐现，行曜出没，精密各种测量，补助一切建设，俱于是赖。"[3]12月19日夜7时起，测量人员在云南大学体育场用六十度等高仪、天文时计、无线电收音机等进行测试（见图8-32），之后4夜正式测量，共计测星200颗，比清康熙四十九年至五十七年（1710—1718年）初测得的结果更为精密，得出昆明的经纬度为东经102°41′58.88″，北纬25°3′21.19″的结论。他们还同时测了真子午线。云南大学体育场观测处成为我国除北京观象台外唯一原测经纬度的确切大地测量位点，被定为云南第一天文点，并立石标为志。[4]（见图8-33）由此可知，当时的天文测量，所应用的现代科学知识和技术手段已进入一个新的高度。

图 8-32
1934年12月19日云南第一天文点夜间测绘现场

诸锡斌2021年摄于云南大学校史馆

图 8-33
云南大学会泽院西侧钟楼旁的云南第一天文点

诸锡斌2020年摄于云南大学校内

---

[1] 李晓岑：《云南科学技术发展简史》（第二版），科学出版社，2015年，第368页。
[2] 云南大学校内第一天文点展示处碑文。
[3] 陈秉仁：《实测滇垣经纬度工作详志》，《教育与科学》1940年11月第8期，第15-16页。
[4] 《云南日报》1935年5月15日："省会经纬度测定第一天点石标完工，地点在云南大学校内。"

二、科技学术活动和科技书刊

全民族抗战全面爆发前十年，云南的科技活动在原来的基础上进一步发展，学术活动和科技期刊不断增加，出现了蓬勃发展的趋势。

（一）科技学术活动

在全民族抗战全面爆发前的龙云主政时期，云南科学技术团体不断增加，学术活动越来越规范。这些学会成立后，"对于科学教育，颇多研究讨论，并聘请名人讲演，对社会贡献甚大"。其中云南学会和云南省科学研究社影响最大。云南学会成立于1918年，由云南教育总会全体会员发起组织，在众多学术团体中人数最多。这一学术团体以发展云南学术为宗旨，分设史地、博物、理化3部，推举童振藻为干事。云南省科学研究社则由陈一得负责，成立于1936年。研究社成立后经常组织学术讲演和座谈会，每年举行年会，曾编印《云南温泉志》（陈一得著）、《补昭通八县图说》，拟具《云南地志资料细目》；组织一些会员赴滇越铁路沿线采制植物标本和化石标本。例如1936年7月10日晚，该社与由徐继祖负责的省教育学会联合举行暑期扩大演讲会，延请英国骆约瑟（李约瑟）博士[1]演讲，讲题包括中国西部之大雪山、黄河扬子江之源流、中国西部之植物等，并备有关于各讲题之影片、照片等，以资印证。仅1936年，云南省科学研究社就举办了10次科学演讲会，如"沙眼究竟是什么"（第8次）、"木里"（第9次，由曾留学美国，学习五金工程的雷焕工程师演讲[2]）、"气象与特种教育"（第10次，陈一得演讲）。云南省科学研究社除组织科学演讲外，还积极推动采用电化教育科技手段进行科技普及教育，收集诸如地震区域、震前预兆、震动起止时间、最烈时间、震动次数、震动方向、最后余震、震动烈度等的地震资料。

这一时期，科学在云南年轻人的知识结构中已经占据了相当的地位。例如航空委员会在滇招考学生的试卷中，已有了"说自然科学之功用"这样的考题[3]。表明当时科学在云南已具有一定影响力。

1933年3月，云南广播电台采用美制250瓦中波机和100瓦电码发送式短波机各一部正式开播。由于收音机更有实时性和时效性[4]，云南省政府为云南各地购买收音机，培训各县选送的收音人员，把科学技术作为播放内容之一广为宣传。但由于设备功率太小，只能送到省属各县，如呈贡、晋宁、富民、武定、昆阳、寻甸、嵩明、宜良等，至于滇越铁路沿线的开远、蒙自等县就收不到音波，所以只好于两年后停播。直到1936年1月，国民政府行政院命令各省、市、县政府，至少须设置收音机一架，并限年内一律设置完成。云南经过两年的准备，并对100多名业务人员进行基础无线电学、收音机的应用与维修，以及收音员服务通则、电码收抄、译电、防空常识等内容的培训，采用收音机进行科学知识宣传的节目才又在全省开播。

1936年初，云南省教育厅就努力利用话剧、电影（电影放映技术）配合教育宣传工作，为此还成立了云南省昆华艺术师范学校，分为戏剧电影科、音乐美术科。1937年，云南教育电影

---

[1] 骆约瑟（李约瑟）博士在滇考察，所经过的地方很多，时间也很长，收获丰富而有价值，曾被云南省农矿厅聘为顾问。
[2] 《第九次科学演讲会》，《云南日报》1936年9月20日。
[3] 《航空委员会招考滇生，昨今两日举行学科实验》，《云南日报》1935年6月21日。
[4] 李文传：《五十年影剧生涯回顾》，载中国人民政治协商会议云南省昆明市委员会文史资料研究委员会《昆明文史资料选辑》（第6辑），昆明市印刷厂，1986年，第166-174页。

巡回讲映队已经开始利用当时的"高科技"对民众进行教育，放映体育卫生教育片、滑稽片和国防时事漫画片等，"观众甚为拥挤"[1]。教育厅还特于厅内设立电化教育研究设计委员会，并附制备部。前后购买收音机多批。第一批计12架，于1934年运到并分发。第二批计115架，迨全部运到时，则每县可配置收音机一架。同时还载文普及电影知识[2]。这些不同形式的科学普及活动的开展，使得科学专业知识和科学常识在民间传播开来，促进了现代科学在云南的普及。

（二）科技书刊

全民族抗战全面爆发前十年，云南的科技图书和科技期刊增加较快。到1931年，云南省图书馆已有藏书2万余部，14万余册，其中就有大量自然科学、技术、哲学、社会科学、史地类的书籍，还订购了新出版的报纸杂志和外文图书。这些图书面向广大知识分子，成为科技传播的重要渠道。

云南本土期刊中科学含量较高的是《教育与科学月刊》杂志。该杂志是由云南省教育会与科学研究社联合创办的，以研究教育与科学为宗旨。当时人们对科学的理解是广义的："科学的范围已由自然而社会，而思维，只要根据事实本着严谨的态度，为真理的追求，都可称为科学。现在教育所用的调查，实验，测量，统计诸法，哪一件不是科学的方法。"[3]

1930年，由昆明省立第一工业学校（后来又改名为省立昆华高级工业职业学校）创办的刊物，内容大多涉及理工类的知识。1932年12月1日，云南省立师范学院成立数理化研究会，会刊为《云南省立师范学院理讯》。这是理科类刊物的代表。该期刊的一个明显特点就是展现科学的魅力、科学的力量。诸如这样的刊物还有不少。

除此之外，报纸也不断刊登科技类的文章。例如，1935年6月15日，《云南日报》登载了《天文学的人生观》，介绍了古川龙城著、周立慈翻译的日心说、地动说宇宙模型；1937年5月31日，第五版刊载了署名"建中"的《欧洲产业革命概观》一文，介绍了欧洲两次工业革命的概况。在科技书刊和报纸的不断宣传和引导下，云南民间逐渐形成科技意识，并有了明显提升。

但是由于当时印刷技术相对落后，一些刊物仍无法开办。例如，1936年，云南省立昆华高级工业职业学校校刊编辑委员会曾经在该年度一期的出版校刊编后语中谈道："本省交通近来渐趋便利，各种物质设备亦日见发达，因此，有不少科学原理和工业技术已成为我们日常处世所必需的知识。本刊原想把这类常识尽量介绍，以略尽本校一点使命，唯因本省印刷事业，素极幼稚。近虽较有进步，但所能排印的材料终属有限。就印入的几篇杂有外国文字和数字和数学公式的论文来说，也是费力不少，饶得有这点成绩。这种无办法的事，是我们在此不得不声明的。"[4]

三、现代工业、通信、交通等的发展

全民族抗战全面爆发前十年，随着云南科学技术从传统向近现代转型，云南的很多传统手工业也迅速向近现代工业转化，云南的科学技术终于迎来了一个难得的发展时期。

---

[1] 《教育讲映队在体师讲映》，《云南日报》1937年1月15日。
[2] 《冉旭尤：电影的发展及其将来》，《云南日报》1936年8月27日。
[3] 《云南日报》1937年2月19日："两学术团体昨举行第一次年会，名誉社长周惺甫张西林均有演说，报告会务摄影聚餐全体尽欢而散。"
[4] 见《昆华高级工业职业学校校刊》1936年11月20日，第56页。

(一)矿冶和制盐

云南的矿产资源十分丰富,尤其是有色金属矿产,食盐也不乏其源。近代以来这些资源不断得到开发,及至全民族抗战全面爆发前,其在云南已形成了一定的规模。

1. 矿冶

民国时期,资金雄厚的锡务公司、炼锡公司、锡业公司等实业继续发展。1933年,炼锡公司引进英国柴油炼锡反射炉一座,进行冶炼。1935—1936年,该公司又扩建了几座新式净矿塘、净矿炉、炼锡炉,不仅提高了自身的选矿、炼锡质量,而且收购中小企业的土锡精炼。该公司炼出99.75%的上锡、99.5%的纯锡、99%的普通锡,产品取得伦敦、纽约五金交易所化验证书,可直接运销世界各国,与英国锡享有同等价值。这是云南锡业生产技术和管理水平的一大进步,获得了巨大的经济效益[①]。

2. 制盐

云南有丰富的盐矿资源,但由于长期用柴火制盐,不仅成本越来越高,而且砍伐森林严重,破坏了生态,盐业生产受到制约。1931年,滇军第五师师长、彝族将军张冲兼任云南盐运使,立志改进制盐方法。1932年,张冲邀请矿冶专家罗垣到元永井和一平浪一带勘察,认为可将地势高于一平浪的元永井的盐卤就势输送到一平浪煤矿地区,以煤代替柴薪来制盐。通过试验,以煤替代柴薪煮盐卤获得成功,张冲进而提出移元永井之卤,就一平浪之煤,在一平浪建灶用煤制盐的"移卤就煤"方案。"移卤就煤"制盐工程计划呈请云南省主席龙云批准后,随即聘请省政府技监李炽昌担任这一工程的总工程师并组织实施。

"移卤就煤"工程项目由矿卤生产、卤水输送、煤炭生产、成品盐生产以及配套的设施和建筑物5个部分组成。其中主体工程是修建元永井至一平浪之间21千米的输送卤水的釉陶质输卤沟。1933年,张冲在广通县成立一平浪制盐工程处,着手进行建设。他在元永井到一平浪之间铺设了长20.5千米、宽3米的输卤沟(又称为盐水沟)(见图8-34),在元永井新建卤池一座、垂深100米的机械竖井一口(即安平井),在一平浪则建锅盐灶房360间[②]。

图8-34 被铸铁管取代而废弃的原输卤沟及涵洞

诸锡斌2022年摄于一平浪

---

① 夏光辅等:《云南科学技术史稿》,云南科技出版社,1992年,第204页。
② 《云南一平浪盐矿志》编辑委员会:《云南一平浪盐矿志》,云南美术出版社,2000年,第58页。

1936年，省政府官员考察后，认为"移卤就煤整得成"①。1937年工程初步建成后，年输卤约40万立方米。"移卤就煤"使制盐成本大幅降低，产量大大提高。1938年，制一吨盐仅耗煤一吨，而煎出的盐色白、质好、味佳。这项工程使云南盐业实现了规模化和现代化生产，平息了盐荒，使滇中人民吃上了价廉物美的食盐。这一工程不仅结束了用柴煎盐的历史，保护了森林资源，而且使地下的煤矿资源得到开发利用，一平浪盐矿（见图8-35）由此声名远播。

图8-35 如今的一平浪盐矿厂区
诸锡斌2022年摄于一平浪

"移卤就煤"工程的建成，是云南盐业史上的一大创举。其成功的关键在于输卤沟选材必须科学，为此虽几经失败，但最终在张冲亲自参与下，研制成功两端带凸凹榫口、便于对接的内圆外方的"U"形内壁涂釉的陶沟砖（见图8-36）。这条釉陶质输卤沟一直沿用了60年，直到1998年才被沿沟敷设的铸铁管取代。"移卤就煤"工程至今还在发挥着效益。

图8-36 张冲亲自参与设计和研制的"U"形陶釉输卤专用沟砖
诸锡斌2022年摄于一平浪

（二）通信

全民族抗战全面爆发前，云南的无线电通信已经从长波通信发展到短波通信。云南的短波电台早期是在法国人米德和白龙潭天主教堂（当时这个教堂已自行设有短波小电台）的两个法国牧师帮助下设立的。1930年，法国人退出，云南无线电事业开始进入独立发展阶段。

1930年云南无线电通信由单工通信改为双工通信后②，收报机与发报机分开设在两个地方，中间架设遥控线连接，避免了因本台发报时受干扰，致使外台不能接收信号，这样可在同一时间内开动多部机器，并做到电台通报互相不干扰，大大提高了通信效率。此后，云南相继开通了南京、汉口、广州、长沙、洪江、南宁、叙府（宜宾）、西昌、康定等线路。但鉴于军方电报由无线电传达易于被窥，交通部通知滇川黔电政管理局，加速恢复滇川黔有线电直达线路。为此，云南省在接到交通部发来大批线料、机件后，即由省电政管理局派第二工程队修复经宣威、威宁、毕节、永宁至泸州的昆泸线，还架设了经平彝、盘县（今盘州市）、安顺、贵

---

① 个旧市文化局：《个旧市文化志》，1988年，第253-254页。
② 单工通信是指消息只能单方向传输的工作方式；双工通信是指在同一时刻，信息可以进行双向传输，如打电话。

阳的昆贵线，完成了扩大通信网络的计划。

电话事业此时也已经有了较大发展。1937年，昆明开设自动电话，向德国西门子公司昆明分公司订购步制SH式自动电话交换机1000门，6月份开通500门，随即将磁石总机用户电话机拆除，改装自动电话。由此昆明开始使用自动电话（见图8-37）。

图 8-37
民国时期昆明使用的自动电话
诸锡斌2021年摄于云南陆军讲武堂历史博物馆

（三）纺织

民国时期，洋纱、洋布充斥云南市场，而本省纺织工业产品少、质量差。有鉴于此，缪云台于1934年赴上海考察，并于同年9月10日代表云南富滇新银行与上海永安纺织公司签订合同，计划于昆明南郊玉皇阁筹建云南省经济委员会纺织厂。该厂于1937年8月18日建成开工。纺织厂的机器设备由缪云台赴上海向外商订购，主要有英制1250千瓦发电机、锅炉、美制5200键纺纱机、英制布机60台等。[①]同时刚建成投产的玉皇阁发电厂作为附属动力厂，专供纱厂自用。主要技术人员则来自上海永安纺织公司和西门子公司。工厂用高薪聘请上海西门子公司电机工程师金龙章（云南永仁县人，清华大学毕业，留学美国学电机技术）担任厂长，永安纺织公司纺织工程师朱健飞（江苏人，南通纺织学校毕业）担任副厂长。由此，云南省经济委员会纺织厂开始生产12支、15支、20支、22支、24支5种纱，12磅斜平布、12磅细斜平布、9磅细平布、16磅粗平布，成为当时云南规模最大、技术最先进、产量最高的纺织厂[②]。

（四）交通运输

云南山高路险，发展航空、水运交通具有较好的潜力。自滇越铁路开通后，及至全民族抗战全面爆发前，云南除陆路交通进一步发展外，航空、水运交通也得到了进一步发展。

1.航空运输

云南航空运输开始于20世纪20年代。1928年冬，云南省政府组成商航筹备委员会。1929年，由云南航校校长刘沛泉向美国购买"莱茵"客机2架：一架命名为"昆明号"，由陈栖霞（见图8-38）、张汝汉驾驶，4月27日从香港九龙机场起飞，经北海、百色飞昆明，全长900余公里，首次试飞成功；另一架命名为"金马号"，为单翼水上客机，由陈栖霞、李嘉明驾驶，仍从九龙机场起飞，经武汉、南京至杭州，其间曾停留西湖，参加西湖博览会展览后回航广州，受到各方赞扬。后又购买单翼客机1架，命名为"碧鸡号"，由广州飞至昆明。

到了1935年4月，云南航空学校已先后培养飞行人员和机械技术人员200多名。这时，云南已购买了美国大型福特飞机，并开辟了昆明—贵阳—重庆航线，于1935年5月23日开航，兼营客运和邮运。之后，1936年，中德合办的欧亚航空公司和中美合办的中国航空公司，也相继在昆明开辟民用航空线。[③]

图 8-38
民国时期的飞行员陈栖霞
诸锡斌2021年摄于云南陆军讲武堂历史博物馆

---

① 夏光辅等：《云南科学技术史稿》，云南科技出版社，1992年，第211页。
② 夏光辅等：《云南科学技术史稿》，云南科技出版社，1992年，第211–212页。
③ 夏光辅等：《云南科学技术史稿》，云南科技出版社，1992年，第231页。

2. 航运

云南的江河水急滩多，水上运输不发达。早在清宣统元年（1909年），云南曾从越南海防向法国造船厂买来一艘蒸汽机轮船，在滇池组装下水，名为"飞龙号"。这是一艘25马力明轮推进船，设客座百座，载货10吨，时速15公里。该船组装下水后，来往于昆明、海口、昆阳之间，客货运兼营。该船一直使用到1937年3月遇难沉没。这是云南第一艘机动船舶。1929年，我国自行设计制造的蒸汽机轮船"西山"号建成，在云南投入使用。该船为60马力明轮推进，客座200人，载重25吨，时速15公里，投入运输之后，能适应滇池水草多、风浪大的特点。这艘船一直在滇池行驶至中华人民共和国成立之后。

3. 公路运输

1925年，云南已修筑昆明小西门至碧鸡关15公里的公路；1928年又续修至安宁县城的路段。1929年初，李炽昌和段纬在全长33.5公里的基础上，根据云南地理情况，研究制定了云南省公路网"四干道、八分区"[①]的建设规划，并且他们于1930年前后借鉴美国和欧洲的筑路技术成果，制定出适合云南使用的公路设计、施工、管养等方面的规章制度，为云南公路建筑规范化建设奠定了基础[②]，推进了云南公路建设的进程。至1936年，昆明至富源全长243公里的滇东干道公路筑成。1938年，这条公路与贵州省的公路接通，由此云南公路与全国公路连接，实现了云南与内地的汽车联运[③]。

（五）制革

长期以来，云南使用稻草浓烟熏制皮革和用芒硝制革。光绪三十四年（1908年），云南陆军制革厂聘请日本技师来云南，用涩水法（即植物鞣法）制革。该法需将革浸泡2～3个月，用鸟粪液为软化剂，技术十分落后，1935年停产。同年，云南制革厂成立，曾留学德国学习制革的江川县人苗天宝任云南制革厂厂长。他采用铬鞣法，以红矾钾或红矾钠为原料，配制成鞣液制革，这是当时的先进制革技术。他还在厂内推行硫化碱脱毛，牛胰软化、染色、涂饰等西方制革技术，购进转鼓、削匀机、磨草机、重革打光机等先进专用设备。云南制革厂除生产马鞍等军用皮件外，还生产皮箱、皮衣等[④]，这不仅使制革技术领先，也促进了皮鞋制造技术的提高。

四、向农业现代化迈进

全民族抗战全面爆发前十年，云南的农业、牧业、林业技术和农田水利建设已具有现代水平，取得了一系列的科技成果，获得了较好的经济效益，促进了云南社会的发展。

（一）农业科技教育

云南现代农业的发展离不开科技教育。抗战爆发前，云南获得了相对安定的社会环境，本土的农业科技教育获得有利发展条件，农业得以逐步向现代化迈进。

---

① 所谓"四干道"，即滇西干道（昆明至下关）、滇东北干道（昆明至盐津）、滇东干道（昆明至罗平）、滇南干道（昆明至河口）；所谓"八分区"，是以昆明为中心修筑公路，分八个区逐步修建。
② 夏光辅等：《云南科学技术史稿》，云南科技出版社，1992年，第230页。
③ 参看夏光辅等《云南科学技术史稿》，云南科技出版社，1992年，第225页。
④ 参看夏光辅等《云南科学技术史稿》，云南科技出版社，1992年，第219–220页。

1.农业学校

云南的农业教育起步相对较早,光绪三十三年(1907年)时已开办农业学堂,设农、林、蚕、染织4科,又于宣统三年(1911年)添设农业讲习班和女子蚕桑讲习班。农业学堂于1912年改为省立农业学校后,分别于1920年添办林科,于1921年添办兽医科。1929年,玉溪、开远、会泽、彝良、昆明官渡各开设一所省立初级农业职业学校,宾川开设棉作科职业学校,昆明开设女子农业职业补习学校。这些学校培养了一批初级和中级农业技术人才。1930年,云南省立第一农校成立,培养计划为:"1.开办棉业讲习科。2.开办棉业科或加授棉植学。3.由农矿教育两厅公费选送学生到国外著名农科大学,专攻棉植。"①

1937年6月,云南省政府为进一步发展农业,决定在各县设立初级农业学校,培养改良农事之人才。其中楚雄、玉溪、保山均为宜于农桑之地。规定其所学科目为:(甲)普通学科(棉作科及蚕桑科),设公民、国文、算学、生物课;(乙)棉作科学科,设种棉学、作物学、团体学、农具学、土壤学、肥料学、气象学、林学大要、蚕桑大要、农村合作、农业经济、农业简记课;(丙)蚕桑科学科,设栽桑学、养蚕学、制种学、制丝学、蚕病学、蚕体解剖生理学、土壤学、肥料学、气象学、农业大要、林学大要、农村合作课。这些学校培养了数量可观的初、中级实用技术人才。

2.农业期刊

1930年,云南省立第一农校成立后,《一农校刊》也随之发行。由此云南有了"以研究农业学术,改进农业,改良农村为宗旨"的第一个农学杂志②。1933年,《农业月刊》创刊。刊物开办的目的在于将研究所得介绍与农人。③该刊同时指出:"科学的进步,原无止境,惟在本省现代的农人,经营农事,尚不知利用科学。如果所其自甘劣化,兼受迷信的惑诱,环境的征服,永无推广农业之日。好在国内各大学设有农学院的不少,本省又有中等农校之成立,皆是农业科学的研究机关。"④《农业月刊》的职员基本上为留过洋的人员,例如校刊主任缪嘉铭(缪云台)是留美回国人员,徐嘉锐(徐天骝)为留法回国人员,其余6名均为留日回国人员。这些留洋归国人员为云南的农业发展做出了重要贡献。

(二)农业科研和推广

全民族抗战全面爆发前十年,云南对农业改良很重视,不仅设立农业机构,还对稻、麦、芋和大豆等农作物进行改良和选育,现代林业研究也开始兴起。云南的粮食作物和经济作物科研有了全面的发展,其他诸如木棉、烟草、金鸡纳等作物科研也出现了新的面貌。

1.木棉⑤

自滇越铁路开通后,中国每年由于进口棉纱和棉纺品外流白银的数量大得惊人。堵塞漏卮最迫切的措施就是发展自己的纺织业。为此,云南从上海引进了纺纱机,但云南产的棉花一是产量小,二是不适合用引进的机器纺织。于是试种新品种棉成了云南农业的重要试验内容。

---

① 《云南省实业厅改进推广棉产计划书》,《农业月刊》1933第1期,第20页。
② 《简章》,《一农校刊》1931年第2期,封三。
③ 第一期上有这样一则启事:交换月刊启事,本会月刊按期赠送各机关学校团体,请于收到之后,按期寄出刊物,以资交换,即希付邮还本会编辑处为荷。说明此刊物是为实现农业信息的交换而出现的。
④ 《农业月刊》1933年5月30日,发刊词。
⑤ 这里所指木棉与攀枝花(木棉)不同。"木棉"一词所指在云南比较混乱,中央农业试验所留美博士冯泽芳于1936年到云南考察和鉴定开远木棉,认为其应属于海岛棉,并且其在云南逐步演变为多年生的灌木棉。

"欲改良农业,必先设立农事试验场,以科学方法,切实研究设场试验,并派员分头到各乡指导农民改良农业。"[①]其中迫切需要的就是试种美棉,栽植藕桑,接植果木,试验育蚕。[②]省立第一棉业试验场在1934年3月1日呈报后成立。[③]试验内容主要是考究种类、特性、气候、土宜、栽培法、病虫害预防法以及兽疫防治。植棉实验包括:A.美棉品种比较试验;B.中棉品种比较试验;C.美棉体系选种;D.中棉体系选种;E.留棉试验;F.防治病害试验;G.两熟制试验。但是试验结果表明,由于云南地处高原,夏温偏低,旱、雨两季对美棉亦会造成极大的伤害,"惟植棉株发生之期五、六月时,天气亢旱,遂致虫病蔓延,损伤甚大,而棉桃吐絮又复阴雨连绵,吐絮棉花,均遭损害"[④]。因此,美棉在云南试种效果不佳,于云南发展美棉事业无望。

实际上早在1918年,云南在开远已发现了木棉,并试种成功[⑤]。1921年,云南省农林厅派人到开远筹建了木棉种植场,专门繁殖种子供推广之用,并取得很好的效益。(见图8-39)

图8-39
木棉
诸锡斌2017年摄
于瑞丽市弄贤乡

2.烟草

1929年,云南实业厅恢复省农事试验场的美种烤烟试验,在昆明大普吉进行"黄叶""香叶""黑司特"品种比较试验,并将试验成绩报告书和《提倡种植美国烟草法》上报国民政府实业部,得到了批复[⑥]。1933年,"省立第一农事试验场,前曾自美国维吉利亚省输入美国烟籽少许,详加试验,成绩尚佳"[⑦],烟草栽培有了进展。但是这一时期因烟叶品种和生产技术等原因,生产的卷烟质量低劣,成本偏高,难以打开销路,卷烟产业发展停顿。

---

① 《昆明县政建设方案草案》,《云南日报》1935年7月25日。
② 《昆明县政建设方案草案》,《云南日报》1935年7月25日。
③ 《云南棉业改进工作总报告》,《云南日报》1937年4月14日。
④ 云南省志编纂委员会办公室:《续云南通志长编》(下册),玉溪地区印刷厂,1986年,第295页。
⑤ 1918年毕业于云南省立甲种农业学校,后任开远实业局副局长的傅植,曾于城西郊龙潭吕祖庙遗址荒野中发现木棉,并试种成功。
⑥ 云南省科学技术志编纂委员会:《云南科学技术大事(远古~1988年)》,昆明理工大学印刷厂,1997年,第41页。
⑦ 《云南提倡种植美国烟草之计划》,《云南省农业推广委员会月刊》1933年第2期,第12页。

3.金鸡纳

金鸡纳树，又称奎宁树，原产于南美洲的厄瓜多尔，是可药用的重要经济作物。1932年，黄日光从爪哇购进金鸡纳籽种8两，先后在开远、蒙自、河口等地播种5次，相继失败。1933年，他重新将金鸡纳引种到河口，经8次失败，于第9次播种获得成功，获得苗木2000余株。培养育成的树苗在思茅、普洱一带农村生长良好。这是中国大陆首次栽培成功金鸡纳这种重要的经济作物[1]。云南地处西南边疆，当时疟疾肆虐，用金鸡纳树提取物制成的奎宁药是治疗这一疾病的关键药物。

4.茶业

云南为产茶名区之一，普洱茶闻名国内外。民国以后，云南茶叶产量日减。为了复兴云南茶业，1924年，省政府设立了云南茶业实习所，培养茶业技术人才。昆明郊区"十里香茶"产地十里铺附近建立了"模范茶园"，作为学生实习场所。1930年，这个茶园被改组为省立第一茶业试验场，进行茶叶品种试验。由于种种原因，成绩不佳。但在西双版纳、凤庆、景谷、昌宁、下关等地，各族人民的种茶、制茶技术却有较大提高，普洱茶、凤庆茶的品种、质量都有改进和提高。云南的茶叶除本省饮用外，大量运销四川、西藏等地及印度、东南亚各国。沱茶深受四川人民喜爱，"紧茶"为西藏人民的生活必需品[2]。

（三）农业水利

全民族抗战全面爆发前，云南除建立电力抽水站进行灌溉外，还对河道进行疏浚，扩大了农田面积，一定程度上促进了农业的发展。

1931年，挖掘疏浚了滇池出水河道——海口河，共挖土方1.7万立方米，减轻了夏秋季节的滇池水患。同年疏浚盘龙江、宝象河、马料河、明通河、银汁河、海源河等河河道，挑挖土方5万立方，减轻了滇池周围农田的水患。1933—1936年又对这些河流进行疏浚，修筑河堤，改造河身，进一步减轻了水患，增强了灌溉能力[3]。

1935年，省水利工程处建立明家地灌溉场，安装3台电力抽水机，抽滇池水灌溉昆明小西门外潘家湾、红庙、土堆河沿岸至大观楼附近明家地稻田1300余亩。1937年，又建马料河灌溉场，安装柴油机和抽水机，抽滇池水灌溉由杜家营到关锁村的数千亩稻田。

1935年，云南成立开蒙垦殖局，发展蒙自县草坝水利农垦事业。草坝由东至西和由南至北，各约10千米，面积近8万亩，是云南著名的大平坝。每年夏秋雨水季节，草坝的东南部山岩石缝中都会涌出大量洪水。这些洪水由草坝黑水河流入开远下坝蚂蟥沟三角海中的落水洞落泻。由于洪水量大，落水洞口小，水量落泻缓慢，草坝每年都被淹没过半。雨水过多的年份，地面2/3被淹没，洪水要到冬春季节才能落完。露出的地面不能栽种农作物，遍地生长水草，故名草坝。垦殖局按照"除水患""兴水利"开垦草坝的方案，凿开黑冲山峡，开挖了一条2千米长的新河道，使草坝洪水流入蒙自沙甸河，同时疏浚沙甸河20千米河道，以免洪水危害沙甸河沿岸。在此基础上还修筑了灌溉渠，引蒙自大屯海和长桥海水，灌溉排除洪水后的草坝垦殖土地，解除了草坝水患。到1944年，已开垦出稻田5万余亩，建立了9个农垦新村[4]。农业水利建设扩大了耕地面积，促进了这一时期农业的发展。

---

[1] 参看李晓岑《云南科学技术发展简史》（第二版），科学出版社，2015年，第333页。
[2] 夏光辅等：《云南科学技术史稿》，云南科技出版社，1992年，第237页。
[3] 夏光辅等：《云南科学技术史稿》，云南科技出版社，1992年，第240页。
[4] 夏光辅等：《云南科学技术史稿》，云南科技出版社，1992年，第241–242页。

第三节 全民族全面抗战期间的科学技术

1937年，全民族抗战全面爆发。面对日寇的侵略，云南人民奋起英勇抗争。云南地处边疆，与缅甸、老挝接界，特殊的地理位置使云南既是前方也是大后方。作为前方，在修筑滇缅公路和支援远征军等方面，云南各族人民做出了巨大的牺牲和贡献；作为大后方，云南是抗日战争重要的后勤保障和物资生产基地。

全民族全面抗战期间，中国科技文化中心的转移和大批科技、文化精英的到来，以及现代化工厂的迁滇，都为云南科技发展创造了难得的历史机遇。这一时期，云南科技、教育蓬勃向上，科研成果快速增加，工业、农业、交通运输业等行业由于科技含量的迅速提升，也获得了跨越式的发展。

一、科技教育与人才培养

云南的科学技术发展与科技人才的培养密切相关。民国年间，云南许多青年或出国留学，或到省外大学学习科学技术。1912—1939年间，出国留学生、到省外大学读书毕业的学生，加上本省高等学校的毕业生，云南受高等教育的人数已达2575人[①]。仅1932—1942年，就有196人享受云南省政府奖学金和汇款优待到省外大学读书，还有一些完全自费者不在此数。这些学生中学习理学、工学、农学、医学等自然科学和工程技术的人数占一半以上。尤其是全民族全面抗战期间，由内地迁移到云南后成立的国立西南联合大学和不断壮大的国立云南大学为云南培养了十分宝贵的科技人才，这些人才成为云南以至中国科技力量的骨干。

（一）云南大学

1932年，云南省立师范学院并入东陆大学后，东陆大学设有文学院（增设政治经济系、法律系）、工学院（增设土木系、矿冶系）、教育学院。1934年，私立东陆大学改为省立云南大学。1937年，任教清华大学的云南籍著名数学家、教育家熊庆来由北京回到昆明，担任云南大学校长（见图8-40）。

图8-40 熊庆来在云南大学的故居
诸锡斌2021年摄于云南大学会泽院

1938年7月1日，在云南省主席龙云的支持下，国民政府行政院会议通过"省立云南大学"改为"国立云南大学"的决议，同年11月11日，国民政府教育部改省立云南大学为国立云南大

[①] 云南省志编纂委员会办公室《续云南通志长编》（中册）载："民元以来云南曾受高等教育人数及科别统计表（民国二十七年度）。"云南省科学技术情报研究印刷厂，1986年，第839页。

学，仍由熊庆来任校长，经费定为国币50万元。熊庆来任校长后，除要求政府增拨经费外，还向社会各界人士募捐，以扩大校舍，增购教学设备和图书资料，并利用全民族全面抗战期间大批学者流亡云南的机会，聘请知名学者到云南大学任教，使云南大学沿着"从云南实际出发充分利用资源丰富的优势加以研究，以期蔚为西南学术重心"这一办学方向，不断发展，不断提高，成为一所具有国际影响力的大学（见图8-41、图8-42）。

图 8-41
云南大学会泽楼

诸锡斌2020年摄于云南大学东陆校区

当时云南大学设有文理学院（含文学院、教育学院）、理工学院（含工学院、理科学系）、农学院和医学专修科。从1937年到1946年的十年间，教师已增为237人，其中教授、副教授由38人增至126人，许多著名学者先后应聘任教，使学校的教学质量和科研水平大幅提高。随着师资力量的增强、教学设备的增加、校舍的

图 8-42
云南大学致公堂

赵志国2019年摄于云南大学东陆校区

扩大，学校规模也扩大了，设有文法学院、理学院、工学院、医学院、农学院5个学院，18个系，3个专修科，3个先修班，还办有附属中学，云南大学成为一所学科相对齐全的综合性大学。仅1928年至1943年，云南大学就有毕业生1600人，其对改变云南文化科技落后的面貌发挥了重要作用[①]。从这一时期云南大学的化学系和矿冶系的教师队伍，可窥见云南大学教师状况（见表8-2、表8-3）。

表 8-2　国立云南大学化学系教师职员表

姓名	职务	毕业院校	备注
赵雁来	院长	法国国家理学博士	曾任法国里昂酒精厂工程师，云南建设厅化验所所长
王树勋	系主任	法国里昂大学理学硕士，法国国家理学博士	法国里昂工业化学专门学校化学工程师
冯式权	教授	国立北京大学理学学士，法国巴黎大学理学博士	中法大学教授
姜振中	教授		法国都鲁大学化学工程师，巴黎里保兰厂工程师，莫斯科应用化学研究院工程师，复旦大学教授
陈美觉	副教授	私立武昌华中大学化学系	华大助教，国立湘雅医学院讲师，华大讲师及副教授，国立西南联大副教授
朱亚杰	讲师	国立清华大学毕业	
杨桂富	讲师	国立北平师范大学	
周孝谦	讲师	国立清华大学毕业	
陈四箴	讲师	国立清华大学理学学士	
胡维青	助教	国立北平师范大学毕业	

---

① 参看何耀华总主编，牛鸿斌、谢本书主编《云南通史（第六卷）》，中国社会科学出版社，2011年，第380-381页。

续表8-2

姓名	职务	毕业院校	备注
何炳昌	助教	国立西南联大毕业	
杨鹏魁	助教	国立云南大学毕业	
温春融	助教	国立云南大学毕业	
程力方	助教	国立西南联大毕业	
龙文池	助教	国立云南大学毕业	
吴家华	助教	国立西南联大毕业	

资料来源：《国立云南大学化学系教员调查表》，《化学会刊》，1945年，第34页。

表8-3 国立云南大学矿冶系教师职员表

姓名	职务	毕业院校	备注
冯淮西	工学院院长兼矿冶系主任	哥伦比亚大学地质科硕士	美国柯州（即科罗拉多州）矿科大学采矿工程师，曾任北洋、中山等大学教授，国立清华大学地质系主任，两广地质调查所所长等职
黄国瀛	教授		美国柯州大学采矿工程师，曾任湖南大学教授，湖南矿业化验所所长等职
罗维恒	教授	哥伦比亚矿冶科博士	曾任北洋工学院教授，云南锡业公司协理
卢焕云	教授	比利时国立列日大学	曾任光华大学教授，云南地质调查所所长等职
董钟林	教授	北洋大学工学士	美国康泰大学土木工程师
李清泉	教授	法国里昂大学	
高崇煦	教授		曾任国立清华大学化学系主任等职
黄子卿	教授		曾任国立清华大学教授等职
郭克悌	教授		昆明耀龙电力公司协理
张文奇	副教授		曾任昆明炼铜厂工程师等职

资料来源：《关于本校矿冶系》，《化学会刊》，1945年，第33页。

全民族全面抗战期间，国立云南大学的学生成立了许多学术组织，这些学术组织成为传播科学技术的重要阵地。例如，理化系曾经组织过化学研究会、理化系毕业同学会、理化系同学会，这几个组织在联络感情、研究学术、互通音讯等方面发挥了很好的作用。1945年，这些组织改组为国立云南大学化学系化学会，它把化学系的师生和毕业校友密切地联系起来，向着科学的目标前进。过去学术思想大多以壁报、通信等形式进行传播和交流，1945年《化学月刊》的创刊改变了这种状况，它以会刊的形式定期出版。其他诸如《云大化学系专刊》《化学会刊》《云大农学》等刊物也在促进学习、推动学术交流和传播科学中发挥了较好的作用（见图8-43）。

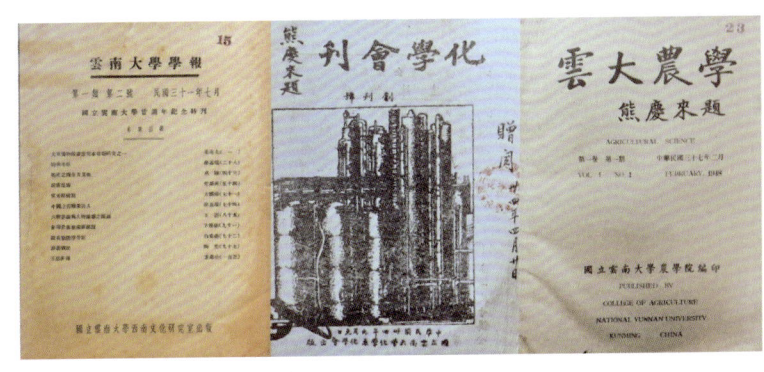

图8-43
抗日战争时期云南的学术刊物

诸锡斌2021年摄于云南大学校史馆

（二）国立西南联合大学

1937年，"七七"卢沟桥事变后，日本帝国主义发动全面侵华战争。为保存中华民族教育精华，华北及沿海许多大城市的高等学校纷纷内迁。1937年11月1日，北京大学、清华大学、南开大学在岳麓山下组成了长沙临时大学。开学一个月后，日军沿长江一线步步紧逼，危及衡山、湘水，师生们被迫于1938年2月辗转搬迁入滇。同年4月，三校在昆明成立国立西南联合大学（简称西南联大）（见图8-44、图8-45）。

西南联大到达昆明后，由于校舍不敷使用，而蒙自有滇越铁路连接昆明，交通便利，又有空置的房子，校方决定将部分师生迁至蒙自设立分校。分校位于蒙自南湖边上的蒙自海关税务司署旧址大院、法国领事府、周家宅院、王家旧宅、哥胪士洋行，其中哥胪士洋行楼上曾是闻一多、陈岱孙等十多位教授的宿舍，楼下住男生。（见图8-46～图8-48）

国立西南联合大学1938—1946年在昆明建校期间，设有文学院、理学院、工学院、法商学院、师范学院5个学院，包括26个系，2个专修科，1个先修班。1939年时，学生人数就已超过3000人，教师数量在350人左右。及至1946年三校北返前，于联大执教的教授人数已达290余人，副教授48人；前后在校学生人数达8000余人，毕业的本科生、专科生及硕士生有3382人[①]。科学家、学者、思想家云集滇池之滨，在教学和科研上成绩卓著，直接促进了云南科技和教育的现代化转型，把云南带入了快速发展的轨道。

国立西南联合大学师生比之高是罕见的。师生中有中央研究院首届院士27人（院士总数81人）。在理工科方面，杨

图 8-44
国立西南联合大学旧址
诸锡斌2021年摄于云南陆军讲武堂历史博物馆

图 8-45
云南师范大学呈贡校区内新建的国立西南联合大学纪念园
诸锡斌2021年摄于云南师范大学呈贡校区

图 8-46
国立西南联合大学蒙自分校旧址纪念碑
诸锡斌2021年摄于蒙自市

图 8-47
国立西南联合大学蒙自分校教学楼旧址
诸锡斌2021年摄于蒙自市

---

① 参看何耀华总主编，牛鸿斌、谢本书主编《云南通史（第六卷）》，中国社会科学出版社，2011年，第381-382页。

图 8-48
哥胪士洋行
诸锡斌2021年摄于蒙自市

振宁、李政道2人获得诺贝尔奖（物理学奖）；黄昆、刘东生、叶笃正、吴征镒4位为国家最高科学技术奖获得者；赵九章、邓稼先、郭永怀、朱光亚、王希季（白族）、陈芳允、屠守锷、杨嘉墀8人获得"两弹一星功勋奖章"。约171位师生成长为中国科学院或中国工程院院士（教师79人，学生92人）。在中国台湾地区和海外，有重大成就的国立西南联合大学校友也不乏其人。①

尽管国立西南联合大学由清华大学、北京大学、南开大学3所不同特质的杰出学校组合在一起，但是三校团结友好，取长补短，相得益彰，大大丰富了这所大学的精神内涵，激发了国立西南联合大学的创造精神。在国难当头、救亡图存的抗日战争大背景下，师生们不屈不挠，抱着"还我河山"的激情和壮志，在教学科研中始终保持"违千夫之诺诺，作一士之谔谔"的质疑品质，以极强的科学精神和敬业精神，刻苦努力，成为中华民族的脊梁，取得了许多处于国际前沿，甚至是具有国际领先地位的原创性科研成果。

国立西南联合大学在昆明8年，以求实精神、创新精神、宽容精神、民主精神，诠释了科学精神的真谛，成为中国高等教育的辉煌典范和丰碑。

（三）留学教育

晚清以后，云南就一直选派留学生赴先进国家学习科学技术，培养了不少优秀人才。1932年，云南地方当局公布了《欧美留学生暂行规程》，规定每年总数以不超过20人为限。

1944年，在云南省主席龙云的大力支持下，经蒋介石同意，国民政府教育部以吴俊升为主考官，梅贻琦、蒋梦麟、熊庆来、龚自知、李书华为副考官，在昆明选拔了40名云南籍学生赴美国学习，并进行留美预备培训，由国立西南联合大学安排朱自清、游国恩、杨石先等著名教授讲课。②1945年6月初，40名学生由金龙章（L. C. King，MIT硕士毕业生）率领，乘飞机经驼峰航线到达印度的加尔各答，同年8月辗转到达美国纽约，分别进入麻省理工学院、里海大学、芝加哥大学、俄亥俄州立大学、康奈尔大学等名校学习工程技术。

及至1949年，留学美国的40名学生中，除少数毕业后继续在美国进修外，有30多位学生学成回国，其中有9人回云南，20多人在省外工作，他们都在各自领域做出了重要的贡献。在这些学生中，诞生了冶金与金属学专家谭庆麟、傅君诏、宋文彪、陈永定，动物营养学家杨凤，石油化工专家袁宗虞，生产过程控制专家周春晖等。

二、自然科学研究

全民族全面抗战期间，随着中国科技文化中心的转移，以及大批科技、文化精英来到云南，尤其是国立西南联合大学的创建，云南即便在极端艰苦和困难的条件下，也产生了众多杰出的科研成果，科学技术的发展得到有力的促进。

---

① 李晓岑：《云南科学技术发展简史》（第二版），科学出版社，2015年，第364页。
② 李艳：《云南"留美预备班"：谋划抗战后建设的务实之举》，《云南日报》2012年8月3日。

（一）数学

全民族抗日战争爆发后，云南籍清华大学算学系主任熊庆来教授在缪云台、龚自知、方国瑜等人的推荐下，接受云南省主席龙云的聘请，出任云南大学校长，并承担数学教学科研工作（见图8-49）。

早在1932年，他就代表中国第一次出席了瑞士苏黎世国际数学家大会。1934年，他的论文《关于整函数与无穷极的亚纯函数》发表，并获得法国国家理科博士学位，他成为第一个获此学位的中国人。熊庆来所定义的"无穷级函数"被国际数学界称为"熊氏无穷极"，又称"熊氏定理"，载入了世界数学史册。1949年，他赴法国参加国际教育会议，写成了被作为法国数学丛书之一的《关于亚纯函数及代数体函数，奈望利纳的一个定理的推广》一书，该书为国际数学界所称道[1]。熊庆来的到来，为云南的数学研究创造了良好条件。

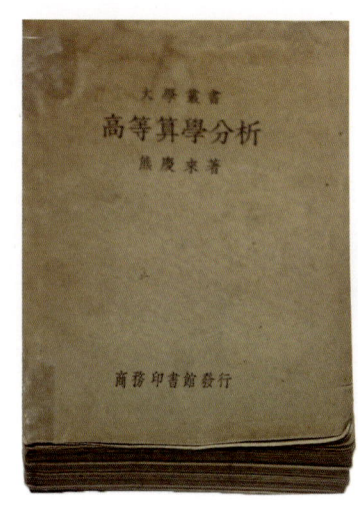

图8-49
熊庆来1934年撰写的《高等算学分析》
诸锡斌2020年摄于云南大学校史馆

1930年初，自学成才的华罗庚在上海《科学》杂志上发表《苏家驹之代数的五次方程式解法不能成立之理由》一文，轰动数学界。同年，时任清华大学算学系主任的熊庆来得知后，打破常规，让华罗庚进入清华大学图书馆担任馆员。1936年夏，华罗庚被派送到英国剑桥大学留学。全民族全面抗战爆发后，华罗庚于1937年毅然回国，来到国立西南联合大学执教。在此期间，他解决了高斯完整三角和的估计这一历史难题，得到了最佳误差阶估计；对G. H. 哈代与J. E. 李特尔伍德关于华林问题及E. 赖特关于塔里问题的结果做了重大的改进，因此，三角和研究成果被国际数学界称为"华氏定理"。

这一时期，一大批数学人才集聚昆明。曾任天津南开大学数学系主任的姜立夫来到国立西南联合大学任教。他在搞好教学的同时，还从事圆素几何和球素几何的研究，整理出一套以二阶对称方阵作为圆的坐标，以二阶埃尔米特（Hermite）方阵作为球的坐标的新方法，使许多经典结果获得了新的进展。国立西南联合大学算学系教授江泽涵研究了拓扑学理论的许多重要课题，在复迭空间和纤维丛方面多有突破。许宝騄在西南联合大学开创了中国概率论和数理统计的教学与研究工作，国际数学界认为他所做的研究处于多元分析数学理论发展的前沿。曾在国立西南联合大学工作过的陈省身从事嘉当理论、拓扑学和微分几何等领域的研究，他在整体微分几何上的卓越成就影响了整个数学界的发展。这些数学精英的研究，有力推进了云南数学的发展。

（二）物理学

熊庆来任云南大学校长后，聘请了物理学家赵忠尧任教授，顾建中任助教，由此云南有了第一批物理学人才[2]。赵忠尧曾用镭射线研究原子核，并于1938年与傅承义一起在《云南大学学报》创刊号上发表《银原子核中不同能量中子的共振吸收》[3]一文，走在了当时原子核物

---

[1] 参看何耀华总主编，牛鸿斌、谢本书主编《云南通史（第六卷）》，中国社会科学出版社，2011年，第395页。
[2] 李晓岑：《云南科学技术发展简史》（第二版），科学出版社，2015年，第309页。
[3] Zhao C Y, Fu C Y. "The resonance absorption of neutrons of various energies in silver nuclei",《云南大学学报（数理版）》，1938年，第47–52页。

理研究的前沿。赵忠尧还和张文裕用盖革-米勒计数器做了一些宇宙线方面的研究工作，为云南大学物理系尤其是核物理专业的发展奠定了基础。

这一时期，物理学家严济慈、钱临照、钟盛标在昆明黑龙潭北平研究院物理研究所从事压电水晶振荡现象的研究。钱临照进行晶体缺陷理论研究时，首创使用Hilger棱镜干涉仪研究光谱精细结构的方法。钟盛标进行了电磁场对晶体腐蚀作用的研究。这些工作开启了中国固体物理和应用物理等学科研究的大门[1]。1939年，在昆明召开的中国物理学会学术报告会上，钱临照做了题为"晶体的范性与位错理论"的报告，这是位错理论首次在中国被公开介绍。严济慈、钱临照还在昆明制作了数百台高倍显微镜和供测量用的水平仪，分送抗日后方的教学、医院和工程建设单位使用。此外，钱临照还受中央水利实验处及滇缅公路工程处委托，制造了各类测量仪器100余套，包括经纬仪、水准仪、望远镜透镜、读数放大镜及水平气泡等，为抗日战争和当时中国科学技术的进步做出了重要贡献，受到国民政府的奖励[2]。

这一时期，周培源对广义相对论开展了研究，并于1939年发表了《论费尔特曼宇宙的基础》等重要论文。其1940年发表的《论发现外观应力的雷诺方法的推广和湍流的性质》[3]在国际上提出湍流脉动方程作为处理湍流的出发点，初步建立了普通湍流理论，进而奠定了湍流模式理论的基础。这些成果于1942年获国民政府教育部第二届学术审议会一等奖。1945年，其又在美国的《应用数学季刊》上发表了题为"关于速度关联和湍流涨落方程的解"[4]的重要论文，提出了两种求解湍流运动的方法，引起国际广泛注意，进而形成了一个"流模式理论"流派[5]，对推动流体力学尤其是湍流理论的研究产生了深远的影响。

国立西南联合大学教授王竹溪一直致力于热力学和统计物理学研究。1941年，王竹溪与汤佩松合作，在美国《物理化学学报》发表《孤立活细胞水分关系的热力学形式》[6]，首次提出细胞水势的概念，为生物物理学的发展做出了开创性贡献。他还在超点阵相变方面做了深入研究。1942年，由他指导的杨振宁的硕士论文就以"超点阵"为题，其研究成果《热学问题之研究》于1943年获国民政府教育部第三届学术审议会二等奖。

国立西南联合大学金属研究所教授余瑞璜从事X射线晶体学、金属物理等方面的研究。1942年，他在世界顶级科学刊物Nature上发表了5篇论文，成为全民族全面抗战时期在这一国际顶尖刊物上发表论文最多的中国学者。他创立了X射线晶体结构分析的新综合方法，其代表作《从X光衍射相对强度数据测定绝对强度》[7]引起了国际学术界的高度重视，被称赞为"世界第一流的晶体学家"。余瑞璜还在昆明郊区的大普吉建起X射线实验室，用高压变压器配上自制的石英管和真空抽气机，做成了中国第一个连续抽空X光机，并用它分析了云南、贵州的硬铝石矿，为晶体物理学在中国的应用做出了杰出贡献。他于大普吉组织了定期的科学沙龙，有吴有训、华罗庚、任之恭、赵九章、王竹溪、戴文赛、黄子卿、赵忠尧、汤佩松、殷宏章、

---

[1] 李晓岑：《云南科学技术发展简史》（第二版），科学出版社，2015年，第309页。

[2] 胡升华：《钱临照的生平及学术贡献》，《自然辩证法通讯》2000年第6期，第74-96页。

[3] Chou P Y. "On an extension of Reynolds' method of finding apparent stress the nature of turbulence", *Chinese Journal of Physics*, 1940, 1(4):1-33.

[4] Chou P Y. "On velocity correlations and the solutions of the equations of turbulence fluctuation", *Quarterly of Applied Mathematics*, 1945, 3(1): 38-45, 198-209.

[5] 李晓岑：《云南科学技术发展简史》（第二版），科学出版社，2015年，第310页。

[6] Tang P S, Wang J S. "A thermodynamic formulation of the wateirelations in an isolated living cell", *Journal of Physical Chemistry*, 1941, 45:443-543.

[7] Yu S H. "Determination of absolute from relative X-ray intensity data", *Nature*, 1942, 150:151-152.

娄成后、范绪筠等一流科学家参加。这个沙龙成为全民族全面抗战时期少见的自由探讨和交流科学成果的场所[①]。

全民族全面抗战期间来到云南的一大批物理学家，都在十分苛刻的条件下做出了杰出的贡献。吴有训以《论X射线的吸收》一文获得国际上的高度评价；吴大猷于1940年出版的《多原分子之结构及其振动光谱》成为这一领域的经典著作，他还在昆明岗头村用分光仪做拉曼效应研究，并发表论文；马大猷的《建筑中声音之涨落现象》一文开创了我国建筑声学的研究；赵九章的《大气之涡旋运动》一文是中国大气物理学研究的先驱性成果；获得诺贝尔奖的杨振宁、李政道均为国立西南联合大学物理学专业的毕业生。1945年，杨振宁在《中国物理学报》上发表文章，探讨了二元超格结晶的临界温度及比热突变现象，并求出相关公式。

（三）化学

1934年，云南省建设厅设立化学所。1937年，云南大学理学院设置理化系，聘赵雁来为理化系主任，开始培养化学专门人才（见图8-50）。

图8-50 云南大学20世纪30年代的化学楼
诸锡斌2020年摄于云南大学校史馆

全民族全面抗战期间，西南联合大学的一批化学家在极端艰苦的条件下开展研究。当时曾昭抡通过对脂肪酸熔点的计算，提出相关公式。杨石先对植物生长调节剂（植物激素）进行了大量基础性调查和研究，为中国药物化学发展奠定了基础。孙承谔与曾昭抡、唐敖庆等人合作开展物性和物质结构参数间定量关系的系列研究，发表了诸如原子半径与沸点的关系、与密度的关系、与临界温度的关系等的系列论文，通过一系列经验关系式指出了化合物的物性与结构参数间存在着密切关系。国立西南联合大学化学系黄子卿于1938年对绝对温标进行深入研究，获得了国际上公认的出色成果。他测定的数值（0.00981℃）被国际温标会议采纳，并被定为国际温度标准之一。他还利用电导法研究了在25℃条件下，水和二氧六环混合溶剂中乙酸甲酯的皂化反应动力学效应，得出反应速率常数与溶剂组成关系的经验规律，有关实验数据一直被物理化学领域采用。张青莲与合作者用从国外带回的110克重水和一些石英玻璃仪器，首次将测定重水密度时的温度提高到50℃，纠正了当时文献中靠近此温度之下密度有一最大值的假设，还完成了有关重水动力学效应的相关成果。他自制仪器，克服了昆明海拔高的困难，首次精确地测得重乙醇的沸点和密度。此结果已被收入拜尔斯坦《有机化学手册》中。他综合了国内外所发表的重水论文，撰写成《重水之研究》论文集，于1943年获国民政府教育部学术二等奖。[②]

（四）天文学

全民族全面抗战时期，一大批天文学家来到云南。当时曾在南京紫金山天文台办公的中央研究院天文研究所也已内迁至昆明。所长余青松认为，昆明有地高云薄、天气良好、夜晚星

---

① 参看李晓岑《云南科学技术发展简史》（第二版），科学出版社，2015年，第311页。
② 参看李晓岑《云南科学技术发展简史》（第二版），科学出版社，2015年，第313-314页。

光明晰的条件，非常适合天文观测，因此决定在昆明建立天文台。后来选址在东郊的凤凰山建立天文台，1938年开工建设，1939年完工。天文台建设完工后，国立中央研究院天文研究所改名为凤凰山天文台，设有变星仪室、太阳分光仪观测室及图书室等（见图8-51、图8-52）。

中央研究院天文研究所的一批著名天文学家，如张钰哲、戴文赛、李鉴澄等人都曾在凤凰山天文台做过研究工作。1941年4月，中国日食观测队成立，张钰哲任队长，亲自带队在昆明集训。他们开展了彗星和小行星照相观测及其轨道计算，进行了变星和太阳分光目视描迹等观测，还出版了天文历书和天文学会会刊《宇宙》[①]。李鉴澄利用日全食出现的机会，在当地居民中宣传有关日食的知识，并教给人们用墨涂黑玻璃来观测日食发生过程的简单方法，破除了流传在群众中对日食现象的迷信说法。1946年，中央研究院天文研究所迁回南京，其所属的昆明凤凰山天文台[②]改属国立云南大学，由王士魁兼任台长，相关研究人员继续开展工作。[③]

图（左）8-51 凤凰山现存的天文台历史建筑（一）
诸锡斌2021年摄于昆明东郊凤凰山

图（右）8-52 凤凰山现存的天文台历史建筑（二）
诸锡斌2021年摄于昆明东郊凤凰山

（五）地矿学

20世纪30年代，内地很多地质研究机构迁入云南，开启了对云南地质矿产的大规模调查研究。1939年1月，国民政府经济部中央地质调查所程裕淇及中央研究院化学所的王学海在昆阳中邑村调查时发现大量磷矿。程裕淇将此次调查结果写成《云南中邑村歪头山间磷灰石矿地质简报》，分析了磷矿的成因，认为在云南境内下寒武纪地层中将可陆续觅得含磷矿石。这一年10月，云南名士李根源即申报并办理了矿业执照，在昆明歪头山开始人工开采磷矿。也是在这一年冬天，地质调查所派卞美年至昆明中邑村调查，其发现了风吹山磷矿区，并探讨了磷矿的地质构造和成因。1940年冬，地质调查所再次派王曰伦（1903—1981年）等人去调查，又发现了拉龙、羊高山、白泥台、大巍山等多处矿区。王曰伦绘制了1∶10000地质图一张，写成《云南昆明中邑村磷矿》一文，命名了磷矿的学名和确定了分子式。昆阳磷矿为含胶磷24%～30%的高品位磷矿，是迄今为止中国境内发现的最大磷矿[④]。1942年10月，国民政府资源委员会下发了矿业执照，允许在昆阳凤凰山、风吹山、羊高山、白泥台等地人工开采磷矿。

---

① 何耀华总主编，牛鸿斌、谢本书主编：《云南通史（第六卷）》，中国社会科学出版社，2011年，第394页。
② 昆明凤凰山天文台为现今中国科学院云南天文台的前身。
③ 参看何耀华总主编，牛鸿斌、谢本书主编《云南通史（第六卷）》，中国社会科学出版社，2011年，第394页。
④ 参看李晓岑《云南科学技术发展简史》（第二版），科学出版社，2015年，第323页。

这些研究和实际应用对云南的经济建设产生了深远影响。

1942年，冯友兰之弟国立西南联合大学教授冯景兰在深入研究了四川、西康（当时有西康省建制，省会为今四川省雅安市）和云南三省的铜矿之后，于《高等教育季刊》发表了《川康滇铜矿纪要》，对西南铜矿之地理分布、造矿时间、母岩、围岩、产状、构造及矿物成分等进行分析，推论其成因，并估计其储量，研究其产量多寡、矿业盛衰之原因，以及将来发展之可能途径，获得了国民政府教育部的学术奖励。1943—1947年，他发表了《路南县地质矿产报告》《云南呈贡县地质》《云南大理县之地文》和《云南玉溪地质矿产》等论文，对这些地区的地质、地貌乃至水力资源、水利开发等方面进行了探讨。

1934年，孟宪民应丁文江邀请，对个旧锡矿资源做了详尽调查，发表论著多篇，并详细调查了东川铜矿，于1948年出版了专著《云南东北部东川地区地质》。1947年，中央研究院地质研究所邓玉书绘制了1∶250000《云南东川区地质图》[①]。这些研究对云南后来的矿业发展产生了重要影响。

（六）生物学

云南是动物和植物王国。民国时期，生物资源的重要价值越来越受到重视，生物学家们纷纷来云南考察和采集标本。随着国立西南联合大学的建立，一大批生物学家在生物学前沿领域做出了杰出的贡献。

1.植物资源与分类

1938年，在有关方面资助下，植物学家蔡希陶在昆明黑龙潭创办了云南省第一个生物研究所——云南农林植物研究所（即现在的中国科学院昆明植物研究所前身）（见图8-53）。在这里，他把自己之前采集的12000余份植物标本全部向来昆的科学家和学生开放，使云南生物资源的壮阔图景得到展示。为了云南的烟草事业，他还通过陈焕镛先生从美国引进优良烤烟品种"大金元"，并驯化成功。

图8-53 现在的中国科学院昆明植物研究所
诸锡斌2020年摄于昆明市盘龙区青松路

全民族全面抗战期间，植物学家秦仁昌来到云南。他通过广泛调查和采集植物标本，建立了庐山植物园丽江工作站。1940年，他发表了《水龙骨科之自然分类》[②]一文，系统阐明了蕨类植物的演化关系，首次把100多年来囊括蕨类植物80%属和90%种的混杂的"水龙骨科"划分为33科249属，归纳出5条进化线。此举动摇了长期统治蕨类植物分类的经典系统，是世界蕨类植物分类发展史上的一个重大突破。这个崭新的自然分类系统被国际同行称为"秦仁昌系统"[③]。1945年，经利彬、吴征镒等人挑选《滇南本草》中的药物26种，绘出原

---

① 参看李晓岑《云南科学技术发展简史》（第二版），科学出版社，2015年，第322页。
② Ching R C. "On Natural classification of the family Polypodiaceae", *Sunyatsenia*, 1940, 5(4):201–268.
③ 李晓岑：《云南科学技术发展简史》（第二版），科学出版社，2015年，第317页。

植物线条图26幅（每幅包括该植物各部解剖图），并附有图说，包括释名、原文（根据两种《滇南本草》及其他各种文献校勘）、形态（根据现代植物解剖学）、考证、分布、药理、图版说明等项，编辑出版了《滇南本草图谱》一书，为研究云南的地方药材、药物及其开发提供了很好的途径。

2.植物生理

全民族全面抗战期间，汤佩松在国立西南联合大学农业研究所工作时，创办了植物生理研究室。尽管这个实验室在战争中3次被炸毁，4次搬迁重建（最后搬到昆明北郊大普吉），房屋也都由泥砖和木料建成，但是设备并不差。他团结了许多青年科学家开展研究。1940年，汤佩松与合作者在世界级的科学杂志Science上发表论文[1]，指出用秋水仙碱处理可导致大豆、豌豆、小麦和水稻的多倍性，成为较早用遗传学手段引导染色体突变的实例。1941年，他与王竹溪合作在美国《物理化学学报》（Journal of Physical Chemistry）上发表了《孤立活细胞水分关系的热力学形式》一文，首次提出细胞水势的概念。1945年，汤佩松又与合作者在属于高等植物的中国食物和中药中寻找抗生素，并在科学刊物Nature上发表论文[2]，采用"环形试验"的方法测试了荸荠，继而发现荸荠中存在的抗菌物质，对金黄色葡萄球菌、大肠（杆）菌和产气杆菌具有良好的抑菌作用[3]。

国立西南联合大学农业研究所娄成后对一些敏感植物如狸藻、含羞草和轮藻等进行了大量电生理学测试，发现传递组织在微弱和中常强度电流通过时表现得像一个连续的结构，证明植物细胞间的原生质有连续性。他还对荧光素引起的单性结实现象进行了研究，并于1945年在科学刊物Nature上发表研究论文[4]。

这一时期，国立西南联合大学生物系教授戴芳澜指导裘维蕃研究云南的伞菌目和牛肝菌目，并和洪章训研究了鸟巢菌目，为真菌学的发展做出了贡献；国立西南联合大学生物系教授殷宏章在农业研究所植物生理组开展植物生长素利用及人工合成的工作，推进了生长素与植物运动机制联系的研究。

3.动物分类与动物生理学

动物学方面，国立西南联合大学生物系教授杜增瑞与助教黄浙，共同调查了昆明及其附近三角涡虫[*Euplanaria gonocephala*（Dugès）]的分布和生殖情况，首次研究了海拔较高、气候情况较为特殊的我国西南地区淡水涡虫的属种，认为涡虫个体的大小和生殖器官发达程度无显著关系[5]。

国立西南联合大学生物系教授赵以炳对滇池盛产的蝾螈进行了一系列皮肤呼吸与肺呼吸比较研究。他和合作者发表了多篇论文，证明蝾螈的肺是有效的呼吸器官，可以单独维持蝾螈的生命。他还对青蛙和蟾蜍的生理差异进行了分析。1938年，清华大学由长沙南迁至昆明，赵以炳和助手不失时机地分别在北平、长沙和昆明测量了一批人的红细胞和血红蛋白的指标，研

---

[1] Tang P S, Loo S W. "Polyploidy in soybean, pea, wheat and rice, induced by colchicines treatment", *Science*, 1940, 91:222.

[2] Chen S L, Cheng B L, Cheng W K, et al. "An antibiotic substance in the Chinese water chestnut, eleocharis tuberose", *Nature*, 1945, 156:234.

[3] 参看李晓岑《云南科学技术发展简史》（第二版），科学出版社，2015年，第319页。

[4] Lin C H, Lou C H. "Fluourescin-induced parthenocarpy", *Nature*, 1945, 155:23.

[5] 黄浙、杜增瑞：《昆明及其附近三角涡虫（Euplanaria gonocephala（Dugès））的分布和生殖情况》，《山东大学学报》1956年第4期，第104-118页。

究海拔改变对中国人红细胞等指标的影响①。

4.古生物学与考古

1937年1~4月，卞美年受中央地质调查所派遣来云南考察，在丘北考察洞穴堆积时，于黑菁龙村附近一岩厦②的岩石堆积中发现了两件燧石石片，用火遗迹有木炭、灰烬、烧骨和烧过的朴树子，同时还发现大熊猫、剑齿象的动物化石群。这是当时发现的中国南方最早的有地层可依、有化石共存的旧石器时代遗迹③。1938年，卞美年在元谋做新生代地质研究，获得一些哺乳动物的化石，进而提出了"白沙井组"和"元谋组"的地质学概念。这两个概念被地质学界公认，并沿用至今。1939年，卞美年在云南禄丰县（2021年改为禄丰市）考察时，看到当地人家有称为"龙骨"的东西，推测可能是某种古生物化石，随即和杨钟健组织了野外发掘工作。他们采掘到的脊椎动物化石达40余箱，其中有80多具恐龙化石，较完整的达20多具，超过了当时国内发现恐龙化石的总数④。经过研究和现场核对禄丰红层⑤，卞美年认为禄丰恐龙（见图8-54、图8-55）的生存年代为距今近2亿年（三叠纪晚期），是世界上最古老的恐龙之一。他们还装架了中国的第一具恐龙化石，从此打破了由外国人挖掘中国恐龙化石的历史。杨钟健和卞美年把这些恐龙化石和其他一些古生物化石统称为"禄丰蜥龙动物群"，并将研究成果写成中英文论文发表。从此，禄丰恐龙闻名于世。

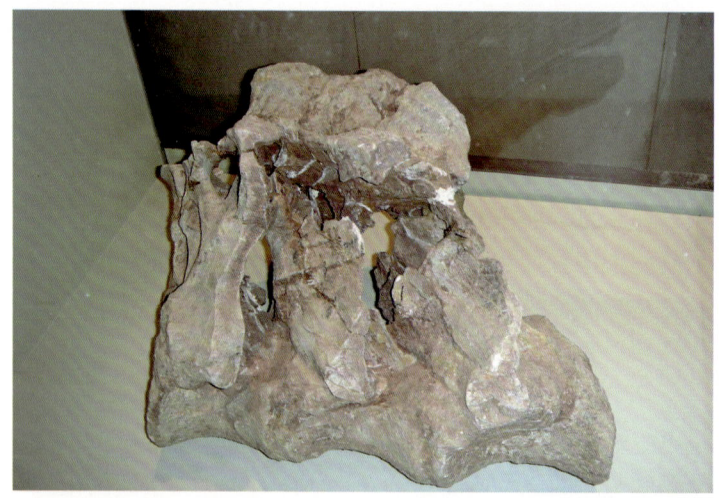

图8-54 云南禄丰恐龙化石

诸锡斌2018年摄于楚雄州禄丰世界恐龙谷中国禄丰恐龙大遗址展馆（博物馆）

图8-55 云南禄丰恐龙遗址发掘现场

诸锡斌2017年摄于楚雄州禄丰世界恐龙谷中国禄丰恐龙大遗址展馆（博物馆）

此外，卞美年在禄丰还发现"卞氏兽"（属名：*Bienotherium*），就其进化意义而言，这是20世纪世界古生物学上最重要的发现之一，被世界各国编入了相关教科书。卞美年为云南古生物学和旧石器考古学的做出了杰出贡献。

---

① 李晓岑：《云南科学技术发展简史》（第二版），科学出版社，2015年，第320页。
② 岩厦又叫岩棚、岩荫等，是考古学术语，指一种由岩石经长期地质作用而形成的类似"屋檐"的遗址类型，相对来说它的进深比石灰岩洞穴浅。
③ 张森水：《深切怀念卞美年先生》，《人类学学报》2003年第3期，第256-259页。
④ 参看李晓岑《云南科学技术发展简史》（第二版），科学出版社，2015年，第324页。
⑤ 红层是红色陆相沉积为主的碎屑沉积岩层，岩性以砂岩、泥岩、粉砂岩和页岩为主。

三、民用工业技术

全民族全面抗战期间，随着中央政府内迁至重庆，沿海和内地大城市许多重要的现代化工厂也大批迁移到云南，强有力地带动了云南工业的发展，使云南的工业呈现出难得的新气象。

（一）矿冶

全民族全面抗战期间，云南的铜、锡、锑、钨、铁等矿产的开采和冶炼全面达到现代技术水平，其中铜和锡的矿冶技术最为突出。

1.铜

云南的铜久负盛名。1938年4月，国民政府资源委员会主办的昆明炼铜厂于昆明西郊马街成立[①]，6月即投产。当时，炼铜厂已经掌握了转炉、反射炉与电解法精炼粗铜的现代冶炼方法。1939年，又于昆明西郊马街建立昆明电冶厂，用电机设备、反射炉、电解槽等生产电解铜，每月可生产电解铜120吨，以供电力工业和军事工业之用。电冶厂同时还生产电解锌、纯铅、耐火砖、水泥等产品。该厂生产的电解铜含铜量已达99.95%，电解锌含锌量达99.97%，纯铅含铅量达99%[②]，属于优质有色金属产品。

2.锡

1931年，云南炼锡公司聘英国冶炼工程师亚迟迪耿到个旧改良炼锡，用氯化亚铁浸出锡精砂杂质，用烧油反射炉熔炼锡精砂，以粗锡熔析反射炉脱铁、砷进行提纯。及至1932年，该公司已产出含锡量为99.75%的上锡，含锡量为99.5%的纯锡，含锡量为99%的普通锡。1937年和1938年，大锡产量分别为11070吨和11050吨。巨大的产量为个旧锡产业的发展奠定了基础，个旧每年出口大锡亦达1万吨以上，产品远销英国等西方国家。从清宣统元年（1909年）到1939年的31年间，个旧锡的出口值占云南省外贸总值的70%以上，个旧锡业的税收占云南全部税收的20%～30%，在云南经济中占有举足轻重的地位[③]。

1943年，在个旧落水洞左侧建成冶炼厂，采用鼓风炉（炉床面1.394m^2）进行粗炼，炉渣用韦氏炉间断处理，粗锡经反射炉熔析氧化精炼，中间产品用结晶锅调温结晶放液或捞晶，反复油浴熔析提高品级，锡冶炼工艺大为改善，生产出了高纯度的锡。1943年，云锡股份公司试验成功用调温结晶法放液锅脱铅铋、加铝除砷锑、粗锡加硫除铜3项成果，并于同年获得了英国10年的专利权[④]。该法先结晶出较纯的锡，经几层阶梯式的锅，进一步生产出纯度高达99.9%的精锡。1949年，云锡股份公司的精锡产量达到610吨[⑤]。

当时个旧锡矿中含有一种异常坚硬而色黑的块状砂粒，既无法碾细熔化，又影响纯锡的冶炼，被视为废渣，称为"锡贼"。20世纪30年代，经对锡渣进行鉴定，发现其中竟含稀有金属钨，这引起了龙云、陆崇仁等官商人士的高度重视[⑥]。1936年，云锡股份公司按照《云南全省钨锑公司章程》开设了个旧锡务公司。同年，个旧锡务公司选矿技师陈俪写出《浮游选矿试验报告》，这是国内外开展较早的浮选研究。1938年，在富源老厂成立了官商合办的平彝钨锑公司，

[①] 中华人民共和国成立后，该厂改名为昆明冶炼厂，曾经是中国最重要的炼铜厂之一。
[②] 夏光辅等：《云南科学技术史稿》，云南科技出版社，1992年，第204页。
[③] 参看李晓岑《云南科学技术发展简史》（第二版），科学出版社，2015年，第336页。
[④] 云锡志编委会：《云锡志》，云南人民出版社，1992年，第393-406页。
[⑤] 李晓岑：《云南科学技术发展简史》（第二版），科学出版社，2015年，第336页。
[⑥] 卢濬泉：《我所知道的云南钙镣公司内幕》，载中国人民政治协商会议云南省委员会文史资料研究委员会《云南文史资料选辑》（第18辑），云南人民出版社，1983年，第50-56页。

1942年又在文山成立了文山钨矿公司。这几家公司都采用新法进行钨矿和锑矿的开发冶炼。当时钨精矿的出口值仅次于大锡，居全省第二位[①]。进入20世纪40年代，云南在会泽铅锌矿、易门铜矿的采矿工作中已能采用属于前沿技术的磁法、电法探矿等现代科技手段开展试验。

3. 钢铁

20世纪30年代以前，云南的铁只能由小型手工工场采炼，而钢也是由民间土法锻造。1938年中央研究院工程研究所[②]迁来昆明后，云南借助研究所的技术力量和设备仪器，以上海的钢铁试验场为蓝本开展钢铁冶炼试验，后又由中央经济部和云南投资向英国、美国、瑞士购买设备，由周仁负责总设计，于1941年在昆明西郊桥头村建成中国电力制钢厂，周仁兼任厂长。工厂有一吨电炉1座，一吨半裴色姆炉1座，400马力轧钢机1台及其他附属设备。该厂应用氯酸钾加热分解的方法制取氧气，用水压法放气，再经纯化后加以利用。1941年6月，该厂炼出第一炉合格钢水，浇出9根钢锭，8月又轧出第一批钢材，使云南正式跨入现代炼钢的行列。其主要产品以材质区分有碳素钢和合金钢；以形状分为6.3毫米至50毫米圆钢和方钢，小于100毫米的扁钢，22毫米八角钢。平均每月产量约60吨[③]，广泛用于机械、交通、军工、建筑和采矿，其中销路最广的是建筑用的普通低碳素钢。

中央研究院工程研究所迁至昆明后还进行了大量的钢铁科技研究，生产出各种镍钢、铬钒钢、高速工具钢、汽车维修需要的低锰钢和弹簧钢料、四川自贡盐井吊取盐卤用的钢丝绳，以及诸如电工器材厂使用的硬磁钢、内燃机急需的钢材等。他们还利用当地的资源开展从钴矿中提取氯化钴以及用木炭代替汽油作汽车内燃机燃料的研究，以解决抗战时期的能源紧缺问题[④]。

1939年，国民政府中央资源委员会、兵工署、云南省政府联合，于安宁县城南郎家庄筹建云南钢铁厂。钢厂于1943年5月建成投产。炼铁部有日产生铁50吨的高炉1座，炼钢部有两吨量与一吨量柏士麦炼钢炉各1座。铁矿石来自王家滩等矿，煤焦来自一平浪煤矿，石灰石取自厂址附近。出品特号、一号、二号生铁和柏士麦炼钢炉用生铁。炼钢部产品为普通碳素钢锭、钢坯[⑤]。它与中国电力制钢厂的建成一起成为云南钢铁工业的开端。云南钢铁厂也是现今昆钢集团公司的前身。

（二）机械制造

1931年九一八事变后，为国防建设之需要，国民政府成立了国防设计委员会（即中央资源委员会前身）。委员会经3年调查，制定了发展中国重工业的3年计划，并于1936年7月实施。其中重要的一项就是由国防设计委员会与航空委员会合作，建设一座包括能够制造航空发动机、动力机械和工具机具的机器制造厂。1936年11月，中央资源委员会于南京成立。但是1937年"七七事变"后，全民族抗日战争全面爆发，航空委员会放弃合作计划，制造航空发动机的设想告吹，中央机器厂由中央资源委员会独家筹办。当时已于湖南湘潭筹建中的中央机器厂，因日军南下，进逼湖南，于1938年4月移至昆明北郊黑龙潭附近的茨坝建厂，1939年建成。中央资源委员会主任委员翁文灏、副主任委员钱昌照撰文指出："中央机器厂（见图8-56）为国营机器工业中最早之

---

① 李晓岑：《云南科学技术发展简史》（第二版），科学出版社，2015年，第337页。
② 1944年，中央研究院工程研究所改名为工学研究所。1945年，研究所迁回上海，留下部分人员和全部设备。1953年，研究所改组为中国科学院昆明冶金陶瓷研究所，即现在的昆明贵金属研究所。
③ 夏光辅等：《云南科学技术史稿》，云南科技出版社，1992年，第205页。
④ 参看李晓岑《云南科学技术发展简史》（第二版），科学出版社，2015年，第337页。
⑤ 夏光辅等：《云南科学技术史稿》，云南科技出版社，1992年，第204页。

厂，其规模设备，在全国首屈一指。"[1] 中央机器厂的成立，不仅使中国迈出了现代机械工业建设的重要一步，也促使云南制造业快速发展，进而奠定了云南现代机械工业的基础。

图 8-56
被称为"大营门"的原中央机器厂门楼（大门）
诸锡斌2020年摄于昆明茨坝的昆明机床厂旧址

中央机器厂秉承"重工业之推动，端在人才培养"的理念[2]，培养出了总经理王守竞，还有吴学蔺、贝季瑶、雷天觉等一大批中国杰出的工程技术人员。中央机器厂初期设有5个分厂和4个部门（处），后来重新按照制造产品归类划分为7个分厂：第一厂为金属冶炼厂，第二厂为蒸汽锅炉厂，第三厂为内燃机厂，第四厂为发电机厂，第五厂为工具机厂，第六厂为纺织机厂，第七厂为普通机械厂[3]。同时根据战时需要，于1940年9月建立了宜宾机器厂，1941年7月在龙陵建立了汽车分厂。建立的昆明西山炼铁厂于1942年7月投产出钢，成为云南省电力炼钢之始[4]。及至1943年中央机器厂已有职工2475人，工作机器521台[5]，既生产迫击炮零件、机关枪零件等军工产品，也开展机械制造和机械修理；还大量制造民用产品，涉及的品种多种多样，包括蒸汽锅炉、柴油机、电动机、发电机、纺织机、碾米机、炼油设备、印刷机、机械工具、农用机械和精密工具等。尤其是在机床制造方面表现突出，生产出车床、铣床、钻床、刨床、镗床及各类工具，满足了不少军工单位和机械工业部门的需要。除云南外，产品还销售到四川、西康、陕西、甘肃、贵州、广西、湖南7省区，产品质量和性能处于国内领先地位。中央机器厂先后创造了我国机械工业史上的若干个第一：生产出第一台机械工业的工作母机；制造出第一台2000千瓦发电机；出产了第一台500马力发动机；制造出第一台30~40吨锅炉；成为第一家用铁合金冶炼炉炼制硅、锰铁的中国企业；成为第一家掌握高强度铸铁工艺的中国企业；成为第一家制造出精密块规的中国企业；在全国第一次完成装制汽车工作[6]。该厂还制造出大型车床、万能铣床、龙门刨床。中央机器厂不愧是孕育中国机械工业的摇篮（见图8-57）。

图 8-57
中央机器厂的车间
诸锡斌2020年摄于云南省博物馆

---

[1] 昆明机床厂志编辑部：《昆明机床厂志（1936—1989）》，云南国防印刷厂，1990年，第5页。
[2] 《中央机器厂门楼维修碑记》。
[3] 中国第二历史档案馆：《国民政府的中央机器厂》，《历史档案》1982年第3期，第60-79页。
[4] 昆明机床厂志编辑部：《昆明机床厂志（1936—1989）》，云南国防印刷厂，1990年，第6页。
[5] 昆明机床厂志编辑部：《昆明机床厂志（1936—1989）》，云南国防印刷厂，1990年，第7页。
[6] 昆明机床厂志编辑部：《昆明机床厂志（1936—1989）》，云南国防印刷厂，1990年，第7页。

1938年6月，中央机器厂买下了美国司蒂瓦特（Stewart）汽车装配厂的全部旧设备。其中的部分设备以及器材运至越南海防，准备从滇越铁路运入昆明。但1941年5月，设备被侵入越南的日军劫掠，同年7月，中央机器厂只好临时将汽车分厂改设于龙陵县，并组装成功2辆"资源牌"4吨载货汽车[①]，这成为民国时期中国装配汽车的成功范例之一。中华人民共和国成立后，中央机器厂改称昆明机床厂，2007年更名为沈机集团昆明机床股份有限公司（见图8-58）。

1940年前后，云南机械制造业在产品生产结构上已发生了质的变化，从早期以农产品机械加工为主的简单机器及零配件生产转变为以专业程度较高的机械装备、

图 8-58
沈机集团昆明机床股份有限公司
诸锡斌2020年摄于昆明北郊茨坝

工作母机、电机设备等产品生产为主的格局。其中最明显的变化是其不仅依靠地方的经济力量生产，而且在中央经济力量的大力支持下，建立起了具有现代化水准的机电与机床生产体系[②]。

（三）化工制造

全民族全面抗战爆发后，沿海、大城市工业的内迁和大批科技人才的到来，有力带动了云南化工产业的发展，有些科技成果甚至直接诞生于迁滇高校的科研中。

1. 磷化工

全民族全面抗战前，云南的化学工业比较薄弱。1938年，国民政府经济部中央地质调查所于昆明设立了办事处。1939年，中央研究院化学研究所王学海、经济部中央地质调查所程裕淇于昆阳中邑村浅灰色泥中发现磷矿。1940年冬，王曰伦等又通过研究进一步扩大了磷矿区的范围。由于黄磷是炮弹和燃烧弹的重要原料，云南李根源于1939年组织手工开采磷矿，这是中国首次露天开采磷矿石。1941年，留学德国工业大学化学系的同济大学顾敬心教授研制制磷设备成功，遂于昆明马街黄磷厂投产，年产黄磷180吨，同时该厂生产的黄磷被加工成磷酸，该

---

① 昆明机床厂志编辑部：《昆明机床厂志（1936—1989）》，云南国防印刷厂，1990年，第6页。
② 陈征平：《云南工业史》，云南大学出版社，2007年，第448–450页。

厂成为云南最早生产磷酸的企业。加工磷矿，这在中国是第一次，而且采用电炉法制磷在中国也是第一次。[1]1942年，云南建成我国第一座磷肥厂裕滇磷肥厂，用昆阳的磷矿石与1939年建立的大利造酸厂出产的硫酸生产磷酸钙（普钙），日产0.7吨。[2]1944年，中国火柴股份有限公司在昆明海口建成昆明磷厂，装有250千瓦电炉一座，生产黄磷及赤磷[3]，自此，云南火柴用磷完全自给。

2.制酸、碱

1938年，国民政府中央资源委员会在昆明普坪村建立昆明化工材料厂（昆明市电化厂前身），1940年7月正式投产。该厂用路布兰法生产纯碱，再用石灰苛化法生产烧碱，最多日产纯碱1吨，最少日产纯碱半吨。1939年，云南省经济委员会在昆明马街建立大利造酸厂，用铅室法生产硫酸；用硫酸与火硝制造硝酸；用氢气与氯气在玻璃管内燃烧与吸收的合成法，生产出含铁量极少的盐酸。1945年，用电解食盐的方法生产液体烧碱，用氯化钾电解制造氯酸钾。1942年，中国第一家磷肥企业——裕滇磷肥厂诞生，日产普通过磷酸钙1吨左右[4]。

3.其他化工的发展

1942年，国立西南联合大学教授张大煜在云南省经济委员会资助下，在宜良凤鸣村附近建立利滇化工厂，利用凤鸣村褐煤进行低温干馏，收取焦油等化工产品。该厂后来又建起了煤气发生炉，生产焦油、硫酸铵、石碳酸、沥青、石蜡等。利滇化工厂的褐煤干馏法为当时国内首创，为我国褐煤加工做出了贡献。而光华化学股份有限公司则在富源县龙海沟开采煤炭，采用烧瓶密闭炼焦，并从中回收焦油，加工生产柏油、沥青、铁漆、木材防腐剂、液体燃料、溶剂、氨水、硫酸钠等产品，为我国褐煤加工史增添了光辉的一页[5]。

此外，1941年，孙孟刚在昆明跑马山建成元丰油漆厂，利用桐油等天然资源生产清油和调和漆，供交通、工务和建筑之用，原料均为国产。1983年，该厂改名为昆明油漆总厂，成为全国重点油漆厂之一[6]。这些厂的建立为云南化学工业的发展奠定了基础。

（四）能源

能源是工农业发展和社会生活的重要支柱，对于抗战有着十分重要的作用，推进能源建设，成为当时云南十分迫切的任务。

1.水电能源

1937年，云南矿业公司出于采炼个旧矿山锡矿的需要，利用临安河水建设开远南桥水电站，将电力输至大屯。公司向德国西门子公司订购了两台水轮发电机及相应设备，1943年建成水电站发电。该水电站装机两台，每台容量为896千瓦，为当时单机容量最大的水电站。其水头33.4米，引用流量12立方米/秒，创造了当时中国的水电之最，成为珠江流域早期先进的水电站之一。

1941年，中央机器厂制造出国内第一台80千瓦水力发电机。1943年，民间聘请国立西南联合大学工学院施嘉炀设计的大理喜洲万花溪发电厂开建。水轮发电机组由中央机器厂承制，

---

[1] 夏光辅等：《云南科学技术史稿》，云南科技出版社，1992年，第201页。
[2] 夏光辅等：《云南科学技术史稿》，云南科技出版社，1992年，第209页。
[3] 云南省科学技术志编纂委员会：《云南科学技术大事（远古~1988年）》，昆明理工大学印刷厂，1997年，第64页。
[4] 李晓岑：《云南科学技术发展简史》（第二版），科学出版社，2015年，第345页。
[5] 夏光辅等：《云南科学技术史稿》，云南科技出版社，1992年，第209页。
[6] 李晓岑：《云南科学技术发展简史》（第二版），科学出版社，2015年，第345页。

电压2300伏，转速1500转/分钟，供电44千瓦，于1946年1月1日正式发电营业，至此滇西地区有了第一个水力发电厂。之后，仍然由施嘉炀设计，在下关天生桥北江风寺下安装中央机器厂承制的水轮发电机组，这个装机容量200千瓦的水电站于1946年3月1日正式开业发电。[①]

2. 火电能源

1938年3月，云南省资源委员会在昆明西郊石咀村筹建昆湖电厂，先后安装2000千瓦汽轮发电机组两台，翌年6月起单机分别供电。1938年6月1日，耀龙电灯公司与云南经济委员会纺织厂独立修建的玉皇阁发电厂合并，改名为"昆明市、县官商合办耀龙电力股份有限公司"。后因日本飞机轰炸频繁，1941年将其中一个机组移装嵩明县喷水洞。喷水洞火力发电厂于1943年建成，以22千伏输电线路送电至马街。1944年，又从中央机器厂增购一台2000千瓦汽轮发电机，配用马街昆湖电厂一台备用锅炉安装竣工后发电。至此，昆湖电厂总装机容量为6000千瓦，是中央资源委员会在大后方经营的10个火电厂中最大的一个。至1945年抗日战争结束，该电厂共有输配电线路290千米[②]，为抗战和云南建设做出了贡献。

3. 其他能源

全民族全面抗战期间，能源紧张。华一肥皂厂老板谢正东为了解决该厂长期以油灯照明的问题，请了一位上海的瓦斯技师，在南郊柳坝修建了一座48立方米的方形瓦斯动力库，以制肥皂废水、猪粪、杂草为原料发酵制沼气。产生的沼气用于30余盏沼气灯，供生产、生活照明。这是昆明首次开发利用新能源。

在汽车动力方面，还成功试制以无烟煤、桐油为燃料的汽车。1941年4月，中央经济委员会与云南省经济委员会合资于昆明东郊大板桥创办的云南酒精厂投产，该厂以生产动力酒精为主，浓度在96%以上，年产量约30万加仑，主要供给军事机关和相关事业单位。

图8-59
云南省经济委员会纺织厂当年使用的清花机

诸锡斌2020年摄于昆明云纺博物馆

（五）纺织

1937年8月18日，云南省经济委员会纺织厂建成，云南由此有了第一个现代化的纺织基地（见图8-59、图8-60）。

然而云南省经济委员会纺织厂开工以后，规模有限，产量不大。为此，1938年8月，

图8-60
云南省经济委员会纺织厂当年的清花车间

诸锡斌2020年摄于昆明云纺博物馆

---

① 杨永昌：《大理的电力工业》，载中国人民政治协商会议西南地区文史资料协作会议《抗战时期西南的科技》，四川科学技术出版社，1995年，第368-373页。
② 李晓岑：《云南科学技术发展简史》（第二版），科学出版社，2015年，第349页。

第八章　民国时期云南的科学技术（1912—1949年）　373

图 8-61
裕滇纺织股份有限公司大门
诸锡斌2020年摄于云纺博物馆

图 8-62
裕滇纺织股份有限公司摇纱工厂
诸锡斌2020年摄于云纺博物馆

图 8-63
当年使用的摇纱机械
诸锡斌2020年摄于云纺博物馆

经云南省经济委员会、中国银行、交通银行三方协商集资，由缪云台任董事长，在云南省经济委员会纺织厂的西侧及后侧，筹建裕滇纺织股份有限公司。同年12月12日，公司收购湖南衡中纺织染公司购置于香港的25000锭英制纺纱机器设备，并于1940年6月试车成功，正式成立裕滇纺织股份有限公司（见图8-61～图8-63）。公司的产品主要是粗纱，供给土法织布厂作为生产原料，生产的产品迅速成为当时市场上的畅销货。

现代纺织厂的开办，使当时的云南外汇流出减少，又帮助地方土法棉布厂提高了产品竞争力，工厂用不完的电力还供应给耀龙电力公司以补充昆明电力。云南省经济委员会纺织厂和裕滇纺织股份有限公司的建成和投产确保了抗战军需和民用纺织需求，使昆明拥有的纺织纱锭占西部地区的11%，位居全国第三位，两厂成为云南工业发展的标杆和云南省财政收入的主力。全民族全面抗战期间，两厂共生产棉纱1.42万吨、棉布985.5万米[1]，为抗战做出了积极的贡献。

（六）造纸与印刷

1941年10月，云南省经济委员会、富滇银行、国民政府经济部工矿调整处、云南企业局、交通银行和上海大亨杜月笙共同投资，选用上海造纸厂幅宽1092毫米单网单缸造纸机和云南省自制的相应设备，在昆明西郊的海口中滩建成云丰造纸股份有限公司，日产纸50～60令。

---

[1] 云纺博物馆解说词。

从此，云南开始了机制纸的生产，这一事件成为云南造纸技术史上的一大进步[①]。

1942年，云南省经济委员会又成立了鼎新印刷厂，开展铅印、石印、单色、五彩等种类的印刷，技术水平进一步提高。加之一些内地的印刷企业迁入云南，例如光华实业公司印刷厂迁滇，专门翻印西方的书籍，先后出版百余种，大中印刷厂印刷《中央日报》昆明版，亦备有全部机器印刷的机件，使云南的印刷技术全面进入了现代发展的阶段。[②]

（七）建工制造

全民族全面抗战期间，云南作为抗日战争的大后方，急需水泥等工程建设材料以推进公路、工业等建设，建工制造有了新的发展。

1. 水泥

1940年，由富滇银行、交通银行、中国银行、新华银行、华中水泥厂合资，缪云台任董事长，王涛任总经理的昆明海口华新水泥公司昆明水泥厂（见图8-64）建成投产。其设备中除一套磨水泥用的球磨机为向丹麦史密斯公司购买的外，其他均为本国设计、制造。1943年5月，昆明水泥厂和华中水泥厂合并改组，成立了华新水泥股份有限公司（见图8-65），公司设在昆明。当时水泥厂生产的原料为黄泥、白沙、石灰石、焦炭和石膏，采用干法普通立窑工艺，生产"龙门"牌普通硅酸盐水泥，年产量暂定为10000吨。其采用的水泥立窑生产工艺对以后中国水泥生产工艺有很大的影响，现今中国各地数千台水泥立窑就是在借鉴华新水泥股份有限公司和济南水泥厂立窑生产工艺的基础上演变而来的。它的建成投产，不但解决了滇缅铁路、空军基地、内迁工厂建设的水泥来源问题，而且结束了外国水泥输入云南，独霸市场的历史。

图8-64 昆明水泥厂遗迹
诸锡斌2021年摄于昆明海口

图8-65 现今的华新水泥公司昆明分厂
诸锡斌2021年摄于富民县

2. 玻璃制造

全民族全面抗战爆发前，云南生产玻璃的企业只有两家规模很小的工厂，原材料是回收的玻璃废品，产品只有酒瓶、药瓶、灯罩之类。全民族抗战全面爆发后，在中央化学玻璃厂的帮助下，云南建立了科学玻璃厂。1938年，长沙永生玻璃厂迁来昆明，于1943年秋开始生产，产品有烧杯、烧瓶、量杯、量筒、试剂瓶、过滤瓶、冷凝管、蒸馏管等化学工业用品，主要供

---

① 参看李晓岑《云南科学技术发展简史》（第二版），科学出版社，2015年，第346页。
② 李晓岑：《云南科学技术发展简史》（第二版），科学出版社，2015年，第347页。

中央防疫处，少部分供社会上的医药卫生界使用。

（八）烟草机械

1941年，云南试种烤烟成功。云南省政府烟草事业管理处遂在昆明北郊上庄建立云南纸烟厂和云南烤烟厂。云南纸烟厂于第二年（1942年）4月筹建，1943年2月建成开工，主要设备有美国造大型卷烟机一部，每分钟能卷烟1200支，有重庆造大型卷烟机两部，还有压梗机、磨刀机、水汀锅、烟锅炉、六尺车床、手摇钻床等。云南纸烟厂为当时云南规模最大、设备最好的卷烟厂，出品的"重九""七七"两个牌子的香烟色、香、味都相当考究，另有"双十""大公""安乐""和平"等牌子的产品。云南烤烟厂装有美国制复烤机一部，每24小时复烤烟叶2.5万磅至3万磅[①]。这两个厂当时主导了云南烟草工业，并在全国烟草工业中具有举足轻重的地位。

四、军用工业技术

全民族全面抗战时期，随着内地军事工厂入滇，云南的军事技术和军事工业有了较大发展。当时建设的规模较大的工厂有光学仪器厂、机关枪厂、飞机制造厂、无线电器材厂、电工器材厂、迫击炮弹厂、手榴弹厂、黄磷厂等。这些工厂大多是当时我国设备新、技术先进的重点军事工厂。

（一）武器制造

1936年夏，国民政府决定向丹麦麦德森公司购买全套麦德森7.9毫米轻重两用机关枪生产技术和设备，并于昆明建厂。1939年1月，工厂建成，最初定名为兵工署第五十一兵工厂，但因4月全套图纸和刀具在运输途中被日本飞机炸毁，而改生产捷克式7.9毫米轻机枪[②]，并于1941年6月试制成功。次年，该兵工厂与当时内迁的兵工署第二十二兵工厂一起迁到昆明西郊滇池出海口的地方，合并组建兵工署第五十三兵工厂。随着抗日战争的持续，该厂生产规模逐年扩大，据统计，其"1942年生产2500挺机关枪；1943年生产3000挺；1944年生产4400挺；1945年生产接近5000挺，并制造了难以计数的军工杂件；还在厂内外修理火炮970余门、轻重机枪8000余挺、步枪22000余支"[③]，成为支撑抗日战争的重要武器制造基地。

（二）军用光学仪器

1938年4月，国民政府兵工署南京军用光学器材厂筹建处迁至昆明。1939年1月1日，中国第一个军用光学仪器厂（时名兵工署第二十二兵工厂）在昆明城郊柳坝建成，主要设备购自德国[④]。同年4月22日，设计专员、制造主任龚祖同等人主持的6毫米×30毫米双筒军用望远镜（见图8-66）研制成功，并以中国抗战将领何应钦将军的字命名为"敬之式"望远镜，同年7

---

① 夏光辅等：《云南科学技术史稿》，云南科技出版社，1992年，第214-215页。
② 夏光辅等：《云南科学技术史稿》，云南科技出版社，1992年，第200页。
③ 宋德功、梁宗泽：《抗日烽火中诞生的第五十一兵工厂》，载《抗战时期内迁西南的工商企业》，云南人民出版社，1989年，第151页。
④ 夏光辅等：《云南科学技术史稿》，云南科技出版社，1992年，第199页。

月投入大批量生产①。

1940年初，该厂开始试制生产由外管、内管、五棱镜、物镜和目镜等1135个零部件组成的瑞士威尔特式80厘米精密倒影测远镜、奥式美特克迫击炮瞄准镜、法式勃朗特迫击炮瞄准镜。同年10月，工厂遭日本飞机轰炸，为安全计，迁到昆明远郊的海口中滩街附近，辟建山洞作厂房。1943年，该厂又试制生产了呈一定倾斜角的检查火炮瞄准装置及检查火炮角度的100具象限仪。1934—1945年，该厂共生产6毫米×30毫米望远镜13332架，80厘米测远镜467架，法式迫击炮瞄准镜3744架，奥式迫击炮瞄准镜36架，五角测远镜100架，行军指南针27750具②，还派出军械游修队到军队修理光学器材，为抗日战争做出了重要贡献。抗日战争结束后，兵工署第二十二兵工厂（见图8-67）留在昆明的海口中滩，成为中国第一个光学仪器工厂，即现今云南光学仪器厂的前身，成为中国军工光学事业的摇篮。

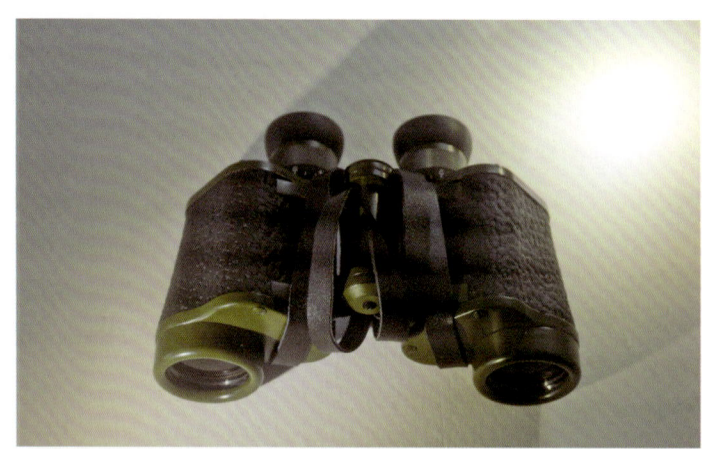

图8-66
中国生产的第一款6毫米×30毫米双筒军用望远镜

诸锡斌2021年摄于昆明市博物馆

图8-67
初迁昆明海口的兵工署第二十二兵工厂

诸锡斌2020年摄于云南省博物馆

（三）飞机制造

1937年秋，日军向华东进犯，中央杭州飞机制造厂紧急迁到武汉后，又在1938年迁到滇西南边境傣族聚居地——垒允（今瑞丽市雷允）。1939年7月，该厂建成投产。这是当时中国规模最大、设备最先进的飞机制造厂，名为中央垒允飞机制造厂。全厂员工曾达到2900多人，生产设备基本上从美国引进，并大多由美国专家主管技术工作。其主要制造飞机的机身、机翼、机尾、油箱、起落架和螺旋桨等，而其他如发动机、仪表、机载武器系统则采用现成的部件③。

据统计，从1939年7月建成投产到1940年10月，该厂制造了霍克Ⅱ式战斗机3架、霍克-75式战斗机30架、莱茵教练机30架，组装CM-21型截击机5架、P-40战斗机20架、DC-3运输机3架，改装勃兰卡教练机8架、比奇克拉夫特海岸巡逻机4架，大修西科尔斯基水陆两用座机1

---

① 参看李晓岑《云南科学技术发展简史》（第二版），科学出版社，2013年，第352页。
② 据《云南军工志》二期第10页。转引自夏光辅等《云南科学技术史稿》，云南科技出版社，1992年，第199页。
③ 李晓岑：《云南科学技术发展简史》（第二版），科学出版社，2015年，第356页。

架。P-40战斗机是当时为中国空军和美国来华第十四航空队配备的主要机种之一，也是当时美国最新的战斗机（见图8-68）。[①] 该厂还承担了检修美国和英国援华作战飞机的任务。

图 8-68 抗日战争时期美国最新的P-40战斗机
诸锡斌2021年摄于昆明市博物馆

1942年4月中旬，日本侵略军攻陷缅甸仰光，逼近中国边境，中央垒允飞机制造厂被迫向昆明撤退，部分设备散失，国民政府遂解散了该飞机制造厂。

1938年12月，曾经生产出中国第一架飞机的广东韶关飞机制造厂由广东迁移至昆明黑林铺昭宗村，改名为"空军第一飞机制造厂"。为适应抗战需要，该厂仿制成功具有防弹座舱的苏联伊-15式双翼驱逐机。1941年12月，该厂开始研制世界上最早的前掠翼式XP-1驱逐机。1945—1948年，在厂长朱家仁的带领下，该厂先后研制成功试验用的"蜂鸟号"双叶直升机（见图8-69）、共轴式甲型和乙型直升机各一架，这是中国最早的直升机，填补了我国直升机制造业的空白。1947年5月，该厂又仿制成功了装有夜航设备及无线电收发报通话设备的仿北美飞机公司的AT-6型高级教练机，该飞机除了发动机、螺旋桨、仪表及轮胎等是美国货外，其余都是自造。此外，该厂还生产了40架美式霍克战斗机[②]。

图 8-69 中国最早研制成功的"蜂鸟号"双叶型直升机
诸锡斌2020年摄于云南省博物馆

此外，全民族全面抗战时期，中国航空器材制造股份有限公司、空军第十飞机修理厂、空军第五飞机修理厂也先后迁移到云南，成为修理军用飞机的主力。

为适应抗战和航空急需，1938年秋，国立西南联合大学成立了航空系，与中央航空学校联合招收新生。该系有专业教师36人，系主任为庄前鼎。他们在昆明白龙潭借助国内唯一可用的5英尺风洞开展空气动力学研究，研制出中国第一架滑翔机。到1946年，航空系共培养了8届学生计126人，造就了沈元、屠守锷、卞学鐄等一大批航空航天领域的有用人才。[③]

（四）电子工业、电信业

全民族全面抗战爆发后不久，国民政府的经费在许多方面开始向云南倾斜，其中就包括

[①] 云南军工志办公室：《中美合办中央飞机制造厂及迁滇建立垒允厂始末》，载中国人民政治协商会议西南地区文史资料协作会议《抗战时期内迁西南的工商企业》，云南人民出版社，1989年，第155—165页。
[②] 夏光辅等：《云南科学技术史稿》，云南科技出版社，1992年，第200页。
[③] 参看李晓岑《云南科学技术发展简史》（第二版），科学出版社，2015年，第354页。

无线电。加强云南的无线电通信成为抗日战争中的一项重要工作,并由此成为云南无线电通信,包括后来的广播电台发展的直接动力。

1940年4月,国民政府中央资源委员会设立了中央无线电器材总厂昆明分厂,厂址设在昆明蓝龙潭。该厂原以生产电子管收音机为主,之后由于抗日战争的需要,转而大力生产收发报机,有5瓦、60瓦、100瓦不同功率的收发报机,并全力制造军用机件,以供前方急需。产品有200~600瓦手摇发电机、耳机、电键、波长表、电感线圈、电容器、电阻器和变压器等无线电元器件。该厂的建成标志着云南电子工业的建立。通过努力,该厂已能自制原来需从欧美进口或从港沪购买的一些产品,如电表、听筒、话筒、录音机、轻型内燃发电机、电动发电机、晶体振荡控制器及各种仪表等。该厂还研制了滤波器、电话秘密终端器等。抗日战争胜利后,该厂迁回南京,逐步发展成今天生产"熊猫牌"电器的南京无线电厂。

云南电子工业的建立,有效促进了云南现代通信技术的发展。全民族全面抗战中,美国援华空军"飞虎队"作战飞机使用的通信网用机件,就是由中央无线电器材总厂昆明分厂生产的(见图8-70)。"该队因此通信灵敏可靠,在一月内击落敌机二百八十四架。"①

图8-70 "飞虎队"信号队使用的E-88-B型号电话
诸锡斌2021年摄于昆明市博物馆

全民族全面抗战期间,川滇公路是重要的运输大动脉。修建该路的施工过程中,沿线就设置了泸州、叙永、赤水河、赫章、威宁、哲觉、宣威、曲靖、昆明9个电信支台,并与渝、筑(贵阳)及黔西3处机关所设的电台取得联系,以通消息。各个台的设施虽然还不够完备,但对于运输的调度、政令的推行已基本能达到畅达无阻。当时已开展的电信服务业务有:①召集电讯会议;②补充器材零件;③办理电讯人员登记;④调整各台经费;⑤整理废旧材料;⑥架设联络电话;⑦业务数字比较。共7个方面。在此基础上,1943年还筹划实现下列计划:"加强发射电力……为适应需要起见,拟将毕、泸、曲三台改设一百瓦特报话两用机,以收通讯灵敏之效";筹备修制零件,装置收发电报机;研究电讯学术,拟创设电子社;架设长途电线,辅助运务之推进②。而这些计划的实施,又与当时云南电子工业的建立和电信业务的发展密切相关。

五、交通运输

全民族全面抗战爆发后,云南既是后方,又是反攻作战的前沿,承担着连接国内国外两个战场和战略转移的重任,交通运输处于核心地位。为保证外援的畅通,国民政府决定赶筑滇缅公路、滇缅铁路,并打通空中运输线。经过艰苦努力,云南交通运输建设取得了空前的成就,对中国抗日战争的胜利和云南现代交通运输事业产生了重要影响。

(一)铁路

云南山高路险,汽车运输耗时长,运输成本高,运量少,对坚持抗战十分不利,修建便

---

① 云南省志编纂委员会办公室:《续云南通志长编》(下册),玉溪地区印刷厂,1986年,第371页。
② 俞霖:《一年来之电讯》,《川滇东路运输局月刊》1943年12月第12期,第50页

捷铁路迫在眉睫。国民政府决定修筑通往缅甸的滇缅铁路、通往四川的叙昆铁路和省内的石佛铁路。

1.滇缅铁路

1938年，滇缅铁路测绘开始。路线由昆明向西经祥云、弥渡、南涧，跨澜沧江地区的云县、永德、耿马（今孟定），再由孟定清水河口出境，抵达缅甸滚弄，继续向南经登尼（新威），最终到达缅甸腊成，中国境内全长880千米，缅甸境内184千米，全长1064千米[1]。全线采用1米轨距，每米轨重35公斤，最小曲线半径100米，最大坡度30‰[2]，桥涵载重为中华16级。为保证工程调度，成立了滇缅铁路局，由杜镇远任滇缅铁路局局长兼总工程师。1938年12月开始分段修筑路基，东段由昆明至祥云县的清华洞，长410千米；西段则由清华洞至滇缅边界术达，长470千米，拟就近同缅甸的铁路接轨，以连通缅甸铁路支线上的腊成站。从昆明到缅甸滚弄，土方量高达350多万方。当时征集了滇西地区32个县、设治局[3]的民工，出工712万人次才将土方工程基本做完。[4]

图8-71 现今滇缅铁路仅遗存的昆明北站（总站）
诸锡斌2020年摄于昆明火车北站

1942年，日军侵占缅甸，随后又攻陷滇西重镇腾冲、龙陵、畹町等。为防止日军利用滇缅铁路，只得忍痛将西段已修的路基、涵洞等基础工程破坏，东段也仅建成昆明至安宁段35千米，完成安宁至一平浪87千米路基工程的80%，一平浪至祥云路基工程的20%。[5] 如今滇缅铁路仅遗存昆明北站（见图8-71）至昆明西郊石咀的12.4千米线路，称为"昆石铁路"。为保障国际通道畅通无阻，国民政府决定另修中印公路（即史迪威公路），滇缅铁路停工，即将完成的国际便捷交通工程因此夭折。

2.叙昆铁路

为适应抗战需要，1937年10月，国民政府在征得川、滇两省同意后，决定由二省各出资法币500万元，中央政府出资1000万元，在原滇蜀铁路的基础上修建叙昆铁路，以云南昆明为起点，途经曲靖、沾益、宣威、威宁、昭通、盐津等地至四川宜宾。1938年9月20日，川滇铁路公司理事会正式成立，叙昆铁路工程局也同时成立，下设7个测量队和15个工程总段。同年开始勘测、修建。1942年，全线勘测结束，长约850千米。修建主要技术条件参考滇越铁路标准，轨距1米，限坡（含曲线折减）一般地段20‰，山岭地段25‰。站内最大坡度较正线减少10‰，曲线另行折减，最大不超过10‰。最小半径164米，山岭崎岖地段最小

---

[1] 金士宣、徐文述：《中国铁路发展史（1876—1949年）》，中国铁道出版社，1986年，第513-514页。
[2] 车辚：《近代云南地缘政治形态变迁——历史中的地理因素》，云南科技出版社，2018年，第339页。
[3] 设治局在民国时为二级行政区，隶属省政府。
[4] 李珪：《云南近代经济史》，云南民族出版社，1995年，第437页。
[5] 李占才：《中国铁路史（1876—1949年）》，汕头大学出版社，1994年，第292页。

半径115米。车站到发线有效长350米。桥涵载重中华16级。从1938年12月25日开工到1942年底，叙昆铁路完成路基土石方1185万立方米，桥梁2162米，涵渠875座，隧道363延米[1]。最终建成昆明至沾益一段173.4千米铁路。[2]

3.石佛铁路的勘测

龙云主政云南时，曾提议修建从石屏至佛海（西双版纳）的石佛铁路。1943年，抗日战争进入相持阶段，为打通泰国、缅甸、中国间的铁路交通，龙云决定启动石佛铁路的勘测工作。"测勘设计并非具有丰富经验之专门人才不能胜任"[3]，因此勘测人员由参与过滇缅铁路测勘的技术人员担任，这些人均毕业于国内外著名大学，如浙江大学、北洋大学、湖南大学、武汉大学、中山大学、唐山大学、清华大学、云南大学、东南大学、剑桥大学、哈佛大学等。[4]经过几年努力，初测选线完成，但勘测在定线复测即将完成时终因时局变化而中止，最后未能实现铁路修建。

（二）公路

全民族抗战全面爆发后，中国沿海相继沦陷。日本军队企图切断中国大陆同国际社会的传统交通线，从而把中国变成一座孤岛。为打破这一僵局，云南省主席龙云于1937年8月提议在修筑滇缅铁路的同时修筑滇缅公路。鉴于当时修筑铁路的经费和器材较难供应，修筑滇缅公路被放在了更为优先的地位。

1.滇缅公路

1926年，云南地方政府已修筑了一条长15公里，从小西门到碧鸡关的公路，积累了经验。在此基础上，1937年11月，经交通部与龙云协商，确定修建起于云南昆明，止于缅甸腊戍，全长1146.1千米的滇缅公路，其中云南段全长959.4千米。中国与缅英当局进行协商并达成协议：中国负责在已于1935年筑成土路的昆明至下关公路的基础上，继续修筑下关到畹町中国境内全长547.8千米的路段；缅甸段实际上由英国负责，修筑腊戍至畹町186.7千米的路段。

1937年12月，滇缅公路全面开工。修筑滇缅公路要越过滇西横断山脉的云岭、怒山、高黎贡山等山脉，要横跨漾濞江、澜沧江、怒江等急流，由公路沿线17个县和设治局的汉、彝、白、傣、傈僳、阿昌、景颇、德昂、回等11个民族共同修筑（见图8-72），工程异常艰巨。据

图 8-72 滇缅公路由公路沿线 11 个民族共同修筑
诸锡斌2020年摄于昆明胜利堂《纪念中国人民抗日战争暨世界反法西斯战争胜利75周年史料展》

---

[1] https://baike.so.com/doc/6536122-6749860.html。延米，即延长米，是用于统计或描述不规则的条状或线状工程的工程计量。一个延米可能是1米，可能是10米，也可能是100米。
[2] 车辚：《近代云南地缘政治形态变迁——历史中的地理因素》，云南科技出版社，2018年，第340页。
[3] 《关于云南省公路修筑办法》，云南省档案馆：宗卷号 55-1-10。
[4] 《滇缅铁路技术员资历表》，云南省档案馆：宗卷号 27-2-271。

统计，1938年1月到8月是滇缅公路施工的高峰期，全线施工人数平均每天5万多人，最高时达到每天20万人。在整个筑路过程中，滇西民众付出了高昂的代价，在筑路工程中死于爆破、坠崖、落江、塌方和疟疾的就不下3000人，死亡率约为千分之十五，工程技术人员也有8人死亡。①

据民国《续云南通志长编》统计，这条公路上建成大小桥梁396座（其中石拱桥142座，石台木面桥243座，木架桥4座，钢索吊桥4座，钢筋混凝土桥3座），涵洞4558个②。其中，跨越怒江的惠通桥是由中国工程技术人员自行设计的中国最早的公路吊桥，长86.7米，载重10吨。功果桥则是跨越澜沧江的公路吊桥，长88米，载重7.5吨。修建的其他有名的公路吊桥还有昌淦桥、漾濞桥。③

公路设计者按照1938年6月国民政府军事委员会颁布的《重要公路工程标准》对路基宽度、平曲线半径、路线纵坡、边坡、桥涵、护栏设施等的规定，从云南实际出发进行设计，不仅路线设计合理，而且因地制宜选用路面材质，提高了整体的安全性。以前的滇缅公路路面为碎石路面，而当时行车量十分大，急弯陡坡处，汽车轮胎对路面不仅产生垂直压力，而且产生多方向水平推力，常导致弯道处跳渣、松散，碎石层被磨耗，尤其是遇到多雨天，路面很容易被地表水冲刷成坑洼与沟槽，车轮容易打滑，引发行车事故。所以在后续公路的设计和修建中，设计者根据弹石路面耐晒、不易积水、耐挤压、使用年限长、保养维修方便、石料供给方便等特点，于弯道处推广应用弹石路面，有效提高了急转弯、陡坡路段的安全性。此外，公路修建中，许多现代科技被采用。例如，1941年，畹町至龙陵黄草坝段135千米的路段就曾改善路基，加铺柏油路面。工程使用了推土机、平地机、开山机、轧石机、挖土机和羊角碾等多种机械以及运输卡车20辆，并有配套的《压路机、开山机暂行工作办法》。这是云南配套使用工程机械筑路的开端。④

图8-73 现今的滇缅公路起点（左为滇缅公路纪念雕塑）
诸锡斌2021年摄于昆明

1938年8月31日，经过9个月的艰苦奋斗，滇缅公路提前竣工通车。与此同时，缅甸境内的路段也按期完成。滇缅公路的建成使我国摆脱了日军的封锁。滇缅公路成为中国抗战时期的重要国际交通命脉，至今仍发挥着重要作用（见图8-73）。

2.中印公路（史迪威公路）

1942年5月，日军占领缅甸大部分地区和云南西部，切断了中国与美英等同盟国之间最后

---

① 《云南档案记忆（二）：滇缅公路抗战"血线"》，抗日战争纪念网，http://www.krzzjn.com/html/105512.html。
② 云南省志编纂委员会办公室：《续云南通志长编（中册）》，云南省科学技术情报研究所印刷厂，1986年，第991页。
③ 李晓岑：《云南科学技术发展简史》（第二版），科学出版社，2015年，第359页。
④ 车辚：《近代云南地缘政治形态变迁——历史中的地理因素》，云南科技出版社，2018年，第382页。

的陆上交通线——滇缅公路。同盟国运往中国的作战物资只能经喜马拉雅山空运，运输受到极大限制。为粉碎日军对中国陆路交通的封锁，中美两国决定合作修建滇缅公路的支线或延长线——中印公路。（见图8-74）

中印公路由印度利多（现译雷多）经缅甸的密支那至中国云南边境畹町，全长约200千米，由中国2个工兵团、美军2个工兵团，以及5个战斗工兵营参与，并在当地民工协助下构筑。工程基本上采用机械化施工①。从1942年11月于利多动工算起，至1945年1月全线通车（见图8-75），历时2年零3个月。

公路通车后，从印度到中国的输油管道也分段从有机场

图 8-74
腾冲西部与缅甸接壤处采用先进技术修建的猴桥铁索大桥
诸锡斌2020年摄于昆明胜利堂《纪念中国人民抗日战争暨世界反法西斯战争胜利75周年史料展》

图 8-75
中印公路通车
诸锡斌2023年摄于云南公路馆

的地方向两端沿公路铺设，并建了加油站，备有直流式加油枪，增强了输送能力和保障能力。1943—1945年，盟军还修筑了保山至密支那全长约160千米的公路，由美军400多台筑路机联合2万多名中国工人一起修筑，这是一条通往缅北的新通道。②

据统计，全民族全面抗战期间，由滇缅公路和中印公路先后运入中国的战略物资有49万余吨，汽车万余辆，其中包括汽油等燃料20余万吨，棉纱、布匹等生活用品3万余吨③。这些公路的修建对世界反法西斯战争的胜利具有重大意义。不仅如此，这些公路的修建还推进了公路沿线新兴工厂、企业、服务行业的现代化进程。这些公路的部分路段被保留至今，它们彰显着中国和云南人民不屈不挠的奋斗精神。

（三）航空

1936年，中德合办的欧亚航空公司和中美合办的中国航空公司相继在昆明开辟民用航空线。及至20世纪40年代，云南的航空事业有了较大发展，飞机增多，航线、航班也增多，昆明、蒙自、祥云等地修筑了机场。但是由于云南多为崇山峻岭，飞行甚为困难，中国航空公司"昆明号"开航后不久就因遇雾迫降而全机毁坏，损失重大。为了预报台风和保护航运，也为了便利云南省与贵阳、重庆间的飞行，中国航空公司特在曲靖、潼梓、普安3处设立气象电台3座。还在1937年时，交通部就要求全国各气象站自6月1日起至10月31日止，每夜务必于10点（即云南下午9点）以前，由当地电信局增发气象电报一次，报告9点（云南下午8点）观测之

---

① 车辚：《近代云南地缘政治形态变迁——历史中的地理因素》，云南科技出版社，2018年，第375页。
② 车辚：《近代云南地缘政治形态变迁——历史中的地理因素》，云南科技出版社，2018年，第375页。
③ 谢自佳：《滇缅、中印国际公路交通线》，载《抗战时期西南交通》，云南人民出版社，1992年，第104页。

结果,并将结果拍发给各中心区电台广播。为此云南省立昆明气象测候所每夜将该所下午8点的观测结果译送云南无线电局,同时增加拍发气象电报一次,由汉口中心区电台广播,以保航运安全。①全民族全面抗战爆发后,欧亚航空公司在各条航线沿途设置无线电台为飞机导航②。云南的航空在现代通信技术的支持下有了新的发展。

全民族全面抗战中,著名的驼峰航线对云南的航空有重要影响。驼峰航线是为适应抗日战争需要,由美国第十四航空队和中国航空公司共同开辟的航线。航线西起印度阿萨姆邦,向东跨喜马拉雅山脉、高黎贡山、横断山、萨尔温江、怒江、澜沧江、金沙江,经丽江白沙机场,进入云南高原和四川省,也可从昆明直航印度利多。航线全长500英里,海拔多在4500~5500米,最高海拔达7000米。由于环境恶劣,无线电通信不畅等原因,航线上事故频繁,常发生巨大损失(见图8-76)。

图 8-76
保存于怒江州片马的驼峰航线运输机残体
诸锡斌2020年摄于云南省博物馆

为减少飞行事故,陈一得"推行标准时简易法",在云南各地及航空监视哨使用,取得良好效果。高空气象台还与驻昆美空军十四航空队的气象台合作,为其提供当地气象观测资料,同时派人接受美空军举办的无线电探空仪训练。据有关资料记载,自1942年5月驼峰航线试航成功至1945年8月抗日战争胜利的3年多时间里,中美飞机飞越驼峰达8万架次,从印度运回军用物资65万吨,从中国运往印度的物资达2.24万吨,运送远征军及出国受训人员3.34万人,驼峰航线对中美联合抗击日本法西斯发挥了巨大作用③。

六、农业

全民族全面抗战期间,云南作为大后方,聚集了大批农、林、牧人才,使云南农、林、牧业获得了难得的发展机遇。农、林、牧业的发展进一步推动了农业教育、农业科研和农业推广体系的建立,进而促进了云南农、林、牧业向现代化迈进。

(一)农业教育、科研和推广

1937年,数学家熊庆来应邀担任国立云南大学校长后,认为"吾滇现为后方重镇,农业人才之培植及生产方式之改进,尤为不可缓之要图"④,提出建立农学院。

1938年,国立云南大学着手筹建农学院(今云南农业大学前身)。1939年7月,农学院正式成立,设农艺学、森林学两系,由汤惠荪任院长兼农艺学系主任,张海秋任森林学系主任,向

---

① 《云南日报》1937年6月3日:"中央气象所通饬 增发气象电报 本省测候所遵照拍。"
② 余槐村、王东屏:《昆明文史资料集萃·抗战期间的欧亚航空公司》,载中国人民政治协商会议云南省昆明市委员会文史资料研究委员会《昆明文史资料选辑》(第3辑),云南新华印刷厂,1983年,第419页。
③ 夏光辅等:《云南科学技术史稿》,云南科技出版社,1992年,第231-232页。
④ 李作新、刘兴育:《寻访云大农学院呈贡旧址侧记》,《云南大学报》2010年3月12日,第4版"艺苑花潮"。

全国统一招生①，开始培养高级农业技术人才。农学院按照"学问确有专长，人品足为师表，学术上多所表现，教授多有经验"的选聘标准，先后聘任汤佩松、郑万钧、金善宝、秦仁昌、吴中伦、诸宝楚、徐天骝、徐永椿、肖常斐、蔡克华等著名学者、专家到院任教，为云南现代农业发展奠定了重要的人才基础（见图8-77）。

农学院在之后教学和研究中产生了一些有影响的科研成果。与此同时，云南分批派出一些成绩优良的青年学生到外国留学，其中有些是学农业科技专业的，尽管人数不多，但也是高级农业技术人才的来源之一。如腾冲人张天放赴日本学习和考察农业技术，回云南后曾致力于木棉种植技术的试验。

图8-77
云南大学农学院诸宝楚教授（左五）带领学生赴开远草坝农场实习

诸锡斌2021年摄于云南大学校史馆

自1928年云南省建设厅成立后，云南农业技术推广体系逐步扩展，至1938年6月，已建立30余个农业技术推广机构，为云南现代农业的发展创造了良好条件。其中，1938年4月在昆明成立的中央农业试验所云南工作站对云南60余县的粮棉、稻作、麦作、病虫害、蚕桑5大项目进行调查研究。同年9月成立的云南省稻麦改进所积极开展云南省稻、麦作物的调查与试验工作。经过两年的努力，改进所在试验研究、调查推广及病虫害防治3方面初见成效。在试验方面，改进所采选省内各县2万余单穗1000余品种、省外5000余品系水稻、陆稻，收省内各县1万余单穗100余品种、省外200余品种小麦，进行了品种比较及纯系育种试验。1940年，诸宝楚从比利时留学回到云南，任该所所长。之后，在1940年稻麦试验中，以产量而言，无论水稻或小麦，均有超过当地标准品种60%以上者，少数品系小麦田亩平均产量竟然达560市斤，创全国小麦产量的新纪录；栽培试验方面，如水稻植期移植法、小麦播种期播种法等均有显著成绩；调查方面，与中央农业实验所合作，基本完成了云南全省稻作以及病虫害情形调查计划，滇中各县一半水稻、小麦地方品种的优劣程度也得到确定。1941年，改进所确定"四川1号"和"南京赤壳"等8个品种生长较佳，即于当年秋扩大示范区域，范围扩展至呈贡、昆明等8个县，种植面积达3051亩。在各示范麦种中以良种"128"最佳，云南省稻麦改进所诸宝楚等人还鉴定出昆明大白谷、背子谷等优良地方品种。②该阶段，云南在稻螟虫生态、大麦虫寄生蜂等研究中也有重要的发现。因为农业性质特殊，一个优良品种的育成或一种合理栽培方法的确定，至少需经数年的精密试验及观察，且各项推广机构尚未建立，推广材料尚需大量准备，所以，当时全省稻麦优良品种的推广仅处于试办阶段，规模尚小。

1938年12月成立的蚕桑改进所在昆明和河口两地放养蚕籽60公斤，从四川引进蚕种1万张、桑苗50万株。同年12月，木棉推广委员会成立。委员会于1939年初，确定在弥勒、开远、建水、蒙自、元江、石屏、墨江7县大面积推广种植良种木棉③。1937年8月16日，云南省经济委员会开蒙垦

---

① 云南农业大学志编纂委员会：《云南农业大学志》，云南科技出版社，2001年，第13页。
② 李晓岑：《云南科学技术发展简史》（第二版），科学出版社，2015年，第331-332页。
③ 云南省科学技术志编纂委员会：《云南科学技术大事（远古~1988年）》，昆明理工大学印刷厂，1997年，第52页。

殖局成立，该局应用先进农业技术发展示范作物，推进多种作物的种植，取得突出成绩。

在抗日战争十分困难的条件下，通过农事团体、农业院校、农业研究和推广机构的共同努力，云南在农业教育、农业推广和农业科研方面都有了明显进步。以1942年为例，由于现代农业技术的推广应用，全省粮食共增产190万担，推广桑苗1600万余株[①]。

（二）烟草

早在1931年，南华烟草公司即请求云南省政府出面，引导农民种植烤烟。次年，昆明第一农事试验场进行美种烟草的栽培试验，证明云南适宜种烤烟。1937年，全民族全面抗战爆发，国家经济十分紧张。为堵住进口漏卮和改善民生，1939年，时任南洋兄弟烟草公司董事长的宋子文拟将美国名为"400号"的烟草引入国内种植，向云南省建设厅厅长张西林提出种植美种烤烟的建议[②]，得到张西林的积极响应。次年（1940年），云南省政府成立云南改良烟草推广处，任命农业技术专家常宗会为处长，进行烤烟的引种和推广工作[③]。南洋兄弟烟草公司购买美国烟草籽种航寄昆明，在昆明、富民、玉溪、开远4县做小面积试种，结果以美国"金元"（Gold Dollar）种最适宜云南自然条件，产量高，品质优。云南省遂于1941年3月1日成立云南烟草改进所。云南基本生态条件与美国弗吉尼亚接近，凡能栽土烟的地方，气候大都适宜[④]，具有得天独厚的种植美烟的条件（见图8-78）。

云南烟草改进所成立后，即在昆明长坡和富民县设立试验场，选择多种烟种栽培，一边做试验研究，一边着重培育良种。"虽然既无成法可循，缺乏参考资料，我们仍大胆而小心地推进。"[⑤]最后发现"金元"种最佳，决定推广。

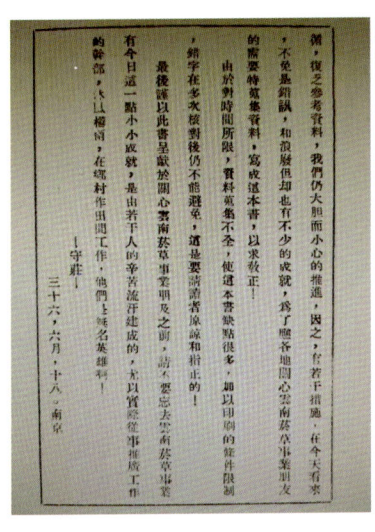
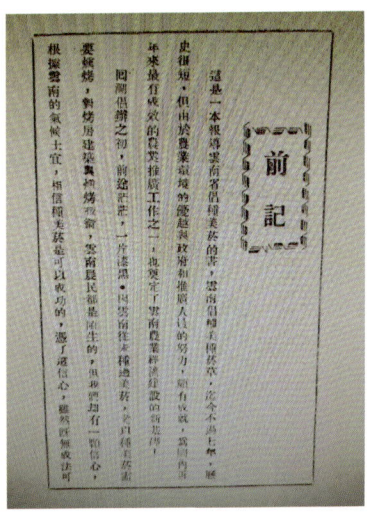

图 8-78 褚守庄撰写的有关美烟的著作
于波2021年收集整理并拍摄

1942年，美烟品种"金元"在昆明、玉溪、江川、晋宁、富民、武定、禄劝、罗茨等县推广成功，其中以玉溪、江川两县的品质最好，亩产较山西、浙江、福建、四川等省的都高。[⑥]此后，种植烤烟的地区和面积逐年扩大，产量也逐年增加。但是推广至1945年，"金元"品种退化、变劣，急需更换新品种。1946年，云南烟草改进所所长徐天骝委托省主席龙

---

① 张邦翰：《云南省之农业建设》，《中华月刊》1943年第4期，第1页。
② 云南省地方志编纂委员会：《云南省志》卷20《烟草志》，云南人民出版社，2000年，第399页。
③ 夏光辅等：《云南科学技术史稿》，云南科技出版社，1992年，第238页。
④ 褚守庄：《美种烟草栽培须知》，1947年，第4—5页。
⑤ 褚守庄编著：《云南倡种美烟概况》，云南烟草改进所，1947年，前记。
⑥ 陈征平：《云南工业史》，云南大学出版社，2007年，第527页。

云请美国第十四航空大队陈纳德将军帮助引种美烟新种，最终陈纳德用30两黄金从美国引进了名贵的"大金元""特字400号""特字401号"3个烤烟品种，并在玉溪州城试种成功，其中以"大金元"综合指标最佳。与此同时，植物学家蔡希陶也托人从美国带来"大金元"烟籽，在云南农林植物研究所试种成功。省政府遂决定以"大金元"品种替代"金元"品种在全省推广[①]。

云南引种美烟，不仅需要面对品种退化的难题，还需要面对施肥问题。由于云南当时没有氮肥厂，在1943年云南烟草改进所第二次业务实施会议上，徐天骝就将改进烟草品质与肥料处理作为"今后共同努力推广详细研究"的一个目标[②]；次年由云南农林植物研究所做肥料配合试验，目的"在求一最经济而适当之肥料种类用量及使用方法"[③]。另外，烟草还面临白化病、刀叶病、镶嵌病、皱叶病、叶斑病、野火病、白粉病、煤灰病、褐斑轮纹病、褐斑灰心病、白斑病等多种病害。国立云南大学生物系教授周家炽等对这些病害及其病征、病原和防治方法做了深入的研究。这些研究无疑增加了云南农业研究的深度，尤其体现在栽培、土壤肥力、遗传、病虫害等方面。

自引种美种烟成功后，云南各年度烤烟税收均有增加，补充了国库，有力支援了抗战。据统计，在1941—1949年9年的时间里，推广面积达到463626亩，几乎遍布云南全境，总产量达31269102市斤[④]，"云烟"成为云南名副其实的财政支柱。

（三）棉花

1937年，全民族全面抗战爆发，我国棉花种植区大部分沦陷，加之交通受阻，细纱来源全部断绝，军队所需的优质棉品供应受到严重影响，各方面都急需棉花，尤其是优质棉花原料。此时作为大后方的云南在木棉推广上进展顺利，而且棉质好。1937年，中央农业实验所在云南设立了云南工作站。1938年，中央农业实验所云南工作站和中国银行来云南办理合作农贷的技正冯泽芳、张天放等人，考察了开远县城墙上生长的200多株木棉[⑤]。经鉴定，这些木棉属埃及木棉，特点是纤维细长，在云南已演变为多年生木棉，为纺细纱的原料，有较高的经济价值，并且该品种在中国其他地方并无栽培。为此，冯泽芳撰文阐述其在植物学上的地位和经济上的重要价值，极力主张推广。1939年1月，云南省建设厅与有关方面联合成立了云南木棉推广委员会。从1939年2月起，根据云南省经济委员会、云南省建设厅、云南省木棉贷款银团联合制定的《云南木棉推广试验协定》，由富滇银行、中国银行、交通银行、中国农民银行四大银行组成木棉贷款银团，以开远、蒙自、石屏、建水、弥勒、元江、墨江7县为推广区，进行栽培试验、技术培训、推广扩种等工作[⑥]，以推进木棉种植业和木棉纺纱业发展。

木棉经济价值高于草棉，纤维细长有光泽，长达38毫米以上，可纺32支至60支细纱，是极好的纺纱原料，正好补益云南不产长绒棉之缺和解决细纱原料外给的问题。加之"我

---

① 云南农业大学主编：《耕耘——崇教报国》（4），中国科学技术出版社，2014年，第158-159页。
② 褚守庄：《云南倡种美烟概况》，1947年，第44页。
③ 褚守庄：《云南倡种美烟概况》，1947年，第74页。
④ 云南农业大学主编：《耕耘——崇教报国》（4），中国科学技术出版社，2014年，第160页。
⑤ 云南省科学技术志编纂委员会：《云南科学技术大事（远古～1988年）》，昆明理工大学印刷厂，1997年，第48页。
⑥ 云南省科学技术志编纂委员会：《云南科学技术大事（远古～1988年）》，昆明理工大学印刷厂，1997年，第48页。

滇省许多地方气候炎热，冬无霜雪（或仅有微霜），此棉可越冬不死，由一年生而变为多年生"[1]，抵抗水旱能力远胜过普通美种大陆棉。张天放认为，木棉是多年生作物，根系发达，特别适于荒地种植，每年4月底和12月底可收获两次，开花吐絮期间均能避过雨季。并且从1918年发现该木棉到1938年中央农业实验所到云南考察的20余年间，其一直丰产不衰。为此，云南省建设厅立即决定"以供给省垣纱厂之原料为目的"[2]推广木棉。开远木棉在全国棉业界引起了很大反响。此后经过精心种植和云南木棉推广委员会的大力推广，云南经济委员会纺织厂和裕滇纺织股份有限公司在开远办起了裕云木棉厂。通过大力推广，1939—1947年，云南木棉种植量从最初的200株扩大到了7万多亩[3]，收获籽花90多万斤，这对国民经济建设发挥了重要作用。

在推广木棉的同时，美棉的试验和推广也在进行，并且在试验和推广中还应用了先进的数理统计方法。例如，1938年，宾川棉作试验场继续进行的美棉品种比较试验，就在"重复原则"基础上加入"随机排列原则"，比较6种美棉，"以决定适宜本地风土之优良美棉品种"。试验人员将变量分析法的结果和品质考查相结合得出结论，"无论在产量上、品质上，均以德字棉为最好……此外品种产量，虽有高下，相差均属不多"，"脱字棉之产量为最低"，"至于本地川花，以种植年久，颇适于本地之风土，但以品种过杂，品质不一，亦其缺点，若能从事改良，育成新种，则为极有希望之品种"。方差分析结果表明：第一，原试验结果品种产量，虽有高下，相差均属不多。试验结果表明"德字棉与其他各品种比较，相差几均显著，虽与川花尚未至显著标准，但亦相差无几"[4]。据记载，当时供试品种为"斯字棉，德字棉，爱字棉，脱字棉，以本地退化美棉为标准"，最终确定将斯字棉作为云南宾川地区的推广棉种。

此外还应用科学理论指导和采用现代试验方法进行棉花栽培试验。宾川地区盛产棉花，但每到7月以后棉株上部叶片或变黄上卷，或变红下缩，以致棉铃枯落，当地人称此病为"火风"。但是实际观察发现棉苗多而密的种植区，由于下部得日光较少而病害较轻。于是试验人员进一步对棉花植株做笼罩试验，结果发现确与光照有关。[5]其他农药试验、播种试验、灌溉试验等也都似与火风病无关系，可以排除。试验中还发现"百万华棉抗病力较爱字棉为强"[6]。推断与使用的波多尔液及石灰硫黄液的效力有关[7]，但不应是根本原因。一直到1940年才发现，所谓的火风病，实际上是由两种不同昆虫引起的。其一，"棉叶变红向下皱缩之一种实系缩叶病，乃叶跳虫为害之结果"。其二，"叶焦黄，边缘上卷叶背（面）发现脂状物，继则枯焦而脱落"，称为"卷叶病"，系黄蓟马所致。明确了致病原因，进而采用喷洒烟草水或硫酸烟精的方式防治较为有效。[8]这些措施有效地促进了棉花的生产，并且也使现代科学试验方法在棉花生产中得到了较好的应用。

---

[1] 张天放：《云南的木棉事业》，1946年，第2页。
[2] 云南省棉业处：《云南木棉之初步调查报告》，1937年，第19页。
[3] 夏光辅等：《云南科学技术史稿》，云南科技出版社，1992年，第238页。
[4] 云南省棉业处：《云南省棉业处二十七年份工作报告》，1939年，第2、5、7页。
[5] 见《宾川棉作试验场工作概况·宾川棉作"火风"病之研究》，载行政院农村复兴委员会《云南省农村调查》，商务印书馆，1935年，第45页。
[6] 云南省棉业处：《云南省棉业处二十六年份工作报告》，1938年，第5-9页。
[7] 云南省棉业处：《云南省棉业处二十六年份工作报告》，1938年，第9页。
[8] 云南省棉业处：《云南省棉业处二十七年份工作报告》，1939年，第23页。

七、水利建设

1945年7月，云南省政府在松华坝上游7千米左右处的芹菜冲破土动工修建谷昌坝水库。水库的坝型为圬工重力坝[①]，这也是云南首次采用混凝土砌石溢流的先进重力坝。水库于1946年6月建成，坝高16.5米，坝面长70.3米，总库容280万立方米。谷昌坝水库的修建速度快、质量好、坝型先进，主要用途是灌溉和防洪。水库由国立云南大学土木工程学系系主任邱勤宝设计，助教吴持恭、李榆仙、杨祖海参与设计、计算及绘图，张鹤龄、杨祖海、李端本还在国立云南大学工学院院长杨克嵘指导下设计了闸门及启闭机械。谷昌坝水库建成后，在灌溉和防洪方面起到了很好的作用。该工程为后来蓄水利用，特别是为保证昆明市的用水做出了重要贡献（见图8-79）。

图 8-79
枯水期露出松华坝水库水面的原谷昌坝
诸锡斌2021年摄于松华坝回流村

1958年以后，松华坝逐步成为昆明市的用水来源，不断扩容，如今，谷昌坝水库已经淹没在松华坝水库中，和松华坝水库融为一体（图8-80、图8-81）。但是谷昌坝对松华坝水库起着前置库作用，可拦截入库泥沙的92.4%，入库总氮的39.2%和入库总磷的83.5%。以每年疏浚清淤10万方计，谷昌坝除清走当年新入库泥沙和部分沉积泥沙外，还可清除颗粒态氮126吨和颗粒态磷144吨[②]，对保护松华坝水库水质起到十分重要的作用。

抗日战争给中国和云南人民带来了重大的灾难，但得益于这一阶段资金和技术人才的迁移，云南的科技有了较大的发展，"自抗战军兴，大量资金及技术人才内移，农业研究及事业机关，多所创立。农业建设，得有飞跃进步，如农田水利之兴修，粮食之增产，木棉之推广，

[①] 圬工重力坝即以砖、石材、砂浆或混凝土为建筑材料建成的大体积挡水坝，其基本剖面是直角三角形，整体由若干坝段组成，主要依靠坝体自重产生的抗滑力来满足稳定要求，依靠抵消水压力所引起的拉应力以满足强度要求。
[②] 王志飞：《谷昌坝疏浚工程与松华坝水质保护》，《云南环境科学》2001年第4期，第10页。

蚕桑之复兴，病虫之防治等等，裨益于抗战"[1]。

图（左）8-80 现今谷昌坝被淹没于新建的松华坝水库之中
诸锡斌2020年摄于松华坝回流村

图（右）8-81 谷昌坝所在地——昆明市盘龙区小河乡
诸锡斌2020年摄于松华坝回流村

八、医疗卫生

全民族全面抗战期间，由于战争需要且作为抗战的大后方，云南医疗卫生事业有了快速发展，医疗卫生知识得到进一步普及，医疗设施、技术和管理不断向现代化迈进，云南医疗卫生迎来了难得的辉煌时期。

（一）医疗机构

全民族全面抗战前，云南采用现代医疗技术和设备开展治疗的医院大多集中于昆明等中心城市，而县或乡具有卫生行政兼医疗、保健、预防、防疫作用的综合性卫生院并不多。抗战爆发后，云南医疗机构开始由省府向州县辐射。1940年，滇卫生实验处依照省政府决议，在各医院增设卫生院，计划筹设卫生院者已达到20余县，为宜良、建水、保山、元江、景谷、云县、景东、宁洱、泸西、楚雄、澜沧、思茅、蒙自、个旧、石屏、蒙化、镇康、瑞丽、曲靖、路南。筹设卫生所的有玉溪、新平、河西、通海、永仁、昆阳、墨江、呈贡、罗平、弥勒，以及个旧的马拉格、卡房、耗子厂、与树脚；另外，个旧的蒙自、古山及新山庙也设有分所。例如，昆阳卫生院（所）筹设时，经该县县政会议决，筹拨开办费国币360元，每月经常费国币400元，院址设该县玉皇阁内，筹备就绪，即可成立开诊。此外，美国罗氏基金社在滇设立疟疾研究机关，由瑞德医生督理，业务范围囊括滇缅边界至龙陵城。

各类医疗卫生机构和研究机构（见图8-82）的设立，有效促进了云南卫生防疫工作的开展，取得了很好的效果。例

图8-82 民国时期位于昆明郊区西山附近的中央防疫处实验楼
诸锡斌2019年摄于石龙坝水电博物馆

[1] 《云南省农林建设三年计划》（油印本，残一册），云南省建设厅编印，1946年。

如对于麻风病研究，云南仅用2年左右的时间，就取得两种极有价值的结果：一是发现芋头含有毒素，会损害肾上腺，易使人患麻风病。二是证实白喉类毒素对于治疗麻风病有奇效。与此同时，云南通过建立麻风病隔离所进行有效治疗。1938年以前，云南省昆明等29县麻风病患者曾达到990人，到了1940年7月，通过建立31个麻风病隔离所并开展治疗，患者从768人减少至200余人。①

（二）医疗卫生物资管理

医疗物资是保证医疗正常开展的重要前提。全民族全面抗战时期，政府进一步强化对医疗物资的管理并形成了科学的管理体制。1938年12月1日，云南省专设的卫生材料场成立并开始营业，主要是发售卫生材料以应各机关医院部队学校之需，并救济市面，备资周转。卫生材料场起步伊始，政府就给予大力扶持，规定：凡各行政军事机关、军营、部队、学校、医院等，有公款或自筹药款购办卫生材料者，均应向该场营业部采买，以重公益，而免分歧，倘有不遵办者，所领药款，不准核销，或停发药费，以示限制。政府还制定了卫生材料场营业部发售卫生材料简则，所属各机关、部队、学校、医院等一律遵照。1940年，滇黔绥靖公署又在华山南路兴建新屋筹设卫生材料厂，以采购原料药品，制造各种丸散膏锭针水，周晋熙为厂长，于4月22日正式成立并开张营业。至此，云南医疗器械开始可以自给。与此同时，政府不仅在医疗物资的制备方面积极采取措施，而且对医疗技术人员采取了注册登记管理的措施。这些管理措施和规定，客观上在战争中推进了云南医疗卫生管理的现代化和医疗卫生事业的发展。

（三）卫生人员的培训

按照现代医疗的要求，医药化验是必需的技术手段。1936年7月21日，云南开设卫生化验技术人员训练班。全民族全面抗战爆发后，云南化验人才十分缺乏。为尽可能满足医学卫生机关临床诊断及医药化验的需求，1937年7月1日，云南开办了为期一年的药剂化验技术人员训练班，招收学生20名入班训练，以期学成备用。全民族全面抗战前，云南医务人员一般都是赴内地接受统一培训。到了全民族全面抗战期间，云南省内很多类型的医疗业务已经具备了自己培训的能力，为抗日战争期间的医疗提供了一定的人才储备。

（四）防疫

全民族全面抗战期间，云南成为大后方和抗击日军进犯的前方，公路建设成为云南的重中之重。但是无论川滇公路还是滇缅公路，沿线环境卫生差，公路附近的河水含矿物质多；夏秋之交，山洪暴发，山间鸟兽便溺及尸体或有毒植物腐液之类毒质洗冲入河，饮之常生腹泻及痢疾等病。即使不靠近河流之处，池塘或浅井也几乎无一处不充满污秽。加之公路处于温带气候区，由疟疾导致的死亡率很高。②1944年，滇缅公路工务局员工疾病统计表载：胃肠疾病是外伤的两倍，疾病的种类按照发病率高低依次为胃肠病、外伤、疟疾、溃疡、沙眼、疥疮、上呼吸道疾病、蛔虫、耳鼻咽病、妇科病、回归热、牙病、伤寒、扁桃体疾病、肺炎、肾炎、百日咳、麻疹、猩红热。③尤其是疟疾危害严重。对此，卫生人员不断向职工宣传疟疾常识及预防方法，以期阻止该病的流行。政府对该路员工饮水卫生以及赤痢、霍乱、伤寒等病的预防也

---

① 《云南实业通讯》1929年7月第1卷第8期，第199页，"云南实业消息"。
② 《全国公路展览会纪要》，《滇缅公路》1944年10月31日第1卷第5期，第17页。
③ 《滇缅公路》1944年10月31日第1卷第5期，第12页。

高度重视，并组织人员开展研究。例如，当时的《川滇西路》季刊就从防蝇、注意食品、水之处理、厕所消毒、每年接种伤寒霍乱疫苗[①]几个方面进行宣传，用现代科学知识来解释日常生活中遇到的问题，积极开展防疫、防病工作，一定程度保证了滇缅公路的修筑。

（五）中医药

全民族全面抗战期间，传统的中医药也在不断发挥作用，其中云南白药堪称代表。1937年全民族全面抗战爆发后，曲焕章无偿赠送3万瓶万应百宝丹给出滇抗日的58军和60军使用。抗战胜利后，为了表彰曲焕章所赠万应百宝丹对抗日战争做出的贡献，蒋介石曾赠予云南白药"功效十全"的匾额，云南白药也因此在全国一举成名。至今，云南白药已成为云南最具有代表性的传统医药产品，不仅在医药学界有极高的声誉，在国内外民众中也有广泛的影响。另外，曲焕章还制作了撑骨散、虎力散等新药。

九、科学普及

图8-83 1944年6月14日昆明广播电台部分编播人员
诸锡斌2020年摄于云纺博物馆

1941年5月，昆明广播电台正式成立。电台特约专员蔡维藩教授和西南联大学生倪仲昌等人的共同努力，组织了"时事评论"委员会，特约著名教授六七人，每周开会一次，交换意见，提供资料，最后，每人各选一题，精心撰写"时事评论"稿。电台出台了"时事评论""学术讲座"和"空中学校"等特殊节目（见图8-83）。

这些节目的撰稿人都是国立西南联合大学的著名教授和讲师们，"空中学校"播音讲稿内容比较通俗，学术讲座文稿则相对专深，适合文化程度较高者的需要。给这些节目写稿的教授、讲师，有时多达数十人。此后，这些文稿被编辑出版，名曰《学术广播文集》。"空中学校"还得到著名电化教育专家陈友松教授的指导，各种节目逐步充实起来，很受国内外听众们的欢迎。由于早在1936年，云南省各中等学校、民众教育馆、民众学校及规模较大的小学都按计划配置了无线电收音机，并且在1937年7月10日，昆华体育师范、庆云工校、鼎新商校、艺术师范、护士助产学校、蒙自初中、求实中学等学校就已发放了首批11台收音机，因此以这种形式推进科学技术的普及取得了较好的效果。

全民族抗战全面爆发后不久，除宣传抗战的演讲外，传播科学的演讲也在不断进行。例如，在云南科学研究社举行的演讲中，周叔禹所作的《我国教育现状及今后教育上几个问题》专门谈到了科学教育的问题[②]，代表了当时人们对科学教育的认识水平。1943年，国立云南大学农学院利用"龙氏讲座"的经费，开办了与云南农业经济有关的讲座，由卢守耕讲"云南稻

[①] 罗嵩翰：《本路之防疫问题》，《川滇西路》（季刊）1943年第3期，第131-132页。
[②] 周叔禹：《我国教育现状及今后教育上几个问题——在云南科学社演讲》，《云南日报》1937年10月17日。

作问题"，孙逢吉讲"云南棉作问题及实验"，徐敏讲"云南经济问题"等①。此外，由于抗战的需要，防空、卫生救护、化学兵器尤其是毒气防护这些科学知识也在大众中普及。1937年8月15日，《云南日报》就曾刊载一篇介绍德国一家毒气制造厂的文章②，对人们认识战争和传播抗战所需科技知识起到了一定的促进作用。

日本侵华战争给中国和云南带来巨大损失和痛苦，出于救亡图存的需要，已经具备了一定基础的云南地方科技迸发出强劲的动力。抗战对发展交通提出了要求，筑路过程需要通信，通信又需要无线电，无线电的发展又促进了教育的提高。抗战需要医疗，医疗需要化验，卫生防疫事业也随之得到发展。战时经济需求促进了烟草种植水平的提高，对粮食的需求推动了云南省稻麦改进所的成立……与此同时，发达和先进地区来到云南的众多科技文化精英和企业，为云南培养了大量的科学技术人才，促进了云南教学水平的提高，为云南经济作物研究指明了方向、积累了经验，培养了云南人民的科学精神与科学态度。这一时期，云南的地方科技水平达到了民国时期的高峰。

第四节　抗日战争胜利到中华人民共和国成立前的科学技术

1945年日本投降，抗日战争终于取得胜利，全国大规模的复原工作也随之全面展开。大量原本由日本人管控的企业、文化部门等需要中国人前往接管，被战争中断的文化教育和科学研究也必须尽快恢复。为此，原内迁云南的文化精英、科技骨干纷纷回到原来的敌占区，开始了各项工作的重建。

就在国家重建之时，国民党却发动了全面内战，使得经历了多年战火、满目疮痍的中国雪上加霜，民不聊生，迫切需要恢复的经济、需要医治的战争创伤等都无法继续进行。云南很多在全民族全面抗日战争中没有垮掉的工厂却在国内战争时期垮掉了。许多在全民族全面抗日战争中顽强生存下来的大学在这个时期也遭遇了生存危机。云南的科学技术进入了十分困难的发展阶段。

一、云南实业和科技人员骤减

抗日战争胜利后，全国的重建工作任务繁重，原先被日军占领的沿海和重要城市以及与国民经济息息相关的生产、文化科学研究、教育事业等都急需尽快恢复，而被迫内迁云南的许多企业、文化和科学研究部门、高等院校此时开始返回原来的所在地，致使战后云南的实业和科技人员骤减。

（一）实业

抗战胜利后，云南大部分人才都被派往原敌占区接管工业，许多企业的顶梁柱都被移走

---

① 云南农业大学志编纂委员会：《云南农业大学志》，云南科技出版社，2001年，第114页。
② 《德国的毒气制造之恐怖》，《云南日报》1937年8月15日，第八版。

了。当时云南的工业主要由自来水、电力、冶金、电工、机器制造、水泥、玻璃、炼油、酸碱、火柴、缫丝、棉纺、制革、面粉、卫生器材、印刷出版、矿产、盐业、制茶、化工、汽车修理、橡胶、医药、公共汽车等行业组成。资本首先集中在云南汽车运输行业，云南经济委员会下属的纺织行业、机器制造行业，云南矿业公司下属的机器制造、电业公司；其次是中央资源委员会中央电工器材厂、中国兴业烟业公司、耀龙电力公司、新兴火柴厂、和平日报印刷厂、云南纸烟厂；再者像光华印书馆、昆明自来水厂、朝报印刷厂、云南度量衡检定所一类的企业，资本相对薄弱，一般在10万元左右。

随着云南实业重要技术骨干和人员的撤离，以及相关骨干企业的迁移，云南工业水平在战后出现断崖式下跌。战后中央无线电器厂迁回南京，同时大批人员被抽调去光复区接管工厂，云南余下的各厂大量萎缩。中央机器厂、中央电工器材厂人数也大幅减少。昆明磷厂因人员和资本东迁沿海省市而停产。昆明化工材料厂于1945年筹建，采用铅室法生产硫酸，于3月份开始生产，8月份抗日战争胜利，9月份即停产。光华化学公司因人员和资本东迁沿海省市，产品滞销而停产，1946年1月即结束全部业务。昆明化工材料厂因技术人员东迁，不能坚持生产而自1946年1月起由大成实业公司租用，改名为普坪化工厂。安达炼油厂因产品无销路于1946年2月份停产。利滇化工厂因一部分技术人员东迁沿海省市，只能低负荷维持生产。

原内迁云南的大批人员被抽调去上海、沈阳、天津、武汉等地接管相关企业，一部分则被遣散回原籍。据统计，到1949年底，全省机械工业（不算军工）职工人数已不足千人。诸如中央机器厂这样为抗战做出过重要贡献的工厂，也由于赴敌占区开展接管工作，走向衰落。当时为了全国的战后重建，一方面，该厂不得不选派技术骨干赴美国对口实习；另一方面，中央资源委员会下令改组该厂，缩小规模并筹办复产事宜，又资遣90%以上的工人回乡自谋出路，"一个2400多人的工厂，到1946年3月统计，全厂员工实际只剩下108名，其中职员35名，工人73名"[1]。1946年10月，缩小规模的中央机器厂更名为昆明机器厂。为维持生产，工厂积极承担各类加工、制造业务，也曾获得缓慢发展。例如，农具机组于当年制造碾米机60部、切面机100部、抽水机50部，使陷入困境的工厂看到了一丝希望。在扭转被动局面的过程中，昆明机器厂积极承接制造了关系昆明坝区万亩良田的防洪、灌溉、蓄水之大型水利工程谷昌坝水库的水闸、启闭机等全套设备，以及昆明环湖（滇池）水利工程的大型水泵和电动机，同时还生产了各类小型机械加工工具、汽车零配件等产品[2]。1948年，昆明机器厂还承担了代管云南钢铁厂资产和中央无线电器材公司昆明无线电厂资产的任务。通过努力，工厂渐有起色[3]。但是由于后来内战加剧，昆明至上海的汽车运输不畅，原畅销上海以黄金折价的梳棉机、机床和水泵等难以运出，工厂收入大减，又一次陷入困境。

即使军事工业也难逃厄运。例如，军用光学器材厂除了少数仪器保留下来，其余均被其他厂合并带走，人员星散，技术资料散失殆尽。由于缺乏外汇，光学器材厂无力从国外进口必要的原材料和新设备，生产停滞不前。特别是1947年后，作为工厂支柱产品之一的80厘米测远镜停产，经费更为紧张。1949年，兵工署又下令停止生产另一支柱产品——6毫米×30毫米双筒望远镜，致使光学器材厂员工的油盐柴米都得依靠机枪厂生产机枪来维持生计，甚至基本生活都无法保证。

---

[1] 昆明机床厂志编辑部：《昆明机床厂志（1936—1989）》，云南国防印刷厂，1990年，第7页。
[2] 昆明机床厂志编辑部：《昆明机床厂志（1936—1989）》，云南国防印刷厂，1990年，第8页。
[3] 昆明机床厂志编辑部：《昆明机床厂志（1936—1989）》，云南国防印刷厂，1990年，第8页。

(二)实业人员素质结构

解放战争期间,云南实业科技人员素质、结构也发生了明显变化,这严重影响了云南实业的发展。云南省档案馆的历史资料中有1944年10月云南省技术员工管制委员会对昆明海口、云丰造纸厂工程师、管理人员、办事员、领班技工等37人的调查登记表,这37人中,真正高学历、高技术职称的人员基本都来自外省[1],他们有在外省从事专业技术工作的履历(基本上在军工部门),就连9个领班也都是清一色的外省人。裕滇纺织公司技术员工的统计资料也显示,11位高级技术人员中只有1人为云南籍,剩余10人除了1人来自广东外,其他皆来自江浙一带。该云南籍员工也曾在苏州、上海接受教育,在上海工作,只是全民族全面抗战时期随工厂来到云南。与此相反,32位初级技术人员中(1人未登记,视为云南籍)只有2人来自江苏,其他均为云南籍,而且绝大多数来自昆明[2]。云南火柴厂总管理处第二制造厂人员的统计表显示,38名火柴厂职工中4人为中学毕业,3人为初中修业,7人为高小毕业,5人为高小修业,1人为昆华高师修业,1人为私塾5年,1人为私塾6年,1人粗识文字,其余均为初小学历[3],足见职工文化程度之低。云南省技术员管制委员会关于云南火柴厂技师、股长、督工、职工等(156人)的调查登记结果显示,1人昆华高级师范学校肄业,4人中学毕业,3人中学肄业,15人高小毕业或肄业,1人读过5年私塾,其余均为初小毕业或肄业,"粗识文字","未受教育"[4],说明该厂技师、股长、督工、职工的文化程度也普遍偏低。抗战胜利后,大批省外高素质技术人员离滇,本地技术人员和职工素质又偏低,云南的实业发展雪上加霜。

事实表明,作为欠发达边疆省份和国民党统治区,在抗战结束后,云南工业发展跌入低谷,一是因为大量高素质的科技人员回迁,二是因为长期内战进一步消耗了国家的经济,使云南的科技和实业发展一落千丈。

二、科技教育艰难前进

抗战胜利后,国立西南联合大学撤离云南,大批著名学者和专家离去,仅留下师范学院。而云南大学借助全民族全面抗战时期积蓄的人才,不断壮大发展起来,成为云南培养科学技术人才的重要阵地(见图8-84)。

1946年,国立云南大学已建成文法、理、工、医、农5个学院,共设置文史、外语、法律、经济、政治、社会、数学、物理、化学、生物、矿冶、土木工程、铁道管理、机械、航空工程、农艺、森林、医疗18个系,设有电讯、蚕桑、采矿3个专修科和西南文化、航空2个研究室,以及附属的医院、疗养院、凤凰山天文台、附属中学、先修班、农场、林场等机构,成为当时西南地区学科门类较为齐备的一所高等学府[5]。1937年底,学校在校学生增加到

图8-84
云南大学赵述完教授进行无线电机操作演示

诸锡斌2020年摄于云南大学校史馆

---

[1] 云南省档案馆,44-1-195。
[2] 云南省档案馆,44-1-66。
[3] 云南省档案馆,44-1-196。
[4] 云南省档案馆,44-1-23。
[5] 云南省档案馆:《云南大学史料丛书·校长信函卷·云南大学》,云南民族出版社,2009年,第84页。

第八章　民国时期云南的科学技术（1912—1949年）　395

图 8-85
现今云南大学东陆校区大门
诸锡斌2020年摄于云南大学东陆校区

图 8-86
云南大学东陆校区会泽楼
诸锡斌2020年摄于云南大学东陆校区

图 8-87
云南大学电讯专修科1944级毕业生合影
诸锡斌2023年摄于云南师范大学西南联大博物馆

680人；及至1949年夏，学生人数已增到1500人，比1936年增加了5倍[①]。1949年时，教师队伍规模和质量也已达到较高水准，仅教授就有140多人[②]，其中很多教师为留学归国人员，并以法国留学回国人员居多，国立云南大学成为当时中国15所著名大学之一（见图8-85、图8-86）[③]。

1946年，周荫阿著的《无线电实验》出版，并作为大学丛书受到称赞；他还著有《无线电机修理法》等著作。而早在1943年，他已被聘为电讯专修科主任（见图8-87），曾任国立西南联合大学教务处处长。1946年，国立西南联合大学结束了其在昆明的办学历史，电讯专修科由国立云南大学接办，周荫阿仍担任主任一职。量子力学奠基人之一马克斯·玻恩（Max Born）指导的第一位从云南到欧洲攻读物理学博士学位的学生彭桓武于1947年回国，并担任云南大学教授[④]，成为中国早期原子能物理研究的代表之一。

1947年5月，国立云南大学在1932年设立的医学专科的基础上成立医学院，一方面培养社会需要的医疗人才，另一方面面向社会开展服务，因此成为当时重要的医疗机构。1949年10月20日，法国驻滇总领事馆给广州法国领事馆的电报中称："法国文化之势力，在云南大学内极为强大，文理工学院百分之四十的教

[①] 云南省档案馆：《云南大学史料丛书·校长信函卷·云南大学》，云南民族出版社，2009年，第85页。
[②] 云南省档案馆：《云南大学史料丛书·校长信函卷·云南大学》，云南民族出版社，2009年，第83页。
[③] 云南省档案馆：《云南大学史料丛书·校长信函卷·云南大学》，云南民族出版社，2009年，第82页。
[④] 参看李晓岑《云南科学技术发展简史》（第二版），科学出版社，2015年，第312页。

授是留法学生，医学院百分之百的教授是留法学生。"[1]彼时，该校教师的素质和水平得到了很好的保证。

云南大学的壮大在一定程度上弥补了国立西南联合大学离开昆明给云南带来的损失。它成为培养云南科技人才的重要基地和云南教育事业的孵化器，之后昆明工学院、昆明医学院、昆明农林学院等云南地方院校的诞生都与它的壮大直接相关。

三、医疗状况

全民族抗战全面爆发后，医学专家荟萃昆明，昆明医学机关日渐增多，除了若干医院，还有一些医学研究实验机构，如中央防疫处。抗战胜利后，一些医疗人员留在云南继续为边疆人民服务，及至1949年，云南已有各级医疗机构27个（包括省、市、县、乡级），有医护人员623人，每万人口拥有的医务人员数量高于全国平均水平。同年年底，全省已有卫生院96所（包括在昆明的市立医院）。但绝大多数的县卫生院只有一个简单的门诊部，多用公房或寺庙改建，较好的有个旧、昆明、宜良、云县等地卫生院，每个卫生院有20多张病床，还设有产科接生室。由于政府下拨的经费不足，95%的卫生院只好用诊治病人的医药费来维持职工的工资。多数卫生院只有一两人（院长兼医生），医疗器械只有几个注射器、煮沸箱、体温计以及少量的手术刀剪、镊子、消毒盘等，药品也只有20多种，各种维生素都很缺乏。医疗中应用的青霉素完全依赖进口，价格昂贵，十分稀少。县卫生院所由于无经费，设备简单，药品稀缺，技术条件差，因而就诊人数很少，地方医疗基本上靠中医来维持[2]。卫生院每年更多忙于接种牛痘，平时只有少数产妇住院分娩。多数卫生院的院长和医生还兼任中学生理卫生课的教师和校医，有的还兼任英语或生物课教师。尽管如此，云南这一时期的医疗事业还是有了缓慢的进步。

四、生物学研究

云南生物资源十分丰富，是生物学研究的宝地。尽管抗日战争胜利后，国立西南联合大学和有关研究机构撤离了云南，但是仍然有不少的生物科研人员留在云南继续开展研究工作。

（一）遗传学研究

近代云南遗传学的研究是从养蚕业开始的。留学日本的蒋同庆于1938年3月回国，先后任教于江苏教育学院、中山大学、四川大学。1943年2月，他应国立云南大学之聘来滇讲学，并开展家蚕遗传育种研究。1945—1952年，他被聘为国立云南大学教授兼蚕丝科主任，为云南奠定了家蚕遗传学研究的学术基础。1948年，蒋同庆在昆明大华印书馆印刷出版了一部约30万字的专著《蚕体遗传学》。这是我国家蚕遗传方面的第一部奠基性著作。同年，蒋同庆与李莘合作，在家蚕遗传研究中发现鉴别雌雄家蚕的方法，得出凡有"普茶斑"者皆为雌性，有"姬茶

---

[1]《昆明法国甘美医院》，载中国人民政治协商会议云南省昆明市委员会文史资料研究委员会《昆明文史资料选辑》（第10辑），1987年，第54–57页。
[2] 中国人民政治协商会议云南省昆明市委员会文史资料研究委员会：《昆明文史资料选辑》（第8辑），1987年，第1155页。

斑"者皆为雄性的结论[1]，进而在《云南大学农学院蚕桑科出版研究报告》第一卷第1期、第2期上，以英文发表《家蚕中蚕期之雌雄鉴别法》《利用家蚕斑鉴别雌雄的方法》两篇论文，"均向国外交换，先后被国外英文和日文书籍作为文献或内容所引用"，并且日后他于"60年代所做的家蚕人工引变成果，均由此引伸"而来。[2]直至今天，仍然可以通过引文检索数据库查找到该研究成果在学术论文中的理论铺陈与引用。

（二）植物学研究

云南是植物王国。"云南地处温带，而兼三带之长，三带生物，应有尽有，人文自然，变化万千，研究资料，取精用宏。建国成功之要素，首推科学；研究科学之胜地，莫如滇者。"[3]长期以来，云南吸引着众多生物学者，无论是抗战时期还是内战时期，均如此。

1.五华文理学院的建立

日本对华发动侵略战争，中国所受损失巨大。究其根本缘由，中国的综合国力太弱。抗战刚刚结束，云南的有识之士便提出："学术研究，实为当务之急。……作各种研究工作，尤侧重科学研究。"[4]全民族全面抗战期间，国立西南联合大学在昆明组建。中央研究院、北平研究院和其他大学的研究机构也相继迁到云南，云南学术研究盛况空前。很多教授一致认为云南是研究资料极其丰富的地方，可利用假期做各种调查工作。可惜因为战争的缘故，物价狂涨，研究经费异常微薄，研究设备严重不足，研究成果非常有限。战争结束后，西南联合大学停止办学，三校复员北返，但是云南还保留着很多工作站，一些研究人员也愿意留在云南继续工作。在这样的背景之下，全国教育善后复员会议于1946年春节前在昆明召开。参会人士提出昆明为西南文化中心，应积极制定发展教育文化事业的具体办法；认为应该借助全民族全面抗战期间内地文化机构内迁给云南带来的文化繁荣惯性，填补三校北返后的空白，继续把云南的文化事业向前推进。在周钟岳、李根源的支持下，于乃仁、于乃义等人于1946年6月联合创办了昆明私立五华文理学院（五华学院）。于乃仁任院长，学院"理科设地质、物理、数学等系，文科设中文、外语、历史等系"（见图8-88）[5]。

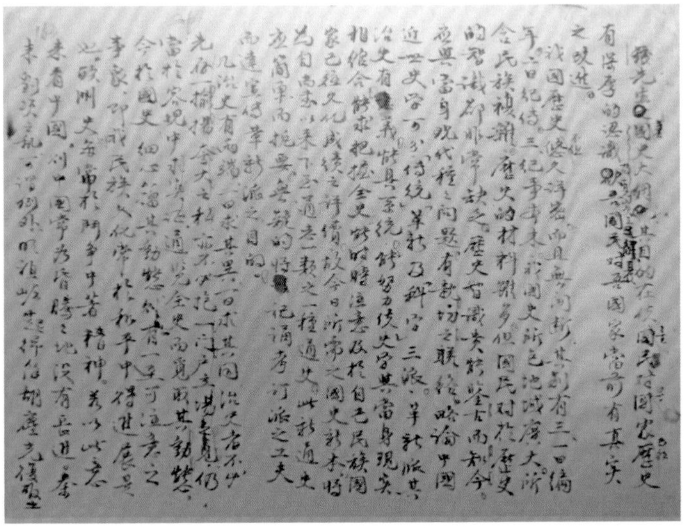

图8-88 五华文理学院学生读钱穆《国史大纲》的体会
诸锡斌2022年摄于宜良县《钱穆著书纪念馆》

---

[1] 云南农业大学志编纂委员会：《云南农业大学志》，云南科技出版社，2001年，第114页。
[2] 西南大学蚕学与系统生物学研究所：《蒋同庆先生自传》，西南师范大学出版社，2008年。http://silkworm.swu.edu.cn/cn/html/tuanduiwenhua/20071005/331.html。
[3] 褚守庄：《云南烟草事业》，载新云南丛书社《新云南丛书·缘起》，1947年，第2页。
[4] 《五华学院筹备委员会为筹办五华学院做学术研究工作成立筹备委员会请备案呈（1946年5月20日）》，云南省档案馆，1044-2-217-2-3。
[5] 何耀华总主编，牛鸿斌、谢本书主编：《云南通史》（第六卷），中国社会科学出版社，2011年，第383页。

2. 五华文理学院植物研究所的研究

"云南植物种类富甲全国。前北平静生生物研究所来滇设云南农林植物研究所，赴三迤各地采集标本，至为丰富，主其事者，为胡步曾、秦子农、禹济（季）川先生等，不仅为国内植物学界权威，而迭次出席世界植物学会，为各国学者所称道。秦君等以研究植物为终身事业，与同人宗旨不谋而合，正商拟合作组织办法，谋工作之进展。"[1]由这一记载可知，全民族全民抗战爆发前，胡步曾、秦子农、禹济（季）川先生等北平静生生物研究所的著名专家曾多次来云南进行生物调查，并与云南合作成立了云南农林植物研究所。全民族全面抗战结束时，有的学术权威已经在云南工作近十年。前期工作的基础和云南丰富的生物资源使得很多学者愿意长期留在云南。全民族全面抗战期间，静生生物研究所在云南展开大规模全面调查的主要合作对象是国立西南联合大学相关的院系。抗战结束后，这些机构和院系内迁，静生生物研究所的调查研究由此中断。

五华文理学院为吸引内地人才到云南，与云南农林植物研究所于1946年8月1日共同组成了五华文理学院植物研究所[2]，仍聘前云南农林植物研究所所长胡先骕先生主持工作，19名副主任委员中，秦仁昌、俞德浚名列其中。研究所于各地采集标本，举办展览会，与国内外植物研究机构交换成绩，附办各种生产事业，编印各种期刊、专刊、报告书等；同时将丽江、大理等地标本移置昆明，继续整理标本及做专题研究；对其他如地质、医药等，计划在以后有条件时再逐渐扩充。研究所还"决定计划编云南省植物全志，调查研究云南经济作物，采集云南园艺植物种苗，制作各种植物标本"。[3]

从1946年开始，研究所计划开展"《云南省植物全志》之编纂、云南经济植物之调查研究、云南经济植物之试验栽培、云南园艺植物种苗之采集、各项植物标本之制作"5项主要工作。当时云南植物标本已达4.5万余号，计10万余份。按照研究所的计划，这些工作将在5年内完成。为此，研究所在原有研究成果基础上，继续派人员分赴各地采集标本，分门别类鉴定科学名称，详做形态结构、产地习性分布、功用等之记述，每种之下各附以绘图或照片。当时拟定完成8部著作编撰：第一部《云南中部重要树木志》；第二部《云南西北部重要树木志》；第三部《云南南部重要树木志》；第四部《云南经济植物志》；第五部《云南药用植物志》；第六部《云南高山植物志》；第七部《云南蕨类植物志》；第八部《云南菌藻植物志》。

此外，研究所还打算选择若干种可供企业经营或可满足国防特殊用途的作物，派人赴各重要产区调查产量及生产制造和运销等问题。其中有的已经调查过，如对云南重要木材产区及木材市场的调查，云南产植物性染料的调查；有的正在调查中，如云南烟叶产区及产量的调查；有的已经完成一部分，如云南松林分布及松脂工业的调查，云南植物油种类及产区产量的调查。之前对云南南部的调查，由冯国楣、邱炳云负责，他们曾到达澜沧江、文山、西畴、麻栗坡、马关等地，采得植物标本3000多号[4]。研究所原打算第二年赴镇康、南峤、车里、佛海等县及滇越边境，因国民党蒋介石发动内战导致国家经济崩溃，项目难以继续。

此外，当时还计划开展木材解剖鉴定研究、木材物理性质研究、木材力学性质研究、木材化学性质研究、木材干馏试验、木材干燥试验。

关于植物分类的研究也一直在进行中：《云南省植物全志》正在编纂之中，许多研究成

---

[1]　《正义报》1946年6月16日，第三版。
[2]　《正义报》1946年8月2日，第三版。
[3]　《五华》1947年4月月刊第41期，第51-52页。
[4]　吴征镒：《也是迟来的怀念》，载《蔡希陶纪念文集》，云南人民出版社，1991年。

果已在静生生物研究所专刊及国内外植物学机关刊物发表,《云南树木志稿》及《昆明植物志稿》均已起草;胡先骕、郑万钧合著的《云南树木志新种》《中国森林植物之研究》,郑万钧、吴征镒合著的《胡氏木属之研究》均在印刷中。[①]

研究所还拟在原调查研究基础上,进一步在各地采集种苗,并设场栽培,以供观察试验,或向国内外征集优(良)品种,驯化栽培,作为改善的依据。

研究所为继续推进庐山植物园和抗战期间建立的丽江工作站的工作,派遣工作人员赴大理、丽江、维西等地继续收集杜鹃、龙胆、百合、报春花、绿绒蒿、高山松杉及珍异之灌木等高山植物的种子和苗根,以供学术上研究交换,还可以出口创汇。此外,研究所计划中还有各项植物标本的制作,即从所采各种植物标本中选取有特殊经济价值或科学价值的,制成蜡叶标本或剖面标本,供一般阅览参考之用,如药用植物附药材标本,农作物附粮食标本;如果经费充足还可大量制作,分送省内各级院校或社教机关,裨益于中小学自然科学或农林学校教材编写。1947年下半年,受云南省人民企业公司委托,冯国楣、杨月波等往滇东南对滇产之三七、八角、草果、桐油、茶叶等做研究试验;研究所还对各种芋草的栽培繁殖做了学术研究试验。[②]试种成功后,第二年便扩大了种植面积。与此同时,在科学研究过程中,五华文理学院的人才培养也有了进步。及至1951年,全国高等院校调整时,"五华学院合并于云南大学,没有毕业的学生也随之转入云南大学。于乃仁转入云南省政协工作"[③]。至此,五华文理学院已培养学生2321人。

五、农业科学技术研究

由于国民党发动内战,云南农业科学技术研究受到影响。1945—1949年,云南稻作、麦作和其他粮食类作物的研究总体上都呈下滑趋势,只有棉作、烟草及工艺作物等工业原料类作物的研究总体呈上升趋势,并且这种上升趋势受云南耕作条件、研究环境影响起伏较大。烟草研究尽管发文量远远低于棉作研究,但其在云南农学研究中的价值却不亚于棉作。由于云南烟草是财政收入的重要支柱,烤烟研究得到更多重视,并促进了烤烟生产的进步。1947年,云南全省种植烟草面积已扩大到238000亩,年产量达439000担,每亩平均产量为184斤,较山西、浙江、福建、四川等省的每亩平均产量都高。[④]这不仅与云南的地理环境有关,更是本省烟草研究带来的结果。

抗战胜利以后,云南育种及遗传、栽培及田间试验、生物统计等单纯性的理论研究仍然十分薄弱。在反映当时全国研究热点趋势的《中华农学会会刊》中,育种及遗传研究类的总发文率已达到25.56%,远远超过棉作、稻作等类;而云南关于这方面的专门论述寥寥,只能和作物通论一并归入其他类而无法成为专项,即使田间试验等学理性研究文章也同样只能归入其他类。相反,棉作、烟草以及稻作等方面的应用性研究成果在出版物中所占比重较高,其中也不乏关于某一品种作物的具体育种、试验方法和相应的育种理论的著述。至于林业等其他一些研究还在进行。1948年,国立云南大学农学院创办的《云大农学》期刊创刊号发行,目录中就有《云南松林天然繁殖之观察》《云南松之研究》《澄江县土壤pH值之测

---

① 云南省档案馆,121-1-410:《云南省经济委员会云南农林植物研究所三十一年工作述要》。
② 云南省档案馆,122-3-284。
③ 何耀华总主编,牛鸿斌、谢本书主编:《云南通史》第六卷,中国社会科学出版社,2011年,第383页。
④ 陈征平:《云南工业史》,云南大学出版社,2007年,第527页。

定》等研究论文[1]。

这一时期，尽管云南引种美棉几乎归于失败，但是开远棉场木棉与文山棉场木棉杂交试验的成功，使得棉纤维长度增加了2寸，促进了纺纱质量的提高。此外，1946年，美国传教士R. Mave引入了7个苹果品种，并将其中的一部分种苗交给教友尹大详种植，另一部分交给云南农林植物研究所的秦仁昌试种。及至1949年，加上之前云南引入了40个左右的欧美苹果品种，云南的苹果种植数量已接近1万株。无论如何，云南在条件十分困难的情况下，仍在坚持进行农业科学技术研究，并在一定程度上促进了农业的发展。

六、科学普及

抗战胜利后，尽管原国立西南联合大学机构大部分撤离云南，许多著名专家学者离开了昆明，但是广播电台的播报仍在坚持，科普的内容也在继续播报，科学普及的活动还在以各种形式开展。例如，五华文理学院坚持开展学术讲座，1947年7月8日的《正义报》第三版刊载陈一得于翠湖图书馆举行第六十九次关于"宇宙概论"的学术演讲。讲座中，陈一得以科学家的观点解释宇宙问题，并对原子能及宇宙线之原理加以阐述。《正义报》摄影记者郭子雄不仅在云瑞西路设立子雄照相馆，还独立拍摄了新闻纪录片《市运会盛况》，这是云南人第一次自己独立拍摄影视作品。时值昆明市举行全市运动大会，通过纪录片的放映，人们直观感受了科学技术成就。1948年，他还拍摄了子雄照相馆的广告宣传片，在南屏电影院放映（见图8-89）。不同形式的科普宣传，有力提高了人们对科学技术的认识，改变了人们的思想观念和态度。

图 8-89
南屏立体电影院（原南屏电影院）
诸锡斌2020年摄于昆明晓东街

不难看出，抗战结束后，由于国民党发动内战，云南的科学技术发展虽受到重创，但仍在缓慢向前发展。生物学科依然是领头学科。作为科学技术基地的云南大学在战后继续开展科学研究。尽管云南工业生产到解放前已几乎崩溃，但全民族全面抗战期间奠定的科学技术软实力和实业基础还在。云南已准备好和全国一道在20世纪50年代迈进一个崭新的时代。

---

[1] 云南农业大学志编纂委员会：《云南农业大学志》，云南科技出版社，2001年，第114页。

第九章 社会主义革命和建设时期云南的科学技术（1949—1978年）

1949年10月1日中华人民共和国成立，云南也于1950年2月24日解放。之后，为使科学技术服务于社会主义建设，云南在民国科学技术体系的基础上，经过国家主导的科学技术社会主义改造，构建了国家和地方一体化管理的科学技术体系。随着社会主义建设的全面展开，云南科技围绕社会主义现代化工业、农业、交通运输业和国防建设的需要展开探索，逐步融入国家科技发展战略。在国家156项重点工程、科技规划重点项目和"三线建设"的带动下，云南以农业、冶金工业、机械工业、交通运输、国防工业、医药卫生等领域的科技推广和技术突破为重点，开展了大规模的技术革命，推进了技术科学和基础科学研究的发展。这一时期，尽管受到了"大跃进"和"文化大革命"的影响，但由于"向科学进军"的号召和"三线建设"的持续作用，云南科学技术研究在解决工农业生产技术难题以及推动国家科技和地方经济发展中仍然做出了贡献，并取得了一批居国际国内领先地位的科技成果。

第一节 社会主义过渡时期的科学技术

中华人民共和国成立后，党和国家领导人继承了马恩列斯科技发展的观点，将科学技术视为在历史上起推动作用的革命性力量和社会主义建设动力。为避免掉入资本主义制度下科学技术为资本服务的陷阱，党中央把科学技术体制改革作为发展科学技术的前提。在中华人民共和国成立初期（至1955年）的社会主义改造中，云南通过整合国家和地方有限的人力、物力和财力，建立了由国家和地方财政支持的一体化管理的科学技术体系。在国家156项重点工程的带动下，云南科学技术研究得到了恢复和发展。

一、科学技术体系的改造

马克思指出，在资本主义社会，"以社会劳动为基础的所有这些对科学、自然力和大量劳动产品的应用本身，只表现为剥削劳动的手段，表现为占有剩余劳动的

手段，因而，表现为属于资本而同劳动对立的力量"。①社会主义具有劳动的社会性和劳动收益分配的公平性，科学技术对社会生产力的促进与劳动者的利益相一致。因此列宁认为，"只有社会主义才能使科学摆脱资产阶级的桎梏，摆脱资本的奴役，摆脱做卑污的资本主义私利的奴隶地位。只有社会主义才可能根据科学的见解来广泛推行和真正支配产品的社会生产和分配，也就是如何使全体劳动者过最美好、最幸福的生活"②。中华人民共和国成立后，为使科学引领下的技术发展为人民大众服务，毛泽东等党和国家领导人致力于改变科学的从属地位及其发展模式，把建立人民当家作主、国家主导、国家和地方财政支持以及一体化管理的科学技术体制作为社会主义改造的目标。在这一过程中，云南原有科研机构进入国家科学技术体系，一批地方科研机构在云南成立。

（一）国家在滇科学研究机构的建设

科学是发展社会主义经济的动力。早在中华人民共和国成立前，中国人民政治协商会议就决定组建中国科学院，将其作为全国最高的科研机构统筹并领导全国自然科学和社会科学研究事业，使科学、教育和生产密切结合。1949年11月1日，在对原国民政府中央研究院、北平研究院下属各研究所共22个单位进行改组与整顿的基础上，中国科学院正式成立③。此后，通过整合国家和地方科学技术力量，中国科学院形成了覆盖全国的科研体系，云南原有科研机构中的一部分被列入中国科学院系统，科研力量在国家科技体系改造中得到加强。

1950—1951年，中国科学院分别接管了原北平静生生物研究所与云南省教育厅合办的云南农林植物研究所④、抗日战争时期中央研究院南京天文研究所在昆明设的凤凰山天文台和中央研究院上海工学研究所昆明工作站⑤，改名为植物分类研究所昆明工作站、紫金山天文台云南大学昆明天文工作站（见图9-1）、工学实验馆昆明工作站。1953年，植物分类研究所昆明工作站改名为

图 9-1
紫金山天文台云南大学昆明天文工作站

诸锡斌2021年摄于中国科学院云南天文台

---

① 中共中央马克思恩格斯列宁斯大林著作编译局编：《马克思恩格斯全集》第48卷，人民出版社，1985年，第39页。
② 中共中央马克思恩格斯列宁斯大林著作编译局译：《列宁选集》第3卷，人民出版社，1960年，第571页。
③ 欧阳雪梅：《第一代中央领导集体的科技战略思想与新中国的科技进步》，《毛泽东邓小平理论研究》2012年第1期。
④ 胡宗刚：《云南植物研究史略》，上海交通大学出版社，2018年，第79页。
⑤ 抗战期间，原国立中央研究院工程研究所搬迁至昆明，1944年改名为国立中央研究院工学研究所。1946年，工学研究所奉命迁回上海，留在昆明的部分人员及设备经整合后建立了工作站。

中国科学院植物研究所昆明工作站，工学实验馆昆明工作站改名为中国科学院冶金陶瓷研究所昆明工作站。同年，中国科学院原子能研究所在东川落雪设立宇宙线观测站。在此基础上，中国科学院又在云南先后建立了热带亚热带生物资源综合考察队、地球物理研究所昆明地震台、原子能研究所落雪实验站、昆虫研究所景东紫胶工作站、生物物理所昆明工作站、热带森林生物地理群落综合研究站、人造卫星地球观测站。至1958年，中国科学院在云南共设立10个下属单位。①

除中国科学院在云南增设科研机构外，国家部委也加强了对云南科研队伍和机构的建设。中华人民共和国成立前，云南南部少数民族地区就因瘟疫流行被称为"瘴疠之区"。为解决疟疾、鼠疫、霍乱、天花等传染病流行问题，云南解放后，中央人民政府加强了云南民族地区的卫生防疫工作，除派出医疗队抢救发病病人、注射防疫疫苗外，还将一批医疗卫生研究机构派到云南开展工作。1951年，云南省麻疹流行，大理县天花流行，滇西鼠疫流行，西南防疫队、中央防疫队先后调到云南协助控制疫情。为加强中央对地方疫病研究工作的指导，1953年，西南生物制品研究所（原中央防疫实验处）划归中央人民政府卫生部管理，改称昆明生物制品研究所。同年，为进一步加强云南矿产资源开发，重工业部有色金属工业管理局也在昆明成立有色金属工业管理局西南分局试验所、设计公司和地质勘探公司。

（二）云南地方科学研究机构的重构

以为云南工农业生产提供科学技术支持、培养科技人才为出发点，中央人民政府各部委和云南省主管部门根据国家和云南产业发展要求对云南原有科研机构进行重组，同时建立了一批地方科学研究机构。

1950年11月，云南省农林厅成立，原省政府建设厅所属的云南省农业试验站、开远木棉改良场、草坝农场（云南省原建设厅开蒙垦殖局草坝垦殖区管理处和云南蚕业新村公司合并），原国民政府和省政府设立的建水农场（原国民政府农林部垦殖局建水垦殖区）、开文农场（原国民政府开文垦殖局）、云南省兽医防治所以及家畜改良工作站昆明总站直属农林厅管理②。原云南农业改进所与几个农业试验场合并，成立云南省农业技术试验站。1951年后，云南省农林厅又在勐海成立茶叶试验场，在保山建立云南省农技试验站保山分场（1952年更名为保山潞江棉作试验站）。③云南的农业科技力量得到加强。为了加强农业科技的推广和应用，1953年后，云南省认真贯彻执行中央农业部《关于设立农业技术指导站的意见》，云南省农林厅先后成立了农业技术推广、水产、基点村调查、山区工作、木棉勘研5个工作组，各州市农业局相继组建了农技推广组和农业科技研究所，各县也成立了农业技术推广站和种子工作站。④1955年3月，云南省玉溪烤烟试验站建立，从事烤烟种植的试验和推广工作。同年，云南省农林厅改为云南省农业厅，增设经作处、种子管理处、植物保护处，扩建农事处等业务部门，以加强对农业科技推广工作的领导。

根据国家加速开发热区，大力种植橡胶，支持工业和国防建设的部署，云南省农林厅在深入边疆地区开展产胶植物资源调查的基础上，于1952年在盈江、莲山、潞西建立橡胶林场。1953年，在改设为云南特种林木试验指导所后，橡胶林场调整为车里（景洪）、河口、莲山、潞西等4个试验场和坝洒、橄榄坝2个试验分场，盈江、莲山两个林场合并为莲山特林试验场。

---

① 云南省地方志编纂委员会：《云南省志》卷7《科学技术志》，云南人民出版社，1998年，第1053页。
② 云南省地方志编纂委员会：《云南省志》卷22《农业志》，云南人民出版社，1998年，第39页。
③ 云南省地方志编纂委员会：《云南省志》卷7《科学技术志》，云南人民出版社，1998年，第977页。
④ 云南省地方志编纂委员会：《云南省志》卷22《农业志》，云南人民出版社，1998年，第52页。

1954年，屏边金鸡纳林场划归特种林试验指导所；年底，云南特种林试验指导所改为云南省热带作物试验指导所（见图9-2），下属各特种林试验场改为热带作物试验场，在开展橡胶生产试验的同时，有计划有重点地栽培其他热带亚热带经济作物，进行综合性的观察试验。① 为进一步发展橡胶、咖啡等经济林木和经济作物，1955年12月，云南省撤销热带作物试验指导所，成立云南省农业厅热带作物局，先后在河口、西双版纳等地建立了6个以经营橡胶为主的农场，在德宏地区建立了2个以经营咖啡和其他经济作物为主的农场。1957年，农业厅热带作物局改为云南省农垦局，接受国家农垦部和云南省人大常委会的双重领导，原热作局所属的农场改为国有农场。②

图9-2
云南省热带作物科学研究所（原云南省热带作物试验指导所）
赖毅2020年10月摄于景洪市

云南省在加强农业科研机构建设的同时，也开始建立工业技术研究机构。1951年初，云南省工业厅接管原建设厅化验室后，成立省工业厅技术研究室，下设冶金组、化工组、化验组等，从事冶金、化工的科研和化验工作。1952年，技术研究室又增加设计室和地质勘探队，不久后设计室和地质勘探队合并，云南省勘探设计院成立，技术研究室精简为云南省工业厅生产科技术组，下设磷肥、农药、化验室等3个组，开展化工科研工作。

针对云南流行病多发的特点，为加强疫病防控，云南省政府除在大多数地州建立防疫站外，还先后成立了一批专业防疫机构。1951年，配合疫情防控，滇西防疫大队与第一、第二医疗防疫队合并成立滇西鼠疫防治所（驻弥渡），地方病研究所改组为疟疾防治所（驻普洱）。1952年，原国民政府卫生处卫生试验所改组为云南省药物食品检定所和第一、第二卫生防疫站，云南省防疫大队、民族卫生工作队成立。1953年，第三疟疾防治站成立（驻临沧），西南防疫队、中央防疫队拨交云南后，组建云南省卫生防疫站、云南省妇幼卫生工作队。③ 同年，为加强血吸虫病防治，云南省卫生厅成立血吸虫病防治研究所（驻大理）。

---

① 云南省地方志编纂委员会：《云南省志》卷7《科学技术志》，云南人民出版社，1998年，第332页。
② 云南省土地管理局，云南省土地利用现状调查领导小组办公室：《云南土地资源》，云南科技出版社，2000年，第161-162页。
③ 云南省地方志编纂委员会：《云南省志》卷69《卫生志》，云南人民出版社，2002年，第68页。

(三）科学技术学会（协会）的建立

为团结和发动全国科学工作者从事建设新中国所需的科学技术研究，普及自然科学知识，提高人民群众科学技术水平，促进科学技术的繁荣发展和科技人才的成长，1950年8月，中华全国自然科学专门学会联合会（简称"科联"）和中华全国科学技术普及协会（简称"科协"）在京成立。此后，中华全国自然科学专门学会联合会昆明分会筹备委员会和云南省科学技术普及协会筹备委员会成立，两个委员会分别在全国科联和科协的指导下负责云南省自然科学学会工作和科学普及工作。贯彻"经济建设必须依靠科技进步，科技工作必须面向经济建设"的方针，云南省科联筹备委员会在云南原有学会的基础上，先后重建和新建了中华医学会云南分会、云南省化学化工学会、中国防痨协会云南分会、云南地理学会、云南水利学会、中国医药学会云南分会、云南气象学会、云南物理学会、云南心理学会、云南建筑学会、云南解剖学会、云南土壤学会、云南数学学会、云南植物学会、云南生理科学会等自然科学学会组织。至1956年，云南省恢复和建立学会21个。[1]科学技术普及协会筹备委员会成立了丽江、玉溪科普支会和下关、大理、保山地区科普小组，开展科学普及和学术交流活动。1956年5月4日，"云南省科学普及协会"正式成立，陈一得任主席，刘希玲、张天放、赵增益、何波、王宇辉、朱彦承任副主席[2]（见图9-3）。

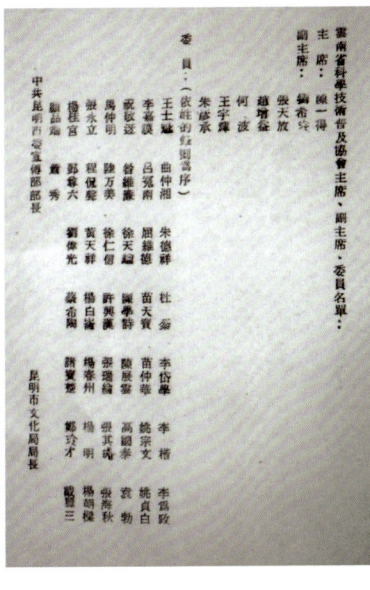
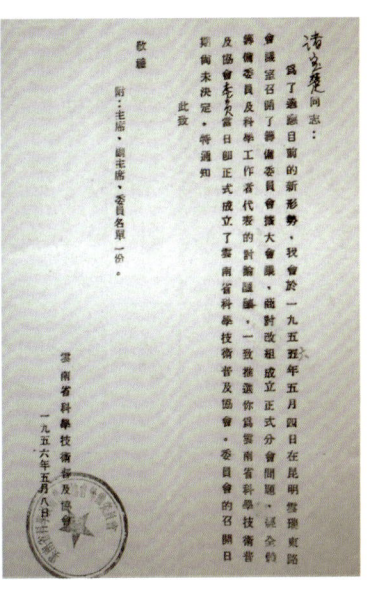

图9-3
云南省科学普及协会成立通知及委员名单

诸锡斌2021年摄于云南大学档案馆

二、科学技术人才的改造和培养

中华人民共和国成立之初，一方面，我国广大知识分子爱国热情很高，他们要求了解新社会，了解中国共产党，了解马克思列宁主义和毛泽东思想；另一方面，为使旧社会知识分子转变旧有的思想意识，站到人民和无产阶级的立场上来为社会主义建设服务，中央开展了知识分子思想改造运动。此后，为加强社会主义科技人才的培养，中央系统阐明了党的团结科学家政策，确

---

[1] 云南省科协会部：《云南省科学技术协会·学会简介》，1988年，第146页。
[2] 中共云南省委组织部、中共云南省委党史研究室、云南省档案馆：《中国共产党云南省组织史资料（1926.11—1987.10）》，中共党史出版社，1994年，第729页。

立了大力培养新生科学力量的方针。[①]在此政策、方针指导下，云南科技人才队伍稳步扩大。

（一）科学技术人才的改造

1950年8月27日，《人民日报》发表社论指出："在半封建半殖民旧中国，科学和科学工作者的遭遇是恶劣的，与人民为敌、与真理为敌的国民党反动政府，对于科学文化也一贯实行专制政策，不容许科学工作者广泛地有系统地接触实际，联系群众。这样，大多数科学工作者就不可能按照人民的需要，有组织、有计划地进行工作，只能在小圈子里，在互相隔离和隔阂的情况下，按照个人兴趣来进行效力有限的工作。"人民政府则与之相反，"鼓励一切文化工作者接触实际，联系群众，为国家建设服务，为广大人民服务"[②]。由于在旧社会成长起来的知识分子接受的是资产阶级或封建主义教育，不少人又长期为清政府、国民政府服务，难免带有资产阶级和封建主义思想，这些思想时常反映在政治立场、思想情感和工作方面。为此，中央发动了知识分子改造运动。因旧知识分子大多集中在学校、宣传机构、文化团体和企事业单位，毛泽东主席明确指出，要"有步骤地谨慎地进行旧有学校教育事业和旧有社会文化事业的改造工作，争取一切爱国知识分子为人民服务"[③]。1951年11月，中共中央下达了《关于在学校中进行思想改造和组织清理工作的指示》，对知识分子思想改造运动中需要注意的问题做了明确的规定。[④]

云南针对城镇中的知识分子，特别是各大专院校、中小学中的教职员工及文化、科研事业单位中的知识分子开展了思想改造。除在大、中、小学开设政治课外，还结合抗美援朝、土地改革和镇压反革命三大运动，在师生中开展了思想改造和组织清理。云南大学成立了思想改造委员会，着重帮助知识分子树立革命人生观，让他们从政治上分清敌我。[⑤]1952年1月5日，全国政协常委会发出《关于开展各界人士思想改造学习运动的决定》。云南民盟响应中共中央关于对知识分子进行思想改造的号召，推动盟员及所联系的知识分子参加社会实践，接近工农群众，树立为人民大众服务的新思想，投身到"向科学进军"的实践和社会主义经济建设中去。[⑥]至1952年冬学习改造结束，知识分子中的反动政治思想影响基本被清除，知识分子们开始树立为人民服务的思想。但运动存在着要求过急过高、方法简单的倾向，致使一部分知识分子的情感受到了伤害。

（二）科学技术人才的培养

中华人民共和国成立之初，国家迫切需要一大批社会主义科技人才。为集中力量培养急需的专业技术人才，国家接管云南大专院校后，学习苏联高等教育按专业培养人才的经验，对云南教育机构进行了重组，恢复和兴建了一批职业院校，并调整了高等院校的院系和专业设置。

1950年，昆明市军管会文教接管部接管了省立昆华高级工业职业学校、省立昆华高级农业职业学校、省立昆华高级商业职业学校、省立昆华高级医士职业学校、省立昆华女子实用技艺职业学校、开远农业职业学校6所公立院校，其他私立职业学校则划归所在地有关部

---

① 参看中共中央党史研究室著，胡绳主编《中国共产党的七十年》，中共党史出版社，1991年，第310-312页。
② 人民日报社：《有组织有计划地开展人民科学工作》，载《科技新闻佳作选》，新华出版社，1985年，第493页。
③ 胡维佳主编：《中国科技政策资料选辑（1949—1995）》（上），山东教育出版社，2006年，第37页。
④ 中国人民解放军政治学院党史教研室：《中共党史参考资料》（第十九册），第378-380页。
⑤ 中国大学校长名典编辑委员会：《中国大学校长名典》（上），中国人事出版社，1995年，第917页。
⑥ 中国人民政治协商会议云南省昆明市委员会：《昆明文史资料集萃》（第4卷上），云南科技出版社，2009年，第3068页。

门管理。云南省政府成立后，规定全省学校改为"云南省××技术学校（或农业、商业学校等）"，并调整了学校设置。省立昆华高级工业职业学校、省立昆华女子实用技艺职业学校一部分合并为云南省昆明工业技术学校，省立昆华高级农业职业学校改为云南省昆明农业技术学校，省立昆华高级商业职业学校、省立昆华女子实用技艺职业学校的一部分合并为云南省昆明市商业学校，昆华高级医士学校改为云南省昆明医士学校。① 在此基础上，根据党中央单一化、专业化的办学原则，云南结合自身实际，对职业学校教育发展进行了调整。

1951年，云南省文教厅颁布《云南技术教育发展初步方案（草案）》②，主要就三个方面提出计划。工业技术方面，整顿并巩固云南省昆明工业技术学校现有土木、采冶、机械三科并积极增班，充实设备；创设个旧工业技术学校；开办水利、建筑、道路、机械、矿业短期训练班。农科技术方面，整顿并巩固云南省昆明农业技术学校、开远农业技术学校；创设宾川、昭通、丽江、宣威、普洱、文山、保山农业技术学校，根据学校所在地区农业生产设置系科，同时开办各种短期培训班并在云南大学农学院设立农业专修科，科别视需要决定。商业方面，整顿并巩固昆明中级商业学校，恢复腾冲商校，新建下关市商业学校，并在云南大学附办高级财经训练班。各类学校学生来源主要为初中毕业生。同年，为加快工业技术人才培养，昆华工业技术学校改为云南工业学校，学校增设化工科，开办两个化工分析班，开始培养化工专业技术人员，并将采矿专业搬迁至个旧大屯，成立云南矿业技术学校。为进一步规范职业学校的发展，1952年，遵照教育部《中等技术学校暂行实施办法》等文件要求，云南省成立了中等技术教育委员会，讨论并拟定了云南省公私立中等技术学校发展的具体办法和方针。1953年，云南省决定停办不具备办学条件的学校，把具备基本办学条件的私立职业学校改为公立；将多科性综合职业学校改为单科性学校；将技术学校改为中等专业学校。至1955年，云南省中等专业学校调整为7所。③

为加强对国家高级科技人才的培养，特别是对专科性人才的培养，中央政府根据国家经济社会发展的需要，在全国范围内对旧有高等院校的院系进行调整。云南省英语专科学校和私立五华文理学院并入云南大学后，云南大学法律、政治、土木工程、航空工程、铁道管理、畜牧、园艺、蚕桑等系分别并入四川大学、西南政法学院、中南土木工程建筑学院、重庆土木工程建筑学院、北京航空学院、北京铁道学院、西南农学院；社会学停办，该系的民族组并入学校历史系，劳动组并入学校经济系；外语系、经济系从1951年起停止招生，1955年暑假后停办。在此期间，贵州大学的工学院及理学院的一部分、重庆大学的有色金属专修科、西康技艺专科学院的一部分先后并入云南大学，学校的文史系一分为二，设中国语言文学系与历史系。④1954年9月，昆明工学院成立，由云南大学工学院、贵州大学工学院、重庆大学冶金系（有色金属部分）、西昌技术专科学校合并组成，设采矿、冶金、机械3个系。1956年9月，云南大学医学院独立为昆明医学院。经过院系调整，云南大学保留中文、历史、数学、物理、化学、生物6个系（见图9-4、图9-5），直属国务院高教部领导。⑤

通过中等专业院校和高等院校的调整和建设，云南科技人才培养得到加强。至1956年，云南省各级各类学校在校生人数大幅增长。其中，大学毕业生3892人，在校生达6210人（见图9-6）；中等技术学校毕业生4265人，在校生达11952人；中等师范学校毕业生4904人，在校生8402人。⑥

---

① 云南省地方志编纂委员会：《云南省志》卷60《教育志》，云南人民出版社，1995年，第387页。
② 李家祥、王雯、张鑫：《云南职业教育百年 文献史料选编》，云南大学出版社，2017年，第95-100页。
③ 云南省地方志编纂委员会：《云南省志》卷60《教育志》，云南人民出版社，1995年，第387-388页。
④ 云南省教育厅、云南省高教学会：《云南省高等学校介绍》，1986年，第10-11页。
⑤ 云南省地方志编纂委员会：《云南省志》卷60《教育志》，云南人民出版社，1995年，第535页。
⑥ 云南省教育委员会：《云南教育四十年（1949—1989）》，云南大学出版社，1990年，第4页。

图（左）9-4 建于1954年的云南大学生物、物理、化学馆（理科三馆）
诸锡斌2020年摄于云南大学校史馆

图（右）9-5 1954年新建的云南大学化学楼
诸锡斌2021年摄于云南大学校内

图9-6 中华人民共和国成立后云南大学的学生走出校门
诸锡斌2021年摄于云南大学校史馆

三、工业企业的改造

科学技术的发展与工业化进程紧密相关，在科学技术为工业化提供知识动力的同时，工业化也推动了科学技术的发展。为改变我国贫穷落后的面貌，中华人民共和国成立之初，党和国家领导人就致力于实现我国从农业国向工业国的转变，工业化成为社会主义建设的目标。为此，国家建立了高度集中统一的投资管理体系，将工业企业发展纳入国家计划之中。通过国家主导的旧政府工业企业的重组和改造，云南工业企业成为社会主义工业体系的组成部分。

（一）重工业企业的重组

马克思把社会总生产分为两大部类，第一部类为生产资料的生产，第二部类为消费资料的生产，从简单再生产过渡到扩大再生产，要求第一部类的生产优先增长。[1]中华人民共和国成立之初，为改变中国落后的工业面貌，国家根据工业化生产资料先行发展的要求，确立了以冶金、机械、能源和国防工业为重点，重工业优先的发展策略，整合国家力量发展重工业。云南以冶金工业为主的工业建设得到加强。

1950年3月4日，中国人民解放军昆明市军事管制委员会先后接管了原国民政府云南锡业股份有限公司、中国电力制钢厂、云南钢铁厂、中央电工器材厂昆明分厂、兵工署第五十三兵工厂、滇北矿务局保管处等官办工业企业，将云南锡业股份有限公司改名云南锡业公司（以下简称"云锡公司"），中国电力制钢厂更名为208厂，云南钢铁厂更名为209厂[2]，中央机器厂改名为云南机器厂（1952年改为西南工业部第203厂）[3]，中央电工器材厂昆明分厂改名为昆

---

[1] 中共中央马克思恩格斯列宁斯大林著作编译局译：《资本论（节选本）》，人民出版社，2018年，第5页。
[2] 顾俊恒主编：《昆钢志（1939—2007年）》，云南人民出版社，2009年，第72页。
[3] 昆明机床厂志编辑部：《昆明机床厂志（1936—1989年）》，云南国防印刷厂，1990年，第10页。

明电工器材厂[①]，兵工署第五十三兵工厂接管后复名为51厂（1951年改为国营第356厂即西南仪器厂）[②]和22厂（1951年更名为298厂，即云南光学仪器厂）[③]。通过发放生产贷款、提供技术支持以及开展民主改革，这些工厂的生产得到恢复。"一五"期间，云南被国家列为发展冶金工业特别是有色金属工业的重点省份，云南冶金工业及其配套的机械工业得到加强。

1953年后，云南锡业公司、原滇北矿务局保管处东川铜矿区、会泽铅锌矿区、易门铜矿区划归重工业部有色金属工业管理局西南分局管理。昆明电工器材厂分出昆明电线厂、昆明冶炼厂后，昆明冶炼厂、昆明钻机修造厂也划归重工业部有色金属工业管理局西南分局管理，同时分局成立试验所、设计公司和勘探公司，208厂和209厂合并为西南钢铁公司105厂，划归重工业部钢铁工业管理局。[④]与冶金工业发展相配套，西南工业部第203厂划归机械工业部第二机器工业管理局，改名昆明机床厂；356厂和298厂划归第二机械工业部兵工总局管理。与此同时，重工业部从全国各地抽调大批技术骨干及管理干部到云南，加强对云南冶金工业的建设，先后组建了云南锡业工程公司、东川矿务局工程公司、昆明地区工程公司、机电设备安装公司。1955年，第十冶金建设总公司成立，统一管理云南有色冶金建设队伍，个旧红星矿、澜沧铅矿也划归国有。由此，云南重工业建设得到加强。

（二）地方工业企业的改造

在部分本地企业纳入国家建设管理的同时，云南省也加强了对地方工业的建设。云南省工业厅成立后，设立煤业管理局、机械工业管理局、轻工业管理局、电业管理局，负责对口企业的接收和改造。在原有企业收归全民所有的基础上，各部门对所属工业企业进行了改建或扩建，这为国有工业的配套和地方工业的发展奠定了基础。

煤业管理局在接收原明良煤矿、一平浪盐煤厂后，将一平浪盐煤厂中的煤矿业务划出成立一平浪煤矿，又在昭通市鲍家地开展了东胜煤矿建设，为云南的工业建设提供了能源保障。原小龙潭煤矿、凤鸣村煤矿、东山炼焦场、私营东兴煤矿和私营协和煤矿交由云南省公安厅劳动改造工作局领导，为地方供暖服务。[⑤]昆湖电厂与耀龙电力公司合并成立云南电业管理局后，在运行处电务科内设调度股，结束了两家各按地段分区供电，分别管理电网的历史[⑥]。

机械工业管理局成立后，在军代表接收原有机械企业的基础上，对云南机械工业企业进行了必要的改造和扩建。在将建云工厂（原建云实业公司）和信诚工厂（1953年改名昆明钻机修造厂）两家私营企业改为国有的同时，又将云南五金工厂和私营云丰铁工厂合并为云南铁工厂（1955年改名为云南矿山机械厂）[⑦]。为推广农业机械化，1954年开始，机械工业管理局又在丽江、蒙自、文山、景谷、保山、昌宁、建水、德宏、思茅等地新建了农具厂和铁具厂，承

[①] 中共昆明市委组织史资料编纂领导小组办公室：《中国共产党昆明市企事业单位组织史资料·云南省昆明市企事业单位行政组织史资料（1950.3—1987.11）》，1990年，第4页。
[②] 《轻武器系列丛书》编委会编著：《解密中国军工厂·兵器篇》，航空工业出版社，2014年，第138页。
[③] 中国人民政治协商会议云南省昆明市委员会：《昆明文史资料集萃》（第4卷），云南科技出版社，2009年，第2926页。
[④] 云南省地方志编纂委员会：《云南省志》卷26《冶金工业志》，云南人民出版社，1995年，第18-20页。
[⑤] 云南省地方志编纂委员会：《云南省志》卷24《煤炭工业志》，云南人民出版社，1994年，第17-19页。
[⑥] 云南省地方志编纂委员会：《云南省志》卷37《电力工业志》，云南人民出版社，1994年，第353页。
[⑦] 根据《云南省农业机械化推广志2007》第一部分"云南省农业机械化大事"记载，1950年云南铁工厂由云南兵工厂、云南造币厂和云南五金工厂合并而成。

担步犁、打谷机、马车等生产的任务。①

轻工业管理局将裕滇纺织公司总厂、西山分厂和原云南经济委员会纺织厂3个纱厂合并，成立云南纺织厂②（见图9-7），保障了人民生活对轻工业产品的需求。

1952年，云南纺织厂扩建漂染车间，昆明纺织染整厂成立。1954年，云南纺织厂漂染车间扩建为云南漂染厂，归工业厅直接领导。为改变云南边远地区基本无工业，经济发展落后的状况，昭通毛纺厂、凤庆县织染厂、下关麻纺厂、普洱县纺织厂、大理市针棉织品厂、丽江民族用品纺织厂、鹤庆针织厂先后成立。③与此同时，云南又以公私合营等方式改造了云丰造纸厂、云南印刷厂、昆明火柴厂、云南纸烟厂、云茂纱厂、德和罐头食品有限公司等私营企业。④继原大成实业公司、大利实业公司、恒通化学工业公司、利滇化工厂、普坪化工厂、建云化工厂等企业被接管后，普坪化工厂、利滇化工厂、昆明化工厂被合并为云南化工厂，主要为矿山开采生产炸药。根据"一五"计划发展化学肥料，发展酸碱、染料等的要求，云南化工厂于1953年被分为昆明化工厂、安宁化工厂和利滇化工厂，昆明化工厂开始有计划地进行化肥生产。1954年，大利实业公司公私合营后改为大利化工厂，与公私合营改造的大成实业公司、恒通化学工业公司、元丰油漆厂、天固橡胶厂等企业共同开展盐酸、硝酸、烧碱、酒精、橡胶等化工原料生产。同年，工业厅决定组建昆阳磷肥厂（见图9-8）。1955年，云南省又提前建设了昆明农药厂。⑤

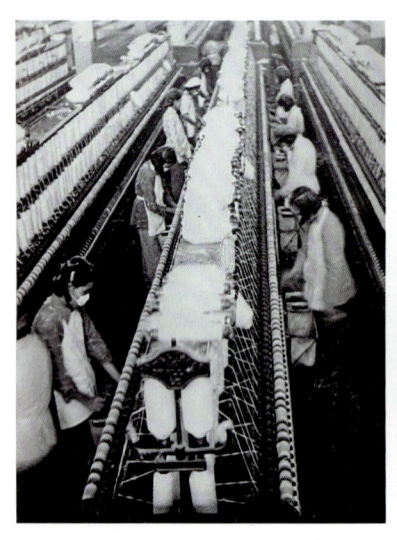

图（左）9-7 云南纺织厂车间
诸锡斌2021年摄于云南省博物馆《庆祝中国共产党成立100周年成就展》

图（右）9-8 现今的云南昆阳磷肥厂
诸锡斌2021年摄于昆明海口镇

四、技术革命的发轫

通过科学技术体制的社会主义改造，科学技术的应用和发展开始成为社会主义建设的推动力量。1953年6月，毛泽东在中央政治局扩大会议上正式提出了社会主义改造与社会主义建设并举的过渡时期总路线，明确了社会主义革命任务包括两个方面：一方面是社会主义制度的

---

① 云南省地方志编纂委员会：《云南省志》卷26《冶金工业志》，云南人民出版社，1995年，第58、441页。
② 云南省人民政府办公厅：《云南经济事典》，云南人民出版社，1991年，第148页。
③ 云南省地方志编纂委员会：《云南省志》卷21《纺织工业志》，云南人民出版社，1996年，第9-117页。
④ 云南省地方志编纂委员会：《云南省志》卷18《轻工业志》，云南人民出版社，1997年，第419页。
⑤ 云南省地方志编纂委员会：《云南省志》卷28《化学工业志》，云南人民出版社，1994年，第53、57-60页。

革命，就是把私有制转变为公有制的革命；另一方面是技术的革命，就是把手工业式的生产转变为机械化式的生产。①1955年，他再次指出："我们现在不但正在进行关于社会制度方面的由私有制到公有制的革命，而且正在进行技术方面的由手工业生产到大规模现代化机器生产的革命，而这两种革命是结合在一起的。"②围绕国家在云南建设的重点项目，云南全面启动科技革命。

（一）重点项目的科学技术应用

中华人民共和国成立之初，我国工业技术力量薄弱，在资本主义阵营对我国实行军事、经济封锁的情况下，构建新中国工业基础主要依靠以苏联为首的社会主义阵营的资金和技术力量支持。自1950年起，毛泽东、周恩来就聘请苏联专家帮助我国设计技术援助项目，至1954年，中苏两国政府达成的技术援助项目共有156项③（简称"156项"），云南个旧电站（一、二期）、云南锡业公司、东川矿务局、会泽铅锌矿改扩建项目被列为援助项目。"一五"期间，国家又将以礼河、石龙坝、六郎洞电站建设列为电力建设规划项目④。为配合这些项目建设，在国家专业工作队和苏联专家的指导和帮助下，云南科技工作者进行了前期地质勘探、施工方案设计、配套设备安装和相关技术改造，发现了可供开采的大型矿产资源，突破了项目实施技术难题，为项目的完成奠定了基础。

1.地质资源勘探

为做好156项援助项目前期资源探查工作，重工业部地质局昆明地质勘探公司依靠苏联专家的技术力量组织了易门铜矿、会泽铅锌矿两支地质勘探队，充实了云南锡业公司、东川矿务局勘探队伍。在前期矿产资源调查的基础上，云南应用自然电流法、重力勘探、凿岩机等现代科技机器对重点矿区开展勘探工作，开展了个旧锡矿、东川铜矿地质勘探，完成了《个旧锡矿调查报告》和东川铜矿地质图的编制，在东川汤丹落雪组底部和中部找到巨型铜矿。1955年，东川矿务局向地质部矿产资源储量管理委员会提交第一期《东川矿区地质储量计算报告书》，探明东川矿区铜工业储量和远景储量为136.5万吨，其中工业储量占82%。⑤

2.配套项目建设

在进行援助项目地质资源勘探的同时，支持援助项目建设的水利资源考察和测绘工作也在进行。为向东川矿务局铜矿和铅锌矿开采提供电力，国家把这一地区的水电开发列入规划。1953年，在云南水力发电工程处前期踏勘的基础上，北京水电总局勘测设计人员和苏联专家再次踏勘以礼河水力资源情况，编制了《开发以礼河技术经济调查报告》。报告比较了沿河开发引水和跨流域引水两种方案。沿河开发方案因引水隧洞长达19千米，地势陡峻，交通困难而被放弃；跨流域引水方案分为一级、二级、三级3种。经现场勘察复核，勘测设计人员和苏联专家确定了以礼河电厂采取跨流域四个梯级的开发方式并提交了《技术经济补充报告》。⑥与此同时，中国人民解放军总参测绘局和国家测绘局也对云南地形开展测绘。1954年，中国人民解

---

① 时群力：《第一个五年计划基本内容问答》，通俗读物出版社，1955年，第4-5页。
② 《毛泽东文集》（第6卷），人民出版社，1999年，第342页。
③ 董志凯：《中国共产党与156项工程》，中央党史出版社，2015年，第12页。
④ 中共云南省委党史研究室、云南电力集团有限公司编著：《云南电力九十年》，云南民族出版社，2001年，第64页。
⑤ 东川铜矿务局：《东川铜矿志》，云南民族出版社，1990年，第51、57-58页。
⑥ 杨永年编著：《江河纪事 中国水电建设百年实录》，四川科学技术出版社，2013年，第329页。

放军总参测绘局所属测绘队在云南布设基础性的一等三角锁系,并加密二、三、四等三角点测量水准环线,采用高斯–克吕格投影直角坐标系作为地图平面坐标系,构建了云南全境完整精确的水文大地网。①

3.关键技术突破

提高矿产资源的开发利用效率是国家援助项目和优化建设项目的目标。云南锡业公司工业基础较好,但冶炼和采选能力不平衡。项目建设前,因探矿和采矿设备跟不上,云南锡业公司总的选矿能力不超过1000吨/日,而年冶炼精锡能力可达5000吨。②为提高采选能力,国家先后投资改建扩建个旧机选厂、古山土选厂,增加钻机、磨矿机和摇床等采矿、选矿设备,又建成日选1500吨的大屯选厂及日选800吨的黄茅山选厂,同时建成近17千米长的老屯索道运输原矿。1954年,云南锡业公司冶炼厂被洪水淹没,在苏联专家的指导下,北京有色金属设计院采取边设计边施工边生产的办法,在个旧城区以北的鄢棚村南侧建成了一座年设计能力为15000吨的冶炼厂。这一冶炼厂也是当时国内机械化程度较高的、生产能力最大的炼锡厂。③通过采选矿设备的引进和现代技术工厂的建设,至1957年,云南锡业公司锡精矿年产量达11301吨(见图9-9、图9-10)。④

"一五计划"期间,扩建项目被列为苏联援建中国的156个项目之后(见图9-11),东川矿务局即开展了矿山的勘探和采选厂的设计。1956年,冶金工业部编制出的《东川矿务局设计任务书》获得国务院批准。1958年,东川矿务局因民、落雪、滥泥坪、汤丹、新塘、白锡腊的6个矿山和因民、落雪、滥泥坪、汤丹(浪田

图 9-9
"一五"期间云南锡业公司扩建项目被列为 156 项苏联援建中国工程
诸锡斌2021年摄于云南省博物馆《庆祝中国共产党成立100周年成就展》

图 9-10
"一五"期间云南锡业公司研究人员正在实验室进行化验研究
诸锡斌2021年摄于云南省博物馆《庆祝中国共产党成立100周年成就展》

图 9-11
"一五"期间东川矿务局扩建项目被列为苏联援建中国的 156 个项目
诸锡斌2021年摄于云南省博物馆《庆祝中国共产党成立100周年成就展》

---

① 云南省地方志编纂委员会:《云南省志》卷7《科学技术志》,云南人民出版社,1998年,第425页。
② 刘贵尧、杨荃:《建国初期云南锡业公司生产的恢复和发展》,载政协个旧市文史资料委员会《个旧文史资料选辑》(第10辑),个旧市印刷厂,1992年,第1页。
③ 李友群、高拂云:《五十年代的炼锡工业》,载政协个旧市文史资料委员会《个旧文史资料选辑》(第10辑),个旧市印刷厂,1992年,第9页。
④ 李尚贤:《建国初期锡选矿生产情况》,载政协个旧市文史资料委员会《个旧市文史资料选辑》(第10辑),1992年,第14页。

坝）的4个选矿厂同时开始建设。①

1953年8月，会泽铅锌矿第一座日处理60吨原矿，炉床面积1.4平方米的半水套开顶式炼铅鼓风炉建成并投产，这成为云南采用鼓风炉炼铅的开端。1954年5月，苏联技术援助组布希科夫、斯切尔金等专家一行6人首次到矿，对矿区地质勘探、矿山开拓、采矿及冶炼等技术问题提出建议。根据建议，矿区停止了土法炼铅，结束了延续500多年的土法炼铅历史。②

（二）基础工业的技术革新

在重点项目建设的带动下，云南电力、冶金工业加快了技术革新步伐，轻工业、机械工业也在技术和工艺改造中提升了生产能力和生产效率，并取得了国内领先的技术成果。

1. 电力工业技术

云南电业局在建设开远电厂的同时新建了东川铜矿黄水箐水电站，扩建了玉皇阁、马街子两个火电厂和开远、石龙坝两个水电站，保障了云南的用电需求。与此同时，云南电力系统开展了相应的技术改造。1951年，玉皇阁电厂利用原有备用锅炉加装英国1250千瓦汽轮机组1台投产，马街子发电厂扩建2250千瓦汽轮发电机组投产发电。1954年，昆明普坪村发电厂的建设拉开序幕，电厂由捷克斯洛伐克设计并提供设备，配用按宜良凤鸣村煤矿褐煤设计、制造的推饲式链条炉。由于设备和施工质量好，其煤耗率在当时全国火电厂中较低。③为配合电站建设，昆明于1953年对昆明地区马街子、喷水洞、玉皇阁及石龙坝4个电厂进行并网，形成昆明电网。1954年，昆明又建成石龙坝—安宁、普坪村—柳坝等35千伏输电线和变电站，使输电电压等级从22千伏提高到35千伏。④电站的设计和电网的改造，有效提升了工业和民用电力保障能力。

2. 采矿冶炼技术

云南将位于嵩明、宜良两县交界处的明良煤矿作为重点煤矿建设，为火力发电厂的建设提供了保障。为改变过去采、掘不分的技术模式，1953年，明良煤矿推广壁式采煤法，开始有了正规的巷道布置，采取"两掘保一采""三掘保一采"（用两个或三个掘进队保一个采煤队）的采掘比例，通过开拓煤层大巷、分层布置采区，在采区内布置走向壁式工作面，将采煤与掘进分离，逐步增加掘进巷道，原煤产量持续稳定增长。"一五"期间，明良煤矿掘进率平均为616.4米/万吨。为贯彻中央燃料工业部提出的"采掘并举，掘进先行"的方针，一平浪煤矿也通过技术改进提高了产量，1954—1957年的掘进率平均为406.7米/万吨。⑤

云南民间采挖钴土矿炼制氧化钴并绘制瓷碗青色花纹（俗称碗花）的历史悠久，产品曾大量销往江西和四川。民国时期，颜料多从国外进口，钴土矿由于生产成本高而销路滞塞。1951年后，云南省工业厅孙剑如、胡承祖在宣威购得含钴1.78%的钴土矿作试料，进行多方案的生产试验。1953年1月，孙、胡二人和李光溥提交了《云南钴土矿试验报告》。1953年，富源县前进炼焦厂（化工厂）做氧化钴生产试验，从宣威、富源、沾益等地收购含钴1%~3%的钴土矿，先用0.314平方米的小鼓风炉熔炼，每天处理矿石7~8吨，炼得钴铁，再经酸溶、硫

---

① 云南省地方志编纂委员会：《云南省志》卷26《冶金工业志》，云南人民出版社，1995年，第117页。
② 董志凯、吴江：《新中国工业的奠基石：156项建设研究（1950—2000）》，广东经济出版社，2004年，第554、559页。
③ 中国人民政治协商会议云南省昆明市盘龙区委员会文史资料委员会：《昆明市盘龙区文史资料选辑》（第9辑），1994年，第31—47页。
④ 昆明市人民政府经济研究中心昆明市经济研究所：《昆明市情》，1987年，第384页。
⑤ 《中国煤炭志·云南卷》编纂委员会：《中国煤炭志·云南卷》，煤炭工业出版社，1996年，第141页。

化钠沉淀，煅烧产出含钴50%~60%的氧化钴，回收率约30%。试验后进入小批量生产，产品销往上海、北京、天津和江西等地，供不应求。①

3.轻工业技术

云南纺织工业在进行社会主义改造的同时开展了技术改造，棉纺产量得到提高。1951年，云南省工业厅在各纺织厂推广郝建秀工作法，培训细纱挡车工，贯彻纺织工业部制定的"纱布经营标准"。1952年，云南纺织厂又抽调纱布厂职工20余人赴上海国棉12厂学习自动织布机安装，并在60台织布机上推广"五一织布法"。1953年，云南纺织厂新建的云南第一个自动织布机车间开工，装配了日本丰田自动织布机500台（见图9-12）。此后，云南又将36台细纱机改为小钢领纺纱机，千锭时断头率减少29%，回花减少60%，推广的"矽酸钠上浆"新技术提高了上浆质量。②这些机械和技术的使用提高了生产效率，机制棉布也逐步占领了市场。

图9-12
1953年云南纺织厂装配的日本丰田自动织布机

诸锡斌2020年摄于昆明云纺博物馆

除纺织行业外，其他轻工业系统也开始引进机械化设备以提高产量和质量。云丰造纸厂成为公私合营企业后推行机械化生产，制浆能力大幅提升。第一个五年计划期间，工厂新建切料、蒸煮、打浆3个工段，安装了幅宽787毫米双网三缸纸机，至1957年，机制纸产量达1975吨。永胜、曲靖等少数瓷厂也自制或购置了一些简易机械设备，开始使用石轮粉碎机、木制土碎脱水机、脚踏筛沙机等机械设备进行泥料加工。1953年初，盘溪恒通糖厂首次从广东购进三辊式小压榨机，日榨蔗15吨，以1台卧式蒸汽机拖动，这标志着云南省小机榨蔗的开始。③临沧、保山、西双版纳等地也开始在红茶初制中推广手摇、畜力、水力的铁木结构揉茶机和土砌烘干机房，其后又逐步引进和试制了解块机、萎凋槽、揉切机、挤揉机等设备，使红茶初制走向机械化生产。④

4.机械制造技术

为满足工农业生产对机械产品的需求，昆明机床厂在这一时期承接了许多"杂活"，生产了成套的选矿设备、农业机械和通用机器。为满足机械产品制造的要求，该厂以仿制苏联产品为主，进行技术学习和改进，在试制德式铣床、苏式镗床、苏式仿型铣床等产品的基础上，于1954年成功研制出我国第一台卧式镗床T68（见图9-13）。该镗床为我国当时生产的最大最复杂的机床，在莱比锡国

图9-13
T68卧式镗床

赖毅2021年摄于昆明机床厂

---

① 云南省地方志编纂委员会：《云南省志》卷26《冶金工业志》，云南人民出版社，1995年，第306页。
② 云南省地方志编纂委员会：《云南省志》卷21《纺织工业志》，云南人民出版社，1996年，第9-11页。
③ 云南省地方志编纂委员会：《云南省志》卷18《轻工业志》，云南人民出版社，1997年，第66、148、298页。
④ 云南省地方志编纂委员会：《云南省志》卷7《科学技术志》，云南人民出版社，1998年，第732页。

际工业博览会上受到国际人士的好评。①在此后的30年中，该种机床及其改进机床一直是国内外的畅销产品。

（三）农林业的科学技术引领

为向工业建设提供资金和资源，农林业成为优先开发的领域。1952年5月7日，时任云南省委书记的宋任穷在宜良、呈贡、安宁三县财经干部座谈会上做了题为"大力发展农业生产，为工业建设打下基础"的发言，此后又发布了"发展农业生产十大政策"②，鼓励开展农业技术革新。为充分利用农林资源支持国家工业建设，云南开展了以技术应用为目的的农林资源科学调查，现代农林科技和试验方法也开始在云南得到应用。

1. 农业资源调查

1951年，由农垦部、林业部和四川大学、云南大学组成的专业调查队对西双版纳、德宏、红河三地开展了土壤普查，并将云南省耕地土壤分为7个土纲14个土亚纲18个土类34个亚类145个土属288个耕地土种。③1954年，西南国营机耕农场勘测队配合云南省勘查队勘查荒地土壤资源。在此基础上，云南省土地利用局于1955年组建10个荒地勘查规划队，并在大普吉开办土壤调查培训班，建立1个土壤化验室，对云南省内各地较大面积的荒地土壤进行了初查和详查，为建立黎明、陇川、元江、东风、陆良、宾川、甘庄等大型国有农场提供了基础资料。④

为给农业的化学化创造条件，西南地质调查队于1950年进驻昆阳，对昆阳磷矿进行了勘查，并于1951年完成《昆阳磷矿调查报告》。⑤1954年11月，云南省工业厅及昆阳磷肥厂等备处又与云南省农业厅和西南农科所联合组成磷肥生产布局调查组，对云南省21个县的土壤进行调查，采集土壤样品约400件，委托云南省工业厅技术组进行了土壤速效磷，全量N、P、K，pH和盐基饱和度分析，该项工作为以后合理施用磷肥提供了科学依据。⑥1955年4月，技术组提出的土壤调查报告提供了一套较成熟的分析方法，对云南磷肥生产布局发挥了指导作用。

2. 林业资源调查

云南森林勘测队在林业部的指导下开展了森林资源一类和二类调查。一类调查是针对大面积林业资源进行的普查，至1954年，勘测队完成了丽江、楚雄、大理、昭通等专区138.84万公顷的森林资源踏查。为林业规划设计而开展的二类调查到1955年底完成，以腻落江和南盘江林区为主，包括昆明、曲靖、玉溪、文山、红河、楚雄等地的森林资源调查，调查面积达100.09万公顷。与此同时，各森工企业也完成了为采伐服务的森林调查。为弥补区划调查的不足，加快调查进度，1955—1956年，在苏联林业部航空测量队和航空调查队的帮助下，云南省林业科技人员首次对云南的森林进行了航空测量和航空调查。这一调查和区划调查相结合，为云南森林资源的利用提供了科学依据。

云南省还在进行林业资源开发利用调查的同时开展了森林生态环境调查。1953年，云南

---

① 中共云南省委党史研究室：《云南的新中国之最》，云南民族出版社，2004年，第209页。
② 《云南省经济综合志》编纂委员会：《云南省经济大事辑要（1911～1990）》，云南经济信息报印刷，1994年，第116页。
③ 《中国农业全书》总编辑委员会主编，《中国农业全书·云南卷》编辑委员会：《中国农业全书·云南卷》，中国农业出版社，2001年，第308页。
④ 云南省地方志编纂委员会：《云南省志》卷7《科学技术志》，云南人民出版社，1998年，第174页。
⑤ 云南省地方志编纂委员会：《云南省志》卷28《化学工业志》，云南人民出版社，1994年，第7页。
⑥ 云南省农业科学院：《云南省农业科学院志（1950～2004）》，云南科技出版，2006年，第384页。

省开始进行森林生态环境专业调查，调查地区包括个旧、石屏、开远、蒙自、华宁、宜良、呈贡、马龙、寻甸、嵩明、昆明、曲靖、沾益等县市的部分地区。1955年，林业部调查设计局派其直属综合调查队到永仁、华坪、永胜、丽江、中甸、维西等县的林区进行森林综合考察，并提出了土壤、植物、森林更新、森林保护等方面的专业考察报告。①

3.经济林木和经济昆虫调查

中华人民共和国成立初期，我国和苏联的橡胶进口遭到西方国家的封锁，为获得橡胶资源，中苏签订了《中苏联合发展天然橡胶的协议》，国家领导人做出决定，由副总理陈云负责在国内寻找橡胶资源并组织生产。1951年，国家通过《中央人民政府政务院关于扩大培植橡胶树的决定》，决定在我国热带地区展开产胶植物资源调查，寻找适宜种植巴西橡胶和印度橡胶的地区，以作为推广种植的依据。为此，云南省农林厅先后两次组织以蔡希陶、秦仁昌、冯国楣等为主的一批科技工作者，深入边疆热区进行产胶植物资源调查。调查得出的结论是："云南在纬度23度以南的广大山区，只要海拔在1500公尺以下，都是无霜多雨地区，可试种巴西橡胶树。"②

紫胶虫真皮腺能产生一种黄褐色或红褐色的树脂类物质，这种物质具有绝缘、防潮、防水、防锈、防紫外线、黏合力强、化学性质稳定等多种优良性能，广泛应用于国防工业中。当时，中国仅有云南保山地区放养紫胶虫。为扩大紫胶产区，增加紫胶产量，1955年，中苏科学院达成紫胶虫及紫胶研究工作协议，在刘崇乐和B. B.波波夫的率领下，组织联合紫胶考察工作队，在云南进行考察。工作队摸清了紫胶虫在云南的分布范围和海拔区域，了解了紫胶虫的生活习性，总结了产区群众放养紫胶虫的技术和经验。③

4.农业科技推广

为提高农作物产量，云南广泛推广现代农业种植技术。1952年，云南省农业厅成立化肥推广队，在宜良、玉溪、宾川、开远等地蹲点试验示范施用硫酸铵，短期内使农民看到了施用化肥的效果。接着，推广队又进口少量尿素、硝酸铵钙等化肥，建立了化肥试验网，编写出版了《几种化肥的使用方法》。

1951年，国家在财政十分困难的情况下仍挤出一笔资金，作为发展云南木棉的专项贷款，并责成木棉试验场派员指导木棉种植。1952年，云南省农林厅抽调张天放等专业技术人员组建了云南省木棉推广队。推广队带上棉籽，分赴适宜种植木棉的地区宣传、指导木棉种植。当年，开远木棉就发展到万亩。④1953年春耕生产之际，云南省农林厅又发布了《云南省1953年烤烟丰产栽培指导试行纲要》和《云南省1953年水稻丰产技术指导纲要》。在烤烟生产方面，要求加强育苗、选地深耕、密植保苗、防虫治病、精细管理和选留良种。育苗方面要求加强苗床选择和整理、施薄肥、浸种和间苗；选地深耕即提倡轮作、种植方向和深耕冬耕；合理密植即推广及时移栽、梅花塘种植和补植缺株；施肥方面要求多施基肥，少施氮肥，以防治白粉病、赤星病和金龟子为主，要求多施钾肥，拔除病株；田间管理方面推行及时封顶打杈、浇水培土，选留种株后加施骨粉、摘花等。⑤水稻生产方面，推广深耕、多肥、防除病虫、选

---

① 云南省地方志编纂委员会：《云南省志》卷36《林业志》，云南人民出版社，2003年，第203、207、217页。
② 李德铢主编：《中国科学院昆明植物研究所简史》，内部资料，2008年，第5页。
③ 云南省地方志编纂委员会：《云南省志》卷7《科学技术志》，云南人民出版社，1998年，第70页。
④ 张天放：《云南木棉事业的发展和结束》，载中国人民政治协商会议云南省委员会文史资料研究委员会《云南文史资料选辑》（第16辑），1982年，第44–69页。
⑤ 《云南省1953年烤烟丰产栽培指导试行纲要》，《云南日报》1953年4月16日。

种和合理密植高产技术。深耕即要求提早冬耕，旱田二犁二耙，水田三犁三耙，犁地深度从五寸增加到七至八寸；肥料方面要求多种农家肥混合施用，特别是含钾、磷较多的草木灰和骨头灰；防治病虫害主要要求治螟和预防稻热病（稻瘟病），采取拔除谷茬、铲除杂草、减施氮肥、泡种和选种等措施；选种方面主要是推广播种前的风选和筛选、田间穗选和换种，并开展种子评比；合理密植，一是要求稀秧壮苗，二是采用"大四方棵"和"小四方棵"栽种方法。① 与此同时，云南省还在"有计划有领导地改造山区"中推广一季田改两季田、梯田修建等农业技术。②

烟草、木棉是云南重要的经济作物，除种植技术外，其品种改良也受到重视。1953年，江川县左卫乡烟农从美烟"大金元"品种中选出株高99厘米、叶多、节距短而密（节距仅3.33~4.99厘米）的半多叶型的"寸茎烟"。1955年，开远试验场改为木棉试验站，进行木棉品种选育和栽培等试验研究。在品种选育工作上，试验站利用草木棉杂交，获得了播种当年就有相当产量的品种，改变了木棉种植第一年无收成的缺点，产量提高了1~2倍，每亩能收到400多斤籽花，衣分可达37%以上，纤维整齐度也有增加。③

1955年，云南省农业厅成立种子管理处，其主要任务是贯彻执行种子工作方针政策，制定良种推广计划和措施，开展新品种的试验示范和种子检验，发动和组织群众选留、使用良种等，以进一步发挥良种在农业增产中的作用。在此基础上，各县成立了种子工作站，指导农民评选鉴定地方良种，建立良种繁育基地，提倡自选、自繁、自留、自用并辅之以必要调剂的"四自一辅"方针，大力推广经过评选鉴定的良种，配合农业防灾抗灾。

5.林业科技试验

1951年秋，中央提出以最快速度在广东、广西、云南、福建、四川等地种植巴西橡胶770万亩，其中云南为200万亩。为完成橡胶栽培任务，1952年，云南滇西、滇南、思普3个林垦工作站在潞西、盈江、莲山、陇川、金平、车里等地设实验场，开始进行巴西橡胶（称为甲种）的引种和印度榕（称为乙种）、藤本胶的扦插繁殖试种。1953年，由中央、东北及云南的森林调查队、四川大学、云南大学、贵州大学、西南农学院及西康技专组成的勘测总队进行了橡胶宜林地的勘测，鉴于云南条件的限制和发展巴西橡胶栽培尚缺乏充足的依据，中央决定"云南垦殖由大规模发展转为小型重点试验"，并通过试验得出了橡胶树在云南不同地区的生长规律、产量水平、降低成本的可能性等科学根据。

6.农业气象预报

第一个五年计划实施后，农业气象研究受到重视。1954年，云南省气象局成立，统管全省气象工作，昆明、昭通、景洪、宾川等农业气象试验站相继成立。1955年，宾川、建水、开远、潞江坝、大普吉、嘉丽泽6个气候站开展农作物物候、农情和土壤水分观测。同年，云南大学概率统计教研室与云南省气象局合作，把概率统计应用于气象预报，发展了气象预报中的概率统计方法。在云南强降水、低温等主要灾害天气系统研究基础上，空军某部张丙辰与云南气象局樊平、朱云鹤、霍义祥等提出了"昆明准静止锋"的概念，认为它是极地大陆变性气团和热带大陆气团间的界面，是干季给滇东北等地带来阴雨的一种重要天气系统。④

---

① 《云南省1953年水稻丰产技术指导纲要》，《云南日报》1953年3月21日。
② 《有计划有领导地改造山区》，《云南日报》1953年5月20日。
③ 张天放：《云南木棉事业的发展和结束》，载中国人民政治协商会议云南省委员会文史资料研究委员会《云南文史资料选辑》（第16辑），1982年，第60—62页。
④ 云南省地方志编纂委员会：《云南省志》卷7《科学技术志》，云南人民出版社，1998年，第82页。

7.农田水利建设

云南水利资源丰富，但由于地势起伏，河床深切，沿江耕地不多，农业上水资源利用不足，历史上农业旱灾发生较多。为减少水旱灾害对粮食产量的影响，云南省农林厅水利局组成由中央人民政府水利部和西南水利部派员参加的1952年云南重点水利查勘组，查勘了蒙自草坝，石屏异龙湖、赤瑞湖，建水泸江，南盘江流域的曲靖、沾益、陆良、宜良、罗平、泸西、弥勒、开远，滇西的祥云、邓川、洱源、鹤庆、保山等地的水资源，编写出《云南省1952年重点水利查勘报告书》，提出要在两三年内在全省范围内结合河流的整治逐步消灭水患。与此同时，政府鼓励兴修水利，实施水利经费"民办公助"的基本方针，辅之以合理的负担政策，以"多受益多负担，少受益少负担"为原则，规定凡私人出资兴修水利而使土地增产者，5年内不改常年产量定额，也不增加农业税，以资鼓励。① 第一个五年计划期间，云南兴建了一批中小型水库、塘坝和沟渠，并开始有重点地兴建中型工程。1954年建成飞井海、北山寺两座小（一）型水库；1955年建成麦子河、洋派两座中型水库；1956—1957年，又有一批中型水库开工建设。至1957年底，全省灌溉面积达到41.23万公顷（618.4万亩），为1949年的1.7倍。②

8.农业机械化生产

为了用机械提高农业劳动效率，云南省工业厅组织主要机械工厂先后试制生产了解放式水车、各种步犁、双轮双（单）铧犁、山地犁、中耕器、玉米脱粒机、稻谷脱粒机、喷雾器、喷粉器、播种机以及农副产品加工机具等农机具，并组织推广使用。1954年，云南又引进了第一批拖拉机和成套旱作机械，在陆良县办起了云南第一个机械化农场，陆良县也成为全省第一个农业机械化试点县。至1956年，云南新式农机具的生产达到有史以来最高水平，年产量10.4万件，改变了1955年以前8个省供应云南新式农具的状况。③

（四）医药卫生技术的推广

中华人民共和国成立初期，云南是传染病、疟疾高发地区，中国人民解放军西南军区昆明市军事管制委员会卫生接管部接管昆明地区各卫生机构之后，立即开展防疫宣传和疾病调查。云南省针对省内鼠疫、血吸虫病、疟疾等传染病，推广多种医疗卫生技术。

大理地区1948年发生的鼠疫，流行面较广。1949年初，云南省卫生实验处曾组织临时防疫队进行防治，但收效甚微。1950年初，云南省军管会指派原有的两支防疫队前往疫区进行防治工作。同年9月，昆明军区后勤部和云南省军管会卫生处联合，抽调卫生技术人员共35人，组成滇西鼠疫防治调查团。调查团除在镇南（今南华县）车站设立检查站外，还将主要力量集中在大理专区鼠疫流行地区实施交通检疫、隔离治疗、疫区封锁、灭鼠、灭蚤、预防注射、疫情监测等综合性的科学防控措施（见图9-14）。在党政军民

图9-14
卫生员为少数民族群众接种疫苗

诸锡斌2021年摄于云南省博物馆《庆祝中国共产党成立100周年成就展》

---

① 云南省经济研究所、云南省社会科学院农村经济研究所：《云南农业发展战略研究》，云南人民出版社，1991年，第52页。
② 童绍玉：《云南区域开发研究：云南区域开发的过程与现状》，云南大学出版社，2016年，第166页。
③ 云南省地方志编纂委员会：《云南省志》卷27《机械工业志》，云南人民出版社，1994年，第123页。

的通力合作下，下关、大理、凤仪、剑川等地疫情快速得到控制，祥云、弥渡、蒙化（巍山）3县疫情也基本得到控制。①

中华人民共和国成立初期，云南亦是血吸虫病流行地区。1953年，云南省血吸虫病防治研究所开始在全省进行血吸虫病摸底调查。在查清各地流行程度、流行规律和特征的基础上，研究人员按地理地貌特征，将疫区分为高山峡谷型、山丘梯地型和山间平坝型等三型，并通过病原学调查，确定了以灭螺为主，查病治病、粪水管理和个人防护等多管综合防治措施。②在疟疾高发地区，则通过发展群众性卫生员以普及抗疟知识、发现早期疟疾患者及时进行治疗、开展灭蚊工作等措施防治疟疾。③通过多种卫生防疫技术的应用，至1956年，云南少数民族地区传染病得到控制。

在推广现代疫病防控措施的同时，云南也开始推进中医药生产标准化。1954年，昆明市工商业联合会、药业同业公会，将昆明市各中药铺按固有成方、经验方配制的81种主要中成药编入《国药81种成药配方目录》。该目录详载各药处方、制法、主治功能、用量、服法及禁忌等内容，经昆明市卫生局审核合格，作为同业制剂标准。④

在技术革命进程中，各种现代科技应用在推动云南经济社会发展的同时，也为科学研究提出了新的课题。在社会主义改造完成后，为使科学技术更好地服务于社会主义建设，云南在参与国家科技发展规划的过程中，迈出了"向科学进军"的步伐。

第二节 全面建设社会主义启动时期的科学技术

"三大改造"完成后，社会主义制度基本建立，我国开始进入全面建设社会主义的历史阶段。为满足人民日益增长的物质和文化需要，在社会主义制度下充分发展生产力，探索社会主义科技发展之路，党中央于1956年发出了"向科学进军"的号召，制定了我国第一个科技发展规划即《1956—1967年科学技术发展远景规划纲要》（简称《十二年规划》），整合国家力量发展科学技术。为贯彻落实科学技术工作"为国民经济建设服务""为当地当时生产建设服务"的方针，进一步发挥科学对技术革新的引领作用，云南省成立了科学技术委员会，并在国家科技规划的带动下制定了《1958—1962年云南省科学研究初步规划》，迈出了云南"向科学进军"的步伐。至1962年，在国家科技力量整合和科学技术"大跃进"的推动下，国家科技计划基本完成，云南也在充实完善科学研究体系、参与国家科技规划项目以及群众性技术改良的过程中取得了科学技术研究的突破，为本省科学技术的发展打下了坚实的基础。

---

① 大理白族自治州地方志编纂委员会：《大理白族自治州志》第8卷《科技志、教育志、卫生志》，云南人民出版社，1992年，第319页。
② 张显清主编：《云南省血吸虫病防治史志》，云南科技出版社，1992年，第163页。
③ 中华人民共和国卫生部卫生防疫司：《全国疟疾防治专业会议资料汇编》，1956年，第43-45页。
④ 杨祝庆在《中华医史杂志》2017年7月第47卷第4期上发表的《昆明中成药登审与〈昆明81种成药配方目录〉修纂》一文，将这一配方目录定名为"昆明"而非"国药"。本书引自《云南省志·卫生志》，云南人民出版社，1998年，第490页。

一、向现代科学进军的启动

随着技术革命不断为科学研究提出新课题，以科学研究带动技术发展成为我国科学技术发展的要求。为补足国防建设和国民经济急需的科学技术门类，迎头赶上世界先进国家科学技术水平，国务院科学研究计划小组于1955年10月提出了编制十二年科技规划的报告。报告中指出："我国的科学和技术的状况仍然是很落后的……技术科学上的落后同理论科学基础的薄弱是分不开的，而正是在科学研究方面，我们投入的力量最少。"[1]为此，国家发出了"向科学进军"的号召，并编制了第一个科学技术发展规划。在参与国家科学技术发展规划的编制及实施中，云南迈出了"向科学进军"的步伐。

（一）国家科技战略的形成

1956年3月，国家成立科学规划委员会，调集了几百名各种门类和学科的科学家参与科学技术发展远景规划的编制，经反复讨论，确立了"重点发展，迎头赶上"的规划方针。为迅速壮大我国的科技力量，使某些重要和急需的部门在12年内接近或赶上世界先进水平，使我国建设中许多复杂的科技问题能够逐步依靠自己的力量加以解决，在征集各部委、各省人民政府以及苏联专家的意见后，规划委员会在发展应用科学的同时，加强了基础理论研究，确立了13个方面6个大类57个项目616个中心问题[2]。13个方面的研究包括：自然条件及自然资源；矿冶；燃料和动力；机械制造；化学工业；建筑；运输和通信；新技术；国防；农、林、牧；医药卫生；仪器、计量和国家标准；若干基本理论问题和科学情报。此外，该规划还对全国科研工作的体制、现有人才的使用方针、培养干部的大体计划和分配比例、科学研究机构设置的原则等做了一般性规定。[3]

为冲破科学文化工作中苏联模式的束缚，走出我国自己的科学发展道路，1956年，毛泽东提出了"百花齐放、百家争鸣"的"双百"方针。[4]1958年，中共八大第二次会议工作报告进一步提出了以技术革命和文化革命推进科学研究的要求，报告指出："积极实现党的社会主义建设的总路线，积极实现技术革命和文化革命，将使我国的社会生产力大大地发展起来，将要大大地提高我国的劳动生产率，使我国工业在十五年或者更短的时间内，在钢铁和其他主要工业产品的产量方面赶上和超过英国；使我国农业在提前实现全国农业发展纲要的基础上，迅速地超过资本主义国家；使我国科学和技术在实现'十二年科学发展规划'的基础上，尽快地赶上世界上最先进的水平。"[5]为解决科学技术发展的方向和思想问题，聂荣臻副总理发出了科学技术"大跃进"的号召，要求科学技术首先要研究和解决工农业生产建设中所提出的迫切问题，为生产"大跃进"服务；对于群众的创造和发明，必须给予足够的重视，积极地加以

---

[1] 苑广增、高筱苏、向青等编著：《中国科学技术发展规划与计划》，国防工业出版社，1992年，第3-4页。
[2] 中华人民共和国科学技术部发展计划司编写组：《中华人民共和国科学技术发展规划和计划（1949—2005年）》，第47-48页。
[3] 中共中央同意国务院科学规划委员会党组：《关于征求〈一九五六——一九六七年科学技术发展远景规划纲要（修正草案）〉意见的报告》"附件二：一九五六——一九六七年科学技术发展远景规划纲要（修正草案）"，载《建国以来重要文献选编》（第9册），中央文献出版社，2011年，第373-463页。
[4] 魏宏运主编，郑志廷、沙友林撰：《国史纪事本末（1949—1999）》第2卷《社会主义过渡时期》，辽宁人民出版社，2003年，第486页。
[5] 刘少奇：《中国共产党中央委员会向第八届全国代表大会第二次会议的工作报告》，载《建国以来重要文献选编》（第11册），中央文献出版社，2011年，第264页。

总结、提高和推广；集中力量加紧研究科学技术发展的最新部门，把人民军队武装起来；迅速整顿、培养和扩大我国科学技术队伍。[①]在随后召开的中国科学技术协会第一次全国代表大会上，他又号召全国科学技术工作者紧密围绕工农业生产特别是"三大元帅"（粮、钢、机器）和"两个先行"（铁路和电力）等中心任务和国防建设的要求，在科学技术的发明创造方面做出贡献，以促进生产和科学技术的"大跃进"。[②]

为进一步明确科学研究工作要求，落实党的知识分子政策，1961年7月，中共中央下发了《关于自然科学研究机构当前工作的十四条意见（草案）》（以下简称《科研十四条》），就正确理解自然科学工作者的"红"与"专"的要求、明确科学研究机构的根本任务（出成果、出人才）、保持科学研究工作的相对稳定、保证科学研究工作的时间，改进研究机构中党的领导方法等问题提出了意见。1962年，周恩来总理在广州全国科学工作会议上做了题为"论知识分子问题"的报告，明确指出我国绝大多数知识分子是属于劳动人民的知识分子。[③]报告对知识分子阶级性质的认定再次为科技工作者开展科学技术研究提供了必要的政治和社会环境。

（二）云南科学技术发展的谋划

在全国生产"大跃进"和科学技术"大跃进"的形势下，为给技术革命提供科学支持，云南省于1958年成立科学技术委员会，并制定了《1958—1962年云南省科学研究初步规划》。规划提出"鼓足干劲，力争上游，多快好省地发展云南的科学研究事业，争取在较短时间内，建立起比较完整的科学研究体系，以便和全国一道，迅速赶上世界先进科学水平"。基于科学技术为生产跃进服务、研究和解决工农业生产"大跃进"提出的迫切问题和为国家安全服务的要求，云南提出了地质冶金、生物资源、农业、医药卫生和基础科学5个方面的任务和目标。[④]

在地质冶金方面，要求10年内摸清云南矿产资源，在2~3年内实现地质工程掘进机械化、钻探自动化；掌握全部稀有金属提炼方法，纯度达到最高标准，并对高级耐火材料，个旧锡矿共生矿，土炉炼铁、炼钢、炼铜以及冶炼优质钢等进行研究。重点开展稀有及分散元素矿床、有色金属及石油的普查和成矿规律的研究；有色金属、黑色金属采选冶及综合利用方面的研究；墨江矽酸镍、易门铜矿选冶流程，云锡、会泽和罗平铅锌矿、元阳独居石综合利用以及简易钛铝合金、高硫球墨铸铁等方面的研究。同时对"土法上马"的土球铁、土法炼镍也开展研究。

在生物资源方面，重点对云南热带、亚热带地区自然条件、动植物资源进行考察，对发展方向和途径提出综合性建议。

农业方面，总结研究群众增产经验，找出云南各地主要作物高产的综合与单项栽培技术，研究改良作物品种、扩大肥源、防治病虫害，调整鉴定云南主要的水果、经济作物、蔬菜品种等；研究新式农具；重点开展土壤普查、农作物丰产经验总结和试验，以及作物优良品种选育等方面的研究；强调科研活动要"土法上马"，对土农药也有相应研究开展。

医药卫生方面，以研究危害人民健康的主要疾病及治疗方法为主，总结群众除"四害"（蝇、蚊、麻雀、老鼠）的经验，研究铅、苯、农药等的中毒防治以及中医理论、临床经验

---

① 《全党抓科学技术工作 实现技术革命》，载《建国以来重要文献选编》（第11册），中央文献出版社，2011年，第324-336页。
② 何志平、尹恭成、张小梅主编：《中国科学技术团体》，上海科学普及出版社，1990年，第745页。
③ 周恩来：《论知识分子问题》，载《建国以来重要文献选编》（第11册），中央文献出版社，2011年，第191、194页。
④ 云南省地方志编纂委员会：《云南省志》卷7《科学技术志》，云南人民出版社，1998年，第1064-1065、1073页。

等。着重对云南常见病、多发病、职业病，如痢疾、疟疾、钩虫病、子宫下垂、硅肺、铅中毒进行研究。

基础科学方面，主要开展原子核物理、电子学、光谱分析以及应用光学方法观测人造卫星等研究。在原子能的开发利用上安排了沸水反应堆、静电加速器、同位素分离、基本粒子及宇宙线方面的课题；在无线电电子学和半导体方面安排了万次计算机，锗及锗二极管、三极管、功率管的研究；在火箭技术方面安排了"研制发射20千米火箭一支"的课题。

为保证这些任务的完成，规划提出了建立各级科学研究机构、逐步健全各级管理科学工作的行政领导机构、大力开展科学技术普及工作、加强科学联合会和各专门学会的工作、大力培养科学后备力量等措施建议。

二、科学技术研究体系的完善

为整合全国的科学技术力量，在合理分工和密切合作的基础上顺利开展科学技术研究，《十二年规划》要求把全国的科技力量集合于统一的科学研究工作系统中，建立以中国科学院为学术领导，以重点研究为中心，以产业部门、高等院校和地方研究机构为协同的科学研究体制；对于57项任务涉及的应用科学部门，要求把分散在各不同任务中的内容从学科角度进行人员和机构的汇总和平衡。在这一要求下，不仅国家在滇科研机构得到充实，云南地方科研机构也进一步完善。随着一批国家科研机构下放地方管理，云南科研实力得到增强。

（一）国家在滇科研机构的充实

根据以中国科学院为领导中心的科研体制构建方案，发挥科学院系统在科学研究中的引领作用，中国科学院在滇研究机构进一步充实。1957年，中国科学院地球物理研究所成立昆明测震台。1958年8月，中国科学院云南分院成立，代为管理中国科学院在云南的科研单位；在西双版纳大勐仑建立云南热带森林生物地理群定位观察站，在东川落雪宇宙线观测站的基础上建成国家重点实验室原子能研究所落雪实验室；建成生物物理所昆明工作站（1959年并入昆明动物研究所）和数学物理研究所（1962年改建为机械工业部昆明物理研究所）。1959年，在冶金陶瓷研究所昆明工作站基础上成立昆明冶金陶瓷研究所（1962年四川西昌稀有金属研究所并入后改名贵金属研究所）；在中国科学院昆虫所紫胶工作站的基础上成立昆明动物研究所；在植物研究所昆明工作站基础上成立昆明植物研究所，并扩建了昆明植物园，筹建了西双版纳热带植物园（见图9-15）、丽江高山植物园和元江引种站[①]；此外还建成了地质研究所和化学研究所；同年，中国

图 9-15
中国科学院西双版纳热带植物园

赖毅2020年摄于中国科学院西双版纳热带植物园

[①] 中国科学院昆明植物研究所：《中国科学院昆明植物研究所所史（1938—2018）》，云南科技出版社，2018年，第10、217页。

医学科学院药物研究所成立云南药用植物试验站,将猿猴实验生物站更名为中国医学科学院医学生物学研究所[①]。

基于为燃料、动力、运输和通信等重点项目提供技术支持的要求,国家部委在云南的科研机构也相继成立。1957年,电力工业部设立昆明水力发电设计院、昆明勘测设计院。1959年,铁道部成都铁路局昆明科学技术研究所成立。1961年4月,机械工业部在昆明成立西南高原电器科学研究所(1982年5月改名为机械工业部昆明电器科学研究所)。

(二)地方科研机构的完善

为发展地方科学技术,一批国家科研机构也将管理权下放到地方。在此基础上,云南进一步完善了地方农业和工业科研机构的设置。至1960年,全省地州市以上政府部门所属科研机构发展到53个,职工4053人,其中科技人员1490人。同时,县级以下科研机构迅速发展到300多个[②]。这些研究机构的设立,进一步完善了云南科学研究体系。

1.农业科研体系的完善

为加强农林科技研究,云南在前期农业技术指导站的基础上设立了一批专业研究机构。1958年,西南农业科学研究所迁至云南,与云南省农技试验站合并,成立云南省农业科学研究所,设粮食、经作、土肥、植保4系。此外,厅直属还设有甘蔗、茶叶、烤烟、棉作、蚕桑等5个专业试验站。这些专业机构设立后与原有的地、县级农业技术推广站结合,初步形成了省、地、县三级科研和推广体系。1959年,省、地、县三级科研和推广机构的技术人员发展到721人(其中省级198人)。[③]此后,云南畜牧兽医研究所和云南省林业科学研究所成立,昆明、玉溪、文山、思茅、大理、德宏、西双版纳等地州市农科所(站)以及普文热带试验林场、漾濞核桃研究站、广南油茶研究站、彝良油桐研究站等专业研究站所也相继建立。[④]1959年,云南气象科学研究所成立,云南气象科研体系逐步形成。根据中央提出在全国范围内建成"专专有台、县县有站、社社有哨、队队有组"的气象服务网要求,云南气象台站迅速发展。1960年,全省共建成16个专台、167个县站、13个农业气象试验站,并组建了一大批群众气象哨组;1963年,调整后共有140个台站[⑤]。这些机构的设立和人员的增加,为有重点地示范和推广农业科技奠定了基础。

2.工业科研体系的完善

随着一批直属中央的工业科研机构下放地方管理,云南各工业部门纷纷建立研究所(室)、试验站(所)或设计室。1957年,原重工业部有色金属工业管理局昆明有色金属试验所划归云南有色金属工业管理局领导。同年,重工业部原冶金勘察总公司昆明分公司撤销,成立云南有色局设计院,原有勘察队伍及工作由设计院成立勘察处管理。1958年,昆明有色金属试验所改称昆明有色金属研究所,云南有色局设计院改称昆明有色冶金设计院。[⑥]1958年,林业部调查四大队下放云南省林业厅管理,与原云南森林工业管理局所属总体规划队、线路勘测队、河道队、云南省林业厅营林调查队合并,成立云南省林业厅林业综合设计大队;经中央批

---

① 云南省地方志编纂委员会:《云南省志》卷7《科学技术志》,云南人民出版社,1998年,第978页。
② 中共云南省委党史研究室:《六十年代国民经济调整·云南卷》,中共党史出版社,2006年,第127页。
③ 云南省地方志编纂委员会:《云南省志》卷22《农业志》,云南人民出版社,1998年,第54页。
④ 云南省地方志编纂委员会:《云南省志》卷36《林业志》,云南人民出版社,2003年,第723页。
⑤ 云南省地方志编纂委员会:《云南省志》卷7《科学技术志》,云南人民出版社,1998年,第319页。
⑥ 云南省地方志编纂委员会:《云南省志》卷26《冶金工业志》,云南人民出版社,1995年,第52-53页。

准，林业部属第二、六森林经理大队调云南，与云南省林业厅综合设计大队合编，成立云南省林业厅林业综合设计院。①1960年，水利电力部云南勘察处实验室改建为云南省水利电力厅水利电力科学研究所。②

根据"科研应走在生产前面，为生产开发做准备"的要求，云南一批地方工业科研机构也相继成立。1957年，云南省地质局成立，并组建了区域地质测量队（1979年改称区域地质调查队）和地质矿产研究所，从此，云南有了从事区域地质矿产调查和基础性地质科学研究的专门队伍和机构③。1958—1959年，云南省工业厅划分为机械工业厅、轻工业厅、化学石油工业厅、冶金工业厅和煤炭工业厅，成立水利电力厅。机械工业厅成立了设计室，在原花纱布检验所的基础上成立云南省轻工业科学研究所，除继续承担棉花质量检验外，研究所还开展人造纤维、白地霉、香料等产品的研究。④化学石油工业厅成立后，原工业厅试验所改为化工厅试验所，明确工作任务为：围绕本省化工建设和发展需要，尽快将省内外研究成果、新技术、新工艺用于生产和建设，着重应用和引进国内生产化肥、农药、酸、碱、合成纤维、橡胶、塑料等产品的新技术、新工艺。1962年，化工厅试验所又与中国科学院云南分院昆明化学研究所合并为化工试验研究所。⑤煤炭工业厅成立后设立昆明煤炭科学研究所，研究所设矿山开采、矿井建设、机电、煤炭综合利用等4个研究室和1个化验室。⑥水利厅成立后，昆明电业局、昆明水电设计院划归水利电力厅管理，又抽调所属各单位部分试验人员组建云南省水利电力厅中心试验所，开展对厅属各基层生产、建设单位的技术监督（绝缘监督、化学监督、金属监督、仪表监督、环境保护监督），进行一些试验研究工作，解决生产中存在的技术难题，推广先进技术。⑦

（三）科学研究机构的调整

由于科研机构发展迅速，一部分机构因设备、资金和人才不足，难以开展工作。1962年，根据中央提出的"调整、巩固、充实、提高"方针，云南撤销、调整和重组了一批研究机构，进一步整合了科研力量。

根据中共中央精神和聂荣臻副总理《关于调整地方科学技术机构的请示报告》⑧，四川、贵州、云南3省于1962年1月在成都举行大区科学工作会议，初步拟出3省科学分院研究机构调整原则和调整方案：物理研究所分别设在成都、昆明；半导体研究所设在昆明；生物研究所（动物所作为生物所的组成部分）分别设在成都、昆明；地质研究所设在昆明；昆明冶金陶瓷研究所、昆明植物研究所仍为中国科学院建制；初步确定撤销中国科学院云南分院，大区分院在云南的研究机构实行大区分院与云南省科委双重领导的办法。同年，中国科学院云南分院与四川分院合并，在成都建立西南分院，其所属在滇科研机构的业务由西南分院负责。调整后，中央在滇科研机构人员绝对数减少17.8%，科技人员占职工总数比例由19%提高到44%。⑨

---

① 云南省地方志编纂委员会：《云南省志》卷36《林业志》，云南人民出版社，2003年，第726页。
② 云南省地方志编纂委员会：《云南省志》卷37《电力工业志》，云南人民出版社，1994年，第403页。
③ 云南省地方志编纂委员会：《云南省志》卷7《科学技术志》，云南人民出版社，1998年，第407页。
④ 云南省地方志编纂委员会：《云南省志》卷18《轻工业志》，云南人民出版社，1997年，第439页。
⑤ 云南省地方志编纂委员会：《云南省志》卷28《化学工业志》，云南人民出版社，1994年，第392-393页。
⑥ 云南省地方志编纂委员会：《云南省志》卷24《煤炭工业志》，云南人民出版社，1995年，第493页。
⑦ 云南省地方志编纂委员会：《云南省志》卷37《电力工业志》，云南人民出版社，1994年，第402页。
⑧ 中共中央党校理论研究室编，刘海藩主编：《历史的丰碑：中华人民共和国国史全鉴10 科技卷》，中共中央文献出版社，2004年，第83页。
⑨ 中共云南省委党史研究室：《六十年代国民经济调整·云南卷》，中共党史出版社，2006年，第127页。

根据中央《科研十四条》的有关精神，云南也调整精简了一批由地方管理的科研机构。调整时保留了与发展云南工农业生产及自然资源开发关系密切且基础条件较好的科研机构及骨干技术力量。1962年，昆明煤炭科学研究所、云南省林业厅林业综合设计院撤销，原省属人员254人组成云南省林业厅设计处，部属人员中除二、六大队全班人马分别调往吉林延边和浙江金华外，留云南的四大队339人组建为林业部调查规划局第四森林调查大队。①地州市撤销了农机研究所，保留了农科所和5个省属农业专业试验站，即宾川和潞江棉花作物站、红河经济作物站（原开远甘蔗站）、勐海茶叶站和玉溪烤烟站，成立了临沧、楚雄地州农科所，其他县级以下科研机构基本撤销。与1961年相比，1962年省、各地州市政府部门所属科研机构由53个调整为35个，职工由4053人调整为2683人，其中科技人员由1490人减为1257人。②

（四）科学技术人才的培养

要改变我国在经济和科学文化上的落后状况，并迅速达到世界先进水平，我们需要有大量的优秀科学技术人才。1956年初召开的知识分子问题会议要求"采取一系列有效的措施，最充分地动员和发挥现有的知识分子力量，不断地提高他们的政治觉悟，大规模地培养新生力量来扩大他们的队伍，并且尽可能迅速地提高他们的业务水平，以适应国家对于知识分子的不断增长的需要"③。云南响应中共中央号召，加快了对专门人才的培养，调整了高等学校院系、专业设置，扩大了中等专业教育规模，改革了教育模式。

1.高等教育的调整

根据全国工业布局和国防建设的需要，高等教育部在《关于1955—1957年高等学校院系调整有关事项的通知》④中指出：高等教育建设必须符合社会主义建设和国防建设的要求，必须和国民经济发展计划相配合；学校的设置分布应避免过分集中，学校的发展规模一般不宜过大；高等工业学校应该逐步和工业基地相结合。根据国家高等学校调整要求，1958年，云南大学农学系和林学系分出，新建昆明农林学院（见图9-16、图9-17）。同年，云南又抽调云南大学、昆明工学院、昆明师范学院、昆明农林学院教师组建滇西工农大学和滇南工农大学。滇西工农大学设工、农、林3个系，分机械、化工、矿冶、农学、林学、兽医6个专业。滇南工农大学设无机物化学、基本有机合成、合成橡胶、人造石油、化学纤维、制浆造纸、数学、物理、化学9个专业。1959年后，

图9-16
昆明农林学院旧址(1960年)
诸锡斌2021年摄于云南农业大学校史馆

---

① 云南省地方志编纂委员会：《云南省志》卷36《林业志》，云南人民出版社，2003年，第726页。
② 中共云南省委党史研究室：《六十年代国民经济调整·云南卷》，中共党史出版社，2006年，第127页。
③ 《关于知识分子问题的报告》，载《建国以来重要文献选编》（第9册），2011年，第10–12页。
④ 《关于1955—1957年高等学校院系调整有关事项的通知（1955年7月30日）》，载高等教育部办公厅《高等教育文献法令汇编》（第三辑），1956年，第39页。

云南又新增了云南体育学院、云南艺术学院、云南机械学院、云南煤炭学院、云南中医学院、云南林学院、云南畜牧兽医学院、云南政治学院、昆明铁道学院、红河师范学院、大理师范学院。①1961年院校调整后,云南畜牧兽医学院并入昆明农林学院,红河师范学院并入滇南大学,大理师范学院并入滇西大学,云南机械学院、云南煤炭学院、昆明铁道学院并入昆明工学院,云南政治学院并入云南大学。1962年,滇西大学、滇南大学停办,所有保留专业分别并入昆明工学院、昆明师范大学、昆明农林学院。经1961—1962年调整,云南保留了云南大学、昆明师范学院、昆明工学院、昆明医学院、昆明农林学院、云南中医学院6所高校。②

图 9-17
云南农业大学
诸锡斌2021年摄于现今云南农业大学东校区

2.中等专业教育的发展

在发展高等教育的同时,云南中等专业教育规模也大幅增长。1956年,高等教育部召开第三次全国中等专业教育工作会议,提出:"中等专业学校的领导关系应根据谁用干部谁办学校的原则,按照中央事业和地方事业的划分,分别由中央业务部门或省、市人民委员会直接领导。"③按照这一原则,云南省各部委、厅局主办的各类职业院校快速增长,至1960年,全省中等专业学校增至64所,在校学生达20804人。经1961—1962年调整,至1963年,云南保留中等专业技术学校17所,即昆明冶金工业学校(2004年更名为昆明冶金高等专科学校,见图9-18、图9-19)、昆明地质学校、昆明仪器工业学校、云南第一工业学校、云南第二工业学校、昆明

图 9-18
昆明冶金高等专科学校
林毓韬2021年摄于昆明市学府路

图 9-19
昆明冶金高等专科学校安宁市新校区
林毓韬2021年摄于安宁市

---

① 云南省地方志编纂委员会:《云南省志》卷60《教育志》,云南人民出版社,1995年,第535—536页。
② 云南省教育委员会:《云南教育四十年(1949—1989)》,云南大学出版社,1990年,第74页。
③ 曹晔:《当代中国中等职业教育》,南开大学出版社,2016年,第95页。

林业学校、云南农业学校、云南亚热带作物学校、云南小哨畜牧兽医学校、昆明卫校、昆明军区卫校、曲靖卫生学校、红河卫生学校、大理卫生学校、思茅卫生学校、云南财经学校、云南戏曲学校。[①]

3.教育工作方针的确立

为培养与国民经济发展相适应的人才，1958年9月，国务院发布了《中共中央、国务院关于教育工作的指示》，指出党的教育工作方针是"教育为无产阶级政治服务，教育与生产劳动相结合"。要求教育部门同"为教育而教育""劳心与劳力分离"和"教育只能由专家领导"的资产阶级思想做斗争；要求一切学校必须把生产劳动列为正式课程；要求学校办工厂和农场，工厂和农业合作社办学校。[②]为贯彻这一教育工作方针，各级各类学校开展了以勤工俭学、教育与生产劳动相结合的教育革命，师生走出课堂，大办小工厂、小农场。这对促进理论与实践的结合起到一定作用，但由于劳动过量，正常的教学受到了影响。

三、技术科学研究的兴起

在前期156项重点项目资源调查的基础上，云南科技工作者通过参与《十二年规划》重点项目科学研究，在国家科研机构的组织领导和苏联技术专家的指导下，对云南地质资源、生物资源、农林资源以及卫生健康状况进行了广泛的调查，为工农业生产和医疗卫生保障提供了科学依据。此外，为给农业生产提供指导，云南还开展了农业区划和气象预报研究。

（一）地质资源调查

解放后，云南社会主义建设逐步进入全面发展时期。认识地球自然系统可以更好地为国民经济发展服务，这一时期，弄清云南地质资源状况成为推进云南各项建设的基础性工作，因此云南全面展开地质地貌、矿产资源等方面的调查工作。

1.地质地貌调查

土地、矿产、水资源等的形成和分布受地质构造影响，了解区域地质情况可以为工程建设和寻找矿产资源、水资源提供依据。根据地质部编制地质综合图件的要求，20世纪50年代中期，云南省地质局组建了地层古生物组，昆明工学院地史古生物教研室、昆明地质学校设立地史古生物教研组，专门从事地层古生物调查研究和教学。20世纪50年代后期，云南省地质局区域地质测量队、云南省博物馆以及云南省煤田地质勘探、冶金地质勘探及石油地质勘探等部门，也相继设立地层古生物鉴定组开展工作。1960年，云南省地质厅研究所在古生物学调查工作的基础上，编制了全省21个地史时代的岩相古地理简图，对云南岩相古地理之演化变迁做了概略分析。[③]1959—1962年，中国科学院西部地区南水北调综合考察队在云南西北部开展自然地貌考察研究后，形成了《中国西部地区引水路线和引水工程的报告》《中国西部地区地貌考察报告》《中国西部地区第四纪地质报告》《中国西部地区地震危险区和地震烈度报告》和《川西滇北地震形成的探讨》等研究成果。[④]

[①] 云南省地方志编纂委员会：《云南省志》卷60《教育志》，云南人民出版社，1995年，第388页。
[②] 《中共中央、国务院关于教育工作的指示 一九五八年九月十九日》，载《建国以来重要文献选编 第11册》，中国文献出版社，2011年，第424-432页。
[③] 云南省地方志编纂委员会：《云南省志》卷4《地质矿产志》，云南人民出版社，1997年，第287页。
[④] 云南省地方志编纂委员会：《云南省志》卷7《科学技术志》，云南人民出版社，1998年，第70页。

2.矿产资源普查

为进一步为矿产资源开发提供依据，1956年，地质部在云南组建了3个中苏技术合作队，在滇东、滇中、滇西3片开展矿产普查工作，并同时建立了煤田地质勘探队，对宣威、永仁、小龙潭等煤田进行勘探。云南在苏联专家技术援助下，采用现代勘探技术，集中国家专业地质队力量对重点矿区进行勘探。至1957年，中苏地质合作队先后提交了锡、铜、铅、锌等各类矿产地质报告66份，为个旧锡矿、东川和易门铜矿、会泽铅锌矿、昆阳磷矿、来宾煤矿的新建和扩建提供了依据，提交了可供开采设计的工业储量相关数据。[①]1958年，云南省又建立区域地质测量队，在中苏技术骨干的带领下，开展了1∶100万、1∶20万比例尺的正规区域地质调查和测量，进一步获取了地质构造和矿产资源分布基础数据。同年，贵州石油勘探局成立，负责滇黔桂地区的石油勘探。勘探局设黔东大队、黔西大队、云南大队开展油气地质普查。[②]经过地质、重力、航空磁测等方面的概查、普查，勘探局认为黔南、桂中、滇东和滇中地区是很有油气资源开采前景的地区。[③]

除参与国家专业地质调查外，云南还开展了群众性的地质调查活动。1959年起，云南省地质局抽调力量建立了11个地州的地质机构，在发动群众报矿的基础上，在全省范围内进行大面积的矿点踏勘检查，发现有进一步工作价值的矿产地332处，对200多个矿区进行了普查勘探，关于滇中的砂岩铜矿，滇东的煤矿，滇南的镍矿、锰矿和压电石英以及昆明地区的铝土矿等都有重要发现。

3.成矿找矿规律研究

在地质调查的基础上，云南省冶金地质勘探公司、昆明工学院等单位对滇中砂岩铜矿进行了相应的详查，在探明大姚六苴铜矿、牟定铜矿贮量的同时，总结了滇中铜矿的地质特征：①矿体（床）沿含矿层浅、紫（色）交互带靠浅色层一侧产出；②矿体（床）存在金属矿物水平分带性（黄铁矿带—黄铜矿带—斑铜矿带—辉铜矿带—赤铁矿带，垂直分带亦类同水平分带）；③成矿与沉积期水下地形有关。与此同时，西南冶金地质勘探公司总工程师熊秉信针对当时矿体存在金属矿物分带并呈带状展布的特征，在布置探矿工程时提出"截拦""丁字""十字"部署原则。对滇中铜矿地质特征的认识及布置工程的3条原则极大地推动和加速了云南地质科技找矿工作。[④]

（二）生物资源调查

云南生物资源十分丰富，为满足国家经济建设的需要，这一时期云南开展了森林资源、植物资源、药物资源及其经济利用价值等多类型的调查。这些调查工作为云南后来生物资源的开发创造了条件。

1.森林资源普查

1958年，为编制云南国及云南省林业发展规划，满足国家经济建设对木材的需要，林业部建设局综合调查大队航空调查队对云南未进行过森林调查的林区进行了森林资源航空调

---

① 《云南省经济综合志》编纂委员会：《云南省经济大事辑要（1911~1990）》，1994年，第157页。
② 贵州省地方志委员会贵州年鉴编辑部：《贵州年鉴（1985）》，贵州人民出版社，1985年，第515页。
③ 《当代中国的石油工业》编辑委员会：《当代中国的石油工业》，当代中国出版社、香港祖国出版社，2009年，第457页。
④ 《中国矿床发现史·综合卷》编委会：《中国矿床发现史·综合卷》，地质出版社，2001年，第422页。

查。①原定计划调查面积为600万公顷，实际完成2042万公顷。1962年7月，林业部根据《关于开展森林资源整理工作的紧急指示》精神，委托林业部第四森林调查大队组成云南省森林资源整理队，采取普遍收集资料、重点调查研究、补充踏查等内外业相结合的方法，对云南全省进行森林资源资料的整理汇总。云南省森林资源整理队对过去调查方法的归类进行了局部调整，对航空目视等调查太粗放的区域进行了补充踏查，并在资料整理汇总后，于1964年编制了《云南省森林资源报告说明书》及其附件。②

2.生物资源综合考察

1956年，中苏紫胶合作考察队改为云南生物考察队，研究内容从紫胶扩展到热带自然环境和生物资源。中国科学院组织了20多位科研院所专家和专业人员，联合苏联专家对云南地质地貌、土壤、气候、植被、动植物区系和生物资源进行了考察。考察范围包括文山、红河、西双版纳、思茅、临沧、德宏等地州，发现云南省内分布新记录植物102种（分属25科41属），国内分布新记录植物46种（分属2科20属），淀粉、油料、鞣料、芳香、药用等经济植物1200余种。吴征镒、王文采编写了《云南热带、亚热带地区植物区系研究的初步报告》，完成《云南热带、亚热带橡胶宜林地选择报告和宜林地分布图》《云南热带、亚热带综合自然规划》以及云南热带、亚热带的地貌、土壤、植被等的区划研究专题论著③。与此同时，吴征镒、寿振黄等向云南省人民政府提出建立自然保护区的建议，并同有关专家和部门具体规划出建立4个类型的24个自然保护区的地理位置。曲仲湘研究团队则提出了人工模拟热带林多层多种结构的生态系统营造设计。1958年，云南省人民政府批准在西双版纳的小勐养、大勐笼、小勐仑建立3个自然保护区（见图9-20、图9-21），面积共约85万亩。

图 9-20
西双版纳自然保护区局部

诸锡斌2020年摄于西双版纳

图 9-21
西双版纳自然保护区局部

诸锡斌2020年摄于西双版纳

3.药物资源调查研究

在生物资源综合考察中，中国科学院等研究单位针对国家工业和医学重点发展领域需要的樟

---

① 张子翼、胡宗华主编：《云南森林资源》，云南科技出版社，2018年，第83页。
② 云南省地方志编纂委员会：《云南省志》卷36《林业志》，云南人民出版社，2003年，第204页。
③ 中国科学院昆明植物研究所：《中国科学院昆明植物研究所所史（1938—2018）》，云南科技出版社，2018年，第32页。

科植物、甾体激素植物等药用植物资源进行了专门考察。从1956年开始，中国科学院昆明植物研究所、云南热带植物所先后主持开展了云南樟科植物资源考察、滇产甾体激素植物资源考察、南药资源和热区香料资源调查、野生食用植物和有毒植物考察，发现云南有可提取樟脑和各种樟油的樟科植物26种（全国共46种），此后樟油成为云南主要的出口产品之一；找到了云南广为分布的黄姜薯蓣、姜黄草薯蓣、三角叶薯蓣、蜀葵叶薯蓣、叉芯薯蓣、异叶薯蓣等6种可用于合成多种激素类药物和口服避孕药的资源植物，满足了国家对激素制药工业原料的需求；与此同时，还鉴定了一批特产于云南的名贵药材和香料植物，如萝芙木、龙血树、砂仁、荜拨、儿茶、嘉兰、黄连、依兰、香樟、肉桂、安息香、香茅、九里香等，为发展云南药物生产和香料生产做出了贡献。①与此同时，云南地方科研机构也有计划地开展了药物资源普查工作。云南省中医院研究室（药物研究所前身）、云南省药材公司等单位由昆明近郊县开始，并逐步扩大到地州县，进行药物资源普查，采集药用植物335种，写出昆明郊区药用植物调查报告。

4.经济资源调查研究

为充分利用野生植物原料发展工业生产，改变中药材供不应求的状况，1958年，国务院发布《关于利用和收集我国野生植物原料的指示》和《关于发展中药材生产问题的指示》。与此同时，中国科学院与商业部、全国供销合作总社合作，联合开展野生植物普查，编写中国经济植物志。昆明植物所派出6个考察组对云南各地州以及四川西昌专区的经济植物进行调查，主要对含有淀粉、油料、鞣料、芳香油、萜类、生物碱、皂苷、树胶树脂和色素等有用成分的植物进行调查，包括资源植物的种类、分布、有用成分含量及其利用部位、民间利用经验等。调查发现了800余种有经济价值的野生植物，考察组撰写了各地区调查报告。为帮助群众采集野生植物，调查组编著了《云南野生食用植物》《橡子》《云南常见有毒植物》，并出版发行。蔡希陶、陈封怀等人还引进了百余种热带经济植物，其中非洲牛油果（见图9-22）在元江引种成功。

图9-22 牛油果
诸锡斌2021年摄于昆明

根据中药材实行就地生产、就地供应的方针，积极地有步骤地变野生动植物药为家养家种的要求，1960年，云南省财办、云南省计委、云南省统计局联合开展全省范围的野生药用植物资源调查，基本查清了116种药材资源的分布，收集到民间草药378种。②

（三）农林资源调查研究

农业是国民经济的基础，为了推进经济建设，这一时期，云南开展了对农业作物资源、林业资源、畜禽水产资源、农业病虫害状况、土壤资源等的调查，为促进云南农业发展提供了有利条件。

1.农业作物资源调查研究

作物品种是生产资料和技术应用的基础，水稻是云南主要的种植作物，对其种质资源的

---

① 云南省地方志编纂委员会：《云南省志》卷7《科学技术志》，云南人民出版社，1998年，第87页。
② 云南省地方志编纂委员会：《云南省志》卷7《科学技术志》，云南人民出版社，1998年，第897页。

调查成为云南农业生物资源调查的重点。1956—1958年，云南省农业厅和云南省农业试验站组织全省进行大规模的品种征集工作，共征集到107个县的稻种4756份，其中粘稻品种3600余份，糯稻品种1000余份；在粘稻中，籼稻2200余份，粳稻1400余份。1958年，西南农科所带来国内外稻种资源4000多份，这批稻种先后在峨山县的化念及蒙自、开远等地进行种植，育种人员观察、记录各种性状，评价其利用价值。[1]此外，在中央农业部的统一部署下，小麦地方品种的发掘、搜集和整理也取得了进展。到1957年，云南省征集了小麦品种569份，在此基础上，鉴定、评选、推广了一批地方良种，如昆明春麦、祥云爬地麦等。[2]

云南果树资源丰富，宜菜区域广阔，果蔬栽培历史悠久。为做好城镇、厂矿果蔬供应，1956—1958年，云南省农业试验站园艺系对云南苹果砧木资源进行了调查，首次发现了原产我国的锡金海棠。此后，西南农科所与云南省农技试验站又合作进行了淡季蔬菜品种调查。至1963年，云南省农科所园艺系使用历年在昆明、个旧、东川、昭通、保山、芒市等地州市所属16个县的蔬菜品种调查资料，撰写成《云南重点地区蔬菜品种资源》专题报告。此时调查整理的蔬菜栽培品种有463个，野生种130个。[3]

2.林业资源调查研究

为发展橡胶种植，1957—1962年，在中国科学院的领导下，由刘崇乐、吴征镒、蔡希陶等人组成的中国科学院云南热带生物资源综合考察队，对云南热带亚热带地区橡胶、其他热带特种作物（饮料、香料、油料、纤维与药用植物）和紫胶3种生物资源生长的自然条件开展调查研究。考察队在大量地学与生物学资料基础上，综合分析三叶橡胶树生长限制性因子——热、水、风、土等自然条件，橡胶母树随环境的变异幅度，橡胶树亲缘植物群落分布及与生态因子的互补关系，以及自然环境区域分异，得出橡胶树可以北移，在中国大面积种植，其最北界可推到北纬24度的结论，初步提出了在部分地区进行以橡胶为主的热带生物资源开发的方案，为国家橡胶生产决策提供了科学论据。[4]此后，云南省农垦总局成立设计队，对宜胶及其他热作资源做了进一步调查、复查，并开展了农场规划设计。

3.畜禽水产资源调查研究

为充分利用地方资源发展畜禽和水产养殖，1956年，云南省农业厅、云南省农业试验站、云南省畜牧兽医研究所、云南省种畜场、云南省种羊场以及德宏、昭通、腾冲等地州县的有关部门，对地方畜禽优良品种的分布数量、生产性能进行了初步调查。1957年以后，中国科学院生物所、西南动物所联合云南省水产养殖公司、云南大学生物系、云南省水产局和昆明师范学院开展了滇池、洱海、元江渔业资源调查，从湖泊学、水生生物学、鱼类区系、饵料生物、生态学、渔业利用等方面进行考察，初步摸清了这些水域的鱼类资源情况。[5]

4.农业病虫害调查研究

1956—1957年，昆明农校学生及专业干部，对曲靖、昆明、玉溪、大理、楚雄、红河6个地州市及部分县，以30种国内植物检疫对象为重点，开展首次农作物危险性病虫草害调查，查

---

[1] 云南省农业科学院粮食作物研究所：《云南省农业科学院粮食作物研究所志（1979—2005）》，云南科技出版社，2007年，第13页。

[2] 寸镇洋：《云南小麦栽培史略》，载《昆明文史资料集萃》（第4册），云南科技出版社，2009年，第2955-2959页。

[3] 云南省地方志编纂委员会：《云南省志》卷7《科学技术志》，云南人民出版社，1998年，第197、200页。

[4] 《中国资源科学百科全书》编辑委员会：《中国资源科学百科全书》，中国大百科全书出版社、石油大学出版社，2000年，第38-39页。

[5] 云南省地方志编纂委员会：《云南省志》卷7《科学技术志》，云南人民出版社，1998年，第254、279页。

出水稻一炷香病、小麦腥黑穗病、马铃薯块茎蛾、玉米干腐病、棉花枯萎病及黄萎病、苹果黑层病等17种疫病检疫对象的分布、危害情况，划定疫区，并进行检疫[①]。

5.土壤资源调查研究

云南省在进行农牧业品种资源调查的同时，也进行了对土壤资源的综合考察。1957年，中国科学院综合考察队黄瑞采、张俊民、赵其国、龚子同等来滇考察后写出了《云南昆洛公路沿线土壤地理考察报告》及《云南中部几类土壤的物理性状》，较细致地阐述了调查区土壤形成的自然条件、土类特征，阐述了土壤分布规律并提出了开发利用建议。同年，由侯光炯教授领导的中国科学院自然区划委员会云南土壤工作组，考察了滇中、滇南地区土壤环境，并在搜集整理云南省土地利用局、云南省农业厅和地质、气象、水利等方面有关单位大量资料基础上编写了《云南土壤区划（初稿）》。此外，工作组还编制了《云南省土壤概图》和《云南省土壤区划图》。此后，在全国第一次土壤普查中，由云南省农业厅、云南省农业试验站土肥系牵头的云南普查组，在南京土壤研究所和重庆土壤研究所的指导下，对云南省主要耕地类型、面积、生产性能及群众用土改土的经验和措施进行了系统调查和资料整理，编写了《云南土壤》，编制了《云南土壤改良利用现状图》《云南省土壤图》和《云南土壤改良利用区划图》，为改良土壤、培肥地力、合理轮作、科学施肥提供了基础资料。[②]

（四）卫生健康调查研究

为制定与工业化发展相适应的卫生标准，解决工业建设可能带来的卫生健康问题，国家于1958年开展了高温作业卫生调查。云南省卫生防疫站参与了此项调查工作，与全国其他调查研究机构一起对总数达一万名的高温作业工人进行了大规模的生理功能测定，并总结了一系列防暑降温经验。为在保证健康条件下节制食物消费，科学合理地实行食物分配，1959年，卫生部中国预防医学科学院劳卫所组织开展了全国第一次营养调查，云南省卫生厅组织营养调查队参与了调查。此次调查的人群有大中城市的工人、学生、幼儿、机关干部及广大农村的农民，调查内容包括膳食调查、体格检查、生化检查三个方面。[③]调查为当时政府的粮食定量分配政策制定实施提供了依据，也对粮食加工提出了要求。

为提高国家医疗卫生保障水平，保障少年儿童健康成长，卫生部于20世纪60年代初委托医科院儿研所在全国范围内组织9个城市大协作，开展了中华人民共和国少年儿童体格发育调查。昆明市卫生局参加了此次调查。调查对象为城区及郊县从出生到17岁的正常少年儿童，调查内容为体重、身高、坐高、胸围、头围等5项指标。[④]此次调查共涉及27万余人，我国第一次获得了一份较为全面的能反映中国儿童体格发育状况的资料，这为国家采取相应的卫生措施和检查少年儿童卫生工作效果提供了依据。

（五）农业区划研究

云南自然条件有明显的立体性，为合理利用自然资源发展农业生产，1955年，云南大学农学院教授昝维廉在《农业学报》上撰文提出了云南的农业区划问题。1958年，云南省农业区

---

① 云南省地方志编纂委员会：《云南省志》卷22《农业志》，云南人民出版社，1998年，第342页。
② 云南省地方志编纂委员会：《云南省志》卷7《科学技术志》，云南人民出版社，1998年，第174–175页。
③ 翟凤英主编：《中国营养工作回顾》，中国轻工业出版社，2005年，第177页。
④ 《新中国预防医学历史经验》编委会：《新中国预防医学历史经验》（第4卷），人民卫生出版社，1990年，第195页。

划领导小组组织吴征镒、程侃声、彭洪绶、朱彦丞等开展云南省第一次农业区划研究。当时，他们根据不同的热量条件，主要按作物熟制的可能发展程度，将云南农业生产区域由北到南划分为横的4带，即一熟带、二熟带、三熟带和热作带。他们又根据降水成因和越冬条件，从东到西，将云南农业生产区域分为纵的3条，第一条是西部地区，其降水成因与印度、缅甸相似，无寒潮影响；第二条是中部地区，其降水成因基本上与印度、缅甸相似，具有过渡性质，少寒潮，但强大寒潮对滇南地区仍有较大影响；第三条是东部地区，其降水成因与秦岭、淮河以南的多数省份相似，寒潮多而强。纵横结合，便将云南农业生产区域分为滇西北一熟带，滇中、滇东二熟带，南亚热带三熟带，热带作物带。①

（六）气象预报研究

1957年，云南省气象局成立台站科，配备专人管理全省农业气象并编制和发布农业气象旬（月）报，以期为减少自然灾害带来的农业损失。为满足边远山区农业生产需要，镇雄县气象站自发打破气象站只观测、不预报的常规，通过有线广播等向全县发布24小时补充天气预报，弥补了气象台预报的不足。其经验在全国第三届气象会议上得到肯定后，气象部门开始收集民谚，云南气象台开始进行单站补充天气预报，主要是抄收云南广播电台播发的天气形势资料，绘制天气图，结合本站资料绘制图表，利用相关法和趋势法进行预报。随着资料的积累、预报工具和手段的增多，预报准确率逐步提高，至1960年，全省气象观测网建成。这一预报方法在云南省气象局开展中期预报试验后被用于预报业务。②

四、基础科学研究的启动

为给自然资源利用和工业技术研发提供理论依据，解决国防科技、农业区划、地质勘探等领域面临的技术问题，在国家基础科学研究的带动下，云南在天文学、气象学、地质学、生物学和数学等领域取得了阶段性研究成果。

（一）天文学

为了给核能利用和人造卫星运行提供理论和数据支持，昆明凤凰山天文台改名为紫金山天文台云南大学昆明天文工作站，恢复了对太阳黑子和变星的观测。1954年，由王淦昌、肖健等人负责的国家重点核物理实验室——东川落雪宇宙线观测站（见图9-23）建成，这是中国第一个宇宙射线观测站。观测站建成后，科研人员开始观察宇宙线与物质的相互作用，用从美国带回的多板云雾室

图9-23
中国第一个宇宙射线观测站——东川落雪站
诸锡斌2020年摄于云南大学校史馆

---

① 云南省地方志编纂委员会：《云南省志》卷22《农业志》，云南人民出版社，1998年，第149页。
② 云南省人民政府办公厅：《云南经济事典》，云南人民出版社，1991年，第66、69页。

和袖珍云雾室装置，显示宇宙线荷电粒子通过时的径迹并记录下来，研究宇宙线中的新现象和新过程，最终获得我国第一批实验核物理研究成果。此外，云南太阳物理研究所也有研究进展。1956年，中国科学院紫金山天文台云南大学昆明天文工作站增设了赤道仪和专用观测室，参加国际地球物理年国际联测，并为延长、增加我国太阳耀斑巡视时间，开展了太阳耀斑照相观测[①]。此后，中国科学院又在包括昆明天文工作站在内的天文学机构内建立了独立的人造卫星研究体系和观测站，这些站网的观测记录为人造卫星运动理论研究提供了数据支持。

（二）气候学

云南地处低纬高原，山地条件下的季风气候是一种特殊的气候资源，可满足农、林、牧等多方面开发的需求。为解决发展农林生产面临的气候问题，1955年底，中国科学院院部成立了中国科学院自然区划工作委员会，由竺可桢任主任，集中全国专家力量开展自然区划重大项目研究。在竺可桢、陈一得等人中国气候区划论的基础上，樊平首次对云南气候进行了系统研究，并于1956年发表了《云南气候概论》。按Köppen气候分类法，樊平以气温为依据，将云南气候划为3区：热带气候区，下分热带季雨林气候区和热带草原气候区；暖温带夏雨炎热气候区；暖温带夏雨温凉气候区。在此基础上，1959年，中国科学院自然区划工作委员会的中国气候区划，又将川滇与华中、华南，均以冬半年干燥度2、4为界，即夏湿冬干气候的东界相分。[②]

（三）地质学

大规模的地质调查对地质学研究提出了要求，20世纪50年代末到60年代初，我国一些著名的构造学派代表人物，都从各自的学术角度对云南区域构造做了分析和解释。黄源张、范承钧等人根据1∶100万区域地质调查成果，按多旋回槽台构造学说，划分了云南大地构造单元。将云南境内区域分为扬子准地台（晋宁旋回）、南华准地台（加里东旋回）、藏滇地槽褶皱系（印文旋回）、昆仑-秦岭褶皱系（燕山旋回）4个一级构造单元，其下又进一步划分出二、三、四级单元。[③]云南前震旦系以滇中昆阳群研究最早、最详，分歧也最多，1961—1962年底，原云南地质厅昆阳群专题组邓家藩、谢振西等人，对滇中地区的昆阳群进行了大量的室内外研究，提出了"易门运动"理论，打破了德国人米士（Mish）以"澄江运动"和"晋宁运动"将寒武系划分为上、中、下震旦系的理论，建立了云南省第一个昆阳群统一划分方案。[④]

（四）生物学

20世纪50年代中期，云南省地质局组建地层古生物组，昆明工学院成立地史古生物教研室，昆明地质学校成立地史古生物教研组，专门从事地层古生物调查研究和教学。1956年，汪泰茂在进行开远小龙潭煤矿勘探调查时，发现古猿牙化石10颗，为我国发现的最早的古猿牙化石。在生物资源考察过程中，考察组人员共采集了鸟类、兽类标本7000余号，昆虫标本352000余号，高等植物标本28000余号，低等植物标本5000余号。其中，发现淀粉植物80种，油料植物160余种，纤维植物230余种，鞣料植物200余种，芳香植物320余种，药用植物120余种，以

[①] 云南省地方志编纂委员会：《云南省志》卷7《科学技术志》，1998年，第54页。
[②] 云南省地方志编纂委员会：《云南省志》卷2《天文气候志》，云南人民出版社，1995年，第190页。
[③] 云南省地方志编纂委员会：《云南省志》卷4《地质矿产志》，云南人民出版社，1997年，第289页。
[④] 李复汉：《康滇地区的前震旦系》，重庆出版社，1988年，第31页。

及其他经济植物100余种。[①]

（五）数学

在熊庆来等数学家前期研究的基础上，云南复变函数、偏微分方程研究取得了一批研究成果。在奈望利纳所建立的亚纯函数理论方面，熊庆来获得了一些关于函数结合导数的基本不等式。此外，他还考虑了函数结合其原函数（即积分）的问题，获得若干基本不等式，并据此解决亏量唯一性问题。他所获得的这些不等式，被认为是这方面最深入的研究成果。在正规族理论方面，他提出的新法简化了米朗达定理，达到了期待的精密度。1957年，昆明师范学院林玉波在函数构造论方面，把内Lyapanov曲线所围区域上复变函数构造理论第二基本原则推广到逐段光滑闭曲线情况下，对被苏联数学家切被诺柯娃认为无解的两个问题做了详细讨论，得出了满意结果，否定了切被诺柯娃的论断。1962年，云南大学杨光俊在《数学学报》和《数学进展》两刊物发表关于"退缩椭圆狄利克雷问题"的论文，回答了苏联偏微分方程专家比察捷来华讲学时提出的一个待解决的问题，后收入国际著名偏微分方程专家Miranda专著《椭圆型偏微分方程》一书文献目录，并被译成英文转载。[②]

五、技术革命的推进

为缓解国家工业建设财政压力，以云南锡业公司、昆明机床厂为首的一批原本由中央管理的冶金、机械企业的管理权下放地方，实行以部为主或以省为主的省部共管模式。在冶金、机械工业技术革新带动下，云南在有色金属采选、机械制造、水电工程、医药卫生等方面取得了一系列成果。

（一）有色金属采选技术

为充分利用有色金属资源，"有色金属复合矿石与低品位矿石选矿及冶炼方法的研究"被列为《十二年规划》工业类重点项目。云南有色金属为复合矿资源，锡矿、铅锌矿、铜矿中伴生钨、铋、铟、锗、金、银、砷、铁等贵金属和有价元素，冶金工业部专门成立了云锡资源综合利用工作领导小组，将云南锡业公司资源综合利用列为中苏科技合作项目。锗是优良半导体，可用于高频率电流的检波和交流电的整流，此外，还可用于制造红外光材料、精密仪器、催化剂。为从铅锌矿中提炼锗，在北京有色金属设计总院指导下，由苏联莫斯科有色冶金设计院设计的烟化炉试验工厂在会泽矿务局建成。矿务局在国内首次进行用烟化法处理难选氧化铅锌矿石和回收锗工艺的试验并获得成功，提取了金属锗，填补了我国烟化炉冶炼的空白。[③]1959年，矿山技术人员和冶金部现场科技人员合作，经反复试验探索，形成了从烟尘中提取锗金属的生产工艺，会泽矿务局成为国内从铅锌矿中提取锗的第一个企业，为国家半导体工业做出了贡献。

为向国防军事、航空航天和电子工业提供金、银等贵金属材料，1957年后，昆明冶炼厂电解铜车间改造成电铅车间，生产1号电铅。从阳极泥中提取金、银、铋、硒、碲等元素的试

---

① 云南省地方志编纂委员会：《云南省志》卷7《科学技术志》，云南人民出版社，1998年，第86页。
② 云南省地方志编纂委员会：《云南省志》卷7《科学技术志》，云南人民出版社，1998年，第103-104页。
③ 董志凯、吴江：《新中国工业的奠基石——156项建设研究（1950—2000）》，广东经济出版社，2004年，第555页。

验获得成功后，该厂于同年利用废旧设备筹建金银车间，当年生产1号银702千克。1959年，昆明冶炼厂又投资10万元建成年产1号银7吨的生产车间，当年生产电解银5022千克，黄金12.65千克。同年，云南锡业公司冶炼厂采用鼓风炉氯化挥发法处理马拉格铁锢矿（含铟0.04%），产出"三九"铟（含铟99.9%）。为提高采选矿效率，云锡中心试验所工程师李季提出应用离心力强化重选原理研制矿泥重选设备；1960年，云南锡业公司总工程师倪桐材提出离心力和溜槽流膜选矿相结合的设想，推动了离心选矿机的研制。至1965年试验成功，离心选矿机成为中国乃至世界锡工业中首台利用离心流膜选矿原理的选矿设备。[①]至1982年，离心选矿机在国内有色、黑色和稀有金属选矿厂得到广泛应用。

（二）机械制造技术

全民族全面抗战期间，云南建立了具有优势的工业体系，机械制造业形成了良好基础。中华人民共和国成立后，在全面建设社会主义时期，为缓解国家工业建设财政压力，云南一些由中央管理的机械企业在下放地方管理后，艰苦奋斗，奋发图强，在机械技术研发方面取得了新的成绩。

1.精密制造技术

在已有工业基础上，根据《十二年规划》中"掌握并研究高效率、高精密度和高材料利用率的材料加工过程"重点项目要求，云南开展了高精密度机械研制，并取得了进展。1958年，昆明机床厂试制成功我国第一台T4128（当时称"428"）型坐标镗床，坐标定位系统采用电感应丝杆，坐标误差不超过9微米；制成了高精度丝杆副、0级蜗轮副、主轴系统等关键零件，攻克了合金铸铁铸造及其时效工艺、主机及附件精密机械转台装配调试等关键技术，主机坐标定位精度为9微米，转台精度为6秒。1959年又试制成功技术要求更高的采用镜面轴定位加光学目镜读数的T4163型单柱坐标镗床（见图9-24）和T4240（当时又称"T440"）双柱坐标镗床，攻克了镜面轴的制造等关键技术，巩固了坐标镗床的生产。[②③]与此同时，对另一种刻制精确分度线纹的机床——刻线机的研究也有技术突破。1961年昆明机床厂试制成功的Q4110A精密长刻线机，使1米刻线中任意距精度从原来的0.01毫米提高到4微米。[④]这些机械的研制成功不仅为我国国防科研及工业部门提供了急需的机床装备，也拉开了我国自己制造精密机床的序幕。

图9-24
昆明机床厂制作的T4163型单柱坐标镗床
昆明机床厂机床研究所肖振宇提供

---

① 云南省地方志编纂委员会：《云南省志》卷26《冶金工业志》，云南人民出版社，1995年，第181、262、290、472页。
② 云南省地方志编纂委员会：《云南省志》卷27《机械工业志》，云南人民出版社，1994年，第283页。
③ 中国人民政治协商会议云南省昆明市委员会文史资料委员会：《昆明文史资料选辑（第20辑）：科技史料专辑》，昆明市政协印刷厂，1993年，第112页。
④ 云南省地方志编纂委员会：《云南省志》卷27《机械工业志》，云南人民出版社，1994年，第87页。

2.仪器仪表技术

1957年以前，国内没有光学玻璃生产基地，各光学厂制造光学仪器所需的光学玻璃完全依靠进口。1957年，云南光学仪器厂通过寻找优质坩埚原料，采用热成型新工艺，在光学玻璃熔炼技术研究中取得重大进展，当年6种玻璃产量达到3300千克，有力推动了光学材料的国产化，为大批量生产光学仪器奠定了物质基础。[1]1958年，云南光学仪器厂李树棠、莫保民等人在国内首次试制成功红外变相管，并用它制出国产坦克夜视红外仪；1960年又研制出微光像增强器，为我国引进微光像增强技术生产线提供了可靠的技术支撑。云南大学陈尔纲在做电磁透镜实验时发现清晰的观察物图像，并着手进行电子显微镜的研制工作。1961年，他利用废料制成云南第一台放大2万～3万倍、分辨率为400×10^{-10}米的电镜，开创全国高等院校研制电镜的先例。[2]

（三）水工与桥梁建筑技术

云南高山峻岭，江河纵横，水工建筑和交通建设十分迫切，其中桥梁建筑成为交通建设的难点。但是在中共云南省委和省政府的领导下，广大科技人员与公路建设者一起，克服困难，取得了水工和桥梁建筑等方面技术的进步。

1.土石坝建造技术

为满足东川铜矿用电要求，以礼河电站在前期踏勘坝址及引水线路的基础上，确定了电站两库四级跨流域开发方案。毛家村电站为以礼河梯级电站第一级，水库大坝设计高度82.5米，总库容5.53亿立方米，是下游梯级电站的多年调节水库，也是当时国内最高水头大坝，对设计、施工的技术要求较高。从1955年勘测设计选定坝址后，昆明水电勘测设计院于1958年8月提出了《扩大初步设计报告书》，此后，根据施工中存在的问题，以礼河水利工程局组织设计、施工和科研单位联合攻关，先后编制了《毛家村大坝基础处理修改设计报告书》《毛家村大坝心墙问题》等专题报告以及《毛家村水库工程技术设计》报告，开展了大量的试验研究工作，代表了当时国内大坝施工的最高水平。[3]水库的建成除为下游各级电站调节水量外，还为会泽盆地的农田提供灌溉服务。

2.桥梁建造技术

随着物资运输量的增长，原南盘江吊桥不再能适应运输要求，1959年，云南省交通厅决定修建新桥。1960年2月，云南省委下达了设计单跨100米石拱桥的任务，云南省公路设计院承担设计任务，与云南省公路工程局一起采用边勘探边设计边施工的方式进行建设。大桥主拱圈采用变截面悬链线型设计，矢跨比为1/5.3，净矢高21.288米，拱顶厚18米，拱脚厚2.63米，全拱宽88米。拱上两边各设5孔半圆腹拱，跨径5米，拱厚0.45米。主桥台高5.453米，上部为平均宽9.7米的实体桥头堡，两外侧装饰与腹拱同形的假拱，桥头堡外设引拱。桥面由中央向两端各设4%的负坡接桥头引道。全桥除基础和桥面及人行道为混凝土外，其余均为石砌圬工。[4]大桥竣工后，成为当时国内单孔跨径最大的空腹式石拱桥，单孔跨径达112.5米，定名为长虹桥（见图9-25、图9-26）。

---

[1] 中国人民政治协商会议云南省昆明市委员会：《昆明文史资料集萃》（第4卷），云南科技出版社，2009年，第2927页。

[2] 云南省地方志编纂委员会：《云南省志》卷7《科学技术志》，云南人民出版社，1998年，第116-167页。

[3] 《中国水力发电史》编辑委员会：《中国水力发电史（1904~2000）》（第三册），中国电力出版社，2006年，第598页。

[4] 《云南公路史》编写组编著：《云南公路史（第2册 现代公路）》，云南人民出版社，1999年，第132页。

图 9-25 南盘江长虹桥远景
诸锡斌2021年摄于开远市

图 9-26 南盘江长虹桥近景
诸锡斌2021年摄于开远市

（四）医药卫生技术

为保障人民身体健康，云南在全面社会主义建设时期，利用自身生物资源优势，开展了医药产品研发，取得了一批具有应用价值的成果。

1. 疫苗研发

中华人民共和国成立初期，脊髓灰质炎（俗称小儿麻痹症）是我国发病率较高的一种急性传染病，严重危害少年儿童身体健康，疫苗是预防该病最有效的工具。1958年8月，国务院科学规划委员会根据中苏两国签订的重大科学技术合作计划，决定联合开展研究生产脊髓灰质炎疫苗的工作。1959年1月，国家科委正式批准将位于昆明西郊花红洞的猿猴实验生物站改名为中国科学院医学生物学研究所；3月，顾方舟、董德祥、闻仲权、蒋竞武4位青年科学家受国家委派远赴苏联学习脊髓灰质炎疫苗制备技术，他们于同年9月回国后即开始疫苗的研发。1960年3月，医学生物学研究所生产出第一批脊髓灰质炎减毒活疫苗，北京、天津、上海等11个城市的儿童服用后，证明其免疫效果良好，安全可靠。1960年11月到1962年8月，医学生物学研究所完成1500万人份疫苗的生产任务，标志着脊髓灰质炎减毒活疫苗在中国研制成功和规模化生产的完成。1961年，医学生物学研究所与上海信谊制药厂合作研制糖丸剂型，采用中药制丸滚动技术及冷加工工艺，于1963年实现了单价糖丸疫苗的产业化，并在全国推广使用，深受广大儿童和家长的欢迎。[①]

2. 药物研发

为充分利用云南丰富的药用植物资源，1958年，云南省药物研究所、昆明植物研究所、昆明医学院、昆明制药厂等单位组成研究协作组，首次从夹竹桃科植物云南萝芙木（*Rauwolfia*

[①] 中国医药报刊协会、中国医药工业科研开发促进会：《新中国药品监管与发展经典荟萃》，中国医药科技出版社，2011年，第165–166页。

图 9-27
云南萝芙木
诸锡斌2021年摄于昆明植物研究所扶荔宫

图 9-28
云南萝芙木花型
诸锡斌2021年摄于昆明植物研究所扶荔宫

yunnanensis Tsiang）（见图9-27、图9-28）的根部提取到具有显著降压作用的萝芙木生物碱。萝芙木生物碱于次年9月通过鉴定，由卫生部定名降压灵，并批准昆明制药厂生产。降压灵适用于治疗各种高血压及动脉硬化或内分泌紊乱引起的高血压，降压效果徐缓而平稳，作用时间长，毒性低。该药出口蒙古国、朝鲜、阿尔巴尼亚等国家，取代了进口药"寿比南"。

20世纪60年代以前，我国靠进口洋地黄类强心苷、毒毛旋花子强心苷治疗心肌劳损所致心力衰竭。1960年，云南省药物研究所、昆明医学院、昆明医学院第一附属医院、昆明制药厂等单位对强心苷植物进行筛选，从滇产夹竹桃科植物黄花夹竹桃种仁中提取得到三种强心苷混合物。[①]

1958年开始，昆明制药厂、昆明医学院等单位从云南丰富的植物资源中寻找解痉止痛类药物。昆明制药厂用滇产茄科植物三分三、丽江山莨菪、小赛莨菪和赛莨菪的干燥根进行试验，于1960年分离提取得到莨菪碱，经消旋转化为解痉类止痛药硫酸阿托品，用于治疗胃肠道、肾、胆绞痛以及急性微循环障碍、有机磷中毒、阿-斯综合征等病症，眼科中也用于散瞳。1960年，该药投入批量生产，供应全国，曾在法国巴黎世界博览会、德国莱比锡国际博览会展出，获得好评，并出口东南亚各国。此后，又用滇产茄科植物三分三的干燥根分离提取具有解痉止痛作用的药物三分三浸膏，用于治疗溃疡、胆绞痛、肠痉挛、震颤麻痹（帕金森病）、风湿痹痛等病。1960年，云南省商业厅昆明医药站从小檗科植物三棵针（鸡脚刺）的根皮或茎皮中提取小檗碱，昆明制药厂经过研究，分离出对痢疾杆菌、葡萄球菌及链球菌等有抑制作用的盐酸黄连素（盐酸小檗碱）。同年，昆明植物研究所陈维新、云南省药物研究所魏均娴从葫芦科植物大籽雪胆、可爱雪胆及中华雪胆等的块根中提取到皂苷和苦味素，即雪胆素混合结晶，其在体外对弗氏痢疾杆菌、溶血性链球菌、金黄色葡萄球菌、猪霍乱沙门氏菌等都有不同程度的抗菌作用，有效浓度为0.1微克/毫升，效力与氯霉素相近或更强，10~100微克/毫升浓度对伤寒杆菌、大肠埃希菌也有抑制作用，对急性菌痢、肺结核、慢性支气管炎、冠状动脉粥样硬化性心脏病等均有疗效[②]。

为充分利用橡胶资源，1961年，云南省热带作物研究所开始用橡胶种子油精炼食用油的试验，通过酸炼除去原油中的蛋白质、磷质和树脂黏胶物质，通过碱炼中和油内游离脂肪酸及酸性物质，同时去毒、去杂和脱色，再经洗皂、脱水等办法制得精炼橡胶种子油。精炼过的橡

---

① 云南省地方志编纂委员会：《云南省志》卷7《科学技术志》，云南人民出版社，1998年，第905页。
② 云南省地方志编纂委员会：《云南省志》卷7《科学技术志》，云南人民出版社，1998年，第907页。

胶种子油不含氰化物毒素，其营养成分与花生油和大豆油相似，昆明医学院第一附属医院的临床试验证明其对血清胆固醇、脂蛋白、甘油三酯有明显降低作用。①

3.实用中医技术

《滇南本草》1459年成书，明、清两代中草医学者对其多有增订、补注，所以有关志书收编和民间传抄版本各异，且均有错讹。1958年，云南省卫生厅组织云南省第一人民医院和云南省药物研究所等单位的于兰馥、胡月英、熊若莉、李德华等人对该典籍进行整理，云南中医学院杨国祥等对《滇南本草》原版收载的近600首附方进行系统考证，做注释、训解，辨伪正讹，将其中528首附方按临床分科，从方名、药物、用法、主治、应用注意及释评等几方面进行阐述。这项研究填补了从方剂学角度对《滇南本草》进行整理推广的空白，具有重要的学术和实用价值。1962年10月，吴佩衡《麻疹发微》一书出版，该书应家乡亲友要求而写，分别阐述了麻疹的病因、辨证、治法、续发证及其治法，收录常用方剂12首、验案32则、夭折病例14则，颇具临床价值②。

六、农林科学技术的进步

为给工业建设提供物质保障，在《十二年规划》提出之前，中央就制定了《1956—1967年全国农业发展纲要》（以下简称《农业纲要》）。《农业纲要》要求"从一九五六年开始，在十二年内，粮食每亩平均年产量，在黄河、秦岭、白龙江、黄河（青海境内）以北地区，由一九五五年的一百五十多斤增加到四百斤；黄河以南、淮河以北地区，由一九五五年的二百零八斤增加到五百斤；淮河、秦岭、白龙江以南地区，由一九五五年的四百斤增加到八百斤"。要求棉花产量"由一九五五年的三十五斤（全国平均数）分别增加到六十斤、八十斤和一百斤"③。在发展粮食生产的同时，还要求大山区在保证粮食自给并且有余粮备荒的条件下，积极发展一切有销路的经济作物。为此，《农业纲要》提出了十项具体的技术措施。毛泽东将这些措施总结为"农业八字宪法"，即土（深耕、改良土壤）、肥（合理施肥）、水（兴修水利、合理用水）、种（培育和推广良种）、密（合理密植）、保（植物保护、防止病虫害）、管（田间管理）、工（工具改革）。围绕这八个方面，云南开展了一系列农业科技推广工作。

（一）土壤改良技术

云南因中低产田地面积大，低产土壤类型多，改土任务繁重。为提高粮食产量，发展多种经济作物，云南的农业土壤改良工作采取了"因地制宜，全面规划，用养结合，综合治理"的方针，本着"先易后难，突出重点，坚持标准，讲求实效"的原则，分期分批进行。

胶泥田是云南稻田的主要土壤类型，主要分布在曲靖、昆明、玉溪、楚雄至保山一线平坝丘陵和湖泊盆地，面积约占稻田总面积的三分之一。云南省农科所土壤研究室与曲靖地区农科所合作，在曲靖西山区设点研究，采取重施有机肥改良胶性、氮磷配合改善营养条件、合理轮作、掺沙客土、盖沙盖草和扩种蚕豆等措施，经过几年的改良，原来只能种一季大春的低产田成为一年大、小春两熟的高产稻田。长期泡水的冬水田一旦涸水，常因土壤物理性状变坏，有效磷被固定，使秧苗栽种后坐秋发红，严重减产。1958年，云南省农科所土肥系陈宪祖等在

---

① 牛盾主编：《国家奖励农业科技成果汇编（1978~2003）》，中国农业出版社，2004年，第136页。
② 徐珊珊：《川派中医药名家系列丛书·吴佩衡》，中国中医药出版社，2018年，第205页。
③ 《一九五六年到一九六七年全国农业发展纲要》，载《建国以来重要文献选编》，2011年，第39–50页。

玉溪设点研究，提出增施磷肥、压绿肥及栽包粪秧等措施改良冬水田，增产显著。[①]

（二）肥料施用技术

增施肥料可提高作物产量，这一时期有机肥料、腐殖酸类肥料和化肥的使用在云南受到重视。云南省委、云南省人民政府多次召开有机肥料现场会和工作会，号召广大群众开展积肥造肥活动。这期间，苦草绿肥得到大力推广，全省有机肥料施用面积、施用量逐年提高。1958年，云南省开始试验和应用腐殖酸类肥料草煤，先后在晋宁、玉溪、元江、宜良等县试制施用。与此同时，化肥的推广力度也不断加大。1961年，云南省磷肥推广办公室成立，组织40个县建立了磷肥试验网，云南省政府无偿拨出普通过磷酸钙和钙镁磷肥1500吨进行试验示范。105个点的试验结果表明：两种磷肥作底肥比作追肥增产大；在缺磷土壤上使用效果明显；磷肥与氮、钾化肥配合或与有机肥配合施用，效果更好。推广这3条经验解决了农民不相信磷肥功效的问题。[②]

（三）农田水利建设

在农田灌溉方面，1955年后，先后有曲靖、沾益、宜良、玉溪等地开展水稻、玉米、烤烟等作物的需水量和灌溉用水量实验。在宜良县东西河灌区进行的水稻"浅—深—浅"灌水模式实验和实践证明，这种模式能够达到增产16%、耗水降低84立方米/亩左右的效果[③]。1958年，根据中央提出的"三主"（蓄水为主、小型为主、社办为主）水利建设方针，云南提出6条治水原则：①全面规划，综合利用，逐步施工；②大、中、小型相结合，以中型为主；③永久性、半永久性、临时性相结合，以永久性为主；④自流灌溉和提水灌溉相结合，以自流灌溉为主；⑤地上和地下水相结合，以地上水为主；⑥大春灌溉与小春灌溉相结合，以小春用水为主。这6条治水原则与"三主"方针成为"大跃进"期间云南省农田水利建设的基本指导思想。[④]此后，曲靖县（已撤销，属今曲靖市）独木水库、建水县跃进水库、昆明市松华坝水库、会泽县跃进水库、蒙自县（今蒙自市）庄寨水库、楚雄县（今楚雄市）九龙甸水库、元谋县东山大沟工程、保山县（今保山市隆阳区）白庙水库等一批水库和防洪工程开工建设。3年内，云南共铺开了905项大中型工程，由于指标高、摊子大，近一半工程未能完成。

（四）作物品种推广

应用优良品种是粮食增产的重要条件。1956年3月，云南省农业厅根据农业部《关于征集各地主要农作物原始品种材料的通知》，结合云南省情，制定了《全省主要农作物品种材料收集保存办法》，下达各地州市县。云南省农业试验站和西南农科所组成工作组，配合地县开展收集整理农家品种工作。到1957年底，全省共征集7000多份农家品种，其中稻谷4596份（籼稻2275份、粳稻1663份、粳糯386份、旱谷247份、其他25份），玉米370份，小麦554份，大麦169份，大豆648份，油菜101份，燕麦35份，杂粮和其他500份，分别安排给云南省农业试验站

---

① 云南省地方志编纂委员会：《云南省志》卷7《科学技术志》，云南人民出版社，1998年，第174-175页。
② 云南省地方志编纂委员会：《云南省志》卷7《科学技术志》，云南人民出版社，1998年，第178页。
③ 伍立群、顾世祥主编：《滇中水资源研究》，云南科技出版社，2005年，第217页。
④ 马进卫：《"大跃进"期间云南农田水利建设的经验教训》，载中共云南省委党史研究室《云南历史经验与西部大开发》，中共党史出版社，2000年，第371-379页。

和昭通、楚雄、红河等地州农科所保存整理利用。①

根据国家制定的五年良种普及计划，云南省开展了群众性的良种评选、鉴定活动。在此基础上，一批地方水稻、玉米、小麦品种得到推广。例如诸宝楚等人鉴定出的昆明大白谷、背子谷等优良地方水稻品种，以及南宿州小麦优良品种在推广后，对云南省的粮食发展发挥了很好的作用。据云南省农业厅1957年统计，全省稻谷良种推广面积为728万亩，占水稻种植总面积的49%；籼稻有次白攒、大红鼠牙、毫莫雷、昆明大白谷、麻线谷、南山谷、七十早、乌嘴红谷、宜良乱脚龙、峨山大白谷等；粳稻有背子谷、大李子红、花高脚、冷水谷、李子黄、小白谷、老来黄等。其中宜良乱脚龙的推广面积就达70万亩，占水稻良种面积的1/10，分布在云南省25个县，成为当时云南中部地区种植面积最大的水稻地方良种。由于地方品种存在不耐肥、易倒伏、不适应密植等问题，云南又陆续从省外引进了一批品种进行试验示范推广。引进推广的水稻良种有南特粘、西南175、台北8号等，这些品种由于耐肥且抗病力强，很快取代了原有地方品种。玉米良种推广面积达531.4万亩，占玉米播种面积的38.3%。主要推广种植株高大、生育期较长、耐肥高产的武定普照玉米、华坪大白马牙、罗茨大白马牙、李山头白马牙、镇康大黄玉米、文山老金黄、老憨青、元江都督玉米等；引进良种有金皇后、石赖子、扭丁子；小麦有南大2419、碧玛一号等。②小麦主要推广了滇西洋麦、光头麦、火烧麦、昆明春麦、南宿州、六二白、保山紫麦等地方品种，此外还有一批从国外和省外引进的抗锈品种，如南大2419（原产意大利）、欧柔（原产智利）、尤皮莱依拉亚二号（原产保加利亚）、印度798等。这些品种的推广实现了对全省小麦品种的第一次更换，使云南省的小麦生产提高到一个新的水平。

烟草、茶叶是云南重要的经济作物，为提高产量，云南选择发展多叶烟品种烤烟。1956年，云南省农业厅组织玉溪烟叶试验站、龙陵棉作试验站、国营化念农场、开远木棉示范农场、云南省农业厅试验站等科研单位对引入烤烟品种牛津1号、3号、4号以及黄苗柳、私阿木松57等16个品种进行试验，选育出的多叶烟品种在1957年全国农业展览会上受到瞩目。选育品种植株高大，叶片多，产量高，对解决当时烟叶短缺问题、缓和卷烟供需矛盾有较高的价值，当时就被誉为"烤烟树""烤烟王"。此后，玉溪行署农科所经作组又从寸茎烟中选育出多叶型58-1品种，从大金元变异品种中选育出云南多叶烟、寸茎烟、58-1、路美邑红花大金元等品种。经比较试验，58-1品种因丰产性较好，株高，叶多，耐肥，平均亩产达200多千克，于1960年开始在全省范围内示范推广。路美邑红花大金元因耐肥，抗旱，适应性强，抗根茎病害，适合地烟、山地烟生产，成为当时良种之一，栽培面积超过原来的大金元③。

20世纪50年代，云南省茶叶试验站及各地州茶区有关科技人员进行了老茶园的垦复，使一批老茶园恢复了产量。此后，云南省茶叶试验站对云南大叶茶种植方式进行研究，提出施用坡地改梯地、肥土回沟、等高条栽、合理密植、修剪养蓬、合理采摘等综合丰产栽培技术。陈清华、张顺高、徐宏宾等人进行了茶树密植速成高产栽培技术研究。

1958年，普文农场肖时英开始热带胶、茶间作探索；中国科学院云南热植所冯耀宗、龙乙明等人模拟热带雨林结构进行胶茶人工群落研究。在调查茶树地方品种的基础上，云南省茶叶试验站张木兰等开展品种选择，向省内各茶区推荐了一批高产优质地方良种，如勐库种、凤庆种、勐海种、景谷种、元江糯茶等大叶茶种及昭通苔茶、昆明十里香等小叶茶种。④

---

① 云南省地方志编纂委员会：《云南省志》卷22《农业志》，云南人民出版社，1998年，第91页。
② 云南省地方志编纂委员会：《云南省志》卷22《农业志》，云南人民出版社，1998年，第314页。
③ 云南省烟草专卖局、云南省烟草公司：《云南省烟草志》，云南人民出版社，1993年，第67页。
④ 云南省地方志编纂委员会：《云南省志》卷7《科学技术志》，云南人民出版社，1998年，第188页。

与此同时，根据防病治病的用药需求和生活需求，云南按照紧缺、急需、用量大的先行发展的原则，从国内一些药材生产区引进试种了附子、人参、肉桂、白术等中药品种和早南瓜（美洲南瓜）、白皮黄瓜、圆菜豆、奶油菜豆等蔬菜品种。

（五）耕作制度改革

20世纪50年代前中期，云南省基本上沿袭传统的农作物种植制度。滇中地区农户一般实行小春和大春作物一年两熟制，其他地区大多一年只种一季大春作物。鉴于云南自然条件较好，大部地区气候温热但复种指数很低的情况，实行合理间、套、复种，提高复种指数成为云南农业增产的一项重要措施。为此，1958年，云南省委在澄江县召开全省小春生产会议，号召开展"小春大革命"，大力发展以小麦为主的各种小春作物，促使小春作物种植面积逐年扩大。云南水稻种植面积较广，民国时期，水稻栽插方式多为随手栽、稀植，无规格，株行距大多为20厘米×23厘米或23厘米×26厘米，有的甚至看不出明显的株行距，群众称之为"满天星"。20世纪50年代，合理密植成为云南农业增产的另一措施。为改革"满天星"的栽培方式，四方棵13厘米×13厘米、16.5厘米×16.5厘米或20厘米×20厘米栽培技术得到推广。

（六）病虫害测控

为避免病虫害带来的减产，云南省农业厅于1955年成立植保处，于1956年成立植物检疫室开展植物检疫工作。从抓病虫测报入手，先后在文山、宾川、玉溪、嵩明、丽江、永胜、昭通、保山、曲靖、楚雄、勐海11个县（市）建立病虫测报站，开展水稻病虫、地下害虫及黏虫的预测预报，制定了病虫测报办法。1956年，植保处建立植物检疫实验室，开展病虫草害基础调查和对内对外检疫工作；1956—1957年，组织昆明农校学生及专业干部，对曲靖、昆明、玉溪、大理、楚雄、红河6个地州市及部分县，以30种国内植物检疫对象为重点，开展首次农作物危险性病虫草害调查，查出水稻一炷香病、小麦腥黑穗病、马铃薯块茎蛾、玉米干腐病、棉花枯萎病及黄萎病、苹果黑星病等17种检疫对象的分布、危害情况及疫区的划定，并实行检疫。为防治病虫草鼠危害，云南也进行了化学农药的试验与示范，但全省使用量不大，药剂防治面积在100万～300万亩，农药品种仅有666、DDT、1605、1059、赛力散、西力生、硫酸铜、石硫合剂等几个种类。[①]

（七）田间管理措施

云南历史上多采用大块秧田水育秧，播种量大，牛毛秧多，秧苗素质较差。20世纪50年代，云南省水稻栽培以改进育秧技术为主，推广合式秧田（宽13米，长随地形而定），培育扁蒲壮秧，在降低秧田播种量的同时，对秧田水、肥、杂草进行管控，使水稻有了一定的增产。在总结昭通地区群众施用搭搭粪（用肥土、厩肥与粪水拌和而成的粪）的基础上，推广"三潮"（即土潮、种潮、肥潮）播种模式，为抗旱适时早播开辟了新途径。在适宜推广地区，玉米播种节令从过去的立夏、小满提前到清明、谷雨，有效地利用了玉米生长初期的光热资源，避过了后期低温霜冻。在水利条件较好的地区多采用"两粪夹一潮"方法，即打塘后先施土杂肥，然后浇足量清粪水播种，播后盖潮湿的厩肥，再盖上一层薄土；也有采用"两浇三盖"方法，即打塘后先浇清粪水，然后播种、盖厩肥，再浇清粪水，盖细砂，最后盖浅土；也有采取"三浇两盖"的，即

[①] 云南省地方志编纂委员会：《云南省志》卷22《农业志》，云南人民出版社，1998年，第344页。

打塘后连续浇两道清粪水后播种，盖厩肥，再浇清粪水，最后盖浅土。而在"回潮上"上多采取"一浇两盖"，即打塘后播种、盖厩肥、浇清粪水、盖浅土。灌溉条件稍差的地方则采用"陪伴下种"的办法，打塘后浇一道清粪水和盖经过浸泡的玉米秆、果穗轴，再播种，盖潮湿的厩肥，最后盖浅土。① 为了提高小麦产量，各级农业部门总结推广大理市凤仪镇农民董海多精细栽培、增施肥料、适时灌水获得小麦单产400千克的高产经验，以及邓川、大理、富民等县大面积增产的经验，全省小麦平均单产有所提高。

（八）农业机械应用

为提高劳动生产率，云南兴起了工具改革运动。各地纷纷提出"运输工具车子化、运转工具滚珠轴承化、深耕犁化、三秋打谷机化"等口号，12个地州的13个机械厂试制拖拉机，出现了造拖拉机、内燃机的热潮。1960年后，农机具实施"半机械化、改良农具为主，小农具第一"的方针，云南省把小铁农具的生产放在首要地位，试制并成批投产胶轮马车底盘、手推胶轮车、打谷机、8吋步犁、10吋步犁、畜力垡子犁、畜力水田犁、药械、喷雾器、喷粉器、手摇切面机、磨面机、碾米机、饲料粉碎机、机动脱粒机等。② 1962年，云南省农业机械研究所对云南滇中地区垡子田的犁耕性能进行研究后，开发了满足垡子田耕作的机引四铧垡子犁和畜力垡子犁。这一时期，云南除由昆明钢铁公司专门轧制生产小铁农具的钢材外，还划出昆明市锻造厂专门生产轧制小铁农具，为全省农村每个劳动力配齐了"四大件"（镰、锄、耙、铲）。③

在国家科学技术力量的支持下，云南科学技术体系得到完善，科研实力也得到增强。为生产建设开展的技术科学研究带动了云南基础科学研究的发展，而技术研究的深入又为云南推进工业化增添了动力。在以科学技术服务经济建设的同时，云南也用科学技术发展为《十二年规划》的提前完成做出了贡献。

第三节　社会主义曲折发展时期的科学技术

由于没有发展社会主义科学技术的经验，我国第一个科技发展规划内容较为局限，至1962年，规划任务就已基本完成，但我国与世界科技发展水平仍有很大差距，农业生产也未达到《农业纲要》要求。为了系统解决现代化进程中的科技问题，弥补我国科技水平与世界的差距，中央科学小组和国家科委在《十二年规划》的基础上，又制定了《1963—1972年科学技术发展规划纲要》，纲要提出了七个方面的目标，374个重点研究试验项目，在任务安排上着重"打基础，抓两头"：一头是农业和有关解决吃穿用问题的科学技术，另一头是配合国防尖端的科学技术。④ 此后，由于中苏关系的恶化和国际局势紧张，为应对战争威胁，中央做出了进

---

① 云南省地方志编纂委员会：《云南省志》卷22《农业志》，云南人民出版社，1998年，第184页。
② 木霖主编：《云南省农业机械化推广志》，云南科技出版社，2007年，第55页。
③ 云南省地方志编纂委员会：《云南省志》卷27《机械工业志》，云南人民出版社，1994年，第275页。
④ 中共中央文献研究室：《中央科学小组、国家科委党组关于一九六三—一九七二年科学技术发展规划的报告（一九六三年十月二十四日）》，载《建国以来重要文献选编》（第17册），中央文献出版社，2011年，第427-432页。

行"三线建设"的决定,对科技发展规划进行了调整,突出了军事、农业和"三线地区"工业建设。云南由于地处边境,作为国防工程"大三线"中的国防工业"小三线"[①],根据毛泽东主席"备战、备荒、为人民"的指示,确立了"军工第一、三线第一、配套第一、质量第一"的发展策略,调整了科技发展规划。1963—1972年,虽然云南科技发展受到"文化大革命"的影响,规划任务没有完成,但由于《1963—1972年科学技术发展规划纲要》与"三线建设"指导思想和建设措施在较长时间内的作用,云南科学技术仍获得了快速发展。

一、科学技术发展规划的制定与调整

为追赶世界先进科学技术水平,也为让科技惠及人民群众,在《1956—1967年科学技术发展远景规划》的基础上,中央科学小组、国家科委分两步走,编制了《1963—1972年科学技术发展规划纲要》(以下简称《十年规划》)。《十年规划》提出先将科学技术与国民经济发展相结合,着重解决农业及吃、穿、用的科技问题和尖端技术。此后,根据"三线建设"的要求,结合毛泽东"两个拳头,一个屁股"的发展战略,科技规划以解决基础工业、国防和农业问题为重点进行了任务调整。云南作为全国"大三线"中的"小三线",根据"三线建设"的要求,也对本省科技发展规划做出了相应的调整。

(一)国家科学技术发展十年规划的制定

1962年,国家在《1956—1967年科学技术发展远景规划纲要》(《十二年规划》)基本完成的基础上,根据新的形势发展需要,进一步编制了《1963—1972年科学技术发展规划纲要》,并力图通过《十年规划》编制取得科技发展的突破,以适应更艰巨、更伟大的社会主义建设任务需要。

1.《十年规划》目标的确定

1962年2月16日,在《十二年规划》基本完成的情况下,国家科委在广州召开全国科学技术工作会议,商量编制1963年到1972年的科学技术发展十年规划。会议期间,与会专家认为规划应从我国科技水平的实际出发,"必须密切结合国民经济长远的发展规划,着重解决有关我国人民吃、穿、用的科技问题,着重解决尖端技术过关的关键科技问题;同时,要加强基础科学的研究工作。……为经济建设和国防建设更进一步的发展准备科学基础;要大力培养科研人员,充实和发展科研机构"[②]。通过吸取前期科学规划工作的经验教训,此次规划提出的总要求是:动员和组织全国的科学技术力量,自力更生地解决我国社会主义建设中的关键科学技术问题,迅速壮大又红又专的科学技术队伍,在重要的、急需的方面掌握60年代的科学技术,力求在接近和赶上世界先进科学技术水平的道路上实现"大跃进"。[③]规划原则:一是集中力量打歼灭战,有先赶、有后赶、有所赶、有所不赶,重点解决农业及有关吃穿用的科技问题和国防尖端技术。二是全面安排,夯实基础。在安排上注意积累各种基本的科学资料和实验数据,

---

① 《国务院国防工业办公室小三线建设汇报提纲(1968年2月6日)》,载陈夕总主编《中国共产党与三线建设》,中共党史出版社,2014年,第237页。
② 《1963—1972年科学技术发展规划编制方法(修正稿,1962年3月10日)》,江苏省档案馆:4014-003-245-7。
③ 中共中央文献研究室:《中央科学小组、国家科委党组关于一九六三——一九七二年科学技术发展规划的报告(一九六三年十月二十四日)》,载《建国以来重要文献选编》(第17册),中央文献出版社,2011年,第427页。

掌握新的实验技术，进行探索性的基本科学技术研究。

2.农业科技规划的制定

为使农业现代化与工业现代化同步推进，《十年规划》注重"以农业为先"制定科技发展规划。1963年3月，国务院召开了全国农业科学技术会议，在总结我国农业科学研究的基础上，制定了《1963—1972年农业科学技术发展规划纲要》。纲要提出从三方面入手发展农业科技：一是提高16亿亩耕地农、牧的单位面积产量。根据农业"八字宪法"研究不同作物在不同地区、不同条件下的增产途径；二是因地制宜发展农、林、牧、副、渔业，发挥我国现有耕地以外的广大土地的生产潜力；三是充分应用近代科学技术成就，逐步实现农业现代化。[①]纲要采取单科性研究与综合性研究相结合的方式，以总结农民生产经验、祖国农学遗产与应用和发展现代科学技术相结合的办法，确定了19个专业、10项综合性的关键科学技术任务，提出了加强农业科学技术力量、改进农业科学研究机构布局、加强技术推广和科学普及的工作、健全必要的技术服务队伍、实行两条腿走路等工作措施。[②]

3.《十年规划》的主要内容

根据"自力更生、迎头赶上"的科技发展方针，《十年规划》确立了7个方面的目标：一是为农业增产提供各方面的科学技术成果，系统地解决农业现代化的科学技术问题；二是重点掌握60年代工业科学技术，为建立一个完整的现代工业体系，为发展重要的新兴工业、提高现有工业技术水平，提供科学技术成果；三是切实保证国防尖端任务的初步过关；四是加强资源的综合考察，加强资源的保护和综合利用研究，为国家建设提供必要的资源依据；五是在保护和增进人民健康、防治主要疾病和计划生育等方面的重要科学技术问题上做出显著成绩；六是加速发展基础科学和实验资料的积累，建立和加强重要的空白薄弱的学科；七是大力培养人才，充实现代化实验装备，在各个重要的科学领域，形成研究中心，建立一支能够独立解决我国社会主义建设中科学技术问题的、又红又专的科学技术队伍。[③]规划分农业、工业、资源调查、医药卫生、技术科学、基础科学6个部分（不包括国防科学技术系统的规划），确定了重点研究试验项目374项、重点项目32项。为保证科学技术的长远发展，规划对生产建设服务课题和探索性课题的设置划分了比例，确保了探索性基本科学问题的研究。考虑到科研工作人力、物力条件的不足，规划任务采取分批分期实施的办法。由于国家规划将地方经济发展科技任务列入的比例有限，规划提出地方除尽力组织保证国家规划在本地区实现以外，还必须根据地区的特点，制定地方规划作为国家规划的补充。[④]

（二）"三线建设"对国家科学技术规划的调整

《1963—1972年科学技术发展规划纲要》编制期间，国际形势发生了重大变化，战争阴云密布，我国的国家安全受到严重威胁。为此，毛泽东提出了"三线建设"策略，并根据"三线建设"要求调整了国家科技规划和国家科研发展策略。

---

① 《一九六三——一九七二年全国农业科学技术发展规划纲要》，载《建国以来重要文献选编》（第十七册），中央文献出版社，2011年，第169页。
② 中共中央、国务院批转谭震林、聂荣臻：《关于全国农业科学技术工作会议的报告》，载《建国以来重要文献选编》（第十七册），中央文献出版社，2011年，第142-166页。
③ 中共中央文献研究室：《中央科学小组、国家科委党组关于一九六三——一九七二年科学技术发展规划的报告（一九六三年十月二十四日）》，载《建国以来重要文献选编》（第17册），中央文献出版社，2011年，第427-428页。
④ 胡维佳主编：《中国科技政策资料选辑（1949—1995）》（中），山东教育出版社，2006年，第539-546页。

1. "三线建设"的背景

1956年，赫鲁晓夫在苏共二十大上发表全面否定斯大林的秘密报告，引发了"反社会主义"高潮。此后，中苏两国领导人从观点分歧发展到国家关系恶化。1960年，中苏友好同盟破裂，随后美国介入越南战争、中印边境自卫反击战爆发、中苏边境冲突升级以及蒋介石叫嚣"反攻大陆"，均对我国国家安全构成了严重威胁。为了应对风云突变的国际形势和战争威胁，做好要打仗的准备，避免集中于沿海地区的重工业在战争中陷入瘫痪，1964年5月，在中央工作会议上，毛泽东提出了"三线建设"策略。①即把全国划分为前线、中间地带和战略后方进行建设，分别简称"一线""二线"和"三线"。"一线"是指东北及沿海各省市；"三线"是指云、贵、川、陕、甘、宁、青、晋、豫、鄂、湘11个省区，其中西南（云、贵、川）和西北（陕、甘、宁、青）俗称"大三线"；"二线"是指一、三线之间的中间地区；一、二线地区各自的腹地又俗称"小三线"②。

2. "三线建设"的目标

早在中央工作会议之前，毛泽东在听取关于第三个五年计划的汇报时就提出了"两个拳头，一个屁股"的发展思路，"两个拳头"指的是国防和农业，"一个屁股"指的是工业。在毛泽东看来，基础工业是中心，只有基础做得稳，两个拳头才能打出去。在这一发展思路的指导下，中共中央改变了"三五"计划主要解决"吃、穿、用"的最初设想，做出了发展基础工业的决定，并确定了连续三个五年计划 "重—轻—农"的投资格局。1964年8月，中央书记处会议讨论"三线建设"问题，毛泽东指出，大城市和沿海地区的工厂可以一分为二，要抢时间搬到内地去。各省都要建立自己的二、三线，不仅工业部门要搬家，学校、科学院、设计院也要搬家，成昆、川黔、滇黔这三条铁路要抓紧修好。同时提出要首先集中力量建设三线，在人力、财力和物力上给予保证，新建的项目都要摆在第三线，第一线能搬的项目都要搬迁。③1964年10月，中央明确提出"三线建设"的总目标，即采取"多快好省"的办法，在纵深地区建立起一个工农结合的、为国防和农业服务的比较完整的战略后方基地。目的是在以四川为中心的广大西南地区，建立相对独立的"小而全"的国民经济体系、工业生产体系、资源能源体系、军工制造体系、交通通信体系、科技研发体系和战略储备体系。

3. "三线建设"策略对《十年规划》的调整

"三线建设"发动后，在《十年规划》基础上，国家加大了国防工业和农业科技的研发以及道路交通建设的投入，调整了科研机构布局。1964年，越南局势紧张，毛泽东做出了要准备帝国主义可能发动侵略战争，要准备打仗，要建立国家"大三线"和各省"小三线"，以及"调整一线，建设三线，进行战备"的指示。④根据这一指示，国家科委提出了《关于自然科学机构调整一线建设三线的报告》，报告提出了第一批研究机构调整布局的建设方案。根据这个方案，从中国科学院和国务院15个部委设在第一线的研究机构中抽调了2万多人（占一线科研机构总人数的18%）及相应的实验室装备，分迁到三线地区。其中约1.5万人是从北京、上海两大城市抽调出来的。⑤国家科委转而编制了《1967年工业科学技术中间试验计划》和《1968年科学技术中间试验和新产品试制计划》，在1968年5月31日，又向国务院报送了《关

---

① 杨亲华、吴少京主编：《毛泽东大系》，吉林人民出版社，1994年，第171页。
② 李新芝：《邓小平实录（2）：1945—1966》（改革开放40周年纪念版），北京联合出版公司，2018年，第294页。
③ 杨亲华、吴少京主编：《毛泽东大系》，吉林人民出版社，1994年，第173页。
④ 《当代云南简史》编委员会主编：《当代云南简史》，当代中国出版社，2004年，第277页。
⑤ 陈建新、赵玉林、关前主编：《当代中国科学技术发展史》，湖北教育出版社，1994年，第257页

于审批1968年科学技术中间试验和新产品试制计划有关问题的请示报告》。通过这些计划的执行和报告的批复，一批军工研究项目，特别是冶金试验项目得以持续进行。[①]

（三）云南科学技术发展规划的制定

随着国家科技战略规划的调整，云南科技发展战略也有所变化。根据"三线建设"要求，云南省科委在《云南省科技发展十年规划（1963—1972年）》（以下简称《云南十年规划》）编制和实施的基础上，又编制了《云南省"三五"科技发展规划和远景规划（1966—1970）》和《云南省科技发展"四五"规划（1971—1975）》，对云南科技发展任务进行了调整。

1.《云南十年规划》的主要内容

为贯彻落实全国农业科学技术工作会议精神，云南省科技厅、农业厅等部门于1963年9月召开了全省农业科学技术工作会议。会议落实了《1963—1972年农业科学技术发展规划纲要》中由云南省承担的研究课题，提出《云南省今后农业科学技术发展规划（草案）》，草案指出：今后的任务是本着以粮食为主，粮食与经济作物并举的方针，紧密结合云南省农业生产和农业技术改革、自然资源条件，深入实际调查研究，加强科学试验协作，推广农业新技术。[②]根据《十年规划》重点解决"农业和有关解决吃穿用问题的科学技术问题"的科技发展策略，云南省科委编制了《云南省科技发展十年规划（1963—1972年）》。规划安排了4个方面的工作。一是以粮为主，综合发展农、林、牧、副、渔科学技术，围绕农业"八字宪法"，主攻水利、肥料、土壤、品种、植物保护、作物栽培、农业机械等科学技术，提高单位面积产量和劳动生产率。二是开展以选育为中心的以提高橡胶抗性、速生、高产优质为目标的科学研究，加强资源的综合考察和规划工作，相应地安排热带作物研究，引进和发展橡胶为主的热带经济作物。三是贯彻工业支持农业的方针，结合云南资源特色和建设重点，着重加强轻工、化工、有色金属和交通运输科学技术研究。四是以研究当前国民经济建设中严重危害人民健康的主要疾病防治和研究工农业生产中的劳动保护为主，积极调查研究云南丰富的药用植物资源品种，开发防治主要疾病和疑难杂症的有效药物，为控制和治疗疾病、保护工农业劳动力、保障人民身体健康服务。[③]

2.云南"三线建设"的战略布局

云南既是援越抗美的国防一线，又是我国地缘国防战略的大后方。这种既是"一线"又是"三线"的特殊地缘政治环境，使云南"三线建设"有别于内地省区市，最大特点是生产建设与支援前线战争紧密结合。为突出各地区的工作重点，1964年9月，中共云南省委、云南省人民政府遵照国务院和中央军委关于每个省区都应有自己的"三线"的指示精神，将云南全省划为一、二、三线地区，作为备战和调整经济布局的重大措施。第一线地区为文山、红河、思茅、临沧以南，保山、德钦以西的35个县；第三线为罗平、路南、易门、双柏、巍山县以北，漾濞、中甸等县以东的58个县；介于一线与三线之间的地区，加上目标大的昆明市，划为二线，共41个县区[④]。根据已有的工业布局[⑤]，分别规划和确定了一、二、三线建设的布点原

---

① 朱玉泉主编：《百年科技经典·跨世纪领导科教兴国知识必备》（第2卷），中国经济出版社，1998年，第1443页。
② 《云南省经济综合志》编纂委员会：《云南省经济大事辑要（1911~1990）》，1994年，第211页。
③ 云南省地方志编纂委员会：《云南省志》卷7《科学技术志》，云南人民出版社，1998年，第1065页。
④ 云南省计委党组：《关于一、三线建设问题的汇报提纲》〔（64）074号〕，1964年9月1日，云南档案馆藏，65/1/149。
⑤ 云南的三线地区工业有东川铜矿、易门铜矿、昆钢、云南化工厂、昆阳磷矿和磷肥厂、宣威地区煤矿、宣威电厂、以礼河电站、楚雄地区森林工业等。二线地区工业有昆明地区的电力、煤炭、冶炼、机械、建材、轻工纺织，个旧锡矿及其他有色金属矿、电厂、合成氨厂、糖厂、小龙潭煤矿等。一线的主要企业有澜沧冶炼厂。

则、内容、重点和任务[①]：要求云南南部地区要全力抓好连接越南、老挝的国防公路干线的改建和修建工作，把战备、支前工作放在首位；要求滇东和滇北地区全力做好支援两条铁路（贵昆、成昆）和攀枝花钢铁基地的建设工作；昆明市等地则要在及时做好"三线建设"企事业单位改建、扩建的同时，认真做好必要的疏散和人民防空工作；对昆明以外的三线地区，要求加快国防军事工业的布点、建设等工作，要求军工企业早出产品，多出产品，出好产品。[②]

根据中共中央、国务院的战略部署，云南"三线建设"以成昆（铁路）、贵昆（铁路）为先导，以国防工业为重点，包含冶金、有色、机械、煤炭、电力、化工、森工、建材等相配套的工业体系建设。它们由三大部分组成：一是新建一批国防科技工业；二是改建和扩建一大批军用和民用的企事业单位；三是从省外迁来一批不便或不能放在沿海地区而又为云南建设所必需的企事业单位。[③]围绕"战略后方基地建设"的目标，中央在云南建设重点项目21项，投资22011万元，集中在钢铁、电力、煤炭、化肥、公路等方面。[④]为进一步贯彻中央的战略方针，在制定国民经济发展年度计划和第四个五年计划过程中，云南省又突出强调了农业、基础工业、轻纺工业和交通运输4个方面的工作任务。要求充分利用云南丰富的资源，大力发展钢铁、有色金属、稀有金属、木材、橡胶、紫胶等主要战略物资，力争在第四个五年计划内把云南建成一个经得起战争和灾荒考验的战略基地。[⑤]

3.云南科技规划的调整

1965年3月，根据中央西南三线建设委员会的要求，云南省委、昆明军区决定成立云南省国防工业委员会，全面组织领导"三线建设"工作。根据毛泽东"备战、备荒、为人民"的要求，贯彻"科学技术为当地当前生产服务"和"农业科技为社会主义大农业服务"的方针，云南省压缩了列入省级重点科技计划项目数量，集中力量保证重点任务的完成。

1966年前，云南农业科技方面的建设以粮食增产为中心，根据云南坝区少，山区、半山区多和立体气候的特点，着重解决农业机械、肥料、病虫害、水利、土地利用与改良、代用食品等方面的科学技术问题。工业科技方面强调首先解决支农工业化肥、农药、农机的科学技术问题；其次是解决与人民生活有密切关系的轻工业的主要科技问题，如代用食品叶蛋白、小球藻培养、人造肉精的制取以及农副产品加工技术的研究；最后是开展钢、铜、煤焦油等加工技术的试验研究，适当安排机械、交通运输、地质勘探、资源调查、建筑、邮电等方面的研究。尖端技术方面主要保证完成国家下达的任务，开展同位素、超声波、电离辐射等项目的研究；继续进行原子能、半导体、无线电等基础性的研究工作。

1966年后，为将"三线建设"与云南经济建设相结合，云南省科委编制了《云南省"三五"科技发展规划和远景规划（1966—1970）》，确定了农业科学、工业技术具体研究项目，制定了《工业支援农业产品产量规划（草案）》以及《工业、交通支援农业项目规划（初步方案）》。农业科技方面以大办样板田基地为中心，实行点面结合，带动大面积丰产。重点研究项目有良种选育、土壤改良、作物高产技术、合理施肥、人工消雹防灾、防病虫草害等稳产高产技术。工业科技以农机具、农药、化肥和支农工业为主，重点科学研究项目集中在支农

[①] 云南省计委党组：《关于省内三线建设划分与工业布局问题的初步设想》，1964年8月6日，云南档案馆藏，78/2/540。
[②] 何郝炬、何仁仲、向嘉贵主编：《三线建设与西部大开发》，当代中国出版社，2003年，第224页。
[③] 何郝炬、何仁仲、向嘉贵主编：《三线建设与西部大开发》，当代中国出版社，2003年，第226页。
[④] 云南省计委：《1966年地方建设重点项目·中央在省建设的大中型项目建设意见》〔（65）计党组字第2号〕，云南档案馆藏，65/4/926。
[⑤] 陈夕总主编：《中国共产党与三线建设》，中共党史出版社，2014年，第463页。

项目、冶金和化工领域；中间试验项目集中于化肥、冶金、交通和农药；新产品研制以冶金产品、农机产品、支农机械耕作收割机、加工运输机械为主。此外，在林业、热带作物、畜禽疫病防治、水利、气象和医药卫生等方面也设有研究项目。1970年6月，云南省革委会提出《云南省科技发展"四五"规划（1971—1975）》，农业科技方面要求重点在"种"和"保"上深入开展研究工作，实现主要作物良种化和病、虫、草害的防治。与此同时，加强对云南植物资源合理开发和综合利用研究；积极开展畜牧业和渔业方面的研究；探索性开展植物激素、理化因子对籽种、作物的影响与应用研究，生物防治病虫害研究。工业技术方面则将电子工业列为重点发展领域，要求大力开展以广播、电视、电影科研为重点的电子工业科学实验。与此同时，开展纺织、印染、制盐、造纸、制糖、食品、发酵、皮革、电池等方面的轻工业研究[①]。

二、工程技术的创新

为推进"三线建设"，国家在西南地区重点实施了一批交通运输和工业建设项目，但是云南复杂的自然和地质环境给这些建设项目的实施带来了诸多困难。为了解决工程施工和资源勘探问题，云南工程技术人员努力创新，促进了工程技术的发展。

（一）道路桥梁技术

"三线建设"以铁路工程建设为重点，并以此推进国防和区域交通建设。1964年，继成昆、贵昆铁路全面复工后，中央决定在云南修建一批一线公路、战略公路以及国防迂回线、支前运输线、疏散线等。为此，云南集中力量，克服了铁路和公路修建的各种困难，取得了道路桥梁技术的重大突破。

1.铁路桥梁技术

贵昆铁路于1958年8月开工，1966年开通运营（见图9-29），全长617公里。贵昆铁路的开通，结束了云南铁路不通国内通国外的历史。成昆铁路的建设，又创造了20世纪的工程奇迹。成昆铁路是全国第一条全线使用内燃机车牵引的一级干线，也是地质条件最为复杂的一条铁路。广大铁路工程技术人员和筑路员工克服了沿线多高山峡谷、大川急流（如图9-30所示），

图 9-29
1966 年贵昆铁路开通运营
诸锡斌2021年摄于云南省博物馆《庆祝中国共产党成立100周年成就展》

地质条件复杂多变给工程建设带来的极大困难，依据所掌握的科学知识和施工经验，在桥隧土石方等各项工程中创造和推广了50多项新技术，创造和革新重大设备760多件，使人力、物力得到了合理的运用，成为工程技术创新的典范。[②]（见图9-30、图9-31）

---

① 云南省地方志编纂委员会：《云南省志》卷7《科学技术志》，云南人民出版社，1998年，第1065-1068、1074-1075页。
② 《成昆铁路建成通车》，载《共和国经济大决策》（第2卷），中国经济出版社，1999年，第249-253页。

第九章 社会主义革命和建设时期云南的科学技术（1949—1978年） 451

图 9-30
成昆铁路艰险的施工环境
诸锡斌2020年摄于云南火车博物馆

图 9-31
成昆铁路全线正式通车后客车运营情况
诸锡斌2020年摄于云南火车博物馆

　　成昆铁路沿线地质结构复杂，迫使铁路修建采取一河多桥、高桥长跨、长桥及隧道群等技术。为了解决桥梁建造中桥墩造价高、粗大笨重的问题，修建者采用了两项关键技术。一是对部分桥墩采用了轻型桥墩（柔性桥墩）设计，将桥与梁联结成一体，充分吸收列车制动力。这一技术减少了桥墩圬工量，降低了全桥造价。[①]二是在龙川江大漂石地段采用冲击钻机造孔，然后灌注混凝土的钻孔桩，解决了桥梁墩台基础问题。这项技术因不受机具和地形限制，仅靠人力就能施工，减少了桥梁钢材用量，改善了工人劳动条件。

　　为节省桥梁钢材，方便制造、安装和维修保养，桥梁采用以栓焊接取代铆接的新型钢梁结构。云南境内有采用这一结构的铁路桥15座41孔，其中跨度112米系杆拱梁为当时国内跨度最大的栓焊梁。此外，施工中还采用了大跨度悬臂灌筑、悬臂拼装钢筋混凝土梁等新技术，桥梁跨度突破了当时混凝土梁孔跨度不超过32米的限制。与此同时，为解决传统的悬臂式架桥机在桥隧相连路段作业中的困难，工程人员研制了具有简便支式架梁的新型架桥机，无须桥头岔线，既能铺轨又能架梁，提高了铺架速度。[②]

　　成昆铁路隧道总长占铁路总长的近1/3，为避免地下熔岩坍塌，在隧道施工过程中，开挖每一段隧道时都需设临时支护，以防岩体坍落。由于山岩压力大，围岩松软，1965年，施工人员不得已在成昆铁路23座隧道拱部扩大后采用钢花架支撑。这些钢花架在混凝土衬砌时作为衬砌的钢骨架埋入，加强了拱圈的结构，效果良好。同年，喷射混凝土所必需的速凝剂试制成功，将喷射混凝土技术与锚杆支撑相结合在中硬围岩隧道中用作衬砌的技术取得成功。与传统的用钢、木作临时支护，再整体灌注混凝土作永久支护比较，这种支护技术具有省工、省料和安全迅速的特点，可节约投资50%。[③]1972年，昆明铁路局勘测设计所提出用喷锚技术进行隧道整治，这在国内属于首创。1974年，昆明铁路局勘测设计所与铁道科学院、铁道部第三设计院和铁路局工程处等单位联合，在碧鸡关隧道进行整治和承载力试验，证明新喷混凝土层与原模筑混凝土衬砌黏结良好，可形成复合拱，各种力学性能均符合要求。随后昆明铁路局勘测设计所又与长沙铁道学院合作，开展1∶5隧道模型加载破裂后用喷锚加固再进行荷载的试验。试验表明，使用喷锚加固技术后，

---

① 北来：《百年火车》，中国铁道出版社，2014年，第222页。
② 中铁五局（集团）有限公司史志编纂委员会编纂：《铁道部第五工程局志（1950—1999）》（上），贵州人民出版社，2002年，第72页。
③ 庄正主编：《中国铁路建设》，中国铁道出版社，1990年，第329页。

模型的载力较原模型提高20%～60%，证明喷锚技术是一项切实可行的新技术。①

为了保持线路运行的稳定性，减少轨道养护维修工作量，成昆铁路在施工中借鉴了当时各国采用的无砟轨道经验，用混凝土灌筑成一种整体式的道床，取代碎石道砟整体道床，仅云南境内就有10座隧道采用这一技术。在路基建造方面，云南境内采用小锚杆挡墙，用凿岩机在路堑边坡上钻眼安置锚杆，然后立模灌注混凝土，或用浆砌片、块石做挡墙墙身，把锚杆包在墙体内；或将锚杆固定在柱上，在柱与土体间放置混凝土板。两种挡墙均可直立，无须斜坡，比重力式挡墙省料80%。此外，还采用了锚杆喷砂浆护坡技术。肇海车站的两端路堑长476米，坡高37米，原设计用浆砌片石护坡，仅需砌体5840立方米，改用锚杆喷浆护坡，仅需砌体706立方米。②

2.公路桥梁技术

随着越南战争威胁的加大，云南战备公路支前运输线、国防迂回线、中心城市疏散线相继开始建设。1969年，云南共担负国家下达的8项工程，总计新建、改造国防公路1188千米、大桥四座494米。次年，云南国民经济第四个五年计划强调"交通运输必须先行"，要求"积极修建公路干线和国防公路，形成纵贯南北，横连东西的公路网，使云南省边防前哨和战略干线畅通无阻"。③

20世纪50年代初期，公路路基施工多为人工作业，石方地段以手持钢钎敲打凿岩，填充炸药，以导火索引爆。为加快公路施工进度，20世纪60年代的路基施工由中小型爆破发展到硐室爆破（大爆破）。1966年修建的杨家庄至三家厂公路，1969年修建的晋宁至高大公路以及1971年修建的盐井至芒康公路等大石方地段，均由云南省公路工程局采用大爆破施工完成。其中，德钦至盐井公路（K97—K107）的10千米地段，大多是呈坚脆块状石英砂岩的悬崖峭壁，地面自然横坡80度左右，边坡最高处达50～60米，平均每千米土石方达10万立方米。晋宁至高大公路K104+204.7里程处，属白云质灰岩，风化不严重，岩性完整，是地面自然横坡达80度左右、边坡高达96～105米的悬崖峭壁，采用硐室大爆破，其最小抵抗线为32米，一个硐室装2#岩石炸药42吨，创造了云南也是全国公路施工中的最大装药量，一次爆落土石方113000立方米，把山沟填平为路基，省掉原设计为40米的双曲拱桥一座。

要缩短公路里程，就需要跨越大小不等的河谷，因此公路桥梁修建具有重要地位。云南驿道桥历史悠久，桥梁数量也较多，且形式多样。但"三线建设"开始以前，云南桥梁以石木结构为主，多为小孔径石拱桥和梁桥，也有少量钢索吊桥。"三线建设"开始以后，随着钢筋混凝土施工、钻孔灌注桩、混凝土沉井和钢拱架技术的推广，钢木结构和混凝土大跨度桥梁修造快速发展。

继修建长虹桥采用钢筋混凝土基垫和桩柱技术后，大部分桥的修建开始应用钢筋混凝土技术，桥梁的荷载量和通行效率有了提升。峨山桥是20世纪50年代建成的双孔石墩台钢梁木面桥，荷载小，桥面窄，利用原桥墩台将上部改建为跨径2米×22.16米的五梁式钢筋混凝土T型梁桥后，设计荷载汽-18、拖-80级，桥面宽为净7米+2×1.5米人行道。补远江桥作为云南省首次采用装配式方式修建的钢筋混凝土桥梁，桥型设计为4孔跨径20米的钢筋混凝土T桥梁，桥长101.88米，1964年使用时，桥面宽为净7米+2×0.75米人行道，设计载重汽-18、拖-80级。④

20世纪60年代后，我国桥梁基础开始采用混凝土沉井和钢拱架技术，解决了深水基础施

---

① 云南省地方志编纂委员会：《云南省志》卷7《科学技术志》，云南人民出版社，1998年，第612页。
② 云南省地方志编纂委员会：《云南省志》卷7《科学技术志》，云南人民出版社，1998年，第610页。
③ 陈夕总主编：《中国共产党与三线建设》，中共党史出版社，2014年，第464页。
④ 《云南公路史》编写组编著：《云南公路史（第2册　现代公路）》，云南人民出版社，1999年，第136-137页。另据云南省交通厅编著《云南桥梁》记载，补远江桥跨径22.30米，桥长106.88米。

工难题和拱架重复使用问题，在这一技术的推广中，云南大跨度桥梁修建有了新的进展。景洪桥是云南省公路桥梁中最早采用钢筋混凝土沉井基础的桥梁，桥台为石砌圬工，桥墩为块石混凝土灌注体，两岸桥台和1号、9号两墩为明挖基础，墩基深7.5~8.5米。2~8号墩为沉井基础，深9.85~23.31米。[①]1965年修建曼耗桥时，首次采用活动钢拱架代替传统的满堂式木拱架。活动钢拱架在施工中可不受洪水的威胁，解决了在高山深谷间、水深流急的江河上修建大跨径石拱桥拱架的问题，并可组成不同跨径的拱架重复使用，节约大量木材。[②]1966年10月竣工通车的阿土桥，确定设计为主跨3孔跨径40米钢筋混凝土上承式肋拱桥，两岸各为1孔跨径12米石拱引孔，全长181.03米，因桥沿河为卵砾石堆积层覆盖，主河槽中钻深15.4米尚未达到基岩层，据电测估计，卵石层厚度在30米左右，故主河槽中第2、3号墩基均用沉井基础，沉井埋深，2号井为9.5米，3号井为8.0米。主跨拱肋施工用钢拱架支承木模板浇筑混凝土，引孔石拱采用满堂式木拱架支砌，拱上构件系在现场预制后用天线吊装拼合[③]。

根据桥基地质和施工条件，云南交通局和公路设计院还对沉井和肋拱施工等技术进行了革新。1971年建设继红大桥应用了浮吊沉井、空心沉井、预应力钢束自锚、拱肋顶承对接接头等新技术，节省了投资，缩短了工期，保证了质量。为了适应大跨度无支架安装的拱肋刚度需要，该桥主拱圈采用薄壁箱型截面，拱脚用钢板和铰销设置理想铰，消除了拱脚的垂直和水平位移，使其能自由地大幅度旋转而不损伤拱肋[④]。永保桥在水深流急的澜沧江上施工，安装弦杆很困难，建设者采用拱与引孔梁联为一体的结构，主孔由两根变截面抛物线形钢筋混凝土拱肋作为主要承重构件，矢跨比1∶6；拱顶为80厘米×100厘米工字断面，拱脚为100厘米×201.6厘米的箱型断面；主拱肋的安装采用缆索吊运和悬臂拼装的方法施工，拱肋吊装先上游后下游，每肋从两岸对称吊装至关门。该桥1972年建成时为云南省当时跨径最大的下承式公路肋拱桥。[⑤]

（二）水电工程技术

为了充分利用云南丰富的水能资源，为工业建设提供电力支持，"三线建设"加强了对云南水电建设的布局，以礼河电站成为重点建设项目。为解决高水坝施工和引水的困难，以礼河水电工程局等部门通过技术创新，确保了重点水电工程项目的实施。

1.土石坝技术

以礼河电站上游毛家村土石坝于1958年开始修建，施工初期因对红土筑坝土料性质认识不足，就地采用红土作防渗心墙，出现了压实紧密度低、均匀性差和结合不良等质量问题，给工程造成了不利影响。20世纪60年代初，针对这一问题，昆明勘测设计院、水电十四局和水电科学研究院组成试验研究组，开始研究红土的生成条件、矿物化学特性和结构特性。研究发现造成红土结构强度高、压实性差的主要原因是游离氧化铁胶结具有团粒结构特性。[⑥]1964年，以礼河水电工程局、昆明勘测设计院和水利水电科学研究院对毛家村土石坝进行了施工研究。他们对控制压实功能、填筑干容量、含水量等进行室内及现场碾压试验，修改了设计标准，

---

① 《云南公路史》编写组编著：《云南公路史（第2册 现代公路）》，云南人民出版社，1999年，第137-138页。
② 《云南公路史》编写组编著：《云南公路史（第2册 现代公路）》，云南人民出版社，1999年，第135-136页。
③ 《云南公路史》编写组编著：《云南公路史（第2册 现代公路）》，云南人民出版社，1999年，第140-141页。
④ 交通部科学技术情报研究所：《交通技术革新成果·公路分册》，交通部科学技术情报研究所，1971年，第15页。
⑤ 《云南公路史》编写组编著：《云南公路史（第2册 现代公路）》，云南人民出版社，1999年，第201-202页。
⑥ 长江水利委员会长江科学院：《长江志》卷3《规划、设计、科研》第3篇《科学研究》，中国大百科全书出版社，2000年，第332页。

降低填土压实密度,使填筑质量问题得到顺利解决。研究组率先在国内摸索出了一套完整的筑坝经验,其对我国分布广泛的红土地区筑坝有普遍的适应性。[1]（见图9-32、图9-33）

2.引水技术

以礼河三级电站盐水沟电站主体工程的绝大部分位于地下,开挖工程量大,地下埋藏式引水钢管总量达4600吨。因水头高、压力大,工程对引水钢管及岔管的结构、应力、材质等要求甚高。设计、制作、安装如此规模的高压钢管当时在国内为首次。为了摸清高水头电站埋藏式压力钢管的特性及其影响

图 9-32
毛家村水库大坝（亚洲第一土坝）

诸锡斌2021年摄于会泽县毛家村水库

图 9-33
毛家村水库

杨松柏2020年摄于会泽县毛家村水库

因素,1963年5月,水电建设总局决定成立高压钢管试验小组,由以礼河水力发电工程局、昆明水电勘测设计院、水利水电科学院、长江水利水电科学院、水电安装五处以及以礼河发电厂6单位组成,先后进行了大直径明管、埋藏式高压钢管、双层内套管、冷套箍管、内加强梁式岔管、高压钢管道原型长期观测等一系列的水压试验,以及材质、钢管制作安装、焊接检验工艺等方面的试验研究,为埋藏式高压钢管的合理设计与施工提供了大量试验依据。而针对捷克引进的发电机组内加强U型梁式岔管开展的试验研究,也为以后开展月牙形内加强肋岔管等新型岔管的研究创造了条件和积累了经验。[2]

（三）矿产勘探技术

传统探矿技术为钻探和坑探。"三线建设"时期,磁法勘探、重力勘探、电法勘探等地球物理勘探技术得到广泛应用,数学地质方法和应用电算技术进行勘探的方法也开始普及。通过将这些技术与传统探矿技术结合使用,云南确定了一批大型矿藏资源。

1.磁法勘探技术的应用

磁法勘探是通过观测和分析由岩石、矿石或其他探测对象磁性差异所引起的磁异常,进而研究地质构造和矿产资源或其他探测对象分布规律的一种地球物理方法。在前期地质调查中,就发现新平大红山出现航磁异常,后经地面中大比例尺地磁测量确定其为大型铁矿床。1964年初,云南省地质局物探队王春兴等人对大红山航磁异常表示怀疑,要求进行地面物探和矿点检查。通过地磁测量和计算,地质队找到了最高磁力异常点,用1000伽马等值线圈定了30平方千米的异常范围,并确定了大红山为大型矿藏,命名为"大红山铁矿"。1966年,云南省地质局第十大队进行钻探验证时也对勘测有过疑问,进一步测定岩矿心磁化强度后钻探验证,证实了矿区开发远景,并使磁法勘探进入定量化解释阶段。[3]应用此法,云南又于1970年在弥

---

[1] 云南电力集团有限公司编著：《云南电力科技发展史》,云南科技出版社,2001年,第73页。
[2] 云南电力集团有限公司编著：《云南电力科技发展史》,云南科技出版社,2001年,第2页。
[3] 《中国矿床发现史·云南卷》编委会：《中国矿床发现史·云南卷》,地质出版社,1996年,第43页。

渡金宝山发现大型铂钯矿床，于1971年在景洪大勐龙发现铁矿多处。

2.重力勘探技术的普及

重力勘探是利用组成地壳的各种岩矿体的密度差异引起的重力变化进行地质勘探的一种方法。这一技术在1954年个旧锡矿勘探中试用后，于1959年正式开始使用，主要用于寻找油气构造。1964年以来，重力勘探开始用于普查盐类矿产。地质工作者通过对思茅中生代盆地的景谷、江城、磨黑、勐腊4个含盐带以及楚雄中生代盆地的牟定、大姚等地开展的1∶20万重力调查，发现130多个重力负异常，推断有74个为含盐地质体引起，钻探验证了24个，有22个见盐。配合地质找矿，云南先后发现了江城、勐腊、安宁等大盐（钾）矿。[1]1972年后进行的补勘"探边摸底"，对不同矿物质岩层进行测定，确定江城勐野井为我国第一个古钾盐矿床。

3.电法勘探技术的拓展

电法勘探是根据地壳中各类岩石或矿体的电磁学性质（如导电性、导磁性、介电性）和电化学特性的差异，通过对人工或天然电场、电磁场或电化学场的空间分布规律和时间特性的观测和研究，寻找不同类型有用矿床和查明地质构造及解决地质问题的地球物理勘探方法。这一技术虽然在1954年的锡金属矿探查中就得到了应用，但因测探深度有限，其应用范围不广。1958年后，云南省地质物探队应用充电法、电剖面法探测金属矿成功后，又利用电法（四级剖面法）圈定隐伏爆发角砾岩筒，以配合寻找金刚石，利用垂向电测深法确定盐矿体顶面埋深，其结果与钻探验证的结果基本一致，电法勘探技术应用范围不断拓展。20世纪70年代初，电法找水得到广泛应用。此后，随着大功率充电和计算机技术的引入，电法勘探技术使用范围更加广泛，在扩大个旧锡矿贮量远景勘探中发挥了重要作用。

三、农林科学技术的推进

在贯彻落实全国农业科技工作会议精神过程中，云南省根据《科研十四条》的工作要求，将农业科技重心下移，健全地方农业科研机构，开展样板田示范工作，推广新式秧田及合理密植、条播条栽和水稻适时早栽等技术，农业科技在粮食增产中发挥了重要作用。受"文化大革命"影响，云南的一些科研机构被撤销，农林科研人员也下放劳动，但仍有一些科研人员坚持科研试验，在水稻育种、土壤改良、热带作物引种、中药材驯化、农业机械化研发等方面取得了技术突破，并为东南亚地区提供了农业技术输出和援助。

（一）农业科学技术下基层

根据《科研十四条》中"科研部门要与生产单位、高等院校加强协作和交流，共同促进科技进步"，"在人力、物力、财力的使用上，要贯彻'勤俭办科学'的精神"，云南对科研机构实行"五定"方针，即定方向、定任务、定人员、定制度和定设备，同时有重点地恢复发展科研机构，并将农业科研机构向基层转移。

1.农业科研机构的下移

1963年至1966年，云南省水产中心实验场、云南省畜牧兽医研究所以及一批地州市农科所和热带作物试验站等科研机构相继成立，17个地州市（除怒江、迪庆自治州外）都建立了农业科研所。[2]为加强农业科技人才培养，1963年，云南省水利学校和云南省农业机械化学校合

---

[1] 云南省地方志编纂委员会：《云南省志》卷4《地质矿产志》，云南人民出版社，1997年，第298页。
[2] 中共云南省委党史研究室：《六十年代国民经济调整·云南卷》，中共党史出版社，2006年，第129页。

并，组建云南省农业学校，直属农业厅。1965年，为落实中央关于实行全日制、半工（农）半读两种教育制度改革的要求，云南省委、云南省人民政府决定成立云南农业劳动大学（见图9-34），昆明农林学院寻甸农场和农场试行半农半读的农学、植保、林学3个专业的教师、学生以及云南省农业厅寻甸种羊场并入云南农业劳动大学。1969年12月，又将昆明农林学院疏散到宾川县；次年，昆明农林学院迁往寻甸县，与云南农业劳动大学合并。①云南农业劳动大学成立后，设大学、中专、初中3个部。大学本科设农学、畜牧兽医、中文、理化4个系7个专业；中专设农学、经济林木、畜牧兽医3个专业和中级师范班；初中部即农业中学。全校教学坚持"教学与生产劳动相结合"的原则，学生实行半农半读，教师实行半农半教。②

图9-34
云南农业劳动大学成立
诸锡斌2021年摄于云南农业大学校史馆

2.农业科技人才的下移

1966年后，地方科研机构人员插队落户，成为农业劳动者。此后，随着毛泽东"知识青年到农村去，接受贫下中农的再教育很有必要"的指示发出，又有大批上海、北京、四川知识青年到云南国有农场或建设兵团农场插队。1969年11月，根据中央"关于加强战备，防止敌人突然袭击的紧急指示"，昆明市开始疏散下放城市人口，昆明地区大专院校也先后被疏散到专县。这些科研人员和知识青年向基层的转移，一定程度上促进了农业科技与农业生产的结合。

（二）农田科学实验的兴起

科学实验是获取经验事实，检验科学假说和理论真理性的重要途径。1964年，毛泽东提出了"阶级斗争、生产斗争和科学实验是建设社会主义强大国家的三项伟大革命运动"。③由此，农田试验和"样板田"得以迅速发展。

1.农田试验的尝试

为响应毛泽东同志"阶级斗争、生产斗争和科学实验是建设社会主义强大国家的三项伟大革命运动"的号召和干部参加劳动的指示，西南局和云南省委做出了各级干部参加劳动、种试验田的决定。1964年初，保山地委按照西南局和云南省委批示精神，决定在保山县（今保山市隆阳区）的板桥区农科所、良种场、畜牧站内同科技人员配合，种植水稻、茶叶、蚕桑等；同板桥区委配合，在板桥的邢家、汉庄、沙坝、浪坝等工作点和板桥区委的板桥工作点，创办5000亩水稻样板田、2000亩小麦样板田、500亩油菜样板田、李家山（创业山）万亩新茶园、

---

① 云南省政协文史委员会：《云南文史资料选辑》（第59辑）《科教群英谱》，云南人民出版社，2002年，第470页。
② 云南省政协文史委员会：《云南文史资料选辑》（第59辑）《科教群英谱》，云南人民出版社，2002年，第470页。
③ 《毛主席论无产阶级专政下继续革命》，1969年，第22页。

东河埂种桑样板田等试验田项目。依靠四个"三结合"（即"三大革命"相结合；领导干部、科技人员、农民群众相结合；粮食作物、经济作物、畜牧业相结合；点、片、面相结合），以地委试验田项目带动板桥区的各级试验田和样板田工作。在良种和栽培技术的推动下，1964年秋，地委试验田水稻亩产在全地区第一次超千斤，水稻5000亩样板田亩产从725斤提高到800斤，小麦2000亩样板田亩产从210斤提高到331斤，油菜500亩样板田亩产从106斤提高到230斤。内五县县委大春粮食作物样板田9块24000亩，亩产增加100斤以上，比当地高一至三成；棉花样板田2块，亩产100斤以上，增产37%，比当地高一倍；茶叶样板田1块，增产21%。全地区各级干部种的粮食作物、经济作物试验田19531亩，都获得增产。1965年，全区地、县、区、社各级领导的样板田发展到68个124329亩。①

2.农田实验的推广

1965年年中，保山地区负责同志出席了全国样板田工作会并被指定在会上发言交流。1965年秋，国务院两次派出工作人员到保山视察，认为保山"三结合"开展样板田工作"方向对、方法对，有生命力"。1966年1月13日，《人民日报》《云南日报》同时发表国务院农林办公室、中共中央西南局农村工作办公室、云南省科学技术委员会联合工作组撰写的《保山地区大办样板，领导农业生产建设》长篇报告，介绍保山地区探索"三大革命"相结合，运用办样板田领导农业生产建设，在连续四年增产的基础上，又获得粮食、经济作物、畜牧林业大幅度增产的经验。《人民日报》还配发了《办好三结合样板田，促进农业科学实验运动》的社论。②随后，云南全省兴起了办"三大革命"相结合样板田运动，受"文化大革命"的影响，这一运动三年后夭折。但经过三年办样板，保山地区农业生产和农业建设获得了全面发展，高于全省平均发展水平。

（三）农林科学技术的攻坚克难

20世纪中叶以后，玉米、小麦等农作物杂交优势利用技术在世界范围内得到有效利用和推广，以育种技术为核心的绿色革命席卷全球。尽管这一时期云南受"文化大革命"的影响，农林科研受到冲击，但是广大农业科技人员克服困难，攻坚克难，在农业科研领域取得了可喜的成绩。

1.水稻育种

由于杂交品种具有生产优势，杂交品种选育成为现代农业增产的重要措施。至20世纪60年代，在水稻、小麦、玉米三大粮食作物中，水稻的杂交优势利用研究停滞不前。杂交水稻研究被认为是当时的"世界性难题"，其困难在于水稻是雌雄同花的自花授粉作物。要实现水稻的异花授粉，一种方法是采用人工方法把水稻的雄花去掉，再利用其他品种水稻的雄性花粉杂交，获得具有遗传优势的杂交水稻种子。通过这种方式生产出的种子数量极为有限，难以在生产上大面积推广应用。另一种方法是设法培育出一个雄花没有生育能力的特殊品系即雄性不育系，让常规水稻品种对其授粉，从而产生大量杂交种子用于生产，但这种设计也很难实现，原因是天然雄性不育水稻客观上可能存在，但从未被发现。继1964年袁隆平发现籼型水稻雄性不育株后，1965年，云南省科协组织昆明农林学院和云南省农科所部分同志到保山地区总结水稻样板田经验，发现一些半育、低育的天然籼粳、粳籼杂交株。昆明农林学院李铮友教授（见图

---

① 王寿南：《保山、德宏大办样板田纪实》，载《中国共产党云南历史资料专辑·云南"四清"运动》，云南大学出版社，2011年，第179-183页。
② 王寿南：《保山、德宏大办样板田纪实》，载《中国共产党云南历史资料专辑·云南"四清"运动》，云南大学出版社，2011年，第185页。

9-35）收选了几百个单株的种子，到学院温室种植，1966年4月开花时，出现了一株不育株。经测交验证，为粳型水稻雄性不育株。①1969年，李铮友率先育成滇型保持系，其选育的红帽缨系列成为我国最早选育的粳型水稻雄性保持系。此后，他又相继育成滇二、滇四、滇六和滇八型不育系。②1970—1972年，李铮友用滇型不育系与其他水稻品种进行侧交、回交，再通过自交筛选培育恢复系。1973年，人工选育恢复系获得成功，与袁隆平籼型水稻三系配套，在同一年度内实现了粳型水稻三系（不育系、保持系、恢复系）配套。

图 9-35
水稻育种专家
李铮友
诸锡斌2020年摄
于云南农业大学
校史馆

2. 红壤改良

红壤是各种红色或黄色酸性土壤的统称，广泛分布在我国南方11个省区。云南有2000万亩红壤耕地。这种土壤贫瘠，作物生产产量低，严重影响农业增产。在云南省科委的组织领导下，云南省农科所土肥站、云南省农业厅土肥站和曲靖、文山等14个地州农科所的科技人员投入到红壤改良研究工作中，在陆良等地建立了红壤改良科技试验基地。1962年，云南省农科所土壤改良课题组在全省进行了红壤低产原因的调查。1963年，凌龙生、蔡万云等在昆明进行石灰改土效果研究，李昆阳等进行石灰改良瘦红土探索试验，发现瘦红土酸性强，严重缺磷，对作物有毒害的活性铝占总酸度的80%以上。同一时期，云南省农业厅王文富、舒符梦等根据群众经验设点试验，提出种植绿肥，施用磷肥以提高瘦红土肥力的意见。此外，针对解决冬季泡水发红田及冷浸田减产问题的研究也提出了改进措施。同年，云南省农业厅派王文富等到红河州石屏、蒙自两县设点开展示范试验，采用增施过磷酸钙等综合措施，连续两年改良发红田17.5万亩，平均每亩增产90千克，成效显著。60～70年代，德宏、保山、曲靖等地州农业局、农科所及云南省农业厅、农科所均派出人员进行冷浸田改良试验。云南省农科所蔡万云的研究证明，稻田氮磷比例过高是秋发、泡呛、空穗率高的主要原因，采用开沟排水、浅灌晒田，施用磷钾肥、硝土、煤灰等措施进行改良后，收到良好效果。③

3. 引种扩繁

紫胶在工业中用途广泛，为扩大紫胶产量，从1958年开始，中国林业科学院紫胶研究所就在广东湛江地区进行紫胶虫引种试验，由于幼虫涌散，引种未获成功。1960年，中国科学院中南分院从云南景东县引种紫胶虫至广州中山大学、海南兴隆华侨农场和广西合浦钦州农校获得成功，到1962年完成四个世代的交替。同年4月，广东省林研所又从云南引进牛肋巴和泡火绳两种寄主树，在所内种植成功。此后，引种范围开始扩大。1963年后，紫胶虫的分布逐渐从云南省的西南季风气候区扩展到广东省的东南季风气候区。④1966年后，中国林业科学研究院资源昆虫研究所与云南省紫胶工作站、云南省思茅地区林业局等单位合作，研究出以胚胎发育为主的紫胶虫采种期综合测报技术，解决了新区远距离引种适时采种的难题。此外，研究团队还通过多次试放紫胶虫，筛选出13种产胶量高、适应性强的优良寄主植物；通过胶园建设等系列研究，总结出紫胶生产集约经营、高产稳产的技术措施；选择小环境、小地形进行长期驯化试验，使紫胶虫逐渐

---

① 李铮友：《滇-型水稻三系的选育》，载《科研论文报告选编 1949—1979》，云南农业大学编印，1979年，第36页。

② 孙宗修、程式华主编：《杂交水稻育种：从三系、两系到一系》，中国农业科学技术出版社，1994年，第77页。

③ 云南省地方志编纂委员会：《云南省志》卷7《科学技术志》，云南人民出版社，1998年，第176页。

④ 广东省地方史志编纂委员会：《广东省志·林业志》，广东人民出版社，1998年，第561–562页。

适应了新区的气候条件,解决了在新区条件下出现的虫、树、环境三因素不相适应的问题,并利用白虫茧蜂有效地控制了紫胶虫的主要害虫——紫胶白虫的危害。该项目的综合研究成果,总体技术达到国际先进水平,使我国的紫胶产区由云南省20个县扩大到南方9省区200多个县。①

在紫胶扩繁的同时,云南也开展了外来植物引种试验。油橄榄是木本油料植物,主产欧洲地中海地区,具有产量高、油质好、用途广、收益年限长等优点。其于1964年引种我国,周恩来总理于同年3月3日在昆明市海口林场亲手栽下了第一棵油橄榄树(见图9-36),并指示要过好"成活、生长、开花、结实、稳产高传种接代"五关。海口林场与湖北省林业科学研究所、云南省林业科学研究所等单位合作,在油橄榄育苗、良种选育上取得了技术突破,解决了油橄榄嫁接育苗用种量大、时间长的问题,扦插育苗试验获得成功,生根率达80%以上,这为油橄榄进一步繁殖推广创造了条件。②其中推广价值较大的为阿尔巴尼亚2号品种,单株最高产果量达112公斤,大大超过了原产地的水平;出油率一般为17%,最高达24.8%,居全国第一。③

4.中药材驯化

天麻是我国名贵中药材,但一直难以实现人工栽培。昭通是云南天麻的主产地,当地农民在采挖过程中,有将不宜作商品的天麻初生球茎重新埋入土中,或携回埋置于家屋附近的树桩下的习惯,其中未遭损伤者可以继续萌芽生长,最终形成带有花茎芽的天麻植株。20世纪50年代,昭通利用"树下腐烂疙瘩"进行天麻无性繁殖,并用白头麻和米麻做种,采用灭箭法制种,但产量不稳定。1966年5月,中国科学院昆明植物研究所周铉应云南省药材公司之邀来到昭通,先后到彝良县小草坝和镇雄县花山进行实地调查,并把日本人草野俊助1919年发表的《天麻与蜜环菌的共生关系》中所述的理论以及全国其他地区的天麻种植经验,用在昭通天麻的无性繁殖中,使昭通天麻获得了稳产高产(见图9-37)。1968年,他用野生天麻的蒴果进行了种子盆播,获得了白头麻和米麻,于是继续与当地科技人员一道拟定实验计划,开展天麻的有性繁殖实验。1969年7月,他们开始铺设以金星蕨为主料的带菌须根栎叶苗床,播下了第一批乌天麻的种子。1970年初,苗床的覆盖层下长出了大量的米麻和白头麻。④四川南充中药所依此法在四川的金佛山

图 9-36
周恩来总理在海口林场种下的油橄榄树

诸锡斌2021年摄于昆明市海口林场油橄榄栽种地现场

图 9-37
昭通小草坝天麻

诸锡斌2018年摄于云南省昭通市

---

① 刘大平主编:《中国西部宝典》,内蒙古人民出版社,2001年,第772页。
② 牛盾主编:《国家奖励农业科技成果汇编(1978~2003)》,中国农业出版社,2004年,第91页。
③ 云南省地方志编纂委员会:《云南省志》卷36《林业志》,云南人民出版社,2003年,第405页。
④ 昭通市天麻原产地域产品保护申报委员会办公室、昭通市质量技术监督局:《昭通天麻的研究与开发》,云南科技出版社,2007年,第66页。

洋芋坪试种天麻也获得了成功。

（四）农业科学技术的对外援助

为支持援越抗美，1965年，根据中央批示，由广东、广西、湖南、云南4省区向越南与中国接壤的省提供地方援助，云南负责老街、莱州及河江3省援助项目。1967年8月，云南省军管会成立援越办公室主管该项工作。10月，在我方的邀请下，越方3省代表团抵达昆明就援助有关事项进行会谈，并签署了纪要。根据纪要规定，云南省共援助越方3省建设项目54个。其中3省各建1所农业中心试验站，每个中心试验站都包括种猪场、兽医实验室，并为饲料种植、疫病防治提供必要的设备及培训专业人员。至1973年底，云南的援越工作基本结束，共援建项目52个，援款总额达5223.47万元（人民币）。此外，云南还开展了对老挝的援助。1961年以后，我国对外贸易部每年拨款20万～30万元人民币给云南省用以援助老挝。1969年、1970年、1971年，云南3次派出医疗队赴老挝孟赛省及丰沙里进行人畜疾病的防治和培养兽医技术人员。[1]

四、军工技术的突破

1961年7月29日至8月4日，聂荣臻在北戴河召开的国防工委工作会议上3次强调要坚持"两弹为主，导弹第一"的国防科研方针，提出"两条腿走路"办法，一方面三至五年内要突破尖端，另一方面重视常规武器的研制和生产配套。随后，聂荣臻签发的《导弹、原子弹应坚持攻关的报告》，详述了"两弹"攻关的条件、困难和拟采取的措施。其中，为保证"两弹"攻关进程，要求抓紧"开门七件事"，即新型材料、电子元件、仪器仪表、精密机械、特殊设备、测试技术、计量基准，做到技术过关，基本满足试制国防尖端的需要。[2]在"三线建设"中，中央将云南确定为"三线建设"船舶工业基地，开展船舶工业、船舶设备和水下武器试验等方面的研究。同时，云南也是国家常规兵器工业布局重点，被确定为常规兵器生产基地。为了满足国防尖端制造的要求，国家第一、第五机械工业部先后在云南建设生产精密机床、飞机配套设施、大型精密测试仪器、光学仪表、大口径炮、氧气仪表等的项目。在此基础上，云南尖端制造技术取得突破。

（一）新型材料制造技术

贵金属元素具有优良的物理化学性能，几乎所有的尖端科学技术和重要军事工程项目都离不开贵金属材料。由于其应用具有"量少、精、广泛"的特点，也被称为现代工业的"维他命"。20世纪60年代以前，我国贵金属加工材料依靠苏联提供。为了建立中国自己的贵金属工业，发挥云南矿藏资源优势，贵金属提纯和加工成为云南技术攻关的重点。

1.贵金属提纯技术

铂族金属及合金在材料科学领域占有特殊、重要的地位。云南省铂族矿床虽然探明储量为全国第二，但矿石品位低，提纯技术难度较大。1962年12月，中国科学院昆明冶金陶瓷研究所改名为中国科学院贵金属研究所，它成为我国第一个，也是唯一以贵金属为主要研究方向的研究机构（见图9-38），铂族金属的分离提纯及合金研究是其主要任务。为满足我国航空工业的急需，贵金属研究所承担了中国科学院新技术局下达的研制铂族金属新材料的任务。1964年，昆明贵金属研究所与北京有色金属研究院协作进行甘肃金川镍矿（现名金川有色金属公

---

[1] 云南省地方志编纂委员会：《云南省志》卷23《畜牧业志》，云南人民出版社，1999年，第269页。
[2] 中国中共党史人物研究会：《中共党史人物传》精选本7《军事卷下》，中共党史出版社，2010年，第144页。

图 9-38
现今的昆明贵金属研究所
诸锡斌2021年摄于昆明科技路

司)镍铜资源的综合利用研究,经小型和扩大试验,提出了"从硫化镍电解阳极泥中提取铂族金属"的工艺流程,首次获得了铂、钯等少量贵金属产品。1968年,研究人员在金川首次提取了锇、铱、钌、铑。20世纪70年代,研究所又开展了从二次铜镍合金中提取贵金属新工艺的产业化项目,使我国铂族金属冶金科学技术跻身世界先进行列。①

20世纪50年代,我国硝酸工业生产都是用苏联提供的铂钯铑三元合金网作催化剂,新网由苏联提供,废网也送回苏联处理。中苏关系破裂后,铂钯铑三元合金网的来源断绝,硝酸工业濒于停顿,影响到化肥、炸药、染料、医药等以硝酸为原料的化工工业。由于铂钯铑三元合金网被污染后会影响转化率,转化率降低时就要进行更换。虽然撤下的废网经过回收可以再作为原料生产新网,但从回收到再制成新网的工艺过程对于当时的国内生产研究单位都是新问题。1963年,贵金属研究所承担了化学工业部"铂钯铑合金硝氨触媒网再生研究"课题,从5千克废铂钯铑三元合金网开始,技术人员用离子交换技术彻底除去杂质,还原成纯净的三元合金粉,熔炼新的合金锭。因在使用铂钯铑三元合金网过程中,铑有部分损失,必须补充,在开始无法购到铑的情况下,作为辅助流程,对部分废网进行三元分离,以分离出的铑补充新合金。实验证明,这种方法操作要求相对简单,生产周期短,金属中杂质可降至小于0.0014%,纯金属直收率达99.9%。1969年,使用这一再生工艺建设的太原化肥厂催化网车间投产,标志着我国硝酸工业依赖苏联、催化网完全靠进口的时代结束。②

为充分利用临沧褐煤含有的铀和锗,昆明冶金研究所与当地驻军合作,从1958年起开始进行褐煤综合利用的课题研究。1968年简易投产以来,采用露天堆烧、鼓风炉熔炼挥发富集锗的工艺,综合利用程度低,金属锗回收率仅有20%～30%。为此,昆明冶金研究所在试验的基础上建设了2×1500kW的火力发电站,采用褐煤沸腾燃烧锅炉发电,充分利用其热能,然后从煤灰中回收锗,鼓风炉二次挥发富集锗的炉渣是高钙渣,可作为配制水泥的原料,进而使含锗褐煤得到综合利用。改进工艺后,经过数年生产实践,取得较好效果,锗总回收率约达70%。③

2.贵金属加工技术

为满足军工、航空及化学、化纤等行业的急需,1963年,国家航空科学技术委员会成立了航空材料专业组,下属贵金属精密合金分组由中国科学院贵金属研究所和北京钢铁研究院任组长单位,开始了铂族金属材料电阻合金、应变电阻合金和电接触合金的研制。1963—1964年,贵金属精密合金分组成功研制了符合苏联标准的铂-铱、铂-银精密电阻合金丝以及配对的弹性电刷材料,成为我国自力更生试制铂族金属合金材料的里程碑,为随后建立铂-铱、钯-铱、钯-银系列合金打下了基础。1966年,该组又成功研制了以金代铂的金基合金系列产品,并制定出中国第一个金基合金材料标准Q/6521-68。与铂钯基合金相比,这种金基合金具有抗有机污染

---

① 侯树谦主编:《昆明贵金属研究所成立七十周年论文集》,云南科技出版社,2008年,第2页。
② 侯树谦主编:《铂族摇篮 昆明贵金属研究所纪实(1938—2008)》,云南人民出版社,2008年,第74-75页。
③ 陈文鹏:《褐煤综合利用提锗的研究与生产实践(火法部分)》,《云南冶金》1991年第1期。

的能力。同年该组又开始研制铂–钨系列应变电阻合金，先后研制出铂–钨$_8$、铂–钨$_{8.5}$和铂–钨$_{9.5}$三种合金，性能达到了国外同类产品先进水平。70年代后，研究所在铂钨合金的基础上进行多元化研究，开发出多种四元、五元、六元铂钨系列合金，提高了应变电阻材料的使用温度和综合性能，开拓了金–钯–铬合金在应变电阻材料上的应用，并在这一领域做出了创造性的贡献。[①]

除此以外，贵金属研究所在贵金属系列焊料研究方面也有进展。20世纪60年代初，研制成功供各种钎焊用的银铜系列焊料后，又研制成功$Ag-Cu_{20}$小合金焊料，用于电真空器件、半导体器件的焊接，此后不同用途的银基、金基及钯基系列焊料相继研制成功。电触头是电能传输、通信、计算机技术、家用电器及各类电子仪表不可缺少的开关元件。贵金属电触头材料传输电能的负载分为大负荷、中负荷及小负荷，贵金属研究所于1963年首先成功研制航空发电机点火装置用铂–铱合金小负荷触头材料，1972年后又开展了多种合金材料电触头的研制。[②]这些材料的研制为电子仪器仪表的生产创造了条件。

大规模集成电路及厚膜集成电路中使用的导电带、电阻、电容元件，多用贵金属浆料在平面上印刷烧结成型，浆料需用多种贵金属粉料来配制。贵金属研究所根据当时的生产对浆料的需要试制出纯度大于99.99%的金粉、铂粉及99.9%的各种贵金属超细粉末，并且试制出了性能较好的片状光亮银粉和一些贵金属氧化物粉末。1967年，贵金属研究所开始与四机部1443所、4310厂、895厂、795厂、715厂及上海无线电六厂等单位协作开展厚膜浆料的试制及生产，成功试制了多种用途的导电浆料、电极浆料和电阻浆料。经上海无线电六厂、上海电容器厂以及四机部798厂生产使用，证明这些浆料达到美国同类产品指标。[③]

（二）电子元件制造技术

为增加军用师以下通信装备整机和配套的无线电元器件的生产，国家在1963—1968年投入5.29亿元新建52个新兴电子工业项目。各工业部门在云南开展试制无线电军用通信设备、计算机、有线通信设备、广播电视发射与接收设备、无线电测量仪器、电子管、半导体器件、无线电元件及专用设备等的工作。[④]昆明市灯泡厂组织晶体管试制小组，于1966年9月试制出玻壳二极管、玻壳锗高频小功率三极管样管；1969年又试制出第一批锗高频小功率三极管，开创了云南半导体器件生产的先河。1969年国家电信工业工作会议后，要求大军区都要建生产师以下通信装备的工厂，云南省军区在寻甸县山沟组建了云南东山机械厂（8730厂），在禄丰县山沟组建了云南鱼雷基地的专业配套厂——西南春光机械厂（5082厂），又将昆明市晶体管厂筹建组并入云南无线电厂（见图9-39），作为云南无线电厂的一个车间，专门试

图9-39
现今的云南无线电厂

诸锡斌2021年摄于昆明

---
① 云南省地方志编纂委员会：《云南省志》卷26《冶金工业志》，云南人民出版社，1995年，第296–297页。
② 云南省地方志编纂委员会：《云南省志》卷26《冶金工业志》，云南人民出版社，1995年，第297–298页。
③ 云南省地方志编纂委员会：《云南省志》卷26《冶金工业志》，云南人民出版社，1995年，第298页。
④ 中共四川省委党史研究室、四川省中共党史学会：《三线建设纵横谈》，四川人民出版社，2015年，第140页。

制、生产晶体管。在最初锗高频三极管生产的基础上，云南于1970年试制并生产了锗低频小功率三极管，1971年又用合金工艺试制并生产了硅低频大功率管，增加了硅管生产线，当年生产各种半导体器件20万只，其中3AG1管15.3万只，3AX31管3.8万只，3AX81管0.68万只，3DD系列管0.52万只。[①]

为加强军用通信设备生产，1965年，昆明市无线电厂从昆明市电器仪表厂分出。1968年，东方红像章厂改为云南广播器材二厂（云南电视机厂前身），中国无线电器材公司西南公司昆明服务站改为昆明器材站，昆明市晶体管厂、云南电子管厂开始筹建。1969年，昆明市无线电厂、昆明市晶体管厂、云南电子管厂、昆明冶金工业学校的实习工场被合并，组建成云南无线电厂。当年，云南无线电厂完成第四机械工业部HFP-1型高频毫伏表生产任务，开启了云南生产电子仪器仪表的历史。1970年，云南无线电厂又完成国防工办要求的第二颗人造卫星发射工程的自动交替扫描示波器生产任务。[②]此后，通过和国内的大专院校、科研单位广泛合作，云南无线电厂还开展了其他示波器、毒剂报警器、手持式和车载式无线电话机等产品的研制。与此同时，云南广播器材二厂试制出省内第一台山茶牌电子管35厘米黑白电视机，定名为"915-1型"。后又研制成915-2型、915-3型机，并投入批量生产（见图9-40）。

图9-40
山茶牌电视机总调试车间
诸锡斌2021年摄于云南省博物馆《庆祝中国共产党成立100周年成就展》

（三）仪器仪表制造技术

仪器仪表既是科学技术发展的重要"工具"，也是工业生产的"倍增器"和军事上的"战斗力"。光学仪器生霉起雾是一个普遍的现象，这一现象在温度高、湿度大的南方地区更为普遍和严重。光学仪器生霉起雾后，轻者成像不清，观察距离缩短，严重时仪器丧失功能，甚至报废。20世纪50年代末，云南光学仪器厂开始从提高密封性，仪器内部干燥除湿，提高光学玻璃表面化学稳定性，镀防霉、防雾膜等方面进行研究，经过十余年的协作攻关，取得了一系列成果。主要成果有SF501挥发性防霉剂、防霉剂8-羟基喹啉铜、防霉剂醋酸苯汞和酸性硫柳汞等。[③]这一系列成果推广使用后，光学仪器生产、使用全过程中生霉起雾率大大下降。云南光学仪器厂总结光学仪器的设计生产经验，于1971年编写了《光学仪器设计手册》[④]。手册主要内容包括：几何光学成像，光的波动性及其应用，目标和接收器，光学系统像差计算，光学系统结构元件，典型光组的设计方法以及望远物镜和目镜、照相和投影制版物镜等330个光学系统的结构和技术要求。

---

① 云南省地方志编纂委员会：《云南省志》卷29《电子工业志》，云南人民出版社，1992年，第78页。
② 云南省地方志编纂委员会：《云南省志》卷29《电子工业志》，云南人民出版社，1992年，第8、58页。
③ 云南省科学技术委员会：《云南100项科技发明》，云南科技出版社，2000年，第135页。
④ 张治江主编：《中文版科技工具书辞典》，机械工业出版社，1989年，第447页。

（四）精密机械制造技术

为提高机械加工精度，昆明机床厂采用金属刻线尺或机床导轨作为补偿链，于1965年试制成功T42100双柱坐标镗床（见图9-41），满足了定位精度5微米的要求。[①]由于机床上装有垂直主轴和水平主轴，被加工零件可以在一次装夹中进行垂直方向和水平方向的镗削和铣削，机床3个方向坐标精度的定位是使用高精度金属毫米刻线尺作为基准的，将毫米划线影像分别经过一套光学系统在小型投影屏上放大，坐标精度就不受机床磨损影响，而且读数便利，可用来进行精密镗孔，也可用于精密铣削和精密测量。国家鉴定委员会鉴定后认为，该产品在制造精度方面已达到世界最先进水平。

1966年，昆明机床厂对比瑞士6A型产品又试制成功了坐标精度为0.003毫米的TA4280大型双柱坐标镗床。[②]为服务军工，1970—1973年，昆明机床厂又应用反射光栅数显和可控硅交流变频无级调速技术，开发了T42200型光栅数字显示双柱坐标镗床。该机床台面宽2000毫米，工作台负载3吨，整机重34吨，是当时我国最大的坐标镗床（见图9-42）。[③]

刻线机是一种刻制精确分度线纹的机床。1969年，昆明机床厂研制成功QG4110A光电刻线机，1971年又研制成功QG4115高精度光电跟踪长刻线机（见图9-43）。这两种刻线机能以10线/分的速度自动刻线，并可修正线纹误差，可使被刻尺的精度高于母尺，刻线精度可达到1微米/米。此外，QG4115还可用作比长仪。[④]

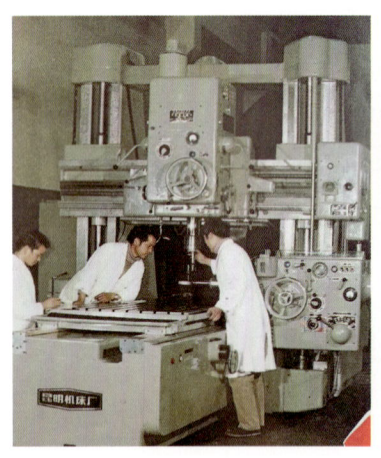

图 9-41
T42100 双柱坐标镗床
昆明机床厂机床研究所肖振宇提供

图 9-42
T42200 双柱坐标镗床
昆明机床厂机床研究所肖振宇提供

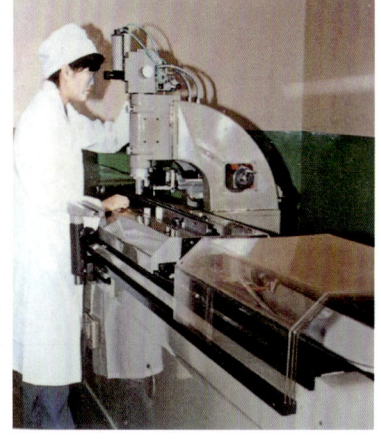

图 9-43
QG4115 高精度光电跟踪长刻线机
昆明机床厂机床研究所肖振宇提供

（五）特殊设备制造技术

1962年后，云南光学仪器厂开始自行设计研制精密光学仪器，当年就针对导弹地面瞄准设备要求推出了8台东风1号产品，满足了尖端武器配套的需要。1965年，云南光学仪器厂在东风1号的基础上推出了东风2号产品；1966年又研制了3号和4号产品，并建立了"东风"系列配

---

① 云南省地方志编纂委员会：《云南省志》卷27《机械工业志》，云南人民出版社，1994年，第270、273页。
② 昆明机床厂志编辑部：《昆明机床厂志（1936—1989）》，云南国防印刷厂，1990年，第24页。
③ 云南省地方志编纂委员会：《云南省志》卷27《机械工业志》，云南人民出版社，1994年，第83页。
④ 云南省地方志编纂委员会：《云南省志》卷27《机械工业志》，云南人民出版社，1994年，第273页。

套产品生产线。[1] 1969年，根据国防科委提出东风3号地面瞄准设备小型化，瞄准设备既可在车上瞄准又可在地面瞄准的要求，云南光学仪器厂与有关研究院所、使用部门联合开展了研制工作，对原东风3号地面瞄准设备进行彻底改造。1970年，样机研制成功。样机主机光电准直经纬仪的总重量为23.5公斤，仅为原东风3号地面瞄准设备重量的15.9%。[2]

为配合国防工业建设，356厂（西南仪器厂）成为枪械生产厂。该厂在学习仿制苏联轻机枪、重机枪和坦克机枪的基础上，于1967年自行研制了67式7.62毫米轻重两用机枪[3]，主要用于射击地面的集群有生目标、轻型坦克和装甲车辆以及单个重要目标，也可用于射击低空飞行的飞机和空降伞兵。1971年，该厂参与了《步兵自动武器及弹药设计手册》的编写，总结了步兵自动武器生产、科研、教学、使用等方面的实践经验。昆明物理研究所（见图9-44）改建为机械工业部211所后，主要开展红外探测器件及微光光电子仪器的设计与制造研究。1972年，云南光学仪器厂、云南大学、机械工业部211所共同研制成功激光脉冲测距仪，测距3千米。昆明国营356厂（西南仪器厂）、50试验场（隶属中国船舶工业总公司）等在云南建成后，云南成为我国第二个鱼雷生产基地。

图9-44
昆明物理研究所
诸锡斌2020年摄于龙泉路小菜园

（六）分析测试技术

1960年后，云南省的地质勘探逐步转入综合勘探，需要分析测试的元素越来越多。为保证分析测试精度，云南锡业公司开始进行一系列试验研究。1963—1968年，公司对1958年制定的《化验室操作规程》做了两次修改补充，分析元素达18个，分析项目比1958年操作规程增加了二氧化硅、钼、磷、钒、氟、硼、钾、钠、锑、铍、金、银等，达到38个；极谱分析增加了铜、铅、锌、镉、铟；光谱测定有铟、铍定量及金的半定量，另外还有锡的铝片还原与标准锡标定，物相有铜、铅、锌3个元素。[4] 与此同时，在铂基合金研究的基础上，贵金属研究所发展了贵金属新材料的成分和微量元素分析技术，其拟订的关于铂铑合金、铂钨合金、铂钌合金及铂铱合金等的化学分析方法，均被批准为国家标准实施。[5]

---

[1] 李滔、陆洪洲：《中国兵工企业史》，兵器工业出版社，2003年，第341页。
[2] 《当代中国的兵器工业》编辑委员会：《当代中国的兵器工业》，当代中国出版社、香港祖国出版社，2009年，第186页。
[3] 《轻武器系列丛书》编委会编著：《解密中国军工厂·兵器篇》，航空工业出版社，2014年，第139页。
[4] 云锡志编委会：《云锡志》，云南人民出版社，1992年，第547页。
[5] 云南省地方志编纂委员会：《云南省志》卷7《科学技术志》，云南人民出版社，1998年，第129页。

（七）计量基准技术

工业目标的测量精度常要求在亚毫米级以至更高级别，在给定的计量领域中，所有计量器具进行的一切测量均可追溯到计量基准所复现或保存的计量单位量值，从而保证这些测量结果准确可靠和具有实际的可比性。为解决我国长度计量基准问题，昆明机床厂于1963年研制成功标准线纹尺，经国家计量局鉴定，其1米长度上线纹误差为0，达到国际先进水平，属国内首创。随着光电显微技术的应用，云南机械制造精密测量基准水平得到提升。1965年起，昆明机床厂和云南光学仪器厂与国家计量局合作，与时用国家基准母尺比较，开始精密长度测量工具——比长仪的研制。1969年，昆明机床厂、云南光学仪器厂和中国计量科学院成功研制动态光电显微镜，并应用于激光光波比长仪，成功研制了实测精度为±0.23微米的激光光波比长仪，长度计量上达到国际先进水平，该仪器分别存放在国家计量院、成都计量测试院及昆明机床厂，作为我国的长度计量基准仪器。1971年，昆明机床厂与贵州新添光学仪器厂合作，研制GDJ-1光电度盘检查仪，采用七套光电显微镜、数字显示和打印机自动记录测量结果，精度在±0.25秒以内。[1]

云南仪表厂是云南生产温度计量仪表的专业厂，其于20世纪60年代开始开发温度计量产品。1966年，云南仪表厂承接中国计量科学院研制标准温度计的任务，发展二等标准型产品，作为工作基准热电偶。1969年，该厂研制出了二等铂铑30-铂6热电偶和标准低温铂电阻以及各种一等标准产品。1970年，田福昆、陈德明等成功研制标准低温铂电阻温度计和中温铂电阻温度计，测温范围分别为13.81～90.188K、90.188K～630.74℃[2]，可用于国防、科研等高精度温度测量。经国家计量部门考核，其为实用温标和精密测量最可靠的温度计。

五、工业技术的进步

根据国家"大分散、小集中"的"三线建设"原则，云南一批工业建设项目被列为西南"三线建设"项目。在国家投入、沿海省市工厂搬迁和技术转移背景下，云南加快了基础工业建设步伐，工业体系不断健全，冶金、机械、能源、电力、化工、轻纺等领域的技术也不断进步。

（一）冶金工业技术

为进一步开发云南矿藏资源，1964年，冶金工业部将云南锡业公司、东川矿务局、易门矿务局、会泽矿务局的建筑公司和井巷公司集中，成立冶金工业部第十四冶金建设公司，为云南矿产资源的开发利用创造条件。配合西南"三线建设"重点工程的实施，云南冶金工业通过改进技术，提高了产能和资源利用率。

1.矿藏资源开发

在1962年云南省地质局区测队对兰坪金顶地区铅锌矿考察的基础上，云南省地质局于1965年决定由第十一地质队接替区测队开展勘查工作。1968年，地质队编写了《兰坪金顶铅锌矿区详查报告及勘探设计书》，探明兰坪县金顶铅锌矿为一特大规模砂岩型铅锌矿，伴生的镉、铊、银、锗、锶等多种有用元素的储量也很可观，是我国最大的铅锌矿之一。1972年秋，

---

[1] 云南省地方志编纂委员会：《云南省志》卷7《科学技术志》，云南人民出版社，1998年，第1240页。
[2] 云南省地方志编纂委员会：《云南省志》卷27《机械工业志》，云南人民出版社，1994年，第293页。

经省计委批准，西坡矿段划归兰坪县开采。①

为加快对滇中铜矿的开发，1965年，云南成立了滇中建设会战指挥部，进行开采前的矿山建设和勘探协调工作。云南冶金地质勘探公司通过扩建304调查队加快了对大姚六苴矿区勘探，其在前期勘探的基础上进行详查，于1966年提交了《大姚六苴铜矿六苴矿床地质勘探报告》。该公司309地质队在对牟定郝家河、清水河两地进行补充勘探后，也提出了《牟定郝家河、清水河矿产储量计算报告书》。当年，牟定铜矿开始建厂，1973年投产，设计能力为年开采铜矿石49.5万吨。②

2. 采矿工艺改进

易门矿务局为了改变破碎岩层开采成本高、木材消耗大、采场周期长，以致长期不能达产的处境进行了工艺改进。1965年，易门铜矿三家厂矿在实地调查研究的基础上，分析研究了采矿中的时间、进度、出矿等问题，对于旧矿区暂不倒塌的坑道，抢在倒塌前采矿体，创造性地提出了强掘进、强采矿、强出矿的"三强"开采法，一举扭转了生产被动局面，采矿能力突破了设计指标。1966年，三家厂矿的生产能力均突破设计指标3800吨/日。1971年最高达5452吨/日，平均超设计能力43.5%。采矿损失率由使用"三强"开采前的42.14%下降到16.84%，贫化率由33.74%下降到29.46%；全员劳动生产率由142吨/（人·年）提高到397吨/（人·年），提高了1.8倍。③1970年，矿厂又在原有"阶段落崩"采矿法的基础上，试验成功"有底柱分段崩落采矿法"，千吨采准切割比从34米降至24.9米，工班采矿效率由40.6吨提高到85.7吨。④

3. 选矿工艺创新

云南锡矿资源性质复杂，多种金属共生，但如果辅以其他工艺，可提高多种金属综合回收率。为此，云锡公司采用磁选、浮选等辅助工艺提高了锡和除锡以外金属的回收率。1960—1971年，公司在锡矿选厂重选复洗摇床次精矿中采用磁选工艺回收了锆英石，回收率达79%。云龙粗锡精矿采用浮选脱硫工艺后，也解决了精矿质量问题。综合多种金属的回收，公司推出了浮（选）—重（选）—浮（选）的选矿流程，先混合浮选硫化物，再通过重选回收锡、钨、铋产出混合精矿，最后进行锡、铜、钨、铂、硫分离浮选。在黄茅山锡矿泥重选中，由于单一重选流程回收细粒锡石效率不高，昆明冶金研究所于1962年提出了用油酸浮选细粒锡石的工艺，在浮选生产实践中对浮选药剂进行了改进。1968年，研究所研制出用水玻璃抑制锡石，浮出钙矿物，再抑制铁矿物浮出锡石的工艺。1970年，又研制出六聚偏磷酸钠抑制钙、铁矿物，再用油酸直接浮选锡石的工艺。浮选工艺改进后，浮选精矿品位达到5%~10%，产出锡品位40%左右的锡精矿。⑤

4. 冶炼工艺改进

冶炼是回收金属的关键环节。为提高金属直收率，降低工作复杂性和劳动强度，云锡公司对原有冶炼工艺进行改进。1963年，云锡冶炼分公司在成功采用烟化炉硫化挥发处理贫锡炉渣后，以用烟化炉直接处理富锡炉渣取代了传统的鼓风炉加石灰再熔炼法，锡的挥发率在98%以上，烟尘含锡品位达50%以上，弃渣含锡少于0.1%，粉煤消耗约22%，取得了较好的经济指

---

① 《中国矿床发现史·云南卷》编委会：《中国矿床发现史·云南卷》，地质出版社，1996年，第85页。
② 《中国矿床发现史·云南卷》编委会：《中国矿床发现史·云南卷》，地质出版社，1996年，第79、81页。
③ 玉溪地区科学技术委员会编著：《玉溪地区科技志》，云南科技出版社，1994年，第143页。
④ 云南省地方志编纂委员会：《云南省志》卷7《科学技术志》，云南人民出版社，1998年，第439页。
⑤ 云南锡业公司：《科技成果汇编（1950—1985）》，云南锡业公司，1987年，第71页。

标。[①]1963年前,云锡公司锡精炼除铅、铋一直沿用调温结晶放液锅,为解决操作程序复杂、劳动强度大、直收率低等问题,云锡公司冶炼厂于1963年对原"调温结晶脱铅铋"工艺进行改进。该厂根据昆明工学院李梦庚提出的螺旋结晶筒试验资料,组织结晶筒的试制,于1973年改进成燃煤加热溜槽结晶机,代替了放液锅结晶脱铅铋作业,提高了铅、铋处理能力,成为我国锡工业的独特创造。[②]

1960年后,云南冶炼厂针对东川等地交售的高钙镁铜精矿,组织科技人员研究高品位冰铜的冶炼工艺并获得成功,不但降低了电炉作业成本,还为转炉粗炼创造了有利条件。这项技术在当时达到国内先进水平。[③]

配合攀枝花重工业基地建设,昆明钢铁厂(见图9-45)扩建工程被列为西南"三线建设"重点建设项目,由上海援建。在昆明钢铁厂扩建中,上海市派出大批干部和工程技术人员,分批到厂帮助工作,重庆、鞍山、武汉等钢铁设计单位也派来技术、设计队伍,鞍钢2座焦炉和回收设备迁到昆明钢铁厂。经过几年的奋战,1970年11月,昆明钢铁厂建成了云南省第一座现代化纯氧顶吹转炉,次年建成云南省第一个薄板车间并投产,结束了云南不能生产板材的历史。[④]

图9-45
昆明钢铁厂旧址所在地
诸锡斌2020年摄于安宁昆明钢铁厂

(二)机械工业技术

机械工业是云南工业发展的基础。为了保持和稳定云南工业和社会经济发展,云南机械工业的科研和技术人员刻苦努力,以提高产品生产效率和质量为目标,在"文化大革命"极端困难的情况下,仍然促进了矿山冶金机械、农用机械、电机电器、仪器仪表等技术的进步。

1.矿山冶金机械

根据矿山开采和金属加工的需求,继1962年云南重型机器厂(见图9-46)在小龙潭煤矿使用1立方米挖掘机后,昆明市风动机械厂于1966年试制成功CTC700型轮胎式采矿钻车,主要用于采用分段崩落法的采矿场;此后又研制成功CTC500型轮胎式潜孔凿岩钻车。1965年,云南重型机器厂林沐恩等研制成功我国第一台45千克铅锭浇注堆码联合机组,投产后生产效率提高4.5倍。1970年,云南重型机器厂与长沙矿山研究院、白银有色金属公司联合试制成功LYZ-200牙轮回转钻机。在一次钻进过程中不换钻杆,用液压控制操纵系统和牙轮冲击钻具,效率

---

① 宋兴诚主编:《锡冶金》,冶金工业出版社,2011年,第134页。
② 云南省地方志编纂委员会:《云南省志》卷26《冶金工业志》,云南人民出版社,1995年,第176页。
③ 云南省地方志编纂委员会:《云南省志》卷26《冶金工业志》,云南人民出版社,1995年,第475页。
④ 中共四川省委党史研究室、四川省中共党史学会:《三线建设纵横谈》,四川人民出版社,2015年,第139页。

由原来的40米/台班提高到80米/台班。[1]1972年，该厂又在20吨冷拔机研制的基础上完成6/550积线式拉丝机，并与西安重型机械研究所合作研制成功22/250水箱拉丝机，该机由集线臂、旋转放线架、乱线停车装置、拉丝机本体组成，实现了拉丝设备的集成。[2]

图9-46 云南重型机器厂（后为昆明重型机器厂）[4]
诸锡斌2020年摄于云南冶金昆明重工有限公司

2.农用机械

农业机械化规划要求大中型拖拉机与机引耕作机具之比为1∶2.5以上，云南机引耕作机具由此获得了较快发展。云南省农业机械研究所根据云南土壤黏重、比阻大的情况，在1962年机引四铧堡子犁和畜力堡子犁的基础上，研制成功ILFJ-435四铧堡子犁。1966年起，昆明市农业机械厂、玉溪地区农机厂以及龙陵县农机修造厂又开展了机引水田耙设计。其中，1966年投产的PSD-2.5型悬挂水田耙，耙宽2400毫米，耙深215毫米；1972年投产的PZQ-2.2型20片重型缺口耙，耙宽2200毫米，耙深220毫米，每小时可耙15～18亩旱地，用户反映较好。[4]在前期研究手动插秧机的基础上，1967年，云南省农业机械研究所参加以南京农机化研究所为主的全国机动水稻插秧机会战组，研制成功东风-2S型机动水稻插秧机，使我国成为世界上首批拥有机动插秧机的国家之一。

3.电机电器

1961年，第一机械工业部在昆明成立昆明高原电器研究所（现为昆明电器科学研究所），进行高原气候对电机性能影响的研究，在国内首先提出海拔每升高100米，电机温升约增高0.5K的测定结果。1964年，研究所完成35千伏以下瓷绝缘子工频干弧放电电压受海拔高度变化影响的实验研究，提出放电电压降低系数与相对空气密度之间的关系$K=\delta$及高海拔地区的绝缘子应能承受的工频干弧最低放电电压的公式，可作为电瓷产品设计生产参数。此外，通过构建中型、大型高原人工模拟气候室，研究所先后进行了电机的温升和电晕、高压电器和电瓷的亚频冲击条件绝缘强度和温升、低压电器的绝缘、温升灭弧等方面的研究工作并总结出影响规律。与此同时，该所还对高海拔地区气候特点进行统计分析，得出海拔与气温、气压、湿度的关系。[5]在此基础上，研究所编制了电工产品高原使用环境条件以及相应实验方法等高原电器基础标准，同时还与有关专业所共同编制了电工产品标准中的高原使用条款，如电机标准

---

① 云南省地方志编纂委员会：《云南省志》卷27《机械工业志》，云南人民出版社，1994年，第295页。
② 云南省地方志编纂委员会：《云南省志》卷7《科学技术志》，云南人民出版社，1998年，第439页。
③ 云南重型机器厂于1958年诞生，1981年改名为昆明重型机器厂，1994年易名为昆明重型机械工业总公司，1996年改名为昆明重工（集团）股份有限公司，2009年重组为云南冶金力神重工有限公司，2011年改名为云南冶金昆明重工有限公司。
④ 云南省地方志编纂委员会：《云南省志》卷27《机械工业志》，云南人民出版社，1994年，第143页。
⑤ 云南省地方志编纂委员会：《云南省志》卷27《机械工业志》，云南人民出版社，1994年，第274页。

GB 755-65中的高原使用条款。[1]

4.仪器仪表

在精密光学仪器制造的带动下，云南电子显微镜技术也有突破。1964年，云南大学电子物理实验室在第一代透射式电子显微镜的基础上，又设计出第二代透射式电子显微镜YDX-3，并在1965年底安装成功，分辨率达到50A，在于重庆举办的全国仪器仪表展览中获得了奖励。此后，云南大学又研制了第三代、第四代透射式电子显微镜，分辨率优于100A，几代显微技术均达到了当时国内同类产品的先进水平。

（三）煤炭工业技术

为了向攀枝花钢铁工业基地提供动力，"三线建设"计划将贵州六盘水及其周边地区建成以煤炭工业为主体，冶金、电力、建材等综合配套发展的大型煤炭基地，计划达到2000万~3000万吨的生产能力。[2]云南曲靖地区羊场、楚雄地区永仁（宝鼎山）成为项目建设基地。在这些项目的带动下，云南煤炭工业发展迅速，煤炭勘探、开采、机械化应用得到加强。

1.矿藏资源勘探

攀枝花钢铁工业基地是"三线建设"重点项目，为了加速基地建设，煤炭部决定集中力量建设宝鼎煤矿。1964年9月，地质部调湖南省湘潭401队、衡阳406队、广东省韶关702队和浙江省地质局探矿队共5000余人汇集宝鼎矿区，并由云南省地质局组建宝鼎地质指挥部（代号为渡口7号信箱）。地质指挥部将所抽调的人员组编成地质8队、9队、10队和煤层对比科研队，开展了大规模的详细地质勘探。云南省地质局于1966年成立了煤层对比科研队专题报告小组，其在3个地质队获得的大量地质资料的基础上，对其他有关资料进行了整理研究，于1967年5月提交了《渡口煤田宝鼎矿区大荞地煤岩系沉积特征》专题报告[3]；1968年12月，又提交了《大荞地（Ⅲ）井田详细勘探地质报告》[4]。至1972年，宝鼎矿区完成了规划、设计和建设任务，年产量达195.67万吨；此后，年产量逐年增长，达到330万~360万吨。

2.煤炭生产技术

随着机械工业的发展，云南省属煤矿开始使用装载和开采机械设备提高生产效率。继20世纪60年代铲斗式装岩机推广后，70年代，云南开始推广使用耙斗装岩机装岩。一平浪煤矿首先使用耙斗装岩机，随后基建公司在羊场煤矿沙背冲暗斜井施工中也使用了耙斗装岩机装岩。1960—1970年，云南煤炭厅直属煤矿采煤工作面和顺槽，逐步使用并列式薄煤层刮板输送机运煤。1971年9月至1972年8月，一平浪煤矿开始试用MLQ-80型浅截式滚筒采煤机组和MHJ-1型静力刨煤机组。为提升矿井巷道承受压力，钢筋混凝土支架、金属支架以及描喷支护也得到推广。1964年，来宾煤矿首先推广掩护支架采煤法，采用"＜"型钢掩护支架，开采倾角40~55度、厚度3.5米左右的煤层，有效提高了煤炭产量。[5]

---

[1] 《中国电器工业发展史》编辑委员会：《中国电器工业发展史·专业卷（3）·电工材料、新技术及其他专业部分》，机械工业出版社，1990年，第233页。

[2] 中共六盘水市委党史资料征集研究办公室：《六盘水开发建设回顾》（第1辑），中共六盘水市委党史资料征集研究室，1988年，第6页。

[3] 《攀枝花市志》编纂委员会编著：《攀枝花市志》，四川科学技术出版社，1994年，第161、222页。

[4] 解洪主编：《攀西开发志（综合卷）》，四川人民出版社，2007年，第157页。

[5] 云南省地方志编纂委员会：《云南省志》卷24《煤炭工业志》，云南人民出版社，1994年，第192、209、234页。

(四)电力工业技术

为满足工业建设用电需求,云南加快了以水电为主的电站的建设,并在发电、输电等领域持续进行技术改进,推进了电力工业技术的发展。

1. 发电设备扩容

1965年,以礼河水力发电工程局和昆明水电勘测设计院合并,成立水利电力部云南水力发电建设公司。1966年,以礼河三级(盐水沟)电站从捷克引进的第一台高水头冲击式3.6万千瓦机组投入使用,其为当时云南省单机容量最大的水轮发电机组。1966年,宣威电厂三期扩建工程1×5万千瓦高温高压东德机组土建工程开工。1967年,开远发电厂第五期2×1.2万千瓦扩建工程8号机组投产发电。至此,开远电业局第一发电厂全部建成,共8机8炉,最终容量7万千瓦。1970年,喷水洞电厂在山洞内扩建的1×1.2万千瓦机组工程开工,绿水河一级电站4×2000千瓦机组工程开工。1971年,西洱河一级电站3×3.5万千瓦国产机组、二级电站4×1.25万千瓦国产机组工程开工。

2. 输变电线路建设

为提高电力输送能力,云南加强了输变电线路建设。1967年,由西南电力设计院设计,云南送变电工程处、华东送变电公司、吉林电建一处施工的宣威至昆明220千伏输电线路及普吉变电站建成投产。该线路将宣以电网和昆明电网相连,建成西南高海拔地区第一条220千伏线路。当年底,以礼河梯级水电站开始向昆明送电。[1]1969—1970年,以昆线(以礼河电厂四级站—温泉变电站)又建成第二条220千伏的输电线路和温泉变电站。温泉变电站使用初期投入12万千伏安主变压器1台,1973年投入第二台,总容量达24万千伏安,成为云南省规模最大的变电站,其电压等级为220/110/10千伏。[2]1972年,昆明地区调度所安装并投入了云南省电力系统第一台电子计算机。[3]

(五)化学工业技术

在国家和云南省委、云南省人民政府的推动下,云南以工业促进农业发展,进行进口产品替代,提高工作效率,农用化工技术、煤化工技术、化学加工技术有了发展。

1. 农用化工技术

为贯彻落实工业支援农业的方针,各地开始兴建、改造化肥厂。1963—1967年,楚雄州化肥厂、玉溪地区化肥厂、陆良磷肥厂、昆明合成氨厂、个旧市化肥厂先后建设和改造完成,云南磷肥厂、光明磷肥厂、沾益磷肥厂、楚雄钙镁磷肥厂、宣威磷肥厂、玉溪磷肥厂建设和改造工程也相继竣工,最高设计生产能力达3万吨。为提高化学原材料产量,1962年,昆阳磷肥厂首次采用热法生产磷酸,完成一套空塔外水冷、内酸冷的燃烧水化塔,文丘里除雾的热法磷酸工艺,为磷酸制造技术奠定了基础。[4]1964年,昆阳磷肥厂完成300吨/年热法磷酸中试装置,1966年转为工业生产,1968年改为"一塔二文"流程,增加第二级文丘里除雾,使生产能力提高到年产1000吨,生产技术居全国领先地位。

---

[1] 云南省地方志编纂委员会:《云南省志》卷7《科学技术志》,云南人民出版社,1998年,第547页。
[2] 谢本书、李江主编:《近代昆明城市史》,云南大学出版社,1997年,第312页。
[3] 云南省地方志编纂委员会:《云南省志》卷37《电力工业志》,云南人民出版社,1994年,第410页。
[4] 云南省地方志编纂委员会:《云南省志》卷28《化学工业志》,云南人民出版社,1994年,第382页。

2.煤化工技术

褐煤蜡及浅色蜡可以用于制作复写纸、打字纸以及用于精密铸造、上光蜡等。20世纪50～60年代，我国的褐煤蜡基本依赖进口。1968年，为响应国务院以国产蜡取代进口蜡的号召，云南省煤炭工业管理局中心试验室、寻甸县化工厂与云南农业劳动大学组成协作组，于昆明、寻甸两地分别完成了从褐煤中提取煤蜡的小试工作。1969年，云南省煤炭厅化验室、太原燃化所、北京煤化所与寻甸化工厂用当地褐煤提取褐煤蜡中试成功。1970年3月，云南省煤炭工业管理局中心试验室和国营691厂合并成立云南煤炭化工厂，在曲靖潦浒继续进行并完成从褐煤中提取煤蜡的中试工作。当年，云南煤炭化工厂依靠自身力量，修旧利废，建成年产20吨的褐煤蜡萃取装置，随即进行生产性实验并获得成功。该厂年末共产出第一批国产蜡2吨，在北京、天津、上海试销，受到用户好评[①]，打破了我国褐煤蜡依赖进口的局面。

3.化学加工技术

在紫胶引种扩繁的同时，为改进紫胶原胶加工技术，林产化学工业研究所设立了紫胶研究室，开展紫胶原胶加工技术的研究，在昆明虫胶厂设立了紫胶工作站，进行原胶生产试验，对原胶生产做技术指导。1965年，研究所完成了以热滤法净制紫胶的工艺设备试验，并在昆明虫胶厂增加了溶剂法生产线。[②]

1970年，云南省邮车总站云南省邮电器材公司，采用化学蚀刻法制作钢质邮政日戳，改变了全国各地历年用手工刻制邮政日戳的传统做法。同年，红河州电线厂建成投产，开始生产漆包线。为提高漆包线绝缘性能，1971年后，在上海市电缆研究所的组织下，红河州电线厂对广泛应用于变压器、电器与电动工具等产品中的缩醛漆包线的质量、工艺、特性进行了研究，为国产膨胀漆的研制提供了数据支持。

（六）轻纺工业技术

长期以来，轻纺工业技术依赖传统原料。为弥补传统纺织工业原料的不足，云南加大了开发化学纤维纺织材料的力度，同时积极发展化学印染防污技术，促进了云南纺织业的转型升级。

1.化学纤维生产

因纺织工业原料不足，云南大力发展化学纤维和化学印染。1963年初，为解决人们穿衣难的问题，云南省化工试验研究所提出以2号聚氯乙烯树脂为原料，用湿法制聚氯乙烯纤维的试验研究项目，年底产出第一批聚氯乙烯纤维，因系云南首先制出而取名"滇纶"。1964年8月，"滇纶"生产30吨车间建成，包括湿抽丝及溶剂回收，并在工艺上把凝固剂由甲醇改为乙醇，以减轻毒性；1965年，进一步改用4号聚氯乙烯树脂为原料并扩建为年产500吨的滇纶车间。滇纶纤维产出后，由云南纺织厂试纺，用50%的滇纶与50%的棉花混纺成21支滇纶纱，然后再织成卡其布或市布在市场上销售。买滇纶布不用布票，虽然其零售价比棉布高60%，但在棉布供不应求的情况下其销量仍然很好。1970年6月，化工研究所合成纤维室与500吨滇纶车间合并，组成云南合成纤维厂，准备扩大生产，但由于全国棉花产量逐年增加，又因滇纶纤维吸色性差，含水低，耐温性能差，特别是售价高，无法在市场上竞争，销路逐步减少，至1973年

[①] 云南省曲靖地区志编纂委员会、中共曲靖地委史志工作委员会编纂：《曲靖地区志3》，云南人民出版社，1996年，第400页。

[②] 《当代中国的林业》编辑委员会：《当代中国的林业》，当代中国出版社、香港祖国出版社，2009年，第260页。

停产时为止，该厂共生产滇纶纤维2181吨。①

2.印染防污技术

为满足大批新建纺织企业的印染需求，使纺、织、染工业的生产平衡配套，以云南印染厂为重点的企业进行了有目标的扩建改造。1963—1966年，云南印染厂按工艺流程要求重新拆迁安装设备，生产能力由1800万米提高为2800万米，生产线由1条增加为2条；1969—1974年又新建了机械印花生产线，在以8套色滚筒印花代替民族印花手工生产的同时新建3条轧染生产线。为控制纺织工业发展带来的污染，1969年，云南省设计院马玉麟等人对云南印染厂的印染废水，先后进行了小型（200升）及中型（50立方米）的活性污泥法实验；1971—1972年又进行了新型曝气翼轮实验，据此设计建造了污水处理装置，总投资51万元，1974年投入运转，日处理印染废水6000立方米。处理后，废水色度去除率为72%～85%，化学耗氧量去除率67%～85%，pH由9～12降至7～9，硫化物几乎全部去除。处理后的印染废水，除色度外，基本达到国家排放标准。云南昆湖针织厂和昆明市轻工试验所也开展了污染处理协作，用碱式氯化铝作化学混凝剂和蜂窝斜管沉淀方法处理染色污水，色度去除率在90%以上，化学耗氧量60%左右，达到国家排放标准。处理工程于1975年5月投入运转，具有投资少、占地面积小、设备简单、操作方便、见效快等优点，但污泥处理问题还有待进一步解决。②

六、医药科学技术的发展

为保证战时医疗储备，应对疾病防治中存在的问题和战争可能带来的伤害，云南省参与了全国的疾病病原调查。云南利用民族药物资源与省内外研究机构联合开展药理研究，云南医药卫生研究机构在几种特效药研制上取得重要成果。

（一）疾病疫源调查

"三线建设"期间，云南为应对战争可能带来的伤害和进行备战，根据国家规划要求，开展了对疾病病源的调查，并取得了预期效果。

1.鼠疫病源调查

卫生部《医学科学研究十年规划（1963—1972）》要求各地查明鼠疫疫源性质及家野鼠相互传播关系，从而为消灭鼠疫疫源提供科学依据。1965年3月至10月，南方五省鼠疫疫源联合调查队抽调流行病学工作人员5人、动物昆虫学工作人员19人、细菌检验工作人员17人，组成德宏分队，对梁河县遮岛、曩宋、河西、芒东、大厂，盈江县旧城、新城、平原、太平、弄璋等10个区151个村镇进行鼠疫疫源调查。③调查发现，盈江、梁河两县各地区历年鼠疫流行暴发之前以及流行期间均毫无例外地发生过大批家鼠死亡的事件，解放以后也一再发现疫鼠、疫蚤，个别地区（如芒东、杨柳河）亦有疫鼠发现，说明本地区疫源存在至少已达21年之久；开皇客蚤和缓慢细蚤为本地区鼠疫有关传播媒介。④

---

① 云南省地方志编纂委员会：《云南省志》卷18《轻工业志》，云南人民出版社，1997年，第160页。
② 环境保护科技成果选编协作组：《环境保护科技成果选编》，科学技术文献出版社，1976年，第35页。
③ 《德宏州卫生志》编纂委员会：《德宏州卫生志》，第275页。
④ 云南省鼠疫疫源调查队：《盈江、梁河两县鼠疫疫源地调查报告》，载《德宏地方病论文集（鼠疫专辑）》，德宏民族出版社，1990年，第85–110页。

2.核辐射污染调查

1964年10月16日，我国第一颗原子弹爆炸成功，由核试验产生的放射性落下灰辐射问题引起关注。放射性落下灰从空中降落，沉积在地面，黏附在人体、物体表面，悬浮在空气中，飘浮在水中，从而造成表面沾染、空气沾染、水沾染等形式的剩余核辐射，在相当长的时间内危害人和生物体，杀伤部队的有生力量。为了解决原子弹放射性落下灰造成的环境影响，云南省卫生防疫站参与了"我国核试验产生的放射性落下灰的沉降特点及对环境的污染"研究，通过对我国核试验产生的放射性落下灰在云南的沉降特点和对外环境污染的观测，积累了大量数据，掌握了我国核试验产生的放射性落下灰对云南的环境污染情况。这些情况为分析我国核试验产生的放射性落下灰在全国的沉降规律提供了重要依据。

（二）特效药物的研制

云南具有较高的生物多样性水平，可利用的动植物药物资源十分丰富。在充分开发、利用本地药用生物资源的基础上，云南与国内医药研究机构开展了特效药的研制，取得了一批研究成果。

1.蛇伤药

蛇咬伤多发生于南方地区，野外作业常发生因蛇咬伤而中毒死亡的事件。为给战时医疗提供技术储备，也为给南方地区人民群众生命安全提供保障，1969年，云南省动物研究所、四川生物研究所、昆明制药厂组成协作组，深入农村、山区，收集整理民间防治毒蛇咬伤的单方验方4000多个。经反复试验和临床实践，协作组成功研制了包含紫金龙、夏枯草等十余味草药的处方。这一处方药对各种毒蛇咬伤具有良好疗效，取名"云南蛇药"。临床方面，1971年9月起，昆明第二人民医院及解放军58医院进行了云南蛇药临床试验，效果良好。1972—1973年，云南省16县1市及生产建设兵团、解放军医院进行了云南蛇药应用临床观察，两年共收治毒蛇咬伤病人255例，死亡1例，治愈254例。1974年，云南蛇药鉴定会在昆明市召开。1975年，云南蛇药经云南省卫生局批准正式投入生产。[①]在临床治疗蛇咬伤的同时，云南省动物研究所还对蛇毒治愈原理进行研究。1971年，研究取得成功，证明胰蛋白酶能中和蛇毒中的毒性蛋白质赖氨酸，使蛇毒被分解、破坏。

2.麻醉药

傣名为"亚乎鲁"的锡生藤是傣族的一种消肿止痛药物。1961年，北京医学院经植化药理分析和临床观察，发现锡生藤碱甲具有良好的肌松作用。1970年，该单位与云南省药物研究所、昆明制药厂协作，从"亚乎鲁"中提取出具有肌松作用的生物碱，称傣肌松。20多个单位协作阐明了傣肌松的化学结构，证明其属非去极化神经肌肉接头阻滞剂，作用在接头后膜，能被"新斯的明"[②]拮抗；临床应用证明其具有明显肌松作用，对循环动力无不良影响，与乙醚麻醉剂有协同作用。该药后被收载进1977年版《中华人民共和国药典》。[③]

3.疟疾药

美国对越战争期间，越南军队遇到了严重的疟疾问题。应越南民主共和国提出的请求，我

---

① 毛萍、王海燕：《老科学家学术成长资料采集工程老科学家资料长编丛书·赵尔宓资料长编》，上海交通大学出版社，2021年，第124页。
② "新斯的明"为一种药，主要用于：（1）治疗重症肌无力；（2）手术结束时拮抗非去极化肌肉松弛药的残留肌松；（3）麻痹性肠梗阻和术后尿潴留。
③ 张文康主编：《中西医结合医学》，中国中医药出版社，2000年，第2348页。

国紧急布置了"523"战备任务。1967年5月23日，我国制订了疟疾研究的初步行动规划，以军事医学科学院为主要单位，联合地方医疗机构开展研究。研究组多方寻找民间中医药单方、验方。1969年，屠呦呦作为中医研究院中药研究所的负责人参加了从传统中医药中寻找抗疟药物的研究工作。其后，昆明医学院第一、第二附属医院以及云南省药物研究所、云南省第一人民医院参加了这项研究工作。[①]1973年4月，云南药物研究所罗泽渊分离得到抗疟有效单体，暂时命名为"苦蒿结晶Ⅲ"，后改称"黄蒿素"。1974年，云南省药物研究所的詹尔益为满足临床需要及工业生产的要求，对提取分离方法进行比较研究，创造了黄蒿素溶剂汽油提取法。[②]

4.避孕药

1962年底，中共中央、国务院《关于认真提倡计划生育的指示》发布后，控制人口自然增长率对科学技术提出了要求。[③]我国从1963年即开始研究甾体避孕药，昆明医学研究所参与了药物的研制。1969年，研究人员用全合成方法生产了18-甲基炔诺酮，并与雌激素配伍，组成了复方短效18-甲基炔诺酮。该药于1971年通过鉴定后推广应用。此后，我国科学家继续研究，将短效口服避孕的剂量减至1/8，但其仍不失避孕效果。此外，我国还研制出3种长效口服避孕药，服药一次，可避孕1个月。

5.钩端螺旋体病疫苗

钩端螺旋体病是由各种不同型别的致病性钩端螺旋体（简称钩体）引起的一种急性自然疫源性疾病。云南于1955年发现钩端螺旋体病，为预防该病的传播，了解主要流行菌群，研究人员从病人、家畜、家禽和各种野生动物中分离获得了大量的钩端螺旋体菌株，并开始分类工作。为提高菌苗的预防效果，1964年，卫生部药品生物制品检定所收集了来自5个国家的139株国际参考菌株，云南省卫生防疫站参与了菌株分类工作。工作组选出58个血清型的国际参考标准菌株作为标准菌株，对来自全国15个省区市的290株地方菌株做分类鉴定，建立了我国统一的第一套12群13型的国内分类参考标准菌株，为疫苗的研制创造了条件。[④]

（三）治疗技术的探索

为更好地发挥中医针灸疗法在手术中的作用，1967年后，云南省和全国一样，开展"针刺麻醉"临床试验。在针刺麻醉甲状腺手术成功后，昆明医学院第一附属医院开始在颅脑外科手术中应用针刺麻醉，手术种类包括大脑半球摘除术、脑膜瘤摘除术、后颅凹探查术及脊髓探查术等。1970年5月至1978年9月，记录较完整的颅脑外科手术达305例，手术成功率为83.67%～98.75%，平均为94.09%[⑤]。这些探索为我国脑神经外科积累了针刺案例和经验。

七、基础科学的前行

"三线建设"时期，针对国防、工业和自然资源利用中涉及的理论问题，国家有选择性地开展了基础科学研究。云南在前期研究基础上，通过组织和参与国家相关项目研究，在天文学、

---

① 屠呦呦等口述：《"523"任务与青蒿素研发访谈录》，湖南教育出版社，2015年，第2页。
② 张大庆、黎润红、饶毅：《继承与创新：五二三任务与青蒿素研发》，中国科学技术出版社，2017年，第82页。
③ 路遇主编：《新中国人口五十年》（上），中国人口出版社，2004年，第137页。
④ 于恩庶等主编：《钩端螺旋体病学》（第二版），人民卫生出版社，1992年，第416页。
⑤ 《颅脑外科手术的针刺麻醉》，《针刺研究》1979年第2期。

地质学、气候学、生物学、化学等领域取得了成果，一部分研究成果得到了转化应用。

（一）天文学

对太阳物理的观测研究是云南天文学起步最早的分支学科。1950年，云南天文台就参加了全国观测资料的联合发布。为迎接第20周、21周太阳活动峰年的到来及开展太阳活动区物理研究，1966年以后，云南天文台陆续增设了观测太阳耀斑爆发的光学和射电观测设备（见图9-47），取得了不少伴随强烈地球物理效应的包括质子耀斑在内的耀斑爆发资料。

图 9-47
主要用于太阳黑子投影描迹和照相的太阳黑子望远镜
诸锡斌2021年摄于中国科学院云南天文台

1969年初，国家正式下达太阳活动预报任务给中国科学院。当年3月，北京天文台太阳室在条件非常简陋的情况下开始发布预报，同时要求紫金山天文台和云南天文台（昆明天文工作站）交换观测资料并进行联合发布。当年10月25日，云南天文台第一次发布太阳预报，此后一般情况下每半月发布一次，从不间断。这些预报为我国东方红卫星的发射以及此后一系列国产卫星的发射提供了所需的太阳活动基础资料。[①]

（二）地质学

云南科技人员在地质地貌和矿产资源调查中积累了大量古生物化石和生物地层资料。这些化石和资料为古地质学研究创造了条件。1965年，中国地质科学院地质力学所钱方等人在元谋县上那蚌村发现"元谋人"牙齿化石，经古地磁测定，元谋人生活年代距今170万年，是国内已知最早使用工具和火的旧石器时代早期直立人。当地还发现了云南马、水牛、云南水鹿、剑齿象等14种哺乳动物化石，在这些发现的基础上，研究人员建立了元谋第四纪地层系统。与此同时，云南省地质局开展了华南泥盆系专题性研究，获得了云南武定地区泥盆系、滇东泥盆系的划分与对比研究两项成果，为完善泥盆系年代地层单位，寻找有益沉积矿提供了依据。1972年，云南省地质局组织昆阳群研究专题组，由孙家骢、蔡忠柏等人负责，在前期工作的基础上完成了《云南中东部元古代昆阳群地层划分及对比》，将昆阳群分为8个组，提出了区域对比方案。在这些研究成果基础上，国家地质局下达编制全国统一区域地层表和古生物图册任务后，云南省地质局组织专门队伍编制完成了云南区域地层表和古生物图册。编制工作的实施和完成对云南地层古生物资料的积累和地层古生物人才的培养起到了积极作用。

为了有效减少和避免自然灾害的发生对人民生命财产的危害，云南泥石流预测预警研究得到加强。早在1961年，东川矿务局就在东川蒋家沟下游红山嘴开始泥石流观测，以探索泥石流运动过程和冲淤规律，寻求防止泥石流堵断小江的途径，从而揭开了蒋家沟泥石流观测与实

[①] 张柏荣：《云南天文台的太阳预报工作》，《云南天文台台刊》1979年第2期。

验研究的序幕。1965—1973年，中国科学院兰州冰川冻土沙漠研究室、北京大学地质地理系联合云南东川矿务局对蒋家沟泥石流进行了野外观测、调查，对泥石流形成的条件和基本特征开展研究。研究认为，泥石流的形成在于该流域有充分的固体物质补给（主要是板岩的风化物，总储量为7.5亿方，以崩塌为补给方式），陡峻的地形及丰富而集中的降雨。[1]

（三）气候学

气候条件是作物引种的基础，1964年，竺可桢首次把光资源引入农业气候领域，开辟了挖掘农业气候生产潜力的新路。根据这一思路，云南省气象中心实验室组织攻关，提出"云南农业气候区域"概念，在初步评价热量资源、水分条件、光照状况的基础上，绘制了分层块结合的农业气候区域图；而后又在全省农业气候调查的基础上，完成了县、公社两级农业气候区划试点。该项研究为云南引种墨西哥小麦、银胶菊做出了贡献，也为此后开展的红河河谷气候考察奠定了基础。[2]

（四）生物学

20世纪60年代中期，云南省动物研究所施立明参加了核武器生物学效应研究。研究以细胞遗传学的技术和方法定性定量评价辐射防护药物，在实验动物模型的建立、实验技术和方法的改进上都有所创新，如整体给药、离体照射技术的提出，以外周淋巴细胞染色体畸变作为辐射防护药定量评价指标等，解决了不可能用正常人进行照射实验的重大难题，为我国国防医学中抗放射药物的筛选研究提供了重要的新技术新方法。[3]

1957年，吴征镒、王文采发表《云南热带、亚热带地区植物区系研究的初步报告》，针对地区性植物区系开展研究并取得重要进展。1964年，吴征镒从全球角度，将中国种子植物约2980属分为15个分布区类型和35个变型，并撰写了论文《中国植物区系的热带亲缘》。研究指出："北纬20°～40°之间的中国南部西南部和印度支那的广大地区最富于特别的古老科属，这些从第三纪古热带区系传下来的成分可能是东亚区系的核心，这一地区是东亚区系的摇篮，也许甚至是北美和欧洲植物区系的诞生地。"[4]

（五）化学

20世纪60年代，昆明植物所植化室从38种近100属植物中分离出700余个天然化合物，其中新化合物257个，有生理活性的化合物54个，并发现了一些新的化学骨架类型，在萜类、酮体、配糖体（苷类）以及植物化学分类学的研究等方面形成了特色。其中，从薯类植物中筛选薯芋皂素的资源研究，为制药部门合成激素药物提供了优质薯芋皂素；对延龄草科重楼属19种植物的C_{27}甾体皂苷成分进行研究，发现两种对子宫出血有抑制作用的成分，并研制新药。[5]

在理论化学研究方面，云南大学戴树珊发展了唐敖庆杂化理论方法，他参加了唐敖庆领

---

[1] 甘肃省革命委员会科学技术管理局选编：《甘肃省科学技术成果选编1973》，甘肃省革命委员会科学技术管理局，1974年，第165页。
[2] 云南省人民政府办公厅：《云南经济事典》，云南人民出版社，1991年，第68页。
[3] 俞雄：《探索细胞与分子进化的奥秘——中科院院士、遗传学家施立明》，载《温州百年在外学人》，中国文史出版社，2006年，第119页。
[4] 中国科学院昆明植物研究所：《中国科学院昆明植物研究所所史（1938—2018）》，云南科技出版社，2018年，第79页。
[5] 云南省地方志编纂委员会：《云南省志》卷7《科学技术志》，云南人民出版社，1998年，第125页。

导的配位场理论研究，建立起一种新的系统的理论方法。为说明和解释配位化合物的结构和性能，解释配位化合物中金属离子和配位体间的结合力，1964年，戴树珊与唐敖庆等研究者合著了《配位势场理论方法》。[①]

在国家"三线建设"人、财、物的支持下，云南不仅依靠科技发展改变了云南农业和工业的面貌，也使部分科学技术跻身国内领先行列。但由于"文化大革命"的影响，一部分科学研究机构陷于瘫痪或半瘫痪状态，云南科学研究规划，特别是一些由地方提出的科技任务未能如期完成。此后，在中央对社会主义建设的全面整顿中，云南与地方经济发展相结合的科学技术研究得到加强。

第四节　社会主义建设全面整顿时期的科学技术

1972年后，在毛泽东、周恩来的支持下，邓小平开始主持中央日常工作，全面领导"文化大革命"后期党、国家和军队的建设。为消除"文化大革命"的破坏和影响，根据毛泽东"安定团结"和"把国民经济搞上去"的要求，以邓小平为代表的十届中央委员开展了对军队、地方、工业、农业、商业、文化教育、科技、文艺的全面整顿。这一时期，随着中美、中日邦交的正常化以及中国在联合国合法席位的恢复，战争威胁逐步消除，以战备为目的的科学技术发展战略有所调整。1972年8月召开的全国科学技术工作会议，在确定国家科技任务的同时，强调以地方为基础的科学技术发展，要求各级科研机构在完成全国任务的前提下，积极承担地方性科研工作。此后，国务院部署了《1973—1980年全国科学技术发展规划纲要》和《重点任务规划》。云南根据地方经济发展的要求，在1973年召开的全省科技工作会议上提出了云南工业、农业和基础科学研究的重点任务。1975年后，国家和地方科技规划方案有所调整，规划工作没有得到有效落实。尽管如此，国家将科学技术与国民经济发展相结合的方针没有改变。这一时期虽然有"四人帮"的干扰，但在邓小平"科学技术是生产力""科技工作要走在前面"的指示要求下，云南科学技术仍然获得了发展。

一、科学技术发展战略的调整

1972年中美联合公报发表后，中美关系取得历史性突破，我国对外交策略进行了调整，与西方国家的关系得到改善，战争威胁有所减轻。为消除"文化大革命"带来的负面影响，把党和国家的工作中心转移到经济建设上来，国家调整了科技发展战略，将科学技术发展与国民经济发展相结合，加强了地方经济发展所需的科学技术研究。云南也对科技规划进行了相应的调整，加强了对为地方经济服务的农业、工业和基础科学的研究，恢复并完善了科研机构设置，加大了科研投入。

---

① 云南省地方志编纂委员会：《云南省志》卷7《科学技术志》，云南人民出版社，1998年，第129页。

(一)国家科学技术发展战略的调整

1972年8月，全国科学技术工作会议在北京召开，会议总结交流了科学工作贯彻执行毛泽东革命路线的经验，研究了社会主义建设对科学技术的要求和我国同世界先进水平的差距，讨论了今后的工作任务，就领导、队伍、体制、规划和协调等问题提出了若干意见和措施。

会议指出，要进一步发动群众，继续深入开展"工业学大庆，农业学大寨"的群众运动，加强对科学实验群众运动的组织领导，巩固和发展领导干部、工农兵群众、科技人员三结合的群众性组织，发展科研、生产、使用三结合的优势；通过普及科学技术知识，加强科学技术交流，积极发挥专业科研机构的作用，恢复或新建必要的科研机构、中间实验基地、工矿企业的中心实验室、农业实验场等，在完成全国任务的前提下，积极承担地方性任务；充分发挥高等院校在科研工作中的作用和科技人员的业务专长，造就一批工人阶级的技术干部队伍，对那些同工农兵结合得好并有所发明创造的科技人员给予鼓励；在深入实践的基础上，重视实践经验的总结，加强科学技术理论的实验研究，恰当安排基础科学的研究、自然条件的调查和基本科学资料的积累等工作；正确处理当前和长远的关系，在着重抓好大量实际任务的同时，也要注意安排长远性、探索性的工作；做好科学技术的组织协调，搞好国防、民用科技工作的协调，贯彻军民结合的方针，大力开展技术交流，加强科技规划和管理，并将科技计划切实纳入国民经济计划。[1]

全国科技工作会议后，国务院部署了1973—1980年我国科技发展规划的制定工作。中央负责制定《1973—1980年全国科学技术发展规划纲要》和《重点任务规划》，国务院各部门负责制定本部门的专业规划，中国科学院和各高等院校负责制定《基础理论学科规划》，地方负责制定本地区的全面规划。遵照中央通知精神，各部门成立了规划小组，开展规划起草工作。规划的指导方针是"解决生产建设中的重大科学技术关键问题，加强薄弱环节，加强基础理论研究，力争1980年在若干重要和急需方面，赶上和超过世界先进水平，为基本实现我国农业、工业、国防和科学技术现代化而奋斗"[2]。与此同时，利用我国与西方国家外交关系的改善为技术引进创造的条件，在周恩来的指示下，国家计委于1973年1月向国务院报送了《关于增加设备进口、扩大经济交流的请示报告》。报告提出进口43亿美元设备的方案，拟在今后三至五年内集中进口一批成套设备和单机设备，争取在"五五"计划期间充分发挥作用。[3]

1972年4月，国务院召开了全国农林科技座谈会，会议决定组织全国农林科技重大项目的协作研究，规划了重点项目；提出了农作物优良品种选育、农作物杂种优势利用、改革耕作制度和高产栽培技术、盐碱土和土壤土改良利用、选育绿肥和菌肥新品种、合理施用化肥技术、利用生物和其他新技术防治农作物病虫害等22个重大科技项目；同时还编制了《农业、林业、牧业、渔业1972年科学技术发展计划》。至1977年，农林部又将协作项目与发展计划合并为《农、林、牧、渔业发展计划》，科技计划调整为37项184个课题，重大协作项目45项。[4]

1973年7月，中国科学院提出《关于编制1973—1980年长远规划的意见》，就涉及当代科学研究的前沿基础理论、若干重要新兴技术、基础学科及边缘交叉学科、自然科学基础资料

---

[1] 云南省革委会：《转发〈全国科学技术工作会议纪要（草案）〉》（革发〔1973〕47号），云南农业大学档案馆，YNND-QZLD-1973-DAG-11。
[2] 栾早春编著：《科技管理基础》，黑龙江科学技术出版社，1983年，第89页。
[3] 中共中央文献研究室：《陈云传3》，中央文献出版社，2015年，第1414页。
[4] 农业部科技教育司：《中国农业科学技术50年》，中国农业出版社，1999年，第54页。

调查积累、支援农业技术革命等5个方面提出研究规划。1974年，国家计委又提出要编制10年（1976—1985年）远景规划问题，要求中国科学院把全国科学技术管起来，为国民经济建设服务。[1]同年7月，中国科学院提出了《关于制定我院十年规划工作的安排意见》，提出要为实现我国"四个现代化"开展一些关键的科研课题，提供一定的科学储备，在基础科学和应用科学方面，包括在当代一些新兴技术的研究方面，开拓一些新的科研领域，做到有若干较大突破，有更多的重大科学研究成果赶上和超过世界先进水平。[2]由于规划定位过高，加之科技政策和知识分子政策未能落实，工作没有持续进行下去，但规划对农林科技和基础科学研究的战略导向仍然对地方科技发展产生了影响。

1975年，第四届全国人民代表大会召开，周恩来重申了在20世纪内全面实现农业现代化、工业现代化、国防现代化和科学技术现代化的宏伟目标，把全国人民的注意力再次引到发展经济、振兴国家的事业上来。他在政府工作报告中指出，为使我国社会主义经济建设有较大的发展，必须"继续执行以农业为基础、工业为主导的方针和一系列两条腿走路的政策。按照农轻重的次序安排国民经济计划"。根据国家工作中心转变的要求，邓小平在主持中央日常工作后，对工业、农业、财贸、科学、教育和军队等各方面工作进行了整顿。配合国民经济由"重轻农"向"农轻重"转变的部署，云南在统筹国家和地方经济发展的基础上，对科学技术发展规划进行了调整。

（二）云南科学技术发展规划的制定

根据《1973—1980年全国科学技术发展规划纲要》和《重点任务规划》要求，云南省在"四五"科技规划的基础上，进一步明确了工农业及基础科学研究方向。1973年2月，云南省召开科技工作会议，总结了全省科技工作情况并提出今后的工作任务。根据地方经济发展需求，会议提出了农业、工业和基础科学研究的重点任务。1973年10月，云南省又召开了第一次环境保护工作会议，根据云南省委"治理三废，净化滇池"的号召，对昆明地区滇池周围的17个重点企业提出了29项污染治理任务。

云南省科技工作会议要求云南集中农业科技力量抓好几个环节的工作：①狠抓农田基本建设的重大科学技术问题，研究农田基本建设的机械化问题和缺水地区地下水的开发利用问题。②扩大肥源，研究新肥料，积极发展农家肥，大力发展化肥并开展细菌肥料以及固氮技术的试验研究。③大搞种子革命，实现高产良种化。大力开展良种提纯复壮、杂交品种选育和良种推广。④加强植物保护科学技术的研究，确保粮食增产。科学研究工作必须根据农业生产的需要和资源特点展开，因地制宜地大力开展高效、低残毒、低成本的新农药的研制。⑤加强农业机械化建设，重视农机的试验研究，研制小型轻便、经济实用、适应性强的适合云南省农业生产特点的新农机具。在畜牧业发展中，要求开展畜禽优良品种选育、杂交改良和牲畜疫病防治方面的研究。[3]

为贯彻"以钢为纲"的方针，云南在工业技术方面首先要求"大打矿山之仗"，扩大原材料来源，要求提高矿山机械化水平，重点解决矿山掘进穿爆、开采、装运和充填机械化配套等重大技术问题，研究高效率的采矿方法，开发深进开采新技术和选矿新工艺，研制选矿新设备，积极发展新型选矿药剂。其次要求研究新技术、新工艺、新设备，提高生产过程的机械化、自动化水平，促进大型工矿企业技术改造，提高劳动生产率。同时，要求大力开展自然资

---

[1] 朱玉泉主编：《百年科技经典：跨世纪领导科教兴国知识必备》第2卷，中国经济出版社，1998年，第1443页。
[2] 陈建新、赵玉林、关前主编：《当代中国科学技术发展史》，湖北教育出版社，1994年，第254页。
[3] 《关于全省科技工作情况和今后任务的发言》，云南农业大学档案馆，YNND-QZLD-1973-DAG-11。

源的调查研究和综合开发利用,加强对自然保护区的保护,大力开展资源综合利用和"三废"综合利用研究,消除公害。保护和增进人民健康,要求有效地解决防治主要的多发病、地方病、职业病和计划生育等方面的科学技术问题。

在基础理论研究方面,云南针对自身地震多发的特点,要求做好地震预报工作,巩固、充实地震台、测报点,研究改进观测仪器,加强分析研究,寻找地震前兆标志,开展地震、地质测量,加强地震成因研究。同时,要求充分发挥各研究单位、高等院校、科技情报部门、计量部门和有关厂矿的力量,抓住全省社会主义建设中提出的科学技术问题以及对学科发展具有带动作用的课题,集中力量加以解决。为发展科学技术,要求有计划地培养科技人员,除人民公社要开办各种形式的技术学校、业余学校、进修班、训练班外,高等院校也要确定一定的比例,大力培养输送科技人员。

(三)科学研究体系的恢复和完善

1972年后,云南省加强了科研院所和实验基地的建设,先后恢复、建立了省级地质、电子、水利水电、交通、邮电、建筑、烤烟、甘蔗、蚕桑、水产等科研所,以及迪庆州、怒江州农科所和一批地州农机研究所。1973年,云南省科学技术委员会恢复,科学事业经费增加至300多万元。同年,电子工业研究所成立,云南省革委会多种经营办公室养蜂组重建。1974年,云南化工设计院得到批准成立,云南冶金局地质勘探公司(以下简称"勘探公司")在综合队的基础上筹建地质研究所,主要从事成矿理论、找矿方法、地质勘探的科学研究工作。同年,云南锡业公司建立劳动防护研究所,从事个旧矿区肺癌的防治研究。原草坝蚕种场扩建为云南省蚕桑研究所,楚雄州成立州属蚕种场。为加快农业机械化进程,云南又于多地增设农机研究所,至1977年,全省成立了县级以上农机研究所138个。

图9-48
现今的云南省农业科学院
诸锡斌2021年摄于昆明市盘龙区

为进一步加大科技人才培养力度和科研力量,1974年6月,云南省第一工业学校、第三工业学校、农业机械学校三所中等专业学校合并,成立云南工学院。1975年,云南省水产中心实验场扩建为云南省水产研究所。1976年,云南省农科所与烤烟、甘蔗、茶叶、蚕桑、热带经济作物5个科研所合并,扩建为云南省农业科学研究院(见图9-48),原云南省农科所植保系扩建为植物保护研究所。同年,云南省环境保护科研所成立,各地州市、县成立林业科研机构。至1977年,云南省地州市以上科研机构已恢复发展到89个,职工12210人,其中科技人员4006人。[①]与此同时,国家对研究与开发机构的隶属关系进行了调整,将云南除紫金山天文台昆明工作站以外的中国科学院研究机构划归地方领导。

---

① 云南省地方志编纂委员会:《云南省志》卷7《科学技术志》,云南人民出版社,1998年,第980页。

二、科学技术研究的拓展

1972年以后,根据国家新能源开发、农业种子革命、消除环境公害以及保护人民生命健康的要求,云南加强了自然资源和卫生健康调查,与此同时,科研工作者对前期调查研究成果进行了总结。这些调查研究不仅拓展了科学技术研究的范围,也为云南科学研究积累了经验。

(一)地质资源普查

20世纪70年代,地热作为一种新能源受到重视。在地质学家李四光的积极倡议和指导下,全国20多个省区市先后开展了地热资源普查、勘探与综合利用工作。云南省地质局水文地质队开展了大量磁性地层工作,为找水、打井确定层位提供了重要依据,并于1976年发现了腾冲高温地热田(见图9-49)。

图 9-49
腾冲火山热海
赖毅2021年摄于腾冲

在前期地质普查的基础上,云南省地质局参与编制出版了1∶400万中国地质图和1∶500万亚洲地质图、中国地质矿产图集。1974—1979年,西南有色地质勘探公司308队对个旧矿区20多年(1953—1973年)的找矿勘探和地质科研工作进行全面总结并撰写了报告。报告应用实际材料,对个旧锡矿地质做了比较全面系统的综合论述,归纳了中华人民共和国成立以来公司在大量地质勘探工作中积累的经验及有关科研单位、院校在个旧矿区提交的科研成果。[①]1974年,地质部地质力学研究所率先在云南开展了对元谋人遗址剖面的磁性地层研究,建立了该剖面的古地磁极性序列,得出含元谋人化石层位的地质年代。1975年,云南省地质局组织冶金、煤炭、建材等部门编制了《云南省矿产资源概况》及黑色、有色、非金属矿产的开发利用情况图,为经济发展规划提供了依据。

(二)农林资源调查

为给农业经济发展提供更多的品种资源,也为合理利用森林资源,云南进一步完善了农林资源的调查,在此基础上发现了大量物种资源,为科学研究提供了新的资料和依据。

1.农业品种资源调查

在前期农业品种资源调查的基础上,这一时期农业品种资源调查加大了经济作物品种调

---

① 云南锡业公司:《科技成果汇编(1950—1985)》,云南锡业公司,1987年,第5页。

查力度。20世纪70年代，云南省农科院承担农业部"云南柑橘资源的调查、收集、保存、利用"任务，对云南省的柑橘资源进行了较为系统的调查和品种资源收集。调查发现，云南省16个地州市均有柑橘资源分布，柑橘种类涉及芸香科的3个属、8个类型。调查中发现新种2个，一是红河大翼橙；二是富民枳。[1]1974年5月，云南红河橙被发现。当年秋季，云南省农业科学研究所、云南农业大学、中国农业科学院柑橘研究所组成协作组进行复查，鉴定其为柑橘属大翼橙亚属的一个新种，并定名为"红河橙"。"红河橙"的发现，否定了外国学者断言中国只有进化柑橘的生产，没有原始柑橘分布的论点，进一步证实了中国是真正的柑橘起源中心，这在学术上有重要意义。[2]"红河橙"在云南南部冬春干旱的条件下生长发育良好，也为柑橘抗旱育种和砧木利用提供了良好的材料。

在柑橘品种资源调查的基础上，云南逐步展开对其他作物资源的调查。1974年，云南省农科所园艺系召开全省蔬菜品种资源工作会议，讨论制定了全省蔬菜品种资源调查工作方案。园艺系周立端与中国农科院蔬菜所刘红、戚春章、李佩华等合作，对云南黑籽南瓜、版纳黄瓜等优质资源进行了多次考察，肯定了这些资源的重要价值。1975年后，云南省农科所甘蔗研究所、云南农业大学等单位先后在云南113个县开展甘蔗品种资源采集，甘蔗属采集到割手蜜、斑茅、金猫尾、河王八、热带种、中国种及短芒金猫尾一个变种。其中割手蜜的最高锤度达22%，这在国内外是罕见的。割手蜜的酶谱类型非常丰富，128个样品中出现了45个酶谱类型，表明割手蜜在云南已有久远的历史，种的变异类型极多。采集研究结果表明，云南是世界甘蔗种质资源的一个重要分布中心，也是原种地之一，不仅属、种齐全，而且生态类型多样，分布广泛，经济性状优良。这些研究为甘蔗育种研究提供了重要资料和依据。[3]

2.畜禽品种资源调查

为给动物养殖提供品种资源，云南科研人员对前期杂交育种成效和畜禽疫病开展了调查。与此同时，云南还参与了全国畜禽品种试点调查。通过调查，云南基本摸清了全省猪种和畜禽疫病情况。

1973年，云南省畜牧兽医研究所在思茅、大理、丽江、保山、玉溪、昭通等地州、县23个畜牧兽医站的协助下进行猪的杂交改良优势利用调查，完成《云南猪杂种优势利用效果初报》，共调查17个杂交组合，杂交效果普遍显著，其中以内江猪为父本的杂交猪饲养面最广，其次为长白、以荣昌猪为父本的杂交猪，还有约克夏、苏白、新金等猪种。[4]1976年，云南省畜牧局还组织了由云南省畜牧兽医研究所、云南省兽医防疫总站、昆明军区后勤部军马防治检验所组成的云南省畜禽疫病调查组，对云南畜禽疾病进行普查，基本摸清了云南畜禽疫病的种类、分布及流行规律、危害程度与防治成效。

1976年，云南省畜牧兽医研究所与云南农业大学参加了中国农业科学院组织的畜禽品种试点调查。根据农林部和全国猪育种会议精神的要求，主要对云、贵、川三省接壤地区的富源、宣威、会泽、昭通、镇雄、巧家等县的大河猪、盘沙猪、迪庆藏猪等地方猪种进行调查研究。调查由贵州省畜科所牵头，组成云、贵、川三省接壤地区猪种资源调查队。调查队通过对三省接壤地区7个地州21个县猪种形成的历史、生态条件和猪种的主要特征特性等进行现场调查，摸清了猪种资源的分布状况，较好地解决了同种异名的问题，为全国开展猪种资源调查提供了经

---

[1] 云南省农业科学院：《云南省农业科学院志（1950~2004）》，云南科技出版社，2006年，第323页。
[2] 牛盾主编：《国家奖励农业科技成果汇编（1978~2003）》，中国农业出版社，2004年，第53页。
[3] 云南省地方志编纂委员会：《云南省志》卷7《科学技术志》，云南人民出版社，1998年，第192页。
[4] 云南省地方志编纂委员会：《云南省志》卷7《科学技术志》，云南人民出版社，1998年，第259页。

验。调查基本摸清了云南各地方猪种资源的数量、类型、分布、流向、生产性能、主要优缺点以及猪种形成原因等，为地方猪种的类型划分、选育提高和杂交改良、畜牧业区划提供了科学依据。[①]

3.林业生物资源调查

为全面掌握全省林业资源状况，1973年，云南省森林资源调查管理处开展了全省第二次森林资源清查。此次清查是建立以省为总体的森林资源连续清查体系的开始，即建立一个全省总体系统和一个西双版纳副总体系统，采用不同的方法进行森林资源清查。省总体系统采用系统抽样估测森林资源蓄积。全省森林覆盖率为24.9%，活立木蓄积9.89亿立方米。此后，云南省林业局又以第四、五、六林勘大队的技术力量为主，各专县配合成立森林资源清查领导小组，对128个县、市进行了森林资源清查，并向地州市和县提供了森林资源清查报告、森林资源统计表和森林分布图3项成果。

在开展森林资源调查的同时，云南也进行了针对经济林木的调查。云南林业科学研究所、云南林学院亚热系联合组成速生优良树种调查组，在西双版纳傣族自治州勐腊县补蚌、广纳里、新寨至景飘一带，发现一种在中国尚无记载、经济价值较大的稀有珍贵树种——龙脑香科的望天树（见图9-50）。据初步鉴定，望天树属婆罗双属（现鉴定为龙脑香科柳安属）。龙脑香科植物的存在与否是亚洲热带雨林的评价指针，在望天树发现以前，科学界对于西双版纳是否有热带雨林争论是很大的，望天树的发现说明云南南部正好处于热带亚洲雨林区系的北部边缘。

图9-50
西双版纳的望天树

赵志国2010年摄于西双版纳勐腊县

（三）医药卫生调查

20世纪60年代后期，在世界卫生组织和国际抗癌联盟（UICC）的积极组织和推动下，全球已有越来越多的国家和地区建立了肿瘤登记报告制度，系统地收集和分析了肿瘤发病资料，这为世界各国肿瘤分布规律研究提供了非常重要的资料。我国从20世纪60年代起也在部分地区（城市）开展此项工作。1975年，云南省卫生局肿瘤防治办公室参加了我国常见恶性肿瘤发病情况和分布规律调查，对云南肺癌等恶性肿瘤的分布规律与特点进行研究，在此基础上总结了云南省恶性肿瘤的分布规律。在致癌、致病因素研究方面，云南省卫生防疫站、昆明医学院、昆明市防疫站等单位联合开展了昆明市饮食服务从业人员病毒性肝炎发病情况、昆明地区食品黄曲霉素污染情况调查；同时，还开展了云南省部分小煤窑硅肺发病情况调查，形成食品卫生研究成果。在云南结核病发病情况方面，云南省结核病防治所和昆明市结核病防治院进行了结核病流行病学调查，形成了《云南省结核病流行病学抽样调查报告》。

---

① 云南省地方志编纂委员会：《云南省志》卷7《科学技术志》，云南人民出版社，1998年，第255页。

三、基础科学研究的兴起

随着云南科研机构的恢复和科技力量的增强，为给工业"大打矿山战"提供基础科学支持，云南省加强了地质学、古生物学、化学等基础学科研究，拓展了天文学、地球物理学和气象气候学研究。在总结地层古生物特征的基础上，云南地层层序、构造机制以及矿藏成矿机制、预测方法等研究成果频出，这为矿藏勘探提供了科学依据；而针对云南地震多发、多样性气候开展的理论研究和专业测报，也为减轻地震损失、抗御自然灾害做出了贡献。

（一）地质学

在以矿产资源开发利用推动云南经济发展的进程中，云南地质学研究得到推进，古生物学、古地貌学、勘探理论等研究有了进一步发展。

1.古生物学

在前期云南地层研究和矿藏资源勘探发掘的基础上，1974年，由云南省地质局主编，昆明地质学校、昆明工学院地质系、云南石油勘探指挥部、地质部西南地质研究所参编的《云南化石图册》（上、下册）出版。该书收集整理了1968年以前在云南境内发现的古生物化石，共655个属2313个种（其中新属11个、新种299个），包括蜓科、珊瑚、层孔虫、苔藓虫、腕足类、瓣鳃类、腹足类、头足类、三叶虫、介形虫、棘皮动物、笔石、脊椎动物、古植物等门类。该书集中展示了云南古生物研究成果。1978年，地质出版社出版了由云南省区域地层表编写组集体完成的《西南地区区域地层表（云南分册）》。该书总结了云南地层区划研究成果，并附区划图及地层对比表和古生物属、种名称拉汉对照表，进一步汇集了前期地质研究成果。[1]

2.古地质概貌

1970—1977年，由云南省地质局科研所、第二区测队（现云南省地矿局区域地质调查队）及第四、五、十三、二十队（现820地质队）组成研究团队，对云南前寒武纪地层层序、地层对比、构造型式、变质作用及其与铁、铜等矿产的关系开展了较系统的研究，取得了一系列研究成果，主要有：①云南震旦系王家湾剖面简介；②云南东中部昆阳群地层的划分及对比；③滇中、滇东前寒武系若干问题的探讨；④云南迤纳厂组归属、矿区构造及铁铜矿床特征的初步研究；⑤滇中前寒武系含铁层位及某些富铁矿有关问题探讨；⑥峨山地区昆群铁矿成矿因素的初步总结；⑦云南鲁奎山矿床地质特征；⑧云南哀牢山变质岩层序的初步划分意见。[2]研究成果成为描述云南古地质概貌的重要依据。

3.矿藏成矿机制

滇中砂岩铜矿位于云南省大姚、牟定一带，有大小矿床和矿点30多处，呈北西西向展布，构成了一条砂岩铜矿带。自1956年起，西南冶金地质勘探公司309队、301队和广东冶金地质勘探公司933队组织了六苴铜矿区的勘探，于1966年完成了大姚铜矿六苴矿床的地质勘探。在此基础上，他们相继找到了凹地苴、郝家河等一系列大中型矿床，并建成了大姚和牟定铜矿厂。[3]云南省冶金地质勘探公司在总结前期有关滇中砂（页）岩型铜矿地质特征成果基础上，结合大量的勘探资料，编写了《砂岩铜矿地质》一书。该书对滇中砂岩铜矿多年来找矿勘探的实践经验和形成的理论认识进行了全面系统的总结，成为国内第一部有关砂岩型

---

[1] 《中国矿床发展史·云南卷》编委会：《中国矿床发现史·云南卷》，地质出版社，1996年，第10页。
[2] 玉溪地区科学技术委员会编著：《玉溪地区科技志》，云南科技出版社，1994年，第143页。
[3] 《当代中国有色金属工业》编委会：《新中国有色金属·地质事业》，国防工业出版社，1987，第196页。

铜矿基础理论研究的综合性长篇专著。中国科学院地质研究所有关专家审查后认为，其反映了我国现阶段砂岩型铜矿的研究水平，为进一步形成我国自己的陆相砂岩铜矿成矿理论提供了认识基础。①

（二）天文学

1972年，中国科学院云南天文台正式成立。在前期太阳黑子观测记录的基础上，1975年，中国科学院云南天文台整理汇集了我国从公元前43年到1638年关于黑子的记录，进行计算后认为，太阳黑子周期是10.6年±0.43年，同时还存在62年和250年的长周期。历代记录表明，黑子出现最多的年月，也是极光出现频繁的时期，说明黑子和极光互有关系。1977年7月，云南天文台分析我国黑子和极光古记录后指出：极光和黑子都存在约11年的周期，太阳活动和极光出现的周期约11年，并不是近300年才有的暂时现象。这一结论对研究地球物理学和天文学的一系列问题具有重要的启示意义。②

（三）数学

为给矿产勘探提供数学方法的支撑，云南大学王学仁将复变函数等数学理论和方法运用于地质、物探、化探等方面，建立了一整套有关矿床统计预测的数学地质方法。他的《数学地质的研究与应用》《矿床统计预测》《多元统计分析与应用》等研究成果，对多元统计中的地质模型进行了早期的系统研究。1974年，云南大学数学系微分方程室师生到云南省地质局物探队举办物探数学短训班，与罗茨物探队研究复变函数在找矿中的应用，并在《云南物化探》上发表了《物探数学》专辑，总结了当时国内外把复变函数应用于物探的主要经验，这也是当时国内较早在物探工作中系统应用复变函数的成果。1975年，云南大学概率统计教研室又与西南有色地质勘探公司物探队协作完成"电阻率法勘探干扰异常消除方法的研究"等数学研究，对解决生产中的问题起了重要作用。此外，为向机械制造业提供数学方法的支撑，云南大学数学系还参与了贵州山地农机所、云南嵩明农机厂等单位的研究协作，共同完成《倾斜动线形成犁体曲面研究》。研究根据土壤的力学性质提出了土粒在犁体曲面上运动轨迹的数学模型，初步确定了曲面几何参数和耕作质量指标之间的定量关系，为犁体曲面设计探索了方向。

（四）化学

随着聚酯纤维在轻纺工业中的应用，弄清聚酯反应机制及其动力学原理对于控制聚酯高聚物的合成具有指导意义。20世纪70年代，高分子化学中聚酯反应的理论探索是国内外还未解决的问题。1975年，云南林学院（西南林业大学前身）房耀仁、赖桩根等人通过对无外加酸催化剂对聚酯纤维中二元酸与二元醇的聚酯反应机制及其动力学原理进行研究，阐明了聚酯反应机制。研究认为在聚酯反应体系内，存在两种反应机制，在反应过程中由于体系内的介电常数和黏度有改变，两种反应机制的相对比例随着反应程度的变化而改变；在反应后期，还必须考虑残留水分所产生的聚酯水解问题。③

---

① 《砂岩铜矿地质——滇中砂岩铜矿床的实践与认识》，《云南冶金》1977年第6期。
② 张妙编写：《天文大发现》，中国建材工业出版社，1998年，第73页。
③ 房耀仁、赖柱根、卢迦陵等：《在无外加酸作催化剂时，二元酸与二元醇的聚酯反应机制及其动力学》，《中国科学A辑》1975年第2期。

（五）生物学

随着云南工业的发展，环境问题也日益显现。为了解决日益突出的"三废"问题，1976年，云南林学院参与农林部科技教育局"造林绿化、净化大气"科研协作组，王沙生领导环境保护研究组，充分利用当时有限的仪器设备条件，通过综合生态调查、人工熏气、栽培实验和叶片分析等方法，选出一批对二氧化硫、氟化氢和氯气有较强抗性和吸收能力的造林绿化树种；同时用对大气污染敏感的木本、草本植物和地衣作指示植物来评定环境质量，为中国南方的环保工作提供了科学依据。在全面调查磷肥厂、钢铁厂和炼铝厂等氟污染源附近的空气、水体、土壤、植物和动物的基础上，研究组阐明了氟污染对人类生态环境的影响模式，即：空气氟污染→植物叶片从空气中富集氟→动物和人类摄食高氟植物后在骨骼中积累。[1]

（六）地球物理学

云南省处于印度洋板块和亚欧板块交界位置，受印度板块撞击，地震发生较为频繁，人民生命财产受到较大威胁。为减少地震带来的损失，云南地球物理研究得到重视，并在科研人员的努力下取得了一些研究成果。

1.地震烈度区划

云南位于青藏高原地震区，每年都有因地震带来的损失。1971—1975年，国家地震局西南烈度队组织开展了西南烈度区划的综合研究，云南地震局等研究机构参与了该项研究。为确定地震烈度区划的基本原则和方法，研究人员对川滇地区主要强震震中区10条深大断裂带和24次强震级震区进行了发震地质条件或发震标志的野外考察，对未发生强震的10个断陷盆地做了剖析，并对重力均衡状况及其与地震活动的关系做了探索性研究，提出了烈度衰减规律。综合地震历史资料，研究团队提出了适合我国地震活动特点的编图原则和方法，得出了近期发震的规律，编制了中国地震烈度区划、中国活动性构造和强震震中分布图（1∶300万）。[2]

2.地震预测预报

20世纪70年代初，我国地震学家大量吸收国际地震观测研究成果和经验，对地震前的各种现象以及其他地球物理场、地球化学展开了全面的观测与研究，逐渐形成了长、中、短、临相结合的地震预报思想。1970年通海大地震后，云南省地震局加强了专业测报研究，设置群测点，普及地震知识，在除文山专区以外的省内各区、县设地震办公室等与地震相关的管理机构，与群测点配合，收集地震活动相关资料数据，在群测点开展动物异常、地下水位异常、地电法等观测的基础上，结合各类观测资料开展研究。1975年，云南省地震局在全国地震形势会商会上提出预报意见，指出"滇西地区近一二年有发生7级大地震的危险"。云南西部因此被指定为全国重点监视地区，加强了地震前兆观测工作。1976年，预报意见再次得到肯定，云南在震前一个月提前做好了防灾准备。由于震前预报准确，震中龙陵地区无一人遇难。在龙陵地震预报经验的基础上，1976年11月初，云南又成功预报了盐源-宁蒗地震，减轻了地震所造成的人员伤亡和财产损失。[3]

---

[1] 中国科学技术协会：《中国科学技术专家传略·农学编·林业卷2》，中国农业出版社，1999年，第254-255页。

[2] 国家地震局科技监测司：《国家地震局获奖科学技术成果汇编（1979—1986年）》，第7-8页。

[3] （日）尾池和夫著，罗洁、董振华译：《中国的地震预报》，中国社会出版社，2015年，第29-43页。

(七)气象气候学

云南地处高原,气候类型多样,为使气候资源更好地服务于农业生产,减少农业气象灾害,云南研究机构参与了国家有关气象原理和旱涝灾害的研究,气候气象学研究不断进步。

1. 特殊气象原理

西南低涡是青藏高原背风坡特殊地形影响下形成的中尺度气旋性涡流,不仅是西南地区重要的降水系统,而且在一定条件下会东移发展,常给西南、华东和华北等地带来暴雨、大暴雨。1973年,四川省气象局成都中心气象台与云南大学合作,对影响四川乃至全国气候的西南低涡的形成、发展和涡源问题进行多次研究,初步提出了有利于认识西南低涡发生、发展和消亡各个阶段的云型特征模型,对环境流场及其与暴雨成因的关系有了较明确的认识,即大多数是静止锋切变线上的中间尺度和中尺度低涡云团活动的结果。[1]1974年后,云南省气象局参与了中央气象局高原气候项目研究,利用500毫巴图和卫星云图,对青藏高原夏季低涡、切变线的气候特点及云图特征进行了分析,开展影响低涡、切变线生成发展的青藏高原四周环流系统天气气候普查,概括了4种环流型系统。对低涡、切变线的结构及其生成发展做了天气学及动力学分析,着重指出地形的动力及热力作用对其形成发展的影响,对低涡、切变线的短期预报提出了一些看法及建议。

2. 灾害天气预报

为减轻灾害气候对农业生产的影响,1975年后,云南省气象台派员参加了由中央气象局组织的18省共同研究的大课题——近500年旱涝研究及超长期天气预报的试验。经过对旱涝史料的收集、整编、分析研究,云南从全省角度研讨了近500年的旱涝、冷暖情况,展望了未来一段时间的气候情况,参与绘制了《中国近500年旱涝分布图集》,为研究中国气候变迁和进行异常气候的预报提供了有价值的科学依据。

云南地处低纬高原,立体气候显著,合理开发山区气候资源对农业生产具有重要意义。研究丘陵山区农业气候资源的困难是缺乏气候及物候资料。山区气象站点稀少,且一般在河谷平原。为给合理开发利用丘陵山地农业气候资源提供科学依据,全国、省、地、县(市)气象部门积极开展丘陵山区农业气候资源调查考察,部分省、县(市)选择典型山区,在不同坡向、高度、地形的地段设点进行气象和物候观测。1975年,为配合云南小麦夏秋播创新,昆明农业气象试验站在昆明、弥渡、楚雄等地进行试验,在广大山区和半山区旱地,应用春性墨麦品种,在雨水最为集中的七八月最迟9月上旬播种,于11~12月收获。根据云南气候特点,试验既充分利用水热资源,又避过不利的干旱、低温霜冻等灾害性天气频发的季节,为耕作制度创新提供了依据。[2]同年,红河州气象局在北纬23°06′~23°26′的红河河谷横断面上进行气候考察。考察分冬、夏两次进行,设观测点12个。红河州气象局还对建水双季稻上山高度做了考察,写出《红河河谷横断面气候考察报告》(1975年夏季)。该项研究为山区合理开发气候资源、更好地抗御自然灾害以及科学种田提供了示范和可贵的气象资料。

四、农林科学技术的调整

为了将科学技术与国民经济发展相结合,云南对农林科技研究体系进行了调整,借助国

---

[1] 成都市地方志编纂委员会编纂:《成都市志·科学技术志》(下),四川科学技术出版社,1999年,第965页。
[2] 云南省气象局科研室:《小麦夏秋播的气象问题探讨》,《气象科技资料》1977年第4期。

家技术引进政策，加大了品种资源的引进和优良品种选育。随着农业科研机构的恢复，云南在加强良种选育、引种和推广的同时，加大了土壤改良、耕作制度改革和施肥技术、病虫害控制技术的研发。

（一）引种培育

为进一步提高云南农牧业生产效率，云南及时抓住我国与西方国家关系改善的机遇，加强了农林牧业品种资源的引种和培育工作，通过适应性品种的选育和栽培，极大地推动了云南农林牧业的发展。

1.引种选育技术

20世纪70年代初，小麦锈病生理小种发生变化，之前推广的良种中的一部分抗病性减退，锈病严重，有的产量不高。为改良小麦品种，1973年，国家农业部门分配云南"墨沙""墨查""墨波""墨叶""墨卡""墨纽"等6个墨西哥小麦品种1万公斤，试种示范效果良好，1974年又引进100万公斤扩大示范。墨西哥小麦品种的推广，有效地控制了锈病的流行。此后，云南省农科所、昆明市农科所、大理州农科所等院所，加强了小麦育种研究工作，选育出小麦良种"78""云麦29""凤麦13""昆麦2号"等品种。云南省采取外引种和自育种同时并举的方式推广优良品种，使全省小麦品种实现了第二次大更换。[①]

云南在20世纪60年代推广红花大金元烟草品种，1972年以后又先后收集整理了24个地方品种，引进了美国斯佩特G-28原种，在全省18个试验点进行区域试验。1975—1976年，云南先后两次召开全省烤烟种子会议，确定地方品种"路美邑烟"为红花大金元品种，与美国烤烟斯佩特G-28一起进入中试。1977年初，云南在全省烤烟种子工作会议上再次展开讨论，建议在试验表现较好的地区有控制地种植美国烤烟斯佩特G-28。当年，该种在云南的栽种面积达3000多亩，由于烟叶质量显著超过红花大金元，引起轻工、外贸，特别是卷烟厂的重视。[②]

1973年，云南省在畜牧生产领域强调加大科学养猪力度，要求母猪本地化、公猪良种化、育肥杂交化、配种人工授精化，在本地品种选育的基础上，加强杂交改良。在建立大河猪、大耳猪、撒坝猪、小耳猪良种繁殖群的同时，引入了荣昌、苏白、新淮、约克夏、内江、巴克夏、长白等猪种进行杂交改良，由于改良效果较好，受到群众欢迎。[③]为解决人畜争粮问题，发展节粮型草食畜逐步被重视，云南省将改良肉牛品种、提高肉牛产量作为一项重要的战略任务。为满足人民日益增长的消费要求，云南又加速了奶畜、家禽的品种改良和良种推广。1974年，昆明市5个国有农场和云南农业大学组成昆明地区黑白花奶牛育种科研协作组，开始了奶牛品种选育。协作组以荷兰公牛为父本，本地牛为母本进行杂交，开展种公牛的后裔测定和组织后备公牛的试配，一年进行一次普查鉴定，两年进行一次良种牛登记，一年进行一次牛群整顿，淘汰较差奶牛，提高改良牛在牛群中的比例。同期，还在会泽、昭通、元江等地养殖场引入了安格斯牛、海福特牛、短角牛等进行黄牛改良，并于1976年开展了牛的冻精技术改良。[④]与此同时，云南省畜牧兽医研究所等单位也在引种观察的基础上，持续进行优良饲草牧草的品种筛选。随着中小型机械化养殖场的兴办，云南开始大量引进商品鸡，饲养肉用仔鸡，如白来

---

① 寸镇洋：《云南小麦栽培史略》，载中国人民政治协商会议云南省昆明市委员会《昆明文史资料集萃》（第四卷），云南科技出版社，2009年，第2956页。
② 雷永和：《烟草人生》，载《雷永和论文荟萃》，云南科技出版社，2003年，第272页。
③ 云南省地方志编纂委员会：《云南省志》卷23《畜牧业志》，云南人民出版社，1999年，第175页。
④ 云南省地方志编纂委员会：《云南省志》卷23《畜牧业志》，云南人民出版社，1999年，第179-184页。

航、白洛克、白考尼西及其杂交后代等。鸭种主要是引入北京鸭，重点放在东川市（今东川区）鸡场和思茅养禽场。①

2.引种栽培技术

为提高橡胶产量，20世纪60年代后，云南垦区开始推广国外四大橡胶品系，其中又以高产的PB86及PRIM600品系为主，PR107及GT1仅少量种植，且以芽接树为主。云南橡胶垦区地处热带北缘，纬度偏高，海拔偏高，冬季热量不足，越冬期常有低温出现，由于过分追求高产使品系脱离了宜植环境，加大了胶树寒潮损失。在1973—1974年、1975—1976年冬的两次寒潮中，胶林损失严重。其中，1973—1974年的寒潮使全省胶林受害损失平均高达79.5%，幼树死亡一半以上。1975—1976年冬的寒潮，使7万余亩胶园受损，当年产胶量比计划减少30%。两次大寒潮过后，垦区加强了寒害普查和品系配置。调查表明，全省自育品系中以云研277-5、云研191-6、芒节1-41、德垦22、河口7-19、河口1-10等品系耐寒力表现较好，自然授粉实生树以GT1、海里1、白南28-32、RRIM623等耐寒力较好。通过总结寒害教训，垦区提出了按小区区划对口配置品系的原则，坚持高产与抗性并重，在配置上以PRIM 600及GT1为主，基本停止了PB86在生产上的使用。②

树脂树胶是由植物体分泌的一类比较复杂的高分子化合物，广泛用于现代工业中的化工、石油、钻探、冶金、医药及水处理等方面。瓜尔豆的胚乳中含有50%左右的瓜尔胶，用于石油开采可较大幅度增加原油产量。1974—1979年，中国石油化工部和中国科学院先后从巴基斯坦、美国引入瓜尔豆进行试种栽培。中国科学院云南热带植物研究所参与了引种试验。蔡希陶（见图9-51）带领植物园的科技人员对瓜尔豆进行引种、扩种及综合利用研究，根据关系相近的植物类群具有相似的化学成分这一原理，筛选含胶植物，找到了含胶植物田菁。他们用田菁种子的胚乳制取了一种植物胶，叫作"田菁胶"。这种用绿肥作物田菁的种子制取的田菁胶，可以完全代替瓜尔胶应用于各项工业中。

图9-51
在热带雨林中考察的蔡希陶
诸锡斌2021年摄于云南省博物馆《庆祝中国共产党成立100周年成就展》

血竭是一种具有活血祛瘀、消肿止痛、收敛止血、生肌敛疮功能的"圣药"，我国自唐朝以来一直进口血竭。1972年，蔡希陶带领科技人员在勐腊和孟连县发现了野生龙血树（见图9-52、图9-53），并开展了龙血树的引种、驯化和开发利用。经过近30年的研究、探索、临床试验，研制成功"雨林"牌血竭，其被誉为"活血圣药"，两次荣获国家金奖，我国结束了血竭依赖进口的历史。③

---

① 云南省地方志编纂委员会：《云南省志》卷7《科学技术志》，云南人民出版社，1998年，第261页。
② 云南省地方志编纂委员会：《云南省志》卷39《农垦志》，云南人民出版社，1998年，第102、105—106页。
③ 德洙主编：《中国民族百科全书（15）·傣族、佤族、景颇族、布朗族、阿昌族、德昂族、基诺族卷》，世界图书出版公司，2016年，第225页。

图（左）9-52 中国医学科学研究院药用植物研究所云南分所内的龙血树
赖毅2020年摄于中国医学科学研究院药用植物研究所云南分所

图（右）9-53 龙血树近观
诸锡斌2021年摄于昆明植物研究所扶荔宫

（二）土壤改良技术

云南中低产田地面积大，改土任务繁重，低产土壤类型多，其中红壤是面积最大、单产潜力最大的土壤。云南在前期红壤改良研究的基础上，采取"因地制宜，全面规划，用养结合，综合治理"的方针进行改土，至20世纪70年代中期，由试验点发展成统一设计协作攻关的局面，建立了官渡、曲靖、丘北、临沧、昆明、施甸、蒙自、陆良、弥勒、昭通十大样板，面积由几百亩发展到12万亩。通过推广前期增施有机肥、扩种绿肥、合理间套轮作、施用石灰、深耕客土、坡地改梯地等措施，粮食产量由每亩一二百公斤提高到每亩二三百公斤。[1]红土改良技术集中于4个方面：一是实施综合开发利用技术。红壤垦殖改顺坡耕作为等高耕作，农、林、牧结合，综合利用。二是开展低产红壤性水稻土的改良。改冬季绿肥单播为混播，合理施肥，氮、磷平衡。三是实施红壤新辟稻田高产培育技术。红壤旱地改水田采取重施浅施有机肥，足施磷肥和石灰、多耕多耙、沉实浮泥、大苗浅栽等措施或新垦荒地造田、新造田加强磷钾营养、改善土壤通透性能和施入老田土等综合措施使土壤快速熟化。四是用地养地相结合，加速旱地改良熟化。新开红壤梯地或坡地挖大窝塘种玉米，采用有机肥和肥土垫塘，配合施磷肥；红壤旱地推行马铃薯、玉米、晚秋绿肥的"二熟一肥"间套；适当增加豆科作物与绿肥的比重，合理轮复间套，以地养地。[2]

（三）耕作栽培技术

配合品种资源的引进、栽培和红壤改良研究，云南农业科技人员在耕作技术和作物栽培技术方面也开展了有效研究，研究成果的应用提高了粮食作物和橡胶的生产效益。

1. 耕作技术改革

在用绿肥改良红土的同时，云南省农科所胡可俊等人创造了"水稻—绿肥—小麦"种植制。其技术关键有三项。①优化品种组合：水稻要求是能于9月上旬成熟的高产抗病品种，如"西南175"；小麦要求是晚播早熟高产类型，如"墨叶""西76-4"等。11月中旬播种，翌年5月上旬收获，稻麦之间插入一季速生绿肥，如"江苏早苕"。②绿肥播种方法：砂壤土于稻谷收后撒播

---

[1] 《云南辞典》编辑委员会编辑：《云南辞典》，云南人民出版社，1993年，第356页。
[2] 牛盾主编：《国家奖励农业科技成果汇编（1978~2003）》，中国农业出版社，2004年，第58页。

开厢、板沟覆盖，胶泥田于撒水后收前穿插撒播2/3播量，收后补塞稻窝（播量1/3），播量每亩5～6千克。③用好绿肥：播麦前5～7天撒施生石灰粉，再翻下绿肥。稻—肥—麦亩产粮850千克，比以往稻麦两熟粮食亩产高100千克。①1972年，云南省农科所总结以往耕作制度改革正反两方面的经验，开始在宣威县（今宣威市）松林大队旱作基点摸索试验成行苞谷套洋芋（群众叫"板壁苞谷"）的技术。1974年，以马铃薯间作玉米，小麦套玉米及玉米间豆类的优化方式为主的旱地耕作制度改革试验进一步展开，为滇中北旱地间套改制提供了经验。②

2.橡胶种植技术改良

云南是我国植胶纬度最北、海拔最高的垦区，水热条件不如海南岛和东南亚植胶国家，年积温比海南岛低500℃左右，比马来西亚低2000℃左右，年降雨量比海南岛少500～800毫米，比马来西亚少1000～1200毫米。冬季常有寒害。为解决垦区抗寒植胶高产问题，经长期试验研究和生产实践，垦区总结出具有云南特点的橡胶北移栽培技术，即采取环境、品系、措施三对口的方式，对胶园实行管理、养树与科学割胶三结合的措施，增强了胶树越冬耐寒能力，避免或减轻了寒害。种植技术的改良，使云南高纬度、高海拔地区可以大面积种植橡胶，云南成为全国的橡胶高产区，取得了显著的经济效益（见图9-54）。

图9-54
生长良好的西双版纳橡胶林
赖毅2020年摄于西双版纳

（四）肥料及施肥技术

云南绿肥资源丰富，同时90%以上的县市均蕴藏草煤，一般含氮1%～23%。1958年，云南省开始试验和应用腐殖酸类肥料。1974年，国务院有关文件提出"要更多注意在不同地区、不同土壤、不同作物的条件下，使用腐殖酸类肥料的方法和效果"。云南省加强了组织领导，成立腐肥推广办公室。云南省农科所土肥站配合腐肥推广办公室，组织了全省腐肥试验协作网，3年时间进行了37个试验、420个对比，发现每亩施150千克左右腐铵（用草煤加一部分氮磷化肥制成腐铵或腐铵磷）比用等量磷铵或氨水增产4%～11%，同时田间土壤保水量提高1.4%～3.8%，有机质及有效养分也有所增加。③

（五）病虫草害控制技术

1973—1976年，云南省农科院吴自强开展水稻病毒病研究，他对黑尾叶蝉传播普通矮缩病、灰飞虱传播条纹叶枯病的发生规律进行了探索，提出治虫防病的对策；对水稻普通矮缩病的病原形态、传毒特性进行了研究和报道，在我国首次发现了橙叶病。杨世诚等对小麦条锈病

---

① 云南省地方志编纂委员会：《云南省志》卷7《科学技术志》，云南人民出版社，1998年，第168页。
② 云南省地方志编纂委员会：《云南省志》卷7《科学技术志》，云南人民出版社，1998年，第168-169页。
③ 云南省地方志编纂委员会：《云南省志》卷7《科学技术志》，云南人民出版社，1998年，第178-179页。

进行研究，鉴定出云南小麦条锈病有24个生理小种，病菌在月均温度超过21.2℃时不能越夏，在云南省多数地区终年循环侵染。宾川棉作站及云南农业大学阮兴业、张中义开展棉花枯萎病综合防治研究，提出"以抗病品种为中心，稻棉轮作为基础，栽培管理为条件"的综合防治措施，使发病率由43.2%下降为6%。此外，对"除草醚""杀草丹""扑草净""绿麦隆"等几种稻田、麦田除草剂也有试验研究，并提出了具体的施用方法。①

五、工业技术的发展

在国防尖端技术创新的带动下，为使工业技术更好地服务于经济发展，云南在引进国外成套技术设备的同时，也在国防制造、冶金工业、建筑工业、机械工业、环境保护、轻工业和电子工业技术等领域有了创新和发展。

（一）国防制造技术

在科技战略调整中，云南继续承担国防制造技术研究任务，并在前期研究的基础上，在新材料、电子元件、仪器仪表、精密机械等方面的研究中取得了创新性成果。

1. 新材料

漏板是玻璃纤维生产中进行池窑拉丝作业的装置之一，形状为一个槽形带孔容器。在拉丝过程中，熔融玻璃流入漏板，被调制到适合温度后通过底板上的漏嘴流出，并在出口处被高速旋转的拉丝机拉伸为连续玻璃纤维。陶土和其他耐热合金材料不能耐受高温玻璃液的侵蚀，而纯铂材料虽然抗高温氧化能力较强，但抗蠕变能力较差。但在纯铂金中加入一定量的铑形成铂铑合金后，其力学性能大大改善，抗蠕变能力提高，可以满足制作漏板的要求。此外，改变玻璃液对合金材料的浸润角度，其拉丝效率和使用寿命也会有所提高。1974年，昆明贵金属研究所开展玻璃液对铂铑合金的浸润机制研究，证明在合金中添加不同元素会改变玻璃液对合金的浸润性能。该所研制的$PtRh_7Au_3$及$PtRh_{12}Au_3$合金能显著提高浸润角，其高温强度也有所提高，有利于解决玻璃漏板的多孔密排问题，从而提高拉丝效率和漏板的使用寿命。

2. 电子元件

受"左"倾错误的影响，我国电子工业在大发展中出现了布局不合理、产品重复、批量小、成本高、质量差、缺乏竞争力、产供销严重脱节等问题。1972年后，云南对前期建设的半导体器件厂进行了撤并，调整了保留的企业的产品方向，明确了发展云南电子基础产品、提高整机配套率的战略。云南电子管厂是云南省生产中小功率电子管的专业厂，1973年被第四机械工业部定为X光管生产厂。在第四机械工业部和云南省的大力扶持下，云南电子管厂从1975年开始全面铺开基本建设，随着小型管生产线的安装投产，工厂规模不断扩大，除X射线管外，试制生产了6H2、6J1、6J2、6N3、5Z3P、6P3P、6P13P、2D2P、FU-7、FU-25等各型电子管，品种达20多个。其中，FU-7管在1978年全国同类型电子管质量评比中被评为第一名。除军用品、民用品外，云南还生产特军品，其特点是耐冲击、耐振动、寿命长、可靠性高，质量达到或超过部颁标准，用于军事重大装备中，未出现质量问题，多次受到部队表彰。②

云南太阳能年辐射总量86.5~159.5千卡/平方厘米，居全国第四位。早在20世纪60年代，昆明师范学院就开展了太阳能的开发和应用研究。昆明师范学院物理系于1971年研制成功硅光

---

① 云南省地方志编纂委员会：《云南省志》卷7《科学技术志》，云南人民出版社，1998年，第180-184页。
② 云南省地方志编纂委员会：《云南省志》卷29《电子工业志》，云南人民出版社，1992年，第85页。

二极管；1974年又研制成功高效率硅太阳能电池、紫光太阳能电池、黑色硅太阳能电池和化学镀全镍电极黑色硅太阳能电池，并开始将它们应用于自动控制电子秤、自动读数机等的生产。这些产品作为光源检测元件和电源，于1975年参加了全国首次太阳能样品成果展览。[1]1977年9月，云南无线电厂的晶体管车间正式分建为云南半导体器件厂，并与昆明师范学院合作，研究生产太阳能电池。

3.仪器仪表

（1）电子仪器仪表

云南电子工业中批量生产军用电子产品的企业主要是云南无线电厂。1974年，云南无线电厂研制的半导体便携式短波无线电台定型生产。该产品能单工收发调幅电报和等幅电报，在报位时能用单工插入方式工作，可供武装部队团以下步兵使用。与此同时，该厂还按民用电台的标准，研制了C频段70兆赫便携式电台、JBC-3型便携式超短波电台和SDY-1型数字地震仪电台等产品。[2]云南仪表厂应用可控硅电路控制和EWC-01多点打印机，将线盘设计为调节机构，研制了SKY-02型数控记录仪，记录精度达到0.3%，可随动跟踪打点，采样速度得到提高。[3]

（2）测温仪表

为进一步提高冶金工业仪表检测能力，1975年，云南仪表厂研制了各种温度计（如铂电阻温度计、锗电阻温度计、铑铁电阻温度计、铂钴电阻温度计等）和分度检定的WJC-51型低温自动恒温器。自动恒温器可同各种低温恒温器搭配使用，用于30K以下的温度中一些低温材料的热膨胀系数、热传导等性能的研究。为对各种辐射高温计、光电高温计、比色高温计及辐射计进行精密分度校验，云南仪表厂与哈尔滨工业大学合作，于1978年成功研制了WJL-11型卧式黑体炉。该产品可作为非接触式测温仪表标定分度用的标准辐射源，在300～1300℃范围内任意设定黑体腔的温度值。[4]云南省公安厅三处与昆明物理研究所合作，将红外照相技术应用于刑事侦查，并于1977年研制了77-1型红外鉴别仪，扩大了刑事检查的范围。

（3）光谱仪

这一时期，云南利用原子结构和原子光谱理论改善金属检测技术。1973年，中国科学院地化所、新天光学仪器厂、昆明冶金研究所试制了我国第一台双光束样机；1976年又研制成功我国第一台双光束原子吸收分光光谱仪；1977年改进后定型。使用该设备可解决不经分离砷和锑的快速测定问题，从而简化工作流程，提高分析质量。[5]

（4）测角仪

云南光学仪器厂利用光学原理研制计量及校验仪器，在与昆明机床厂合作研究光电光波比长仪的基础上，又于1976年与北京工业学院合作，研制成功光电光楔测角仪，应用干涉原理直接测量光线通过光楔后的偏向角。其在20秒至15分偏向角测量范围内，对4种谱线的测量误差不超过0.1秒，且测量迅速、稳定。[6]

（5）土体测试仪

土体动态测试技术直接影响着土动力特性研究和土体动力分析计算的发展，起着正确揭

---

[1] 云南省地方志编纂委员会：《云南省志》卷7《科学技术志》，云南人民出版社，1998年，第566页。
[2] 云南省地方志编纂委员会：《云南省志》卷7《科学技术志》，云南人民出版社，1998年，第775页。
[3] 云南省地方志编纂委员会：《云南省志》卷27《机械工业志》，云南人民出版社，1994年，第230页。
[4] 中国自动化控制系统总公司：《自控系统成套设备选型样本（第一分册）》，陕西科学技术出版社，1989年，第90-91页。
[5] 昆明冶金研究所：《WFX-Ⅱ型双光束原子吸收分光光度计》，《云南冶金》1978年第3期。
[6] 《云南辞典》编辑委员会编：《云南辞典》，云南人民出版社，1993年，第236页。

示土的动力特征规律和完善分析计算理论的重要作用，是土动力学发展的基础。为方便计算土的单位沉降量、压缩系数和回弹指数、压缩模量、固结系数等，北京市勘察设计研究院与云南省勘察设计院等单位联合进行了土与岩石的动静三轴仪及气压固结仪研制，以模拟土和岩石的各种应力状态或应变控制。1973年，云南省设计院王钟祥研制成功我国第一台水压式固结仪；1976年，他又与南京等科研单位合作研制成功我国第一台"2G–1型自动固结仪"。①

4. 精密机械

为研制更高精度圆刻机和开发度盘、码盘、光栅盘的刻画以及相应的检验技术，昆明机床厂在光波比长仪研制的基础上，于1973年与长春光机所和中国人民解放军总参820部队合作，为6569工程开发成功QGG405高精度光电圆刻线机定位多点读数及集成电路等先进技术（见图9-55），该仪器能以30线/分的速度刻线，精度达到国际同类产品水平。②1975年后，该厂又成功研制了高精度的角度位移传感器——圆感应同步器，用于机床精密转台及其他回转伺服系统的角位移测量，精度在±1微米内，达到国际先进水平。③1976年，昆明铣床厂与清华大学、北京照相机厂合作，完成了精密专门自动机床——QK486.5数控五轴刻字机的研制，用于照相机、电影机和光学仪器等的刻字。

图9-55
QGG405 高精度光电圆刻线机

昆明机床厂机床研究所肖振宇提供

5. 计量基准

精确的时间是进行精密大地测量、远程航海、人造卫星发射和海上油井定位等必不可少的参数。1973年，云南天文台参加国家下达的由上海天文台负责、全国天文台共同承担的"世界时精确测定"和"纬度测定"任务。他们先利用铷钟和石英钟建立与我国时间服务系统的密切联系，然后同各兄弟天文台的铷钟进行经常性同步比对，发播时间频率信息，最终取得了具有国际水平的成果。其中，云南天文台光电等高仪观测精度稳定在±2.5毫秒以内，提前实现并超过了国家规划的1980年达到±3毫秒的指标要求。④

（二）冶金工业技术

云南是有色金属大省，金属冶炼潜在实力较强。为了更好地发挥云南冶金工业优势，云南在选矿、冶炼等方面开展技术攻关，取得了一定的成效。

1. 选矿工艺

氧化铜矿浮选的生产实践和科学试验证明，活化过程进行得好才能取得好的浮选效果。浮选活化过程只能通过加入活化剂来实现，因此活化剂在氧化铜矿浮选过程中起着至关重要的作用。在氧化铜矿浮选中普遍使用的最基础的活化剂是硫化钠（Na_2S）。20世纪60年代末，因硫化钠货源紧缺，东川氧化铜矿尝试使用硫化钙（CaS）。1970年后，原东川矿务局中心试

---

① 杨启云主编：《云南专家学者辞典》，云南科技出版社，1994年，第139页。
② 云南省地方志编纂委员会：《云南省志》卷27《机械工业志》，云南人民出版社，1994年，第273页。
③ 云南省地方志编纂委员会：《云南省志》卷27《机械工业志》，云南人民出版社，1994年，第90页。
④ 云南省地方志编纂委员会：《云南省志》卷7《科学技术志》，云南人民出版社，1998年，第56页。

验所又独立开发了一种全新的氧化铜矿浮选活化剂——磷酸乙二胺（也称乙二胺磷酸盐）。其对该药剂进行了广泛的试验研究，直至大范围生产应用，取得了十分显著的效果。试验研究证明，磷酸乙二胺是非常优良的氧化铜矿活化剂，其加入可减弱矿泥对有益铜矿物的危害，同时也降低了矿泥对浮选药剂的吸附量和吸附速度，不仅适用于活化以含硅孔雀石为主的氧化铜矿，而且也适用于活化主要含孔雀石的氧化铜矿。[1]

2.冶炼工艺

1971年，昆明钢铁公司成立了钢铁研究所后，大搞技术改造，加强科研，推广先进经验。由于硼钢可代替含铬、镍、钼等的合金钢，节省稀缺的铬、镍、钼等贵重资源，研究所开展了50B钢中硼的状态及脆化机制研究，充实了我国硼钢系列产品研发的理论依据，钢铁中硼的测定纳入部颁标准的研究。[2]1974年，昆明工学院与北京钢铁学院共同研制成功双自耗极有衬炉电渣熔炼设备，其方法是使强电流经自耗极通至熔融的特制熔渣中，熔渣将电能转变成热能，反过来使插在熔渣中的自耗极熔化。这一设备在冶炼过程中无电弧，也不需石墨电极，自耗极就是熔炼的对象，它由待熔金属焊制而成。由于电渣熔炼炉与当时具有的各种频率的感应炉相比，具有设备简易、投资少、上马快的优点，一般中小矿山机修厂都能自制，同时操作安全、效率高，炼出的钢质好，深受矿山机修部门的欢迎。[3]与此同时，云南锡业公司冶炼厂在改进燃煤加热溜槽结晶机的基础上，又于1975年成功研制了热螺旋机械结晶脱铅铋设备。该设备以电加热代替人工烧煤操作，具有处理能力大、除铅和铋效率高（99.9%和98%）、直收率高、劳动条件好等优点，先后出售给巴西、英国、马来西亚、玻利维亚等国。[4]

（三）建筑工业技术

为使工业更好地为农业服务，一批化工重点工程建设在云南展开。随着这些重点工程建设的不断推进，云南建筑工业技术得到了提升。

1.建筑施工技术

云南天然气化工厂作为我国"四五"期间重点建设项目，引进了大型化肥装置，以四川天然气为原料，采用美国凯洛格公司日产1000吨合成氨装置和荷兰凯洛格-大陆公司日产1620吨的尿素装置。工程于1974年10月4日正式动工，1977年5月和7月分别建成尿素和合成氨装置。云南省建筑工程公司承担了云南天然气化工厂（见图9-56）工程合成氨系统、尿素系统、工艺管架系统、生产性辅助项目以及生活福利设施等6大部

图9-56 1977年云天化集团有限责任公司揭牌仪式

诸锡斌2021年摄于云南省博物馆《庆祝中国共产党成立100周年成就展》

---

[1] 刘殿文、张文彬、文书明编著：《氧化铜矿浮选技术》，冶金工业出版社，2009年，第35-36页。
[2] 李焱、叶发芳主编：《云岭钢都——昆明钢铁总公司发展史》，中国文联出版公司，1998年，第51页。
[3] 云南易门铜矿七步郎坑：《自动化双自耗极有衬炉电渣熔炼设备》，《煤碳科学技术》，1977年，第1期。
[4] 云南省人民政府办公厅：《云南经济事典》，云南人民出版社，1991年，第450页。

分50余个项目的施工，在没有重型起重设备的条件下，利用卷扬机和滑轮组完成了整体水平运输和吊装任务，一次完成了总重247吨、高50米的尿素塔的安装，形成了土设备安装高大、超重型构筑物的先进经验。1976年，合成氨尿素装置交付安装，1977年投产。1982年，全部工程竣工，该工程获得国家银质奖。[1]

至20世纪70年代，一般民用建设中已较广泛地采用定型化、标准化的装配式钢筋混凝土构件。1973年，云南建筑工程公司第五工程处开始研制装配式混凝土空心大板住宅建筑。为了促进装配式大板建筑的广泛应用，保证工程质量，1975年，云南省建筑科学研究所与中国建筑科学研究院、北京市建筑设计院、陕西省建筑科学研究所会同有关部门编制了《装配式大板居住建筑结构设计和施工暂行规定》。1976年8月，云南建筑工程公司第五工程处在昆明小团山预制厂首次进行了五层混凝土空心大板住宅非破坏性整体抗震试验，结果表明大板结构具有良好的抗震性能，重量轻，便于机械化施工。装配式混凝土空心大板住宅建筑的设计，突破了以往的以手工形式进行建筑施工的方式，使建筑施工进入高速、低耗和使用大机械施工的现代化工业生产阶段。

膨胀土是指含有大量亲水性黏土矿物成分，同时具有显著的吸水膨胀和失水收缩，且胀缩变形往返可逆等特性的黏性土，主要分布在热带和温带气候区的半干旱地区内。由于膨胀土具有超固结性，对建筑地基的影响极大，1974年，在中国建筑科学研究所的主持下，冶金部昆明勘察公司及云南锡业公司等单位在个旧市鸡街建立研究协作组，进行房屋变形观测和房屋破坏机制分析，提出膨胀土地区建筑物设计原则和地基基础处理方法，并应用于实践之中。经多年观察，效果良好，可以确保建筑物的安全使用，这为工程设计提供了经验。[2]

2.桥梁工程技术

1974年起，在前期公路桥梁建设基础上，云南桥梁技术又有新的发展。1974年，位于云南省西部今保山市施甸县与龙陵县交界处主跨116米怒江的红旗桥建成，其在设计和施工上均有创新，成为当时全国路径最大的装配式箱形拱桥，获国家优秀设计奖。1975年，在孟定南汀河建成钢筋混凝土装配式上承多肋拱桥，全桥长148.47米，桥高22.30米。该桥施工时主拱拱肋每根分3段预制，天线吊装，每段吊重27吨左右。沉井采用抓泥土下沉，利用天线悬吊抓泥斗及操作台，避免了反复立移门架及调整排土台高度的烦琐劳动。

（四）机械工业技术

20世纪60年代以后，国际上土木工程建设和机械工业的科技含量日益加大。为了赶上国际科技发展水平，云南在十分困难的条件下努力攻关，出现了一些新的成果。

1.工程机械

1971年，云南水力发电建设公司撤销，以礼河一级（毛家村）电站施工队伍水电一分公司转移到西洱河，筹建西洱河一级电站及实施河道开挖工程。一级电站主体工程于1972年1月开工，由水电部第十四工程局第一、二工程处负责土建。一级电站引水隧洞全长8181米，工程量大，设10个支洞进行开挖。从1970年11月至1978年9月，试验使用了直径为5.8米的掘进机，全断面一次成型，开挖了861.17米，由水电第二工程处研制的SJ58及SJG-53-12全断面隧洞联合掘进机也发挥了重要作用。[3]

---

[1] 云南省地方志编纂委员会：《云南省志》卷42《建筑志》，云南人民出版社，1995年，第127页。
[2] 云南锡业公司：《科技成果汇编（1950—1985）》，云南锡业公司，1987年，第164页。
[3] 云南省地方志编纂委员会：《云南省志》卷37《电力工业志》，云南人民出版社，1994年，第117页。

实现喷射混凝土机械化作业是提高喷射混凝土作业效率的有效途径。20世纪60年代开始，国内外采矿工程混凝土作业和井巷支护已发展为喷射混凝土及锚杆支护。1973年，易门铜矿与昆明冶金机械厂合作研制短掘短喷作业线。此后，易门铜矿、东川矿务局、云南锡业公司、第十四冶金建设公司等单位在矿山建设、生产的掘进作业中，普遍研制出自己的混凝土喷射装备。昆明冶金机械修配厂和第十四冶金建设公司分别研制的喷射混凝土锚杆支护设备KM-Ⅱ型混凝土喷射设备液压机械手[1]和65-1411型单罐喷射器[2]因工作稳定可靠、性能良好而得到推广。

2.运输机械

斗式转载车（简称斗车）与装岩机、矿车配套使用，能有效地发挥装岩机生产能力，缩短装载时间，减轻劳动强度，提高掘进工作效率。东川矿务局于1960年后开始研制适合自己矿山生产建设条件的掘、采、运设备与设施；1965年又与寿王坟铜矿、北京有色冶金设计研究院、大冶有色金属公司合作，对装载车进行了改进；1976年又研制成斗式转载列车。东川矿务局将列车与凿岩台车、装岩机、电机车、吊罐配套，组成平巷与天井掘进机械化作业线，提高了天井、平巷掘进的技术装备水平。[3]

3.农业机械

1973年，云南省农业机械研究所与江西省农业机械研究所等单位合作进行水稻联合收割机的研究。1974年，东风-12小型水稻联合收割机（4LD-12BW）研制成功，该机以东风-12型手扶拖拉机为基础，装配具有轻型履带行走机构和液压提升机构的履带底盘，以及联合收割机的割、送、脱三大部件，适用于平原、丘陵、中小田块的水稻收获作业，可在泥脚深为20厘米以内的水田带水作业。[4] 在前期南方系列水田犁设计的基础上，云南省农业机械研究所又与成都市机引农具厂、成都市农机所、嵩明农机厂等单位合作，成功研制了南方水田犁系列设计中的ILSQG-425加强四铧犁。此种四铧犁可与40、50马力级拖拉机配套，适用于0.6～0.8比阻农田的水旱耕作。投入批量生产后，产品图样转让出口巴基斯坦。[5]1977年，由云南省农业机械研究所设计、玉溪农机厂制造的IBSN-325南方系列机引水田耙投产。该耙耙宽250毫米，耙深220毫米，能较好地适应南方水田黏重土壤条件下的耕作，受到用户好评。[6]

4.示教仪器

20世纪60年代初，国外已发明了示教手术显微镜，为青年医生迅速掌握显微手术创造了条件。1976年，暨南大学医院与云南光学仪器厂合作，试制成功单人双目、四个单目示教手术显微镜-WS1型，经两年临床试用，达到质量要求。WS1型示教手术显微镜为立式单人双目显微镜，可供四个人同时观摩学习，其放大倍数为4×、6.5×、10×、15×、25×，工作距离为224.5毫米，光源由12V50W白炽灯泡提供，主要适用于耳科及眼科显微外科手术。[7]

（五）环境保护技术

1972年，联合国人类环境会议通过了《人类环境宣言》。我国坚决支持各国人民反对公

---

[1] 程良奎编著：《喷射混凝土》，中国建筑工业出版社，1990年，第79页。
[2] 第十四冶金建设公司第十一井巷工程公司：《喷射混凝土支护平巷的机械化作业线》，《云南冶金》1978年第2期。
[3] 《当代中国有色金属工业》编委会：《新中国有色金属·铜工业》，1987年，第92页。
[4] 北京市农业机械研究所：《手扶拖拉机配套农具》，机械工业出版社，1980年，第326页。
[5] 云南省地方志编纂委员会：《云南省志》卷7《科学技术志》，云南人民出版社，1998年，第499页。
[6] 云南省地方志编纂委员会：《云南省志》卷27《机械工业志》，云南人民出版社，1994年，第143页。
[7] 朱盛修主编：《现代显微外科学》，湖南科学技术出版社，1994年，第45页。

害、要求改善环境的斗争，并于1973年审议通过了第一个环境保护文件——《关于保护和改善环境的若干规定》（以下简称《规定》）。根据《规定》中工业"三废"处理要求，云南在废气净化、废渣利用上开展研究，推进了环保技术的发展。

1. 废气净化技术

20世纪60年代以来，以柴油为动力的无轨设备在国外矿山迅速发展起来，由此产生了内燃机的废气问题。为了控制污染，改善井下作业条件，保护人体健康，1973年，地质部科技司将"内燃机废气净化催化剂研究"正式列为课题。昆明贵金属研究所开展了柴油机排气净化催化剂的研制，研制了以陶瓷为载体的催化剂，进行机外净化，使柴油机所排气体中的有害有毒物质（主要是一氧化碳、碳氢化合物及部分油烟）可以在催化剂的作用下迅速氧化为无毒物质。[1]与此同时，研究所还进行了汽车尾气净化催化剂的研制，成果为蜂窝状陶瓷载体铂催化剂。经过多次台架试验及3万公里行车试验，其被证明为性能稳定、活性良好的催化剂。该催化剂对CO的净化率达92.2%，对HC的净化率为82.5%，蜂窝及涂层完整无损，经得起机械振动及热冲击，达到了原定指标，满足使用要求。其阻力小，适合汽车排气净化使用。

2. 废渣净化技术

为了减少粉煤灰环境污染，1974年，国家计委、国家科委把粉煤灰硅酸盐砌块列为墙体材料改革的重点项目之一。云南省建筑科学研究所参与了利用工业废渣生产无熟料水泥的研究，用粉煤灰、石灰、石膏作胶结材料，煤渣作轻骨料，同制作混凝土一样，经过均匀搅拌、振动成型，再经蒸汽养护硬化而形成砌块，用以替代标准黏土砖。云南省建筑总公司试验成功大模板现浇煤渣混凝土住宅施工技术并进行了推广。[2]这些技术创新不仅减少了粉煤灰污染，也节约了水泥，并降低了工程造价。

（六）轻工业技术

轻工业是保障人民群众生活需求的产业。为满足云南人民日常生活的需求，云南对制糖、制盐等涉及生活基本需求的轻工业开展技术研究，带动了云南轻工业以新工艺、新设备为特点的技术进步。

1. 制糖技术

1971年，为满足我国市场对食糖的需要，国家采取了提高糖料价格和扩大甘蔗种植面积的措施，但受极左路线的干扰破坏，1971—1972年榨季，产糖量却出现了下降。因百年未遇的特大霜灾，云南甘蔗遭受了十分严重的霜冻。为了迅速处理霜冻甘蔗，多产糖，产好糖，作为云南省大型机制糖厂，开远糖厂在推广甘蔗浸出法、压榨浸出法之后，又于1973年开展了提高压榨机线速等挖潜研究。该厂对压榨机进行改造，通过增大辊径，改变减速箱，提高出轴转速；改进齿纹，加深排汁坑，增大蔗刀机马力等办法，将压榨机线速由9～11.5米/分提高到15.1～19.1米/分，日榨量由1000吨提高到1300吨以上，最高达到1559吨，抽出率达96.40%。[3]

2. 制盐技术

第二次世界大战后，钻井水溶法在盐矿开采中得到利用。这种方法利用盐矿易溶于水的特性，在地面钻凿直达盐层底部的钻井，在钻井内装置同心的单层或多层套管和一根中心管，

---

[1] 昆明贵金属研究所科技处：《贵金属研究所获奖科技成果和论文摘要（1962—1983）》，昆明新星印刷厂，1985年，第28页。

[2] 云南省地方志编纂委员会：《云南省志》卷42《建筑志》，云南人民出版社，1995年，第108页。

[3] 云南开远糖厂：《提高线速挖掘设备潜力》，《甘蔗糖业》1975年第5期。

通过中心管（或中心管与套管之间的环隙）自地面连续泵下淡水，溶解盐层产生浓卤，浓卤经由套管环隙（或中心管）不断返出地面，盐层中的水不溶物（泥沙、砾石等）则淤积在井底。钻井水溶方法采用单井对流法和井组通腔法。单井对流又有加垫层和不加垫层之分，井组通腔也有自然通腔与加压通腔（压裂法）之别。这种方法投资少，见效快，效率高，成本低，作业安全（在地面作业），而且不排放废渣，不污染环境，被公认为20世纪世界最先进的岩盐矿连续开采方法。[①]1963年，钻井水采盐矿被列为全国科技发展的重大项目。云南省轻工业研究所组成实验组到磨黑盐矿进行实验。经过近十年的努力，第一口井试验成功，相应技术于1973年开始在井下推广使用。实验组进行了建井工艺和设备选型研究以及盐槽设计改进，新技术的经济性能优于传统房柱法和洞室水溶法。[②]此后，这一技术作为低品位盐矿开采技术在云南省内各盐矿推广，逐步代替了早期房柱法。

3.烟草技术

云南烟草是国家和地方重要的税收来源，提高卷烟产出可为国家和地方增加经济收入。1973年，云南省革命委员会批准昆明卷烟厂投资39.6万美元，从英国和西德引进卷接机组和包装机组。与此同时，各大烟厂也开始了机制设备的配套研究。1973年，由云南省轻工业厅牵头，玉溪机床厂王云龙、刘本芳、童祖亩，玉溪卷烟厂李振国、杨序伯、胡宪章、张建等工程技术人员，联合试制YJ12型新中国卷烟机，当年批量生产30台，每台生产能力提高到1100支/分。1975年，昆明市机器厂根据昆明卷烟厂提供的图纸生产卷烟机27台；昆明市机械厂试制YSll型五刀式切丝机25台，台时生产能力为500千克，供昆明和玉溪两卷烟厂使用。[③]当年，从英国和西德引进的卷接、包装机组等设备被运到昆明卷烟厂，云南省首次生产过滤嘴香烟。

（七）电子工业技术

1973年国家电信总局召开全国陆地边防10省会议后，云南开始加强边防27个县到边沿公社、生产大队及边防公安检查站和派出所的农话通信。1975年以后，云南省各局为了适应"农业学大寨，建成大寨县"对通信的需要，又为部分不通电话的生产大队架设了线路，以解决部分中继电路不足的问题。在这一农村电话网改造过程中，云南省电信器材厂研制了可在一对线路上沿途下线和分支下线，互不干扰，通话清晰，可延伸市话传输距离的环路载波电话机，适合农村、矿山、油田等作业地点分散的单位使用。[④]与此同时，云南省电信器材厂研制成功B类桥式推挽放大器，用于载波电话交换机制造。

台式计算机是云南生产电子计算机的先导产品。1972年底，云南五一二厂（1974年1月改名为云南电子设备厂）20多名工程技术人员组成电子计算机试制小组，在中国科学院数学研究所和国营七三八厂的支持帮助下，于1973年7月试制成功云南第一部台式计算机样机。经过多次试验改进，该型计算机于1974年初通过鉴定并投产，定型为长城102型。同年，云南省科委向云南电子设备厂下达了试制DJS-130小型通用数字计算机的任务。云南电子设备厂计算机于1975年7月试制成功，在小化肥生产自动控制中经多次运行考核，性能稳定。1976年，云南电子设备厂利用国产小规模集成电路，自行设计研制成功云岭103型台式计算机，居当时国内同类产品先进水平。同年，第四机械工业部组织天津无线电技术研究所、云南电子设备厂和天津无线电二

---

① 黄培林、钟长永主编：《滇盐史论》，四川人民出版社，1997年，第121页。
② 云南省磨黑盐矿：《气垫对流法技术小结》，《井矿盐技术》1976年第1期。
③ 云南省地方志编纂委员会：《云南省志》卷20《烟草志》，云南人民出版社，2000年，第271-273页。
④ 《云南辞典》编辑委员会编辑：《云南辞典》，云南人民出版社，1993年，第355页。

厂、七八二厂、七八五厂等5个单位联合设计DJS-135加固小型电子计算机。该机在我国火箭发射中做出了贡献，受到中央的嘉奖。[①]

（八）化工材料生产技术

太乳（塑-B）炸药是以太安为主体，以乳胶为黏结剂的片状炸药，主要有爆炸焊接等特殊用途，适用电力部门输配电线路导地线内外爆压接。1976年，湖南省高压送变电维修公司、长沙矿冶研究院、云南乳胶研究所等单位研制成功了塑-B型炸药专用胶乳胶黏剂配方，制成的塑-B型炸药产品质量高，工艺简洁。同时，在塑-B炸药制造工艺上改革了脱模剂，用无毒的胶乳代替了有毒的苯乙烯-甲苯，改善了劳动条件，提高了产品质量。[②]

探空气球是用来携带无线电探空仪等电子设备升空，以测定高空温、压、湿、风等气象要素的气球，以橡胶为主要材料。1971—1973年，云南乳胶研究所研制了重量小、升空高度达3万米以上的探空气球，在球体结构上采用薄型球皮，在配方上采用耐臭氧性能高的防老剂和耐寒剂，从而保证了气球的使用性能，其飞行高度平均达3万米。1974年，石化部委托云南省石油化学工业厅于昆明主持召开技术鉴定会议，会议肯定了这个成果，同意设计定型，并批准于1975年开始在云南乳胶研究所试生产。

六、医药技术的进步

根据"三线建设""备战、备荒、为人民"的战略方针以及"把医疗工作重点放到农村去"的指示，云南医药研究机构在加强战备医疗研究、中草药研究的同时，有针对性地开展了地方病的防治研究。

（一）卫生标准

1975—1976年，随着核能事业的发展和放射性同位素的广泛应用，国内迫切需要进行食品放射卫生标准的研制。为此，卫生部组织了食品放射卫生标准科研协作组进行攻关。云南省防疫站调查并完成了"我国食品卫生标准的研究"。其对海产食品中的放射性物质进行了分析测定，为制定、颁发、执行、监督《中华人民共和国食品卫生法》提供了基本参考依据。

鉴于当时我国医疗卫生机构的X线机比较陈旧，防护设施残缺，不少基层医疗卫生机构人手较少，工作量大，云南省卫生防疫站于1972年参加了卫生部下达的医用诊断X线机防护科研工作，针对各医疗卫生机构X线机的具体条件，分析影响X线剂量的若干因素，探索经济、有效、实用、方便的防护措施。其成果为1978年我国《医用诊断X线卫生防护规定》的制订提供了依据。

（二）药物研发

在中草药群众运动的推进过程中，走中西医结合的道路，更好地为广大劳动人民防病治病服务，1971年，第一次全国中西医结合工作会议提出编写《全国中草药汇编》的任务。在卫生部的领导下，云南省药物研究所参与了此项工作。研究所总结了20世纪60~70年代初中草药研究成果，在收集大量资料和彩图的基础上，编写了《云南药用植物名录》。

在前期蛇伤药研究的基础上，1974年，云南动物研究所（今中国科学院昆明动物研究

[①] 云南省地方志编纂委员会：《云南省志》卷7《科学技术志》，云南人民出版社，1998年，第770-771页。
[②] 云南省化学石油工业厅技术情报中心站：《云南化工科技成果汇编（1982年）》，1982年，第83页。

所）对我国常见毒蛇蛇毒的12种酶活力进行了测定。1976—1977年，该所与广西医学院、北京大学制药厂、江苏泰州生物制药厂等单位合作，从蛇毒中分离纯化了多种毒蛋白和酶，研制出治疗毒蛇咬伤药胰蛋白酶，以及对人工合成核酸有重要作用的磷酸二酯酶。磷酸二酯酶的研制为我国的核酸研究提供了一个必需的工具酶。利用胚胎移植技术，云南省动物研究所开始了动物性别控制研究工作，并研制出鉴别胚胎性别的强抗原抗体。同年，云南省动物研究所还与北大制药厂、江苏省泰州生物制药厂协作，以提取细胞色素C（细丙）的猪心渣为原料，制备成辅酶Q10。北京、南京、苏州、泰州、广州、昆明及个旧等地18个临床单位协作，用该药治疗亚急性肝坏死91例，证明其能延长患者生存期。此外，该药对急性肝坏死、慢性肝炎、高血压、冠心病、恶性肿瘤免疫治疗也有一定疗效。

中国科学院昆明植物研究所开展资源植物化学研究，从植物中发现了新结构化合物。1973—1975年，该所与上海有机化学所合作，确定了雪胆素甲和雪胆素乙的化学结构，研制成功一种新的广谱抗生素药物并投入生产。1977年，陈维新发现植物体中新的化合物——豆腐果甙。同年，聂瑞麟、许样誉等发现云南野生植物中存在的昆虫蜕皮激素并确定其结构，还设计了经济简易的生产工艺，昆虫蜕皮激素在云南首先实现工业生产，在世界范围内拔得头筹。

（三）地方病防治

1967年，楚雄小儿心脏病调查组经调查确定楚雄地区存在一种地方性心肌病——楚心病或克山病。1971年，云南省楚雄克山病防治研究所成立，开展了关于克山病的多项科研防治工作。1976年，该所在楚雄吕合公社开展口服亚硒酸钠预防克山病的试点，1977年，该工作逐步向全县病区社队普遍推广。通过服硒防治，克山病急型、亚急型的发病率得到有效控制。[1]同时，研究所提出在病区施用钼酸铵化学微肥，以提高农作物中钼的含量。经过6年的实施和连续观察，证实该方法对降低发病率有一定效果。

20世纪70年代中期，德宏州卫生防疫站和云南省流行病防治研究所根据德宏州鼠疫防治资料，系统研究了德宏州鼠疫自然疫源地蚤类在传播鼠疫中的作用，在印鼠客蚤、野韧棒蚤、缓慢细蚤、人蚤、不等单蚤中检出鼠疫菌。流行病学分析揭示了印鼠客蚤是德宏家鼠疫源地的主要传播媒介，野韧棒蚤、缓慢细蚤、不等单蚤为次要媒介，人蚤在人间鼠疫流行中发挥传播作用。该课题对鼠防工作发挥了重要的指导作用。

（四）医疗技术改进

1955年，李秉权在云南大学医学院附属医院建立神经外科病房和门诊，开展脑室造影、脑血管造影和部分脑手术。20世纪70年代中期，云南省人民医院采用肺叶袖状切除与气管隆嵴重建术治疗肺癌，拓宽了肺癌外科手术的适应证。由于改进了手术设计、麻醉和呼吸管理，气管隆嵴切除的两例手术顺利完成，且患者治疗后存活4年以上，达到国内平均水平。1977年，李秉权与程华青教授合作，成功实施了经颅中窝硬脑膜外进路面神经岩段手术。手术达到国际水平，相关论文发表于国内期刊及法国《波尔多耳鼻喉杂志》。

为将科学技术与社会经济和人民生活需求相结合，云南科学技术研究格局由"重—轻—农"调整为"农—轻—重"。虽然这一时期的科技政策仍然受"四人帮"的影响，但基于社会经济和人民生活对工农业科技需求的增长，云南科学技术研究领域仍然取得了进步，由此也迎来了改革开放后云南科技的全面发展。

---

[1] 政协楚雄市委员会：《楚雄市文史资料》（第5辑），1999年，第126页。

第十章 改革开放和社会主义现代化建设新时期云南的科学技术（1978—2012年）

党的十一届三中全会以来，云南科技事业在恢复、整顿的基础上，进入了全面改革发展时期。1978年全国科学大会召开后，云南省提出了采取加强科技管理工作和科技队伍建设、加强党对科技工作的领导、做好科技成果推广和科学普及工作等措施，并先后恢复了云南省科协和中国科学院昆明分院，恢复、新建了一批科研机构，在全国较早地试行扩大科研院所财务自主权、科研合同制、农业技术联产承包责任制等，对科技体制进行了初步改革。1995年，党中央、国务院做出了实施"科教兴国"战略的总体部署。同年，中共云南省委、云南省人民政府全面部署实施了"科教兴滇"战略，做出了恢复云南省科技领导小组、第一把手抓第一生产力、实施科教兴滇八大工程、增加科技投入等重大决策，加速了云南经济、社会、科技事业的发展。进入21世纪以来，云南省科技工作坚持以马克思列宁主义、毛泽东思想、邓小平理论、"三个代表"重要思想、科学发展观为指导，深入实施科教兴滇、人才强省和可持续发展战略，不断深化科技体制改革和科研体系创新，科技创新能力显著提高，科技创新和进步有力地支撑了云南经济社会的发展。

第一节 科技发展的理念与成就

1978年3月，邓小平同志在全国科学大会上做了重要讲话，全面系统地阐述了科学技术在社会主义建设中的地位和作用，明确提出科学技术是生产力和知识分子是工人阶级的一部分的重要观点，指明了科学技术发展的方向和基本的方针政策。讲话澄清了长期束缚科学技术发展的重大理论是非问题，解放了人们的思想，是改革的先声，使中国科技事业迎来了全面发展的大好时期。1995年，《中共中央、国务院关于加速科学技术进步的决定》提出实施科教兴国的战略。

一、改革开放与云南科学技术

1978年11月，云南召开以拨乱反正为中心的全省科学技术工作会议，提出以拨乱反正为中心，进一步落实党对知识分子的政策，加强科技管理工作、科技队伍建设和党对科技工作的领导，做好科技成果推广和科学普及工作。1983年以后，云南经济发展逐步转移到依靠科技进步上来，成立了云南省科技协调领导小组，加强统一领导和综合协调。1985年《中共中央关于科学技术体制改革的决定》发布后，云南进一步开展科技体制改革，并取得初步成效。1988—1995年，云南省科委充分发挥综合、协调、组织、服务和参谋助手作用，贯彻落实科技工作面向经济建设主战场、培育高新技术及其产业化、加强基础研究的战略部署，通过科技开发把资源优势变为新兴产业的经济优势，科技发展逐步适应商品经济发展的要求。

（一）发展科技的指导思想日益明确

全国科学大会以后，特别是党的十一届三中全会以后，云南省各级党委进一步加强了对科技工作的领导，科学技术和知识分子在社会主义现代化建设中的地位和作用日益受到重视，发展科技的指导思想进一步明确，取得了一批新的成果。1979年9月，中共云南省委召开常委会，专题研究科技和教育工作，提出了加强党对科技工作的领导和落实知识分子政策等措施。1980年1月，云南省科学技术工作会议召开，要求继续提高对科学技术是生产力的认识，认真落实党的知识分子政策，按"农—轻—重"的次序落实科技发展计划，搞好科技战线的调整、改革、整顿、提高，抓好科技成果的管理和推广应用，进一步加强党对科技工作的领导。同年，中共云南省委批转云南省科委《关于加强科技工作的十项措施》，要求各级领导将科技工作列入议事日程，逐步建立健全科技管理体系，同时按照发展优势、加强重点、合理布局、专业分工的原则，对科研机构进行初步调整。

1981年，为贯彻中央科技为经济建设服务的战略方针，云南省人大做出《关于加强科学技术工作的决议》，要求科技工作必须紧密结合云南特点，为社会主义建设服务。1982年，中共云南省委批转了云南省科委、云南省科协、中国科学院昆明分院《关于进一步加强我省科技工作的报告》。1983年以后，云南省政府提出要将云南经济发展逐步转移到技术进步的基础上来，尽快将自然资源优势转化为经济优势，将科技成果转化为生产力，加强应用、开发研究。1985年5月，云南省召开以科技体制改革为中心的全省科学技术工作会议，在总结近年来科技体制改革试点经验的基础上，提出了关于科技体制改革的五个重点和当前科技战线的八项任务。云南省政府还决定把推广农业技术作为产业结构调整的突破口，并于1985年12月召开全省农业科技工作会议，会议总结交流了靠政策、靠科技发展农业生产的经验，着重研究了依靠科技进步促进农村经济发展的问题。

1986年，云南开始编制"星火计划"，由省科委组织实施，将"星火计划"与山区开发、科技扶贫相结合，促进农业和乡镇企业的科技进步。1987年，云南提出以科技进步促进资源开发和经济发展，原料、加工、综合利用配套，经济、社会、生态效益统一的科技发展战略，使科技工作更好地为发展优势资源、开拓多元经济支柱服务。1990年，中共云南省第五次代表大会提出"教育为本，科技兴滇"战略。1995年，中共云南省第六次代表大会提出"科教兴滇"战略。

（二）科技管理体系基本形成

加强科技管理工作，首要任务是建立健全科技管理机构。云南省科学技术委员会（省科委）是管理全省科学技术工作的综合职能部门，自1973年恢复以来，其职能职责进一步明确。为加强科技干部管理工作，1984年5月，中共云南省委决定成立云南科技干部管理局，归省科委领导。各地州市科委恢复建制，各县市区也成立了科委。1989年，昌宁县漭水乡率先成立了乡科委。到1995年，云南全省已成立1534个乡镇科委，占全省乡镇总数的95.7%，云南省科委为此制定了《云南省乡镇科委工作职责》。

云南省科委根据中央各个时期、各个阶段的方针、任务，围绕云南经济发展需要，结合工作实际，提出科技发展的战略思想，统一编制了各个时期的科技发展规划，如《云南省科技长远发展规划纲要（1978—1985）》《云南省科学技术"六五"规划和十年设想》《云南省1986—2000年科学技术发展纲要》《云南省"七五"科技发展规划（1986—1990）》《云南省"八五"科技发展规划（1991—1995）》，等等。同时，云南省科委根据不同时期发展规划的目标和工作实际，制定了全省科技计划。1986年以前没有明确的科技计划，主要是针对具体科技需求组织科研项目。从1987年起，设立了相对规范的科技计划体系，主要有科技重大（攻关）计划、软科学研究计划、星火计划、应用基础研究计划、科技成果试验示范计划和火炬计划等。应用基础研究方面设立了云南省自然科学基金。"八五"期间，云南省科技计划继续坚持"依靠、面向、攀高峰"的方针，强调科技与经济的紧密结合，促进科技与教育，对计划设置进行了适当调整。

在不断健全科技规划和计划体系的同时，中共云南省委、云南省人民政府重视对科技管理干部的培养。1980年3月，云南省委、省政府批转《云南省科学技术工作会议纪要》，在批文中指出：各级领导既要抓经济工作，也要亲自抓科技工作，要把开展科学技术研究，推广行之有效的科技成果，更好地培养、发现、使用人才，充分发挥知识分子在"四化"建设中的作用，摆在自己的重要议事日程上。为促进科技事业发展，云南省委、省政府从1989年开始选派科技副县长为各县（市）的科技管理工作及经济建设做出了积极贡献。1991年3月，云南省政府印发《云南省人民政府关于表彰"七五"期间推动科技进步做出突出成绩的李维林等21位县级领导的决定》，对认真贯彻"教育为本，科技兴滇"的战略方针，为推动科技进步做出突出贡献的21位县级领导进行表彰。

（三）科技成果推广力度不断加大

云南省委、省政府历来高度重视科技成果的推广工作，于1978年开始编制云南省科技成果、新技术推广计划。1979年2月，云南省科技成果、新技术推广领导小组成立，并在云南省科委下设领导小组办公室。从1979年起，每年由云南省科技成果推广办公室计划下达省的科技成果、新技术推广重点项目30~40项，并随项目安排推广经费。1979年4月，云南省召开了全省科技成果推广工作会议，指出要实现"四个现代化"，必须十分重视科研成果的推广和应用，而做好科研成果的推广工作就必须加强计划管理和党的领导。此后，各地州市科委和省属委办厅局科技处开始制订本地区、本部门的科技成果推广计划，并安排人员开展推广工作。1990年，云南省政府决定从省财政拨款200万元，成立科技成果试验示范推广基金，并制订了云南省科技成果试验示范计划，安排重大科技成果的试验示范，以加速科技成果转化为生产力。

为做好科技成果的推广工作，云南加强了对科技成果的管理和奖励。1979年5月，云南省首次科技成果颁奖大会召开，对中华人民共和国成立以来具有重大价值和作用的科技成果给予了表彰和奖励。1980年6月，云南省政府批转了云南省科委《关于云南省科学技术研究成果、推广成果奖励试行办法》。1981年11月，云南省政府决定一年一度的科技成果和推广成果奖励由云南省科委组织评审，以云南省政府名义发奖，云南省财政拨专款作为奖励经费。1983年8

月，云南省政府批转省科委《云南省科技成果奖励条例》，扩大奖励面，增加了奖励金额。当月，云南省科委召开全省第一次科技成果管理会，学习了中央和云南省的相关规定，进一步明确了各级科委在成果管理工作中的任务、范围和做法。1985年12月，根据国家规定，云南省将科技成果奖改为科学技术进步奖，发布了《云南省科学技术进步奖励办法》。据统计，1978年至1984年，1193个项目获云南省科技成果奖励；1985年至1997年，1853个项目获云南省政府科学技术进步奖。

（四）科学普及工作取得实效

科协作为科学技术工作者的群众性团体，是党和人民政府联系科技工作者的纽带和发展科学技术事业的助手。云南省科学技术协会自1978年恢复以来，积极进行组织建设，不断开拓工作领域，到1988年，全省17个地州市、128个县、957个乡镇、85个厂矿企业建立了科协。同时还恢复和新建了省级学会116个，会员8万多人；地州市学会519个，会员5万多人；县级学会788个，会员5.8万余人；农村各种专业技术研究会3637个，会员3.68万余人[①]。云南省科协团结组织科技工作者，通过国内外学术交流，推广普及科学技术，开展科技咨询、决策服务，促进科技与经济结合，促进科学技术的提高和普及（见图10-1）。

图10-1 2020年云南省科学技术协会第九次代表大会

诸锡斌2020年摄于昆明海埂会堂

在学术交流方面，1988年，省级学会召开了学术会议244次，参加人数达2.2万余人，提交学术论文5414篇。在科技推广方面，科协系统根据实际、实用、有效的原则，每年进行24学时以上的培训，有20万以上人次参加。1981—1985年举办种植、养殖、加工、建筑、运输等各种培训班7000多期，有70多万人次参加。1981—1986年，云南省科委与云南省民委联合举办少数民族干部科技培训班12期，有24个民族812人参加培训。在科技服务方面，积极组织各级科协和学会参加扶贫活动，以一个乡或一个村为扶贫联系点，通过"传信息、指门路、搞技术、育人才、送服务"，努力帮助地方脱贫。同时组织开展为中小企业、乡镇企业提供技术服务的活动，1987—1988年完成服务项目523个，增加利税2亿多元，节省开支8000多万元[②]。

二、创新发展的云南科学技术

科学技术是第一生产力。创新是引领发展的第一动力，是建设现代化经济体系的战略支撑。1995年以后，为了实现社会和经济发展，云南将进一步提高科技发展水平、改变科技发展格局作为重要任务和目标。

---

① 《当代中国》丛书编辑委员会：《当代中国的云南》（下），当代中国出版社，1991年，第72页。
② 《当代中国》丛书编辑委员会：《当代中国的云南》（下），当代中国出版社，1991年，第73页。

（一）科技发展战略日趋完善

1995年，《中共中央、国务院关于加速科学技术进步的决定》发布，我国召开全国科技大会，首次正式提出实施科教兴国发展战略，科教兴国成为我国的基本国策。继中共云南省第五次代表大会提出"教育为本，科技兴滇"的战略方针以后，云南省第六次代表大会又明确指出"云南经济社会的全面发展和振兴，最终要依靠科技教育"，"必须把科教兴滇摆在发展战略的首位"，"全面落实科教兴滇的规划和措施"。1997年，云南省科委进一步提出"解放思想，更新观念；改进作风，加强调研；突出重点，以点带面"的指导思想和工作原则，推动科技体制和科研机构改革，确定了"大力推动农业和农村科技进步""加强研究与发展（R&D）工作"等8项重点任务。1998年，云南省成立了科教领导小组，负责领导和组织实施全省科教兴滇战略，推进科教体制改革，提高教育水平，促进经济和社会事业发展。

2000年，在全省科技创新大会上，云南省委、省政府通过了《中共云南省委、云南省人民政府关于贯彻落实〈中共中央、国务院关于加强技术创新，发展高科技，实现产业化的决定〉的实施意见》，提出以企业技术创新为主体，以创新创业人才开发为基础，以科技成果转化为重点，以产品创新为突破口，坚持有所为有所不为相结合、技术引进与自主创新相结合的科技工作方针；2002年，提出按照"两种资源，两个市场""引进来，走出去""全方位、多层次、宽领域"的总体要求组织开展国际国内科技合作与交流工作；2005年，云南省科技大会召开，《中共云南省委、云南省人民政府关于大力加强自主创新促进云南经济社会全面发展的决定》印发；2008年，云南省围绕我国2020年建成创新型国家目标，印发《中共云南省委、云南省人民政府关于实施建设创新型云南行动计划的决定》，提出把提高自主创新能力作为调整经济结构、转变发展方式的核心，全面提升产业竞争力，加快创新型云南建设，实现经济社会又好又快发展的科技工作方针。

（二）科技事业蓬勃发展

随着科技发展战略的日趋完善，云南科技事业蓬勃发展，不断迈上新台阶。1995年，"科教兴滇"战略开始实施。1996年，云南省"九五"科技计划全面启动实施。5年间，云南科技总投入80多亿元，卓有成效地组织实施了"九五"重大科技项目计划；建成验收重点实验室12个，中试基地7个；取得省级以上科技成果1100多项，取得应用成果2000多项，有1800多项应用于生产，应用率达到90%。[①]至"九五"末，云南省科技进步对国民经济增长的贡献率提高到了43.5%，比"八五"末提高了14.5个百分点，超过了1995年云南省科技大会确定的40%的发展目标；在全国31个省区市中，云南科技进步水平排序由"九五"初期的第26位跃居第22位，科技活动产出排序由"九五"初期的第26位跃升到第18位。[②]

1998年后，面对我国加入WTO和党中央实施西部大开发战略的历史机遇和挑战，为进一步扩大开放，加强科技创新，重视人才培养，推进科技事业的跨越发展，进而推动经济持续快速发展，云南省委、省政府决定率先与国内著名高校、重点科研机构开展以科技、教育、人才培养等为主要内容的省院省校全面合作，与中国科学院、中国农科院等权威科研机构，清

---

① 云岭：《开拓的五年 喜人的进步——我省国民经济和社会发展"九五"计划巡礼之三》，《支部生活》2000年第12期。
② 林文兰：《开拓创新 乘势而上 努力实现"十五"地县科技工作的良好开局——在2001年全省地（州、市）科委主任会议上的讲话》，《民营科技》2001年第3期。

华大学、北京大学等著名高校建立了正式合作关系，围绕云南省经济社会发展和产业结构的战略性调整，启动实施了一批教育、科技、人才培训等高水平的合作项目。云南的省院省校科技合作成效明显，共安排项目540项，投入总经费44.92亿元，其中省财政专项投入6.25亿元；来自省外60所高等学校、82所科研院所的上万名科研人员参与了云南省省院省校科技合作工作。省院省校合作项目引进和开发新产品241项、新工艺160多项，申报国内外专利300多项，建成380多条中试装置和生产线，共建设132个农业新品种、新技术实验示范基地，为云南省培养博士350多名、硕士580多名。云南完成了中国西南野生生物种质资源库、丽江高美古"2米级天文望远镜"（见图10-2、图10-3）、国家探月工程40米射电望远镜、昆明高新五华科技园、一汽红塔技术创新中心等一批重大项目。①

图 10-2
云南天文台丽江高美古观测站
云南天文台陈东2018年摄于丽江

图 10-3
云南天文台丽江高美古观测站2.4米光学望远镜
云南天文台陈东2018年摄于丽江

"十五"时期，随着我国社会主义市场经济体系的建立，为适应社会主义市场经济发展需要，不断克服计划经济管理的影响，推动产学研结合，促进企业成为科技发展的主体，云南省新型科技体制逐步形成，建立了新的科技计划管理体系，开展了以科技进步和创新加快新型工业化进程、农业综合生产能力和区域经济竞争力提升等工作。在省委、省政府的领导下，云南省坚持以邓小平理论、"三个代表"重要思想、科学发展观为指导，深入实施科教兴滇、人才强省和可持续发展战略，不断深化科技体制改革和机制创新，科技进步与科技创新有力地支撑了经济社会的发展。云南省实施了应用基础研究、科技合作、技术创新、科技创新条件及产业化环境建设4个板块的18项科技计划，共安排项目2572项，下达省级科技经费12.65亿元，引导社会总投入98.8亿元，科技领域、经济领域、社会发展领域的项目经费比为1∶4.6∶1.2。2005年，云南省科技进步对国民经济增长、农业增长、工业增长的贡献率分别达到48.0%、46.7%、51.0%。"十五"期间，云南科技促进经济增长方式转变在全国31个省区市的排序由"九五"期间的第24位提高到第20位，上升了4位。②

---

① 《云南省科学技术实力日益增强》，中华人民共和国科技部，https://www.most.gov.cn/ztzl/kjzg60/dfkj60/yn/kjcj/200911/t20091124_74336.html，2009-11-24。
② 《云南省情》编委会：《云南省情（2008年版）》，云南人民出版社，2009年，第422页。

"十一五"期间，云南省科技工作围绕云南省支柱产业和特色优势产业，在生物、有色及稀有金属、磷化工、煤化工、先进装备制造、节能减排等领域突破了一批关键核心技术，培育了一批在国内外有较大影响力的企业，在推动云南省产业转型升级，加快经济发展方式转变，促进现代产业体系形成，提升产业核心竞争力等方面发挥了重要作用。"十一五"期间，云南省共承担国家科技重大专项、"973"计划、"863"计划、支撑计划等各类科技计划项目1800余项，获得国家科技经费1574亿元，其中，国家自然科学基金项目1231项，项目经费417亿元；获国家科学技术进步奖37项，其中1人获国家最高科学技术奖，一等奖3项，二等奖33项。云南省承担国家重大科技项目、基础研究和自主创新的能力和水平显著增强。①

（三）科研机构逐步健全

在科技大发展的背景下，云南形成了学科相对齐全、行业设置基本合理的基础研究、应用研究、自主创新及科技开发、成果推广、科技服务多种类型配套的科学研究与科技开发体系和网络。

图10-4 中国科学院云南天文台内的40米射电望远镜

赵志国2021年摄于中国科学院云南天文台

2000年以来，云南省加强科研机构建设，在自然科学、社会发展领域和生产部门建立相应的科研机构，进一步推进昆明植物研究所、昆明动物研究所、云南天文台（见图10-4、图10-5）、昆明贵金属研究所等中国科学院下属、中央直属科研机构及云南省农业科学院等一批省级科研机构的建设。

"十一五"期间，云南省科研机构数量不断增加，学科结构不断优化。截至2007年底，全省共有科研机构104个，从业人员7522人（科技人员6011人）。其中，中央机构7个，从业人员1337人（科技人员951人）；省级机构35个，从业人员4077人（科技人员3249人）；州、市机构62个，从业人员2108人（科技人员1811人）。全省共设有博士后科研流动站、博士后科研工作站37个（含9个分站），扶持培育省级创新团队9个。②

---

① 《云南省"十二五"科学和技术发展规划》（云政发〔2011〕133号），2011年7月11日。
② 《云南省情》编委会：《云南省情（2008年版）》，云南人民出版社，2009年，第422页。

图 10-5
中国科学院云南天文台太阳观测室

赵志国2021年摄于中国科学院云南天文台

（四）科普工作进一步加强

1996年，经云南省人民政府批准，云南省建立了由省科委牵头、28个省级有关部门组成的云南省科学技术普及工作联席会议制度，加强了对科普工作的领导和协调。同年，云南省召开了全省第一次科学技术普及工作会议，明确了科普工作的方向和目标，先后出台了《中共云南省委办公厅、云南省人民政府办公厅关于加强科学技术普及工作的实施意见》《云南省科学技术普及条例》等制度条例，用以指导和规范科普工作。云南还建立了各种专门学会、协会、研究会开展科普活动，提升科普教育基地能力，云南科普工作平台和网络初步形成，科普工作日益社会化、群众化、经常化，青少年科普活动得到有效推进（见图10-6、图10-7）。

继2001年首次开展全省"科技活动周"活动之后，云南省每年均以主题形式组织开展形式丰富多样的科普活动，"科技活动周"已成为云南省一年一度的群众性科技活动盛会。

图 10-6
第34届云南省青少年科技创新大赛闭幕式

诸锡斌2019年摄于腾冲市

图 10-7
第34届云南省青少年科技创新大赛展示活动

诸锡斌2019年摄于昆明

云南营造出全社会广泛参与、普及科技知识、传播科学思想、弘扬科学精神、倡导科学方法的良好社会氛围。为了让科普工作深入基层、深入人心，云南省开展专家义诊、展板宣传、现场咨询、建设科技活动室、发放资料、开办专题讲座、进行民间艺演等形式多样的活动，下乡进行科普，深受人民群众欢迎（见图10-8、图10-9）。这一时期，云南省还通过设立科普栏目、开通科技频道、播放科普电视剧等普及科普知识，出版了《云南100科普丛书》等一批优秀科普作品，提高了广大人民群众的科学素质。

图10-8 云南农业大学老教授协会（老科技工作者协会）专家深入农村开展科技扶贫工作
赵志国2015年摄于武定县

图10-9 云南农业大学老教授协会（老科技工作者协会）专家深入农村开展科普宣传
赵志国2016年摄于新平县

"十一五"期间，云南省科普事业继续稳步发展。一方面，科普人员素质不断提高。截至2010年，全省公众具备基本科学素质的比例为2.62%，比2005年的0.89%上升了1.73个百分点，居西部第三位，达到中部平均水平；全省共有各类科普人员75027人，平均每万人口拥有科普人员16.30人。其中，科普专职人员8827人，科普兼职人员66200人。科普专职人员中，拥有中级及以上职称或本科及以上学历的人员达4206人，占科普专职人员总数的47.65%；科普兼职人员中，拥有中级及以上职称或本科及以上学历的人员达29959人。另一方面，科普基础设施逐渐完善。截至2010年，全省共有科普场馆49个，非场馆类科普基地732个；拥有城市社区科普（技）专用活动室1775个，农村科普（技）活动场地14057个，科普宣传专用车311辆，科普画廊5354个，国家级科普（技）教育基地21个，省级科普（技）教育基地86个。此外，科普宣传服务水平逐步提高。2010年，全省出版科普图书201种，出版总册数410万册，平均每万人拥有科普图书890.9册；发行科普期刊46种，发行总册数143.70万册，平均每万人拥有科普期刊312.3本；年发行科技类报纸2709.30万份，人均拥有科技类报纸0.59份。①

---

① 《云南省公布2010年科普工作统计报告》，http://www.most.gov.cn/dfkj/yn/zxdt/201201/t20120119_92052.htm，2012年12月20日。

第二节　科技体制和科研体系的改革

1978年全国科学大会后，云南就开始了科技体制改革的探索。1985年，中共中央颁布《关于科学技术体制改革的决定》后，云南省委、省政府出台了以《云南省科学技术进步条例》为主体的一系列科技体制改革政策法规，科技体制改革由探索试点阶段进入全面展开阶段。1995年全国科学技术大会召开后，云南省以改革和创新为主线，全面推进科技体制和科研体系的改革。

一、改革开放初期科技体制改革

这一时期，云南省科技体制改革主要有以下6项内容：一是开放技术市场，推动技术成果商业化；二是加强科研经费管理改革，重点改革科研机构的拨款制度；三是加强科研院所改革，增强面向经济建设的动力和活力；四是加速科技政策制定和地方科技立法，保障科教兴滇战略的实施；五是促进农村和企业科技进步，提高经济增长速度和效益；六是改革科技人员管理体制，放活科技人员，调动他们为经济建设服务的积极性。

（一）开放技术市场

云南省把开放技术市场，推动技术成果商品化作为科技体制改革的突破口。农业科技人员在部分农村以签订合同的形式推广农业技术的形式是云南技术市场的雏形。1980年，为适应农村普遍实行的家庭联产承包责任制，云南在一些地州市试行农业技术责任制或承包制。1981年，云南省在全省17个地州市102个县的13万亩土地上开展技术联产承包，取得了明显效果。

1982年，云南省政府在昆明举办首次科技成果交易会，明确提出技术可以进入市场流通。1982年至1986年，云南举办了3次全省综合性技术交易会，共展出科技成果7376项，成交791项；金额达6.36亿元。举办专业性和地州市交易会25次；两次组团参加全国大型技术交易会，展出项目480项，成交193项，金额达3.18亿元，获全国技术交易三等奖。1987年，全省17个地州市中的12个建立了28个常设的技术市场，为技术交易经常化、制度化创造了条件。"八五"期间，全省技术市场签订成交合同16057份，成交金额8.8亿元。

为办好技术市场，云南省委、省政府通过各种方式加强对技术市场的管理。1989年，云南省科委增设技术市场管理处，地州市、县也分别增设技术市场管理机构或配备专人，对全省技术市场实行归口管理。同时，云南省政府发布《云南省技术市场管理暂行规定》《云南省实施〈技术合同认定登记管理办法〉的若干规定》，在全省设立22个技术合同认定登记点，使技术市场步入法治化、规范化道路。1993年，云南省科委制定技术市场奖励办法，并成立云南省技术合同仲裁委员会，开展技术合同纠纷仲裁。1994年，《云南省技术市场管理条例》经云南省人大通过并颁布实施。1994年和1995年，云南省科委和云南省工商局联合举办技术经纪人培训班，共有105人通过考核获得技术经纪人资格证。

到1995年，云南省技术贸易机构和中介服务组织发展到1537个，专兼职从业人员4万余人，105人获得技术经纪人资格证；全省17个地州市均设立了技术市场管理机构或管理人员，建立了22个技术合同认定登记机构；在昆明建立了全国新技术新产品西南展销中心，并启动了云南省中心技术市场建设工程。云南技术市场已初具规模，成为促进科技成果迅速转化为现实生产力的有效渠道。

（二）科研经费管理改革

针对传统科研经费管理体制中存在的弊端，从1978年起，云南省就开始了科研经费管理的改革。1978年，根据国家财政预算项目的调整，云南省开始在各部门事业费中设立科学事业费的"款"级预算科目，下设自然科学事业费、社会科学事业费、科协事业费3个"项"级预算科目。1981年，云南省开始建立科技发展基金，省级科技发展基金由云南省科委掌握，地州市、县科技发展基金由云南省科委、地（州、市）、县财政、地（州、市）县科委各匹配1/3组成。在经费使用上，从合同制扩展为承包制、有偿使用制。从1983年开始，云南省对科技三项费实行有偿使用。

1986年，为配合科技体制的改革，国务院做出进行科技拨款制度改革的决定。云南根据这一决定，对科研经费管理进行了大幅度的改革。首先，调整了财政预算科目，科学事业费由"款"级科目上升为"类"级科目，自然科学事业费、社会科学事业费、科协事业费由"项"级科目上升为"款"级科目。自然科学事业费下设基础性研究经费等13个"项"级科目，社会科学事业费下设研究机构经费等10个"项"级科目，科协事业费下设学术活动经费等5个"项"级科目。其次，改革了科技三项费用的管理办法，将原由省下达各厅、局和地州市科委的科技三项费用改由省科委统一管理，由过去的"以拨作支"改为预决算制度。最后，健全了以科技项目进行核算的财务制度，先后制定《科学研究单位会计制度（试行）》和《科研单位实行经济核算制的若干规定》，对科技项目成本核算加以规范。

预算科目和管理制度的系统规范为科技经费的管理与归集创造了条件。从1986年开始，云南将自然科学研究机构的科学事业费统一归口划转各级科委进行分类管理。把自然科学研究机构的事业费分为技术开发和社会公益事业、技术基础、农业科学研究两类进行管理，对技术开发型研究单位减拨事业费，当年划转省属科研机构79个，涉及27个部门，划转科学事业费指标3012万元。同时制定了减拨事业费给予奖励的政策，要求研究单位利用税后纯收入建立科技发展基金、集体福利基金、职工奖励基金，并对不同类型的科研机构实行集体福利基金、职工奖励基金提取比例与减拨事业费比例挂钩的办法。

通过改革，云南省先后建立了应用基础研究基金、科技发展基金、科技开发互助金、科技周转金、科技贷款，并给予优惠政策。科技投入模式的改革，促使科研单位不同程度地加强横向联合，依靠自身条件进行科技咨询、服务、承包、转让等活动，所取得的收入弥补了事业费的不足。1995年，云南省属自然科学研究机构实现事业收入1.14亿元，其中横向收入占74.98%，相当于财政当年的事业费拨款；专用基金收入3554.9万元，支出3348.3万元，累计结余5914万元；科技贷款约2.3亿元[①]。

（三）科研院所改革

科研院所改革在这个时期主要经历了两个阶段：第一个阶段从1978年全国科学大会后到1985年以前，重点是在恢复、整顿科研院所的基础上进行试点改革；第二阶段是1985年中共中央颁布《关于科学技术体制改革的决定》后，科研院所改革有领导、有组织、有计划地全面开展。

---

① 云南科技参考资料编辑组：《云南科技参考资料》，2001年，第140页。

从1978年开始，云南省根据"发展优势、加强重点、合理布局、专业分工"的原则，对已有的科研机构进行恢复和整顿，同时建立了一批由特色资源和新兴技术支撑的灵长类实验动物和香料、药物、烟草工业等研究机构及电子计算机等新兴技术研究机构。高等院校和一些大中型企业，结合自身教学、工作和生产的需要，建立了一些新的研究机构。民办科研机构也开始有所发展。到1984年年底，全省共有中央、省、地州市所属独立科研机构148个，高等院校所属科研机构24个，大中型企业所属科研机构45个，民办科研机构8个。1984年初，云南省政府决定将省属的昆明冶金研究所、化工研究所、轻工研究所、交通研究所、云南省农科院土肥研究所等5个单位作为进一步扩大科研单位自主权、增强面向经济活力的试点。随后又增加了10个独立科研所，作为全面改革的试点。

1985年以后，云南省在总结前段改革经验的基础上，着重抓了以下几个方面的改革：一是扩大科研院所自主权，引入竞争机制，实行所长任期目标责任制、承包经营责任制、课题承包制和岗位责任制等。试行以"四保一挂"为主要内容的技术经济承包责任制，即保社会经济效益、科研水平、国有资产保值增值，职工分配与承包指标完成情况挂钩。二是进行拨款制度改革，对从事社会公益、基础科学、农业科学的科研院所实行事业费包干制；对从事技术开发的科研院所实行技术合同制，逐步削减事业费。到1991年，省属20个技术开发型科研院所实现科学事业费减拨到位，削减核定事业费基数的70%。三是开拓技术市场，促进技术成果商品化。科研院所走产业化开发路子，兴办科技企业100多家，由单纯科研型向科研生产经营型转变，自我发展能力逐步增强。到1987年底，29个省、地州市属的从事技术开发的科研院所有11个实现事业费完全自立，其中昆明市有7个科研院所事业费自立。1995年，省属独立科研院所横向事业收入达8917.3万元，是改革前事业费基数的2.8倍。[①]

（四）科技政策制定和科技立法

加速科技政策制定和地方科技立法，是进行科技体制改革的重要保障。1980年以后，云南省委、省政府先后颁布了《云南省科研院所改革若干暂行规定实施细则》《云南省人民政府贯彻国务院关于深化科技体制改革若干问题的决定的规定》《关于选派技术、管理干部支援城乡集体企业的实施意见》《云南省关于进一步推进科技人员支援乡镇企业和中小企业的规定》《云南省人民政府关于放活科技人员的若干政策规定（试行）》《云南省关于促进科技成果转化为现实生产力的若干暂行规定》《关于进一步推动科技人员和党政机关工作人员到经济建设第一线的意见》等一系列科技体制改革的政策措施。"八五"期间，云南省先后颁布实施了《云南省促进民族自治地方科学技术进步条例》《云南省技术市场管理条例》《云南省民办科技企业条例》《云南省科学技术进步条例》等4项地方性法规，初步形成了以《云南省科学技术进步条例》为主体的地方性科技进步法律体系。这些政策和法规的实施，使云南省科技体制改革和科技工作的运行机制、总体格局发生了显著变化，为云南建立适应社会主义市场经济体制和科学技术自身发展规律的新型科技体制奠定了基础。

（五）促进农村和企业科技进步

为推进农村技术进步，云南农村建立起以县级农业技术推广机构为龙头，乡镇推广机构为桥梁，科技示范村、户和农民技术研究会为基础的农村培训、推广服务体系，推广优良品种

[①] 云南科技参考资料编辑组：《云南科技参考资料》，2001年，第137页。

和先进实用技术，开展各类技术培训以及评定农民技术职称，同时在县、乡及企业中开展科技达标活动，促进了农村科技进步和经济发展。云南省在引进和推广科技成果及试用先进技术的同时，大力实施农村科技试验示范计划和星火计划。农村科技试验示范计划面向全省广大农村，以科技为先导，以市场为牵引进行科技扶贫，运用先进成熟的技术充分开发农村丰富的资源，协调农村经济结构，逐步形成规模经济，同时培养造就一批农村科技人才，提高农村劳动者素质。星火计划即农业实用技术开发计划，分国家、省、地市级项目，宗旨是面向农村资源，指导农民依靠科技振兴农村，推进农业的现代化进程，促进乡镇企业的技术进步。云南自1986年起开始编制年度计划，由云南省科委星火计划办公室组织实施（地市级计划由地市科委安排实施），主要选择有示范推广意义、技术与经济结合紧密、投资少、周期短、见效快、收益大的项目立项。全省"七五""八五"期间共实施343项国家及省级星火计划，总投资17.42亿元，实现产值39.9亿元，利税5.25亿元，通过多种形式和渠道培训农村实用技术人员143万人次，项目获国家星火奖10项，省级奖项290项。[①]

在科技体制改革中，云南注重改善企业科技进步的内外部环境，逐步建立健全企业技术创新体系。云南省政府出台了大批有利于企业科技进步的政策措施，实施了科技攻关计划、科技产业开发计划等面向企业的科技开发计划。科技攻关计划是围绕国民经济和社会发展、工农业生产中的重大科技问题、关键技术制订的计划，分国家级和省级项目，由云南省科委组织实施。"八五"期间，云南省实施16大项114个课题（其中农业47个，工业57个，社会发展领域10个），共安排科技三项经费4450万元。科技产业开发计划是科技攻关计划的延续和发展，是科技与经济的结合，是科技成果转化为生产力不可缺少的重要环节，其重点是将成熟、先进、市场前景广阔的科技成果产业化、商品化。该计划围绕云南省经济科技发展目标，按年度安排项目实施，经费主要来自贷款和企业自筹。企业也加快了技术开发机构的建设，增加了技术开发投入，技术开发活力不断增强，有的企业还建立了科技进步考核指标体系，实行总工程师负责制。到1995年，云南省288家大中型企业中有130家已建立了技术开发机构，占大中型企业数的45.1%；其中66家大型企业中有56家建立了技术开发机构，占大型企业数的84.8%；大中型企业从事技术开发的工程技术人员达1.1万名；在开展创建科技工作先进县（市）活动中，涌现出100多家县属科技工作先进企业。[②]

（六）科技人员管理体制改革

科技人员管理体制改革的重点是改变对科技人员限制过多、管得过死的状况，放活科技人员，使智力劳动得到应有尊重，调动他们为经济建设服务的积极性，充分发挥他们的作用。云南在科技人员管理体制改革方面主要做了如下工作：

1.放活科技人员，促进人才合理流动

1982年，云南省政府办公厅转发云南省人事厅《关于专业技术人员交流的试行办法》。1986年，中共云南省委办公厅、省政府办公厅转发《关于选派技术、管理干部支援城乡集体企业的实施意见》。1987年，云南省政府印发《云南省关于进一步推进科技人员支援乡镇企业和中小企业的规定（试行）》，要求有计划地组织、支持、鼓励科技人员对农村、乡镇企业和中小企业等进行多种形式的智力支援，推动云南省农村的科技进步，促进乡镇企业、中小企业的发展。1988年，云南省政府印发《云南省人民政府关于放活科技人员的若干政策规定（试

---

① 云南科技参考资料编辑组：《云南科技参考资料》，2001年，第133页。
② 云南科技参考资料编辑组：《云南科技参考资料》，2001年，第137–138页。

行）》，要求进一步放活科技人员，积极组织和鼓励科技人员采取各种形式支援农村、边疆、山区贫困地区、少数民族地区，支援乡镇企业、城镇集体企业和急需人才的中小企业，开展各种有偿技术服务，创建科技开发企业、民办科技机构等。1992年，云南省委、省政府印发《关于进一步推动科技人员和党政机关工作人员到经济建设第一线的意见》。

2.改革职称评定制度，实行专业技术职务聘任制

1978年全国科学大会以后，云南开始恢复和晋升科技人员专业技术职称，到1979年9月，原来有专业技术职称的人员多数已恢复专业技术职称，其中省级各系统和昆明市已恢复1712人职称，授予职称和晋升3504人，进一步调动了科技人员的积极性[1]。但从全省来看，工作还不平衡，1979年11月，云南省委下发《关于继续做好科技人员恢复和晋升技术职称工作的通知》，要求至迟到次年2月把恢复、晋升科技人员专业技术职称工作告一段落。1983年，云南省根据中央指示在全省暂停了专业技术职称评定工作。1986年，国务院发布《关于实行专业技术职务聘任制度的规定》，云南随后下发一系列配套文件，启动职称改革工作。事业单位的职改工作于1986年启动，1988年结束；企业单位的职改工作于1987年启动，1989年结束；全省共评审确认464671名，受聘453223名，占确认资格总数的97.53%。[2] 1989年以后，全省的职称改革基本结束，转入经常性评聘工作。1992年，云南省政府印发《云南省专业技术职务经常性评聘工作若干问题的暂行规定》和《关于开展专业技术职务经常性评聘工作的安排意见》，把职改工作推向经常化、制度化的轨道。

3.对外开放，开展引进国外智力工作

1986年成立云南省引进国外智力领导小组；1987年成立中国云南国际人才交流会，选派留学进修人员，引进了一批外籍专家和智力项目。

4.建立科技人才管理信息系统

1986年11月，由云南省科技干部管理局牵头，会同省级有关部门建成了云南省高级科技人才信息库，共存储了900多人的基本情况和主要科技活动，后逐步增加了储存内容。

5.建立人才市场

1992年以后，云南逐步建立各级人才市场，保障供需双方见面，对经济建设起到良好促进作用。1995年，云南省政府印发了《关于加快培育和发展我省人才市场的意见》，加强对云南省人才市场建设的规划管理，加快人才市场的培育，促进人才市场健康发展。

二、科技兴滇与科研体系改革

这一时期，云南重点改革科研组织模式，推进新型现代科研院所制度建设，初步形成以企业为主体、产学研结合的技术创新体系。

（一）省属科研院所转制改革

1996年，国务院出台《关于"九五"期间深化科技体制改革的决定》，指出我国科技体制改革的主要目标。云南按照"稳住一头，放开一片"的原则，以独立科研机构改革为重点，以国家发展战略目标需求为导向，紧紧围绕科技与经济结合这一核心，积极稳妥推进科技体制

---

[1] 中共云南省委：《关于继续做好科技人员恢复和晋升技术职称工作的通知》（云发〔1979〕116号），1979年11月30日。
[2] 云南科技参考资料编辑组：《云南科技参考资料》，2001年，第142页。

改革，重点在管理体制、人事制度、分配制度、产权制度等方面进行试点，以促进科研机构转换机制，推动技术市场形成，服务于高科技产业发展和传统工业机构转型，逐渐适应社会主义市场经济发展的需求。1997年，《云南省全民所有制独立科研机构调整机构分流人员的实施方案》和《云南省全民所有制独立科研机构调整机构分流人员的试点实施办法》两个文件印发。1999年，云南根据国家有关科研机构管理体制改革的政策文件精神，成立了以省政府领导为组长，省直各有关部门领导为成员的云南省省属科研机构改革转制工作领导小组，加强对省属科研机构改革转制工作的领导。2000年2月，《关于印发〈云南省11个部门所属科技机构管理体制改革的实施意见〉的通知》印发，指导对云南省冶金集团总公司、云南省电子工业总公司、云南省建工集团总公司、云南省建材集团有限公司、云南省医药集团有限公司及云南省科委、云南省石化厅、云南省机械厅、云南省轻纺厅、云南省商贸厅、云南省煤炭厅等11个部门所属的20个科研机构进行管理体制改革，其还在改革的目标及任务、实施办法、配套政策、组织措施等方面提出了实施意见。云南省首批应用型科研机构的改革转制工作正式启动。[①]到2001年3月，云南省首批应用型科研机构改革转制基本完成，并取得较大的成效。除1家转为中介机构、1家撤销外，其余19家均完成了企业工商登记。转为企业的19家科研机构中，10家整体进入企业集团，5家转为科技型企业，4家转为企业性质或企业化管理的科技服务机构，按新的管理体制和机制运行。2007年，云南省有技术开发类转制科研机构23家，云南省机电所整体进入民营企业，成为云南省转制科研机构"国退民进"第一家。经云南省政府批准，云南省成立了两家以省属转制院所为主发起的高科技股份有限公司——贵研铂业股份有限公司、昆明冶研新材料股份有限公司。为了加强科技与教育资源的整合，云南省地理研究所、云南省电子计算中心成建制并入云南大学，云南省分析测试中心成建制并入昆明理工大学，云南省香料开发研究中心成建制并入云南农业大学。云南省农科院顺利启动并完成建院以来首次大规模学科结构和研究所布局的调整改革，取消所属院所的独立法人资格，保留6个研究所，合并、重组6个研究所，新组建3个研究所和1个学院，优化了科技资源配置，管理更加规范，为创造流动、开放、竞争的科研环境和今后进一步深化改革奠定了良好基础，这进一步确立了其在云南省农业科研领域的主体地位。云南省林业科学院也对内部科研力量进行了整合，科研实力明显得到提升。2007年，云南省整合和集成现有资源，组建了云南省科学技术情报研究院和云南省科学技术发展研究院等，进一步推进了大院大所的建设。省属公益类科研机构普遍加强了以内部管理机制创新为重点的内部改革，积极探索人员聘用制和岗位管理制度，建立健全了内部考核、激励及约束机制。2008年，云南省科技厅配合人事厅提出云南省科研事业单位岗位设置结构比例指导意见，引导科研院所建立按岗定责、以责取酬和动态管理制度。

（二）产学研结合的技术创新体系

2006年全国科技创新大会召开以来，云南省把促进企业成为技术创新主体作为科技改革的着力点，推进现代科研院所制度建设，促进高等教育改革和发展，加快形成企业为主体、产学研结合的技术创新体系。2006年以来，云南省委、省政府制定了一系列政策措施，推动以企业为主体的自主创新，出台了《中共云南省委、云南省人民政府关于大力加强自主创新促进云南经济社会全面发展的决定》《云南省中长期科学和技术发展规划纲要（2006—2020年）》《中共云南省委、云南省人民政府关于加快发展高新技术产业的决定》《中共云南省委、云南省人民政府关于加快高层次人才培养引进的决定》《中共云南省委、云南省人民政府关于走新

---

① 龙云峰：《云南省转制科研机构改革与发展探索》，云南大学，2011年。

型工业化道路实施工业强省战略的决定》《中共云南省委、云南省人民政府关于加快非公有制经济发展的若干意见》《关于加快发展民营科技企业的若干意见》《云南省新型工业化重点产业发展规划纲要》《中共云南省委 云南省人民政府关于进一步加快推进新型工业化的决定》等一系列文件。这些政策措施的出台，激发了企业自主创新的内在动力，对促进企业自主创新产生了积极的推动作用；如鼓励企业加大技术开发投入，享受《关于企业技术创新有关企业所得税优惠政策的通知》等优惠政策，对确立企业科技投入主体地位起到了重要的引导作用。鼓励支持企业加强核心技术的研究与开发，获取自主知识产权，创立品牌；鼓励支持有条件的企业自建或联合建立技术创新机构；鼓励支持企业与省内外高等院校、科研机构建立产学研联合体；鼓励支持民营科技企业加快发展，建立健全政府支持、企业主导、产学研结合的技术研究和开发体系。

发挥科技计划引导作用，促进企业自主创新能力提升。为进一步认真贯彻《中共云南省委 云南省人民政府关于大力加强自主创新促进云南经济社会全面发展的决定》精神，推进《云南省"十一五"科学和技术发展规划》的实施，促进科技资源向自主创新的重大项目和重点企业集中，增强科技进步对经济社会发展的支撑和引领作用，云南省对科技计划体系设置进行了调整。从2006年开始，组织开展创新型企业试点工作，加大对企业自主创新的引导和支持。2007年，启动实施了云南省高新技术企业上市培育工程，组建了云南省科技成果转化服务中心，成立云南省科技创新投资有限公司，促进科技成果转化。

第三节　科技人才的教育与培养

教育和培养大批科技人才是科学技术进一步发展的前提。云南省委、省政府历来高度重视人才工作，改革开放后特别是全省人才工作会议召开后，云南省制定了一系列加强人才工作的政策措施，培养造就了各个领域的大批人才。进入新世纪，云南省委、省政府做出了实施人才强省战略的重大决策，人才发展取得了明显成效，科学人才观逐步确立，各类人才队伍不断壮大，市场配置人才资源的基础性作用初步发挥，人才发展的政策环境逐步改善，党管人才工作新格局基本形成。

一、落实知识分子政策

党的十一届三中全会以来，云南在全面落实党的知识分子政策、解决历史遗留问题的基础上，大力发展高等教育，做好科技人才的培养、选拔和继续教育，引进急需紧缺人才，云南科技人才队伍不断壮大，素质不断提高，结构持续优化，为云南科学技术发展提供了坚强的人才保障。据统计，1980年至1995年，云南科技人才数量由28.37万增加到95.23万，学历结构得到调整，具有研究生学历的人才增长5.58倍，人才素质有所提高，专业技术人员增长1.73倍，其中高职人员增长了4.76倍[1]。

---

[1] 徐光勇等：《科学技术与云南经济》，云南科技出版社，2001年，第206页。

（一）解决历史遗留问题

改革开放之初，云南省科技人才工作的重心在于落实知识分子政策、解决历史遗留问题。各级党委、政府认真贯彻党的知识分子政策，全面落实"政治上一视同仁，工作上放手使用，生活上关心照顾"的方针，经过近10年的努力，取得了明显的成绩。尤其在平反冤假错案，解决夫妻两地分居和家属"农转非"，调整用非所学，评聘专业技术职务，发展优秀知识分子入党，从优秀知识分子中选拔干部，为知识分子解决住房困难和子女就业，加强医疗保健工作，改善工作、科研条件等方面做了大量工作，解决了许多现实和历史遗留问题，全省知识分子队伍的状况发生了深刻变化，知识分子的积极性和创造性得到了较好的发挥。

1978年6月，中央决定进行一次全国自然科学技术人员基本情况普查，目的主要是确切掌握当时全国自然科学技术队伍的基本情况，为加速发展我国科学研究事业、制定科学技术规划提供必要依据，以便切实贯彻执行党的"向科学技术现代化进军"的重大决策，充分发挥科学技术人员作用，加快实现我国科学技术现代化。根据中央文件要求，云南成立以省委书记为组长的自然科学技术人员普查领导小组，及时开展了普查工作，并在全省自然科学技术人员普查工作的基础上，先后出台了一系列落实知识分子政策的文件、措施。1978年10月，云南省委召开科技人员用非所学调整工作会议，成立云南省委科技人员调整领导小组及办公室，开始解决用非所学科技人员调整归队问题。1978年11月，云南省委组织部印发《关于解决高级知识分子和高级科研技术人员在农村的家属迁入城镇落户的意见》，开始解决高级知识分子和高级科研技术人员在农村的家属的迁移问题。

到1979年8月，云南落实党的知识分子政策，已取得了很大的成绩。全省高等学校教师、文艺界错划"右派"、冤假错案等涉及的相关人员均得到平反和妥善安置。全省用非所学的科技人员大部分已调整归队，省属各系统均按照规定恢复科技人员专业技术职称，省科学、教育、卫生系统发展科技、教学人员入党。科技人员的工作、生活条件有所改善，积极性普遍提高，钻研科学技术的风气逐渐浓厚起来。

经过几年的努力，到1986年5月，云南省基本解决了需要平反的冤假错案、夫妻两地长期分居、"农转非"、知识分子入党难等问题，还选拔了一大批知识分子担任各级领导工作，改变了领导班子的文化和年龄结构。1984年8月，云南省委、省政府印发《关于改善知识分子生活待遇的暂行规定》，全省知识分子按规定享受浮动工资，收入有较大提高。同时，对中高级知识分子实行医疗照顾，定期进行体检，一定程度上改善了知识分子的医疗健康状况。各地、各部门还创造条件，努力解决知识分子的住房和子女就业、参军、入学、入托等困难，缓解了他们的后顾之忧。

（二）教育事业全面发展

党的十一届三中全会之后，中共云南省委多次提出要高度重视教育，改变云南教育落后的状况。1982年2月，云南省委第一书记安平生在全省地州市委书记会议上提出了《我对教育工作的意见》的书面意见，要求各级党委进一步把教育工作摆上重要议事日程，建议增加对教育的投资，实现普及教育。云南省政府决定，教育经费要和同期财政收入同步增长。到1987年，全省教育经费达7.4亿多元，是1978年1.54亿元的4.8倍。在增加教育投入的同时，注重调整教育结构，加强小学，整顿初中，控制压缩普通高中，积极发展职业技术教育，加强师资队伍建设，加快发展高等教育，云南教育事业开始进入一个新的发展时期。到1987年，全省有全日制高等院校26所，在校学生41036人；技工学校64所，在校学生17667人；农业、职业中学197所，在校学生87819人；中等专业学校127所，在校学生61522人；普通中学1885所，在校学生117.35万人；小学57055所，在校学生499.38万人[①]。师范教育体系和民族教育体系初步建立，各级各类学校的办学条件都有明显改善。

1988年1月，云南省第三次民族教育工作会议指出，要把教育放在民族地区经济发展战略的首位，深化教育改革，一切从实际出发，因地制宜，分类指导，继续加强基础教育，大力扶持职业教育，稳定发展高等教育。1988年3月，云南省七届人大二次会议审议通过的省政府工作报告明确提出了"教育为本，科技兴滇"的方针。1989年8月，云南省民族工作会议指出，民族教育以基础教育为主，以培养初中级人才为主，职业教育以短期、单项培训乡土人才为主（见图10-10）。

图 10-10
文山州科研部门开展青少年科学活动

诸锡斌2021年摄于云南省博物馆《庆祝中国共产党成立100周年成就展》

在基础教育方面，采取多办寄宿制小学和中学的办学方法，云南省每年拨出2100万元专款用作学生生活补助。在职业教育方面，通过扩大办学规模、充实师资力量、建设示范学校等方式进行扶持。到1990年，云南每10万人中大专以上文化程度的人达807人，高中和中专文化程度的人达4095人，初中文化程度的人有13795人，小学文化程度的人有37905人，文盲率降至25.44%；适龄儿童入学率94.6%，小学毕业升初中率60.5%，普通高中在校生18万人；中等专业学校138所，在校学生14.94万人；高等院校47所，在校学生55257人[②]。

"教育为本，科技兴滇"方针提出后，云南省委、省政府于1990年12月召开全省第一次农村教育工作会议，集中讨论了农村加强基础教育和初级职业教育、变升学教育为素质教育的问题。1993年2月，云南省政府召开第57次常务会议，提出到20世纪末全省基本普及六年义务教育，占人口70%的地区基本普及九年义务教育，并决定加大投入，以推动各类教育事业的发展。"八五"期间，全省预算内教育经费投入178.01亿元，1995年教育经费投入占全省财政总支出的比例达到15.32%。在普及九年义务教育方面，1992年7月，云南启动了以扶持贫困地区办学为重点的外资贷款教育发展项目——世界银行贷款云南学前教育发展实验示范项目，在1993、1994两年内，各级财政和社会共投入建设资金4.7亿元，新建和扩建了655所初中、2085所小学[③]。在高等教育方面，云南大力进行体制和结构的调整改革。1993年，云南省政府决定投资1.5亿元，推进云南大学"211"工程建设；投资1.7亿元，将云南师范大学、云南工学院、云南农业大学、云南民族学院、昆明医学院作为省属重点大学进行建设，以云南工学院为基础组建云南工业大学。同时，"八五"期间，云南还加大了扫盲的力度，

---

① 《当代中国》丛书编辑委员会：《当代中国的云南》（下），当代中国出版社，1991年，第9页。
② 《当代云南简史》编委会主编：《当代云南简史》，当代中国出版社，2004年，第595-601页。
③ 《当代云南简史》编委会主编：《当代云南简史》，当代中国出版社，2004年，第597页。

增加扫盲投入，仅1995年用于扫盲的经费就达1900万元[①]。

（三）抓好专业技术人员继续教育

抓好专业技术人员的继续教育，帮助其更新知识、提高业务素质，有助于充分发挥其作用，促进云南省科技、经济的发展。受"文化大革命"的影响，很多专业技术人员的业务技术和外语荒疏，加上现代科学技术飞跃式发展，知识需要不断更新，因此在职专业技术人员的培养工作显得更为重要、迫切。1978年，在科技人员用非所学调整工作中，云南省委就发现部分科技人员由于多年脱离教学科研岗位，出现"回生"现象。相关地区、部门和单位采取多种形式开展培训，取得了很好的效果。但这项工作还没有引起足够重视，缺少计划性和连续性，未能形成制度。

为切实加强领导，采取有力措施，在短期内把培训在职专业技术人员的工作抓上去，云南省人事厅邀请省级有关部门和部分专家，根据中共中央、国务院《关于加强职工教育工作的决定》和《科学技术干部管理工作试行条例》，研究了"六五"期间加强在职专业技术干部培养教育工作的意见。1982年7月，云南省政府同意并转发了云南省人事厅《关于加强在职专业技术干部培养教育工作的意见的报告》，提出了采取多种形式并注重实际效果、加强分工合作、增加经费投入等培养教育的任务和要求；同时，提出成立云南省专业技术干部进修中心，分别在云南大学、云南农业大学和云南工学院建立3个点，设立高级专业技术干部进修研究班、中级业务技术骨干进修班和外语补习班。

1988年8月，中共云南省委组织部、云南省教育厅、云南省财政厅、云南省科技干部管理局《关于专业技术人员继续教育的意见》印发，要求广泛宣传开展继续教育的重要意义，鼓励专业技术人员参加继续教育，采取灵活多样的方式，增强专业技术人员的实际工作能力。云南省还向党校、管理学院、干校、大中专院校等选派一大批专业技术人员参加进修学习、职称培训、星火计划培训等，云南省科协等群众团体还陆续对25万多名农村知识青年进行了各种实用技术培训。

到20世纪90年代，继续教育工作的重要性已为人们所认识，继续教育深受广大知识分子欢迎。云南省在聚焦专业能力提升的基础上，还加强了对专业技术人员的政治教育。从1991年开始，云南省普遍开展了马列主义基本理论、党的基本路线和基本知识学习，一些知识分子集中的科研院所、大专院校健全了政工干部队伍。各级党组织在安排党政干部参加"三基本"轮训学习时，一直注意抽调中高级知识分子参加学习。同时特别注意加强中青年专业技术骨干的业务培训、进修等继续教育。1992年，云南省政府办公厅文件提出，要建立完善专业技术人员继续教育制度，保证中青年专业技术骨干每3年能脱产进修3至6个月，补充基础理论和专业知识，学习有关新理论、新技术、新的测试手段和管理方法，了解本专业国内外发展的水平及方向。

（四）加快高层次人才选拔培养

为了落实党中央科教兴国战略，加速科技人才的培养，促进整体性人才资源开发，中华人民共和国人事部于1984年开始进行有突出贡献的中青年科学、技术、管理专家的选拔工作，在社会上产生了积极的影响。1987年，中共云南省委、云南省人民政府下发《关于选拔奖励有突出贡献的优秀专业技术人才的通知》，成立云南省选拔评议优秀专业技术人才委员会，当年就选拔出云南省有突出贡献的优秀专业技术人才133名。截至1990年，云南省共推荐评选出28

[①] 《当代云南简史》编委会主编：《当代云南简史》，当代中国出版社，2004年，第601页。

名国家级有突出贡献的中青年科学、技术、管理专家，260名省级有突出贡献的优秀专业技术人才。1991年12月，云南省委、省政府印发《云南省有突出贡献的优秀专业技术人才选拔管理办法（试行）》，使这项工作进一步走向规范化、制度化、经常化。截至1995年，云南共评选了6批611名省级有突出贡献的优秀专业技术人才，对调动广大科技人员的积极性和创造性，激发科技人员献身社会主义现代化事业的责任感和使命感，推动"尊重知识、尊重人才"良好社会风尚的形成产生了积极的作用。

根据中组部的要求，各级组织部门都要管理一部分中青年优秀专家。1988年10月，云南省委组织部按照"管少、管好、管活"的原则，结合云南省实际，着眼于培养跨世纪的中青年优秀人才，制定了《云南省中青年优秀专家管理暂行办法》，对中青年优秀专家的条件、选拔办法、管理办法等做了具体规定。云南省于1989年选拔出第一批27名中青年优秀专家（即后来的省委联系专家），1993年选拔了第二批省委管理、联系专家23名。各地州市、县也选拔出本地区的拔尖人才，并制定相应的管理办法。各级组织部门结合经济、社会发展需要，组织专家进行决策咨询，对一些重大问题进行探讨、论证，充分发挥专家作用，收到了较好的社会效益和经济效益。

1991年，全省科技大会提出"到本世纪末培养和引进200名左右政治思想合格，学术造诣精深，具有国内先进水平乃至世界水平的中青年学术和技术带头人"的目标。1993年云南省八届人大一次会议通过的政府工作报告又进一步明确了这一任务。1994年8月，云南省政府印发《关于加强中青年学术和技术带头人培养引进工作的通知》，提出分3个层次培养带头人：第一层次30人左右，培养目标是能进入国内或世界科技先进水平的杰出中青年专家；第二层次50人左右，培养目标是能代表省内先进水平的新一代学术和技术带头人；第三层次120人左右，培养目标是在各自学科领域起骨干或核心作用的优秀青年学术和技术带头人后备人才。为加强对这项工作的领导，1995年4月，经省政府批准，云南省成立了以分管副省长为组长，省科委、省人事厅、省教委领导为副组长，组织、宣传等部门领导为成员的云南省中青年学术和技术带头人培养引进工作领导小组。

（五）引进急需紧缺人才

改革开放以来，国家重点投资东部和沿海地区，这些地区经济发展速度加快，知识分子待遇优厚，而云南等边疆地区工作、生活、进修提高的条件较差，部分单位没有认真贯彻党的知识分子政策，加上思想政治工作跟不上等原因，人才外流状况长期存在，青年知识分子外流情况较为突出。为了解决这个问题，1984年5月12日，中共云南省委组织部、云南省劳动人事厅印发了《关于我省科技干部调动出省审批权限的意见》，要求大专、中专毕业和相当助教、助工的专业科技人员要求调动出省，有关单位首先要做好工作，尽力挽留，确属合理流动或本人坚持出省的，须报省委组织部、省劳动人事厅批准。

在留住人才的同时，云南加大了人才引进力度。为妥善处理大量的集中来信来访，做好人才引进工作，1984年6月，云南省人民政府决定成立省引进人才临时工作小组，到6月底已对60多人发出商调函。引进省外人才突出三个重点：一是着重从经济文化比较发达的内地省、市引进；二是着重引进急需的高质量的中青年科技、教学、经济管理骨干和能工巧匠；三是新从省外引进的人才，着重安置在昆明之外的地州市、县，特别是边疆民族地区。引进省外人才工作效果十分明显，到1985年，知识分子调入云南的人数就超过了调出的人数，改变了云南历年来知识分子出大于入的状况。

通过控制科技人员外流和大力引进省外人才，云南知识分子外流严重的局面逐步得到了控制，同时还吸引了一大批省外人才到云南工作。这些科技人员的引进为云南教育、科研和工农业战线增添了骨干力量。

在做好引进省外人才工作的同时，云南开始有计划地开展引进国外智力工作。1986年1月，云南省人民政府成立以分管副省长为组长的云南省引进国外智力领导小组。1986年10月，首次引进国外智力工作会议召开，会议总结了云南省引进国外智力工作经验，讨论、研究了云南省1987年引进国外智力计划和"七五"引进国外智力计划。《云南省引进国外智力工作会议纪要》明确了引进国外智力的重点：在项目上应以重点建设项目、重大技术改造项目、重大科技攻关项目等为主；在行业上应以农业、能源、交通运输、轻化工、有色冶金、建材、机械、新型合成材料、电子、医药卫生、旅游等为主；在专业上应以应用科学技术、经营管理和战略决策方面为主；在地区上应以昆明市为重点[①]。为了有利于国际人才交流，推进云南省引进国外智力工作，1987年10月，经省政府批准，云南省成立了中国云南国际人才交流协会。

二、实施人才强省战略

实施科教兴滇和人才强省战略是推进科技发展的必然要求，1995年全国科学技术大会召开后，科学技术人才的重要性日益显现。为此，云南认真贯彻落实科学人才观，优化人才资源配置，深化人才体制机制改革，科技人才工作得到了全面的发展。

（一）以科学人才观引领人才队伍建设

1995年，中共云南省第六次代表大会提出"科教兴滇"战略。《2004年云南省政府工作报告》正式提出实施"人才强省"战略，要求牢固树立人才资源是第一资源的观念，把人才工作纳入国民经济和社会发展总体规划；紧紧抓住培养、吸引、用好人才三个环节，大力加强以行政管理人才、企业经营管理人才和专业技术人才为主体的人才队伍建设，高度重视少数民族人才、高技能人才和农村实用人才的培养，积极引进紧缺人才，推进全省人才资源整体性开发；改革完善选人用人机制和激励机制，用好现有人才，促进人才合理流动，营造人才成长的良好环境。

按照科学人才观的要求，云南省委、省政府不断制定人才发展规划。1997年，云南省人民政府印发了《云南省1996—2010年人力资源开发战略规划》，确立了人力资源开发的指导思想和原则、主要目标和任务，提出了十个方面的保障措施。2006年，云南省人才工作领导小组印发了《云南省人才发展"十一五"规划》，计划到2010年，全省党政人才、经营管理人才、专业技术人才总量达到160万人，技能人才达到200万人（次），农村实用人才达到50万人。2010年，云南省委、省政府印发了《云南省中长期人才发展规划纲要（2010—2020年）》，确定了人才发展的指导思想、主要目标、主要任务，提出了10项重大政策和15项重大人才工作，对实施人才强省战略进行了全面部署。与此同时，各州市根据本地区经济社会发展情况，编制了本地区中长期人才发展规划，逐步形成了全省上下贯通、衔接配套的人才规划体系。以科学的人才战略和人才发展规划为指导，云南的人才发展取得了明显的成效，人才总量从1980年的28.37万增加到1995年的95.23

---

① 云南省人民政府办公厅：《印发〈云南省引进国外智力工作会议纪要〉的通知》（云政办发〔1986〕163号），1986年12月22日。

万[1]，2005年更是达到了278万[2]。到2012年，全省人才资源总量达到357.15万人[3]。

（二）人才资源配置逐步优化

合理配置人才资源，充分发挥人才作用，是社会经济发展的必然要求。为加强对云南省人才市场建设的规划管理，加快人才市场的培育，促进人才市场健康发展，1995年，云南省人民政府印发了《关于加快培育和发展我省人才市场的意见》。《云南省1996—2010年人力资源开发战略规划》提出要加快人才市场体系的建立和完善，发挥人才市场在人才资源配置中的基础性作用。《云南省中长期人才发展规划纲要（2010—2020年）》要求推进人才市场体系建设，完善市场服务功能，畅通人才流动渠道，建立政府部门宏观调控、市场主体公平竞争、中介组织提供服务、人才自主择业的人才流动配置机制。经过多年发展，阻碍人才流动的体制性障碍日渐消除，社会化的人才市场服务体系初步建立，相应的政策法规不断完善，市场在人才资源配置中的基础性作用逐步显现。

健全人才市场机制的同时，云南省委、省政府不断加强对人才流动的政策引导和监督。针对农村基层及生产一线人才匮乏的问题，1987年，云南省人民政府印发了《云南省关于进一步推进科技人员支援乡镇企业和中小企业的规定》，随后又制定了《云南省人民政府关于放活科技人员的若干政策规定（试行）》《关于进一步推动科技人员和党政机关工作人员到经济建设第一线的意见》等一系列相关文件，积极鼓励人才向基层一线流动。从1989年开始，云南省选派科技副县长参与地方经济发展，他们在促进科技事业发展中发挥了积极作用。针对人才分布不平衡的情况，2005年，云南省委组织部印发《关于加强和改进我省部分州市人才对口互派工作的意见》，充分发挥各地人才资源比较优势，昆明市对口迪庆州，曲靖市对口临沧市，玉溪市对口怒江州，实行人才互派，推动相关地区人才资源共享、人才结构互补、人才正向流动和人才合作培养。

为进一步推动产业、区域人才协调发展，促进人才资源有效配置，云南省委、省政府在人才培养、引进等方面也做出了有针对性的部署。《云南省1996—2010年人力资源开发战略规划》提出着重加强农业、支柱产业、对外开放、管理等领域中紧缺的、重点学科的人才培养。1999年，云南省委、省政府出台的《中共云南省委 云南省人民政府关于加快高层次人才培养引进的决定》指出，要加快培养跨世纪的学科技术带头人、高层次的企业经营管理人才和科技创新人才，引进人才的重点是学术技术带头人和国家有突出贡献专家，生物技术和医药、新材料新技术、电子信息、环保、机光电一体化等高新技术产业，生物、烟草、旅游等支柱产业，重点工程等领域的人才。《云南省人才发展"十一五"规划》提出实施三大人才工程，即高层次人才培养工程、紧缺人才引进工程和边疆民族地区人才振兴工程。

（三）人才评价激励机制不断完善

云南省委、省政府历来高度重视改革人才评价激励机制，不断完善人才评价激励标准，改进人才评价激励方式，拓宽人才评价激励渠道。《云南省1996—2010年人力资源开发战略规划》提出树立以促进生产力发展为评价人才主要标准的价值观念，在选才用才上要破除小农

---

[1] 《云南省人民政府关于印发〈云南省1996—2010年人才资源开发战略规划〉的通知》云政发〔1997〕109号）。
[2] 《关于印发〈云南省人才发展"十一五"规划〉的通知》（云党人才〔2006〕4号）。
[3] 云南省人才工作领导小组办公室、云南省人才发展研究促进会、云南省社会科学院：《云南人才发展报告（2012）》，云南人民出版社，2014年，第4页。

意识和小农生产观念，打破人才的地域、身份和所有制界限，通过考试、考核，建立公开、平等、竞争、择优的用人机制，进一步深化职改，加大破格评聘和选拔中青年学术技术带头人的力度。《云南省人才发展"十一五"规划》提出健全以能力和业绩为导向的人才评价机制和以实现人才价值为导向的分配激励机制。《云南省中长期人才发展规划纲要（2010—2020年）》提出建立以岗位职责要求为基础，以品德、能力和业绩为导向，科学化、社会化的人才评价发现机制；构建物质激励与精神激励相结合，短期奖励与长效激励相统一，有利于保障人才合法权益的人才激励保障机制。

以深化职称制度改革为核心，不断创新人才评价机制。1992年，云南省人民政府印发《云南省专业技术职务经常性评聘工作若干问题的暂行规定》和《关于开展专业技术职务经常性评聘工作的安排意见》，把职改工作推向经常化、制度化的轨道。后续出台的《云南省专业技术人员管理暂行规定》《云南省专业技术人才队伍建设中长期发展规划（2011—2020年）》等文件均把深化职称制度改革，完善专业技术人才考核评价制度作为重要内容。同时，云南省不断创新人才激励机制，先后制定《关于设立云南省外国专家"彩云奖"的暂行规定》《云南省人民政府办公厅关于印发云南省科技兴乡贡献奖实施办法的通知》《关于对发展云南省高新技术产业做出突出贡献人员实行奖励的意见》《云南省"兴滇人才奖"评选奖励办法（试行）》，通过设置各种人才奖项，激励各类人才在云南省经济社会发展中建功立业。

在设置各种人才奖项的同时，云南省委、省政府注重健全各类人才荣誉称号。从1987年开始，云南先后设立云南省有突出贡献的优秀专业技术人才、省委联系专家、省政府参事、省中青年学术和技术带头人后备人才、省政府特殊津贴专家、省宣传文化系统"四个一批"等专家称号并开展选拔。到2012年，全省共选拔出省委联系专家565名，云南省有突出贡献中青年专家1555人，享受省政府特殊津贴人员1478人，省中青年学术和技术带头人后备人才713人，省技术创新人才培养对象468人，省科技领军人才培养计划入选者5人，省级创新团队101个，省宣传文化系统"四个一批"人才119人，省级非物质文化遗产项目代表性传承人824人，省"拔尖农村乡土人才"400人[①]。

（四）深化人才管理体制改革

坚持党对人才工作的领导是人才工作顺利进行的根本保障。构建党管人才的工作格局，首先要健全各级人才工作领导机构。改革开放以来，云南省先后成立了省知识分子工作联系小组、省人才预测规划办公室、省引进国外智力领导小组、省整体性人力资源开发小组等人才领导机构。2000年，云南省知识分子工作联系小组更名为"云南省知识分子工作领导小组"。2003年，云南省人才工作领导小组成立，负责人才工作和人才队伍建设的战略规划、政策研究、宏观指导和工作协调，领导小组办公室设在省委组织部。2004年，云南省委组织部成立人才工作处。随后各州市、县党委均成立了人才工作领导小组，各级组织部门均设立专门人才工作机构，初步形成了党委统一领导，组织部门牵头抓总，有关部门各司其职、密切配合，社会力量广泛参与的人才工作格局。

在建立健全各级党委人才工作领导机构的同时，云南省委、省政府重视建立科学的决策机制、协调机制和督促落实机制。从1991年起，云南省知识分子工作联系小组办公室每年年初在总结上年知识分子工作的基础上，对当年知识分子工作进行部署，通过督促、检查、表彰、

---

① 云南省人才工作领导小组办公室、云南省人才发展研究促进会、云南省社会科学院：《云南人才发展报告（2012）》，云南人民出版社，2014年，第5页。

下发《知工简讯》等方式指导全省开展工作。2003年，云南省委建立全省知识分子工作联席会议制度，明确了联席会议的职责、成员单位、人员组成和工作规则，设立联席会议办公室，负责日常工作并督促检查联席会议决定事项的落实情况。2004年，云南省人民政府建立云南省引进国外智力工作联席会议制度。云南省人才工作领导小组成立后，全省知识分子工作联席会议在其领导下工作。云南省人才工作领导小组每年初印发工作要点，对年度工作任务进行分解部署，有关单位按季度汇报进展情况，年底进行总结考核。2008年，《云南省人才工作领导小组职责和工作规则》出台，人才工作运行机制更加健全。

人才运行机制的不断健全，推动人才管理方式不断创新，由单纯地使用行政手段向法律、经济与行政手段相结合的开放式管理转变，党管人才工作水平逐渐提高，人才工作法治化建设日益加强。在这一方面，云南省先后出台《云南省人才市场条例》《云南省专业技术人员继续教育条例》《云南省职业技能鉴定管理条例》《云南省人才资源开发促进条例》等一大批关于人才发展的地方性法规，使人才的培养、使用、配置和管理，由主要靠政策规范转为主要靠法制规范。特别是2006年11月30日云南省第十届人民代表大会常务委员会第二十六次会议通过了《云南省人才资源开发促进条例》，这在全国31个省区市中首开先河，内容涵盖人才预测与规划、培养与引进、评价与使用、监督与奖惩等方面，对实施人才强省战略、规范和促进人才资源开发具有十分重要的意义。

第四节　科学技术的应用与成效

党的十一届三中全会以来，云南根据自身实际不断探索，提出实施"科教兴滇"战略，走出了一条有云南特色的科技跨越发展道路，取得了一大批具有国内外先进水平的重大科技成果。随着国家工作重心转向经济建设，1981年10月，党中央和国务院提出了"科学技术工作必须面向经济建设，经济建设必须依靠科学技术"的战略指导方针。为认真落实这一方针，云南省加大了对科技的投入，以市场为导向，积极促进科技成果的商品化、产业化、国际化，加强科技与经济的结合，组织实施火炬计划、星火计划、科技成果推广计划、电子信息应用推广计划、军转民计划、科技产业计划等，加快了科技成果转化为现实生产力的速度。科技对经济发展的作用不断增大，科技进步对经济增长的贡献率由"七五"期间的25%提高到"八五"期间的30%[①]。

一、科学技术在各个领域的应用

实施"科教兴滇"战略后，云南的科学技术发展面向经济建设主战场，结合实际服务经济发展，充分发挥出第一生产力的作用。科学技术在各个领域的广泛应用，推动了云南各行各业发展。

（一）科技进步与农业发展

农业方面的科研工作，是云南开展得最早、最普遍也是最活跃的研究工作。农、林、牧、渔等各大门类都成立了研究机构，取得了大量研究成果，特别是在良种培育上成效突出。

---

① 孔晓莎、朱俊林：《科技进步促进云南经济发展的情况概述》，《云南科技管理》1999年第4期。

粮食作物方面，云南种植面积最广的作物是水稻，先后培育出大量早、中、晚熟优良品种，仅1978年在生产上推广的品种就多达85个，其中最具代表性的"滇榆1号"（见图10-11），创亩产1014千克的世界粳稻高产纪录，获得1982年云南省科技成果一等奖。对于种植面积占第二、三位的玉米和小麦，云南省也都选育、推广了不同阶段的良种。此外，还引进了墨西哥小麦良种，组织推广杂交玉米也获得了成功。畜种方面，经过杂交改良，到1983年云南省已有各种优良种畜8000多头，并在一些地区开展了牛的冻精配种和猪的统一供精。经过改良，邓川奶牛产奶量比本地奶牛提高了两倍多，昆明地区选育成功的黑白花奶牛产奶量增长了74.5%，会泽县改良的猪种瘦肉率比本地猪高19.5%。林业方面，云南省培育出大量速生丰产的优良树种，尤其是培育出"云研277–5"等橡胶新品种，打破了国际上认为北纬15度以北不能种植橡胶的结论。鱼种方面，1980年从江苏太湖引进短吻银鱼在滇池放养，1983年产鱼300万斤，约占全国银鱼产量的3/5，取得良好经济效益。

图 10-11
水稻"滇榆1号"

诸锡斌2020年摄于云南农业大学校史馆

图 10-12
大面积推广的茶叶优良品种"云杭10号"

诸锡斌2013年摄于思茅万亩茶园

云南对主要经济作物，如烤烟、甘蔗、茶叶等进行长期培育，都找到了较好的品种。在"云烟一号"原种上选育出的"红花大金元"，株型好，叶片厚，适应性强，是保证烤烟稳产高产的优良品种。云南培育和引进了一批适宜本地气候特点的优良甘蔗品种，如"云蔗71/388"等，亩产量和产糖量均超过全国平均水平，曾创造出亩产23.5吨的最高纪录。云南特有的大叶种茶为发挥茶叶优势提供了物质条件，如大面积推广的茶叶优良品种"云杭10号"（见图10-12）为云南茶业发展发挥了积极作用。

云南在良种培育的基础上，推广和运用薄膜育秧技术、地膜覆盖技术、滴灌喷灌技术、集约化栽培技术、无公害栽培技术、饲料生产技术、病虫害防治技术、工厂化生产技术以及农业机械、新型农药农肥，实施了"两高一优"农业、生态农业、山区综合开发、热区开发、科技扶贫、星火计划等工程，把现代科技引入传统农业，有效地推动了农业和农村经济的发展，解决了吃饭问题。1995年，云南粮食总产量达1188.9万吨，创历史纪录。"八五"期间，全省共生产粮食558亿公斤，比"七五"期间的480.5亿公斤增加77.5亿公斤，年均增长15.5亿公斤。油料增长52.5%，肉类增长63.2%，天然橡胶增长84.3%，烤烟增长84.6%，乡镇企业营业总收入增长6.45倍，农民人均纯收入由540元增加到1011元。[①]一批新的特色农业形成了气候，烤烟产量全国第一，蔗糖、茶叶产量全国第三，天然橡胶产量全国第二，花卉产量全国第一，咖啡、热带亚热带水果、冬早蔬菜、香料、药材等走向国内、国际市场。

（二）科技进步与工业发展

云南的基本工业是建立在资源基础上的，为把资源优势转化为经济优势，1980年至1995年，全省国有工业累计完成技术改造投资290亿元。大面积的技术改造促进了云南工艺、装备水平和产品质量的大幅度提高，促使一批传统产业由粗放型向科技先导型、资源节约型转变。与此同时，云南也培植出一批优势产业，如烟草、有色金属、机械、化工等。

烟草业是云南的支柱产业。改革开放之初，虽然遍地好原料，但20世纪三四十年代购入的设备根本生产不出好产品。"六五""七五"期间，通过大力引进国外最先进的设备和技术，依靠科技进步，烟草行业成了云南发展最快、效益最好的产业。1991年，云南烟草工业总产值近50亿元，占全省工业总值的20%以上，上缴利税占全省财政收入的50%，成为全省财政主要来源，并开始出口创汇。云南烟草行业在引进技术的同时，也不断消化吸收，进而开发、创新。譬如玉溪卷烟厂（见图10-13）建成的国内最先进的两条制丝生产线中，只有主机是引进的，其自行制作配套设备达150多套，改进进口设备不合理部分近500项，部分改进措施被外国生产厂家接受。

图10-13 亚洲最大的卷烟厂——玉溪卷烟厂

诸锡斌2021年摄于云南省博物馆《庆祝中国共产党成立100周年成就展》

云南有色金属资源丰富，所以针对资源特点和生产需要，创造了许多新工艺和新设备，如天井钻机、液压凿岩机的研制和推广使用。其中，以离心选矿机、皮带光溜槽、刻槽摇床组成的锡矿泥重选新工艺、高温氯化法处理难选锡中矿等技术处于国际先进水平；难选氧化铜处理、滇池地区磷矿资源的开发、擦洗脱泥选磷精矿、半水物法磷酸生产等技术处于国内先进水平。改革开放后，云南在有色金属勘探、设计、采矿、选矿、冶炼和加工等各个方面，都尽可能采用先进技术，获得了很大发展。1991年，云南有色金属产量近12万吨，是1949年的55倍多。

机械工业也是云南主要传统行业之一。昆明机床股份有限公司（原昆明机床厂）先后开发出200多个新产品，创下了148个"中国第一"，研制的T42200大型双柱坐标镗床、FMC-

---

① 朱平：《对云南农业科技政策落实情况的调查》，《云南科技管理》1997年第1期。

1000H大型精密箱体柔性制造单元（见图10-14）等达到国际先进水平。昆明船舶设备集团有限公司，成功开发了烟草制丝成套设备、高速卷接机组、自动化物流系统等系列产品，仅烟草制丝成套设备就完成产值24亿元。云南变压器厂开发的不等容牵引变压器等产品在11次国际招标中9次夺标，其产品覆盖全国电气化铁路的60%以上。云南内燃机厂应用拥有专利权的柴油机生产新技术实现年销售收入4亿多元，居全国内燃机行业前列。

化学工业是云南利用科学技术开发本地资源而逐步发展起来的一个优势行业。云南为开发丰富的褐煤资源，尝试用褐煤制成合成氨，生产合成氨获得成功，开了褐煤综合利用的先河。1982年投产的云南磷肥厂重钙车间是我国第一套用湿法磷酸技术生产高浓度磷肥的装置。80年代初开始，云南化工企业进行了技术改造，质量和定额消耗在国内一直居于领先地位。以云南天然气化工厂为例，从1982年开始，该厂以节能降耗为突破口，以工艺设备的现代化改造为主线，在10年里投资近亿元，共完成技术改造840多项，从而使企业保持了先进技术水平。1990年通过国家一级企业考评时，云天化创全国大化肥系统17个第一，几乎囊括了行业改造的所有成功之举。

图10-14
昆明机床股份有限公司研制的FMC-1000H大型精密箱体柔性制造单元
昆明机床厂机床研究所肖振宇提供

（三）科技进步与新兴产业发展

改革开放以来，云南利用新兴科学技术建立了一批知识密集、技术密集、能耗小、产值高的企业。其中，电子信息、生物技术、天然药物等已初具规模，形成了一系列较有发展前途的新兴产业。

电子计算机产业是技术、资金高度密集，发展最为迅速，竞争最为激烈的高风险、高技术产业。20世纪80年代初，云南电子设备厂在国内电子行业率先引进八位微型计算机，自主设计了微型计算机功能扩展箱，把作为个人计算机的微型机开发成可进行工业过程控制的计算机系统，并在国内广泛应用。投产第一年，微机产量就占全国产量的37%。"六五"期间，该厂共开发较大应用项目65个，1/5获得国家或省级科学技术进步奖。1985年，在全国微机质量评比中，云南电子设备厂产品获一等奖及唯一的国产化单项奖，成为国家8个定点微机生产厂之一。"七五"开始，云南电子设备厂与国际著名计算机公司合作，开发出具有国际水平的系列产品和微机生产线，其主导产品"南天"B系列微机已成为国内银行电子化的重要装备，在国家重大经济信息系统中的装机量达六七千套。

电子技术的渗透程度已成为衡量企业技术和现代化水平的重要标志。机床行业较早把电子与机械结合，实现机电一体化，迅速成为云南工业的另一强项。云南机床行业掌握了数控、激光、光电、计量、测量等技术，生产了一批不同技术层次的出口产品。昆明机床厂六大系列大型精密数控机床、云南机床厂的CY系列车床，以设计优良、工艺和质量保证体系完善等特点，敲开了国际市场大门，先后出口40多个国家和地区。

云南生物资源丰富，有15000多种高等植物（全国有30000多种），其中有可以利用的芳香油料植物200多种、药用植物1000多种、纤维植物180余种、淀粉植物160余种。早在20世纪70年代，中国科学院昆明植物研究所等科研单位就与昆明制药股份有限公司联合，成功研制出抗疟活性特效新药——蒿甲醚，随后又先后开发出蒿甲醚注射液、蒿甲醚胶囊、复方蒿甲醚片等系列产品，并通过了WTO的严格验证，蒿甲醚成为中国第一个成功注册国际专利的制剂药品。

云南大学从20世纪80年代开始进行植物生长调节剂的研究，1989年成功完成了表油菜素内酯的人工合成，并很快进行了批量工业生产和农业应用。研发者于1994年获得了国家发明专利，并取得了原药和制剂两项农药生产许可证，该农药被正式定名为"云大–120"。"云大–120"是目前已知的BR物质中活性高、时效长、具有很高应用价值的一个品种，有全面促进作物生长的综合调节功能，云南对该农药的研究开发和生产已处于世界领先水平。试验示范结果表明，应用该农药，粮食作物（主要是水稻、玉米、蚕豆等）平均每亩可增产30千克。

（四）科技进步与基础设施建设

改革开放后，云南基础设施建设空前发展，科技进步在其中发挥了重要作用。民航更新机型，改造机场及机场设施，提高了营运能力和航班正常率。铁路、公路、电力和水利建设领域采用先进的生产和管理技术，改造、修建各种类型的道路、桥梁、电站和水库、水渠等水利设施，缩短施工时间，降低施工成本，提高基础设施质量。其中，在鲁布革电站的建设中引进国外工程管理模式（见图10-15），这在国内属于首次。

图 10-15
1991年鲁布革电站举行一号机组验收交接签字仪式
诸锡斌2021年摄于云南省博物馆《庆祝中国共产党成立100周年成就展》

在科技进步的推动下，全省电信通信实现了从人工网向自动网、从模拟网向数字网、从单一业务网向多样化业务网的过渡，建成了由程控交换、光缆传输、数字微波、卫星通信等多种先进通信手段构成的电信基础网，技术装备已达国际先进水平。云南是全国各省区市中最早采用卫星广播电视技术的省份之一，1989年开始实施农村卫星广播电视地面收转站建设工程，采用广播与电视节目"共星传输"和"共站收转"技术后，广播与电视的覆盖率得到同步提高，节目制作和播出手段正在向数字化方向过渡，光纤数字传输技术研发工作有效推进。

在科技进步的推动下，云南初步形成了具有地方特色的医疗卫生科研体系。大量现代科技成果和设备应用于医疗保健事业，极大地提高了云南临床医疗水平和防病能力，天花、鼠疫、疟疾、霍乱等重大疾病已被消灭或得到有效的控制，一些高难度的手术已能在省内进行。在基础医学方面，肺癌的现场研究和病因病理研究、人类基因的相关研究等在国内具有明显优势。此外，少数民族的血红蛋白结构、遗传疾病的调查研究、云南克山病的环境探索、癌细胞株模型建立、试管婴儿技术治疗不孕症的临床研究、系统家庭治疗的临床移植、男性学的研究等都获得了较大突破。

科技的进步使地震预测预报水平有了很大提高。云南所配置的地震科技力量，无论是科技队伍的水平和规模,还是观测技术门类及能力都位居全国前列。1988年澜沧-耿马地震的预报与速报、1995年孟连西7.3级地震预报与减灾,都获得省部级科学技术进步奖一等奖。气象科研在应用研究和技术开发上都取得了重大成果。

在科技进步的推动下,云南的环境保护工作取得重要成果。全省环保科研机构达到10个,有近百项环境科研项目获各级科学技术进步奖,有8项环保实用技术被列为国家环保最佳实用技术在全国推广。围绕滇池污染治理(见图10-16)开展的科研项目为工程实施提供了科学依据。1998年以来,云南开展了汽车尾气治理和全省电磁辐射环境污染源调查工作,组织实施了ISO14000环境管理体系标准。

图 10-16
治理良好的昆明盘龙江滇池入湖口

任仕暄2020年摄于盘龙江滇池入湖口

二、科技进步推动企业发展

科学技术是第一生产力,企业的发展需要科学技术的强有力支撑。为此,云南把科技进步与企业的发展结合起来,推动民营科技企业发展,并培育出一批高新技术企业和科技企业孵化器,有效推动了云南经济的发展。

(一)科技进步与民营科技企业的发展

民营科技企业是以科技人员为主体,按照自筹资金、自愿组合、自主经营、自负盈亏原则创办和经营的科技企业。云南创建民营科技企业始于1979年,到1994年,全省民营科技企业已发展到3100家,专兼职从业人员共十余万人,技工贸收入达10亿元以上,初步形成了以新材料、新能源、电子信息技术、机电一体化、生物医药、绿色保健食品等为主要领域的科研、开发、生产、经营体系。

云南民营科技企业从诞生之日起就具有鲜明的特色。首先是云南在全国率先成立了省民办科技机构管理委员会。云南省委、省政府早在20世纪80年代初就提出对于民营科技企业,应在政治上一视同仁,经济上平等对待,政策上积极扶持,为其发展营造了良好的环境。其次是在全国率先建立起支撑体系。1992年,国内首家民营科技金融机构——昆明科技产业城市信用合作社成立,面向市场吸收社会闲散资金,为数十项科技开发项目、数百家民营科技企业及民办科技园建设解决了资金问题。同年,国内首个民营科技产业基地——云南民办科技园创办,到1994年底，批准入园的企业已达75家，全园开发科技产品158项，实现技工贸收入3.1亿元。再次是坚持改革、发展与立法相结合。1994年，云南省八届人大常委会颁布了《云南省民办科技企业条例》，该条例于1995年1月起施行，对促进云南民营科技企业发展步入社会主义法治轨道发挥了重要作用。

在政府的支持下，云南民营科技企业走出了一条以资源为基础，以市场为导向，以科技人才为依托，以发展高新技术产业为目标的发展之路（见图10-17）。这一时期，云南涌现出滇虹药业有限公司、施普瑞、盘龙云海等一批产业方向、技术方向与云南经济结构发展相适应的科技企业。

其中，云南化工冶金研究所立足云南资源优势，采用湿法制取活性氧化锌和硝酸银，先后承担了一批国家级和省级火炬计划项目，实现科技成果产业化；昆明圣火药业（集团）有限公司依托三七资源生产的国家级四类新药"理血王"和云南康泰生物工程研究所开发的非胰岛素依赖性糖尿病PCR基因控制试剂盒均获科技部等五部委颁发的国家重点新产品证书；昆明星火节能技术研究所生产的多级循环燃油热水无压锅炉，以节能、安全的特点深受市场青睐；云南虹元科技开发公司承担的美国三系杂交油葵试验示范项目被列为省科委科技扶贫项目，推广效益显著。一批民营科技机构从自己的优势和特长出发，坚持以市场需求为导向，开发出既有技术含量，又有良好市场前景的产品。诸多民营科技企业的努力得到社会承认，不少民营科技企业的科技人员获省级有突出贡献的科技人员、劳模等称号。

图10-17 1990年9月12日成立的云南第一个省级高新技术开发区

诸锡斌2021年摄于云南省博物馆《庆祝中国共产党成立100周年成就展》

（二）科技进步与高新技术企业和科技企业的发展

云南科技与经济联系日益紧密，高新技术企业培育和科技企业孵化器建设已成为全省促进"双创"的重要抓手。

1.云南省腾冲制药厂

云南省腾冲制药厂成立于1956年，前身为地方国营制药厂，1997年改制为股份制企业。50多年的积淀为云南省腾冲制药厂奠定了雄厚的制药技术基础，其在不断汲取现代科学技术的基础上具备了一流的检测手段。两者的有机结合，使"腾药"产品有了过硬的质量，造就的知名品种有人参再造丸、六味地黄丸、六灵丸、藿香正气水、感冒清热颗粒、清肺抑火片等。云南省腾冲制药厂被国家评为全国中成药行业"优秀企业"金奖单位，"腾药"牌商标为云南省著名商标。2006年12月，云南省腾冲制药厂获得商务部授予的"中华老字号"称号。截至2008年底，企业总资产为8875万元，完成销售额1.08亿元，利润总额1850万元，上缴税金1748万元，员工246人，年生产规模为2000余吨，主要剂型有丸剂（大蜜丸、小蜜丸、水丸、水蜜丸）、片剂、颗粒剂、散剂、酒剂、酊剂、糖浆剂，国药准字号品种有128个，均是天然药物。该厂于2003年12月28日一次性全部通过药品GMP认证，获得中华人民共和国"药品GMP"证书；2008年10月又顺利通过5年一次的GMP再认证。科技创新发展是企业发展的硬道理。20世纪90年代，云南腾冲制药厂与大理学院合作，走"产学研联合"的路子，研发高科技产品，研制开发出具有自主知识产权的国家二类新药心脉隆注射液。经过十余年的研发，历经国家新药评审委员会的5年5次评审，该药于2004年7月23日获得新药证书，2006年获生产批文，同年12月27日顺利通过国家食品药品监督管理局GMP现场认证，2007年3月19日获得了GMP证书。该产品具有增强心肌收缩力、降低肺动脉压、改善微循环、增加冠脉流量及利尿等作用，主治慢性充血性心力衰竭、慢性肺源性心脏病，对于继发肺心病、心肌病的心衰治疗效果特别明显，有广阔的市场前景，进入北京、广东、湖南、浙江、安徽等地部分医院临床使用。该产品充分利用了云南的生物资源，是"腾药"进军生物制药领域，以及云南省以天然药物研究打造"云药"支柱产业，推动医药产业可持续、快速、健康发展的科技支撑。该项目得到了省市科技部门认可，并多次获得项目扶持资金。为综合利用药源——美洲大蠊干品，"腾药"致力于心脉隆产品的后续开发，利用提取心脉隆产品后剩余的物质和云南的一些天然植物进行化妆品及保健品的生产。[①]

2.玉溪市旭日塑料有限责任公司

玉溪市旭日塑料有限责任公司应设施农业发展的需要，进行了流滴消雾技术研究。2005年4月，玉溪市旭日塑料有限责任公司与贵州省纳米材料工程中心合作，进行"纳米改性多功能温室棚膜流滴消雾剂在线喷涂工艺技术研究开发"。该项目得到了云南省科技厅、玉溪市科技局、红塔区科技局的大力支持，被列为2005年云南省省院省校科技合作项目，并于2007年7月通过了云南省科技厅组织的项目验收及科技成果鉴定，得到了项目验收和科技成果鉴定专家以及省区市科技部门的一致好评。该项目有以下创新点：

①采用新材料纳米无机粒子改造传统产品，提高棚膜功能持续性，提升传统产品质量，提高我国功能棚膜生产水平。

②项目研发的专用喷涂设备"在不改变棚膜现行生产工艺的基础上，采用旋转无气喷涂，将防雾滴剂喷涂于膜泡内表面，实现流滴消雾剂在线喷涂"。

③不受现有棚膜生产设备性能及工艺条件的限制，可联机在线生产，较辊筒式涂覆或浸泡式涂覆生产效率高，且涂层均匀、成本低。[②]

3.云南木利锑业有限公司

云南木利锑业有限公司的氧化锑矿浮选回收锑新工艺、新药剂应用研究项目是云南省科技厅省院省校合作项目，针对氧化锑在选矿生产过程中易碎、容易过磨，采用常规浮选药剂浮选无法回收的问题进行研究。该项目具有以下特点：一是云南木利锑业有限公司重选尾矿性质非常复杂，该项目首次从工艺矿物学角度揭示了云南木利锑业有限公司锑矿氧化矿的特性。二是先采用新型组合调整剂Y-3有效抑制易浮的含炭脉石矿物，再将新型捕收剂P-1、RHT90与黄药一起使用，通过混合浮选使硫化锑、氧化锑与脉石矿物有效分离。三是根据氧化锑的

---

① 云南省腾冲制药厂：《坚持科技进步着力打造"腾药"》，《云南科技管理》2009年第6期，第80页。
② 玉溪市旭日塑料有限责任公司：《自主创新加快设施农业发展》，《云南科技管理》2009年第6期，第59页。

矿物特征设置工艺流程。该项目从设置适合氧化锑矿石特点的磨矿工艺入手，采用"混浮-重选"流程处理矿石，不仅有效解决了锑的过粉碎问题，改善了入浮粒度组成，而且提高了锑的回收率和磨矿的效率，生产中用一段磨矿代替原来的两段磨矿，节省磨耗55千瓦。四是在小型试验及扩大试验的基础上，结合云南木利锑业有限公司选厂流程结构，制定了重选尾矿控制磨矿"分级—混浮—重选"联合流程。对"混浮—重选"段工业试验取得的指标为：精矿品位34.31%，对给矿回收率为68.15%，相对可回收锑的回收率为80.18%。新工艺改造后，选厂总精矿回收率由改造前的64.14%提高到74.87%，总精矿回收率提高了10.73%。五是工业试验结果证明，该新工艺、新药剂在云南木利锑业有限公司选厂使用后，生产指标好且稳定，可为选厂带来可观的经济效益，并为类似矿山提供了技术示范。经科技查新，云南木利锑业有限公司是首家应用此新工艺处理重选尾矿的选厂。此科研成果可在类似矿山推广应用，社会效益显著。该项目获得2009年度云南冶金集团总公司科技进步奖二等奖。①

4.云南省电子工业研究所

云南省电子工业研究所成立后，在云南省科技厅、财政厅、工信委及电子工业行业协会的大力支持和帮助下，先后完成了原电子工业部、云南省科委、云南省经委下达的科研课题60余项，其中有十余项科技成果分别获省级、部级科技成果奖，并取得了国家专利。该所1998年研发的计算机控制温室通过了云南省经委、科委的鉴定，取得2项国家专利，获省科学技术进步奖三等奖。该产品投放市场后，在云南和贵州等省推广20余万平方米，云南省电子工业研究所还在全国率先制定出一套完整的温室加工及安装标准。该所还在自有温室技术的基础上，开发出针对不同植物的农业专家信息系统，用于复杂的农作物需求管理，有效提高了现代化温室内农作物生长控制水平。该所2006年研发的武警作战指挥与控制综合信息系统顺利通过了武警云南省总队、云南省科技厅的项目鉴定和验收，并荣获武警部队科技进步奖一等奖。该系统是一种数字无线图像传输系统，能在高楼林立的城市或山区等复杂环境中传输高品质视频图像和用户数据，具有优秀的绕射能力和穿透建筑物的能力，能很好地适应城市、山地、田野环境，可应用在武警部队、公安消防应急通信指挥中。2007年，云南省电子工业研究所在昆明市科技局成功申报了"利用FPGA控制微波能在现代农业深加工中的运用"项目，应用微波对物质的场效作用进行物料的加热、干燥、灭菌、烧结、合成、萃取、催陈等特殊加工，做到了节能、环保、高效，为云南省的农产品深加工干燥技术改造提供了有效的解决方案。2008年，云南省电子工业研究所与西双版纳州云麻产业办公室合作，成功研制出适合种植户用的，由小型柴油机驱动的DM-8F型汉麻动力剥皮机。该机操作简单，省力，工作效率高，麻皮剥离干净。同年，该所还通过了ISO9001: 2000质量管理体系认证，并在科技部成功申报了"废旧冰箱回收处理及资源循环利用工艺设备研制"项目，填补了云南省在电子废弃物资源再生利用技术方面的空白，为下一步准备进行的"云南省电子废弃物资源化开发利用示范项目"奠定了良好的基础。该项目本着"减量化、无害化、资源化"原则，独创塑料处理工艺及设备，建立电子废弃物回收、拆卸、处理及资源循环利用生产线。该项目有力地促进了电子产业资源循环利用的持续健康发展。2009年，在第十八届全国发明展览会上，云南省电子工业研究所8个项目参展，其中"绿色照明LED灯"及"电子废弃物资源化示范项目"两项获得银奖，"现代农业温室大棚"及"汉麻脱皮机"两项获得铜奖。研究所在"信息化带动工业化，工业化促进信息化"，以及以信息技术改造提升传统产业的思想指导下，坚持"以人为本、科技兴所，自主研发、集

---

① 云南木利锑业有限公司：《氧化锑矿浮选回收锑新工艺、新药剂应用研究》，《云南科技管理》2009年第66期，第61页。

成创新"的经营理念，致力于开发"专、精、特、新"电子信息产品，努力把自身建设成为拥有自主知识产权和核心竞争力的科技型骨干企业，成为云南省电子行业的技术研发中心，为云南省优势产业及行业提供电子信息技术支持和服务。[①]

5.云南铝业股份有限公司

云南铝业股份有限公司以科技项目为载体，开展了系列基础性技术研发，攻克了铝板带领域诸多技术难题，形成了电解铝液直接生产铝箔铸轧坯料、铸轧法生产5754铝合金板带等核心技术。其中，"利用铸轧机生产5754铝合金坯料的生产方法""用铸轧坯料生产5×××系列铝板加工工艺中的热处理方法"荣获国家发明专利，两项铝板带技术攻关课题荣获云南省科学技术进步奖。项目建设期间，公司承担云南省科技项目"铸轧坯料生产5754合金铝板关键技术研究"的攻关课题，于2000年通过云南省科技厅项目验收和成果鉴定，得到参评专家的高度评价。2008年"中高强度、宽幅铝合金板带工艺开发及产业化"项目被列为云南省科技创新强省计划项目，云南铝业股份有限公司计划通过项目的实施实现铝箔坯料、中高强度铝合金板带材高端板带产品的产业化。[②]

6.玉溪市云溪香精香料有限公司

玉溪市云溪香精香料有限公司创建于1987年。公司利用云南丰富的天然香料资源，进行天然香料提取、合成、精制，年生产能力3000吨，产品覆盖烟草香精、天然香料、合成香料三大类十多个品种。产品销往国内20多个省区市，部分出口欧美、日本等国家和我国香港地区。公司成立了研发中心，先后成功研发了云烟净油、树苔净油、香芹酮、三烯酮等高技术含量、高附加值的新产品。技术中心于2008年被云南省经委认定为省级企业技术中心。公司始终致力于天然香料的开发，把环保与绿色香料生产放在首位。经过多年的努力，公司发展成国内知名生产企业，经云南省香料行业协会调查统计，主导产品在国内主销区的市场占有率均较高，分别为树苔浸膏61%，酸角浸膏30%，云烟浸膏62.5%，香茅油等天然香料油10%；另外β-蒎烯合成香料研制属国内首创。[③]

7.云南云维股份有限公司

云南云维股份有限公司积极利用高新技术和先进适用技术改造传统产业，科学技术水平逐年提高。尤其进入21世纪后，公司进一步加大科技攻关、技术开发、技术改造力度，增强对引进技术的消化吸收，先后组织实施了一批重点建设项目，增强了科技自主开发能力，培养了一批高级技术人才，提高了企业的生产技术水平，培育了新的经济增长点，提升了企业核心竞争力。其中"新型密闭电石炉研制与开发——新型炉盖、组合把持器新型整体式水冷底部环、新型实用加料嘴、新型炉壳的研究开发与制造工艺"项目是该公司领导带领工程技术人员根据公司及国内相关兄弟厂家的密闭电石炉技术及装备存在的缺陷自主设计开展的新项目。该项目取得了以下成果：（1）该项目研制开发的大型密闭电石炉整体式炉壳及新型炉盖，造价低，使用寿命长，运行稳定。（2）研究开发的组合把持器整体水冷底部环，冷却效果好，运行稳定，使用寿命长，制造成本较低。（3）研究开发的加料嘴，较大幅度地延长了使用寿命，制造成本仅为原来的1/10。该项目相关产品的研制开发成功，改善了炉况和操作环境，明显降低了能耗，单

---

① 云南省电子工业研究所：《以人为本科技兴所　自主研发集成创新》，《云南科技管理》2009年第6期，第82-83页。
② 云南铝业股份有限公司：《掀开铝深加工跨越发展新篇章》，《云南科技管理》2010年第1期102页。
③ 玉溪市云溪香精香料有限责任公司：《采用新技术实现香芹酮产业化》，《云南科技管理》2009年第6期，第72页。

炉电石年产量由原设计的4.5万吨提高到6万吨,每吨电石的电耗降低了6.86%,取得了较好的经济效益和环境效益(见图10-18)。项目获得3项实用新型专利授权。项目取得的成果提升了我国密闭电石炉生产技术水平,属国内领先,具有较好的推广应用价值和广阔的应用前景。①

图 10-18
云南云维股份有限公司节能减排处理设备
诸锡斌2021年摄于云南省博物馆《庆祝中国共产党成立100周年成就展》

8.曲靖大为焦化制供气有限公司

曲靖大为焦化制供气有限公司采用先进的技术和科学的管理,遵循可持续发展的原则,充分、有效、合理地开发和利用煤炭资源,加工高附加值的产品,把云南的煤炭资源优势转化为经济优势,促进了区域经济的发展。公司一期工程采用当时国内先进的碳化室高度4.3米的侧装捣固焦炉,并首先采用焦炉煤气制甲醇工艺,真正意义上实践和实现了循环经济的宗旨,对国内焦化行业的焦炉煤气合理利用、环境保护及资源综合利用起到了示范作用。焦炉气制甲醇给企业带来的经济效益十分显著。2005年,公司在炼焦行业普遍保本经营或略有亏损的大环境条件下,实现销售收入6.6亿元,利润5754万元,其中甲醇生产实现销售收入1.04亿元,形成的利润约为4400万元。②

第五节　取得的科学理论及科研成果

1978年全国科学大会后,随着对科学技术是第一生产力思想认识的日益深化,以及科技体制改革的推进和科技人才培养的加强,云南省科技活动步入大发展阶段。全省科技创新活动蓬勃发展,在农业、生化、医药、采矿、冶金、机械制造、建筑工程等领域取得了一大批重大成果,其中不少达到国际或国内先进水平。据统计,1978—1997年,云南省4503项科技成果获

---

① 云南云维股份有限公司:《新型密闭电石炉研制与开发》,《云南科技管理》2009年第6期,第50-51页。
② 《循环经济促发展 技术创新创效益——云南云维集团-曲靖大为焦化制供气有限公司发展点滴》,《云南科技管理》2009年第6期,第52-53页。

得国家级和省部级奖励,比前28年获奖数增加43.7倍。下面列举部分获国家级、省部级奖励的科技成果,以展现这一时期云南科学理论及科研成果。

一、农业科技成果

农业科技领域的研究成果,主要包括优良品种的选育和推广、作物病虫害的防治、农业生产技术的改良和农业科技示范基地的建设等方面。

(一)优良品种选育和推广

优良品种选育是农业发展的重要内容,云南结合自身实际开展研究,取得了一系列成果,并把这些成果进行推广,带动了农业发展。

1.烤烟良种选育和推广

烤烟品种实现全省良种化和统一供种。经评选鉴定和审定,地方品种"红花大金元"和引种筛选出的"斯佩特G–28"优良品种在全省推广应用;逐步建立和完善烤烟品种管理制度和良种繁殖体系,实现了烤烟种子全部由地县统一供应,实现了全省烤烟良种化。该成果由云南省农牧渔业厅经济作物处等单位完成,1985年获国家科学技术进步奖三等奖。

2.太湖短吻银鱼移植滇池试验研究

为充分利用滇池水域的天然饵料,提高滇池的鱼产量,从1979年开始,云南多次向滇池投放太湖短吻银鱼仔鱼,并对其生长、繁殖、性腺周期变化、食性、营养成分、种群关系等进行了研究。通过试验研究,银鱼在引种入滇池后的短短四五年内,迅速形成了较大的生产资源。该成果由云南省水产研究所等单位完成,1985年获国家科学技术进步奖三等奖。

3.云南甘蔗种质资源的考察与研究

该研究通过对云南省113个县海拔500～4260米地区的考察,采集到原种资源植物标本266份,基本摸清了云南甘蔗野生亲本资源植物的情况,对其类型、主要性状、生态环境、育种之间的关系进行了系统的研究,建立了资源田,为甘蔗选育种打下良好的基础。该成果由云南省农科院甘蔗研究所等单位完成,1988年获国家科学技术进步奖二等奖。

4.云南省甘蔗新品种推广

该项目在加速引种、选育、繁殖和推广性状好的甘蔗品种工作过程中,根据云南省蔗区立体气候明显的特点,坚持小区品种多样化,早、中、晚熟品种合理搭配(比例为2∶5∶3),大幅度提高了甘蔗的单产水平,且甘蔗糖分含量高。1986年,全省推广良种面积69万多亩。1987年推广早、中、晚熟良种82.5万亩。该成果由云南省农业厅等单位完成,1990年获国家科学技术进步奖三等奖。

图10-19
美国烤烟新品种K326
诸锡斌2021年摄于玉溪红塔集团烟事文化馆

5.烤烟新品种K326引种示范推广及配套技术研究

K326是以质量高著称的美国烤烟新品种(见图10-19)。玉溪地区于1987年首次引种该品种成功,1988年扩大到各县市生产试验,面积近2000亩。玉溪地区改进了育种方法,采用试验与示范、良种与良法配套研究,农业与工业配合同步进行的方法,取得了明显效益。该成果由云南烟草公司玉溪市公司等单位完成,1993年获国家星火奖二等奖。

（二）作物病虫害的防治

云南生物资源丰富，但是病虫害防治难度也因此增加。对此云南在农业生产中十分注意病虫害防治的研究，并取得了成果。

1.两种粮食仓库害虫的生物学、生态学及防治方法研究

该研究摸清了谷斑皮蠹、鹰嘴豆象这两种害虫在昆明地区的生活史，以及各虫期的生物学特性与繁殖、危害情况，得出了磷化氢对害虫的有效致死浓度，在国内首次用凯素灵、敌杀死等高效低毒杀虫剂对这两种害虫进行毒效试验，找到了一些新药剂与防治方法。该成果由云南省粮食厅储运处等单位完成，1987年获国家科学技术进步奖三等奖。

2.云南山地橡胶白粉病流行规律及预测研究

该项研究摸清了云南山地橡胶白粉病的流行规律和特点，首次明确了海拔高度对橡胶树物候及病害严重度的影响，嫩叶期的日最高温度是决定病害流行情况的主导因素，其主要通过影响病害流行速度而起主导作用。据此，提出了以嫩叶期天气为主要指标的小区短期测报新方法，突破了对主导因素的传统认识和常规的测报方法。该成果1995年已在云南植胶区全面推广应用，其在提高防效、降低成本、控制病害水平等方面都取得良好效果，累计应用面积85万亩，新增产值2713万元，新增利税2457万元。该成果由云南省热带作物科研所、云南省农垦总局生产技术处等单位完成，1997年获国家科学技术进步奖三等奖。

3.烟草螟诱杀剂的配制及应用研究

烟草螟对烟叶的危害主要发生在烟叶储存期，云南烟区发生较为严重。为了有效防治烟草螟对烟叶的危害，云南省经研究找到了一种新的防治方法。此法是利用昆虫的趋化性特点，配制了一种对烟草螟幼虫既有引诱力，又有击倒力的诱杀剂药液，用棉球浸蘸诱杀液布点于受害烟包的四周进行诱杀。此法的特点是，以动植物提取液为引诱剂与DDVP配合使用诱杀烟草螟幼虫。其对各龄幼虫防治效果均达90%以上，尤其对三龄以上幼虫防治效果最好，最高可达98.8%，而且使用安全，成本低，诱杀后烟叶内无残留虫体。该成果在云南昭通卷烟厂投入使用5年多，减少烟叶经济损失1240多万元；1994—1995年在云南威信县复烤厂和云南大理卷烟厂推广应用，诱杀效果平均达到95.4%，取得明显经济、社会效益。该成果由云南省烟草公司昭通地区公司完成，1997年获国家技术发明奖四等奖。

（三）农业生产技术的改良

农业生产技术的改进与农业生产效益的提升密切相关，通过努力，云南在农业生产技术的改进方面取得了成果。

1.云南省红壤改良技术大面积推广

该研究提出了红壤改良的技术措施：施有机肥、扩种绿肥、重施磷肥（或氮磷配合），改良土壤结构；改革耕作制度，合理间套轮作；改坡地为梯地，减少水土流失；少耕覆盖，抗旱栽培；增加耕土层厚度；缺素土壤地施（锌、硼）微肥；酸土施石灰。这些技术措施在全省大面积推广，收到显著经济效益和社会效益。该成果由云南省农业科学院土肥研究所等单位完成，1985年获国家科学技术进步奖三等奖。

2.蚕豆丰产模式（规范化）栽培研究

该项目针对影响蚕豆单产的关键因素，采用多元二次正交旋转回归设计，建立数学模型，运用电子计算机筛选出蚕豆亩产200千克以上不同产量层次最优农艺措施，并将优化措施

与蚕豆品种生育规律有机结合起来,制定出丰产规范化栽培图式。该成果由云南省农牧渔业厅农业处等单位完成,1993年获国家科学技术进步奖三等奖。

3.紫胶生产技术的研究与推广

该研究解决了新区远距离引种适时采种的难题,筛选出13种产胶量高、适应性强的优良寄主植物,总结出紫胶生产集约经营、高产稳产的技术措施,解决了在新区条件下出现的虫、树、环境三因素不相适应的矛盾,用白虫茧蜂有效地控制了紫胶虫的主要害虫——紫胶白虫的危害。该成果由云南省紫胶工作站等单位完成,1995年获国家科学技术进步奖三等奖。

4.橡胶树在热带北缘云南高海拔种植区大面积高产综合技术

该综合技术是针对橡胶树在纬度靠北、海拔较高,地形、小气候环境十分复杂的云南山地种植,冬季温度偏低等特殊植胶环境条件,通过近40年的研究而创造的综合技术,包括山地胶园开垦建设,抗寒高产良种选育,植胶环境类型区划,抗寒栽培,防病,割胶等一整套技术。经全面推广应用,证明该技术既能充分发挥云南植胶环境中的有利因素,又可避免或减轻低温寒害、病害等不利因素的影响,可使云南在世界非传统植胶区的山地橡胶种植获得大面积高产(见图10-20)。

图10-20 "云象"天然橡胶初加工产品

诸锡斌2021年摄于云南省博物馆《庆祝中国共产党成立100周年成就展》

1994年云南省农垦割胶面积90.44万亩,总产干胶93488吨,平均亩产103.37千克,亩产量居全国之冠,达到世界先进水平。1981至1994年,云南省累计生产干胶689955吨,销售收入48.37亿元,实现利税18.07亿元[①]。该成果由云南省农垦总局完成,1996年获国家科学技术进步奖二等奖。

(四)农业科技示范基地的建设

农业科技示范基地是推广农业科学技术研究成果的重要阵地,云南在农业科技示范基地建设方面取得了一定成绩,促进了农业经济的发展。

1.热带基诺山区科技开发研究

为使基诺族脱贫致富,西双版纳州委、州政府决定把科技引向山区,先后组织5个研究所和十多个单位开展了12个课题的试验示范。在主产粮食的基诺山区发展名贵南药1.4万余亩、橡胶1.8万多亩、茶叶43万亩,同时还应用了水稻综试、水稻旱种、"两化"上山等技术措施,使一个边疆少数民族走上了脱贫致富之路。该成果由西双版纳州科委等单位完成,1989年获国家星火奖四等奖。

2.樱桃资源开发及果品加工

1985年,昭通地区科委将彝良县列为樱桃开发示范点,推广快速育苗技术。到1989年,全县已发展樱桃6700多亩,县罐头厂引进先进设备,建成加工生产线,3年共生产樱桃罐头132万瓶。示范带动了昭通种植业的发展,到1989年,全区樱桃种植面积已发展到2.6万多亩,生产樱桃罐头360多万瓶,取得了良好的经济、社会、生态效益。该成果由昭通地区科学技术委员会等单位完成,1991年获国家星火奖四等奖。

---

① 云南科技参考资料编辑组:《云南科技参考资料》,2001年,第171–172页。

3.玉溪卷烟厂优质烤烟基地十年建设工程

该建设工程是以工厂为龙头，企业、科研、农户相结合的一种成果转化模式。为了生产出世界一流的优质烟叶，玉溪卷烟厂把烤烟种植作为生产的第一车间，以十年之功，开发、应用推广优质烤烟新品种026，研究出"营养袋假植+种子包衣育苗"的一套完整的栽培技术措施，改革管理体制，实行烟草公司、卷烟厂、烟草专卖局"三合一"，农、工、科、贸一体化的管理，增加科技投入，建立健全科技服务网络，坚持技术培训，提高烤烟栽培技术水平（见图10-21）。玉溪卷烟厂于1994年建立优质烤烟基地60万亩，1985年至1994年十年共收烟叶65011万千克，上等烟占28.4%，与1985年前的十年相比，烟叶收购量增长187.5%，上等烟提高20.7个百分点，保证了名优卷烟生产原料质量，名优卷烟产量由1984年的53.7万箱上升到1994年的167.9万箱，实现利税146.79亿元，利税连续七年保持全国同行业之首，产品畅销全国（见图10-22）。该成果由玉溪卷烟厂完成，1996年获国家科学技术进步奖二等奖。①

图（左）10-21 玉溪卷烟厂烤烟种植地
诸锡斌2022年摄于玉溪

图（右）10-22 中国烟草红塔集团（前身为玉溪卷烟厂）
诸锡斌2021年摄于玉溪

二、生化、医药领域的成果

生化、医药领域的科技成果涉及生物技术、药物研制、化工、医疗器械等方面。

（一）生物技术

云南是生物多样性大省，在利用生物技术推进经济发展方面有着较强的潜力。云南结合这一实际，积极开展生物技术研究，取得了明显的效果。

1.昆虫蜕皮激素新植物C.C.A及其制造工艺

新资源C.C.A是迄今为止发现的世界上蜕皮激素含量最高的资源植物。研究者对这一资源进行了家化栽培技术研究，为生产提供了一套栽培、采收技术，并研究出加工工艺技术，使我国成为世界上第一个工业生产昆虫蜕皮激素的国家。该成果由中国科学院昆明植物研究所完成，1979年获国家发明奖三等奖。

2.资源植物的化学研究

研究者应用新的提取分离技术及化学测试手段，从38个科近100个属的300余种植物中分离到700余种天然化合物，其中新化合物257种，生理活性的化合物54种，在国内外学术刊物上

---

① 云南科技参考资料编辑组：《云南科技参考资料》，2001年，第172页。

发表论文250余篇,并发现了一些新的化学骨架类型,在萜类、甾体、配糖体以及植物化学分类学等研究方面形成了特色。该成果由中国科学院昆明植物研究所完成,1988年获国家自然科学奖四等奖。

3.蛇类资源综合利用

研究者研发了蛇类饲养、繁殖及蛇毒、蛇皮、蛇胆、蛇类综合加工技术,制定了蛇制品质量检测标准以确保产品出口质量,并在国际国内学术会议和刊物上发表论文28篇。新技术在全国5省区应用推广,社会经济效益显著,为蛇类资源开发利用闯出了一条新路。该成果由中国科学院昆明动物研究所完成,1989年获国家星火奖三等奖。

4.警用昆明犬的育成及推广应用

昆明犬是云南警犬工作者于1950年从民间收集20头地方狼种犬,进行封闭定向繁育,选优汰劣,历经40余年培育而成的。它是我国唯一定型品种犬,填补了国内相关研究空白,结束了我国军警用犬过去单纯依靠进口种犬的历史。该犬已广泛运用于全国军、警系统及社会治安领域。该成果由公安部昆明警犬基地等单位完成,1990年获国家科学技术进步奖二等奖。

5.皮明胶系列产品开发

昆明双龙明胶厂与常德明胶厂合作,成功开发毛边皮多元法制胶工艺技术,攻克了用皮下脚料制取医用食用明胶这一难题,在提高黏度、冻力和好胶率方面取得了突破性进展。实施投产以来,开发了食品、医药、照相软片等行业应用的明胶系列产品,已生产明胶240吨。该成果由昆明双龙明胶厂等单位完成,1992年获国家星火奖三等奖。

6.民营橡胶标准胶加工工艺及烘烤设备

该项目在国内传统生产工艺干燥工序中首次采用燃煤作为热源,并采用间接加热干燥方式,增设了全自动电热恒温干燥设备,具有煤、电两种供热方式,与国内同行用油或柴作为热源相比,具有操作方便、成本低、产品质量稳定等特点。该成果由景洪县热带作物局等单位完成,1993年获国家星火奖四等奖。

7.无霉火腿发酵制作

该研究首次揭示火腿酵母是发酵火腿中的最优势菌群,在腌腿前或腌腿时,按鲜重0.02%~0.05%的酵母量做人工接种,可抑制或避免真菌、细菌的污染,使火腿达到最佳发酵状态;火腿发酵后期,增加腿间通风,将湿度保持在85%以下,可充分发挥酵母在火腿后发酵中的酶解、增香和后熟作用。该成果由云南省微生物研究所完成,1995年获国家技术发明奖四等奖。

8.中国若干特有珍稀动物类群的细胞与分子进化研究

该项研究立足我国西南地区极其丰富的生物资源和我国特有珍稀动物类群,如灵长目中的金丝猴、懒猴、叶猴、猕猴、长臂猿,偶蹄目的麂属动物,食肉目的大熊猫、小熊猫,从细胞和分子水平研究物种的遗传多样性和进化规律。通过对赤麂、中国麂及其杂交F_1代和麂属动物细胞遗传学的比较研究,创造性地建立了麂属动物染色体串联融合的进化模式,并发现了其在染色体进化中的重要意义。根据对熊超科动物多基因、多层次的综合分析,提出了大熊猫应从熊超科中分出来自立为大熊猫科,同时澄清了熊科各种间的系统进化关系。综合蛋白质和DNA水平的研究结果,提出大熊猫和国家一级动物滇金丝猴濒危的遗传学解释,发表论文73篇,其中国际核心期刊论文21篇,受到国内外同行的瞩目。该成果由中国科学院昆明动物研究所完成,1997年获国家自然科学奖三等奖。

（二）化学工业

随着云南经济建设的发展，云南的化学工业研究成果不断涌现，有了新的进步。

1.褐煤造气制合成氨

保山县氮肥厂利用本地资源低质褐煤进行试验研究，积累了几千个数据，基本摸清羊邑褐煤气化的一般规律，优选出适宜的工艺，采用固定床间歇气化法，成功用褐煤造气，并自行设计安装褐煤造气生产车间，生产褐煤气的成本降低50%。用褐煤造气制合成氨生产化肥是改革小氮肥原料路线的一项较大成果。该成果由保山县氮肥厂等单位完成，1979年获云南省科技成果奖二等奖。

2.聚苯树脂研究

用联苯下脚料提取原料三联苯，用芳基化法制备聚苯撑予聚体，并以苯二甲醇做交联剂合成的聚苯A阶树脂，是一种耐高温、耐烧蚀的聚合物，可用于宇航和其他现代工业。固化后的树脂，其热老化温度为294℃，热分解温度大于500℃，温度达590℃，900℃下碳产率大于7%，达到国内外同类树脂水平。利用该树脂与高硅氧布、碳布和碳纤维制成的复合材料，其技术标准达到化工部的要求。该成果由云南省化学工业研究所完成，1983年获云南省科技成果奖二等奖。

3.10万吨/年浓酸法重钙工业化生产

云南磷肥厂成功地在年产10万吨重钙工业化生产装置上采用湿法浓缩磷酸固化法生产重过磷酸钙，建立了适应工业化生产的一整套技术、工艺及装备，其具有流程短、投资少、酸耗低、生产率高等特点，产品各项质量指标均达到国内同类产品标准。该成果由云南磷肥厂等单位完成，1990年获国家科学技术进步奖三等奖。

4.云南化工厂1000吨/年百菌清工业性试验项目

该项目以间二甲苯为原料，经氨氧化制间苯二甲腈，再经氯化制百菌清。从科研中试到工业性试验，放大倍数达1000倍，装置实现了国产化，是当时国内唯一大批量生产百菌清的生产装置，在生产工艺、产品质量等方面均处于国际先进水平。该成果由云南化工厂等单位完成，1995年获国家科学技术进步奖三等奖。

（三）药物研制

云南充分利用自身药物生物资源丰富的优势，结合实际进行研究开发，在药物研究制作方面取得了喜人的成果。

1.三七冠心宁的研究

三七冠心宁是以云南特产三七为原料研制的药品，主要含四环三萜达马烷皂苷以及黄酮类化合物。动物实验证明其有扩张冠脉，增加冠脉血流量，减慢心率，降低心肌耗氧量和改善心泵射血效率，改善心肌梗死的缺血型心电图，改变和提高耐缺氧能力的作用。药理和临床研究证明，该药具有治疗冠心病心绞痛、降血脂、调节和改善机体功能的作用。该药的研制成功，为云南省三七生产、销售、利用打开了一条新路，有较大的社会与经济效益。该成果由云南省药物研究所等单位完成，1982年获卫生部科学技术成果奖一等奖。

2.注射用结晶胰蛋白酶的新用途——治疗毒蛇咬伤

该发明利用蛇毒蛋白可被蛋白水解酶分解的原理，在毒蛇咬伤部位注射胰蛋白酶，分解蛇毒蛋白，使人畜免于中毒。治疗方法简单，疗程短，见效快，无后遗症，优于当时蛇伤治疗的其他药物。该成果由中国科学院昆明动物研究所等单位完成,1984年获国家发明奖三等奖。

3.一个新的血小板活化剂——TMVA

烙铁头蛇毒血小板聚集素是一种新诱导剂,与国内外当时所发现的血小板活化诱导剂不同,既可通过二磷酸腺苷和血栓噁烷释放途径诱导血小板聚集,也可通过第三条活化途径聚集。其不仅能代替ADD、AA、PAF、胶原等诱导剂,而且有独特的性能,其发现改变了我国该类诱导剂依赖进口的局面。该成果由中国科学院昆明动物研究所等单位完成,1989年获国家发明奖三等奖。

(四)医疗器械

尽管与发达地区相比,云南在医疗器械的研究和制作技术方面相对落后,但是通过努力,仍然有了进步。

1.冻疮治疗机

冻疮治疗机模拟人体频谱特性,作用于人体,使人体产生"内生热效应"和生化反应等以达到治疗目的。临床应用证明,其止痒、止痛、消肿、促进渗出液吸收、显效速度等指标均优于当时各种疗法,有效率达98%以上,经济、社会效益显著。该成果由云南省轻工业科学研究所完成,1985年获国家发明奖三等奖。

2.复合羧聚陶瓷在牙科中的应用

将该材料用于牙体修复可少磨或不磨牙,不需酸蚀,其对牙髓无刺激,对人体无毒,与牙体硬组织黏结力强,性能稳定。应用该材料修复牙体操作简便,对于楔状缺损、儿童龋齿修复效果特别好,其临床应用总成功率达90.85%。该成果由昆明医学院等单位完成,1988年获国家发明奖三等奖。

3.心脏起搏器的应用研究与推广

该项目针对治疗和抢救危重心脏病展开,包含埋藏式永久起搏器的应用研究、床旁紧急临时起搏研究、临床心脏电生理检查对指导安装起搏器的价值研究等7个分题。该项研究对心脏起搏治疗的诊断、检测、选择适应性、安装技术等方面进行了系统分析和实践,得出了有实用价值的科学结论,并已应用于医疗实践,挽救了200多名病人的生命,取得显著社会效益。该成果由昆明医学院第一附属医院等单位完成,1990年获云南省科学技术进步奖二等奖。

三、采矿、冶金领域的成果

云南采矿、冶金领域的科技成果较多,主要体现在找矿采矿、冶金设备、冶金工艺等方面。

(一)找矿采矿

云南矿产资源丰富,为了有效推进找矿采矿,相关单位开展了相应的理论、方法研究,促进了先进科学技术在这一领域的推广,取得了重要成果。

1.《个旧锡矿地质》

该书是我国锡矿地质科学研究方面的第一部专著。全书对个旧锡矿的成矿地质背景、成矿条件、矿床分布规律及找矿标志等问题做了系统的论述,对矿区锡、铜、铅、锌及其他有色、稀有、稀土矿床的找矿远景做了预测,概略性预测了我国锡矿的找矿远景。该成果由冶金工业部西南冶金地质勘探公司308队完成，1982年获国家自然科学奖四等奖。

2.腾冲优质硅藻土助滤剂系列产品

昆明煤炭科研所利用腾冲优质硅藻土研制成功硅藻土助滤剂，并于1986年与当地政府共建工厂，当年建成第一条年产300吨的生产线，1988年、1989年分别建成第二、第三条生产线，实现年生产能力1000吨。工厂在国内同行业中首次采用湿法选矿、电气化焙烧和制砖成型隧道窑焙烧工艺，确保了产品质量，降低了成本。该成果由腾冲县助滤剂厂等单位完成，1991年获国家星火奖三等奖。

3.磷矿开采新方法

该项目由露天开采方法和地下采矿方法两部分组成，其中露天采矿方法部分由云南昆阳磷矿矿务局完成，地下部分由贵州开阳磷矿矿务局及化工部化工矿山设计研究院完成。露天采矿新方法为长壁式采矿方法，是适用于缓倾型露天矿的一种新采矿方法，也是我国磷矿开采的又一种新方法。该成果由昆阳磷矿矿务局等单位完成，1990年获国家科学技术进步奖一等奖。

4.滇西锡矿成矿规律及找矿方向

该项目建立了藏滇缅泰马中间板块及与其相应的巨型锡矿体系，论证了滇西花岗岩类的时空演化、成因类型、含锡花岗岩特征标志、滇西锡矿床成因类型、矿物共生组合及矿石类型、成因矿物学和成矿流体特征，提出了滇西地壳元素丰度表，对滇西锡矿带进行了全面锡成矿预测和锡资源量预测。该成果由云南省地质科研所等单位完成，1991年获国家科学技术进步奖二等奖。

5.30万吨/年风化胶磷矿擦洗脱泥示范

该项目根据滇池风化胶磷矿的特点，采用露天建设、推土机混矿、两段破磷、两次擦洗、三段分级的工艺流程。其工艺合理，流程简单，设备实用，生产稳定，当年生产出合格磷精矿产品14.13万吨，实现收入1203万元、利税461万元，取得较好效益。该成果由昆阳矿务局海口磷矿等单位完成，1991年获国家星火奖二等奖。

6.钨矿深度开发

中甸县虎跳峡钨矿厂建于1972年，长期以手工选矿为主，生产力低下。1985年，该厂引进一套机械选矿设备，于9月建成机选厂，当年试选老尾矿1000多吨，获钨精矿26吨。后经几年的扩充、改进和完善，其日处理能力大于50吨，回收率达77%，品位在70%以上，效益稳步上升。该成果由中甸县虎跳峡钨矿厂完成，1991年获国家星火奖三等奖。

（二）冶金设备

冶炼领域产生了一批具有实用价值的新技术和新方法，制作出了高效的冶金设备，促进了冶金业的发展。

1.双自耗极串联有衬电渣炉

该发明是一种既可冶炼普通钢，又可冶炼各种高级合金钢及有色金属的新型冶炼炉。其主要特点是：既保证炉底导电，又防止大电流通过炉底，从而提高炉子寿命；彻底解决了双自耗串联有衬电渣炉极易出现的"拐脚"现象；配有简易的自控装置；摸索出一套比较成熟的冶炼普碳钢、合金钢的工艺规范，创造了一种冶炼有色金属的简易方法。该成果由昆明工学院等单位完成，1982年获国家发明奖四等奖。

2.石墨枪等离子炉

该炉与传统水冷钍钨极枪等离子炉在枪体结构、材质选择和对弧的压缩方式上有着根本的区别，从根本上解决了枪体被击穿、降低能耗、提高热利用率和缩短熔炼时间等问题，大大提高了等离子枪的寿命。其具有使用寿命长、结构简单、操作方便、使用安全可靠、不存在放射性污染物等优点。该成果由昆明工学院等单位完成，1987年获国家发明奖四等奖。

3.焊锡真空脱铅用真空炉

该炉主要用于冶金工业中分离合金中的铅和锡，其原理是在低真空下将铅蒸发出来，使锡和铅分离。使用该炉不须加入试剂药品，无化学反应，处理一吨焊锡的费用由原来的500~700元下降到120元，金属锡的回收率提高到99%以上，具有设备流程简单、回收率高、耗电低、无污染等优点。该成果由昆明工学院等单位完成，1987年获国家发明奖四等奖。

4.水封旋流器

该发明是在一定压力下将水力旋流器的沉砂嘴水封，从而将旋流器中的气、液、固三相改变为固、液两相。该发明消灭了旋流器中空气柱的影响，从而避免了沉砂嘴堵塞，减轻了沉砂嘴的磨损，提高了沉砂浓度，节省了设备和动力。该成果由昆明冶金研究所完成，1990年获国家发明奖三等奖。

（三）冶金工艺

冶金工艺是发展冶金业的重要环节，通过努力，云南在冶金工艺的改进、创新方面取得多项重要成果。

1.含稀土金属的高耐磨精密电位计绕组金合金

该发明研制的合金，除保持了金基合金的抗腐蚀性和接触可靠性外，还提高了材料的耐磨性，降低了材料的摩擦系数及摩擦力矩。其耐磨性比其他同类用途的金基合金提高1~5倍，接触可靠性超过了PtI10合金，价格却只有它的1/5，可代替铂铱合金，节省黄金用量，从而降低仪表成本，显著提高经济效益。该成果由昆明贵金属研究所完成，1982年获国家发明奖四等奖。

2.隔膜电积法同时提取铋和三氯化铁及铋的除铜精炼

该发明适用于从含铋8%以下的低品位复杂矿中提取铋，可同时得到铋及三氧化铁两种产品，不产生废水、废渣和废气，流程简单，可取得少消耗、高回收效果。此外，铋精炼除铜，除铜效率比原有的加硫、加磷、加锌三种方法提高8~10倍，渣含铋降至2%~5%，产渣量减少1/2。该成果由云南锡业公司第三冶炼厂完成，1984年获国家发明奖三等奖。

3.从二次铜镍合金中提取贵金属的工艺

该工艺为全湿法技术，技术路线合理，结构新颖，7种贵金属回收率都有大幅度提高，具有国际水平。提取富集部分：铂、钯、金回收率达到94%的设计指标；铑、铱、锇、钌超过78%的设计指标。分离提纯部分：铂、钯、金回收率达98%，比原工艺提高19%；铑、铱、锇、钌回收率为原来的20倍。该成果由昆明贵金属研究所等单位完成，1985年获国家科学技术进步奖一等奖。

4.转炉尘泥制球生产炼钢造渣剂工艺

该工艺将钢铁厂废次碱性物料作为尘泥二次脱水剂、泥料成型的黏结剂及炼钢复合渣料的添加剂，解决了碱性物料直接与高温尘泥配混、消化脱水、低压对辊成型、低温固结等技术关键，既回收了金属，又减少了污染，具有成渣速度快、脱磷效率高，降低钢铁料、冶金石灰及萤石消耗，提高炉寿等优点，为国内首创。该成果由昆明钢铁公司等单位完成，1985年获国家科学技术进步奖三等奖。

5.云南锡业公司烟化炉处理富锡中矿工程设计

云南锡业公司的烟化炉是我国锡冶炼工业中的第一座烟化炉。该公司通过对锡烟化技术的不断创新，先后实现了3次重大技术突破，即贫锡炉渣烟化、富锡炉渣烟化和富锡中矿烟化。该技术适应我国锡资源的特点，能处理成分波动大的冶炼中间产物和低品位含锡物料，处于世界先进水平。该成果由昆明有色冶金设计研究院等单位完成，1985年获国家科学技术进步奖三等奖。

6.电热连续结晶机除铅、铋工艺

该设备将传统工艺中的熔析与结晶两个过程结合在一个螺旋结晶机械设备上，温度梯度由特殊设计的电炉及自动化仪表控制，主要特点是：锡与铋、铅分离彻底，一次连续结晶分离，可达各级精锡产品要求；对粗锡物料适应性强，金属回收率高，能耗低，寿命长；提高了机械自动化水平，操作安全，效率高，成本低。该成果由云南锡业公司等单位完成，1987年获国家科学技术进步奖三等奖。

7.Cl_2-NaOH法溶解蒸馏金属钌粉

该方法在一套蒸馏吸收装置中进行，能达到难溶金属钌一次性完全溶解、蒸馏提纯的双重目的，适用于制取钌的各种化合物和高纯钌的生产。与熔融法、氯化法相比，其具有溶解速度快、周期短、转化率高、成本低、设备简单、操作简便、快速易行等优点。该成果由昆明贵金属研究所完成，1987年获国家发明奖四等奖。

8.粗铅火法精炼新流程

该新流程是：先熔析和加硫除铜；加碱和压缩空气以及适量氧气脱砷、锑、锡；将铅液均匀连续地加入结晶器中，控制在适当的温度，产出被银和铋富集的铅-银-铋液体合金和纯的结晶铜；将液体合金加入内热式真空炉得到粗银，粗银熔化铸成阳极，在硝酸银介质中电解生产1#电银，蒸馏铅用于生产精铅、电缆或蓄电池用合金。该成果由昆明工学院完成，1989年获国家科学技术进步奖二等奖。

9.高碳低合金钢高温形变球化退火工艺

该发明把当时通用的轴承下料、锻造、等温退火三次加热流程改为一次加热完成，具有节约能源和钢材、缩短生产周期、改善劳动条件等优点，还能提高轴承使用寿命和可靠性，特别适用于轴承钢（GCr15）轴承套圈下料、锻造、等温退火生产。该成果由云南轴承厂完成，1990年获国家发明奖三等奖。

10.使用二硫酚硫代二唑活化剂浮选难选氧化铜矿石

该氧化铜矿浮选方法采用新型活化剂二硫酚硫代二唑（DMTD），用黄药作捕收剂，在中性到弱碱性的矿浆中浮选氧化铜矿物，可以取得良好的分选指标。发明者同时还研制成浮选新药D2。采用该浮选方法，药耗低，浮选时间短，选别效率高，过程稳定。该成果由昆明冶金研究所完成，1991年获国家发明奖四等奖。

11.几种失效催化剂回收贵金属工艺研究

该研究包括从失效拜尔Ⅰ型催化剂中回收金钯、从失效T-12和PGC催化剂中回收铂钯、从失效钯碳催化剂中回收钯的工艺。达到的技术指标为金、钯、铂的实收率>96%，产品纯度为99.9%，回收的贵金属可制作新的催化剂。工艺流程简短，投资小，成本低，达到国内先进水平。该成果由昆明贵金属研究所等单位完成，1991年获国家科学技术进步奖三等奖。

12.贵金属与稀土金属的合金相图研究及贵金属合金相图汇编

该研究瞄准国内外尚未开展研究的贵金属与稀土合金的一些二元系和三元系合金相图及

某些新化合物的结构，采用快速溅淬法制备合金相图样品，对贵金属二元系相图分类和特点进行研究，对银铜稀土三元系相图的固溶度规律和成像规律进行归纳与探讨，全面收集、筛选、编辑贵金属合金相图，并出版专著。在新研究的相图指引下，研究人员开发成功两个新合金并应用于生产，且获得了专利。该成果由昆明贵金属研究所完成，1995年获国家自然科学奖四等奖。

四、机械制造领域的成果

机械制造领域的科技成果主要体现在采矿、水电、车床等机械设备和电子元件、气敏元件等的精密制造方面。

（一）机械设备

机械设备是工业生产的基础，通过努力，云南在机械设备制造的研究和制造技术的改进方面取得了多项重要成果。

1. 离心选矿机

该机是应用离心力与矿浆流膜联合作用，用离心力克服重力设计的一种新型选矿机械，是矿泥重选的一种优良设备，适用于有色和稀有金属的粗选、预选及铁矿的粗精选。该机日生产能力30吨/台，具有回收粒级细、处理能力大、设备简单、运转稳定等优点。该成果由云南锡业公司中心试验所完成，1982年获国家发明奖二等奖。

2. 红碎茶挤揉机芯

该发明创制的挤揉成型机CJC-20型机芯具有独特的结构，可强烈、快速、充分破损鲜茶叶的细胞组织，使茶叶形成优良茶质和体型，解决了鲜茶叶初制加工红碎茶品质和中和性不足等问题，生产效能提高20倍以上，且整机结构简单，造价低，耗能少，操作方便，易于推广。该成果由云南省茶叶进出口公司完成，1985年获国家发明奖三等奖。

3. 热轧轴承钢双相区锻造等温退火工艺

该工艺可提高轴承使用寿命和可靠性，节约能源，节约材料，克服了现行工艺过烧脱碳造成的缺陷，解决了轴承行业长期未能解决的脱碳造成淬火软点的技术难题，还具有减少环境污染、缩短生产周期、减少无效劳动、改善工人劳动条件等优点。该成果由云南轴承研究所等单位完成，1985年获国家发明奖四等奖。

4. 六郎洞电厂水轮机不锈钢转轮抗汽蚀、抗磨损试验研究

云南省六郎洞电厂是以典型喀斯特溶洞地下水为水源的发电厂，水轮机转轮易损坏且损坏严重，运行一个洪水期就要大修。0Cr13Ni14CuM不锈钢转轮的研制成功，解决了该厂23年来难以解决的问题，使转轮大修周期延长至5年以上，在防止转轮快速破坏上是一个重大突破，转轮的抗汽蚀、抗磨损效果具有国际水平。该成果由昆明电机厂等单位完成，1985年获国家科学技术进步二等奖。

5. 解放牌CA10B型汽车四大件改造技术推广

通过提高汽车发动机压缩比，改造燃烧室气缸盖、凸轮轴配气相位和进气供油系统等，使发动机功率、油耗等各技术指标有很大提高，解决了解放牌CA10B型汽车在高原山区道路上运行功率不足的问题，并确定了E型气缸盖、解放牌CA10B凸轮轴、进排气歧管及将F231A2G化油器作为定型零件，在云南及四川、河北、吉林等地推广应用，取得显著经济效益。该成果

由云南省交通厅等单位完成，1985年获国家科学技术进步奖二等奖。

6.TX6113B卧式镗床主轴（130mm）

该卧式镗床主轴主要用于加工大中型零件及多工序箱形零件，具有粗精加工各种工艺性能，能钻孔、镗孔、切孔内环形槽、平面加工、外圆柱外车削、攻丝和铰孔。利用该机床机动进给系统还能制作部分规格的公制圆柱螺纹和平面螺纹，并可对工件进行坐标测量、划线等，达国内先进水平。该成果由昆明机床厂完成，1985年获国家科学技术进步奖三等奖。

7.X8132A万能工具铣床动态特性研究

该研究采用理论建模、试验研究和计算机仿真的方法，通过正弦、瞬态、伪随机3种激励对整机进行模态分析，求出各阶模态参数及切削点动柔度，在7T17S数据处理机上进行数据处理，动态显示出各阶模态振型，确定整机薄弱模态及薄弱部件，进而对机床进行结构改进和开展动态优化设计。该成果由昆明工学院等单位完成，1991年获国家科学技术进步奖三等奖。

8.KGT1600/8直线式拉丝机

该机根据德国同类产品设计，机电一体化程度高，电气控制灵敏度高，具有拉丝速度高、钢丝冷却效果好、拉拔时钢丝无扭转、拉拔材质范围宽、无级调速、调谐式速度微调和安全保护装置完善等特点，其重要零件卷筒寿命超过进口卷筒。其国产化率达93%，填补了国内相关应用领域的空白。该成果由昆明重型机器厂等单位完成，1995年获得国家科学技术进步奖三等奖。

9.DG-32型自动整平捣固机

该机是引进奥地利的技术，经过消化、吸收和国产化研制而成的，应用于铁道线路维修、大修和新建铁路的道砟捣固密实及按设计要求自动修正轨道直线、曲线与缓和曲线几何尺寸偏差等作业。该机集计算机、电液伺服、传感器检测、液力传动和激光准直等新技术于一体，对确保列车运行安全和提速扩能发挥了重大作用。作业控制由模拟、程序和计算机等控制系统组成。作业时以预先输入计算机的轨道线路设计数据为基础，再将检测系统采集的反馈模拟量转换成电信号，指令执行机构会自动修正轨道误差。工作机构设计应用"异步振动捣固"和"连续式起拨道"原理研制，作业质量和生产效率高。作业运行采用液压传动无级变速技术，高速自行为液力传动有良好的牵引特性。运行制动设置有减压制动和给图制动两套装置，可与列车编组联挂运行。该成果由中国铁道建筑总公司昆明机械厂等单位完成，1997年获国家科学技术进步奖三等奖。

（二）精密制造

精密制造业是云南工业发展的重要领域，云南通过认真研究和刻苦攻关，在这一领域有了新的进步。

1.锗基片单层硫化锌高强度增透膜

该发明镀制的单层硫化锌高强度增透膜具有优良的光学性能，耐磨、耐蚀、抗潮、耐高低温及温度骤变，并有高的激光破坏阈值，被誉为高强度的硬膜，其性能指标达国际先进水平，为国内首创。该成果由兵器工业部第211研究所完成，1984年获国家发明奖三等奖。

2.QGY型气压固结仪

QGY型气压固结仪是我国最早利用滚动隔膜密封传压元件使气压加荷的固结仪。该固结仪用氮气代替空压机，用自己研制成功的不耗气调压阀作精密调压和稳压，具有精度高、灵敏度好、体积小、重量轻、负荷大、稳定性好等特点，达到国内同类产品的先进水平。该成果由云南省设计院完成，1985年获国家科学技术进步奖三等奖。

3.ZZD06型环路载波电话机

该电话机分为3、6、9、12路和环10路两个系列，可在铁路线口开放，也可与3路载波机叠加开放。它的线路可在沿线任意点引下，每一电路可与人工交换机或自动交换机接口，每个电路间也可互相拨号通话，提高了通信自动化程度，具有结构简单、成本低、使用灵活、维修方便等特点。该成果由云南电信器材厂完成，1985年获国家科学技术进步奖三等奖。

4.振动式悬移质含量测量仪

该仪器是一种测定速度为1/10秒的含沙量检测仪，它改变了传统的悬移质含量测量方法，免除取样、过滤、烘干、称重或分析的繁杂程序，能直接显示水体悬移质含沙量，还能测记泥沙含量的连续变化过程和测量管道输沙的断面分布，并能将含量的变化转换为电信号，因而便于遥测、集控和计算机处理，属国内首创。该成果由云南大学等单位完成，1988年获国家技术发明奖四等奖。

5.OM-Y系气敏元件

该系气敏元件包括OM-Y1型（广谱型）、OM-Y2型（乙醇气敏）、OM-Y3型（丁烷敏）3种不同类型的气敏元件。该系气敏元件属半导体电阻式气敏元件，其敏感体的基体材料为新型气敏材料偏锡酸锌。该发明包括新型气敏材料偏锡酸锌的发现、材料合成以及以偏锡酸锌为基体材料制作上述3种元件的配方和工艺。该成果由云南大学完成，1991年获国家技术发明奖四等奖。

6.南天B26-CVB中英文显示控制板

该项成果是在世界著名计算机B25系列机上开发的汉化产品，具有较大的技术难度和较高的技术水平，属国际首创。控制板的研制成功及其所带来的B26-CEXP优越的性能价格比为国家节省了外汇，降低了B26微机的成本。该成果由云南电子设备厂完成，1992年获国家科学技术进步奖三等奖。

7.电子浆料研制与推广

该项目包括银铂、纯银、银钯3种导电浆料，金属、贱金属、聚合物3个系列8种浆料以及厚膜铂电阻测温元件用生产的铂电阻浆料、包封玻璃浆料和引出电极浆料共14种浆料的研制与推广，产品达到或接近国内外先进水平。该成果由昆明贵金属研究所完成，1993年获国家科学技术进步奖三等奖。

8.可控双球面锗单晶体生长方法

采用该方法所生产的产品与用直拉锗单晶体棒经切磨制得的透镜相比，力学性能、红外透射性能及光学传递函数一致，但节省材料50%以上，使用成本下降30%。该成果由昆明冶金研究院完成，1995年获国家技术发明奖三等奖。

9.新型系列气敏元件及材料研究

该项研究开发了偏锡酸盐系列新型气敏材料及汽油敏、甲苯敏、燃气敏、丁烷敏等几种性能优良的气敏元件；率先提出了"气敏元件的互补反馈和互补增强原理"及实现该原理的气敏元件结构，为提高气敏元件的选择性、灵敏度、抗环境温度和湿度的能力等开辟了新的途径。同时在新提出的原理的指导下，研究人员还研制出了一系列具有极高选择性的新型结构气敏元件，元件达到国际先进水平。1993年至1996年，云南大学应用该成果，生产出各类气敏元件100多万支并投放市场，新增产值150万元，新增利税45万元。该成果由云南大学完成，1997年获国家技术发明奖三等奖。

五、建筑、工程领域的成果

建筑工程领域的科技成果主要体现在工程器械、建筑工艺、水电工程、工程材料等领域。

（一）工程器械

工程建设离不开工程器械，通过刻苦攻关，云南在工程器械研发方面取得了相应的成果。

1. FBK-5000N非金属薄板抗折机

该机采用光栅电子显示测量非金属薄板的抗折强度，能满足对我国生产的石棉水泥波瓦、纤维板、刨花板、稻草板等非金属薄板抗折强度的检验要求，为我国增加了一种实验新设备。该机的元件适应性好，操作方便，易于维修，深受用户欢迎。该成果由昆明市衡器厂完成，1981年获建筑材料工业部科技成果奖一等奖。

2. 钢筋混凝土定型组合钢模板多用槽棱连轧机

该发明攻克了国外保密的钢模板轧制工艺，解决了前人未解决的模板连轧技术，是钢模板制造一次成型的先进工艺设备和连轧技术，比原有的三工序分别加工法的效率提高7.3倍。该成果由云南省第一建筑安装公司等单位完成，1984年获国家发明奖四等奖。

3. SX54-Ⅲ型液动冲击器

液动冲击器是利用喷射泵高速射流作用举锤的阀控系统关阀，造成较大压力击锤而做功的。其原理独特，结构简单，工作稳定、可靠，有良好的耐背压特性和较高的效率，有利于在不同孔深和较差条件下工作。主要技术性能优于国内外岩石钻探液动冲击器。该成果由云南省地质矿产局技工学校完成，1985年获云南省科技成果奖二等奖。

（二）建筑工艺

云南在建筑工艺的创新和改进研究中积极进取，从实际出发创造出了许多具有自身特色的建筑工艺。

1. 废渣大模板住宅

该项研究是利用以工业废渣为原料配制的混凝土作墙体材料，以工具式大块钢模板现浇混凝土结构代替传统的砖混结构建造住宅建筑。它具有不用黏土砖、节约农田用地、建筑整体性能好、抗震潜力大、减少工序、减轻劳动强度、提高机械化程度、加快施工进度等优点，到1978年已完成39幢12949平方米的建筑面积，每平方米造价106.12元。该成果由云南省第三建筑工程公司完成，1979年获云南省科技成果奖二等奖。

2. 装配式大板居住建筑——混凝土空心大板

装配式大板居住建筑具有不用黏土砖、节约农田用地、构件全部由预制场制作、现场进行机械安装的特点，体现了建筑工业化的发展趋势。其具有抗震性能好、自重轻、施工机械化和装配化程度高、工期短、效率高、劳动强度低等优点，同时实现了文明施工，创造了南方混凝土空心大板体系。该成果由云南省建筑工程公司完成，1979年获云南省科技成果奖二等奖。

3. 砖混住宅建筑综合技术改革

该成果形成了比较完整的钢筋混凝土构件装配化的砖混结构住宅体系，提高了砖混住宅标准化、机械化程度，达到了减轻笨重劳动、减少现场湿作业、缩短施工周期、提高工程质量、降低材料消耗和文明施工的目的，具有一定的创新性，属国内先进水平，20世纪80年代已利用相关成果建盖256幢46万平方米住宅，获得经济效益457万元。该成果由云南省建筑工程总公司完成，1985年获云南省科技成果奖一等奖。

4.瑞士苏黎世竹楼

昆明市建筑设计院应瑞士"自然奇观"展览会主办单位的邀请，为展览会设计建造一座大型竹楼。竹楼高22米，共5层，底层平面接近于正六边形，直径为24米，由下而上逐层收台，形成塔状，总建筑面积为12000平方米，全部用竹材制造，耗用竹子14000根，是当时世界上最大的竹建筑。该竹楼于1984年和1985年先后在瑞士苏黎世和荷兰鹿特丹展出，观众累计270万，在国际上享有盛誉。该成果由昆明市建筑设计院完成，1986年获城乡建设环境保护部科学技术进步奖二等奖。

（三）水电工程

云南具有良好的水力发电条件，在开发水利，造福于社会方面积极进取，通过研究和技术创新取得了多项可喜成果。

1.水电站大型地下洞室围岩稳定和支护的计算分析及测试技术研究

为验证鲁布革水电站地下工程中用喷锚衬砌代替浇筑式混凝土衬砌的可行性，研究单位对电站4号支洞围岩稳定和支护等技术进行研究。通过素喷混凝土衬砌隧洞的压水试验，以及对围岩与喷层的受力变形情况和渗漏特性的测定，证明采用喷混凝土衬砌方式是可行的。该成果由水利电力部昆明勘测设计院等单位完成，1987年获国家科学技术进步奖二等奖。

2.软岩风化料基本特性及作高土石坝防渗材料工程特性研究

该研究通过大量的室内土工试验测定和从采料到碾压的一整套工艺试验研究，证明软岩风化料是一种良好的高土石坝防渗材料，总结制定出一套工艺技术措施和质量控制检测方法，是我国高土石坝防渗材料研究的一个新突破，具有国内领先水平。该成果由水利电力部昆明勘测设计院科学研究所完成，1987年获国家科学技术进步奖三等奖。

3.水电地下工程围岩分类研究

该研究对国内外围岩分类如分类模式、分类因素等进行研究，同时对正在勘测设计或施工的十多个大中型工程的围岩进行稳定性和围岩分类研究，并采用多种分类方法进行对比，增加了分类的科学性。其适用于水利水电地下工程各个勘测设计阶段，也可在城市建设、矿山、铁路等地下工程中应用。该成果由水利电力部昆明勘测设计院完成，1989年获国家科学技术进步奖三等奖。

4.龙滩、漫湾混凝土坝与地基联合作用仿真分析

该项目以地基初始应力场及渗流场为起点，按建坝前和建坝后、蓄水前和蓄水后的实际受荷过程分析坝与地基的相互作用，在不变网格分析有自由渗流以及子结构方法方面均有创新，并结合龙滩和漫湾水电站实际工程进行了全面的大规模分析，揭示了坝与地基相互作用的规律，取得的成果为实际设计采用。该成果由水利电力部昆明勘测设计院等单位完成（见图10-23），1992年获能源部科学技术进步奖二等奖。

图10-23 1987年12月漫湾电站拦河坝截流成功

诸锡斌2021年摄于云南省博物馆《庆祝中国共产党成立100周年成就展》

（四）工程材料

在工程材料和工程材料制作技术方面，云南科研人员和技术人员从实际出发，深入研究，不断创新，取得了新成果。

1.无人控制混凝土自动搅拌站

该种搅拌站利用地面的高差自动卸翻斗汽车卸料入仓。其以两台400升自落式鼓筒形搅拌机为主机，配以改制的螺旋输送机、振动破拱装置、皮带输送机等，设有水泥、砂、石料仓各一个；控制室无人操作，翻斗车司机通过光电装置用手势与中心控制设备联系，选择配合比拌合量，确定搅拌、卸料等动作程序；称量系统有一台电子秤，可累计称量5种混凝土成分；引入语言报警装置，可报告附属设备的故障性质。该成果由云南省建筑科学研究院等单位完成，1982年获云南省科技成果奖二等奖。

2.薄膜型太阳能集热罩养护混凝土构件

利用太阳能进行混凝土构件养护是建筑业开发新能源、变革传统养护方法的一项重大技术革新。采用薄膜型太阳能罩集热对混凝土构件进行养护，能够加速构件的早期强度，缩短养护周期，降低养护成本，且能保证养护质量。该养护方法是一种符合我国能源利用要求的实用技术，生产工艺简便易行，操作方便，是建筑业预制厂进行挖潜、革新、改造的新途径。该成果由云南省第八建筑公司加工厂等单位完成，1982年获云南省科技成果奖二等奖。

3.轻质浸渍钢筋混凝土装配工事

经试验和试用，该工事采用800容重级陶粒和900级破碎陶砂轻骨料及525#水泥，其聚合物浸渍后，抗压强度、劈拉强度、抗折强度和弹模等均有较大提高，容重则比普通混凝土低1/3，各项指标达到要求。其重量轻、结构简单、通用性好、防护力强、搬运方便、耐久性好，优于同类钢质工事。该成果由水利电力部昆明勘测设计院等单位完成，1990年获国家科学技术进步奖三等奖。

4.废砂矿渣复合材料及生产方法

该技术是把固体废弃物粉碎成一定的粒度、粒形并经过表面活化处理后作为增强材料，把废旧热塑性材料经过一定的工艺处理后作为基体材料，再配以适当的添加剂，通过特殊的界面处理和复合工艺，形成以球-纤维、球-球堆砌体系为基础的固体废弃物复合材料。该成果由昆明工学院等单位完成，1995年获国家科学技术进步奖三等奖。

六、重大科学理论成果

为奖励在科技进步活动中做出突出贡献的公民、组织，国务院从2000年开始设立了5项国家科学技术进步奖：国家最高科学技术奖、国家自然科学奖、国家技术发明奖、国家科学技术进步奖和中华人民共和国国际科学技术合作奖。通过努力，云南的自然科学理论研究有了新的突破。

（一）水稻遗传多样性控制稻瘟病的原理与技术

针对农业生产实际，云南农业大学朱有勇教授提出了利用生物多样性控制作物病害的构想，拟利用水稻遗传多样性来控制水稻最主要病害——稻瘟病和保护传统农家品种。项目立项后，研究人员通过系统研究水稻品种遗传多样性和稻瘟病菌遗传多样性的协同进化关系，以及水稻遗传多样性控制稻瘟病的生态学效应和流行学机制，发现了利用水稻遗传多样性控制稻瘟病的基本规律，明确了其原理和方法，发明了水稻遗传多样性控制稻瘟病技术。该项目获得2005年度国家技术发明奖二等奖。①

（二）参与并完成《中国植物志》的编撰

我国科学家20世纪20年代已开始准备编写《中国植物志》，此计划最早始于北京大学的钟观光，后有秦仁昌、王启无、蔡希陶、俞德浚以及其他老一辈植物学家。1934年，胡先骕首先提出编写《中国植物志》，直到1959年10月，我国正式成立《中国植物志》编辑委员会，由钱崇澍、陈焕镛任主编，秦仁昌任秘书长，当年出版了包括蕨类植物在内的首卷《中国植物志》。以后历任主编是林镕、俞德浚和吴征镒。21世纪初，中国科学院昆明植物研究所、云南大学生物系生态地植物所、中国科学院昆明生态所、西南林学院林学系、西双版纳热带植物园等单位参与全国合作研究，撰写完成了《中国植物志》（见图10-24），它是目前世界上最大型、涉及种类最丰富的一部巨著，全书共80卷126册，5000多万字，记载了我国301科3408属31142种植物的科学名称、形态特征、生态环境、地理分布、经济用途和物候期等。该书基于全国80余家科研教学单位的312位作者和164位绘图人员80余年的工作积累，历经45年的艰辛编撰才最终完成，2009年获得国家自然科学奖一等奖。②

图10-24
80卷126册的《中国植物志》之一部分
赵志国2021年摄于云南农业大学图书馆

改革开放后，云南以健全完善科技体制机制、增强全省科技创新能力和科技实力为重点，大力推进科技事业全面改革和发展，走出了一条发展农业促轻工，通过轻工积累发展重工业，投资少见效快的结构效益型路子。云南的科技实力日益增强，科技对经济社会发展的贡献愈加显现。在新世纪，云南的出路仍然在于依靠科技进步，更加迫切需要加快发展高新技术及推进其产业化进程。1995年，云南科学技术大会对全面实施"科技兴滇"战略做了部署，云南的科技创新工作迎来了新的发展机遇。进入21世纪，随着建设创新型云南行动计划的实施，云南省以企业为主体的科技创新能力进一步提升，云南科技实力日益增强。

---

① 《2005年度国家技术发明奖：水稻遗传多样性控制稻瘟病的原理与技术》，http://www.nosta.gov.cn/2005jldh/fm/F-201-2-01.htm。
② 中国植物志，http://www.iplant.cn/frps。

第十一章 中国特色社会主义新时代云南的科学技术（2012—2022年）

科技兴则民族兴，科技强则国家强。重视科技的历史作用是马克思主义的一个基本观点[①]。科技创新是提高社会生产力和综合国力的战略支撑[②]。2012年以来，党中央把科技创新摆在国家发展全局的核心位置，坚持创新是引领发展的第一动力，坚定不移走中国特色自主创新道路，全面实施创新驱动发展战略。面对科技创新发展新趋势，我们必须寻找科技创新的突破口，抢占未来经济科技发展的先机[③]，深入实施创新驱动发展战略和创新型云南行动计划，加大全社会研发投入，大力推动"科技入滇"行动，建设区域创新体系，从而实现综合科技进步水平指数、科技进步对经济增长的贡献率、高新技术产业化效益等的有效提升，促使科技创新能力显著提高，全省科技事业取得长足发展。

第一节 创新发展的云南科学技术

创新是引领发展的第一动力，创新是一个民族进步的灵魂，是一个国家兴旺发达的不竭动力，也是中华民族最深沉的民族禀赋。在激烈的国际竞争中，"惟创新者进，惟创新者强，惟创新者胜"[④]。党的十八大以来，云南把发展的着力点放在创新推动上，坚持以科技创新为核心，深入实施创新驱动发展战略和建设创新型云南行动计划，深化科技体制改革，推进区域创新体系建设，加强创新型云南建设，不断推动经济发展质量变革、效率变革和动力变革。

[①] 中共中央文献研究室：《习近平关于科技创新论述摘编》，中央文献出版社，2016年，第23页。
[②] 中共中央文献研究室：《习近平关于科技创新论述摘编》，中央文献出版社，2016年，第26页。
[③] 中共中央文献研究室：《习近平关于科技创新论述摘编》，中央文献出版社，2016年，第50页。
[④] 中共中央文献研究室：《习近平关于科技创新论述摘编》，中央文献出版社，2016年，第3页。

一、科学技术创新引领发展

纵观人类发展历史，创新始终是推动一个国家、一个民族向前发展的重要力量，也是推动整个人类社会向前发展的重要力量。创新包括理论创新、制度创新、科技创新、文化创新等，科技创新在创新中具有非常重要的地位和作用。党的十八大指出要实施创新驱动发展战略，把科技创新摆在关系国家发展全局的核心位置，把科技创新作为提高社会生产力和综合国力的战略支撑，坚持走中国特色自主创新道路，深化科技体制改革，加快建设国家创新体系，把全社会智慧和力量凝聚到创新发展上。

（一）科学技术创新环境日益改善

2013年，中共云南省委、云南省人民政府发布了《关于实施建设创新型云南行动计划（2013—2017年）的决定》和《关于加快实施创新驱动发展战略的意见》，正式启动实施新一轮建设创新型云南行动计划。2016年，根据中共中央、国务院印发的《国家创新驱动发展战略纲要》，云南省深入贯彻创新发展理念，主动服务和融入国家发展战略，制定了《中共云南省委、云南省人民政府关于贯彻落实国家创新驱动发展战略的实施意见》，对全省今后一个时期实施创新驱动发展战略的进程进行了系统谋划、重大战略部署。实现创新驱动是一个系统性的变革，要按照"坚持双轮驱动、形成特色体系、主体功能到位、推动六大转变"[①]进行布局，构建新的发展动力系统。2018年，云南省人民政府发布了《云南省关于强化实施创新驱动发展战略 进一步推进大众创业万众创新深入发展的实施意见》，明确了几个方面的工作重点：加快科技成果转化、拓展企业融资渠道、促进实体经济转型升级、创新政府管理方式。

（二）科学技术支撑引领发展作用明显加强

实施创新驱动发展战略，发挥科技创新的支撑引领作用，推动实现有质量、有效益、可持续的发展，是加快转变经济发展方式、提高我国综合国力和国际竞争力的必然要求和战略举措。云南省确立了科技创新在云南现代化建设全局中的核心地位，以培育壮大新动能为重点，科技支撑产业转型升级作用明显加强。该阶段，云南聚焦发展"八大重点产业"，即生物医药和大健康产业、旅游文化产业、信息产业、物流产业、高原特色现代农业产业、新材料产业、先进装备制造业、食品与消费品加工制造业；打造"三张牌"，即打造世界一流的"绿色能源牌"、打造世界一流的"绿色食品牌"和打造世界一流的"健康生活目的地牌"；建设"数字云南"。围绕这些重大科技需求，云南省累计突破重大关键技术800余项，研发具有自主知识产权的重大新产品540余个；研制的国内首个、全球第二个十三价肺炎疫苗和二价脊灰减毒疫苗等3种疫苗获批上市，疫苗企业批签发量位居全国第一；三七、灯盏花种子种苗标准和中药材标准通过国际认证；世界首创的水力式升船机建成使用；烟草柔性制丝设备生产技术达到国际先进水平；建成全国最大铂族金属再生利用基地；一批先进的绿色铝材、绿色硅材项目相继

[①] "双轮驱动"即科技创新和体制机制创新两个轮子相互协调，持续发力。"六大转变"即发展方式从以规模扩张为主导的粗放式增长向以质量效益为主导的可持续发展转变，发展要素从传统要素主导发展向创新要素主导发展转变，产业分工从价值链中低端向价值链中高端转变，创新能力从以"跟踪、并行、领跑"并存、"跟踪"为主向以"并行""领跑"为主转变，资源配置从以研发环节为主向产业链、创新链、资金链统筹配置转变，创新群体从以科技人员的小众为主向小众与大众创新创业互动转变。

开工投产；培育了国内首个高维A玉米品种；自主选育的滇禾优615荣获全国优质稻食味品质鉴评金奖；花卉新品种数量和种类全国第一；云上黑山羊成为中国第一个肉用黑山羊新品种；普洱茶功效及作用分子机制研究达到国际领先水平；作物多样性控制病虫害技术体系研究处于国际同类研究的前沿。①2020年，云南省投入支持重点产业科技资金17.81亿元、打造世界一流"三张牌"资金13.4亿元，分别占科技计划项目总资金的82%、62%；有10项生物医药领域重点研发项目突破了关键核心技术，研发新产品23个，制定地方标准19项，制定新型中药饮片质量标准514项，获受理备案配方颗粒371个、破壁饮片15个。科技支撑现代化产业体系建设取得明显成效。②

（三）科学技术创新实力跃上新台阶

2012年以来，云南省高度重视科技创新工作，深入贯彻习近平总书记考察云南重要讲话精神和关于科技创新的重要论述，深入实施创新驱动发展战略，科技创新实力持续增强。"十三五"期间，云南省综合科技创新水平指数提升2位；全社会研究与试验发展经费投入实现翻番，全国排名从第23位提升到第19位；每万名就业人员中研发人员数量从13.14人/年提高到19.12人/年；每万人口发明专利拥有量从1.61件提高到3.21件；高新技术企业数量、工业总产值、营业收入和高新技术产品（服务）收入分别较"十二五"增长83%、66%、81%和233%。科技进步贡献率从45%提高到49.6%；公民具备科学素质的比例从3.29%提高到6.16%。云南主持完成的8项成果获得国家科学技术进步奖，7人获何梁何利基金奖。③

（四）科学技术开放合作取得新进展

2017年，云南省人民政府与国家自然科学基金委员会签订了第三期合作协议，与中国科学院签署了第四轮全面科技合作协议，与中国载人航天办公室、中国农业大学签署了战略合作协议；组织云南省代表团参加了深圳高交会、北京科博会、杨凌农高会等重大会展。南开大学云南研究院、上海交大云南研究院、昆明北理工产业技术研究院、中国海洋大学云南丝路研究院落地彩云之南；与京滇、沪滇、泛珠三角等区域科技合作持续深化，"科技入滇"常态化；建设院士专家工作站422个，派出驻沪驻深科技联络员"小分队"；牵头落实中国（云南）自由贸易试验区9项改革试点任务，自贸区管委会颁发首张实验动物许可证；启动实施服务国家"一带一路"科技创新行动计划，面向南亚东南亚科技创新中心建设取得重要进展，中国-南亚技术转移中心、中国-东盟创新中心、金砖国家技术转移中心等一批国际科技合作平台落地云南，共建中国-老挝可再生能源开发与利用联合实验室等20余个创新合作平台，与南亚东南亚国家的科技合作持续深化；与科技发达国家、金砖国家合作的"朋友圈"不断扩大。④

---

① 《云南省"十四五"科技创新规划》，云南省人民政府，http://www.yn.gov.cn/zwgk/zcwj/yzf/202109/t20210928_228771.html，2021年9月22日。
② 《云南省把支撑高质量发展作为科技创新的出发点和落脚点》，中华人民共和国科学技术部，https://www.most.gov.cn/dfkj/yn/zxdt/202012/t20201203_171211.html，2020年12月3日。
③ 《云南省"十四五"科技创新规划》，云南省人民政府，http://www.yn.gov.cn/zwgk/zcwj/yzf/202109/t20210928_228771.html，2021年9月22日。
④ 《"十三五"期间云南综合科技创新水平指数提升2位今年力争新增200家高新技术企业》，云南省科学技术厅，http://kjt.yn.gov.cn/html/2021/meitijujiao_0218/4465.html，2021年2月18日。

二、科学技术事业蓬勃发展

进入中国特色社会主义新时代，云南省主动融入和服务科技强国战略，坚持"创新为了人民，创新依靠人民，创新成果由人民共享"的理念，以体制机制创新推动科技创新，统筹全省科技创新，优化资源配置，充分释放创新创造活力，提升创新体系整体效能，科技事业蓬勃发展。

（一）科学技术事业跨越式发展

党的十八大以后，中国特色社会主义进入新时代，随着经济由高速增长阶段转向高质量发展阶段，中国把创新摆在现代化建设全局中的核心地位，科技创新迎来了前所未有的发展机遇。2012年以来，云南省进一步扩大科技开放与合作，加强科技创新，重视人才培养，推进科技事业跨越发展，进而推动经济持续快速发展，云南省委、省政府决定率先在国内与中国科学院、著名高校、重点科研机构开展以科技、教育、人才培养等为主要内容的省院省校全面合作，与中国科学院、中国农科院等权威科研机构，清华大学、北京大学等著名高校建立了正式合作关系，围绕云南省经济社会发展和产业结构的战略性调整启动实施了一批教育、科技、人才培训等高水平的合作项目，云南省院省校科技合作也取得了明显的成效。

"十二五"期间，云南省科技事业进一步发展。全省财政科技投入、研究与试验发展（R&D）经费支出、获国家科技经费支持均实现翻番。科研论文综合指标全国排名第9位；猴基因编辑技术等基础研究取得重大突破；专利申请量、专利授权量、每万人口发明专利拥有量均实现翻番；获国家级科技成果奖系数全国排名第10位；技术成果市场化指标全国排名第22位；技术合同成交金额翻两番；高新技术企业918户，数量位列全国第17位、西部第3位；创新型（试点）企业338户；科技型中小企业3288户；有R&D活动的企业占比全国排名第14位。[①] 科技事业实现了跨越式发展。

（二）科学技术事业转型升级

党的十八届三中全会以来，云南省对标中央科技体制改革决策，提高政治站位，强化主体责任，围绕科技支撑云南高质量跨越式发展的矛盾和问题，破难题、解新题，全面推进科技计划管理改革，转变科研管理服务，加快实施创新驱动发展战略，不断加大科技投入，大力推进科技攻关，科技实力和创新能力明显提升。全省研发投入从2014年的85.9亿元提高到2018年的187.3亿元，研发投入占GDP比重从2014年的0.67%提高到2018年的1.05%，排名分别从全国第24、26位提高到第19、21位。截至2018年，全省有高新技术企业1362家，排全国第21位、西部第5位，认定省级科技型中小企业6734家，入库国家科技型中小企业2090家，研发布局更加优化，基础研究更加聚焦前沿交叉方向，应用基础研究更加聚焦需求导向，技术创新更加聚焦关键核心技术，融通发展不断推进，创新能力得到增强。2018年，全省建有国家重点实验室6个，国家工程技术研究中心4个，省级重点实验室88个，省级工程技术研究中心124个，省临床医学研究中心4个，省公共科技服务平台15个，这为全省科研活动提供了重要的科研条件保障。[②] 科技事业在转型升级中得到进一步提升。

---

① 《云南省"十四五"科技创新规划》，云南省人民政府，http://www.yn.gov.cn/zwgk/zcwj/yzf/202109/t20210928_228771.html，2021年9月22日。
② 《云南推进科技领域改革服务高质量跨越式发展》，中华人民共和国科技部，http://www.most.gov.cn/dfkj/yn/zxdt/201910/t20191011_149226.htm，2019年10月12日。

三、科学研究机构逐步健全

在科技大发展的背景下，云南省主要自然科学、社会发展领域和生产部门都已经有了相应的科研机构，形成了学科相对齐全、行业设置基本合理的基础研究、应用研究、自主创新及科技开发、成果推广、科技服务多种类型配套的科学研究与科技开发体系和网络。

2012年以来，云南省科研机构稳步发展，科技创新能力进一步提升。截至2015年，全省共有科研机构110家，高等学校71家，规模以上工业企业3873家，规模以上工业企业中有R&D活动的企业有744家，有研发机构479家。全省R&D人员67540人。其中，规模以上工业企业占28465人，科研机构占8295人，高等学校占18003人，增长18.18%；其他企事业团体占12777人，增长51.03%。全省共有国家重点实验室6个，省重点实验室51个；国家工程技术研究中心4个，省工程技术研究中心112个；国家科技企业孵化器11个（包括2个国家大学科技园），省科技企业孵化器15个；国家创新型（试点）企业13家，省创新型（试点）企业369家；科技型中小企业3228家；高新技术企业918家；遴选115家高新技术企业进行上市培育，培育认定科技"小巨人"企业51家；国家高新技术产业化基地10个，省高新技术特色产业基地18个；院士工作站96个，专家工作站52个。[①]

"十三五"期间，云南省科研机构及创新平台（载体）持续增加，科技创新条件明显改善。实验室建设加速推进，建成国家重点实验室7个、省重点实验室105个、省工程技术研究中心123个、省临床医学研究中心10个。截至2018年，全省有科研机构115家，有高等学校81家，规模以上工业企业4407家，规模以上工业企业中有R&D活动的企业为1003家，研发机构有542个。2018年，全省R&D人员82222人，其中企业占45492人，科研机构占8380人，高等学校占20537人。全省共有国家重点实验室6个，省重点实验室63个，省重点实验室培育对象25个；国家工程技术研究中心4个，省工程技术研究中心124个；国家大学科技园2个，国家科技企业孵化器12个；国家创新型企业5家，国家创新型（试点）企业8家，省创新型企业268家，省创新型（试点）企业150家；国家科技型中小企业1379家，省科技型中小企业6734家；高新技术企业1362家；国家高新技术产业化基地10个，省高新技术特色产业基地18个；院士专家工作站242个。[②]全省的科学研究机构在不断提高过程中日也趋完善和健全。

四、科学普及工作进一步加强

2012年以来，云南省以提高全民科学素质服务高质量发展为目标，以践行社会主义核心价值观、弘扬科学精神为主线，以深化科普供给侧结构性改革为重点，进一步优化整合科普资源，科普组织与人才队伍不断壮大，科普工作与科研、教育、文化等事业联合协作机制不断完善，科普示范县区创建取得新成效，科普活动质量明显提升，人民群众的科学素质不断提高。全省各级各部门认真履行职责，按照"政府推动、全民参与、提升素质、促进和谐"的方针，以提高公民科学素质和提升科普能力为宗旨，围绕改善科普环境、丰富科普活动、关注目标人群、实施科普专项等主要任务，全面推进科普工作，科普基础设施更加完善，科普政策体系更

---

① 《2015年云南省科技统计公报》，云南省科学技术厅，http://kjt.yn.gov.cn/show-25-2217-1.html，2017年3月21日。

② 《2018年云南省科技统计公报》，云南省科学技术厅，http://kjt.yn.gov.cn/show-25-4274-1.html，2019年10月15日。

加健全。这一阶段,云南省出台了《云南省全民科学素质行动计划纲要实施方案(2011—2015年)》和《中共云南省委宣传部、云南省科学技术厅、云南省科学技术协会关于印发〈关于加强科普宣传工作的实施意见〉的通知》等文件,设立了云南省科学技术普及奖,进一步优化了云南省科普发展环境。截至2016年,全省拥有科普场馆59个、非场馆类科普基地875个,省科学技术馆新馆正在加快建设中(见图11-1);配置中国流动科技馆15套,建立科普活动室7213个、城市社区科普(科技)专用活动室1304个、农村科普(科技)活动场地13604个、科普画廊7186个,展示面积达177645平方米;配备科普宣传专用车253辆,其中有科普大篷车76辆;建立科普网站145个;共认定省级科普教育基地145家,较"十一五"末的86家增长了68.6%,其中25家被中国科协命名为"全国科普教育基地";创建全国科普示范县15个、省级科普示范县34个;创建科普示范社区1429个、各类农村科普示范基地922个、科普示范街道(乡镇)1235个、科普示范户159404个。①

图 11-1
建设中的云南省科学技术馆新馆
诸弘安2019年摄于昆明市呈贡区

图 11-2
大理漾濞彝族自治县山区小学生在上信息技术课
诸锡斌2021年摄于云南民族博物馆

成立少数民族科普工作队41支、青少年科学工作室46个、青少年科技馆28个、中小学科技实验室131个,科普教育示范学校达97所(见图11-2)。科普经费投入不断增加,云南省省级科普专项经费由2010年的4450万元增加到2015年的6891万元,人均科普专项经费由1元增加到1.5元,增长了50%。"十二五"时期,累计争取中国科协、财政部"基层科普行动计划"项目730个,共获奖补资金12080万元;联合省财政厅在620个行政村组织实施省级"科普惠农兴村计划"项目,补助资金3600万元。②科学普及工作得到进一步加强。

---

① 《云南省"十三五"科学技术普及工作规划》(云科发〔2017〕53号),2017年7月4日。
② 《云南省"十三五"科学技术普及工作规划》(云科发〔2017〕53号),2017年7月4日。

第二节 科学技术体制和科学研究体系的创新改革

深化科技体制改革应进一步突出企业技术创新主体地位，使企业真正成为技术创新决策、研发投入、科研组织、成果转化的主体，变"要我创新"为"我要创新"。围绕产业链部署创新链，聚集产业发展需求，集成各类创新资源，着力突破共性关键技术，加快科技成果转化和产业化，培育产学研结合、上中下游衔接、大中小企业协同的良好创新格局。科技体制改革与其他方面的改革协同推进，加强和完善科技创新管理，促进创新链、产业链、市场需求有机衔接[①]。

云南科技工作始终贯彻"科学技术是第一生产力"的方针，以提升创新体系整体效能为目标，以优化科技创新政策体系为主线，以激发科研人员和创新主体积极性、创造性为着力点，深化科技领域"放管服"改革，完善科技项目管理和资源配置机制，推进科技评价和科研院所改革，全面推进科技进步和自主创新。2013年，党的十八届三中全会对深化科技体制改革做出了全面部署，这为云南省深化科技体制改革，实施创新驱动发展战略指明了方向。云南科技改革紧紧围绕《中共云南省委关于贯彻落实〈中共中央关于全面深化改革若干重大问题的决定〉的意见》，以提高自主创新能力为核心，以促进科技和经济紧密结合为重点，加快完善技术创新市场导向机制，健全多主体协同创新，提高科技成果转化应用能力，深化科技管理体制改革，推动科技管理向创新治理转变，从而为实施创新驱动发展战略和加快创新型云南建设提供了有力的体制机制保障。通过实施创新驱动发展战略，云南科技创新能力显著提升，科技投入不断增加，科研队伍不断壮大，科技创新平台建设持续加强，政府对科技创新活动的政策支持力度不断加大，科研基础条件大为改善，这为建成创新型省份奠定了坚实基础。[②]

一、加强技术创新政策建设

积极营造有利于创新的政策环境和制度环境，改善金融服务，采取合理的、差别化的激励政策[③]。2013年以来，围绕贯彻落实国家创新驱动发展战略规划，云南省着力构建推进科技体制改革的政策体系，出台了《中共云南省委、云南省人民政府关于深化科技体制改革的意见》《云南省人民政府关于印发云南省财政科技计划（专项、基金等）管理改革方案的通知》《云南省人民政府关于印发云南省加快科技服务业发展实施方案的通知》《云南省人民政府关于改进加强我省财政科研项目和资金管理的实施意见》《云南省人民政府办公厅关于发展众创空间 推进大众创新创业的实施意见》《云南省人民政府关于加强重大科研基础设施和大型科研仪器向社会开放的实施意见》《云南省人民政府办公厅转发省科技厅关于加快建立云南省科技报告制度实施意见的通知》等政策文件，加强总体规划布局和政策设计，全省科技体制改革政策体系不断健全，科技创新政策环境不断优化，全面推动了创新驱动发展战略深入实施。

---

① 中共中央文献研究室：《习近平关于科技创新论述摘编》，中央文献出版社，2016年，第56页。
② 中共云南省委宣传部编著：《辉煌云南70年》，人民出版社，2019年，第369页。
③ 中共中央文献研究室编著：《习近平关于科技创新论述摘编》，中央文献出版社，2016年，第71页。

二、着力完善科学技术创新体系

为了破除体制机制障碍，推动技术创新，云南省注重突破制约产学研用有机结合的体制机制障碍，突出市场在创新资源配置中的决定性作用，突出企业创新主体地位，推动人、财、物各种创新要素向企业集聚，使创新成果更快转化为现实生产力，激发调动全社会的创新激情，持续发力，形成以创新为主要引领和支撑的经济体系和发展模式[1]，紧扣供给侧结构性改革主线，围绕云南省"两型三化"发展方向、八大重点产业、打造世界一流"三张牌"和发展数字经济等重大决策部署，重构云南省科技创新体系。一是培育创新主体。积极推动企业建立工程技术研究中心和新型产业技术创新平台，支持云南农业大学建设绿色食品国际研究中心，昆明理工大学建设铝材工程技术中心，中国科学院昆明动物研究所建设非人灵长类重点实验室，中国科学院昆明分院建设国家植物种质资源库，华大基因建设国家基因库云南分库，努力为重点产业发展提供科技支撑。二是改革科技计划管理。全链条创新布局，统筹资源配置，强化过程管理、诚信建设、绩效评估，着力改变科技计划项目安排"小、散、弱"的局面，强化重点科研项目对重点产业发展的服务支撑作用。集中力量在优势产业领域组织实施云南省稀贵金属材料基因工程等一批重大科技项目；围绕"产业链"构建"创新链"，配置"资金链"，使科研经费安排与科技创新需求结合更加紧密。三是完善基础研究、应用基础研究、技术创新体系，使研发布局更加优化，基础研究更加聚焦前沿交叉方向，应用基础研究更加聚焦需求导向，技术创新更加聚焦关键核心技术，推进融通发展，增强创新能力。四是打造区域创新体系。全面启动经国务院批复同意的临沧国家可持续发展议程创新示范区建设，研究出台支持政策并在临沧召开推进会；昆明市国家创新型城市建设试点通过国家评估，玉溪市获批建设国家创新型城市，通海县获批国家首批创新型县建设试点。全省技术转移、科技成果转化工作体系初步建立。

三、加强对内对外科学技术交流与合作

随着科学技术的不断发展，科学研究领域多学科专业交叉群集、多领域技术融合集成的特征日益凸显，单打独斗难有突破，必须紧紧依靠团队力量集智攻关，进一步加强自主创新团队建设，搞好科研力量和资源整合，健全同高校、科研院所、企业、政府的协同创新机制，最大限度发挥各方优势，形成推进科技创新整体合力[2]。一是形成"科技入滇"常态化机制。科技部和云南省政府连续多届举办"科技入滇"对接系列活动，十余所高校在云南建立独立法人的研究院或成果转化机构。科技部领导指出，"科技入滇"已成为有效支撑区域创新合作发展的成功实践。二是探索联合基金支撑基础科研的新模式。云南省政府与国家自然科学基金委设立联合基金，云南省科技厅先后和昆明医科大学等高校设立4个基础研究联合专项。云南省和国家基金委累计投入5亿元，围绕生物多样性保护、矿产资源综合利用与新材料等4个领域，实施一批基础性、前瞻性、战略性重点项目。联合基金调动了全社会投入基础研究的积极性，有效聚焦了前沿领域的技术短板，凝聚了一支精干的基础科研队伍，提升了基础科学研究水平。三是创新国际科技合作，积极服务和融入国家战略。经科技部批准，南亚东南亚科技创新中心、中国-南亚技术转移中心、中国-东盟创新中心、金砖国家技术转移中心等一批国际科技

---

[1] 中共中央文献研究室：《习近平关于科技创新论述摘编》，中央文献出版社，2016年，第70页。
[2] 中共中央文献研究室：《习近平关于科技创新论述摘编》，中央文献出版社，2016年，第60页。

合作平台落地昆明。云南省科技项目立项了中国-缅甸生态环境保育联合实验室、中缅密支那农业科技示范园等国际项目；先后成功举办中国-南亚国家科技部部长会、金砖国家技术转移中心（昆明）国际合作交流大会等系列活动。

四、完善科学技术人才发展和激励机制

云南省围绕建立更为灵活的人才管理机制，并完善评价这个指挥棒，破除了人才流动、使用、发挥作用中的体制机制障碍，统筹加强高层次人才、青年科技人才、实用技术人才等方面人才队伍建设，最大限度支持和帮助科技人员创新创业；深化教育改革，推进素质教育，创新教育方法，提高人才培养质量，努力形成有利于创新人才成长的育人环境；积极引进海外优秀人才，制订更加积极的国际人才引进计划[①]。这一阶段，云南省修订出台了《云南省高端科技人才引进计划实施办法》及《云南省科技领军人才培养计划实施办法》，完善科技创新创业人才激励机制，不拘一格选人才，建设具有创新活力的创新型人才队伍。在云南省委组织部、省人社厅、省财政厅支持下，云南省科技厅每年安排投入近亿元，分层次递进式实施院士自由探索等科技人才计划专项，推动高层次科技人才的分阶段、全方位培养引进工作。一是实施院士自由探索专项。对在云南工作的11位院士每人每年资助科研经费100万元，由其自主选题，自行确定研究内容和预期成果，开展科学技术研究工作。二是实施科技领军人才培养专项。每人安排专项培养经费1000万元。截至2019年，共培养科技领军人才31名，已有2名入选院士，12名进入有效候选人行列，其中朱有勇院士2019年12月还被评为"时代楷模"（见图11-3）。三是实施高层次科技人才引进专项。充分发挥高层次科技人才智力资源、拥有自主知识产权和核心技术的优

图11-3
"农民院士"
朱有勇

赵志国2011年摄于云南农业大学

势，打造云南省产业技术和学科建设新高地，每人安排专项培养经费100万元。[②]这些激励机制的实施，促进了科技人才形成和成长。

---

① 中共中央文献研究室：《习近平关于科技创新论述摘编》，中央文献出版社，2016年，第111页。
② 《云南省着力推进科技领域改革服务全省高质量跨越式发展》，云南省科技厅，http://kjt.yn.gov.cn/show-13-4285-1.html，2019年9月13日。

第三节 科学技术人才队伍建设

人才资源是经济社会发展的第一资源，也是创新活动中最为活跃、最为积极的因素[1]。创新人才尤其是高层次创新型人才，是一个国家和地区在经济全球化竞争日趋激烈条件下制胜的核心战略资源。习近平总书记强调："加强科技人才队伍建设。推进自主创新，人才是关键。没有强大人才队伍作后盾，自主创新就是无源之水、无本之木。要广纳人才，开发利用好国际国内两种人才资源，完善人才引进政策体系。……要放手使用人才，在全社会营造鼓励大胆创新、勇于创新、包容创新的良好氛围，既要重视成功，更要宽容失败，为人才发挥作用、施展才华提供更加广阔的天地……"[2]21世纪以来，云南大力推进人才强省战略、创新驱动发展战略，牢牢抓住人才这个根本，推动创新人才队伍建设，人才队伍规模不断壮大，结构不断优化，创新能力不断增强，创新创业载体不断增多，为云南创新驱动发展战略实施和经济社会发展提供了强有力的人才保障和智力支持。

党的十八大以来，云南认真贯彻落实中共中央《关于深化人才发展体制机制改革的意见》，各级各部门把人才资源开发作为"一把手"工程来抓，形成了具有云南特点和区域竞争力的人才制度优势。与此同时，云南省不断探索聚才用才新机制，健全人才优先发展的保障措施，努力把云南建设成为人才集聚之地、人才辈出之地、人才向往之地，建成人才实现价值、发挥作用、贡献力量的沃土。

一、全面深化体制机制改革，改善科学技术人才发展环境

云南省在"十三五"科技创新规划中设立了"科技创新专业人才培引工程"，明确提出"十三五"期间培育引进科技领军人才、高端科技人才、创新团队等各类高层次科技人才的要求。2016年8月，中共云南省委、云南省人民政府印发了《关于深化人才发展体制机制改革的实施意见》，新出台了一系列科技人才相关配套政策，覆盖人才培引、创业孵化、成果转化等方面。同时，云南省抓好科技人才相关政策落实，强化高层次科技人才服务，持续激发科技人才的发展活力和创造力。

"十三五"期间，云南每万名就业人员中研发人员数量从13.14人/年提高到19.12人/年，增长46%，8476人次"三区"科技人员、20976名科技特派员奋战在脱贫攻坚主战场，推广先进适用技术2000余项；累计在88个贫困县培育高新技术企业178家，建设国家级农业科技园区11个、省级农业科技园区38个、县域科技成果转化中心128个，备案国家级星创天地51家，认定省级星创天地119家；增选两院院士4名，培引科技领军人才、高层次人才、高端外国专家123名，中青年学术技术带头人后备人才、技术创新人才培养对象635名，各类创新创业团队153个，56人入选国家科技领军人才；全省研究与试验发展人员达5.72万人。据不完全统计，云南省2020年出站的"两类"人才，在培养期内获省部级以上科技奖励204项、授权发明专利347件，科技成果转化应用产生经济效益达260亿元。截至2020年，云南省已建成国家重点实验

---

[1] 中共中央文献研究室：《习近平关于科技创新论述摘编》，中央文献出版社，2016年，第111页。
[2] 中共中央文献研究室：《习近平关于科技创新论述摘编》，中央文献出版社，2016年，第107页。

室7个、省重点实验室105个、省工程技术研究中心123个、临床医学研究中心10个。[1]通过全面深化体制和机制的改革，云南科技人才发展环境得到有效改善。

二、服务创新驱动发展战略，人才贡献率不断提升

2016年，云南人才贡献率为17.51%，与2012年相比提高了0.62个百分点；万人发明专利拥有量为1.90项，与2012年相比增加了1.01项；PCT国际专利申请量共31项，与2012年相比增加了12项。[2]人才贡献率的提升与人才培养息息相关，为此，云南实施了服务创新发展战略。

（一）加大了人才培养力度

2017年全年，云南省共有75015名专业技术人才晋升高级职称，与2012年相比增加62015名。与上一年相比，享受国务院政府特殊津贴专家新增52名，享受省政府特殊津贴专家新增99名。全年高等教育毕业生22.82万人，与2012年相比增加4.18万人。其中，毕业博士生379人，与2012年相比增加5人；毕业硕士生9551人，与2012年相比增加1520人；普通高等教育本专科毕业生15.24万人，与2012年相比增加3.35万人；成人高等教育本专科毕业生6.59万人，比2012年增加0.69万人。[3]

（二）推进人才发展平台建设

2017年，云南共有国家重点实验室6个，国家工程技术研究中心4个，这两项与2012年相比增加了5个；省重点实验室75个，省工程技术研究中心123个，两项与2012年相比增加了80个；国家大学科技园2个，国家科技企业孵化器12个；国家创新型企业5家，国家创新型（试点）企业8家，省创新型企业232家，省创新型（试点）企业186家；省科技型中小企业5853家；高新技术企业1239家；国家高新技术产业化基地10个，省高新技术特色产业基地18个；院士工作站209个，专家工作站139个。[4]截至2017年，云南院士专家工作站达到348个，省级创新团队达到206个，累计选拔培养省中青年学术技术带头人后备人才和省技术创新人才1791人，有近5000名科技人员通过省科技厅人才专家库审核入库。[5]由于实施了服务创新驱动发展战略，云南省人才贡献率不断提升。

三、建立人才优先发展保障机制

在人才优先发展战略的指导下，云南逐步建立了包括人才工作指导性政策、人才工作目标责任考核制度、高层次人才绿色通道服务协调机制、高层次人才生活补贴、人力资源服务业和重大人才工程在内的人才优先发展的保障机制。

---

[1]《"十三五"期间云南综合科技创新水平指数提升2位今年力争新增200家高新技术企业》，云南省科学技术厅，http://kjt.yn.gov.cn/html/2021/meitijujiao_0218/4465.html，2021年2月18日。
[2] 云南省人才发展研究促进会、云南省社会科学院：《云南人才发展报告（2016）》，云南人民出版社，2018年，第46页。
[3]《云南省2016/2017学年全省教育事业发展统计公报》，云南教育网，2017年8月8日发布。
[4] 云南省科学技术厅、云南省统计局、云南省财政厅：《2017年云南省科技统计公报》，云南省科学技术厅网站，2018年8月7日发布。
[5] 云南年鉴社：《云南年鉴2018》，云南年鉴社，2018年，第302页。

（一）出台人才优先发展政策

云南省为保障人才优先发展，出台了多项针对人才工作的指导性意见。2014年，云南省委、省政府以1号文件形式出台了《关于创新体制机制加强人才工作的意见》，在各级各类人才的培养、使用、激励，以及打破体制壁垒、扫除身份障碍、给予各类人才更多施展空间等方面进行大胆创新，以前所未有的力度支持和鼓励各方面人才尽展其长。2016年，云南省委、省政府印发《关于深化人才发展体制机制改革的实施意见》，瞄准人才工作瓶颈，深化改革、突破藩篱、打破障碍，构建更加科学高效的人才服务管理机制，建立更加务实管用的人才培养引进机制，健全更加科学合理的分配激励机制、人才评价机制和人才流动机制。

（二）建立人才优先保障机制

为了建立人才优先保障机制，2012年，中共中央办公厅发布《关于进一步加强党管人才工作的实施意见》，将人才工作列为综合实绩考核和落实党建工作责任制情况述职内容，强化"一把手"抓"第一资源"，完善人才工作领导体系，建立人才工作目标责任考核体系。同年，云南省印发《关于深化人才发展体制机制改革的实施意见》，制定《云南省引进高层次人才绿色通道服务办法》，建立高层次人才绿色通道服务协调机制，建立引进人才绿色通道服务工作联席会议制度，统筹协调引进人才绿色通道服务工作。这一时期，云南省还制定了《云南省高层次人才特殊生活补贴发放办法（试行）》，发布了《云南省人力资源和社会保障厅关于〈云南省提高人才奖励标准实施办法〉的通知》，增加高层次人才生活补贴，提高人才奖励标准，吸引高层次人才。2015年，人力资源社会保障部等部门联合下发《关于加快人力资源服务业发展的意见》，大力发展人力资源服务业，云南建立"云南人才淘宝网"。

（三）推出一系列重大人才工程

从2014年开始，云南省紧扣培育各领域领军人才的目标，实施云南省科技领军人才和云岭学者、云岭产业技术领军人才、云岭首席技师、云岭教学名师、云岭名医、云岭文化名家等系列人才培养工程。2017年，云南省委办公厅、省政府办公厅印发《关于实施"云岭英才计划"的意见》，大力引进高层次人才及团队，为云南改革发展提供了有力人才支撑。相关部门随后制定了"云岭高层次人才""云岭高端外国专家""云岭青年人才""云岭高层次创新创业团队""人才培养激励"等5个专项实施办法。云南还在滇中新区、瑞丽国家重点开发开放试验区开展人才特区创建试点，为云南人才工作体制突破、机制创新提供可复制可推广的经验。[1] 2022年，中共云南省委人才工作领导小组印发《云南省"兴滇英才支持计划"实施办法》，旨在围绕民族团结进步示范区、生态文明建设排头兵、面向南亚东南亚辐射中心战略定位，锚定建设现代产业体系等经济社会发展目标，促进人才链、创新链、价值链与产业链深度融合，用5年左右时间培养、引进一批新能源、新材料、先进制造、高原特色现代农业、生物医药、数字经济等领域急需紧缺人才，为云南实现高质量跨越式发展、全面建设社会主义现代化提供人才支撑。

---

[1] 中共云南省委宣传部编著：《辉煌云南70年》，人民出版社，2019年，第435页。

四、完善聚才用才机制

在建立起人才优先发展保障机制后,为了更有效地发挥聚才、用才的功效,云南省进一步加强了聚才、用才机制建设。

(一)实施更积极、更开放、更有效的人才引进政策

这一时期,云南先后实施了"百名海外高层次人才引进计划""高端科技人才引进计划""云岭英才计划"等人才引进计划。为探索聘任制公务员引才政策,2014年,云南省制定《聘任制公务员管理试点实施办法及实施方案》和《云南省引进高层次人才享受政府购房补贴和工作经费资助评审认定暂行办法》,给予经评审认定的高层次人才购房补贴和工作经费资助。同年,《云南省依托招商引资加强人才引进工作的实施办法》实施,云南省开始依托招商引资项目引进各类高层次人才。随后,云南省又相继出台《云南省柔性引进人才办法(试行)》和《云南省引进高层次人才专业技术职称考核认定办法(试行)》,打造了"柔性引智"新机制,开辟引进高层次人才职称资格评定特殊通道,并举办"云南国际人才交流会",搭建国际招才引智平台。

(二)大力培养高层次创新人才

2011年5月,云南省委组织部、云南省科技厅、云南省财政厅、云南省人力资源和社会保障厅四部门联合发布了《云南省支持高层次科技人才(团队)创业实施办法(试行)》,围绕云南省高层次人才创新创业示范基地的建设,支持国内外高层次科技人才(团队)在云南创办或联合创办科技型企业,先后实施了"云岭系列人才培养"等人才工程。

(三)完善人才服务产业制度保障

2022年,中共云南省委办公厅、云南省人民政府办公厅印发《关于人才服务现代产业发展的十条措施》,提出了:聚焦重点产业链和"链主"企业发展需求,定期发布产业急需紧缺人才目录,在招商引资方案中同步配套招才引智方案。对引进的重点产业链核心技术攻关团队,给予最高3000万元项目经费支持;对引进的科技领军人才,给予每人100万元一次性工作生活补贴和最高1000万元项目经费支持;对引进的产业创新人才和首席技师,给予每人60万元一次性工作生活补贴和最高100万元项目经费支持;对促进重点产业发展取得显著成效的柔性引进人才(团队),给予全职引进人才(团队)同等政策支持;对引进急需紧缺人才的重点产业链企业支出的一次性住房补贴、安家费、科研启动费等,按国家有关规定在企业所得税税前扣除;对引进高层次产业人才到云南省工作的中介机构(个人),每引进1人(团队)给予最高10万元奖励。

(四)实施高层次人才培养计划

为了加快高层次科技人才培养,云南省人社厅印发《云南省博士后定向培养计划实施办法》,扩大设站规模,增加招收数量。为加大青年人才培养力度,云南省制定《云南省优秀贫困学子奖励计划实施办法》,实施优秀贫困学子奖励计划,出台《关于云南省青年技能人才培养工程的实施意见》,实施青年技能人才培养工程。云南省两院院士增选工作取得历史性突破。2017年,昆明理工大学彭金辉教授、昆明理工大学季维智研究员、中国科学院云南天文台

韩占文研究员等3人新当选"两院"院士；有效候选人数、进入第二轮评审候选人数、当年新当选"两院"院士人数3项工作均创历史新高。2021年，云南共有3人入选两院院士，张克勤当选为中国科学院院士，朱兆云、张宗亮当选为中国工程院院士。[①]

（五）不断改革人才评价机制

2018年，国务院印发《关于分类推进人才评价机制改革的实施意见》，全面推进人才评价机制改革。深化职称制度改革，修改完善各系列职称评审实施细则，建立以能力和业绩为导向、行业和社会认可的人才评价标准。为此，云南省印发了《云南省特殊人才职称资格与职业资格评价办法》，组建特殊人才评审委员会，逐步下放高校教师、中小学教师、卫生技术、农业技术和艺术专业等行业高级职称评审权。从2017年起，云南省不再把职称外语和计算机应用能力作为职称申报和参评的必备条件。2014年，云南省人社厅印发《云南省拓宽技能人才成长上升通道实施办法（暂行）》，拓宽了技能人才成长上升通道。

（六）畅通人才流动渠道

为了推进人才的流动，云南省印发《云南省鼓励专业技术人员到基层服务暂行办法》，鼓励专业技术人员到基层服务，引导人才向基层一线和边远艰苦地区流动，放宽基层专业技术人员职称评聘条件；印发《云南省基层人才对口培养计划实施办法（暂行）》，提出从2014年至2020年，每年从县及县以下的教育、卫生、农业科技单位中各选派100名业务骨干到省级单位进行对口专业进修；印发《云南省边境民族贫困地区基层人才特别招录工作实施意见（试行）》，降低艰苦贫困地区基层公务员录用门槛。[②]2022年，云南省委组织部等联合印发《云南省专家基层科研工作站管理办法》，聚焦现代化产业体系建设和乡村振兴战略，重点在高原特色现代农业、绿色能源、生物医药、旅游文化等产业领域搭建基层产学研平台，并计划遴选500个左右服务成效明显的专家站予以经费资助，为基层产业发展和乡村振兴提供人才智力支持。在激励方面也做了规定，在国家和省级乡村振兴重点帮扶县优先设站，设站专家或团队专家服务时间达到要求，视同专业技术人员服务基层工作经历，可作为职称申报评审、岗位聘用、年度考核及评优评先的重要参考。连续两年考核为优秀等次或作用发挥明显、经济社会效益显著的，优先推荐申报国家级专家服务基地，优先评选省级人才计划，认定省委联系专家，推荐选拔专家人才项目，申报科技计划项目；连续3年考核为优秀的专家站，延长经费资助1年。这些"聚才用才"措施的实施，为云南科技创新发展奠定了坚实的基础。

第四节 科学技术的应用与成效

进入中国特色社会主义新时代，云南省委、省政府采取有力措施，全面贯彻党中央"把科技创新摆在国家发展全局的核心地位，坚持走中国特色自主创新道路、实施创新驱动发展战

[①]《2021年两院院士增选结果揭晓 云南3人当选》，云南省科学技术厅，http://kjt.yn.gov.cn/html/2021/meitijujiao_1118/4676.html，2021年11月18日。
[②] 中共云南省委宣传部编著：《辉煌云南70年》，人民出版社，2019年，第428页。

略"的重大决定,坚持把科技创新摆在发展全局的核心地位,结合云南实际,以提高自主创新能力为核心,把财政对科技的投入作为战略性投入,加强对科技工作的宏观指导和综合协调,加快支撑自主创新能力提升的政策法规、基础条件、人才队伍的建设步伐,全面营造有利于自主创新的环境条件,大力加强具有云南特色的区域创新体系建设,以重点领域和关键共性技术的突破带动实现特色领域和重点产业的跨越式发展,大力促进科技与经济的紧密结合,提高科技对全省经济、社会发展的引领和支撑能力,推出了一大批能够实际运用的科技成果。

一、科学技术创新助推农业发展

云南在农业科技领域的研究成果丰硕,在粮食作物、主要经济作物、良种选育、农业信息体系建设等方面尤为突出。农业科技的发展为农业高质量发展和发挥云南高原特色农业的优势发挥了重要作用,同时为云南乡村振兴打下坚实基础,是中国梦云南篇章实现的重要途径。

(一)粮食作物

截至2022年,云南省高稳产农田达3413万亩,占耕地面积的42%。农作物综合机械化水平达1亿亩,丽粳9号百亩连片平均亩产创造了水稻种植最高海拔单产纪录,建立了元谋无公害特色蔬菜、思茅茶叶、大理野生食用菌等6个国家级加工示范基地,另外还有丘北辣椒系列产品加工基地等6个国家农业产业化创业基地。全省有935项农业科技成果获省部级以上奖励;累计有247个农业植物新品种申请国家植物新品种保护,74件获得授权,居全国第11位;拥有嵩明县、宣威市、砚山县3个国家现代农业示范区,建有昆明国家生物产业基地、云南红河国家农业科技园区、石林国家农业科技园区等国家级科技平台和农业科技园。科技机构形成体系,全省拥有农业研究机构55个,农业研究机构科技活动人员达3598人。云南高等院校内设立了科研机构,如在云南农业大学建立了生物多样性国家工程中心(见图11-4)、高原特色农业协同中心等。[①]云南农科院专家建立了多元化马铃薯新品种优质种薯繁育产业化平台;完善了云南省马铃薯种薯生产和质量保证体系,建立了云南省马铃薯核心种苗库,使云南省马铃薯种苗质量得到大幅提升;获得5项马铃薯种业地方标准、3项专利,发表研究论文6篇;加快了马铃薯新品种示范推广的步伐。[②]云南省2022年公布的《云南省"十四五"耕地质量提升规划》明确了到2025年要实现全省耕地质量提升取得突破性进展,耕地质量等级稳步

图11-4
生物多样性
国家工程中心
大楼
诸锡斌2022年摄
于云南农业大学

---

① 李宏、杨亚云、李皎:《云南农业产业化进程中的农业科技发展研究》,《价值工程》2014年第31期,第13—14页。
② 《2016年云南十大科技进展揭晓》,《云南科技管理》2017年第2期,第1—4页。

提升，高标准农田保有量、农业资源利用效率、农田生态环境质量和耕地质量调查监测水平明显提高，构建起更为完善的耕地质量提升政策体系和工作机制，努力走出一条具有云南特色的耕地质量提升道路；耕地质量平均等级达到5.17等，重点项目区耕地质量提升技术措施覆盖率达90%以上；新建高标准农田1500万亩，改造提升550万亩；化肥农药使用量零增长，新增高效节水灌溉326万亩，农作物秸秆综合利用率达86%以上，畜禽粪污综合利用率达80%以上；完成国家下达退化耕地综合治理指标任务，绿色种养循环农业试点1400万亩，耕地轮作300万亩；建成耕地质量长期定位监测点950个，耕地质量调查样点9108个。规划还对2035年云南省耕地质量提升工作做出了展望，即到2035年，全省耕地质量提升取得显著成效，实现产能提升和绿色发展相结合，农业生产与生态环境保护相协调，形成耕地质量提升政策制度体系更加完善，技术支撑和服务保障更加有力，耕地综合效益、粮食生产和重要农产品供给能力显著提高的新格局。①

（二）主要经济作物

云南的农业研究团队一直致力于提高农产品质量和产量，选育优良品种育苗并取得了多项重大突破，如甘蔗、三七。云南省农业科学院甘蔗研究所针对我国甘蔗亲本遗传基础狭窄的关键问题进行了创新研究，在甘蔗野生种质的创新与利用方面取得了重大进展：突破内陆甘蔗开花杂交关键技术，实现割手蜜资源的批量创新利用；创制一批含甘蔗细茎野生种血缘的优异亲本，扩宽我国甘蔗亲本遗传基础，为下一步种质资源的规模化应用和突破性品种选育提供了重要支撑；创建稳定、高效的内陆型创新种质杂交花穗生产技术体系；在新品种选育上，通过调整育种思路、创新育种方法，利用创新亲本育成云蔗08-1609，最高糖分达19.2%，为全国最甜的甘蔗品种；育成的云瑞05-346，单产达到15.5吨，含糖量达18%以上，达到"双吨糖"的标准（见图11-5）。

图11-5 育成的优质高产甘蔗新品种
诸锡斌2021年摄于摄于云南省农业科学研究院嵩明现代科技研究基地

昆明理工大学建立的云南省三七可持续发展利用重点实验室经过长期研究颁布了《中医药——三七药材》国际标准；在三七栽培技术方面取得新突破，把三七轮作年限由原来的15至20年缩短到3至5年；胶林抚管技术集成体系建设世界领先。这一时期，云南省还育成全省第一个具有自主知识产权的水产新品种——滇池金线鲃"鲃优1号"；育成花卉新品种32个，其中获欧盟授权1个。②

---

① 《云南省"十四五"耕地质量提升规划》，云南省人民政府，http://www.yn.gov.cn/ztgg/ynghgkzl/sjqtgh/zxgh/202202/t20220217_236547.html，2022年2月14日。
② 《云南：实施重大专项舞起创新龙头》，昆明党的组织建设，http://zzb.km.gov.cn/c/2018-02-06/2475111.shtml，2018年2月6日。

(三)良种选育

云南省草地动物科学研究院历时30余年,通过婆罗门牛、莫累灰牛和云南黄牛杂交、横交,选育出了适于热带、亚热带环境饲养的三元杂交组合的优质肉牛——云岭牛。云岭牛具有高繁殖、肉质好、耐热抗蜱及适应性广泛等优良特性,肉品质大部分达到A3以上等级,是目前全世界为数不多的能生产优质高档牛肉——"雪花牛肉"的肉牛之一。云岭牛选育成功开创了我国三元杂交肉牛育种先河,云岭牛成为全国第四个、南方第一个自主培育的肉牛新品种。[①]

针对植胶土地资源有限,可供选择的适宜云南植胶环境的优良品种较少、单位面积产量增长乏力、产品结构不合理、综合利用水平不高的问题,筛选出"热垦523"和"热垦525"2个胶木兼优品种,二者被农业部遴选为主导品种;繁育优质种苗64.97万株,推广良种1.88万公顷;研发出橡胶树专用肥配方4个,筛选出针对橡胶树不同病虫害的防治药剂14种,较好地解决了制约云南天然橡胶产业发展的品种、种植模式、施肥、病虫害防治、安全采胶、加工、副产物综合利用等方面的问题。[②]

(四)农业信息体系建设

云南逐步构建起省、州、县三级农业部门运作体系,拥有各类信息服务机构155个、工作人员735人、农村信息员3685人;建成覆盖全省乡村的云南农业信息网、云南农业技术推广网等农业农村信息服务体系平台,金农工程、"三电合一"等项目扎实推进,发挥出了巨大的作用。云南特色农产品电子商务发展迅速。2013年12月12日,云南省与阿里巴巴集团合力推进的淘宝网"特色中国"云南馆在"双十二"试运营,销售订单超过4万单,总销售金额达到200多万元人民币。神谷科技股份有限公司自主研发的银河之星智慧农业云平台、熟茶精准发酵系统、农产品质量追溯防伪系统、智能环境监控系统、农业专家系统、农业综合生产作业管理平台,从种植、采收、加工、仓储、物流、销售6大环节对农产品生产全过程进行数字化监控管理,有效降低了产品成本,提升了产品质量和云南特色农业产品的品牌力量。[③]

二、科学技术创新与工业发展

这一时期,云南在工业科技方面稳步发展,首先是充分利用得天独厚的资源优势,深耕金属研究,在绿色铝、锡精深加工方面成绩突出,同时开辟了新领域,如新能源汽车、化学工业等。

(一)冶金科学技术

云南省冶金炉窑强化供热关键技术及应用研究团队进行了长达24年的持续科技攻关,基于混沌数学理论,提出了旋流混沌强化供热方法,建立了冶金炉窑最低燃耗强化供热数学模型,并用于指导技术研发,提高质量。应用旋流混沌燃烧与高温炉气涡旋流态耦合的强化加热

[①] 《2014年云南十大科技进展揭晓》,《云南科技管理》,2015年第3期,第5—6页。
[②] 《2015年云南十大科技进展"十二五"云南十大科技人物揭晓》,《云南科技管理》2016年第1期,第5页。
[③] 云南神谷科技股份有限公司:《提供智慧农业服务 助推高原特色产业》,《云南科技管理》2018年第1期,第91页。

方法，开发了最佳加热制度精准调控技术、火焰旋流混沌燃烧效果测控技术和智能"黑匣子"温度检测技术及设备。做到用最小的燃料消耗均匀加热金属工件，实现实际加热温度曲线与理论值的精确匹配，保证了加热质量，成果应用于航天、高铁等领域大尺寸高性能铝板的加热，均匀度控制在3℃以内，成材度突破99.8%。[1]

云南铝业股份有限公司针对铝工业氧化铝生产炉（窑）、石油焦煅烧炉（窑）和铝电解烟气的典型特征，研发了铝工业全流程烟气脱硫成套技术和设备，达到国际先进水平，综合脱硫效率可达75%以上，二氧化硫排放≤50mg/m³，远低于《铝工业污染物排放标准》，为全球绿色铝工业提供了示范。[2]攻克大红山铁矿资源高效分选关键技术并将其产业化。突破了品位与回收率同时提高的瓶颈，攻克了从难选、微细粒、高硅酸盐型赤褐铁矿尾矿和露天熔岩型微细粒、高硅尾矿中回收赤褐铁矿及高硅酸盐型精矿提质等技术难题，实现提质、降尾与增量一体化关键集成技术产业化，成果达到国际先进水平，选矿处理能力提高47.06%，铁精矿提高到62%以上[3]。

（二）工业发展技术攻关

华联锌铟股份有限公司与昆明理工大学合作的"复杂多金属矿中锡石绿色高效利用关键技术与产业化"项目针对华联锌铟锡多金属矿锡石难以高效回收的问题，以产学研协同模式，开发了复杂多金属矿中锡石绿色利用系统集成技术，创建了"精确分级—梯级除铁—无酸脱硫—溜槽与摇床协同回收粗粒—多级旋流器组高效脱泥—机柱联合浮选与重选联合回收细粒"的锡石"重—磁—浮"联合工艺技术。其中，系统研究了方解石和斜绿泥石的表面特性对锡石浮选的影响机制，构建了不同脉石矿物的调控体系，丰富了锡石浮选理论，发明了锡石捕收剂YK-Sn、无酸脱硫剂YK-8；发明了一种高效脱泥工艺及其组合设备，实现精准脱泥，全面提升了锡石资源综合利用率。此项成果整体技术已成功应用于云南华联锌铟股份有限公司选矿车间，突破了细粒锡石难以高效回收的技术瓶颈，对同类资源高效利用具有重要的引领和示范作用，产生了良好的经济效益、社会效益和环保效益，项目整体达到国际先进水平，部分技术为国际领先水平。项目荣获2020年中国有色金属工业科学技术奖一等奖。[4]

云锡文山锌铟冶炼有限公司"锌精矿—硫铁矿焙烧联产烟气清洁治理与石膏资源化利用关键技术与应用"项目依托当地丰富的高铁锌精矿与硫铁矿资源，首次实现了锌精矿中铁和冶炼副产石膏在锌冶炼行业的资源化利用。上述两项科技成果整体技术在2018年已成功应用于云锡文山锌铟冶炼有限公司年产10万吨锌、60吨铟、38万吨硫酸的绿色清洁冶炼示范工程，在资源综合回收、节能降耗、"三废"治理与排放、"固废"资源化利用等方面优势明显，实现了全流程锌回收率大于98%、铜回收率大于90%、铟回收率大于75%、银回收率大于95%、铅回收率大于95%、铁资源化率大于90%，优于铅锌行业规范要求和行业先进值；实现废水近零排放、废气超低排放、废渣减量化90%以上；截至2021年，累计产出锌锭34万吨、铟锭204吨、

---

[1] 《"炉火纯青"才是科学冶金——"创新芯语，星光灿烂"（之五）》，云南省科学技术厅，http://kjt.yn.gov.cn/html/2019/meitijujiao_0522/4279.html，2019年5月22日。
[2] 《2014年云南十大科技进展揭晓》，《云南科技管理》2015年第3期，第5-6页。
[3] 《2013年云南十大科技进展揭晓》，《云南科技管理》2014年第2期，第5-6页。
[4] 《云锡控股：华联锌铟科技成果荣获中国有色金属工业科学技术奖一等奖》，云南省人民政府国有资产监督管理委员会，http://gzw.yn.gov.cn/yngzw/xwzx/2022-03/21/content_a85fa5639b21475294fd3e6029d67f17.shtml。

硫酸117万吨。项目荣获2021年度中国有色金属工业协会科学技术奖一等奖。[①]

云南钛业股份有限公司自主创新研发了利用钢铁轧制设备成卷轧制钛带卷的核心技术，成功研发生产出了中国第一卷冷轧钛卷，创建了中国钢钛结合生产钛带卷的低成本生产技术模式，并已扩大运用到钛及钛合金线材、棒材、型材及镍、锆等稀有金属及其合金。云南钛业股份有限公司成为目前中国唯一一个完整拥有冷、热轧钛板/带卷生产工艺线的企业。同时，公司还拥有引进美国、俄罗斯和自主研发制造的4台大型电子束EB炉和8台国产真空自耗VAR炉及完整的宽幅钛带生产线，钛及钛合金和稀有金属锭生产能力1.6万吨/年，钛及钛合金及稀有金属材料生产能力2万吨/年，钛锭材产能、产量居中国前列，钛板卷产能居世界前列。云南钛业股份有限公司是中国冷轧钛带卷的开创者、中国钢钛结合先进低成本钛材制造的实践者。[②]

（三）新能源汽车

云南已有云南五龙汽车有限公司、云南航天神州汽车有限公司两家车企拥有新能源汽车整车生产资质。其中云南五龙汽车有限公司选择新能源公交车、旅游大客车、中巴商务客车以及城市物流专用车作为重点目标市场，联合省内内燃机、驱动电机和关键零部件等的相关企业，共同开发新能源汽车关键零部件，在云南省内打造完整的电动汽车产业链。

云内动力集团有限公司通过开展电控高压共轨柴油机整机、燃油系统、电控系统、后处理系统等关键技术研究，对发动机数字化设计与模块化开发、轻量化设计与优化、高效低排放综合性能设计与优化等多项关键技术进行攻关，解决了结构笨重、经济性差、振动噪声大、排放水平差等技术难题，开发出满足国五排放标准的D19TCIE、YNF40等5款产品的四气门系列柴油机并实现产业化。其中D19TCIE通过英国VCA认证中心检测认证，全系列产品通过环保部检测认证，排放水平满足欧五和国五排放限值，产品整体技术水平达到国内领先及国际先进水平。公司通过项目实施，获发明专利3项，参与制定修订国家标准3项、行业标准5项，2016年底已销售约4万台国五柴油机。2016年1月，公司"先进柴油机国际联合研究中心"获科技部认定。[③]

（四）化学工业技术

贫细杂难选胶磷矿资源化利用关键技术研究团队针对云南贫细杂难选胶磷矿资源的开发利用，基于不同类型胶磷矿和脉石矿物的表面差异性，开发了云南贫细杂难选低品位胶磷矿资源利用成套关键技术，并成功完成产业化应用示范，突破的关键技术实现了产业化应用。[④]

"云南液态金属谷"建设是2014年云南省"科技入滇"签约重点项目，是由云南中宣液态金属科技有限公司与中国科学院刘静团队联合在云南打造的产业集群，现已建成年产200吨液态金属产品生产线、液态金属研发中心、液态金属科技馆，以及世界首条液态金属电子手写笔、电子油墨生产线，国内首条液态金属导热片、导热膏生产线，部分产品已推向市场并填补了国内外空白。2016年8月，项目组又引进深圳沣戚照明科技有限公司建设液态金属LED灯具厂，计划3年内实现产值10亿元。液态金属产业被列入云南省"十三五"科技发展

---

① 《云锡文山锌铟冶炼有限公司科技成果再获中国有色金属工业协会科学技术奖一等奖》，新华网，http://www.yn.xinhuanet.com/info/2022-01/10/c_1310417466.htm。
② 云南钛业股份有限公司，http://www.ytico.net/web/guest/44;jsessionid=96C5C7348EF285B39425AD26C9551964。
③ 《2016年云南十大科技进展揭晓》，《云南科技管理》2017年第2期，第1—4页。
④ 云南磷化集团有限公司：《贫细杂难选胶磷矿资源化利用关键技术集成与工业示范成果》，《云南科技管理》2019年第1期，第75页。

规划和"十三五"新材料发展规划。云南省支持企业建立了省级的"五中心一委员会",走在了全国液态金属产业发展前列。①

铝空气电池具有能量密度高、不依赖电网充电、搁置寿命长、原料来源广泛等特点,在备用电源、孤岛电源、海岛军防、应急救灾及动力领域具有无可比拟的应用优势,市场规模达万亿元以上。云南冶金集团创能金属燃料电池股份有限公司通过自主研发突破铝空气电池关键材料及其制备技术,填补了云南省在这一领域的空白;低成本空气电极寿命达到7000小时,达到国际领先水平;采用水电铝生产的低成本特种铝合金阳极性能可与美铝的高纯铝媲美;采用国际领先的电解液技术,实现了废电解液综合回收制备高附加值超细氧化铝、阻燃剂等多品种氧化铝。产品获得授权专利4项,企业标准5项。目前公司已建成20MW铝空气电池组装生产线,具备20万台/年电源产品的生产能力,实现了云南省水电铝—能源的循环利用,为打造"绿色能源储备银行"打下坚实基础。②

三、科学技术创新与新兴产业发展

创新是引领发展的第一动力,是建设现代化经济体系的战略支撑。科技创新是现代产业发展的基础,对提高社会生产力和综合国力至关重要。新时代,云南依靠科技创新,加快改造提升传统产业,培育新兴产业,促进经济发展方式转变。

(一)无人值守远程集中计量系统

云南昆钢电子信息科技有限公司研发的无人值守远程集中计量系统成功运用于昆钢的计量业务,涉及汽车衡、轨道衡、皮带秤、转盘秤、钢材秤、料斗秤、天平秤等计量相关设备,覆盖计量业务点上百个。该系统全面优化了计量业务流程,规范了计量业务管理,利用先进的技术手段减少计量误差,屏蔽作弊手段,提高了计量业务安全性,计量数据高度集中管控,提升了企业管理效率。该系统的全面实施,减少计量岗位操作人员600余人。在国家科技计划项目"高能电子束熔炼炉(EB炉)技术研发"中,公司承担了电子枪冶炼的精准控制、电子枪及高压电源等关键技术的研究开发。该项目于2016年成功投产运行,标志着我国成为继美国、德国、乌克兰之后第四个掌握大功率电子束冷床熔炼炉装备技术的国家。随着云计算、物联网、移动互联网、大数据时代的到来,公司从"软件与信息服务供应商"向"基于云计算、大数据的互联网"创新发展型企业转型。公司秉承"服务至上"的理念,以专业的服务实现客户价值与企业价值的共同成长,并进行创新变革,集约提效,致力于做国内知名的IT服务供应商。③

(二)现代远程教育网络

云南省委组织部、云南农业大学等单位依托党员干部现代远程教育网络建设国家农村信息化示范省,采取电脑、电视、手机"三屏互动"和农业农村大数据资源融会贯通的方式,以整合共享现有涉农软硬件资源为基础,实施"11421"工程,即构建一个省级农村综合信息服务平台,一个省级农村综合信息资源中心,四个专业信息服务平台,实施两个信息化示范

---

① 《2016年云南十大科技进展揭晓》,《云南科技管理》2017年第2期,第1—4页。
② 《2016年云南十大科技进展揭晓》,《云南科技管理》2017年第2期,第1—4页。
③ 云南昆钢电子信息科技有限公司:《创新变革 做国内知名的IT服务供应商》,《云南科技管理》2018年第1期,第99页。

工程，形成一个覆盖全省、县、乡村三级的信息服务体系。截至2016年，全省已建成"云岭先锋"为民服务站点16146个，办结为民服务事项379.9万件，为群众节约办事费用近亿元。现平台功能完善，运行平稳，与信息资源中心和各服务系统的集成调试完成，信息资源中心已投入运行，并与多个政府部门和企业开展了数据交换（见图11-6）。4个专业信息服务平台也已经开发完成，主要功能趋于完善。通过综合和专业信息服务站点的建设，云南省已经形成了覆盖全省的农村信息服务体系，农业产业物联网示范工程进入部署和试运行阶段，"三农通"服务示范工程在优化平台功能基础上进一步加快了云南省农村信息化建设步伐。①

图 11-6 云南农业大数据中心
诸锡斌2022年摄于云南农业大学

四、科学技术创新与医学发展

云南省多所医院研究团队瞄准临床难点和热点加快科技创新步伐，在医学理论、医疗手段、医疗器械等方面取得一批显著成果，不少研究和技术走在了国内乃至世界前列，其应用惠及云岭广大群众。

（一）异种胰岛细胞移植技术

昆明市延安医院与中南大学湘雅三医院组成研究团队，针对异种胰岛细胞移植技术难题和相关瓶颈进行全面、系统和深入的研究。这是国际上首次全面系统地针对异种胰岛细胞移植关键技术难题的集成创新。

1.在国际上首创半自动法分离纯化胰岛细胞

云南发明了适合胰腺的生物器官组织消化分离器和与之配对的纯化工艺。该工艺能精准控制胰腺消化时间，并最大限度地保持胰岛的完整及得率。其基于半自动分离法，胰岛产率高

---
① 《2016年云南十大科技进展揭晓》，《云南科技管理》2017年第2期，第1—4页。

于文献报道的20%，突破了胰岛细胞分离纯化的技术难题。

2.制定了适宜异种胰岛细胞移植供体猪地方标准和实验用小型猪地方标准各5项

规范了猪作为实验动物和临床移植供体的标准。该课题严格按照异种移植对猪种群质量控制标准，对我国特有猪种进行了异种移植生物安全调查；在国际上首次发现了部分湖南沙子岭猪种群中env-C基因缺失，能作为潜在的移植供体猪种。

3.建立了具有自主知识产权的异种胰岛细胞移植技术体系

首先，在国内首创胰岛细胞微囊化移植技术，显著提升异种胰岛细胞在受体中的存活时间，能阻断猪内源性逆转录病毒潜在向移植受体传播的风险。其次，建立了专门针对灵长类动物异种胰岛细胞移植的免疫抑制方案。最后，首创基于肝动脉和胃网膜右静脉的异种胰岛细胞移植技术，通过在犬和恒河猴动物1型糖尿病模型上验证，得出两种移植路径能有效降低移植后血栓形成，同时能有效降低模型动物血糖和胰岛素使用量的结论，为异种胰岛细胞移植临床试验提供了技术保障。

4.创建了异种胰岛细胞移植不良事件预防和检测技术体系

异种胰岛细胞移植不良事件预防和检测技术体系包括通过基因修饰技术提升猪胰岛细胞的抗凝血反应能力和诱导移植宿主免疫耐受反应，有效降低了移植受体的不良事件发生率；同时其形成了监测异种移植后免疫排斥、血栓形成以及肿瘤发生等不良反应事件的非侵入式检测体系。在该体系的保障下，项目团队完成了9例同种胰岛细胞移植和目前国际最大宗的猪胰岛移植1型糖尿病病例数（4例）；有效率达到90%，所有病例均未发生生物安全事件。[1]

（二）剖宫产率与妊娠结局关联分析

昆明医科大学第一附属医院产科历时20年，对剖宫产率与妊娠结局进行关联分析，在国内首次提出合理科学的剖宫产指征及降低剖宫产率的有效措施，显著降低了剖宫产孕产妇死亡率；建立了与国际标准接轨的孕期保健模式及高危妊娠筛查/诊断/监测和干预体系，显著改善了高危妊娠母儿结局；成立了云南省首家母胎医学中心，建立了与国际标准接轨的孕期保健模式；依托各项研究建立了一系列完善的危重孕产妇救治体系并向全省及全国推广。其研究成果的应用使昆明市助产机构剖宫产率由2008年的42.4%降至2015年的34.4%；云南省非医学指征剖宫产率至2014年下降至18.85%，逼近WHO提出的15%以下的控制目标。[2]

五、科学技术创新与科技企业发展

围绕使企业成为创新主体，加快推进产学研深度融合，鼓励企业加大科技研发投入，强化风险投资机制，发展资本市场，增强劳动力市场灵活性[3]发展理念，云南科技与经济联系日益紧密，高新技术企业培育和科技企业孵化器建设已成为全省促进"双创"的重要抓手。

（一）曲靖市中泰新型墙材有限公司

曲靖市中泰新型墙材有限公司研发的蒸压加气混凝土砌块切割装置、龙门吊车电缆运行机构、蒸压加气混凝土砌块成品翻转装置、燃煤锅炉烟气脱硫除尘装置、球磨机尾气除尘装置

---

[1] 昆明市延安医院：《集成创新攻关异种胰岛细胞移植难题》，《云南科技管理》2019年第1期，第74页。
[2] 《2016年云南十大科技进展揭晓》，《云南科技管理》2017年第2期，第1-4页。
[3] 中共中央文献研究室：《习近平关于科技创新论述摘编》，中央文献出版社，2016年，第65页。

及加气砌块浇注料搅拌装置6种生产设备，获国家知识产权局颁发的实用新型专利证书。一系列研发成果的应用大大降低了生产成本，为企业注入了新的发展动力。公司被云南省工业和信息化委员会认定为"成长型企业"，被云南省科学技术厅认定为"科技型中小企业"。公司是云南省新墙材协会副会长单位、曲靖市新墙材协会会长单位，连续多年来被云南省、曲靖市和沾益区评定为"墙体材料革新标兵"单位。[1]

（二）云南省腾药制药股份有限公司

云南腾药制药股份有限公司围绕腾冲市持续推进"一县一业"中药材产业发展思路，创新平台管理，加大研发费用支出，专注新品研发，取得较大成果。该公司2020年累计上缴税金6896万元；2021年1~8月累计产值38446万元，累计获得销售收入31288万元；2021年1~6月在云南省医药工业企业工业总产值前30名排名统计表中位列第13名。公司每年投入销售收入总额的近10%用于新产品研发及成果转化、生产工艺技术提升研究等研发活动。为更好地进行产品研发及开展科技创新，技术中心配备了高效液相色谱仪、离体心脏灌流仪等设备，于2012年10月获得云南省企业技术中心认定。公司对产品创新的追求也结出了累累硕果，除了国药准字国家二类新药"心脉隆注射液"外，"腾药牌济康胶囊"于2013年底获国家食品药品监督管理局的生产批文，具有提高免疫、保肝护肝之功；腾药牙龈修复专效牙膏于2014年获得"云南省重点新产品"认定；2020年完成"腾药牌济康胶囊"工艺优化提升研究和产品再注册，拿到国家市场监督管理总局国产保健食品注册证书并更名为"腾药牌人参麦冬氨基酸胶囊"；通过生产工艺优化研究，开发"清肺抑火片0.47g薄膜衣"和"感冒疏风片0.46g薄膜衣"，不仅解决了吞咽困难、粘喉咙的问题，还大幅度提升了质量标准，于2020年2月获国家食品药品监督管理局颁发的"清肺抑火片药品补充申请批件"。[2]

（三）云南铝业股份有限公司

2018年12月，云南铝业股份有限公司正式成为中国铝业集团有限公司的成员。公司一直致力于绿色低碳发展，以建设绿色、低碳、清洁、可持续的一体化铝产业为理念，建立铝土矿、氧化铝、铝冶炼、铝深加工、铝用碳制品等全产业链。在这种情况下，资源保障成为公司的重要竞争优势。公司是国内水电铝材主要供应商，国内超薄铝箔主要生产商，铸造铝合金铸锭国家行业标准制定者。其高档化、定制化、标准化的铝锭及铝材广泛应用于国防军工、航空航天、轨道交通、电子工业等领域，其中A356铸造铝合金在国内市场保持领先地位。[3]

（四）云南锡业集团（控股）有限责任公司

公司现有年产8万吨锡锭、10万吨阴极铜、2.4万吨锡化工、3.8万吨锡材和12万吨锌精矿的产能规模，主要产品有锡锭、阴极铜、铟锭、银锭、铋锭、锌精矿、锡铅焊料及无铅焊料、锡材、锡基合金、有机锡及无机锡化工产品等共20个系列660多个品种，有41种产品和设备出口56个国家和地区。主导产品云锡牌精锡是中国名牌产品、国家质量免检产品；公司在伦敦金属交易所注册"YT"商标，是国际知名品牌，国内市场占有率约为50%，全球市场占有率约

---

[1] 曲靖市中泰新型墙材有限公司：《创新设备革新墙体材料》，《云南科技管理》2019年第1期，第73页。
[2] 《云南腾药：国家首批"中华老字号"，声名远播》，https://baijiahao.baidu.com/s?id=1713609795997738165&wfr=spider&for=pc。
[3] 云南铝业股份有限公司，https://ylgf.chinalco.com.cn/gywm/gsjj/。

为20%。锡铅焊料获国家质量金奖。公司通过了ISO10012.1计量检测体系认证、ISO9001质量管理体系认证和ISO14001环境管理体系认证。云锡在锡矿采、选、冶及锡化工、锡材深加工、砷化工和贵金属研究等方面具有先进的技术开发能力，拥有自主知识产权，有先进的采、选、冶生产装备。①

六、科学技术创新与基础设施建设

科技创新为了人民，科技成果要惠及人民。云南将科技创新与基础设施建设紧密结合，在技术引进和消化吸收的基础上进行再创新，建设了多项重大基础设施工程，满足了经济社会发展和人民群众日益增长的物质文化生活需要。

（一）云南龙江特大桥

云南龙江特大桥建设指挥部在引进国内外先进生产、制造技术基础上，消化、吸收再创新，以科技创新为推手，对强震山区千米级跨径悬索桥抗震性能、悬索桥的振动台全桥地震模型试验、山区钢箱梁制造及架设技术、千米级大吨位缆索吊机、索塔处高边坡稳定性能评价、悬索桥主缆防护方案等进行专题研究。相关研究成果成功应用于大桥设计和建设过程中，取得了良好的经济效益和社会效益，也为大桥的顺利建成提供了技术保障，为后续类似桥梁的修建提供了参考（见图11-7）。龙江特大桥系首次在强震山区修建千米级钢箱梁悬索桥，面临着众多技术难题，如高烈度地区结构抗震安全性、山区钢箱梁制造与架设、高陡岸坡对索塔有不利影响等。

图11-7
龙江特大桥
诸锡斌2017年摄于保山—腾冲高速公路腾冲地界

---

① 云南锡业集团（控股）有限责任公司，http://www.ytc.cn/qyxx/jbxx/qygk.htm。

为解决强震山区千米级悬索桥的关键技术难题，云南省公路开发投资有限责任公司（云南省龙江特大桥建设指挥部）牵头，开展了交通运输部建设科技项目"强震山区千米级跨径悬索桥关键技术研究"（项目编号：2009318000006），围绕强震山区千米级悬索桥的抗震、钢箱梁施工、高陡边坡分析与监测等关键技术开展研究，取得了一批创新性成果，形成了一批具有推广价值的创新性研究成果。主要成果如下：强震山区千米级悬索桥抗震设计和全桥地震模拟试验技术，解决了山区千米级悬索桥先导索牵引及钢箱梁制造、架设等施工难题，形成了强震山区高边坡综合平均稳定性评价技术与监测方法。[1]

（二）云南丽香铁路金沙江特大桥

云南丽香铁路金沙江特大桥2020年10月顺利合龙。中铁大桥局丽香铁路项目部为丽香铁路金沙江大桥专门开发了一个软件，通过这个软件可以实时观测钢梁吊装全过程以及控制要点的实时状态，同时也可了解现场钢梁吊装的需要。丽香铁路金沙江特大桥创多项世界纪录：一是世界上首座开工的大跨度铁路悬索桥；二是所采用的缆索吊机起重量世界第一，为800吨；三是嵌固式基础是世界上最大、最深的嵌固式基础。[2]

第五节　取得的重大科学理论及突破性成果

国家科学技术进步奖是国务院为奖励在科技进步活动中做出突出贡献的公民、组织设立的奖项。该奖于2000年设立，包括国家最高科学技术奖、国家自然科学奖、国家技术发明奖、国家科学技术进步奖和国际科学技术合作奖五项[3]。2012—2020年，云南主持和参与的项目中，获国家自然科学奖二等奖4项，获国家技术发明奖二等奖8项，获国家科学技术进步奖32项（其中一等奖3项、二等奖29项），获国际科学技术合作奖1项。[4]

一、生命科学类重大理论及其成果

在国家和云南省大力推进科学技术创新性研究的过程中，云南通过努力攻关，在生命科学类的理论研究中有了重大突破，形成了新的成果。

（一）创建基于生物生存策略的有毒动物中药功能成分定向挖掘技术体系

基于生物生存策略的有毒动物中药功能成分定向挖掘技术体系研究以有毒动物生存策略为理论指导，在世界上首次集成创新形成"基于生物生存策略的有毒动物中药功能成分定向挖掘技术体系"。通过应用该技术体系，中国科学院昆明动物研究所获得800多种具有自主知识

---

[1] 《2016年云南十大科技进展揭晓》，《云南科技管理》2017年第2期，第1—4页。
[2] 《云南丽香铁路金沙江特大桥合龙》，https://baijiahao.baidu.com/s?id=1680502038487475559&wfr=spider&for=pc，2020年10月14日。
[3] 国家科学技术奖励办公室，https://www.nosta.gov.cn/web/index.aspx。
[4] 中华人民共和国科学技术部，"专题专栏-热点专栏"2012—2020年"国家科学技术奖励大会"，https://www.most.gov.cn/index.html。

产权的新结构活性多肽与蛋白，其中一些多肽或蛋白具有药用价值或作为工具分子具有应用价值，获发明专利30项。这些工作揭示了有毒动物中药药材发挥功效的物质基础和作用机制，为这类药材的安全使用提供了指导，为中药现代化和创新药物研发打下坚实基础，产生了良好的科学、社会和经济效益。该项目由中国科学院昆明动物研究所赖仞、熊郁良、张云、肖昌华和王婉瑜研究团队完成，获得2013年度国家技术发明奖二等奖。[①]

（二）全基因组水平系统揭示新基因起源一般模式和各种分子机制

年轻新基因起源和遗传进化的机制研究项目首次在全基因组水平系统揭示了新基因起源的一般模式和各种分子机制的贡献；首次实证了基因可以从头起源；开创性地系统研究了基因的基本单元——外显子的起源进化。8篇代表性论著发表在 *Nature Genetics*（1篇）、*Genome Research*（2篇）、*Plant Cell*（1篇）、*PLoS Genetics*（2篇）、*Genetics*（1篇）、*Human Molecular Genetics*（1篇）和 *Trends in Genetics*（1篇）上（总IF 86，被SCI期刊和专著他引236次），被 *The Scientist*、*Nature Reviews Genetics*、*Faculty of 1000* 等报道和推荐。该项目的新发现不仅解答了新基因如何起源这个长期悬而未决的生物学难题，而且为当前新遗传特征如家养动植物的新性状起源进化研究提供了坚实、系统的理论基础，具有重要的理论指导和实践意义。[②]

（三）摸清低纬高原地区天然药物资源现状

云南低纬高原地区天然药物资源野外调查与研究开发项目持续40年，行程80余万公里，凝聚了云南省药物研究所几代科技人员的汗水。他们坚持不懈地进行野外调查研究，在生产一线研发创新，摸清了低纬高原地区天然药物资源现状，准确鉴定354科1534属4012种天然药物；发现新分布药用植物93种，新药用植物资源451种；翻译民族语言文字药名5567个，收集附方5816首，确证药物基原1679种；出版业内有重大影响专著3部15卷共755万字；建成3个共享信息数据库；研发创新药9个，其中6个进入国家基本医疗保险、工伤保险和生育保险药品目录；获国家授权发明专利12项，发表相关论文105篇。项目取得了显著的经济效益和社会效益，对推动行业科技进步产生了重大影响。该项目由云南省药物研究所朱兆云研究员等主持完成，并获得2012年度国家科学技术进步奖一等奖。[③]

（四）澄清亚洲人群源流历史中悬而未决的重要科学问题

"基因组多样性与亚洲人群的演化"项目以基因组多样性的分布格局及形成机制为视角，以亚洲人群为研究对象，紧紧围绕"亚洲人群源流历史和演化"这一核心内容，通过澄清亚洲人群的源流历史中悬而未决的重要科学问题，诠释人群对新环境适应的遗传学机制，总结出民族起源、迁徙及发展演变等过程中的一些重要特点和规律。主要内容包括两方面。一是亚洲人群源流历史和演化研究方面：证明亚洲人群主要源自"走出非洲"后沿亚洲海岸线的快速迁移扩散事件，纠正了前人对安达曼岛人群起源的错误认识；证实东亚人群近期起

---

① 《昆明动物研究所科研成果喜获2013年度国家技术发明奖》，中国科学院昆明分院，http://www.kmb.cas.cn/zhxx/zhxxgzdt/201401/t20140114_4022896.html，2014年1月14日。
② 《昆明动物所王文研究团队喜获2012年度国家自然科学奖二等奖》，中国科学院云南分院，http://www.kmb.cas.cn/kydt/201301/t20130121_3754172.html，2013年1月21日。
③ 《云南省获2012年度国家科学技术奖 取得重大突破》，云南中医药大学，http://www.ynutcm.edu.cn/rcpy/zjyz/2012nyw/43446.shtml，2013年1月19日。

源于非洲，且无源自当地直立人的母系遗传贡献；通过揭示"现代人类祖先于旧石器晚期即已迁入并成功定居青藏高原""文化传播是南岛语系向东南亚大陆传播的主要模式""西亚农业扩张对欧洲人群母系基因库影响有限"等，证明早期人群迁移以及后期文化扩散是亚洲地区民族人群形成的重要原因。二是亚洲人群环境适应的遗传学机制研究方面：揭示正选择作用驱动下骨骼发育相关基因出现的功能变化是现代人类祖先走出非洲之后适应新环境的重要原因；现代人群的褪黑激素受体基因（MTNR1B）多态性是日照时长等自然环境选择作用的结果；澄清了线粒体DNA世系特异地理分布与气候适应的关系并提出新的观点和解释。该项目由中国科学院昆明动物研究所张亚平、孔庆鹏、吴东东、彭旻晟、孙昌等人完成，获得2014年度国家自然科学奖二等奖。[①]

（五）竹资源高效培育关键技术

西南林业大学参与完成的"竹资源高效培育关键技术"项目，研究了我国主要经济竹种和生态竹种20余个，构建了以竹资源精准培育、生态培育、健康保护和高效监测技术为重要内容的竹资源培育关键技术体系，在福建、浙江、云南、四川等竹资源丰富的省区进行了大面积的示范推广，取得了显著的经济、生态和社会效益。同时，项目成果积极服务国家"一带一路"倡议，完成国内外培训班143期，覆盖70多个国家和地区，产生了良好的国际影响，得到科技部、国家林草局专家组等第三方的充分肯定和媒体的高度关注。该成果解决了我国主要经济和生态竹种资源的高效培育技术难题，成果无偿在全国主要竹产区进行了广泛推广，有力地支撑了竹资源的高效、可持续利用和竹产业的高质量发展，部分竹产区竹业收益占农民可支配收入的20%以上。成果在促进农民增收、精准扶贫、助力乡村振兴过程中发挥了重要作用。同时，成果契合森林质量精准提升、乡村振兴、"双碳"目标、美丽中国建设等国家重大战略，将在推动生态文明建设方面继续发挥积极作用。该成果获2020年度国家科学技术进步奖二等奖。[②]

（六）水稻遗传资源的创制保护和研究利用

由上海市农业生物基因中心首席研究员罗利军团队牵头，云南省农业科学院粮食作物研究所作为参加单位的"水稻遗传资源的创制保护和研究利用"项目，构建了水稻种质资源保护与利用平台，解决了我国水稻育种和基础理论研究中遗传资源缺乏问题；建立了基于扩大遗传基础的种质创新和品种选育技术，解决了水稻育种中优质与高产、高产优质与节水抗旱等优良性状难以兼顾的难题；发明基于群体测、回交与多亲本导入系的有利基因挖掘技术，定位和克隆了一批重要性状基因，丰富了水稻遗传育种的理论和方法。云南省农业科学院粮作所参加该项目以来，针对西南稻区无法直接引种外省已大面积推广的良种，且海拔高度跨度大、水稻种植难度大、科技支撑力不够、单产低、品质差、抗性差等水稻生产发展的瓶颈问题，开展水稻遗传资源的保护创新与评价利用研究，进行水稻优异种质的筛选评价，以云南生态区的主要品种（系）作为受体，导入遗传资源平台的遗传多样性信息，进行种质创新、基因挖掘与品种选

---

① 《盘点国家科学技术奖：基因组多样性与亚洲人群的演化》，生物通，http://www.ebiotrade.com/newsf/2015-1/2015115173048446.htm，2015年1月16日。
② 《竹资源高效培育关键技术获国家科技进步二等奖》，国际竹藤中心，http://www.icbr.ac.cn/Item/13904.aspx，2021年11月5日。

育。该项目荣获2020年度国家科学技术进步奖一等奖。[1]

二、数理科学类重大理论及其成果

在加强基础理论研究的过程中,云南省数理科学类的研究取得了喜人的成绩。

(一)系统发展了大样本恒星演化理论

"大样本恒星演化和特殊恒星的形成"项目开创并系统发展了大样本恒星演化理论。这一理论成功解决了以往恒星演化理论不能解释现代高精度高分辨率、大样本观测结果的难题,并将恒星研究和星系研究紧密结合起来,是对恒星演化理论的重要拓展。在此基础上,该项目为特殊恒星的形成研究做了一系列奠基性的工作,先后建立了热亚矮星、Ia型超新星前身星、双白矮星等重要天体的形成模型,使特殊恒星的研究获得突破性进展。例如该项目建立的热亚矮星双星模型迅速成为该领域的主流模型,被国际同行称为"权威理论"和"标准图像"。最终,该项目将特殊恒星应用于星系研究,建立了椭圆星系的紫外超模型,解决了困扰人们38年的椭圆星系紫外辐射来源问题。紫外辐射是椭圆星系的基本性质,也是解决椭圆星系形成和演化的关键问题,该项目的相关研究开拓了星系研究的新思路、新方法。该项目由中国科学院云南天文台的韩占文、陈雪飞、孟祥存、王博等研究人员完成,获得2013年度国家自然科学奖二等奖。[2]

(二)建成利用水能作为提升动力和安全保障措施的全新升船机

水力式升船机是一种以水能作为提升动力和安全保障措施的全新升船机,利用上下游水位差,其向竖井充泄水改变平衡重浮力驱动船厢升降,不仅实现了从电力驱动到水力驱动的全新转变,还使升船机真正达到了自适应"全平衡"。该设备能自动适应船厢漏水等事故工况,可轻松实现承船厢出入水对接,不需要大功率电机和复杂的机械驱动装置,显著提升了升船机的安全性、可靠性、适用性和经济性。景洪水电站建成水力式升船机,打通了澜沧江-湄公河水运主通道,可为境内外船舶提供便捷快速的服务,有效落实了中、老、缅、泰四国签署的《澜沧江-湄公河商船通航协定》,为实现"澜湄合作"计划及"一带一路"倡议发挥了重要推动作用。华能澜沧江公司科技创新成果"水力式升船机关键技术及应用"由中国工程院院士、澜沧江公司高级顾问马洪琪带领团队完成,获得2018年度国家技术发明奖二等奖。[3]

(三)突破光学三维显微测量原理的多重瓶颈

昆明物理研究所参与完成的"超精密三维显微测量技术与仪器"项目突破了光学三维显微测量原理的多重瓶颈,攻克了椭球反射式显微物镜设计的理论与制造难题,为国家重大科技工程提供了超精密级测量手段和装备保障。其成果填补了国际标准计量的理论空白,使我国先

---

[1] 《粮作所参与完成的"水稻遗传资源的创制保护和研究利用"项目获2020年度国家科学技术进步一等奖》,云南省农业科学院,http://www.yaas.org.cn/channel/front.article.articleChannel/27/523.html。
[2] 《大样本恒星演化和特殊恒星的形成》,人民网,http://scitech.people.com.cn/n/2014/0110/c1057-24081650.html,2014年1月10日。
[3] 《水力式升船机关键技术及应用获国家技术发明二等奖》,中国华能集团有限公司,http://www.chng.com.cn/n31531/n31597/c39686992/content.html,2019年1月15日。

于国际社会确立了光学显微仪器微结构三维表征的定值体系。该项目荣获2020年度国家技术发明奖二等奖。[①]

三、工程与材料科学类重大理论及其成果

由西南林业大学杜官本研究团队研发的人造板连续平压生产线节能高效关键技术，以连续平压生产技术升级更新传统间歇式生产技术，围绕胶黏剂合成理论发展与改性技术、加速固化技术与配套装备、连续平压生产线与工艺技术集成等开展产学研用协同创新，突破了降低人造板工业能耗、提高生产效率的关键技术，克服了传统人造板生产工艺产能低的难题。成果实现了规模化工业转化应用，提高了人造板行业的经济效益和市场竞争力，为我国人造板工业技术升级提供了核心技术支撑和产业示范。该项目获得了2019年国家科学技术进步奖二等奖。[②]

进入中国特色社会主义新时代，云南科学技术历时10年，完成了从稳步发展到跨越式发展的转变。在这10年中，云南始终坚持科学技术是第一生产力的发展理念，围绕国家科技发展战略的部署，充分发挥云南的资源优势、研究专长，促创新补短板，助力云南科技创新飞速发展，为云南全面建成小康社会打下了坚实基础，为实现云南经济高质量跨越式发展提供了重要支撑。在全面实现社会主义现代化的新征程上，云南将进一步深入实施科教兴滇战略、人才强省战略、创新驱动发展战略，充分弘扬科学精神和工匠精神，营造崇尚创新的社会氛围，在党中央和省委、省政府的领导下，团结一心谱写好中国梦的云南篇章。

[①] 《刘俭教授牵头的"超精密三维显微测量技术与仪器"项目荣获国家技术发明奖二等奖》，哈尔滨工业大学，http://ise.hit.edu.cn/news/118/6999。

[②] 《云南两项成果获2019年度国家科学技术奖》，人民网，http://yn.people.com.cn/n2/2020/0111/c378439-33708301.html，2020年1月11日。

参考文献

[1] 云南百科全书编纂委员会.云南百科全书[M].北京:中国大百科全书出版社,1999.

[2] 中共云南省委政策研究室.云南省情(1949—1984)[M].昆明:云南人民出版社,1986.

[3] 方铁.西南通史[M].郑州:中州古籍出版社,2003.

[4] 李晓岑.云南科学技术发展简史[M].2版.北京:科学出版社,2015.

[5] 夏光辅,等.云南科学技术史稿[M].昆明:云南科技出版社,1992.

[6] 汪宁生.云南考古[M].昆明:云南人民出版社,1992.

[7] 诸锡斌.傣族传统灌溉技术的保护与开发[M].北京:中国科学技术出版社,2015.

[8] 李昆声.云南考古学通论[M].昆明:云南大学出版社,2019.

[9] 渡部忠世.稻米之路[M].尹绍亭,等,译.程侃生,校.昆明:云南人民出版社,1982.

[10] 管彦波.云南稻作源流史[M].北京:民族出版社,2005.

[11] 普卫华.云南少数民族传统科技文物[M].昆明:云南民族出版社,2004.

[12] 袁国友.云南农业社会变迁史[M].昆明:云南人民出版社,2017.

[13] 张增祺.滇国与滇文化[M].昆明:云南美术出版社,1997.

[14] 李昆声.李昆声学术文选:文物考古论[M].昆明:云南人民出版社,2015.

[15] 常璩.华阳国志[M].济南:齐鲁书社,2010.

[16] 陈久金.中国少数民族天文学史[M].北京:中国科学技术出版社,2008.

[17] 樊绰.云南志补注[M].向达,原校.木芹,补注.昆明:云南人民出版社,1995.

[18] 方国瑜.云南民族史讲义[M].昆明:云南人民出版社,2013.

[19] 诸锡斌.中国少数民族科学技术史丛书:地学·水利·航运卷[M].南宁:广西科学技术出版社,1996.

[20] 檀萃.滇海虞衡志校注[M].宋文熙,李东平,校注.昆明:云南人民出版社,1990.

[21] 李晓岑.白族科学与文明[M].昆明:云南科技出版社,1997.

[22] 梁家勉.中国农业科学技术史稿[M].2版.北京:农业出版社,1989.

[23] 周巨根,朱永兴.茶学概论[M].北京:中国中医药出版社,2013.

[24] 马曜.云南简史[M].3版(新增订本)昆明:云南人民出版社,2009.

[25] 方铁.方略与施治:历朝对西南边疆的经营[M].北京:社会科学文献出版社,2015.

[26] 中国科学技术史学会少数民族科技史研究会,云南农业大学.第三届中国少数民族科技史国际学术研讨会论文集[C].昆明:云南科技出版社,1998.

[27] 周红杰.云南普洱茶[M].昆明:云南科技出版社,2004.

[28] 云南大学历史系.云南冶金史[M].昆明:云南人民出版社,1980.

[29] 李伯川,诸锡斌.云南农业科学技术史研究[M].昆明:云南人民出版社,2014.

[30] 云南大学历史系云南地方古代史研究室.张允随奏稿:上、下册[M].昆明:云南大学图书馆藏本.

[31] 吴其濬.滇南矿厂图略:上、下卷[M].昆明:云南省图书馆藏本.

[32] 宋应星.天工开物[M].沈阳:万卷出版公司,2008.

[33] 张增祺.滇萃:云南少数民族对华夏文明的贡献[M].昆明:云南美术出版社,2010.
[34] 李国春,秦莹.云南民族民间传统工艺研究[M].昆明:云南人民出版社,2014.
[35] 万辅彬.第八届中国少数民族科技史国际会议暨首届中国传统手工艺论坛论文集[C].大理:大理大学,2006.
[36] 李维宝,李海樱.云南少数民族天文历法研究[M].昆明:云南科技出版社,2000.
[37] 杨选民.石龙奇月[M].北京:国际文化出版公司,1990.
[38] 云南省科学技术志编纂委员会.云南科学技术大事(远古~1988年)[M].昆明:昆明理工大学印刷厂,1997.
[39] 云南省志编纂委员会办公室.续云南通志长编:上册[M].昆明:云南省科学技术情报研究所印刷厂,1985.
[40] 云南省志编纂委员会办公室.续云南通志长编:中册[M].昆明:云南省科学技术情报研究所印刷厂,1986.
[41] 云南省志编纂委员会办公室.续云南通志长编:下册[M].玉溪:玉溪地区印刷厂,1986.
[42] 云南省档案馆.清末民初的云南社会[M].昆明:云南人民出版社,2005.
[43] 李珪.云南近代经济史[M].昆明:云南民族出版社,1995.
[44] 中国人民政治协商会议云南省昆明市委员会文史资料研究委员会.昆明文史资料选辑:第3辑[M].昆明:云南新华印刷厂,1983.
[45] 中国人民政治协商会议云南省昆明市委员会文史资料研究委员会.昆明文史资料选辑:第6辑[M].昆明:昆明市印刷厂,1986.
[46] 中国人民政治协商会议云南省昆明市委员会文史资料研究委员会.昆明文史资料选辑:第8辑[M].1987.
[47] 中国人民政治协商会议云南省昆明市委员会文史资料研究委员会.昆明文史资料选辑:第10辑[M].1987.
[48] 中国人民政治协商会议云南省昆明市委员会文史资料委员会.昆明文史资料选辑:第20辑[M].昆明:昆明市政协印刷厂,1993.
[49] 中国人民政治协商会议云南省昆明市委员会文史资料委员会.昆明文史资料选辑:第21辑[M].昆明:昆明市政协印刷厂,1993.
[50] 中国人民政治协商会议云南省昆明市委员会文史和学习委员会.昆明文史资料选辑:第28辑[M].昆明:昆明市政协机关印刷厂,1997.
[51] 行政院农村复兴委员会.云南省农村调查[M].北京:商务印书馆,1935.
[52] 农林部棉业改进处.冯泽芳先生棉业论文选集[M].[出版地不详]:棉产改进咨询委员会,1948.
[53] 张天放.木棉栽培法[M].[出版地不详]:中南出版社,1948.
[54] 何忠禄.云烟奠基人:徐天骝文选[M].昆明:云南民族出版社,2001.
[55] 云锡志编委会.云锡志[M].昆明:云南人民出版社,1992.
[56] 中国人民政治协商会议云南省委员会文史资料研究委员会.云南文史资料选辑:第1辑[M].昆明:云南人民出版社,1962.
[57] 中国人民政治协商会议云南省委员会文史资料研究委员会.云南文史资料选辑:第7辑[M].昆明:云南人民出版社,1965.
[58] 中国人民政治协商会议云南省委员会文史资料研究委员会.云南文史资料选辑:第15辑[M].昆明:云南人民出版社,1981.
[59] 中国人民政治协商会议云南省委员会文史资料研究委员会.云南文史资料选辑:第16辑[M].昆明:云南人民出版社,1982.
[60] 中国人民政治协商会议云南省委员会文史资料研究委员会.云南文史资料选辑:第18辑[M].昆明:云南人民出版社,1983.
[61] 中国人民政治协商会议云南省委员会文史资料研究委员会.云南文史资料选辑:第20辑[M].昆明:云南人民出版社,1983.
[62] 中国人民政治协商会议云南省委员会文史资料研究委员会.云南文史资料选辑:第21辑[M].昆明:云南人民出版社,1984.

[63] 中国人民政治协商会议云南省委员会文史资料研究委员会.云南文史资料选辑:第36辑[M].昆明:云南人民出版社,1989.
[64] 中国人民政治协商会议云南省委员会文史资料研究委员会.云南文史资料选辑:第37辑[M].昆明:云南人民出版社,1989.
[65] 云南省政协文史委员会.云南文史资料选辑:第59辑[M].昆明:云南人民出版社,2002.
[66] 云南省土地管理局,云南省土地利用现状调查领导小组办公室.云南土地资源[M].昆明:云南科技出版社,2000.
[67] 中共云南省委组织部,中共云南省委党史研究室,云南省档案馆.中国共产党云南省组织史资料云南省政军统群组织史资料（1926.11—1987.10）[M].北京:中共党史出版社,1994.
[68] 云南省教育委员会.云南教育四十年（1949—1989）[M].昆明:云南大学出版社,1990.
[69] 时群力.第一个五年计划基本内容问答[M].北京:通俗读物出版社,1955.
[70] 董志凯中国共产党与156项工程[M].北京:中央党史出版社,2015.
[71] 东川铜矿务局.东川铜矿志[M].昆明:云南民族出版社,1990.
[72] 《中国农业全书·云南卷》编辑委员会.中国农业全书:云南卷[M].北京:中国农业出版社,2001.
[73] 政协个旧市文史资料委员会.个旧文史资料选辑:第10辑[M].个旧:个旧市印刷厂,1992.
[74] 董志凯,吴江.新中国工业的奠基石:156项建设研究（1950—2000）[M].广州:广东经济出版社,2004.
[75] 《云南省经济综合志》编纂委员会.云南省经济大事辑要（1911~1990）[M].昆明:云南省经济信息报印刷厂,1994.
[76] 中国人民政治协商会议云南省开远市委员会文史资料委员会.开远市文史资料选辑:第3辑[M].1990.
[77] 云南省经济研究所,云南省社会科学院农村经济研究所.云南农业发展战略研究[M].昆明:云南人民出版社,1991.
[78] 苑广增,高莜苏,向青,等.中国科学技术发展规划与计划[M].北京:国防工业出版社,1992.
[79] 何志平,尹恭成,张小梅.中国科学技术团体[M].上海:上海科学普及出版社,1990.
[80] 杨新年,陈宏愚,等.当代中国科技史[M].北京:知识产权出版社,2014.
[81] 中共云南省委党史研究室.六十年代国民经济调整:云南卷[M].北京:中共党史出版社,2006.
[82] 张晋藩,海戚,初尊贤.中华人民共和国国史大辞典[M].哈尔滨:黑龙江人民出版社,1992.
[83] 《当代中国的石油工业》编辑委员会.当代中国的石油工业[M].北京:当代中国出版社,2009.
[84] 翟凤英.中国营养工作回顾[M].北京:中国轻工业出版社,2005.
[85] 云南省人民政府办公厅.云南经济事典[M].昆明:云南人民出版社,1991.
[86] 《中国水力发电史》编辑委员会.中国水力发电史:1904~2000:第三册[M].北京:中国电力出版社,2006.
[87] 中国医药报刊协会,中国医药工业科研开发促进会.新中国药品监管与发展经典荟萃[M].北京:中国医药科技出版社,2011.
[88] 牛盾.国家奖励农业科技成果汇编（1978~2003年）[M].北京:中国农业出版社,2004.
[89] 胡维佳.中国科技政策资料选辑（1949—1995）[M].济南:山东教育出版社,2006.
[90] 陈建新,赵玉林,关前.当代中国科学技术发展史[M].武汉:湖北教育出版社,1994.
[91] 何郝炬,何仁仲,向嘉贵.三线建设与西部大开发[M].北京:当代中国出版社,2003.
[92] 中共四川省委党史研究室,四川省中共党史学会.三线建设纵横谈[M].成都:四川人民出版社,2015.
[93] 《当代中国》丛书编辑委员会.当代中国的云南:上、下册[M].北京:当代中国出版社,2009.
[94] 《当代中国的兵器工业》编辑委员会.当代中国的兵器工业[M].北京:当代中国出版社,2009.
[95] 云南省科学技术委员会.云南100项科技发明[M].昆明:云南科技出版社,2000.
[96] 《轻武器系列丛书》编委会.解密中国军工厂:兵器篇[M].北京:航空工业出版社,2014.
[97] 云南电力集团有限公司.云南电力科技发展史[M].昆明:云南科技出版社,2001.
[98] 云南省地方志编纂委员会.云南省志:卷2:天文气候志[M].昆明:云南人民出版社,1997.

[99] 云南省地方志编纂委员会.云南省志:卷4:地质矿产志[M].昆明:云南人民出版社,1994.
[100] 云南省地方志编纂委员会.云南省志:卷7:科学技术志[M].昆明:云南人民出版社,1998.
[101] 云南省地方志编纂委员会.云南省志:卷18:轻工业志[M].昆明:云南人民出版社,1995.
[102] 云南省地方志编纂委员会.云南省志:卷20:烟草志[M].昆明:云南人民出版社,2000.
[103] 云南省地方志编纂委员会.云南省志:卷21:纺织工业志[M].昆明:云南人民出版社,1996.
[104] 云南省地方志编纂委员会.云南省志:卷22:农业志[M].昆明:云南人民出版社,1998.
[105] 云南省地方志编纂委员会.云南省志:卷23:畜牧业志[M].昆明:云南人民出版社,1999.
[106] 云南省地方志编纂委员会.云南省志:卷24:煤炭工业志[M].昆明:云南人民出版社,1994.
[107] 云南省地方志编纂委员会.云南省志:卷27:机械工业志[M].昆明:云南人民出版社,1994.
[108] 云南省地方志编纂委员会.云南省志:卷28:化学工业志[M].昆明:云南人民出版社,1994.
[109] 云南省地方志编纂委员会.云南省志:卷29:电子工业志[M].昆明:云南人民出版社,1992.
[110] 云南省地方志编纂委员会.云南省志:卷36:林业志[M].昆明:云南人民出版社,2003.
[111] 云南省地方志编纂委员会.云南省志:卷37:电力工业志[M].昆明:云南人民出版社,1994.
[112] 云南省地方志编纂委员会.云南省志:卷39:农垦志[M].昆明:云南人民出版社,1998.
[113] 云南省地方志编纂委员会.云南省志:卷42:建筑志[M].昆明:云南人民出版社,1995.
[114] 云南省地方志编纂委员会.云南省志:卷60:教育志[M].昆明:云南人民出版社,1995.
[115] 云南省地方志编纂委员会.云南省志:卷69:卫生志[M].昆明:云南人民出版社,2002.
[116] 环境保护科技成果选编协作组.环境保护科技成果选编[M].北京:科学技术文献出版社,1976.
[117] 《当代中国的林业》编辑委员会.当代中国的林业[M].北京:当代中国出版社,2009.
[118] 《中国矿床发现史·云南卷》编委会.中国矿床发现史:云南卷[M].北京:地质出版社,1996.
[119] 石油化学工业部,石油化工科学研究院.化工炼油科技成果选编[M].北京:石油化学工业出版社,1977.
[120] 张文康.中西医结合医学[M].北京:中国中医药出版社,2000.
[121] 张大庆,黎润红,饶毅.继承与创新:五二三任务与青蒿素研发[M].北京:中国科学技术出版社,2017.
[122] 中国医学科学年鉴编辑委员会.中国医学科学年鉴:1984[M].天津:天津科学技术出版社,1984.
[123] 张宏儒.二十世纪中国大事全书[M].北京:北京出版社,1993.
[124] 云南省农业科学院.云南省农业科学院志:1950~2004[M].昆明:云南科技出版社,2006.
[125] 侯树谦.昆明贵金属研究所成立七十周年论文集[M].昆明:云南科技出版社,2008.
[126] 李焱,叶发芳.云岭钢都:昆明钢铁总公司发展史[M].北京:中国文联出版公司,1998.
[127] 《当代云南简史》编委会.当代云南简史[M].北京:当代中国出版社,2004.
[128] 云南省人才工作领导小组办公室,云南省人才发展研究促进会,云南省社会科学院.云南人才发展报告:2012[M].昆明:云南人民出版社,2014.
[129] 中共云南省委宣传部.辉煌云南70年[M].北京:人民出版社,2019.
[130] 云南省人才发展研究促进会,云南省社会科学院.云南人才发展报告:2016[M].昆明:云南人民出版社,2018.
[131] 云南年鉴社.云南年鉴2018[M].昆明:云南年鉴社,2018.
[132] 何耀华.云南通史[M].北京:中国社会科学出版社,2011.
[133] 黄懿陆.云南史前史[M].昆明:云南人民出版社,2018.
[134] 云南教育官报[N].光绪三十三年(1907年)至宣统三年(1911年).
[135] 云南农业大学.耕耘系列丛书[M].北京:中国科学技术出版社,2014.

后 记

云南各民族是中华民族共同体的重要组成部分。认识和了解云南科学技术发展的历史是认识和传承中华优秀传统文化的应有之义。然在此之前，有关云南科学技术发展史的著作，相对系统著述的仅有夏光辅等撰写的《云南科学技术史稿》和李晓岑撰写的《云南科学技术发展简史》两部。这两部著作是我们认识云南科学技术发展史不可或缺的重要典著，但遗憾的是二者均只写到中华人民共和国成立之前。为了更全面、系统地认识云南科学技术发展的全貌，让科技信息更好地为云南的科技决策服务，也为进一步推进科学普及、促进云南科学技术史研究、繁荣中华文明进而增强国人的中华文化自信，云南省自然辩证法研究会受云南省科学技术协会委托和资助，组织相关专家对云南科学技术史开展进一步研究并撰写《云南科学技术发展史》。项目经费下达后，撰写小组在明确和统一了研究目的、方案、重点、难点和研究方法后，即依照研究计划认真开展工作，并决定在前人研究的基础上尽可能将所撰写的云南科学技术发展史时间范围延伸至今，以便能够较全面地展示云南科学技术发展全貌。然未曾料想，研究刚刚起步，新冠疫情肆虐全球，调研和拍摄工作困难重重，加之本研究所需撰写的内容涉及面广、专业性强，资料收集难度大，研究和写作工作陷入困境。尽管如此，撰写小组仍以高度的责任感，相互信任，克服各种困难，经过不断交流、讨论，择机多次进行实地调查，反复核实资料，认真修订稿件，经过三年的通力合作和艰苦努力，历经十一次专题会议讨论和专家审阅，最终使书稿得以按计划完成。其中酸甜苦辣自不待言。书虽已写就，但仍存在不足，然思及毕竟可以算得为后来者研究和认识的深化抛砖引玉，铺就了一块基石，堪以告慰。愿后来者在此基础上不断前行。

撰写书稿的分工如下：云南农业大学科学技术史研究所诸锡斌教授承担了绪论、第一章、第二章、第三章、第六章的编撰，云南农业大学人文学院李强讲师承担了第四章、第五章的编撰，云南农业大学科学技术史研究所诸锡斌教授和昆明理工大学马克思主义学院于波教授共同承担了第七章、第八章的编撰，云南农业大学档案馆赖毅研究员承担了第九章的编撰，云南省社会科学院哲学研究所任仕暄研究员和云南省社会科学院历史研究所黄海涛副研究员共同承担了第十章的编撰，云南省社会科学院哲学研究所任仕暄研究员和云南省社会科学院科研处郑可君助理研究员共同承担了第十一章的编撰；云南农业大学科学技术史研究所诸锡斌教授负责全书的设计和统稿，云南农业大学宣传部原副部长赵志国对全书资料进行了校核。书稿写作过程中，撰写小组采用或借鉴了李晓岑、夏光辅、张增祺、方铁等学者的论著和学术成果，并于文中一一进行了标注，对此深表感谢。书中采用的大部分照片由诸锡斌拍摄，为尊重知识产权，本书对每张照片都注明了拍摄者和照片的来源。

非常感谢有关单位、部门对该书的撰写和出版给予的大力支持和帮助。云南省科协在项目研究过程中给予了关心和指导；云南省博物馆、大理白族自治州博物馆、昆明市博物馆、玉溪市博物馆、云南民族博物馆、红河州博物馆、云南李家山青铜器博物馆、云南省云纺博物馆、云南陆军讲武堂历史博物馆、云南茶文化博物馆、剑川县民族博物馆、云南农业大学科学技术史研究所、云南气象博物馆、云南大学校史馆、云南农业大学校史馆、云南省图书馆、云南典籍博物馆、云南农业大学云南民族农耕文化博物馆、西南联合大学蒙自分校展览馆、唐继尧故居博物馆、禄丰世界恐龙谷中国禄丰恐龙大遗址展馆（博物馆）、云南省档案馆、中国科学院云南天文台、昆明市五华区水务局、一平浪盐矿等单位以及相关工作人员给予了帮助；云南农业大学赵志国、赖毅、李强、文洪睿、文建成、李家华，昆明理工大学于波，云南省科学技术馆诸弘安，昆明冶金高等专科学校林毓韬，云南农业大学硕士研究生宋爽，中共昆明市晋宁区委杨松柏，一平浪盐矿夏惠明，以及李鹏、包燕平等同志为书稿提供了相关照片，云南农业大学硕士研究生陈梦婧、本科生魏艺铭校核了相应文献资料；广西民族大学原副校长万辅彬、中国科学技术出版社编辑部主任王晓义、云南省社科院副院长黄小军、原昆明机床厂机床研究所肖振宇高级工程师、云南教育报刊社原副编审刘杰给予了大力支持，《庆祝中国共产党成立100周年成就展》展示了宝贵的资料，云南科技出版社编辑也为此付出了辛勤的劳动。除此之外，尚有许多热心人士对本书的写作给予了热心关怀和鼓励。在此一并深表感谢。

编写组
2022年8月1日